mRNA	messenger-Ribonukleinsäure
NADP	Nicotinsäureadenosindiphosphat
NEFA	Non Esterified Fatty Acids
NEL	Nettoenergie Laktation
NfE	Stickstofffreie Extraktstoffe
NIR	Nah-Infrarot-Reflexionsspektroskopie
NPN	Nicht-Protein-Stickstoff
NS	Nukleinsäure
NSP	Nicht-Stärke-Polysaccharide
OS	Organische Substanz
Phe	Phenylalanin
RNA	Ribonukleinsäure
SCFA	Short Chain Fatty Acids
T	Trockensubstanz
TDN	Total Digestible Nutrients
Thr	Threonin
TMR	Total Mixed Ration
Trp	Tryptophan
UTP	Uraciltriphosphat
VLDL	Very Low Density Lipoproteins
$W^{0,75}$	Metabolische Körpergröße in $kg^{0,75}$

Hj. Abel/G. Flachowsky/H. Jeroch/S. Molnar
Nutztierernährung

Nutztierernährung

Potentiale – Verantwortung – Perspektiven

Herausgegeben von

Hansjörg Abel, Gerhard Flachowsky, Heinz Jeroch und
Sandor Molnar

Bearbeitet von 38 Fachwissenschaftlern

Mit einem Geleitwort von Prof. Dr. Hartwig de Haen,
Ernährungs- und Landwirtschaftsorganisation der Vereinten Nationen (FAO)

89 Abbildungen und 115 Tabellen

Gustav Fischer Verlag Jena · Stuttgart

Anschriften der Herausgeber

Prof. Dr. **Hansjörg Abel**

Prof. Dr. **Sandor Molnar**
Institut für Tierphysiologie und Tierernährung
Georg-August-Universität Göttingen
Kellnerweg 6
37077 Göttingen

Prof. Dr. **Gerhard Flachowsky**
Institut für Ernährung und Umwelt
Biologisch-Pharmazeutische Fakultät
Friedrich-Schiller-Universität Jena
Dornburger Straße 24
07743 Jena

Prof. Dr. h. c. **Heinz Jeroch**
Institut für Tierernährung und Vorratshaltung
Landwirtschaftliche Fakultät
Martin-Luther-Universität Halle-Wittenberg
Emil-Abderhalden-Straße 25b
06108 Halle (Saale)

Die Deutsche Bibliothek – CIP-Einheitsaufnahme

Nutztierernährung : Potentiale – Verantwortung – Perspektiven ;
115 Tabellen / hrsg. von Hansjörg Abel . . . Bearb. von 37 Fachwiss.
Mit einem Geleitw. von Hartwig de Haen. – Jena ;
Stuttgart : G. Fischer, 1995
 ISBN 3-334-60438-3
NE: Abel, Hansjörg [Hrsg.]

© Gustav Fischer Verlag Jena, 1995
Villengang 2, D-07745 Jena
Das Werk einschließlich aller seiner Teile ist urheberrechtlich geschützt. Jede Verwertung außerhalb der engen Grenzen des Urheberrechtsgesetzes ist ohne Zustimmung des Verlages unzulässig und strafbar. Das gilt insbesondere für Vervielfältigungen, Übersetzungen, Mikroverfilmungen und die Einspeicherung und Verarbeitung in elektronischen Systemen.
Einbandfoto: Chaim Soutine, Die Schweine – © VG Bild-Kunst, Bonn 1994
Lektor: Dr. Dr. Roland Itterheim
Gesamtherstellung: Druckhaus „Thomas Müntzer" GmbH, D-99947 Bad Langensalza
Printed in Germany

ISBN 3-334-60437-3

Autorenverzeichnis

Abel, Hansjörg, Prof. Dr. agr. habil.
Institut für Tierphysiologie und Tierernährung
Georg-August-Universität Göttingen
Kellnerweg 6
37077 Göttingen

Becker, Klaus, Prof. Dr. agr. habil.
Institut für Tierproduktion in den Tropen und Subtropen
Universität Hohenheim
Garbenstraße 17
Postfach 700 562
70593 Stuttgart

Bergmann, Hans, Prof. Dr. rer. nat. habil.
Institut für Ernährung und Umwelt
Biologisch-Pharmazeutische Fakultät
Friedrich-Schiller-Universität Jena
Naumburger Straße 98
07743 Jena

Demeyer, Daniel I., Prof. Dr. rer. nat. habil.
Onderzoekscentrum voor Voeding Veeteelt en Vleestechnologie
Rijksuniversiteit Gent
Proefhoevestraat 10/12
B-9230 Melle

Dittrich, Armin, Doz. Dr. agr. habil.
Institut für Tierernährung, Ernährungsschäden und Diätetik
Veterinärmedizinische Fakultät
Universität Leipzig
Gustav-Kühn-Straße 8
04159 Leipzig

Dustmann, Jost Heinrich, Prof. Dr. rer. nat. habil.
Niedersächsisches Landesinstitut für Bienenkunde
Wehlstraße 4a
29221 Celle

Flachowsky, Gerhard, Prof. Dr. agr. habil.
Institut für Tierernährung
Bundesforschungsanstalt für Landwirtschaft
Bundesallee 50
38116 Braunschweig

Gedek, Brigitte, Prof. Dr. rer. nat. habil.
Institut für medizinische Mikrobiologie, Infektions- und Seuchenmedizin
Ludwig-Maximilians-Universität München
Veterinärstraße 13
80539 München

Hennig, Arno, Prof. Dr. agr. habil. Dr. h. c.
Weigelstraße 7
07743 Jena

Hofmann, Reinhold R., Prof. Dr. med. vet. habil.
Institut für Zoo- und Wildtierforschung im Forschungsverbund Berlin e. V.
Alfred-Kowalke-Straße 17
10315 Berlin

Holtz, Wolfgang, Prof. Dr. agr. habil.
Institut für Tierzucht und Haustiergenetik
Georg-August-Universität Göttingen
Albrecht-Thaer-Weg 3
37075 Göttingen

Immig, Irmgard, Dr. sc. agr.
Institut für Angewandte Nutztierwissenschaften
Fachgebiet Tierzucht in den Tropen und Subtropen
Humboldt-Universität zu Berlin
Lentzeallee 75
14195 Berlin

Jansen, Hans-Detlef, Dr.-Ing.
Deutsches Institut für Lebensmitteltechnik e. V.
Prof.-von-Klitzing-Straße 7
49610 Quakenbrück

Jeroch, Heinz, Prof. Dr. agr. habil.
Institut für Tierernährung
Martin-Luther-Universität Halle-Wittenberg
Emil-Abderhalden-Straße 25b
06108 Halle

Kreuzer, Michael, Prof., Dr. agr. habil.
Institut für Nutztierwissenschaften
Gruppe Ernährung
Eidgenössische Technische Hochschule Zürich
Universitätsstraße 2
CH-8092 Zürich

Ladewig, Jan, Dr. sc. agr.
Institut für Tierzucht und Tierverhalten
Bundesforschungsanstalt für Landwirtschaft
Trenthorst
24847 Westerau

Mährlein, Albrecht, Dr. sc. agr.
Forschungs- und Studienzentrum für Veredelungswirtschaft Weser-Ems
Fachbereich Agrarwissenschaften
Georg-August-Universität Göttingen
Driverstraße 22
49377 Vechta

Martens, Holger, Prof. Dr. med. vet. habil.
Institut für Veterinär-Physiologie
Freie Universität Berlin
Koserstraße 20
14195 Berlin

Molnar, Sandor, Prof. Dr. agr. habil.
Institut für Tierphysiologie und Tierernährung
Georg-August-Universität Göttingen
Kellnerweg 6
37077 Göttingen

Müller, Christiane, Dr. sc. agr.
Institut für Tierzucht und Tierverhalten
Bundesforschungsanstalt für Landwirtschaft
Trenthorst
23847 Westerau

Neubert, Nele, Dr. sc. agr.
Institut für Tierzucht und Haustiergenetik
Georg-August-Universität Göttingen
Albrecht-Thaer-Weg 3
37075 Göttingen

Nonn, Huldreich, Doz. Dr. agr. habil.
Institut für Tierernährung und Vorratshaltung
Martin-Luther-Universität Halle-Wittenberg
Emil-Abderhalden-Straße 25b
06108 Halle (Saale)

Ørskov, E. Robert, Dr.
Department of Applied Nutrition
Rowett Research Institute
Bucksburn, Aberdeen AB2 9SB
United Kingdom

Pabst, Klaus, Dr. sc. agr.
Institut für Chemie und Physik
Biotechnologische Arbeitsgruppe
Bundesanstalt für Milchforschung Kiel
Hansastraße 109
24118 Kiel

Petersen, Uwe, Min.-Rat Dr. sc. agr.
Bundesministerium für Ernährung, Landwirtschaft und Forsten
Rochusstraße 1
53123 Bonn

Pingel, Heinz, Prof. Dr. agr. habil.
Institut für Tierzucht und Tierhaltung mit Tierklinik
Martin-Luther-Universität Halle-Wittenberg
Adam-Kuckhoff-Straße 35
06108 Halle (Saale)

Pirkelmann, Heinrich, Dr. agr.
Bayerische Landesanstalt für Tierzucht Grub
Prof.-Dürrwächter-Platz 1
85586 Poing

Prins, Rudolf, Prof. Dr. rer. nat. habil.
Department of Microbiology
University of Groningen
Kerklaan 30
P. O. Box 14
NL-9750 AA Haren

Ranft, Uwe, Dr. agr.
Wolfgang Röthel GmbH
PF 9
34293 Edermünde-Besse

Rennert, Bernhard, Dr. agr.
Abteilung Fischzucht und Fischpathologie
Institut für Gewässerökologie und Binnenfischerei
Müggelseedamm 310
12587 Berlin

Schafft, Helmut A., Dr. agr. habil.
Großbeerenstraße 30
10965 Berlin

Schubert, Rainer, Dr. agr.
Institut für Ernährung und Umwelt
Biologisch-Pharmazeutische Fakultät
Friedrich-Schiller-Universität Jena
Dornburger Straße 24
07743 Jena

Schulze, Wilhelm, Prof. Dr. med. vet. habil., Dr. h. c. mult.
Am Sandberge 10
30539 Hannover

Simon, Ortwin, Prof. Dr. agr. habil.
Institut für Tierernährung und Vorratshaltung
Martin-Luther-Universität Halle-Wittenberg
Emil-Abderhalden-Straße 25b
06108 Halle (Saale)

Tamminga, Seerp, Prof. Dr. ir.
Department of Animal Nutrition
Agricultural University of Wageningen
Haagsteeg 4
NL-6708 Wageningen

Stangassinger, Manfred, Prof. Dr. med. vet. habil.
Institut für Tierphysiologie
Ludwig-Maximilians-Universität München
Veterinärstraße 13
80539 München

Vande Woestyne, Marleen, Dr. rer. nat.
Laboratorium voor Mikrobiële Ekologie
Fakulteit Landbouwwetenschappen
Rijksuniversiteit Gent
Coupure Links 653
B-9000 Gent

Verstegen, Martinus Wilhelmus Antonius, Prof. Dr. ir.
Department of Animal Nutrition
Agricultural University of Wageningen
Haagsteeg 4
NL-6708 Wageningen

Vorwort

Den Nutztieren kommt bis in die Gegenwart hinein eine überragende kulturgeschichtliche Bedeutung zu. Viele biologische Gesetzmäßigkeiten, auf denen Tierhaltung und Tierproduktion beruhen, gelten heute als umfassend erforscht. Hervorragende Lehr- und Fachbücher bezeugen eindrucksvoll den in den Nutztierwissenschaften erreichten Kenntnisstand, der in der Praxis der Nutztierhaltung Anwendung auf hohem technologischem Niveau findet. Auftretende Zielkonflikte in den Bereichen der Ökologie, des Tierschutzes und der Mensch-Tier-Beziehung bleiben jedoch meist unberücksichtigt, gilt es doch für den jeweiligen Autor, als Spezialist aus einem nach anerkannten Kriterien beherrschten Fachgebiet „in einer fremden Welt zu wandern".

Wir leben, wie Ortega y Gasset formulierte, in einer Welt von Lebensmöglichkeiten. Möglichkeiten und Potentiale schaffen zugleich auch Perspektiven, Horizonte und Grenzen. Sowohl die Potentiale als auch die Perspektiven und Grenzen bei der Erzeugung von Lebensmitteln tierischer Herkunft gestalten sich in den hochentwickelten Industriestaaten grundsätzlich anders als in weniger entwickelten Ländern der Tropen und Subtropen. Sind wir, insbesondere in Regionen mit Nahrungsgüterüberschuß, in der Lage, angesichts der rasanten Entwicklungen in der Nutztierwissenschaft und -wirtschaft verantwortbare Entscheidungen für die beste Möglichkeit zur rechten Zeit, in hinreichend abgeklärter Ausgewogenheit, unter Berücksichtigung von Zielkonflikten zu treffen?

In der Überzeugung, daß die bestehenden Spannungen in der Nutztierhaltung und -produktion nur durch die Wahrnehmung der wissenschaftlich-technologisch-ökonomisch bedingten Fakten und Möglichkeiten, darüber hinaus und nicht zuletzt jedoch auch durch die Berücksichtigung weiterer psychischer und sozialer Elemente des Menschseins entschärft werden können, wird mit dem vorliegenden Buch der Versuch unternommen, die Nutztierernährung in einen breiteren entwicklungs- und kulturgeschichtlichen, gesellschaftlichen und ethischen Rahmen zu stellen, als in Lehrbüchern üblich.

Eine über das eigentliche Fachgebiet hinausgehende Wertung von wissenschaftlichen Methoden und Ergebnissen stellt für jeden Wissenschaftler eine außerordentliche Herausforderung und ein persönliches Wagnis dar. Es versteht sich daher von selbst, daß diese Zielvorstellung angesichts der zahlreichen Autoren aus verschiedenen europäischen Ländern nur in sehr heterogener Weise und in unterschiedlichem Ausmaß verwirklicht werden konnte. So mag das Ergebnis auch den gegenwärtigen Diskussionsstand und das Bemühen von Nutztierwissenschaftlern um eine verantwortbare Weiterentwicklung einer Fachdisziplin widerspiegeln.

Herausgeber und Autoren würden sich freuen, wenn das Buch bei Nutztierhaltern und Tierärzten, insbesondere auch bei den in der Erzeugung, Verarbeitung und Vermarktung von Lebensmitteln tierischer Herkunft Tätigen und nicht zuletzt bei den Verbrauchern auf Interesse stößt und Anregungen vermittelt. Wir hoffen, daß es auch Studierenden der Veterinärmedizin, Agrar- und Ernährungswissenschaften sowie Studierenden benachbarter Disziplinen Impulse zum „Nachdenken" geben kann.

Frau Dr. Irmgard Immig sei für die Mitwirkung bei der Übersetzung von Beiträgen aus der englischen Sprache, Herrn Dr. Johannes Brinkmann für kritische Lektüre und computergestützte Überarbeitung von Manuskripten gedankt. Herzlicher Dank gebührt Frau Gisela Sallen für die hilfreiche Manuskriptgestaltung. Dem Verlag und insbesondere seinem Lektor, Herrn Dr. Dr. Roland Itterheim, danken wir für die stets ermunternde und konstruktive Zusammenarbeit während der Konzipierung, Lektorierung und Drucklegung.

Göttingen – Jena – Halle (Saale), September 1994   **Die Herausgeber**

Inhaltsübersicht

Einführung

  1. Kultur mit Nutztieren (Abel) 23
  2. Entwicklung der Tierernährungswissenschaft (Hennig) 35

Teil I: Das Futterpotential

  1. Globales Futterpotential und Futterpflanzen der gemäßigten Klimate (Flachowsky, Bergmann) 39
  2. Futterpotential der Tropen und Subtropen (Ørskov) 62
  3. Futterstoffe tierischer Herkunft (Schubert, Flachowsky) 75
  4. Einzellerproteine (Molnar) 87
  5. Futterergänzungsstoffe (Flachowsky) 94
  6. Futterkonservierung (Nonn) 126
  7. Futtertechnologie (Jansen) 146

Teil II: Das Nutztierpotential

  1. Morphophysiologische Adaptationen des Verdauungssystems (Hofmann) 163
  2. Mikrobiologie der Verdauung (Demeyer, Vande Woestyne, Prins) 185
  3. Verdauung durch körpereigene Enzyme (Simon) 206
  4. Gastrointestinale Transportmechanismen (Martens) 219
  5. Stoffwechselregulation (Stangassinger) 247
  6. Reproduktion (Holtz, Neubert) 263
  7. Legeleistung (Pingel, Jeroch) 272
  8. Wachstum (Molnar) 280
  9. Laktation (Abel) 289
 10. Wollerzeugung (Dittrich) 301
 11. Zugleistung (Becker) 305

Teil III: Das Fütterungspotential

  1. Tierernährung und Tierverhalten (Ladewig, Müller) 317
  2. Regulation der Futteraufnahme (Hennig, Ranft) 327
  3. Fütterungsverfahren und Fütterungstechnik (Pirkelmann) 339
  4. Futter- und Fütterungshygiene (Gedek) 354

Teil IV: Das Nahrungsmittelpotential

  1. Fleisch (Kreuzer) 375
  2. Milch (Pabst) 401
  3. Eier (Jeroch) 417
  4. Fische (Rennert) 431
  5. Honig (Dustmann) 442

Teil V: Das gesellschaftliche Potential

  1. Tierernährung und Nahrungsgrundlage des Menschen (Schafft, Immig) 453
  2. Tierernährung im Ökosystem (Verstegen, Tamminga) 464
  3. Tierernährung und Ökonomie (Mährlein) 478
  4. Tierernährung und Ethik (Schulze) 489
  5. Tierernährung und Recht (Petersen) 493

Ausblick: Verantwortung und Perspektiven (Abel) 503

Sachregister 505

Inhaltsverzeichnis

Einführung 23

1. Kultur mit Nutztieren (Hj. Abel) 23
1.1   Domestikation 23
1.2   Materieller Fortschritt 24
1.3   Gefährdungen und Grenzen 28
1.4   Geistiger Fortschritt 29
1.5   Schlußbemerkungen 33
Literatur 33

2. Entwicklung der Tierernährungswissenschaft (A. Hennig) 35
2.1   Verdauliche Nährstoffe 35
2.2   Bewertung des Futters 35
2.3   Eiweiß 36
2.4   Vitamine 37
2.5   Mineralstoffe 37
2.6   Leistungsförderer (Ergotropika) 38
Literatur 38

Teil I: Das Futterpotential 39

1. Globales Futterpotential und Futterpflanzen der gemäßigten Klimate . . . 39
1.1   Naturwissenschaftliche Grundlagen und globales Futterpotential
      (H. Bergmann und G. Flachowsky) 39
1.1.1 Biologische Stoffproduktion 39
1.1.2 Zusammensetzung der Syntheseprodukte 40
1.1.3 Ernährungsphysiologische Bewertung von Inhaltstoffen 42
1.1.3.1 Zellinhalt 42
1.1.3.2 Zellwandbestandteile 43
1.1.3.3 Antinutritiva 43
1.1.4 Ökologische Leistungen der pflanzlichen Stoffproduktion 44
1.1.5 Globales Futterpotential 46
1.2   Futterstoffe pflanzlicher Herkunft in den gemäßigten Klimazonen
      (G. Flachowsky und H. Bergmann) 50
1.2.1 Anforderungen an Futterpflanzen aus der Sicht der Tierernährung 50
1.2.2 Verfügbare Pflanzen und Inhaltstoffe 51
1.2.3 Formen der Futtererzeugung 51
1.2.4 Charakterisierung des Futterpotentials 54
1.2.5 Möglichkeiten und Grenzen gezielter Beeinflussung des Futterpotentials . 56
1.2.5.1 Pflanzenzüchtung, Art- und Sortenwahl 56
1.2.5.2 Agrotechnische Maßnahmen 58
1.2.5.3 Futterpotential und Rationsgestaltung 59
1.2.6 Wertung des Futterpotentials 60
Literatur 61

2. Futterpotential der Tropen und Subtropen (E. R. Ørskov) 62
2.1   Futterbewertung als Kriterium zur Beurteilung des Tier- und Futterpotentials 63
2.1.1 Historische Betrachtung 63

2.1.2	Anforderungen an ein neues Futterbewertungssystem für Rauhfutter	65
2.2	Futterpotential	67
2.2.1	Effekt des Pansenmilieus	68
2.2.2	Futterpotential und Leistung der Tiere	69
2.2.3	Einfluß des Pansenvolumens	69
2.2.4	Nutzung des endogenen Fettes	70
2.2.5	Klimatische Einflüsse	71
2.3	Effektivere Nutzung wichtiger Futtermittel	71
2.3.1	Futteraufnahme und Futterqualität	71
2.3.2	Vergleich des Futterpotentials mit dem Tierpotential	72
2.4	Tierprodukte	73
Literatur		74
3.	**Futterstoffe tierischer Herkunft** (R. Schubert und G. Flachowsky)	75
3.1	Milch und Milchnebenprodukte	76
3.2	Futterstoffe von Landtieren	78
3.3	Futterstoffe von Meerestieren	80
3.4	Tierexkremente	82
3.5	Schlußfolgerungen	85
Literatur		85
4.	**Einzellerproteine** (S. Molnar)	87
Literatur		93
5.	**Futterergänzungsstoffe** (G. Flachowsky)	94
5.1	Definition	94
5.2	Formen und Einsatzhöhe von Futterergänzungen	96
5.3	Ergänzungen mit essentiellen Futterbestandteilen	96
5.3.1	Mengen- und Spurenelemente	96
5.3.1.1	Bedarf und Bedarfsdeckung	97
5.3.1.2	Bioverfügbarkeit	98
5.3.1.3	Ermittlung des Mengen- und Spurenelementstatus	100
5.3.1.4	Einfluß der Versorgung auf den Gehalt in Lebensmitteln tierischer Herkunft	101
5.3.2	Vitamine	101
5.3.2.1	Vitaminergänzungen bei Nichtwiederkäuern und Wiederkäuern	102
5.3.2.2	Beurteilung der Vitaminversorgung	106
5.3.2.3	Einfluß der Vitaminergänzungen auf den Vitamingehalt der Tierprodukte	106
5.3.2.4	Vitaminzusatz und Produktqualität	107
5.3.3	Weitere essentielle Nährstoffe	108
5.3.3.1	Aminosäuren	108
5.3.3.2	Weitere Stickstoff-Quellen	109
5.3.3.3	Energieliefernde Zusatzstoffe	109
5.4	Ergänzungen mit nichtessentiellen Futterbestandteilen	110
5.4.1	Messung des Effektes nichtessentieller Futterergänzungen	112
5.4.2	Antibiotika und Chemobiotika	113
5.4.3	Probiotika, Hefen und organische Säuren	116
5.4.4	Enzyme	119
5.4.5	Puffersubstanzen	120

5.4.6	Sonstige nichtessentielle Futterergänzungen	122
5.5	Bedeutung der Futterergänzungen	123
Literatur		123
6.	**Futterkonservierung** (H. Nonn)	126
6.1	Zielstellung	126
6.2	Wirkprinzipien bei der Futterkonservierung	127
6.3	Entwicklung der Futterkonservierung	128
6.4	Kenntnis- und Leistungsstand	131
6.4.1	Verfahrenscharakteristik	131
6.4.1.1	Ernte und Aufbereitung der Futtermittel	131
6.4.1.2	Silierung	131
6.4.1.3	Trocknung	136
6.4.2	Nährstoffverluste und Konservatqualität	139
6.4.3	Ökologische und energetische Aspekte	142
6.5	Herausforderungen, Tendenzen und Grenzen der Futterkonservierung	143
Literatur		145
7.	**Futtertechnologie** (H.-D. Jansen)	146
7.1	Einleitung	146
7.2	Zerkleinern	148
7.2.1	Einflußgrößen	149
7.2.2	Vergleich Hammermühle – Walzenmühle	150
7.2.3	Verfahren	150
7.3	Mischen	151
7.3.1	Charakterisierung einer Mischung	152
7.3.2	Einflußgrößen	153
7.3.2.1	Stoffeigenschaften	153
7.3.2.2	Mischmaschine und Mischanlage	154
7.3.2.3	Betriebsbedingungen	154
7.3.3	Arbeits- und Mischgenauigkeit	155
7.4	Pelletieren	158
7.4.1	Konditionieren	158
7.4.2	Verdichten	158
7.4.3	Kühlen	159
7.5	Veredlungsverfahren	160
Literatur		161

Teil II: Das Nutztierpotential 163

1.	**Morphophysiologische Adaptationen des Verdauungssystems** (R. R. Hofmann)	163
1.1	Einleitung	163
1.2	Wiederkäuer	164
1.3	Schweine	176
1.4	Pferde	179
1.5	Schlußbemerkungen	183
Literatur		183
2.	**Mikrobiologie der Verdauung** (D. I. Demeyer, M. Vande Woestyne und R. Prins)	185
2.1	Nährstoffumsatz durch Mikroorganismen des Verdauungstraktes	185
2.1.1	Mikroorganismen im Pansen und Dickdarm	186

2.1.1.1	Koadaptation von Wirtstier und intestinalen Mikroorganismen	187
2.1.1.2	Adaptation des Wirtstieres	187
2.1.1.3	Mikroorganismen im Pansen	188
2.1.2	Quantitative Biochemie der mikrobiellen Verdauung	189
2.1.2.1	Verdauung der Kohlenhydrate, Proteine und Lipide im Pansen	190
2.1.2.2	Stöchiometrie der Fermentation im Pansen	190
2.1.2.3	Stöchiometrie der Fermentation im Dickdarm	193
2.1.3	Mikrobieller Wachstumsertrag	193
2.1.3.1	Pansen	193
2.1.3.2	Dickdarm	195
2.1.4	Mikroorganismen im Dünndarm	195
2.1.4.1	Einflüsse auf die Verdauung im Dünndarm	195
2.1.4.2	Einflüsse auf die Zusammensetzung der mikrobiellen Flora im Dünndarm	196
2.2	Mikroben des Verdauungstraktes und Futtertoxine	197
2.2.1	Spezialfall Wiederkäuer	198
2.2.2	Qualitative und quantitative Abwehrmechanismen	199
2.2.2.1	Toxische Glykoside und Alkaloide	200
2.2.2.2	Tannine	202
2.2.3	Hemmung von Mikroorganismen des Pansens durch toxische Pflanzeninhaltsstoffe	203
Literatur		204
3.	**Verdauung durch körpereigene Enzyme** (O. Simon)	206
3.1	Geschichte der Verdauungsforschung	206
3.2	Nährstoffabbau durch körpereigene Enzyme	207
3.2.1	Regulation des pH-Wertes	209
3.2.2	Bedeutung der Gallensäuren	209
3.2.3	Aktivierung von Proenzymen	209
3.2.4	Abbau der Kohlenhydrate	210
3.2.5	Abbau der Fette	210
3.2.6	Abbau der Proteine	211
3.2.7	Abbau der Nucleinsäuren	212
3.3	Regulation der Expression und Sekretion von Verdauungsenzymen	213
3.4	Qualitative Kapazität der körpereigenen Enzyme	214
3.5	Quantitative Kapazität der körpereigenen Enzyme	215
Literatur		217
4.	**Gastrointestinale Transportmechanismen** (H. Martens)	219
4.1	Einleitung	219
4.2	Definitionen und Begriffe	219
4.3	Allgemeine Grundlagen der Transportphysiologie	219
4.3.1	Diffusion	219
4.3.2	Osmose	221
4.3.3	Bulk Flow oder Solvent Drag	222
4.3.4	Aktiver Transport	222
4.3.5	Erleichterte Diffusion	222
4.4	Grundbegriffe der Elektrophysiologie von Epithelien	223
4.5	Barrierefunktion der Magen-Darm-Epithelien	224
4.5.1	Parazelluläre Passage	224
4.5.2	Transzelluläre Passage	225
4.5.2.1	Unspezifische Permeabilität von Membranen	225
4.5.2.2	Gerichteter Transport mit Hilfe von Transportproteinen	225
4.5.2.3	Energetische Betrachtung – Elektrochemisches Potential	226

4.6	Epitheliale Transportmechanismen im Magen-Darm-Kanal	228
4.6.1	Allgemeines	228
4.6.2	Mechanismen der Speichelbildung	228
4.6.3	Ruminale Transportmechanismen	230
4.6.4	Magen	235
4.6.5	Dünndarm	236
4.6.5.1	Monosaccharide	236
4.6.5.2	Aminosäuren	236
4.6.5.3	Fette	237
4.6.5.4	Mineralstoffe	238
4.6.5.5	Resorption von Wasser	241
4.6.5.6	Sekretorische Diarrhoe	242
4.6.6	Dickdarm	242
4.7	Schlußbemerkungen	244
Literatur		245
5.	**Stoffwechselregulation** (M. Stangassinger)	247
5.1	Allgemeine Charakteristika des Stoffwechsels	247
5.1.1	Grundstrategien	247
5.1.2	Organisationsprinzipien	249
5.2	Allgemeine Charakteristika der Stoffwechselregulation	249
5.2.1	Biochemische Regelkreise	250
5.2.2	Mechanismen der Stoffwechselkontrolle	250
5.3	Hormonale Stoffwechselkontrolle	253
5.3.1	Physiologische Konzepte	253
5.3.2	Regulationsprinzipien	255
5.4	Homöostatische Stoffwechselintegration	256
5.5	Homöorhetische Stoffwechselintegration	259
5.5.1	Grundlegende Theorien zur Nährstoffverteilung	259
5.5.2	Einflüsse des Wachstumhormons auf den metabolischen Bedarf wachsender und laktierender Tiere	260
5.6	Schlußbemerkungen	261
Literatur		262
6.	**Reproduktion** (W. Holtz und N. Neubert)	263
Literatur		271
7.	**Legeleistung** (H. Pingel und H. Jeroch)	272
7.1	Entwicklung der Legeleistung	272
7.2	Nährstoffleistung, Nährstoff- und Energiebilanzen	274
7.3	Beziehung zwischen Eiqualität und Legeleistung	275
7.4	Leistungsgrenzen und Möglichkeiten ihrer Überwindung	276
Literatur		280
8.	**Wachstum** (S. Molnar)	280
Literatur		288
9.	**Laktation** (Hj. Abel)	289
9.1	Laktation als biologisches Phänomen	289
9.2	Die Milchdrüse	289
9.2.1	Morphogenese	289
9.2.2	Synthese und Sekretion der Milch	290
9.2.3	Substratversorgung und -aufnahme der Milchdrüse	291
9.3	Stoffumsatz im Gesamtorganismus	294

9.3.1	Glucose- und Stickstoffumsatz bei Milchkühen	294
9.3.2	Intermediärer Fettumsatz	296
9.4	Schlußbemerkungen	298
Literatur		299

10.	**Wollerzeugung** (A. Dittrich)	301
Literatur		304

11.	**Zugleistung** (K. Becker)	305
11.1	Einleitung	305
11.2	Physiologie des Arbeitstieres	306
11.3	Substratnutzung und physische Aktivität	308
11.4	Atmung und Kreislauf	308
11.5	Körperliche Leistungsfähigkeit und limitierende Faktoren	308
11.6	Steigerung der Leistungsfähigkeit durch Training	310
11.7	Energiebedarf, Energieverwertung und physische Kapazität von Zugochsen	311
11.8	Schlußbemerkungen	313
Literatur		314

Teil III: Das Fütterungspotential 317

1.	**Tierernährung und Tierverhalten** (J. Ladewig und Ch. Müller)	317
1.1	Einleitung	317
1.2	Entwicklung der traditionellen Systeme	318
1.3	Verhaltensprobleme der Intensivhaltung	319
1.3.1	Stereotypisches Verhalten	319
1.3.2	Schwanzbeißen	319
1.3.3	Bezoarbildung bei Mastkälbern	320
1.3.4	Federpicken bei Hühnern	320
1.4	Entwicklung alternativer Haltungssysteme	321
1.4.1	Sauenhaltung	323
1.4.2	Pferdehaltung	324
1.4.3	Kälberhaltung	325
1.5	Schlußbemerkungen	325
Literatur		326

2.	**Regulation der Futteraufnahme** (A. Hennig und U. Ranft)	327
2.1	Historische Entwicklung	328
2.2	Geschmack	329
2.2.1	Uami und andere Substanzen	330
2.2.2	Aversion und Noxen	330
2.2.3	Geschmackswahrnehmung	330
2.3	Appetit, Hunger und Sättigung	333
2.4	Modell der Regulation	334
2.5	Theorien zur Regulation	335
2.6	Weitere Einflußfaktoren	336
2.7	Schlußbemerkungen	337
Literatur		337

3.	**Fütterungsverfahren und Fütterungstechnik** (H. Pirkelmann)	339
3.1	Konzeption von Fütterungsverfahren	339
3.2	Fütterungsstrategien	341
3.2.1	Herdenfütterung	341
3.2.2	Gruppenfütterung	341

3.2.3	Einzelfütterung	342
3.3	Futteraufbereitung	343
3.3.1	Halmfutter	343
3.3.2	Saftfutter (Hackfrüchte)	344
3.3.3	Körnerfrüchte	344
3.4	Fütterungstechnik	345
3.4.1	Elektronikeinsatz in der Fütterung	346
3.4.2	Techniken zur Fütterung von Konzentraten	347
3.4.3	Techniken zur Fütterung von Grundfutter	350
3.5	Schlußbemerkungen	353
	Literatur	354

4.	**Futter- und Fütterungshygiene** (B. Gedek)	354
4.1	Mikrobiologische Qualitätsbeurteilung und hygienische Beschaffenheit von Futtermitteln	355
4.1.1	Keimbesatz als Qualitätsmerkmal	355
4.1.2	Hygienestatus und Risikofaktoren	360
4.1.3	Mikrobielle Wirkungen im tierischen Organismus	360
4.1.4	Interpretation von Keimgehalten	362
4.2	Mykotoxine und Tiergesundheit	363
4.2.1	Mykotoxikosen durch Feldpilze	365
4.2.2	Mykotoxikosen durch Lagerungspilze	366
4.2.3	Risikoabschätzung und Rückstandsbildung	367
4.3	Aspekte und Strategien der Futtermittelhygiene	368
4.3.1	Detoxikation und Dekontamination von Futtermitteln	368
4.3.2	Probiotika und Tiergesundheit	370
4.4	Schlußbemerkungen	372
	Literatur	373

Teil IV: Das Nahrungsmittelpotential . . . 375

1.	**Fleisch** (M. Kreuzer)	375
1.1	Ansprüche an die Fleischqualität im Wandel von Zeit und Gesellschaft	375
1.2	Einfluß der Fütterung auf die Fleischqualität	377
1.3	Herausforderungen in der Erzeugung von qualitativ hochwertigem Fleisch	390
1.4	Perspektiven in der Erzeugung von qualitativ hochwertigem Fleisch	395
	Literatur	398

2.	**Milch** (K. Pabst)	401
2.1	Einleitung	401
2.2	Milchzusammensetzung	403
2.3	Trinkmilch-Sensorik	405
2.4	Fettprodukte	406
2.4.1	Butter	407
2.4.2	Schlagsahne	409
2.5	Käse	410
2.6	Schlußbemerkungen	414
	Literatur	416

3.	**Eier** (H. Jeroch)	417
3.1	Eiererzeugung und -verbrauch	417
3.2	Eiqualitätskriterien und ihre Beeinflußbarkeit	417

3.3	Einfluß von Ernährungsfaktoren auf die Eiqualität	419
3.3.1	Äußere Qualitätsmerkmale	419
3.3.2	Innere Qualitätsmerkmale	422
Literatur		429
4.	**Fische** (B. Rennert)	431
4.1	Definition und Historie der Aquakultur	431
4.2	Aquakulturanlagen	432
4.2.1	Teiche	432
4.2.2	Käfige	432
4.2.3	Rinnen- und Beckenanlagen	433
4.3	Fischernährung	436
4.4	Fischfütterung	438
4.5	Der Fisch als Nahrungsmittel	439
4.6	Aquakultur und Umwelt	439
Literatur		440
5.	**Honig** (J. H. Dustmann)	442
5.1	Begriffsbestimmung und Ausgangsstoffe	442
5.2	Honigbereitung	443
5.3	Zusammensetzung des Honigs	445
5.4	Physikalische Eigenschaften des Honigs	446
5.5	Honiggewinnung	447
5.6	Honigsorten in Deutschland	447
5.7	Verwendung und Wirkungen des Honigs	448
Literatur		450
Teil V: Das gesellschaftliche Potential		453
1.	**Tierernährung und Nahrungsgrundlage des Menschen** (H. Schafft und I. Immig)	453
1.1	Einleitung	453
1.2	Fleisch und Fleischverzehr	454
1.3	Soziokulturelle und psychosoziale Faktoren des Ernährungsverhaltens	455
1.4	Proteinbedarf des Menschen unter Erhaltungsbedingungen	458
1.5	Probleme bei der Ableitung des Stickstoff-Minimalbedarfs	459
1.5.1	Protein-Energie-Interaktionen	460
1.5.2	Anpassung des Stoffwechsels an eine chronisch niedrige Proteinversorgung	460
Literatur		462
2.	**Tierernährung im Ökosystem** (M. W. A. Verstegen und S. Tamminga)	464
2.1	Einleitung	464
2.2	Tierernährung im Wandel der Zeit	465
2.3	Grenzen der Tierproduktion in der Gegenwart	467
2.4	Tierernährung für eine umweltschonende Tierproduktion	469
2.4.1	Reduzierung der Stickstoff-Emission	470
2.4.2	Reduzierung der Mineralstoff-Emission	473
2.4.3	Reduzierung der Methan-Emission	474
2.5	Schlußbemerkungen	475
Literatur		476
3.	**Tierernährung und Ökonomie** (A. Mährlein)	478
3.1	Begriffsbestimmung	478
3.2	Ökonomische Aspekte der praktischen Tierernährung	479

3.2.1	Ermittlung der Kosten selbsterzeugter Futtermittel	481
3.2.2	Austausch von Futtermitteln	482
3.2.3	Ermittlung der optimalen Kraftfuttermenge in der Milchviehfütterung	483
3.2.4	Umweltaspekte der Tierernährung	485
3.2.4.1	Auswahl geeigneter Fütterungsverfahren	486
3.2.4.2	Reduktion der Nährstoffgehalte in den Futtermitteln	487
3.3	Schlußbemerkungen	488
Literatur		489

4.	**Tierernährung und Ethik** (W. Schulze)	489
Literatur		493

5.	**Tierernährung und Recht** (U. Petersen)	493
5.1	Motive und rechtsgeschichtlicher Überblick	493
5.2	In der Bundesrepublik Deutschland geltende futtermittelrechtliche Vorschriften	494
5.2.1	Zweckbestimmung des Futtermittelgesetzes	495
5.2.2	Begriffsbestimmungen	495
5.2.3	Verbote zur Gefahrenabwehr	496
5.2.4	Allgemeine Regeln für den gewerbsmäßigen Verkehr und die Werbung	496
5.2.5	Regelungen über Einzelfuttermittel	497
5.2.6	Regelungen über Mischfuttermittel	497
5.2.7	Regelungen über Zusatzstoffe	498
5.2.8	Unerwünschte Stoffe	499
5.3	Amtliche Futtermittelüberwachung	499
5.4	Futtermittelrechtliche Vorschriften in der Europäischen Union	499
5.5	Sonstige für die Tierernährung wichtige Vorschriften	501
5.5.1	Tierschutzrecht	501
5.5.2	Veterinärrecht	502
5.5.3	Ökologischer Landbau	502

Ausblick: Verantwortung und Perspektiven (Hj. Abel) 503

Sachregister 505

Geleitwort

Die Nachfrage nach tierischen Produkten steigt weltweit stärker als die nach Nahrungsmitteln insgesamt. Besonders in den Entwicklungsländern führen steigende Einkommen, Verstädterung und sich wandelnde Ernährungsgewohnheiten zu dramatischen Zuwächsen des Verbrauchs, während in den Industrieländern der Konsum auf hohem Niveau zwar mengenmäßig stagniert, dafür aber die Ansprüche an die Qualität weiter steigen. Doch nicht nur die Nachfrage nach tierischen Nahrungsprodukten steigt, auch die nach Arbeitsleistung und tierischem Dünger ist in vielen Teilen der Welt ungebrochen. In vielen Entwicklungsländern ist der indirekte Beitrag zur Ernährungssicherung noch größer als jener über die Bereitstellung von tierischen Nahrungsprodukten. Dazu gehört neben Zugkraft und Dung vor allem auch die Funktion von Nutztieren, insbesondere Rindern, als Sparkapital, das ländlichen Wirtschaftssystemen zusätzliche Stabilität verleiht.

Zwischen 60% und 70% der Gesamtkosten in der Tierproduktion sind Futterkosten. Ein Drittel der Weltgetreideernte verschwindet in den Mägen von Nutztieren, neben noch größeren Mengen an Rauhfutter. Hier gilt es, die gegebenen Potentiale besser und so effizient wie möglich auszuschöpfen: die vorhandener und neuer Futtermittel, die der natürlichen Weideflächen, die der Umwandlung von Futtermitteln in tierische Produkte und Leistungen und jene der Fütterungstechnik. Dabei geht es selbstverständlich in erster Linie um die Erstellung hochwertiger Nahrung für den Menschen, aber eben auch um die Bereitstellung der vielen anderen tierischen Leistungen – dies alles auf eine Weise, die den Ansprüchen einer tiergerechten Haltung und eines schonenden Umgangs mit den natürlichen Ressourcen gerecht wird.

Auf der Suche nach Lösungen für eine immer weiterreichende und effizientere Ausschöpfung dieser Potentiale zergliedert sich die Forschung in nur noch von Spezialisten zu überschauende Sonderdisziplinen. Das vorliegende Buch bringt sie mit ihren wissenschaftlichen, technologischen und ökonomischen Betrachtungsweisen in den Kontext historischer, gesellschaftlicher und ethischer Perspektiven. Damit entspricht es einem breiten Bedürfnis nach Orientierung und Beseitigung von Auswüchsen, wo verantwortungsloser Umgang mit Technik, Tieren und natürlichen Ressourcen die Tierhaltung in das Abseits und damit in das Sperrfeuer öffentlicher Kritik treibt.

Aufbauend auf jahrtausendealter Überlieferung und wissenschaftlicher Erkenntnis, haben moderne Tierernährung und Tierhaltung beachtliche Leistungen aufzuweisen – zum Nutzen von Produzenten und Verbrauchern. Das wird in dem Buch in gelungener Weise ebenso anschaulich wie die noch verbleibenden Potentiale. Deutlich werden aber auch die Grenzen, die verantwortungsvolle Tierernährung zu respektieren hat. Die wechselseitige Abhängigkeit von Mensch und Tier als ein wesentliches kulturgestaltendes Element hat teilweise Produktionssystemen der Massentierhaltung Platz gemacht, in der das Tier zum reinen Nährstoffanreicherer degradiert wird. Hier sind Korrekturen notwendig, nicht nur aus Respekt vor der Würde der Tiere, sondern auch im Interesse der Gesundheit des Menschen und der Nachhaltigkeit tierischer Leistungsabgabe. Probleme gibt es auch am anderen Ende der Intensitätsskala, d. h. in den Extensivformen der Tierhaltung am tropischen Standort, wo Armut und Mangel an Alternativen Viehhaltern keine andere Wahl lassen, als neue Futtergrundlagen durch Ausweichen auf ökologisch wertvolle Wald- und Brachflächen oder durch erosionsgefährdende Steigerung der Bestandsdichten zu erschließen. Selbst Auswirkungen auf den globalen Treibhauseffekt gilt es in Rechnung zu stellen. Eines der Grundthemen dieses Buches, ,,Verantwortung", beruht auf der Erkenntnis, daß es langfristig im wohlverstandenen Interesse des Menschen selbst liegt, Lösungen für diese Probleme zu finden.

Die zugleich wirtschaftliche, tiergerechte und umweltschonende Gestaltung von Tierproduktionssystemen, die den jeweiligen sozialen und kulturspezifischen Standortbedingungen angepaßt sind, stellt eine der größten Aufgaben der Zukunft dar, die der Weiterentwicklung der Nutztierernährung dienen muß. Dabei sind verantwortungsvoller Umgang mit wissenschaftlichen Erkenntnissen und die Zusammenarbeit der Disziplinen geboten. Das vorliegende Buch liefert hierzu nicht nur den gegenwärtigen Stand der Wissenschaft und technologischen Entwicklung, sondern bietet hoffentlich auch ein Stück Orientierungshilfe.

Rom, Oktober 1994   Hartwig de Haen

Einführung

Meinst du, das Einhorn werde dir dienen
und werde bleiben
an deiner Krippe?

(Hiob 39,9)

1. Kultur mit Nutztieren
(Hj. Abel)

Kultur im weitesten Sinne beinhaltet materiellen und geistigen Fortschritt von Menschen und Menschengesellschaften. Mit dem Ende der letzten Eiszeit begab sich der Mensch, nachdem er bis dahin etwa 99% der Zeit seines Daseins auf der Erde als Sammler und Wildbeuter zugebracht hatte, durch den revolutionären Übergang zur produzierenden Wirtschaftsweise auf einen Weg der Kulturentwicklung, der ohne die Beziehungen zum Tier und ohne Nutztiere nicht zu bewältigen war.

1.1 Domestikation

Seit Urzeiten werden Tiere durch den Menschen genutzt, von Nutztieren sprechen wir jedoch erst nach der Domestikation. Sie hat zu verschiedenen Zeiten in verschiedenen Regionen teilweise unabhängig voneinander und wiederholt stattgefunden. Sie dauert – z. B. bei Damwild, Sumpfbiber und Nerz – noch immer an. Gemessen an der Gesamtzahl der auf der Erde vorkommenden Tierarten, wurde nur eine verschwindend geringe Anzahl domestiziert. Es hat Bemühungen zur Domestikation weiterer Tierarten, wie Hyänen, Steinböcke, Antilopen, Gazellen oder Pelikane gegeben, die jedoch erfolglos blieben.
Die Domestikation veränderte die Lebensweisen von Tier und Mensch. Bei den Tieren führte sie infolge Auslesewandel und gezielter Umweltgestaltung zum Erbwandel (Herre 1958, Röhrs 1980), der das Verhalten, die Morphophysiologie und die Krankheitsabwehr beeinflußte und das weitere Überleben ohne den Menschen so gut wie ausschloß. Auch der Mensch begab sich in eine Abhängigkeit. Der Übergang zur produzierenden Wirtschaftsweise schaffte einen Ausgleich für die durch zunehmende Trockenheit eingeschränkte Nahrungsquelle der Sammel- und Jagdreviere.
Der Kampf um die Nahrung und das notwendige Teilen von Nahrung in bedrängter Zeit haben schon immer Menschen zusammengeführt und möglicherweise jede kulturelle Entwicklung eingeleitet. Zweifellos stellt die Domestikation als Gemeinschaftsleistung in einem „gemeinsamen Aktionsfeld eines Gesellschaftskörpers" (Toynbee 1950) eine große Kulturleistung dar. Mit ihr begann zugleich auch die Zucht von Nutztieren auf erwünschte Eigenschaften und Leistungen.

1.2 Materieller Fortschritt

Schon während der Wildbeuterstufe standen Häute und Felle als Schutz- und Kleidungsmaterialien, Knochen zur Herstellung von Geräten, Waffen und anderen Bedarfsgegenständen oder Fett zum Betreiben der „Tranfunzeln" als Nebenprodukte der Jagd zur Verfügung. Das Gelobte Land biblischer Zeit war „ein Land, wo Milch und Honig fließt", d. h. ein solches, das anders als die Wüste köstliche Erträge bringen sollte. Zunächst jedoch wurde mit der ca. 10000 v. Chr. einsetzenden Domestikation vor allem eine sicherere Versorgung mit Fleisch erreicht. Die gezielte Nutzung anderer tierischer Leistungen kam erst später hinzu.

- **Fleisch**

Wir wissen von den „Fleischtöpfen Ägyptens", die das Ergebnis einer spezialisierten Rinderhaltung und -zucht in der Zeit des Alten Reichs (ca. 4000–1800 v. Chr.) darstellte. Dazu wurden kleinwüchsige, dickbauchige und zum Fettansatz neigende Rinder aus dem Süden importiert und in Ställen und eingezäunten Weiden bis zum Schlachten ausgemästet. Schafe unterlagen einer derart intensiven Zucht und Mast, daß der schwere Fettschwanz auf angespannten Radanhängern von den Tieren selbst gezogen werden mußte. Auch die Zwangsfütterung in Geflügelmästereien war den alten Ägyptern bekannt (Smith 1969). Im Zweistromland, wo ebenfalls die Rinderhaltung eine große Bedeutung erlangt hatte, wurde dem König von Mari (ca. 1950–1700 v. Chr.) ein Ochse angeboten, der „so voll Fleisch und so schwer ist, daß seine Fesseln zu bluten anfangen, wenn er steht. . . . Man muß ihn von seinem Lager hochheben, um ihn zu füttern" (Döbler 1971).

Über viele Jahrhunderte begründete die „lebende Konserve" von Masttieren Reichtum, Macht und Wirtschaftsbeziehungen zwischen verschiedenen Regionen. Im deutschsprachigen Raum weisen Bezeichnungen wie „Ochsenfurt", „Ochsenzoll" oder „Gasthaus zum Ochsen" auf die große überregionale Bedeutung des Ochsenhandels seit dem ausgehenden Mittelalter hin. Die Tiere wurden in den klassischen Zuchtgebieten Jütlands, Podoliens und der ungarischen Puszta gemästet, um dann zu den großen Märkten getrieben und gegen andere Handelswaren eingetauscht zu werden. Entlang der Ochsenpfade bestand in Tagesmarschabständen von ca. 20–30 km ein Netz von Gasthäusern und Rastplätzen für die Futterschaffer und Viehtreiber mit ihren Herden. Außerdem entwickelten sich hier bedeutende Handelsplätze für den Kulturgüteraustausch. Die großen Handelsmessen fanden stets zu festen, vorrangig vom Mastverfahren für Ochsen abhängigen Terminen im Jahr statt.

Die Spanier sorgten am Ende des 15. Jahrhunderts für die Überführung von bis dahin in der Neuen Welt unbekannten Rindern. Verwilderte Criollo-Rinder und weitere europäische Zuchtrassen bildeten später die Basis für die weite Regionen des amerikanischen Kontinents beherrschende Rinderproduktion, in der der Cowboy zum Idol ganzer Menschengenerationen bis in die Gegenwart hinein wurde.

Die Schweinehaltung ist schon für die ersten großen Hochkulturen Mesopotamiens und Ägyptens belegt.

Das anschauliche Beispiel einer intensiven Schweineproduktion früherer Tage findet sich in der Odyssee (14. Gesang). Odysseus kehrt nach langer Irrfahrt zunächst unerkannt bei dem Sauhirten Eumaios ein, um sich über die Zustände in seinem Hause während der 20jährigen Abwesenheit zu informieren:

„Den (Eumaios) aber fand er sitzend im Vorhaus, wo das Gehöfte
Hoch gebaut sich erhob auf rings umhegtem Gelände,
Schön und groß und allseits erreichbar; das hatte der Sauhirt
Selbst für die Schweine gebaut, . . .

Drinnen indessen, im Raum des Gehöftes, schuf er ein Dutzend
Ställe als Lager der Schweine und nah beieinander. In jedem
Pferchte er fünfzig gern sich lagernde Schweine zusammen:
Muttertiere, die warfen; die männlichen schliefen im Freien;
Diese doch waren viel weniger; Göttern gleichende Freier
Aßen die Schar schon klein, denn es mußte ja immer der Sauhirt
Ihnen den besten von allen, den feistest gemästeten stellen.
Immerhin waren es noch dreihundertundsechzig. Und allzeit
Schliefen bei ihnen die Hunde; sie waren zu viert und sie glichen
Tieren der Wildnis . . .''

Ein erster Höhepunkt der Schweinezucht wurde im alten Rom erreicht (Meyer 1989). Die Schweine dienten hier ebenso wie Lämmer hauptsächlich als Opfertiere des „kleinen Mannes" an besonderen Festtagen. Das Fleisch wurde eingesalzen, und die Salztransporte aus den Salinen um Ostia gingen durch Rom das Tibertal aufwärts über die Via Salaria bis ins Sabinerland. Die Rinder waren als Opfertiere nur den öffentlichen Zeremonien vorbehalten (Grimal 1960).

Die Schweinehaltung hat während der vergangenen Jahrhunderte in Mitteleuropa einen noch heute nachwirkenden, landschaftsprägenden Einfluß ausgeübt, indem für Hutewaldungen zur „Waldmast" und um die Höfe herum Eichen als Futterbäume angepflanzt wurden (Remmert 1986). In der Landwirtschaft war noch zu Beginn des 19. Jahrhunderts „die Haltung der Schweine ein fast notwendiges Erfordernis für die Abfallverwertung" (Thaer 1809). Neben der „Holzweide" wurden Stoppel- und Feuchtweiden, sauergrasige Niederungen, Brüche, Wurzelfrüchte von abgeernteten Kartoffel- und Rübenäckern, Küchen-, Molkerei- und Müllereiabfälle durch Schweine verwertet, die damit gleichzeitig einen wichtigen Beitrag zur Unkraut- und Schädlingsbekämpfung leisteten.

Die Schweinemast war in früheren Zeiten eine Speckmast von robusten, wanderfähigen und fast ausgewachsenen „Treiberschweinen". Erst gegen Ende des 19. Jahrhunderts vollzog sich der Wandel zur „Fleischmast" mit wesentlich jüngeren Tieren. Heute bietet das Schwein eine verhältnismäßig schnell und flexibel anpaßbare Möglichkeit zur Verwertung und Veredelung von Abfällen und Überschüssen der Nahrungsmittelproduktion und -verarbeitung. Als solches bildet es für viele landwirtschaftliche Betriebe die Existenzgrundlage.

- **Hilfstiere**

Zugochsen und Büffel vollbringen seit Jahrtausenden bis zum heutigen Tag weltweit unentbehrliche, vom Menschen nicht zu bewältigende Arbeitsleistungen im Ackerbau. Das Pferd diente zunächst nur als Fleischtier und wurde ab ca. 2000 v. Chr. allmählich zum Transport- und Zugtier entwickelt. Der Reichtum der in der Geschichte wiederholt aufgetretenen Reitervölker beruhte vor allem auf den Rinderherden. Ihre Macht gewannen sie jedoch aus der großen Beweglichkeit zu Pferde. Als Abkömmlinge der Steppennomaden konnten sie ihre als „Schreckensherrschaft" empfundene Reiterkultur meist nur über kurze Zeit halten. So herrschten z. B. die Hyksos in Ägypten 100 Jahre lang (1650–1550 v. Chr.), und das Hunnenreich überdauerte die Lebzeit König Attilas (gest. 453 n. Chr.) nicht. Eine Ausnahme bildete die ca. 400jährige Türkenherrschaft über die christlich-orthodoxe Welt (1372–1774). Nach Toynbee (1949) gelang diese lange Herrschaft nur deshalb, weil die Türken eine „Höchstleistung der Nomaden", nämlich die Abrichtung von Hilfstieren wie Hunden, zu einem System von „Menschenwärtern" in einer militärisch ausgeübten Sklaverei umfunktionierten.

In Mitteleuropa führte vor allem die Heeresreform Karls des Großen (742–814 n. Chr.) durch Schaffung der adeligen Reiterkrieger zum Ritterstand (Rösener 1985). Das Pferd hat in der Folge nicht nur als Kriegstier bis zur späteren Kavallerie und als Sporttier, sondern auch als wichtigstes Transport- und Zugtier im Handel, für Kuriere, Postkutschen und seit der Entstehung von Großstädten im Zuge der technisch-industriellen Revolution des 19. Jahrhunderts für die Pferdeomnibusse gedient. Die Ablösung der Pferde durch elektrisch betriebene Straßenbahnen und durch Automobile wurde in den Anfängen unseres Jahrhunderts als ökologische Wohltat empfunden (Marchetti 1990).

Es hat Menschengesellschaften gegeben, die ihr Leben auf Gedeih und Verderb mit Nutztieren verknüpften. Ganze Volksgruppen in Eurasien und Nordamerika verdanken ihre Existenz nur den geordneten Beziehungen zum Ren, dem einzigen domestizierten Haustier aus der Familie der Hirsche, welches als Mehrnutzungstier – abgesehen von der Lieferung lebenswichtiger Bedarfsgegenstände aus Häuten und Knochen – sowohl für Transportzwecke als auch als Fleisch- und Milchtier genutzt wird (Jettmar 1953, Röhrs 1980). Andere Völkerstämme der vorderasiatischen und nordafrikanischen Wüstenregionen waren als „Esel-" oder „Kamelnomaden" ohne ihre für den Transport des Hausstandes als auch für die Versorgung mit Milch und Bedarfsgegenständen unentbehrlichen Hilfstiere nicht lebensfähig. Mit gemischten Gefühlen beobachtet der moderne Wüstenreisende aus dem klimatisierten Automobil, wie inzwischen auch bei dieser über Jahrtausende bewährten Lebensgemeinschaft aus Mensch und Nutztier der Campingbus mit Satelliten-Antenne Einzug genommen hat und die Hilfstiere zunehmend aus ihrer kulturtragenden Rolle verdrängt.

Vor wenigen Jahren staunten deutsche Bundesbürger nicht schlecht, als sie über Fernsehsendungen Zeugen einer alten, schon im Altertum bekannten Nutzungsart von Gänsen wurden. Selbst im modernen Zeitalter der perfektionierten Überwachungstechnik taten noch Gänse als aufmerksame und lautstarke Wachtiere ihren Dienst auf damals von Demonstranten belagerten, inzwischen geräumten Raketenstützpunkten. Wachtiere haben bis in die Gegenwart ihre große Bedeutung für den Menschen behalten.

Den Gänsen werden noch weitere „militärische" Leistungen zugeschrieben. So könnte die wundersame Kraft der von Wieland dem Schmied hergestellten Nibelungenschwerter das Resultat eines besonderen Metallverarbeitungsverfahrens aus früherer Zeit gewesen sein. Die Spezialität bestand in der wiederholten Passage des fein zermahlenen, ins Futter eingemischten Schmiedeeisens durch den Verdauungstrakt von Gänsen, ein Prozeß, der im Ergebnis dem „Aufkohlen" und „Nitrieren" in der modernen Stahlherstellung entspricht (Ritter-Schaumburg 1981). Überhaupt stehen Nutztiere in enger Verbindung zur Entwicklung der Metallverarbeitung, lieferten sie doch auch in Form des Blasebalgs ein wichtiges Instrument für den feuergetriebenen Schmelzvorgang.

- **Milch**

Die Nutzung der Milch von Ziegen, Schafen und Rindern nimmt ihren Ausgang im Vorderen Orient und entwickelte sich ab etwa 6000 v. Chr. Es bedurfte einer außerordentlichen Beobachtung und Geschicklichkeit, den Milchentzugsreflex bei den Muttertieren auszulösen (Parau 1975). Die Anfänge der rationellen Milchwirtschaft scheinen auf die mit der südbabylonischen Hauptstadt Ur verbundene Kulturepoche (ca. 2550–2350 v. Chr.) zurückzugehen.

Die von Homer (ca. 600 v. Chr.) in der Odyssee beschriebene Zyklopenhöhle des Polyphemos gibt eine genaue Beschreibung der Milchwirtschaft mit Ziegen und Schafen im alten Griechenland (9. Gesang):

„Darren lagen voll Käse, in Ställen drängten sich Lämmer,
Drängten sich Zicklein, die einzelnen waren getrennt in den
Pferchen:
Hier gab es alte, dort dann die mittleren, schließlich die jüngsten;
Alle Gefäße, die Eimer, die Näpfe, schwammen von Molke,
Handgefertigtes Zeug; in diese molk er die Tiere.
...
Bis von der Weide er kam ...
                      ... sein mastiges Kleinvieh
Jagte er alles, soweit er es molk, hinein in die breite
Grotte, doch ließ er das männliche draußen im tiefen Gehöfte,
Widder und Böcke ...
Alsdann ließ er zum Sitzen sich nieder und molk seine Schafe,
Molk seine meckernden Ziegen und all dies ganz nach der Ordnung.
Schließlich legte er dann einer jeden ihr Junges ans Euter.
Aber die Hälfte der weißen Milch ließ gleich er gerinnen,
Ballte sie dann und füllte sie ein in geflochtene Körbchen,
Während hinwieder in Töpfe die andere Hälfte er stellte,
Daß er sie nehme und trinke und daß er sie habe zum Nachtmahl."

Im mittelalterlichen Europa trat die Milcherzeugung infolge der Futterknappheit während des Winters hinter der Fleischnutzung zurück. Die Milchleistungen von Kühen lagen mit etwa 250 bis maximal 600 l pro Jahr sehr niedrig. Größere Bedeutung erlangte die Milchnutzung nur in den grasbetonten friesischen Küstengebieten, wo die „Holländereien" große Mengen Butter und Käse produzierten und seit etwa 1750 mit der systematischen Förderung der Milchviehzucht begonnen wurde. Mögen die Milcherträge zu Beginn des 19. Jahrhunderts um 1000 l pro Kuh und Jahr gelegen haben, so stiegen sie bis zum 1. Weltkrieg auf über 2000 l pro Kuh und Jahr (Henning 1978/79). Seitdem, insbesondere aber nach dem 2. Weltkrieg, sind die Jahresleistungen von Kühen mit gegenwärtig durchschnittlich etwa 5000–6000 l pro Kuh weiter angewachsen. Die Milcherzeugung ist zur einkommensbestimmenden Größe von Milchviehbetrieben und die „Milchindustrie" zu einem gewichtigen Faktor der Nahrungswirtschaft geworden.

- **Wolle**

Die kulturhistorische Bedeutung der Wolle wird uns mit dem Kampf der Argonauten um das „goldene Vlies", der das mythologische Weltbild der Griechen prägte, vor Augen geführt. Die züchterische Leistung fällt umso mehr ins Gewicht, als Schafe ursprünglich kein Wollkleid besaßen (Herre 1958). Noch Albrecht Thaer (1752–1828) machte sich als „Woll-Thaer" um die Schafzucht verdient. Der während der zweiten Hälfte des 18. und ersten Hälfte des 19. Jahrhunderts inbesondere in Sachsen von den kameralistisch eingestellten Landesherren geförderte Aufschwung der Merino-Wollschafzucht fand jedoch mit dem Aufkommen des überseeischen Wollhandels und der Ausdehnung des Baumwollanbaus ab etwa 1860 ein schnelles Ende (Henning 1978). In jüngster Zeit gibt es angesichts ökologisch und sozioökonomisch unerwünschter Folgen des intensiven Baumwollanbaus sowie zunehmender Überflutung mit Kunsttextilfaser wieder Anzeichen einer steigenden Wertschätzung der Schurwolle.

- **Honig und Wachs**

In einem der ältesten „Lehrbücher der Landwirtschaft", in den „Georgica" von Vergil (70–19 v. Chr.), nimmt die „vom göttlichen Weltgeist durchwirkte" Biene, die „des Luftraums himmlische Gabe" lieferte, einen besonders gewichtigen Raum ein. Honig diente nicht nur als Süßstoff und Konservierungsmittel, sondern auch als Arznei gegen allerlei Krankheiten und Verletzungen. Selbst die Wirkung des Honigs als toxische Droge und der Bienen als „Kriegstier" zur Abwehr feindlicher Angriffe in Form von „Bienenkorbbomben" ist belegt (Dustmann 1990). Auch Bienenwachs gewann im Laufe der Zeit große Bedeutung. So wurde zu Zeiten der Hanse (13.–16. Jh. n. Chr.) Bienenwachs aus Nowgorod gegen Tücher aus Flandern und Salz aus Deutschland getauscht. Bienenwachs diente zur Herstellung von honigduftenden Wachskerzen, die die bis dahin üblichen stinkenden Tranfunzeln ersetzten. Viele Kerzen fanden in den Kirchen Verwendung, wo nicht nur die Kronleuchter den Kirchenraum erhellten, sondern sich ein allgemeiner Umbruch in der Baukunst von der gedrückten Romanik zur aufsteigenden, lichtdurchfluteten Gotik vollzog. In der Lüneburger Heide wurde auf Druck der Imker Calluna-Heidekraut als Bienenweide und „Zuckerrübenfeld des Mittelalters" angepflanzt (Remmert 1986).

Wenn auch der Honig nach wie vor als „Naturprodukt" einen hohen Rang in der Wertskala für Nahrungsmittel einnimmt, so hat die Sucht des Menschen nach Süßem doch mit der Entwicklung des Zuckerrohr- und Zuckerrübenanbaus mehr als Ersatz geschaffen. Die weltverändernden Folgen insbesondere des Zuckerrohranbaus (Hobhouse 1987), die sich nicht nur auf die verbesserte Zuckerversorgung, sondern auch von den katastrophalen Auswüchsen des Sklavenhandels über die ökologischen Gefährdungen in den Anbaugebieten bis zu den bedrohlichen Auswirkungen des übermäßigen Alkoholkonsums erstrecken, vermögen nur anzudeuten, wie wichtig dem Menschen das Süße war und ist und warum die Bienen schon für den Honigjäger der Wildbeuterstufe so hoch im Kurs standen.

1.3 Gefährdungen und Grenzen

Mit der Domestikation von Tieren waren auch Nachteile für den Menschen im Sinne der Unkultur verbunden. „Mit der Revolution von Kühen und Pflügen kam die soziale Aufspaltung, die die eurasischen Kulturen charakterisieren, die Trennung von reich und arm, von Herren und Dienern, von Männern und Frauen. Krieg nahm seinen Platz ein, und Krieger erhoben sich zu Königen" (Calder 1983). Am Beispiel Mittel- und Südamerikas zeigen sich noch heute die Folgen der mit Haustieren erworbenen Überlegenheit: Nur wenige berittene Spanier konnten große Armeen der Indianer und damit eine jahrtausendealte Kultur zerschlagen (Röhrs 1984).

Auch der Naturhaushalt änderte sich durch die Domestikation. Weidetiere „importierten" Nährstoffe aus den Weidegebieten in den landwirtschaftlichen Betrieb. In der getreidebetonten Dreifelderwirtschaft diente das Vieh primär als Düngerlieferant, und es wurde aus dieser Funktion erst ab etwa dem 19. Jahrhundert durch die Besömmerung der Brache sowie durch die auf Carl Sprengel (1787–1859) und Justus von Liebig (1803–1873) zurückgehenden Erkenntnisse der „Mineraltheorie" für die Pflanzenernährung entlastet. Das „Mistvieh" hatte über Jahrhunderte für einen Nährstoffausgleich und -kreislauf in den landwirtschaftlichen Betrieben gesorgt und so einen entscheidenden landschaftsgestaltenden Beitrag in Mittel- und Westeuropa geleistet. Als Folge der Spezialisierung und Konzentration der Tierproduktion auf kleinen Betriebsflächen ergeben sich heute gravierende Umweltprobleme. Andererseits werden die Möglichkeiten der Viehhaltung im Rahmen von Extensivierungsmaßnahmen für die Graslandbewirtschaftung und in Landschaftsschutzprojekten neu erprobt.

Die erweiterte Nahrungsgrundlage führte zur Vermehrung der Bevölkerung und damit zur Ausdehnung der menschlichen Besiedlung. Zahlreiche Beispiele belegen katastrophale ökologische Folgen dieser Entwicklung. So wurde die südliche Levante schon in vorgeschichtlicher Zeit durch den Bedarf nach Brenn- und Bauholz entwaldet und konnte sich aufgrund der Überweidung mit Ziegen nicht wieder regenerieren. Der Verlust des Waldes führte zur Bodenerosion und Zerstörung des Lebensraums für Mensch und Nutztier (Anonym 1990). Die Vernichtung seßhafter Kulturen durch einfallende Steppennomaden beruhte meist auf dem Schwinden der Lebensgrundlage in den Steppen durch Bodenerosion infolge von Überweidung. Die mit dem Bevölkerungswachstum ebenfalls steigende Zahl von Wiederkäuern erfordert eine immer größere, meist auf Kosten des Waldes gewonnene Weidefläche, die nicht nur die Gefahr der Bodenerosion, sondern auch den Beitrag von Wiederkäuern zum ozonschädigenden Spurengas Methan erhöht. Unter intensiven Produktionsbedingungen beruht ein erheblicher Anteil der mit dem Nitratgehalt des Grundwassers und dem sauren Regen in Verbindung stehenden Stickstoffemission auf der Rinderhaltung.

In dem Streben, größtmöglichen Nutzen aus Tieren zu ziehen, hat es – wie bereits die Beispiele der antiken Fleischproduktion zeigten – immer wieder Übertreibungen, Überforderungen und bis zur Pervertierung ausufernde Entwicklungen auf Kosten der Nutztiere gegeben. Die im alten Griechenland verbreitete Sodomie läßt sich bis in das mythologische Bild der Pasiphae mit dem künstlichen Stier zurückverfolgen. Diskussionen um Tierkämpfe, besonders Stierkämpfe, haben bis in die Gegenwart hinein kein Ende gefunden. Obwohl der Gedanke des Tierschutzes spätestens seit Kant (1724–1804) und Schopenhauer (1788–1860) verstärkt in das Bewußtsein der aufgeklärten Menschheit gerückt worden ist und Eingang in die Gesetzgebung gefunden hat, kann nicht übersehen werden, daß weltweit noch immer Millionen von Nutztieren unter erbärmlichsten Haltungsbedingungen dahinvegetieren müssen und auch im Zeitalter der Motorisierung Tieren noch immer Zug- und Transportleistungen abverlangt werden, die ihr physiologisches Leistungsvermögen weit übersteigen. Voller Entsetzen werden wir mit Berichten und Bildern von Tiertransporten über Tausende von Kilometern unter schändlichsten Versorgungs- und Haltungsbedingungen konfrontiert.

Der Mensch konnte im Lauf der Geschichte großen und vielfältigen materiellen Nutzen aus dem Umgang mit domestizierten Tieren ziehen, er schuf aber zugleich ein bedrohliches Potential der Gefährdung und Zerstörung. Stimmen gegen die moderne Tierproduktion nehmen unüberhörbar zu. Nicht allein die lange, auf den ersten „Weltweisen" Pythagoras und die griechischen Orphiker zurückgehende Tradition der Vegetarier bezeugt, wie kontrovers die Beziehung zu Tieren schon immer gesehen worden ist und wie stark sie von den Anfängen an auch über den materiellen Nutzen hinausgewiesen hat.

1.4 Geistiger Fortschritt

Wenn auch die Vorfahren des Homo sapiens während der unvorstellbar langen Wildbeuter- und Sammlerperiode und auch der Homo sapiens selbst von Anbeginn als „ökologische Katastrophe" aufgefaßt werden können (Röhrs 1984), so bestanden wohl doch schon „zwischen dem einstigen Jäger und seinem Opfer andere, viel tiefere Beziehungen als zwischen einem Maitre d'hotel und einem kunstgerecht tranchierten Hirschbraten" (Döbler 1971). Das Leben von und mit den Tieren hat den Menschen Ausdrucksformen suchen und finden lassen, die auch die geistig-kulturelle Entwicklung in Religion, Kunst und Wissenschaft begründeten.

- **Religion**

Zweifellos wurden die Anfänge religiöser Anschauungen und Praktiken ganz entscheidend von den Beziehungen zum Tier bestimmt. Solange sich der Mensch der Natur noch nicht überlegen fühlte – ein Bewußtsein, das mindestens bis zum Entstehen der ersten Hochkulturen herrschte –, dürften Gottheiten nach dem Muster des „Herrn der Tiere", möglicherweise auch Jagdtiere, in denen sich das Göttliche selbst offenbaren konnte, im Zentrum der Ehrerbietung und Anbetung gestanden haben (Toynbee 1965). Bei dem „Herrn der Tiere" handelte es sich um einen Schöpfergott, der außerhalb seiner Schöpfung als Verursacher und Lenker aufzufassen war. Bei Naturvölkern gibt es außerdem den Grundtyp einer Gottesvorstellung, die das Göttliche gleichsam als Auflösungsprodukt einer Urzeit, im irdischen Leben fortwirkende Kraft ansieht, und die sich in jedem Lebewesen neu offenbart (Jensen 1992). Die alten Götter in Mesopotamien, Ägypten, Griechenland, Rom oder im ostasiatischen Raum hatten fast ausnahmslos Tiergestalt. Den Inkarnationskulten lag die Vorstellung zugrunde, daß die Gottheit im Tier anwesend und bei entsprechender Verehrung günstig zu stimmen war (Smith 1969).

Die griechische Mythologie verweist auf den niemals in bleibender Gestalt greifbaren Meeresgott Proteus und kennt in der Genealogie der Götterfamilie das Motiv des lebenzehrenden Lebenshungers, das sich bis in das Bild der fleischzerfetzenden Mänaden fortsteigert und bei den Anhängern des orgiastisch-dionysischen Kults Realität wurde. Derartige Mythen lassen sich als Manifestationen des in seinen Grundzügen sogar auf die tierische Ahnenreihe zurückreichenden Unbewußten im Menschen auffassen (Jürß 1988). Wenigstens führen die Mythologien der verschiedensten Kulturkreise, die Gottesvorstellungen vergangener und gegenwärtiger Weltreligionen auch auf die ursprünglichen Beziehungen des Menschen zum Tier zurück. Der „Tanz um das Goldene Kalb" (2. Mose, 32) wirft ein Licht auf die dramatischen Umstände der „Entgöttlichung" von Tieren.

Andererseits wird bis in unsere Zeit hinein bei einigen totemistisch eingestellten Naturvölkern das Göttliche in der Gestalt von Tieren gesehen. Unter Totemismus versteht man darüber hinaus die Überzeugung vor allem der nordamerikanischen Indianer, von einem Tier abzustammen und mit ihm verwandt zu sein. Auch Angehörige desselben Totems betrachten sich im Clan-Verband untereinander verwandt. Es wird nicht das Tier selbst, sondern sein Wesen als „Geisthelfer" oder „Geisthüter" geehrt und für die eigene Persönlichkeitsentfaltung wie ein spirituelles Werkzeug genutzt. In jüngster Zeit findet dieses in extremer Weise tierbezogene System wieder Interesse in der sog. „Erd-Medizin", die die Verbindungen des Menschen zur Erde, zu den Elementen und zu anderen Lebensformen – ähnlich wie die auf den Sonnenstand bezogene Astrologie – für die Lebensführung und -bewältigung des Menschen bewußt und nutzbar machen möchte (Meadows 1992).

Rein animalistisch-magische Züge trägt die vermutlich bis auf die steinzeitliche Wildbeuterstufe zurückgehende und bis in unsere Zeit hinein bei Naturvölkern anzutreffende Kulturerscheinung des Schamanen, der in tierähnlicher Maskierung unter Anwendung spezieller spiritueller Techniken als Mittler zur Gottheit und zum Jenseits wirkt. Es handelt sich hierbei jedoch nicht um eine besondere Form der Religion, sondern um ein psychotechnisches Hilfsverfahren, das auf die jeweils vorgefundenen religiösen Ausdrucksformen anwendbar war und in Extremfällen auch nicht davor zurückschreckte, die Gottheit selbst dem menschlichen Willen dienstbar zu machen (Jensen 1992).

- **Kunst**

Auch die ursprünglich religiös verankerte Musik, insbesondere die Entwicklung der Instrumentalmusik, stand von Anbeginn im Zusammenhang mit Nutztieren. Der mythische Sänger Orpheus galt als Erfinder der Leier und konnte mit seiner Musik auch wilde Tiere bezähmen (Hickmann 1984). Im biblischen Mythos wird den Nachkommen des Kain neben der nomadisierenden Lebensweise und der Metallverarbeitung die Entwicklung der Instrumentalmusik zugeschrieben, wobei alle drei Erfindungen „aus dem Geiste der Eselzucht" erfolgt sein sollen. Auch die griechische Mythologie kennt die Silene oder Eseldämonen. Der phrygische Silen Marsyas war der Lehrer des Aulosspiels und der Kentaur Chiron der Lehrer des Kitharaspiels. Der phrygische König Midas war ebenfalls ein Silen oder Satyr und hatte Eselsohren. Er galt als der Erfinder der Querflöte. Außerdem hatte er – ein weiterer Hinweis auf die Verbindung zwischen Metallverarbeitung und Nutztieren – die „Goldeselkraft", indem alles, was er berührte, zu Gold wurde (Vogel 1973). Das bekannte Motiv der „Bremer Stadtmusikanten" gab es schon im alten Ägypten, wobei sich Esel, Löwe, Krokodil und Meerkatze als Instrumentalmusiker betätigten (Brunner-Traut 1984).

Die kulturtragende Rolle des Esels steht in einem merkwürdigen Gegensatz zu dem „dummen Esel", der seit Generationen die menschliche Vorstellung prägt. Wahrscheinlich verbirgt sich dahinter jedoch der für die Weltliteratur höchst bedeutsame Ursprung der Tierfabel, die auf die sagenhafte Gestalt des phrygischen Sklaven Äsop zurückgeht und die abendländische Fabeltradition über La Fontaine (1621–1695) bis in die Zeit der deutschen Klassik und danach maßgeblich beeinflußte. In den Tierfabeln kam anders als in den Dramen, Epen und Hymnen der kleine Mann der Straße, seine Findigkeit, sein Mutterwitz gegen die Ungerechtigkeit der Großen, des Volkes Stimme zum Ausdruck. So konnte man „nicht allein die Kinder, sondern auch die Fürsten und Herren ... betriegen zur Wahrheit" (M. Luther, zit. n. Arendt 1987). Immer wieder ist das Motiv der Überlegenheit des Unterdrückten z. B. als Tiermärchen, als Eselsroman, als Reineke Fuchs oder als moderne Mickeymouse literarisch dargestellt worden und hat in dieser Form überragende Popularität gewonnen (Spoerri 1965). Große Tradition besitzt auch die auf Theokrit (um 270 v. Chr.) zurückgehende Hirtendichtung, die u. a. bei Vergil in den „Bucolica" einen weiteren Höhepunkt erreicht und ein anschauliches Bild der seinerzeit überaus gewichtigen Hirtenkultur liefert.

Die geistige Auseinandersetzung mit den Tieren hat von Anbeginn immer wieder Ausdrucksformen von höchster künstlerischer Kraft gefunden. Die ältesten Höhlenmalereien von Lascaux und Altamira zählen ebenso wie die viel späteren Meisterwerke der Tiermalerei etwa von Albrecht Dürer, Franz Marc, Pablo Picasso oder Marc Chagall zu den höchsten Kunstwerken, und sie belegen, daß der Mensch das Wunderbare dieser Welt auch ohne wissenschaftlich-technischen Fortschritt schon über lange Zeit intensiv erleben und darstellen konnte.

- **Wissenschaft**

Bis in die jüngste Vergangenheit hinein standen wissenschaftliche Auseinandersetzungen über biologische Fragen und Phänomene unter den viele Jahrhunderte herrschenden Denkschulen der auf Platon (427–347 v. Chr.) zurückgehenden *Essentialisten* und der mit Aristoteles (384–322 v. Chr.) verbundenen *Holisten*. Während die Essentialisten an den „unmittelbaren Ursachen" der Phänomene interessiert waren und vor allem in der Tradition Galileis (1564–1642), Bacons (1561–1626) und Descartes (1596–1650) bis zu Newton (1643–1727) ein stark bis ausschließlich mechanistisches Weltbild prägten, zugleich den

Zweig der Funktionsbiologie mit Teilgebieten wie Anatomie, Physiologie und Biochemie begründeten, fragten die Holisten mehr nach den „letzten Ursachen", nach Zweck und Ziel der komplexen lebenden Systeme, die als Ganzes immer mehr als nur die Summe der Teile darstellten. Das holistische Gedankengut mündete in der von Lamarck (1744–1829) und Darwin (1809–1882) vorangebrachten Evolutionsbiologie. Erst in jüngster Zeit gelang die Zusammenschau dieser sich zeitweise mit äußerster Schärfe bekämpfenden Schulen in der sog. „Synthetischen Evolutionstheorie", die heute auch die Bereiche der Ethologie, Ökologie und Molekularbiologie einschließt (Mayr 1984).

Der Gedanke des biologischen Entwicklungsprozesses hat seine Wurzel schon bei Aristoteles, der erstmals in seiner „Tierkunde" umfangreiche naturgeschichtliche und vergleichende Darstellungen über Körperbau und physiologische Funktionsweisen bei Tieren lieferte (Gohlke 1957). Die Erfahrungen mit den gegenüber wildlebenden Tieren wesentlich leichter zu beobachtenden und zu untersuchenden Haustieren, ihr individuelles Verhalten, Geburt, Wachstum, Ernährung, Fortpflanzung, Krankheit, Tod usw. lieferten nicht zuletzt auch Einsichten in die Natur des Menschen und in die Medizin.

Im christlichen Abendland bot die Naturgeschichte der Tiere wichtige Argumente für die als Gottesbeweis dienende Zweckmäßigkeit der Natur. Dieser anthropozentrisch und teleologisch geprägten Naturtheologie zufolge war die gesamte Schöpfung den auf oberster Stufe stehenden Menschen untergeordnet. Erst mit der Renaissance, in der Begegnung mit der durch Schrift, Bild, Technik und Reisen erweiterten „Neuen Welt", begann man, allmählich aus den von vielen Tabus bestimmten Fesseln der Naturtheologie herauszutreten. Die große Zahl der Enzyklopädien und der systematisierenden Ordnung des Tierreichs (Gesner 1516–1565; Buffon 1707–1788; Linnaeus 1707–1778) setzte ein.

Die Renaissance bildete auch den Boden für die zunehmende Trennung von Wissenschaft und Kunst, die nach Aristoteles noch aus einer gemeinsamen geistigen Wurzel herrührten. Albrecht Dürer mag seine unzähligen Tierbilder noch unter künstlerischen und wissenschaftlichen Gesichtspunkten geschaffen und – belegbar durch seine unzähligen zeichnerischen Proportionsstudien des Menschen – in gewissem Maße unter dem Bann des mechanistischen Weltbildes seiner Zeit gestanden haben. Als Gegenströmung zu dieser Sichtweise entstand jedoch gleichzeitig die qualitativ-chemische Tradition der Alchimisten (Paracelsus, 1493–1541), die die Lebensprozesse als chemische Vorgänge verstanden. Die Anfänge der modernen ernährungsphysiologischen Forschung liegen bei Jan Baptist van Helmont (1577–1644), der erstmals die Azidität des Magens und die Alkalinität des Dünndarms erkannte. In der Folge professionalisierte sich die Wissenschaft immer stärker, bis es um die Wende zum 19. Jahrhundert zur Einrichtung von Laboratorien für Unterrichtszwecke (Liebig 1803–1873) und von Lehrstühlen insbesondere an deutschen Universitäten kam.

Mit der Entfaltung einer „rationellen Landwirtschaft" (Thaer 1809), mit der Einführung neuer Kulturpflanzen wie Leguminosen, Kartoffeln, Rüben in den Ackerbau, mit der Verbesserung der Be- und Entwässerungstechnik, mit den vertieften Kenntnissen über Ernährung und „Tierchemie" (Liebig 1842), mit der Entwicklung der Transport-, Bearbeitungs- und Konservierungstechnik erweiterte sich im 19. Jahrhundert die Futterbasis für Nutztiere enorm. Durch intensive und außerordentlich erfolgreiche Züchtung leistungsstarker Zug-, Mast- und Milchtiere und nicht zuletzt aufgrund der immer stärkeren Nachfrage nach Lebensmitteln tierischer Herkunft entwickelte sich ein neues Forschungsgebiet im Bereich der landwirtschaftliche Nutztiere (Haushofer 1963).

Die Nutztierwissenschaften wurden vielfach zum Schrittmacher der humanmedizinischen Forschung. Schon Albrecht von Haller (1707–1777) führte Tierversuche zur Bestimmung der Funktion von Organen durch. Trotz intensiver Suche nach Alternativen sind für die moderne Medizin und die Erforschung von Krankheiten zur Heilung und Minderung menschlichen Leids bis in die Gegenwart hinein Versuchstiere unverzichtbar.

1.5 Schlußbemerkungen

Erkennen wir an, daß Mythen als „gelebte Realitäten" das gesellschaftliche Bewußtsein einer Epoche ausdrücken und das Leben der Menschen weitgehend motivieren und rechtfertigen (Jürß 1988), so hat der Mensch die Entstehung und Entwicklung der Kultur von den frühesten Zeugnissen der Höhlenmalerei über die älteste Literaturquelle des Gilgamesch-Epos (ca. 2750–2600 v. Chr.) oder über die verschiedenen mythologischen Systeme immer wieder aus seiner engen Beziehung zu Tieren verstanden und zum Ausdruck gebracht. Die kulturelle Entwicklung wurde möglicherweise durch die spirituelle Bindung an das Tier noch stärker als durch die materielle Abhängigkeit im Kampf gegen den Hunger bestimmt, denn die nur allmählich über einen langen Zeitraum eintretende Wirkung der Domestikation dürfte die Nahrungsversorgung der Menschen erst über Generationen, weniger aber während ihrer individuell überschaubaren Lebensspanne spürbar verbessert haben.

Noch oder besser gerade heute erziehen wir unsere Kinder von den ersten Lebensstunden an mit Kuscheltieren, „Tiersprachen", Tierliedern, Tiergeschichten und Tierspielzeugen. Kinder bekommen „ihre" lebenden Haustiere als Zimmer-, Spiel- und Sportgenossen. Gestrauchelten Menschen versucht man durch den Umgang mit Tieren zu helfen, und nicht selten zählt noch auf dem Altenteil der Hund, die Katze oder der Kanarienvogel zum verläßlichsten Freund und Ansprechpartner. Alle diese Begegnungen mit Tieren bedeuten für den Menschen auch geistige und seelische Wirklichkeitserfahrung.

Der Mensch hat forschend ein gutes Stück auf dem Weg der „Entgöttlichung" und „Entanthropomorphisierung" der Natur zurückgelegt. Er wird weiter fortschreiten und wahrscheinlich wie bisher mit Hilfe von Tieren die Kultur als „Summe von Bequemlichkeiten" (Spengler 1966) mehren. Dieser Fortschritt wird jedoch angesichts ökologischer, soziopolitischer und ethischer Krisen nicht mehr nur optimistisch gesehen. Die seit den Anfängen der produzierenden Wirtschaftsweise vorhandene und insbesondere durch die christlich-abendländische Tradition geförderte Einteilung in „nützliche" und „unnütze" Tiere bis zur Steigerung einer Betrachtung von Tieren „nur als Maschinen" hat sich gewandelt. Es ist das Bewußtsein bis in die Gesetzgebung hinein gewachsen, daß wir für unsere Mitgeschöpfe unabdingbare Verantwortung zu tragen und für ihren Schutz zu sorgen haben. Nehmen wir die Kultur als „Inbegriff von Wissen, Glauben, Kunst, Moral, Gesetz, Sitte und allen übrigen Fähigkeiten und Gewohnheiten, welche der Mensch als Glied der Gesellschaft sich angeeignet hat" (Tyler 1963, zit. n. Bargatzky 1986), so sind insbesondere die Menschen der technologisch hochentwickelten Länder aufgerufen, sich der kulturtragenden Bedeutung der Nutztiere voll bewußt zu bleiben.

Literatur

Anonym (1990): Prehistoric people ruined their own environment. New Scientist **24**, 22.
Arendt, D. (1987): Der Fuchs war ein Jurist vom Fach – Meister Reineke in der Literatur. Studium Generale. Tierärztliche Hochschule Hannover, Bd. V, 5–26. Verlag M. u. H. Schaper, Hannover.
Bargatzky, T. (1986): Einführung in die Kulturökologie. Dietrich Reimer Verlag, Berlin.

Brunner-Traut, E. (1984): Die Stellung des Tieres im alten Ägypten. Studium Generale. Tierärztliche Hochschule Hannover, Bd. II, 25–39. Verlag M. u. H. Schaper, Hannover.

Calder, N. (1983): Timescale: An atlas of the 4th dimension. Viking Press, New York.

Döbler, H. (1971): Kultur- und Sittengeschichte der Welt. Jäger – Hirten – Bauern. Bertelsmann Kunstverlag, Gütersloh.

Dustmann, J. H. (1990): Mensch und Biene. Studium Generale. Tierärztliche Hochschule Hannover, Bd. VIII, 34–48. Verlag M. u. H. Schaper, Hannover.

Gohlke, P., Ed. (1957): Aristoteles, Tierkunde. Ferdinand Schöningh, Paderborn.

Grimal, P. (1960): Römische Kulturgeschichte. Droemersche Verlagsanstalt, München, Zürich.

Haushofer, H. (1963): Die deutsche Landwirtschaft im technischen Zeitalter. In: Franz, G., Ed.: Deutsche Agrargeschichte, Bd. V. Verlag Eugen Ulmer, Stuttgart.

Henning, F.-W. (1978/79): Landwirtschaft und ländliche Gesellschaft in Deutschland. UTB 774 u. 894. Ferdinand Schöningh, Paderborn, München, Wien, Zürich.

Herre, W. (1958): Abstammung und Domestikation der Haustiere. In: Hammond, J., Johansson, I. und Haring, F., Eds.: Handbuch der Tierzüchtung Bd. I, 1–58. Paul Parey, Hamburg u. Berlin.

Hickmann, E. (1984): Das Tier in der Musik. Studium Generale. Tierärztliche Hochschule Hannover, Bd. II, 5–14. Verlag M. u. H. Schaper, Hannover.

Hobhouse, H. (1985): Fünf Pflanzen verändern die Welt. Klett-Cotta Verlagsgemeinschaft, Stuttgart.

Jensen, A. E. (1992): Mythos und Kult bei Naturvölkern. dtv Wissenschaft 4567.

Jettmar, K. (1953): Neue Beiträge zur Entwicklungsgeschichte der Viehzucht. Wiener Völkerkundliche Mitteilungen **1**, 1–14.

Jürß, F. (1988): Vom Mythos der alten Griechen. Reclam 1230, Leipzig.

Marchetti, C. (1990): Energieerzeugung ohne CO_2-Emissionen. Werden die Ökosysteme dann wieder kontrollierbar? In: Herausforderung des Wachstums. Club of Rome, Scherz-Verlag, Bern, München, Wien.

Mayr, E. (1984): Die Entwicklung der biologischen Gedankenwelt. Springer-Verlag, Berlin, Heidelberg, New York, Tokio.

Meadows, K. (1992): Die Weisheit der Naturvölker. Scherz-Verlag, Bern, München, Wien.

Meyer, H. (1989): 10000 Jahre „Schwein gehabt" – Skizzen zur Mensch/Tier-Beziehung. Studium Generale. Tierärztliche Hochschule Hannover, Bd. VII, 34–55. Verlag M. u. H. Schaper, Hannover.

Parau, D. (1975): Studien zur Kulturgeschichte des Milchentzugs. Volkswirtschaftlicher Verlag Kempten.

Remmert, H. (1986): Der vorindustrielle Mensch im Ökosystem der Erde. Studium Generale. Tierärztliche Hochschule Hannover, Bd. III/IV, 54–63.

Ritter-Schaumburg, H. (1981): Die Nibelungen zogen nordwärts. Herbig Verlagsbuchhandlung, München, Berlin.

Röhrs, M. (1980): Die Entwicklung der Haustiere. In: Comberg, G., Ed.: Tierzüchtungslehre, S. 19–56. Verlag Eugen Ulmer, Stuttgart.

Röhrs, M. (1984): Entstehung und Bedeutung der Haustiere. Studium Generale. Tierärztliche Hochschule Hannover, Bd. II, 40–51.

Rösener, W. (1985): Bauern im Mittelalter. C. H. Beck'sche Verlagsbuchhandlung, München.

Smith, H. S. (1969): Animal domestication and animal cult in dynastic Egypt. In: Ucko, P. J., and Dimbleby, G. W. Eds.: The domestication and exploitation of plants and animals, pp. 307–314. Duckworth & Co., London.

Spengler, O. (1966): Frühzeit der Weltgeschichte. C. H. Beck'sche Verlagsbuchhandlung, München.

Spoerri, T. (1965): Der Aufstand der Fabel. In: La Fontaine, Hundert Fabeln. Manesse Verlag, Zürich.

Thaer, A. V. (1809): Grundsätze der rationellen Landwirtschaft. Berlin.

Toynbee, A. (1949): Studie zur Weltgeschichte. Claassen u. Goverts, Hamburg.

Toynbee, A. (1950): Der Gang der Weltgeschichte. Bd. I. W. Kohlhammer Verlag, Stuttgart.

Toynbee, A. (1966): Change and Habit. The change of our time. Oxford University Press, London, New York, Toronto.

Vogel, M. (1973): Onos Lyras. Der Esel mit der Leier. Verlag der Gesellschaft zur Förderung der systematischen Musikwissenschaft, Düsseldorf.

2. Entwicklung der Tierernährungswissenschaft
(A. Hennig)

Eine Grundvoraussetzung menschlichen und tierischen Lebens ist die Aufnahme von Nährstoffen; Tier und Mensch ist deshalb der Hungertrieb inhärent. Schon bei den Hellenen finden sich Hinweise zur Ernährung und Diätetik sowie zur Fütterung. In der europäischen Literatur gibt Thaer (1809) eine gute Übersicht zum damaligen Kenntnisstand. Auf diesen Autor geht der *Heuwert* zurück. Der Heuwert, anfangs als Maßstab für die Düngerproduktion (gemeint war Kot) geschaffen, wurde zu Futterberechnungen genutzt. Noch Ende des 19. Jahrhunderts setzten sich viele für den Heuwert als Futtermaßstab ein (Ehrenberg 1899): Falsche Dogmen sterben langsam.

Der Chemiker Einhof hatte Anfang des 19. Jh. versucht, den Heuwert durch Analyse des Futters zu verbessern. Er kann als Begründer der Futtermittelanalytik angesehen werden. Nachdem anfangs noch zwischen N-haltigen und N-freien Stoffen unterschieden wurde, wird in der Mitte des Jahrhunderts zwischen Protein, Fett, Holzfaser und Kohlenhydraten differenziert. Henneberg und Stohmann (1860) führten die *Weender Analyse* in das Fachgebiet ein. Es gab von da an Rohprotein, Rohfett, Rohfaser und die N-freien Extraktstoffe (NfE). Bald teilte man Rohprotein in Reineiweiß und Amide (NPN) auf. Die weitere Aufgliederung in Aminosäuren dauerte noch einige Zeit. Die N-freien Extraktstoffe und die Faserfraktion wurden in den 60er Jahren durch die Aufgliederung der Zellwandfraktion auf ein neues Niveau gehoben (Goering und van Soest 1970). Weitere Fortschritte auf dem Gebiet der Zellwandanalytik kamen vor allem aus der Richtung Humanernährung (Englyst 1989).

2.1 Verdauliche Nährstoffe

Henneberg und Stohmann (1860) führten als erste *Verdauungsversuche* nach heutigem Verständnis durch. Das war ein ungeheurer Fortschritt gegenüber Hennebergs Lehrer Liebig, der noch von „Lebenskraft" des Futters und der Nahrung gesprochen hatte. Um die Vorgänge in Teilabschnitten (Maul, Pansen, Darm) zu erfassen, wurden später Beuteltechnik und Brückenfisteln angewandt. Hinzu kamen auch sogenannte *Indikatormethoden,* bei denen aus dem Verhältnis vom Indikator im Futter zum Indikator im Kot die Verdaulichkeit ohne Sammlung der gesamten Kotmenge abgeschätzt wurde. Die Höhe der Futteraufnahme hat beim Wiederkäuer einen durchaus gravierenden Einfluß auf die Verdaulichkeit.

2.2 Bewertung des Futters

Schon Grouven (1864) hatte gefordert, daß die Nährstoffe in reinem Zustande geprüft werden müßten, um ihre Wirkung erkennen zu können. Der Henneberg-Schüler Gustav Kühn baute in Leipzig-Möckern eine verbesserte Ausführung des Göttinger Pettenkoferschen Respirationsapparates und schuf die methodischen Voraussetzungen zur Prüfung des Ansatzes von Fett und Eiweiß. Sein Nachfolger Kellner (1905) führte zusätzlich die

Kalorimetrie ein; es konnten Energiebilanzen aufgestellt werden. Um die Futtermittel vergleichen zu können, benutzte Kellner (1905) das Fettansatzvermögen der Futtermittel und setzte es in Vergleich zur Stärke (*Stärkewert*). Bei Schweinen ermittelte Kellners Nachfolger Fingerling (1912–1944) (zit. n. Schiemann et al. 1971) in Möckern den Fettansatz der Nährstoffe und zahlreicher Futtermittel. Er stellte fest, daß der Ansatz bei Schweinen etwa 35% höher war als beim Wiederkäuer.

Das *Nettoenergiesystem* bauten Schiemann et al. (1971) aus. Sie führten sehr viele Respirationsversuche mit Rindern, Schweinen, Ratten und ausgewachsenen Hähnen durch, um den Fettansatz zu bestimmen. Im Gegensatz zu Kellner errechneten sie mit einer Gleichung die Nettoenergie Fett und aus ihr (Divisor: 2,5 für Rinder, 3,5 für Schweine und Geflügel) den *energetischen Futterwert*.

In verschiedenen Ländern existieren unterschiedliche Futterbewertungsmaßstäbe, wie z. B. die verdaulichen Nährstoffe (TDN/USA), die umsetzbare Energie (verschiedene europäische Länder) oder die Nettoenergie Laktation. Diese Heterogenität der Futterbewertung ist den Fütterungsbedingungen und den Unterschieden zwischen den Tierarten geschuldet und zeigt zugleich die bestehenden Mängel in methodischer Hinsicht.

2.3 Eiweiß

Die Entdeckung des Stickstoffs fällt in die letzte Hälfte des 18. Jahrhunderts. Die Lebensnotwendigkeit des Stickstoffs bewies Magendie (1817). Den dynamischen Status der Eiweiße erkannte Schoenheimer (1942). Als Begründer des Verfahrens der N-Bilanz ist Voit (Bischoff und Voit 1860) anzusehen. Thomas (1909), ein Schüler Rubners, schuf das Verfahren zur Messung der Proteinqualität. Da die biologische Wertigkeit der Eiweiße u. a. von der Höhe der Gabe abhängig ist, fand mit zunehmender Kenntnis des Aminosäurengehaltes der Futtermittel und des Anteils unentbehrlicher Aminosäuren dieses Verfahren kaum noch Anwendung. Versuche, die Wertigkeit des Eiweißes oder den Versorgungsgrad der Tiere mit Aminosäuren indirekt einzuschätzen (z. B. Harnstoffgehalt des Blutes, Gehalt einiger Metabolite im Harn), scheiterten unter praktischen Verhältnissen. Mit der zweiten Hälfte des Jahrhunderts begann bei Nichtwiederkäuern die systematische Ermittlung des Bedarfs an den die Eiweißverwertung limitierenden Aminosäuren und ihres Zusatzes zur Ration; letztere erfolgte erstmals anfangs der 50er Jahre.

Die Wiederkäuer können auch Nicht-Protein-N verwerten (Hagemann 1891). Virtanen (1966), bisher einziger Nobelpreisträger der Tierernährung, fütterte Kühe mit über 4000 kg Jahresleistung ohne natives Eiweiß über einige Jahre. Seine Befunde wurden nicht reproduziert, sie sind wahrscheinlich bei doppelten Jahresmilchleistungen nicht zu bestätigen.

Die biochemische Forschung hat, ausgehend von Schoenheimer (1942), einen ungeheuren Erkenntnisfortschritt bewirkt. Aufgeklärt wurden u. a. die halbe Lebensdauer (t/2) vieler Verbindungen. Viel wurde in Erfahrung gebracht über fraktionelle Abbauraten und die Proteinsynthese in der Zelle.

2.4 Vitamine

Vitaminmangelkrankheiten sind bereits in der Antike endemisch aufgetreten. Ihre Ursachen wurden bis zu Beginn des 20. Jahrhunderts nicht erkannt. Funk schuf 1912 den Begriff Vitamin. Die Verfütterung gereinigter Rationen leitete im ersten Viertel des Jahrhunderts eine neue Epoche der Forschung ein. Die erforderliche „Reinigung" des Futters entfernte auch damals noch unbekannte lebensnotwendige Stoffe, und die teilweise verbliebenen Extraktionsmittel führten zu nicht eindeutigen Ergebnissen. Für die B-Vitamine dienten anfangs mikrobiologische Verfahren zum Nachweis, bis sie durch chemische Methoden abgelöst wurden. In den letzten 60 Jahren wurden die Vitamine der B-Gruppe als Bestandteil von Enzymen entdeckt. Die Funktion der fettlöslichen Vitamine wurde partiell aufgeklärt, ebenso wie die Bildung wirksamer Metabolite.

Das Kapitel der Entdeckung der Vitamine ist offenbar abgeschlossen. Die Ursachen für Störungen der Homöostase der Vitamine, deren Einsatz als Therapeutikum und die sichere Diagnose eines Mangels sind bei Nutztieren erst teilweise gelöst. Hohe (Mega-) Vitamingaben werden zwar häufig empfohlen, aber der Nachweis für ihren Nutzen ist weniger gesichert als die beobachteten Schäden einer Überdosierung (vor allem der Vitamine A und D). Resümierend dürfen wir feststellen: Die Lebensnotwendigkeit eines Vitamins wird durch das Fehlen bestimmter Enzyme zu ihrer Synthese, ihre nicht ausreichende Aktivität und das Auftreten typischer Mangelerscheinungen bestimmt.

2.5 Mineralstoffe

Der Gehalt des Futters an Mineralstoffen wurde schon zu Beginn des 19. Jh. in einzelnen Fällen ermittelt. Inzwischen sind die meisten Elemente des periodischen Systems als Bestandteile der pflanzlichen und tierischen Lebewesen nachgewiesen; das erschwert naturgemäß auch den Nachweis der Lebensnotwendigkeit. Anfang unseres Jahrhunderts waren die heutigen Mengenelemente als essentiell erkannt. Dazu kamen bis 1932 (Mangold 1932) F, Si, Fe, Cu und I und bis 1972 Zn, Mn, Co, Ni, Mo, Se, Cr, V und Sn (Hennig 1972). Die Suche nach neuen Spurenelementen („ultra trace elements") ist noch im Gange. Jedoch sind die Befunde über ihre Essentialität teilweise nicht überzeugend; das betrifft die zu kurze Versuchsdauer oder die Verwendung von Rationen, die bereits für andere Elemente auf Essentialität getestet wurden.

Die Einführung der Isotope verhalf zu neuen Kenntnissen über die Verteilung der Elemente im Körper und in den Zellen sowie auch zur Funktion.

Bedarfszahlen für Nutztiere fehlten in den Tabellen, von Ausnahmen abgesehen, bis in die 50er Jahre. Viele Angaben über den Mineralstoffbedarf sind auch heute noch unsicher, wie der Vergleich der NRC-Tabellen zwischen 1950 und 1990 ergibt. Teilweise mag das an der Verfügbarkeit liegen, beruht aber auch auf den z. T. hohen Vorräten im Körper und den hohen Kosten für Mangelrationen und der zu kurzen Versuchsdauer (s. o.). Grenzwerte können nur aus Mangelversuchen für die betreffende Tierart oder in der Praxis bei Kenntnis der Ätiologie des Mangels abgeleitet werden.

2.6 Leistungsförderer (Ergotropika)

Der Begriff Ergotropika wurde eingeführt, um eine Trennung zwischen essentiellen und nichtessentiellen Stoffen zu ermöglichen (Hennig 1972). Die ersten wirklichen Leistungsförderer waren die dem Futter zugesetzten Antibiotika (1946). Dazu kamen vor allem in den USA anabol wirkende Substanzen (ab 1950). Die Entdeckung der sicheren Wirkung des Monensins als Pansenfermoregulator (Raun et al. 1976) leitete eine neue Epoche ein. Das gleiche kann zunächst theoretisch für die Gruppe der Wachstumshormone gesagt werden. Erst ihre gentechnische Erzeugung erlaubte ihre sichere Prüfung. Die Ergotropika sind gegenwärtig in Deutschland hinsichtlich ihres praktischen Einsatzes umstritten; ihre Gegner zeichnen sich häufig durch fehlendes Wissen über biologische Vorgänge aus. In den 80er Jahren wurden als Leistungsförderer organische Säuren, Probiotika u. a. eingesetzt oder geprüft (Kirchgeßner 1992).

Literatur

Bischoff, T. L. W., und C. Voigt (1860): Die Gesetze der Ernährung des Fleischfressers. Winter, Leipzig.
Ehrenberg, P. (1899): Die Geldwertsberechnung der Futtermittel. Kämpfe, Jena.
Englyst, H. (1989): Classification and measurement of plant polysaccharides. Anim. Feed Sci. Technol. **23**, 27–42.
Funk, C. (1922): Die Vitamine. 2. Aufl. J. F. Bergmann, München/Wiesbaden.
Goering, H., and P. J. van Soest (1970): Forage Fiber Analysis (Apparatus, Reagents and some Applications). USDA Agric. Handbook No 379, Washington D.C.
Grouven, H. (1864): Physiologisch-chemische Fütterungsversuche. Zweiter Bericht der Versuchsstation Salzmünde.
Hagemann, O. (1891): Beitrag zur Kenntnis des Eiweißumsatzes im thierischen Organismus. Phil. Diss. Erlangen.
Henneberg, W. und F. Stohmann (1860): Beiträge zur Begründung einer rationellen Fütterung der Wiederkäuer. Vieweg, Braunschweig.
Hennig, A. (1972): Mineralstoffe, Vitamine, Ergotropika. Deutscher Landwirtschaftsverlag, Berlin.
Kellner, O. (1905): Die Ernährung der landwirtschaftlichen Nutztiere. Parey, Berlin.
Kirchgeßner, M. (1992): Tierernährung. 8. Aufl., DLG-Verlag, Frankfurt/M.
Magendie, F. (1817): Precis Elementaire de Physiologie. Meguinon-Mervais, Paris.
Mangold, E. (1932): Handbuch der Ernährung und des Stoffwechsels landwirtschaftlicher Nutztiere. Springer, Berlin (4 Bände).
Raun, A. P., C. O. Cooley, E. L. Potter, R. P. Rathmacher and L. F. Richardson (1976): Efficiency of monensin on feed efficiency of feedlot cattle. J. Anim. Sci. **43**, 670.
Schiemann, R., K. Nehring, L. Hoffmann, W. Jentzsch und A. Chudy (1971): Energetische Futterbewertung und Normen. Deutscher Landwirtschaftsverlag, Berlin.
Schoenheimer, R. (1942): The Dynamic State of Body Constituents. Harvard Univ. Press., Cambridge/Mass.
Thaer, A. (1809): Grundsätze der rationellen Landwirtschaft. Berlin.
Thomas, K. (1909): Über die biologische Wertigkeit der Stickstoffsubstanzen in verschiedenen Nahrungsmitteln. Arch. Anat. Physiol. **25**, 219–301.
Virtanen, A. I. (1966): Milk production of cows on protein free feed. Sci. **153**, 1603.

Teil I: Das Futterpotential

1. Globales Futterpotential und Futterpflanzen der gemäßigten Klimate

1.1 Naturwissenschaftliche Grundlagen und globales Futterpotential
(H. Bergmann und G. Flachowsky)

1.1.1 Biologische Stoffproduktion

Die **Photosynthese** stellt die Grundlage für pflanzliches Wachstum und damit auch für die Erzeugung von Futterstoffen dar. Als biologischer Prozeß der Energiebindung und Kohlenstoffassimilation deckt sie den gesamten Bedarf von Tier und Mensch an organischen Bausteinen und Energieträgern. Aus diesem Grund werden nachfolgend einige elementare Prozesse der Photosynthese kurz dargestellt. Bei der Photosynthese wird in der Regel anorganische Substanz, zunächst CO_2 und Wasser, in den Folgeschritten auch anorganische N- und S-Verbindungen, mit Hilfe von Strahlungsenergie (Lichtenergie der Sonne) in organische Substanz, als Assimilate bezeichnet, umgewandelt. Die Assimilate enthalten somit chemisch gebundene Strahlungsenergie (z. B. 2822 kJ/mol Kohlenhydrate) und sind organische Stoffe. Der Energie- bzw. primären Stoffwandlung lassen sich zwei photosynthetische Grundprozesse zuordnen:
– „Lichtprozeß"-Komplex (Hill-Reaktion) mit Lokalisierung in den Chloroplastenthylakoiden,
– „Dunkelprozeß"-Komplex (Calvin-Zyklus) mit Lokalisierung in der Chloroplastenmatrix.

Durch die Lichtreaktionen erfolgt die Gewinnung von ATP als Energiequelle für die nachfolgende Kohlenstoffassimilation. Außerdem werden durch photolytische Spaltung von Wasser $NADPH/H^+$ als Reduktionsmittel für assimiliertes Kohlendioxid und freiwerdender Sauerstoff gewonnen. Den Lichtreaktionen nachgeordnete Dunkelreaktionen beinhalten die eigentliche CO_2-Assimilation und die Bildung von Hexosen.

Zwischen C_3- (z. B. Weizen, Gerste, Kartoffeln, Zuckerrüben, groß- und kleinsamige Leguminosen) und C_4-Pflanzen (z. B. Mais, Sorghum, Zuckerrohr) bestehen Unterschiede in den Dunkelreaktionen. Bei C_4-Pflanzen ist der CO_2-Bindung an Ribulosediphosphat eine vorläufige CO_2-Fixierung und -Speicherung an Phosphoenolpyruvat vorausgestellt, so daß C_4-Dicarbonsäuren (Oxalacetat, Malat, Aspartat) entstehen. Dadurch wird bei C_4-Pflanzen auch bei zeitweiligem Wasserdefizit eine CO_2-Assimilation möglich. Der Wasserverbrauch je Assimilatmenge sinkt etwa auf die Hälfte im Vergleich zu C_3-Pflanzen (Tabelle 1). Die „Inbetriebnahme" des C_4-Stoffwechsels setzt Lufttemperaturen von über 20 °C und hohe Lichtintensitäten voraus. Der C_4-Mechanismus wird nur bei Streß angeschaltet; ansonsten verläuft die CO_2-Assimilation nach dem C_3-Prinzip.

Tabelle 1. Ökonomie des Wasserverbrauches und Wuchsleistungen von höheren Pflanzen verschiedener Photosynthesetypen (nach Ziegler 1991)

Stoffwechselweg	Ökonomie des Wasserverbrauches ($g\ H_2O/g\ T$)	Wuchsleistung (g/m^2 Blattoberfläche · Tag)
C_3-Pflanzen	610	53–76
C_4-Pflanzen	300	51–78

Über die photosynthetische C-Assimilation und nachgeordnete Assimilateumwandlungen werden Kohlenstoffgerüste für die N-Assimilation bereitgestellt. Die primären Akzeptoren für die Bindung von NH_3 an organische Moleküle (= N-Assimilation) sind α-Ketoglutarsäure und dessen aminiertes Produkt Glutaminsäure. Von Pflanzenwurzeln aufgenommenes Nitrat muß zunächst zu NH_3 reduziert werden. Die erwünschte Nitratreduktion findet vorrangig in Blättern statt und steigt mit zunehmender Photosyntheseleistung.

Im **Sekundärstoffwechsel** der Pflanze erfolgt die Synthese von „sekundären Pflanzenstoffen". Aus der Sicht der Tierernährung sind von diesen „Begleitstoffen" pflanzlicher Produkte einige essentiell, wie z. B. Vitamine, und manche erwünscht (Aromastoffe, Farbstoffe), andere weniger erwünscht (z. B. Lignin, Suberin und Cutin) oder antinutritiv (z. B. Alkaloide, zahlreiche Glucoside, freie Phenole und Phytoalexine sowie „Antivitamine").

1.1.2 Zusammensetzung der Syntheseprodukte

Die Syntheseprodukte können in Bestandteile des Zellinhaltes und der Zellwand unterschieden werden. Die wichtigsten **Bestandteile des Zellinhaltes** sind:
- Proteine und Nukleinsäuren sowie deren Monomere, wie z. B. Aminosäuren, Säureamide und Nukleotide;
- Kohlenhydrate, wie das Polysaccharid Stärke (α-Glucan) und bei „Zuckerpflanzen" das Disaccharid Saccharose sowie bei allen Pflanzen kleine Mengen verschiedener Mono-, Di- und Oligosaccharide;
- Lipide als Neutralfette und Strukturlipide (Membranlipide);
- Vitamine und andere Wirkstoffe sowie Aromastoffe und Farbstoffe, die zum Teil Lipidbegleitstoffe sind;
- Mineralstoffe, vorrangig über die Wurzel aufgenommen;
- antinutritive und toxische Komponenten pedogener, biogener und anthropogener Herkunft.

Die **Zellwand** der höheren Pflanze ist wie folgt aufgebaut (Abb. 1):
- die Mittellamelle als die äußere Zellwandschicht, die benachbarte Zellen miteinander verbindet und nach der Mitose als erste Trennlinie zwischen den Tochterzellen gebildet wird (Dicke < 10 nm);
- die primäre Zellwand, die dem Protoplasten zugewandt ist (Dicke ≈ 500 nm);
- die sekundäre Zellwand, die in der Regel die Protoplasten umschließt (häufig > 1 μm);
- tertiäre Auflagerungen auf die Sekundärwand bestimmter Zellgruppen, um beispielsweise Transportprozesse zu unterbinden.

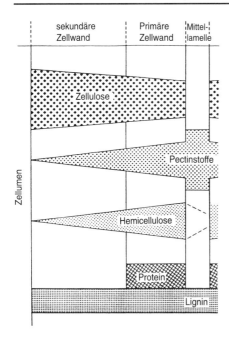

Abb. 1. Schema der pflanzlichen Zellwand mit Verteilung der wichtigsten Bestandteile (nach Hofmann et al. 1985).

Die einzelnen Zellwandschichten unterscheiden sich in ihrer chemischen Zusammensetzung (s. Abb. 1). *Pectinstoffe* (Mischpolymere, Hauptbestandteile sind α-D-1,4-Polygalacturonane und Rhamnogalacturonane) dominieren in der Mittellamelle. Der Pectingehalt sinkt in den nachfolgend gebildeten Zellwandschichten stark ab.
Hemicellulosen (Mischpolymere mit hohem Xyloseanteil sowie Glucose [β-D-Form], Mannose und weitere Zucker) sind der vorherrschende Bestandteil der Primärwände (s. Abb. 1).
Hemicellulose-Pectinstoff-Gemische bilden die Matrix der Primärwand mit einem Masseanteil von 80–90%. In der Sekundärwand sinkt der Matrixanteil in Richtung Zellumen auf einen Gehalt von 10% ab.
Cellulose (β-D-1,4-Glucosepolymer, über 10000 Glucoseeinheiten je Linearmolekül) ist der Hauptbestandteil der sekundären Zellwand (bis 80%). Hemicellulosen und Cellulosen stellen die weltweit in größtem Umfang synthetisierten organischen Verbindungen dar.
Lignin als Mischpolymer, vorrangig aus den Phenylpropanverbindungen Coniferyl-, p-Cumaryl- und Sinapylalkohol bestehend, wird in sämtlichen Zellwandschichten mit zunehmendem Zellalter eingelagert und geht mit anderen Zellwandbestandteilen Bindungen ein. Der Polymerisationsgrad des Phenylpropans kann bis zu mehreren 1000 betragen.
Suberin als Mischpolymer aus langkettigen Alkoholen, oxygenierten Fettsäuren, Aromaten und *Cutin* als Mischpolymer bilden tertiäre Auflagerungen in bestimmten Geweben. Weitere Bestandteile der Zellwand sind u. a. kleine Proteinmengen, freie Phenole, Ca- und Mg-Ionen, SiO_2 und andere Mineralstoffe.
Die Zunahme der Zellwanddicke und der Zellwandschichten korreliert mit dem Pflanzenalter, d. h., mit zunehmendem Zellalter steigt die Zellwandmasse im Verhältnis zum Zellinhalt. Die Zellwandzusammensetzung wird darüber hinaus maßgeblich durch die Pflanzenart, die jeweilige Pflanzenfraktion, wie z. B. Stengel oder Blätter, und verschiedene weitere Faktoren beeinflußt.

1.1.3 Ernährungsphysiologische Bewertung von Inhaltsstoffen

Die für die Tierernährung bedeutsamen Pflanzeninhaltsstoffe können in verwertbare, nicht verwertbare und antinutritive Stoffe unterteilt werden, wobei Zellwandbestandteile und einige weitere Inhaltsstoffe für Nichtwiederkäuer kaum verwertbar, für Wiederkäuer jedoch potentiell verwertbar sind.

1.1.3.1 Zellinhalt

Die wichtigsten Bestandteile des Zellinhaltes, wie Protein, Fett, Zucker und Stärke, können mittels körpereigener Enzyme abgebaut und dem Tierkörper verfügbar gemacht werden. Sie stellen somit das wesentlichste Nahrungspotential für Mensch und Nichtwiederkäuer dar. Insbesondere in den generativen Pflanzenteilen werden durch Einlagerung von Reserven, wie z. B. Stärke, Eiweiß, Fett, Phosphate, die Voraussetzungen für einen überlebensfähigen Keimling geschaffen. Im Zellinhalt und damit auch im Futterpotential bestehen zwischen verschiedenen Pflanzenarten und Sorten erhebliche Differenzen. Tabelle 2 demonstriert die Unterschiede an ausgewählten Inhaltsstoffen zwischen verschiedenen Futtermitteln bzw. deren generativen und vegetativen Teilen nach der Ernte der Pflanze.

Tabelle 2. Inhaltsstoffe (% der Trockenmasse, T) ganzer Pflanzen bzw. verschiedener Fraktionen (nach Nehring et al. 1970 und o. V. 1991)

Charakterisierung des Futtermittels	Roh-protein	Roh-fett	Zucker[1]	Stärke	Hemi-cellulosen	Cellu-lose	Lignin
Ganze Pflanzen							
Felderbse (16% T)	18,0	3,2	–	0	10,0	25,2	6,1
Futterroggen (15% T)	17,0	3,5	8,5	0	15,0	28,0	6,1
Silomais (30% T)	8,5	3,0	9,0	30,0	18,0	33,5	6,0
Generative Teile							
Erbse	26,0	1,5	6,6	47,5	2,5	7,2	3,0
Maiskörner	10,5	4,5	1,9	69,5	5,5	2,3	1,8
Roggenkörner	11,5	1,7	6,3	64,5	7,0	2,2	2,3
Soja	40,0	20,0	7,7	5,4	5,9	6,5	4,2
Vegetative Teile							
Gehaltsrübe (15% T)	8,5	0,8	54,5	0	7,5	8,2	1,8
Kartoffel (22% T)	9,7	0,4	3,7	71,2	2,4	3,6	2,2
Zuckerrübe (23% T)	6,8	0,6	64,7	0	7,4	6,7	2,0
Nebenprodukte							
Erbsenstroh	10,0	2,0	0	0	18,0	42,0	15,8
Roggenstroh	3,7	1,5	0,8	2,9	23,0	46,6	13,5
Weizenstroh	3,7	1,4	1,0	1,3	23,1	42,9	15,0

[1] Zucker im Ergebnis primärer C-Assimilation, als Transportform und als Derivative insbesondere in grünen Blättern vorhanden (häufig bis 5% der Trockenmasse)

Durch unterschiedliche Technologien werden verschiedene Fraktionen des Zellinhaltes, wie z. B. Zucker, Stärke, pflanzliche Fette, für die Human- und Tierernährung separat gewonnen.
Intensive Bemühungen erfolgten in den zurückliegenden Jahren bei der Gewinnung von Blattprotein (Leaf protein) als Futtermittel vor allem für Nichtwiederkäuer. Derartige Verfahren haben sich jedoch aus verschiedenen Gründen nicht durchgesetzt.

1.1.3.2 Zellwandbestandteile

Mit zunehmendem Pflanzenalter steigt der Zellwandanteil in den vegetativen Pflanzenbestandteilen an, indem sich an die Mittellamelle die primäre und sekundäre Zellwand, teilweise auch eine tertiäre Zellwand anlagern. Zellwandbestandteile können in der Regel nicht durch körpereigene Enzyme von Nutztier und Mensch abgebaut werden. Dazu ist die Unterstützung durch Bakterien und Pilze erforderlich, die meist im Vormagensystem oder im Dickdarm erfolgt.
Von den nicht verwertbaren Zellwandbestandteilen besitzt *Lignin* die größte Bedeutung. Beim Aufbau der pflanzlichen Zellwand (s. Abb. 1) kann Lignin verschiedene Bindungen mit potentiell verwertbaren Zellwandbestandteilen eingehen, so daß der mikrobielle Abbau im Verdauungstrakt nicht oder nur teilweise möglich ist. Der mit zunehmendem Alter ansteigende Gehalt am Ligno-Kohlenhydrat-Komplex in vegetativen Pflanzenteilen hat somit wesentlichen Einfluß auf das verfügbare Nährstoffpotential verschiedener Futtermittel.
Durch physikalische, chemische und/oder biologische Behandlungsverfahren wird versucht, die Bindungen zwischen Lignin und potentiell verwertbaren Kohlenhydraten zu lockern (Aufschluß; s. Flachowsky 1987, Sundstøl und Owen 1984) und damit das Futterpotential zellwandreicher Futtermittel zu erhöhen.

1.1.3.3 Antinutritiva

Bestimmte Pflanzenarten enthalten antinutritive Inhaltsstoffe, die bei landwirtschaftlichen Nutztieren zu Minderleistungen, zu Erkrankungen oder auch zur Speicherung und damit zur Weiterleitung in der Nahrungskette bis zum Endglied Mensch führen können. Die wichtigsten antinutritiven Inhaltsstoffe einschließlich ihrer Vorkommen und der im Organismus zu erwartenden Wirkungen sind in Tabelle 3 zusammengestellt.
Verschiedene durch mikrobielle Enzyme beim Wiederkäuer abbaubare Pflanzeninhaltsstoffe, wie z. B. β-Glucan und Phytat, können für den Nichtwiederkäuer als antinutritiv wirkend betrachtet werden. Sie werden nicht als Nährstoff genutzt und können durch verschiedene Bindungen auch die Bioverfügbarkeit anderer Nährstoffe beeinträchtigen (z. B. Phytat bindet P, Ca, Zn und andere Elemente).
Die Antinutritiva werden in natürliche, für die Pflanzenart, den Standort, die Anbau-, Ernte- und Lagerungsbedingungen typische Gehaltswerte bzw. durch menschliche Aktivitäten (anthropogener Einfluß) verursachte Vorkommen unterteilt. Zur letzten Gruppe zählen auch Einflüsse, die fernab vom Futterbau indirekt über verschiedene Emissionen wirksam werden (z. B. Schwermetalle, SO_2).

Tabelle 3. Sekundäre antinutritive Pflanzenstoffe in Grünfutter (nach Weißbach 1993)

Stoffgruppe	Stoffe (Beispiele)	Vorkommen	Wirkungen
Glucosinolate	Allyl-ITC 3-Butenyl-ITC 3-Indolyl-ITC 2-Hydroxyl-3-Butenyl-ITC (ITC = Isothiocyanat)	Kohl, Raps, Rübsen und deren Bastarde	Störungen der Schilddrüsenfunktion, Wachstums- und Fruchtbarkeitsstörungen, Geschmacksveränderung der Milch
Cyanogene Glucoside	Vicianin Linamarin Dhurrin	Ackerbohne Weißklee, Rotklee Sorghum-Arten	Leistungsminderungen und Intoxikation durch freigesetzte Blausäure
Alkaloide	Perlolin	Weidelgräser, Schwingelarten	höchstens schwach giftig
	Hordenin Histamin Tryptamin-Alkaloide	Gerste, Hafer Knaulgras Rohrglanzgras	verzehrshemmend, giftig
	Lupinin, Spartein, Angustifolin	Lupinen	verzehrshemmend, giftig, Leberschädigungen
Isoflavone	Biochanin, Formononetin	Rotklee, Weißkleee	schwach östrogene Wirkung, Fruchtbarkeitsstörungen
	Cumestrol, Trifoliol, Medicagol, Lucernol	Luzerne, Weißklee	stärker östrogene Wirkung, Fruchtbarkeitsstörungen
Cumarine	Dicumarol	Steinklee, Gräser	verzehrshemmend, leistungsmindernd
Tannine		Leguminosen	Verminderung der Proteinverdaulichkeit
Saponine		Luzerne, andere Leguminosen	Tympanie auslösend, hämolysierende Wirkung

1.1.4 Ökologische Leistungen der pflanzlichen Stoffproduktion

Die pflanzliche Stoffproduktion als Ergebnis der Photosynthese vollzieht sich zwar in Einzelpflanzen, die jedoch meist in Pflanzenbeständen wachsen. Durch diese Pflanzenbestände wird die auf der Erdoberfläche ankommende Sonnenenergie zu einem Bruchteil in chemisch gebundene Energie umgewandelt.

Von der die Erdatmosphäre erreichenden Solarenergie ($5,5 \times 10^{21}$ kJ/Jahr) entfallen etwa 70% auf die Ozeane, die restlichen 30% bewirken auf den Kontinenten eine jährliche

Energiespeicherung im Ergebnis der Photosynthese von $1,8-2,0 \times 10^{18}$ kJ pro Jahr (Tabelle 4). Unter Berücksichtigung der photosynthetischen Energiespeicherung auf Kontinenten und in Ozeanen ($\approx 3,0 \times 10^{18}$ kJ/Jahr; Tabelle 4) werden demnach etwa 0,055% der globalen Strahlung im Ergebnis der Photosynthese fixiert; für die Kontinente kann eine Konvertierung der Sonnenenergie in pflanzliches Material von 0,12% kalkuliert werden. Deutliche Unterschiede im Wirkungsgrad der Sonnenenergie bestehen zwischen verschiedenen Pflanzen. Aus der Sicht des Futterpotentials weisen jene Futterpflanzen eine effektivere Konvertierung der Sonnenenergie in Pflanzenmaterial auf, die ganzjährig zur Photosynthese befähigt sind, wie z. B. Dauergrünland, und bei denen die gesamte Pflanze als Futtermittel genutzt wird, wie bei Gräsern, Leguminosen, Grün- bzw. Silomais.

Weltweit bestehen zwischen den verschiedenen Regionen in der CO_2-Fixierung bzw. der Nutzung der Sonnenenergie, die sich in der Erzeugung von pflanzlicher Trockensubstanz niederschlägt, enorme Unterschiede. Niedrige jährliche Produktionsraten werden vor allem in den Ozeanen (0–400 g T/m^2), in Wüsten- und Polarregionen registriert. In den äquatornahen tropischen Regenwäldern erfolgt die höchste Nettoprimärproduktion (>2 kg T/m^2, Ehrendorfer 1991). Analog der Sonnenenergie begrenzt auch das global verfügbare Kohlendioxid nicht die Photosynthese (Abb. 2). Von den in der Atmosphäre vorhandenen 700 Mrd. t Kohlenstoff (≈ 2600 Mrd. t CO_2) werden jährlich etwa 10% für die Photosynthese genutzt. Die fixierte Kohlenstoffmenge entspricht etwa dem 10fachen der jährlich geförderten fossilen Energieträger (Öl, Gas, Kohle u. a.). Bezieht man den jährlichen CO_2-Umsatz auf den gesamten C-Bestand der Erdkruste (38×10^{15} t C als Meeressedimente, 20×10^{15} t C als terrestrische Sedimente; s. Abb. 2), so errechnet sich eine Umsatzquote von etwa 0,001% für biologisch konvertierten Kohlenstoff.

Die globale CO_2-Bilanz ist zwischen assimiliertem und dissimiliertem CO_2 über größere Zeiträume nahezu ausgeglichen. Ein zusätzlicher CO_2-Eintrag über die Verbrennung fossiler Kohlenstoffverbindungen führt zu den bekannten Erhöhungen des atmosphärischen CO_2-Gehaltes.

Aus ökologischer Sicht ist es zweckmäßig, die nicht für die Nahrungs- bzw. Futtererzeugung benötigten Flächen nicht als Brache aus der landwirtschaftlichen Nutzfläche auszugliedern, sondern mit nachwachsenden Energieträgern zu bestellen. Dadurch kann ein Beitrag zur Senkung des Verbrauches an fossilen Energiequellen geleistet werden.

Zu den bedeutenden Leistungen der Pflanzen zählt auch die Umwandlung von anorganischem Stickstoff in Aminosäuren und andere organische Verbindungen. Tier und Mensch können nur organisch gebundenen Stickstoff, insbesondere in Form von Aminosäuren,

Tabelle 4. Jährlicher photosynthetischer Energie- und Substanzumsatz auf der gesamten Erdoberfläche (nach Ehrendorfer 1991, Geisler 1988, Libbert 1987)

	Fläche 10^6/km^2	Trockenmasseproduktion 10^{12} kg	Produktion von organischem C 10^{12} kg	Verbrauch an CO_2 10^{12} kg	Energiespeicherung 10^{18} kJ
Kontinente + Süßwasser	149	110–115	50	183	1, 8–2, 0
Ozeane	361	55	25	92	~1,0
gesamt	510	165	75	275	3,0

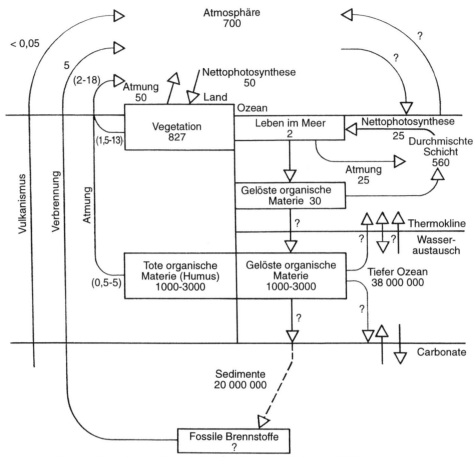

Abb. 2. Kohlenstoff-Haushalt der Erde (in Mrd. t Kohlenstoff; Geisler 1988).

verwerten. Die in Pflanzenbiomasse gebundene N-Menge wird auf etwa 8×10^9 t N ($\approx 5 \times 10^{10}$ t Rohprotein; Mengel und Kirkby 1982) geschätzt. Die davon jährlich in Biomasse assimilierte N-Menge beträgt ca. 1×10^9 t N. Dabei wird auf ca. 3 Mrd. ha Grasland eine Menge von $95-100 \times 10^6$ t N gebunden und auf landwirtschaftlich intensiver genutzten Flächen $40-45 \times 10^6$ t N. Demgegenüber wird die im Boden vorhandene organisch und anorganisch gebundene N-Menge mit $9,6 \times 10^{11}$ t kalkuliert. Bezieht man das jährlich assimilierte N-Quantum auf den Boden-N, so errechnet sich eine N-Assimilationsquote von ca. 0,1%.

1.1.5 Globales Futterpotential

Von der terrestrischen Biomasse ($\approx 110-115 \times 10^9$ t T/Jahr; s. Tabelle 4) entfallen etwa 30% auf Nicht-Holz-Trockensubstanz (Tabelle 5). Dieser Anteil ist in den letzten Jahrhunderten deutlich angestiegen (Abb. 3).

Tabelle 5. Weltweite Synthese von organischer Substanz und Zellwandbestandteilen (nach verschiedenen Autoren)

Biotrockenmasse, Erde, insgesamt (Mrd. t T/Jahr)	165
– Festland	110
– Nicht-Holz-Trockensubstanz	35
– Ackerbau	15
– Zellwandreiche Nebenprodukte der Nahrungsgütererzeugung	4,5
Geschätzte Cellulosesynthese auf dem Festland (Mrd. t/Jahr)	40
Geschätzte Ligninsynthese auf dem Festland (Mrd. t/Jahr)	20

Etwa 70% des durch Pflanzenwachstum fixierten CO_2 ($\approx$200 Mrd. t) werden in Zellwandbestandteilen festgelegt.

Die Dauerwiesen und -weiden haben weltweit mit etwa 3 Mrd. ha einen Anteil von $\approx$2/3 an der für das Futterpotential verfügbaren Fläche. Auf diesen Flächen werden etwa über 60% der als Futtermittel verfügbaren Pflanzenmasse erzeugt (Tabelle 6). Außerdem zeigt Tabelle 6 erhebliche Differenzen zwischen potentiell erzeugbarer Gesamt- bzw. Futtertrockensubstanz und der infolge von Unzulänglichkeiten, wie z. B. Wasser- bzw. Nährstoffmangel, möglichen Erzeugung.

Die Domestikation verschiedener Kulturpflanzen (Abb. 4) und die Entwicklung des Ackerbaues führten weltweit zu einer wesentlichen Erweiterung des Futterpotentials. Etwa 1,5 Mrd. ha werden weltweit ackerbaulich genutzt.

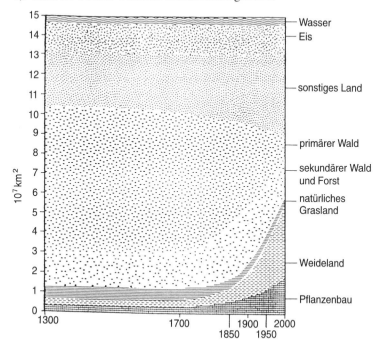

Abb. 3. Veränderung der Flächenanteile von naturnahen Ökosystemen zu extensiv genutzten und intensiv genutzten Ökosystemen (nach Ehrendorfer 1991).

Tabelle 6. Potentielle und mögliche Gesamt-Trockensubstanz-Produktion sowie potentielle und mögliche Futtertrockensubstanz-Produktion von Dauerwiesen und -weiden der Kontinente der Erde (nach Voigtländer 1987)

1 Kontinent	2 Dauerwiesen und -weiden	3 Potentielle Gesamt-T-Produktion	4 Mögliche Gesamt-T-Produktion	5 Potentielle Futter-T-Produktion	6 Mögliche Futter-T-Produktion
	Mill. ha	(10^6 t/Jahr)			
Afrika	792	62994	18318	37797	10991
Nord- und Mittelamerika	353	19841	8787	11905	5272
Südamerika	385	26972	15258	16183	9155
Asien (ohne ehemalige UdSSR)	533	29397	6639	17638	3984
Europa (ohne ehemalige UdSSR)	88	3920	2130	2352	1278
Ozeanien	466	28351	8251	17011	4951
Ehemalige UdSSR	376	13610	6887	8166	4132
Gesamt	2993	185085	66270	111052	39763

Spalte 3 = Brutto-T-Produktion geschlossener grüner Pflanzenbestände, nach meteorologischen Daten und geographischer Lage kalkuliert.
Spalte 4 = T-Produktion bei bestmöglicher Bewirtschaftung, jedoch mit Abzügen von der potentiellen T-Produktion (Spalte 3) wegen armer Böden oder Wassermangel.
Spalten 5 und 6 = 60% der T-Produktion unter Spalte 3 bzw. 4 (geschätzt).

▶

Abb. 4. Herkunfts- und erste Domestikationsgebiete von Kulturpflanzen (nach Geisler 1988). Die in der Pflanzenproduktion bedeutenden Kulturpflanzenarten sind entsprechend ihren Ursprungsgebieten (z. T. unabhängig voneinander an verschiedenen Stellen auf der Erde) meist mehrere tausend Jahre v. Chr. in Kultur genommen worden. Im wesentlichen sind diese Kulturpflanzenarten bereits ca. 1000 bis 2000 v. Chr. bekannt gewesen.
  1 = Naher Osten: vor 7000 v. Chr. Weizen, Gerste, Erbse, Linse; um 5000 v. Chr. Wicken, Lein; um 2000 v. Chr. Dattel, Feige, Zwiebel, Birne, Apfel.
  2 = Mittlerer Osten und Zentralasien: vor 4000 v. Chr. Weinrebe, Olive; ohne zeitliche Datierung Buchweizen, Luzerne, Hanf, Millet-Hirsen, Wicken, Kohl, Möhre, Hafer.
  3 = Indien: vor 3000 v. Chr. Dattel, Mango; ohne zeitliche Datierung Tee, Eierpflanze, Kürbis.
  4 = China: vor 4000 v. Chr. Soja, Reis, Hirsen; um 1000 v. Chr. Orange, Pfirsich, Zwiebel, Kohl.
  5 = Südostasien: ohne zeitliche Datierung Zuckerrohr, Reis, Banane, Citrus, Tee, Kokosnuß.
  6 = Afrika: um 2000 v. Chr. Wassermelone, Sorghum, Kaffee, Yams, Hirsen, Rizinus.
  7 = Nordamerika: 5000 v. Chr. Phaseolus-Bohnen, Kürbis, Sonnenblume, Erdbeere.
  8 = Mittelamerika: um 6000 v. Chr. Mais, Kürbis, Phaseolus-Bohnen; ohne zeitliche Datierung Tomate, Baumwolle, Avokado, Papaya, Sonnenblume, Kakao, Maniok.
  9 = Andengebiete Südamerikas: um 2500 v. Chr. Kartoffel, Süßkartoffel; ohne zeitliche Datierung Erdnuß, Phaseolus-Bohnen.
10 = Südamerika: ohne zeitliche Datierung Erdnuß, Ananas, Yam, Süßkartoffel, Baumwolle, Kakao, Tabak, Paprika.

1. Globales Futterpotential und Futterpflanzen der gemäßigten Klimate

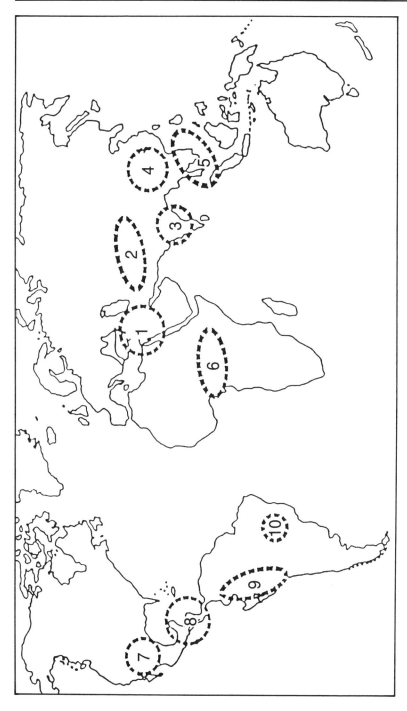

Abb. 4

Das globale Proteinangebot aus Pflanzen als wichtige Qualitätskomponente des Nahrungsfutterpotentials wird von Rehm und Espig (1991) wie folgt eingeschätzt (in t Protein/Jahr):
- natürliches Grasland (3 Mrd. ha) $6{,}0 \times 10^8$ t
- ackerbaulich genutzte Fläche (1,5 Mrd. ha) $2{,}7 \times 10^8$ t
         davon über Getreide $1{,}9 \times 10^8$ t

Die im vorliegenden Abschnitt ausgewiesenen Angaben zum Futterpotential stellen globale Orientierungswerte dar. Auf regionalspezifische Unterschiede in der Bereitstellung und Ausnutzung des Futterpotentials wird in nachfolgenden Kapiteln eingegangen.

1.2 Futterstoffe pflanzlicher Herkunft in den gemäßigten Klimazonen
(G. Flachowsky und H. Bergmann)

Die Photosynthese stellt die Grundlage für die energie- und nährstofferzeugenden Prozesse der Futtererzeugung dar. In der gemäßigten Klimazone können Temperatur, Strahlungsintensität und Sonnenscheindauer (Winter), aber auch Wasserbereitstellung und Nährstofflieferung die Syntheseleistungen maßgeblich (s. S. 44ff.) beeinflussen.

Das aus dieser Synthesekapazität hervorgehende Futterpotential pflanzlicher Herkunft resultiert aus allen auf Grünland und Ackerfläche wachsenden Pflanzen, von denen das für den menschlichen Direktverzehr vorgesehene Pflanzenmaterial sowie die Industriepflanzen zu subtrahieren sind.

1.2.1 Anforderungen an Futterpflanzen aus der Sicht der Tierernährung

Da die Tierproduktion in der gemäßigten Klimazone meist auf einem gewissen Leistungsniveau betrieben wird (z. B. wird das 0,5- bis 4fache des Energieerhaltungsbedarfs für die Leistung genutzt), ergeben sich verschiedene Anforderungen an die Futtererzeugung. Aus der Sicht der Tierernährung sind u. a. dazu zu zählen:
- hohe und stabile Erträge,
- hoher Gehalt an Energie und Nährstoffen,
- hohe Bioverfügbarkeit bzw. Verdaulichkeit von Energie bzw. Nährstoffen,
- geringer Gehalt an antinutritiven Inhaltsstoffen,
- hoher Verzehr durch landwirtschaftliche Nutztiere,
- hohe Abbaurate der potentiell nutzbaren Inhaltsstoffe.

Der hohen Energieaufnahme durch die Nutztiere kommt dabei für hohe Leistungen und damit für die ökonomisch und ökologisch günstige Erzeugung von Lebensmitteln tierischer Herkunft (Flachowsky 1992) erstrangige Bedeutung zu, da in der praktischen Fütterung Proteine bzw. Aminosäuren sowie Mikronährstoffe, wie z. B. Mineralstoffe und Vitamine, zugesetzt werden können bzw. durch Kombination verschiedener Futtermittel bei der Rationsgestaltung in bedarfsdeckenden Mengen enthalten sind.

Neben den Anforderungen an Futterpflanzen aus ernährungsphysiologischer Sicht sind bei der Auswahl auch ertragsbildende und ökologische Aspekte zu berücksichtigen.

1.2.2 Verfügbare Pflanzen und Inhaltsstoffe

Die in gemäßigten Klimazonen wachsenden Futterpflanzen können den ein- und zweikeimblättrigen Pflanzen zugeordnet werden, die in unterschiedlichem Ausmaß den Anforderungen an Futterpflanzen gerecht werden. Mit Ausnahme von Mais sind nahezu alle Pflanzen C_3-Pflanzen. Tabelle 7 zeigt wichtige Vertreter verschiedener Pflanzenfamilien, deren momentanen Anbauumfang, ihren Ertrag und ihr realisiertes Ertragspotential in Deutschland.

Zwischen ein- und zweikeimblättrigen Pflanzen bestehen erhebliche morphologische Unterschiede im Zellwandaufbau, die sich u. a. im mikrobiellen Abbau, in der Abbaurate, der Aufenthaltsdauer im Verdauungstrakt (s. S. 65ff.) sowie in der Höhe der Futteraufnahme und dem Energiegehalt widerspiegeln.

Neben der Unterteilung der Futterpflanzen nach Arten, Gattungen bzw. Familien ist auch eine Untergliederung nach den vorrangig in der Tierernährung eingesetzten Pflanzenteilen möglich. Während ganze Pflanzen bzw. zellwandreiche Pflanzenteile überwiegend in der Wiederkäuerfütterung als Grundfutter (Rauh-, Saft-, Frisch- und Grobfutter) zum Einsatz kommen, werden generative Pflanzenteile (Körner, Samen) bzw. vegetative Reservekörper (Wurzeln, Knollen) vor allem für Nichtwiederkäuer genutzt. Ganze Pflanzen bzw. zellwandreiche Pflanzenteile enthalten hohe Anteile β-glucosidisch gebundener Kohlenhydrate, zu deren Abbau mikrobielle Enzyme erforderlich sind.

Zur zweiten Gruppe gehören Pflanzenteile, deren Inhaltsstoffe überwiegend mit körpereigenen Enzymen der Nutztiere verdaut werden können, wie z. B. Zucker und Stärke, bzw. deren Futterwert vor allem in den Bestandteilen des Zellinhaltes besteht.

1.2.3 Formen der Futtererzeugung

In den gemäßigten Klimazonen hat der Futterbau auf dem Grünland oder als Ackerfutter den natürlichen Waldbestand in den letzten Jahrhunderten immer weiter zurückgedrängt, wobei die dramatischste Entwicklung in diesem Jahrhundert einsetzte (s. Abb. 3). Weltweit beträgt der Anteil des Dauergrünlandes an den landwirtschaftlich nutzbaren Flächen 67%, er schwankt zwischen 53 (Asien) und 91% (Ozeanien; Weißbach 1993).

Unter Ackerfutterpflanzen werden die auf der Ackerfläche ausschließlich für die Verfütterung angebauten Pflanzen, wie z. B. Gräser, Leguminosen, Grün- und Silomais, Futterrüben, zusammengefaßt. In Deutschland werden beispielsweise etwa 55% (19,5 Mill. ha) der Gesamtfläche landwirtschaftlich genutzt, etwa ein Drittel entfällt dabei auf Grünland, über 60% (11,8 Mill. ha) werden ackerbaulich genutzt (Tab. 7).

Der Ackerfutterbau umfaßt die als Grundfutter erzeugten Futterpflanzen (Abb. 5). Der hohe Ertrag bzw. das hohe Ertragspotential von Mais und seine agrotechnische Handhabung führten zu einer wesentlichen Anbauerweiterung auf der Ackerfutterfläche, vor allem zu Lasten des aufwendigen Rübenanbaues und der ertragsschwächeren Leguminosen (s. Abb. 5).

Beim Ackerfutterbau wird in Hauptfutterfläche und Nebenfutterfläche (Zwischenfrucht oder Koppelprodukt, wie Rübenblatt und Getreidestroh als Futtermittel) unterschieden.

Tabelle 7. Futter- und Nahrungspflanzen gemäßigter Klimazonen (Beispiel für wirtschaftlich relevante Pflanzen in Deutschland; aus: Situationsbericht des Deutschen Bauernverbandes, Bonn 1993)

Pflanzenklassen	Familien	Wichtige Gattungen oder Pflanzenarten	Relative Anbaufläche (11,6 Mio ha = 100% AF)	Ertrag für Hauptprodukt (dt/ha)	Energieertrag (GJ/ha) Haupt-produkt	Energieertrag (GJ/ha) Gesamt-produkt	Rohproteinertrag Hauptprodukt (kg/ha)
• **Einkeim-blättrige** (Monokotyle-doneae)	Gräser (Gramineae)	Weizen (*Triticum*)	22,7	60,0	86	160	750
		Gerste (*Hordeum*)	21,1	50,5	74	130	650
		Roggen (*Secale*)	5,4	39,2	56	150	475
	davon	Hafer (*Avena*)	3,1	36,7	54	140	500
	– Getreide für Körnerproduktion	Mais (*Zea*) + CCM	2,7	67,7	98	250	600
		Triticale (*Triticum × Secale*)	1,5	50,1	72	160	700
	– Gräser zur Grund-futtererzeugung	Mais (*Zea*) als Grün- und Silomais	10,7	392	136	136	650
		Gräser s. Leguminosen-Gras-Gemische, Futtergräser und Dauergrünland					
• **Zweikeim-blättrige** (Dikotyle-doneae)	Kreuzblütler (Brassicaceae)	Raps, Rübsen (*Brassica* spp.)	8,5	26,0	65	120	550
	Korbblütler (Compositen)	Sonnenblumen (*Helianthus annuus*)	1,4	28,0	65	110	500
	Gänsefußgewächse (Chenopodiaceae)	Zuckerrüben (*Beta vulgaris*)	4,6	511 (+400 dt Blatt)	180	245	500 (+800 kg im Blatt)
		Runkelrüben (*Beta vulgaris*)	0,4	906 (+200 dt Blatt)	200	230	900 (+400 kg im Blatt)
	Nachtschatten-gewächse (Solanaceae)	Kartoffel (*Solanum tuberosum*)	3,1	286	120	120	450

Hülsenfrüchte[1] (Leguminosen)	Erbsen (Pisum sativum) Vicia-Bohnen (Vica faba)	0,4	28,8	50	65	750
	Luzerne (Medicago sativa) Rotklee (Trifolium pratense)	2,5	120 dt TS	190	190	2400
Gramineen und Leguminosen Feldbau	Kleegrasgemische (einschließl. Futtergräser)	4,4	135 T	210	210	2000
Dauergrünland	Gräser, Leguminosenarten und Kräuterarten	5,3 Mio ha (31% der LN)	100 T	160	160	1600
	Landwirtschaftliche Nutzfläche in Deutschland (ohne Daueranlagen)	16,9 Mio ha	69,8 T	111	148	900

• **Mischbestände aus ein- und zweikeimblättrigen Pflanzen**

[1] Hülsenfrüchte werden auch auf die taxonomische Ebene einer Ordnung gestellt.

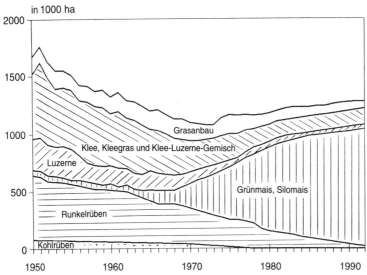

Abb. 5. Veränderungen im Anbauverhältnis wichtiger Ackerfutterpflanzen in der Bundesrepublik Deutschland seit 1950 (nach Steinhauser et al. 1983 und Situationsbericht des Deutschen Bauernverbandes 1993).

1.2.4 Charakterisierung des Futterpotentials

Das Futterpotential resultiert einerseits aus der Anbaufläche, dem Masseertrag und den Inhaltsstoffen der Futterpflanzen. Es realisiert sich über das Nutztier und das Fütterungspotential im Nutztier unter Berücksichtigung der Höhe der Futteraufnahme, der Verdaulichkeit, der Geschwindigkeit des Abbaues im Verdauungstrakt, der Absorption der Nährstoffe sowie der Stoffbildung im Tier.

Die Beurteilung des Futterpotentials eines Standortes oder von Futterpflanzen sollte neben der Ertragshöhe ständig die Konvertierung bei den verschiedenen Tierarten oder Nutzungsrichtungen mit berücksichtigen.

Neben dem Ertragspotential verschiedener Futterpflanzen und Standorte wird das Futterpotential u. a. von den Bedingungen bei Ernte, Lagerung, Konservierung (s. S. 126ff.), bei der weiteren Aufbereitung und der Rationsgestaltung sowie bei der Verabreichung an die einzelnen Nutzungsrichtungen beeinflußt. Nebenprodukte des Pflanzenbaues, wie z. B. Rübenblatt oder Getreidestroh, werden in Regionen mit geringen Tierbeständen und hoher Futtererzeugung teilweise nicht als Futtermittel genutzt und gehen somit dem Futterpotential verloren.

Die verschiedenen Tierarten und Nutzungsrichtungen haben in Abhängigkeit von Alter, Leistungshöhe und physiologischem Zustand, wie z. B. Trächtigkeit, Trockensteher, unterschiedliche Anforderungen an den Gehalt der verabreichten Rationen an essentiellen Bestandteilen. Durch einzelne Futtermittel ist es nicht möglich, den jeweiligen Bedarf befriedigend abzudecken. Bei der Beurteilung des Futterpotentials einzelner Pflanzen können daher nicht alle Inhaltsstoffe berücksichtigt werden.

Das Futterpotential der Futterpflanzen kann demnach, ausgehend vom Ertrag je Futterfläche, wie z. B. Trockensubstanz, organische Substanz, verschiedene Nährstoffe, über die für

1. Globales Futterpotential und Futterpflanzen der gemäßigten Klimate

Tabelle 8. Einfluß des energetischen Ertragspotentials von Silomais[1]) (30% Trockenmasse, 6,5 MJ NEL/kg T) und der Leistung von Milchkühen (Erhaltung, Milchleistung, 1 Kalb/Jahr)[2]) auf das Milcherzeugungspotential (3,1 MJ/l Milch) je ha Futterfläche (t Milch/ha)

Frischmasseertrag (dt/ha)	250	300	350	400	450	500
Energieertrag (GJ NEL/ha)	48,75	58,5	68,25	78,0	87,75	97,5
Jahresmilchleistung (kg/Kuh)						
4000	7,440	8,910	10,390	11,880	13,360	14,850
6000	8,970	10,760	12,560	14,350	16,150	17,940
8000	10,020	12,020	14,020	16,020	18,020	20,030
10000	10,760	12,920	15,070	17,220	19,380	21,530

[1]) Bedarfsgerechte Ergänzung der Ration mit Protein, Mineralstoffen und Vitaminen ist erforderlich.
[2]) 600 kg Lebendmasse; Erhaltung: 35,5 MJ NEL/Tag; 3,17 MJ NEL/kg Milch, 15 MJ NEL/Tag für die letzten 42 Tage der Trächtigkeit.

die verschiedenen Tierarten nutzbare Futterenergie (z. B. $ME_{BFSkorr.}$, NEL) bis zur erzeugbaren Leistung (z. B. Milch, Fleisch bzw. eßbares Eiweiß je Futterfläche) beurteilt werden (Tabellen 8 und 9). Die je Einwohner erforderliche Futterfläche hängt von einer Vielzahl von Einflußfaktoren ab, wie Tabelle 10 für ausgewählte Beispiele zusammenfassend zeigt.
Das Futterpotential der zellwandreichen Rationsbestandteile ist um so höher, je höher der Gehalt an schnell verfügbaren Anteilen ist. Dabei bestehen wesentliche Unterschiede zwischen verschiedenen Pflanzengruppen bzw. -arten. Beispielsweise wird die potentiell abbaubare organische Substanz in Leguminosen bei annähernd vergleichbarem Vegetationsstadium bedeutend schneller mikrobiell abgebaut als von Gräsern (s. S. 67). Besonders exponiert zeigt sich hierbei der Weißklee. Bei zügiger Entfernung der nicht nutzbaren

Tabelle 9. Einfluß des energetischen Ertragspotentials von Winterweizen (88% Trockenmasse; 13,75 MJ $ME_{BFSkorr.}$ je kg) und unterschiedlicher Lebendmassezunahme von Mastschweinen (25–100 kg Lebendmasse) auf die Lebendmassezunahme je ha Futterfläche (t /ha)

Ertrag (dt/ha)	40	50	60	70	80	90	100
Energieertrag (GJ ME_{BFS}/ha)	55,00	68,75	82,50	96,25	110,00	123,75	137,50
Lebendmassezunahme (g/Tier und Tag)							
500	1,12	1,40	1,68	1,96	2,24	2,53	2,81
600	1,24	1,56	1,87	2,18	2,49	2,80	3,11
700	1,35	1,69	2,03	2,37	2,70	3,04	3,38
800	1,44	1,80	2,16	2,52	2,88	3,24	3,60
900	1,53	1,91	2,29	2,68	3,06	3,44	3,82
1000	1,60	1,99	2,39	2,79	3,19	3,59	3,98

Täglicher Energiebedarf nach Empfehlungen der GEH (1986).

56 Teil I: Das Futterpotential

Tabelle 10. Einfluß des Verzehrs an Eiweiß tierischer Herkunft und der Relation zwischen Fleisch- und Milchprotein auf die erforderliche Futterfläche (m^2/Einwohner und Jahr) bei mittleren Erträgen (60 dt Weizen bzw. 400 dt Silomais/ha; s. Tabellen 8 und 9) und mittleren Leistungen[1])

Anteil Fleisch[2]) zu Milchprotein (%)	Verzehr an Eiweiß tierischer Herkunft (g/Einwohner und Tag)					
	10	20	40	60	80	100
70:30	185	370	740	1100	1850	1550
50:50	160	320	640	960	1280	1600
30:70	135	270	540	810	1080	1350

[1]) Unterstellte Leistungen der Nutztiere: 20 kg Milch/Kuh und Jahr; Schweinemast: 700 g, Rindermast: 1000 g, Geflügelmast: 40 g Lebendmassezunahme/Tag.
[2]) Futterverbrauch zur Erzeugung von 60% Schweinefleisch, 30% Rindfleisch und 10% Geflügelfleisch.

Nahrungsbestandteile aus dem Verdauungsraum ist eine höhere Futter- und damit meist auch höhere Energieaufnahme zu erwarten.
Das Futterpotential verschiedener Pflanzen kann durch eine Vielzahl von Faktoren begrenzt bzw. nicht voll ausgeschöpft werden, z. B.:
– physiologische Grenzen der Photosynthese der verschiedenen Pflanzen;
– begrenzende natürliche Bedingungen, wie Sonnenlicht, Temperatur, Wasser, Nährstoffe;
– Senkung des Ertragspotentials durch pflanzliche und tierische Schädlinge;
– Ernte- und Konservierungsverluste;
– Antinutritiva in den Futtermitteln;
– Einlagerung von Lignin und anderen Inkrusten;
– begrenzte Aufenthaltsdauer im Verdauungstrakt;
– Einfluß der Rationsgestaltung.

1.2.5 Möglichkeiten und Grenzen gezielter Beeinflussung des Futterpotentials

Inhaltsstoffe bzw. das Potential der Futtermittel werden von verschiedenen Faktoren beeinflußt, die in natürliche oder im Ergebnis menschlicher Aktivität entstandene Größen unterteilt werden können.
Die in Tabelle 11 angeführten natürlichen Faktoren werden mit Ausnahme des Klimas auch im wesentlichen vom Menschen beeinflußt, denn er entscheidet sowohl über Pflanzenart und Standort des Anbaues als auch über das Vegetationsstadium bei der Ernte.

1.2.5.1 Pflanzenzüchtung, Art- und Sortenwahl

Von den verschiedenen Möglichkeiten zur Beeinflussung des Futterpotentials hat vor allem die Pflanzenzüchtung strategische Bedeutung. Auf dem Gebiet der Gen- und Biotechnologie gegenwärtig führende Länder, wie Japan und die USA, haben diesbezüglich beachtliche Fortschritte erzielt. In Deutschland wirkt sich die Gesetzgebung nicht fördernd auf diese Forschungsrichtung aus, so daß verschiedene Unternehmen ganze Forschungsabteilungen und zunehmend auch die Produktion ins Ausland verlagern. Auf diese Art und Weise gehen wissenschaftliches Potential, perspektivisch auch wissenschaftsintensive Arbeitsplätze und zukunftsträchtige Investititonen verloren.

Tabelle 11. Auf Inhaltsstoffe und Futterpotential wirkende Faktoren

Natürliche Faktoren (biologische und Standort-Faktoren)	Anthropogene Einflußfaktoren
Pflanzenart/Sorte	Züchtung
Vegetationsstadium/Ontogenese der Pflanze	Agrotechnische Maßnahmen
Biotische Umweltfaktoren	– Düngung
– Pathogene	– Pflanzenschutz
– Unkräuter	– Fruchtfolge
– Symbionten	– Ernte- und Konservierungsverfahren
Standort (Biotop)	(Silierung)
– Boden	– Trocknung
– Klima/Witterung	Futterbehandlung
• Sonnenscheindauer	– Kraftfutter
• Niederschläge	– Grundfutter
• Tageslänge	Nebenprodukte der Lebensmittelindustrie
• Temperatur	Kombination der Futtermittel zu Rationen
• Atmosphärische Einflüsse (Immissionen u. a.)	

Die **Zuchtziele** sind für die verschiedenen Futterpflanzen und die Nutzungszwecke spezifisch, einige allgemeine Trends lassen sich jedoch ableiten (Tabelle 12). In Ergänzung zu den in Tabelle 12 aufgeführten allgemeinen Zuchtzielen ergeben sich aus Tierernährungssicht für die *vegetativen Pflanzenteile,* die überwiegend als Grundfutter an Wiederkäuer verabreicht werden, u. a. folgende Orientierungen:

– hohe Verdaulichkeit durch Verbesserung der Verfügbarkeit der potentiell nutzbaren Nährstoffe;
– hohe Futteraufnahme durch
  • verminderte Ligningeinlagerung,
  • beschleunigte Passage durch den Verdauungstrakt,
  • Verkürzung der Abbauzeit der potentiell verfügbaren Nährstoffe im Verdauungstrakt.

Tabelle 12. Allgemeine Zuchtziele zur Stabilisierung und Erhöhung des Futterpotentials

– Effektive Nutzung von Sonnenenergie, Wasser und Nährstoffen
– Erhöhung der Dürreresistenz
– Erhöhung des Ertrages und der Ertragsstabilität
– Erhöhung der Widerstandsfähigkeit gegen Witterungseinflüsse sowie pflanzliche und tierische Schädlinge
– Gleichmäßiges Wachstum und gleichmäßige Reife
– Senkung des Gehaltes an Antinutritiva und den Futterwert vermindernden Inhaltsstoffen
– Erhöhung des Gehaltes an wertbestimmenden Inhaltsstoffen (z. B. essentielle Aminosäuren, Stärke, Fett)
– Effektivere Nutzung (z. B. höhere Verdaulichkeit) der Inhaltsstoffe

Bei *generativen Pflanzenteilen,* die als Kraftfutter verfüttert werden oder nach weiterer Aufbereitung für die Humanernährung industrielle Nebenprodukte für die Tierernährung liefern, werden durch die Pflanzenzüchtung u. a. folgende Ziele angestrebt:
– Erhöhung des Protein- bzw. Aminosäurengehaltes im Getreide,
– Erhöhung des Energiegehaltes (z. B. fettreiche Sorten),
– Erhöhung des Anteils von Durchflußstärke bzw. -protein durch den Pansen beim Wiederkäuer,
– Senkung des Gehaltes an Antinutritiva (s. Tabelle 3).

Besondere Zuchterfolge wurden vor allem mit Mais erzielt, so daß nachfolgend auf einige Beispiele eingegangen wird. Neben der Ertragserhöhung, insbesondere an Kolbenmasse, gelang es bei der Maiszüchtung u. a., den Ligningehalt in der Restpflanze zu senken, den Gehalt an verschiedenen Aminosäuren, z. B. Lysin, zu erhöhen und den Fettgehalt in den Pflanzen zu steigern. Ligninarme Brown-midrib-Hybriden (bm_3-Hybriden) wurden neben Mais auch bei verschiedenen Hirsearten gezüchtet. Vor allem die Verminderung des Ligningehaltes spiegelt sich in höherer Verdaulichkeit und höheren Leistungen der Nutztiere wider. Zwischen Ligningehalt und Verdaulichkeit bestehen bei den meisten vegetativen Pflanzenteilen hochsignifikante negative Korrelationskoeffizienten ($-0,8$ bis $-0,9$). Bemühungen zur Senkung des Ligningehaltes können demnach zu einer Erhöhung des Futterpotentials führen, wenn dadurch die Ertragssicherheit, vor allem die Standfestigkeit, nicht nachteilig beeinflußt wird.

Züchterische Maßnahmen zur Erhöhung des Gehaltes an wertbestimmenden Inhaltsstoffen können auch zu unerwünschten Begleiterscheinungen führen, wie beispielsweise die Ertragsrückgänge im Falle der lysinreichen Körnermaishybriden Opaque und Floury oder die Verminderung der Standfestigkeit der ligninarmen bm_3-Maishybriden zeigten.

Neben der züchterischen Bearbeitung verschiedener Futterpflanzen können auch durch neue oder bisher wenig genutzte Pflanzen das Anbauspektrum erweitert und das Futterpotential erhöht werden. Am Beispiel der Einführung von Mais als Kulturpflanze in Europa und in anderen Teilen der Erde wurde die revolutionierende Bedeutung derartiger Schritte eindrucksvoll demonstriert (o. V. 1992).

Die Inhaltsstoffe und die Verdaulichkeit der generativen Pflanzenteile beeinflussen nicht nur die Leistungshöhe der Nichtwiederkäuer, sondern haben beispielsweise auch für die Energieversorgung der Hochleistungskühe große Bedeutung. Ein hoher Anteil von Durchflußstärke, wie z. B. beim Mais, kann die duodenale Stärkeanflutung und damit die Glucoselieferung für den Wiederkäuer verbessern. Dabei konnten sowohl zwischen verschiedenen Maissorten als auch in Abhängigkeit vom Reifestadium erhebliche Unterschiede nachgewiesen werden. Das Futterpotential beschränkt sich demnach nicht nur auf Ertrag und Energiekonzentration, sondern es hängt auch wesentlich von verschiedenen qualitativen Faktoren ab.

1.2.5.2 Agrotechnische Maßnahmen

Durch die Agrotechnik ist es möglich, Sonnenscheindauer bzw. Energielieferung durch die Globalstrahlung, die CO_2-Bereitstellung (s. S. 45), das verfügbare Wasser und die Pflanzennährstoffe für das Futterpotential optimal zu nutzen. Bei einer Globalstrahlung von 5×10^7 MJ/ha und Jahr werden gegenwärtig in Mitteleuropa weniger als 1% (10^4 bis 10^5 MJ/ha) in pflanzlicher Energie fixiert. Von diesen Faktoren kann auch bei gemäßigtem Klima das Wasser als Produktionsfaktor zuerst ins Minimum geraten.

Zu den agrotechnischen Maßnahmen, die die Ausschöpfung des Futterpotentials wesentlich beeinflussen, zählen u. a.:
– Standortwahl,
– Bodenbearbeitung,
– Anbau entsprechender Arten und Sorten,
– Fruchtfolgegestaltung beim Ackerfutterbau,
– Bestandspflege einschließlich Düngung entsprechend dem Bedarf im Wachstumsverlauf,
– optimaler Erntezeitpunkt, Transport, Aufbereitung und Lagerung.

Das Ertragspotential der verschiedenen Futterpflanzen variiert infolge vielfältiger Einflußfaktoren von Jahr zu Jahr, selbst beim Anbau gleicher Sorten auf gleichem Standort.

Je Vegetationstag steigt der Ertrag an, in den vegetativen Pflanzenbestandteilen erhöht sich jedoch auch der Zellwandanteil; der Zellinhalt und die Verdaulichkeit der organischen Substanz nehmen ab, wobei die Angaben verschiedener Autoren erheblich schwanken.

Die Temperatur beeinflußt Wachstum, Morphologie, Entwicklungszeit, Ertragshöhe, Zusammensetzung und Verdaulichkeit der Futterpflanzen wesentlich. Hohe Temperaturen bewirken meist eine schnellere und intensivere Inkrustierung der Zellwände mit Lignin als niedrigere Temperaturen, so daß die Verdaulichkeit mit zunehmendem Vegetationsstadium schneller abnimmt. Diese Entwicklung ist bei Gräsern und Leguminosen deutlicher ausgeprägt als bei Mais.

Da bei Silomais mit zunehmendem Vegetationsstadium der Kolbenanteil stärker ansteigt, als die Verdaulichkeit der Restpflanze abnimmt, ist im Gegensatz zu Gräsern und Leguminosen ein höherer Energieertrag zu erwarten. Bei späterer Ernte und entsprechender Vorzerkleinerung der Körner (Reibeböden) ist bei Rindern mit einer höheren Stärkelieferung ins Duodenum zu rechnen.

Die Zweckmäßigkeit der Mineraldüngung im Futterbau hängt von einem Faktorenbündel ab. Neben dem Nährstoffgehalt im Boden, der Gefahr der Nährstoffauswaschung, dem Futterbedarf (vorhandene Futterfläche je Nutztiereinheit) und der davon abhängenden Intensität des Futterbaues sowie dem Anfall an natürlichem Dünger (Stallmist, Gülle) entscheiden vor allem ökonomische, ökologische und energetische Aspekte über den Umfang des Mineraldüngereinsatzes. Der beachtliche Aufwand an technischer Energie bei der N-Fixierung im Mineraldünger (z. B. ≤ 35 MJ/kg N), der aus dem Verbrauch an fossilen Energiequellen resultiert, läßt den Mineraldüngereinsatz in einem kritischen Licht erscheinen. Durch unterschiedlich hohe N-Gaben wird auch die Pflanzenentwicklung beeinflußt (mehr Blattmasse, physiologisch jünger), so daß sich Zusammensetzung und Futterwert des Erntegutes ändern. Bei Grünfuttermitteln werden Zuwachs, Inhaltsstoffe und Verdaulichkeit auch wesentlich von der Anzahl der Schnitte bzw. den veränderten Witterungsbedingungen bei späteren Schnitten beeinflußt. Geringerer täglicher Zuwachs beim 2. Aufwuchs bewirkt einen weniger depressiven Einfluß auf den Rohproteingehalt und die scheinbare Verdaulichkeit der organischen Substanz z. B. von Lieschgras als beim 1. Schnitt. Die Inkrustierung der Zellwände erfolgt langsamer.

1.2.5.3 Futterpotential und Rationsgestaltung

Neben den futtermittelspezifischen Einflußfaktoren wird vor allem beim Wiederkäuer das Futterpotential auch von der Rationsgestaltung und der Höhe der Futteraufnahme beeinflußt.

Die Nutzung der β-glucosidisch gebundenen Zellwandbestandteile erfolgt überwiegend im Vormagensystem durch Mikroben. Die Aktivität der cellulolytischen Keime ist stark pH-Wert-abhängig (Optimum meist pH >6). Niedriger pH-Wert im Pansen infolge eines hohen Angebotes an schnell fermentierbaren Kohlenhydraten (z. B. Zucker und Stärke) kann einen verminderten Zellwandabbau und damit eine geringere Nutzung vegetativer Pflanzenbestandteile zur Folge haben.

Durch entsprechende Rationsgestaltung und Futterdarbietung, wie z. B. gleichmäßige Verteilung kleiner Gaben schnell fermentierbarer Kohlenhydrate im Tagesverlauf, hohe Fütterungsfrequenz und Verabreichung weniger schnell fermentierbarer Rationsbestandteile, kann ein wesentlicher Beitrag zur Nutzung des Futterpotentials durch die Nutztiere geleistet werden.

Neben der Rationsgestaltung hängt die Verdaulichkeit und damit das Futterpotential von Grundfuttermitteln beim Wiederkäuer auch von der Höhe der Futteraufnahme ab. Mit zunehmender Futteraufnahme und erhöhter Passagegeschwindigkeit steht den Pansenmikroben weniger Zeit für den Zellwandabbau zur Verfügung, so daß die Verdaulichkeit abnimmt. Die Pansenmikroben verlieren gewissermaßen den Wettlauf mit der Zeit. Der Nährstoffanteil, der sich der Verdauung entzieht, ist direkt proportional zur Passagerate und umgekehrt proportional zur Abbaurate. Folglich ist die Abbaudepression bei den langsam abbaubaren Zellwandbestandteilen am stärksten, die schnell abbaubaren Fraktionen werden bei höherer Futteraufnahme kaum nachteilig beeinflußt. Da Leguminosen mehr schnell fermentierbare Zellwandbestandteile (z. B. Pectin, Hemicellulosen) enthalten als Gräser, ist bei höherem Leguminosenverzehr mit einer deutlich geringeren Verdauungsdepression als bei hoher Grasaufnahme zu rechnen.

Die dargestellten Zusammenhänge demonstrieren, daß sich die Futterwerte verschiedener Futtermittel nicht additiv verhalten, sondern neben anderen Faktoren auch wesentlich von der Rationsgestaltung abhängen.

1.2.6 Wertung des Futterpotentials

Obwohl in den gemäßigten Klimazonen Temperatur bzw. fehlende Sonnenenergie in der kalten Jahreszeit und teilweise Wasser in der warmen Jahreszeit die Photosynthese und damit das Futterpotential begrenzen, werden die theoretischen Möglichkeiten zur Futtererzeugung weltweit nicht ausgeschöpft. Diese These wird durch die erheblichen Unterschiede in der Futtererzeugung in verschiedenen Regionen gestützt.

Kohlendioxid stellt weltweit keinen begrenzenden Faktor für die Photosynthese dar. Durch das Pflanzenwachstum wird CO_2 fixiert und bei Verzehr der Pflanzen durch Mensch oder Tier, mikrobiellen Abbau oder Verbrennung im Kreislauf gefahren. Aus diesen Gründen ist es unverständlich, warum für Futter- oder Lebensmittelerzeugung nicht benötigte Flächen in Mitteleuropa brach gelegt und nicht zum Anbau von Energiepflanzen genutzt werden. Dadurch können sowohl fossile Kohlenstoffquellen gespart als auch der CO_2-Ausstoß vermindert werden.

Trotz des in verschiedenen Regionen vorhandenen Überschusses an Futter- und Lebensmitteln ist eine weitere züchterische Bearbeitung von Pflanzen erforderlich. Dabei sind moderne Zuchtverfahren, wie z. B. die Gentechnologie, bedeutend effektiver als herkömmliche Methoden. Teilweise emotional bedingte Reglementierungen auf diesem Gebiet und bei Freisetzungen von Pflanzen haben dazu geführt, daß die Pflanzenzüchtung in Deutschland kaum mit der ausländischen Konkurrenz mithalten kann.

Das Futterpotential realisiert sich für die Menschen über die Nutztiere. Leistungshöhe, Rationsgestaltung und andere Faktoren beeinflussen wesentlich die Konvertierung der Futtermittel in Tierprodukte und damit das Futterpotential.

Literatur

Buschmann, C., und Grumbach, K. (1985): Physiologie der Photosynthese, Springer Verlag, Berlin, Heidelberg, New York, Tokyo.

Ehrendorfer, F. (1991): Standort und Ökosystem, Leistungen und Dynamik von Ökosystemen. In: Strasburger: Lehrbuch der Botanik. 33. Aufl. Hrsg.: P. Sitte, H. Ziegler, F. Ehrendorfer und A. Bresinsky. Gustav Fischer Verlag, Stuttgart-Jena, S. 886–898.

Flachowsky, G. (1987): Stroh als Futtermittel. Deutscher Landwirtschaftsverlag, Berlin.

Flachowsky, G. (1992): Kriterien bei der Ernährung landwirtschaftlicher Nutztiere. Schriften der Akademie für Tiergesundheit **3**, 104–130.

Flachowsky, G., Baldeweg, P., and Schein, G. (1992): A note on the in sacco dry matter degradability of variously processed maize grains and of different maize varities in sheep. Anim. Feed Sci. Technol. **39**, 173–181.

Flachowsky, G., and Schneider, M. (1992): Influence of various straw-to-concentrate ratios on in sacco dry matter degradability, feed intake and apparent digestibility in ruminants. Anim. Feed Sci. Technol. **38**, 199–217.

Geisler, G. (1988): Pflanzenbau. Lehrbuch – Biologische Grundlagen und Technik. Paul Parey, Berlin-Hamburg.

Hoffmann, G., Nienhaus, F., Schönbeck, F., Wettzien, H., und Wilbert, H. (1985): Phytomedizin. Paul Parey, Berlin-Hamburg.

Jeroch, H., Flachowsky, G., und Weißbach, F. (1993): Futtermittelkunde. Gustav Fischer Verlag, Jena-Stuttgart.

Kirchgeßner, M. (1990): Energietransformation in der Landwirtschaft, Vortrag, Leopoldina Halle, 28./29. 9. 1990.

Koshijima, T., Watanabe, T., and Yaku, F. (1989): Structure and properties of the lignin-carbohydrate complex polymer as an amphipathic substance. In: W. G. Glasser and S. Sarkanen (Eds.): Lignin-Properties and Materials. American Chem. Society, Washington D. C., ACS-Symp. Series 397, pp. 11–28.

Lewis, N. G., and Paice, M. G. (Eds.) (1989): Plant cell wall polymers. Biogenesis and biodegradation. ACS Symposium Series 399, 3rd Chem. Congress of North America (195th National Meeting of the American Chem. Soc.), Toronto, Ontario, Canada, June 5–11, 1988, American Chem. Soc., Washington DC.

Libbert, E. (1987): Lehrbuch der Pflanzenphysiologie. 4. Aufl. Gustav Fischer Verlag, Jena.

Mengel, K., and Kirkby, E. A. (1982): Principles of Plant Nutrition. Internat. Potash Institute, Bern.

Nehring, K., Beyer, M., und Hoffmann, B. (1970): Futtermitteltabellenwerk. Deutscher Landwirtschaftsverlag, Berlin.

o. V. (1991): DLG-Futtermitteltabelle – Wiederkäuer. DLG-Verlag, Frankfurt/M.

o. V. (1992): 500 Jahre Mais in Europa, 1492–1992. Deutsches Maiskomitee e. V., Bonn.

Rehm, S., and Espig, G. (1991): The cultivated plants in tropics and subtropics. Verlag J. Margraf, S. 120–125.

Steinhauser, H., Kreul, W., und Heissenhuber, A. (1983): Entwicklungstendenzen im Ackerfutterbau. Tierzüchter **35**, 94–97.

Stöpel, R., und Bergmann, H. (1994): unveröffentlichte Arbeiten. Lehrbereich Erzeugung pflanzlicher Lebensmittel, Institut für Ernährung und Umwelt, Jena.

Sundstøl, F., and Owen, E. (1984): Straw and other fibrous by-products as feed. Dev. Anim. Vet. Sci. **14**.

Thorvaldsson, G., and Andersson, S. (1986): Variations in timothy dry matter yield and nutritional value as affected by harvest date, nitrogen fertilization, years and location in Northern Sweden. Acta Agric. Scand. **36**, 367–385.

van Soest, P. J. (1982): Nutritional ecology of the ruminant. O & B Books, Corvallis, Oregon.

Voigtländer, G. (1987): Einführung in den Futterbau – Umfang, Formen und Leistungen. In: Grünlandwirtschaft und Futterbau (Ed. G. Voigtländer und H. Jacob). Eugen Ulmer Verlag, Stuttgart S. 17–78.

Weißbach, F. (1993): Grünfutter und Grünfutterkonservate. In: H. Jeroch, G. Flachowsky und F. Weißbach (Hrsg.): Futtermittelkunde. Gustav Fischer Verlag, Jena-Stuttgart.

Ziegler, H. (1991): Physiologie des Stoff- und Energiewechsels. In: Strasburger: Lehrbuch der Botanik. 33. Aufl. Hrsg.: P. Sitte, H. Ziegler, F. Ehrendorfer und G. Bresinsky). Gustav Fischer Verlag, Stuttgart-Jena.

2. Futterpotential der Tropen und Subtropen
(E. R. Ørskov)

Der Begriff „Futterpotential" beinhaltet nicht nur den Gehalt an verfügbaren Nährstoffen in den Futtermitteln, sondern auch die Höhe der Futteraufnahme durch die Tiere. Es ist nicht anzunehmen, daß die Konzepte der Futterbewertung oder des Futterpotentials zwischen tropischen und subtropischen Regionen auf der einen und gemäßigten Klimaten auf der anderen Seite unterschiedlich sind. Im allgemeinen sind jedoch die Tierhalter in den Tropen und Subtropen bedeutend stärker von den aktuellen Futterressourcen des jeweiligen Standortes abhängig als der Tierhalter in den sogenannten entwickelten Ländern der gemäßigten Regionen. In den Ländern der gemäßigten Klimazone werden oft Futtermittel, die für die Humanernährung oder Nichtwiederkäuer geeignet sind, mit Gewinn an Wiederkäuer gefüttert. Proteinreiche Futtermittel werden aus den Subtropen und Tropen manchmal importiert, und das gleiche trifft auch auf stärkereiche Konzentrate zu, falls sie nicht verfügbar sind. Während in entwickelten Ländern durch vorhandene oder zugekaufte Futtermittel das Tierpotential maximal ausgeschöpft wird, basiert in den weniger entwickelten Ländern die Produktivität der Tiere auf der Qualität der verfügbaren Futtermittel und wird außerdem durch Klima und Krankheiten begrenzt.

Derartige Faktoren limitieren gewöhnlich das Ausmaß, zu welchem die Tiere Futter über den Erhaltungsbedarf hinaus verzehren, um Energie für Wachstum, Arbeit und Laktation verfügbar zu haben. Eine Milchkuh in den entwickelten Ländern kann Milch erzeugen, die für 6 Kälber ausreicht, aber normalerweise wird nur 1 Kalb geboren. Dieses Ergebnis wurde durch Selektion erreicht und führte auch zu einigen physiologischen Schwächen, wie langsamer Insulin-Response und extremer Neigung zu Ketose.

Eine andere biologische Realität in den meisten Ländern der Tropen und Subtropen ist die Schwankung im Nährstoffangebot in Abhängigkeit vom Wechsel von Trocken- und Regenzeit. Die Trockenzeit ist gewöhnlich die Saison von Unterernährung und Hunger, obwohl diese Situation in intensiven Ackerbaugebieten nicht auftritt. Hier werden während der Regenzeit Futterpflanzen auf Flächen angebaut, die früher von Wiederkäuern abgeweidet wurden. Das Nährstoffangebot variiert im Winter auch in den gemäßigten Breiten. In den meisten der ökonomisch gut entwickelten Länder wird jedoch Futter konserviert, meist als ganze Pflanzen, die auf dem Ackerland gewachsen sind und als qualitativ hochwertige Silage, Heu oder Wurzeln und Knollen für die Verfütterung zur Verfügung stehen. Außerdem wird das Grundfutter der Rinder in den entwickelten Ländern meist mit Getreide oder anderen qualitativ hochwertigen Produkten ergänzt, so daß die Wachstumsrate oder die Milchleistung über das gesamte Jahr nahezu konstant gehalten werden kann. Die Aufrechterhaltung hoher Leistungen im Jahresverlauf ist natürlich aus der Sicht der hohen Lohn- und Kapitalkosten erforderlich, weil geringes Wachstum und niedrige Milchleistung im Winter unökonomisch sind.

Im vorliegenden Beitrag werden neue Aspekte der Futterbewertung unter besonderer Berücksichtigung von Rauhfutter und der Futteraufnahme als wichtiger Faktor dargelegt.

2.1 Futterbewertung als Kriterium zur Beurteilung des Tier- und Futterpotentials

2.1.1 Historische Betrachtung

Sowohl aus der Sicht des Landwirts als auch der Planung der Tierproduktion war es über Jahrhunderte entscheidend, den Futterwert und die Austauschrate zwischen Futtermitteln zu kennen. Dieser Aspekt hat für die Vorhersage der tierischen Produktion in einem Land oder in einer Region große Bedeutung. Außerdem war für die Landwirte wichtig, daß sie beurteilen konnten, welche Futtermittel das günstigste ökonomische Resultat brachten.

Es ist logisch, daß die erste Futtereinheit, mit der die anderen Futtermittel verglichen wurden, auf dem häufigsten Futtermittel in einem Gebiet basierte. Eine *Stroheinheit* wurde vor etwa 200 Jahren in Europa genutzt, weil Stroh gewöhnlich als Futter für die Stallfütterung der Rinder im Winter verfügbar war. Dieser Maßstab wurde später zum sogenannten *Heuwert* geändert, den Albrecht Thaer (1844) in Deutschland entwickelte (Tyler 1975, Flatt 1988). Der Futterwert eines Futtermittels wurde mit dem von 1 kg Wiesenheu verglichen.

Zu Beginn des 20. Jahrhunderts wurde jedoch richtig erkannt, daß Wiesenheu kein geeigneter Standard ist, weil seine Verdaulichkeit stark variiert. Kellner (1905) entwickelte das *Stärkewertsystem,* weil Stärke einen konstanten Futterwert aufwies. Das System ist ein sogenanntes *Nettoenergie-System,* und die Werte wurden auf Basis der Fettmenge kalkuliert, die beim ausgewachsenen Ochsen aus 1 kg Stärke angesetzt wird.

In vielen anderen Ländern wurden Systeme auf der von Kellner erarbeiteten wissenschaftlichen Basis eingeführt, aber oft wurde der Energiewert von Getreide als Bezugsgröße verwendet. 1 kg Gerste diente häufig als Basiseinheit und wurde gewöhnlich *Gersteneinheit* genannt, mit der sich die Landwirte leicht anfreunden konnten. In Rußland basierte die Futtereinheit auf 1 kg *Hafer,* da Hafer das häufigste Getreide in diesem Land war. Sowohl Gerste als auch Hafer variieren in der Zusammensetzung. Unglücklicherweise führte die Verwendung eines Getreidestandards als Futterwertmaßstab bei verschiedenen Menschen zu der Annahme, daß Getreide ein natürliches Futtermittel für Wiederkäuer ist. Daraus kann abgeleitet werden, daß es viel zweckmäßiger wäre, Stroheinheiten für Wiederkäuer wieder zu nutzen.

Kellner erkannte, wie bereits früher im Heuwert-System, daß die Nettoenergie für Leistung, die aus der verdaulichen Energie des Rauhfutters erhalten wurde, geringer war als die aus Konzentraten. Er führte diese Differenzen zum größten Teil auf Kau- und Verdauungsarbeit bei Rauhfutter zurück und entwickelte Korrekturfaktoren, die in Relation zum Rohfasergehalt der Rationen standen.

Der Beitrag der Verdauung zur Erklärung der Differenzen in der Verwertung bzw. dem Nettoenergiegehalt von Konzentraten und Rauhfutter wurde in der Wissenschaft zwischen 1950 und 1980 intensiv diskutiert. Dies war zurückzuführen auf die Entdeckung der Cambridge-Gruppe (Barcroft et al. 1944) in den 40er Jahren unseres Jahrhunderts, daß flüchtige Fettsäuren, die bei der anaeroben Fermentation der Kohlenhydrate im Pansen entstehen, die Hauptenergiequelle für Wiederkäuer darstellen. Die Erkenntnis, daß sich der Anteil der Essigsäure im Pansen erhöht, wenn der Gehalt an zellwandreichem Rauhfutter in der Ration anstieg, war überaus bedeutsam. Da der Stoffwechsel der Essigsäure von einigen glucoplastischen Substanzen abhängt, wie z. B. Oxalessigsäure, wurde geschlußfolgert (z. B. Blaxter 1962), daß die Essigsäure wenig effizient verwertet wird.

Unter Nutzung der Ergebnisse aus kleinen Serien von Infusionsexperimenten (Armstrong und Blaxter 1957) und anderen Resultaten unterbreitete Blaxter (1962) ein System der Futterbewertung auf der Basis der *umsetzbaren Energie (ME)*. In diesem System wird davon ausgegangen, daß die ME für Erhaltung effizienter genutzt wird als für Wachstum; die Wirksamkeit der Energienutzung für Erhaltung wurde als k_m (maintenance) und für Wachstum als k_f (fattening) dargestellt.

Das Konzept der ineffizienten Nutzung der Essigsäure für das Wachstum lieferte eine elegante Erklärung, aber es wurde auch mehrfach widerlegt, wie auch die Unterschiede zwischen k_m und k_f (Ørskov und Ryle 1990). Es konnte gezeigt werden, daß keine Differenzen in der Verwertung der einzelnen flüchtigen Fettsäuren auftraten, wenn die Wiederkäuer mit gemischten Rationen gefüttert wurden. Außerdem konnte demonstriert werden, daß der Unterschied zwischen k_m und k_f auf die Anpassung der Wärmeproduktion beim Hungerumsatz zurückzuführen war, obwohl der Hungerumsatz von einer erhöhten N-Exkretion begleitet ist. Die Wärmeproduktion beim Hungerumsatz wird durch Infusion geringer Mengen von Glucose-Vorstufen vermindert. Diese Glucose-Vorstufen werden benötigt, wenn endogenes Fett als der einzige energieliefernde Nährstoff genutzt wird (Chowdhury 1992).

Die Differenzen in der Verwertung der ME aus verschiedenen Rationen sind wahrscheinlich sehr gering, aber ein Teil der ME aus Rauhfutter wird als Energiequelle für zusätzliche Leistungen genutzt, wie z. B. Kauen und Wiederkauen, sowie für andere Aktivitäten, die mit Nahrungsaufnahme, Futtersuche und Aufstehen einhergehen (Ørskov und Ryle 1990). Kellner war in dieser Hinsicht korrekt. Es ist zumindest theoretisch möglich, die Verwertung der Futtermittel durch Reduzierung der Verdauungsarbeit zu verbessern, wie beispielsweise durch Mahlung der Futtermittel vor Fütterung an die Tiere. Diese Behandlung von Rauhfutter ist jedoch meist nicht kostengünstig. Außerdem wird oft die Verdaulichkeit des Rauhfutters durch Erhöhung der Passagerate der kleinen Partikel reduziert, obwohl dies durch erhöhte Futteraufnahme kompensiert wird. Die Mahlung kann auch zu einer Verminderung der Speichelbildung führen, wodurch mikrobielle Synthese und Pansen-pH-Wert absinken.

Die Futterbewertungssysteme, basierend auf Nettoenergie, umsetzbarer Energie oder wie im amerikanischen System auf den total verdaulichen Nährstoffen (Total Digestible Nutrients, TDN), sind alle statisch und was noch bedeutsamer ist, sie zeigen nicht den tatsächlichen Wert oder den ökonomischen Austauschwert der einzelnen Futtermittel an. Obwohl Stroh oft die billigste Energiequelle ist, kann es nur in beschränktem Umfang genutzt werden, was auf die begrenzte Futteraufnahme der Wiederkäuer zurückzuführen ist. Während dies für die qualitativ hochwertigen und in großen Mengen verzehrten Futtermittel wenig bedeutsam ist, haben Futterbewertungssysteme, die vor allem energiereiche Futtermittel berücksichtigen, für die meisten tropischen und subtropischen Länder wenig Sinn. In der Wiederkäuerfütterung dominieren weitgehend zellwandreiche Futtermittel. Deshalb ist die Entwicklung eines neuen Systems der Futterbewertung, das auf Rauhfutter basiert und die Futteraufnahme als wichtigen Parameter mit beinhaltet, unbedingt erforderlich.

2.1.2 Anforderungen an ein neues Futterbewertungssystem für Rauhfutter

Welche Anforderungen sind an ein neues Futterbewertungssystem zu stellen, wenn man davon ausgeht, daß in den Tropen und Subtropen sowie in anderen Regionen zellwandreiche Rauhfuttermittel die Hauptfutterquelle und manchmal die einzigen Futtermittel für Wiederkäuer sind? Drei wesentliche Anforderungen seien genannt:

1. Das System muß eine Aussage über den durchschnittlichen Gehalt an verfügbarer Energie für Futtermittel und Futtermittelkombinationen liefern. Es muß auch die Futteraufnahme vorhersagen sowie die Futtermenge, die oberhalb des Erhaltungsbedarfs konsumiert werden kann oder zur Deckung des Erhaltungsbedarfs benötigt wird. Die tierische Leistung unter Berücksichtigung von Erhaltung, Milchproduktion, Zugkraft, Wachstum und Fettansatz kann dann bestimmt werden.
2. Das System muß in einer solchen Form ausgedrückt werden, daß die Eigenschaften des Tieres für die Verwertung des Futters beschrieben werden und gestörte Relationen zwischen Futter- und Tierpotential, wie sie sehr oft vorkommen, vermieden werden.
3. Das System muß zur effektivsten Nutzung von Ackerfutter- und Grasland durch Wiederkäuer beitragen. Es muß helfen, Ressourcenmißbrauch zu vermeiden und die Dauerhaftigkeit zu fördern.

Um ein neues System für die Beurteilung des Futterpotentials, welches die Futteraufnahme mit beinhaltet, zu entwickeln, sind Kenntnisse über Kennziffern der Rauhfutteraufnahme beim Wiederkäuer bedeutsam. Obwohl auf diesem Gebiet noch viel ungeklärt ist, gibt es keinen Zweifel, daß, abgesehen von bestimmten Ernährungsfaktoren (z. B. ausreichend Ammoniak, Schwefel u. a. für Pansenmikroben, keine großen Mengen antimikrobieller Substanzen im Futter) die Rauhfutteraufnahme wesentlich durch physikalische Komponenten oder den Raum, den das Futter einnimmt, beeinflußt wird. Diese Verhältnisse sind nicht einfach zu beschreiben, aber es soll versucht werden, einige Charakteristika der Futtermittel festzuhalten.

1. Löslichkeit. Die Löslichkeit ist aus mehreren Gründen bedeutsam. Das lösliche Material besteht gewöhnlich überwiegend aus Kohlenhydraten und Eiweiß, die auch in der Zellwand enthalten sind. Es ist meist vollständig verdaulich und schnell fermentiert. Da es löslich ist, nimmt es wenig Raum im Pansen ein. Es trägt wesentlich zum osmotischen Druck bei. Die Löslichkeit kann durch verschiedene Labormethoden bestimmt werden, aber auch durch Waschen der Futterproben in Nylonbeutel.

2. Die unlösliche, aber fermentierbare Fraktion. Kenntnisse über diese Fraktion sind sehr wichtig, da sie die maximale Ausnutzung der Nährstoffe bestimmt. Die unlösliche, aber fermentierbare Fraktion kann aus der potentiellen Abbaubarkeit des Futtermittels bestimmt werden, indem das lösliche Material abgezogen wird. Die unlösliche, aber fermentierbare Fraktion wird gewöhnlich durch Messung des Trockensubstanzverlustes ermittelt, indem die Proben in Nylonbeuteln in den Pansen fistulierter Tiere inkubiert werden.

3. Die Rate, mit der die unlösliche Fraktion fermentiert wird. Ohne Kenntnis der Rate, mit der die unlösliche Fraktion fermentiert wird, ist die Kenntnis der potentiellen Abbaubarkeit von begrenzter Bedeutung. Die Pansen-Retentionszeit kann den Grad begrenzen, in dem das Futtermittel potentiell abgebaut wird und damit auch das Ausmaß, in welchem die Nährstoffe in der limitierten Zeit im Pansen fermentiert werden.

4. Die Rate, mit der die unverdaulichen Partikel den Pansen verlassen. Dies beinhaltet die Rate, mit der Partikel, die der Fermentation und dem Wiederkauen unterlagen, in den ventralen Teil des Retikulums gelangen und so durch die Retikulum-Omasum-Öffnung ausfließen können. Sehr widerstandsfähige Fasern, wie z. B. von Weizenstroh, Bagasse oder Sisal, haben eine sehr lange Aufenthaltsdauer im Pansen und hemmen somit die weitere Futteraufnahme.

Die ersten drei erwähnten Charakteristika sind futterspezifisch, während der vierte Faktor auch eine tierspezifische Dimension aufweist. Das Kauen beeinflußt wesentlich die Zerkleinerung langer zu kleinen Partikeln; die Hauben-Pansen-Motilität beeinflußt die Verteilung und den Ausfluß der kleinen Partikel.

Neben den Futtercharakteristika gibt es viele tierspezifische Faktoren, wie das Pansenvolumen, die einen sehr großen Effekt auf die Futteraufnahme ausüben können. In jüngster Vergangenheit waren Fortschritte in der Beschreibung der Dynamik der Verdauung zu verzeichnen, welche Auswirkungen auf Charakteristika des Pansenvolumens haben.

In einigen Untersuchungen wurden verschiedene Faserquellen in den Pansen inkubiert (Ørskov und Ryle 1990). Zuerst nutzten wir Getreidestroh von fünf verschiedenen Herkünften. Alle Chargen wurden mit Ammoniak behandelt, so daß 10 verschiedene Varianten entstanden. Die Exponentialgleichung $p = a + b(1 - e^{-ct})$, die von Ørskov und McDonald (1979) zur Beschreibung des Proteinabbaues entwickelt wurde, charakterisiert den Abbau (Abb. 1). Sehr oft wird eine lag-Phase beobachtet, bei der ein mikrobieller Einstrom in die Beutel und kein Abbau erfolgt. Das Intercept repräsentiert das lösliche und unmittelbar verdauliche Material. Zur Beschreibung der Futtermittel wurde die Löslichkeit als Gewichtsverlust beim Waschen nach einer standardisierten Methode definiert und mit A bezeichnet (s. Abb. 1). Für die unlösliche, aber potentiell fermentierbare Fraktion B ergibt sich dann (a + b) – A ; C wird als Abbaurate (rate constant) bezeichnet.

Die Ergebnisse des Versuches werden in Tabelle 1 dargestellt. Die Genauigkeit der Vorhersage der Futteraufnahme (und der Wachstumsrate) wurde durch Berücksichtigung mehrerer Faktoren in einer multiplen Regression verbessert. Es ist ersichtlich, daß mit der potentiellen Abbaubarkeit (a + b) allein nur eine unbefriedigende Vorhersage der Futteraufnahme möglich ist (s. Tabelle 1). Die Einbeziehung der Abbaurate (c) in die Regressionsrechnung erhöht die Genauigkeit der Vorhersage wesentlich, so daß über 90% der Variationsursachen erklärt werden können.

Die umsetzbare Energie dieser Futtermittel erlaubt lediglich eine Vorhersage der Futteraufnahme mit einem Korrelationskoeffizienten von 0,70. Die Einbeziehung von Sträuchern und Leguminosen als Futtermittel in diese Betrachtungen führte zu ähnlichen Ergebnissen (Kibon und Ørskov 1993).

Für die praktische Einschätzung des Futterwertes scheint demnach die Beschreibung von drei Charakteristika der Futtermittel erforderlich, da alle diese Faktoren wesentliche Einflüsse auf die Höhe der Futteraufnahme ausüben. Dies ist wichtig, da die verschiedenen Bemühungen zur Verbesserung der Futtermittel durch chemische, biologische oder genetische Methoden auf einen dieser Faktoren konzentriert werden können. Beispielsweise ist es bekannt, daß die chemische Strohbehandlung den größten Effekt auf den B-Wert hat, während eine enzymatische Behandlung zellwandreicher Rauhfuttermittel lediglich den A-Wert beeinflußt (s. Abb. 1; Nakashima und Ørskov 1988).

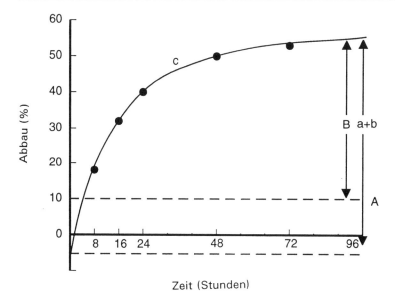

Abb. 1. Beschreibung des Abbaus zellwandreicher Futtermittel unter Berücksichtigung der Löslichkeit (A), der unlöslichen, aber fermentierbaren Fraktion (B) und der Abbaurate (Rate constant, C).

Tabelle 1. Multiple Korrelationskoeffizienten (r) zwischen Verdaulichkeit, Trockensubstanzaufnahme, Aufnahme an verdaulicher Trockensubstanz bzw. Wachstumsrate von Ochsen einerseits und Faktoren der Abbaugleichung andererseits

Faktoren aus der Abbaugleichung, genutzt in der multiplen Regressionsanalyse	Verdaulichkeit	Trockensubstanzaufnahme	Aufnahme an verdaulicher Trockensubstanz	Wachstumsrate
(a + b)	0,77	0,83	0,86	0,84
(a + b) + c	0,85	0,89	0,96	0,91
A + B + c	0,90	0,93	0,96	0,95
Indexwert	0,74	0,95	0,94	0,96

2.2 Futterpotential

Ørskov und Ryle (1990) haben versucht, einen Wert für das Futterpotential zu beschreiben. Sie führten eine Gleichung zur Vorhersage der Trockensubstanzaufnahme ein. Die Aufnahme ergab sich dabei aus $(X_1A) + (X_2B) + (X_3C)$, wobei A, B und C die Konstanten aus der modifizierten Abbaugleichung (s. Abb. 1) darstellen. Zur Vereinfachung teilten sie jeden Faktor durch X_1, so daß sie folgende Gleichung erhielten:

$$\frac{X_1A}{X_1} + \frac{X_2B}{X_1} + \frac{X_3C}{X_1}$$

Für X_1, X_2 bzw. X_3 wurden 1, 0,4 und 200 unterstellt. Der erhaltene Index hat keine biologische Bedeutung, aber er stellt vielleicht den Beginn des Nachdenkens über Werte für das Futterpotential dar.

Bei Unterstellung eines Erhaltungsbedarfs von 450 kJ/kg $LM^{0,75}$ konnten wir kalkulieren, daß ein Indexwert von 30 erforderlich ist, damit das Tier genügend Futter zur Abdeckung des Erhaltungsbedarfs aufnimmt.

Wenn ein Rauhfutter einen A-Wert von 10, einen B-Wert von 35 und einen C-Wert von 0,040 hat, dann ergibt sich ein Indexwert von 10 + 14 + 8 = 32. Dies bedeutet, daß das oben erwähnte Tier in der Lage sein sollte, den Erhaltungsbedarf abzudecken. Natürlich ist ein derartiger Indexwert mit Vorsicht zu betrachten.

Wenn auch die Futteraufnahme vorausgesagt wird, die Leistung der Tiere ist nicht linear von der Höhe der Futteraufnahme abhängig. Es ist beispielsweise höchstwahrscheinlich, daß Kau- und Wiederkauzeit ganz ähnlich sind bei Ad-libitum-Aufnahme der Rauhfutterrationen ohne Bezug zu ihrem Indexwert. Daraus resultiert, daß die Energiemenge, die für andere Aktivitäten als die Futteraufnahme bereitsteht, sich mit zunehmender Futteraufnahme erhöht. Dies wurde oft als eine Erhöhung in der Effizienz der Energienutzung ausgedrückt, aber tatsächlich wird die Verdauungsarbeit je Einheit verdauliche Energie geringer. Es ist deshalb nicht überraschend, daß – wenn eine Gleichung für Wachstum aus den Abbaucharakteristika der Ration abgeleitet wird – ein deutlich größerer Koeffizient für die lösliche Fraktion ermittelt wurde. Es ist klar, daß die Verdauung des löslichen Materials weniger Arbeit erfordert. Mehr Kenntnisse sind für die Testung dieses neuen Konzeptes und zur Erhöhung der Präzision der Gleichung erforderlich.

2.2.1 Effekt des Pansenmilieus

Es ist bekannt, daß die Rate des Zellwandabbaues im Pansen durch verschiedene Faktoren vermindert werden kann. In der intensiven Rinderproduktion hemmt oft der niedrige Pansen-pH-Wert, bedingt durch hohen Kraftfuttereinsatz, den Zellwandabbau (Mould et al. 1984). Wenn die Ration überwiegend aus geringwertigem Rauhfutter besteht, ist es möglich, daß geringe Ammoniak- oder Schwefelkonzentrationen im Pansen den Zellwandabbau begrenzen. Bei extrem minderwertigem Rauhfutter ist es möglich, daß zu wenige Bakterien in der Pansenflüssigkeit nicht zu einer schnellen Besiedlung des neuen Substrates in der Lage sind (Silva et al. 1989). Bei diesen nicht optimalen Bedingungen für den Zellwandabbau wird sich die Abbaurate C vermindern, während A und B gleich bleiben (Abb. 2). Solche begrenzenden Effekte des Pansenmilieus auf den Zellwandabbau müssen vermieden werden, wenn ein wahrer Wert für das Futterpotential erhalten werden soll. Im Pansen der Wiederkäuer, wo Abbaumessungen durchgeführt werden, müssen optimale Bedingungen für den Zellwandabbau vorhanden sein.

Das Futterpotential ist nicht additiv, wenn große Mengen stärkereicher Futtermittel mit rauhfutterreichen Futtermitteln gemeinsam verabreicht werden und der Zellwandabbau negativ beeinflußt wird. Unter den auf Rauhfutter basierenden Fütterungsbedingungen in den Tropen und Subtropen wird das Futterpotential nahezu additiv sein. Unter diesen Bedingungen können Ergänzungen zur Erhöhung des Futterpotentials vorgenommen werden.

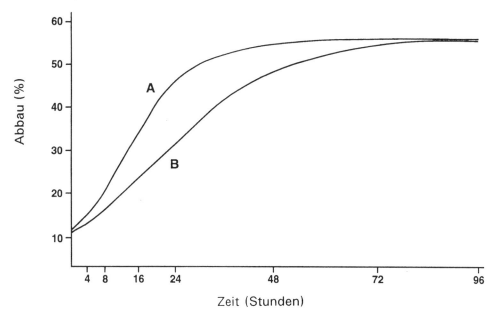

Abb. 2. Einfluß des Pansenmilieus auf die Abbaurate eines Futtermittels. A repräsentiert ein Pansenmilieu mit maximaler cellulolytischer Aktivität, bei B ist das Pansenmilieu weniger optimal. Wasserlöslichkeit und Asymptoten sind nahezu gleich.

2.2.2 Futterpotential und Leistung der Tiere

Es wurde bereits erwähnt, daß Unterschiede in der Verwertung der verdaulichen Energie zwischen Rauhfutter und Konzentraten weitgehend durch Differenzen in der Verdauungsarbeit erklärt werden können. Wird unterstellt, daß genügend Zeit für Kauen und Wiederkauen zur Verfügung steht (z. B. je 8 Stunden), dann folgt, daß bei besserer Futterqualität oder bei höherem Futterpotential die Tiere mehr Futter aufnehmen und sich die Verdauungsarbeit je verdauliche Energiemenge vermindert, wie sich die Futteraufnahme erhöht. Im Ergebnis erhöht sich die gemessene Nettoenergie für produktive Zwecke, so wie sich die Futterqualität erhöht. Dies stimmt mit Kellners Beobachtung der erhöhten scheinbaren Effizienz bei erhöhter Futterqualität überein.

2.2.3 Einfluß des Pansenvolumens

Die physikalische Begrenzung der Futteraufnahme ist hauptsächlich auf das begrenzte Volumen des Verdauungstraktes zurückzuführen. Daraus folgt, daß der Futterpotential-Index bei Wiederkäuern zwischen Rassen und Typen variieren kann, wenn Differenzen im Volumen des Verdauungstraktes auftreten. Der nicht voll entwickelte Pansen beim früh abgesetzten Wiederkäuer stellt auch ein Problem dar. Solche Tiere müssen nur Futter mit einer hohen Abbaurate erhalten.

Rinder in Bangladesh, die traditionell mit Reisstroh gefüttert werden (Mould et al. 1982), haben ein über 30% höheres Pansenvolumen, bezogen auf das Körpergewicht, und sie konnten relativ größere Strohmengen verzehren als Friesian-Färsen. Weyreter et al. (1987) ermittelten ähnliche Differenzen zwischen verschiedenen Schafrassen. Die Heidschnucken-Schafe haben ein viel größeres Pansenvolumen als eine moderne Rasse. Das größere Pansenvolumen erlaubt den Verzehr größerer Mengen Weizenstroh und einen längeren Aufenthalt für den Abbau im Pansen.

Die Schlachtausbeute von Mastrindern wurde in entwickelten Ländern als positives Selektionsmerkmal in verschiedene Zuchtschemata aufgenommen. Die Schlachtausbeute stellt das relative Schlachtkörpergewicht, bezogen auf das Lebendgewicht dar. Dieses Zuchtziel führt zu einer Merzung von Tieren mit großem Pansenvolumen und vermindert die Fähigkeit, große Mengen geringwertiger Rauhfuttermittel zu verzehren und zu verdauen.

Es ist nicht überraschend, daß hochgezüchtete Rassen nur niedrige Leistungen in einer Umgebung erreichen, wo die Futterressourcen auf geringwertigen Rauhfuttermitteln basieren.

2.2.4 Nutzung des endogenen Fettes

Es mag wenig relevant erscheinen, in einem Beitrag über das Futterpotential die *endogene Fettnutzung* zu diskutieren. Endogenes Fett ist jedoch unbedingt als Futter zu betrachten. Es ist ein Depot von Reservefutter. Es ist sehr bedeutsam, dies anzuerkennen. In den zurückliegenden Jahren wurden viele Zusammenhänge zur effizienten Nutzung von endogenem Fett erkannt, wie z. B.:

1. Endogene Fettdepots haben in der Evolution das Überleben in Perioden erlaubt, wo Futtermenge und -qualität nicht zur Abdeckung des Erhaltungsbedarfs ausreichten, wie während der Trockenzeit in den Tropen und Subtropen.
2. Die endogene Fettmenge ist oft linear korreliert mit der Gewichtszunahme der Wiederkäuer. Dies ist überwiegend auf die Tatsache zurückzuführen, daß die mikrobielle Proteinsynthese in enger Beziehung zur fermentierten Energie steht und die Protein- und Energielieferung beim Wiederkäuer gewöhnlich zusammenhängen und somit positiv korrelieren.
3. Endogenes Fett kann als Energiequelle für die Laktation genutzt werden. Laktierende Wiederkäuer verlieren meist Fett und Energie in der Frühlaktation. Wenn pansenstabiles Eiweiß gefüttert wird, können die Mobilisation und Verwertung des Fettes erhöht werden.
4. Endogenes Fett kann als Energiequelle für den Proteinansatz bei Wiederkäuern genutzt werden, wenn pansenstabiles Protein eingesetzt wird. Es sind sogar Lebendmassezunahmen möglich, wenn sich die Energiedepots reduzieren (Fattet et al. 1984). Der Fettgehalt im Schlachtkörper kann durch Einsatz von pansenstabilem Protein manipuliert werden. Fette Schlachtkörper können vermieden werden, wenn in der Endmast der Wiederkäuer energiearme und proteinreiche Rationen eingesetzt werden.
5. Die Fettdepots im Körper sind zu berücksichtigen analog anderen Methoden der Futterkonservierung. Unter Berücksichtigung der sehr effizienten Nutzung des endogenen Fettes für Erhaltung, Laktation und Wachstum sind Fettdepots günstiger zu beurteilen als Heu oder Silage als Futterkonservate, da diese Konservierungsformen erhebliche Kosten verursachen und Lagerungsverluste auftreten.

Natürlich gibt es Grenzen für Fettmengen, die zur Energielieferung für Wachstum und Laktation gespeichert werden können. Eine Selektion der Wiederkäuer gegen überschüssige Fettgewebe muß äußerst vorsichtig erfolgen, wenn diese Tiere in Regionen mit diskontinuierlicher Nährstoffbereitstellung Leistungen bringen sollen. Fettlager in bestimmten subkutanen Depots, wie Höcker oder Schwanz, sind sehr bedeutsam für Tiere in den Tropen und Subtropen, um Restriktionen im Volumen des Verdauungstraktes zu vermeiden, wie sie durch große Fettdepots im Nieren- und Beckenraum verursacht werden können.

2.2.5 Klimatische Einflüsse

Obwohl das Futterpotential die Futteraufnahme unter thermoneutralen Bedingungen vorhersagen kann, können klimatische Einflüsse einem hohen Futterverzehr entgegenwirken. Mindestens 40% der absorbierten Energie werden als Wärme wieder abgegeben (Ørskov und Ryle 1990), d.h. je höher die Futteraufnahme, umso mehr Energie muß abgegeben werden. Unter bestimmten klimatischen Bedingungen, hauptsächlich in den feuchten Tropen, ist die Fähigkeit zur Energieabgabe der Faktor, der die Futteraufnahme begrenzt. Das beeinflußt natürlich auch die mögliche Milch- und Wachstumsleistung. Hochleistungstiere müssen unter tropischen Bedingungen mittels Aircondition oder Wasserberieselung abgekühlt werden, was jedoch in der Regel unökonomisch ist. Dieses Problem ist die Hauptursache, daß Hochleistungstiere aus den gemäßigten Zonen den klimatischen Streß der Tropen nicht vertragen. Ihre hohe Leistung kann nur bei maximaler Futteraufnahme erhalten werden, welche aber eine sehr hohe Wärmeproduktion verursacht.

2.3 Effektivere Nutzung wichtiger Futtermittel

2.3.1 Futteraufnahme und Futterqualität

In den tropischen und subtropischen Regionen gibt es vielfältige Formen des *Weideganges*. Die Möglichkeiten variieren vom Busch über Halbwüsten, Steppen, Sträucher bis zum Grasen unter Bäumen wie im natürlichen Wald oder unter Kokosnußbäumen, Oliven oder anderen Obstbäumen. Meist variieren alle diese Weiden saisonal in der Futterqualität, was auf die Trockenheit im Sommer oder die Kälte im Winter zurückzuführen ist. Wenn die Wachstumssaison vorüber ist, nimmt die Qualität des Futters auf dem Halm schnell ab.
Es überrascht nicht, daß in großen Wildparks in Ost- und Südafrika eine Vielzahl von Tieren weidet, wie Zebras, Elefanten, Büffel, Antilopen u.a., also Gras und Blätter fressende Spezies. In bestimmten Gebieten konkurrieren die Tiere oft nicht ernsthaft um das Futter. Manchmal ergänzen sie sich sogar. Es gibt viel zu lernen über das Ergänzungsvermögen verschiedener Arten bei der Futtersuche. Lechner-Doll et al. (1991) zeigten beispielsweise, daß Kamele, Schafe, Ziegen und Rinder, die gemeinsam in der Dornbusch-Savanne in Nord-Kenia grasen, jeweils spezifische Pflanzen bevorzugen. Kamele und Ziegen nutzen im allgemeinen ein vielfältiges und nährstoffreiches Futterangebot und erreichen das 2- bis 3fache ihrer Höhe beim Beweiden von Büschen; Schafe und Rinder verzehren hauptsächlich Futter vom Boden. Ihre Futteraufnahme ist stark begrenzt infolge der geringen Futterqualität von Gräsern und Leguminosen während der Trockenzeit.

Erweiterte Kenntnisse sind notwendig über die optimale Mischung der Haustierbestände, um die Weiden effektiv zu nutzen, sie aber nicht zu zerstören. Die Bewertung der Weidequalität und der Leistung der Tiere in verschiedenen Zeiträumen ist ein sehr komplexes Problem, aber die Beschreibung der Abbaurate des Weidefutters zusammen mit neuen Methoden zur Messung der Aufnahme durch Nutzung unverdaulicher Grünfutteralkane als Marker (Mayes et al. 1986) könnte einen Beitrag zur Lösung dieser Frage leisten. Die meisten Weideflächen in Afrika und Asien sind gemeinsames Land oder Land mit Weiderechten für Großfamilien oder Gemeinden. In diesen Gebieten sind Verbesserungen sehr schwierig. Die Weiden werden durch „Overgrazing" zerstört, wenn der Populationsdruck auf der Fläche zunimmt. Dies wird oft begleitet von instabilen ökonomischen und politischen Systemen, die dazu führen, daß die Bauern mehr Sicherheit durch eine größere Tierzahl (nicht durch höhere Produktivität) anstreben. In Ackerbaugebieten sind die Rückstände der Feldfrüchte die bedeutendsten Futterressourcen. Es gibt viele Möglichkeiten zur Verbesserung ihres Futterwertes.

Schnellmethoden zur Einschätzung des *Futterwertes* erlauben dem Pflanzenzüchter, kurzfristig Getreidesorten zu selektieren, die neben einem hohen Kornertrag auch Stroh mit verbesserter Qualität für die Tierernährung liefern (Tuah et al. 1986). Die Nylonbeutel-Methode (Mehrez und Ørskov 1977) zählt zu diesen Schnellmethoden einer biologischen Beurteilung des Futterwertes. Bei ihrer Anwendung wird keine Elektrizität benötigt. Diese Methode erlaubt auch eine schnelle und zuverlässige Beurteilung, wie erfolgreich Rückstände des Pflanzenbaues nach Behandlung mit Harnstoff oder Ammoniak aufgeschlossen werden. Das ökonomische Ergebnis derartiger Behandlungen kann von den Harnstoffkosten in Relation zu Kosten und Verfügbarkeit anderer Supplemente abhängen. Diese Strohbehandlung ist vor allem in Gebieten mit einem großen Strohüberschuß sinnvoll, wie z. B. im chinesischen Flachland. Durch den Aufschluß wird die Futteraufnahme bis zu 50% erhöht, so daß die Aufnahme den Erhaltungsbedarf übersteigt und genügend Energie für eine befriedigende Leistung der Nutztiere bereitsteht.

2.3.2 Vergleich des Futterpotentials mit dem Tierpotential

Wiederkäuern mit hohem Leistungspotential kann Futter gegeben werden, das auch für Monogastriden einschließlich Mensch geeignet ist. Dies trifft zu für Länder mit einer entwickelten Industrie, wo fossile Energiequellen und deshalb Dünger im Vergleich zu Getreide billig sind und wo proteinreiche Futtermittel importiert oder produziert werden können. So gefütterte Wiederkäuer nutzen geringwertige Grobfuttermittel kaum. Es gibt viele Fragen, ob derartige Fütterungssysteme für Wiederkäuer umweltverträglich und verantwortbar sind. Die Produktivität der Wiederkäuer wird überwiegend gemessen am Produkt-Output, wie Milchertrag, Wachstumsrate usw. Wenig Aufmerksamkeit wird dabei der Qualität der Futterressourcen, die genutzt wurden, oder den Konsequenzen für die Umwelt gewidmet.

Diese Situation hat in vielen Fällen zur Schlußfolgerung der Unterlegenheit der Wiederkäuer in den Tropen und Subtropen geführt, wo oft nur Rauhfutter ökonomisch vertretbar gefüttert werden kann. Aber meist sind die lokal vorkommenden Wiederkäuer an ihre Futterressourcen gut angepaßt, das Tierpotential entspricht weitgehend dem Futterpotential. Die Nutzung züchterisch verbesserter importierter Wiederkäuer in den Tropen und Subtropen wird wenig Erfolg haben, wenn geringwertige Rauhfuttermittel allein oder als wesentliche Futtermittel zur Verfügung stehen. Vielleicht würden weniger Tiere ausscheiden, versagen bzw. krank werden, wenn entsprechende Futterbewertungssysteme vorhanden wären, die das Futterpotential so beschreiben würden, daß das Tierpotential entsprechend ausgeschöpft werden könnte.

Eine Änderung oder Erhöhung im Tierpotential muß begleitet werden von einer Änderung im Futterpotential. Wo die Futterressourcen nicht wesentlich verbessert werden können, ist es besser, die Vorteile, die die lokalen und gut angepaßten Wiederkäuer bieten, zu nutzen. Die Entwicklung von Systemen, die das Futterpotential beschreiben, kann das Problem deutlich aufzeigen.

2.4 Tierprodukte

Durch die verschiedenen Futterbewertungssysteme und auch die hier vorgeschlagene Variante soll eine Vorhersage der Produktion aus einer bestimmten Futtermenge möglich sein. Unter Produktion ist im allgemeinen Wachstum beim jungen Tier und die Laktation bei der Milchkuh zu verstehen. In den Tropen und Subtropen, wo die Kälber teilweise saugen, umfaßt die Milchproduktion die gemolkene und die durch das Kalb aufgenommene Milch. Da die durch das Kalb aufgenommene Milch nicht erfaßt werden kann, muß sie über die Wachstumsrate eingeschätzt werden.

Weiterhin ist zu bemerken, daß es in den Tropen und Subtropen, vor allem in den sogenannten Entwicklungsländern, eine Vielzahl von Leistungen der Nutztiere gibt, die bisher nur wenig Aufmerksamkeit durch die Wissenschaft gefunden haben. Dies ist vor allem dadurch bedingt, daß die Wissenschaftler in den Entwicklungsländern meist in den westlichen Ländern ausgebildet wurden oder ihre Lehrer in westlichen Ländern studiert haben.

Von diesen Leistungen hat die Zugkraft zweifellos die größte Bedeutung (s. S. 305ff.). Weltweit ist die Zugkraft vielleicht die wichtigste Leistung der Rinder. Erst kürzlich begann die Wissenschaft, dem Einfluß der Zugkraft auf Milchleistung und Reproduktion sowie dem maximalen Output Aufmerksamkeit zu schenken. Für die Arbeitsleistung können Wirksamkeitsfaktoren entwickelt werden. Beispielsweise beobachtete Lawrence (1986), daß die maximale Arbeitsleistung etwa dem 1,7fachen des Energieerhaltungsbedarfs entspricht.

Es gibt jedoch noch viele andere Leistungen, die aus energetischer Sicht mehr mit dem Überleben als mit der Erzeugung von Überschüssen und mit optimaler biologischer Effizienz zu tun haben. Rinder spielen eine Rolle für die Sicherheit der Familie. Diese Rolle wird so lange erhalten bleiben, bis durch andere Maßnahmen eine gleiche oder höhere Sicherheit garantiert wird. Diese erfordert im allgemeinen stabile politische Systeme, die in einer Vielzahl der Länder in den Tropen und Subtropen nicht existieren.

Eine andere wichtige Leistung, die sehr schwierig zu quantifizieren, aber mit der oben erwähnten Sicherheit vergleichbar ist, ist die Rolle der Rinder und anderer Wiederkäuer bei der Risikoverteilung. Rinder haben solche Funktionen für viele kleine Farmer, vor allem in Gebieten, wo bei Feldfrüchten manchmal Mißernten wegen Trockenheit, Überflutung oder Krankheiten eintreten. Sogar bei der Rinderhaltung spielt diese Risikoverteilung eine Rolle. Wenn ein äthiopischer Bauer beispielsweise zwischen einer großen Kuh mit 10 kg Milchleistung je Tag und zwei kleinen Kühen mit je 5 kg Milchleistung je Tag auswählen kann, er würde immer die zwei kleinen Tiere wählen, obwohl nährstoffökonomisch die Haltung einer großen Kuh bedeutend effizienter ist. Das Risiko verteilt sich auf zwei Tiere. Wenn ein Tier stirbt, bleibt dem Bauer die zweite Kuh. Wenn die große Kuh stirbt, hat er nichts mehr.

Futter wird entweder zum Überleben der Tiere oder für Leistungen der Nutztiere erzeugt. Die hier vorgenommenen Beschreibungen zum Futterpotential sind bedeutsam für geringwertige Rauhfuttermittel. In vielen Fällen ist der Erhaltungsbedarf für Zuchttiere abzudecken. Er erhöht sich während Trächtigkeit und Laktation. Fett wird gespeichert während Perioden eines Futterüberschusses und genutzt während Defizitperioden.

Für viele Leistungen der Rinder ist der Futterbedarf gering. Er ist relativ gering für Zugtiere, da sie gewöhnlich nur 2 bis 3 Monate im Jahr arbeiten. Der Futterbedarf ist relativ gering, wenn die Tiere als sozialer Sicherheitsfaktor oder zur Risikoverteilung gehalten werden oder wenn sie Kot für Heizzwecke oder als Dünger erzeugen.

Eine Beurteilung des Bedarfs auf der Basis des Futterwertes von Getreide erscheint sinnlos, da Getreide selten oder überhaupt nicht gefüttert wird. Sollte die Tierproduktion in den Tropen und Subtropen erhöht werden? Ja, wenn es für den Bauern ökonomisch günstig ist. Für Mehrnutzungstiere ist die Produktsituation jedoch sehr komplex.

Die Futterbewertung für ein Mastrind oder eine Milchkuh ist einfach. Wenn die Leistungen jedoch auch Sicherheit und Risikoverteilung mit einschließen, wird eine Quantifizierung sehr schwierig. Diese Faktoren sind in tropischen Regionen wichtige Kriterien und werden es noch für lange Zeit bleiben. Aus dieser Sicht ist das Überleben die wichtigste Leistung der Nutztiere in den Tropen und Subtropen.

Literatur

Armstrong, D. G., and Blaxter, K. L. (1957): The utilization of acetic, propionic and butyric acids by fattening sheep. Br. J. Nutr. **11**, 413–425.

Barcroft, J., McAnally, R. A., and Phillipson, A. T. (1944): Absorption of acetic, propionic and butyric acids from the alimentary canal. Biochem. J. **38**, II–IV.

Blaxter, K. L. (1962): The energy Metabolism of Ruminants. Hutchinson & Co., Scientific and Technical, London.

Chowdhury, S. A. (1992): Protein utilization during energy under nutrition in sheep. Ph. D. Thesis, University of Aberdeen, U. K.

Fattet, I., Hovell, F. D. DeB., Ørskov, E. R., Kyle, K. J., and Smart, R. I. (1984): Undernutrition in sheep. The effect of supplementation with protein on protein accretion. Br. J. Nutr. **52**, 561–574.

Flatt, W. P. (1988): Feed evaluation systems. Historical background. In: Feed Science. Ørskov, E. R. (Ed.). World Animal Science Series, Elsevier, Amsterdam, pp. 1–22.

Kellner, O. (1905): Die Ernährung der landwirtschaftlichen Nutztiere. Paul Parey, Berlin.

Kibon, A., and Ørskov, E. R. (1993): The use of degradation characteristics of browse plants to predict intake and digestibility by goats. J. Anim. Fd. Sci. Tech.

Ku-Vera, J. C., MacLeod, N. A., and Ørskov, E. R. (1989): Energy exchanges of cattle nourished by intragastric infusion of nutrients. In: Y. van der Honeny and W. H. Close (Eds.): Energy metabolism of farm animals. Proceedings of 11th Symposium, Lunteren (EAAP 43), Pudoc, Wageningen, pp. 271–274.

Lawrence, P. R. (1986): A review of the nutrient requirement of draught oxen. In: Copeland, J. (Ed.): Draught Animals Power for Production. ACIR, Proceeding Series WO10 ACIARC Canberra, pp. 58–63.

Lechner-Doll, M., Rutagwenda, T., Schwartz, H. J., Schuttka, W., and Engelhardt, W. von (1990): Seasonal changes of ingesta mean retention time and forestomach fluid volume in indigenous camels, cattle, sheep and goats grazing a thornbush savannah pasture in Kenya. J. agric. Sci., Camb. **115**, 409–420.

Mayes, R. W., Lamb, C. S., and Colgrove, P. M. (1986): The use of dosed and herbage alcanes as markers for the determination of herbage intake. J. agric. Sci. Camb. **1071**, 161–170.

Mehrez, A. Z., and Ørskov, E. R. (1977): The use of a Dacron bag technique to determine rate of degradation of protein and energy in the rumen. J. agric. Sci., Camb. **88**, 645–650.

Mould, F. L., Ørskov, E. R., and Mann, S. O. (1984): Associative effects of mixed feeds. I. Effects of type and level of supplementation and the influence of the rumen fluid pH on cellulolysis *in vivo* and on dry matter degradation of various roughages. Anim. Fd. Sci. Tech. **10**, 15–30.

Mould, F. L., Saadullah, M., Haque, M., Davis, C., Dolberg, F., and Ørskov, E. R. (1982): Investigation of some of the physiological factors influencing intake and digestion of rice straw by native cattle of Bangladesh. Trop. Anim. Prod. **7**, 174–181.

Nakashima, Y., and Ørskov, E. R. (1988): Effect of cellulase enzymes on degradation characteristics of ensiled rice straw. Anim. Prod. **46**, 507–508 (Abstract).

Ørskov, E. R., and McDonald, I. (1979): The estimation of protein degradability in the rumen from incubation measurements weighted according to rate of passage. J. agric. Sci. (Camb.) **92**, 499–503.

Ørskov, E. R., and Ryle, M. (1990): Energy Nutrition in Ruminants. Elsevier Applied Science, London, New York.

Silva, Ayona T., Greenhalgh, J. F. D., and Ørskov, E. R. (1989): Influence of ammonia treatment and supplementation on the intake, digestibility and weight gain of sheep and cattle on barley straw diets. Anim. Prod. **48**, 99–108.

Thaer, A. v. (1984): The Principles of Agriculture. Translated by W. Shaw and C. W. Johnson. London.

Tuah, A. K., Lufadeju, E., and Ørskov, E. R. (1986): Rumen degradation of straw. 1. Untreated and ammonia-treated barley, oat and wheat straw varieties and triticale straw. Anim. Prod. **43**, 261–269.

Tyler, C. (1975): Albrecht Thaer's hay equivalents. Fact or fiction. Nutr. Abst. Revs. **45**, 1–11.

Weyreter, H., Heller, R., Dellow, D., Lechner-Doll, M., and Engelhardt, W. von (1987): Rumen fluid volume and retention time of digesta in an indigenous and a conventional breed of sheep fed a low quality fibrous diet. J. Anim. Physiol. Anim. Nutr. **58**, 89–100.

3. Futterstoffe tierischer Herkunft
(R. Schubert und G. Flachowsky)

Die bei der Verarbeitung von tierischen Rohprodukten anfallenden Nebenprodukte und Abfälle wurden bereits um die Jahrhundertwende als Futtermittel hoch geschätzt (Pott 1909). Recht frühzeitig wurden die Gründe für die Vorteilhaftigkeit ihrer Verfütterung u. a. in deren Gehalt an Vitamin B_{12} und essentiellen Aminosäuren erkannt. Damit waren höhere tierische Leistungen bei hoher Futtereffizienz möglich.

Lebensmittel tierischer Herkunft werden in den Industrienationen teilweise im Überfluß erzeugt. Somit zielt der Einsatz von Futtermitteln tierischer Herkunft in Mitteleuropa vorrangig auf die Minimierung des Futteraufwandes und der N-Exkretion. Darüber hinaus stellt die Verfütterung der nicht für den Verzehr geeigneten Nebenprodukte aus Schlachtung bzw. Verarbeitung tierischer Rohstoffe eine sehr nützliche Entsorgung dieser „Abfälle" dar.

Dank der Wiederverwendung tierischer Nebenprodukte galten sie bisher nicht als „Problemsubstanzen" im Sinne der Ökologie (Faber et al. 1989). Eine nicht durch Verfütterung erfolgende „Beseitigung" tierischer Nebenprodukte stünde anderenfalls im krassen Gegensatz zu der heute gebotenen Strategie der Abproduktwirtschaft (Priorität von Vermeidung und Recycling), wenn angesichts der weltweiten Rohstoffverknappung potentielle Futtermittel vernichtet und im Gegenzug benötigte (pflanzliche) Eiweißfuttermittel neu produziert würden. Anderseits darf die Entnahme von Tieren aus der Natur ausschließlich für

Tabelle 1. Notwendigkeit und Zweckmäßigkeit der Erzeugung und Verwendung von Futtermitteln tierischer Herkunft (in Klammer gesetzte Tierarten: mit Einschränkungen)

Futtermittel-gruppe:	Milch und Milchnebenprodukte	Futtermittel von Landtieren	Futtermittel von Meerestieren	Tierexkremente
Beispiele:	Kolostrum Vollmilch Magermilch Buttermilch Molke	Tiermehle Eiweißmischsilage Blutmehl Federn, Borsten Brütereiabfälle	Frischfisch Fischsilage Fischmehl Proteinhydrolysat Krill	Geflügelexkremente Geflügeltiefstreu Schweineexkremente Feststoffe der Schweinegülle
Notwendigkeit der Verfütterung	**Kolostrum** für neugeborene Säuger			
Vorteile der Verfütterung	**alle Produkte** Eiweißversorgung Futtereffizienz Produktqualität	Eiweißversorgung Futtereffizienz	Eiweißversorgung Futtereffizienz Milchaustauscher	Eiweißversorgung (Energieversorgung)
Vorteile für Verarbeitung	Nutzung Überschuß Abfallverwertung Entsorgung	Entsorgung Abfallverwertung	Abfallverwertung	Entsorgung
Voraussetzungen	nicht für Mensch benötigter Anteil	hygienische Unbedenklichkeit	Erhaltung Biotop	hygienische Unbedenklichkeit
Nachteil der Verfütterung	Nahrungskonkurrenz		Nahrungskonkurrenz	
bevorzugter Einsatz, Tierart	Kalb, Schwein (Geflügel)	Schwein (Geflügel)	Schwein, Geflügel (Kalb, Kuh)	wachsende Wiederkäuer

Futterzwecke (z. B. Fisch, Krill) nur in einem Maß erfolgen, das die Erhaltung des biologischen Gleichgewichts nicht gefährdet.

Erzeugung und Verwendung von Futtermitteln tierischer Herkunft müssen sowohl nach ihrer physiologischen Notwendigkeit als auch nach ihrer Zweckmäßigkeit, ihren möglichen Nachteilen für das Ökosystem sowie nach ihrer Einsatzberechtigung beurteilt werden (Tabelle 1).

Weiterführende futtermittelkundliche Aspekte sind der einschlägigen Literatur zu entnehmen (Becker und Nehring 1967, Wöhlbier 1978, Jeroch et al. 1993).

3.1 Milch und Milchnebenprodukte

Milch und Milchnebenprodukte dienen seit dem 19. Jh. als wertvolle Futtermittel, sofern sie nicht für den menschlichen Verzehr benötigt werden. Wie bereits oben angedeutet, hat die Verfütterung besonders von Voll- und Magermilch verschiedene Aspekte.
Vorteile: hohe Futtereffizienz, geringe N-Ausscheidung (ökologisch sehr bedeutsam), beste Produktqualität durch ausgezeichnete Aminosäurengarnitur.

Tabelle 2. Verfütterung von Milch und Milchnebenprodukten in Deutschland (in 1000 t, o. V. 1991)

	1970	1980	1990
• **Vollmilch**	**1425**	**1010**	**1593**
• **Mager- und Buttermilch**	**7077**	**4614**	**886**
davon flüssig	4368	1779	190
getrocknet (Frischwert)	2709	2835	696
• **Molke**	**1903**	**3236**	**4357**
davon flüssig	1318	1817	2426
getrocknet (Frischwert)	585	1419	1931

Nachteile: Nahrungskonkurrenz, angesichts des Hungers in weiten Teilen der Welt widerspricht die Verfütterung ethischen und moralischen Grundsätzen.
Sinnhaftigkeit: Verwendung überschüssiger Milch als Futter bringt ökonomische Vorteile und sichert oft das „Überleben" bäuerlicher Betriebe.
In Deutschland kamen 1990 insgesamt ≈6,8 Mio. t Milch- und Milchnebenprodukte (Frischwert) zur Verfütterung (Tabelle 2). Die Verarbeitung der Vollmilch erfolgt durch Trennung in Fett- und Caseinfraktion mit den Nebenprodukten **Magermilch, Buttermilch** und **Molke** (weitere Einzelheiten bei Jeroch et al. 1993). Während auf erstere das Prädikat der Nahrungskonkurrenz noch zutrifft, sind Molke sowie bei der Entrahmung der Rohmilch anfallender **Zentrifugenschlamm** Nebenprodukte, die zu entsorgen wären. Deren Verfütterung stellt dabei eine sehr umweltschonende Verwertung dar. Die in Deutschland anfallende Futtermolke von ≈4,4 Mio. t enthält insgesamt ≈45 kt Protein bzw. 2,8 kt Lysin, die für die Versorgung von 2 Mio. Schweinen mit Eiweißkonzentrat ausreichen würden (s. Tabelle 2), und repräsentiert einen Gegenwert von ≈100 kt Sojaextraktionsschrot.

• **Zweckmäßigkeit des Einsatzes**
Milch und Milchnebenprodukte sind bevorzugt für Kälber und Schweine verwendbar (Tabelle 3).
Neben **Kolostrum** ist **Vollmilch** für die Kälberaufzucht in den ersten Lebenswochen das traditionelle Futtermittel (s. Tabelle 1). Aus den oben genannten Gründen wäre es jedoch durchaus denkbar, daß auch andere, für die menschliche Ernährung nicht so günstige Proteinträger an Bedeutung gewinnen. In der Schweinefütterung könnte auf Milchprodukte prinzipiell verzichtet werden, da deren Inhaltsstoffe auch mit anderen Proteinquellen bereitgestellt werden können. Allerdings stellt aufgrund des Überschusses in Europa (produzierte Gesamtmenge an Milch ≈184 Mio. t/Jahr, Deutschland 1991: 29 Mio. t; De Boer und Bickel 1988, o. V. 1992) die Verfütterung der für die menschliche Ernährung nicht benötigten Milch und Milchnebenprodukte die ökonomisch und ökologisch vertretbarste Nutzungsform dar.
Magermilch wird frisch, dickgelegt oder getrocknet bevorzugt an Kälber und Schweine verabreicht. Da von Geflügel keine Lactase gebildet und der Milchzucker nur begrenzt verdaut werden kann, sind Milchnebenprodukte für diese Tierart nicht so gut geeignet wie für Kalb und Schwein.

Tabelle 3. Bevorzugte Einsatzmöglichkeiten von Milch und Milchnebenprodukten (in Klammer gesetzte Tierarten: mit Einschränkungen)

	Wiederkäuer	Schwein	Geflügel	Sonstige Arten
Kolostrum	Kalb			
Vollmilch/ Magermilch	Kalb	Ferkel Mastschwein hochtragende/ säugende Sau	(Legehenne) (Mastgeflügel)	Fohlen Pelztiere säugende Häsin Biene
Buttermilch	Mastkalb	Mastschwein hochtragende/ säugende Sau (Ferkel)	(Mastgeflügel)	
Molke	Mastkalb (Labmolke) Mastrind	Zuchtläufer Mastschwein hochtragende/ säugende Sau	(Legehenne) (Mastgeflügel)	

Buttermilch ist gegenüber Magermilch meist fettreicher. Sie wird vorwiegend frisch, aber auch in getrockneter Form an Kälber und Schweine verfüttert.

Molke kommt vorwiegend bei Schweinen zum Einsatz, kann aber auch an Mastkälber (Labmolke), Mastrinder und Geflügel in frischer oder getrockneter Form verabreicht werden. Da die *Trocknung* der Milch und Milchnebenprodukte, besonders von Molke (Hygroskopizität durch hohen Lactoseanteil), sehr energieaufwendig ist, sollte aus ökologischer Sicht jedoch die Verwendung der *Frischprodukte* bevorzugt werden.

3.2 Futterstoffe von Landtieren

Die Nutzung von Schlachtabfällen begann im 19. Jh. in Form des Liebigschen Fleischextraktes und Fleischmehls (Pott 1909). Nach der Einführung von Autoklaven in dieser Verarbeitungsindustrie zu Beginn des 20. Jh. konnten auch bis dahin nicht nutzbare Schlachtabfälle (Horn, Haar, Federn) sowie gefallene Tiere zu Futtermitteln verarbeitet werden. Aufbereitete Schlachtabfälle und Kadaver stellen seitdem Eiweißquellen und gleichzeitig eine Form der Abfallbeseitigung dar. Die sachgemäße hydrothermische Behandlung des Rohmaterials sichert dabei die Inaktivierung der entstandenen toxischen Eiweißabbauprodukte und Abtötung der pathogenen Keime.

Auch die Verwendung von Eiweißfutter aus Landtieren ist unter verschiedenen Aspekten zu sehen.

Vorteile: Nutzung des Eiweißpotentials, Entlastung der Eiweißfuttererzeugung über andere Wege.

Nachteile: Bei Nichteinhaltung der hygienischen Vorschriften ist eine Anreicherung von Schadstoffen oder Übertragung infektiöser Krankheiten nicht ausgeschlossen.

Sinnhaftigkeit: effektive und ökologisch vorteilhafte Entsorgung des beseitigungspflichtigen Materials, besonders in Form von Eiweißmischsilage (sterilisiertes und mit Schwefelsäure konserviertes flüssiges Produkt aus unterschiedlichen Anteilen an Kadavern, Schlacht-, Brüterei-, Fisch- und anderen eiweißreichen Abfällen z. B. aus Molkereien und der Gärungsindustrie).

In Europa fielen beispielsweise gegen Ende der 80er Jahre von ≈40 Mio. t Schlachtvieh ≈5,4 Mio. t Schlachtabfälle an, die als Futtermittel nutzbar waren (Tabelle 4). Allein in Deutschland wurden daraus folgende Eiweißfuttermittel hergestellt (De Boer und Bickel 1988):

	kt (Trockensubstanz)
Fleisch- und Knochenmehl	390
Blutmehl	12
Eiweißmischsilage	230

Aus den in Deutschland jährlich anfallenden und als Futterrohstoff umstrittenen tierischen Abfällen lassen sich beachtliche Mengen an Protein herstellen, die einer Menge von ≈330 kt Sojaextraktionsschrot entsprechen und für die Versorgung von ≈6 Mio. Schweinen (das sind ≈12% der in Deutschland jährlich geschlachteten Schweine) mit Eiweißkonzentrat ausreichen würden. Aus dieser Menge Eiweißfutter ließen sich ≈140 kt Schweinefleisch erzeugen.

Eine nicht-nutritive Entsorgung dieser proteinreichen Stoffe, wie es im Rahmen der „Naturgemäßen Viehwirtschaft" durch das Verbot von Tiermehlen als Futtermittel gefordert wurde (Haiger et al. 1988), wäre neben dem erforderlichen Zugriff auf andere Proteinressourcen mit erheblichen Aufwendungen verbunden. Es soll an dieser Stelle auch nicht unerwähnt bleiben, daß im Rahmen der biologischen Kreisläufe in der Natur die „Entsorgung" durch Aasfresser eine völlig normale Verhaltensweise darstellt.

- **Zweckmäßigkeit des Einsatzes**

Fleischfutter- oder **Fleischknochenmehl** bzw. **Tiermehl** sind bevorzugt für Schweine und Geflügel, **Eiweißmischsilagen** fast ausschließlich für Schweine verwendbar (Tabelle 5). Gleiche Anteile an Tiermehlen ergeben bei Schweinen und Geflügel aufgrund der gegenüber Milchnebenprodukten, Fischmehl und z. T. auch Sojaextraktionsschrot ungünstigeren Aminosäurenpalette meist etwas geringere Leistungen. Sie sollten deshalb bevorzugt im Gemisch mit anderen Eiweißfuttermitteln zum Einsatz gelangen.

Tabelle 4. Viehschlachtungen und Anteil an jährlichen Schlachtabfällen in Europa (nach De Boer und Bickel 1988)

Tierart	Schlachtvieh (Mio. t)	Schlachtabfälle (% der LM)	für Futter (Mio. t)
Rind	11,0 }	14	1,6
Schaf und Ziege	1,2 }		
Schwein	20,1	10	2,0
Geflügel u. a.	7,7	24	1,8
Gesamt	**40**		**5,4**

Tabelle 5. Bevorzugte Einsatzmöglichkeiten von Eiweißfuttermitteln aus Landtieren (in Klammer gesetzte Tierarten: mit Einschränkungen)

	Wiederkäuer	Schwein	Geflügel	Sonstige Arten
Tiermehle		Mastschwein hochtragende/ säugende Sau	(Legehenne) (Mastgeflügel)	Pelztiere Fische
Eiweißmischsilage		Mastschwein hochtragende/ säugende Sau		
Blutmehl	(Milchkuh)	Mastschwein	(Mastgeflügel)	Pelztiere
Federn, Borsten	(Milchkuh)	Mastschwein		
Brütereiabfälle		Mastschwein		Pelztiere

Blut, gekocht, chemisch konserviert oder getrocknet, ist sehr eiweißreich, sollte aber aufgrund des geringen Gehaltes an Isoleucin, Methionin und Cystin nur im Gemisch mit anderen Proteinträgern an Schweine und Geflügel verabreicht werden. Bei Wiederkäuern kann es wie **hydrolysierte Federn** als Durchflußprotein (bessere Aminosäurenversorgung von Hochleistungskühen infolge Nichtabbau im Pansen) genutzt werden.

3.3 Futterstoffe von Meerestieren

Meerestiere, vor allem Fische, werden in beträchtlichem Umfang als Nahrungsmittel genutzt, wobei etwa ein Drittel der Gesamtfänge, vorwiegend untermaßige Fische und Abfälle, zu Fischmehl verarbeitet wird. Einige Fischarten, zumeist kleine Schwarmfischarten, werden auch nahezu ausschließlich als *„Industriefisch"*, d. h. zum Zweck der Fischmehl- und -ölerzeugung, gefangen. Dieses Vorgehen birgt die Gefahr der Überfischung in sich und ist seit 1975 quotiert. Der Weltmeeresfischfang betrug 1980 ≈65 Mio. t (Bick 1989) und 1985 ≈85 Mio. t (De Boer und Bickel 1988); im Weltmaßstab wurden 1984–85 ≈6,2 Mio. t Fischmehl hergestellt (Tabelle 6), davon in Europa 1,7 Mio. t.

In der Nordsee gingen Ende der 70er Jahre infolge überhöhter Fänge bei Hering die Fangergebnisse auf Null zurück, so daß 1977 ein Fangstop verhängt wurde. Die Ausbeutung der Meerestierbestände kann also nicht beliebig erfolgen, das verdeutlicht auch der Kollaps der Kalifornischen Sardine vor der nordamerikanischen Pazifikküste in den 40er Jahren. Besonders drastisch waren die Folgen der übermäßigen Bejagung der Wale, bei denen die Gefahr des Aussterbens einzelner Arten droht. Mit dem 1986 ausgesprochenen Walfangverbot wurde die Herstellung von Wahlmehl zu Futterzwecken eingestellt. Aus Gründen der Erhaltung der Artenvielfalt sollte deshalb die Gewinnung von Futter aus Fisch auf die Nutzung von Fischabfällen sowie unvermeidbarem Beifang begrenzt bleiben und der Fang von „Industriefisch" unter Einhaltung von Fangquoten und Mindestfanggrößen (Begrenzung der „Wachstumsüberfischung") erfolgen.

Der hohe Wert von Fisch als Futter wurde bereits Ende des 19. Jh. geschätzt (Pott 1909). Aufgrund der mit anderen Proteinträgern meist nicht erreichten tierischen Leistungen sowie der Entwicklung neuer Spezialfuttermittel für Rinder (Durchflußprotein) wird nach Pike (1987) mit keiner kurzfristigen Senkung der Verarbeitung zu Futter zu rechnen sein.

Tabelle 6. Nutztierfänge in Weltmeeren und Süßgewässern sowie Fischmehlproduktion (nach Bick 1989, De Boer und Bickel 1988, o. V. 1991)

	Fang (Mio. t frisch)	Fischmehl (Mio. t getrocknet)
• **Welt**, gesamt	1980	1984–1985
– **Fische**	**75**	**6,2**
davon Seefische	64,2	
Wanderfische	2,4	
Süßwasserfische	8,5	
– **Krebstiere**	**3,4**	nicht angegeben
davon Krill	0,2	
• **Deutschland**	1990	1989/1990
Fische Fang	0,154	
Herstellung		0,025
Verbrauch		0,183

Bei der Wahl von Eiweißfutter aus Meerestieren als Futter sind verschiedene Gesichtspunkte zu berücksichtigen.

Vorteile: beste Proteinqualität, hohe Foddereffektivität, geringe N-Exkretion.

Vorteile: beste Proteinqualität, hohe Foddereffektivität, geringe N-Exkretion.
Nachteile: Gefahr von großen Schäden in den Biotopen bei zu hohen Fangquoten, mögliche Beeinträchtigung der Produktqualität bei zu hohen Anteilen im Futter.
Sinnhaftigkeit: Verwertung von Verarbeitungsabfällen und Beifang.

- **Zweckmäßigkeit des Einsatzes**

Frische **unkonservierte Rohfischprodukte** werden nahezu ausschließlich bei *Pelztieren* eingesetzt (Tabelle 7). Für Schweine können Fischabfälle zu **Fischsilagen** verarbeitet werden.

Tabelle 7. Bevorzugte Einsatzmöglichkeiten von Eiweißfuttermitteln aus Meerestieren (in Klammer gesetzte Tierarten: mit Einschränkungen)

	Wiederkäuer	Schwein	Geflügel	Sonstige Arten
Frischfisch		(Mastschwein)		Pelztiere
Fischsilage		Mastschwein hochtragende/ säugende Sau		
Fischmehle	(Milchkuh)	Ferkel Mastschwein hochtragende/ säugende Sau	Küken Legehenne Mastgeflügel	Pelztiere Fische
Proteinhydrolysat	(Kalb)	Ferkel	Küken	
Krill		Mastschwein	Legehenne Mastgeflügel	

Die Mehrheit der als Nahrung nicht genutzten Fische und Abfälle wird zu **Fischmehl** verarbeitet und vorrangig bei Monogastriden und Nutzfischen (Forellen, Lachse) eingesetzt. Die höhere Effizienz gegenüber anderen Proteinquellen soll neben dem sehr hohen Gehalt an limitierenden Aminosäuren auch aus einer höheren *Dünndarmverdaulichkeit* des Fischproteins resultieren (Partridge et al. 1987). Bei zu hohen Anteilen in Rationen für Monogastriden muß mit einer Beeinträchtigung der Fleischqualität durch langkettige polyungesättigte Fettsäuren sowie der Legeleistung und Eischalenqualität durch hohe Konzentration an Kochsalz gerechnet werden.

Spezielle Fischmehlprodukte werden seit einigen Jahren auch für Wiederkäuer produziert (De Boer und Bickel 1988). Obwohl Wiederkäuer infolge der mikrobiellen Verdauung nicht auf die Zufuhr tierischer Eiweiße angewiesen sind, wurde bei Hochleistungskühen wiederholt ihr Einsatz als Pansendurchflußprotein empfohlen (Rohr et al. 1986). Die damit erreichbare höhere Leistung, geringere N-Belastung und bessere betriebliche Ökonomie sind zu rechtfertigen, wenn die Fischprodukte keinem anderen Nutzungszweck dienen können. Nährstoffökonomisch und unter Berücksichtigung des Eiweißmangels in vielen Regionen der Welt ist das jedoch nicht widerspruchsfrei.

Fischproteinhydrolysat wird seit den 70er Jahren mittels produkteigener oder zugesetzter proteolytischer Enzyme und Druck gewonnen. Da die Konzentration der meisten essentiellen Aminosäuren etwa der des Magermilchpulvers entspricht, stellt dieses Produkt eine potentielle Proteinquelle für Milchaustauscher dar (Pike 1987).

Ebenfalls seit Mitte der 70er Jahre wurde **Krill**, ein Spaltfußkrebs der Antarktis, als Futterproteinquelle untersucht. Der potentielle Weltjahresertrag wurde damals auf bis zu 50 Mio. Tonnen geschätzt, heute liegen die Schätzungen wesentlich darunter. Den künftigen Nutzungsumfang bestimmen ökologische und ökonomische Faktoren.

3.4 Tierexkremente

In Abhängigkeit von der Rationsgestaltung werden 20 bis 40% der aufgenommenen organischen Substanz in den Exkrementen der Tiere wieder ausgeschieden.

Sowohl im Altertum als auch im Mittelalter wurde die partielle Nutzung tierischer Exkremente als Futtermittel als Teil des natürlichen Stoffkreislaufes betrachtet, wie die Entenzucht auf Karpfenteichen im alten China oder die auf dem Dunghaufen wühlenden Schweine in Dürers „Verlorenem Sohn" belegen. Die bei Nagetieren verbreitete Koprophagie stellt einen lebenserhaltenden Vorgang dar, da auf diese Weise im Dickdarm gebildete B-Vitamine und andere Nährstoffe dem Tier wieder zugeführt werden.

In unserem Jahrhundert führten starke Tierkonzentrationen auf begrenzter Fläche dazu, neben der feldwirtschaftlichen Exkrementnutzung die Verfütterung als Verwertungsalternative zu erproben. Die Ursachen für derartige Bemühungen waren und sind vielschichtig, wie Abb. 1 demonstriert. Teilweise wird nach Direktverfütterung von Tierexkrementen im Vergleich zur Düngung auch von erhöhter energetischer und Nährstoffeffizienz sowie von ökonomischen Vorteilen berichtet.

3. *Futterstoffe tierischer Herkunft*   83

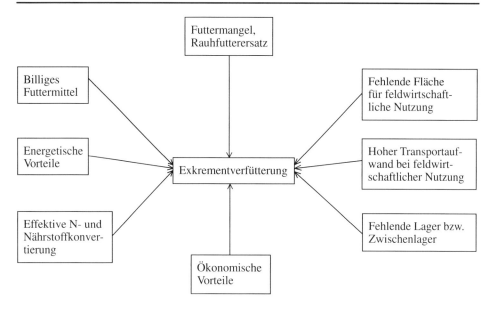

Abb. 1. Gründe für eine Exkrementverfütterung.

- **Inhaltsstoffe und Futterwert**

Die Zweckmäßigkeit der Exkrementrezyklierung hängt wesentlich von der Exkrementart bzw. deren Zusammensetzung sowie der Verdaulichkeit bei der jeweiligen Nutzungsrichtung ab. Die Inhaltsstoffe in den Exkrementen werden von Tierart bzw. Nutzungsrichtung, von der sie stammen, der Fütterung dieser Tiere sowie Lagerungs-, Aufbereitungs- bzw. Behandlungsbedingungen wesentlich beeinflußt (Tabelle 8). Beispielsweise enthalten Geflügelexkremente bedeutend mehr Rohprotein und Rohasche, aber weniger Zellwandbestandteile als Geflügeltiefstreu.
Monogastriden-Exkremente werden vom Wiederkäuer meist bedeutend besser verdaut als Exkremente, die im Kreislauf bei der gleichen Tierart oder Tierartengruppe mit vergleichbarem Verdauungssystem eingesetzt wurden.
Ausgehend von Inhaltsstoffen und der Verdaulichkeit (s. Tabelle 8), erscheint lediglich eine Verfütterung von Nichtwiederkäuer-Exkrementen an Wiederkäuer ernährungsphysiologisch sinnvoll. Durch den Wechsel der Tierart kann auch das Infektionsrisiko vermindert werden. Als Krankheitserscheinungen nach Exkrementverfütterung wurden bisher lediglich einige Fälle von Kupfervergiftung beim Schaf in den USA (Fontenot und Webb 1975) und von Botulismus in Israel beschrieben. Rückstandsbestimmungen sind eine wesentliche Voraussetzung für die Rezyklierung der Exkremente.

- **Lagerung und Aufbereitung**

Durch silageähnliche Zwischenlagerung (deep stacking) und evtl. den Zusatz von Harnstoff vor der Einlagerung kann die Keimzahl von etwa 10^8 auf 10^3 gesenkt und die Verdaulichkeit

Tabelle 8. Anfall, ausgewählte Inhaltsstoffe und Verdaulichkeit der organischen Substanz (OS) von Tierexkrementen beim Wiederkäuer (Flachowsky und Hennig 1990)

Tierart bzw. Nutzungsrichtung	Mittlere Exkrementmenge (g T/Tier/Tag)	Angaben in g je kg Trockensubstanz				Verdaulichkeit der OS beim Wiederkäuer (%)
		Trockensubstanz	N	Rohfaser	Rohasche	
Broilerexkremente	20	330	60	150	180	76
Broilertiefstreu (Stroh als Einstreu)	30	750	46	200	175	68
Legehennenexkremente	25	200	49	140	265	69
Feststoffe von Legehennengülle (Trennung mit Zentrifuge)	15	300	29	200	250	53
Mastschweinekot (≈80 kg Lebendmasse)	500	250	32	220	160	52
Feststoffe der Mastschweinegülle						
– Zentrifuge	300	290	24	250	190	48
– Sieb, Presse	250	460	14	330	86	46
Mastrinderkot (≈400 kg Lebendmasse, kraftfutterreiche Ration)	1500	180	21	340	115	28

um 5 bis 10 Einheiten erhöht werden (Lober et al. 1992). Eine deutliche Erhöhung des Futterwertes von Schweineexkrementen ist auch durch Behandlung mit Harnstoff und/oder Natronlauge möglich (Flachowsky und Ørskov 1986).

Weitere Behandlungen und Aufbereitungen tierischer Exkremente, z. B. im Rahmen aerober Fermentationen (Oxydationsgsgraben u. a.) oder als N- und Energiequelle für die Solid State Fermentation zur mikrobiellen Proteinsynthese, sind möglich, scheiterten jedoch bisher vor allem aus Kostengründen und einer erheblichen Mineralstoffanreicherung an der praktischen Nutzung.

Rückstände der Biogaserzeugung aus Schweine- und Geflügelexkrementen sind im Futterwert annähernd mit Rinderexkrementen vergleichbar (s. Tabelle 8), da die anaerobe Fermentation etwa den Verhältnissen im Pansen vergleichbar ist.

- **Einsatz**

„Wer Brot hat, macht sich viele Sorgen, wer kein Brot hat, kennt nur eine", so lautet sinngemäß ein altes indisches Sprichwort. Die Rezyklierung tierischer Exkremente als Futtermittel ist gegenwärtig kein Forschungsgegenstand in Ländern mit „viel Brot". Auch die Verfütterung wird in diesen Ländern nur noch in wenigen Betrieben praktiziert (Flachowsky und Day 1987). Teilweise ist die Verfütterung tierischer Exkremente sogar vom Gesetzgeber verboten, obwohl die Qualität der Tierprodukte durch die Rezyklierung nicht nachteilig beeinflußt wird (Gruhn et al. 1977) und bei sachgemäßer Nutzung auch keine gesundheitliche Gefährdung des Verbrauchers zu befürchten ist (McCaskey et al. 1985). Andererseits liegt anwendungsbereites Wissen vor (Übersichtsarbeiten z. B. bei o. V. 1983, Flachowsky und Hennig 1990, Hennig und Poppe 1975, Müller 1980, 1982), so daß in Regionen mit chronischem Energie- und Nährstoffmangel bei Wiederkäuern durch die Rezyklierung von Tierexkrementen ein Beitrag zur Verbesserung der Ernährungssituation geleistet werden könnte. Alle anfallenden und erfaßbaren Tierexkremente, die keine gesundheitlichen Schäden bzw. Rückstände im Tierkörper verursachen und andererseits den Gewichtsverlust weidender Rinder während der Trockenzeit in den Tropen vermindern oder gar beseitigen (Flachowsky 1992), besitzen unter diesen Bedingungen eine potentielle Einsatzberechtigung.

Neben der Energielieferung erfolgt durch die Exkremente meist auch eine N-Bereitstellung für die Pansenmikroben. Die Versorgung der Wiederkäuer kann auch durch die Nutzung von tierischem oder menschlichem Harn verbessert werden, wenn beispielsweise der Harn als Harnstoffquelle zum Aufschluß von Getreidestroh oder anderen lignocellulosereichen Futtermitteln zur Verbesserung der Energiebereitstellung genutzt wird (Flachowsky et al. 1992, Sundstøl 1993).

3.5 Schlußfolgerungen

Futterstoffe tierischer Herkunft fallen als Nebenprodukte der Nutztierhaltung und bei der Aufbereitung von Tieren und Tierprodukten für die menschliche Ernährung an. Mit Ausnahme der Tierexkremente stellen sie meist protein- bzw. aminosäurenreiche Futtermittel dar, die in erster Linie in der Nichtwiederkäuer-Ernährung eingesetzt werden sollten.

Die Rezyklierung tierischer Exkremente ist in den meisten europäischen Ländern vom Gesetzgeber nicht gestattet. In verschiedenen Ländern der Dritten Welt können sie einen Beitrag zur Erhöhung des Futterpotentials für Wiederkäuer darstellen.

Die Verfütterung von überschüssiger Milch, Milchprodukten und eiweißreichen Nebenprodukten von Land- und Meerestieren ist ein wesentlicher Aspekt ökologisch sinnvoller Verwertung.

Die Erzeugung von Tierprodukten zum Zwecke der Verfütterung ist nährstoffökonomisch, ökologisch und ethisch-moralisch infolge begrenzter natürlicher Ressourcen und hoher Erdbevölkerung als kritisch anzusehen. Diese Feststellung trifft auch auf die „doppelte Veredelung" bei der in Deutschland zunehmenden *Mutterkuhhaltung* zu.

Literatur

Becker, M., und Nehring, K. (1967): Handbuch der Futtermittel. Band 3. Paul Parey, Hamburg und Berlin.
Bick, H. (1989): Ökologie – Grundlagen, terrestrische und aquatische Ökosysteme, angewandte Aspekte. Gustav Fischer Verlag, Stuttgart – New York.
De Boer, F., und Bickel, H. (1988): Livestock feed resources and feed evaluation in Europe – present situation and future prospects. Elsevier, Amsterdam, Oxford, New York, Tokyo.
Faber, M., Stephan, G., und Michaelis, P. (1989): Umdenken in der Abfallwirtschaft – Vermeiden, Verwerten, Beseitigen. 2. Aufl. Springer Verlag, Berlin, Heidelberg, New York, London, Paris, Tokyo, Hong Kong.

Flachowsky, G. (1992): Feeding poultry litter to cattle and sheep. Cattle Res. Network Newsletter **6**, 6–9.

Flachowsky, G., Bochröder, B., Schubert, R., and Koch, H. (1992): In sacco degradability and apparent digestibility of horse urine treated wheat straw in sheep and goats. J. Appl. Anim. Res. **1**, 109–118.

Flachowsky, G., und Day, D. L. (1987): Zur Nutzung von Tierexkrementen als Futtermittel in den USA. Tierernährung und Fütterung **15**, 277–284.

Flachowsky, G., and Hennig, A. (1990): Composition and digestibility of untreated and chemically treated animal excreta for ruminants – A review. Biol. Wastes **31**, 17–36.

Flachowsky, G., and Ørskov, E. R. (1986): Rumen dry matter degradability of various pig faeces and chemically treated pig slurry solids. Arch. Anim. Nutr. **36**, 905–913.

Fontenot, J. P., and Webb, K. E. (1975): Health aspects of recycling animal wastes by feeding. J. Anim. Sci. **42**, 1331–1336.

Gruhn, K., Flachowsky, G., Jahreis, G., und Wiefel, P. (1977): Der Einfluß von Feststoffen der Schweinegülle als Futterkomponente in Rationen von Mastbullen, Färsen und Kälbern auf den Rohnährstoff- und Aminosäurengehalt im Musculus longissimus dorsi. Die Nahrung **21**, 503–511.

Haiger, A., Storhas, R., und Bartussek, H. (1988): Naturgemäße Viehwirtschaft – Zucht, Fütterung, Haltung von Rind und Schwein. Verlag Eugen Ulmer, Stuttgart.

Hennig, A., und Poppe, S. (1975): Abprodukte tierischer Herkunft als Futtermittel. Deutscher Landwirtschaftsverlag, Berlin.

Jeroch, H., Flachowsky, G., und Weißbach, F. (1993): Futtermittelkunde. Gustav Fischer Verlag Jena-Stuttgart.

Lober, U., Eisengarten, H.-J., and Flachowsky, G. (1992): A field study on the influence of urea on microbial decontamination and digestibility of broiler litter. Bioresource Technol. **41**, 135–138.

McCaskey, T. A., Sutton, A. L., Lincoln, E. P., Dobson, D. C., and Fontenot, J. P. (1985): Safety aspects of feeding animal wastes. Agricultural Waste: Utilization and Management. Proc. 5th Int. Symp. on Livestock Wastes, Dec. 16–17, Chicago, ASAE Publ. 13–85, 275-285.

Müller, Z. O. (1980): Feed from animal waste: State of knowledge. FAO Anim. Prod. and Health Paper **18**, FAO Rome.

Müller, Z. O. (1982): Feed from animal waste: Feeding manual. FAO Anim. Prod. and Health Paper **28**, FAO Rome.

o. V. (1983): Underutilized Resources as Animal Feedstuffs. National Academy Press, Washington DC.

o. V. (1991): Statistisches Jahrbuch über Ernährung, Landwirtschaft und Forsten 1991. Landwirtschaftsverlag, Münster-Hiltrup.

o. V. (1992): Statistisches Jahrbuch 1992 für die Bundesrepublik Deutschland. Statistisches Bundesamt Wiesbaden.

Partridge, I. G., Low, A. G. and Matte J. J. (1987): Double-low rapeseed meal for pigs: ileal apparent digestibility of amino acids in diets containing various proportions of rapeseed meal, fish meal and soya-been meal. Anim. Prod. **44**, 415–420.

Pike, I. H. (1987): Special product fish meals. The feed compounder, February 1987, 13–14.

Pott, E. (1909): Handbuch der tierischen Ernährung und der landwirtschaftlichen Futtermittel. 3. Band: Spezielle Futtermittellehre. Paul Parey, Berlin.

Rohr, K., Lebzien, P., Schafft, H., and Schulz, E. (1986): Prediction of duodenal flow of non-ammonia nitrogen and amino acid nitrogen in dairy cows. Livest. Prod. Sci. **14**, 29–40.

Sundstøl, F. (1993): Urinary urea and other urinary components as feed supplement. Proc. Symp. Agric. Univ. Norway, 35–41.

Wöhlbier, W. (1978): Handelsfuttermittel. Band 1. Verlag Eugen Ulmer, Stuttgart.

4. Einzellerproteine
(S. Molnar)

Aufgrund weitreichender Erkenntnisse über die Morphologie und Stoffwechselphysiologie werden die verschiedenen Lebewesen zeitgemäß in die Reiche Pflanzen, Tiere und Protisten eingeteilt. Zu der Gruppe der Protisten zählen die höheren Protisten, wie Algen, Pilze und Protozoen, und die niederen Protisten, wie die Bakterien und Cyanobakterien (Schlegel 1976). In diesem Unterkapitel werden Futtermittel behandelt, die aus diesem dritten Reich der Lebewesen gewonnen werden.

Während die zu den höheren Protisten zählenden Algen und Pilze schon in prähistorischer Zeit für Nahrungs- und Futterzwecke genutzt wurden, werden im Fermenter kultivierbare Mikroorganismen erst in den letzten Jahrzehnten in der Fütterung landwirtschaftlicher Nutztiere eingesetzt. Mit Ausnahme einiger Algen zeichnen sich die Protistenfuttermittel durch einen hohen Proteingehalt aus und werden deshalb in erster Linie als *Proteinfuttermittel* eingesetzt.

Im Vergleich zu Futterstoffen pflanzlicher und tierischer Herkunft enthalten die Protistenfuttermittel relativ viel Nukleinsäuren. Neben dem hohen Nukleinsäuregehalt ist zu berücksichtigen, daß viele Mikroorganismen toxische Inhaltsstoffe enthalten und deshalb für Fütterungszwecke nicht geeignet sind.

Algen. Aus der Vielzahl der in der Natur vorkommenden Algenarten werden nur wenige für Futter- und Nahrungszwecke genutzt. Bei den in den Küstenregionen und Flußmündungen vorkommenden *Makroalgen* sind die einzelnen Zellen fadenförmig miteinander verbunden. Sie können dadurch mit einfachen Geräten geerntet werden.

Braun- und Grünalgen werden schon seit längerer Zeit als Futtermittel verwendet. Braunalgen sind Meeresalgen, die in kalten und gemäßigten Klimazonen vorkommen, während die Grünalgen im Süß- und Brackwasser wachsen und in Flußmündungen in größeren Mengen anzutreffen sind.

Der Futterwert der in der Natur vorkommenden Algenarten ist als gering bis mittelmäßig einzuschätzen. Nährstoffzusammensetzung und Verdaulichkeit der Braun- und Grünalgen sind als Beispiele in Tabelle 1 angegeben.

Für die Kultivierung zur Gewinnung von Protistenfuttermitteln sind die *Mikroalgen* geeignet. Da Mikroalgen sowohl phototroph als auch C-autotroph sind, stellen sie die geringsten Ansprüche an das Nährsubstrat. Lediglich Stickstoff, Mineralstoffe und CO_2 müssen dem jeweils als Substratgrundlage zur Verfügung stehendem Süß-, Brack- oder Abwasser zugeführt werden (Niess 1979). Zur Einzellerprotein-Gewinnung werden Algen der Gattungen *Chlorella* und *Scenedesmus* herangezogen. Da Algen auf Sonnenlicht als Energiequelle angewiesen sind, benötigen sie zu ihrer Kultivierung sehr viel Platz und sind überdies auf klimatische Mindestvoraussetzungen angewiesen, wie sie in Europa nur an wenigen Standorten über das ganze Jahr hinweg gegeben sind. Aus diesem Grunde wird die Mikroalgenproduktion nur in sonnenreichen Regionen eine wirtschaftliche Bedeutung erlangen. Die Nährstoffgehalte der Mikroalgen *Chlorella* und *Scenedesmus* sind in Tabelle 2 aufgeführt.

Hefen. Hefen werden schon seit langer Zeit als eiweißhaltige Futtermittel in der Tierernährung eingesetzt. Hierzu gehören die Nebenprodukte des Gärungsgewerbes in Form verschiedener Schlempen je nach Art der verwendeten Rohstoffe. Größere Bedeutung haben

Tabelle 1. Nährstoffzusammensetzung und Verdaulichkeit von Braun- und Grünalgen (nach Wöhlbier 1983)

	Braunalgen (*Laminaria hyperborea*)			Grünalgen (*Chlorophyceae*)
Organische Substanz	80,0			90,7
Rohprotein	10,6			53,5
Rohfett	2,5			4,4
Rohfaser	9,1			12,6
NfE	57,8			20,2
Asche	20,0			9,3
Trockensubstanz	ca. 86%			ca. 92%
Verdaulichkeit	Schaf	Schwein	Huhn	Schwein
Organische Substanz	64	49	22	53
Rohprotein	53	11	16	57
Rohfett	94	68	87	38
Rohfaser	50	27	0,1	28
NfE	72	60	42	70

nur die Schlempen stärkereicher Ausgangsmaterialien wie Kartoffeln oder Getreide mit einem Rohproteingehalt von 27–35% in der Trockensubstanz (T). Wegen ihrer mäßigen Verdaulichkeit und der niedrigen Nährstoffkonzentration werden Schlempen jedoch vorrangig in der Rinderfütterung eingesetzt. Einen weitaus höheren Rohproteingehalt besitzt die Bierhefe mit 50–60% in der T und mit Verdaulichkeiten um 90%. Die beim Bierbrauen anfallenden Gärhefen der Gattung *Saccharomyces* besitzen eine dem Sojaprotein vergleichbare biologische Wertigkeit und können nach Abkochen oder Konservierung mit Propionsäure auch in der Schweineernährung eingesetzt werden. In getrockneter Form wird Bierhefe infolge des hohen Gehaltes an Vitaminen des B-Komplexes als Wirkstoffträger in der Schweine- und Geflügelmischfutterherstellung verwendet. Seit etwa 1940 werden Wuchshefen der Gattungen *Candida* und *Torula* gezielt für die Gewinnung von Futtermitteln auf Sulfitablaugen der Zellstoffindustrie gezüchtet.

Mit Beginn der 70er Jahre beschäftigte man sich dann zunehmend mit sogenannten unkonventionellen Substratgrundlagen für die Hefekultur zur Futtergewinnung. Zu dieser Gruppe gehören Kulturen von *Candida lipolytica* auf Gasöl- oder auch reiner n-Paraffin-Basis. Nährstoffzusammensetzung und Verdaulichkeit einiger Hefearten sind in Tabelle 3 zusammengestellt.

Tabelle 2. Nährstoffzusammensetzung von Mikroalgen (nach Wöhlbier 1983)

	Chlorella vulgaris	*Scenedesmus obliquus*
Organische Substanz	85,8	92,4
Rohprotein	44,7	50,3
Rohfett	8,3	4,3
Rohfaser	8,7	3,9
NfE	24,1	33,0
Asche	12,4	7,6
Trockensubstanz	ca. 92%	ca. 93%

Tabelle 3. Nährstoffzusammensetzung und Verdaulichkeit von Hefearten (nach Wöhlbier 1983)

	Bierhefe (Saccharomyces cerevisiae)			Bäckerhefe (Saccharomyces cerevisiae)	Holzzuckerhefe (Torula utilis)				Sulfitablaugenhefe (Torula utilis)				Alkanhefe Typ b Candida tropicalis	Alkanhefe Typ P lipolytica
Organische Substanz	91,5			91,2	91,9				91,5				92,2	93,0
Rohprotein	50,2			51,1	52,0				49,2				66,8	63,6
Rohfett	1,7			3,7	1,6				3,5				3,0	6,8
Rohfaser	2,9			1,0	2,6				3,4				5,3	3,6
NfE	36,9			35,4	36,8				35,4				17,1	19,0
Asche	8,5			8,8	8,1				8,5				7,8	7,0
Trockensubstanz	ca. 89%			ca. 89%	ca. 90%				ca. 90%				ca. 94%	ca. 95%
Verdaulichkeit	Rind	Schaf	Schwein		Rind	Schaf	Schwein		Schaf	Schwein	Huhn		Schaf	Schaf
Organische Substanz	93	83	90		88	92	88		77	78	75		84	79
Rohprotein	89	83	90		61	89	89		73	84	80		85	83
Rohfett	80	32	65		40	69	0		77	63	36		0	76
Rohfaser	50	0	64		0	100	100		77	65	33		0	0
NfE	98	84	94		89	95	91		74	81	70		85	67

Bakterien. Anders als Algen und Hefen spielten die Bakterien in der Vergangenheit bei der Fütterung landwirtschaftlicher Nutztiere keine Rolle. Erst mit dem Aufkommen *unkonventioneller Nährsubstrate* bedient man sich auch zunehmend der Bakterien zur Erzeugung von Bioprotein. Zwar werden bei Bakterien Rohproteingehalte von mehr als 90% der T gefunden, jedoch ist der vergleichsweise höchste Gehalt an Nukleinsäuren eher negativ zu bewerten. Größere Probleme als bei den vorhergenannten Mikroorganismen bereitet auch die Reinhaltung der Kulturen. Bakterien stellen, was die Möglichkeit der Verstoffwechselung verschiedener Substrate anbetrifft, die vielseitigste Gruppe dar. Durch Bakterien nutzbare Substrate sind u. a. Erdöl bzw. geradkettige Paraffine, Erdgas bzw. Methan, Ethanol, Methanol sowie molekularer Wasserstoff zusammen mit CO_2.

Das zur Zeit gebräuchlichste Substrat ist Methanol. Einzellerprotein aus *Methylomonas methylotrophas* ist das einzige Bakterienprotein, welches in Deutschland derzeit futtermittelrechtlich zugelassen ist und unter dem Handelsnamen *Pruteen* vertrieben wird. Pruteen wurde in zahlreichen Versuchen an Ratten, Broilern, Schweinen und Kälbern getestet und als ein gutes Proteinfuttermittel in der Ernährung monogastrischer Nutztiere bewertet (Badawy 1980).

Eine weitere erfolgversprechende Möglichkeit zur Erzeugung von Proteinfuttermitteln bieten *Knallgasbakterien*. Hierzu sind im Institut für Mikrobiologie und im Institut für Tierphysiologie der Universität Göttingen mit dem Bakterium *Alcaligenes eutrophus* umfangreiche Untersuchungen durchgeführt worden. Dieses Bakterium gehört in die Gruppe der aeroben Wasserstoffoxydierer. Langfristig gesehen, könnte es sich bei dieser Gruppe hinsichtlich der Einzellerprotein-Gewinnung um die zukunftsträchtigste handeln. Auf organische Nährsubstrate sind diese Bakterien nicht angewiesen. Kohlenstoff entnehmen fakultativ autotrophe Wasssserstoffoxydierer zum einen Teil in Form von CO_2 aus der Luft, zum anderen Teil kann aber auch beispielsweise der in Fructose organisch gebundene Kohlenstoff verwertet werden. Ebenso wie Methanol besitzt dieses Substrat den Vorzug größter Homogenität und Reinheit. Die Gefahr der Aufnahme von im Substrat enthaltenen Schadstoffen ist anders als bei den meisten übrigen Substraten nicht gegeben (Greife et al. 1978). Die Nährstoffzusammensetzung von Bakterienproteinen ist in Tabelle 4 aufgeführt.

Probleme bei der Verfütterung von Einzellerproteinen. Protisten sind Lebewesen mit relativ hohen Wachstumsraten. Sie enthalten im Vergleich zum konventionellen Futtermittel viele Nukleinsäuren. Der Gehalt an Nukleinsäuren beträgt bei Algen 3–8%, bei Hefen 6–12% (Kihlberg 1972) und bei Bakterien bis 20% der Zelltrockensubstanz (Abu Ruwaida und Schlegel 1976). Die N-haltigen Purin- und Pyrimidinkörper der Nukleinsäuren (Purin-

Tabelle 4. Nährstoffzusammensetzung von Bakterienproteinen

Bakterien	*Methylomonas methylotropha*[1]	*Alcaligenes eutrophus*[2]	
		PHB-2	PHB-4
		Knallgas H16	
Substrat	Methanol	H_2; CO_2	Fructose; H_2; CO_2
Rohprotein	68,8–71,6	85,4	86,5
Rohfett	8,6– 9,5	7,4	7,5
NfE	1,8– 3,0	–1,9	–2,0
Rohasche	8,2– 8,3	9,1	8,1

[1]) nach Hanssen (1981); [2]) nach Greife et al. (1978)

basen: Adenin und Guanin in RNA und DNA; Pyrimidinbasen: Cytosin in RNA und DNA, Uracil [RNA], Thymin [DNA]) stellen also eine quantitativ bedeutende N-Fraktion in schnell wachsenden Einzellern dar und werden den Monogastriden mit diesen Proteinträgern zu ungewohnt hohen Anteilen zugeführt. Deshalb ist der Stoffwechsel der Nukleinsäurebausteine von besonderer Bedeutung.

Verdaulichkeit der Nukleinsäuren. In Untersuchungen an landwirtschaftlichen Nutztieren und der Ratte wurde eine hohe scheinbare Verdaulichkeit der gesamten Nukleinsäuren (NS) bzw. des NS-Stickstoffs ermittelt. Niedermolekulare, in reiner Form zur Diät supplementierte RNA wurde nahezu vollständig abgebaut und verdaut. So war in steigenden Mengen an Ferkel verfütterte Hefe-RNA zu 85–96% scheinbar verdaulich (Roth und Kirchgeßner 1978a), und bei Broilern wurden scheinbare RNA-N-Verdaulichkeiten von 84–100% errechnet (Greife und Molnar 1980a). RNA-N-Zulagen in Höhe von 10 und 20% des nativen Protein-N erwiesen sich bei Mastkälbern zu Anteilen von 97 bzw. 98% als scheinbar verdaulich (Roth und Kirchgeßner 1979).

Mit Hilfe der Isotopentechnik durchgeführte Untersuchungen an Ratten lassen ebenfalls auf eine hohe Verdaulichkeit der Nahrungs-NS schließen. Nur 6% des über (U-^{14}C)-markierte Nukleinsäuren oral verabreichten Radiokohlenstoffs wurden im Kot ausgeschieden (Greife und Molnar, 1978a), und nach Applikation einzelner markierter Purinnukleotide und Pyrimidinnukleoside entfielen noch geringere Aktivitätsanteile auf den Kot (Greife und Molnar, 1979, 1983a–d). Von zwei bis drei Wochen alten Ferkeln wurden innerhalb von sieben Tagen 12% der mit (8-^{14}C)-AMP und 7% der mit (2-^{14}C)-Uridin oral applizierten ^{14}C-Dosis über den Kot ausgeschieden (Greife und Molnar 1984c, d).

Als Verdauungsprodukte des enzymatischen Abbaus alimentärer Nukleinsäuren stehen Ribose, Desoxyribose sowie die Purin- und Pyrimidinbasen für die Absorption zur Verfügung. Die absorbierten Purinnukleotide werden intermediär weiter abgebaut. Ein vollständiger Abbau bei höheren Organismen ist nicht möglich. Beim Geflügel nimmt die Harnsäure als Haupt-N-Ausscheidungsprodukt je nach Proteinaufnahme 50% bis über 80% der gesamten N-Ausscheidung ein, beim Primaten und Dalmatinerhund stellt sie ein spezifisches Stoffwechselprodukt von Purinen aus der Nahrung und dem Zellstoffwechsel dar. Andere Säuger hydrolysieren die Harnsäure mit Hilfe des Enzyms Uricase zum Allantoin. Dem Menschen ist das Enzym Uricase im Laufe der phylogenetischen Entwicklung verlorengegangen, beim Dalmatiner konnte Uricase-Aktivität in der Leber nachgewiesen werden, was sich darin äußert, daß er neben der Harnsäure auch Allantoin renal ausscheidet. In Abb. 1 sind wichtige Speziesunterschiede in der renalen Ausscheidung von überschüssigem, d. h. nicht für den Ansatz von Körperprotein genutztem Futter-N und von Nahrungspurinen dargestellt.

Stoffwechselbelastung durch Verfütterung von Einzellerproteinen. Belastungsversuche mit GMP (Purinnukleotid) und Uridin (Pyrimidinnukleosid) führten Greife und Molnar (1983a–d, 1984a–d) an jungen Ratten, Küken und Ferkeln durch. Eine Sättigung der intestinalen Purinabsportion zeichnete sich nur bei der Ratte ab. Die Darmwand scheint also als Barriere den Intermediärstoffwechsel der Ratte vor einer Überlastung mit exogenen Purinen zu schützen. In Tracerstudien mit (8-^{14}C)-Purinen wurde beim Küken – erwartungsgemäß – die Purinexkretion mit der Harnsäure durch eine hohe orale Purinzufuhr nicht beeinträchtigt (Greife und Molnar 1984a). Das Geflügel kennt nur ein gemeinsames renales Ausscheidungsprodukt für überschüssigen Futter-N und Nahrungspurine und ist deshalb an Synthese, Umwandlung und Exkretion hoher Purinmengen adaptiert. Ebenso war dem Ferkel eine effektive Ausscheidung alimentärer Purine – hier Allantoin – möglich (Greife und Molnar 1984c).
Mit der verabreichten Konzentration des Pyrimidinnukleosids Uridin stieg bei allen Tierarten – Ratte, Küken, Ferkel – die renale Ausscheidung an Uracil und Uridin an, der intermediäre Pyrimidinabbau

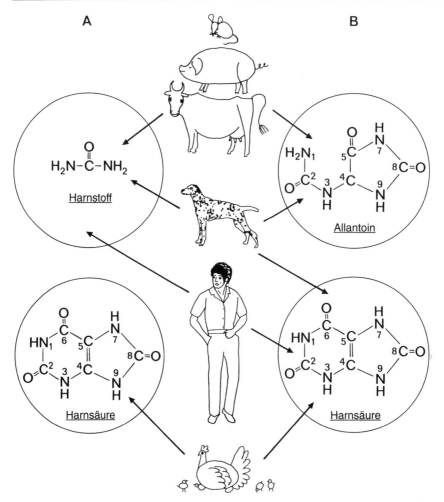

Abb. 1. Renale Ausscheidung von nicht retiniertem Futter-N (A) und Nahrungspurinen (B) im Tierartenvergleich (nach Greife 1984).

ging entsprechend zurück (Greife und Molnar 1983b, 1984b, d). Bei hoher Absorptionskapazität scheint die Kapazität der katabolen Enzyme im intermediären Pyrimidinstoffwechsel also begrenzt zu sein. Eine wirksame Exkretion der Nahrungspyrimidine ist aber trotz dieser Sättigung des katabolen Enzymsystems gegeben. Ein gesundheitliches Risiko für die genannten Tierarten ist also nach diesen Ergebnissen weder durch eine hohe Zufuhr an Purinen noch an Pyrimidinen über NS-reiche Einzellerproteine zu erwarten.

Schlußbemerkungen. Protisten als Futtermittel haben im Vergleich zu Futtermitteln, die von Pflanzen und Tieren stammen, nur geringe Bedeutung.

Die Algen an Küstengebieten und Flußmündungen werden durch die Einleitung von kommunalen und industriellen Abwässern in der Zusammensetzung der Population und im Schadstoffgehalt stark beeinflußt. Reinkulturen kommen nur in nicht belasteten Regionen vor. Die Nutzung der in der Natur vorkommenden *Braun- und Grünalgen* für Futterzwecke wird nur regional für kleine Tierbestände in Frage kommen.

Die im Fermenter produzierbaren *Mikroalgen* sind als Alternative zum Sojaschrot und Fischmehl zu sehen. Durch kontrollierte Substratzufuhr kann ein Proteinfuttermittel mit einheitlicher Qualität hergestellt werden. Ihr Einsatz wird von den Produktionskosten bestimmt.

Hefen werden in der Futterration auch in der Zukunft ihren Platz behalten. Die in der Brauerei und in anderen Gärungsgewerben anfallenden Hefen sind als hochwertige Proteinfuttermittel in die Fütterungspraxis eingegangen. Ihr Preis wird sich auch in Zukunft am Preis von konventionellen Futtermitteln orientieren.

Die Hefeproduktion auf Nährsubstraten aus der Stärke- und Cellulosegewinnung wird z. Z. aus Kostengründen kaum praktiziert. Sie sollte aber in Zukunft auch wegen der Verringerung der Gewässerbelastung wieder eingeführt werden. Hefen, die auf Nährsubstraten auf Erdölbasis kultiviert werden, sind von den Preisen der Erdölprodukte abhängig.

Der Einsatz der *Bakterienproteine* in der Tierernährung wird ebenfalls von der Preisökonomie bestimmt. Zu berücksichtigen ist beim Einsatz von Bakterienproteinen, daß die Inhaltsstoffe, die bei der Handhabung allergische Reaktionen beim Menschen auslösen können, noch zu wenig bekannt sind. Auf diesem Gebiet besteht noch Forschungsbedarf.

Literatur

Abu Ruwaida, A. S., and Schlegel, H. G. (1976): Removal of RNA by heat treatment. II. Different responses of various bacteria and design of a continuous procedure. Europ. J. appl. Microbiol. **2**, 81–89.

Badawy, Neamat (1980): Zum Einfluß des H_2-oxidierenden Bakterienstammes *Alcaligenes eutrophus* und alimentärer Hefe-Ribonukleinsäure auf den N-Stoffwechsel wachsender Broiler und Ratten. Diss., Göttingen.

Greife, H. A. (1984): Enteraler und intermediärer Nukleinsäurenstoffwechsel. Übers. Tierernährg. **12**, 1–44.

Greife, H., und Molnar, S. (1978): Biologische Bewertung der Proteinqualität von H_2-oxidierenden Bakterienstämmen an Ratten. Z. Tierphysiol., Tierernährg. u. Futtermittelkde. **40**, 135–148.

Greife, H., und Molnar, S. (1978a): Untersuchungen zum Nukleinsäurestoffwechsel der Ratte unter Einsatz ^{14}C-markierter Purin-, Pyrimidinbasen und Nukleinsäuren. 1. Mitt.: Katabole Stoffwechselwege von Nukleinsäurederivaten. Z. Tierphysiol., Tierernährg. u. Futtermittelkde. **40**, 236–247.

Greife, H., und Molnar, S. (1979): ^{14}C-Tracerstudien zum Purinstoffwechsel der Ratte. Z. Tierphysiol., Tierernährg. u. Futtermittelkde. **41**, 184–197.

Greife, H. A., und Molnar, S. (1983a): ^{14}C-Tracerstudien zum Nukleinsäuren-Stoffwechsel von Jungratte, Küken und Ferkeln. 1. Mitt.: Untersuchungen zum Purinstoffwechsel der Jungratte. Z. Tierphysiol., Tierernährg. u. Futtermittelkde. **50**, 79–91.

Greife, H. A., und Molnar, S. (1983b): ^{14}C-Tracerstudien zum Nukleinsäuren-Stoffwechsel von Jungratte, Küken und Ferkeln. 2. Mitt.: Untersuchungen zum Pyrimidinstoffwechsel der Jungratte. Z. Tierphysiol., Tierernährg. u. Futtermittelkde. **50**, 170–185.

Greife, H. A., und Molnar, S. (1983c): ^{14}C-Tracerstudien zum Nukleinsäuren-Stoffwechsel von Jungratte, Küken und Ferkeln. 3. Mitt.: Bestimmungsfaktoren des Pyrimidinstoffwechsels der Ratte. Z. Tierphysiol., Tierernährg. u. Futtermittelkde. **50**, 186–192.

Greife, H. A., und Molnar, S. (1983d): ^{14}C-Tracerstudien zum Nukleinsäuren-Stoffwechsel von Jungratte, Küken und Ferkeln. 4. Mitt.: Ergebnisse zur Verwertung kataboler Metaboliten aus dem Nukleinsäuren-Stoffwechsel bei der Ratte. Z. Tierphysiol., Tierernährg. u. Futtermittelkde. **50**, 239–247.

Greife, H. A., und Molnar, S. (1984a): ^{14}C-Tracerstudien zum Nukleinsäuren-Stoffwechsel von Jungratte, Küken und Ferkeln. 5. Mitt.: Untersuchungen zum Purinstoffwechsel des Kükens. Z. Tierphysiol., Tierernährg. u. Futtermittelkde. **51**, 31–39.

Greife, H. A., und Molnar, S. (1983c): ^{14}C-Tracerstudien zum Nukleinsäuren-Stoffwechsel von Jungratte, Küken und Ferkeln. 6. Mitt.: Untersuchungen zum Pyrimidinstoffwechsel des Kükens. Z. Tierphysiol., Tierernährg. u. Futtermittelkde. **51**, 39–51.

Greife, H. A., und Molnar, S. (1983c): ^{14}C-Tracerstudien zum Nukleinsäuren-Stoffwechsel von Jungratte, Küken und Ferkeln. 7. Mitt.: Untersuchungen zum Purinstoffwechsel des Ferkels. Z. Tierphysiol., Tierernährg. u. Futtermittelkde. **51**, 158–167.

Greife, H. A., und Molnar, S. (1983c): ^{14}C-Tracerstudien zum Nukleinsäuren-Stoffwechsel von Jungratte, Küken und Ferkeln. 8. Mitt.: Untersuchungen zum Pyrimidinstoffwechsel des Ferkels. Z. Tierphysiol., Tierernährg. u. Futtermittelkde. **51**, 167–181.

Hanssen, J. P. (1981): Bioprotein in the feeding of growing finishing pigs in Norway. 1. Chemical composition, nutrient digestibility and protein quality of „Pruteen", „Toprina", „Pekilo" and a methanol-based yeast product (*Pichia Aganoii*). Z. Tierphysiol., Tierernährg. u. Futtermittelkde. **46**, 182–196.

Kihlberg, R. (1972): The microbe as a source of food. Ann. Rev. Microbiol. **26**, 427–466.

Niess, E. (1979): Mikroorganismen als alternative Futterproteine. Ber. über Landwirtschaft **57**, 258–271.

Roth, F. X., und Kirchgeßner, M. (1978a): N-Verwertung alimentärer Ribonucleinsäure beim Ferkel. Z. Tierphysiol., Tierernährg. u. Futtermittelkde. **40**, 315–325.

Roth, F. X., und Kirchgeßner, M. (1979): Verwertung alimentärer Ribonucleinsäure im N-Stoffwechsel des Kalbes. Arch. Tierernähr. **29**, 275–283.

Schlegel, H. G. (1976): Allgemeine Mikrobiologie. 4. Aufl. Georg Thieme, Stuttgart.

Weide, H., Páca, J., und Knorr, W. (1991): Biotechnologie. 2. Aufl. Gustav Fischer Verlag, Jena.

Wöhlbier, W. (1983): Handbuch der Futtermittel. Verlag Eugen Ulmer, Stuttgart.

5. Futterergänzungsstoffe
(G. Flachowsky)

5.1 Definition

Die Verfütterung einzelner Futtermittel oder auch die Kombination verschiedener Futtermittel zu Rationen oder Mischungen (s. S. 339 ff.) garantiert nicht in jedem Fall gesunde und leistungsfähige Tiere sowie eine optimale betriebswirtschaftliche und ökologisch günstige Konvertierung der Futternährstoffe in Tierprodukte.

Neben Energie aus den Hauptnährstoffen und Protein bzw. Aminosäuren benötigen die verschiedenen Spezies in Abhängigkeit von Nutzungsrichtung und Leistungshöhe auch Mineralstoffe (Mengen- und Spurenelemente) sowie Vitamine, die teilweise als Mikronährstoffe bezeichnet werden und häufig in nicht ausreichenden Mengen in den Futtermitteln vorkommen.

Außerdem werden verschiedene nichtessentielle, aber die Konvertierung der Nährstoffe in Tierprodukte fördernde oder die Qualität der Produkte beeinflussende Substanzen zugesetzt, so daß eine Optimierung der Futtermischungen bzw. Rationen erfolgt. Teilweise wird diese Stoffgruppe auch als Leistungsförderer, Ergotropika (leistungssteigernde, aber nicht lebensnotwendige Futterbestandteile) oder im Englischen auch als Feed Additives, Performance Stimulating Substances bzw. Growth Promotors bezeichnet. Diese Stoffe gehören zu den in den zurückliegenden Jahren vor allem in der Öffentlichkeit am intensivsten diskutierten Futterbestandteilen. Hormone und hormonähnliche Substanzen (z. B. β-Ago-

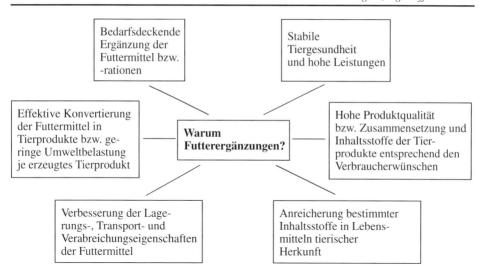

Abb. 1. Gründe für Futterergänzungen.

nisten) sind in Deutschland als Futterergänzungen oder in anderen Applikationsformen verboten.

Bemerkenswert ist, daß der Übergang von der Essentialität zur ergotropen Wirkung bei manchen Substanzen dosisabhängig ist (s. Abb. 2). Am bekanntesten sind die ergotropen Wirkungen hoher Cu-Gaben bei wachsenden Schweinen (z.B. Braude 1967), die jedoch aus ökologischen Gründen in den zurückliegenden Jahren in Deutschland begrenzt wurden (<16 Wochen: <175; > 16 Wochen alte Schweine: <35 mg Cu/kg Mischfutter; Weinreich et al. 1994).

Ähnliche Dosis-Wirkungs-Beziehungen werden auch für Vitamine beschrieben, so daß die in Abb. 2 gezeigten Zusammenhänge für ergotrope Wirkungen essentieller Nahrungsbestandteile stehen können.

Die Notwendigkeit bzw. Zweckmäßigkeit von Futterergänzungen hängt von verschiedenen Einflußfaktoren ab (Abb. 1). Aus der Sicht des Verbrauchers ist dabei die Produktqualität von besonderer Bedeutung. Dabei wird vor allem an bestimmte Inhaltsstoffe (z. B. Se, I, Vitamin E) und die qualitätsbeeinflussende Wirkung (z. B. oxydative Stabilität tierischer Fette) gedacht.

Andererseits trugen einseitige Informationen der Verbraucher über den Einsatz nichtessentieller Zusatzstoffe in der Tierernährung auch zum Imageverlust der Landwirtschaft bei, so daß die Nutzung dieser Stoffgruppe unter dem Motto erfolgt, „daß nicht alles wissenschaftlich Machbare auch in der Praxis gemacht werden darf".

Eine Beurteilung des Futterpotentials von Futterergänzungen hängt von vielen Einflußfaktoren ab. Ihr Potential geht gegen Null bzw. Ergänzungen sind nicht erforderlich, wenn die in der Futterration eingesetzten Komponenten bedarfsdeckende Mengen an den entsprechenden Mikronährstoffen enthalten und die Haltungsbedingungen optimal sind. Je größer die Defizite in den verschiedenen Rationen sind, um so höher ist der Beitrag der Futterzusätze zur Optimierung der Ration und damit zur Ausschöpfung des Potentials der eingesetzten Futtermittel.

5.2 Formen und Einsatzhöhe von Futterergänzungen

Die zweckmäßigen Formen der Futterergänzungen hängen von Tierart, Nutzungsrichtung und vor allem von der Art der Fütterung bzw. der Rationsgestaltung ab. Bei alleinigem Mischfuttereinsatz, wie er vor allem bei Geflügel, aber auch bei Schweinen üblich ist, sind die Futterergänzungen Bestandteil des Mischfutters. Bei hohem Kraftfuttereinsatz trifft diese Feststellung auch für Wiederkäuer zu. In Abhängigkeit von der Grundration werden bei Wiederkäuern jedoch auch separate Futterergänzungen vorgenommen, die verschiedene essentielle und nichtessentielle Bestandteile enthalten können und als *Mineralfutter* bezeichnet werden. Die Einsatzhöhe der verschiedenen Futterergänzungen ist vom Gesetzgeber geregelt und wird etwa im zweijährigen Abstand in der Broschüre ,,Futtermittelrechtliche Vorschriften" aktualisiert (Weinreich et al. 1994). Die dort fixierten Einsatzgrenzen bzw. -empfehlungen für die verschiedenen Komponenten basieren auf dem Fachwissen von ,,Tierernährer-Generationen". Der Zulassung neuer Substanzen geht ein umfangreiches Prüfprogramm voraus (s. Abschnitt 5.4), so daß keine Gefährdung von Mensch und Tier zu erwarten ist.

Der Umsatz für Ergänzungsfuttermittel betrug nach Angaben der Arbeitsgemeinschaft für Wirkstoffe in der Tierernährung in Deutschland im Jahre 1994 466 Mio. DM, was gegenüber 1992 eine Steigerung um 30 Mio. DM ausmacht. Die höchsten Anteile entfielen dabei auf Vitamine (41%) und Aminosäuren (22%). Antibiotika und Chemobiotika (7,6%), Carotinoide (6,6%) und Spurenelemente (5,7%) folgen mit größerem Abstand. Der Anteil der anderen Stoffgruppen (Enzyme, Kokzidiostatika, Probiotika, Aromastoffe, Antioxydantien, Emulgatoren u. a.) variiert zwischen 0,5 und 2% des Gesamtumsatzes, wobei die Mengenelemente in dieser Statistik nicht berücksichtigt wurden.

5.3 Ergänzungen mit essentiellen Futterbestandteilen

Zu den essentiellen Futterergänzungen zählen vor allem Mineralstoffe, Vitamine und Aminosäuren. Für alle Bestandteile dieser Stoffgruppen sind Dosis-Wirkungs-Beziehungen bekannt (Abb. 2). Bei Mangel bewirkt die Zulage höhere Leistungen, das erreichte Plateau ist Ausdruck der Bedarfsdeckung. Für einige Stoffe (z. B. Cu beim Schwein) sind Sonderwirkungen bei höheren Dosierungen bekannt. Überschüsse können wie Mangel zu Minderleistungen und toxischen Erscheinungen führen (s. Abb. 2).

5.3.1 Mengen- und Spurenelemente

Über die physiologische Bedeutung von Mengen- und Spurenelementen für Gesundheit und Leistung bei Mensch und Tier liegt ein umfangreiches neueres Schrifttum vor, in dem sowohl zusammenfassend (z. B. McDowald 1992) als auch über einzelne Elemente informiert wird, so daß im vorliegenden Abschnitt lediglich auf einige ausgewählte Zusammenhänge hingewiesen wird. Neben den Übersichtsarbeiten sollen auch auf die jüngsten Kongreßberichte von verschiedenen internationalen und nationalen Tagungen über Mengen- und Spurenelemente erwähnt werden (z. B. Anke et al. 1993, 1994; Wolfram und Kirchgeßner 1990).

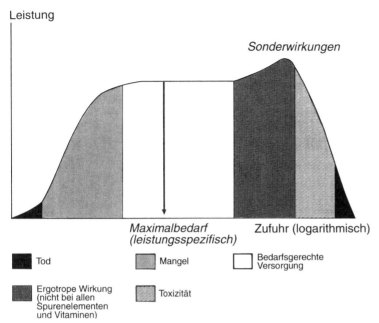

Abb. 2. Abhängigkeit der Leistung von der Versorgung mit Spurenelementen bzw. Vitaminen (biologische Dosis-Response-Kurve).

5.3.1.1 Bedarf und Bedarfsdeckung

Gegenwärtig gelten 7 Mengenelemente und etwa 15 Spurenelemente als lebensnotwendig. Dabei können die Spurenelemente in klassische und neue Elemente unterteilt werden. Rationsergänzungen sind jedoch bei maximal 10 Elementen erforderlich, da für die anderen Elemente meist bedarfsdeckende Mengen in den verschiedenen Futtermitteln enthalten sind. In Abhängigkeit von der Rationsgestaltung können manche Elemente sowohl fehlen als auch im Überschuß angeboten werden (Tabelle 1).

Von den Ergänzungen mit essentiellen Futterbestandteilen nehmen die Mengenelemente und dabei vor allem Calcium (Ca) und Phosphor (P) die größten Mengenanteile ein. Dabei bestehen jedoch zwischen den verschiedenen Spezies und in Abhängigkeit von Nutzungsrichtungen und eingesetzten Futtermitteln erhebliche Unterschiede.

Während beispielsweise eine leistungsstarke Legehenne (80–90% Legeleistung) infolge des hohen Ca-Bedarfes für die Eischalenbildung täglich 2–2,5 g Ca benötigt und bei 100 bis 110 g Futteraufnahme das Futter etwa 2% Ca enthalten muß, genügen bei langsam wachsenden Tieren 0,3 bis 0,5% Ca in der Futtertrockensubstanz.

Für die Notwendigkeit und Zweckmäßigkeit der Ergänzung mit Mengen- und Spurenelementen können keine allgemeingültigen Richtlinien angegeben werden. Unter Berücksichtigung typischer Futtermischungen bzw. Rationen sind für die verschiedenen Spezies und Nutzungsrichtungen meist die in Tabelle 2 angeführten Mineralstoffe (möglicher Mangel) zu ergänzen.

Bei Wiederkäuern hat die Zusammensetzung der Grundration wesentlichen Einfluß auf Art und Menge der zu ergänzenden Mengen- und Spurenelemente. Dabei ist zu berücksichtigen, daß mit zunehmendem Vegetationsstadium die Konzentration an den meisten Mengen- und Spurenelementen in Gräsern und Leguminosen abnimmt.

Tabelle 1. Lebensnotwendige Mengen- und Spurenelemente und ihre Bedeutung für die Tierernährung (nach Grün 1980)

• **Mengenelemente**	Ca	P	Na	K	Mg	Cl	S		
Überschuß	++	+	+	+	–	+	++		
Mangel	++	++	++	–	++	–	–		
• **Spurenelemente**									
– *klassische*	Fe	Mn	Cu	Zn	Cr	Mo	I	F	Se	Co
Überschuß	+	–	+	–	–	+	–	+	–	–
Mangel	++	++	++	++	–	–	++	–	+	+
– *neue*	Ni	Si	Sn	V	As	Al	B	Pb	Cd	Li
Überschuß	–	–	–	–	+(?)	–	–	++	++	–
Mangel	–	–	–	–	–	–	–	–	–	–
– *fragliche*	W	Rb	Br							
Überschuß	–	–	–							
Mangel	–	–	–							

++ große Bedeutung, + bedeutungsvoll, – keine Bedeutung, keine Kenntnisse

5.3.1.2 Bioverfügbarkeit

Bei den Angaben zum Mineralstoffbedarf handelt es sich nahezu ausschließlich um den Bruttobedarf. Die Verfügbarkeit der einzelnen Elemente durch das Nutztier, die von einer Vielzahl von Einflußfaktoren abhängt, wird gegenwärtig meist nicht berücksichtigt. Kirchgeßner et al.(1993) definieren die *Bioverfügbarkeit* als *die metabolische Nutzung eines Elements in Relation zu seiner Verdauung*. Die Bioverfügbarkeit wird als quantitatives futterspezifisches Kriterium der Elemente angesehen. Von den verschiedenen Einflußfak-

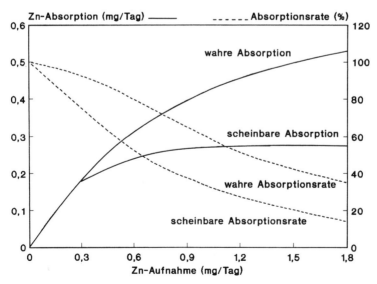

Abb. 3. Wahre und scheinbare Zn-Absorption in Relation zur Zn-Aufnahme von Ratten (absolut und in % der Aufnahme; nach Kirchgeßner et al. 1993).

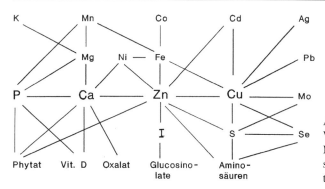

Abb. 4. Beispiele für mögliche Wechselwirkungen zwischen Mengen- und Spurenelementen sowie anderen Nahrungsbestandteilen.

toren kommt der Absorption erstrangige Bedeutung zu. Mit ansteigender Aufnahme eines Elementes vermindert sich seine Absorptionsrate. Abb. 3 demonstriert ebenfalls, daß es für die Absorption keine Konstanten geben kann.

Sowohl die Absorption als auch die metabolische Nutzung von Mengen- und Spurenelementen hängen neben der Höhe der Versorgung wesentlich von Wechselwirkungen, auch als Antagonismen bezeichnet, zwischen verschiedenen Elementen sowie anderen Nahrungsbestandteilen ab (Abb. 4). Als Ursachen für derartige Antagonismen kommen beispielsweise chemisch-physikalische Ähnlichkeiten, Konkurrenz um Transportmechanismen, chemische Reaktionen und die Bildung schwerlöslicher Komplexe in Betracht.

Unter Berücksichtigung dieser Wechselwirkungen sind ernährungsbedingte Mangelerscheinungen bzw. Minderleistungen nicht immer auf das Fehlen eines Elementes zurückzuführen, sondern sie können auch durch reichliche Versorgung mit einem anderen Element ausgelöst werden (z. B. Cu-Defizit bei S-Überschuß, Zn-Defizit bei Ca-Überschuß; s. Abb. 4).

Durch die Ergänzung des Futters mit Mengen- und Spurenelementen ist der Bedarf der verschiedenen Arten und Nutzungsrichtungen zu decken. Andererseits sind jedoch Überschüsse zu vermeiden, damit die erwähnten Antagonismen in Grenzen gehalten werden und keine toxischen Erscheinungen auftreten.

Durch verschiedene Behandlungen oder Zusätze wird versucht, die Verfügbarkeit der Mengen- und Spurenelemente für die Nutztiere zu erhöhen.

In Samen von Getreide und Leguminosen ist ein Großteil des Phosphors an Phytinsäure gebunden und damit für monogastrische Nutztiere nur in geringem Umfang verfügbar. Neben P werden auch andere Mengen- und Spurenelemente (z. B. Ca, Zn) teilweise festgelegt (s. Abb. 4). Durch Zusatz des Enzyms Phytase (s. Abschnitt 5.4.3) ist es möglich, die P-Ausnutzung aus pflanzlichen Futtermitteln wesentlich zu verbessern.

Eine weitere Möglichkeit zur Verbesserung der Mineralstoff-, vor allem der Spurenelementverfügbarkeit, soll im Einsatz von Chelaten bzw. Organo-Spurenelement-Verbindungen bestehen, wie z. B. Zn-Methionin oder Cu-Lysin. Verschiedene Autoren berichten vor allem bei Hochleistungstieren (z. B. Milchkuh mit ≈40 l Milch/Tag) über günstige Wirkungen derartiger Spurenelement-Aminosäure-Verbindungen. Kellogg (1990) wertete 8 Fütterungsversuche mit Milchkühen aus und fand eine Senkung des Gehaltes an somatischen Zellen von 320×10^3 auf 217×10^3 je ml, wenn täglich 360 mg Zn und 720 mg Methionin als Zink-Methionin verabreicht wurden. Die Milchleistung stieg um etwa 5% an. Als Wirkungsmechanismus der Organo-Spurenelement-Verbindungen wird u. a. eine verbesserte Absorption angesehen (Ashmead und Jeppsen 1993). Häufig resultiert jedoch die Annahme einer verbesserten Absorption der Chelate aus Depletionsstudien (Kornegay et al.

1993, Wedekind et al. 1992). Bei bedarfsdeckender Versorgung mit dem jeweiligen Element bestehen Unsicherheiten über die Wirkung der Organo-Spurenelement-Verbindungen (McDowell 1992).

In eigenen Versuchen (Flachowsky et al. 1993b) wurden bei bedarfsdeckender Zn-Versorgung (50 mg/kg T) durch Verabreichung von 1080 mg Zn-Methionin je Tier und Tag (360 mg Zn) weder Leistung noch Inhaltsstoffe oder Gehalt an somatischen Zellen von Kuhmilch signifikant beeinflußt. Bei nichtoptimaler Zn-Versorgung sind durchaus andere Ergebnisse möglich.

5.3.1.3 Ermittlung des Mengen- und Spurenelementstatus

Obwohl die Beurteilung der Mineralstoffversorgung über die Nahrung die einfachste und am meisten angewandte Methode ist, ist sie infolge der verschiedenen antagonistischen Beziehungen (s. Abb. 4) und der beeinflußten Bioverfügbarkeit vor allem für verschiedene Spurenelemente relativ unspezifisch (Tabelle 2). Ausgewählte Organe (Schlachttier), Blut, Milch, Speichel, Harn und Haarproben zeigen bedeutend spezifischer die Versorgung mit einzelnen Elementen an.

Tabelle 2. Möglichkeiten zur Bestimmung des Mengen- und Spurenelementstatus (nach Grün 1980)

Mengen- bzw. Spuren-element	Nahrung	Speichel	Blutserum (-plasma)	Harn	ausgewählten Organen	Haar	Milch
Ca	+++	–	(++) Gebärparese[1])	–	++	–	–
P	+++	–	+	–	++	–	–
Mg	++	–	+++	+++		–	–
Na	+++	+++	–	+++	–	–	–
K	+++	+++	–	+	–	–	–
S	+++	–	–	–	–	–	–
Cl	+++	–	–	–	–	–	–
Fe	++	–	+++ (Ferritin)		+++	–	–
Mn	++	–	–	–	+++	+++	–
Cu	+	–	++		+++	++	–
Zn	++	–	++		+++	++	+
Mo	+	–			++	++	+++
Se	++	–	+++	+++	+++	+++	+++
I	+	–	+++	+++	++	+++	+++
Co	++	–	–		+++ (Vit. B_{12})	–	–
Cd	+++	–	+		+++	++	–
Pb	+++	–	++ (δ-Aminolävulin-säure-Dehydratase)		+++	++	–

+++ sehr gut geeignet, große praktische Bedeutung, ++ gut geeignet, + geeignet, – keine Bedeutung, nicht geeignet oder keine Kenntnisse.
[1]) kein primärer Ca-Mangel.

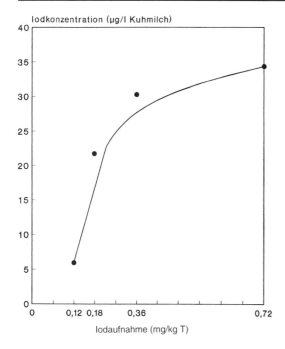

Abb. 5. Einfluß der Iodversorgung der Milchkühe auf die Iodkonzentration von Kuhmilch (nach Groppel et al. 1988).

5.3.1.4 Einfluß der Versorgung auf den Gehalt in Lebensmitteln tierischer Herkunft

Der Produktqualität von Lebensmitteln tierischer Herkunft und vor allem der Beeinflußbarkeit durch Fütterungsmaßnahmen kommt zunehmend Bedeutung zu. Der Gehalt an vielen Mengen- und Spurenelementen in Fleisch, Milch und Eiern ist genetisch determiniert und damit durch Futterergänzungen nicht oder kaum beeinflußbar. Bei defizitärer Versorgung reagieren die Tiere meist mit geringeren Leistungen; Überschüsse werden mit Kot und Harn ausgeschieden oder führen zu Intoxikationen. Es gibt jedoch einzelne Elemente, deren Gehalt im Tierprodukt bei erhöhter Zufuhr über das Futter ansteigt. Diese Feststellung trifft vor allem auf für die Humanernährung so bedeutsame Elemente wie Iod (Abb. 5) und Selen zu. Wenn man berücksichtigt, daß weltweit mehr als 1 Mrd. Menschen nicht optimal mit Iod versorgt werden (Hetzel 1990), gewinnt die Anreicherung über Tierprodukte einen anderen Stellenwert. Das im Tierprodukt vorhandene Iod ist proteingebunden und stellt eine wertvolle Iod-Quelle für den Menschen dar.

Durch gezielten Zusatz verschiedener Elemente (z. B. I, Se) unter Berücksichtigung der höchstzulässigen Einsatzmengen (Weinreich et al. 1994) kann ein wesentlicher Beitrag zur Bedarfsdeckung des Menschen geleistet werden.

5.3.2 Vitamine

Vitamine sind lebensnotwendige organische Verbindungen, die in kleinsten Mengen zugeführt werden müssen. Mangel an Vitaminen führt zu Minderleistungen und für jedes Vitamin zu spezifischen Krankheits- und Ausfallerscheinungen.

Der Begriff Vitamine (Amine für das Leben) wurde 1912 von Kasimir Funk geprägt. Er erkannte, daß neben Eiweißen, Fetten, Kohlenhydraten und Mineralstoffen noch eine weitere Stoffgruppe existiert, „die spezielle Krankheiten verhütet". Funk war sich bei der Namensgebung bewußt, daß es sich bei diesen Stoffen nicht nur um aminartige Verbindungen handelt. Wie er 1922 feststellte, lag ihm daran, „eine Bezeichnung zu finden, die wohlklingend war und in jedes Idiom paßte, da ich schon damals an der Richtigkeit und der künftigen Popularität des neuen Gebietes keinen Zweifel hatte". Diese Feststellung von Kasimir Funk hat sich gerade in unserer Zeit bewahrheitet, denn teilweise rankt sich auch heute noch ein wahrer Wunderglaube um verschiedene Vitamine.

Analog den Mineralstoffen liegt auch über Vitamine sowohl in Einzeldarstellungen als auch in Übersichtsarbeiten (z. B. Combs 1992, Friedrich 1988, McDowell 1989) ein umfangreiches neueres Schrifttum vor. Verschiedene Kongreßbände vervollständigen die Wissensdarstellung (z. B. Flachowsky und Schubert 1993), so daß im vorliegenden Abschnitt lediglich einige ausgewählte Aspekte angesprochen werden.

5.3.2.1 Vitaminergänzungen bei Nichtwiederkäuern und Wiederkäuern

• **Nichtwiederkäuer**

In der Ernährung monogastrischer Nutztiere ist die Ergänzung des Futters mit allen Vitaminen erforderlich, wenn aus den Grundkomponenten des Futters keine ausreichenden Mengen bereitgestellt werden. Die Optimierung der Ration mit Vitaminen erfolgt entweder über Mischfutter oder im Mineralfutter.

Einschränkungen existieren z. B.

– für Vitamin C, das von Schwein und Geflügel selbst synthetisiert werden kann und damit nicht essentiell ist, andererseits werden hohen Vitamin-C-Gaben ergotrope Wirkungen nachgesagt;

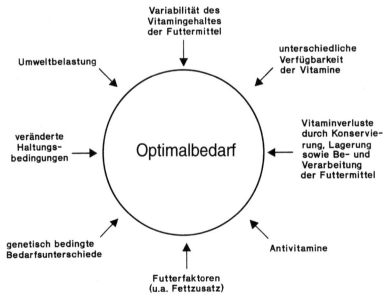

Abb. 6. Einflüsse auf den Vitaminbedarf und Gründe für einen Sicherheitszuschlag zum Optimalbedarf an Vitaminen.

– für verschiedene B-Vitamine, die mikrobiell gebildet und absorbiert werden können (z. B. Cholin bei der Legehenne, einzelne B-Vitamine bei Sauen);
– für verschiedene B-Vitamine, die überwiegend in ausreichenden Mengen in den typischen Futtermitteln für Nichtwiederkäuer (Getreide, Mühlennebenprodukte, Extraktionsschrote) vorkommen, wie z. B. Vitamin B_1, Pantothensäure.

Der Vitaminbedarf der landwirtschaftlichen Nutztiere wird von verschiedenen Faktoren beeinflußt (Abb. 6), so daß eine exakte Bedarfsangabe nahezu unmöglich ist und Sicherheitszuschläge erforderlich sind. Relativ wenige Informationen existieren u. a. über die Bioverfügbarkeit der Vitamine bei verschiedenen Spezies. Beispielsweise soll die Niacinverfügbarkeit aus Getreide beim Geflügel lediglich 30% betragen, für die Biotinverfügbarkeit aus Weizen gibt Whitehead (1993) lediglich 5%, für Cholin aus Sojaextraktionsschrot 70% an.

Nahezu alle Futtermischungen werden mit den fettlöslichen Vitaminen A, D und E ergänzt, wobei die Einsatzhöhe u. a. von Tierart, Nutzungsrichtung und Leistungshöhe abhängt. Bedarfsübersteigende Vitamin-E-Gaben können dabei auch als Antioxydans wirken (s. Abschnitt 5.4.5).

Die angewandten Ergänzungen weisen meist beachtliche Sicherheitszuschläge auf (Abb. 7), so daß bei Einsatz industriell hergestellter Mischfuttermittel oder der mit Vitaminen ergänzten Mineralfutter eine ausreichende Bedarfsdeckung zu erwarten ist. Aus Abb. 7 geht hervor, daß die empfohlenen Vitaminzusätze sowohl die Leistung der Tiere als auch Lagerungs- und Stabilitätsverluste sowie beeinflußte Bioverfügbarkeit berücksichtigen.

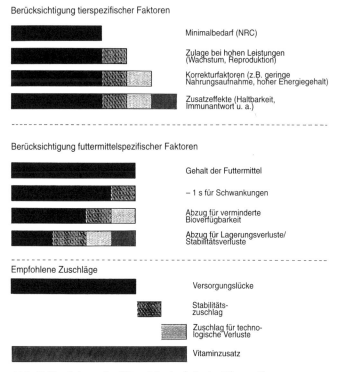

Abb. 7. Ermittlung des Vitaminbedarfs in der Tierernährung.

Negative Auswirkungen von Vitamin-Überdosierungen bei landwirtschaftlichen Nutztieren wurden für die B-Vitamine nicht beschrieben, bei den Vitaminen A und D können ungünstige Nebenwirkungen auftreten.

- **Wiederkäuer**

Bei wiederkäuergerechter Fütterung und funktionsfähigem Vormagensystem werden beim Wiederkäuer die B-Vitamine und Vitamin K mikrobiell in ausreichenden Mengen synthetisiert, so daß nur eine Ergänzung der Ration mit den fettlöslichen Vitaminen A (bzw. β-Carotin als Vorstufe), D und E erforderlich ist.

Bei Ernährungsfehlern (z. B. spontane Umstellung von rauhfutter- zu kraftfutterreicher Ration), nicht wiederkäuergerechter Fütterung (geringer Anteil an Strukturfuttern, niedriger Pansen-pH-Wert), Gehalt der Ration an Antinutritiva oder Antivitaminen und sehr hohen Leistungen (z. B. >30 kg Milch je Kuh und Tag) können bei Wiederkäuern Situationen auftreten, in denen die mikrobielle Versorgung mit verschiedenen B-Vitaminen suboptimal sein kann. Derartige Störungen wurden bisher für Thiamin (z. B. Zerebrokortikalnekrose bei wachsenden Wiederkäuern bei zucker- und stärkereicher sowie strukturfutterarmer Ernährung), Niacin (sehr hohe Leistungen bei Milchkühen, Ketosegefährdung) und vereinzelt für Cholin (hohe Milchleistungen bei strukturfutterarmer Rationsgestaltung) beschrieben. Durch Zusatz von Niacin war es beispielsweise möglich, Gesundheit und Leistung der Kühe zu stabilisieren.

Voraussetzung für eine erfolgreiche orale Vitamingabe bei Wiederkäuern ist die Stabilität der Vitamine im Pansen bzw. die Absorption im Pansen. Bei vergleichenden Untersuchungen über die Wirksamkeit oraler bzw. parenteraler Vitamin-A-Gaben ermittelten wir bei Mastrindern 14 Tage nach Applikation Wiederfindungsraten von 17,6 bzw. 32,0% in der Leber (Flachowsky et al. 1993d), was auf eine partielle mikrobielle Vitamin-A-Zerstörung im Pansen schließen läßt.

Das B-Vitamin Cholin wird im Pansen zu Trimethylamin abgebaut und übt keinerlei Wirkung aus (Tabelle 3). In Labmagen bzw. Dünndarm appliziertes oder pansenstabiles Cholin führte jedoch bei strukturfutterarmen Rationen zu höherer Milchleistung und einem Anstieg des Milchfettgehaltes (s. Tabelle 3).

Ein nahezu vollständiger mikrobieller Abbau im Pansen wurde auch für Vitamin C beschrieben, bei ungünstiger Rationsgestaltung und Pansenazidose kann Vitamin B_1 sogar in Substanzen mit Antivitamincharakter (Pyrithiamin, Oxythiamin) umgewandelt werden. Diese Beispiele zeigen, daß die häufig vorgenommene Ergänzung von Wiederkäuerrationen

Tabelle 3. Einfluß unterschiedlicher Cholinsupplementation auf die Milchleistung und -inhaltsstoffe von Kühen (70% Konzentrat, 30% Maissilage, 150 Tage post partum, 3 × 3 Latin Square, 21 Versuchstage; Sharma und Erdmann 1988)

	Kontrolle	+50 g Cholin/Tier und Tag	
		im Futter	im Abomasum
Trockensubstanzaufnahme			
(kg/Tier und Tag)	15,0	15,0	15,9
Milch (kg/Tier und Tag)	21,4	21,8	24,8
Milchfett (%)	2,55	2,78	2,90
Milcheiweiß (%)	3,17	3,09	3,05

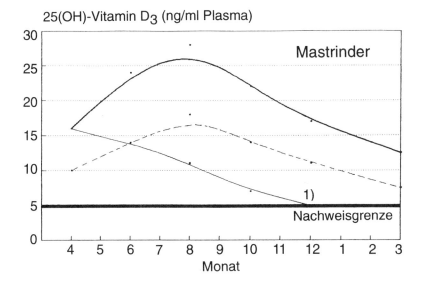

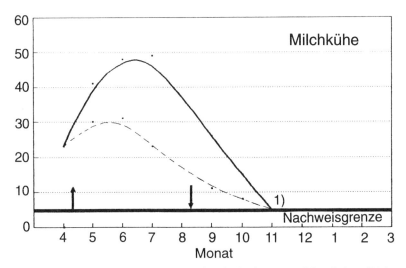

Abb. 8. Einfluß der Jahreszeit auf den Vitamin-D_3-Status von Mastrindern (Richter et al. 1990) und Milchkühen (Flachowsky et al. 1993). ↑ Weideaustrieb, ↓ Weideabtrieb, 1) Vitamin-D-Zufütterung. —— Weidehaltung, – – ■ – – Stallhaltung mit Fenstern und Türen, —■— Dunkelstall.

mit panseninstabilen B-Vitaminen nutzlos ist. Auch Niacin scheint zu bestimmten Teilen im Pansen abgebaut zu werden, wie verschiedene Stoffwechseluntersuchungen sowie Fütterungsversuche mit pansenstabilem Niacin zeigen. Andererseits ermittelten Erickson et al. (1992) bereits im Pansen eine Absorption von Nicotinsäureamid.

Die zweckmäßige Ergänzung von Wiederkäuerrationen mit fettlöslichen Vitaminen hängt neben Nutzungsrichtung und Leistungshöhe vor allem von der Haltungsform und der Rationsgestaltung ab. Bei Auslaufhaltung (Weidegang) ist keine Ergänzung mit Vitamin D erforderlich, da über das Sonnenlicht ultraviolettes Licht auf die Haut gelangt und aus 7-Dehydrocholecalciferol in der Haut Vitamin D_3 gebildet wird (effektivste Wellenlänge: 295 nm; Harmeyer 1991). Einen Einfluß der Jahreszeit auf den Vitamin-D_3-Status von Rindern konnten wir auch bei Stallhaltung demonstrieren (Abb. 8).

Grünfutter enthält beachtliche Carotinmengen (zwischen 40 und 375 mg/kg T für Rübenblatt und junge Gräser), wobei erhebliche Anteile auf die wirksamste Vitamin-A-Vorstufe β-Carotin entfallen, sowie von Vitamin E (zwischen 80 und 350 mg/kg T für Rübenblatt und junge Gräser), so daß bei Weidegang oder Grünfuttereinsatz im Stall keine Vitamin-A- und -E-Ergänzungen erforderlich sind. Der unter Produktionsbedingungen dennoch häufig vorgenommene Zusatz fettlöslicher Vitamine bei Weidegang ist mit den relativ geringen zusätzlichen Kosten für die Supplementation, Unwissen bei den Anwendern, Verkaufsinteressen verschiedener Anbieter von Mineralfutter sowie mit möglichen Effekten auf die Produktqualität zu erklären. Aus ernährungsphysiologischer Sicht ist er unter den erwähnten Bedingungen nicht erforderlich.

5.3.2.2 Beurteilung der Vitaminversorgung

Die Beurteilung des Vitamingehaltes der Futterration ist häufig nicht ausreichend, um die Versorgung der Tiere einzuschätzen. Der Vitaminbedarf hängt von mehreren Faktoren ab (s. Abb. 6); der Einfluß verschiedener Antagonisten sollte ebenfalls nicht unterschätzt werden.

Bei manifestem Mangel an verschiedenen Vitaminen treten spezifische Mangelerscheinungen auf. Problematisch ist das Erkennen marginaler Unterversorgung, da in dieser Phase zunächst unspezifische Störungen vorkommen, die sich in geringerer Futteraufnahme, verminderter Leistung und erhöhter Krankheitsanfälligkeit äußern. Da die Erfassung der marginalen Versorgung und subklinischer Mangel äußerst schwierig ist, werden zum Minimalbedarf verschiedene Sicherheitszuschläge getätigt (s. Abb. 7).

5.3.2.3 Einfluß der Vitaminergänzungen auf den Vitamingehalt der Tierprodukte

Durch bedarfsüberschreitende Gaben kann vor allem der Gehalt an den Vitaminen A und E in verschiedenen Tierprodukten beeinflußt werden. Für die anderen Vitamine sind die Zusammenhänge zwischen Tierernährung und Vitamingehalt in Lebensmitteln tierischer Herkunft nicht so deutlich ausgeprägt (Vitamin D) oder kaum vorhanden (wasserlösliche Vitamine).

Die Vitamin-A-Versorgung spiegelt sich am deutlichsten im Vitamin-A-Gehalt der Leber wider. Die ständige Erhöhung der Vitamin-A-Ergänzungen im Futter führte beispielsweise in den zurückliegenden Jahren bei verschiedenen Tierarten zu einem Anstieg in der Leber-Vitamin-A-Konzentration, so daß die maximale Vitamin-A-Einsatzmenge in der Mastschweinefütterung auf 13500 IE/kg Mischfutter begrenzt werden mußte (Weinreich et al. 1994). Teilweise wurden in der Schweineleber >3000 IE Vitamin A/g ermittelt, so daß mit dieser kleinen Menge der Tagesbedarf des Menschen annähernd gedeckt werden kann.

Obwohl die Rinderleber keine so hohen Vitamin-A-Mengen enthält (meist <1000 IE/g), ist eine Abhängigkeit von der Versorgung des Rindes jedoch auch nachweisbar (Flachowsky et al. 1993a). Deshalb sollte auf Grund verschiedener Berichte auf den Leberver-

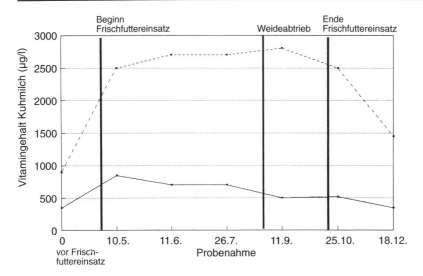

Abb. 9. Vitamin-A- und -E-Gehalt von Kuhmilch im Jahresverlauf (Mittel aus Stall- und Weidehaltung, n = 20) (Matthey et al. 1991). —■— Vitamin A, – – ■ – – Vitamin E.

zehr während der Schwangerschaft möglichst verzichtet werden (Olson 1989, Rosa et al. 1986).
Neben der Leber spiegeln auch Fleisch, Milch und Eier die Versorgung der Tiere mit den Vitaminen A und E wider. Bei vergleichbarem Vitaminzusatz über Misch- oder Mineralfutter enthält beispielsweise die Milch bei Weidegang im Sommer bedeutend mehr Vitamin A und E als im Winter (Abb. 9), was auf die höhere Carotin- und Vitamin-E-Aufnahme über Grünfutter zurückzuführen ist. Enge Beziehungen bestehen meist zwischen dem Fettgehalt der Tierprodukte und dem Gehalt an fettlöslichen Vitaminen.

5.3.2.4 Vitaminzusatz und Produktqualität

Neben dem Vitamingehalt in Tierprodukten können durch die Vitaminergänzung auch verschiedene Qualitätskriterien beeinflußt werden. Eine erhöhte Vitamin-E-Zufuhr führt nicht nur zum Anstieg des Vitamin-E-Gehaltes in verschiedenen Geweben, sondern kann beispielsweise auch die oxydative Stabilität des Fettes erhöhen. Diese Feststellung trifft nicht nur zu, wenn Vitamin E zugesetzt wird, sondern auch, wenn Vitamin-E- und fettreiche Futtermittel (z. B. Rapssamen) eingesetzt werden. Dabei ist nicht in erster Linie die höhere Vitamin-E-Versorgung des Menschen von entscheidender Bedeutung, sondern es sind die besseren Lagerungs- und Verarbeitungseigenschaften infolge geringerer Oxydationsneigung.
Verschiedene Untersuchungen deuten auch auf weitere Einflüsse zusätzlicher Vitamingaben hin. Durch Einsatz von Niacin erhöhte sich im Milchfett der Anteil einfach ungesättigter Fettsäuren, und die Iodzahl stieg von 30 auf nahezu 40 an (Klippel et al. 1993), was zu einer geringeren Härte der Winterbutter führen könnte.

5.3.3 Weitere essentielle Nährstoffe

5.3.3.1 Aminosäuren

Der Proteinbedarf landwirtschaftlicher Nutztiere ist ein Bedarf an verschiedenen Aminosäuren. Zwischen dem Aminosäurenbedarf in Abhängigkeit von Tierart, Nutzungsrichtung und Leistungshöhe auf der einen und dem Aminosäurengehalt der Futtermittel bzw. -mischungen auf der anderen Seite besteht häufig eine Diskrepanz, die zu erheblichen Minderleistungen in Abhängigkeit vom Versorgungsniveau mit der erstlimitierenden Aminosäure führen kann. Diese Feststellung trifft vor allem für Schwein und Geflügel zu, da im Pansen der Wiederkäuer qualitativ hochwertige Mikrobenproteine synthetisiert werden und dadurch ein gewisser Ausgleich von Aminosäuren-Disproportionen in der Ration möglich ist.

Das Defizit verschiedener Futtermischungen an einer oder mehreren Aminosäuren wurde früher durch Ergänzung mit pflanzlichen oder tierischen Proteinquellen beseitigt. Diese Ergänzung führt jedoch meist zu einem Überangebot an anderen Aminosäuren, deren Abbau und Entsorgung Energie benötigen, und die N-Ausscheidung des Tieres erhöhen. Dieses ökologische Moment dürfte künftig noch größere Bedeutung erlangen, wenn es um die Deckung des Aminosäurenbedarfs „auf den Punkt" geht. Durch gezielte Zulageversuche kann der Bedarf an der erstlimitierenden Aminosäure ermittelt werden, was sich in erhöhtem N-Ansatz und verminderter N-Ausscheidung niederschlägt.

Für den Einsatz in der Fütterung stehen vor allem die sogenannten Eckaminosäuren Lysin, Methionin, Threonin und Tryptophan, aber auch weitere Aminosäuren zur Verfügung. Abgesehen von Methionin (DL-Form) werden die Aminosäuren biosynthetisch hergestellt und gelangen als L-Aminosäuren zum Einsatz.

Die gezielte Nutzung dieser Aminosäuren ermöglicht in der Nichtwiederkäuerfütterung ein exakteres Anpassen des Eiweißgehaltes der Futtermischung an den tatsächlichen Bedarf der Tiere (Tabelle 4). Dadurch ergibt sich die Möglichkeit, die Rohproteinaufnahme bedeutend zu senken und dabei die N-Ausscheidung erheblich zu verringern (z. T. um 20–30%; s. Tabelle 4).

Es gibt zunehmend Hinweise, daß auch bei Hochleistungskühen durch die mikrobielle Proteinsynthese und über Durchflußfutterprotein verschiedene Aminosäuren nicht in aus-

Tabelle 4. Beispiel für die Proteinabsenkung und die Aminosäurenergänzung im Mastschweinefutter

Mischungsanteile (in %)	Rohprotein (%)		
	17,5	16,0	14,0
Gerste	53,0	56,0	60,7
Weizen	25,2	27,0	28,0
Sojaextraktionsschrot	19,3	14,3	8,3
Mineralfutter	2,5	2,5	2,5
L-Lysin-HCl	–	0,16	0,35
DL-Methionin	–	–	0,06
L-Threonin	–	–	0,05
N-Ausscheidung	100	85	70

reichenden Mengen für die Absorption im Dünndarm bereitstehen. Hohe Fremdfettzulagen können auch die mikrobielle Proteinsynthese begrenzen. Vor allem die Aminosäuren Methionin, Leucin, Lysin und Valin können bei hohen Milchleistungen nicht in ausreichenden Mengen bereitgestellt werden, wobei Methionin meist als die erstlimitierende Aminosäure für die Milchproteinsynthese angesehen wird (Chalupa 1974, Chamberlain und Thomas 1982, Storm und Ørskov 1984). Neben der Nutzungsrichtung (Laktation, Wachstum) und der Leistungshöhe scheint auch die Rationsgestaltung Einfluß darauf zu haben, welche Aminosäure erstlimitierend wirkt (Oldham 1993). Bei maisreicher Fütterung der Milchkühe zeigte in verschiedenen Untersuchungen beispielsweise zugesetztes Lysin die größte Wirkung (King et al. 1991, Polan et al. 1991).

Im Gegensatz zum Nichtwiederkäuer ist beim Wiederkäuer der Einsatz von pansenstabilen Aminosäuren erforderlich. Die Stabilisierung erfolgt meist durch Einkapselung oder Komplexbildung, so daß die Aminosäuren weitgehend unzerstört den Pansen passieren und im Dünndarm zur Absorption bereitstehen. Der Aminosäurengehalt der im Handel angebotenen Präparate hängt von Behandlung bzw. Art der Umhüllung ab. Verschiedene pansenstabile Methioninpräparate enthalten zwischen 30 und 85% Methionin (z. B. Loprotin, Mepron). Bei einer Verweildauer von etwa 6 h im Pansen beträgt die Stabilität bei Mepron beispielsweise ca. 80%. In anderen Präparaten ist Methionin in pansenstabilem Fett eingeschlossen (z. B. Magnapac-Plus). Durch Einsatz pansenstabiler Aminosäure können in der Wiederkäuerfütterung ebenfalls umweltentlastende Effekte erzielt werden (s. Tabelle 4).

Von den im Jahre 1992 in der Tierernährung in Deutschland industriell hergestellten Aminosäuren (Gesamtumsatz: 85 Mio. DM) entfielen 47% auf Lysin, 43% auf Methionin, 8% auf Threonin und 2% auf Tryptophan (AWT 1993).

5.3.3.2 Weitere Stickstoff-Quellen

Bei nicht ausreichendem Stickstoffangebot über die Ration kann bei Wiederkäuern auch eine N-Lieferung über Nicht-Protein-Stickstoffquellen (NPN) erfolgen, von denen Harnstoff ($CO(NH_2)_2$; 46% N) die größte Bedeutung erlangt hat.

In verschiedenen Ländern der Dritten Welt, in denen beispielsweise N-arme Nebenprodukte des Getreideanbaues (Stroh u. a.) und proteinarmes Heu als Grundfuttermittel dominieren, wird durch Verabreichung von NPN-Verbindungen eine Verbesserung der N-Versorgung der Wiederkäuer angestrebt. Teilweise wird durch diese Verbindungen eine Futterwerterhöhung des geringwertigen Grundfuttermittels durch Aufschluß (z. B. Feuchtstrohkonservierung mit Harnstoff; Flachowsky 1987) erreicht. Neben Harnstoff gelangen u. a. auch Ammoniumhydrogencarbonat, Biuret und Harnsäure als NPN-Verbindungen zum Einsatz. Bei allen diesen Verbindungen wird im Pansen aus dem entstehenden Ammoniak bei entsprechender Energiebereitstellung mikrobielles Protein synthetisiert.

5.3.3.3 Energieliefernde Zusatzstoffe

Neben pansenstabilen Aminosäuren werden teilweise auch Fette bzw. Fettsäuren und Stärke vor dem Abbau im Pansen geschützt, so daß sie weitgehend erhalten bleiben und in das Duodenum gelangen. Während beim Schutz der Fette vor allem ungünstige Nebenwirkungen höherer Fettmengen (>5% der T-Aufnahme) auf die Pansenmikroben vermieden werden sollen, wird durch Bypass-Stärke eine möglichst hohe Glucosebereitstellung für die

Hochleistungskuh angestrebt. Die Kosten für die Behandlung und die mögliche Leistungssteigerung bzw. effektivere Futterkonvertierung entscheiden über die Zweckmäßigkeit der Verfahren.

Andererseits besteht auch die Möglichkeit, die Eigenschaften herkömmlicher Futtermittel zielgerichteter zu nutzen. Beispielsweise ist bei Mais- und Milostärke mit einem Pansendurchfluß von 20 bis 40% zu rechnen (Flachowsky et al. 1992a, Herrera-Saldana et al. 1990). Durch hohe Stärkeaufnahme kann das Verdauungs- und Absorptionsvermögen des Dünndarms sogar teilweise überschritten werden (Kreikemeier et al. 1991). Propylenglycol (1,2-Propandiol) sowie verschiedene organische Säuren (z. B. Propionsäure, Fumarsäure; s. Abschnitt 5.4.2) können auch als energieliefernde Substanzen dem Futter zugesetzt werden. Ihre Einsatzmengen variieren zwischen 1 bis 3% der Tagesration.

Verzweigtkettige Fettsäuren (als Isosäuren bezeichnet; z. B. Isobuttersäure, Isovaleriansäure, 2-Methylbuttersäure) wurden in verschiedenen Ländern (z. B. USA) ebenfalls als Futterergänzungen bei Wiederkäuern eingesetzt (1–5 g/kg T). Dabei ließ man sich davon leiten, daß Mikroben nicht zum Aufbau verzweigtkettiger C-Skelette befähigt sind, diese Grundkörper für die Synthese verzweigtkettiger Aminosäuren (z. B. Valin, Leucin, Isoleucin) jedoch erforderlich sind. Diese Feststellung trifft hauptsächlich auf cellulolytische Keime zu (van Soest 1982). Der Zusatz verzweigtkettiger Fettsäuren erscheint vor allem bei Fütterung proteinarmer, zellwand- und NPN-reicher Rationen gerechtfertigt, da unter diesen Bedingungen beim mikrobiellen Proteinabbau im Pansen wenig verzweigtkettige Fettsäuren für die Proteinneubildung entstehen. Widersprüchliche Versuchsergebnisse, die vor allem von der Rationsgestaltung abhängen (z. B. Richter und Flachowsky 1989), und nicht eindeutige Befunde in der Praxis führten dazu, daß der Einsatz von Isosäuren in den letzten Jahren an Bedeutung verlor.

5.4 Ergänzungen mit nichtessentiellen Futterbestandteilen

Während essentielle Futterergänzungen meist durch die Öffentlichkeit akzeptiert werden, gehören Futterergänzungen mit nichtessentiellen Bestandteilen, vor allem mit Leistungsförderern, zu den in Deutschland umstrittenen Fütterungsmaßnahmen. Für diese Situation sind mehrere Ursachen anzuführen:
– Überschuß an Nahrungsmitteln tierischer Herkunft und keine Notwendigkeit zu weiterer Leistungssteigerung („satte Gesellschaft"),
– Entfremdung großer Teile der Bevölkerung von der agrarischen Primärproduktion und Unwissen über Bedeutung und Wirkung verschiedener Futterergänzungen,
– allgemeine Einstellung und teilweise durch Medien geförderte Grundhaltungen breiter Bevölkerungsschichten zur Beeinflussung (Steuerung) des Stoffwechsels landwirtschaftlicher Nutztiere, zur (Massen-)tierhaltung und zum Tierschutz,
– Argumente über unklare Wirkungsmechanismen und mögliche Rückstände in Tierprodukten,
– Futterergänzungen mit nichtessentiellen Bestandteilen werden teilweise mit Hormoneinsatz gleichgesetzt und wecken „Horrorvisionen".

Diese und weitere Argumente gegen den Einsatz (Tabelle 5) von Futterergänzungen, vor allem von Wachstums- und Leistungsförderern, führten zu verschiedenen „Markenprogrammen" bei der Erzeugung von Tierprodukten, die den Verzicht auf Futterergänzungen meist als wesentlichen Aspekt zur Abgrenzung von der „herkömmlichen Produktion"

Tabelle 5. Argumente „Pro und Contra" zum Einsatz von nichtessentiellen Futterergänzungen

Pro	Contra
Effektivere Konvertierung der Futternährstoffe in Lebensmittel tierischer Herkunft	Überschuß an Nahrungsmitteln tierischer Herkunft – erhöhte Kosten für Lagerung
Höheres Erzeugungspotential je Futtermittel bzw. je Futterfläche	Teilweise begrenzte Kenntnisse über Wirkungsmechanismus – Angst vor Rückständen
Geringere Umweltbelastung je erzeugtes Tierprodukt	– Resistenz – Abbau der Rückstände im Boden
Nutzung des wissenschaftlichen Fortschrittes	Chemisierung der Tierproduktion
Erhöhung der Wettbewerbsfähigkeit der Erzeuger	Gefährdung der Menschen bei der Herstellung der Substanzen
Günstigeres betriebswirtschaftliches Ergebnis für den Landwirt infolge geringerer Futterkosten und höherer Leistungen	Bei gleicher Produktion und höherer Leistung des Einzeltieres – Rückgang der Tierzahlen und damit Verlust von Arbeitsplätzen
	Aufwendungen zur Erzeugung der Futterergänzungen

formuliert haben. Dabei wird häufig übersehen, daß der Einsatz verschiedener Substanzen (s. Tabelle 5) zum Ablauf einer ungestörten Produktion erforderlich ist, die Qualität von Produktion und Produkt wesentlich verbessern kann und zu einer effektiveren Konvertierung der Futternährstoffe in eßbare Tierprodukte beiträgt. Diese Argumentation scheint auch für Regionen mit begrenztem Futterpotential (Dritte-Welt-Länder) sowie zur Erhaltung der Chancengleichheit der deutschen Bauern gegenüber Kollegen aus Nachbarländern bedeutsam.
Die höhere Flächeneffektivität bzw. das höhere Erzeugungspotential der Futterfläche ist vor allem für Gebiete mit begrenzter Futterfläche bedeutsam. Fiems et al. (1992) prüften beispielsweise den Einfluß von Virginiamycin (120–300 mg/Tier und Tag) bei weidenden Jungbullen und Färsen und ermittelten in drei Versuchen ein um 12,7 bzw. 13% höheres Lebendmasseerzeugungspotential je ha Weide. Die effektive Nutzung der Futtermittel kann die Umweltbelastung durch die Tierproduktion wesentlich vermindern (geringere N- und P-Ausscheidung je erzeugtes Tierprodukt).
Betriebswirtschaftlich ist das meist günstigere ökonomische Ergebnis nach Einsatz der verschiedenen Ergänzungen erwähnenswert. Bedeutsam erscheint auch die Tatsache, daß im Rahmen der EU-Harmonisierung Landwirte, die in Ländern produzieren, in denen Leistungsförderer eingesetzt werden, bedeutende Marktvorteile gegenüber Berufskollegen aus Ländern haben, in denen sie nicht oder nur teilweise verwendet werden. Wesentliche Voraussetzungen für die Akzeptanz des Einsatzes von „nicht"-essentiellen Futterergänzungen und für die Akzeptanz der Tierprodukte sind Kenntnisse über die Wirkungsweise („mode of action") der Zusätze und die Rückstandsfreiheit der Tierprodukte. Bei der

Tabelle 6. Wesentliche Voraussetzungen für die Zulassung von nichtessentiellen Futterergänzungen in der Tierernährung

- Nachgewiesene Wirkung
- Kenntnis über den Wirkungsmechanismus (mode of action)
- Optimale Dosierung
- Gesundheitliche Unbedenklichkeit für Mensch und Tier
- Keine Rückstände im Lebensmittel
- Kontrollierbarkeit (Nachweismethoden) der Substanz in Futter- und Lebensmitteln
- Bei Antibiotika keine Resistenz oder Kreuzresistenz zu medizinisch oder veterinärmedizinisch genutzten Substanzen (kein medizinischer oder veterinärmedizinischer Anwendungsvorbehalt)
- Keine nachteiligen Wirkungen auf die Umwelt (Klarheit über Abbau)
- Keine gesundheitsschädigenden Wirkungen beim Umgang mit den Substanzen (Herstellung, Verarbeitung, Einsatz u. a.)
- Klarheit über Abbau, Verbleib und Wirkung der Substanzen bzw. von Metaboliten im Verdauungstrakt, in Gülle bzw. Stallmist sowie im Boden

gegenwärtigen Verunsicherung der Verbraucher in Deutschland darf in der Tierernährung nicht alles gemacht werden, was wissenschaftlich machbar erscheint. In einer sachkundigen Information der Öffentlichkeit über das Pro und Contra des Einsatzes nichtessentieller Futterergänzungen und das EU-weite Prüf- und Kontrollsystem besteht ein Schwerpunkt der Aufklärung. Der Zulassung einer Substanz als Futterergänzung im nationalen oder internationalen Rahmen geht ein mehrjähriges (6–10 Jahre), komplexes Forschungsprogramm voraus. Tabelle 6 zeigt wesentliche Voraussetzungen für die Zulassung von Leistungsförderern. Die Akribie bei der Zulassung einer Substanz schließt die Gefährdung der Verbraucher aus.

5.4.1 Messung des Effektes nichtessentieller Futterergänzungen

Der ergotrope Effekt verschiedener Futterergänzungen hängt von einer Vielzahl von Einflußfaktoren ab, wie sie im Detail in den Abschnitten 5.4.2–5.4.6 für die verschiedenen Zusatzstoffe beschrieben sind (s. Abb. 11).
Je nach den begrenzenden Bedingungen (Stallplätze, Futter, Tiere u. a.) ist eine unterschiedliche Bewertung der Leistungssteigerung möglich. Außerdem ist zu berücksichtigen, daß der bei jungen Tieren (Kalb, Ferkel) in relativ kurzen Perioden ermittelte ergotrope Effekt später bei unbehandelten Kontrolltieren weitgehend kompensiert werden kann, so daß am Mastende keine wesentlichen Unterschiede mehr bestehen. Für die Bewertung der ergotropen Wirkung der Futterergänzungen ist unbedingt die gesamte Wachstums- bzw. Leistungsperiode zu berücksichtigen. Infolge der unterschiedlichen Bedingungen (Fütterung, Tiermaterial, Haltung u. a.) sind entsprechende Versuchswiederholungen mit repräsentativen Tierzahlen erforderlich, um verbindliche Aussagen über die Wirksamkeit der verschiedenen Futterergänzungen zu erhalten.
Nicht unproblematisch ist die Messung des ergotropen Effektes der nichtessentiellen Futterergänzungen. Bei der meist vorgenommenen Bewertung mit Hilfe der Leistungssteigerung im klassischen Fütterungsversuch bleibt häufig unberücksichtigt, daß bei wachsenden Tieren die schneller wachsenden Gruppen auch eine höhere Lebendmasse, damit einen höheren Erhaltungsbedarf und meist auch eine andere Körperzusammensetzung aufweisen. Andererseits erreichen sie früher die angestrebte Endmasse.

Der an der Lebendmassezunahme gemessene ergotrope Effekt unterschätzt demnach die tatsächliche Wirkung der Futterergänzung. Aus ökologischer und nährstoffökonomischer Sicht kann das Futtererzeugungsvermögen einer bestimmten Futtermenge eine Aussage über die Wirksamkeit liefern.

Weiterführende zusammenfassende Informationen über diese Stoffgruppen sind u. a. Hennig (1982), Jeroch (1980), Meixner und Flachowsky (1990) zu entnehmen.

5.4.2 Antibiotika und Chemobiotika

Die kritische Einstellung eines Teiles der Bevölkerung zu Futterergänzungen mit nichtessentiellen Bestandteilen bezieht sich vor allem auf Antibiotika und chemisch hergestellte Substanzen als Leistungsförderer im eigentlichen Sinn. Antibiotika sind Stoffwechselprodukte verschiedener Bakterien- und Pilzstämme sowie höherer Pflanzen. Nur etwa 20 der über 4000 beschriebenen Substanzen werden gegenwärtig als Fütterungsantibiotika genutzt.

Für *Antibiotika,* auch als antimikrobielle Futteradditive bezeichnet, bestehen unterschiedliche Angriffspunkte auf Mikrobenzellen (Abb. 10). Dadurch können bestimmte Mikroben eliminiert werden, so daß für andere bessere Lebensbedingungen entstehen.

Die leistungssteigernden Wirkungen der Antibiotika, die sich in einer effektiveren Konvertierung der Futternährstoffe in nutzbare Tierprodukte niederschlagen, resultieren aus verschiedenen Teileffekten (Tabelle 7). Der ergotrope Effekt verschiedener Antibiotika hängt von einer Vielzahl von Einflußfaktoren ab, wie Abb. 11 demonstriert. Als „Faustregeln" können angeführt werden:

– je jünger die Tiere, um so größer ist der Effekt (s. Abb. 11);
– je ungünstiger die Haltungsbedingungen, um so größer ist der ergotrope Effekt;
– je kürzer die Behandlungsperiode, um so höher ist der Effekt (Initialeffekt).

Unter *Chemobiotika* werden chemisch synthetisierte Leistungsförderer bezeichnet, die ähnliche Wirkprinzipien wie Antibiotika aufweisen. Nach dem Futtermittelrecht sind gegenwärtig die Chinoxalinderivate Carbadox und Olaquindox für den Einsatz bei Ferkeln und Kälbern (20–50 mg/kg Mischfutter bis zum 4. Lebensmonat der Ferkel) zugelassen. Neben der positiven Beeinflussung der Darmflora bewirken auch Chemobiotika dosisabhängig höhere Zunahmen und eine Senkung des Futteraufwandes.

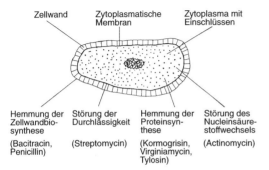

Abb. 10. Angriffspunkte von Antibiotika in der Zelle.

Tabelle 7. Wirksubstanzen und Wirkmechanismen von Antibiotika und Chemobiotika

Stoffgruppe	Wirksubstanzen	Vorrangiger Wirkungsort	Dominierende Wirkmechanismen
• **Antibiotika**			
– *konventionelle*	1. Generation: Penicillin Oxytetracyclin Cyclotetracyclin Streptomycin 2. Generation: Zinkbacitracin Virginiamycin Flavomycin Avoparcin	Dünndarm	– **Primäreffekte** • Selektive Hemmung ungünstig wirkender Mikroben • Geringere Gesamtkeimzahl im Darm • Veränderungen in der topographischen Verteilung der Mikroflora • Weniger Mikroläsionen an den Villi, verlängerte Halbwertszeit, erhöhte Absorptionsfläche • Geringerer bakterieller Kohlenhydratabbau, niedrigere NH_3- und Amin-Bildung – **Sekundäreffekte** • Verminderte Darmwandstärke, geringere Dünndarmmasse • Teilweise verbesserte Verdaulichkeit und Absorption (vor allem, wenn Durchfälle verhindert werden) – **Tertiär- oder Stoffwechseleffekte** • erhöhte Nährstoffabsorption, erhöhtes IGF-I-Niveau • extragastrointestinale Effekte absorbierter Antibiotika?
– *Ionophore* (Polyether-Antibiotika)	Lasalocid Monensin Salinomycin	Vormagensystem	• Selektive Beeinflussung der Pansenmikroben • Verminderte Methan- und Wärmeverluste • Geringere Acetat- und höhere Propionatbildung, engeres Acetat-/Propionat-Verhältnis • Geringerer Proteinabbau im Pansen, geringere NH_3-Bildung • Verminderter Zellwandabbau im Pansen • Längere Verweildauer des Futters im Pansen • Intermediäre Prozesse im Ergebnis veränderter Nährstoffzufuhr (z. B. weniger Aminosäuren für Glukoneogenese)
• **Chemobiotika**	Carbadox Nitrovin Olaquindox Cu	Dünndarm	• Beeinflussung der Darmflora (Wirkungen ähnlich den konventionellen Antibiotika)

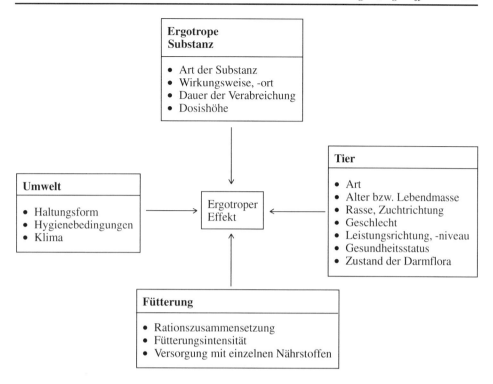

Abb. 11. Wichtige Einflüsse auf die Höhe ergotroper Antibiotikaeffekte.

Die fungizide und bakterizide Wirkung von Kupfer führte dazu, daß durch höhere Kupfergaben (≈250 mg/kg Futter) der ergotrope Effekt vor allem in der Schweinefütterung ausgenutzt wurde. Mehrzunahmen zwischen 10 und 20% in verschiedenen Wachstumsabschnitten waren keine Seltenheit. Zwischen $CuSO_4$ und Cu-Organo-Verbindungen (Cu-Lysin, Cu-Polysaccharid-Komplex) wird bei gleicher Cu-Gabe über keine wesentlichen Unterschiede im ergotropen Effekt bei Schweinen berichtet. Die Cu-Anreicherung in der Schweineleber (bis 1500 mg/kg T) und vor allem der hohe Cu-Gehalt in den Exkrementen und damit die Cu-Belastung der Flächen bei Düngung mit diesen Exkrementen führten zur Begrenzung der Cu-Gaben (Weinreich et al. 1994).

Hinsichtlich des Wirkungsortes der Antibiotika bzw. Chemobiotika kann in Substanzen unterschieden werden, die beim Nichtwiederkäuer überwiegend im Dünndarm (Darmflorastabilisatoren) oder die hauptsächlich im Vormagensystem der Wiederkäuer (Polyether-Antibiotika oder Ionophore) Aktivitäten entfalten. Obwohl die dabei erzielten Effekte unterschiedlich sind (s. Tabelle 7), basieren die Wirkungen überwiegend auf einer besseren Ausnutzung der Futternährstoffe. Der verminderte Futteraufwand je kg Lebendmassezunahme kann aus höheren Zunahmen bei gleichem Futterverzehr, gleichen Zunahmen bei verminderter Futteraufnahme oder beiden Wirkungen resultieren. Die Aufwandssenkung ist auch mit geringeren Umweltbelastungen verbunden, was sich z. B. im Falle der Ionophore vor allem in einer Senkung der Methanbildung niederschlägt (Tabelle 8).

Tabelle 8. Kalkulation zur Beeinflussung der Methanbildung durch Ionophore (Monensin u. a.) bei Mastrindern in Deutschland (Angaben pro Jahr)

Mittlerer Bestand an Mastrindern (1992)	≈6 Mill.
Mittlere Methanbildung (47 kg/Tier und Jahr)	282000 t
Mögliche Methanreduzierung (25%) durch Einsatz von Ionophoren	70500 t
Andere Methanquellen in Deutschland	
Steinkohlenbergbau	1200000 t
Müllhalden	830000 t
Wiederkäuer, insgesamt	900000 t
Erdgasverluste	300000 t

5.4.3 Probiotika, Hefen und organische Säuren

Die zu dieser Gruppe der Futterzusatzstoffe zusammengefaßten Substanzen (Tabelle 9) haben in den zurückliegenden Jahren eine erhebliche Einsatzerweiterung erfahren. Diese Entwicklung kann teilweise mit der „verbraucherfreundlichen" Namensgebung („pro bios" – für das Leben) begründet werden, die sich entscheidend von „anti bios" abhebt. Beide Substanzgruppen unterscheiden sich in ihren Wirkungsmechanismen (Tabelle 10) wesentlich, wobei der probiotischen Wirkung antibiotische Effekte zugrunde liegen können.
Probiotika sind getrocknete Mikrobenkulturen oder deren Dauerformen (Sporen), die in die Besiedlung des Verdauungstraktes mit Mikroorganismen regulierend eingreifen. Der Probiotikaeinsatz läßt vor allem im Jungtierbereich positive Effekte erwarten, da der Aufbau der intestinalen Flora in dieser Entwicklungsphase relativ labil ist (Dysbiose).
Zugeführte Probiotika treten in Konkurrenz zu unerwünschten Bakterienstämmen (z. B. Kolikeimen), indem sie sich im Darmtrakt vermehren und die Darmwand besiedeln. Dadurch entsteht ein Schutzfilm, der Anheften, Eindringen und Vermehren von unerwünschten Bakterien verhindert. Neben dieser „Platzhalter"-Funktion können bestimmte Stoffwechselprodukte der zugeführten Bakterienstämme (antibiotisches Prinzip) selektiv die Vermehrung anderer Keime behindern.
Gedek (1993) hat folgende wesentliche Anforderungen an Mikroorganismen formuliert, die als Probiotika genutzt werden können:
– nicht pathogen oder toxinogen
– magensäurebeständig und Galle-resistent;
– lebend, um stoffwechselaktiv zu sein und immunmodulativ zu wirken;
– Beitrag zur Armierung der Hauptflora, Antagonismus gegen Krankheitserreger;
– kein Entzug von Nähr- und Wirkstoffen;
– bessere Nutzung unverdauter Nahrungsreste, Verringerung der fäkalen Ausscheidungen;
– Beitrag zur Einsparung von Medikamenten, dadurch verminderte Rückstände in Tierprodukten;
– Eliminierung schädlicher Stoffe und Keime aus dem Darm.

Tabelle 9. Wirksubstanzen, Wirkungsorte und Wirkmechanismen von Probiotika, Hefen und organischen Säuren

Stoffgruppe	Wirksubstanzen	Vorrangiger Wirkungsort	Dominierende Wirkmechanismen
• **Probiotika**	Milchsäurebakterien, *Bacillus toyoi* (Toyocerin), *Aspergillus oryzae*	Dünndarm	„Platzhalter", Anhaften an Darmzotten und Nahrungspotential Bildung von essentiellen Bestandteilen oder Zwischenprodukten „Bildung" von antimikrobiellen Substanzen
• **Hefen**	Hefen *(Saccharomyces cerevisiae)*	Dünndarm, Pansen	Beeinflussung des Zellwandabbaues, des pH-Wertes sowie der Bildung flüchtiger Fettsäuren, Bildung von Zwischenprodukten für verschiedene Mikroben Verschiedene Effekte unklar
• **Organische Säuren und ihre Salze**	Ameisensäure Propionsäure Fumarsäure Sorbinsäure Zitronensäure	Futter	– pH-Wert-Absenkung – antimikrobieller Effekt, Konservierung (Bakterien, Hefen, Pilze), speziell bei Feuchtegehalt im Futtermittel >12,5% – Geschmacksverbesserung
		Magen-Darm-Trakt	– pH-Wert-Senkung des Mageninhaltes – verstärkte Pepsin- und Gallensaftbildung – Einfluß auf Mikroflora – Komplexbildner für Kationen – Regulation der Darmflora – Anregung der Pansenentwicklung bei Kälbern
		Stoffwechsel	– Energielieferung für intermediäre Prozesse

Tabelle 10. Unterschiede in der Wirkung nutritiver Leistungsförderer und Florastabilisatoren im Intestinaltrakt von Nutztieren

Wirkung	Antibiotika	Probiotika
Bestandteil	Stoffwechselprodukt von Mikroben	lebende Keime
wo	im Darm und intermediär	nur im Darm
wie	direkte Hemmung von Darmkeimen	indirekte Hemmung von Darmkeimen
über	begrenzten Wirkungsbereich	Verhinderung des Anheftens oder Verdrängen (Platzhalter-Prinzip) begrenzter Wirkungsbereich auf enteropathogene Keime
wann	sofort (Minuten bis Stunden)	zeitversetzt (mehrere Tage)

Obwohl Probiotika meist dem Nichtwiederkäuerfutter zugesetzt werden, zeigen neue Ergebnisse (Newbold 1993), daß Probiotika auf der Basis des Pilzes *Aspergillus oryzae* die zellulolytische Aktivität im Pansen erhöhen und damit den Zellwandabbau und die Leistungen der Wiederkäuer steigern können. Gebildete Ferula- und Cumarin-Esterasen sollen auch die Polysaccharid-Lignin-Bindung lösen und damit den Zellwandabbau und das mikrobielle Wachstum steigern können. Für einen problemlosen Probiotikaeinsatz sind noch verschiedene Fragen wissenschaftlich zu beantworten. Dem Futter zugesetzte Probiotika können Schwierigkeiten bei der Beurteilung des mikrobiologischen Zustandes bereiten, da meist nur eine quantitative Keimbestimmung erfolgt. Technologisch sind die Stabilität der Probiotika bei der Preßfutterherstellung (evtl. Verkapselung oder Aufsprühung nach Pelletierung), die Verträglichkeit mit anderen Futterbestandteilen und die Haltbarkeit bzw. Lagerungsfähigkeit zu klären.

Gegenwärtig liegen die ergotropen Effekte der Probiotika meist unter den für Antibiotika bekannten Leistungssteigerungen. Obwohl Gentechnologie als Begriff und die Anwendung in Deutschland teilweise mit dem ,,Bann" belegt ist, wäre es vorstellbar, daß gentechnisch manipulierte Mikroben diesen Anforderungen besser gerecht werden können und perspektivisch als Probiotika gezielt zum Einsatz kommen könnten.

Die meisten in der Tierernährung eingesetzten **Hefen** (0,1–2,5% der T) gehören zur Gattung *Saccharomyces,* wobei verschiedene Stämme der Art *Saccharomyces cerevisiae* (Bäckerhefe) besondere Bedeutung erlangten. Die Ergebnisse über die physiologischen Wirkungen der Hefen bei Nichtwiederkäuern und Wiederkäuern sind nicht ganz eindeutig. Meist wird über günstigere Bedingungen im Pansen und erhöhte zellulolytische Aktivität berichtet (Ryan 1993), andererseits gibt es auch einige Hinweise, daß Hefen keine Wirkung zeigten (Dawson et al. 1990, Meixner et al. 1989) bzw. daß der Zellwandabbau und die Pansenfermentation sogar nachteilig beeinflußt wurden (Flachowsky et al. 1992b). Ähnlich widersprüchlich sind auch die Leistungsbeeinflussungen nach Hefezusätzen. Als wesentliche Ursachen für die unterschiedlichen Ergebnisse sind vermutlich unterschiedliche Stämme und Lebensfähigkeiten der Hefen sowie verschiedene Fütterungsbedingungen anzusehen. Während in den USA der Hefeeinsatz in den zurückliegenden Jahren beachtliche Verbreitung fand (56% der Milchkuhfarmer nutzen Hefe; Hoard's Dairyman 1992), hält sich die Nutzung in Europa in Grenzen.

Durch Einsatz von **Säuren** und deren **Salzen** (0,5–1,5%) in der Tierernährung können sowohl physiologische Effekte im Magen-Darm-Trakt als auch eine Konservierung der Futtermittel bewirkt werden (s. Tabelle 9). Meist liefern die organischen Säuren auch Energie. Durch eine sogenannte *milde Säuerung* (pH ≈ 5,0) wird die Anpassung junger Tiere an veränderte Ernährungssituationen (z. B. Absetzen, Umstellung der Ernährung) erleichtert. Säuren und deren Salze sind in der Lage, verschiedene Enzyme stärker zu aktivieren (z. B. Pepsinogen), was zu einer verbesserten Eiweißverdauung führen kann. Weitere Vorteile bestehen in der Zurückdrängung unerwünschter bakterieller Fermentationsvorgänge, in der Verbesserung der Magenmotilität und der schnelleren Magenentleerung. Kolikeime sollen in ihrer Entwicklung gebremst und das Durchfallrisiko gemindert werden. Mehrzunahmen und Futteraufwandssenkungen bei Ferkeln und Kälbern nach Einsatz von organischen Säuren und ihren Salzen liegen in Größenordnungen von 1 bis 10%. Auf die Bedeutung der verzweigtkettigen Fettsäuren wurde im Abschnitt 5.3.3.3 hingewiesen.

5.4.4 Enzyme

Enzyme sind Polypeptide oder Proteine, die in lebenden Zellen, meist Bakterien oder Pilzen, gebildet werden. Sie steuern als Katalysatoren bestimmte biochemische Stoffwechselvorgänge. Als Futterzusätze sollen Enzyme das körpereigene Enzymsystem unterstützen bzw. komplettieren, um die Verfügbarkeit von Futternährstoffen für die Nutztiere zu erhöhen. Außerdem wird angestrebt, daß die zugesetzten Enzyme die Wirkungen antinutritiver Futterinhaltsstoffe beseitigen. Voraussetzungen für einen erfolgreichen Enzymeinsatz sind
– hohe Temperaturstabilität (Pelletierung),
– hohe pH-Stabilität bzw. geringer Aktivitätsabfall im niedrigen pH-Bereich (Labmagen),
– toxikologische Unbedenklichkeit.

Praktische Bedeutung hat der Enzymeinsatz vor allem in der Nichtwiederkäuerfütterung erlangt, wo ein Abbau und die teilweise Nutzung von Oligosacchariden und Nicht-Stärke-Polysacchariden (NSP; NSP-spaltende Enzyme, wie Pectinasen, Pentosanasen, β-Glucanasen, Cellulasen) sowie eine Erhöhung der Verfügbarkeit des organisch gebundenen Phosphors (Phytase; Tabelle 11) angestrebt wird.

Der Mechanismus der Wirkung der NSP-spaltenden Enzyme ist noch nicht vollständig verstanden (Chesson 1993). Die alleinige Zerstörung der gel-bildenden Polysaccharide, die für die Viskosität der Digesta und des Kotes verantwortlich sind, erklärt nicht vollständig die Leistungssteigerung. Eine erhöhte Verfügbarkeit von Eiweiß und Stärke, die sich auch in höherer Verdaulichkeit und höherem Energiegehalt ausdrückt, ist ebenfalls als Wirkung der meist verwendeten Multienzym-Gemische anzusehen (Jeroch und Dänicke 1993). Eine wesentliche Ursache für die höhere Verdaulichkeit ist vermutlich in der Zerstörung der

Tabelle 11. Wirksubstanzen, Wirkungsorte und Wirkmechanismen von Enzymen als Futterzusätze

Stoffgruppe	Wirksubstanzen	Vorrangiger Wirkungsort	Dominierende Wirkmechanismen
• **Nicht-Stärke-Polysaccharide-spaltende Enzyme**	Pectinasen	Verdauungstrakt	Spaltung der Mittellamelle der Pflanzenzellwand, teilweise Spaltung von NSP
	Pentosanasen	Verdauungstrakt	Verminderung der Viskosität des Kotes
	β-Glucanasen	Verdauungstrakt	Erhöhung der Verdaulichkeit von Stärke, Protein, Fett und der umsetzbaren Energie von NSP-reichen Futtermitteln
	Cellulasen	Verdauungstrakt	Geringe Wirksamkeit in vivo
• **Phytase**		Futter, Verdauungstrakt	Erhöhte Verfügbarkeit des als Phytat gebundenen Phosphors beim Schwein und Geflügel, verbesserte Verfügbarkeit auch für Ca, Mg, Zn
• **Amylasen**		Verdauungstrakt	Kaum praktische Bedeutung, da ausreichende Bildung körpereigener Amylasen
• **Proteasen**		Verdauungstrakt	z. Z. kaum praktische Bedeutung, da ausreichende Bildung körpereigener Proteasen
• **Lipasen**		Verdauungstrakt	z. Z. keine praktische Bedeutung

NSP-Struktur zu suchen, so daß körpereigene Enzyme bessere Angriffsmöglichkeiten haben.

Die Wirkung der Multienzym-Gemische hängt neben den Anteilen der einzelnen Enzyme u. a. von der verwendeten Getreideart bzw. -sorte ab, da zwischen den verschiedenen Herkünften teilweise erhebliche Unterschiede im Gehalt und der Zusammensetzung der NSP bzw. in der Viskosität auftreten können (Jeroch 1993). Der Anteil der Getreideart in der Futtermischung beeinflußt ebenfalls den Effekt der Multienzym-Gemische. Mit NSP-reichen einheimischen Getreidearten, wie Gerste, Weizen, Roggen, Triticale und Hafer, wurden nach Enzymzusatz bei schnell wachsendem Geflügel erhebliche Leistungssteigerungen bzw. eine effektivere Konvertierung der Futternährstoffe in Tierprodukte erzielt.

Auf dem europäischen Markt sind gegenwärtig etwa 30 verschiedene Präparate registriert, wobei es sich meist um Mischungen verschiedener Enzyme handelt (Pettersson 1993). Es wird geschätzt, daß gegenwärtig von dem in Europa hergestellten Broiler-, Legehennen- bzw. Ferkelfutter 23, 5 bzw. 20% mit Enzymen behandelt werden (Sasserod 1993). Spitzenreiter dürften Spanien (90, 20, 90%) und Großbritannien (90, 20, 70% der Futtermischungen mit Enzymen) sein.

Über die ernährungsphysiologischen Effekte des Phytase-Einsatzes beim Nichtwiederkäuer wurde in jüngster Vergangenheit wiederholt informiert (z. B. Pallauf und Rimbeck 1993). Dabei geht es sowohl um einen sparsamen Umgang mit den begrenzten P-Quellen als auch um eine Minimierung der P-Ausscheidung. Durch das Enzym wird der in Samen und Körnern organisch gebundene Phosphor (Inositring) teilweise verfügbar. Die zugesetzte Phytase entfaltet vor allem im Dünndarm ihre Wirkung (Jongbloed et al. 1992).

Die in der Tierernährung zum Einsatz kommende Phytase wird mikrobiell mit Hilfe von *Aspergillus niger* hergestellt. Die P-Äquivalenz der Phytase hängt von verschiedenen Faktoren, wie Gehalt des Futtermittels an Eigenphytase P-Versorgung, Tierart, Alter u. a., ab. Die Mehrzahl der Autoren ermittelte, daß weniger als 1000 Einheiten Phytase erforderlich sind, um 1 g mineralischen P zu ersetzen (Hoppe et al. 1993: 1 g P = 380–403 U bei Läufern). Beim Wiederkäuer existieren keine Ergebnisse, die einen Enzymzusatz als gerechtfertigt erscheinen lassen. Die mikrobiellen Enzymaktivitäten im Vormagen und die Aufenthaltsdauer des Futters im Pansen sind hoch genug, so daß auch zusätzliche Behandlungen mit cellulolytischen Enzymen die Verdaulichkeit nicht signifikant steigerten (Flachowsky und Klappach 1993).

Enzymgemische und Inokulantien werden auch als Silierhilfsmittel verwendet. Es gibt verschiedene Hinweise, die einen höheren Zellwandabbau und höhere Futteraufnahme nach einer derartigen Behandlung demonstrieren.

5.4.5 Puffersubstanzen

Als Puffersubstanzen werden Verbindungen bezeichnet (meist anorganische Naturstoffe), die Veränderungen der Wasserstoffionenkonzentration im Verdauungstrakt entgegenwirken. Dadurch kann der pH-Wert in einem bestimmten Bereich annähernd konstant gehalten werden, was vor allem im Pansen der Wiederkäuer bedeutungsvoll ist. Ein niedriger pH-Wert im Pansensaft (<6,0) hat nachteilige Auswirkungen auf den mikrobiellen Zellwandabbau (ungünstige Haftbedingungen für cellulolytische Mikroben), die Bildung flüchtiger Fettsäuren (weniger Acetat) führt zu einer geringeren Futteraufnahme und kann die Produktqualität beeinflussen.

Tabelle 12. Wirksubstanzen, Wirkungsorte und Wirkmechanismen von Puffersubstanzen

Stoffgruppe	Wirksubstanzen	Vorrangiger Wirkungsort	Dominierende Wirkmechanismen
Pansenpuffer	$NaHCO_3$ $KHCO_3$ NaOH MgO Na-Acetat	Pansen (Dünndarm)	pH-Wert-Erhöhung Bessere Bedingungen für Zellwandabbau
Bentonit		Pansen (Dünndarm)	pH-Wert-Erhöhung Bindung von Kationen (H^+, NH_4^+) Ionen-Austausch-Kapazität
Zeolithe		Dünndarm (Pansen)	pH-Wert-Erhöhung Bindung von Kationen Ionen-Austausch-Kapazität
Weitere Puffersubstanzen	$CaCO_3$, Huminsäuren	Dünndarm (Pansen, Dickdarm)	

Puffersubstanzen entfalten ihre Wirkung entweder als Verbindungen aus schwachen Säuren und starken Basen (z. B. $NaHCO_3$; Tabelle 12) oder wirken als Ionenaustauscher (z. B. Bentonit, Zeolithe). Die Bedeutung von Verbindungen mit Ionen-Austausch-Kapazität oder mit alkalischer Wirkung ist um so größer, je geringer der Zellwandgehalt der Rationen ist, da bei derartiger Fütterung die Kationen-Austausch-Kapazität der Rationsbestandteile für eine entsprechende Pufferung nicht ausreicht. Infolge verminderter Wiederkauaktivität schluckt der Wiederkäuer unter diesen Bedingungen auch keine ausreichenden Speichel-

Tabelle 13. Hinweise zum Einsatz ausgewählter Puffersubstanzen in der Wiederkäuerfütterung

Puffersubstanz	Dosis	Einsatzhinweise
$NaHCO_3$, $KHCO_3$	20–30 g/100 kg LM und Tag	Gleichzeitig vermischt mit den am besten verzehrten Futtermitteln
NaOH	<6 g Na bzw. <12 g Na/kg T der Milchkuh- bzw. Mastrinderration	Aufschlußmittel bei der Strohbehandlung, Behandlung von Ganzgetreide (sog. „Sodagrain"), ausreichende Tränkwasserbereitstellung notwendig
$CaCO_3$	20–30 g/100 kg LM und Tag	Gleichzeitig vermischt mit den am besten verzehrten Futtermitteln
MgO	10–15 g/100 kg LM und Tag	Gleichzeitig vermischt mit den am besten verzehrten Futtermitteln
Na-Acetat	200–400 g/Milchkuh und Tag	An Milchkühe bei cellulosearmen Rationen
Na-Bentonit	30–60 g/100 kg LM und Tag	Vermischen mit Konzentrat, vor allem bei Einsatz konzentrat- und NPN-reicher Rationen
Zeolith	30–60 g/100 kg LM und Tag	Vermischen mit Konzentrat, Einsatz bei Futterwechsel und konzentratreichen Rationen

mengen ab. Neben den in Tabelle 12 aufgeführten Puffersubstanzen gelangen zunehmend Multielementpuffer zum Einsatz, die die günstigen Wirkungen der einzelnen Substanzen vereinen sollen. Tabelle 13 enthält Hinweise zum Einsatz ausgewählter Puffersubstanzen in der Wiederkäuerfütterung.

5.4.6 Sonstige nichtessentielle Futterergänzungen

Zu dieser heterogenen Stoffgruppe wurden alle bisher nicht besprochenen Futterergänzungen zusammengefaßt (Tabelle 14). Sie haben vielfältige Aufgaben bei der Stabilisierung der Futtererzeugung (Fließhilfsstoffe, Preßhilfsstoffe), der Futterlagerung, -aufbereitung und -verabreichung (Antioxydantien, Emulgatoren, Aromastoffe), der Qualität verschiedener Tierprodukte (färbende Stoffe, Antioxydantien) und der Erhaltung der Tiergesundheit zu leisten (Kokzidiostatika, Histomonostatika).

Tabelle 14. Wirksubstanzen, Wirkungsorte und Wirkmechanismen von sonstigen nichtessentiellen Futterergänzungsstoffen

Stoffgruppe	Wirksubstanzen	Vorrangiger Wirkungsort	Dominierende Wirkmechanismen
Antioxydantien	Vitamine (E, C) Ethoxyquin (EQ) Butylhydroxytoluol (BHT) Butylhydroxyanisol (BHA)	Futter Tierische Produkte	Verbindungen mit Antioxydantien, Vermeidung der Peroxidbildung, Erhöhung der oxydativen Stabilität
Emulgatoren	Lecithin	Futter	Futterfett in Emulsionen (Milchaustauscher)
Färbende Stoffe	Carotinoide, Xanthophylle	Eidotter	Gewünschte Dotterfarbe (Farbfächer) bei carotinoidarmer Fütterung von Legehennen
Aroma- und geschmacks- anregende Stoffe	Verschiedene natürliche Aromen (Vanillin, Anis, Zimt, Saccharin u. a.)	Futter	Angenehmer Geruch des Futters
Fließhilfsstoffe	Si-Al-Verbindungen (Bentonit, Kaolinit, Silicate), Stearate	Futter	Verhinderung von Verklumpungen, Verbesserung der Einmischbarkeit von Flüssigkeiten
Preßhilfsstoffe	Al-Silicate, Ligninsulfonate, Carboxymethyl- cellulose	Futter	Herstellung von Preßlingen (Pellets), Senkung des Energie- verbrauchs beim Pressen, keine Entmischung der Komponenten, Keimminderung
Kokzidiostatika	Amprolium, Monensin, Halofuginon	Dünndarm	Vermeidung der Kokzidiose beim Geflügel
Histomono- statika	Dimetridazol, Nifursol, Ronidazol	Leber, Blinddarm	Vermeidung der Schwarzkopfkrankheit bei Puten

5.5 Bedeutung der Futterergänzungen

Durch den Zusatz von lebensnotwendigen Bestandteilen zu Futtermitteln oder -mischungen erfolgt eine Optimierung der Futterrationen im Sinne der Bedarfsdeckung der Tiere.
Da die einzelnen Futtermittel lebensnotwendige Mineralstoffe, Vitamine und auch Aminosäuren nicht in ausreichenden Mengen enthalten, können durch die Ergänzungen Krankheiten vermieden und Voraussetzungen für gesunde und leistungsstarke Tierbestände geschaffen werden. Dadurch wird es möglich, die Futtermittel effektiv in nutzbare Tierprodukte zu konvertieren und die Umweltbelastung je Tierprodukt zu senken.
Durch nichtessentielle Futterergänzungen werden vor allem die Verhältnisse im Verdauungstrakt optimiert, z. B. durch Unterstützung des körpereigenen Enzymsystems, Zurückdrängung bestimmter Mikroben oder die Schaffung optimaler pH-Bedingungen. Auch dadurch sind eine effizientere Konvertierung der Futternährstoffe in Tierprodukte und eine geringere Umweltbelastung möglich.
Ökonomische Aspekte und die Chancengleichheit der deutschen Bauern in einem harmonisierten EU-Markt zwingen ebenfalls zu einer effektiven Erzeugung von Lebensmitteln tierischer Herkunft. Mehrjährige Prüfungen (6–10 Jahre) und strenge Zulassungsregelungen garantieren hohe Sicherheiten für die Verbraucher.

Literatur

Anke, M., D. Meißner, H. Bergmann, R. Bitsch, W. Dorn, G. Flachowsky, B. Groppel, H. Gürtler, I. Lombeck, B. Luckas und H.-J. Schneider (1994): Mengen- und Spurenelemente, 14. Arbeitstagung, 25./26. 11. 1994, Jena.
Anke, M., D. Meißner and C. F. Mills (1993): Trace elements in man and animals (TEMA 8), 10.–24. 5. 1993, Dresden. Verlag Media Touristik, Gersdorf.
Ashmead, H. D. and R. B. Jeppsen (1993): Mineral amino acid chelates in nutrition. In: M. Anke, D. Meißner and C. F. Mills: Trace elements in man and animal (TEMA 8), Verlag Media Touristik, Gersdorf, 341–345.
AWT (1993): Geschäftsbericht der Arbeitsgemeinschaft für Wirkstoffe in der Tierernährung e. V. (AWT), Bonn.
Braude, R. (1967): Copper as a growth stimulant in pigs. World Rev. Anim. Prod., Rom **3**, 69–82.
Bugdol, M., D. Wolfram und G. Flachowsky (1987): Einfluß des Bisergoneinsatzes in der Kälberaufzucht auf das Mast- und Schlachtergebnis bei Mastrindern. Symposium „Vitamine und Ergotropika", Reinhardsbrunn, 28.–30. 9. 1987, 350–353.
Chalupa, W. (1974): Rumen bypass and a protection of proteins and amino acids. J. Dairy Sci. **58**, 1198–1205.
Chamberlain, D. G. and P. C. Thomas (1982): Effect of intravenous supplement of L-methionine on milk yield and composition in cows given silage-cereal diets. J. Dairy Res. **49**, 25–28.
Chesson, A. (1993): Feed enzymes. Anim. Feed Sci. Technol. **45**, 65–79.
Combs Jr., G. F. (1992): The vitamins. Fundamental aspects in nutrition and health. Academic Press, Inc.
Dawson, K. A., K. E. Newman and J. A. Boling (1990): Effects of microbial supplements containing yeast and lactobacilli on roughage-fed ruminal microbial activities. J. Anim. Sci. **68**, 3392–3398.
Erickson, P. S., M. R. Murphy and J. H. Clark (1992): Supplementation of dairy cow diets with calcium salts of long-clain fatty acids and nicotinic acid in early lactation. J. Dairy Sci. **75**, 1078.
Fiems, L. O., C. W. Boucque, B. B. Cottyn, R. J. Moermans and D. L. DeBrabander (1992): Effect of virginiamycin supplementation on the performance of young grazing cattle. Grass Forage Sci. **47**, 36–40.

Flachowsky, Elisabeth, M. Matthey, H. Graf, W. I. Ochrimenko, S. Beyersdorfer, W. Dorn und G. Flachowsky (1993): Einfluß von Jahreszeit, Haltungsform und einer Vitamin-D_3-Zulage auf den Vitamin-A-, -D- und -E-Gehalt von Kuhmilch sowie die 25-OH-Vitamin-D_3-Konzentration im Blutplasma von Milchkühen. Mh. Vet.-Med. **48**, 197–202.

Flachowsky, G. (1987): Stroh als Futtermittel. Deutscher Landwirtschaftsverlag, Berlin.

Flachowsky, G. (1993): Niacin in dairy and beef cattle nutrition. Arch. Anim. Nutr. **43**, 195–213.

Flachowsky, G., A. Hennig, H.-J. Löhnert und M. Grün (1976): Überhöhte orale Eisengaben an Schafe. 1. Mitt.: Verdaulichkeit der Ration, Mast- und Ausschlachtungsergebnisse. Arch. Tierernähr. **26**, 765–773.

Flachowsky, G., P. Baldeweg and G. Schein (1992a): A note on the in sacco dry matter degradability of variously processed maize grains and of different maize varieties in sheep. Anim. Feed Sci. Technol. **39**, 173–181.

Flachowsky, G., K. Tiroke und Maria Matthey (1992b): Influence of yeast (Saccharomyces cerevisiae as Yea-sacc or Levaferm) on in sacco dry matter degradability and ruminal parameters of variously fed small ruminants. Arch. Anim. Nutr. **42**, 159–169.

Flachowsky, G. und G. Klappach (1993): In sacco degradability of straw treated with cellulolytic enzymes containing fermented substrates. Arch. Anim. Nutr. **43**, 381–385.

Flachowsky, G., B. Hucke und A. Gössel (1993b): Einfluß zusätzlicher mineralischer und organischer Zinkgaben auf Milchleistung, -inhaltsstoffe und -qualität. Mengen- und Spurenelemente, 13. Arbeitstagung, 9./10. 12. 1993. 175–181.

Flachowsky, G., B. Heidemann, M. Schlenzig, H. Wilk und A. Hennig (1993a): Einflußfaktoren auf die Leber-Vitamin-A-Konzentration bei Rindern. Z. Ernährungswiss. **32**, 21–37.

Flachowsky, G., F. Schöne, Heidemarie Graf, Grit Schaarmann, Carmen Kinast und F. Lübbe (1993c): Einfluß zusätzlicher Vitamin-E-Gaben an unterschiedlich gefütterte Mastschweine auf den Vitamin-E-Status in ausgewählten Körperproben und die oxidative Stabilität des Fettes. 4. Symposium „Vitamine und weitere Zusatzstoffe bei Mensch und Tier", Jena, 30. 9./1. 10. 1993.

Flachowsky, G., H. Wilk, W. I. Ochrimenko, H.-J. Löhnert und M. Schlenzig (1993d): Einfluß der Karotin- bzw. Vitamin-A-Versorgung auf die Vitamin-A-Konzentration in Leber und Plasma bei wachsenden Rindern. Ernährungsforschung **37**, 83–95.

Flachowsky, G. und R. Schubert (1993): Vitamine und weitere Zusatzstoffe bei Mensch und Tier, Proc. 4. Symp., 30. 9./1. 10. 1993, Jena.

Friedrich, W. (1988): Vitamins. W. De Gruyter, Berlin-New York.

Gedek, Brigitte (1993): Probiotika. Grenzwerte für umweltrelevante Spurenstoffe. DLG-Tagung, 7./8. 9. 1993, Suhl, 20–30.

Groppel, B., A. Hennig, M. Anke, E. Scholz und B. Köhler (1988): Jodversorgung und Jodstatus des Wiederkäuers. 11. Mitt. Einfluß der Jodversorgung auf den Jodgehalt der Milch. Mengen- und Spurenelemente, Arbeitstagung 1988, 428–436.

Grün, M. (1980): Mineralstoffe. In: H. Jeroch (Hrsg.): Biostimulatoren und Futterzusätze. Gustav Fischer Verlag, Jena.

Grün, M., M. Anke, A. Hennig, W. Seffner, M. Partschefeld, G. Flachowsky und B. Groppel (1978): Überhöhte orale Fe-Gaben an Schafe. 2. Mitt.: Der Einfluß auf den Eisen-, Kupfer-, Zink- und Manganstatus verschiedener Organe. Arch. Tierern. **28**, 342–347.

Harmeyer, J. (1991): Die Bedeutung der Haut für den Vitamin-D-Status bei Mensch und Tieren. 3. Symp. „Vitamine und weitere Zusatzstoffe bei Mensch und Tier", 26./27. 9. 1991, Stadtroda, 90–96.

Hennig, A. (1982): Ergotropika. Deutscher Landwirtschaftsverlag, Berlin

Herrera-Saldana, R. E., J. T. Huber and M. H. Poore (1990): Dry matter, crude protein and starch degradability of five cereal grains. J. Dairy Sci. **73**, 2386–2393.

Hetzel, B. S. (1990): Iodine in human nutrition. In „Proc. Seventh Int. Symp. on Trace Elements in Man and Animals (TEMA 7)", Dubrovnik, Yugoslavia, 11–18.

Hoppe, P. P., F.-J. Schöner, H. Wiesche, G. Schwarz und S. Safer (1993): Phosphor-Äquivalenz von Aspergillus-niger-Phytase für Ferkel bei Fütterung einer Getreide-Soja-Diät. J. Anim. Phys. Anim. Nutr. **69**, 225–234.

Jeroch, H. (1980): Biostimulatoren und Futterzusätze. Gustav Fischer Verlag, Jena.

Jeroch, H. (1993): Zum Einsatz von Nichtstärke-Polysaccharide spaltenden Enzymen in der Geflügelernährung. Proc. 4. Symposium „Vitamine und weitere Zusatzstoffe bei Mensch und Tier", Jena, 30. 9./1. 10. 1993, 342–353.

Jeroch, H. and S. Dänicke (1993): Mechanisms of action of enzyme preparations in poultry. EG-Workshop, 18./19. 10. 1993, Brüssel.

Jongbloed, A. W., Z. Mroz and P. A. Kemme (1992): The effect of supplementary Aspergillus niger phytase in diets for pigs on concentration and apparent digestibility of dry matter, total phosphorus, and phytic acid in different sections of the alimentary tract. J. Anim. Sci. **70**, 1159–1168.

Kellogg, D. W. (1990): Zinc methionine affects performance of lactating cows. Feedstuffs **62** (35), 15–17.

King, K. J., W. G. Bergen, C. J. Sniffen, A. L. Grant and D. B. Grieve (1991): An assessment of absorbable lysine requirements in lactating cows. J. Dariy Sci. **74**, 2520–2539.

Kirchgeßner, M., F. X. Roth und W. Windisch (1992): Beitrag der Tierernährung zur Entlastung der Umwelt. Vortrag, 4. Forum Tierernährung der BASF AG, 4./5. 11. 1992.

Kirchgeßner, M., W. Windisch and E. Weigand (1993): True bioavailability of zinc and manganese by isotope dilution technique. Bioavailability '93, Ettlingen, 9.–12. Mai 1993, 213–222.

Kornegay, E. ., J. W. G. M. Swinkels, K. E. Webb and M. D. Lindemann (1993): Absorption of zinc amino acid chelate and zinc sulfate during repletion of zinc depleted pigs. In: M. Anke, D. Meissner and L. F. Mills: Trace elements in man and animal (TEMA 8), Verlag Media Touristik, Gersdorf, 398–401.

Kreikemeier, K. K., D. L. Harmon, R. T. Brandt, T. B. Avery and D. E. Johnson (1991): J. Anim. Sci. **69**, 328-338.

Matthey, Maria, Elisabeth Flachowsky, Heidemarie Graf, W. I. Ochrimenko und G. Flachowsky (1991): Einfluß von Jahreszeit und Haltungsform auf den Vitamin-A- und Vitamin-E-Gehalt von Kuhmilch. 3. Symp. „Vitamine und weitere Zusatzstoffe bei Mensch und Tier", Stadtroda, 26./27. 9. 1991, 192–195.

McDowell, L. R. (1989): Vitamins in animal nutrition comparative aspects to human nutrition. Academic Press, London.

McDowell, L. R. (1992): Minerals in animal and human nutrition. Academic Press, London.

Meixner, B. und G. Flachowsky (1990): Ergotropikaeinsatz in der Tierernährung. Fortschrittsberichte für Ernährung und Landwirtschaft **28**, H. 8/9.

Meixner, B., G. Flachowsky und A. Hennig (1989): Zur Wirksamkeit der Probiotika in der Tierproduktion. Tierzucht **43**, 71–72

Newbold, C. J. (1993): Fungi and probiotics in ruminant nutrition. EG-Workshop, 18./19. 10. 1993, Brüssel.

Oldham, J. D. (1993): Recent progress towards matching feed quality to the amino acid needs of ruminants. Anim. Feed Sco. Technol. **45**, 19–34.

Olson, J. A. (1989): Upper limits of vitamin A in infant formulas, with some comments on vitamin K. J. Nutr. **119**, 1820–1824.

Pallauf, J., und G. Rimbach (1993): Enzyme in der Tierernährung am Beispiel der Phytase. Proc. 4. Symp. „Vitamine und weitere Zusatzstoffe bei Mensch und Tier", Jena 30. 9./1. 10. 1993, 354–363.

Pettersson, D. (1993): The nutritional and physiological effects of a dietary fibre degrading feed enzyme studied with broiler chickens as model animals. EG-Workshop, 18./19. 10. 1993, Brüssel.

Polan, C. E., K. A. Cummins, C. J. Sniffen, T. V. Muscato, J. L. Civini, B. A. Crooker, J. H. Clark, D. G. Johnson, D. E. Otterby, B. Guillaume, L. D. Muller, G. A. Wagger, R. A. Murray and S. B. Peirce-Standner (1991): Response of dairy cow to supplemental rumen-protected form of methionine and lysine. J. Dairy Sci. **74**, 2977–3013.

Richter, G. und G. Flachowsky (1989): Einsatz leistungssteigernder Substanzen in der Wiederkäuerernährung – Isosäuren und Pansenfermoregulatoren. Mh. Vet.-Med. **44**, 819–825.

Richter, G. H., G. Flachowsky, Maria Matthey, W. I. Ochrimenko, D. Wolfram und T. Schade (1990): Einfluß der Stall- bzw. Auslaufhaltung auf die 25(OH)-Vitamin-D_3-Blutplasma-Konzentration bei Mastbullen. Mh. Vet.-Med. **45**, 227–230.

Rosa, F. W., A. L. Wilk and F. O. Kelsey (1986): Teratogen update: vitamin A congeners. Teratology **33**, 355–364.

Rotter, B. A., O. D. Friesen, W. Guenter and R. R. Marquardt (1990): Influence of enzyme supplementation on the bioavailable energy of barley. Poultry Sci. **69**, 1174–1181.

Ryan, J. P. (1993): Mechanisms of action of yeast culture in ruminants: Initial and long-term effects on ruminal fermentation. EG-Meeting, 18./19. 10. 1993, Brüssel.

Sasserod, S. (1993): Industrielle Enzyme zum Einsatz im Mischfutter aus der Sicht des Herstellers. Lohmann-Vortragstagung, 20./21. 10. 1993, Cuxhaven, 19–29.

Scotter, M. J., S. A. Thorpe, S. L. Reynolds, L. A. Wilson and D. J. Lewis (1992): Survey of animal livers for vitamin A content. Food Add. Contam. **9**, 237–242

Sharma, B. K. and R. A. Erdman (1988): Effect of high amounts of dietary choline supplementation on duodenal choline flow and production response of dairy cows. J. Dairy Sci. **71**, 2670–2676.

Storm, E. and E. R. Ørskov (1984): The nutritive value of rumen microorganisms in ruminants. 4. The limiting amino acids of microbial protein in growing sheep determined by a new approach. Brit. J. Nutr. **52**, 613–620.

Wedekind, K. J., A. E. Horting and D. H. Baker (1992): Methodology for assessing zinc bioavailability: efficacy estimates for zinc-methionine, zinc sulfate, and zinc oxide. J. Anim. Sci. **70**, 178–187.

Weinreich, O., V. Koch und J. Knippel (1994): Futtermittelrechtliche Vorschriften. Textsammlung mit Erläuterungen. Agri Media, Verlag Alfred Strothe, Frankfurt/M.

Whitehead, C. C. (1993): Vitamin supplementation of cereal diets for poultry. Anim. Feed Sci. Technol. **45**, 81–95.

Wolfram, G. und M. Kirchgeßner (1990): Spurenelemente und Ernährung. Wiss. Symp. der DGE, Hannover, 12./13. 10. 1989, Wiss. Verlagsgesellschaft mbH, Stuttgart.

6. Futterkonservierung
(H. Nonn)

6.1 Zielstellung

Die Notwendigkeit der Futterkonservierung ergibt sich zwangsläufig aus der zeitlichen Diskrepanz zwischen Futteranfall und Futterbedarf. Während der Futterbedarf der Tiere über das ganze Jahr kontinuierlich gedeckt werden muß, fällt das Futter innerhalb von mehr oder weniger begrenzten Zeitspannen an. Ursachen dafür sind klimatisch bedingte Vegetationspausen (Winter, Trockenzeiten), relativ kurze optimale Schnittzeitspannen bei den meisten Futterpflanzen sowie saisonaler Anfall von Futterstoffen, die als Nebenprodukte industrieller Lebensmittelproduktion entstehen. Konservierende Maßnahmen sind auch bei verschiedenen Futterstoffen Voraussetzung für ihre Handelswürdigkeit. Das Ziel der Futterkonservierung besteht darin, die Futtermittel über einen langen Zeitraum vor Verderb zu schützen und ihre Futterwerteigenschaften weitgehend zu erhalten. Das betrifft sowohl den Energie- und Nährstoffgehalt als auch die Verzehreigenschaften der Futterstoffe. Darüber hinaus sind Emissionen von Nährstoffen und Abbauprodukten in die Umwelt sowie die Kontamination der Futtermittel mit toxischen bzw. antinutritiven Stoffen zu verhindern. Prinzipiell können Erkenntnisse der Konservierung von Nahrungsmitteln auch für die Futterkonservierung genutzt werden. Für Futtermittel sind aus ökonomischen Gründen aber nur begrenzte Aufwendungen und damit weniger effektive Verfahren, die meist nur suboptimal praktiziert werden, üblich. Bei der Futterkonservierung bestehen daher zwischen dem Kenntnisstand und dem Grad seiner praktischen Realisierung erhebliche Differenzen.

6.2 Wirkprinzipien bei der Futterkonservierung

Ohne Konservierungsmaßnahmen sind die meisten Futtermittel nur eine begrenzte Zeit haltbar. Solange die Zellen noch intakt sind, führt der Atmungsstoffwechsel zum Verbrauch von Kohlenhydraten. Nach dem Zelltod, der in der Regel durch Sauerstoff- bzw. Wassermangel eintritt, katalysieren futtermitteleigene Enzymsysteme einen weiteren Stoffabbau. Gleichzeitig entwickelt sich eine Vielzahl von Mikroorganismen, vor allem Bakterien und Pilze. Infolge aerober und anaerober mikrobieller Prozesse wird schließlich die gesamte organische Substanz zersetzt. Durch geeignete Konservierungsmaßnahmen sind die verderbbringenden Prozesse rasch und möglichst vollständig zu verhindern. Das erfordert, die futtermitteleigenen Enzymsysteme zu inaktivieren sowie den aeroben Stoffabbau zu unterbinden. Die nach derzeitigen Erkenntnissen bestehenden Konservierungsmaßnahmen werden mit ihrer spezifischen Wirkungsrichtung in Tabelle 1 dargestellt.

Für die Futterkonservierung haben die Herabsetzung der aktuellen Wasseraktivität durch Wasserentzug, auf dem die Heubereitung und technische Trocknung basiert, sowie die Lagerung unter anaeroben Bedingungen in Kombination mit der Erhöhung der aktuellen Azidität, dem Wirkprinzip der Silierung, die größte praktische Bedeutung.

Bei der Trocknung von Futtermitteln werden hauptsächlich das physikalisch-mechanisch gebundene Wasser (an der Oberfläche sowie in Mikro- und Makrokapillaren) und das physikalisch-chemisch gebundene Wasser (strukturell, osmotisch und adsorptiv gebunden) entzogen, während das chemisch gebundene Wasser (Nebenvalenz- und H-Brücken-Bindung) nicht entfernt werden soll. Die Soffwechselaktivität der Pflanzenzellen endet bei einem Wassergehalt von ca. 35%. Für die Verhinderung des mikrobiellen Verderbs sind geringere Wassergehalte erforderlich, die verfahrensabhängig bei <15 bzw. <12% liegen. Die Lebensansprüche mikrobieller Verderberreger an die Verfügbarkeit des Wassers werden durch die Wasseraktivität gekennzeichnet. Sie ist als Quotient aus dem Wasserdampfdruck einer Lösung bzw. eines Lagergutes und dem Dampfdruck des reinen Wassers definiert. In Abb. 1 ist der Zusammenhang zwischen Wasseraktivität und der Wachstumsaktivität von

Tabelle 1. Konservierungsmaßnahmen

	Wirkungsrichtung		
	A	B	C
• Herabsetzung der Wasseraktivität durch Wasserentzug	+	+	+
• Lagerung unter anaeroben Bedingungen		+	
• Erhöhung der aktuellen Azidität	+		+
• Anwendung von Mikroben sowie Stoffen mikrobiellen Ursprungs			+
• Spezifische chemische Zusätze	+	+	+
• Lagerung bei Temperaturen unter dem Gefrierpunkt	+	+	+
• Erhitzung und Lagerung unter sterilen Bedingungen	+	+	+
• Behandlung mit ionisierenden Strahlen und Lagerung unter sterilen Bedingungen	+	+	+

A – Inaktivierung bzw. Hemmung des pflanzeneigenen Enzymsystems,
B – Hemmung des aeroben mikrobiellen Stoffabbaues,
C – Hemmung des anaeroben mikrobiellen Stoffabbaues.

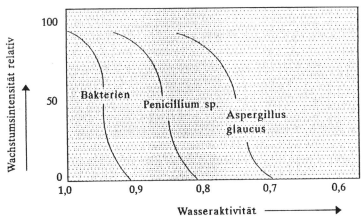

Abb. 1. Abhängigkeit der Wachstumsintensität von der Wasseraktivität (nach Weißbach 1993).

Mikroorganismen an einigen Beispielen dargestellt. Schimmelpilze kommen mit wesentlich weniger verfügbarem Wasser aus als Bakterien.

Bei der Silierung werden im Futter spontan ablaufende natürliche Stoffumsetzungen genutzt. Unter der Voraussetzung eines ausreichenden Luftabschlusses, der durch siliertechnische Maßnahmen herbeizuführen ist, entwickeln sich Milchsäurebakterien, die Lactat produzieren. Das Lactat bewirkt durch pH-Wert-Absenkung die Konservierung.

Weitere Konservierungsmaßnahmen, wie die Anwendung von chemischen Zusätzen und von Mikroben bzw. Stoffen mikrobiellen Ursprungs, stellen vor allem für die Silierung, teilweise auch für die Heubereitung, flankierende Faktoren dar. Die übrigen konservierenden Maßnahmen, wie Gefrierlagerung, Bestrahlung, thermische Sterilisierung und Vakuumverpackung sind zwar für die Futterkonservierung prinzipiell nutzbar, haben aber wegen hoher technischer und energetischer Aufwendungen und teilweise aus ökologischen Bedenken bisher keine praktische Relevanz. Auf diese Maßnahmen und die konservierende Lagerung von Hackfrüchten und Getreide kann hier nicht näher eingegangen werden.

Bei der Konservierung und während der Lagerungsphase der Konservate sind Erwärmungen bzw. Erhitzungen, wie sie durch exotherme Reaktionen (Atmung, Fermentation) oder Überhitzung bei der Heißlufttrocknung auftreten können, zu verhindern. Erwärmungen der Futterstoffe über 40 °C während der Lagerphase und auch kurzfristige Erhitzungen in Abhängigkeit der Futtermittelart von >80–>100 °C bewirken Kondensationsreaktionen zwischen Kohlenhydraten und Substanzen mit freien Aminogruppen (Aminosäuren, Aminen, Peptiden, Proteinen). Sie werden als Maillard-Reaktion bezeichnet und führen über mehrere Reaktionsschritte zu enzymatisch nicht spaltbaren Melanoidinen und damit zur Verringerung der Verdaulichkeit und des Futterwertes der Konservate.

6.3 Entwicklung der Futterkonservierung

Futterkonservierung wird seit Menschengedenken, zumindest in gemäßigten und kälteren Regionen, betrieben. Umfang und notwendige Qualität der Futterkonservierung stehen in unmittelbarem Zusammenhang mit dem erreichten Produktionsniveau in der tierischen Erzeugung.

Steigende Ansprüche an die Qualität der Tierprodukte und an eine ökologiegerechte Produktion erhöhen die Anforderungen an die Futterkonservierung. In früheren Jahrhunderten waren kaum nennenswerte verfahrenstechnische Verbesserungen zu verzeichnen. Diese setzten erst Anfang des 19. Jahrhunderts im Zuge der technischen Entwicklung und der damit im Zusammenhang stehenden Intensivierung der landwirtschaftlichen Produktion infolge der größeren Nachfrage an tierischen Erzeugnissen in bemerkenswertem Umfang ein. Die Entwicklung der Futterkonservierung wurde maßgebend durch Erkenntnisse über die Nahrungsgüterkonservierung und -verarbeitung sowie verfahrenstechnische Voraussetzungen im Hinblick auf Maschinen, Geräte, bauliche Anlagen, Isoliermaterialien und besonders die Energieverfügbarkeit bestimmt. Anfang der 30er Jahre dieses Jahrhunderts erhielt die Futterkonservierung in Deutschland verstärkte Impulse, trotzdem sind nachhaltige Verfahrensverbesserungen erst nach dem 2. Weltkrieg zu verzeichnen.

Für die wesentlichen Konservierungsverfahren wird die Entwicklung nachfolgend anhand markanter Etappen verdeutlicht.

- **Heubereitung**

Die Heubereitung ist das älteste und über Jahrhunderte einzig bedeutsame Konservierungsverfahren für Grünfutter. Heu ist eine altgermanische Bezeichnung. Die Heubereitung erfolgte zunächst nur als Bodentrocknung.

Ende des 18. Jh. wurde die Reutertrocknung in Mitteldeutschland eingeführt.

Anfang des 20. Jh. erhielt das Braun- oder Brennheuverfahren in Nord- und Süddeutschland sowie den Niederlanden und Österreich eine gewisse Verbreitung. Da es durch hohe Verluste gekennzeichnet war, verlor es bald wieder an Bedeutung.

Ende des 20. Jh. erfuhr die Heubereitung durch die Entwicklung von Mechanisierungsmitteln für das Mähen und die Schadbearbeitung einen wesentlichen Fortschritt.

Anfang der 50er Jahre dieses Jahrhunderts wurde die Unterdachtrocknung von Halbheu durch Kaltbelüftung und Ende der 60er Jahre durch Warmbelüftung eingeführt.

- **Silierung**

Vor ca. 4000 Jahren war die Silierung von Futtermitteln bereits bekannt. Die alten Griechen haben in der Königsburg von Tiryns in riesigen Vorratsbehältern grüne Pflanzen zu Futterzwecken haltbar gemacht. Auch in der Bibel (Jesaias 30/24.) wird über siliertes Futter berichtet. Die Silierung wurde etwa 3000 Jahre betrieben, ohne ihr Wirkungsprinzip zu kennen, woraus ihr wechselnder Erfolg und ihre zunächst sehr zögernde Verbreitung resultierten.

Im klassischen Altertum soll die Silierung von grünen Pflanzen bereits über den ganzen Mittelmeerraum verbreitet gewesen sein. Der Begriff „Silo" könnte griechischen oder römischen Ursprungs sein.

Im Mittelalter ist die Gärfutterbereitung wieder weitgehend vergessen worden. Aus dem germanischen Lebensraum sind in diesem Zeitabschnitt nur Belege über gelegentliche Gärfutterbereitung aus Ampfer, Huflattich, Brennessel und Pestwurz bekannt.

Ende des 17. Jh. kam es zur allmählichen Verbreitung der Grünfuttersilierung im Raum nördlich der Alpen.

Im 18. Jh. wurde die Grünfuttersilierung in Schweden und im Baltikum in Erdgruben betrieben.

Ende des 18. Jh. fand infolge des Zuckerrübenanbaus, beginnend in Holstein, Sachsen und Schlesien, die Zuckerrübenblattsilierung in Deutschland zunehmend Verbreitung.

Mitte des 19. Jh. konnte erst im Zusammenhang mit grundlegenden Arbeiten zur Mikrobiologie das Konservierungsprinzip der Silierung aufgeklärt werden; damit begann ihre bewußte Anwendung mit gemindertem Verderbrisiko. Die Einführung und rapide Verbreitung der Maissilierung in Europa (Ungarn, Frankreich, Belgien) und in Amerika erhöhte die praktische Bedeutung des Silierverfahrens maßgebend.

Am Ende des 19. Jh. existierten in den USA bereits mehr als 100 000 Gärfutterbehälter. Bereits damals finden sich Hinweise auf die Vorteile des Welkens von Grünfutter.

Anfang des 20. Jh. wird die Silierung auch in Deutschland vor allem bei Rübenblatt und gedämpften Kartoffeln in größerem Umfang angewendet. Durch die Befürwortung des Warmgärverfahrens kam es zur Fehlorientierung und zur Stagnation bei der weiteren Einführung des Silierverfahrens in die Praxis, die erst mit Arbeiten über die Vorzüge des Kaltgärverfahrens überwunden werden konnte (Kirsch 1936). Nach dem 2. Weltkrieg fand in Deutschland und im übrigen Europa die Grünfuttersilierung eine rasche Verbreitung. Sie erfuhr in den letzten 30 Jahren durch die fortschreitende Entwicklung auf agrotechnischem, chemischem und biotechnologischem Gebiet eine entscheidende Entwicklung und wurde zum wichtigsten Konservierungsverfahren für Grünfutter.

- **Heißlufttrocknung**

Sie ist das jüngste der drei wichtigsten Futterkonservierungsverfahren, da sie erhebliche verfahrenstechnische und energetische Voraussetzungen erfordert.

Ende des 19. Jh. wird über künstliche Trocknung auf Darren aus dem Baltikum und aus Schlesien berichtet.

Anfang des 20. Jh. beginnt in Deutschland die Einführung der Trommeltrockner für die Trocknung von Rübenblättern, Leguminosen, Leguminosengemischen und Kartoffeln. Der erste Trockungsbetrieb in Deutschland war das Gut Hubertushof in Schlesien.

Anfang der 30er Jahre dieses Jh. wurde die Futtermitteltrocknung in Zuckerfabriken, zunächst von Zuckerrübenprodukten wie Zuckerrübenblatt (Troblako), Zuckerrübenschnitzeln (Zuckerschnitzel) und Diffusionsschnitzeln (Trockenschnitzel) forciert und sukzessive auch auf Grünfutter ausgedehnt.

Ende der 50er Jahre dieses Jh. entstanden vermehrt Trocknungsanlagen in landwirtschaftlichem Besitz. Besonders in Ostdeutschland (ehemalige DDR) wurden in den 60er Jahren eine Vielzahl von Trocknungsbetrieben gegründet. Die anfänglich wegen der Vorzüge der Heißlufttrocknung (geringes Witterungsrisiko, niedrige Verluste) prognostizierten Erwartungen im Hinblick auf ihre Verbreitung haben sich wegen der hohen Aufwendungen, insbesondere des hohen Energiebedarfs, nicht erfüllt.

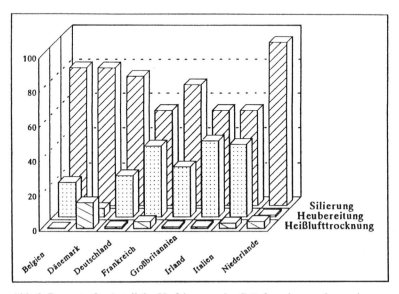

Abb. 2. Prozentualer Anteil der Verfahren an der Grünfutterkonservierung in ausgewählten europäischen Ländern.

Gegenwärtig ist die Silierung wegen ihrer verfahrenstechnischen Vorzüge und eines geringeren Witterungsrisikos als die Heubereitung das wichtigste Konservierungsverfahren für Grünfutter. Zur Zeit werden in Deutschland ca. 70–80% des zu konservierenden Grünfutters siliert. Es bestehen jedoch erhebliche regionale Unterschiede. Ein besonders hoher Silageanteil an der Grünfutterkonservierung liegt in Nord- und Ostdeutschland. Auch im übrigen Europa stellt die Silagebereitung bei größeren Variationen zwischen den Ländern (Abb. 2) und Regionen das am meisten praktizierte Konservierungsverfahren dar. Die Heubereitung nimmt bezüglich des Anwendungsumfangs Platz zwei in Europa ein, während der Anteil der Heißlufttrocknung an der Grünfutterkonservierung in fast allen Ländern der EG unter 5% liegt.

6.4 Kenntnis- und Leistungsstand

6.4.1 Verfahrenscharakteristik

6.4.1.1 Ernte und Aufbereitung der Futtermittel

Voraussetzung für die Produktion hochwertiger Konservate ist eine hohe Qualität des Ausgangsmaterials, die bereits die erreichbare Konservatqualität bestimmt. Bei Grünfutter sind vor allem die optimalen Schnittzeitspannen einzuhalten. Die Kontaminationen mit Erde bzw. unerwünschten Mikroben sowie mikrobielle Verderbprozesse zwischen der Ernte bzw. der Aufbereitung der Futtermittel und ihrer Konservierung sind zu verhindern. Durch eine Trockensubstanzerhöhung des Ausgangsmaterials, die durch Anwelken oder Abpressen zu erreichen ist, werden die Konservierungseigenschaften verbessert und bei sachgerechter Anwendung positive Wirkungen auf die Konservatqualität erreicht. Auch eine in Abhängigkeit von der Futtermittelart, dem Konservierungsverfahren und dem späteren Futtereinsatz vorgenommene Zerkleinerung ist eine wichtige Vorleistung für den optimalen Verlauf bestimmter Konservierungsprozesse.

6.4.1.2 Silierung

Für eine verlustarme und qualitätserhaltende Silageproduktion sind die Siliereignung der Futterpflanzen, anaerobe Silierbedingungen sowie die Minimierung des Luftkontaktes der Silagen nach der Entnahme aus dem Silo von entscheidender Bedeutung. In den Tabellen 2 und 3 werden die nach derzeitigem Kenntnisstand wichtigsten Fermentationsprozesse bei der Silierung und die sie beeinflussenden Faktoren zusammenfassend und stark vereinfacht dargestellt.
Die Fermentation verläuft in vier bis fünf Phasen, die in Tabelle 4 kurz charakterisiert werden. Außerdem können bei der Silageentnahme infolge Sauerstoffkontaktes erneut Fermentationsprozesse, insbesondere durch Hefen (Kahmhefen), aber auch durch aerobe Bakterien und Schimmelpilze, auftreten. Die Silagen widerstehen dem aeroben Stoffabbau in unterschiedlichem Maße. Diese Eigenschaft wird als Haltbarkeit bezeichnet und ist vom Siliergut und den Silierbedingungen abhängig. Der gegenwärtige Stand der Silageproduktion wird maßgeblich durch die gezielte Anwendung des Anwelkverfahrens und der Silier-

Tabelle 2. Fermentationsprozesse bei der Silierung

	untere pH-Grenze	Wesentliche Stoffwechselprodukte aus		Folgen			
		Kohlenhydraten	Proteinen	Stoff-verluste	Freiset-zung thermische Energie	pH-Wert-Absen-kung	Toxin-bildung
Aerober Stoffabbau durch							
• Atmung	2,5–3,0	CO_2; H_2O		× × ×	× × ×	–	–
• Aerobe Bakterien	4,3–4,5	CH_3–COOH; CO_2; H_2O	NH_3; Amine; CO_2	× ×	× ×	×	×
• Schimmelpilze	2,5–3,0	CO_2; H_2O	NH_3; Amine; CO_2; Pilzprotein	× ×	× ×	–	× ×
• Hefen	1,3–2,2	CH_3COH; H_2O	NH_3; Amine; CO_2; Hefeprotein	× × ×	× × ×	–	–
Anaerober Stoffabbau durch							
• Milchsäurebakterien	3,0–3,6						
homofermentativ		CH_3–CHOH–COOH		–	×	× × ×	–
heterofermentativ		CH_3–CHOH–COOH; CH_3–COOH; CH_3–CH_2OH; CO_2; H_2O		×	×	× ×	–
• Enterobacter aerogenes	4,3–4,5	CH_3–COOH; H–COOH; CO_2; H_2O		× ×	×	×	–
• Clostridien Saccharolyten	4,2–4,4	CH_3–CH_2–CH_2–COOH; CO_2; H_2; CH_3–COOH		× × ×	× ×	×	–
Proteolyten			NH_3; Amine; CO_2	× ×	× ×	–	–
• Fäulnisbakterien (*Pseudomonas*, *Alkaligenes*-Arten)	4,2–4,8	CH_3–CO–COOH; CHO–CHOH–CH_2O–P	NH_3; Amine; CO_2	× × ×	× × ×	–	×
• Hefen	1,3–2,2	CH_3–CH_2OH; CH_2–COH; CO_2; H_2O	NH_3; Amine; CO_2	× × ×	×	–	–

Tabelle 3. Einflüsse auf den Silierprozeß

Ziel	Voraussetzungen	Maßnahmen
• Anaerobe Lagerungsbedingungen im Futterstock • Verhinderung einer Erwärmung von >35–40 °C	• geringes Porenvolumen • sehr kurzzeitiger Sauerstoffkontakt des aufbereiteten bzw. eingelagerten Siliergutes • weitgehende Verhinderung des Gasaustausches zwischen Futterstock und Atmosphäre Forderung: Gasdurchlässigkeit des Zudeckmaterials $<1\ l/m^1 \times h$	• Zerkleinerung des Siliergutes • Verdichtung des Siliergutes • rasche Silobefüllung • weitgehend gasdichte Silobehälter bzw. Zudeckung • Silierzusätze gegen Mikroben

• Rasche pH-Wert-Absenkung unter die Wachstumsgrenze der Clostridien	• Vergärbares Siliergut ausreichender Vorrat an vergärbaren Kohlenhydraten in Abhängigkeit vom T-Gehalt und von der Pufferkapazität
	Forderung: $T \geq T_M + 20$
	$T_M = 450 - 2/PK \times 80$
		• Vorwelken
		• Silierzusätze
		  – zur Senkung des pH-Wertes
		  – zur Unterdrückung der Gärfutterschädlinge
		• Siliertechnische Maßnahmen zur raschen Zuckerfreisetzung und Verhinderung des aeroben Zuckerverbrauchs

zusätze sowie durch den Grad der Beherrschung der Siliertechnik charakterisiert. Welch eminente Bedeutung ein hoher Trockensubstanzgehalt des Siliergutes besitzt, wird aus nachfolgend aufgeführten Vorteilen erkennbar:
- Verbesserung der Vergärbarkeit,
- Verringerung der zu transportierenden Masse,
- Einsparung von Siloraum,
- Einschränkung bzw. Verhinderung der Gärsaftbildung,
- Abnahme der Silierverluste (Gär- und Gärsaftverluste),
- Erhöhung der Futterwerteigenschaften
  - T-Verzehr,
  - physiologische Verträglichkeit.

Trockensubstanzgehalte von >28–30% sind bei den meisten Siliergütern für die Verhinderung des Gärsaftaustrittes und in Abhängigkeit von der Siliergutart solche von 28–40% zur Sicherung der Vergärbarkeit erforderlich. Das bei Grünfutter zur Trockensubstanzerhöhung praktizierte Welken ist mit Verlusten behaftet und witterungsabhängig (s. Bodentrocknung). Bei der Maisproduktion kann der für die Vermeidung von Gärsaft erforderliche Trockensubstanzgehalt bereits durch agrotechnische Maßnahmen erreicht werden. Eine Trockenmasseerhöhung wird bei einigen Futterstoffen, z. B. Zuckerrübenextraktionsschnitzeln oder Trebern, durch Abpressen herbeigeführt.

Die Anwendung von Silierzusätzen dient der Sicherung und Stabilisierung des Konservierungserfolges sowie der Einschränkung von Verlusten.

Tabelle 4. Konservierungswirksame Substanzen

Chemikalien	Biologische Präparate
Organische Säuren: • Ameisensäure • Essigsäure • Propionsäure • Acrylsäure • Benzoesäure • Sorbinsäure	**Bakterienimpfkulturen (Inokulantien):** *Lactobacillus* • *platarum* • *casei* *Streptococcus* • *faecalis* • *faecium* • *lactis* *Pediococcus* • *pentosaccus* • *cerevisiae*
Salze organischer Säuren: • Calciumformiat • Natriumformiat • Calciumpropinat • Natriumacrylat • Natriumbenzoat	
Anorganische Säuren: • Schweflige Säure • Schwefelsäure • Salzsäure • Salpetrige Säure • Salpetersäure • Phosphorsäure	**Enzyme:** Cellulasen Hemicellulasen Pectinasen Xylasen Amylasen **Substanzen mit vergärbaren Kohlenhydraten:** Melasse Zuckersaft (Ablauf B) Zuckerschnitzel Getreideschrot Glucose Dextrose Sucrose
Salze anorganischer Säuren: • Natriumchlorid • Natriumnitrit • Natriumnitrat • Natriumpyrosulfit	
Sonstige Stoffe: • Hexamethylentetramin • Ammoniak • Harnstoff • Kohlendioxid	

In Tabelle 5 werden die wichtigsten für die Silierung relevanten konservierungswirksamen Substanzen aufgeführt. Diese können allein oder in Kombination zweier oder mehrerer Substanzen in Handelspräparaten enthalten sein. Derzeit sind in Europa mehr als 200 solcher Präparate im Angebot. Viele der chemischen Zusätze, deren Wirkung auf einer selektiven Unterdrückung unerwünschter Mikroorganismen und/oder einer direkten Absenkung des pH-Wertes beruht, sind recht wirksam. Zu diesen gehören für die Unterdrückung der Clostridien Ameisensäure, einschließlich ihrer Derivate, Hexamethylentetramin und Na-Nitrit, während der aerobe Stoffabbau, insbesondere durch Hefen, mittels Propion-, Benzoe- und Sorbinsäure sowie Harnstoff, eingeschränkt werden kann. Die Anwendung von chemischen Zusätzen wird aus Gründen des Arbeitsschutzes und möglicher Umweltgefährdung mit zunehmender Skepsis betrachtet. Zucker oder zuckerliefernde Zusätze wie

Tabelle 5. Gärphasen bei der Silierung (in Anlehnung an Weißbach 1968)

1. Aerober Stoffwechsel der Pflanzenzellen und von Epiphyten (besonders aerobe Sporenbildner) bis zum Sauerstoffverbrauch
   Zeitdauer – bei ausreichender Hermetisierung wenige Stunden
   – bei unzureichender Hermetisierung Fortsetzung über gesamte Lagerungsperiode
2. Rasche Vermehrung fakultativ anaerober Keime (z. B. *Enterobacter aerogenes*) und zunehmend Milchsäurebakterien
   Zeitdauer ein bis zwei Tage
3. Milchsäurebakterien erreichen Höhepunkt ihrer Entwicklung bei Umschichtung der Milchsäurebakterienpopulation zu säuretoleranten Typen
   Zeitdauer ein bis zwei Wochen (Hauptgärphase)
4. Milchsäurebildung erlischt wegen Mangel an vergärbaren Kohlenhydraten oder Minderung des pH-Wertes (kritischer pH-Wert)
   - wird kritischer pH-Wert erreicht (keine Lebensmöglichkeit für Clostridien), sind die Silagen stabil
   - wird kritischer pH-Wert nicht erreicht (labile Lagerungsphase), kann eine 5. Silierphase folgen (Umkippen der Silage)
5. Entwicklung von Clostridien
   - Abbau von Lactat und Protein
   - Anstieg des pH-Wertes
   - Fäulnisprozesse
   - völliger Verderb der Silagen

Melasse, Futterzucker und Getreideschrot in Kombination mit Amylasepräparaten vergrößern die Substratmenge für die Mikroorganismen und verbessern den Fermentationsprozeß. Der gewünschte Effekt einer ausreichenden Milchsäurebildung ist nur mit hohen Aufwandmengen erreichbar. Er wird jedoch oft von verstärkter Essigsäure- und Alkoholbildung begleitet.

Die auf biotechnologischem Wege hergestellten Milchsäurebakterienimpfkulturen, auch als Inokulantien (MBI) bezeichnet, und Enzyme stellen eine neue Generation von Siliermitteln dar. Die MBI bestehen aus vermehrungsfähigen Laktobakterien, die überwiegend in getrockneter, hochkonzentrierter Form in Präparaten angeboten und in flüssigen Suspensionen oder in Granulatform dem Siliergut zugegeben werden. Die zur Zeit im Handel befindlichen über 100 MBI-Präparate beinhalten ähnliche Stämme (vor allem *Lactobacillus plantaruum* sowie *Pediococcus*- und *Streptococcus*-Arten), weisen aber in Abhängigkeit von ihrer Herkunft und dem Herstellungsverfahren gewisse Wirkungsunterschiede auf. Ihr erfolgreicher Einsatz erfordert:
– leistungsstarke Milchsäurebakterienstämme in den Präparaten,
– ausreichend hohe und gleichmäßige Verteilung im Siliergut,
– Vergärbarkeit des Siliergutes,
– sachgerechte Siliertechnik.

Außerdem hängt der mit MBI erzielbare Effekt vom epiphytischen Ausgangskeimgehalt des Siliergutes ab. Durch ihren Einsatz erfährt die Milchsäuregärung eine Intensivierung und homofermentative Ausrichtung, wodurch die vergärbaren Kohlenhydrate effektiver für die Milchsäurebildung genutzt und weitere positive Effekte erzielt werden können. Diese sind:

- Beschleunigung der Milchsäurebildung und pH-Wert-Absenkung,
- Verringerung der Essigsäurebildung und stärkere Unterdrückung einer möglichen Buttersäuregärung,
- Verringerung des Proteinabbaues,
- Reduzierung der Gärverluste,
- Erhöhung der aeroben Stabilität und Haltbarkeit der Silagen,
- Verbesserung der Verzehrs- und Futterwerteigenschaften der Silage.

Leistungsstarke Milchsäurebakterien sollen folgende Anforderungen erfüllen (Pahlow und Honig 1986):

- hohe Wachstumsrate,
- weitgehend homofermentative Vergärung,
- Fermentation von Glucose, Fructose und Saccharose, möglichst auch von Fructosanen und Pentosanen,
- keine Dextrin- und Mannitolbildung aus Saccharose und Fructose,
- Lebensfähigkeit bis 50 °C
- Osmotoleranz (Welkgut),
- keine Wirkung auf organische Säuren (z. B. Äpfelsäure, Bernsteinsäure, Citronensäure).

Die mit MBI-Einsatz bewirkten Effekte sind in unterschiedlichem Maße ausgeprägt und derzeit nicht in jedem Fall reproduzierbar. Bei nicht ausreichend vergärbaren Futterstoffen sind die MBI nur in Verbindung mit Vorwelken, dem Zusatz zuckerhaltiger Stoffe (z. B. Melasse) und in Kombination mit Enzymen wirksam. Die Enzyme, die als Silierzusätze dienen, sollen vergärbare Monomere aus Zellgerüstsubstanzen freisetzen. Sie werden biotechnologisch mittels Pilzen gewonnen und sind in der Regel Gemische aus Cellulasen, Hemicellulasen, Pectinasen und Amylasen. Die Wirksamkeit wird durch ihre spezifischen Enzymaktivitäten z. B. der β-Glucosidase, Endoglucanase, Exoglucanase und Xylanase, bestimmt. Die Kombination von MBI und Enzymen stellt wegen ihrer synergistischen Wirkung die modernste Form des Einsatzes biologischer Siliermittel dar. Obwohl im Zusammenhang mit dem Enzymeinsatz bei der Silierung noch verschiedene Probleme zu klären sind, werden bereits solche Präparate im Handel angeboten.

Der verfahrenstechnische Stand bei der Silierung wird gegenwärtig durch den Einsatz leistungsstarker Mechanisierungsmittel für alle erforderlichen Arbeitsgänge, eine Vielzahl von Silotypen und die Verwendung von Folien zur Futterstockhermetisierung gekennzeichnet. Die verfahrenstechnische Entwicklung hat zwar erhebliche Fortschritte im Hinblick auf Siliergutaufbereitung, Silierguttransport, Umschlag und Verdichtung sowie Silageentnahme gebracht und neben einer Leistungssteigerung auch bessere Voraussetzungen für optimale Silierbedingungen geschaffen, aber das Problem einer durchgängigen anaeroben Lagerung des Siliergutes nicht grundlegend gelöst. Bei der praktischen Silierung werden trotz erheblicher Fortschritte in den letzten 20 Jahren die vorhandenen und von einem biologischen Konservierungsverfahren zu erwartenden Vorzüge noch nicht voll ausgeschöpft.

6.4.1.3 Trocknung

Bei der Futterkonservierung wird die Trocknung durch Verdunstung (Wasserabgabe zwischen Siedepunkt und Gefrierpunkt) sowie Verdampfung (Wasserabgabe am Siedepunkt) herbeigeführt, wofür beträchtliche Energiemengen erforderlich sind. Allein der physikalische Wärmebedarf zur Überführung von 1 kg Wasser in die Wasserdampfphase beträgt 2,3 MJ. Als Energiequellen werden Sonnenenergie (Strahlungswärme, Wärmeenergie der Luft), technische Energie (fossile und organische Brennstoffe; Elektroenergie) und Atmungsenergie (aus biologischem Stoffabbau) genutzt. Für die Futterkonservierung gebräuchliche Verfahren sind Bodentrocknung, Belüftungstrocknung und Heißlufttrocknung. Die **Bodentrocknung** ist eine Verdunstungstrocknung und wird zur Bereitung von Dürrheu, Anwelkgut für die Silierung sowie als Vorstufe für die Belüftungs- und Heißlufttrocknung angewandt.

Die für eine problemlose Lagerung oder Weiterverarbeitung notwendigen bzw. angestrebten T-Gehalte betragen bei:
– Dürrheu >80%,
– Halbheu für Belüftungstrocknung >55%–65%,
– Welkgut für die Silierung >30%,
– Welkgut für die Heißlufttrocknung >25%.

Diese T-Gehalte sind möglichst innerhalb kurzer Zeit zu erreichen, um die verlust- und verderbbringenden Prozesse wie Atmung, Auswaschung und mikrobielle Fermentation einzuschränken oder zu verhindern. Das für die Wasserverdunstung notwendige Sättigungsdefizit bzw. das theoretische Wasseraufnahmevermögen der Luft ist von der Temperatur und der relativen Luftfeuchtigkeit abhängig. Die Welkgeschwindigkeit wird neben dem Sättigungsdefizit der Luft von der Luftbewegung, der Globalstrahlung, dem Niederschlag, dem T-Gehalt und der Beschaffenheit (Lignifizierungsgrad, Blätter: Stengel-Verhältnis) sowie von der Belagstärke des zu trocknenden Gutes bestimmt. Der Trocknungsverlauf kann durch folgende drei Phasen charakterisiert werden (Tuncer et al. 1970):

1. Wasserverdunstung an der Oberfläche des Pflanzenmaterials
   - Stomata der Blätter geöffnet
     – Verdunstungsgeschwindigkeit hoch
2. Trocknungspegel wandert ins Gutinnere
   - Stomata der Blätter geschlossen
     – Verdunstungsgeschwindigkeit nimmt sukzessive ab
3. Wasserverdunstung aus kleinen Kapillaren und Zellen
   - Erhöhter Diffusionswiderstand am Pflanzenmaterial durch:
     - starke Schrumpfung
     - Verringerung der Oberfläche
     - Erhöhung der Zellsaftkonzentration
       – Verdunstungsgeschwindigkeit sehr gering

Die Wasserabgabe ist bei Gras unter guten Welkbedingungen (Sättigungsdefizitsumme der Luft von 8–18 Uhr >120 mbar) in der Anfangsphase der Trocknung mit 0,4–0,5 kg/kg T und am Ende der dritten Welkphase mit 0,1 kg/kg T je h zu veranschlagen. Durch mechanische Aufbereitung des Pflanzenmaterials und der damit verbundenen Reduzierung des Wasserhaltevermögens ist eine erhebliche Steigerung der Wasserabgabe erreichbar. Dafür stehen unterschiedliche Aggregate mit quetschender und reibender Wirkung zur Verfügung. Die Bodentrocknung ist besonders für die Dürrheubereitung sehr witterungsabhängig und mit Risiken behaftet. Hier ist es kaum möglich, Endfeuchten von <20% zu erreichen, wodurch nachfolgende Fermentationsprozesse (Schwitzen) unvermeidlich und Gefahren einer Selbsterhitzung und Entzündung gegeben sind.

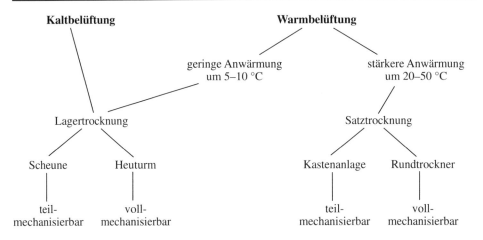

Abb. 3. Belüftungstrocknung von Heu (nach Schöllhorn 1977).

Die **Belüftungstrockung** wird als Zwangsbelüftung mit kalter oder erwärmter Luft betrieben. Bei diesem Verfahren kann bereits stark angewelktes Erntegut (Halbheu mit 50–60% T) eingelagert und auf die langsam verlaufende Endphase der Bodentrocknung verzichtet werden. Durch die Belüftung wird der Trocknungsprozeß beschleunigt und gleichzeitig Atmungswärme abgeführt. Maßgebend für die Trockungsgeschwindigkeit sind die Belüftungsintensität, der Feuchtegehalt und die Temperatur der Trocknungsluft sowie der T-Gehalt und die Temperatur des zu trocknenden Gutes. Für die Belüftungstrockung existieren verschiedene Verfahrensvarianten (Abb. 3), die mit Kaltluft und mit mehr oder weniger stark erwärmter Luft betrieben werden. Durch die Lufterwärmung werden das Wasseraufnahmevermögen der Luft erhöht und der Trocknungsprozeß wesentlich beschleunigt. Mit Zwangsbelüftung ist es möglich, Endfeuchten von <14% zu erzielen und damit die Fermentationsprozesse in der nachfolgenden Lagerungsphase zu verhindern. Durch die Nutzung alternativer Energiequellen (Solarenergie) zur Lufterwärmung und durch automatisierte Steuerung des Belüftungsregimes konnte das Verfahren erheblich verbesssert werden. Es bleibt aber mit gewissen Risiken im Hinblick auf Erhitzung und Selbstentzündung des Heues behaftet. Zur Verhinderung des mikrobiellen Verderbs und der Erhitzung von lagerndem Heu werden auch Chemikalien vor allem mit fungizider Wirkung (NH_4, Propionsäure, NH_4-Propionat, Harnstoff u. a.) eingesetzt.

Die **Heißlufttrocknung** erfordert für Wasserverdampfung einen hohen Energieaufwand. Energie wird außerdem noch für die Überwindung der Bindungskräfte des Wassers im Trocknungsgut benötigt. Die als Nutzwärmebedarf bezeichnete Energiemenge liegt in Abhängigkeit von verschiedenen Faktoren bei ca. 2,7 MJ/kg Wasserverdampfung. Bei den derzeit üblichen Trocknungsanlagen beträgt der Nutzwärmeanteil ca. 60–70% des Gesamtenergiebedarfs. Je kg Wasserverdampfung sind demnach 3,6–4,5 MJ erforderlich. Ungünstige Energiequellen (z. B. Braunkohle mit hohem Rohaschegehalt) und technische Mängel an den Anlagen bedingen oft einen noch höheren Energieaufwand. Die Mehrzahl der Trocknungsanlagen für Futtermittel sind Trommeltrockner. Das Futter wird dabei im Strom der heißen Verbrennungsgase getrocknet. Die Trocknung verläuft in drei typischen Phasen (Maltry 1975):

1. Verdampfung von Oberflächen- und leicht durch Kapillaren nachlieferbarem Wasser
   - H_2O verdampft ohne stärkere Erwärmung des Gutes
   - hohe Trocknungsgeschwindigkeit
2. Verdampfung des kapillaren Wassers im Gutinneren
   - Gut wird stärker erwärmt
   - H_2O muß durch Gut diffundieren
   - geringe Trocknungsgeschwindigkeit
3. Gleichgewichtsfeuchte bis Trommelausgang
   - keine H_2O-Verdampfung
   - Trocknungsgeschwindigkeit 0

Die Anlagen sind so zu steuern, daß die Endtemperaturen des Trocknungsprozesses (3. Phase) gutabhängig 70–100 °C nicht überschreiten und Trockensubstanzgehalte von 88–92% erreicht werden. Bei Übertrocknung erfahren Verdaulichkeit und Futterwert (Maillard-Reaktion) eine Schmälerung, und bei Untertrocknung wird die Lagerfähigkeit des Trockengutes nicht gewährleistet. Letzteres führt zu mikrobiellen Umsetzungen und zur Gefahr der Selbstentzündung des Trockengutes. Bei der Heißlufttrocknung kann technische Energie in erheblichem Umfang durch Vorwelken (Grünfutter) oder Abpressen (z. B. Diffusionsschnitzel) eingespart werden. Das Anwelken des Grünfutters sollte jedoch wegen der Feldverluste und aus Gründen der Prozeßsteuerung bei der Trocknung 36 Stunden nicht überschreiten. Die Heißlufttrocknung ist das verlustärmste und am wenigsten witterungsabhängige Verfahren der Futterkonservierung. Sie verursacht aber wegen des großen Investitions- und Energiebedarfs sehr hohe Kosten. Gegenwärtig ist sie nur bei niedrigen Energiepreisen (z. B. Frankreich) und für bestimmte Futterstoffe bzw. Verwendungszwecke (z. B. Trockengrün als Mischfutterkomponente) rentabel und konkurrenzfähig. Die technischen Möglichkeiten im Hinblick auf Energieeinsparung werden gegenwärtig in der Praxis bei weitem noch nicht ausgeschöpft.

6.4.2 Nährstoffverluste und Konservatqualität

Bei der Konservierung gehen durch verfahrensbedingte unvermeidbare Stoffwandlungen Energie und Nährstoffe verloren. In Abhängigkeit vom jeweiligen Verfahren und Grad seiner Beherrschung treten außerdem vermeidbare Verluste auf. Dazu gehören die sogenannten mechanischen Verluste, die durch Bearbeitung und Umschlag der Futtermittel im Zusammenhang mit der Konservierung entstehen. An den nichtmechanischen Verlusten sind die Nährstoffgruppen in unterschiedlichem Maße beteiligt. Vorrangig gehen leichtlösliche und gut fermentierbare Nährstoffe, vor allem Kohlenhydrate, verloren. Diese sind hoch verdaulich, wodurch eine gewisse Abnahme der Verdaulichkeit der Konservate eintritt. Die übrigen Nährstoffe werden weniger bzw. nur bei intensiveren Verderbprozessen oder bei Saftaustritt in Mitleidenschaft gezogen. Die Verlustursachen sind bei den Konservierungsverfahren verschieden. Bei der Bodentrocknung treten Atmungs- und Auswaschungsverluste und unter Umständen auch Verluste durch mikrobielle Umsetzungen auf. Außerdem sind mechanische, insbesondere Bröckelverluste zu verzeichnen. Bei der Silierung sind die Verlustursachen vielfältig. Sie betreffen die Atmung und den aeroben mikrobiellen Stoffabbau während der Silobefüllung und der Anfangsgärphase, die anaerobe Fermentation, den Gärsaftabfluß sowie den aeroben mikrobiellen Stoffabbau an der Futterstockoberfläche und bei der Nachlagerung der Silagen. Verloren gehen vorrangig lösliche Kohlenhydrate. Das Protein wird zwar, selbst bei günstigem Gärverlauf, in erheblichem Maße durch proteolytische Enzyme zu Peptiden und Aminosäuren hydrolysiert, aber sein nutritiver Wert wird dadurch nicht beeinträchtigt. Nur bei Fehlgärung treten infolge Desaminierung und Decarboxylierung größere Proteinverluste im eigentlichen Sinne auf. Unter diesen Voraussetzungen fallen jedoch alle Nährstoffgruppen, bis auf die Mineralstoffe, dem Stoffabbau anheim. Mit dem Gärsaft gehen lösliche Bestandteile von Kohlenhydraten, Protein, Mineralstoffen und bereits gebildete Gärungsprodukte verloren. Mechanische Verluste entstehen bei der Silierung besonders bei der Silageentnahme. Bei der Belüftungstrocknung sind Atmung und aerobe Fermentation die Hauptverlustursachen, während bei der Heißlufttrocknung Verluste durch flüchtige organische Stoffe (Alkohole, ätherische Öle u. a.) sowie durch Kondensationsreaktionen infolge einer zu starken Hitzebehandlung (Maillard-Reaktion) entstehen. Zu den Gesamtverlusten des jeweiligen Konservierungsverfahrens gehören neben den eigentlichen Prozeßverlusten auch solche, die während Ernte, Bearbeitung, Umschlag, Zwischenlagerung und Lagerung nach dem Konservierungsprozeß auftreten. Die Welksilagebereitung im Horizontalsilo ist selbst unter günstigen Bedingungen mit Verlustquoten (einschließlich Feldverlusten) von 15–20% behaftet. Die Verluste bei der Heubereitung liegen noch um 5 Prozent höher und variieren in Abhängigkeit von der Witterung und der Verfahrensgestaltung beträchtlich. Lediglich bei der Heißlufttrocknung kann mit Verlustquoten <5% gerechnet werden. Die angegebenen Verluste beziehen sich auf die organische Substanz. Die Trockenmasse- und Nettoenergieverluste weichen davon nur geringfügig nach unten bzw. oben ab. Die Konservatqualität beinhaltet neben der Energiedichte und Nährstoffkonzentration auch Verzehrs- und diätetische Eigenschaften. Maßgebend wird die Konservatqualität durch das Ausgangsmaterial bestimmt. Bei gelungener Konservierung mit geringen Nährstoffverlusten unterscheidet sich das Konservat in seinem Energie- und Nährstoffgehalt nur wenig vom jeweiligen Ausgangsmaterial. Dagegen muß bei ungünstigem Konservierungsverlauf mit stärkeren Einbußen gerechnet werden. Bei der Grünfutterkonservierung sind, wie Tabelle 6 zeigt, besonders die Länge der Feldliegezeit sowie Erwärmung bzw. Überhitzung des Futters bedeutsam. Die verzehrsbe-

Tabelle 6. Abnahme der Energiedichte bei der Konservierung von Grünfutter (nach Weißbach 1993)

	Abnahme % rel.
• **Bodentrocknung**	
1–2 Tage Liegezeit	2
3–4 Tage Liegezeit	4
>4 Tage Liegezeit	8
• **Silierung**	
<40 °C Gärtemperatur	3
40–50 °C Gärtemperatur	6
>50 °C Gärtemperatur	12
• **Belüftungs- und Heißlufttrocknung**	
normal	2
erhitzt (>40 °C) bzw. übertrocknet	8
stark erhitzt (>50 °C) bzw. stark übertrocknet	14

stimmenden und diätetischen Eigenschaften erfahren durch die Konservierung negative, aber auch positive Veränderungen. Während höhere Gehalte an Gärungsprodukten wie Essigsäure, Alkohol und Verluste an Zucker sowie ein niedriger pH-Wert negativ zu beurteilen sind, ist der meist mit der Konservierung im Zusammenhang stehende Trockenmasseanstieg als positiv zu bewerten. Bei nicht gelungener Konservierung wird die Qualität der Futtermittel durch verzehrsdepressiv und toxisch wirkende Stoffe, wie Buttersäure (und weitere Fettsäuren $\geq C_4$), Amine, Pilzgifte, Mikrobenkeime u. a. sehr stark geschmälert oder völlig in Frage gestellt. Analog der bestehenden Verlustsituation ist auch bei der Konservatqualität das erreichbare Niveau in der Praxis noch nicht ausgeschöpft.

Die Beurteilung der Konservatfutterqualität, die in Deutschland bei den Landesuntersuchungsanstalten erfolgt, bezieht sich derzeit hauptsächlich auf die Evaluierung des Konservierungserfolges, der Bestimmung einzelner Rohnährstoffe und der über Regressionsgleichungen geschätzten Energiedichten. Zur Beurteilung des Konservierungserfolges bei der Silierung werden der pH-Wert in Abhängigkeit des T-Gehaltes, der Gehalt wichtiger Gärsäuren (Buttersäure, Essigsäure), der NH_3N-Anteil am Gesamt-N sowie im Bedarfsfall Hitzeschädigungen, Schimmelbefall und mikrobielle Zersetzungen berücksichtigt. Trockenfuttermittel werden vor allem nach dem T-Gehalt und dem geschätzten Ausmaß einer Hitze- bzw. mikrobiellen Schädigung und dem Schimmelbefall bewertet. Bei der Beurteilung der Konservatqualität existieren z. Z. zwischen den einzelnen Untersuchungs-

Tabelle 7. Nachgewiesene Toxinbildner und Toxine in Konservaten (nach Oldenburg 1991)

Konservat	Toxinbildner	Toxine	Konzentration mg/kg
Grassilage	*Penicillium (roqueforti)* *Byssochlamys* *Paecilomyces* *Asperigillus (fumigatus)*	Zearalenone	0,009
Maissilage (Ganzpflanze)	*Byssochlamys niveus* *Aspergillus (fumigatus)* *Penicillium (roqueforti)* *Fusarium* *Trichoderma viride* *Trichoderma (harzianum)* *Paecilomyces*	Zearalenone Vomitoxin Patulin	0,005–0,042 1,5–40
Körnermais	*Penicillium* *Aspergillus* *Fusarium* *Trichoderma* *Byssochlamys*	Zearalenone T-2-Toxin HT-2-Toxin	0,05 0,44 0,20
Heu	*Aspergillus (Flavus)* *Penicillium* *Trichothecium roseum* *Fusarium* *Trichoderma*	Aflatoxin B_1 Aflatoxin G_1 T-2-Triol T-2-Toxin HT-2-Toxin Sterigmatocystin	0,51–0,67 0,18–0,37 0,65 0,2–0,3 0,2 0,04

einrichtungen erhebliche Unterschiede. Der Nachweis von Toxinen und bestimmten Mikrobenkeimen steht noch am Anfang. Obwohl bereits eine Anzahl von Toxinen in Konservaten nachgewiesen worden sind (Tabelle 7) und dafür Nachweismethoden existieren, wird wegen hoher apparativer Aufwendungen und Kosten die Toxinbestimmung in Konservaten nur sporadisch durchgeführt.

6.4.3 Ökologische und energetische Aspekte

Die ökologischen Belastungen durch die Futterkonservierung resultieren zum einen aus den auftretenden Verlusten. Die verlorengehenden Nährstoffe belasten direkt oder in Form ihrer oft gasförmigen (CO_2, CH_4, NH_4, NO, NO_2, H_2S) aber auch flüssigen bzw. in flüssiger Phase gelösten Metabolite (organische Säuren, Amine u. a.) die Umwelt. Als besonders gravierend sind mögliche Schäden durch den Gärsaft anzusehen. Er ist stark oxydierend (ca. 90 g O_2 Verbrauch/Liter) und besitzt beachtliche Säure- und Nährstoffgehalte (Tabelle 8), die zur Verödung von Gewässern, zum Fischsterben, zur Beeinträchtigung des Grund- und Trinkwassers sowie zu Schäden an Betonrohren und biologischen Kläranlagen führen können. Auch die emittierten Gase mit unangenehmem Geruch und teilweise toxischen Eigenschaften belasten die Umwelt. Zum anderen resultieren Umweltrisiken bzw. -schäden auch aus den konservierenden Maßnahmen selbst. Das trifft besonders auf bestimmte Chemikalien, die als Konservierungshilfen dienen, und die Rauchgasentwicklung bei der Heißlufttrocknung zu. Durch nicht sachgerechte Anwendung bestimmter Siliermittel bzw. Siliermittelkomponenten (Nitrite, Säuren, Hexamethylentetramin u. a.), insbesondere bei Havarien, können Schädigungen unmittelbar beteiligter Menschen, von Tieren und des Grundwassers entstehen. Hauptschadstoffe im Rauchgas von Trocknungsanlagen sind bei Feuerung mit Kohle SO_2 und Staub, mit Öl SO_2 und mit Gas NO und NO_2. Eine weitere Belastung der Umwelt tritt bei der Futterkonservierung durch den teilweise hohen Energieeinsatz besonders an technischer Energie auf. In Tabelle 9 wird der kalkulierte Energieaufwand in Relation zur konservierten Futterenergie für die wichtigsten Konservierungsverfahren und -varianten angegeben. Bei allen Verfahren der Futterkonservierung sind durch verfahrenstechnische Fortschritte erhebliche Energieeinsparungen möglich.

Tabelle 8. Nährstoffgehalt des Gärsaftes (nach Woolford 1984)

Trockenmasse (g/kg OS)	10–100
Rohnährstoffgehalte:	
Rohprotein (g/kg T)	150–250
NfE (g/kg T)	450–600
Rohasche (g/kg T)	200–300
Ausgewählte Einzelkomponenten (g/kg T):	
Organische Säuren	200–300
Calcium	5–30
Phosphor	5–20
Magnesium	3–6
Kalium	20–90
Natrium	5–15
pH-Wert	3,5–5,0

Tabelle 9. Energieaufwandsrelationen bei der Grünfutterkonservierung – Relation: Umsetzbare Energie/Primärenergieaufwand

Konservierungsverfahren	Graskonservierung (nach White 1982)	Kleegraskonservierung[1] (nach Knabe et al. 1985)
Frischfutter	–	4,35
Silierung		
Welksilage	–	2,63
Silage mit Ameisensäurezusatz	1,96	1,92
Heubereitung		
Bodentrocknung	1,99	1,54
Kaltbelüftung	1,49	1,08
Warmbelüftung	–	1,01
Heißlufttrocknung	0,41	0,47

[1]) Angaben umgerechnet von Nettoenergie (EFr) auf ME

6.5 Herausforderungen, Tendenzen und Grenzen der Futterkonservierung

Die Herausforderung bei der Futterkonservierung sind aus der eingangs formulierten Zielstellung ableitbar. Der Anteil an konserviertem Futter wird, zumindest bei intensiver Tierproduktion, künftig weiter steigen. Im Hinblick auf die Konservatqualität gewinnen neben den üblichen Parametern, die Energiedichte, Gehalt an bestimmten Nährstoffen (Protein, Kohlenhydrate, Vitamine) und deren Verdaulichkeit, bei den Silagen der pH-Wert und der Gehalt an bestimmten Gärsäuren, zunehmend weitere Kriterien an Bedeutung. Zu diesen gehören Proteinqualität, Clostridienkeimdichte, Gehalt an Toxinen bzw. Toxinbildnern. Im engen Zusammenhang mit der Qualität stehen unvermeidliche Konservierungsverluste, aber auch biologische Möglichkeiten zur Verlustreduzierung. Die bestehenden Umweltbelastungen sind durch Verfahrensverbesserungen drastisch zu reduzieren. Das schließt auch einen sparsamen Energieeinsatz ein. Einerseits sind verlustarme Konservierungsverfahren und deren optimale Anwendung an einen gewissen Energieaufwand gebunden, andererseits sind Einsparungen an fossiler bzw. technischer Energie durch Verfahrensverbesserungen und Verwendung alternativer Energieformen möglich und notwendig. Für die Futterkonservierung sind die nachfolgend aufgezeigten Tendenzen und Grenzen der Verfahrensentwicklung erkennbar.

Die **Silierung** bleibt für absehbare Zeit das wichtigste Konservierungsverfahren. Durch eine hohe Qualität des Siliergutes, dessen effektive Trockenmasseerhöhung, Verbesserungen der Siliertechnik und die gezielte Anwendung von ökologisch unbedenklichen Silierzusätzen können die Silierverluste auf <7% begrenzt und Silagen mit einer nur wenig vom Ausgangsmaterial abweichenden Qualität produziert werden. Von entscheidender Bedeutung sind Verbesserungen der Siliertechnik. Sie betreffen die Sicherung einer schnellen, bis zur Silageverfütterung reichenden anaeroben Lagerungsphase des Siliergutes. Die Silierung in herkömmlichen Horizontalsilos stößt im Hinblick auf eine gasdichte Lagerung an verfahrenstechnische Grenzen; sie wird daher sowie aus Gründen des Umwelt- und Landschaftsschutzes ihre dominierende Bedeutung und langfristig vermutlich sogar ihre Existensberechtigung verlieren. Wünschenswert ist die Weiterentwicklung gasdichter Silos mannigfaltiger, auf die jeweiligen Bedingungen abgestimmter Bauausführung bei Verwendung preisgünstiger, gasdichter Baustoffe. Die Silierung in folienumkleideten Großballen, die in den letzten Jahren für die Bereitung von Anwelksilage Eingang in die Praxis gefunden hat, besitzt besonders für kleinere Betriebe verfahrenstechnische Vorteile und ermöglicht eine sehr kurze aerobe Nachlagerungsphase der Silagen. Die Silageballen sind bei schonender Behandlung transportfähig, wodurch die Silage zu einem handelsfähigen Futtermittel wird. Der zukünftige Anwendungsumfang für dieses Verfahren hängt davon ab, ob es gelingt, hohe Ballendichten (>200 kg T/m^3) zu erreichen, den Gasaustausch durch die Folie weiter zu verringern (<0,5 1/m^2/h), Folienzerstörung während der Gesamtlagerungsphase zu verhindern und eine umweltverträgliche Entsorgung der Folie mit stofflicher Verwertung zu garantieren. Für die Weiterentwicklung des Silierverfahrens sind auch leistungsstarke und umweltverträgliche Silierzusätze von Bedeutung. Die bisher existierenden MBI-Präparate bewirken vor allem Verbesserungen der Futterwerteigenschaften der Silagen, insbesondere ihrer Verdaulichkeit. Allerdings steht auch dafür noch eine ursächliche Begründung aus. Es erscheint aber möglich, weitere bisher nur sporadisch beobachtete Effekte einschließlich Verbesserungen der aeroben Stabilität der Silagen mit größerer Sicherheit zu bewirken. Für schwer vergärbare Futterstoffe werden es Kombinationspräparate von MBI und Enzymen sein, deren Enzymaktivitäten auf das jeweilige Siliergut abgestimmt sind. Es soll einerseits eine rasche Freisetzung vergärbarer Monomere erreicht und andererseits die Enzymwirkung nur temporär, möglichst pH-Wert-abhängig, erhalten bleiben. Ein anderer, durchaus vielversprechender Weg zu biologischen Silierzusätzen für schwervergärbare Futterstoffe zu gelangen, besteht darin, durch Genmanipulation Milchsäurebakterienstämme zu entwickeln, die selbst in der Lage sind, aus Gerüstsubstanzen vergärbare Monomere zu gewinnen. Dadurch wird die Substratfreisetzung auf das notwendige Maß begrenzt.

Chemische Silierzusätze werden künftig wegen gewisser Umweltbelastungen bzw. Risiken und vor allem ökologischer Vorbehalte keine bzw. nur noch eine äußerst begrenzte Anwendung finden.

Die **Bodentrocknung** zum Anwelken des Grünfutters für die Weiterkonservierung bzw. zur Dürrheubereitung wird durch die Entwicklung intensiver Aufbereitungsverfahren zur Beschleunigung der Welkgeschwindigkeit eine wesentliche Verbesserung erfahren. Es gibt bereits Verfahrenskonzepte, mit denen bei guten Welkbedingungen nach 3–4 h T-Gehalte von 30–40% und nach 4–5 h solche von >50% zu erreichen sind. Trotzdem bleibt das Welken witterungsabhängig und erfordert ein entsprechendes Sättigungsdefizit der Luft. Durch die Aufbereitung werden lediglich die Bindungskräfte des Wassers reduziert. Die potentiell mögliche Wasserverdunstung bestimmt die Obergrenze für die Welkgeschwindigkeit, die aber nie ganz erreicht werden kann.

Die **Heubereitung mittels Belüftungstrocknung** wird durch Weiterentwicklung der Belüftungstechnik, Vorwärmung der Trocknungsluft und automatische Steuerung des Trocknungsprozesses bedeutende Fortschritte erfahren. Dadurch wird es möglich, Erntegut mit T-Gehalten <45% einzulagern, die Feldliegezeit auf <48 h zu reduzieren und die Verluste auf <10% zu begrenzen. Für das Vorwärmen der Luft kommen Sonnenkollektoren, Wärmeenergie von Biomaterialien (Biomassefestbrennstoffe, Biogas) sowie Wärmepumpen in Betracht. Weitere technische Fortschritte auf diesem Gebiet und damit mögliche

Einsparungen an Kosten werden für den künftigen Anwendungsumfang dieses Verfahrens entscheidend sein.

Die **Heißlufttrocknung**, das gegenwärtig verlustärmste, am wenigsten witterungsabhängige, aber auch aufwendigste Futterkonservierungsverfahren kann ebenfalls noch erheblich verbessert werden. Von entscheidender Bedeutung ist dabei die bessere Ausnutzung der Energie für den unmittelbaren Trocknungsprozeß. Während gegenwärtig der thermische Energiebedarf je kg Wasserverdampfung bei den üblichen einstufigen konvektiven Trocknern bei 3,1–4,0 MJ/kg Wasserverdampfung liegt, werden bei modernen mehrstufigen Trocknungsanlagen mit Abwärmenutzung nur noch <2,8 MJ/kg Wasserverdampfung erforderlich sein. Auch bei der Heißlufttrocknung ist eine verstärkte Nutzung von Wärmeenergie aus Biomaterialien zu erwarten. Der künftige Anwendungsumfang der Heißlufttrocknung hängt noch stärker als die Belüftungstrocknung von Heu von der Verfahrensentwicklung und billigen Energiequellen ab. Heu und in gewissem Umfang auch heißluftgetrocknete Produkte dürften für die Fütterung junger Wiederkäuer, Pferde sowie Kühe, deren Milch mit besonderer Qualität zur Herstellung bestimmter Käsesorten oder Frischmilch vermarktet werden soll, ihre Bedeutung behalten bzw. noch an Bedeutung gewinnen. Gleiches gilt für getrocknete Produkte als Mischfutterkomponenten.

Weitere **Konservierungsverfahren**, die für Futtermittel potentiell möglich wären, wie Gefrierlagerung, Gefriertrocknung, Bestrahlung und Hitzesterilisierung in Verbindung mit Vakuumverpackung, dürften für diesen Zweck zumindest in überschaubarer Zukunft wegen hoher Aufwendungen, insbesondere an Energie, keine oder nur äußerst begrenzte praktische Anwendung erfahren. Die Gefrierlagerung und -trocknung sowie die thermische Sterilisierung und Vakuumverpackung werden gegenwärtig nur für bestimmte Milchprodukte und Futterzusätze genutzt. In Territorien mit kaltem Kontinentalklima und langen, durchgängigen Frostperioden können allerdings auch Futtermittel, z. B. Kartoffeln und Rüben, ohne nennenswerten Aufwand und Verluste durch Frost haltbar gemacht werden. Für Grünfutter ist diese Verfahrensweise wegen der Zeitspannen zwischen Ernte und Dauerfrostbeginn nicht geeignet. Die Bestrahlung von Futterstoffen mit ionisierenden Strahlen (z. B. 60 Cobalt), die in einigen Ländern zur Haltbarkeitsverlängerung durch Keimhemmung, zur Sterilisation von Lebensmitteln und für bestimmte Futtermittel erprobt und teilweise praktiziert wird, ist in Deutschland verboten. Das Verbot stützt sich auf negative Untersuchungsbefunde bei sehr hohen Strahlenbelastungen, die allerdings für eine konservierende Wirkung nicht erforderlich sind. Die Bestrahlung von Futtermitteln zur Verbesserung ihrer Haltbarkeit wird auch bei Wegfall des Verbotes keine nennenswerte Bedeutung erhalten. Denkbar wäre ihre Anwendung bei Hackfrüchten und Getreide zur Verbesserung der Lagerungseigenschaften.

Literatur

Elsässer, M. (1991): Landbauforschung Völkenrode, Sonderheft 123, S. 86–115.
Groß, F., und Riebe, K. (1971): Gärfutter. Verlag Eugen Ulmer, Stuttgart.
Herrmann, J. (1963): Lehrbuch der Vorratspflege. Deutscher Landwirtschaftsverlag, Berlin.
Kirsch, W. (1936): Gärfutterberater – Forschungsergebnisse über Gewinnung, Herstellung und Verfütterung von Gärfutter. Landesbauernschaftsverlag Ostpreußen GmbH, Königsberg.
Knabe, O., Fechner, M. und Weise G. (1985): Verfahren der Silageproduktion. Deutscher Landwirtschaftsverlag, Berlin.
Kuchler, L. F. (1934): Silosparwirtschaft. Verlag Knorr und Hirth GmbH, München.

Maltry, W., Pötke, E. und Schneider B. (1975): Landwirtschaftliche Trocknungstechnik. Verlag Technik, Berlin.
Oldenburg, E. (1991): E. Landbauforschung Völkenrode, Sonderheft 121, S. 191–205.
Pahlow, G. und Honig, H. (1985): Das wirtschaftseigene Futter **32**, S. 20–35.
Schöllhorn, J. (1977): Das wirtschaftseigene Futter. **23**, S. 273–290.
Tuncer, J.; Wienecke, F. und Lehmann D. (1970): Grundlagen der Landtechnik **20**, S. 38–44.
Weißbach, F. (1968): Beziehungen zwischen Ausgangsmaterial und Gärverlauf bei der Grünfuttersilierung. Habil.-Schrift, Rostock.
Weißbach, F. (1993): In Jeroch, H., G. Flachowsky und F. Weißbach: Futtermittelkunde. Gustav Fischer Verlag, Jena – Stuttgart.
White, D. J. (1982): KTBL-Schrift 247, S. 130–139.
Woolford, M. K. (1984): The solage fermentation. Marcel Dekker Inc., New York–Basel.

7. Futtertechnologie
(H.-D. Jansen)

7.1 Einleitung

Futterstoffe pflanzlicher, tierischer oder anderer Herkunft bedürfen in den meisten Fällen einer Bearbeitung. Die Aufgabe der Futtertechnologie besteht darin, durch Auswahl geeigneter Rohstoffe und durch entsprechende Prozeßführung möglichst hochwertige Produkte für die Tierernährung zu erzeugen. Wegen der teilweise komplexen und vielfältigen Stoffsysteme werden hohe Anforderungen an die Technologie gestellt, wobei zunehmend neben ökonomischen auch ökologische Gesichtspunkte von entscheidender Bedeutung sind. Bereits jetzt werden vielfältige Reststoffe aus der Lebensmittelverarbeitung in der Futtermittelindustrie eingesetzt. Zur Minimierung der Umweltbelastung befinden sich viele Verfahrensabläufe auf dem Prüfstand. Es ist zu erwarten, daß zukünftig die Reststoffverarbeitung unter Umweltgesichtspunkten einen noch stärkeren Stellenwert in der Futtermitteltechnologie finden wird.

Technologische Bearbeitungsschritte in der Futtermittelherstellung sind insbesondere:
– Reinigen, Lagern,
– Aufbereiten,
– Dosieren,
– Mischen,
– Pelletieren.

Steigendes Umweltbewußtsein und steigende Forderungen nach qualitativ hochwertigen Lebensmitteln verlangen sowohl von der Rezepturgestaltung als auch der technologischen Bearbeitung nach Futtermischungen, die weder zu einer Belastung mit Umweltkontaminanten noch zu qualitativen Einbußen bei der Erzeugung tierischer Lebensmittel führen.

Nachfolgende Ausführungen sollen einen Überblick über die Futtertechnologie bei der industriellen Erzeugung von **Mischfutter** geben. Schwerpunkte werden gesetzt bei den Hauptverfahrensstufen Zerkleinern, Mischen und Pelletieren.

Den prinzipiellen Aufbau eines Mischfutterwerkes zeigt Abb. 1. Die Rohstoffe werden vorwiegend per Schiff oder Lkw angenommen. Abhängig vom Rohstoff, durchläuft dieser

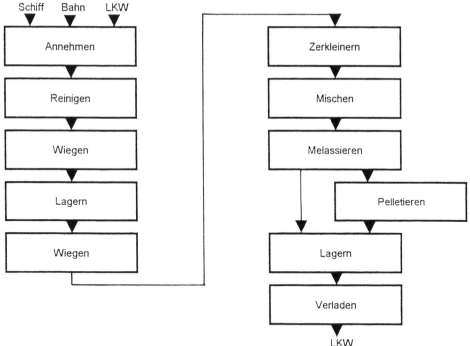

Abb. 1. Verfahrensstufen bei der Mischfutterherstellung.

eine Reinigungsstufe, in der Fremdstoffe wie Papier, Steine, Eisenteile u. a. entfernt werden. Eine Verwiegung ist obligatorisch. Danach gelangen die Materialien in ein Zwischenlager. Vorwiegend stehen hierzu Silozellen zur Verfügung. Es schließt sich dann die Aufbereitungsstufe mit der Zerkleinerung der Rohstoffe an. Der Hauptbestandteil dieses Anlagenteils ist die *Hammermühle*. Ein großer Teil der Werke ist mit einer sog. *Gemischtvermahlung* ausgerüstet, bei der vor der Zerkleinerung die Komponenten gemäß Rezeptur verwogen und dann dem Zerkleinerungsprozeß unterzogen werden. In der nachgeschalteten *Mischanlage* werden die Komponenten unter Zugabe der Kleinkomponenten im Hauptmischer als Charge gemischt. Eine begrenzte Flüssigkeitszugabe kann direkt im Mischer erfolgen. Meist schließt sich ein *Durchlaufmischer* (Melassiergerät) an, in dem beispielsweise Fett oder Melasse zugemischt werden. Bei Produktion von Mehlfutter wird die so hergestellte Charge in die Verladezellen gefördert. Ist eine Pelletierung vorgesehen, gelangt die Mischung in die Pressenvorratszelle, aus der dann die Pressenanlage beschickt wird, die prinzipiell aus drei maßgeblichen Verfahrensstufen besteht: Konditionieren, Verdichten, Kühlen.

Die gekühlten und getrockneten Pellets werden in die Verladesilos eingelagert, wobei meist eine Absiebung des Feingutes entweder bei Einlagerung oder bei der Verladung vorgesehen ist.

Die Umsetzung der Abb. 1 in ein Anlagendiagramm zeigt Abb. 2. Die Rohwaren gelangen über einen Elevator in die Rohwarensilozellen, denen eine Behälterwaage nachgeschaltet ist. Gemäß Rezeptur werden die Rohwaren verwogen und über einen Elevator der Aufbereitungsanlage zugeführt. Diese besteht aus einem Pufferbehälter, einer Siebmaschine und

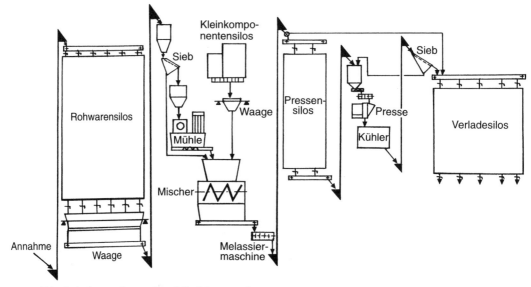

Abb. 2. Anlagenschema eines Mischfutterwerks.

zwei parallel geschalteten Hammermühlen, die das zerkleinerte Material in einen Nachbehälter abgeben. Die Siebmaschine trennt die bereits fein genug vorhandenen Bestandteile ab, die dann direkt in den Nachbehälter gelangen. Die zerkleinerte Mischung wird anschließend in den Hauptmischer gegeben. Zusatzstoffe werden über die Kleinkomponentenanlage, die im Diagramm mit aufgeführt ist, zugegeben. Nach Abschluß des Mischprozesses gelangt die Charge in den Nachbehälter und von dort über die Melassiermaschine, in der Flüssigkomponenten, wie Melasse und Fett, anteilmäßig zugcgcbcn werden. Die Mischung wird dann mittels Elevator entweder in die Pressenvorratszellen oder in die Zellen für Fertigprodukte gegeben. Von den Pressenvorratszellen gelangt das Material in einen Pufferbehälter und von dort zur Pressenanlage mit den Stufen Konditionieren, Verdichten und Kühlen. Dem Kühler ist ein Sieb nachgeschaltet, das das Feingut von den Pellets trennt und wieder in den Prozeß zurückführt. Die Pellets werden in die Verladezellen transportiert, von denen direkt in die Lkws abgegeben wird. Die Verwiegung erfolgt über eine Fahrzeugwaage.

7.2 Zerkleinern

In einem Futtermittelbetrieb werden neben Getreide viele aus anderen Industriezweigen anfallende Nach- oder Nebenprodukte verwendet. Vor der Weiterverarbeitung müssen diese zerkleinert werden, damit folgende Forderungen erfüllt werden:
– Erzeugung von Produkten, deren Feinheit eine gleichmäßige Vermischung gewährleistet,
– Anpassung an Futterverzehr und -verwertung,
– ausreichende Feinheit für den Pelletierprozeß,

- Begrenzung des Feinstanteils im Hinblick auf Fließverhalten bei Lagerung und Transport,
- wirtschaftliche Prozeßführung (Energieverbrauch, Verschleiß).

Beim Zerkleinern unterscheidet man zwei maßgebliche Beanspruchungsmechanismen.

1. Die Beanspruchung kann zwischen zwei Flächen stattfinden, die beispielsweise entsprechende Mahlorgane oder unterschiedliche Partikel sein können. Hier ist die Beanspruchungsart vorgegeben, z. B. wie bei Backenbrecher, Walzenmühle und Kugelmühle. Die Beanspruchungsgeschwindigkeiten sind niedrig (<10 m/s).
2. Die Beanspruchung findet an einer Festkörperfläche statt, die sowohl ein Mahlorgan oder eine Partikel sein kann. Man spricht von der sog. Prallbeanspruchung, bei der die Intensität und Geschwindigkeit voneinander abhängig und nicht getrennt einstellbar sind. Die Prallgeschwindigkeiten sind größer als 10 m/s und können bis zu 700 m/s betragen. Der technische Bereich liegt etwa zwischen 40 und 150 m/s.

Für die Zerkleinerung von Futtermittelkomponenten werden meist Prallmühlen als Hammermühlen benutzt. Der Rotor der Hammermühle ist mit einzelnen Hammerpaketen bestückt, die sich aus flachen, rechteckigen Hämmern zusammensetzen. Der Rotor kann sowohl links- wie rechtsdrehend eingesetzt werden. Bei der Materialaufgabe erfolgt ein Abtrennen von Steinen und magnetischen Fremdkörpern. Ein Sieb grenzt den Mahlraum ab und läßt die fein genug zerkleinerten Partikel durch.

Bei der Walzenmühle mit Doppelwalzwerk gelangt das Material zunächst auf ein der Vorzerkleinerung dienendes erstes Walzenpaar, dessen Spalt weiter als bei dem zweiten Walzenpaar eingestellt ist. Die Spaltweite des zweiten Walzenpaares ist so bemesssen, daß sich die gewünschte Feinheit einstellt.

7.2.1 Einflußgrößen

Maßgebliche Einflußgrößen auf die funktionellen Eigenschaften des zerkleinerten Produkts und den Energiebedarf beim Zerkleinern sind Aufgabeprodukt und Betriebsbedingungen beim Zerkleinerungsprozeß.

Beim *Aufgabeprodukt* sind folgende Einflüsse zu nennen:
- Stoffart,
- Feuchtigkeit,
- Aufgabekorngröße,
- Schüttdichte,
- Inhaltsstoffe,
- artfremde Beimengung.

Beim Zerkleinerungsprozeß unterscheidet man Hammermühlen- und Walzenmühleneinsatz.

Einflußgrößen bei der *Hammermühle* sind:
- Schlägerform,
- Schlägeranzahl,
- Siebfläche,
- Sieblochung,
- Sieblochteilung,
- Materialzuführung,
- Umfangsgeschwindigkeit,

- Luftführung,
- Mühlengeometrie.

Dagegen sind bei der *Walzenmühle* maßgebliche Einflußgrößen
- Mahlspalt,
- Einzugswinkel,
- Walzenoberfläche,
- Durchmesser, Länge der Walze,
- Umfangsgeschwindigkeit,
- Differenzgeschwindigkeit.

Durch den Zerkleinerungsprozeß verändern sich die Produkteigenschaften, wobei hier vorwiegend die Partikelgrößenverteilung, die mittlere Partikelgröße, die spezifische Oberfläche und die Schüttdichte zu nennen sind.

Durch Verkleinern der Sieblochung nimmt die Feinheit des zerkleinerten Produkts zu. Abhängig von der Art des Aufgabeproduktes, ist allerdings die Feinheit unterschiedlich. Gleiches gilt für den Energiebedarf. Gerste benötigt beispielsweise einen deutlich höheren Energiebedarf als Mais und Weizen, da sie eine zähe Schale besitzt, die der Zerkleinerung einen höheren Widerstand entgegensetzt.

Durch Reduzierung der Umfangsgeschwindigkeit wird das zerkleinerte Produkt gröber. Die spezifische Zerkleinerungsenergie bleibt z. B. bei Weizen und Mais etwa gleich, dagegen steigt sie bei Gerste stark an. Durch die Reduzierung der Umfangsgeschwindigkeit nimmt die Prallwirkung stark ab, und für ein zähes Produkt reicht diese für eine wirkungsvolle Zerkleinerung nicht mehr aus. Spröde oder wenig zähe, trockene Produkte wie Mais und Weizen reagieren darauf wirtschaftlicher. Deshalb sollte bei Komponenten oder Mischungen mit bevorzugten zähelastischem Verhalten eine Veränderung der Feinheit nur durch den Siebwechsel vorgenommen werden. Grob strukturierte Produkte aus Weizen und Mais oder ähnlichen Stoffen lassen sich auch durch Verändern der Umfangsgeschwindigkeit in Verbindung mit polumschaltbaren Motoren erzielen.

7.2.2 Vergleich Hammermühle – Walzenmühle

Der Vergleich von Hammermühle und Walzenmühle zeigt, daß die Walzenmühle ein engeres Kornband mit weniger Feinheit als die Hammermühle liefert. Bei gleichem mittlerem Partikeldurchmesser ist der Energiebedarf beim Walzenstuhl deutlich niedriger. Es ergeben sich auch Unterschiede in der Temperaturbelastung. Bei der Hammermühle ist eine Luftführung zur Abfuhr der Wärme erforderlich. Die Luftmenge in m^3/min beträgt etwa das Doppelte der maximalen Kapazität der Hammermühle in m^3/h. Die Materialerwärmung bei der Walzenmühlenzerkleinerung ist dagegen geringer. Zu einer Hammermühle gehört deshalb ein Filter und ein Ventilator zur Hammermühlenanlage.

7.2.3 Verfahren

Bei der Zerkleinerung von Futtermittelkomponenten ist zwischen der *Einzelvermahlung* und der *Gemischtvermahlung* zu unterscheiden. Bei der Einzelvermahlung können mehr die stoffspezifischen Eigenschaften berücksichtigt und die Zerkleinerungen entsprechend angepaßt werden. Der Hammermühle ist meistens noch eine Siebmaschine vorgeschaltet. Eine Nachschaltung ist ebenfalls möglich, um im Kreislauf grobe Bestandteile dem Prozeß wieder zuzuführen. Das Vorabsieben und das Nachsieben zeigen Vorteile hinsichtlich einer Strukturverbesserung der zerkleinerten Produkte und einer Reduzierung des Energiebedarfs.

Eine *Siebmaschine* besteht aus einem Gehäuse, in dem ein oder mehrere Siebdecks angeordnet sind. Das Aufgabegut wird auf das Sieb gebracht und in Grob- und Feingut getrennt. Durch eine Schwingbewegung wird das Aufgabegut fließfähig gemacht und durch Schwer-, Zentrifugal- oder Strömungskraft ein Transport durch das Sieb hervorgerufen. Weiterhin ist Aufgabe der Schwingbewegung der Längstransport des Aufgabegutes über das Sieb. Die Form dieser Bewegung ist linear oder kreisförmig. Abhängig von der Bewegungsart des Aufgabegutes, lassen sich Siebmaschinen unterscheiden in:
– Schwingsiebe: Wurf-, Plan- und Kombinationssiebe, z. B. Taumelsieb und Sondersiebe, z. B. Mogensen-Sizer
– Wälzsiebe: Trommelsiebe
– Rührsiebe: Passier- und Wirbelstromsiebe
– Strömungssiebe: pneumatische und Naßsiebmaschinen

Vorwiegend findet bei der industriellen Herstellung von Mischfutter die Gemischtvermahlung Anwendung. Die Komponenten werden gemäß Rezeptur in einer Behälterwaage verwogen und gelangen dann zur Zerkleinerungsanlage, der eine Siebmaschine vorgeschaltet ist, um die bereits fein genug vorliegenden Komponenten von der Hammermühle fernzuhalten. Hierdurch wird die Hammermühle entlastet. Das Feingut gelangt direkt in den Mischervorbehälter. Nach Zerkleinerung des Grobgutes und Beendigung des Zerkleinerungsvorgangs für die Charge wird diese für den anschließenden Mischprozeß freigegeben. Bei der gemischten Vermahlung entfallen die Dosierzellen, die wie oben beschrieben bei der Einzelvermahlung notwendig sind. Die gemischte Vermahlung befindet sich dagegen mitten im Takt des Produktionsweges als vorgeschaltete Verfahrensstufe zum diskontinuierlichen Mischvorgang (Chargenprozeß) und bestimmt daher die Kapazität der Anlage mit. Im Durchschnitt betragen die Zerkleinerungskosten bei der Herstellung von Mischfutter etwa 20 bis 40% der Gesamtenergie der Produktion. Ein großer Teil der aufgewendeten Energie wird in Wärme umgesetzt. Verbesserungen der Zerkleinerungstechnik und Anlagengestaltung werden künftig weiter dazu beitragen, um den Energiebedarf zu minimieren. Ansätze sind vorhanden, beispielsweise durch Einsatz von Walzenmühlen oder durch neuartige Mühlenkonstruktionen.

7.3 Mischen

Ziel des Mischvorgangs ist die Homogenisierung unterschiedlicher Stoffe, damit auch kleine Teilmengen des gemischten Gutes eine Zusammensetzung aufweisen, die der Mischungszusammensetzung entspricht. Hierbei stellt sich die Frage nach der geforderten Gleichmäßigkeit des Futters, abhängig von Tierart und -alter. Der tierische Organismus weist zwar ein Speichervermögen auf und kann dadurch bei unregelmäßiger Versorgung ohne Beeinträchtigung der Gesundheit ausgleichend wirken. Die Leistungsfähigkeit hinsichtlich Gewichtszunahme, Futterverwertung u. a. kann jedoch negativ beeinflußt werden. Deshalb sollte aus Sicht der Tierernährung die kleinste Teilmenge mit immer gleicher

Zusammensetzung aller Komponenten die von einem Tier je Tag aufgenommene Futtermenge sein. Je nach Tierart ergeben sich unterschiedlich große Teilmengen; ein Küken nimmt nur 10 g/Tag zu sich, dagegen ein Rind etwa 1000 g/Tag. Damit werden deutlich höhere Anforderungen an die Gleichmäßigkeit eines Futters gestellt, das an Tiere mit geringer täglicher Futteraufnahme verfüttert wird.

Das Vermischen insbesondere kleinster Zusatzstoffmengen ist eine zentrale Verfahrensstufe beim Gesamtherstellungsprozeß und erfordert erhöhte Aufmerksamkeit, die sich nicht nur auf Fragestellungen zur Gleichmäßigkeit beschränken sollte. Ebenso wichtig sind Entmischung und Verschleppung.

7.3.1 Charakterisierung einer Mischung

Zur quantitativen Beurteilung einer Mischung wird eine Größe benötigt, die die örtlichen Konzentrationsunterschiede im Mischgut erfaßt. Dieses Maß für die *Mischgüte* soll anzeigen, wie der Mischzustand der Komponenten zu einem bestimmten Zeitpunkt des Mischvorgangs, am Ende des Mischprozesses oder nach Verlassen des Futtermittelbetriebs ist. Vorausgesetzt wird eine Zweikomponentenmischung. Bei Vielkomponentenmischungen, wie es beim Mischfutter der Fall ist, reduziert sich die Betrachtung ebenfalls auf ein Zweikomponentengemisch dahingehend, daß eine interessierte Komponente, z. B. ein Zusatzstoff, als Komponente 1 und die restlichen Komponenten zusammengefaßt als Komponente 2 aufgefaßt werden. Durch diese Maßnahme reicht die Konzentrationsangabe der Komponente 1 zur Kennzeichnung der Zusammensetzung der Mischung aus, z. B. 10 mg/kg oder 1 : 100000.

Infolge des Zufallscharakters des Mischvorgangs ergeben sich bestenfalls sogenannte gleichmäßige Zufallsmischungen, d. h., die Zusammensetzung der aus der Mischung entnommenen Proben weicht mehr oder weniger von der Zusammensetzung der Gesamtmischung ab, da aufgrund des stochastischen Mischvorgangs die Lage der Partikel der Komponenten zueinander rein zufällig ist. Aus dem Zufallscharakter des Mischvorgangs folgt zwangsläufig, daß zur Beurteilung einer Mischung statistische Methoden Anwendung finden.

Zum experimentellen Nachweis des Mischzustands von Komponenten werden Proben aus dem Mischgut entnommen, die dann auf die interessierende Komponente untersucht werden.

Die Analysedaten werden statistisch durch Berechnung von Mittelwert, Standardabweichung und Variationskoeffizient ausgewertet.

Der Variationskoeffizient ist ein Mischgütemaß, das sich zur Beurteilung von Futtermittelmischungen einsetzen läßt.

Allerdings sind hierzu folgende Faktoren in die Beurteilung einzubeziehen:
– Probengröße,
– Probenzahl,
– Meßgenauigkeit des Analyseverfahrens.

Der Variationskoeffizient ist von der Probengröße abhängig, deshalb sind Proben konstanter Probengröße zu untersuchen.

Wie eingangs erwähnt, sind an Mischungen für Tierarten mit geringer täglicher Futteraufnahme höhere Anforderungen zu stellen, deshalb sollte sich die *Probengröße* insbesondere hierauf beziehen. Bewährt hat sich eine Probengröße von $m = 20$ g.

Die *Probenzahl* bestimmt die Genauigkeit der statistischen Aussage. Ohne näher auf statistische Details einzugehen, wird empfohlen, die Anzahl der Proben im Bereich von 10 bis 20 zu wählen. Insbesondere bei Untersuchungen von Mischzeiten, von Entmischungen und Verschleppungen sollten 20 Proben zur Analyse gelangen.

Je ungenauer ein *Analyseverfahren* ist, desto ungeeigneter ist es zum Nachweis der Arbeits- und Mischgenauigkeit einer Anlage. Als vorteilhaft hat sich der Einsatz von Indikatoren mit äquivalenten Stoffeigenschaften zu Zusatzstoffen erwiesen, die mit verhältnismäßig genauem Analyseverfahren spektralphotometrisch analysiert werden. Empfehlenswert ist bei Anlagenprüfungen die parallele Herstellung der Mischung gleicher Zusammensetzung in einem Labormischer zur Ermittlung der tatsächlich erreichbaren Streuung (bzw. des Variationskoeffizienten), die dann als Beurteilungsmaßstab für die Anlagenprüfung herangezogen werden kann. Diese Vorgehensweise hat sich bewährt.

7.3.2 Einflußgrößen

Maßgebliche Einflußgrößen beim Mischen sind
die Stoffeigenschaften der Komponenten,
die Mischmaschine in Verbindung mit der Mischanlage,
die Betriebsbedingungen.

7.3.2.1 Stoffeigenschaften

Das gleichmäßige Vermischen von Einzelfuttermitteln und Zusatzstoffen verlangt nach bestimmten funktionellen Eigenschaften der Mischungspartner. Insbesondere ist hier die Feinheit der Stoffe angesprochen, die als Haupteinflußgröße anzusehen ist. Gerade die Zusatzstoffe, die in mg/kg eingemischt werden sollen, müssen über eine ausreichende Feinheit verfügen. Deshalb gehört es mit zur Aufgabe der Qualitätssicherung, sich Informationen über den *Feinheitsgrad* der einzusetzenden Zusatzstoffe zu verschaffen.

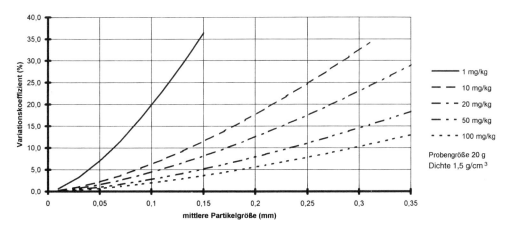

Abb. 3. Einfluß der Partikelgröße auf die Mischgüte.

Abb. 3 gibt beispielhaft den Variationskoeffizienten in Abhängigkeit von der Partikelgröße bei einer Feststoffdichte von 1,5 g/cm^3 und einer Probengröße von 20 g an. Als Parameter ist das Einmischungsverhältnis mit aufgeführt. Der starke Feinheitseinfluß auf die Mischgüte und damit auf die Konzentrationsschwankung in den mit 20 g konstant gehaltenen Proben ist zu erkennen. An dieser Stelle sei vermerkt, daß der Variationskoeffizient für eine statistische Sicherheit von ca. 68% gilt. Dies bedeutet, daß von 100 Proben nur 68 Proben innerhalb des vom Variationskoeffizienten angegebenen Bereichs anzutreffen sind, die anderen Proben liegen außerhalb. Üblicherweise rechnet man mit einer statistischen Sicherheit von 95%, hierzu ist der Variationskoeffizient etwa doppelt so groß wie angegeben. Dann liegen von 100 Proben etwa 95 Proben innerhalb des Bereichs.

7.3.2.2 Mischmaschine und Mischanlage

Die Mischmaschine hat die Aufgabe, alle ihr angebotenen Komponenten gleichmäßig zu vermischen. Zu unterscheiden sind Maschinen, die kontinuierlich oder im Chargenbetrieb arbeiten. Bei hohen Anforderungen an die Gleichmäßigkeit der herzustellenden Mischungen, insbesondere auch im mg/kg-Bereich, sind *Chargenmischer* vorzuziehen. Von seiten der Maschinenindustrie werden verschiedene Bauformen und -größen angeboten. Bei ordnungsgemäßem Zustand und Betreiben ist davon auszugehen, daß die meisten der angebotenen Mischmaschinen in der Lage sind, gleichmäßige Mischungen herzustellen.
Für ein vorgegebenes Stoffsystem gibt die Mischzeitkurve, die die Abhängigkeit der Mischgüte von der Mischzeit darstellt, Auskunft über die benötigte Mischzeit. Die *Mischzeit* nimmt entscheidenden Einfluß auf die Produktionskapazität einer Mischanlage. Deshalb sollte diese so kurz wie möglich sein, um hohe Durchsätze zu bekommen. Eine ständige intensive Mischgutbewegung des gesamten Mischguts durch die Mischwerkzeuge bei gleichzeitigem Längs- und Quertransport der Mischgutpartikel ermöglicht einen raschen Konzentrationsausgleich und führt zu kurzen Mischzeiten. Durch entsprechende Wahl der Mischmaschine läßt sich der Durchsatz einer Mischanlage erheblich verbessern. Allerdings muß berücksichtigt werden, daß auch das zu mischende Stoffsystem Einfluß auf die erforderliche Mischzeit nimmt.
Bei der Beurteilung der Arbeits- und Mischgenauigkeit darf die Mischmaschine nicht isoliert betrachtet werden, da sie nur ein Bestandteil der Mischanlage ist und die anderen Aggregate ebenfalls Einfluß auf die Arbeitsgenauigkeit nehmen. Weiterhin sind auch die Betriebsbedingungen in die Betrachtung einzubeziehen. Zur Beurteilung der Arbeitsgenauigkeit sind Fragen zur Sollkonzentration, Mischgüte, Entmischung und Verschleppung zu beantworten. Hierauf wird später noch eingegangen.

7.3.2.3 Betriebsbedingungen

Beim Chargenbetrieb erfolgt die Mischerbeschickung nach der Masse. Abhängig von der Schüttdichte, können sich unterschiedliche Füllungsgrade der Maschine einstellen.
In gewissen Bereichen haben Änderungen im Füllungsgrad einen vernachlässigbar geringen Einfluß auf die gleichmäßige Vermischung bei vorgegebener Mischzeit. Kritisch wird es dagegen, wenn z. B. in einem Mischer mit 10 m^3 Volumen sogenannte Sondermischungen mit Chargengrößen von 1000 kg gemischt werden und die Mischwerkzeuge nicht mehr im direkten Kontakt mit dem Mischgut sind. Dieses führt zwangsläufig zu einer unvollstän-

digen Mischgutbewegung: auch nach langen Mischzeiten wird kein gleichmäßiges Vermischen aller Komponenten erreicht.

Untersuchungen an einem 4-m^3-Mischer mit einwelligem Gegenstrom-Doppelschneckenmischwerk zeigten, daß bei der Verarbeitung von 2000-kg- bzw. 1000-kg-Chargen eines Alleinfutters für Mastschweine keine Beeinträchtigung des Vermischungsprozesses von Zusatzstoffen (10 mg/kg) festzustellen war. Gleiches ließ sich auch bei einem 10-m^3-Mischer mit zwei horizontalen spiralförmigen Mischwerkzeugen nachweisen, in dem Chargengrößen eines Alleinfutters für Ferkel mit 5000 kg und 2500 kg verarbeitet wurden.

Zusatzstoffe sollten über *Vormischungen* den Futtermischungen zugegeben werden. Die Futtermittelverordnung verlangt den Einsatz von Vormischungen, wobei der Anteil der Vormischungen jeweils 0,2% der Gesamtcharge einer Mischung nicht unterschreiten darf (§ 16). Dieser Verdünnungseffekt hat mehrere Vorteile bei der Verarbeitung in der Mischanlage und beginnt bei der Dosierung. Verwogen werden größere Mengen als bei direkter Zugabe der Zusatzstoffe, was zu einer verbesserten Dosiergenauigkeit führt. Voraussetzung sind mischungsstabile, staubarme und gut dosierbare Vormischungen, deren Herstellung Kenntnisse über die zu beachtenden Einflußgrößen wie Auswahl von Trägerstoffen mit entsprechenden funktionellen Eigenschaften, Wechselwirkungen zwischen Trägerstoffen, Zusatzstoffen und evtl. Flüssigkomponenten sowie angepaßter Herstelltechnik erfordern. Die Gefahr der Rückstandsbildung auf dem Weg von der Dosierung bis zum Mischer wird durch die Verwendung von Vormischungen vermindert. Der Mischprozeß wird schließlich durch das Vermischen von bereits vorgemischten und damit „verdünnten" Zusatzstoffen entlastet.

Der zeitliche Zulauf der Komponenten beim Befüllen des Mischers über den Mischervorbehälter beeinflußt den Mischvorgang. Durch geschickte Auslegung des Dosierplans sollten die für den Mischvorgang kritischen Zusatzstoffe möglichst frühzeitig am Mischvorgang beteiligt werden. Dies ist dadurch erreichbar, daß die Zusatzstoffvormischungen etwa im unteren Drittel des Mischervorbehälters bei der Befüllung enthalten sind.

Verschleiß und Ansatzbildung der Mischwerkzeuge verändern das Mischverhalten eines Mischers. Deshalb sollte es selbstverständlich sein, die Mischmaschine in den laufenden Wartungsplan einzubeziehen und auf Verschleiß und Ansatz zu prüfen. Insbesondere bei ungeschickter Zugabe von Fett oder Melasse kann es zu erhöhter Ansatzbildung kommen.

7.3.3 Arbeits- und Mischgenauigkeit

Wesentliche Beurteilungskriterien für die ordnungsgemäße Funktion einer Mischanlage sind:
– Vorhandensein sämtlicher Komponenten in der gemäß Rezeptur eingestellten Sollkonzentration bereits in der ersten Charge, auch nach Rezepturwechsel;
– gleichmäßige Vermischung aller Komponenten nach Ablauf der betriebsüblichen Mischzeit;
– Mischungsstabilität der produzierten Mischung bei innerbetrieblichem Transport;
– möglichst geringe Restebildung in den dem Mischer vorgeschalteten Aggregaten, im Mischer durch möglichst große Bodenklappen, und in den dem Mischer nachgeschalteten Anlagenteilen, so daß eine Verschleppung von Zusatzstoffen weitgehend ausgeschlossen wird.

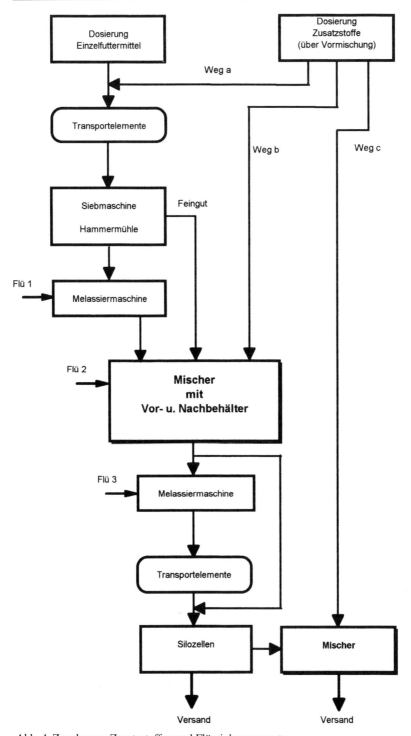

Abb. 4. Zugabe von Zusatzstoffen und Flüssigkomponenten.

Im Zuge zunehmender Forderung nach bedarfsgerechter Fütterung auch unter Umweltgesichtspunkten und des Bedarfs nach Medizinalfuttermischungen werden entsprechende Maßstäbe an die Anlagentechnik unter Berücksichtigung obiger Punkte gesetzt.
In Abb. 4 sind beispielhaft Wege für die Produktion von Futtermischungen schematisch dargestellt, wobei von der heute häufig praktizierten *Gemischtvermahlung* ausgegangen wird. Eingezeichnet sind unterschiedlich zu bewertende Wege für Zusatzstoffe und für Flüssigkomponenten.
Nach der Dosierung der Zusatzstoff-Vormischungen werden drei Möglichkeiten der Weiterleitung angeführt. Weg a mit Zugabe in den Transportweg der Einzelfuttermittel unter Einbeziehung der Aufbereitung (Siebmaschine, Hammermühle) führt mit hoher Sicherheit zu erheblichen Schwierigkeiten. Vormischungsanteile verbleiben in den Aggregaten, so daß bei der ersten produzierten Charge Untergehalte auftreten. Bei Rezepturwechsel werden diese dann ausgespült und gleichmäßig im Mischer vermischt, so daß die in der Folgecharge evtl. unerwünschten Zusatzstoffe in allen untersuchten Proben nachgewiesen werden können. Abhilfe schafft hier der Weg b mit direkter Zugabe in den Mischervorbehälter über Fallrohre oder pneumatische Pfropfenförderung ohne Abscheider und Filter. Der Einbau eines Filters sollte auf jeden Fall vermieden werden, da dann die Gefahr einer Verschleppung von Zusatzstoffen besteht.
Der Mischer muß über eine Restlosentleerung mit möglichst großen Bodenöffnungen verfügen. Nachfolgende Transportwege sollten so kurz wie möglich sein, um der Entmischungs- und Verschleppungsgefahr vorzubeugen. Am vorteilhaftesten ist die Mischeranordnung direkt über der Silozelle. Mehrmaliges Überheben mit Elevatoren ist zu vermeiden. Schneckenförderer sind als Horizontalförderer wegen hoher Restebildung weniger geeignet, besser sind dagegen Segmentförderer, die fast restlos entleeren. Um mögliche Entmischungen und Verschleppungen auszuschließen, bietet sich die Lösung nach Weg c an. Hier befindet sich ein Mischer direkt vor der Verladung, der aus einer Silozelle mit der bis auf kritische Zusatzstoffe (z. B. Medikamente) fertigen Mischung beschickt wird. Die Zusatzstoff-Vormischung wird direkt zugeführt. Nach dem Mischprozeß wird die Mischung über Fallrohr verladen. Eine derartige Vorgehensweise eignet sich nur für Mehlfutter und Krümelfutter, für pelletiertes Futter ist die Pulverzugabe von Zusatzstoffen wegen der Entmischungsgefahr nicht zu empfehlen, denkbar wäre ein Aufsprühen flüssiger Substanzen unter schonenden Mischbedingungen.
Abb. 4 gibt drei Zugabemöglichkeiten von Flüssigkomponenten an. Auf die Zugabe direkt in den Mischer (Flü 2) wurde bereits eingegangen. Sehr häufig ist eine Melassiermaschine dem Mischernachbehälter oder einer zusätzlichen Überhebung nachgeschaltet (Flü 3). Von Nachteil ist die nicht vollständig exakte massenproportionale Flüssigkeitszugabe. Insbesondere die zu Beginn und am Ende eintretenden bzw. austretenden Mischungen weisen meist Unregelmäßigkeiten auf. Dieser Nachteil wird bei der Vorschaltung der Melassiermaschine vor den Mischervorbehälter aufgehoben (Flü 1), setzt allerdings eine ausreichend bemessene Mischzeit wegen der durch die Flüssigkomponenten eingebrachten Haftkräfte voraus, die die Geschwindigkeit der Vermischung etwas reduzieren. Vorteilhaft ist die verbesserte Mischstabilität bereits beim Austragen aus der Mischmaschine bei gleichzeitig günstigeren Fließeigenschaften durch Einpudern der flüssigkeitsbehafteten Partikel mit dem abgesiebten Feingut.

7.4 Pelletieren

Das Pelletieren gehört in den Bereich der Preßgranulation und umfaßt die drei Stufen:
– Konditionieren,
– Verdichten,
– Kühlen.

Das Futter erfährt durch den Pelletiervorgang eine intensive Behandlung, insbesondere durch Wärme und mechanische Beanspruchung. Hierdurch entstehen folgende Vorteile:
– Verbesserung der Verwertung von Nährstoffen,
– Reduzierung von Bakterien und Pilzen,
– Inaktivierung antinutritiver Substanzen,
– kein Entmischen beim Futtertransport,
– gute Fließeigenschaften der Pellets,
– keine Selektiermöglichkeit des Tieres,
– Erhöhung der Haltbarkeit des Futters.

7.4.1 Konditionieren

Das Konditionieren dient der Vorbereitung des Futters für den anschließenden Verdichtungsvorgang. Hierzu wird dem mehlförmigen Futter Dampf zugesetzt, wodurch sich Materialtemperatur und -feuchtigkeit durch Dampfkondensation erhöhen. Liegt trockener Sattdampf vor, bedeutet eine Temperaturerhöhung von 10 °C eine Feuchtezunahme von etwa 0,6 %. Durch die Dampfzugabe entsteht eine gleichmäßige Befeuchtung der Futterpartikel, die dazu dient, Haftmechanismen und eine verbesserte Gleitung der Partikel in den Matrizenbohrungen zu schaffen. Neben dem üblichen Konditionieren als offenes System, der keinen Druckaufbau zuläßt, ist auch der sog. Druckkonditionierer (Expander) im Einsatz, der eine Behandlung bei Temperaturen oberhalb 100 °C kurzzeitig ermöglicht. Weiterhin wird das Material zusätzlich vorverdichtet. Durch diese intensivere Beanspruchung vor dem eigentlichen Pelletiervorgang ergeben sich – abhängig von Aufgabenstellung und verwendeten Futtermischungen – Vorteile hinsichtlich Pelletfestigkeit und Hygienestatus.

7.4.2 Verdichten

Das vorbereitete Material gelangt dann zur Presse und wird in der Presse verdichtet. Bekannt sind Pressen mit Ring- und Flachmatrizen. Die mehlförmige Mischung wird auf die mit Preßkanälen versehene Matrize geführt und durch Überrollen eines oder mehrerer Koller durch die Preßkanäle der Matrize gepreßt. Der aus den Preßkanälen austretende Preßstrang wird in Preßlinge gewünschter Länge zerteilt. Um das Material vor dem Koller durch die Preßkanäle drücken zu können, muß ein Druck aufgebaut werden, der die Haftreibung der Mischung in den Matrizenbohrungen überwindet. Die Festigkeit der Pellets hängt von den Stoffeigenschaften und den Druck- und Scherkräften in den Matrizenbohrungen ab.

Beim Verdichten wird die elektrische Energie vorwiegend in Reibungswärme umgewandelt. Abhängig von der Preßfähigkeit, erfährt das Material eine mittlere Temperaturerhö-

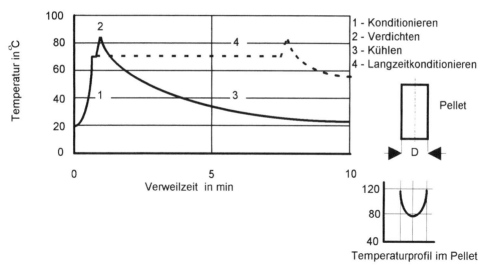

Abb. 5. Pelletiertemperaturen und -zeiten.

hung von 10 bis 25 °C (Abb. 5). In den Randschichten der Pellets ist die Temperatur höher als im Pelletkern. Es können kurzzeitig hohe Temperaturen weit über 100 °C entstehen. Aufgrund der Temperaturbeanspruchung beim Konditionieren und Verdichten sind bei temperaturempfindlichen Substanzen Schädigungen nicht auszuschließen, was insbesondere für Vitamine, Aminosäuren, Enzyme und andere Zusatzstoffe gilt. Deshalb muß bei der Pelletierung kompletter Mischungen dieser Gesichtspunkt berücksichtigt werden.

7.4.3 Kühlen

Nach der Presse werden die Pellets gekühlt und getrocknet. Zum Einsatz kommen hierzu beispielsweise Bandkühler oder Gegenstromkühler, bei denen im Querstrom die Kühlluft durch die Pelletschicht geführt wird. Die Feuchteabnahme beträgt etwa 1,5%, die mittlere Abgabetemperatur der Pellets liegt ca. 3–4 °C oberhalb der Raumlufttemperatur. Die Pellets werden nach dem Kühler abgesiebt und das Feingut der Pressenanlage wieder zugeführt. Meist ist ein Granulierer zwischen Kühler und Sieb zwischengeschaltet, um aus den Pellets Granulat herstellen zu können. Die abgesiebten Pellets gelangen in die Fertiggutzelle. Oft findet direkt vor der Verladung eine weitere Absiebung statt, damit ein möglichst feingutarmes Produkt ausgeliefert wird.

Ein wichtiger Aspekt beim Pelletieren ist die Absenkung des Keimgehaltes im Futter durch die stattgefundene Wärmebehandlung. Neben dem bereits erwähnten Druckkonditionierer können auch Langzeitkonditionierer Verwendung finden, die ein Verweilen aller Futtermittelpartikel bei vorgegebenen Temperaturen ermöglichen. Die Beseitigung von Salmonellen ist im Temperaturfeld von ca. 80 °C bei Verweilzeiten von etwa 4 min gegeben, setzt allerdings voraus, daß auch tatsächlich alle Futtermittelpartikel diesen Bereich durchlaufen. Neben der reinen Warmbehandlung des Futters muß bei der Gesamtanlage allerdings darauf geachtet werden, daß nach erfolgter Behandlung eine Rekontamination des Futters durch unsaubere Luft und unsaubere Anlagenbereiche vermieden wird. Dies gilt auch besonders für die Kühlluftführung.

Trotz des erheblichen Energiebedarfs (mit ca. 60% der Gesamtenergie größter Energieverbraucher bei der Herstellung von Mischfutter) wird die Pelletierung auch künftig eine maßgebliche Rolle bei der industriellen Mischfutterherstellung spielen, um den Hygienestatus und die Futterverwertung zu verbessern.

7.5 Veredlungsverfahren

Technologische Behandlungen im Nutztierfutterbereich haben nur dann eine Bedeutung, wenn sichergestellt ist, daß diese eine Verbesserung der Wirtschaftlichkeit in der Tierproduktion hervorrufen. Wegen der komplexen Vorgänge bei der Verdauung sind die Zusammenhänge von Behandlung, Analytik und Wirkung beim Tier nicht immer eindeutig; positive oder negative Reaktionen lassen sich wegen vielfältiger Interaktionen durch die Behandlung meist nur schwer analytisch bestimmten Stoffveränderungen zuordnen. Deshalb sind widersprüchliche Aussagen in der Literatur bekannt.

Die Behandlungen verfolgen u. a. folgende Zwecke:
– Verbesserung der Verdaulichkeit von Inhaltsstoffen (z. B. Stärke),
– Zerstörung antinutritiver Substanzen (z. B. Trypsininhibitor, Lectine),
– Inaktivierung unerwünschter Enzyme (z. B. Urease),
– Zerstörung toxischer Begleitstoffe (z. B. Mykotoxine),
– Beseitigung unerwünschter Mikroorganismen (z. B. Salmonellen),
– Verbesserung der Schmackhaftigkeit.

Neben diesen positiven Wirkungen müssen allerdings auch mögliche negative Reaktionen beachtet werden, wie beispielsweise:
– Inaktivierung empfindlicher Vitamine, anderer Zusatzstoffe und erwünschter Enzymsysteme,
– Zerstörung von Aminosäuren,
– unerwünschte Reaktionen zwischen Inhaltsstoffen (z. B. Maillard-Reaktion).

Bei den Behandlungen ist zu unterscheiden zwischen verschiedenen Verfahren (hydrothermische, thermische und mechanische Verfahren) und den vorherrschenden Einflußgrößen (Temperatur, Feuchte, Verweilzeit, Druck- und Scherkräfte). Meist werden die Verfahren miteinander kombiniert.

Die Einflußgrößen Temperatur, Feuchte und Verweilzeit sind beim hydrothermischen Prozeß zu berücksichtigen. Verwendung finden Kurzzeit- und Langzeitkonditionierer, gekoppelt mit Walzwerken. Durch kondensierenden Dampf steigen Materialtemperatur und -feuchte, wobei die Temperatur im Bereich von 90 bis 100°C und die Feuchte bei etwa 16 bis 20% liegen. Das so vorbehandelte Material verweilt etwa 30 bis 45 min in diesem Zustand und wird dann insbesondere bei der Getreidebehandlung einer mechanischen Behandlung unterworfen. Erst die Kombination führt zur gewünschten Stärkemodifizierung. Neben dem Flockieren sind Expandieren und Extrudieren bekannte Verfahren, die auch zur Behandlung kompletter Mischungen benutzt werden. Die Behandlungszeiten sind relativ kurz (Minutenbereich), dafür ist das Material einer sehr hohen Temperatur (teilweise über 100°C) und hohen Scher- und Druckkräften ausgesetzt. Bei hohem Feuchtegehalt ist vor der Kühlung eine Trocknung notwendig, um lagerfähige Materialien zu erhalten.

Heißluft und Infrarotstrahlung werden bei den thermischen Verfahren genutzt, um das Material auf mittlere Temperaturen von 110 bis 120 °C zu bringen. Zur Vermeidung von Verbrennungen müssen die Ausgangsprodukte gereinigt sein und gleichartige Stückigkeit aufweisen. Ein Netzen auf 18 bis 20% Feuchte wird meist praktiziert, um genügend lange Verweilzeiten zu bekommen, die allerdings nur im Minutenbereich liegen. Das heiße Material wird zwischen Walzen zu Flocken verarbeitet. Während der Behandlung entsteht ein durchschnittlicher Feuchteverlust von 7%, d. h., derartige Anlagen können auch zur Trocknung von Feuchtgetreide oder Leguminosen mit den Vorteilen einer Produktaufwertung benutzt werden.

Behandlungsverfahren zur Verbesserung der funktionellen Eigenschaften von Rohstoffen für die Tierernährung werden auch künftig ihren Stellenwert innehaben. Es ist sogar damit zu rechnen, daß die Bedeutung im Zuge eines ganzheitlichen Ansatzes zur weiteren Erhöhung der Inhaltsstoffumsetzung von Rohstoffen und Reststoffen aus der Lebensmittelindustrie zunehmen wird.

Die Futtertechnologie einschließlich Behandlungsverfahren ist ein wichtiges Element in der Wertschöpfungskette von Lebensmitteln tierischen Ursprungs. Der Verbraucher verlangt zunehmend qualitativ hochwertige Produkte, die in ihren Qualitätseigenschaften gleichbleibend gut und deren Herstellungsbedingungen transparent sein müssen. Es bedarf künftig einer stärkeren Durchleuchtung sämtlicher Produktionsstufen. Umwelt- und Hygienegesichtspunkte werden immer wichtiger. Eine umweltverträgliche Produktion ist ganz besonders in agrarischen Intensivgebieten gefragt. Um den Verbraucherwünschen nachzukommen, wird die Lebensmittelindustrie von ihren Rohstofflieferanten ebenfalls zunehmend gleichbleibende Qualitäten verlangen. Neben der Beherrschung der Produktion wird auf allen Ebenen ein Qualitätsmanagement erforderlich sein. Die Europäischen Normen 29000 ff. weisen hierzu den Weg, entsprechende Qualitätssicherungssysteme einzurichten.

Literatur

Ammann, J. (1992): Chargenweise pelletieren: kompakt, sauber und flexibel. Die Mühle u. Mischfuttertechnik **129**, 20, 245–253.

Apelt, J., Robohm, K.-F., und Löwe, R. (1991): Leistungsförderer ohne Verschleppung verarbeiten. Kraftfutter **1**, 18–24.

Austing, B. (1991): Arbeitsgenauigkeit und Vermeidung von Verschleppungen im Mischfutterwerk. Die Mühle u. Mischfuttertechnik **128**, 51/52, 676–679.

Autorenkollektiv (1981): Technologische Mischfuttermittel. Fachbuchverlag, Leipzig.

Friedrich, W. (1980): Die Arbeitsgenauigkeit von Mischfutterbetrieben. Mühlen- und Mischfutter Jahrbuch 1980. Verlag Moritz Schäfer, Detmold.

Friedrich, W., und Jansen, H.-D. (1980/1981): Aufbereitung von Futtermitteln. Aufbereitungs-Technik **21** (1980), H. 6, 314–318. Aufbereitungs-Technik **21** (1980), H. 10, 512–520. Aufbereitungs-Technik **22** (1981), H. 1, 328–332.

Jansen, H.-D. (1982): Die Mischgüte von Futtermitteln in Abhängigkeit von Mischer und Stoff. Diss., TU Clausthal.

Jansen, H.-D. (1985): Einfluß der Aufbereitung auf Preßfähigkeit und Energiebedarf bei der Mischfutterproduktion. Die Mühle u. Mischfuttertechnik **122**, 45, 619–625.

Jansen, H.-D. (1992): Weizenflockierung und -extrusion. Die Mühle u. Mischfuttertechnik **129**, 43, 706, 707.

Jansen, H.-D. (1989): Veredlung von Getreide und Leguminosen durch Wärme, Druck und Scherkräfte. Die Mühle u. Mischfuttertechnik, **126**, 24, 360–365.

Kling, M., und Wöhlbier, W. (1977): Handelsfuttermittel. Band 1. Verlag Eugen Ulmer, Stuttgart.

Ruetsche, P. (1989): The Progressive Animal Feed Production and its Fundamentals. Grinding/Sieving in the Feed Milling Industry. Advances in Feed Technology Nr. 1, 8–37.

Schmidt, P. (1984): Siebklassieren. Chem.-Ing.-Techn. **56**, 12, 897–907.

Schultz, R. (1989): Pelleting in Practice. Advances in Feed Technology Nr. 3, 6–33.

Wild, R. A. (1989/1990): Das Mischfutterwerk der Zukunft. Themen zur Tierernährung (1989/90), 92–103. Vortragsveranstaltung der Deutschen Vilomix Wirkstoffmischungen, Neuenkirchen.

Wild, R. A. (1992): Grinding: Hammer Mills and Roller Mills. Advances in Feed Technology Nr. 8, 46–53.

Teil II: Das Nutztierpotential

1. Morphophysiologische Adaptationen des Verdauungssystems
(R. R. Hofmann)

1.1 Einleitung

Das Ziel dieser Darstellung ist es, allen mit der Ernährung von Nutztieren Befaßten durch eine vergleichende Darstellung wesentlicher struktureller und funktioneller Merkmale stärker bewußt zu machen, daß der Verdauungstrakt domestizierter Wiederkäuer, Schweine und Equiden weitgehend die evolutionären Adaptationen ihrer wildlebenden Urformen widerspiegelt und gleichzeitig Anpassungslimitierungen vorgibt, die in der tierischen Produktion nicht ohne Folgen vernachlässigt werden dürfen.

Die wesentlichen Strukturen (Morphologie) werden in engstem Zusammenhang mit ihrer Funktion (Physiologie) so dargestellt, daß der von Taylor und Weibel 1981 eingeführte Begriff „Symmorphosis" bzw. „Economical design" auch im Bereich des Verdauungsapparates erkennbar wird. Danach gibt es keine biologische Struktur, die nicht von ihrer Funktion entscheidend geprägt und erhalten wird. Durch die *vergleichende* Darstellung dieser morphophysiologischen Wechselwirkungen soll auch gezeigt werden, daß der Verdauungsapparat vor allem der Pflanzenfresser in vielen seiner Abschnitte plastisch-dynamisch ist. Er durchläuft teilweise dramatische saisonale Veränderungen, die direkt und indirekt auf saisonale Veränderungen der Nahrungspflanzen in Qualität und Verfügbarkeit zurückgehen.

Die Kenntnis der **Grundstruktur** des Verdauungstraktes wird vorausgesetzt; hervorgehoben wird die ernährungsbedingte Differenzierung und damit das evolutionäre wie das saisonale Anpassungspotential, die beide sowohl durch die Domestikation als auch durch haltungs- oder produktionsbedingte Einschränkung der freien Futterwahl beeinträchtigt werden.

Alle in die Betrachtung einbezogenen Ruminantia, Equidae und Suidae besitzen für die Verdauung pflanzlicher Nahrung gruppenspezifisch ausgestaltete *Fermentationssysteme,* die in wesentlichen Bereichen untereinander nur bedingt vergleichbar und keinesfalls theoretisch austauschbar sind. Obwohl die spät entstandenen Wiederkäuer zusätzlich ein *Vormagenvergärungssystem* entwickelt haben, die ihnen phylogenetisch nahestehenden Schweine ebenso wie die Pferde jedoch nur ein *Dickdarmvergärungssystem,* wäre eine Darstellung *nur* dieser Bereiche unzulänglich. Jedes der drei gruppentypischen Systeme stellt von Mund bis Anus eine hochdifferenzierte Funktionseinheit dar. Sie soll daher auch jeweils für sich dargestellt werden.

Der spezifische Nahrungsaufnahmeapparat und Kauapparat mit Kopfdarm und Speicheldrüsen setzt sich mit dem bei allen Arten wenig differenzierten Ösophagus in den höchst unterschiedlich entwickelten *Vorderdarmabschnitt* fort, der am Pylorus sein morphophysiologisches Ende findet und in den *Mitteldarm* überleitet, dessen Funktion durch die Einmündung der Darmanhangsdrüsen Leber und Pankreas wesentlich bestimmt wird. Der *Enddarmabschnitt* ist bei allen drei Gruppen charakteristisch umgestaltet; seine voluminösen und auch langen Strukturen verzögern den Nahrungsbrei für die Fermentation strukturierter Kohlenhydrate und die Resorption v. a. kurzkettiger Fettsäuren sowie von Wasser und Mineralsalzen in jeweils optimaler Weise. Dabei werden im Kopf-, Vorder- und Mitteldarm bereits abgelaufene oder eingeleitete Prozesse bei den Wiederkäuern je nach Ernährungstyp stärker oder geringer und bei Schweinen erheblich ergänzt. Bei den Pferden ist der als „Dickdarm" bezeichnete Enddarm der funktionelle Schwerpunkt der Verdauungsprozesse.

1.2 Wiederkäuer

Nach vergleichenden Untersuchungen an 76 der weltweit ca. 150 rezenten Wiederkäuerarten und aufgrund von Nahrungswahlkriterien (Hofmann und Stewart 1972), morphophysiologischen Schwerpunkten und 39 morphologischen Merkmalsgruppen am gesamten Verdauungsapparat (Hofmann 1989, 1992) werden die Wiederkäuer nach ihrem evolutionären Entwicklungsgrad in drei sich überlappende *Ernährungstypen* (Abb. 1) eingeteilt: a) die noch vor der Ausbreitung der Gräser im Miozän entstandenen *Konzentrat-Selektierer,* KS (40% aller rezenten Wiederkäuerarten), die besonders nährstoffreiche, leichtverdauliche Pflanzen/Pflanzenteile bzw. vorwiegend auf Pflanzenzellinhalt selektieren und faserreiche Pflanzen meiden; b) die besonders in der Boviden-Evolution explosionsartig radiierenden *Gras- und Rauhfutterfresser,* GR (25% aller Wiederkäuerarten), die überwiegend monokotyledone Pflanzen selektiv, als Bovini auch nichtselektiv aufnehmen und deren Pflanzenzellwand (Faser/Cellulose) vor allem im Pansen fermentativ aufschließen; c) die flexible bzw. opportunistische Gruppe der *Intermediärtypen,* IM (35% aller Wiederkäuerarten), die sich je nach Qualität und Verfügbarkeit der selektierten Nahrungspflanzen dem einen (a) oder andern (b) Extremtyp annähern (regional oder saisonal), stets aber eine mono- und dikotyledone *Mischnahrung* aufnehmen und dabei faserreiche Teile stärker meiden als (b). Das Nahrungspflanzenspektrum von KS und IM ist stets erheblich größer als das von GR; während letztere sich überwiegend aus der Bodenvegetation („Krautschicht" von 0–75 cm) ernähren, reichen KS- und IM-Wiederkäuer auch häufig bis weit in die Strauch- oder Baumschicht; viele von ihnen sind als Blattselektierer sogar in der Lage, pflanzliche Abwehrsysteme begrenzt zu überwinden (Polyphenole vs. spezifische prolinhaltige Speichelproteine). Die evolutionäre, buschähnliche Aufgliederung und Einnischung der Wiederkäuer in drei Haupternährungstypen haben in allen Klimazonen der Erde zu einer ökologisch kompatiblen Nutzung der pflanzlichen Primärproduktion geführt, die keine Überweidung kannte. Sie muß auch bei der Fütterung von Haus- und Wildwiederkäuern stärker als bisher berücksichtigt werden.
Von den „klassischen" Hauswiederkäuern gehören die **Ziege** zum IM-Typ mit jahreszeitlicher Tendenz zum strauchblattfressenden KS; das **Schaf** ist ein selektiver GR und das **Rind** ein zeitweise nichtselektiver GR. Aus der Gruppe der KS wurde bisher *keine* Art domesti-

1. Morphophysiologische Adaptationen des Verdauungssystems 165

Abb. 1. Die europäischen Wiederkäuerarten und ihre Stellung im System der Ernährungstypen. Von links: Reh, Elch, Ziege, Gemse, Rothirsch, Steinbock, Damhirsch, Wisent, Mufflon, Hausschaf, Rind, Auerochse.

ziert. Alle derzeitigen Domestikationsversuche mit Boviden und Cerviden verwenden Arten vom Intermediärtyp, seltener auch GR (z. B. Oryx-Antilope).

Der biologische Vorteil des Wiederkäuer-Verdauungssystems mit Vorverlagerung der bakteriellen Fermentation in den Vorderdarmbereich bei allmählicher Anpassung auch an faserreiche Nahrung (KS-IM-GR) liegt vor allem in der energiesparenden Auswertung größerer Pflanzenteile in Ruhestellung, in der Mitverdauung des bakteriellen Eiweißes, das nach der mehr oder weniger vollständigen Vormagen-Fermentation in das salzsäure- und pepsinogenproduzierende Abomasum gelangt, sowie in der Fähigkeit, Stickstoff über Harnstoff im Körper zu rezirkulieren und in den Pansen auszuscheiden, wo er zur biologischen Synthese leichtverdaulicher Bakterieneiweiße genutzt wird. Bereits hier sei darauf hingewiesen, daß offenbar in der Mundhöhle beim Kauen in Lösung gehende Nährstoffe (Pflanzensaft) über die lebenslang voll funktionsfähige Magenrinne (Sulcus ventriculi) unter Umgehung des Vergärungssystems in den Labmagen abgeleitet werden und somit ,,monogastrisch" verdaut werden können; dazu scheint ein reflektorischer Schluß der Rinnenlippen nicht erforderlich zu sein.

Außerdem können wechselnde Mengen besonders von Hemicellulose-Blattgerüsten der Pansenvergärung entgehen (,,ruminal escape"; Ulyatt et al. 1975), um im Dickdarm aufgeschlossen zu werden. Die Wiederkäuer bedienen sich einer ,,fraktionierten" Vormagen- und Dickdarmfermentation, insbesondere die KS und IM.

Der Verdauungsapparat der Wiederkäuer stellt somit vergleichsweise (nicht nur im Magenbereich) einen phylogenetischen Gipfel an Komplexität dar. Es wäre grundfalsch, diese artenreiche und für den nutzenden Menschen so hochbedeutsame Gruppe durch Verallgemeinerungen auf den Status von spezialisierten Fermentationsmaschinen zu reduzieren, die Cellulose aufschließen können, nachdem sie wiedergekaut haben. Diese mechanistische, die Evolution ignorierende Auffassung hat dazu geführt, daß in der Fütterung von domestizierten wie von nichtdomestizierten Wiederkäuern (in freier Wildbahn, Gehegen oder Zoos) oft völlig unnötige Schäden (und Kosten) verursacht wurden und werden.

- **Kopfabschnitt**

Die prehensilen Organe der Wiederkäuer sind *Lippen, Zunge, Unterkiefer-Schneidezähne* und *Dentalplatte*. Ihr unterschiedlicher Gebrauch hängt von Form und *Breite* der Schnauze bzw. des Schneidezahnbogens, von der Beweglichkeit der Lippen, der Größe der Mundspalte und der Länge des freien Teils der Zunge ab. Das starre *Flotzmaul* der Echtrinder resultiert in einer völlig anderen Rupftechnik, als sie das schmale Rostrum der Schafe oder Gazellen gestattet, während der Elch durch extreme Feinbeweglichkeit der Lippen anders selektiert als Giraffe, Okapi oder Gerenuk, primäre Zungenselektierer, vom Rind extrem unterschieden. Die Incisivi der ,,pflückenden" KS/IM sind schmal und meißelförmig, die der weidenden GR (und IM) breit-schaufelförmig.

Der harte *Gaumen,* mit dem Zungenrücken (v. a. dem wiederkäuertypischen Wulst/Torus), für den Abtransport aufgenommener Pflanzenteile zuständig, ist je nach Ernährungstyp unterschiedlich gestaltet – eine starke Papillierung der Gaumenstaffeln und eine relativ kurze Dentalplatte gehören stets zu einem blätterfressenden KS, eine starke Verhornung von Gaumen- und Zungenschleimhaut zeichnet die GR aus. Ist das Muster der *mechanischen* Zungenpapillen nahezu artspezifisch (stets gröber bei GR), so besitzen alle grasfressenden Wiederkäuer-Arten erheblich mehr Geschmacksrezeptoren (v. a. in den umwallten Papillen am Zungengrund) als die olfaktorisch selektiven KS.

Der gesamte *Kauapparat* selektiver Kraut- und Blattfresser (KS und IM) ist „feiner" strukturiert, primär eher zum Entsaften/Quetschen als zum gründlichen Zermahlen faserreicher Gräser angelegt: Schmale Unterkieferäste mit ausgeprägtem Winkelfortsatz geben einem kompakt gebündelten *Massetermuskel* nur kleinflächig Ansatz; mit seinen Synergisten Pterygoideus und Temporalis wirkt er auf saftige Blätter und Früchte vertikal effektiver auf die Backenzähne ein als der stärker seitwärts mahlende Kauapparat der GR. Dieser stützt sich auf einen massigeren Unterkiefer mit großen Ansatzflächen, denn der Masseter ist fächerförmig ausgebreitet und stärker sehnig durchsetzt.

Die *Backenzähne* der KS haben enge Schmelzfalten, Kunden und spitze Kauränder; bei den GR sind sie breitflächig-selenodont und damit besser zur mahlenden Zerkleinerung auch harter Pflanzenfasern in langen Wiederkauperioden geeignet, während KS – entsprechend ihrer Futterwahl – häufiger kurz wiederkauen. Es sei daran erinnert, daß Wiederkauen der *Zerkleinerung* faserreicher Pflanzenteile dient, um den zellulolytischen Bakterien bessere Ausgangsbedingungen zu verschaffen. Je selektiver qualitativ hochwertiges Futter aufgenommen werden kann, umso geringer die Notwendigkeit, „gründlich" wiederzukauen. Selektive Blattfresser scheiden dann *größere* Faserpartikel unverdaut aus, im Pansen wird rascher Platz für neu aufgenommene Äsung.

Die *Kopfspeicheldrüsen* der Wiederkäuer unterscheiden sich, trotz ähnlicher Mikrostruktur und Synthesevorgänge, durch das ihnen nachgeschaltete Vormagen-Vergärungssystem in ihren physiologischen Auswirkungen erheblich von denen der Schweine und Pferde. Die beträchtlichen Speichelmengen (Rd. je nach Fasergehalt des Futters 90–190 l/d, Schf., 6–16 l/d) sorgen mit ihrer hohen Phosphat- und Carbonatpuffer-Kapazität für Erhaltung eines für die vorwiegend anaeroben Pansenbakterien optimalen pH-Wertes um 6,5 („steady state") trotz fluktuierender Fettsäurekonzentrationen, und sie erhalten die pansentypische Suspensionsflüssigkeit bzw. das Ausflußmedium in mittlerer Höhe des Hauben-Pansen-Raums („dilution rate").

In der Wiederkäuer-Evolution haben sich die Speicheldrüsen regressiv entwickelt (Abb. 2), was auf weitergehende Funktionen bei KS und IM hinweist: Ihr Gesamtgewicht als Prozentsatz der Körpermasse (im Durchschnitt aller untersuchten Arten) ist bei KS 0,36, bei IM 0,26 und bei GR nur noch 0,18. Die durchschnittliche Drüsenmasse der Parotis ist unabhängig von der Körpergröße bei einem KS (z. B. Reh) mehr als dreimal größer als bei einem GR (z. B. Schaf).

Das besonders von den *serösen* Drüsenanteilen ständig freigesetzte, dünnflüssige Sekret wird bereits beim Kauen frischer, saftiger Pflanzenteile als Lösungsmittel für Pflanzenzellinhalt verfügbar und wäscht offensichtlich wesentliche Mengen löslicher Nährstoffe in die Magenrinne (Kurzschluß zum Labmagen, wie er beim Milchtrinken der Jungtiere benutzt wird). Die höhere Speichelproduktion selektiver Kraut- und Blattfresser wirkt sich auch auf den rascheren Abtransport teilweise größerer Partikel aus dem Ruminoretikulum aus, was neue selektive Nahrungsaufnahme ermöglicht (Rehe bis zu 12 ×/d; auch Ziegen haben kürzere Retentionszeiten als gleichgroße Schafe; Lechner-Doll et al. 1990). Offenbar verwenden diese Wiederkäuer den Speichel aber auch zur Neutralisation polyphenolhaltiger, aber besonders eiweißreicher Nahrungspflanzen, sofern ihre Speicheldrüsen bestimmte Proline erzeugen, die Eiweiß-Tannin-Komplexe meist bereits in der Mundhöhle, spätestens im Vormagen bei pH 6–7 bilden und deren unschädliche Durchschleusung bis in ihren besonders viel HCl produzierenden Labmagen gestatten, wo dieser Vorgang umgekehrt wird. Unter den Hauswiederkäuern besitzt die Ziege die relativ größten Speicheldrüsen und dürfte sie, wie zahlreiche Wildtiere mit ähnlich selektiver Ernährungs-

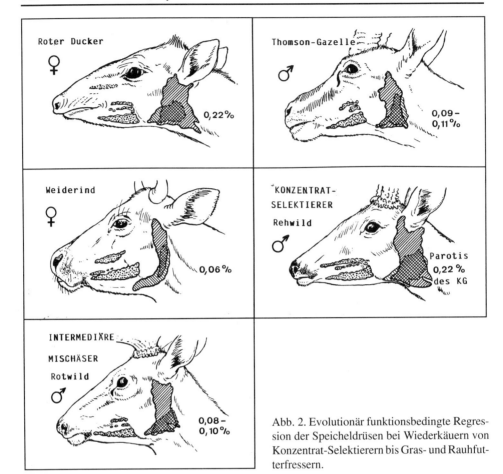

Abb. 2. Evolutionär funktionsbedingte Regression der Speicheldrüsen bei Wiederkäuern von Konzentrat-Selektierern bis Gras- und Rauhfutterfressern.

weise, entsprechend multipel verwenden, wie die Hütepraxis besonders auf marginalen Standorten zeigt.

- **Vorderdarmabschnitt**

Der *Ösophagus* der Wiederkäuer ist weitgehend drüsenlos, seine Wandmuskulatur ist quergestreift und daher peristaltisch wie antiperistaltisch (beim Eruktionsvorgang) willkürlich einsetzbar. Er mündet zwischen Netzmagen und Pansenvorhof (Atrium); schwere Partikel fallen stets in den *Netzmagen*. Alle selektiven Wiederkäuer haben einen großen Netzmagen, er ist stets größer als der *Blättermagen* (der bei den meisten KS besonders klein ist); bei den Rindern ist das umgekehrt. Der *Labmagen* ist während der Säugeperiode, vor der allmählichen Umstellung auf pflanzliche Nahrung, das größte der vier Magenkompartimente, später steht er nach dem Pansen an zweiter Stelle. Phylogenetisch ist der Blättermagen das jüngste Differenzierungsprodukt in der Evolution des Säugetiermagens und findet sich nur bei den echten Ruminantia (nicht bei den Kameliden). Er hat auch während der Wiederkäuer-Evolution einen erheblichen Form- und Funktionswandel von einem kleinen, wenig strukturierten Pump- und Seihe-Organ mit geringer Resorptionsfläche bei KS zu einen voluminösen Resorptionsorgan mit riesiger Oberfläche (Rd.: 3–4 m^2) bei GR durchgemacht (Abb. 3).

1. Morphophysiologische Adaptationen des Verdauungssystems 169

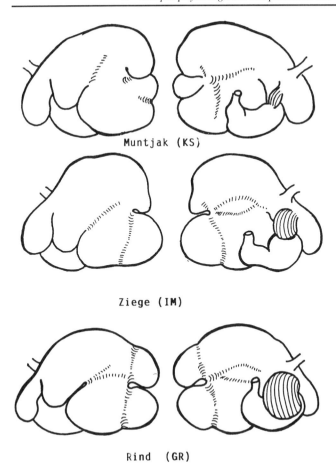

Abb. 3. Differenzierung der Magenform bei Wiederkäuern, insbesondere Pansenblindsäcke und Blättermagen.

Die drei Vormagenabteilungen sind von einer drüsenlosen, *kutanen Schleimhaut* ausgekleidet, deren oberflächliche Verhornung unter dem Einfluß flüchtiger Fettsäuren anders abläuft (statt platter Hornschuppen gequollene „Ballonzellen") als in der Epidermis oder an mechanisch beanspruchten Vormagenbereichen wie z. B. den Pansenpfeilern.

Die tatsächliche *Kapazität* des Wiederkäuermagens ist geringer als auf falscher Meßtechnik (Wasserfüllung/unnatürliche Distension) basierende Angaben in den meisten Lehrbüchern. Selbst große Rinderrassen haben selten ein kombiniertes Ruminoretikulum, das mehr als 100 l faßt, bei Tieren mittlerer Größe nur 60–80 l. Das bovine Abomasum, das vermutlich nie vollständig gefüllt wird, faßt 5–8 l, nicht jedoch 20. Von den kleinen Hauswiederkäuern hat das Schaf (GR) bei gleichem Körpergewicht gewöhnlich eine größere Pansenkapazität als die intermediäre Ziege, die hier zudem erhebliche jahreszeitliche Anpassungsschwankungen zeigt. Für beide Arten ergibt sich daher eine Schwankungsbreite von 9–18 l, und ihr Abomasum faßt selten mehr als 2 l. Je nährstoffreicher und leichter verdaulich bzw. je faserärmer das aufgenommene Futter ist, umso weniger wird die vorhandene Kapazität der Hauptgärkammern ausgenutzt (60–70%). Danach erfolgt auch die beim Rind stets am stärksten, bei der selektiven Ziege am geringsten ausgeprägte *Schichtung* des Futters kaum, die vom Verholzungsgrad (Lignifizierung) abhängt. Bereits hier werden jedoch morphophysiologische Merkmale wirksam, die durch Anpassung an freigewähltes Futter entstanden sind: Rauhfutterfresser wie das Rind besitzen besonders effektive Verzögerungsmechanismen (alle *Magenöffnungen* sind enger als bei IM und KS, die *Blindsäcke* sind durch Koronarpfeiler stärker abgesetzt usw.), um die bakterielle Zellulolyse zu optimieren. Bei strukturarmen Kraftfuttergaben wirken sie als „Azidose-Fallen". Hier erweist sich auch die zu geringe Pufferkapazität der relativ kleinen (evolutionär an langsam ablaufende zellulolytische Vorgänge angepaßten) Speicheldrüsen als Negativfaktor.

Ähnlich steht es mit dem Schleimhautrelief des Retikulums. Es besteht beim Rind aus besonders hohen, mehrfach unterteilten Cristae, wodurch tiefe Cellulae entstehen. Diese halten mit ihrer Schleimhautmuskulatur sedimentierte (schwere) bzw. unzerkleinerte Faserteile fest, werden aber bei Getreidefütterung zu „Körnerfallen".

Die niedrigsten Schleimhautleisten haben die KS, unter den Haus-Wiederkäuern die Ziegen. Neben den auf weichere, saftige Kraut- und Blattnahrung eingestellten dünnen *Pansenpfeilern* der Selektierer bzw. den besonders muskelstarken der GR (einschl. Schaf) reflektiert vor allem die Verteilung der *Pansenzotten* ernährungstypische Anpassungen. Typisch für die GR ist die *ungleichmäßige* Verteilung bzw. das weitgehende Fehlen dieser Resorptionsorgane (mit hochentwickeltem Mikrogefäßapparat) im dorsalen Pansensack, insbesondere am Pansendach, und ihre Reduktion am Pansenboden.

Während die Zotten bei den KS *gleichmäßig* über die gesamte Panseninnenfläche verteilt sind, stehen sie bei GR in mittlerer Höhe des Pansens (v. a. im Atrium, in den Pfeiler-Nischen und am Boden des dorsalen Blindsacks) besonders dicht und vergrößern hier die Oberfläche bis zu 20fach (Abb. 4). Das entspricht der Futterschichtung bzw. der stärkeren Intensität bakterieller Vergärung. Je höher die Fettsäurekonzentration, umso stärker die Stimulation für die Entwicklung der Pansenzotten – vorausgesetzt, der pH sinkt nicht langfristig in den sauren Bereich ab. Hier besteht ein fein abgestimmtes Wechselwirkungsgefüge zwischen verfügbarer Resorptionsfläche (Pansenzotten) und damit Reduktion der FFS-Spannung, der Pufferkapazität (Speicheldrüsen) und der Abflußgeschwindigkeit (Speichelverdünnung, Wiederkau Effekt und Größe der Abflußöffnungen, v. a. der bei KS und IM besonders weiten Netzmagen-Blättermagen-Öffnung/Ostium reticulo-omasicum). Bei freier Nahrungswahl bzw. ernährungstyp-gerechter Fütterung regulieren diese drei morphophysiologischen Komponenten den pH-Wert im Steady-state-Bereich oberhalb der Azidosegefahr.

Sichtbares Zeichen längerfristiger Azidosevorgänge sind die Formveränderungen im Makro- und Mikrobereich der Zotten (Marholdt und Hofmann 1992), die von Quellungserscheinungen über blumenkohlähnliche Verformungen bis hin zu erodierten, von Mikroabszessen besetzten und mehr oder weniger abgerundeten Gebilden reichen, die oft miteinander verklumpen und keine Ähnlichkeit mehr mit physiologisch funktionierenden Resorptionsorganen besitzen.

Bei ständiger Unterversorgung, z. B. durch qualitativ schlechtes Heu oder hohen Ligningehalt, bilden sich dagegen filiforme „Hungerzotten" aus, die der spätfetalen/pränatalen Form dieser Schleimhautstrukturen ähneln (Hofmann 1973, 1988).

Diese saisonalen Einflüsse auf das Pansenschleimhautrelief sind bei KS der gemäßigten Zonen wie Reh oder Elch z. T. beträchtlich (vom Sommer zum Herbst bzw. Winter wird die resorbierende Oberfläche um 30–50% reduziert und im Frühjahr erneut vergrößert; Hofmann und Nygren 1992), während die Ziege (IM) durch selektive Nahrungswahl geringere Schwankungen zeigt als im gleichen Lebensraum weidende Schafe (Schwartz et al. 1987).

1. *Morphophysiologische Adaptationen des Verdauungssystems* 171

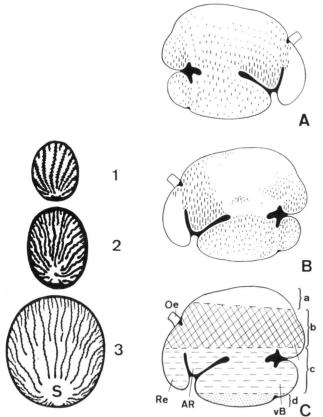

Abb. 4. Schematische Darstellungen zum Schleimhautrelief. A und B Zottenverteilungsmuster rechts und links bei Grasfressern (nach Schnorr und Vollmerhaus 1967); C = Schichtung im Grasfresser-Ruminoretikulum (aus Hofmann 1973); a = Gasblase; b = Schicht groben, spezifisch leichteren Futters; c = Schicht schwereren oder feingekauten Futters; d = „Schlammschicht" einschl. Mineralien, Protozoen usw.; e = Ösophagus; D = die drei Haupttypen des Omasums entsprechend den Ernährungstypen; 1 = Konzentrat-Selektierer, 2 = Zwischentyp, 3 = Grasfresser; S = Canalis/Sulcus omasi.

An Freilandhaltung angepaßte Rinderrassen zeigen diesen „Erholungseffekt" der Schleimhaut ebenso wie Schafe, die vor der Vegetationsruhe Energievorräte anlegen konnten. Winterliche Kraftfuttergaben für Haus- und Wildwiederkäuer heben ihn auf.
Die Anpassungs- und Umbauperiode der Pansenschleimhaut (der eine futterbedingte Veränderung der fermentierenden Mikroflora vorausgeht und die primär auf einem Umbau des Zottengefäßapparates [Hofmann und Schnorr, 1982] und Änderungen der Mitoserate des Epithels [Sakata et al. 1980] beruht) dauert 2–3 Wochen und wirkt sich vor allem auf die Zottenlänge, oft aber auch auf deren Zahl pro Flächeneinheit aus (sogenannter Oberflächenvergrößerungsfaktor, OVF). Die mikroanatomischen Umbauvorgänge und ihr unmittelbarer Bezug zu Änderungen in Qualität und Zusammensetzung des aufgenommenen Futters können als aufgeklärt gelten, nachdem Liebich et al. (1990) auch die wesentliche Rolle des Bindegewebes und seiner Kollagen-Komponenten erhellt haben.
Gehört der Pansen somit zu den besonders plastischen Organen des Wiederkäuer-Verdauungssystems, ist das evolutionär spät entstandene *Omasum* saisonalen Veränderungen nicht

oder nur im mikroskopisch-zellulären Bereich unterworfen. Der Grundbauplan ist gleich, die Dimensionen und Differenzierungen sind je nach Ernährungstyp höchst unterschiedlich. Setzt man den relativ kleinen Blättermagen der KS mit seiner vor allem auf den wenigen Blättern 1. und 2. Ordnung beruhenden, geringen Oberflächenvergrößerung mit durchschnittlich 100 an, so weisen intermediäre Wiederkäuer eine um das Doppelte größere, resorptionsfähige Schleimhautoberfläche auf. Bei den GR hat sich der Blättermagen schließlich vollends zu einem sehr großen, vielblättrigen *Resorptionsorgan* für Wasser und Elektrolyte gewandelt (vier Blattgrößen sowie Schleimhautfalten 5. Ordnung), das eine um 400% und mehr vergrößerte Oberfläche bietet.

Während die *Interlaminar-Buchten* („Compartment I") entsprechend mehr oder weniger Futtermasse mit kleinsten (feingekauten) Partikelgrößen aufweisen, fungiert der kurze *Canalis omasi* (als Fortsetzung der Magenrinne zwischen Netzmagen-Blättermagen-Öffnung und Blättermagen-Labmagen-Öffnung/Ostium omaso-absomasicum ausgelegt) als „Compartment II". Flüssigkeitsschübe (bei KS und IM saisonal aber auch große/grobe, für die betreffende Art zunächst unverdauliche, faserreiche Partikel) passieren offenbar nur diesen Teil des Blättermagens, wobei der Mechanismus noch nicht klar ist.

Die beiden omasalen Verbindungsöffnungen sind jedoch bei KS besonders weit und bei GR besonders eng. Sie unterliegen offenbar regulativen Veränderungen; im Bereich des Ostium reticulo-omasicum durch Muskelwirkungen (Cardia-Muskelschleife) und eine saisonal variable Bestückung mit Krallenpapillen; im Bereich des Ostium omaso-abomasicum durch kreislaufregulatorische Einrichtungen (Polstergefäße; Versteifung) in der z. T. drüsenlosen, z. T. drüsenhaltigen Schleimhaut der sogenannten Psaltersegel/Vela abomasica (Marholdt 1991).

Die vierte Abteilung des aus einer einheitlichen Embryonalanlage hervorgegangenen Wiederkäuermagens, der *Labmagen/Abomasum,* entspricht in seiner Schleimhautauskleidung weitgehend dem einhöhligen Magen der Schweine und Pferde – ihm fehlt jedoch eine drüsenlose Pars proventricularis und eine Cardiadrüsenzone. Gemeinsam mit dem Omasum wird er durch das *kleine Netz* an der Leber befestigt; sein weiter Anfangsteil drängt vor allem während der biphasischen Netzmagen-Kontraktionen nach links, wohin er sich u. a. bei unphysiologischer Gasfüllung/Nachfermentation nach Konzentratfütterung verlagern kann. Im Vergleich der Ernährungstypen haben KS ein relativ großes Abomasum mit wenigen, niedrigen Spiralfalten, GR einen verhältnismäßig kleinen Labmagen mit hohen Schleimhautauffaltungen (IM in Mittelstellung). Das bietet den grasfressenden Wiederkäuern insgesamt eine etwas größere Gesamtoberfläche (bis 8×), doch funktionell entscheidend ist die *Dicke* der Drüsenschleimhaut. Sie ist im Vergleich mit KS bei IM durchschnittlich auf 75% reduziert, bei GR auf die Hälfte. Unabhängig von der Körpermasse verfügt ein selektiv Blätter und Kräuter aufnehmender Wiederkäuer (KS) über die doppelte Menge an HCl-produzierenden Belegzellen; denn deren Anteil am Schleimhautgewebe liegt bei *allen* Wiederkäuern um 20%. Diese offenbar größere Menge an HCl kann den mit löslichen Nährstoffen aus der Mundhöhle direkt über die Magenrinne abgeleiteten alkalischen Speichel neutralisieren, mehr ausgeschwemmte Pansenbakterien abtöten, die in Blättern konzentrierten Ca^{++} und Phosphat-Komplexe und wahrscheinlich auch die Polyphenol-Speichelproteinkomplexe bei entsprechend niedrigerem pH auflösen und die Blatthemicellulosen mazerieren und für die Dickdarmfermentation vorbereiten.

Somit weicht die morphophysiologische Differenzierung des Labmagens bei selektiven Blattfressern einschließlich der Hausziege erheblich besonders von der des Rindes ab – ein weiterer evolutionär bedingter Grund für fütterungsbedingte Störungen nach Konzentratfuttergaben. Die Verfütterung von Getreidefutter erweist sich selbst für KS, z. B. in Zoos, als problematisch, wenn sie die selektive Aufnahme leichtverdaulicher Pflanzen mit geringem Faseranteil, aber hohem Pflanzenzellinhalt ersetzen soll.

Traditionsgemäß stehen bei der Wiederkäuerernährung die komplexen Vorgänge der fermentativen Verdauung im *Hauben-Pansen-Raum* im Vordergrund, wo bei GR bis 80% der Futter-Kohlenhydrate abgebaut werden. Doch bei Stallfütterung mit errechneten Rationen gerät in Vergessenheit, daß auch Weiderinder Anpassungsprobleme bei höherer Verdaulichkeit bzw. hohen Pflanzenzellinhaltsanteilen (frisches Weidegras) haben. Der hohe Entwicklungsstand der Magenrinne selbst bei nichtselektiven, adulten GR legt die Vermutung nahe, daß die partielle und temporäre Ableitung löslicher Nährstoffe und deren *monogastrische* Verwertung ein wichtiger Regulationsfaktor für die Vermeidung zu hoher Fermentationsraten (Aufblähen) sind, ebenso wie die Nachvergärung im Dickdarm. Derartige, morphologisch implizierte Anpassungen und die daraus resultierende biologische Flexibilität sind unter genormten Versuchsbedingungen mit Standardrationen nur schwer oder nicht nachweisbar. Der Vergleich mit Wildwiederkäuern, aus deren Reihen der Mensch die Domestikanten rekrutierte, ist hier nicht nur hilfreich, sondern notwendig.

- **Mitteldarmabschnitt**

Alle Wiederkäuer haben jenseits ihres (durch den fettunterbauten Torus pylori hocheffektiven) Magenausgangsverschlusses eine deutliche *Ampulla duodeni* mit ernährungstypisch differenzierter Ausstattung mit *Duodenaldrüsen* (pH-Ausgleich). In die rechterseits an der Leber aufsteigende Pars cranialis duodeni münden die Ausführungsgänge der *Darmanhangsdrüsen* Leber und Pankreas.

Die *Leber* hat u. a. die bei Wiederkäuern bekanntlich besonders umfangreiche Funktion der Glukoneogenese, die in Beziehung steht zu Menge und Geschwindigkeit der vor allem im Pansen resorbierten flüchtigen Fettsäuren (FFS). Daraus erklärt sich auch ihre, bei freier und saisonal beeinflußter Futterwahl nachgewiesene Plastizität (Schwankungen des relativen Organgewichts). Die bei allen Wiederkäuerarten völlig nach rechts verdrängte Leber ist jedoch auch evolutionär einem adaptiven Funktions- und Massenwandel unterzogen worden. So besitzen KS mit 1,9–2,6% der Körpermasse eine relativ große, IM mit 1,4–1,8% eine mittelgroße und GR mit 1,1–1,3% eine relativ kleine (oft auch bindegewebsreichere) Leber. Dieser Unterschied erklärt sich auch aus der größeren Entgiftungsleistung bei selektiven Wiederkäuern mit einem sehr breiten Spektrum, einschließlich polyphenolhaltiger Nahrungspflanzen.

Am Rande sei vermerkt, daß es zahlreiche Wildwiederkäuerarten gibt, die (wie das Pferd) kein Sammelorgan der von den Leberzellen exkretorisch gebildeten Gallenflüssigkeit in Form der Gallenblase besitzen. Dazu gehören unter den Boviden die afrikanischen Duckerarten und die meisten Cerviden (z. B. Damwild).

Am *Pankreas* (Bauchspeicheldrüse) der Wiederkäuer wurden bisher nur geringgradige Unterschiede festgestellt, die auf eine ernährungstypische Differenzierung hinweisen.

Der *Darm* dagegen zeigt bereits in seiner Gesamtlänge derartige Unterschiede: Am längsten ist er in Beziehung zur Körperlänge (1) bei GR (1: 20–30), gefolgt von dem IM (1: 14–22) und KS (1: 8–15).

Der *Dünndarm* zeigt zunächst ein konservatives Säugetier-Strukturmuster bis hin zur Mikroarchitektur. Diese ist gekennzeichnet durch einen signifikant höheren Anteil an Drüsengewebe bei KS, der bei GR bis auf 50% reduziert sein kann, sowie durch eine dickdarmwärts ständig zunehmende Zahl von schleimproduzierenden *Becherzellen,* sowohl im Epithel der Zotten als auch in dem der Lieberkühnschen Krypten (Darmeigendrüsen). Ernährungstypische Differenzierungen scheint auch das *darmassoziierte lymphatische Gewebe* (GALT) zu zeigen, die aber noch nicht ausreichend untersucht sind.

Warum der Dünndarm bei domestizierten Schafen und Rindern gegenüber wildlebenden Formen an Länge (ebenso wie beim Vergleich Haus- und Wildschwein) zugenommen hat (Abb. 5), kann bisher nicht hinlänglich erklärt werden; mit einer Nahrungsspezialisierung hat das sehr wahrscheinlich nichts zu tun, wie vergleichende Säugetierstudien vielfältig belegen.

Ganz anders steht es mit dem proportionalen Anteil von Dünn- und Dickdarm an der Gesamtdarmlänge, auch ohne Berücksichtigung der z. T. beträchtlichen Volumenausdehnung. Beim domestizierten Rind macht der Dünndarm durchschnittlich 82% der Darmlänge aus, beim Schaf 80% und bei der Ziege nur noch 75%. Auf die Wiederkäuer insgesamt bezogen (Vergleich von 76 Arten), macht der Dünndarm bei KS nur 65–70% der Gesamtdarmlänge aus, bei IM 70–80% und bei GR 75–82% (einzige bisher bekannte Ausnahme: die extrem wasserunabhängige Oryx-Antilope).

- **Enddarmabschnitt**

Entsprechend seiner bereits erwähnten multiplen funktionellen Beanspruchung ist der *Enddarmabschnitt* des Wiederkäuer-Verdauungstraktes im Vergleich der Ernährungstypen auffällig differenziert und spezialisiert. Der Grundbauplan ist ähnlich, aber nicht gleich. Stets sind die Anfangsteile *Caecum* und *Ansa proximalis coli* die umfangreichsten, gefolgt von der ebenfalls voluminösen Ampulla recti im Beckenbereich. Funktionsbezogen werden diese erweiterten Dickdarm-Anfangsteile als *distale Fermentationskammer* (DFC) der proximalen Gärkammer (PFC), d. h. dem Hauben-Pansen-Raum, gegenübergestellt. Das Kapazitätsverhältnis dieser beiden bakteriellen Fermentationsräume ist bei KS eng: 1: 6 bis 10, bei GR mit ihrem meist relativ kleinen Caecocolon und ihrem riesigen Pansen dagegen 1: 15–30. Auch dieser wichtige Teil des Traktes ist unter dem Einfluß wechselnder Nahrungsqualität „plastisch", wie sich besonders bei Schaf und Ziege zeigt, wo die DFC 10–15% des Hauben-Pansen-Volumens ausmachen kann, wenn die (selbstgewählte) Nahrung leicht verdaulich und nährstoffreich ist; denn hier werden jene strukturierten Kohlenhydrate „nachvergoren", die erst das fraktionierende, saure Milieu des Labmagens durchlaufen mußten.

Mikrostrukturell zeigt sich eine dünne *Muskelwand* bei KS; auch die *Dickdarmschleimhaut* ist dünn und der Becherzellanteil zugunsten der resorptionsfähigen Saumzellen reduziert (geringer als im Endabschnitt des Dünndarms), während die GR im Bereich der distalen Gärkammer eine deutlich dickere Wandmuskulatur sowie eine dickere Schleimhaut, dadurch eine höhere Oberflächenvergrößerung aber auch relativ mehr Becherzellen aufweisen. Das alles sind funktionsbedingte Anpassungen, die evolutionär mit zunehmender Celluloseverdauung (im Vormagenbereich) in ihrer Bedeutung abnehmen und daher auch eine strukturelle Regression bedingten.

Das drückt sich eindrucksvoll auch im prozentualen Längenanteil des Dickdarms am Gesamtdarm aus: er liegt bei KS 27–35%, bei IM 20–30% und bei GR nur noch 18–25%. Daran hat erheblichen Anteil die unterschiedliche Ausgestaltung des für die Wiederkäuer charakteristischen *Spiralkolons,* das bei KS stets länger und windungsreicher ist als bei GR und IM. Es ist am kürzesten bei den Echtrindern, insbesondere dem taurinen Hausrind, das einen stark wasserhaltigen Kot ausscheidet. Das lange Spiralkolon insbesondere der Blattselektierer (Extreme: Elch und Rentier) resorbiert in seinen Anfangsabschnitten (bei noch

Evolutionär-funktionelle Anpassung des Wdk.-Darms

Konzentrat-Selektierer: faserarme Nahrung (Pflanzenzellinhalt)

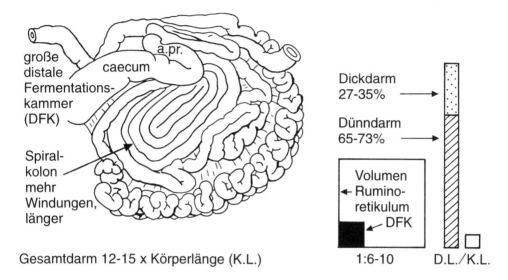

Gesamtdarm 12-15 x Körperlänge (K.L.)

Grasfresser: faserreiche Nahrung (Pflanzenzellwand)

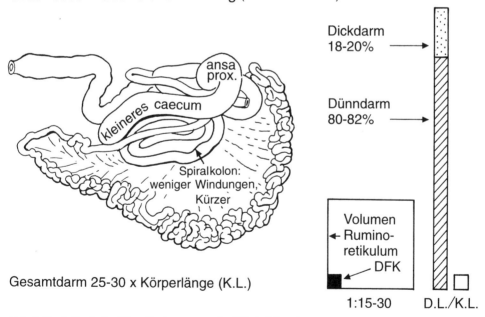

Gesamtdarm 25-30 x Körperlänge (K.L.)

Abb. 5. Evolutionär-funktionelle Anpassung des Wiederkäuerdarms.

geringerem Becherzellanteil) offenbar zunächst noch alle restlichen FFS aus der Dickdarmvergärung und fungiert dann als hocheffektives Wasserrückresorptionsorgan – bereits die letzte zentrifugale Windung enthält „trockene" Kotbeeren. Diese können u. a. verhaltensbedingt (Territoriallatrinen, Feindvermeidung u. a.) in dem stark erweiterungsfähigen Ampullenteil des Rektums zurückgehalten werden, dessen Epithel hauptsächlich aus Becherzellen besteht.

Zusammenfassend läßt sich feststellen, daß domestizierte wie wildlebende Wiederkäuer unterschiedliche morphophysiologische, evolutionär erworbene Anpassungen ihres Verdauungstraktes zeigen, die sie im gleichen Lebensraum zu einer Ressourcen-Aufteilung befähigt, was vom nutzenden Menschen aus ökologischen wie ökonomischen Gründen stärker bedacht werden muß. Bei der Fütterung der Wiederkäuer ist zu beachten, daß die evolutionäre Differenzierung und Variierung des imaginären Bauplans des Wiederkäuer-Verdauungstraktes ihren unterschiedlichen Trägern in jeweils stärkerer oder geringerer Ausprägung *drei Optionen* einräumt: a) eine limitierte monogastrische Verdauung, auch über die Magenrinne, b) eine Dickdarmvergärung und -verdauung und c) eine Vormagenvergärung und -verdauung, deren Effizienz von Qualität und Verfügbarkeit artgerechter, pflanzlicher Futtermittel wesentlich abhängt. Mit der Einschränkung der freien Futterwahl bzw. der Selektivität domestizierter oder eingezäunter Wiederkäuer übernimmt der Mensch eine weitreichende Verantwortung, die starre Fütterungsregeln und -rezepte fragwürdig macht.

1.3 Schweine

Traditionell stellt man die meisten Suidae aufgrund ihrer Gebißmerkmale in die Reihe der (verschiedenen Ordnungen angehörenden) „Allesfresser" und damit in einen wenig gerechtfertigten Gegensatz zu den Herbivoren. In der Evolution der Säugetiere sind die Schweine zwar *vor* den Wiederkäuern entstanden; wenn man jedoch den Mittel- und Enddarm vergleichend betrachtet, zeigen sich zwischen beiden Taxa zum Teil fließende Übergänge, die funktionell ähnlich bedingt sein dürften. Tatsächlich decken die meisten Schweinearten, so auch *Sus scrofa,* ihre Energieansprüche vorwiegend herbivor, während zahlreiche selektive Wiederkäuerarten (v. a. KS) ihre höheren Eiweißansprüche gelegentlich bzw. opportunistisch durchaus auch über Karnivorie komplementieren können (Kleinsäuger, Eier, Plazentophagie), wie das bei Schweinen üblich ist. Auch der Gastrointestinaltrakt der Schweine ist *plastisch* und besitzt ein großes Anpassungspotential, nicht nur bei den domestizierten Formen.

Das charakteristische *Rostrum* mit seiner knochengestützten, festen Rüsselscheibe hindert das Schwein mit seiner spitz zulaufenden, beweglichen Unterlippe und Zunge nicht an der selektiven Aufnahme auch kleiner Teile geeigneter Nahrung oder gar am raschen Abweiden saftiger Vegetation. Bei herbivorer Ernährung gehen die Schweine primär und selektiv auf *Pflanzenzellinhalt* (insbesondere Stärkespeicher) und nicht auf Pflanzenzellwand aus, d. h., sie vermeiden faserhaltige Pflanzenteile soweit wie möglich.

- **Kopfabschnitt**

Zum Nahrungsaufnahmeapparat gehört eine stark entwickelte, das Rostrum bewegende Facialis-Muskulatur, die bewegliche *Zunge,* zusammenwirkend mit einem auffällig gestaffelten, ebenfalls spitz zulaufenden *Gaumen* sowie meißelförmige *Unterkieferschneidezähne*. Der gesamte Rachenbereich einschließlich des Zungengrundes und des Gaumensegels ist reich bestückt mit tonsillärem Abwehrgewebe (Waldeyerscher Rachenring), eine Anpassung an die omnivore Nahrungswahl. Gegenüber den Wiederkäuern fallen die geringere Verhornung der Zunge und die geringere Zahl ihrer mechanischen und gustatorischen Papillen auf. Die isognathe Anordnung der Ober- und Unterkiefer-*Backenzähne* und deren bunodonte, vielhöckerige Kaufläche in Verbindung mit einer besonders kräftigen *Kaumuskulatur* bewirkt ein hocheffektives Zerquetschen und Zerkleinern der aufgenommenen pflanzlichen wie tierischen Nahrung in kürzester Zeit, ohne den fortlaufenden Vorgang rascher Nahrungsaufnahme zu unterbrechen.

Dadurch wird ein weitgehend homogenisierter, stark eingespeichelter Bissen abgeschluckt, für dessen *Mundverdauung* trotz der hier freigesetzten Amylase keine Zeit bleibt; die Vorverdauung der Stärke wird in den spezialisierten Anfangsteil des einhöhligen Magens verlegt.

Für die Sekretion des in seiner Zusammensetzung und Wirkungsweise von allen anderen Nutztieren unterschiedenen *Speichels* ist in erster Linie die sehr große *Glandula parotis* zuständig, die serösen, enzymhaltigen Speichel mit einer beträchtlichen Tagesmenge (bis zu 25 l) liefert. Die von ihr bedeckte knollenförmige *Gl. mandibularis* sowie die *Unterzungendrüse* sind erheblich kleiner und liefern einen seromukösen Gleitspeichel. Der carbonatreiche Speichel hat einen neutralen pH-Wert (ca. 7,3), der sich nach dem Abgleiten des Bissen in den Magen zunächst nicht wesentlich verändern dürfte.

- **Vorderdarmabschnitt**

Der einhöhlige, dehnungsfähige *Magen* des Schweines besitzt eine zusammengesetzte Schleimhaut, deren Komponenten eine ungewöhnliche, spezifische Verteilung zeigen: Nur in der Umgebung der Mageneingangsöffnung (Cardia) sitzt eine drüsenlose (weißliche) kutane Schleimhaut, die sich streifenförmig in das schweinetypische, blindsackähnliche *Diverticulum ventriculi* fortsetzt. Den größten Flächenanteil – mehr als ein Drittel der Gesamtauskleidung – nimmt die *Cardiadrüsenzone* ein. Sie findet sich im Anschluß an die Cardiaöffnung im gesamten (erweiterten) Fundus, im Blindsack und im oberen Teil des Magenkörpers. Ihre Drüsen, die bei Wiederkäuern völlig fehlen und beim Pferd nur in einer Übergangszone vorkommen, gehören zu den „unspezifischen" Magendrüsen. Sie müssen aber für die fraktionierte Magenverdauung der Schweine wesentlich sein. Die einfachen Drüsentubuli produzieren vorwiegend einen neutralen Schutzschleim, enthalten beim Schwein aber auch einige Hauptzellen (Pepsinogen). Unter dem Schutz ihres Sekrets können in der Mundhöhle (Amylase aus Mund- bzw. Parotisspeichel) eingeleitete Stärkespaltungsprozesse (Amylolyse) im weiten Fundusteil des Magens ablaufen, ehe der Speisebrei in den sauren Bereich des Magenkörpers distal weiterbefördert wird, der von *Mageneigendrüsen* mit Haupt- und Belegzellen (HCl) ausgekleidet ist. Man kann daher von einer zeitlich verschobenen, zweiphasigen Magenverdauung sprechen. Es muß für die Verdauung des Schweines auch von wesentlicher Bedeutung sein, daß bei erhöhter Nahrungsaufnahme sich nur dieser von Cardiadrüsen ausgekleidete Fundusteil des Magens besonders ausweitet (und dann die umliegenden Organe, insbesondere des Dickdarmkonvolut, verdrängt), um diese Zweiphasigkeit zu gewährleisten.

- **Mitteldarmabschnitt**

Wie bei den Wiederkäuern ist das ein wenig spezialisierter, durch adaptive Veränderungen nicht weiter differenzierter Teil des Traktes. Das kurze *Duodenum,* in dessen Pars cranialis die Gänge von Leber und Pankreas auf kurzem Weg von der mit ihm verbundenen („kleines Netz") Leber einmünden, zeigt den üblichen, hier recht engen Bogen kaudal um die kraniale Gekrösewurzel. Es geht in das bei domestizierten Schweinen besonders lange (bis 20 m), in engbogigen Schlingen an der kranialen Gekröseplatte befestigte und daher stark verschiebbare *Jejunum* über, den Hauptresorptionsort der über die Magenverdauung freigesetzten Nährstoffe. Das *Ileum*, mit dem Blinddarm durch die Ileocaecalfalte verbunden, steigt von links unten steil nach rechts oben auf und mündet in den stark umfangsvermehrten Dickdarm ein. Für eine portionsweise, ventilartige Überführung des Chymus aus dem Dünn- in den Dickdarm spricht die 20–30 mm, in den Grenzbereich zwischen Caecum und Colon vorgestülpte *Papilla ilealis*, die von einer extensiven Lymphfollikelplatte umgeben ist und einen wichtigen Teil des darmassoziierten Abwehrgewebes GALT darstellt.

Das Verhältnis von Dünn- und Dickdarm beträgt bei Wildschweinen ca. 3:1, bei domestizierten Schweinen 4–5:1.

- **Enddarmabschnitt**

Das kegelförmige Dickdarmkonvulut (in seinen Außenbereichen vom Jejunum kranzförmig umgeben) ist typisch für die Familie Suidae und stellt das spezifische Produkt der embryonalen Darmdrehung dar (Abb. 6). Die *kegelförmige* Anordnung des Spiralteils des Colon ascendens wird bei mehreren selektiven Wiederkäuerarten und Tylopoden übernommen, ist aber bei Wiederkäuern in den meisten Flächen zu einer flachen Spirale verändert. Bei den Schweinen ist der gesamte Anfangsteil des Dickdarms jedoch bereits morphologisch eindeutig zu einem Vergärungsdarm ausdifferenziert: *Caecum* und alle zentripetalen (peripheren) Windungen des *Colon ascendens* sind stark erweitert, verlängert, haustriert und dadurch in eine Serie, den gerichteten Fluß des Nahrungsbreis verzögernder Fermentationskammern gegliedert. Diese sind von spezifischen Bakterien besiedelt, welche FFS freisetzen, die an Ort und Stelle resorbiert werden – eine offensichtlich unverzichtbare, wesentliche Energiequelle für alle Suidae neben der monogastrischen Verdauung.

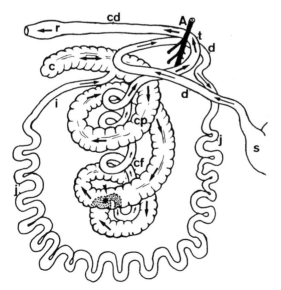

Abb. 6. Darm des Schweines, halbschematisch (modifiziert n. Nickel-Schummer-Seiferle). A = Gekröse-Arterie, C = Blinddarm (Fermentationskammer, offen in haustrierten Teil des Kolons übergehend); cd = absteigendes Kolon; cf = zentrifugale Windungen des Kolonkegels (innere, enge Portion des Colon ascendens); cp = zentripetale Windungen des Kolonkegels (außen, weit, haustriert) mit abruptem Kaliberwechsel (gepunktet); d = Duodenum; i = Ileum; j = Jejunum; r = Rektum; s = Magen; t = Querkolon.

Das auffällige *Caecum* ist je nach Größe des Tieres und seiner Nahrungsanpassung 25–40 cm lang und kann 1,5–2,2 l fassen. Es rafft die Wand durch zwei breite Muskelbänder (Taenien) in zwei Reihen von Poschen (Haustra), die durch Semilunarfalten zwar gegeneinander abgegrenzt sind, aber ein kontinuierliches Fermentationssystem bilden, das ohne Grenze oder Struktur in das gleichgeformte System des *Colon ascendens* übergeht. Dessen dergestalt morphophysiologisch ausdifferenzierte *Gyri centripetales* machen fast zwei Drittel der Länge des spiralisierten, turbanähnlichen Kolons aus (beim adulten Wildschwein bis ca. 2,5 m, bei Hausschweinen meist länger). Im unteren Teil des Kegels kommt es in der sog. *Flexura centralis* zu einer abrupten *Verengung* des Darmrohrs auf ca. ein Drittel des Umfangs, von wo aus die engen *Gyri centrifugales* innen im Kolonkegel aufsteigen und aus ihm heraus schließlich in das sehr kurze *Colon transversum* übergehen. Die abrupte Verengung im Verlauf des Colon ascendens führt ohne Zweifel zu einem Rückstau der Futtermassen in den unterkammerten, haustrierten Teil des Dickdarms und begünstigt damit die dort langsam ablaufende Zellulolyse strukturierter Kohlenhydrate. Dem menschlichen Kolon fehlt ein solcher Mechanismus, der im Pferdedarm sogar mehrfach variiert wird (Hofmann 1991).

Abschließend sei darauf hingewiesen, daß die *Leber* des Schweines durch ihr hohes relatives Gewicht (ca. 1,7% der Körpermasse bei Haus- und Wildschweinen) dem der KS unter den Wiederkäuern entspricht, was auf höheren Eiweißbedarf und höhere Entgiftungsfunktion als z. B. bei Rind und Schaf (GR) hinweist. Sie ist auch stark gelappt (tiefe Inzisuren), was als Anpassung an den erweiterungsfähigen Magen bzw. dessen potentiell starke Füllung (wie bei Fleischfressern) angesehen werden kann, dem eine ungelappte Leber nur durch Totalverlagerung (wie bei Wiederkäuern) entgehen kann.

1.4 Pferde

Der Verdauungsapparat der Equiden (und anderer perissodaktyler Huftiere wie Nashörner und Tapire, aber auch der Elefanten) ist gekennzeichnet durch eine extreme Umfangsvermehrung und Verlängerung (und dadurch auch charakteristische Raumverteilung in situ) des Enddarmabschnittes, der fast zwei Drittel der Bauchhöhle beansprucht, dem Leerdarm nur noch den linken dorsalen Quadranten beläßt, die rechtsverschobene Leber flächenförmig abgeplattet hat und den kleinen Magen ringsum einschließt (und dadurch von außen völlig unzugänglich macht). Die Pferde sind demnach als nicht wiederkauende Pflanzenfresser völlig auf ein leistungsfähiges *Dickdarmvergärungssystem* angewiesen, das sie andererseits aber auch von der Qualität bzw. Verdaulichkeit ihrer Nahrungspflanzen weitgehend unabhängig macht.

- **Kopfabschnitt**

Außerordentlich sensitive, bewegliche Lippen und für den raschen Beiß- und Rupfvorgang optimal gebaute, kräftige Ober- *und* Unterkieferschneidezähne, ergänzt durch eine zwar relativ kurze, aber sehr bewegliche Zungenspitze befähigen die Equiden, besonders effektiv zu weiden und dabei auch die wurzelnahen, besonders nährstoffreichen Teile der Bodenvegetation zu erreichen. Der kompakte, lange Torus der Pferdezunge in Verbindung mit einem durch Staffeln (Rugae) gut strukturierten, stark verhornten *harten Gaumen* bildet das rachenwärts wirkende Transportsystem in der Mundhöhle. Ihm ist ergänzend nachgeschal-

tet der kräftige *Backenvorhof-Apparat* (M. buccinatorius, Papilla parotidea und Glandulae buccales), der zermahlene bzw. zerquetschte Pflanzenteile einspeichelt und in das Cavum oris proprium bzw. zwischen die Kauflächen der Backenzähne regelmäßig zurückbefördern muß.
Sechs Paare hypselodonter, schmelzfaltig-lophodonter *Backenzähne* jederseits und drei besonders starke *Kaumuskelpaare* (Mm. masseter, pterygoideus, temporalis) zermahlen und zerkleinern auch faserreiche Nahrungsteile in kurzer Zeit (ca. 30–50 Kieferschläge in 30–40 Sek.).
Sämtliche *Speicheldrüsen* sind beim Pferd gut entwickelt, die *Glandula parotis* ist mit Abstand die größte und mit ca. 0,1% der Körpermasse fast doppelt so groß wie bei einem gleichschweren Rind. Obwohl der Pferdespeichel weder Pufferfunktionen hat wie bei Wiederkäuern oder besonders enzymhaltig ist wie bei Schweinen, werden (je nach Futterstruktur bzw. -wassergehalt) gewaltige Mengen Speichel sezerniert, die das ursprünglich trockensteppenbewohnende Huftier wasserunabhängiger machen (Wasserrezirkulation).

- **Vorderdarmabschnitt**

Eine Besonderheit (neben dem pharynxumhüllenden Luftsack) der Pferde ist ihr extrem langes *Gaumensegel*, das den Wiedereintritt von regurgitierter Nahrung in die Mundhöhle verhindert. Offenbar war dieser, die rasche und tiefe Atmung begünstigende Abschluß möglich, weil der *Ösophagus* bei seiner Einmündung in den Magen eine *Ventilfunktion* besitzt: Seine Muskelwand besteht im letzten Verlaufsdrittel aus ständig dicker werdender glatter (unwillkürlicher) Muskulatur, die zudem zapfenförmig in die Cardia vorspringt. Der schräg eingepflanzte enge Einmündungsbereich wird durch den großen *Blindsack* des Magens überhöht – je stärker der *nicht dehnungsfähige* Pferdemagen gefüllt wird, umso fester wird seine Cardia verschlossen. Nimmt ein Pferd quellfähige Nahrung, z. B. Trockenschnitzel, unkontrolliert auf, kommt es zur Ruptur des Magens entlang der großen Kurvatur. Der einhöhlige *Magen* des Pferdes faßt durchschnittlich eher ca. 5 als 10 l, wie zahlreiche Texte angeben; die Kapazität wird zudem meist nicht voll ausgenutzt. Die Magenschleimhaut ist zusammengesetzt: Der auffällige Blindsackteil des Fundus ist von drüsenloser, derb-verhornter, *kutaner Schleimhaut* ausgekleidet, die sich am Margo plicatus mit einer *Drüsenmischzone* von der den restlichen Fundus und Corpus auskleidenden Zone der *Mageneigendrüsen* absetzt. Der sich allmählich verengende Ausgangsteil des relativ kleinen Magens ist von *Pylorusdrüsen* ausgekleidet; er besitzt als Besonderheit zwei Schließmuskel, die das Antrum pyloricum als Zwischenstation für eine „darmfähige", bereits weitgehend neutralisierte Chymusportion einschließen: einen schwächeren Sphincter antri und einen kräftigen Sphincter pylori. Distalwärts beginnt das Duodenum mit einer auffälligen, erweiterungsfähigen Ampulla duodeni. Die Einmündungen der beiden Pankreasgänge und des Lebergallengangs liegen bereits im engeren Abschnitt der Pars cranialis duodeni.

- **Mitteldarmabschnitt**

Das dünnwandige *Jejunum* ist intra vitam wohl „nur" ca. 20 m lang (Dyce et al. 1991). Es ist durch sein langes Gekröse frei beweglich in den von Kolonteilen nicht beanspruchten Räumen der Bauchhöhle, doch schieben sie sich gerade infolge falscher Fütterung bei den bei Pferden meist dramatisch verlaufenden Koliken weit in die Flanken und bis zur ventralen Bauchwand bzw. in die Leistengegend vor. Der erheblich dickwandigere (muskelstarke) und relativ kurze *Hüftdarm* (Ileum) steigt bei Equiden steil auf bis zur linken Wand des

Blinddarmkopfes. Dort bildet seine Endportion einen mit venösem Schwellgewebe ausgestatteten *Ileum-Zapfen,* der in das Caecum vorspringt und das variabel enge Ostium ileale enthält, durch das dünnflüssige Chymusteile in den Dickdarm eingespritzt werden (Ventilwirkung!).

- **Enddarmabschnitt**

Die Equiden besitzen im Dickdarmbereich *drei* unterschiedlich geformte, gewaltige Gärkammern (von denen zwei haustriert bzw. durch Semilunarfalten unterteilt sind), zwischen die abrupt verengte Darmteile („bottle necks") eingeschaltet sind. Dadurch wird besonders die *faserreiche* Komponente des Nahrungsbreis immer wieder im gerichteten Fluß verzögert (Rückstaueffekt, z. T. sogar Rückfluß) und damit der bakteriellen Zellulolyse ausreichend lange ausgesetzt (Abb. 7).

Die drei Gärkammern bestehen aus *Caecum* (mit phylogenetisch „annektiertem" Kolonanteil), aus den beiden ventralen (haustrierten) Kolonlagen und der rechten (glatten) dorsalen Kolonlage („magenähnliche Erweiterung" des *Colon ascendens*).

Der funktionell bedeutsamste dieser Engpässe, dem schlitzförmigen *Ostium caecocolicum* angeschlossen, hat sich wohl im Verlauf eines spezifischen evolutionären Anpassungsprozesses des Verdauungstraktes der Perissodaktylen entwickelt: In der embryonalen Ontogenese wird die Anfangsportion des proximalen Kolons (Colon ascendens) umgestaltet und weit jenseits der Ileummündung in die Blinddarmanlage inkorporiert und funktionell umgestaltet zum stets rechts vor dem Hüfthocker gelegenen *Blinddarmkopf* (Basis caeci). Aus ihm geht der *stark verengte Anfangsteil* der sich rasch wieder erweiternden rechten ventralen Kolonlage hervor, die durch vier Taenien und Poschen-Reihen gekennzeichnet ist. Der *Blinddarm* zeigt bei Equiden einen besonders hohen Differenzierungsgrad, und er ist mit ca. 30 l Fassungsvermögen besonders groß. Seine frei bewegliche Spitze legt sich, mit dem Hüftdarm durch eine Serosafalte verbunden, kranial um und liegt bei gesunden Pferden zwischen der Zwerchfellflexur der ventralen Kolonlagen.

Der *zweite Engpaß* ist zwischen die linke ventrale (haustrierte) Kolonlage und die rechts dorsal gelegene „magenähnliche Erweiterung" des Colon ascendens eingeschaltet. Er liegt in der linken Leistengegend und kann sich bei krampfartigen Kontraktionen („Kolik") des Dickdarms (auch infolge falscher Fütterung) turbanähnlich verdrehen und dabei völlig

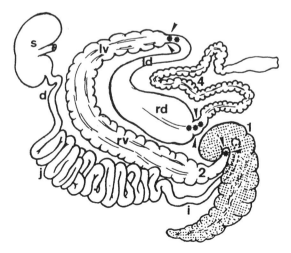

Abb. 7. Darm des Pferdes, halbschematisch (umgezeichnet u. verändert n. Dyce et al. 1987). 1 Blinddarm (gepunktet), 2 Colon ascendens (Anfangsteil), 3 Colon transversum, 4 Colon descendens; d = Duodenum, i = Ileum, j = Jejunum, ld = linke dorsale Lage des Colon ascendens, lv = linke ventrale Lage des Colon ascendens, rd = rechte dorsale Lage (terminale Gärkammer), rv = rechte ventrale Lage, s = Magen; die Dickdarm-Engpässe sind durch Pfeile und Sternchen markiert: * Blinddarm-Kolon-Öffnung; ** Beckenflexur; *** abrupte Verengung zum Querkolon.

verschließen. Normalerweise verengt sich am kaudalen Ende der linken ventralen Lage das Kolon auf weniger als ein Drittel seines Umfangs. Muskeltaenien, Haustra (und innen die Schleimhautfalten) verschwinden (frei bewegliche *Beckenflexur* des Colon ascendens), und erst allmählich nimmt der Dickdarm (jetzt linkerseits zum Zwerchfell zurücklaufend) wieder an Umfang zu, um nach der dorsalen Zwerchfellflexur sich schließlich maximal auszuweiten. Starke Gasbildung bzw. Gasansammlung in diesem am weitesten dorsal gelegenen Kolonabschnitt (rechte dorsale Lage als terminale Gärkammer) führt bei wiederholtem Auftreten auch zu einer Druckatrophie der anliegenden Leber.

Wo dieser extrem erweiterte Darmteil (hochdorsal unmittelbar vor der Gekrösewurzel) in das kurze Querkolon (C. transversum) übergeht, kommt es erneut zu einer abrupten Verengung, dem *Bottleneck Nr. 3*. Sie bewirkt eine Anstauung des Chymus und den Rückfluß der flüssigen Darminhaltsphase in die große Gärkammer. Björnhag (1987) konnte nachweisen, daß beim Erreichen dieser dritten Engstelle, d. h. vor dem Verlassen des Gärkammersystems, sich die Stickstoffkonzentrationen in der Trockenmasse um etwa 50% verringert hatten, während der Anteil kleiner Futterpartikel (<0,1 mm) um 40% abgenommen hatte. Die topografische Position und die morphologische Anpassung dieser nach dorsokranial ansteigenden, in ihrer Lage fixierten Endgärkammer begünstigen nach antiperistaltischen Muskelkontraktionen den Rückfluß freier Flüssigkeit mit kleinsten Futterpartikeln und den meisten Darmmikroorganismen, die sonst an das distale Colon descendens verlorengingen und mit den dort geformten Kotballen ausgeschieden würden. Die am wenigsten verdaulichen *groben* Anteile des Darminhalts dagegen werden rasch in das anschließende *Colon descendens* transportiert. Dieses ist so frei beweglich wie der Leerdarm (mit dem es sich links dorsal einlagert) und durch zwei kräftige Längsmuskelbänder (Taenien) und Haustra gekennzeichnet, die hier nicht mehr der fermentationsfördernden Verzögerung zwischen den Semilunarfalten, sondern der Kotballenbildung dienen.

Je nach ökophysiologischer Anpassung (z. B. an aride Steppengebiete, aus denen die Stammform der Hauspferde radierte) ist die *Schleimhaut* des Colon descendens und des anschließenden, stark erweiterungsfähigen, aber kurzen *Mastdarms* (Rektum) mehr oder weniger aktiv in der Wasserrückresorption. Im Bereich der drei Gärkammern des Dickdarms ist die zottenlose Schleimhaut für die rasche Resorption der Fermentationsprodukte (kurzkettige Fettsäuren) transzellulär und parazellulär optimal differenziert. Auf den Saumzellen vergrößern die Mikrovilli die Zelloberfläche ca. 30fach, während die im Saumzellverband eingeschlossenen Becherzellen ihren Glykoproteinschleim auf die freie, filamentbesetzte Oberfläche ergießen und damit wesentlich die luminale Muzinschicht (LML) bilden. Diese ist nach Sakata und von Engelhardt (1981) für das Mikroklima der Darmbakterien wesentlich, das die Fettsäureresorption (Mischungs- und Diffusionsbarriere) begünstigt, so wie die von Becker und Wille (1988) in der Dickdarmmukosa des Pferdes festgestellten ATPase-Aktivitäten Teil eines aktiven Transportmechanismus sein dürften.

Auch das Dickdarmvergärungssystem der Equiden muß für die Abläufe der von der Nahrung (saisonal wechselnder Qualität) beeinflußten biochemischen Vorgänge „plastisch" und anpassungsfähig sein. Die Stimulation durch die bakteriell erzeugten kurzkettigen Fettsäuren scheint der entscheidende luminale trophische Faktor zu sein, der einen komplizierten Prozeß der Zellproliferation und -degeneration antreibt, welcher schließlich morphophysiologische Anpassungsveränderungen bewirkt. Bei den Equiden scheinen sich diese vor allem im zellulären, d. h. makroskopisch kaum sichtbaren Bereich abzuspielen.

Auch die Haustiere haben diese Fähigkeit zur Anpassung, die ihren Trägern in freier Wildbahn erhöhte Überlebenschancen einräumte, nicht verloren. Abrupter Futterwechsel bei gleichzeitiger Behinderung freier Nahrungswahl überfordert auch hier die notwendige Umbau-Zeitspanne und führt zu unkalkulierbaren Folgen.

1.5 Schlußbemerkungen

Eine Rückbesinnung auf die evolutionäre morphophysiologische Anpassung an die ursprünglichen Futterressourcen bzw. die Nahrungsspezialisierung der domestizierten Nutztiere wäre für deren optimale Ernährung und damit auch für ihre artgerechte Haltung notwendig.
Die intensive Getreidefütterung von Tieren, die im Verlauf der Evolution die Fähigkeit erworben haben, besonders faserreiche Pflanzenteile zu verdauen und dank spezialisierter und effizienter Magen- oder Darmvergärungssysteme jenen Teil der Primärproduktion verwerten zu können, vor dem die Menschen kapitulieren müssen, ist in mehrfacher Weise widersinnig und bedenklich (Hofmann 1983). Da eine Rückevolution nicht möglich ist (das Rind wird nicht zum Konzentratselektierer), bringt die über Konzentratfutter erzwungene Rückadaptation vielfältige Probleme für Gesundheit, Wohlbefinden und Reproduktion.
Wo hochentwickelte Gras- und Rauhfutterfresser nicht mehr grasen, sondern primär Getreide energieaufwendig umsetzen, ist auch die Ökologie auf dem Rückzug vor Monokulturen – mit allen Folgen des Verlustes der Biodiversität und Stabilität von Pflanzen- und Tiergesellschaften.
Da Getreide aber vor allem menschliche Nahrung sein kann, Gras dagegen nicht, erhält das Ganze, insbesondere im Hinblick auf die armen Länder der Erde, auch eine wesentliche moralische Dimension. Wenn die wohlhabenden Länder in Fragen der menschlichen Ernährungssituation ihre globale Verantwortung wirklich ernst nehmen, muß auch die moderne Tierernährung sich von konventionellen Vorstellungen lösen und biologische und ökologische Ansätze in Forschung und Praxis undogmatisch und innovativ verfolgen.

Literatur

Becker, C., and Wille, K. H. (1988): Anat. Anz. Suppl. **164**, 347.
Björnhag, G. (1987): Dtsch. tierärztl. Wschr. **94**, 33.
Dyce, K. M., Sack, W. O., und Wensing, C. J. G. (1991). Anatomie der Haustiere. Ferdinand Enke Verlag, Stuttgart.
Hofmann, R. R., and Stewart, D. R. M. (1972): Grazer of Browser: a classification based on the stomach structure and feeding habits of East African ruminants"; Mammalian, Paris **36/2**, 226–240.
Hofmann, R. R. (1973): The Ruminant Stomach (Stomach Structure and Feeding Habits of East African Game Ruminants), Vol. 2, East African Monographs in Biology, 364 pp. E. A. Lit. Bureau, Nairobi.
Hofmann, R. R., und Schnorr, B. (1982): Funktionelle Morphologie des Wiederkäuer-Magens (Schleimhaut und Versorgungsbahnen): 1–160. Ferdinand Enke Verlag, Stuttgart.
Hofmann, R. R. (1983): Adaptive changes of gastric and intestinal morphology in response to different fibre contents in ruminant diets, in: Proceed. Internat. Symposium Dietary Fibre in

Human and Animal Nutrition, Ed. L. Bell, G. Wallace, Rocal Society of New Zealand Bulletin **20**, 51–58.

Hofmann, R. R. (1988): Anatomy of the Gastro-Intestinal Tract, pp. 14–43, in: The Ruminant Animal, Digestive Physiology and Nutrition. Ed. D. C. Church. Prentice Hall, Englewood Ciffs, N. J.

Hofmann, R. R. (1989): Evolutionary steps of ecophysiological adaptation and diversification of ruminants, a comparative view of their digestive system. Oecologia **78**, 443–457.

Hofmann, R. R. (1991): The comparative morphology and the functional adaptive differentiation of the large intestine of the domestic mammals. In: Digestive Physiology of the Hindgut. Ed. M. Kirchgeßner. Advances in Animal Nutrition **22**, 7–17.

Hofmann, R. R. (1992): Comparative criteria for the morphophysiological classification of ruminant feeding type using nyala and rhebok as new examples. Ungulate Research Group Meeting Dec. 1992, Univ. Cambridge (Ms).

Hofmann, R. R., and Nygren, K. (1992): Ruminal Mucosa as Indicator of Nutritional Status in Wild and Captive Moose (Alces alces L.). Proceed. 3rd Internat. Moose Sympos. Syktyvkar/USSR, ALCES Suppl. I, 77–83.

Koch, T., und Berg, R. (1990): Lehrbuch der Veterinär-Anatomie. Band II (Eingeweidelehre). 4. Aufl. Gustav Fischer Verlag, Jena.

Lechner-Doll, M., Rutagwenda, T., Schwartz, H. J., Schultka, W., and Engelhardt, W. von (1990): Seasonal changes of ingesta mean retention time and forestomach fluid volume in indigenous camels, cattle, sheep and goats grazing a thornbush savannah pasture in Kenya. J. Agric. Sci. Techn. **31**, 179–192.

Liebich, H.-G., Reusch, A., Schwarz, M., and Mayer, E. (1990): Funktionelle Morphologie der bovinen Pansenschleimhaut – fütterungsabhängige Regression und Proliferation des kollagenfaserigen Bindegewebes der ruminalen Zotten. Tierärztl. Umschau **45**, 732–739.

Marholdt, F., und Hofmann, R. R. (1991): Makro- und mikroskopische Veränderungen der Pansenschleimhaut von Zoo- und Wildwiederkäuern – ein Befundbericht mit Hinweisen zur artgerechten Fütterung. Tagungsbericht der 11. Arbeitstagung der Zootierärzte im deutschsprachigen Raum Stuttgart (Hrsg. W. Rietschel), 19–33.

Marholdt, L. (1991): Vergleichend-histologische und histomorphometrische Untersuchungen zur Struktur und Funktion der Vela abomasica von 26 Wiederkäuerarten (Ruminantia SCOPOLI, 1777). Vet.–med. Diss., Gießen.

Sakata, T., Hikosaka, K., Shiomura, Y., and Tamate, H. (1980): The Stimulatory Effect of Butyrate on Epithelial Cell Proliferation by Insulin; Differences between in vivo and in vitro studies. In Cell proliferation in the gastrointestinal tract (Ed. Appleton, Sunter, Watson). Pitman Modical Ltd., 123–137.

Sakata, T., and Engelhardt, W. (1981): Cell Tissue Res. **219**, 629.

Schwartz, H. J. von, Engelhardt, W., and Schultka, W. (1987): Dietary preferences and feed intake behaviour of Small East African Goats. Proceedings of the „IVth International Conference on Goats". Brasilia, Brazil. Abstract No 112, Vol. 2, p. 1380.

Smollich, A., und Michel, G. (1992): Mikroskopische Anatomie der Haustiere. 2. Aufl. Gustav Fischer Verlag, Jena–Stuttgart.

Taylor, C. R., and Weibel, E. R. (1981): Design of the mammalian respiratory system. I. problem and strategy. Respiration Physiology **44**, 1–10. Elsevier/North-Holland Biomedical Press.

Ulyatt, M. J., Dellow, E. W., Reid, C. S. W., and Bauchop, T. (1975): Structure and function of the large intestine of ruminants. In: McDonald, I. W., and Warner, A. C. I. (Eds.): Digestion and Metabolism in the Ruminant. Armidale, Australia: Univ. of New England Publishing Unit., pp. 119–133.

Wilkens, H. (1987): in: Nickel/Schummer/Seiferle: Lehrbuch der Anatomie der Haustiere. Band II (Eingeweide). Paul Parey, Berlin.

2. Mikrobiologie der Verdauung
(D. I. Demeyer, M. Vande Woestyne und R. Prins)

Die Verwertung des Futters durch die Nutztiere umfaßt die Verdauung, die Absorption, den Transport von Nährstoffen im Epithel des Verdauungstraktes und im Blutstrom sowie den Nährstoffumsatz und -ansatz im Intermediärstoffwechsel. Das Futter und der Verdauungstrakt des Tieres stehen in direkter, offener Beziehung zur Umwelt, beide enthalten Tausende verschiedener Verbindungen, Mikroorganismen und Enzyme in unterschiedlichen Anteilen. Im Gegensatz zu einfachen, geschlossenen mikrobiellen In-vitro-Systemen ist ein derartig komplexes Biokontrollsystem viel schwerer zu erfassen, zu kontrollieren und in vorhersehbarer Weise zu manipulieren.

Die Mikrobiologie der Verdauung wird im folgenden in zwei Abschnitten dargestellt. Zunächst geht es um die Funktion und Bedeutung von Mikroorganismen für die Verdauung der quantitativ wichtigsten Futterinhaltsstoffe für Wiederkäuer und monogastrische Nutztiere. Anschließend werden die Wechselwirkungen zwischen den Mikroorganismen des Verdauungstraktes und den quantitativ weniger hervortretenden, für die Verdauungsprozesse jedoch außerordentlich bedeutsamen, nutritiv negativen bis toxischen, sekundären Inhaltsstoffen von Futterpflanzen behandelt.

Vertiefende Literatur zur mikrobiellen Verdauung im Pansen und Dickdarm einschließlich quantitativer Aspekte im Zusammenhang mit der Futterbewertung findet sich in mehreren umfangreichen Darstellungen (Hungate 1966, Prins 1981, Hobson 1988, Demeyer et al. 1988, Henderson und Demeyer 1989, Macfarlane und Cummings 1990, Jouany 1991, Demeyer 1991).

2.1 Nährstoffumsatz durch Mikroorganismen des Verdauungstraktes

Das Futter besteht größtenteils aus Proteinen und Kohlenhydraten und zu geringeren Anteilen aus Fetten, Mineralstoffen einschließlich Spurenelementen und aus Vitaminen. Daneben kommen toxische, antinutritive und inerte Stoffe vor. Stark vereinfacht läßt sich die Verdauung auf zwei Vorgänge reduzieren:

a) **Hydrolytische Enzyme** tierischer und mikrobieller Herkunft spalten Polymere in Monomere, teilweise auch Oligomere. Die Monomere aus Protein, Stärke, Zucker und Lipiden in Form von Aminosäuren/Peptiden, aus α-glykosidischer Bindung stammender Glucose bzw. höheren Fettsäuren werden anschließend durch weitere Enzyme tierischer und mikrobieller Herkunft genutzt. Monomere aus pflanzlicher Zellwandlignocellulose, d. h. β-glykosidisch gebundene Glucose, Xylose, Arabinose können nur durch mikrobielle Hydrolasen freigesetzt werden, und sie scheinen mit Ausnahme der Glucose von Tieren nicht direkt, sondern nur durch die Mikroorganismen fermentativ genutzt zu werden (Demeyer 1981).

b) Die **Fermentation von Monomeren** erfolgt durch große, den Intestinaltrakt besiedelnde anaerobe Mikrobenpopulationen, die wiederum in sehr komplexer Weise mit dem tierischen Gewebe in Wechselbeziehung stehen (Nocek und Russell 1988, Heine et al. 1992). Die Entwicklung im Jungtier bis zur Klimax-Mikrobenpopulation beim erwachsenen Tier wird durch ein interaktives System allogener und autogener Faktoren, welches u. a. die Lokalisation und die speziesspezifische Anhaftung an die Darmwand umfaßt, reguliert. Störungen in der Entwicklung und Aufrechterhaltung derartiger Mikrobenpopulationen können zu einer starken Invasion von potentiell pathogenen, d. h. Diarrhoe und/oder Malabsorption hervorrufenden *E.-coli-*Keimen und anderen anaeroben, meist mit *Bacteroides* verwandten Bakterien führen. Beispiele für gestörte Mikrobengesellschaften im Pansen sind Azidosen und Tympanien.

Die Mikroorganismen des Verdauungstraktes gewinnen Energie für Wachstum und Erhaltung aus der anaeroben Oxydation der Monomeren, wobei flüchtige Fettsäuren (FFS), Methan und Kohlendioxid als wesentliche Fermentationsprodukte entstehen. Eine solche Umwandlung geht mit Energieverlusten einher, die flüchtigen Fettsäuren können jedoch sowohl von Wiederkäuern als auch von Monogastriden genutzt werden. Die Mikroorganismen des Pansens stellen die bedeutendste Proteinquelle für das Wirtstier dar und bilden das wichtigste Zwischendepot für rezyklisierbaren Körperstickstoff.

Beim Wiederkäuer wird der Nahrungsbrei zuerst im Pansen durch die Mikroorganismen abgebaut, und erst im Labmagen und sich anschließenden Dünndarm setzt eine Verdauung durch tiereigene Enzyme ein. Die in den hinteren Darmabschnitt gelangenden unverdauten, mit hohen Anteilen endogener proteinhaltiger Substanzen gemischten Nahrungsbestandteile werden bei allen Tierarten durch im Caecum und Rektum angesiedelte Mikroorganismen fermentiert.

Die Nährstoffversorgung des Tieres ist von einer Reihe aufeinander abgestimmter Prozesse wie Futteraufnahme, Kauaktivität, Speichelfluß, Passage der festen und flüssigen Phase, Fermentation, Sekretion von Verdauungsenzymen, Hydrolyse usw. abhängig. Neben dem Potential zur FFS-Produktion beeinflussen die pflanzlichen Faserstoffe die Verdauung durch ihre physikalischen Eigenschaften, welche die Adsorption von Nährstoffen, die Förderung der Motilität oder die veränderte Viskosität des Chymus bewirken.

Untersuchungen an keimfreien Tiere ergaben ferner, daß die Mikroorganismen sowohl positive als auch negative Einflüsse ausüben, die häufig in Verbindung mit Toxikations-/Detoxikationsreaktionen stehen. Eine zusätzliche mikrobielle amylolytische Aktivität kann vor allem beim Geflügel, bei Ratten und Kälbern – verglichen mit keimfreien Tieren – von Vorteil sein. Andererseits zwingt die Anwesenheit von Mikroorganismen im Verdauungstrakt das Wirtstier zur Ausbildung und Erhaltung von mehr Gewebesubstanz in der Intestinalwand. Dies bedeutet eine verminderte Lebenserwartung von tierischen, in ständigem Kontakt mit den bakteriellen Metaboliten wie flüchtigen Fettsäuren oder Ammoniak stehenden Zellen. In jedem Fall sind jedoch die Entwicklung und Erhaltung einer normalen Mikrobenpopulation im Verdauungstrakt einer Invasion coliformer Bakterien vorzuziehen.

2.1.1 Mikroorganismen im Pansen und Dickdarm

Die in pflanzlichen Futterstoffen reichlich vorkommenden Zellwandbestandteile Cellulose und Hemicellulose können nur von mikrobiellen Enzymen gespalten werden. Die Mikroorganismen sind in Fermentationskammern des Verdauungstraktes angesiedelt, die bei Wiederkäuern, Kamelen und anderen Tierarten wie Beuteltieren, blätterfressenden Affen und Faultieren als Vormägen bzw. Ausstülpungen der Speiseröhre und bei monogastrischen Pflanzenfressern wie dem Pferd, Esel, Elefanten, Tapir und Rhinoceros als Vergrößerungen des Dickdarms (Caecum/Kolon) auftreten. Die Endprodukte der Fermentation im Verdauungstrakt gleichen sich bei allen Pflanzenfressern. Allerdings liegen für den Pansen weitaus besser gesicherte Kenntnisse als für den Dickdarm vor. Die Mikrobiologie des Pansens gehört zu den am gründlichsten erforschten Ökosystemen.

2.1.1.1 Koadaptation von Wirtstier und intestinalen Mikroorganismen

Im Laufe der Evolution haben sich Herbivoren und Mikroben im Gastrointestinaltrakt wechselseitig angepaßt. Im anaeroben Milieu des Pansens können die hauptsächlich aus Kohlenhydraten bestehenden pflanzlichen Nährstoffe nicht wie im aeroben Milieu zu Kohlendioxid und Wasser oxydiert werden, sondern müssen durch die adaptierten Mikroorganismen im Verlauf der Fermentation zum Teil oxydiert und zum Teil reduziert werden. Die dabei neu gebildeten Mikrobenzellen und die Endprodukte der Fermentation dienen dem Wirtstier als Energie- und Nährstoffquelle. Infolge des anaeroben Umsatzes liegt die Energieausbeute sehr viel niedriger als bei aerobem Stoffwechsel. Für die Mikroorganismen des Pansens, die so miteinander verbunden sind, daß Abfallprodukte der einen Art als Substrat für eine andere Art dienen, ist dieser fermentative Umsatz jedoch außerordentlich effektiv, und er liefert pro Zeiteinheit und Mol fermentierten Substrats hohe Energieausbeuten.

Ein wichtiger Mechanismus der Fermentation ist die Bildung von Wasserstoff unter Verwendung von Protonen als Elektronenakzeptoren. Die anschließende Oxydation des Wasserstoffs unter gleichzeitiger Reduktion von Hydrogencarbonat liefert Methan, ein Prozeß, der beispielhaft den Wasserstoff-Transfer zwischen Arten von Mikroorganismen aufzeigt.

Die Mikroflora des Verdauungstraktes hat verschiedene bemerkenswerte Lösungen für die wachstumslimitierende Energieverfügbarkeit gefunden. Dazu zählt die Fähigkeit einiger Bakterien, ATP aus der Decarboxylierung von Succinat zu gewinnen. Andere Organismen bilden bei der Oxydation von hochoxydierten Substraten, wie z. B. Oxalat, eine „Protonenpumpe" (proton-motive force). Als Mechanismus zur Steigerung des Wachstums gelten auch die Aufnahme und Nutzung vorgeformter organischer Bausteine, für die die Mikroorganismen die Synthesebefähigung verloren haben. Viele Bakterienarten sparen auf diese Weise Energiekosten für Biosynthesen. Zu derartigen Substanzen zählen verzweigte und unverzweigte Fettsäuren, die als Vorläufer für die Synthese von Aminosäuren, Proteinen und anderen Zellkomponenten dienen. Auch Peptide und Aminosäuren werden von Mikroorganismen aus der flüssigen Phase im Verdauungstrakt direkt aufgenommen. Weitere präformierte Vorläufer stellen langkettige Fettsäuren, aromatische Säuren, Sterole, Vitamine, Coenzyme und andere, noch genauer zu identifizierende „Wachstumsfaktoren" dar.

Viele Mikroorganismen des Verdauungstraktes haben Überlebensstrategien für Phasen relativen bzw. absoluten Nährstoffmangels wie Sporen- oder Zystenbildung aufgegeben und außerdem ihre Fähigkeit zum Wachstum unter stark variierenden Umweltbedingungen verloren. Sie zeigen also nur geringe Toleranz gegenüber Veränderungen des pH-Wertes, der Temperatur, des Redoxpotentials oder des Salz- und Sauerstoffgehalts. Andererseits sind viele gerüstsubstanzabbauende Bakterien in der Lage, mit Ammonium-N und Schwefel zu wachsen, wenn organische Stickstoff- und Schwefelverbindungen fehlen. Hier handelt es sich in der Tat um einen notgedrungenen Ausweg, weil die leicht fermentierbaren organischen Verbindungen bereits von anderen Mikroorganismen fermentiert worden sein können, bevor die gerüstsubstanzabbauenden Organismen zum Zuge kommen.

2.1.1.2 Adaptation des Wirtstieres

Über die spezielle Morphologie der Fermentationskammern hinaus zeigt das Wirtstier eine Reihe physiologischer Adaptationen an die Symbiose mit den Mikroorganismen. Das Tier erhält die mikrobielle Population durch die Aufnahme von Futter, durch die Sekretion des hydrogencarbonatreichen, alkalischen Speichels sowie durch die Absorption von Säuren und Salzen. Der pH-Wert des Pansens fällt nur selten unter 5,5 und liegt bei normaler Fermentation zwischen pH 5,8 und 6,7. Einige Herbivore sezernieren Hydrogencarbonate im Austausch gegen Säureanionen. Das Absorptionsepithel des Pansens, Blinddarms und Mastdarms unterliegt einem dynamischen, auf die Nahrung abgestimmtem Auf- und Abbau. Bei mangelnder Versorgung mit dem Futter wird den Mikroorganismen Stickstoff über den Harnstoff des Speichels zur Verfügung gestellt. Natrium, Stickstoff, Phosphor und Schwefel müssen über das Blut und den Speichel rezyklisiert werden. Die Fermentationsgase werden über die Pansenwand absorbiert oder über den Ruktus ausgestoßen. Das Wiederkauen reduziert die Futterpartikel zu einer Größe, die den Abtransport in den Blättermagen ermöglicht.

Das Wirtstier ist in seiner Biochemie an ein Leben auf der Basis von „Essig, Seife und Mikroben" adaptiert. Die Anpassung zeigt sich u. a. in dem Vorkommen nur sehr geringer Mengen von Disaccharidasen in der Darmwand, geringer Mengen an Speichel- und Pankreaslipase, hoher Kapazität zur Fettsynthese aus überschüssigen Mengen an Acetat, sehr hoher Glukoneogeneserate aus Propionat und Aminosäuren, im Vorkommen spezieller Enzyme zur Verdauung von Mikroorganismen, insbesondere von Ribonuklease und Lysozym der Bauchspeicheldrüse.

2.1.1.3 Mikroorganismen im Pansen

Im Pansen erwachsener Wiederkäuer können sich hohe Konzentrationen an Mikroorganismen entwickeln. Bei Rationen mit hohem Rauhfutteranteil kann die Anzahl der Bakterien in die Größenordnung von 10^{10}/ml Pansensaft oder höher steigen. Die Konzentration der viel größeren Protozoen und Pilze liegt dagegen mit 10^5/ml bzw. 10^4 Pilz-Zoosporen/ml wesentlich niedriger, sofern diese Eukaryoten überhaupt anwesend sind.

Umfassende Darstellungen zur Taxonomie und Biologie der Pansenmikroben finden sich bei Hungate (1966), Clarke and Bauchop (1977), Ogimoto and Imai (1981), Hobson (1988) und Jouany (1991).

Dem mit Rauhfutter versorgten Wiederkäuer stehen verschiedene pflanzliche Komponenten zur Verwertung durch Mikroorganismen zur Verfügung. Eine einzige Mikrobenspezies könnte den Abbau dieser heterogenen Gerüstsubstanzen nicht effektiv bewältigen. Es existiert daher im Pansen eine große mikrobielle Diversität. Einige Bakterien fermentieren pflanzliche Zellwände, andere ausschließlich lösliche Kohlenhydrate bzw. nur Stärke, Pectine, Glyceride, Milchsäure oder Peptide, wiederum andere verwenden H_2 und CO_2 oder Ameisensäure und bilden daraus Methan. Viele Protozoenarten verarbeiten beträchtliche Mengen an Bakterien, Stärke, Cellulose und andere Partikel, während andere Arten mit Bakterien um Zucker und weitere lösliche Substrate konkurrieren. Die anaeroben Pilze spalten bestimmte, in den Lignin-Kohlenhydrat-Komplexen als Seitenketten vorkommende aromatische Säuren ab. Wie beim „Cross-feeding" von Nährstoffen in Biosynthesen scheiden viele Mikroorganismen Metabolite aus, die von anderen als Energiequelle genutzt werden.

Die gesamte Fermentation als Summe aller Einzelprozesse ist also das Ergebnis eines außerordentlich vielseitigen und vielgestaltigen mikrobiologischen Komplexes. Bei gut versorgten Tieren fermentiert die Mikrobenpopulation des Pansens eine im Vergleich zu In-vitro-Batch-Kulturen oder anderen anaeroben Fermentationen vielfach höhere Futtermenge. Es ist kein vergleichbar effizientes mikrobielles System zur Fermentation so hoher Substratmengen bekannt.

Solche hohen Leistungen kommen natürlich nicht nur auf der Basis von Mineralstoffen, Stärke, Zucker oder Cellulose zustande, weil aus diesen einseitig zusammengesetzten Substraten einige der für schnelles mikrobielles Wachstum benötigten Nährstoffe durch die dann weniger komplexe Mikrobenpopulation nicht gebildet werden können. Die mikrobielle Synthesekapazität kann daher stets nur durch Bereitstellung aller auch bei Rauhfuttergabe vorhandenen organischen und anorganischen Nährstoffe ermittelt werden. Mikrobiologen haben die Aktivität und den Nährstoffbedarf vieler Mikroorganismen des Pansens, insbesondere von Bakterien, untersucht und beschrieben. Die Biologie der weniger stark verbreiteten Mikroben ist allerdings noch relativ unbekannt. Möglicherweise produzieren sie auch bisher nichtidentifizierte Substanzen, die für hohe Fermentationsraten ausschlaggebend sind.

2.1.2 Quantitative Biochemie der mikrobiellen Verdauung

Bei den mikrobiellen Umsetzungen im Pansen (Abb. 1) und Dickdarm sind flüchtige Fettsäuren und mikrobielle Biomasse hauptsächlich in Form von Protein die wichtigsten Endprodukte des ATP-liefernden Katabolismus und des ATP-verbrauchenden Anabolismus. Sowohl die zu flüchtigen Fettsäuren fermentierte (FOM) als auch die in mikrobielle Biomasse umgewandelte (MOM) organische Substanz (OM) gelten als wahr verdaut (DOM): DOM = FOM + MOM.
Da die flüchtigen Fettsäuren aus dem Pansen und Dickdarm absorbiert werden, entspricht die fermentierte organische Substanz der im Pansen oder Dickdarm scheinbar verdauten organischen Substanz.
Bei monogastrischen Tieren hängt der Beitrag der flüchtigen Fettsäuren zur Energieversorgung vom Gerüstsubstanzgehalt des Futters ab. Aufgrund der vielfachen, darüber hinausgehenden Wirkungen auf die Verdauung wird die Bedeutung der Gerüstsubstanzen für Monogastriden jedoch noch immer kontrovers diskutiert. Durch die Lysis und Proteolyse der mikrobiellen Biomasse im Dickdarm entstehen Peptide und Aminosäuren. Obwohl die Absorption der letzteren aus dem Dickdarm nachgewiesen worden ist, dürften sie ebenso wie Peptide kaum einen nennenswerten Nährstoffbeitrag für das Tier leisten. Der Anteil der Enddarmfrischmasse am Körpergewicht (%) kann als Maß für die Höhe der Energieversorgung aus den Fermentationsvorgängen dienen.

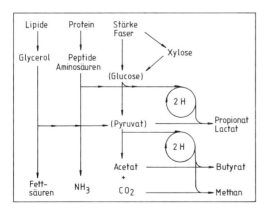

Abb. 1. Modell für biochemische Umsetzungen im mikrobiellen Stoffwechsel des Pansens.

Beim Wiederkäuer stellen die flüchtigen Fettsäuren und die mikrobielle Biomasse den wichtigsten Beitrag der Energie und des am Dünndarm verfügbaren Proteins dar. Die Enddarmfermentation gewinnt jedoch auch hier größere Bedeutung, wenn die Verdaulichkeit der Gerüstsubstanzen im Pansen aufgrund höherer Konzentrat-, Fett- oder Stärkegaben sinkt (Demeyer 1991). Normalerweise dürften 50–80% des in den Dünndarm gelangenden Stickstoffs aus Mikroorganismen stammen und über 70% der umsetzbaren Energie in Form von flüchtigen Fettsäuren bereitgestellt werden, so daß Verschiebungen der Fermentationsaktivität im Intestinaltrakt für die Energie- und Proteinversorgung des Wiederkäuers von Bedeutung sind. Im folgenden sollen sehr stark vereinfachte stöchiometrische Beziehungen zwischen der Produktion flüchtiger Fettsäuren und mikrobieller Biomasse einerseits und der scheinbar verdauten organischen Substanz andererseits aufgestellt werden.

2.1.2.1 Verdauung der Kohlenhydrate, Proteine und Lipide im Pansen

Die hydrolytische Spaltung durch Mikroorganismen ist zunächst von der Löslichkeit der Substrate in der Pansenflüssigkeit abhängig. Charakteristisch für den Gerüstsubstanzabbau ist die aufeinanderfolgende koordinierte Besiedlung des pflanzlichen Gewebes durch Pilze und Bakterien, die wiederum den Protozoen als Beute dienen. Diese ersten Schritte des Gerüstsubstanzabbaus werden durch die Lignifizierung und die Anwesenheit löslicher phenolischer Verbindungen behindert und durch Cofaktoren wie 3-Phenyl-Propansäure (Weimer 1992, Mackie und White 1990) gefördert. Der Abbau von Stärke wird durch die Eigenschaften der Stärkekörner und deren technologische Aufbereitung beeinflußt und beinhaltet auch eine bakterielle Besiedlung der unlöslichen Partikel.

Auch bei den Proteinen hängt der erste Schritt des mikrobiellen Abbaus zu Peptiden von der Löslichkeit und in gewissem Grade von der Proteinstruktur ab. Verwertung und Fermentation der gebildeten Peptide richten sich nach der Aminosäurenzusammensetzung (Yang und Russell 1992) und vermutlich auch nach dem Molekulargewicht (Wallace 1992). Aus den Lipiden werden durch partikelgebundene Bakterien sehr schnell und in großem Umfang freie Fettsäuren abgespalten. Die bevorzugte Freisetzung von ungesättigten Fettsäuren und deren anschließende Hydrierung sind verantwortlich für den relativ hohen Sättigungsgrad des Milchfettes, der mit gewissen Einschränkungen auch für das Körperfett von Wiederkäuern zutrifft. Aufgrund der zahlreichen negativen Wirkungen von freien Fettsäuren auf den Pansenstoffwechsel wird die mit dem Futter zugeführte Fettmenge i. d. R. niedrig gehalten.

2.1.2.2 Stöchiometrie der Fermentation im Pansen

Die im Pansen lebenden Bakterien, Protozoen und Pilze gewinnen ihre für Erhaltung und Wachstum benötigte Energie aus der anaeroben Oxydation von Substraten. Bei der mikrobiellen Fermentation von Kohlenhydraten entstehen Acetat, CO_2 und H_2. Der metabolisch gebildete Wasserstoff hemmt allerdings in einer negativen Rückkopplung die Pansenfermentation und muß daher ständig abgeführt werden. Methan, Propionat und Butyrat fungieren als wichtigste ruminale Wasserstoffsenken. Dadurch werden der H_2-Partialdruck niedrig gehalten, ein intensives mikrobielles Wachstum und hohe Fermentationsraten mit maximaler Energieausbeute pro g aufgenommener organischer Substanz gewährleistet. Darüber hinaus führt der „Interspezielle Wasserstofftransfer" zu einer Vielzahl von wechselwirkungen zwischen den Mikroorganismen, bei denen nicht nur H_2, sondern auch

Kohlenhydrate, Succinat usw. übertragen werden. Als Endprodukte des Pansenstoffwechsels entstehen daher fast ausschließlich CO_2, CH_4 sowie die flüchtigen Fettsäuren Acetat, Propionat und Butyrat. Die Tatsächlich produzierten Mengen an flüchtigen Fettsäuren lassen sich nur unter großem experimentellem Aufwand quantifizieren, spiegeln sich jedoch in den molaren Anteilen ihrer Konzentration im Pansensaft wider und belaufen sich auf ca. 70% Acetat, 20% Propionat bzw. 10% Butyrat. Die Umsetzungen sind in Abb. 1 vereinfacht dargestellt.

Wenn die Elektronen als reduzierte Protonen (H) bzw. als Wasserstoff (2 H) dargestellt werden und 1 Mol 2 H ein Elektronenpaar kennzeichnet, läßt sich der Wasserstofftransfer wie folgt zusammenfassen:

2 H freigesetzt: $C_6H_{12}O_6 \rightarrow 2\ CH_3COCOOH + 4\ H$
$CH_3COCOOH + H_2O \rightarrow CH_3COOH\ (A) + CO_2 + 2\ H$
2 H aufgenommen: $CH_3COCOOH + 4\ H \rightarrow CH_3CH_2COOH\ (P) + H_2O$
$2\ CH_3COOH + 4\ H \rightarrow CH_3(CH_2)_2COOH\ (B) + 2\ H_2O$
$CO_2 + 8\ H \rightarrow CH_4 + 2\ H_2O$

Kohlenhydrate fermentiert: $(C_6) = A/2 + P/2 + B$.

Bei einem Molekulargewicht der theoretischen Einheit eines Kohlenhydratmonomers von 162 kann die Menge an fermentierter organischer Substanz aus Kohlenhydraten (FOM) berechnet werden.

Sind keine anderen Wasserstoffdonatoren und -akzeptoren vorhanden, läßt sich sowohl die freigesetzte als auch die aufgenommene Wasserstoffmenge (2 H produziert = 2 H aufgenommen) aus den in der Fermentation gebildeten molaren Mengen Acetat (A), Propionat (P), Butyrat (B) und Methan (M) berechnen. Derartige Berechnungen der Fermentations- oder Redoxbilanz ergeben:

2 H freigesetzt = $2\ A + P + 4\ B = 4\ M + 2\ P + 2\ B$ = 2 H aufgenommen (I).

Die Bildung von Wasserstoff (2 H), Lactat (L) und Valeriat (V) sowie der Verbrauch von Sauerstoff (O) kann ebenfalls berücksichtigt werden:

$2\ A + P + 4\ B + L + 3\ V = 4\ M + 2\ P + 2\ B + 4\ V + 2\ H + L + 20$ (II).

Das stöchiometrische Modell läßt sich durch Berücksichtigung der Fermentation von Aminosäuren erweitern. Dabei wird angenommen, daß die Decarboxylierung und anschließende Desaminierung von Leucin oder Isoleucin und von Lysin zu Isovaleriansäure (IV) bzw. Valeriansäure (V) führen. Die Regenerierung von reduzierten Co-Faktoren geht mit der Bildung von Propionat (P), Butyrat (B) und Methan (M) sowie der Umwandlung von δ-NH_2-Valeriat in Valeriat einher. Die gebildeten molaren Nettomengen an VFA erlauben dann die Berechnung der molaren Mengen an fermentierten Aminosäuren (AA) und an gebildetem Ammoniak (NH_3):

AA = $A + P + IV + V + 2\ B$
NH_3 = $A + P + IV + 2\ V + 2\ B$ = AA + V.

Die fermentierte organische Substanz aus Protein ergibt sich aus der Multiplikation von AA mit 114, dem Molekulargewicht einer mittleren Aminosäurenmonomer-Einheit.

Die Wasserstoffausbeute (%) kann mit

2 Hu (verbraucht)/2 Hp (gebildet) × 100

abgeleitet werden, wobei

2 Hu = $2\ P + 2\ B + 4\ M + V$

und

2 Hp = $2\ A + P + 4\ B + 2\ IV + 2\ V$.

Aus gemessenen molaren FFS-Anteilen und deren Produktionsraten können mit Hilfe der Gleichung (I) für rauhfutterreiche Rationen Methanproduktionsraten zwischen 8,39 und 11,92 kJ/100 kJ Futter-Bruttoenergie berechnet werden. Diese Werte liegen höher als die maximale Produktionsrate von 7,96 kJ, die sich nach einer für Rauhfutter vorgeschlagenen Regressionsgleichung ergibt und die zudem aufgrund der Methanbildung im Dickdarm noch überschätzt sein dürfte. Vernachlässigen wir dies, so ergeben sich aus den vorliegenden Ergebnissen für rauhfutterreiche Rationen Wasserstoffausbeuten (2 Hu/2 Hp × 100) zwischen 78–96%.

Eine derartig weite Spanne kann nur mit der Anwesenheit anderer Wasserstoffakzeptoren im Pansen, die nicht mit dem Umsatz der Kohlenhydrate in Verbindung stehen, erklärt werden. Hierzu gehören Nitrate, Sulfate, ungesättigte Fettsäuren, Phytol sowie in einigen Regionen auch toxische Alkaloide und Formononetin. Ein weiterer, viel diskutierter Wasserstoffakzeptor ist Sauerstoff, der mit dem Futter und Speichel in den Pansen gelangt. Der Sauerstoff wird jedoch durch die Reaktion $O_2 + 4\,H \rightarrow 2\,H_2O$ schnell unter 2% im Fermentationsgas abgesenkt, wobei in Anwesenheit von Kohlenhydraten auch eine stöchiometrische, von der Fermentationsintensität abhängige Hemmung zunächst der Methan-, dann der Butyrat- und schließlich der Propionatbildung eintritt. Es müssen jedoch noch weitere O_2-mindernde Mechanismen im Pansen wirken, denn niedrige Wasserstoffausbeuten wurden auch unter eindeutig sauerstofffreien Inkubationsbedingungen beobachtet.

Ergebnisse aus In-vitro-Untersuchungen (Demeyer 1991) zeigen die folgenden Einflußfaktoren auf die Endprodukte der Fermentation:

Fermentationsrate: Einmalige Substratgabe im Vergleich zu deren kontinuierlicher Infusion senkt die Methanbildung zugunsten der Propionatbildung bei gleichzeitig gesteigerter Fermentationsrate.

Tier: Pansensaft von 3 Schafen, die die gleiche Ration erhielten, zeigten Unterschiede in der voneinander abhängigen Methan- und Propionatproduktion.

Futter: Pansensaft von Tieren, die mit Melasse versorgt wurden, führte gegenüber Rationen aus Heu und Konzentrat zu höherer Butyratproduktion. Die Infusion von Saccharose in den Pansen verursacht eine Verschiebung von der Methan- und Butyratproduktion zu gesteigerter Propionatproduktion, wobei größere Veränderungen in der Zusammensetzung der Mikrobenpopulation auftreten dürften. Bei Melassefütterung beruhen die hohen Butyratkonzentrationen nicht wie unter anderen Fütterungsbedingungen auf der Aktivität von Protozoen, sondern auf derjenigen von Bakterien.

Substrat: Galactose führte zu niedrigen Propionat- und Arabinose zu niedrigen Butyratanteilen. Die durchschnittliche Methanbildung (550 µmol/mmol C_6) lag etwas höher als in anderen Untersuchungen, die Unterschiede in der Methanproduktion gingen mit Veränderungen der Propionatbildung einher. Die niedrigste Methanbildung wurde mit Rhamnose festgestellt.

Die Beobachtung, daß die einmalige Zufuhr hoher Mengen löslicher Kohlenhydrate die Fermentationsrate steigert und die Methanproduktion zugunsten der Propionatbildung senkt, steht im Einklang mit dem engeren Acetat/Propionat-Verhältnis bei Tieren, die Rationen mit hohen Anteilen an leicht fermentierbaren Kohlenhydraten ad libitum erhalten. Es konnte ferner bestätigt werden, daß bei der Inkubation von Proteinen die Fermentation der Aminosäuren der o. g. Stöchiometrie folgt. Die Inkubation freier Aminosäuren z. B. in Form von Caseinhydrolysat führt jedoch zu geringerer Methan- und höherer Acetatproduktion. Die zusätzliche Acetatbildung ist dabei nicht mit einer zusätzlichen Ammoniumproduktion verbunden. Dies spricht für eine reduktive Azetogenese und/oder für Vorgänge nach dem Muster der Stickland-Reaktion.

2.1.2.3 Stöchiometrie der Fermentation im Dickdarm

Zwischen der Fermentation im Dickdarm und im Pansen bestehen viele Ähnlichkeiten. Acetat, Propionat und Butyrat werden in etwa vergleichbaren Anteilen wie im Pansen gebildet. Strikt anaerobe Mikroorganismen wie *Bacteroides* spp. und *Ruminococcus albus* finden sich auch im Dickdarm unter vergleichbaren pH-Verhältnissen, Verweilzeiten der Futterpartikel und Zusammensetzungen der Gasphase. Wichtige Unterschiede bestehen jedoch hinsichtlich:
- der Stoffwechselwege der Bakterien: Cobamid-abhängige Propionatbildung erfolgt im menschlichen Dickdarm durch eine Spezies (*Bacteroides*), im Pansen dagegen durch 2 Arten;
- anaerober Pilze, die im Dickdarm des Menschen fehlen, während sie im Dickdarm mehrerer Großwiederkäuer vorkommen;
- der Protozoen (Ciliaten), die im Dickdarm des Menschen, von Schweinen und Wiederkäuern praktisch nicht vorkommen (die bisweilen im Caecum des Pferdes auftretenden Spezies sind völlig verschieden von denen des Pansens);
- des Substrats für die Mikroorganismen; beträchtliche Mengen proteingebundenen Stickstoffs sind hauptsächlich endogener Herkunft (z. B. Mucine); 2–2,69 g N pro Tag und kg TM-Aufnahme beim Schwein bzw. 1–2 g N/Tag beim Menschen gelangen in den Dickdarm.

In-vitro-Inkubationen von Dickdarminhalt des Schweines oder Rindes führten zu sehr viel niedrigerer Methanbildung als im Pansen. Stöchiometrische Berechnungen der Fermentation anhand der ^{13}C-Anreicherung in Acetat nach der Inkubation mit $^{13}CO_2$ sprechen für eine reduktive Azetogenese nach der Formel $4 H_2 + CO_2 \rightarrow CH_3COOH + 2 H_2O$. Die Eliminierung des Wasserstoffs durch Bildung von Acetat anstelle von Methan erhöht die Ausbeute an flüchtigen Fettsäuren pro Einheit fermentierten Substrats und damit auch die Energieversorgung des Tieres. Der genaueren Untersuchung der Azetogenese und Methanogenese im Dickdarm kommt daher große Bedeutung zu.

2.1.3 Mikrobieller Wachstumsertrag

2.1.3.1 Pansen

Für das Tier bedeutet das Mikrobenwachstum im Pansen eine Umverteilung der aufgenommenen Futterenergie in mikrobiell gebundene und in Fermentationsendprodukten wie flüchtigen Fettsäuren, Methan und Wärme anfallende Energie. Die Mikrobenmasse enthält zahlreiche Makromoleküle mit Nährstoffcharakter. Unabhängig davon, ob derartige Nährstoffe zum Energiegehalt der Makromoleküle beitragen, müssen sie den Mikroorganismen immer gemeinsam mit energiehaltigen Vorstufen zugeführt werden. Als Beispiele seien Stickstoff (N), Phosphor (P) und Schwefel (S) genannt. Die Kapazität der Pansenmikroben zur Synthese spezifischer Vorstufen (z. B. verzweigtkettige Aminosäuren oder Methionin) scheint nicht immer auszureichen, wodurch das mikrobielle Wachstum begrenzt werden kann. Mit der Fütterung muß also auch der Bedarf der Mikroorganismen an essentiellen Nährstoffen sichergestellt werden.

Im folgenden soll der mikrobielle Wachstumsertrag bei ausreichender Versorgung mit essentiellen Nährstoffen, allein energielimitierten Bedingungen unter Berücksichtigung der

Variabilität behandelt werden. Die mikrobielle organische Substanz (MOM) steht in Beziehung zur Energie, die bei der Fermentation der organischen Substanz anfällt. In der Wiederkäuerernährung wird der mikrobielle Wachstumsertrag (E) häufig in Form des Mikrobenstickstoffs mit E = g N_i/kg FOM ausgedrückt, wobei N_i den in Mikrobenzellen eingebauten Stickstoff angibt. Letzterer beläuft sich auf 9 g N/kg MOM. Der Wachstumsertrag läßt sich besser in g N_i/kg FOM als in g N_i/kg DOM kennzeichnen. Allerdings wird auch vorgeschlagen, das mikrobielle Wachstum besser noch als Funktion der verdauten Kohlenhydrate anzugeben, weil die Fermentation der organischen Substanz aus Nicht-Kohlenhydraten kaum zur ATP-Bildung beiträgt (Hoover und Stokes 1991). Zahlreiche Messungen an pansenfistulierten Tieren haben mikrobielle Wachstumserträge (E) zwischen 10 und 70 ergeben. Weder die erheblichen methodischen Schwierigkeiten bei der experimentellen Bestimmung noch die Variabilität in der Zusammensetzung der FOM und in N_i können dieses starke Variieren der Ergebnisse ausreichend erklären.

Die Variabilität im mikrobiellen Wachstumsertrag wird meist aus Sicht einer kontinuierlichen Kultur in einem Ein-Kompartiment-System diskutiert. Dabei wird allerdings unterstellt, daß die den Pansen verlassende Menge an organischer Substanz der hier synthetisierten Menge entspricht. Dies ist jedoch nicht der Fall, denn es müssen zwei wichtige Eigenschaften des Pansens mit berücksichtigt werden:

– der beträchtliche Umsatz, die Rezyklierung von mikrobieller Substanz infolge der Aufnahme von Bakterien durch Protozoen und durch lytisch wirkende Agenzien von Bakteriophagen und Mykoplasmen;
– die Kompartimentierung und unterschiedliche Retention von Pansenmikroben. Die fraktionellen Raten für den Austrag von Mikroben aus dem Pansen (k_m) liegen deutlich niedriger als diejenigen für die Pansenflüssigkeit (k_l); für Protozoen wurden wiederholt spezifisch längere Rententionszeiten festgestellt.

Die den mikrobiellen Wachstumsertrag bestimmenden Faktoren sind daher in dreierlei Hinsicht einzuordnen:

a) kontinuierliche Kultur von Pansenmikroben im Ein-Kompartiment-System,
b) Bakterienumsatz aufgrund räuberischer Protozoen,
c) Verteilung der Mikroben auf verschiedene Kompartimente.

In kontinuierlichen Kulturen (a) ergeben hohe spezifische Wachstumsraten unabhängig vom Fermentationsmuster höhere mikrobielle Wachstumserträge (E), wobei nicht strukturgebende Kohlenhydrate z. B. aus Getreide günstiger als Strukturkohlenhydrate aus Rauhfuttermitteln wirken. Entsprechende Resultate aus In-vitro-Untersuchungen sind kaum auf die Verhältnisse im Tier zu übertragen, weil hier der Umsatz der Bakterien (b) und die Kompartimentierung (c) viel stärkeres Gewicht erlangen. So kann die Fütterung von hochwertigem Rauhfutter den mikrobiellen Wachstumsertrag durch Induzierung einer Kompartimentierung des Panseninhalts steigern, und es ließ sich wiederholt zeigen, daß eine Unterdrückung des Protozoen den Ertrag an Mikrobenprotein, der in neueren Futterprotein-Bewertungssystemen mit 30 g N_i/kg FOM veranschlagt wird, mehr als verdoppeln kann. Aufgrund des Ausmaßes dieses Effekts erscheint die Unterdrückung der Protozoen als geradezu einfachstes Mittel, die postruminale Versorgung mit Aminosäuren zu verbessern (Merchen und Titgemeyer 1992, Wallace 1991).

2.1.3.2 Dickdarm

Es gibt keinen Grund anzunehmen, daß der Energieertrag der Fermentation in einem mikrobiellen Ökosystem infolge der Verschiebung von der Methanogenese zur reduktiven Azetogenese verändert wird. Dennoch zeigen Messungen des mikrobiellen Wachstums im Dickdarm unter In-vivo-Bedingungen und unter Berücksichtigung verschiedener Bakterienmarker wesentlich niedrigere Bakterienerträge als im Pansen. Diese Diskrepanz wurde mit möglichen Unterschieden in der Verweilzeit und Lysis zwischen Pansen und Dickdarm zu erklären versucht, was jedoch aufgrund des Fehlens von Protozoen im Dickdarm, die wiederum im Pansen die Effizienz des mikrobiellen Wachstums herabsetzen, kaum zutreffen dürfte. Wahrscheinlich sind für die Lysis im Dickdarm andere Faktoren (Osmolarität?) verantwortlich.

In diesem Zusammenhang ist allerdings zu beachten, daß die Effizienz des mikrobiellen Wachstums bislang hauptsächlich nur in vivo und nur bei Schweinen bestimmt wurde. Bei diesen Untersuchungen wurde die zwischen Ileum und Faeces scheinbar verdaute organische Substanz mit der Fermentation gleichgesetzt. Andererseits liegen Beobachtungen über die Absorption von langkettigen Fettsäuren aus dem Dickdarm von Milchkühen und Schweinen vor, wenn auch den hierbei angewandten Analysenmethoden oft die Präzision fehlt. Auch das Überwiegen von proteinhaltigem Material in der fermentierten organischen Substanz müßte aufgrund des beträchtlich geringeren ATP-Ertrags das mikrobielle Wachstum senken.

2.1.4 Mikroorganismen im Dünndarm

2.1.4.1 Einflüsse auf die Verdauung im Dünndarm

Aufgrund der weniger dichten Besiedlung des Dünndarms spielen die bakteriellen Enzyme im Gegensatz zu den Enzymen, die das Wirtstier selbst sezerniert, bei der Verdauung des Nahrungsbreis eine nur unwesentliche Rolle. Obwohl der direkte Einfluß der Bakterien im Dünndarm auf die Verdauung der Nährstoffe daher zu vernachlässigen ist, kann ihr indirekter Einfluß jedoch ganz erheblich sein. Beispielsweise kann die mikrobielle Verstoffwechselung der Gallensäuren erheblich mit der Fettverdauung beim monogastrischen Tier interferieren.

Gallensäuren emulgieren als natürliche Detergentien die Fette im Verdauungstrakt. Sie werden in ihrer konjugierten Form – gebunden an Taurin oder Glycin – von der Leber zunächst in die Gallenblase transportiert und anschließend in das Duodenum sezerniert. Dort dispergieren sie Fettsäuren, Monoglyceride, Sterole und fettlösliche Vitamine in den sog. Mizellen. Am terminalen Ileum angekommen, werden die konjugierten Gallensäuren über ein aktives, natriumabhängiges Transportsystem absorbiert, über die Pfortader in die Leber transportiert und wieder in die Gallenblase sezerniert. Dieser Prozeß der Sekretion, Absorption und Extraktion bildet den sog. *enterohepatischen Kreislauf der Gallensäuren*. Bei jedem Kreislauf gehen ca. 5% des gesamten Gallensäurepools über das Kolon und den Kot verloren.

Es ist bekannt, daß herkömmlich aufgezogene Tiere mehr Gallensäuren mit dem Kot ausscheiden als keimfreie Tiere, wahrscheinlich aufgrund der vielfachen Umwandlungen, welche die Darmbakterien mit den konjugierten Gallensäuren durchführen (Hylemon

1985). Einer dieser Umwandlungsprozesse ist die Verstoffwechselung der bakteriziden und damit das bakterielle Wachstum inhibierenden Gallensäuren. Mit Hilfe der von Bakterien gebildeten Konjugierten Gallensäuren-Hydrolase (KGH) erfolgt die Spaltung der konjugierten Gallensäuren unter Freisetzung von Gallensäure und Taurin oder Glycin. Es gibt Hinweise, daß dies zur Gallensäurenresistenz der Bakterien führt. Da die konjugierte Form der Gallensäuren jedoch hinsichtlich ihrer emulgierenden Wirkung sehr viel effizienter ist als die freie Form, hat eine Erhöhung der Hydrolaseaktivität niedrigere Fettabsorptionsraten und damit verringertes Wachstum beim Geflügel zur Folge (Feighner und Dashkevicz 1987). Eine Verminderung der mikrobiellen Transformierungsaktivität von Gallensäuren im Dünndarm würde damit eine höhere Fettabsorption zur Folge haben und zu einer verbesserten Leistung zumindest beim Geflügel beitragen. Bei Mäusen kann die KGH-Aktivität über die gesamte Länge des Dünndarms und im Caecum nachgewiesen werden. Laktobazillen tragen zu 74% im Dünndarm und zu 86% im Caecum zur gesamten Aktivität der Gallensäure-Hydrolase bei (Tannock et al. 1989). Die ökologische Bedeutung, die die konjugierte Gallensäuren-Hydrolase-Aktivität für eine Vielzahl von Darmbakterien hat, ist bisher allerdings nur wenig geklärt. Christiaens et al. (1992) isolierten Gene, welche die konjugierte Gallensäure-Hydrolase-Aktivität von *Lactobacillus plantarum* codierten. Die drei von Leer et al. (1993) konstruierten, in ihrer konjugierten Gallensäuren-Hydrolase-Aktivität veränderten isogenen Stämme (ursprünglicher Typ, überproduzierend, nicht-produzierend) werden das Instrument für weiterführende Studien bilden.

2.1.4.2 Einflüsse auf die Zusammensetzung der mikrobiellen Flora im Dünndarm

Die Populationsdichte und die Arten von Mikroben im Gastrointestinaltrakt sowie deren Nachkommen werden über einen multifaktoriellen Prozeß reguliert. Dabei üben das Wirtstier und seine Umgebung selbst wichtige Regulationsfunktionen aus, andere werden durch die Mikroorganismen selbst ausgeführt (s. S. 187). Einige dieser Faktoren, speziell die des Dünndarms, sollen im folgenden näher diskutiert werden. Detailliertere Angaben können zudem in den zitierten Artikeln nachgelesen werden.

- **Faktoren des Wirtes**

Ein wichtiger Faktor, die bakterielle Proliferation im Dünndarm einzuschränken, ist zweifelsohne die reinigend wirkende, starke motorische Aktivität des Dünndarms. Die mittlere Verweilzeit im Dünndarm beträgt nur ca. 4–6 Stunden. Im Dickdarm ist hingegen, aufgrund der längeren mittleren Verweilzeit des Verdauungsbreis von ca. 60 Stunden, ein enormes bakterielles Wachstum möglich. Die mikrobielle Population wird in hohem Maße durch die Zusammensetzung des Darmsaftes reguliert. Dabei gehört die Verstoffwechselung inhibierend wirkender Substanzen, die u. a. zur Resistenz gegenüber Gallensäuren führt, zu den besonderen Eigenschaften von Bakterien, die den Dünndarm besiedeln (Savage 1992, Dashkevicz und Feighner 1989, Christiaens et al. 1993). Darüber hinaus beeinflussen Alter des Wirts, Genetik, Medikamente, Schleimstoffe, Verbindung mit epithelialen oder partikulären Oberflächen die Zusammensetzung der mikrobiellen Flora des Intestinaltraktes (Savage 1992). Allerdings ist der spezifische Einfluß der mit dem Wirt verbundenen Faktoren auf die Mikroben des Intestinaltraktes aufgrund der hohen Komplexität der Interaktionen noch immer nicht geklärt.

- **Umweltfaktoren**

Die Umwelt, in der das Tier lebt, beeinflußt zweifelsohne Anzahl und Spezies der gesamten Darmmikrobenpopulation, wie sich anhand von strikt keim- oder pathogenfrei aufgezogenen Tieren zeigen läßt (Coates und Gustafsson 1984). Allerdings gibt es nur wenige Hinweise auf einen starken Einfluß von Umweltfaktoren auf die Population im Intestinaltrakt gesunder Individuen. Wahrscheinlich können nur extrem unphysiologisch wirkende Veränderungen in der Diät die Arten und deren Mengen im Verdauungstrakt verändern. Da nicht nur Futter/Nahrung, sondern auch abgeschilferte Zellen der Darmschleimhaut und verschiedene gastrointestinale Sekrete Nährstoffe für die mikrobielle Population liefern, ist es nicht überraschend, daß extreme Veränderungen in der Diät einen nur geringfügigen Einfluß auf die gastrointestinale Mikrobenpopulation ausüben (Donaldson und Toskes 1989).

- **Bakterielle Interaktionen**

Ebenso wie für den Pansen und Dickdarm repräsentieren bakterielle Interaktionen eine wichtige, bisher allerdings nur wenig verstandene Determinante der bakteriellen Population des Dünndarms (Rolfe 1984). Die treibende Kraft hochkomplexer mikrobieller Verbindungen ist nur schwer zu enträtseln. Gegenwärtig bekannte Techniken, die Ökologie des monogastrischen Intestinaltraktes zu studieren, sind meistens nicht befriedigend. Kürzlich haben Molly et al. (1993) ein kontinuierlich arbeitendes In-vitro-System in Form eines Mehrkammerreaktors zur Simulation der gastrointestinalen Verdauung des Menschen oder des Schweins entwickelt, dessen Einsatz weitere Erkenntnisse erwarten läßt.

2.2 Mikroben des Verdauungstraktes und Futtertoxine

Toxische Inhaltsstoffe von Pflanzen sind von großer Bedeutung für Wechselwirkungen zwischen dem Futter und den pflanzenfressenden Tieren. Einige dieser Stoffe sind organische Säuren niedrigen Molekulargewichts aus dem pflanzlichen Primärstoffwechsel, die meisten jedoch stellen komplexe Endprodukte aus relativ langen Stoffwechselwegen dar. Derartige sekundäre Produkte können lange Umschlagszeiten in den Pflanzen aufweisen, sie werden jedoch im lebenden Pflanzengewebe ständig, in besonderen Streßsituationen mitunter sogar in gesteigertem Maße synthetisiert. Ihre Einteilung kann auf der Basis gemeinsamer biosynthetischer Vorstufen (z. B. Alanin) oder der Wirkungen auf das Tier, wie etwa Toxizität, Hemmung der Verdauung oder Verzehrsverweigerung erfolgen.

Die Herbivoren haben physiologische Mechanismen zur Inaktivierung bzw. zum Abbau und zur Ausscheidung solcher sekundärer Inhaltsstoffe entwickelt. Die Inaktivierung und Exkretion stehen nicht immer in direktem Zusammenhang mit dem mikrobiellen Stoffwechsel im Verdauungstrakt. Tannine werden z. B. durch die Bindung an prolinreiche Proteine des Speichels inaktiviert, und absorbierte lipophile Verbindungen können im tierischen Gewebe durch Konjugation mit polaren Komponenten in wasserlösliche, leicht ausscheidbare Substanzen umgewandelt werden. Viele Verbindungen werden allerdings durch die Mikroben des Verdauungstraktes und durch tiereigene Enzyme in gleicher Weise abgebaut.

Gegenüber den Säugetieren sind Bakterien zur Umwandlung eines viel breiteren Substratspektrums befähigt, wenn auch hierfür meist längere Adaptationszeiten nötig sind. Der mikrobielle Abbau derartiger Substanzen reduziert bzw. eliminiert deren Toxizität, es können sogar verwertbare Endprodukte wie flüchtige Fettsäuren und Mikrobenmasse entstehen. Nicht alle Umwandlungen sind jedoch von Vorteil. Viele Metabolite, z. B. Flavonoide oder verschiedene Alkaloide, kommen in den Pflanzen in Form von Glykosiden, Estern und anderen Bindungen vor, deren Hydrolyse im Verdauungstrakt weniger polare, leichter absorbierbare Substanzen liefert. So wird z. B. aus einigen Pflanzen nach der Einwirkung mikrobieller Hydrolasen oder nach der Freisetzung pflanzlicher Enzyme durch das Kauen toxische Blausäure aus zunächst harmlosen cyanogenen Glykosiden gebildet.

2.2.1 Spezialfall Wiederkäuer

Wiederkäuer waren bei der Anpassung an extreme Ernährungsbedingungen infolge der Symbiose mit den Mikroorganismen des Pansens besonders erfolgreich. Die mikrobiologische Verarbeitung der toxischen Pflanzeninhaltsstoffe dürfte evolutionäre Vorteile für Wiederkäuer gebracht haben. Kürzlich wurde erkannt, daß die Rate des mikrobiellen Toxinabbaus durch bestimmte Maßnahmen beeinflußt werden kann. Die Stoffwechselvorgänge im Pansen verändern die Eigenschaften der Futterinhaltsstoffe vor ihrer Absorption gründlich, und darüber hinaus können physiko-chemische Wechselwirkungen mit den Digesta die Absorption selbst beeinflussen. Im Gegensatz zu Leber und Nieren, wo Oxydation und Konjugation vorherrschen, sind im Pansen zusätzlich zur Decarboxylierung, Dealkylierung und Dehalogenierung hydrolytische und reduktive Reaktionen ausschlaggebend. Oftmals sind die Pansenmikroben in der Lage, sich an fremde, dann gesteigert umgesetzte Chemikalien anzupassen, denn letztere könnten möglicherweise eine zusätzliche Energiequelle darstellen. Veränderungen in Ausmaß und Frequenz der Fütterung sowie im Rationstyp können den mikrobiellen Stoffwechsel über Verschiebungen in der Zusammensetzung der mikrobiellen Population oder Veränderungen der Kinetik des Abflusses aus dem Pansen beeinflussen, so daß sich die Verarbeitung derartiger Komponenten sehr komplex gestaltet.

In den distalen Abschnitten des Verdauungskanals ähnelt der mikrobielle Umsatz toxischer Pflanzeninhaltsstoffe den Reaktionen im Pansen. Viele Kenntnisse zur Verstoffwechselung von Arzneimitteln, die auch für den Pansen von Bedeutung sind, stammen aus Untersuchungen an monogastrischen Tieren.

Hydrolyse: Viele sekundäre Pflanzeninhaltsstoffe sind Ester, vor allem Glykoside. Unter den Glucosidasen des Pansens sind die β-Glucosidase und β-Galactosidase am bedeutungsvollsten. Sie setzen die Aglykone aus derartigen Glykosiden sehr schnell frei. Zu den detoxifizierenden Reaktionen im Pansen gehören die Hydrolyse und damit Inaktivierung von
– Malathion durch mikrobielle Phosphatasen,
– Clostridium-botulinum-Toxin,
– Pilztoxinen,
– Peptidbindungen im Mykotoxin Ochratoxin A,
– Protease-Inhibitoren in Leguminosensamen,
– pflanzlichen Lectinen.

In den hinteren Darmabschnitten wird die Hydrolyse von Glucuroniden, Äthersulfaten und Sulfamaten von Bakterien katalysiert.

Reduktion: Jede Substanz, die Elektronen aufnehmen kann, wird im Zuge des metabolischen Wasserstofftransfers (s. S. 191) reduziert. Nitrat und Sulfat, die normalerweise nur in geringen Anteilen im Futter der Wiederkäuer vorkommen, stellen solche Wasserstoffakzeptoren dar; sie werden zu Nitrit plus Ammonium bzw. zu Sulfid reduziert.

Mikroben aus den Vormägen von Tieren, die an hohe Nitratmengen im Futter adaptiert sind, reduzieren Nitrat und Nitrit (Nitrat → Nitrit → Ammonium) sehr viel schneller als Mikroben nicht angepaßter Tiere. Die Art der Veränderung der Mikrobenpopulation ist nicht bekannt, man kann aber die Nitrat/Nitrit-Abbauraten im Pansen nicht angepaßter Tiere durch die Übertragung von Mikroben aus dem Pansen adaptierter Tiere steigern.

Viele andere extrazelluläre, aus dem Futter freigesetzte organische Moleküle können ebenfalls Elektronen aufnehmen. So werden die Doppelbindungen ungesättigter Fettsäuren oder aliphatischer Seitenketten von aromatischen Säuren (Zimtsäure, Ferulasäure, Kaffeesäure) im Pansen reduziert. Toxische Pyrrolizidin-Alkaloide (Heliotrin, Lasiocarpin) werden im Pansen von Schafen bakteriell reduziert. Die Reduktion von Doppelbindungen zwischen N-Atomen (z. B. Azo-Bindungen in färbenden Agenzien) können im hinteren Verdauungstrakt von Ratten und des Menschen zu toxischen Aminen führen. Die Reduktion von Nitrogruppen in Chloramphenicol, Parathion, Nitrophenolen, Nitropropanol und anderen nitroorganischen Verbindungen senkt deren biologische Aktivität. In der Reduktion von Epoxiden zu Olefinen liegt ein wichtiger Mechanismus der Detoxikation, denn die biologische Aktivität mehrerer alkylierender Agenzien, von Karzinogenen und Pestiziden beruht gerade auf dieser Epoxidgruppe (Ivie 1976).

Spaltung: Zu den Spaltungsreaktionen zählen Decarboxylierung, Dealkylierung, Dehalogenierung, Dehydroxylierung, Desaminierung sowie das Aufbrechen von homo- und heterozyklischen Ringsystemen. Vermutlich verlaufen die Hydrolyse und die Reduktion im Pansen wesentlich schneller als die Spaltungsreaktionen ab. Die Decarboxylierung von Aminosäuren zu Aminen bzw. von phenolischen Säuren ist sehr häufig beschrieben worden. Letztere erfolgt vorrangig bei p-hydroxylierten Verbindungen; die weitere Substituierung am Benzolring führt zu verringerter Reaktionsrate insbesondere dann, wenn benachbarte Substituenten vorhanden sind. Die Mykotoxine Diacetoxyscirpenol und T-2-Toxin werden im Pansen durch Deacetylierung entgiftet.

Wiederkäuer, die an oxalatreiches Futter adaptiert sind, tolerieren Oxalatmengen, die für nicht adaptierte Tiere letal wirken würden. Gesteigerte Abbauraten für Oxalat im Pansen lassen sich etwa 3–4 Tage nach dem Wechsel zu oxalatreichem Futter nachweisen. Die Anpassung beruht auf der Vermehrung der bis vor kurzem unbekannten, zum Oxalatabbau befähigten Mikrobenspezies *Oxalobacter formigenes* (Allison et al. 1985). Der Organismus kann Energie nur aus Oxalat gewinnen. Die selektive Vermehrung derartiger Spezialisten durch entsprechendes Substratangebot eröffnet interessante Möglichkeiten für Manipulationen der Mikrobenpopulation im Pansen.

2.2.2 Qualitative und quantitative Abwehrmechanismen

Toxische Pflanzeninhaltsstoffe lassen sich grob in zwei Gruppen einteilen: „Qualitative" Abwehrstoffe beruhen i. d. R. auf relativ kleinen organischen Molekülen mit spezifisch toxischen Wirkungen für die Tiere und/oder Mikroorganismen. Zu diesen Stoffen gehören cyanogene Glykoside, Alkaloide und Lectine. Sie werden meist „leicht" von Mikroorganismen umgesetzt, wenn auch hierfür eine gewisse Adaptationszeit erforderlich sein kann. Sie treten vor allem in Dikotyledonen unter mangelhaften Wachstumsbedingungen auf. Die „quantitativen" Abwehrstoffe setzen sich i. d. R. aus relativ großen Molekülen mit niedriger, aber breiter Toxizität zusammen. Zu ihnen gehören z. B. Wachse und Kutine, polyphenolische Tannine, Harze und Lignin. Sie werden von Mikroorganismen im Verdauungstrakt nur schwer umgesetzt, so daß auch nur eine sehr geringe oder keine Adaptation möglich ist. Die Stoffe wirken sich dosisabhängig auf die Verdauung von Proteinen (Polyphenole, Tannine) oder Zellwänden (Lignin, Kieselsäure) aus und sind insbesondere in verholzenden Pflanzen und Gräsern, in denen ihre Gehalte mit dem Pflanzenalter und der Wachstumstemperatur ansteigen, von Bedeutung.

2.2.2.1 Toxische Glykoside und Alkaloide

Da die Pflanzenproduktion häufig von der Stickstoffverfügbarkeit begrenzt wird, kommt den N-haltigen toxischen Stoffen (Abb. 2) im Vergleich zu den Phenolen selbst bei den Leguminosen keine so große Bedeutung zu.
Nur etwa 20% der nacktsamigen Pflanzen weisen diese Stoffe auf. Ihre Konzentrationen liegen zwar generell niedrig, dafür besitzen sie aber eine hohe Toxizität. In den verschiedenen Futterpflanzen kommen mindestens 15 Typen toxischer Glykoside vor (Cheeke 1989), hier sollen jedoch nur die in den Pflanzenfamilien der *Rosaceae*, *Cruciferae* und *Leguminosae* auftretenden Stoffe (Majak 1992) kurz behandelt werden. Weiterhin sind über 10000 Alkaloide bekannt. Toxizität weisen unter ihnen die Indolalkylamin-Alkaloide auf, die auch für die Taumelkrankheit bei *Phalaris*-Verzehr der Tiere verantwortlich sind. Vergiftungserscheinungen bei Schwingelgrasverzehr beruhen auf Perolin, einem Alkaloid, welches die zellulolytischen Pansenbakterien hemmt. Weiterhin seien die Pyrrolizidin-Alkaloide und die nicht proteingebundene Aminosäure Mimosin genannt. Bisweilen lassen sich die beim Tier beobachteten Vergiftungserscheinungen nicht allein mit der toxischen Wirkung auf den Pansenstoffwechsel erklären. So verursachen die Diterpenoid-Alkaloide des Rittersporns (*Delphinium geyeri*) im Westen der USA zahlreiche Todesfälle bei Rindern, während Schafe nicht empfindlich reagieren. Vergleichende Untersuchungen des Pansenstoffwechsels von Schafen und Rindern zeigten keine Unterschiede in der Rittersporn-Alkaloid-Umsetzung.

- **Cyanogene Glykoside**

Es gibt über 25 Typen cyanogener Glykoside in mehr als 2000 Spezies höherer Pflanzen, die durch Freisetzung von Blausäure (HCN) für Wiederkäuer potentiell toxisch sind. Die cyanogenen Glykoside bilden sich in den Pflanzen typischerweise vor allem in Streßsituationen. Im Pansen werden die Glykoside durch mikrobielle und pflanzliche β-Glykosidasen

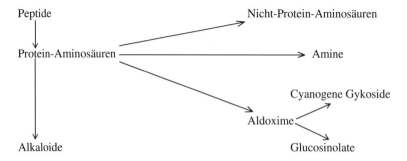

Abb. 2. Biosynthetische Beziehungen zwischen pflanzlichen N-Metaboliten.

gespalten. Bei den dabei entstehenden Aglykonen handelt es sich um Cyanhydrine (α-Hydroxynitrile), die pH-abhängig auf nicht-enzymatischem Wege sofort Blausäure freisetzen. Besonders hohe Freisetzung von Blausäure erfolgt bei pH >6, die dann nach der Absorption zur Schädigung des Tieres führt. Eine langsamere Freisetzung der Blausäure (niedriger pH-Wert) ermöglicht eine höhere Entgiftung durch die Mikroorganismen des Pansens oder durch Gewebeenzyme des Tieres. Bakterien, die Cyanide als Stickstoffquelle verwenden, lassen sich durch lösliche Kohlenhydrate stimulieren.

- **Thioglucoside oder Glucosinolate**

Die Thioglucoside der Cruciferen, z. B. Sinigrin, stellen S-β-D-Glykoside dar, die durch β-D-Glucosidase (EC 3.2.1.21) nicht abbaubar sind. Alle glucosinolathaltige Pflanzen besitzen jedoch Thioglucosidasen, wie z. B. Myrosinase (EC 3.2.3.1), die das Sinigrin-Aglykon während der Autolyse im Pansen freisetzen. Nach einer nicht-enzymatischen, mit der Elimination von Bisulfat verbundenen Umgruppierung entstehen mehrere Produkte, zu denen Allyl-Isothiocyanat, Allyl-Thiocyanat und Allyl-Cyanid gehören. Allyl-Cyanid wurde nach einer kurzen Adaptationszeit von weniger als 6 Tagen im Pansen von Schafen, die Grünraps als Futter erhielten, entgiftet und so von den Tieren toleriert (Duncan und Milne 1992).

- **Pyrrolizidin-Alkaloide**

Im Westen der USA führt der Verzehr von Pyrrolizidin-Alkaloiden (PA) durch Weidevieh zu erheblichen ökonomischen Verlusten. Im allgemeinen sind Schafe gegen dieses Toxin resistent, Rinder und Pferde dagegen nicht. Pansensaft von Schafen zerstört PA mit einer Rate von etwa 4 µMol pro ml u. h, wobei diese Aktivität hauptsächlich in der Fraktion der kleinen Bakterien auftritt (Craig et al. 1992). In Australien isolierte Lanigan (1976) einen obligat anaeroben *Peptococcus*-Stamm, der auf Heliotrin wuchs, einem Strukturanalogen der in der Pflanze *Heliotropium europaeum* vorkommenden Pyrrolizidin-Alkaloide.

- **Mimosin**

Die Leguminose *Leucaena leucocephala* gilt als wertvolle Protein- und Mineralstoffergänzung für Nutztiere in tropischen und subtropischen Regionen. Die Pflanze enthält jedoch die toxische, nicht proteingebundene Aminosäure Mimosin (bis 12% der Blatt- und Samen-Trockenmasse), die im Pansen mikrobiell in das Toxin 3-Hydroxy-4-1(H)-Pyridon (DHP) umgewandelt wird. Klinische Zeichen einer *Leucaena*-Intoxikation umfassen Haarverlust (Alopezie), Appetitverlust, Fehlfunktion der Schilddrüse und geringe Zuchtleistung.
Bei allmählicher Gewöhnung von Wiederkäuern an *Leucaena* entwickeln sich im Pansen zur Fermentation von Mimosin und DHP befähigte Mikroorganismen. Während in manchen Regionen der Erde der Verzehr von *Leucaena* bei langsamer Eingewöhnung ohne toxische Symptome verläuft, führt die Aufnahme dieser Pflanze von Wiederkäuern in Australien und einigen anderen Ländern zu gravierenden Ausfällen (Jones und Megarrity 1983). Eine Kontrolle über die Mimosin-Toxizität wurde jedoch durch die Überführung von Pansensaft hawaianischer Ziegen, der DHP-abbauende Bakterien enthielt, auf die australischen Rinder erreicht. Färsen, die diese spezifischen DHP-abbauenden Bakterien einmal erhalten hatten, zeigten selbst bei 90% *Leucaena* in der Futterration keine Vergiftungserscheinungen (Pratchett et al. 1991). Aus dem verwendeten Inokulum der Ziegen wurden gramnegative, zum Abbau von DHP und seines Isomers, 2,3-DHP befähigte Stäbchenbakterien isoliert (Allison et al. 1992); diese Art (*Synergistes jonesii*) fermentiert DHP und 2,3-DHP zu Acetat, Propionat und Ornithin.

2.2.2.2 Tannine

Polyphenole wie Tannine und Lignin werden in den Pflanzen aus Phenylalanin synthetisiert. Gemeinsam mit Wachsen und Kutinen stellen sie die wichtigsten Inhibitoren der Verdauung dar, und häufig kommen sie in großen Mengen in den pflanzlichen Geweben vor. Eine mikrobielle Adaptation an derartige Inhibitoren im Verdauungstrakt von Herbivoren ist nahezu ausgeschlossen, weil kein zum Abbau derartiger Substanzen befähigter Mikroorganismus im anaeroben Milieu und bei der hohen Umschlagsrate des Panseninhalts schnell genug wächst. Für einige Tanninverbindungen müssen diesbezüglich jedoch Einschränkungen gemacht werden. Die unverdaulichen Stoffe, die aufgrund ihrer großen Beständigkeit z. T. sogar als interne Marker für Verdaulichkeitsbestimmungen verwendet werden (Lignin, Wachse), seien hier nur am Rande vermerkt. Das Hauptinteresse soll den Tanninen im Verdauungstrakt der Wiederkäuer gelten.

Tannine stellen eine chemisch vielseitige Gruppe wasserlöslicher Phenole dar, die nicht auf nur einen biogenetischen Ursprung zurückzuführen sind und die durch Bindung an Proteine lösliche oder unlösliche Komplexe bilden. Tannine des Futters vermindern die Protein- und Trockensubstanzverdaulichkeit bei einigen Säugetieren. Manchmal wirken sie eher als Toxin denn als Verdauungshemmer. Die unterschiedlichen Wirkungen von Tanninen auf die Verdauung stehen in Beziehung zu Unterschieden in der Physiologie der Tiere und zu Unterschieden in der chemischen Reaktivität der verschiedenen Tanninverbindungen. Die Tiere verfügen über mehrere Mechanismen zur Abschwächung oder Aufhebung der Tanninwirkung. Bei einigen Säugern (Maus, Ratte, Hirsch) schützen tanninbindende, prolinreiche Proteine des Speichels andere wertvolle Nahrungsproteine vor den Tanninen. Die Bildung solcher Proteine kann mit ökologischen Futternischen zusammenfallen: Hirsche gehören zu den Laubfressern, die häufig Tannine aufnehmen.

Tannine werden aufgrund der chemischen Struktur in zwei Hauptgruppen unterteilt: kondensierte und hydrolysierbare Tannine. *Kondensierte Tannine* (Proanthocyanidine) sind Flavon-Polymere. Ihr Stoffwechsel ist komplex: Hirsche scheiden infolge der Bildung unverdaulicher Verbindungen mit Protein 100% der aufgenommenen kondensierten Tannine mit dem Kot wieder aus, Schafe dagegen nur etwa 60%, so daß hier die Tannine auch teilweise absorbiert werden können (Robbins et al. 1991). *Hydrolysierbare Tannine* stellen Ester der Glucose oder anderer Polyole mit z. B. Gallussäure oder Hexahydroxydiphensäure (Ellagsäure) dar. Gerbsäure (Gallotannin) ist ein einfacher Ester der Gallussäure und eines Zuckers. Sie kann bis zu 5 mit dem Polyol veresterte Galloylgruppen enthalten, während weitere Gruppen mit den Galloylgruppen verestert sein können. Alle diese Ester sind leicht in Gallussäure oder Hexahydroxydiphensäure und Zucker hydrolysierbar.

Während die kondensierten Tannine die Verdaulichkeit des Proteins und der Futtertrockensubstanz bei Wiederkäuern herabsetzen können, werden die hydrolysierbaren Tannine im Verdauungskanal zu kleinen Phenolen, die nicht mit Protein in Verbindung treten (Hagerman et al. 1992), abgebaut. Bei adaptierten Tieren kann der Pansenstoffwechsel die Tiere vor der Toxizität der hydrolysierbaren Tannine (HT), der Gerbsäure und ihrer einfachsten und hauptsächlichsten phenolischen Komponente (Gallussäure), wie sie z. B. auch in der australischen Pflanze Yellowwood vorkommt (Murdiati et al. 1992), schützen. Wiederkäuer schützen sich auch durch Meidung von tanninhaltigen Futterstoffen vor Vergiftungen (Van Hoven und Furstenburg 1992). Eine abnorm hohe Beweidung und physischer Streß, wie z. B. Trockenheit, steigern die Gehalte an Abwehrstoffen in den Pflanzen. Nicht domestizierte Wiederkäuer wie die laubfressende Kudu-Antilope (*Tragelaphus strepsiceros*) zeigen hohe Mortalität, wenn sie bei Trockenheit in Einhegungen mit tanninreichem Futter versorgt werden (Van Hoven 1992). Dies hängt möglicherweise mit der Ausfällung von Mukoproteinen auf der Pansenwand durch kondensierte Tannine zusammen. Dadurch kommt es zu Störungen in der Pansenwand, die dann auch die mit den kondensierten Tanninen assoziierten hydrolysierbaren Tannine in das Blut übertreten lassen. Letztere inaktivieren Leberenzyme und führen zum raschen Tod der Tiere.

2.2.3 Hemmung von Mikroorganismen des Pansens durch toxische Pflanzeninhaltsstoffe

Viele natürliche Inhaltsstoffe wirken sich auf die Pansenfermentation negativ aus, langfristig wahrscheinlich auch solche Stoffe, die nur langsam oder gar nicht abgebaut werden. Verschiedene organische Säuren stören die Pansenfunktion; Erucasäure, Fettsäuren des Rizinusöls und hochungesättigte, langkettige Fettsäuren hemmen mehrere Mikrobenspezies, vor allem methanogene Bakterien. Auch aromatische Säuren wie z. B. p-Cumarinsäure und Ferulinsäure wurden aufgrund ihrer hemmenden Wirkung auf die Zellulolyse selbst bei komplexartiger Bindung mit mehreren Zuckermolekülen in dieser Hinsicht untersucht.

Auch pflanzliche Lectine haben in den letzten Jahren erhöhtes Interesse auf sich gezogen. Lectine, z. B. aus Leguminosensamen oder Baumrinde, Wurzeln und Blättern verschiedener Pflanzenarten, können sich nach Aufnahme durch monogastrische Tiere biologisch tiefgreifend auswirken. Dagegen nehmen Wiederkäuer solche Pflanzenstoffe meist ohne sichtbare Krankheitserscheinungen auf. Da sich einige Lectine bevorzugt mit Peptidoglykanen isolierter Bakterien oder mit anderen nicht pansenstämmigen Bakterien verbinden, findet die Wirkung von Lectinen aus Leguminosensamen auf die Pansenmikroben bzw. der Abbau oder die Inaktivierung dieser Lectine im Pansen starkes Interesse. Eine Untersuchung mit 15 verschiedenen pflanzlichen Lectinen ergab, daß die meisten von ihnen an Futterkomponenten, Partikel im Pansen, Pilze oder Bakterienzellen, viele auch an alle diese Fraktionen gebunden waren (Baintner et al. 1993). Einige dieser Bindungen waren spezifisch und ließen sich durch geeignete Mengen eines Glykanhaptens verhindern.

Abschließend sei vermerkt, daß viele Ergebnisse über hemmende Wirkungen toxischer Stoffe auf Mikroorganismen des Pansens aus In-vitro-Untersuchungen mit Pansensaft nicht adaptierter Tiere resultieren. Es ist jedoch anzunehmen, daß adaptierte Tiere die entsprechenden Stoffe entweder im Pansen oder im Körper entgiften bzw. die Mikroorganismen des Pansens infolge veränderter Zusammensetzung der Population oder angepaßter Physiologie weniger empfindlich geworden sind. Untersuchungen an Wildwiederkäuern legen diese Vermutung nahe. Während die gemischte mikrobielle Pansenpopulation einer Hirschart (mule deer) in vitro durch verschiedene Monoterpene aus Koniferennadeln etwas gehemmt wird, reagieren die Mikroorganismen des Pansensaftes von Schafen sehr viel empfindlicher. Ganz offensichtlich haben sich Flora und Fauna des Hirschpansens an diese Stoffe adaptiert, wobei allerdings noch nicht geklärt ist, ob hiermit ein gesteigerter Abbau einhergeht.

Literatur

Alexander, M. (1971): Microbial Ecology, Wiley, New York.

Allison, M. J., K. A. Drawson, W. R. Mayberry and J. G. Foss (1985): *Oxalobacter formigenes* gen. nov., sp. nov.: oxalate-degrading anaerobes that inhabit the gastrointestinal tract. Arch. Microbiol. **141**, 1–7.

Allison, M. J., W. R. Mayberry, C. S. McSweeney and D. A. Stahl (1992): *Synergistes jonesii*, gen. nov., sp. nov.: a rumen bacterium that degrades toxic pyridinediols. System. Appl. Microbiol. **15**, 522–529.

Baintner, K., S. H. Duncan, C. S. Stewart and A. Pusztai (1993): Binding and degradation of lectins by components of rumen liquor. J. appl. Bacteriol. **74**, 29–35.

Cheeke, P. R. (1989): Toxicants of plant origin. Vol II. Glycosides. CRC Press, Boca Raton, Florida.

Christiaens, H., R. J. Leer, P. H. Pouwels and W. Verstraete (1992): Cloning and expression of a conjugated bile acid hydrolase gene from *Lactobacillus plantarum* using a direct plate assay. Appl. Environ. Microb. **58**, 3792–3798.

Christiaens, H., K. De Roo, P. Quataert, R. Leer, P. Pauwels and W. Verstraete (1993): Conjugated bile acid hydrolysis contributes bile acid resistance to lactobacilli. Appl. Environ. Microb., Submitted for publication.

Clarke, R. T. J., and T. Bauchop (Eds.) (1977): Microbial ecology of the gut. Academic Press, London.

Coates, M. E., and B. E. Gustafsson (1984): The germ-free animal in biomedical research. London, Laboratory Animals.

Craig, A. M., C. J. Latham, L. L. Blythe, W. B. Schmotzer and O. A. O'Connor (1992): Metabolism of toxic pyrrolizidine alkaloids from Tansy Ragwort (*Senecio jacobaea*) in ovine ruminal fluid under anaerobic conditions. Appl. Environ. Microbiol. **58**, 2730–2736.

Dashkevicz, M. P., and S. D. Feighner (1989): Development of a differential medium for bile salt hydrolase active *Lactobacillus* sp. Appl. Environ. Microb. **55**, 11–16.

Dawson, K. A., and M. J. Allison (1988): Digestive disorders and nutritional toxicity. In (P. N. Hobson, Ed.): The Rumen Microbial Ecosystem, pp. 445–460. Elsevier Applied Science, London and New York.

Demeyer, D. (1981): Rumen microbes and the digestion of plant cell walls. Agriculture & Environment **6**, 295–337.

Demeyer, D. I. (1991): Quantitative aspects of microbial metabolism in the rumen and hindgut. In „Rumen microbial metabolism and ruminant digestion" ed. J. P. Jouany, INRA Editions, Paris, pp. 217–237.

Demeyer, D. I., and S. Tamminga (1987): Microbial protein yield and its prediction. In: „Feed evaluation and protein requirement systems for ruminants" (Eds. R. Jarrige and G. Alderman). Office for Official Publications of the EEC, Luxembourg, pp. 129–141.

Demeyer, D., N. Dierick, J. Decuypere, C. Van Nevel, S. Spriet, I. Vervaeke and H. K. Henderickx (1988): Biotechnology for improvement of feed and feed digestion. Invited lecture. Proc. 8th Int. Biotechnol. Symp., July, 1988, Paris (Eds. G. Durand, L. Bobichon and J. Florent). Soc. Franc. Microbiol., Paris, 884–898.

Donaldson, R. M., and P. P. Toskes (1989): The relation of enteric bacterial populations to gastrointestinal function and disease. In „Gastro-intestinal disease. Pathophydiology, Diagnosis, Management" (Eds. M. H. Sleisinger and J. S. Fordtran). W. B. Sanders Company, New York, pp. 107–114.

Dove, H., and R. W. Mayes (1991): The use of plant wax alkanes as marker substances in studies of the nutrition of herbivores: a review. Aust. J. Agric. Res. **42**, 913–952.

Duncan, A. J., and J. A. Milne (1992): Rumen microbial degradation of allyl cyanide as a possible explanation for the tolerance of sheep to brassica-derived glucosinolates. J. Sci. Food Agric. **58**, 15–19.

Feighner, S. D., and M. P. Dashkevicz (1987): Subtherapeutic levels of antibiotics in poultry feeds and their effects on weight gain, feed efficiency, and bacterial cholytaurine hydrolase activity. Appl. Environ. Microb. **53**, 331–336.

Hagerman, A. E., C. T. Robbins, Y. Weerasuriya, T. C. Wilson and C. McArthur (1992): Tannin chemistry in relation to digestion. J. Range Management, **45**, 51–62.

Henderson, C., and D. I. Demeyer (1989): The rumen as a model of fibre digestion in the human intestine. Anim. Feed Sci. Technol. **23**, 68–87.

Heine, W., C. Mohr and K. D. Wutzke (1992): Host-microflora correlations in infant nutrition. Progress in Food and Nutrition Science **16**, 181–197.

Hobson, P. N. (Ed.) (1988): The rumen microbial ecosystem. Elsevier Appl. Sci., London.

Hoover, W. H., and S. R. Stokes (1991): Balancing carbohydrates and proteins for optimum rumen microbial yield. J. Dairy Sci. **74**, 3630–3644.

Hungate, R. E. (1966): The rumen and its microbes. Academic Press, New York.

Hylemon, P. B. (1985): Metabolism of bile acids in intestinal microflora. In: ,,Sterols and bile acids: new comprehensive biochemistry" (Eds. H. Danielson and J. Sjövall). Vol. 12, Elsevier Publishing, Inc. Amsterdam, pp. 331–334.

Ivie, G. W. (1976): Epoxide to olefin: A novel biotransformation in the rumen. Science **191**, 959–961.

Jones, R. J., and R. G. Megarrity (1983): Comparative toxicity responses of goats fed on *Leucaena leucocephala* in Australia and Hawai. Aust. J. Agric. Res. **34**, 781–790.

Jouany, J.-P. (1991): Rumen microbial metabolism and ruminant digestion. INRA Editions, Paris.

Lanigan, G. W. (1976): *Peptococcus heliotrinreducans,* sp. nov., a cytochrome-producing anaerobe which metabolizes pyrrolizidine alkaloids. J. Gen. Microbiol. **94**, 1–10.

Lee, A. (1985): Neglected niches: the microbial ecology of the gastrointestinal tract. Adv. Microb. Ecology **8**, 115–162.

Leer, R. J., H. Christiaens, W. Verstraete, L. Peters, M. Posno and P. H. Pauwels (1993): Gene-disruption in *Lactobacillus plantarum* strain 80 by site-specific recombination: isolation of a mutant strain deficient in conjugated bile acid hydrolase activity. Mol. Gen. Genetics, Accepted for publication.

Macfarlane, G. T., and J. H. Cummings (1990): The colonic flora, fermentation and large bowel digestive function. In: ,,The Large Intestine: Physiology, Pathophysiology and Diseases" (Eds. S. S. Phillips, J. H. Pemberton and R. J. Shorter). Raven Press, New York.

Mackie, R. I., and B. A. White (1990): Recent advances in rumen microbial ecology. J. Dairy Sci. **73**, 2971–2995.

Majak, W. (1992): Biotransformation of toxic glycosides by ruminal microorganisms. In: R. F. Keeler, N. B. Mandava and A. T. Tu/Eds.): Natural toxins: toxicology, chemistry and safety, pp. 86–103. Alaken, Inc. Fort Collins, CO 80521.

Merchen, N. R., and E. C. Titgemeyer (1992): Manipulation of amino acid supply to the growing ruminant. J. Anim. Sci. **70**, 3238–3247.

Molly, K., M. Vande Woestyne and W. Verstraete (1993): Development of a 5-step multi-chamber reactor as a simulation of the human intestinal microbial ecosystem. Appl. Microbiol. Biotechnol. In press.

Murdiati, T. B., C. S. M. McSweeney and J. B. Lowry (1992): Metabolism in sheep of gallic acid, tannic acid and hydrolysable tannin from *Terminalia oblongata.* Aust. J. Agr. Sci. **43**, 1307–1319.

Nocek, J. E., and J. B. Russell (1988): Protein and energy as an integrated system. Relationship of ruminal protein and carbohydrate availability to microbial synthesis and milk production. J. Dairy Sci. **71**, 2070–2107.

Ogimoto, K., and S. Imai (1981): Atlas of rumen microbiology. Japan Scientific Societies Press, Tokyo.

Palo, R. Th., and Ch. T. Robbins (Eds.) (1991): Plant defences against mammalian herbivory. CRC Press, Boca Raton, Florida.

Pratchett, D., R. J. Jones and F. X. Syrch (1991): Use of DHP-degrading rumen bacteria to overcome toxicity in cattle grazing irrigated leucaena pasture. Tropical Grassland **25**, 268–274.

Reichardt, P. B., and Th. P. Clausen (1991): Role of phenol glycosides in plant-herbivore interactions. In: R. F. Keeler and A. T. Tu (Eds.): Handbook of Natural Toxins, Volume 6, Toxicology of plant and fungal compounds. Chapter 15, pp. 313–333. Marcel Dekker, Inc., New York.

Rolfe, R. D. (1984): Interactions among microorganisms of the indigenous intestinal flora and their influence on the host. Rev. Inf. Dis. **67**, 73.

Savage, D. C. (1986): Gastrointestinal microflora in mammalian nutrition. Ann. Rev. Nutr. **6**, 155–178.

Savage, D. C. (1992): Gastrointestinal microbial ecology; possible modes of action of direct-fed microbials in animal production. A review of the literature. In: „Direct-fed microbials in animal production", National Feed Ingredients Association, Iowa, USA. In press.

Smith, G. S. (1992): Toxification and detoxification of plant compounds by ruminants: an overview. J. Range Management **45**, 25–30.

Tannock, G. W., M. P. Dashkevicz and S. D. Feighner (1989): Lactobacilli and bile salt hydrolase in the murine intestinal tract. Appl. Environ. Microbiol. **55**, 1848–1851.

Van Hoven, W. (1992): Mortalities in kudu (*Tragelaphus strepsiceros*) populations related to chemical defence in trees. J. African Zool. **105**, 141–145.

Van Hoven, W., and D. Furstenburg (1992): The use of purified condensed tannin as a reference in determining its influence on rumen fermentation. Comp. Biochem. Physiol. **101A**, 381–385.

Wallace, R. J. (1991): Rumen proteolysis and its control. In: „Rumen microbial metabolism and ruminant digestion" (Ed. J. P. Jouany). INRA Editions, Paris, pp. 217–237.

Wallace, R. J. (1992): Gel filtration studies of peptide metabolism by rumen micro-organisms. J. Sci. Food Agric. **58**, 177–184.

Weimer, P. J. (1992): Cellulose degradation by ruminal microorganisms. Crit. Revs. Biotechnol. **12**, 189–223.

Yang, C.-M. J., and J. B. Russell (1992): Resistance of proline-containing peptides to ruminal degradation in vitro. Appl. Environ. Microbiol. **58**, 3954–3958.

3. Verdauung durch körpereigene Enzyme
(O. Simon)

3.1 Geschichte der Verdauungsforschung

Als Verdauung bezeichnet man diejenigen Prozesse, die im Verdauungstrakt den Abbau überwiegend hochpolymerer Verbindungen der Nahrung zu resorptionsfähigen Bausteinen bewirken. Da der Mensch mit der Verdauung unmittelbar durch tägliche Nahrungsaufnahme oder mittelbar durch die Tierhaltung konfrontiert wird, sind die frühzeitigen Bemühungen um die Erforschung dieses Phänomens verständlich.

Im Jahre 1823 stellte die französische Akademie folgende Preisfrage:
„Die Unvollkommenheit chemischer Analysenverfahren hat es bis heute nicht ermöglicht, exakte Kenntnisse über die Vorgänge im Magen und Darm während der Verdauung zu erlangen. Die Beobachtungen und Experimente, selbst jene, die unter größter Sorgfalt abliefen, konnten nur oberflächliche Erkenntnisse zu einem Thema liefern, das uns so direkt angeht.

Heute, da die Analysenverfahren bei tierischen und pflanzlichen Substanzen eine größere Genauigkeit erreicht haben, kann gehofft werden, daß bei entsprechender Sorgfalt auf bedeutende Erkenntnisse gestoßen wird.

So schlägt die Akademie als Thema für den Physik-Preis für das Jahr 1825 vor, durch chemische und physiologische Versuchsreihen zu ermitteln, welche Vorgänge sich in den Verdauungsorganen während der Verdauung abspielen" (übersetzt aus Tiedemann und Gmelin 1826).

Zu den Bewerbern, die auf dieses Preisausschreiben hin Arbeiten einreichten, gehörten auch die Heidelberger Professoren Friedrich Tiedemann und Leopold Gmellin. Sie lehnten allerdings eine Ehrung und eine Belohnung in Höhe von 1500 Fr ab, da in gleicher Weise eine Arbeit zweier weiterer Mitbewerber geehrt werden sollte, deren Resultate in wesentlichen Punkten im Widerspruch zu ihren standen. Die Experimente wurden in einer zweibändigen Abhandlung publiziert (Tiedemann und Gmelin 1826; 1827), die über das methodische Vorgehen und den Erkenntnisstand zu jener Zeit Auskunft gibt.

Den Autoren waren die grundsätzlichen Schwierigkeiten bei der Untersuchung von Verdauungsprozessen bewußt. Einerseits geht es darum, die chemischen Veränderungen der Nahrungsbestandteile während der Passage durch den Verdauungstrakt zu verfolgen, andererseits werden Sekrete in den Verdauungstrakt abgegeben, die sich mit den Nahrungskomponenten mischen und damit die Beurteilung ihrer Modifikation durch chemische Analysenmethoden erschweren oder unmöglich machen. In dem erwähnten Buch heißt es dazu: „Die erste zu beseitigende Schwierigkeit betraf die Erforschung der Mischung und der Eigenschaften der verschiedenen zur Verdauung beitragenden Säfte, welche den in den Darmkanal aufgenommenen Nahrungsmitteln beigemischt werden. Ohne genaue Kenntnis dieser Flüssigkeiten ließ sich nichts Gewisses über die Wirkung derselben auf die Nahrungsmittel sowie über die Veränderungen ausmitteln, welche diese durch die Beimischung jener Säfte erfahren". Daher war auch ein Schwerpunkt der Arbeiten die Gewinnung reiner Verdauungssäfte (Speichel, Magensaft, Galle, Pankreassaft und Darmsaft) bei verschiedenen Tierarten und deren Charakterisierung. Neben der Untersuchung des Verdauungstraktes nüchterner Tiere wurden auch Katheterisierungen des Ductus pancreaticus an lebenden Tieren vorgenommen. Diese und andere interessante methodische Ansätze führten zu einigen, aus heutiger Sicht bemerkenswerten Ergebnissen:

– Es wurde die Bildung von Salzsäure im Magen nachgewiesen.
– Der Abbau von Stärke bei gleichzeitiger Bildung von Zucker im Verdauungstrakt wurde durch Abnahme der „Bläuung" durch Jod bzw. anhand der Gasbildung durch Hefen bewiesen.
– Besonders für das Sekret der Bauchspeicheldrüse und für den Darmsaft wurde ein hoher Eiweißgehalt beobachtet. Die Funktion dieser Eiweiße wurde in einer Unterstützung der Assimilation der „aufgelösten Speisen" gesehen, indem diese gemeinsam mit den Sekreteiweißen „eingesaugt" werden.

Als Hauptfaktor der Verdauung wurde die auflösende Wirkung des Magensaftes betrachtet, die wiederum in der Säurebildung begründet sein sollte.

Daß es sich beim Abbau der organischen polymeren Verbindungen im Verdauungstrakt nicht um eine Hydrolyse durch Säuren, sondern um die Wirkung von hocheffektiven Biokatalysatoren, den Enzymen, handelt, konnten die Forscher zu jener Zeit nicht wissen, denn Enzyme wurden erst viel später entdeckt. Jacob Berzelius hat zwar 1835 festgestellt, daß Malzextrakt die Hydrolyse von Stärke wesentlich wirkungsvoller katalysiert als Schwefelsäure, dennoch dauerte es weitere 90 Jahre, bis die Proteinnatur der Enzyme nachgewiesen wurde.

Heute wissen wir, daß der im Verdauungstrakt ablaufende Substratabbau durch eine Reihe von Enzymen bewirkt wird, wovon ein Teil durch den Organismus des Tieres oder des Menschen selbst gebildet wird (körpereigene Enzyme), während der andere Teil den Mikroorganismen zuzuordnen ist, die den Verdauungstrakt besiedeln.

3.2 Nährstoffabbau durch körpereigene Enzyme

Die körpereigenen Enzyme gehören der Enzymhauptklasse der Hydrolasen an. Sie katalysieren die Hydrolyse von Ester-, Ether-, Peptid-, Glykosid-, Säurehydrid-, C-C-, C-Halogenoder P-N-Bindungen. Durch ihre Wirkung werden im Verdauungstrakt mittels Einlagerung

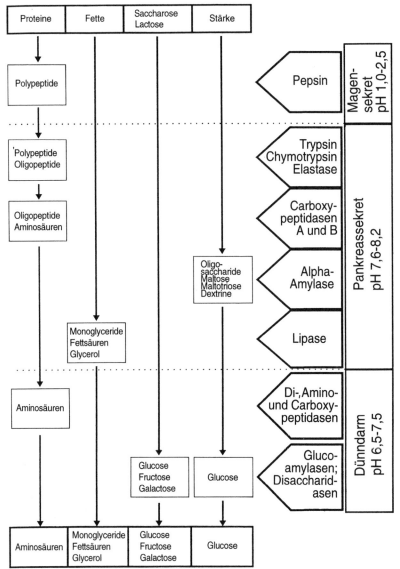

Abb. 1. Wirkung der wichtigsten körpereigenen Enzyme beim Abbau der Hauptnährstoffe zu resorptionsfähigen Produkten.

von Wassermolekülen letztlich Proteine in Aminosäuren, Polysaccharide in Monosaccharide und Neutralfette in Glycerol und Fettsäuren gespalten. Dieser Abbau erfolgt durch aufeinanderfolgende Katalyse verschiedener Enzyme. Einen Überblick zu den wichtigsten körpereigenen Enzymen, die an der Hydrolyse der Hauptnährstoffe der Nahrung beteiligt sind, gibt Abb. 1.

Ein wesentlicher Anteil dieser Enzyme wird mit Sekreten der Magenschleimhaut, des Pankreas und der Dünndarmschleimhaut in das Lumen des Verdauungstraktes sezerniert. Diese Enzyme wirken daher im Rahmen der *luminalen Verdauung*.

3.2.1 Regulation des pH-Wertes

Wirkungsort und Bildungsort sind für die einzelnen Enzyme nicht in jedem Falle identisch, vielmehr sind die Enzyme in denjenigen Abschnitten am aktivsten, in denen für ihre Wirkung optimale Bedingungen vorliegen. So hat beispielsweise Pepsin zwei pH-Optima bei pH 2,0 und 3,5, einem pH-Bereich also, wie er in der Pylorusregion und zum Teil in der Fundusregion des Magens vorliegt. Für die Einstellung des niedrigen pH-Wertes im Magen ist die Sekretion von Salzsäure durch die Belegzellen der Fundusdrüsen verantwortlich. Die hohe Wasserstoffionenkonzentration im Magenchymus ist auch für die Aktivierung des Pepsinogens erforderlich und wirkt darüber hinaus bakterizid.

Die Neutralisation des Chymus erfolgt bei den einzelnen Tierarten im Dünndarm durch Pankreassekret, Darmsekret und Galle unterschiedlich schnell. Auf Grund der relativ distal gelegenen Mündung des Pankreasleiters und der niedrigen Hydrogencarbonat-Konzentration im Pankreassaft bei Wiederkäuern liegt bei diesen im Duodenum und im Anfang des Jejunums noch ein pH-Wert im sauren Bereich vor. Daher kann unter diesen Bedingungen Pepsin auch in den proximalen Abschnitten des Dünndarms noch wirken, während die Proteolyse durch Trypsin und Chymotrypsin (pH Optimum 7,5–8,5) erst verzögert einsetzt.

Neben der Enzymsekretion selbst ist die begleitende Sekretion von Substanzen, die zur pH-Wert-Einstellung beitragen, eine Voraussetzung zur Ausschöpfung der hydrolytischen Kapazität der Verdauungsenzyme.

3.2.2 Bedeutung der Gallensäuren

Die Galle enthält zwar keine Verdauungsenzyme, trägt aber durch ihre Sekretinhaltsstoffe wesentlich zur Fettverdauung bei. Die Unterstützung der Fettverdauung ist auf die emulgierende Wirkung der Gallensäuren zurückzuführen. Gallensäuren stellen Steroide dar, die vor der Sekretion mit Glycin oder Taurin konjugiert werden. In dieser Form besitzen sie eine hohe Löslichkeit und bilden einen lipophilen und einen hydrophilen Pol aus. Dadurch können Fette emulgiert werden, und die Angriffsmöglichkeit der wasserlöslichen Enzyme durch die resultierende Oberflächenvergrößerung wird verbessert.

Neben der luminalen Verdauung gibt es im Dünndarm eine sog. *Kontaktverdauung* durch membrangebundene Enzyme der Bürstensaumregion der Enterozyten. Hierbei handelt es sich überwiegend um Enzyme, die die luminale Verdauung komplettieren, wie verschiedene Disaccharidasen, Aminopeptidasen und Monoglyceridlipasen. Als intrazelluläre Enzyme spielen vermutlich nur Dipeptidasen der Mucosazellen eine Rolle, die spezifische Dipeptide zu Aminosäuren hydrolysieren.

3.2.3 Aktivierung von Proenzymen

Proteolytische Enzyme, die luminal wirken, werden als inaktive Proenzyme sezerniert. Auf diese Weise werden die Gewebe der verschiedenen Bildungsorte vor proteolytischer Schädigung geschützt. Die Aktivierung erfolgt durch eine limitierte Proteolyse. Darunter ist die Abspaltung eines Oligopeptids des Proenzyms zu verstehen, wodurch das Restmolekül die aktive Konformation ausbilden kann.

So wird Pepsinogen durch Magensalzsäure oder autokatalytisch durch schon vorhandenes Pepsin in die aktive Form überführt. Die Bildung des Trypsins aus der Vorstufe Trypsinogen wird durch ein von der Magenschleimhaut gebildetes Enzym (Enteropeptidase/Enterokinase) oder durch Trypsin selbst katalysiert. Trypsin besitzt insofern eine Schlüsselstellung, als es die Aktivierung auch weiterer proteolytischer Proenzyme bewirkt, wie von Chymotrypsinogenen und der Carboxypeptidasen A und B.

3.2.4 Abbau der Kohlenhydrate

Die Verdauung der Kohlenhydrate durch körpereigene Enzyme beschränkt sich auf die Polysaccharide Stärke und Glykogen sowie auf einige Disaccharide. Hauptverdauungsort für die Kohlenhydrate ist der Dünndarm. Stärke und Glykogen werden dort durch α-Amylase des Pankreassekretes gespalten. α-Amylase (EC 3.2.1.1) ist eine Endoglucanase, die im Inneren der Polysaccharidketten 1,4-α-glucosidische Bindungen hydrolysiert. Bei einigen Tierarten, z. B. beim Schwein, kommt auch im Speichel eine α-Amylase vor, die bereits in den oberen Schichten des Mageninhaltes den Abbau von α-Glucanen einleiten kann. Aus dem Abbau durch die α-Amylasen resultieren Maltose, Maltotriose, Oligosaccharide und Fragmente, die aus dem Abbau des Amylopectins und des Glykogens stammen und eine 1,6-Bindung aufweisen. Letztere werden auch als α-Dextrine oder α-Grenzdextrine bezeichnet. Das 1,6-α-Disaccharid der Glucose, die Isomaltose, resultiert ebenfalls aus deren schrittweisen Hydrolyse. All diese Produkte sind noch nicht resorptionsfähig und werden durch Enzyme der Bürstensaumregion der Epithelzellen bis zu Glucose abgebaut. Zu diesen Enzymen gehören die Exoenzyme Glucoamylase, 1,6-α-Glucosidase sowie Maltase (EC 3.2.1.20), Isomaltase (EC 3.2.1.10) und Maltotriase. Ferner liegen in der Bürstensaumregion weitere Disaccharidasen vor, wie Fructosidase (Saccharase; EC 3.2.1.48), die Saccharose in Glucose und Fructose spaltet, sowie β-Galactosidase (Lactase; EC 3.2.1.108), die Milchzucker zu Glucose und Galactose hydrolysiert. Für die Lactase ist zu berücksichtigen, daß sie beim Geflügel völlig fehlt und deren Aktivität bei Säugetieren mit zunehmendem Alter stark sinkt. Auch für andere Disaccharidasen gibt es tierartspezifisch altersabhängige Veränderungen.

3.2.5 Abbau der Fette

Triglyceride werden vorwiegend im Dünndarm durch Wirkung der Pankreaslipase abgebaut. Neben den Gallensäuren ist dazu auch die Anwesenheit einer Colipase erforderlich, mit der die Lipase (EC 3.1.1.3) einen Komplex ausbildet, der sich an den Lipid-Wasser-Grenzschichten ablagert. Bei der Hydrolyse durch Pankreaslipase werden die Fettsäuren der Triglyceride in den C1- und C3-Positionen abgespalten, so daß neben Fettsäuren vorwiegend Monoglyceride entstehen. Beide Komponenten können resorbiert werden. Darüber hinaus kann eine Monoacylglyceridlipase der Enterozyten von Bedeutung sein. Anfallendes wasserlösliches Glycerol wird ebenfalls resorbiert.
Weitere lipidabbauende Enzyme sind eine Phospholipase A (EC 3.1.1.4), die die Hydrolyse von Lecithin zu Fettsäuren und Lysolecithin bewirkt, sowie eine Cholesterolesterase.
Eine im Magensekret vorhandene Lipase ist aus quantitativer Sicht für die Fettverdauung von untergeordneter Bedeutung.

3.2.6 Abbau der Proteine

Da die Proteine Polymere aus 20 verschiedenen Aminosäuren sind, erfordert deren Hydrolyse das Zusammenwirken verschiedener Enzyme, die spezifisch Peptidbindungen bestimmter Aminosäuren spalten. Dem Angriffspunkt nach kann man sie unterscheiden in *Endopeptidasen,* wenn sie Peptidbindungen im Inneren der Peptidkette spalten, und in *Exopeptidasen,* die endständige Aminosäuren vom C-Terminus her (Carboxypeptidasen) oder vom N-Terminus her (Aminopeptidasen) abspalten.

Die für die Verdauung wichtigsten Endopeptidasen sind Pepsin (EC 3.4.21.1), Chymosin (EC 3.4.23.4), Trypsin (EC 3.4.21.4), Chymotrypsine (EC 3.4.21.1, 3.4.21.2) und Elastase (EC 3.4.21.36). Pepsin wird im Magen gebildet und wirkt hydrolytisch, solange der Chymus einen sauren pH-Wert hat. Es spaltet mit starker Bevorzugung Bindungen, an denen aromatische Aminosäuren beteiligt sind. Als Produkte entstehen überwiegend Polypeptide und auch Oligopeptide, aber kaum Aminosäuren. Die Hydrolyse durch Pepsin ist keine Voraussetzung zum vollständigen Proteinabbau.

Im Magen junger Kälber, Lämmer, aber auch Ferkel wird Chymosin (Rennin oder Labferment) gebildet, das nur schwach proteolytisch wirkt, aber zur Gerinnung von Milcheiweiß führt.

Im Dünndarmbereich bewirken die Pankreas-Endopeptidasen Trypsin, Chymotrypsin und Elastase durch Hydrolyse anderer spezifischer Peptidbindungen vorwiegend den Abbau zu Oligopeptiden und Polypeptiden. Die weitere Verdauung zu resorptionsfähigen Aminosäuren erfolgt durch Katalyse der luminal wirkenden Pankreas-Carboxypeptidasen A (EC 3.4.17.1) und B (EC 3.4.17.2) sowie verschiedene Aminopeptidasen der Bürstensaumregion der Enterozyten. Einige Dipeptide werden vermutlich ebenfalls resorbiert. Diese werden intrazellulär von Dipeptidasen gespalten.

Für die Wirkung der proteolytischen Enzyme ist zu berücksichtigen, daß sie nicht nur für die Hydrolyse der im Futter enthaltenen Proteine von Bedeutung sind, sondern auch für den Abbau von Proteinen, die in den Sekreten von Magen, Pankreas und Darm sowie in den abgeschilferten Mucosazellen enthalten sind.

Die Quantifizierung dieser endogenen Proteine ist aus methodischer Sicht kompliziert. Die Ursachen dafür sind:

– die Mischung von Proteinen und deren Abbauprodukten aus der Nahrung mit solchen endogener Herkunft,
– die Beeinflussung der Sekretmenge und deren Zusammensetzung durch Inhaltsstoffe und Menge der Nahrung,
– die experimentell schwere Zugänglichkeit verschiedener Abschnitte des Verdauungstraktes,
– die Anwesenheit von Mikroorganismen in nahezu allen Abschnitten des Verdauungstraktes.

Die genauesten Messungen liegen für Sekretmengen von Pankreas und Galle vor, wo jeweils eine Katheterisierung der Gänge möglich ist. Zur Erfassung der Menge endogener Proteine im Magen und in verschiedenen Abschnitten des Darmes ist die Anwendung von speziellen Fistulierungstechniken bei gleichzeitiger Anwendung von isotopenmarkierten Verbindungen erforderlich. Solche Versuche sind kompliziert, teuer und sicherlich auch nicht unumstritten, daher liegen für diese Abschnitte nur einige und weniger zuverlässige Daten vor.

Tabelle 1. Quantifizierung der endogenen Sekrete in Form von Stickstoff bzw. Protein beim Schwein (40 kg Lebendmasse, Mengenangabe pro Tag)

Galle 2 g N	=	12 g Rohprotein
Pankreas		16 g Protein
Magen		18 g Protein
Dünndarm 16 × 10 g		160 g Protein
+ 16 × 0,85 g Harnstoff	=	40 g Rohprotein
Dickdarm		?
Summe		246 g Rohprotein
Durchfluß Ende Dünndarm		20 g Rohprotein
= Rückresorption		>90%
Proteinaufnahme		260 g Rohprotein

Tabelle 1 gibt für ein Schwein von etwa 40 kg Lebendmasse die Menge endogenen Rohproteins (als N bestimmt) bzw. Proteins aus den verschiedenen Quellen wieder. Die Werte sind aus mehreren vergleichbaren Angaben zusammengestellt. Danach beträgt die pro Tag in den Verdauungstrakt abgegebene Proteinmenge etwa 190 g. Das Ende des Dünndarms passieren aber nur noch 20 g Rohprotein endogenen Ursprungs, was eine Rückresorption von über 90% bedeutet. Bei der dargestellten Modellrechnung würde die Menge endogener Proteine über 70% der Proteinaufnahme betragen.

Obwohl die exaktere Ermittlung dieser Daten die Anwendung chirurgischer Methoden und von Isotopentechniken (bevozugt nichtradioaktive Stabisotope) erfordert, sind gezielte und gut durchdachte Versuche dazu verantwortbar, da sie zu einer wichtigen Erweiterung der Grundlagenkenntnisse über die Verdauung und den Proteinumsatz führen würden.
Die 1826/27 von Tiedemann und Gmelin geäußerte Vermutung, daß die Eiweiße des Pankreassaftes und des Dünndarmsaftes mit der Assimilation der ,,aufgelösten Speisen" zu tun haben, ist durch ihren Gehalt an Enzymen nachgewiesen, auch daß sie wieder ,,eingesaugt" werden, trifft zu. Ob aber die durch die Nahrungsaufnahme induzierbare Sekretion dieser enormen Proteinmenge in den Verdauungstrakt auch andere Funktionen im Proteinumsatz hat, ist ebenfalls eine Frage, der nachgegangen werden sollte.

3.2.7 Abbau der Nucleinsäuren

Der größte Teil der Nucleinsäuren, mit Ausnahme der bakteriellen DNA, liegt als Nucleoprotein vor. Der Proteinanteil unterliegt dem weiter oben beschriebenen Abbauweg. Die Nucleinsäuren werden im Dünndarm unter Wirkung von Ribonucleasen (Pankreas-Ribonuclease; EC 3.1.27.5) und Desoxyribonucleasen (EC 3.2.21.1 und 3.1.22.1) zu Oligonucleotiden abgebaut. Durch Katalyse einer Reihe weiterer Enzyme können als Endprodukte Purin- und Pyrimidinbasen, Pentose-1-phosphat und Phosphat entstehen. Eine besonders hohe Ribonucleaseaktivität liegt bei Wiederkäuern vor, bei denen, bedingt durch die mikrobielle Besiedlung der Vormägen, eine große Menge Bakterien in den Dünndarm gelangt. Der Nucleinsäurenanteil bei Bakterien ist hoch, er enthält etwa 20% des Gesamtstickstoffs. Im Dünndarm können 70 bis 80% der Nucleinsäuren verdaut werden.

3.3 Regulation der Expression und Sekretion von Verdauungsenzymen

Die Aktivitäten der verschiedenen Verdauungsenzyme unterliegen entwicklungsbedingten Veränderungen. Außerdem gibt es für die verschiedenen Verdauungsenzyme eine durch die Substrate ausgelöste Adaptation. Die molekularen Mechanismen dieser Regulation sind nur teilweise bekannt. Sie können auf verschiedenen Ebenen wirken: der Transkription, der Translation, der Stabilität der primären Expressionsprodukte (Le Huberou-Luron et al. 1993) und bei Verdauungsenzymen des Magens und des Pankreas auf der Ebene der Sekretionsrate.

Die Sekretionsrate sekretorischer Zellen wird von verschiedenen Effektoren reguliert. Dazu gehören neurokrine Substanzen, die von den Enden der Neuronen in die sekretorischen Zellen abgegeben werden. Die *endokrinen* Modulatoren werden von spezifischen Zellen gebildet, die sich räumlich entfernt von den Targetzellen befinden und diese über das Kreislaufsystem erreichen. Unter *parakrinen* Effektoren versteht man Substanzen, die von Zellen gebildet werden, die sich in der Nachbarschaft der Zielzellen befinden und durch Diffusion zu diesen gelangen. So wird die Säuresekretion im Magen sowohl durch Acetylcholin (neurokrin), durch Gastrin (endokrin) als auch durch Histamin (parakrin) angeregt. Für alle drei Effektoren gibt es an der Plasmamembran der Belegzellen distinkte Rezeptoren. Die gleichen Substanzen stimulieren auch die Pepsinogenfreisetzung der Hauptzellen. Außerdem wird diese durch zwei weitere Peptidhormone, Sekretin und Cholecystokinin, stimuliert, die von Zellen der duodenalen Mucosa gebildet werden. Beide regen darüber hinaus die Sekretion sowohl der wäßrigen als auch der Enzymkomponente des Pankreas an. Die Bildung der verschiedenen Peptidhormone wird durch die Digestainhaltsstoffe beeinflußt, wobei die Hydrolyseprodukte von Proteinen und Fetten von besonderer Bedeutung zu sein scheinen.

Die postnatalen Veränderungen sind bei Säugetieren besonders durch Abnahme der Lactaseaktivität und allmählichen Anstieg der Aktivitäten von Enzymen gekennzeichnet, die für die Hydrolyse pflanzlicher Kohlenhydrate erforderlich sind. Im Dünndarm von Ferkeln fällt die Lactaseaktivität innerhalb der ersten beiden Wochen schnell und danach langsam bis zur 8. Woche ab. Dagegen ist in der ersten Lebenswoche Saccharaseaktivität kaum nachweisbar, sie steigt danach aber stetig an (Manners und Stevens 1972). Gleichzeitig erhöhen sich die Aktivitäten von Isomaltase und Maltase (Hoffman und Chang 1993).

Die Aktivitäten der Pankreasenzyme verändern sich in den ersten Lebenstagen und -wochen ebenfalls. So wird das Maximum der Amylaseaktivität bei Ferkeln 4–8 Wochen nach der Geburt erreicht (Drochner 1993). Auch bei Geflügel entwickeln sich nach dem Schlüpfen die Aktivitäten der Pankreasenzyme erst allmählich. Die Aktivitäten von Amylase, Lipase, Trypsin und Chymotrypsin (gemessen im Dünndarminhalt) erreichen bei Broilerküken erst nach 17, 4, 11 bzw. 11 Tagen ihre Maxima (Nitsan et al. 1991). Eine ähnliche Entwicklung wird für die Amylase- und die Trypsinaktivität bei Puten beschrieben (Krogdahl und Sell 1989).

Die beschriebenen Veränderungen sind zum Teil entwicklungsbedingt, aber auch das Ergebnis von Induktions-Repressions-Mechanismen. Die Adaptation des exokrinen Pankreas an die Diätzusammensetzung ist besonders bei Ratten, aber auch bei Schweinen und Küken untersucht worden. Das Verhältnis der Verdauungsenzyme zueinander variiert diätspezifisch sowohl im Pankreas als auch im Sekret. Die Induzierbarkeit der α-Amylase durch Stärke, aber auch durch Glucose, der Serinproteasen durch Casein bzw. enzymatische Caseinhydrolysate und der Lipase durch Triglyceride bzw. durch Fettsäuren gilt allgemein als gesichert (Brannon 1990, Pubols 1991; Salman et al. 1967, Wicker et al. 1984, Lhoste et al. 1993). Über die dabei wirkenden Mediatoren liegen weniger gesicherte Erkenntnisse vor. Es scheinen sowohl die Substrate als auch die Produkte der jeweiligen Enzymreaktion die Induktion auszulösen. An der Regulation der Synthese von Pankreasproteasen ist vermutlich das im oberen Dünndarm synthetisierte Hormon Cholecystokinin beteiligt. Als Mediatoren zur Steuerung der Amylaseaktivität kommen Insulin (nur bei Diabetis) und Glucocorticoide in Frage. Die azinäre Glucosekonzentration könnte dabei ebenfalls eine Rolle spielen. Für die Regulation der Lipasesynthese ist die Vermittlung durch das intestinale Hormon Sekretin wahrscheinlich, aber auch Metabolite der Fettsäuren (Ketone) könnten eine solche Funktion haben.

Ein wichtiger Regulationsmechanismus für die Synthese von Verdauungsenzymen wirkt auf der Transkriptionsebene. Dies kann anhand der Menge translatierbarer mRNA der einzelnen Enzyme nachgewiesen werden (Wicker et al. 1984). Es ist aber darauf hinzuweisen, daß es in der Regulation des exokrinen Pankreas speziesspezifische Unterschiede gibt und die einzelnen Enzyme einer unterschiedlichen Kontrolle unterliegen (Lhoste et al. 1993). Für die Expression der Amylase liegt vermutlich hauptsächlich eine posttranskriptionale Kontrolle vor.

Auch Enzyme der Bürstensaumregion sind meist gut induzierbar. Das wurde für den Saccharase-Isomaltase-Komplex nachgewiesen, wobei die Induzierbarkeit sich auf den proximalen Teil des Dünndarms beschränkt und vorwiegend auf Transkriptionsebene erfolgt (Hoffman und Chang 1993). Anhand des schnellen Abfalls der Lactaseaktivität und des drastischen Anstiegs von Glucoamylase in der Mucosa von frühabgesetzten Ferkeln läßt sich die Substratinduzierbarkeit dieser intestinalen Enzyme nachweisen (Kelly et al. 1991B).

Die physiologische Bedeutung der Adaptation von Synthese und Sekretion der Verdauungsenzyme ist nicht klar, da allgemein von einem Überschuß der Verdauungsenzyme im Verhältnis zu den Substraten ausgegangen werden kann. Brannon (1990) schätzt einen 10fachen Überschuß der Pankreasenzyme, so daß eine Optimierung der Verdauungsprozesse durch Variation von Enzymsynthese und -sekretion zweifelhaft erscheint. Auch bei jungen Tieren (Ferkeln, Küken), bei denen zu den entsprechenden Versuchsperioden die Aktivitäten verschiedener Verdauungsenzyme noch nicht ihre Maxima erreicht hatten, konnte keine Beeinträchtigung der Verwertung der Rationskomponenten nachgewiesen werden.

Zur Aufklärung der Regulationsmechanismen und der Funktion der Adaptation sind insbesondere auf dem Gebiet der Grundlagenforschung weitere Untersuchungen erforderlich.

3.4 Qualitative Kapazität der körpereigenen Enzyme

Beim Vergleich der in den Rationen üblicherweise vorhandenen Nährstoffe mit der Spezifität der körpereigenen Verdauungsenzyme stellt man fest, daß der Abbau der Futterproteine und -fette sehr wohl möglich ist. Dagegen ist das Enzymsystem gegenüber den im Futter vorhandenen Polysacchariden sehr unvollständig. So kann zwar Stärke, als wichtigstes Reservekohlenhydrat der Pflanzen, abgebaut werden, nicht aber die Vielzahl von Polysacchariden die als pflanzliche Gerüstsubstanzen in den Zellwänden vorliegen, wie Cellulose (1,4-β-glucosidische Verbindung), 1,3–1,4-β-D-Glucane, Pentosane und Pectine. Erst durch die Anwesenheit von Mikroorganismen im Verdauungstrakt wird die partielle Verwertung dieser Substrate möglich. Neben der geringen Verwertbarkeit dieser Substrate, insbesondere bei monogastrischen Tieren und bei Hühnergeflügel, können 1,3–1,4-β-D-Glucane (hoher Gehalt in Gerste) und Pentosane (hoher Gehalt in Roggen) antinutritiv wirken. Dieser Effekt basiert auf der hohen Viskosität, die diese Verbindungen in wäßriger Lösung verursachen und führt besonders bei Küken zu verlängerten Digesta-Transitzeiten, verminderter Futteraufnahme, gestörter Nährstoffresorption im Dünndarm, Durchfällen bzw. verkleisterten Ausscheidungen, verbunden mit einer verschlechterten Lebendmassezunahme und erhöhten Tierverlusten. Bei Küken lassen sich im Falle von Rationen mit hohen Gerstenanteilen die beschriebenen Erscheinungen vollständig oder teilweise durch Supplementierung der Rationen mit β-Glucanasen enthaltenden Enzympräparaten beseitigen. Ob β-Glucanase-Zusätze auch bei Absatzferkeln die Nährstoffverwertung verbessern können, ist experimentell noch nicht eindeutig nachgewiesen. Auch die Wirkung von Pentosanasezusätzen auf die Nährstoffverwertung bei Geflügel und Schweinen bedarf noch einer genaueren wissenschaftlichen Untersuchung.

Für den Abbau einer weiteren Gruppe von Kohlenhydraten, der α-Galactoside, besitzt der tierische Organismus ebenfalls keine körpereigenen Enzyme im Verdauungstrakt. α-Galactoside kommen in Form von Raffinose, Stachyose und Verbascose vor allen Dingen in Leguminosen vor (40–190 g/kg). Bei Anteilen von 15% dieser Verbindungen in Ferkelrationen wird die präcaecale Nährstoffverdaulichkeit um etwa 20% gesenkt (Veltman et al. 1993). Inwiefern die Verdaulichkeit im Dünndarm auch bei praktischen Rationen mit hohem Leguminosenanteil beeinträchtigt und ein Effekt durch Zufuhr von α-Galactosidasen erreichbar ist, bedarf weiterer Klärung.

Organisch gebundener Phosphor in Form der Phytinsäure kann von Tierarten mit geringer mikrobieller Aktivität im Verdauungstrakt (Geflügel, Scheine) aufgrund des Fehlens oder der unzureichenden Aktivität einer körpereigenen Phytase nur in sehr begrenztem Umfang verwertet werden. Der Phosphorbedarf wird durch Zusatz von anorganischen Phosphaten gedeckt, während der Phytinphosphor größtenteils ausgeschieden wird. Dies führt besonders in Ländern mit intensiver Tierhaltung zu einer schwerwiegenden Belastung der Umwelt. Eine wirksame Möglichkeit zur Reduzierung der Phosphorausscheidung ist die Supplementierung von Rationen für Schweine und Geflügel mit mikrobiellen Phytasen bei gleichzeitiger Verminderung des Phosphorgehaltes der Mineralstoffmischungen.

3.5 Quantitative Kapazität der körpereigenen Enzyme

Die Verdauung durch körpereigene Enzmye kann am Ende des Dünndarms als abgeschlossen angesehen werden. Einerseits werden im Dickdarmbereich keine Verdauungsenzyme mehr sezerniert, andererseits werden die endogenen Proteine des proximalen Teils des Verdauungstraktes bis zum Ende des Dünndarms weitgehend hydrolysiert und rückresorbiert. Daher kann bei Monogastriden die im terminalen Ileum gemessene Verdaulichkeit der Nährstoffe (auch als präcaecale Verdaulichkeit bezeichnet) als Maß für den Grad des Nährstoffabbaus durch körpereigene Enzyme betrachtet werden. Dabei wird der mögliche mikrobielle Abbau bis zum Ende des Dünndarms nicht berücksichtigt (s. Abschnitt 3.2.3). Die folgenden Betrachtungen beziehen sich in erster Linie auf die Verhältnisse beim Schwein.

Bei auf Getreide basierenden Rationen, auch in Kombination mit Leguminosen, wird die enthaltene Stärke präcaecal nahezu vollständig verdaut. In den meisten Untersuchungen wurden für diesen Abschnitt des Verdauungstraktes Verdaulichkeitswerte von 94–99% ermittelt. Die Verdaulichkeit durch körpereigene Enzyme ist allerdings im Falle roher Kartoffelstärke stark eingeschränkt. Selbst für Stärke aus roh silierten Kartoffeln liegt die präcaecale Verdaulichkeit bei 60%. Durch Hitzebehandlung der Kartoffelstärke werden ähnliche Verdaulichkeitswerte wie für Getreidestärke erreicht.

Für Proteine (meist als Aminosäuren bestimmt) liegt die präcaecale Verdaulichkeit mit 80 bis 90% etwas niedriger. Hierbei ist aber zu berücksichtigen, daß es sich um die scheinbare Verdaulichkeit handelt und der Anteil endogener Proteine in der Digesta des terminalen Ileums etwa 50% beträgt, so daß die wahre Verdaulichkeit für die aus dem Futter stammenden Proteine um 5 bis 10% höher liegt. Der Proteinabbau durch körpereigene Enzyme kann durch die Anwesenheit von Proteinase-Inhibitoren, wie sie in der Sojabohne, aber auch in anderen Futtermitteln vorkommen, erheblich gehemmt werden.

Aus den wenigen Angaben zur präcaecalen Verdaulichkeit von Fetten kann angenommen werden, daß sie durch körpereigene Enzyme ebenfalls nahezu vollständig zu resorbierbaren Produkten hydrolysiert werden.

Daraus ist abzuleiten, daß die Menge an Verdauungsenzymen im allgemeinen kein limitierender Faktor bei der Verwertung der Futternährstoffe ist. Wie weiter oben dargestellt wurde, befindet sich aber sowohl bei Säugetieren als auch beim Geflügel die Bildung der Verdauungsenzyme während der ersten Lebenstage und -wochen in einem Entwicklungsprozeß. Dies könnte besonders bei früh abgesetzten Ferkeln zu Leistungseinschränkungen führen. Hinzu kommt eine Depression der Aktivitäten der Pankreasenzyme (Lindemann et al. 1986) und der Gesamtmenge an Mucosaproteinen im Dünndarm (Kelly et al. 1991 A) als Folge der spezifischen Streßsituation während des Absetzens. Dieser gedankliche Ansatz war die Grundlage für zahlreiche Versuche zum Effekt einer Supplementierung des Futters für Absatzferkel mit verschiedenen Enzymen. Allerdings gelang es bisher kaum, gesicherte positive Effekte bezüglich der Lebendmassezunahme und der Nährstoffverdaulichkeit durch Ergänzung der körpereigenen Enzyme zu erreichen (Campbell und Bedford 1992). Die Einschätzung der Ergänzungswirkung einzelner Enzyme ist auch dadurch erschwert, weil in fast allen Versuchen Enzymmischpräparate eingesetzt wurden. Zur Abklärung dieser Frage sind noch sorgfältige Untersuchungen erforderlich.

Da bei Broilerküken während der ersten Tage nach dem Schlüpfen die Verdauungsenzyme noch nicht ihre maximale Aktivität erreicht haben, wird ebenfalls eine Enzymergänzung über das Futter in Erwägung gezogen (Nitsan et al. 1991).

Eine Enzymsupplementierung im Sinne einer Ergänzung der körpereigenen Enzyme könnte im Falle von Diäten, die sehr hohe Anteile einzelner Nährstoffe enthalten, sinnvoll sein. So wird z. B. angenommen, daß die Lipaseaktivität bei Putenküken begrenzend sein kann, wenn Rationen mit hohen Anteilen tierischer Fette eingesetzt werden (Krogdahl und Sell 1989).

In spezifischen Situationen können bei Schweinen die Aktivitäten von Disaccharidasen für die Nährstoffverwertung limitierend sein. Wenn präcaecal bei disaccharidreichen Rationen die Zucker durch körpereigene Enzyme nicht oder nur teilweise gespalten werden, kommt es zu deren Anreicherung im distalen Dünndarmbereich. Die daraus resultierenden osmotischen Verhältnisse und die mikrobielle Umsetzung dieser Substrate führt zu Verdauungsstörungen und Durchfällen. Eine solche Situation kann mit zunehmendem Alter der Tiere bei Verabreichung lactosereicher Rationen eintreten. So sind für Ferkel im Alter von 16 Tagen 25% Lactose in der Ration gut verträglich, eine Erhöhung auf 50% führt aber zu Durchfällen und Wachstumsdepressionen (Manners und Stevens 1972). Bei 5 bis 10 Monate alten Miniaturschweinen bewirkten Anteile von 60% Lactose in der Ration eine Verminderung der präcaecalen Verdaulichkeit der Trockensubstanz von 84 auf 40%, bei gleichzeitig signifikant reduzierter Rohprotein- und Rohfettverdaulichkeit (Ahlborn et al. 1993).

Hohe Saccharoseanteile werden von Ferkeln während der ersten Lebenswochen nicht toleriert. Die Verabreichung solcher Diäten ist erst nach vier Wochen möglich (Manners und Stevens 1972). Nach Entwicklung der Saccharaseaktivität werden aber sehr hohe Saccharoseanteile vertragen und gut verwertet. So wurden bei 25 kg schweren Ferkeln in die Ration 69% Saccharose einbezogen, ohne daß eine Beeinträchtigung der präcaecalen Kohlenhydratverdaulichkeit auftrat (Ly 1992).

Inwiefern bei anderen Tierarten in bestimmten Entwicklungsphasen und bei Verabreichung von unausgewogenen Rationen Leistungsbegrenzungen eintreten können, die auf eine unzureichende Verdauungskapazität körpereigener Enzyme zurückzuführen wären, ist relativ wenig untersucht.

Literatur

Ahlborn, H.-H., Kienzle, E., Meyer, H., und M. Ganter (1993): Einfluß von Lactose auf die scheinbare präcaecale und Gesamtverdaulichkeit von Stickstoff und Mineralstoffen beim Schwein. Proc. Soc. Nutr. Physiol. **1**, 102.

Brannon, P. M. (1990): Adaptation of the exocrine pancreas to diet. Annual Rev. Nutr. **10**, 85–105.

Bock, H.-D., Eggum, B. O., Low, A. G., Simon, O., and Zebrowska, T. (1989): Protein Metabolism in Farm Animals. Oxford University Press/Deutscher Landwirtschaftsverlag, Berlin.

Campbell, G. L., and Bedford, M. R. (1992): Enzyme applications for monogastric feeds: A review. Can. J. Anim. Sci. **72**, 449–466.

Cleffmann, G. (1988): Stoffwechselphysiologie der Tiere. Verlag Eugen Ulmer, Stuttgart.

Digestive Physiology in the Pig. Proceedings of the 4th International Seminar. Jablonna, Polish Academy of Sciences.

Drochner, W. (1993): Digestion of carbohydrates in the pig. Arch. Anim Nutr. **43**, 95–116.

Ewe, K., und Karbach, U. (1990): in: Schmidt, R. F., und Thews, G. (Hrsg.): Physiologie des Menschen. Springer Verlag, New York-London-Paris-Tokyo-Hong Kong-Barcelona.

Hoffmann, L. R., and Chang, E. B. (1993): Regional expression and regulation of intestinal sucrase-isomaltase. J. Nutr. Biochem. **4**, 130–142.

Kelly, D., Smyth, J. A., and McCracken, K. J. (1991A): Digestive development of the early-weaned pig. 1. Effect of continuous nutrient supply on the development of digestive tract and on changes in digestive enzyme activity during the first weak post-weaning. Br. J. Nutr. **65**, 169–180.

Kelly, D., Smyth, J. A., and McCracken, K. J. (1991B): Digestive development of the early-weaned pig. 2. Effect of level of food intake on digestive enzyme activity during the immediate post-weaning period. Br. J. Nutr. **65**, 181–188.

Kolb, E. (1989): Lehrbuch der Physiologie der Haustiere. 5. Aufl. Gustav Fischer Verlag, Jena.

Krogdahl, A., and Sell, J. L. (1989): Influence of age on lipase, amylase and protease activities in pancreatic tissue and intestinal contents of young turkes. Poultry Sci. **68**, 1561–1568.

Le Huberou-Luron, I., Lhoste, E., Wicker-Planquart. C., Dakka, N., Tullec, T., Corring, T., Guilloteau, P., and Puigserver, A. (1993): Molecular aspects of enzyme synthesis in the exocrine pancreas with emphasis on development and nutritional regulation. Proc. Nutr. Soc. **52**, 301–313.

Lhoste, E. F., Fiszlewicz, M., Gueugneau, A.-M., Wicker-Planquart, C., Puigserver, A., and Corring, T. (1993): Effects of dietary proteins on some pancreatic mRNAs encoding digestive enzymes in the pig. J. Nutr. Biochem. **4**, 143–152.

Lindemann, M. D., Cornelius, S. G., El Kandelgy, S. M., Moser, R. L., and Pettigrew, J. E. (1986): Effect of age, weaning and diet on digestive enzyme levels in the piglet. J. Anim. Sci. **62**, 1298–1307.

Löffler, G., und Petrides, P. E. (1988): Physiologische Chemie. Springer Verlag, Berlin-Heidelberg-New York-London-Paris-Tokyo

Ly, J. (1992): Studies on the digestibility of pigs fed dietary sucrose, fructose or glucose. Arch. Anim. Nutr. **42**, 1–9.

Manners, M. J., and Stevens, J. A. (1972): Changes from birth to maturity in the pattern of distribution of lactase and sucrase activity in the mucosa of the small intestine of pigs. Br. J. Nutr. **28**, 113–127.

Nitsan, Z., Ben-Avraham, G. Zoref, Z., and Nir, I. (1991): Growth and development of digestive organs and some enzymes in broiler chicks after hatching. Br. Poultry Sci. **32**, 515–523.

Pinchasov, Y., Nir, I., and Nitsan, Z. (1990): Metabolic and anatomical adaptations of heavy-bodied chicks to intermittent feeding. 2. Pancreatic digestive enzymes. Br. Poultry Sci. **31**, 769–777.

Pubols, M. H. (1991): Ratio of digestive enzymes in the chick pancreas. Poultry Sci. **70**, 337–342.

Rothmann, S. S. (1977): The digestive enzymes of the pancreas: A mixture of inconstant proportions. Annual Rev. Physiol. **39**, 373–389.

Salman, A. J., Dal Borgo, G., Pubols, M. H., and McGinnis, J. (1967): Changes in pancreatic enzymes as a function of diet in the chick. (32544). Soc. Exper. Biol. Med. **126**, 694–698.

Simon, O., Ruttloff, H., und Klappach, G. (1994): Einsatz von Enzympräparaten in der Tierernährung und in der Futtermittelindustrie. In: Ruttloff, H. (Hrsg.): Industrielle Enzyme. Behr's-Verlag, Hamburg.

Stevens, C. E. (1988): Comparative physiology of the vertebrate digestive system. Cambridge University Press.

Tiedemann, F., und Gmelin, L. (Bd. 1 1826; Bd. 2 1827): Die Verdauung nach Versuchen. Verlag der Neuen Akademischen Buchhandlung von Karl Groos.

Veltmann, A., Veen, W. A. G., Barug, D., and van Paridon, P. A. (1993): Effect of α-galactosides and α-galactosidase in feed on ileal piglet digestive physiology. J. Anim. Physiol. Anim. Nutr. **69**, 57–65.

Voet, D., und Voet, J. G. (1992): Biochemie. VCH Verlagsgesellschaft mbH, Weinheim-New York-Basel-Cambridge.

Weist, W. (1990): Untersuchungen zur Verdauung von Nährstoffen im präcaecalen und postilealen Bereich des Verdauungstraktes vom Schwein unter besonderer Berücksichtigung der Futtermittelaufbereitung. Diss. Universität Bonn.

Werner, W. (1982): Zum Einsatz von Enzympräparaten in der Tierernährung. Übers. Tierernährung **10**, 189–226.

Wicker, C., Puigserver, A., and Scheele, G. (1984): Dietary regulation of level of active mRNA coding for amylase and serine protease zymogens in the rat pancreas. Br. J. Biochem. **139**, 381–387.

4. Gastrointestinale Transportmechanismen
(H. Martens)

4.1 Einleitung

Alle tierischen Leistungen – Fleischansatz, Reproduktion, Milchleistung usw. – sind nur möglich, wenn die für diese Leistungen erforderlichen Nährstoffe, Vitamine, Mengen- und Spurenelemente in ausreichendem Maße zur Verfügung stehen. Dieser einfache Grundsatz einer ernährungsphysiologischen Bilanzierung beinhaltet mindestens folgende Schritte:
a) **ausreichende Aufnahme**; b) **Verdauung** durch körpereigene oder mikrobielle Enzyme bzw. die Herauslösung von Stoffen aus den festen Nahrungsbestandteilen (z. B. Zucker, Vitamine, Mengen- und Spurenelemente) und c) die **Resorption** der für die o. a. Leistungen notwendigen Substanzen.

Das vorliegende Kapitel beinhaltet **physiologische Grundlagen** der **Resorption** und somit der intestinalen **Transportmechanismen.** Da für einige verdauungsphysiologische Vorgänge **Sekretionsmechanismen** von großer Bedeutung sind, werden diese Mechanismen auch vorgestellt. Ferner wird die Pathogenese einiger Erkrankungen beschrieben, die auf Störungen intestinaler Transportsysteme zurückzuführen sind.

4.2 Definitionen und Begriffe

Transportphysiologische Vorgänge beinhalten Stoffbewegungen durch Membranen und wie im Darm-Kanal (MDK) durch Epithelien. Generell zeichnet sich jede Stoffbewegung zunächst durch folgende allgemeine Charakteristiken aus (Abb. 1):
a) Ein **Passageweg** muß vorhanden sein und im Hinblick auf die Epithelien im Magen-MDK definiert werden (z. B. **zellulärer** oder **parazellulärer** Transport; Art der Membranpassage; Abb. 1).
b) Jeder **(Netto-)Stofftransport** durch Membranen oder Epithelien ist die **Differenz** von Stoffbewegungen in unterschiedlicher Richtung (s. Abb. 1).
c) Ein (Netto-)Stofftransport ist nur möglich, wenn eine **treibende Kraft** vorhanden ist, wobei für die Stoffpassage durch Epithelien im MDK spezifische Mechanismen allein oder häufig in Kombination vorkommen. Daher werden zunächst die allgemeinen Gesetzmäßigkeiten der Transportphysiologie dieser Vorgänge erläutert.

4.3 Allgemeine Grundlagen der Transportphysiologie

4.3.1 Diffusion

Der bekannteste passive Transportmechanismus ist die Diffusion, die durch das Ficksche Diffusionsgesetz beschrieben wird (1):

$$J = -Fl \cdot \frac{D}{S} (C_1 - C_2)$$

J = (Netto-) Diffusion in Mol pro Zeit (Mol/s)
Fl = Fläche, die für die Diffusion zur Verfügung steht (cm^2)

D = Diffusionskoeffizient (cm²/s); Stoffkonstante
S = Diffusionsstrecke (cm)
C_1; C_2 = Konzentration in Mol/cm³ im Compartment 1 bzw. 2

Das negative Vorzeichen ergibt sich aus der Tatsache, daß die Bewegung der Substanzen von einer höheren zu einer niedrigeren Konzentration erfolgt, also „bergab" entlang eines Konzentrationsgradienten.

Im Hinblick auf die Diffusion durch biologische Membranen ergibt sich die Schwierigkeit, daß der Diffusionskoeffizient eine Stoffkonstante für definierte Lösungen ist (z. B. für Glucose in Wasser) und für Diffusionsvorgänge durch Membranen nicht verwendet werden kann. Dieser Besonderheit wird der Permeabilitätskoeffizient gerecht, der berücksichtigt, daß die diffundierenden Substanzen in unterschiedlichem Ausmaß in die zu überwindende Membran aufgenommen werden. In den Permeabilitätskoeffizienten wird auch die Diffusionsstrecke einbezogen, so daß sich folgende Beziehung ergibt (2):

$$P = \beta \frac{D}{S}$$

P = Permeabilitätskoeffizient (cm/s)
D = Diffusionskoeffizient (cm²/s)

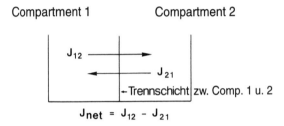

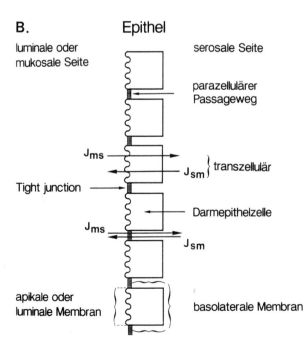

Abb. 1. Begriffe der epithelialen Transportphysiologie. A: Transportraten (= Fluxe) werden mit dem Buchstaben J bezeichnet, wobei die Indices 12 oder 21 die Transportrichtung angeben (z. B. 12: Transport aus dem Compartment 1 in das Compartment 2). B: Schematische Darstellung eines einschichtigen Epithels des Magen-Darm-Kanals. Das Epithel trennt die mukosale oder luminale von der serosalen Seite (oder Blutseite). Die Passage kann von der mukosalen zur serosalen Seite, J_{ms}, oder umgekehrt erfolgen, J_{sm}. Dabei ist es möglich, daß der Transport transzellulär oder parazellulär erfolgt. Der Membranabschnitt auf der luminalen Seite (zwischen den tight junctions) wird als apikale, luminale Membran oder wegen des Bürstensaums als „brush border membrane" bezeichnet. Als basolaterale Membran wird der verbleibende Membranabschnitt der Epithelzelle bezeichnet.

S = Diffusionsstrecke (cm)
β = Verteilungskoeffizient; dimensionslose Zahl, die als Stoffkonstante den Verteilungskoeffizienten einer Substanz zwischen der wäßrigen Lösung und der Membran angibt.

Damit lautet das Ficksche Diffusionsgesetz für biologische Systeme (3):

$$J = -P \cdot Fl(C_1 - C_2)$$

- **Diffusion von Ionen**

Die passive Bewegung von Ionen wird durch chemische (Konzentrations-) und elektrische Gradienten bestimmt und durch folgende Gleichung beschrieben (4):

$$J = P\left(C_1 + zFC_1 \frac{PD}{RT}\right)$$

F = Faradaykonstante: 96 500 Coulomb/Mol
T = absolute Temperatur in Kelvin (° K)
R = allgemeine Gaskonstante Joule/mol · ° K
PD = Potentialdifferenz zwischen Compartment 1 und 2 (mV); z. B. Intra- und Extrazellularraum
C_1; C_2 = Konzentration des Ions in Mol/cm³ im Compartment 1 bzw. 2
P = Permeabilitätskoeffizient in cm/s
z = Ladung des Ions

4.3.2 Osmose

Bewegung von Wasser im biologischen System erfolgt entweder aufgrund einer vorhandenen (hydrostatischen) Druckdifferenz (z. B. im Blutkreislauf; bedeutungslos im MDK) oder durch Osmose von einem Compartment in das andere, wenn die beiden Compartments durch eine semipermeable Membran (= durchlässig für Wasser) getrennt sind, in einem Compartment eine höher konzentrierte Lösung vorhanden ist und wenn die gelöste Substanz (z. B. Glucose) die Membran nicht passieren kann. Die Wasserresorption erfolgt aufgrund osmotischer Gradienten und ist diesem Gradienten proportional (5):

$$V_W = L\Delta\pi$$

V_W = Transportiertes Wasservolumen (ml/s)
L = Hydraulische Leitfähigkeit als Proportionalitätsfaktor
$\Delta\pi$ = Unterschied im osmotischen Druck zwischen zwei Compartments (mmHg)

Wenn die Substanz, die den osmotischen Gradienten zwischen den beiden Compartments verursacht, die trennende Membran nicht passieren kann, gilt die in Gleichung 5 zum Ausdruck gebrachte Gesetzmäßigkeit. Wenn jedoch für diese Substanz eine Permeabilität vorliegt, muß die Gleichung (5) durch den **Reflexionskoeffizienten**, σ, ergänzt werden (6):

$$V_W = \sigma \cdot L\Delta\pi$$

σ ist eine dimensionslose Zahl zwischen 0 (= für absolute permeable Substanzen) und 1 (für impermeable Substanzen). Der Reflexionskoeffizient ist eine individuelle Stoffeigenschaft für eine Membran oder ein Epithel.

4.3.3 Bulk Flow oder Solvent Drag

Die intestinale Wasserresorption erfolgt im oberen Dünndarm insbesondere durch den **parazellulären Passageweg** oder auch **Shunt**. Mit dem Wasser erfolgt auch die Resorption wasserlöslicher Substanzen, sofern die Molekülgröße eine Passage durch die **tight junctions** (s. Abb. 1) erlaubt. Es handelt sich hierbei primär um Elektrolyte. Es kann jedoch auch Glucose auf diese Weise resorbiert werden (siehe unten). Die Gesetzmäßigkeit zwischen Wasserresorption und den mit dem Wasser resorbierten Substanzen ist durch die Gleichung gegeben (7):

$$J = V_w \cdot (1 - \sigma) \cdot C$$

J = Durch Bulk Flow oder Solvent Drag transportierte Substanzmenge (Mol/s)
V_w = Wasserbewegung (ml/s)
σ = Reflexionskoeffizient
C = Mittlere Konzentration der transportierten Substanz ($C_1 + C_2/2$; Mol/cm^3)

4.3.4 Aktiver Transport

Die *passiven Transportmechanismen* (Diffusion, Osmose, Bulk Flow) sind immer dann möglich, wenn chemische, elektrische oder osmotische Gradienten vorhanden sind. Ein „*Bergauf*"-Transport ist jedoch nicht möglich, in vielen Fällen aber unbedingt notwendig, so daß unter diesen Umständen aktive Transportmechanismen verfügbar sein müssen, die sich durch einige typische Charakteristiken auszeichnen. Es handelt sich hierbei um den *Energiebedarf*, der praktisch immer – direkt oder indirekt – durch ATP-Spaltung gedeckt wird und der den „Bergauf"-Transport energetisiert. Jeder aktive Transport zeigt ein *Sättigungsphänomen*, also *Michaelis-Menten-Kinetik*, mit gewebe- und stoffspezifischen K_M- und V_{max}-Werten. Viele aktive Transportvorgänge sind *kompetitiv hemmbar* und gegenüber *Temperaturabsenkungen* sehr *empfindlich*.

4.3.5 Erleichterte Diffusion

Zellmembranen weisen in der Regel eine unzureichende Permeabilität für viele wasserlösliche Substanzen auf, so daß die notwendige Passage in die Zelle oder wieder heraus sehr erschwert wird, obwohl passive Gradienten den entsprechenden Transport begünstigen würden. Es gibt Beispiele, die zeigen, daß in solchen Fällen die Passage durch die Membran mit Hilfe eines Trägermoleküls (Carrier) ermöglicht wird. Ein Transport dieser Art weist mit Ausnahme des Energiebedarfs und der damit fehlenden Möglichkeit eines „Bergauf" Transportes alle Eigenschaften eines aktiven Transportsy-

Tabelle 1. Charakteristiken aktiver und passiver Tranportmechnismen

	Diffusion	Erleichterte Diffusion	Aktiver Transport
Sättigung	Nein	Ja	Ja
Kompetitive Hemmung	Nein	Ja	Ja
Temperaturempfindlich	Nein[1]	Ja	Ja
„Bergauf"-Transport	Nein	Nein	Ja
Energieabhängig	Nein	Nein	Ja

[1]) Die Diffusion ist grundsätzlich auch temperaturabhängig; die Temperaturunterschiede in biologischen Systemen oder experimentellen In-vitro-Ansätzen sind jedoch gering und beeinflussen daher unter diesen Bedingungen Diffusionsvorgänge nicht.

stems wie Sättigung, kompetitive Hemmung und Temperatursensibilität auf und wird wegen der unerwartet hohen Passagerate durch Membranen als **erleichterte Diffusion** bezeichnet.

In Tabelle 1 werden die Charakteristiken von passiven und aktiven Mechanismen sowie der erleichterten Diffusion in qualitativer Hinsicht zusammengefaßt.

4.4 Grundbegriffe der Elektrophysiologie von Epithelien

Epithelien des Magen-Darm-Kanals weisen eine **transepitheliale** oder **transmurale Potentialdifferenz, PD_T**, auf, die sowohl in vivo als auch in vitro beobachtet wird. In der Regel wird die Qualität dieser PD_T in bezug zur Lumenseite erfaßt und ergibt dann, daß die Blut- oder Serosaseite positiv gegenüber dem Lumen polarisiert ist. Die Höhe dieser PD_T ist sehr variabel und beträgt im Duodenum nur 2–5 mV. Im Verlauf des Dünn- und Dickdarms ergibt sich eine stetige Zunahme, so daß im Kolon 30–50 mV gemessen werden können. Die Entstehung dieser Potentialdifferenz ist außerordentlich komplex, so daß auf die Speziallitaratur verwiesen werden muß (Schultz et al. 1981).

Zum besseren Verständnis der Transportvorgänge – insbesondere der von Ionen – ist die Erläuterung des **Potentialprofils** einer typischen Epithelzelle hilfreich. Wie jede andere Zelle weisen auch Epithelzellen im MDK ein Membranpotential auf, das Zellinnere ist negativ gegenüber dem Extrazellularraum. Die Besonderheit besteht nun darin, daß die Potentialdifferenzen der *apikalen*, PD_a, und *basolateralen* Membran, PD_b, verschieden sind, wobei $PD_a < PD_b$ ist. Abb. 2 gibt das Potentialprofil einer Epithelzelle wieder.

Die PD_T ergibt sich aus der Differenz von PD_a und PD_b: $PD_T = PD_a - PD_b$.

Für das Beispiel in Abb. 2 ergibt sich somit: $PD_T = -45$ mV $-(-60$ mV$) = +15$ mV. Die Bedeutung dieser transepithelialen Potentialdifferenz besteht darin, daß sie als passiv treibende Kraft für Ionen wirkt [s. Gleichung (4)], die immer dann von Bedeutung ist, wenn der parazelluläre Passageweg für das betreffende Ion permeabel ist. Die Wichtigkeit von PD_a und PD_b für transzelluläre Transportvorgänge wird später erläutert.

Die PD_T ist physikalisch nur möglich, weil die Epithelien des MDK Ionen gerichtet transportieren (= Ladungstrennung) und einen Widerstand repräsentieren, der einen sofortigen Ladungsausgleich verhindert. Aus diesem Grunde hat man schon sehr früh die Epithelwiderstände bestimmt und dabei festgestellt, daß der Gesamtwiderstand der Epithelien, R_T, im MDK von proximal nach distal zunimmt, wobei im vorderen Dünndarm 50–100 Ohm · cm² ermittelt wurden, im Kolon dagegen bis zu 800 Ohm · cm² (Powell 1981). Bei R_T handelt es sich um eine Summe von Einzelwiderständen, deren Analyse zu der Modellvorstellung in Abb. 3 geführt hat.

Bei dieser Widerstandsanalyse war insbesondere der Widerstand des parazellulären Passageweges, R_S, von Bedeutung. R_S im Rattenjejunum beträgt 67 (Powell 1981), im Kaninchencolon 730 Ohm · cm² (Powell 1981). Diese Werte lassen erkennen, daß als Folge der niedrigen R_S im proximalen Dünndarm chemische, osmotische oder elektrische Gradienten nicht aufrechterhalten

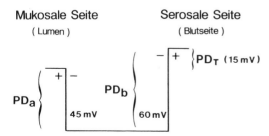

Abb. 2. Potentialprofil einer Epithelzelle im Magen-Darm-Kanal. PD_a = Potentialdifferenz der apikalen Membran; PD_b = Potentialdifferenz der basolateralen Membran; PD_T = transepitheliale oder transmurale Potentialdifferenz: $PD_T = PD_a - PD_b$.

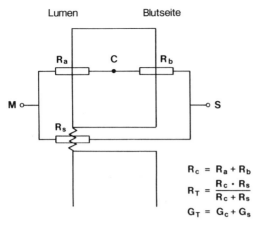

Abb. 3. Widerstandsanalyse eines Epithels. Der Gesamtwiderstand ergibt sich aus dem zellulären Widerstand, der sich aus der Summe der Widerstände der apikalen und basolateralen Membran ergibt ($R_c = R_a + R_b$). R_s ist der Widerstand des parazellulären Passageweges, der im wesentlichen durch die tight junctions bestimmt wird. Häufig wird auch die Leitfähigkeit, G, verwendet: $G = 1/R$. Wichtig für die physiologische Leistung des Epithels als Barriere ist die Größe des Widerstands des parazellulären Passageweges, R_s, die bestimmt, ob ein Epithel als „leaky" oder „tight" anzusehen ist.

werden können, während das Kolonepithel diesen Passageweg sehr einschränkt. Aufgrund dieser Befunde hat man auch die Epithelien unterschiedlich klassifiziert. Das proximale Duodenum wird als „leaky" („durchlässig"), das Kolon als moderat „tight" („dicht") bezeichnet.

4.5 Barrierefunktion der Magen-Darm-Epithelien

Die Besprechung der Widerstandsanalyse von Epithelien läßt unschwer erkennen, daß die Epithelien im MDK dem unkontrollierten Stoffaustausch einen „Widerstand" entgegensetzen und damit als „Barriere" fungieren. Diese Funktion limitiert oder verhindert den unkontrollierten Stoffaustausch in beiden Richtungen. Es ist weder der Verlust von Substanzen aus dem Körper in das Darmlumen gewünscht noch die Resorption von Stoffen, die nicht benötigt werden oder sogar toxisch sind. Die fatalen Folgen des Verlustes dieser Barrierefunktion werden z. B. bei der Pansenazidose oder bei einigen Viruserkrankungen deutlich. In diesen Fällen ist durch die Schädigung der „Barriere" die Gesundheit der betroffenen Tiere gefährdet, Todesfälle kommen häufig vor. Die leicht einsehbare und wichtige Barrierefunktion wirft natürlich sofort die Frage auf, wie trotz dieser notwendigen Trennschicht eine leistungsfähige und teilweise auch regulierbare Transportfunktion möglich ist, d. h. es müssen Passagewege durch diese Barriere vorhanden sein.

4.5.1 Parazelluläre Passage

Die **tight junctions** (s. Abb. 1) verbinden die Epithelzellen an der Lumenseite untereinander, verschließen damit den parazellulären Raum zwischen den Zellen und repräsentieren die Grenzen zwischen der apikalen Membran auf der Lumenseite und der basolateralen Membran auf der serosalen Seite im Interzellularspalt. Die tight junctions sind somit die Barriere des Interzellularspaltes und wurden lange Zeit aufgrund der lichtmikroskopischen Befunde als „tight", also als dicht angesehen. Diese weit verbreitete Ansicht muß aufgrund der Ermittlung von R_s mit Hilfe elektrophysiologischer Methoden und aufgrund elektronenmikroskopischer Untersuchungen der tight junctions korrigiert werden (Gumbiner 1987). In „leaky" Epithelien wie dem proximalen Dünndarm erfolgt ein sehr großer Anteil der unidirektionalen Stoffbewegung durch den parazellulären Passageweg oder Shunt. Der schon erwähnte niedrige Widerstand, R_s, erlaubt diese Stoffpassage, die generell passiv ist und daher aufgrund vorhandener Gradienten – chemisch, elektrisch, osmotisch – zu erheblichen Nettobe-

4. Gastrointestinale Transportmechanismen

wegungen führen kann. Im Kolon dagegen reduziert der hohe Widerstand des Shunts die Stoffpassage erheblich mit der Folge, daß die erwähnten Gradienten aufrechterhalten werden und daß die Passagevorgänge überwiegend **transzellulär** erfolgen.

4.5.2 Transzelluläre Passage

Der transzelluläre Stofftransport aus dem Lumen erfolgt durch die apikale Membran in das Zellinnere und aus der Zelle durch die basolaterale Membran zur Serosaseite für Resorptions- und umgekehrt für Sekretionsvorgänge. Voraussetzung für die Stoffpassage ist eine entsprechende Permeabilität der Membranen. Ferner muß der Transport energetisch möglich sein.

4.5.2.1 Unspezifische Permeabilität von Membranen

Zellmembranen sind überwiegend aus Phospholipiden bestehende Bilayer und sehr undurchlässig für wasserlösliche Substanzen, insbesondere für Ionen. Dagegen ist die Permeabilität für lipoidlösliche Substanzen höher und nimmt mit steigender Lipoidlöslichkeit zu. Aus diesem Grunde besteht auch eine lineare Beziehung zwischen Permeabilität und – als Maß für die Lipoidlöslichkeit – dem Öl-Wasser-Verteilungskoeffizienten (Wright 1974). Ein Nettotransport lipoidlöslicher Substanzen durch die Epithelzelle wird also immer dann beobachtet werden, wenn ein Gradient als treibende Kraft vorhanden ist.

4.5.2.2 Gerichteter Transport mit Hilfe von Transportproteinen

Die schon erwähnte geringe oder überhaupt nicht vorhandene Membranpermeabilität für hydrophile Substanzen, insbesondere auch für Ionen, erfordert eine Zusatzausstattung der Membranen, die für Substanzen dieser Art die Passage ermöglicht. Hierbei handelt es sich um in die Membran voll integrierte Proteine, die als Carrier, Ionenkanal oder Ionenpumpe fungieren. Mit Hilfe von zwei Beispielen soll die Funktion dieser Membranproteine erklärt werden. Der bisher am besten untersuchte Ionentransport in Epithelien ist der Natriumtransport, der zuerst an der Froschhaut von Ussing (1948) beschrieben wurde. Abb. 4 gibt schematisch dieses Transportsystem wieder.
In der luminalen Membran findet sich ein Kanalprotein. Dieser Kanal ist weitgehend spezifisch für Natrium und erlaubt die Passage von Natrium aus dem Lumen durch die apikale Membran in die Zelle. Den Transport aus der Zelle durch die basolaterale Membran ermöglicht die Na/K-ATPase („Pumpe"), die im Austausch Kalium in die Zelle transportiert. Die Stöchiometrie dieser ATPase

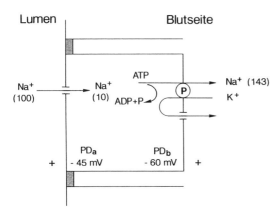

Abb. 4. Schematische Darstellung des elektrogenen Natriumtransports. Elektrogen bedeutet, daß die Ladung des Natriumions nicht durch einen gleichzeitigen Cotransport eines Anions oder Gegentransport eines Kations kompensiert wird. Die auf diese Art erfolgte Ladungsbewegung läßt sich als elektrischer Strom messen = elektrogen. ( ) Die Zahlen in Klammern geben physiologische Na-Konzentrationen wieder (mM). P = Pumpe, hier Na/K-ATPase.

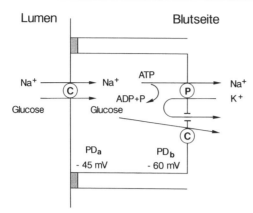

Abb. 5. Na-gekoppelter Glucosetransport. Näheres siehe Text. C = Carrier; P = Pumpe, hier Na/K-ATPase.

beträgt 3 Na/2 K. Dieser Transportschritt erfordert Energie (siehe unten), die durch Spaltung von ATP gewonnen wird. Damit Kalium nicht in der Zelle akkumuliert, rezirkuliert es durch einen Kaliumkanal in der basolateralen Membran. Die durch den Natiumkanal (apikal) und die Na/K-ATPase (basolateral) ermöglichte Membranpassage führt zu dem gewünschten Transport aus dem Lumen zur Serosaseite, weil Kanal und Pumpe in Serie geschaltet sind, d. h. in der apikalen und basolateralen Membran sind in diesem Falle Transportproteine für Natrium, die entweder nur in der apikalen oder nur in der basolateralen Membran vorkommen. Man spricht in diesem Zusammenhang wegen der spezifischen Verteilung der Kanäle und Pumpen von polarisierten Epithelien, die einen gerichteten Transport zulassen.

Entsprechend stellt sich der Na-gekoppelte Glucosetransport dar (Abb. 5).

Die Aufnahme von Glucose durch die apikale Membran in die Dünndarmzelle erfolgt mit Hilfe eines Carriers, der gleichzeitig Natrium bindet und nach der Passage durch die Membran Natrium und Glucose intrazellulär freisetzt. Natrium wird auf die schon erwähnte Weise mit der Na/K-ATPase aus der Zelle herausgepumpt. Glucose passiert die basolaterale Membran erneut mit Hilfe eines Carriers (kein Cotransport mit Natrium).

4.5.2.3 Energetische Betrachtung – Elektrochemisches Potential

Die vorgestellten Membranproteine – Kanäle, Carrier und Pumpen – ermöglichen eine Membranpassage für Substanzen, die ohne diese Proteine wegen unzureichender Permeabilität kaum durch Membranen transportiert werden könnten. Die ermöglichte Permeabilität beantwortet jedoch noch nicht die Frage, warum eine Substanz durch eine Membran in eine bestimmte Richtung transportiert wird, d. h. die Frage der treibenden Kräfte ist damit noch nicht beantwortet. Da Kanäle und Carrier keine Energie für Transportvorgänge umsetzen und somit nur für passive Mechanismen zur Verfügung stehen, wird eine Stoffbewegung durch einen Kanal oder mit Hilfe eines Carriers nur aufgrund eines chemischen und/oder elektrischen Gradienten möglich sein. Aus diesem Grunde gelten wiederum die Gesetze der Diffusion siehe Gleichung (3) und (4). Die Problematik, die sich hieraus ergibt, ist die Tatsache, daß sich elektrische und chemische Gradienten in einigen Fällen addieren und somit als gemeinsame Triebkraft fungieren, sich in anderen Fällen subtrahieren. Insbesondere im zuletzt genannten Beispiel wäre es vorteilhaft, die Größe der beteiligten Gradienten zu erfassen, um eine Aussage über die Nettotriebkraft oder das elektrochemische Potential treffen zu können (Abb. 6).

Eine Membran separiert die in Abb. 6 dargestellten Compartments 1 und 2. Der chemische Gradient für Na^+ von K_1 nach K_2 beträgt 100 zu 10 mM, würde also einen Transport von K_1 nach K_2 begünstigen. Dieser möglichen Bewegung steht der elektrische Gradient von 40 mV (K_2 positiv)

Compartment 1	Compartment 2
Na$^+$ (mM): 100	10
PD (mV):	+40

Abb. 6. Beispiel für das elektrochemische Potential von Na. Der chemische Gradient begünstigt einen Transport aus dem Compartment 1 in das Compartment 2. Dieser chemischen Triebkraft wirkt die Potentialdifferenz von 40 mV entgegen (Compartment 2 positiv). Näheres siehe Text.

entgegen. Die Quantifizierung dieser elektrischen und chemischen Gradienten ist durch die Gleichung (9) gegeben:

$$\Delta\mu_{Na} = RT \cdot \ln \frac{Na_1}{Na_2} + zF(PD_1 - PD_2)$$

$\Delta\mu_{Na}$ = elektrochemische Potentialdifferenz für Na
R = allgemeine Gaskonstante
T = absolute Temperatur
Z = Ladung des Ions
F = Faraday-Konstante
$PD_1 - PD_2$ = Potentialdifferenz zwischen K_1 und K_2
Na_1; Na_2 = Na Konzentration in K_1 und K_2

$\Delta\mu$ hat entsprechend der Gleichung (9) die Dimension Joule/Mol. Eine Umrechnung in mV, die üblich ist, ergibt sich durch Teilung der Gleichung (9) mit zF:

$$\Delta \frac{\mu_{Na}}{zF} = \frac{RT}{zF} \ln \frac{Na_1}{Na_2} + (PD_1 - PD_2)$$

Das Beispiel der Abb. 6 führt somit zu:
= 61,5 log 100/10 + [0 − (+ 40)][1])
= 61,5 − 40
= 21,5 mV

Die Triebkraft aus dem chemischen Gradienten beträgt 61,5 mV, dem ein elektrisches Potential von 40 mV entgegensteht, so daß eine elektrochemische Potentialdifferenz (= Nettotriebkraft) von 21,5 mV zur Verfügung steht, die einen Transport von K_1 nach K_2 für Natrium zuläßt. Die Gleichung (8) erlaubt eine weitere Betrachtung, die zur Nernst-Gleichung führt. Diese wird auch gerne für eine erste Abschätzung der Triebkräfte herangezogen. Wenn nach Gleichung (9) $\Delta\mu = 0$ ist, ergibt sich (10 und 11):

$$zF(PD_1 - PD_2) = -RT \cdot \ln \frac{Na_1}{Na_2}$$

$$(PD_1 - PD_2) = E = -\frac{RT}{zF} \cdot \ln \frac{Na_1}{Na_2}$$

$(PD_1 - PD_2) = E$ = Gleichgewichts- oder Äquilibriumpotential. Dieses Potential beschreibt ein Gleichgewicht zwischen elektrischen und chemischen Gradienten und erlaubt eine schnelle Abschätzung für ein System. Es kann sich dabei im elektrochemischen Gleichgewicht befinden (= kein passiver Nettotransport) oder Abweichungen aufweisen, wodurch Schlußfolgerungen über mögliche Transportrichtungen möglich sind.

---

[1]) Der Ausdruck RT/zF in Kombination mit dem Wechsel vom natürlichen zum dekadischen Logarithmus ergibt bei einer Temperatur von 38 °C einen Wert von 61,5 mV.

4.6 Epitheliale Transportmechanismen im Magen-Darm-Kanal

4.6.1 Allgemeines

Die bisher bekannten und molekularphysiologisch gut definierten Transportsysteme sind nicht mit Hilfe von Untersuchungen an Epithelien des MDK von landwirtschaftlichen Nutztieren charakterisiert worden. Wie bei fast allen physiologischen Fragestellungen sind auch bei diesen Studien primär Versuchstiere – Ratten, Kaninchen oder Amphibien – verwendet worden. Die an diesen Spezies erarbeiteten Grundlagen sind dann auf die landwirtschaftlichen Nutztiere übertragen und z. T. auch experimentell geprüft worden. Wenn also Transportsysteme z. B. des Dünndarms vorgestellt werden, dann handelt es sich um eine generelle Aussage zu den Transportmechanismen in diesem Teil des Darms. Es darf daraus nicht geschlossen werden, daß dieser Mechanismus auch bei der Kuh oder dem Pferd zwingend vorhanden sein muß (auch wenn es nach Meinung des Autors sehr wahrscheinlich ist). Ferner kann bei dieser Darstellung nicht berücksichtigt werden, daß erhebliche Speziesunterschiede bestehen. Weiterhin muß darauf hingewiesen werden, daß nicht für jeden Abschnitt des Verdauungskanals alle Transportmechanismen aufgeführt sind (s. entsprechende Handbücher). Für viele Transportsysteme im Verdauungssystem liegen umfangreiche Kenntnisse über regulative Einflüsse vor, die nur in Einzelfällen erwähnt werden.

4.6.2 Mechanismen der Speichelbildung

Die für die Verdauung notwendige Durchfeuchtung der Nahrung beginnt in der Maulhöhle mit der Sekretion des Speichels. Die für die Sekretion von Elektrolyten und Wasser verantwortlichen und wichtigen Transportsysteme im Drüsenendstück sind bekannt und schematisch in Abb. 7 (A) dargestellt.
Das Prinzip der Speichelbildung im Drüsenendstück ist die Chloridsekretion in das Lumen, wodurch die Lumenseite negativ polarisiert wird, so daß parazellulär und passiv Natrium entsprechend dem elektrochemischen Gradienten durch das Epithel transportiert wird. Dem Ionentransport folgt osmotisch Wasser, so daß der sogenannte Primärspeichel im Lumen des Drüsenendstücks weitgehend der ionalen Zusammensetzung des Plasmas entspricht. Der gerichtete transzelluläre Transport von Chlorid wird vermittelt durch einen Carrier in der basolateralen Membran, der 2 Chloridionen und jeweils 1 Natrium- und Kaliumion die Passage durch die Membran ermöglicht. Da diese Ionen zusammen transportiert werden, spricht man von einem Cotransportsystem, das elektroneutral ist, weil sich die Ladungen der beteiligten Ionen gegenseitig ausgleichen. Die treibende Kraft für die Aufnahme in die Zelle ist nur der chemische Gradient für Natrium, der durch die Pumpaktivität der Na/K-ATPase aufrechterhalten wird, die das hereinströmende Natrium des Cotransportsystems sofort wieder aus der Zelle entfernt, somit den chemischen Gradienten für Natrium aufrechterhält und das Cotransportsystem energetisiert. Man spricht daher auch in diesem Zusammenhang von einem sekundär aktiven Transport, weil der primäre Transportschritt – der Cotransport – keine Energie benötigt. Der zweite wichtige Schritt für die transzelluläre Passage der Chloridsekretion ist die Diffusion des Chlorids aus der Zelle durch einen Kanal in der apikalen Membran (s. Abb. 7, A).

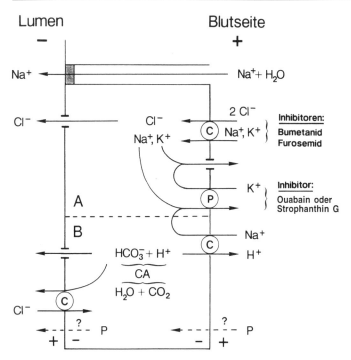

Abb. 7. Schematische Darstellung der Transportmechanismen im Drüsenendstück der Parotis. A. Gesichert nachgewiesene Mechanismen. B. Hypothese für die insbesondere beim Wiederkäuer wichtige HCO_3^--Sekretion. Näheres siehe Text. C = Carrier; P = Pumpe, hier Na/K-ATPase (der ATP-Verbrauch ist aus Gründen der Übersichtlichkeit nicht aufgenommen worden); CA = Carboanhydrase.

Dieses Transportmodell bietet noch keine Erklärung für den Hydrogencarbonat-Gehalt im Speichel. Die teilweise noch hypothetische Vorstellung der Sekretion dieser Substanz gibt Abb. 7, B wieder. Nachgewiesen ist die Katalyse der Reaktion von CO_2 und H_2O zur Kohlensäure mit Hilfe der Carboanhydrase. Durch Dissoziierung entstehen aus der Kohlensäure, (H_2CO_3), HCO_3^- und H^+. Die entstehenden Protonen werden mit Hilfe eines Na^+/H^+-Austauschsystems in der basolateralen Membran aus der Zelle entfernt. Das HCO_3^- verläßt die Zelle apikal entweder durch einen Kanal (dabei kann es sich durchaus um den schon erwähnten Chloridkanal handeln) und/oder mit Hilfe eines Cl/HCO_3-Austauschmechanismus. Bisher nicht exakt definiert werden konnte der Transport von Phosphat im Drüsenendstück bei den Wiederkäuern.

Im Gegensatz zu den weitgehend charakterisierten Transportmechanismen des Drüsenendstücks sind die Transportvorgänge der Ausführungsgänge nicht so gut bekannt, so daß nur pauschal die Summe der Veränderungen beschrieben werden soll. Bei Monogastriden fällt auf, daß der Primärspeichel entscheidend durch Reabsorptionsvorgänge von Natrium verändert wird. In geringem Umfang wird Kalium sezerniert.

Die Natriumkonzentrationen sind im Primär- und Sekundärspeichel (= Speichel, der in der Maulhöhle erscheint) bei Wiederkäuern gleich. Eine bemerkenswerte Veränderung in der Kationenzusammensetzung des Speichels der Wiederkäuer ergibt sich bei unzureichender Natriumversorgung. Durch Austauschvorgänge wird Natrium im Verhältnis 1 : 1 durch

Kalium ersetzt, so daß der Natrium- bzw. Kaliumgehalt des Speichels als sicherer Indikator für den Natriumversorgungsstatus angesehen wird.

- **Regulation**

Die Speichelsekretion wird primär über unbedingte Reflexe mit Hilfe des vegetativen Nervensystems gesteuert. Während man in der Vergangenheit die Effekte einer Reizung des Sympathicus oder des Parasympathicus auf die Speichelsekretion als antagonistische Wirkung ansah, setzt sich heute eine mehr synergistische Betrachtungsweise durch. Am besten ist auf zellulärer Ebene der Effekt einer Stimulation des Parasympathicus beschrieben worden. Die Bindung von Acetylcholin an muscarinartige Rezeptoren des Drüsenendstücks führt zu einer Erhöhung der intrazellulären Calciumkonzentration, die wiederum die Öffnung von Chloridkanälen in der luminalen und von Kaliumkanälen in der basolateralen Membran verursacht und somit die Speichelsekretion stimuliert.

4.6.3 Ruminale Transportmechanismen

Es ist seit Jahrzehnten bekannt, daß aus den Vormägen Mineralstoffe und Fermentationsprodukte resorbiert werden. Untersuchungen der letzten Jahre haben zu Ergebnissen geführt, die zumindest für einige Substanzen die Diskussion experimentell abgesicherter Transportmodelle zulassen.

- **Natrium und Chlorid**

Als Folge der hohen Natriumkonzentration im Speichel und der großen Speichelmenge fließen erhebliche Mengen Natrium in die Vormägen, die wieder resorbiert werden müssen. Diese Resorption von Natrium aus dem Pansen (20–120 Na^+ mmol/l Pansenflüssigkeit) in das Blut (139–145 mmol/l) erfolgt „bergauf" gegen einen chemischen und elektrischen Gradienten, weil die Blutseite des Pansenepithels gegenüber dem Lumen positiv polarisiert ist (PD_T 30–60 mV). Daher kann die Natriumresorption aus dem Pansen nicht passiv erfolgen, sondern nur unter Verbrauch von Energie, also aktiv. Seither ist in vielen In-vivo- und In-vitro-Untersuchungen bestätigt worden, daß Natrium mit Hilfe aktiver Transportmechanismen das Pansenepithel passiert. Die zu dieser Problematik vorgeschlagenen Transportmodelle für Natrium sind in Abb. 8 dargestellt. Alle bisher erhaltenen Ergebnisse unterstützen die Annahme, daß Natrium mit Hilfe zweier unterschiedlicher Mechanismen durch die luminale Membran aufgenommen wird. Zum einen kann Natrium die luminale Membran wahrscheinlich durch einen Kanal passieren. Als treibende Kräfte für diese Passage dienen sowohl chemische als auch elektrische Gradienten. Es ist anzunehmen, daß die intrazelluläre Natriumkonzentration wie in anderen Zellen 10–15 mmol/l beträgt und somit i. d. R. weit unter der der Pansenflüssigkeit liegt (siehe oben). Die Potentialdifferenz der apikalen Membran, PD_a, beträgt etwa 60 mV (Zellinneres negativ). Natrium wird daher zusätzlich mit Hilfe eines elektrischen Gradienten durch den Kanal der luminalen Membran in das Zytosol getrieben. Da sich chemischer und elektrischer Gradient als Triebkraft für Natrium aus dem Pansenlumen in das Zytosol addieren, ergibt sich eine erhebliche Kraft für die Natriumaufnahme in die Pansenepithelzelle. Die Natriumaufnahme in die Zelle ist als erster Schritt des transepithelialen Transports anzusehen. Der Efflux durch die basolaterale Membran erfolgt gegen einen elektrischen und chemischen Gradienten mit Hilfe der Na/K-ATPase. Da Natrium hierbei als Ion allein das Epithel passiert, erfolgt auch ein

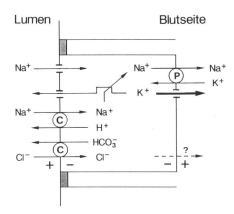

Abb. 8. Schematische Darstellung des elektrogenen und elektroneutralen Natriumtransports und des Kaliumtransports durch das Pansenepithel. Der elektroneutrale Natriumtransport ist indirekt gekoppelt mit dem Cl/HCO_3-Austauscher. Die Verknüpfung zwischen den beiden Austauschsystemen gewährleistet die Carboanhydrase (CA), die aus $H_2O + CO_2$ H^+ und HCO^-_3 bereitstellt. Der Transportmechanismus für Chlorid durch die basolaterale Membran ist nicht bekannt (C = Carrier; P = Pumpe).

Ladungstransfer. Man spricht von einem elektrogenen Natriumtransport. Das zweite Transportsystem für Natrium ist elektroneutral. In diesem Fall erfolgt die Passage von Natrium durch die luminale Membran im Austausch gegen ein H^+-Ion. Treibende Kräfte für diesen Austausch sind nur die Gradienten der beteiligten Ionen. Das über den Na^+/H^+-Austauscher in die Zelle aufgenommene Natrium wird ebenfalls mit Hilfe der Na/K-ATPase herausgeschleust (s. Abb. 8). Die Existenz von zwei Transportsystemen für Natrium im Pansenepithel läßt vermuten, daß beide Systeme für eine effektive Resorption von Natrium notwendig sind. Der elektrogene Natriumtransport erlaubt eine Natriumresorption bei sehr niedrigen Konzentrationen, weil die Aufnahme durch die luminale Membran sowohl durch den elektrischen als auch durch den chemischen Gradienten energetisiert wird. Der Na^+/H^+-Austauscher dürfte dagegen bei niedrigen luminalen Natriumkonzentrationen nur von geringer Bedeutung sein, weil Ionengradienten als treibende Kraft für den Austausch gering oder gar nicht vorhanden sind. Bei hohen Natriumkonzentrationen im Pansen dagegen ergeben sich starke Verschiebungen zugunsten des Na^+/H^+-Austauschers, weil die Gradienten eine Aufnahme in die Zelle begünstigen. Damit scheint sich eine gewisse Arbeitsteilung zwischen den beiden Transportsystemen zu ergeben: elektrogen bei niedrigen, elektroneutral bei hohen Natriumgehalten in der Pansenflüssigkeit.

Da in verschiedenen Untersuchungen Wechselwirkungen zwischen dem Transport von Natrium und Chlorid beobachtet wurden, lag es nahe, Transportmodelle vorzuschlagen, die eine Verknüpfung des Transportes dieser beiden Ionen beinhalteten. Aufgrund der erhaltenen Befunde ist es sehr wahrscheinlich, daß Cl nicht direkt gekoppelt mit Natrium transportiert wird, sondern daß ein indirekt gekoppelter Transport von Natrium und Chlorid durch das doppelte Austauschsystem Na^+/H^+ und Cl^-/HCO_3^- ermöglicht wird (Abb. 8). Das für den Chloridaustausch benötigte HCO_3^- wird dabei intrazellulär mit Hilfe der Carboanhydrase aus H_2O und CO_2 bereitgestellt, während das bei der Dissoziation der Kohlensäure gleichzeitig entstehende H^+-Ion mit Hilfe des Na^+/H^+-Austauschers aus der Zelle herausgeschleust wird. Die Verbindung zwischen Natrium- und Chloridtransport ist demnach indirekt und wird durch die Reaktion der Carboanhydrase vermittelt. Der Mechanismus der Passage von Chlorid durch die basolaterale Membran ist nicht bekannt.

- **Kalium**

Wie Abb. 8 zeigt, erfolgt der Natriumefflux durch die basolaterale Membran mit Hilfe der Na/K-ATPase im Austausch gegen Kalium. Kalium wird somit in die Zelle aufgenommen, muß sie jedoch wieder verlassen, um einen Anstieg des osmotischen Druckes und damit ein Anschwellen der Zellen zu vermeiden. Die bisher vorliegenden Ergebnisse lassen den Schluß zu, daß Kalium die Zelle durch Kanäle in der apikalen und in der basolateralen Membran wieder verlassen kann. Da durch den basolateralen Kanal der größte Teil des Kaliums gleich nach der Aufnahme rezirkuliert, kommt es nur zu einem sehr geringen Nettotransport von der Blut- zur Pansenseite. Diese In-vitro-Befunde stehen im Gegensatz zu in-vivo-Untersuchungen, in denen eine Nettoresorption von Kalium aus dem Pansen beobachtet wurde. Diese Diskrepanz ist jedoch nur methodisch bedingt. In vitro wurden Pufferlösungen mit 4 oder 5 mmol/l K auf beiden Seiten des isolierten Epithels verwendet. Somit ergaben sich keine chemischen Gradienten, die in den In-vivo-Versuchen immer gegeben waren, in denen die ruminale Kaliumkonzentration immer ein Vielfaches (5–20) der Plasmakonzentration von 4–5 mmol/l betrug. Dieser erhebliche chemische Gradient bewirkt eine Diffusion von Kalium aus dem Pansen, die trotz der bestehenden Potentialdifferenz (Blutseite positiv) energetisch möglich war, weil die gemessene Potentialdifferenz immer kleiner ausfiel als das mit der Nernst-Gleichung berechnete Gleichgewichtspotential für Kalium. Der Passageweg des Kaliums unter diesen Bedingungen ist nicht eindeutig geklärt. Vorstellbar ist sowohl eine Diffusion durch die Kanäle in der apikalen Membran und basolateralen Membran (transzellulär) als auch zwischen den Zellen (parazellulär). Neuere Befunde unterstützen die Annahme einer transzellulären Passage.

- **Magnesium**

In zahlreichen in-vivo- und in-vitro-Untersuchungen ist nachgewiesen worden, daß Magnesium hauptsächlich aus den Vormägen resorbiert wird und daß die Resorptionsleistung in diesem Abschnitt des Verdauungskanals essentiell für die Aufrechterhaltung normaler Blutmagnesiumspiegel ist. Die Charakterisierung des aktiven Magnesiumtransportes hat ergeben, daß Magnesium als Ion allein oder mit Hilfe eines elektroneutralen Transportsystems das Pansenepithel passiert (Abb. 9). Treibende Kraft für die ionale Magnesiumaufnahme durch die apikale Membran ist neben dem chemischen Gradienten die Potentialdifferenz dieser Membran (PD_a). Eine Veränderung der PD_a verursacht daher eine entsprechende Beeinflussung dieses Magnesiumtransportes (s. u.). Darüber hinaus existiert ein elektroneutraler Magnesiumtransport, dem sehr wahrscheinlich ein $Mg^{++}/2\,H^+$-Austauschmechanismus zugrunde liegt (s. Abb. 9). Das in der Abb. 9 vorgeschlagene Modell für den ruminalen Mg-Transport bietet die Möglichkeit der Erklärung von bekannten Effekten

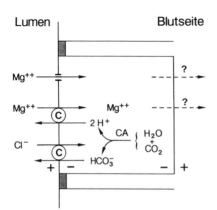

Abb. 9. Zur Diskussion vorgeschlagenes Transportmodell für Magnesium. Es ist sehr wahrscheinlich, daß Magnesium als Ion und elektroneutral im Austausch gegen 2 H^+-Ionen durch die luminale Membran aufgenommen wird. Der Freisetzungsmechanismus auf der basolateralen Seite ist nicht bekannt (C = Carrier; P = Pumpe; CA = Carboanhydrase).

auf die scheinbare Mg-Verdaulichkeit, auf die aus diesem Grunde näher eingegangen werden soll.

- **Hypomagnesämie und Weidetetanie**

Seit Jahrzehnten ist bekannt, daß bei Wiederkäuern primär nach dem Weideauftrieb Hypomagnesämien auftreten, die zu Tetanien und damit häufig zum Tod der erkrankten Tiere führen. Die Hypomagnesämie ist in der Regel auf eine gestörte Magnesiumresorption aus den Vormägen zurückzuführen. Von entscheidender Bedeutung für diese Resorptionsstörung ist die ruminale Kaliumkonzentration, die linear mit der Kaliumaufnahme zunimmt und auch erheblich ansteigt, wenn als Folge nicht bedarfsgerechter Natriumaufnahmen Natrium im Speichel durch Kalium ersetzt wird. Die Wirkung der ruminalen Kaliumkonzentration ergibt sich aus der Tatsache, daß die Potentialdifferenz der apikalen Membran, PDa, maßgeblich durch die Diffusion von Kalium aus der Epithelzelle in das Lumen bestimmt wird. Wenn diese Diffusion aus der Zelle durch eine hohe ruminale Kaliumkonzentration herabgesetzt wird, wird sich die PDa und damit die Triebkraft für die ionale Magnesiumaufnahme in die Zelle vermindern. Gleichzeitig erhöht sich die transepitheliale Potentialdifferenz, PD_T [s. Gleichung (8)]. Dadurch wird die Lumen gegenüber der Blutseite verstärkt negativ polarisiert, so daß die erhöhte PD_T als Triebkraft für die vermehrte Rückdiffusion von Mg durch den parazellulären Passageweg wirkt. Die bekannte herabgesetzte scheinbare Verdaulichkeit von Mg bei hohen Kaliumaufnahmen läßt sich also durch elektrophysiologische Veränderungen erklären: Herabsetzung des aktiven Transports als Folge verminderter Triebkraft für die Magnesiumaufnahme in die Zelle und vermehrte passive Rückdiffusion durch die Zunahme von PD_T.

- **Calcium und Phosphor**

Die bisher für diese beiden Mineralstoffe vorliegenden Ergebnisse sind sehr widersprüchlich und erlauben weder im Hinblick auf die Transportrichtung noch auf die beteiligten Mechanismen eine eindeutige Aussage.

- **Fermentationsprodukte**

– *Ammoniak*

Die normale Ammoniakkonzentration in der Pansenflüssigkeit beträgt bei üblichen Proteingehalten in der Diät 4–8 mmol/l. Erheblich höhere Konzentrationen von 20–40 mmol/l werden nach der Aufnahme von sehr eiweißreichen Futtermitteln beobachtet. Da die Ammoniakkonzentration im Blut mit < 0.1 mmol/l immer wesentlich niedriger ausfällt als in der Pansenflüssigkeit, ergibt sich ein erheblicher chemischer Gradient von der Pansen- zur Blutseite, der als treibende Kraft eine passive Resorption ermöglicht. Da Membranen relativ impermeabel für NH_4^+ sind, wurde vermutet, daß die primär resorbierte Form des Ammoniaks NH_3 ist. Diese Schlußfolgerung wurde durch Untersuchungen gestützt, in denen Vergiftungserscheinungen durch Ammoniak häufiger beobachtet wurden, wenn der pH der Pansenflüssigkeit >7.0 war, d. h. wenn gemäß der Henderson-Hasselbalch-Gleichung der Anteil des NH_3 am Gesamtammoniak und damit die resorbierte NH_3-Menge zunimmt, so daß u. U. die Entgiftungskapazität der Leber für NH_3 überschritten wird. Während diese älteren Befunde die Annahme einer NH_3-Resorption unterstützen, weisen neuere Untersuchungsergebnisse darauf hin, daß Ammoniak auch als NH_4^+ – wahrscheinlich durch die Kaliumkanäle – resorbiert werden kann.

– *Fettsäuren*

Flüchtige Fettsäuren, auch kurzkettige Fettsäuren oder short chain fatty acids (SCFA) genannt, sind die Hauptendprodukte des mikrobiellen Kohlenhydratabbaus im Pansen. Die hohe intraruminale Produktion von SCFA (etwa 5 Mol/kg fermentierter Trockenmasse) hat zur Folge, daß auch ihre Konzentration entsprechend hoch ist. Mit 60–120 mmol/l sind sie die quantitativ wichtigsten Anionen im Panseninhalt. Durch die SCFA-Produktion im Pansen kann der Energiebedarf des Tieres zu einem großen Teil (60–80%) gedeckt werden, so daß eine effektive Resorption innerhalb der Vormägen notwendig ist. Nur ein kleiner Teil fließt nach distal ab. Die Resorption der SCFA aus dem Panseninhalt in das Blut wird durch den Konzentrationsgradienten begünstigt, da die Konzentrationen im Pansen wesentlich höher sind als im Blut. Diese Konzentrationsverhältnisse legen die Annahme nahe, daß eine passive und/oder sekundär aktive Resorption der SCFA die dominierenden Mechanismen sind. Ein aktiver, direkt Energie verbrauchender Mechanismus erscheint unwahrscheinlich. In welcher Form – dissoziiert oder undissoziiert – die SCFA zur Resorption gelangen, war wiederholt Gegenstand von Untersuchungen. Generell gilt, daß nicht ionisierte Substanzen aufgrund der besseren Lipidlöslichkeit leichter durch die Lipidschichten einer Zellmembran diffundieren als die ionisierte Form. So kann auch für die SCFA-Resorption vermutet werden, daß diese hauptsächlich undissoziiert die Pansenwand passieren. Die Annahme einer Resorption der undissoziierten Form wird durch die Tatsache unterstützt, daß die Resorption der SCFA durch den luminalen pH-Wert beeinflußt werden kann. So führt eine Senkung des ruminalen pH-Wertes zu einer deutlichen Erhöhung der Resorptionsrate, wobei der Effekt mit steigender Kettenlänge der Säure zunimmt. Geht man davon aus, daß die SCFA in der undissoziierten Form resorbiert werden, so müssen für diesen Vorgang Protonen verfügbar sein. Dies ist nötig, da bei den physiologischen pH-Werten im Pansen die SCFA hauptsächlich in dissoziierter Form vorliegen, d. h. sie müssen für die Resorption durch eine Protonierung erst in die undissoziierte Form überführt werden. Zwei Mechanismen sind als „Protonquellen" vorgeschlagen worden (Abb. 10). Die intraruminale Hydratisierung von CO_2 ($CO_2 + H_2O \rightarrow H_2CO_3 \rightarrow HCO_3^- + H^+$) könnte einen der protonenliefernden Mechanismen darstellen. Dies könnte einerseits die Resorption von SCFA steigern und auf der anderen Seite den Befund erklären, daß die vielfach beobachtete HCO_3^- Freisetzung

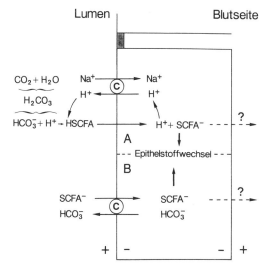

Abb. 10. Hypothetische Modelle für den Transport der kurzkettigen Fettsäuren (SCFA) durch die luminale Membran. A. „Protonierungsmodell". B. Modell eines „Anionenaustauschers". Die vorliegenden Befunde lassen zur Zeit keine endgültige Aussage zu, ob das Modell A oder B oder A und B korrekt ist.

in das Pansenlumen von der Anwesenheit der SCFA abhängig ist, da bei dieser Reaktion außer H^+ auch HCO_3^- entsteht. Allerdings können der Koppelung zwischen HCO_3^- Sekretion und SCFA-Resorption auch andere Mechanismen zugrunde liegen (s. u.).
Einen zweiten protonenliefernden Mechanismus könnte der oben erwähnte Na^+/H^+-Austauscher darstellen. Die von dem Austauscher nach luminal transportierten Protonen können ebenfalls zur Protonierung von dissoziierten SCFA benutzt werden. Auf diese Weise würde der SCFA-Transport indirekt vom Natriumtransport abhängig sein, da die Bereitstellung von Protonen von der Natriumaufnahme in die Zelle abhängt. Daß Interaktionen zwischen SCFA- und Natrium-Transport bestehen, zeigten Untersuchungen an isolierten Pansenepithelien, in denen der Natriumtransport über den Na^+/H^+-Austauscher durch SCFA gesteigert wurde. Die bisher vorgestellten Modelle gehen von einer Resorption der SCFA in der undissoziierten Form aus. Andere Befunde lassen aber auf eine Resorption auch der dissoziierten Form schließen, die durch einen Anionenaustauscher in der luminalen Membran ermöglicht wird (s. Abb. 10). Ein solcher Austauscher würde ebenso wie das Modell der Hydratisierung von CO_2 (siehe oben) die beobachtete Koppelung der Hydrogencarbonatsekretion an die Fettsäureresorption erklären helfen.
Die Resorptionsrate der SCFA hängt nicht nur von den obengenannten Faktoren ab. Eine weitere wichtige Einflußgröße ist der Stoffwechsel des Epithels. Eine Anoxie mit Blockade des Metabolismus führt zu einem verstärkten Erscheinen von SCFA auf der Blutseite des Epithels. Offensichtlich wird ein Teil der resorbierten SCFA im Epithel direkt verstoffwechselt, jedoch in unterschiedlichem Maße: Butyrat > Propionat > Acetat. Stoffwechselprodukte des Fettsäureabbaus sind vor allem Ketonkörper und CO_2.

4.6.4 Magen

Die aufgenommene Nahrung wird zunächst im Magen gespeichert und dann kontrolliert in den proximalen Dünndarm weitertransportiert. Die Verdauungsvorgänge im Magen beschränken sich weitgehend auf den Proteinabbau durch das von den Hauptzellen des Magenepithels sezernierte Pepsinogen, das im Magenlumen u. a. durch den niedrigen pH-Wert in die aktive Form, Pepsin, umgewandelt wird. Resorptionsvorgänge für Nährstoffe (Glucose, Aminosäuren) finden in Mengen nicht statt. Der für die Verdauung wichtigste Vorgang neben der Pepsinogenabgabe ist die Ansäuerung des Mageninhalts durch die Salzsäuresekretion. Der niedrige pH-Wert (2–4) verhindert ein ungehemmtes Wachstum der mit der Nahrung aufgenommenen Mikroorganismen. Der pH-Gradient (Lumen 2–4, Blut 7,4) wird durch aktive Transportvorgänge aufrechterhalten. Die hierzu notwendige Pumpe ist in der luminalen Membran lokalisiert. Es handelt sich um die H^+/K^+-ATPase, die Kalium in die Zelle aufnimmt und im Austausch H^+-Ionen sezerniert. Die Chloridabgabe erfolgt durch einen Chloridkanal in der luminalen Membran. Die für die HCl-Sekretion außerdem notwendigen Transportvorgänge sind in Abb. 11 zusammengefaßt.
Die HCl-Sekretion wird durch verschiedene Faktoren beeinflußt. Eine Anregung erfolgt durch Acetylcholin, Histamin und Gastrin, eine Hemmung durch Somatostatin, Prostaglandin (E und I) und Cholecystokinin. Das Zusammenspiel dieser Faktoren erfolgt mit der Nahrungsaufnahme, wobei eine cephalische, gastrische und intestinale Phase unterschieden wird. Die sinnliche Wahrnehmung der Nahrung (cephalisch) sowie die Dehnung der Magenwand (gastrisch) lösen eine Stimulation der Sekretion aus. Das trifft auch für die

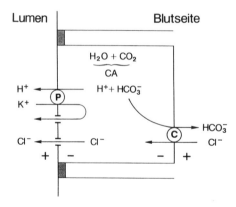

Abb. 11. HCl-Sekretion der Belegzellen des Magenepithels. Es sind nur die zum Verständnis der HCl-Sekretion notwendigen Mechanismen aufgenommen worden. P = H/K-ATPase; die ATP-Spaltung wurde aus Gründen der Übersichtlichkeit weggelassen.

frühe Phase der Magenentleerung (intestinal) zu, sofern die ins Duodenum abfließende Ingesta einen pH-Wert >3 aufweist. Bei starker Ansäuerung (Endphase der Magenentleerung; pH = 2) wird die HCl-Sekretion gehemmt.

4.6.5 Dünndarm

4.6.5.1 Monosaccharide

Voraussetzung für die Resorption von Kohlenhydraten ist der enzymatische Abbau bis zur Stufe der Monosaccharide (s. auch Kapitel Simon), die nur in dieser Form und nicht als Disaccharid transportiert werden (s. Abb. 5, S. 226). Der Transport von Glucose gehört zweifelsohne zu den am besten charakterisierten Mechanismen, der vor allem auch mit Hilfe der Gentechnik im Hinblick auf die Proteinstruktur intensiv untersucht worden ist (Wright 1993, Thorens 1993).
Die luminale Aufnahme in die Zelle erfolgt mit Hilfe eines Carrierproteins, das zunächst Natrium bindet, durch diese Bindung die Struktur ändert, so daß auch Glucose angelagert werden kann. Durch eine Konformationsänderung des Carrierproteins erfolgt die Passage durch die luminale Membran, wodurch die Abgabe von Natrium und Glucose in das Zytosol ermöglicht wird. Treibende Kraft für die apikale Glucoseaufnahme ist der elektrochemische Gradient für Natrium (natriumgekoppelter Glucosetransport). Während Natrium aktiv mit Hilfe der Na/K-ATPase aus der Zelle herausgepumpt wird, diffundiert die Glucose über Carrier aus der Zelle durch die basolaterale Membran. Dieser Glucosetransport kann in der gleichen Weise von der Galactose genutzt werden. Fructose dagegen verfügt über einen für diesen Zucker spezifischen Carrier in der apikalen und basolateralen Membran, die eine passive Passage zulassen, d. h., für die Absorption von Fructose müssen chemische Gradienten vorhanden sein.

4.6.5.2 Aminosäuren

Wie bei den Kohlenhydraten trifft auch für die Verdauung und Resorption von Proteinen die Notwendigkeit zu, daß sie enzymatisch in resorptionsfähige Moleküle, Aminosäuren und Peptide, abgebaut werden. Die große strukturelle Variabilität der Aminosäuren erfordert eine Spezifizierung der beteiligten Carrier. Bisher sind vier Hauptgruppen von Carriern in

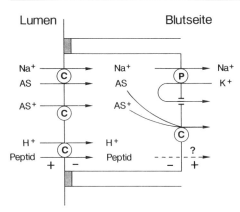

Abb. 12. Schema der intestinalen Aminosäuren- (AS) und Peptidresorption. Die luminale Aufnahme von basischen Aminosäuren (AS$^+$) ist nicht natriumgekoppelt. Näheres siehe Text.

der luminalen Membran nachgewiesen worden: Jeweils 1 Carrier für die sauren, basischen und neutralen Aminosäuren sowie die Iminosäuren (z. B. Prolin). Mit Ausnahme des Carriers für die basischen Aminosäuren (As$^+$) handelt es sich in allen Fällen, wie bei der Glucose, um natriumgekoppelte, sekundär aktive Transportmechanismen (Abb. 12). Die Abgabe der Aminosäuren durch die basolaterale Membran erfolgt auch über Carrier durch Diffusion. Der intestinale Aminosäurentransport zeigt erhebliche Adaptationsmöglichkeiten. Sowohl Unterernährung als auch hohe Proteinanteile in der Diät führen zu einer Aktivierung der Transportsysteme.

Da schon seit vielen Jahren Hinweise vorliegen, daß die im Darmlumen enzymatisch abgebauten Proteine nicht nur in der Form der Aminosäuren resorbiert werden, hat der intestinale Peptidtransport zunehmend Interesse gefunden. Die bisher vorliegenden Ergebnisse über die luminale Aufnahme unterstützen die Annahme, daß Peptide zusammen mit Protonen aufgenommen werden (s. Abb. 12), wobei der Protonengradient (pH im Lumen < pH in der Zelle) als Triebkraft wirkt. Die Abgabe der Peptide ist bisher nicht exakt definiert, weil offensichtlich die in die Zelle aufgenommenen Peptide ab- und/oder umgebaut werden.

4.6.5.3 Fette

Die Verdauung und Resorption von Fetten umfaßt – schematisch betrachtet – 4 Phasen, die am Beispiel der Triglyceride erläutert werden. Die aufgenommenen Triglyceride oder Neutralfette werden im Dünndarmlumen mit Hilfe der Lipase (+ Colipase) hydrolysiert (Phase 1). Da die freigesetzten langkettigen Fettsäuren nicht wasserlöslich sind, erfolgt eine Emulsion mit Hilfe der Gallensäuren. Gallensäuren, freie Fettsäure und Mono- oder Diglyceride bilden sog. Mizellen, die Kontakt mit der luminalen Membran aufnehmen. Mit Ausnahme der Gallensäure, die im Ileum mit Hilfe eines natriumgekoppelten Transportsystems rückresorbiert werden, diffundieren alle Substanzen der Mizellen durch die luminale Membran (Phase 2). In der Zelle erfolgt eine erneute Veresterung der freien Fettsäuren, so daß wieder Triglyceride entstehen (Phase 3). Nach der Resynthese der Triglyceride werden mit Cholesterol, Phospholipiden und Proteinen „Chylomikronen" gebildet, die die Darmzelle durch die basolaterale Membran verlassen und überwiegend über die Lymphe abtransportiert werden (Phase 4).

4.6.5.4 Mineralstoffe

- **Natrium, Chlorid und Hydrogencarbonat**

Eine der wichtigsten Aufgaben des proximalen Dünndarms zum Schutz der Epithelzellen ist die rasche Alkalisierung der aus dem Magen ins Duodenum fließenden, sauren Ingesta. Die Abpufferung erfolgt über die HCO_3^--Sekretion der Epithelzellen und durch das HCO_3^--haltige Sekret der Bauchspeicheldrüse. Die Umsetzung von H^+ und HCO_3^- führt zur Bildung von CO_2, das resorbiert werden muß. Die Kenntnisse über die Mechanismen der epithelialen HCO_3^--Sekretion und der CO_2-Resorption sind in Abb. 13 schematisch zusammengefaßt.

Die epitheliale HCO_3^--Sekretion durch die luminale Membran erfolgt über zwei Mechanismen, über einen Kanal und mit Hilfe eines Anionenaustauschers (s. Abb. 13, A). Die Bereitstellung von HCO_3^- im Zytosol wird zum einen durch die Umsetzung von CO_2 und H_2O durch die Carboanhydrase und durch einen Cotransport von Na^+ und HCO_3^- in der basolateralen Membran sichergestellt. Durch diese effektive HCO_3^--Sekretion wird im Zusammenhang mit der Mucusbildung ein wirksamer Schutz der Epithelzellen vor einem niedrigen pH der Ingesta sichergestellt.

Ein Nebeneffekt der Alkalisierung durch HCO_3^- ist die Bildung von CO_2 im Lumen, das rasch durch Resorption entfernt werden muß, um mögliche Komplikationen wie Blähungen, Störungen der Motilität und des Ingestaflusses zu vermeiden. Da Membranen eine hohe Permeabilität für CO_2 aufweisen, erfolgt eine schnelle Diffusion von CO_2 in die Epithelzelle

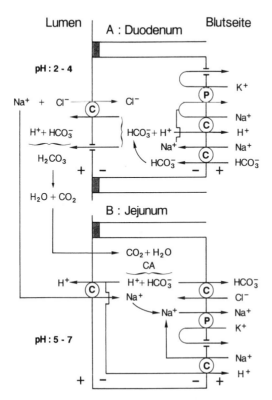

Abb. 13. pH-regulierende Transportmechanismen des proximalen Dünndarms. Im Duodenum dominiert die HCO_3^--Sekretion. HCO_3^- reagiert mit H^+ Ionen, wodurch CO_2 gebildet wird, das distal im Jejunum wiederum nach erneuter, intrazellulärer Umsetzung mit Wasser als HCO_3^- resorbiert wird (CA = Carboanhydrase). Die dargestellten Mechanismen beziehen sich auf die pH-Regulation und bedeuten nicht, daß nur diese Systeme vorhanden sind.

mit der Konsequenz der Möglichkeit einer Veränderung des intrazellulären pH-Wertes durch das CO_2. Diese mögliche Konsequenz wird durch rasche Umsetzung des CO_2 mit H_2O und der Entfernung der Reaktionsprodukte, H^+ und HCO_3^-, aus der Zelle über Na/H oder Cl/HCO_3-Austauschsysteme verhindert (s. Abb. 13, B). Von besonderer Bedeutung ist dabei der Na/H-Austauscher in der basolateralen Membran, der entscheidend an der intrazellulären pH-Regulierung beteiligt ist und in Epithelzellen des Magen-Darm-Kanals weit verbreitet vorkommt.

Die Darlegung der pH-regulierenden Mechanismen und der natriumgekoppelten Transportsysteme beinhaltete auch Mechanismen des Natrium- und Chloridtransportes (s. Abb. 13). Der wichtigste Mechanismus im Dünndarm für die Resorption von Na und Cl ist jedoch die parallele Anordnung des Na/H- und des Cl/HCO_3-Austauschers in der luminalen Membran. Die intrazelluläre Bereitstellung von H^+ und HCO_3^- erfolgt durch die Umsetzung von CO_2 und H_2O durch die Carboanhydrase, wie es in Abb. 8 für das Pansenepithel dargestellt wurde.

- **Kalium**

Alle bisher vorliegenden Kenntnisse stützen die Annahme, daß Kalium im Dünndarm überwiegend passiv und parazellulär resorbiert wird. Die unter physiologischen Bedingungen vorliegenden Gradienten (hohe K-Konzentration im Lumen) erlauben eine Diffusion aus dem Lumen zur Blutseite.

- **Calcium und Phosphor**

Der Calciumhaushalt wird außerordentlich effektiv mit Hilfe des Parathormons (PTH), des Calcitonins und von Vitamin D (einschließlich der Metabolite) geregelt, wobei der Calciumtransport im Darm und der Niere und der Calciumstoffwechsel des Knochens beeinflußt werden. Der Calciumtransport im proximalen Dünndarm unterliegt der Kontrolle des Vitamin-D-Metaboliten 1,25-Dihydroxycholecalciferol [$1,25(OH)_2D_3$], auch Calcitriol genannt, der die Aufnahme von Calcium durch die luminale Membran und die Synthese des in der Darmzelle vorhandenen calciumbindenden Proteins, Calbindin, stimuliert. Die Freisetzung des Calciums aus der Zelle durch die basolaterale Membran erfolgt durch eine Ca-ATPase (Abb. 14, A).

Die intrazelluläre Bindung des Calciums an das Calbindin erfüllt mindestens 2 Funktionen. Generell ist die intrazelluläre Calciumkonzentration sehr niedrig (0,1–1 µM). Eine Erhöhung ist unerwünscht, weil die freie Calciumkonzentration als Regulator vieler intrazellulärer Mechanismen fungiert und nicht zufällig im Zusammenhang mit Resorptionsvorgängen verändert werden darf. Aus diesem Grunde übernimmt das Calbindin eine Funktion als Calciumpuffer. Im Hinblick auf den transzellulären Calciumtransport wurde gezeigt, daß der Calcium-Calbindin-Komplex die Diffusion von Calcium intrazellulär von der luminalen zur basolateralen Membran wesentlich erleichtert und dadurch erst die hohen Transportraten unter dem Einfluß von Calcitriol erklärt werden.

Der Phosphortransport im Dünndarm ist ein natriumgekoppelter Mechanismus und somit sekundär aktiv (Abb. 14, B). P_i wird zusammen mit 2 Natriumionen an den Carrier in der luminalen Membran gebunden und nach Konformationsänderungen des Carriers intrazellulär freigesetzt. Dieser Aufnahmemechanismus wird durch Calcitriol positiv beeinflußt. Es ist nicht eindeutig geklärt, welche P_i-Form, $H_2PO_3^-$ oder $HPO_4^=$, bevorzugt transportiert wird. Auch ist die Freisetzung durch die basolaterale Membran nicht genau beschrieben.

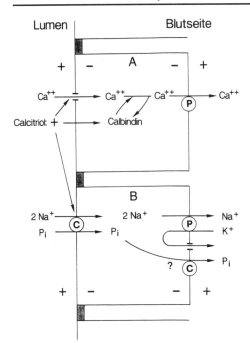

Abb. 14. Calcium- (A) und Phosphotransport (B) im proximalen Dünndarm. P = Ca-ATPase; ATP-Spaltung nicht aufgenommen.

- **Gebärparese der Kühe**

Die schon erwähnte, sehr genaue Regulation des Calciumhaushalts bedingt, daß die Blutcalciumkonzentration bei Über- oder Unterversorgung weitgehend konstant bleibt. Die für diese Regulation wichtigsten Hormone und Organsysteme sind schematisch in Abb. 15 zusammengefaßt.

Es überrascht daher, daß trotz dieses Regelkreises 8–10% der Kühe bei der Geburt als Folge einer Hypokalzämie an der sogenannten Gebärparese oder Milchfieber erkranken. Ursache

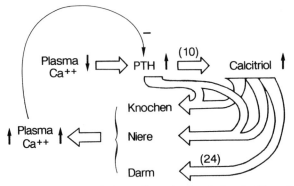

Abb. 15. Schematische Darstellung der Regulation der Blutcalciumkonzentration. Ein Abfall des Ca^{++} im Plasma verursacht eine Freisetzung von Parathormon (PTH) aus der Nebenschilddrüse, das wiederum die Bildung von Calcitriol induziert. Calcitriol erhöht ohne PTH die intestinale Calciumresorption, im Zusammenspiel mit PTH die Ca-Rückresorption in der Niere und die Ca-Mobilisation aus dem Knochen. Die Zahlen in Klammern ( ) geben die Verzögerung in Stunden wieder (modifiziert nach DeLuca et al. 1982).

dieser plötzlichen Lähmung der Muskulatur ist eine Störung der Erregungsübertragung an der motorischen Endplatte aufgrund zu geringer Calciumkonzentrationen im Plasma bzw. Extrazellulärraum (EZR). Untersuchungen zur Pathogenese dieser Hypokalzämie haben ergeben, daß die den Calciumhaushalt regulierenden Mechanismen auch bei den erkrankten Kühen aktiviert werden, jedoch der schnellen Änderung des Calciumumsatzes mit dem Einsetzen der Laktation nicht gerecht werden. Die plötzlich und massiv einsetzende Calciumabgabe über die Milch (2 g/l Kolostrum) verursacht die Abnahme der Calciumkonzentration im Plasma und EZR. Dadurch wird zwar sofort als erster Mechanismus die Parathormonausschüttung aktiviert, so daß die Bildung von Calcitriol [$1,25(OH)_2D_3$] induziert wird (s. Abb. 15). Erhöhte Plasmacalcitriolkonzentrationen treten jedoch erst nach mehr als 10 Stunden nach Beginn einer Hypokalzämie und entsprechendem PTH-Anstieg auf. Da Calcitriol am Darm erst nach weiteren 24–36 Stunden wirksam wird, kann die rasche Calciumabgabe mit der Milch nicht durch eine erhöhte Resorption aus dem Darm, Rückresorption in der Niere oder durch Mobilisation aus dem Knochen (6000–9000 g Ca/Kuh!) kompensiert werden. Es ist somit als gesichert anzusehen, daß die einsetzenden Regulationsmechanismen eindeutig zu langsam wirksam werden.

4.6.5.5 Resorption von Wasser

Alle Verdauungsvorgänge durch körpereigene Enzyme oder Mikroorganismen sind nur in der wäßrigen Phase möglich. Ferner müssen alle Substanzen, die resorbiert werden, gelöst in Wasser vorliegen, das dadurch wichtige verdauungsphysiologische Funktionen übernimmt, die auch dadurch zum Ausdruck kommen, daß Passageraten von Wasser im Darm erheblich sind. So wurden im proximalen Dünndarm von Kühen Flußraten von Wasser bestimmt, die bis zu 60% des Körpergewichts (200–300 l/Tg) betrugen. Die getrunkene Wassermenge ist dabei nur von geringer Bedeutung, wesentlich sind die mit Speichel, Magen- und Pankreassaft sezernierten Wassermengen, die mit dem getrunkenen Wasser resorbiert werden müssen. Alle bisher vorliegenden Erkenntnisse unterstützen die Annahme, daß die Wasserresorption durch Osmose bedingt ist. Aufgrund der aktiven Natriumresorption wird im Interzellularspalt des Darmepithels eine lokale Konzentrationserhöhung von Elektrolyten und damit des osmotischen Drucks verursacht. Wasser folgt diesem osmotischen Gradienten sowohl durch die Zellen als auch durch die tight junctions. Dieses als „standing gradient osmotic flow" bezeichnete Modell der Wasserresorption ist für viele wasserresorbierende Epithelien nachgewiesen worden (Nieren, Darm, Gallenblase).

- **Bulk flow oder solvent drag**

Der osmotisch bedingte Wasserfluß durch die tight junctions und den parazellulären Passageweg hat zu einer Beobachtung geführt, die als bulk flow oder solvent drag bezeichnet wird. Es handelt sich hierbei um die Tatsache, daß im Wasser gelöste Stoffe in Abhängigkeit von der Menge des resorbierten Wassers das Epithel passieren. Voraussetzung für diese Resorption ist eine ausreichende Durchlässigkeit der tight junctions für die gelösten Stoffe. Das Phänomen des bulk flow oder solvent drag wird also immer in Epithelien beobachtet werden, die aufgrund der Widerstandsanalyse als „leaky" bezeichnet werden, also einen geringen parazellulären Widerstand, Rs, aufweisen. Dieses trifft insbesondere für den proximalen Dünndarm zu, in dem vor allem Ionen und auch Glucose auf diese Weise resorbiert werden.

4.6.5.6 Sekretorische Diarrhoe

Unter Diarrhoe versteht man die erhöhte rektale Ausscheidung von Wasser und Elektrolyten, die immer auf vermehrt im Darmlumen vorhandene, osmotisch wirksame Substanzen zurückzuführen ist. Hierbei kann es sich einmal um nicht resorbierte oder resorbierbare Verbindungen handeln oder um Ionen, die aktiv in das Darmlumen aufgrund gestörter Epithelfunktionen sezerniert worden sind. In diesem Falle spricht man von der sekretorischen Diarrhoe, bei der die normale Funktion des Darmes – Resorption von Ionen und Wasser – vollkommen aufgehoben wird. Statt dessen wird eine aktive Chlorid- und als Folge eine Natriumsekretion beobachtet, die osmotisch bedingte Wasserbewegungen in das Darmlumen auslösen. Ursache dieser Umkehrung der normalen Epithelfunktion ist eine Infektion mit toxinbildenden Escherichia coli Keimen, die hitzestabile oder hitzelabile Toxine bilden. Beide Toxine aktivieren in der luminalen Membran von Darmepithelzellen in den Krypten einen Chloridkanal durch Erhöhung der intrazellulären Konzentration von zyklischem Adenosinmonophosphat (cAMP) oder zyklischem Guanosinmonophosphat (cGMP). Durch die Chloridkanalaktivierung diffundiert Chlorid aus der Zelle in das Darmlumen (Abb. 16) und verursacht dadurch eine Zunahme der negativen Polarisierung des Lumens, wodurch passiv und parazellulär Natrium von der Serosa- zur Lumenseite diffundiert. Da Chlorid und Natrium osmotisch wirksam sind, setzt eine Wasserbewegung von der Serosa- zur Lumenseite ein (s. Abb. 16). Die dadurch verursachte Volumenzunahme löst verstärkt Darmkontraktionen aus, so daß die Transitgeschwindigkeit der Ingesta mit der Folge des bekannten vermehrten Kotabsatzes bei dieser Erkrankung zunimmt. Die zahlreichen Todesfälle von an sekretorischer Diarrhoe erkrankten Tieren werden sekundär durch Kreislaufstörungen und Nierenversagen als Folge der intestinalen Elektrolyt- und Wasserverluste verursacht.

4.6.6 Dickdarm

Die Morphologie des Dickdarms zeichnet sich bei den verschiedenen Spezies durch eine große Variabilität aus. Während der Dickdarm bei den Fleischfressern nur ein kurzes Rohr darstellt, werden bei den Pflanzenfressern in unterschiedlichem Ausmaß Differenzierungen beobachtet, die beim Pferd erhebliche Anteile der Bauchhöhle ausfüllen. Aufgrund dieser Heterogenität ergeben sich natürlich erhebliche Unterschiede in der Funktion und der

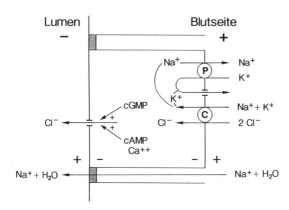

Abb. 16. Chloridsekretion bei der sekretorischen Diarrhoe. Schematische Darstellung der intestinalen Chloridsekretion in den Krypten. Die Enterotoxine von *E. coli* induzieren die Erhöhung der intrazellulären Konzentration von cAMP oder cGMP. Näheres siehe Text.

physiologischen Bedeutung des Dickdarms. Diese Unterschiede beziehen sich aber primär auf die Verdauungs- bzw. Fermentationsvorgänge. Im Hinblick auf die Transportmechanismen ergeben sich erstaunliche Gemeinschaften. Zunächst ist festzuhalten, daß bei allen Spezies keine nennenswerte Resorption von Kohlenhydraten, Aminosäuren, Peptiden oder Fetten erfolgt. Es dominieren vielmehr Transportmechanismen für Elektrolyte, die wiederum die Resorption von Wasser ermöglichen.

- **Natrium**

Bedingt durch die große Sekretion von Natrium mit dem Speichel und den Verdauungssekreten übersteigt die in den Dickdarm einfließende Na-Menge die orale Na-Aufnahme erheblich, so daß die bedarfsdeckende Nettoresorption sowie deren Adaptation an den Na-Versorgungsstatus im Kolon erfolgt. Der quantitativ wichtigste Natriumtransportmechanismus ist der Na/H-Austauscher, der in Kombination mit dem Cl/HCO_3-Austauschsystem vor allem im proximalen Kolon und wahrscheinlich auch im Caecum vorkommt. Die Kombination dieser beiden Systeme muß als wichtigster Transportmechanismus für Na und Cl im gesamten Verdauungskanal angesehen werden, der in den Vormägen (s. Abb. 8), Dünn- und Dickdarm anzutreffen ist (Einzelheiten s. Vormägen). Im Verlauf des Kolons nimmt die Bedeutung der Austauschsysteme nach rektal ab, wobei gleichzeitig die elektrogene Na-Resorption (s. Abb. 4) an Bedeutung gewinnt, die vor allem im Hinblick auf die Regulation der Na-Resorption von überragender Bedeutung ist. Bei allen bisher untersuchten Species gewinnt der elektrogene Na-Transport an Bedeutung, wenn eine Na-Unterversorgung vorliegt. In dieser Situation kommt es zu einer vermehrten Ausschüttung des Nebennierenrindenhormons Aldosteron, das die elektrogene Na-Resorption durch vermehrte Bereitstellung von natriumspezifischen Kanälen in der luminalen Membran der Kolonepithelzellen bewirkt, die Resorption dadurch erhöht und die fäkale Na-Ausscheidung stark vermindert. Die sequentielle Anordnung dieser beiden Transportsysteme, Na/H-Austauscher im proximalen und elektrogener Na-Transport im distalen Kolon bzw. Rektum, hat den Vorteil, daß die Na-Resorption wie in den Vormägen arbeitsteilig erfolgt. Der Na/H-Austauscher arbeitet optimal bei höheren Na-Konzentrationen im Lumen. Wenn durch die Aktivität des Na/H-Austauschers die luminale Na-Konzentration vermindert worden ist, kann die Na-Resorption weiter durch den elektrogenen Na-Transport erfolgen, der hierzu energetisch in der Lage ist (s. auch Vormägen). Es ist somit sehr wahrscheinlich, daß die Na-Resorption im Dickdarm arbeitsteilig erfolgt: proximal mit dem Na/H-Austauscher (hohe Kapazität, geringe Affinität) und distal elektrogen (hohe Affinität, geringe Kapazität). Durch die Kombination dieser beiden Transportsysteme ergibt sich im Zusammenhang mit der Möglichkeit der hormonalen Beeinflussung eine große Adaptationsbreite.

- **Kalium**

Wie im Dünndarm wird auch im Kolon Kalium resorbiert. Während im Dünndarm als gesichert angesehen werden kann, daß diese Resorption parazellulär und passiv erfolgt, liegen für den Dickdarm eindeutig Befunde vor, die auf aktive Mechanismen zurückzuführen sind. Der bisherige Kenntnisstand läßt die Aussage zu, daß Kalium aktiv resorbiert wird, indem die luminale Kaliumaufnahme mit Hilfe einer K/H-ATPase vermittelt wird, d. h. im Gegensatz zu allen bisher besprochenen Mechanismen ist dieser erste Schritt aktiv (Abb. 17).

Das aufgenommene Kalium verläßt die Zelle durch einen Kanal in der basolateralen Membran. Dieser Transportmechanismus ist als Grundlage für die insgesamt im Kolon beobachtete Nettoresorption anzusehen. Der zweite Mechanismus wird primär im distalen

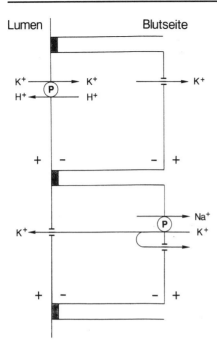

Abb. 17. Kaliumtransport im Kolon. Bisher sind im Dickdarm zwei aktive Transportsysteme für Kalium beschrieben worden. Es handelt sich um eine aktive Resorption mit Hilfe der K/H-ATPase in der luminalen Membran (oben) und um einen Sekretionsvorgang (unten).

Kolon nachgewiesen und entspricht der Kaliumsekretion durch das Pansenepithel (s. Abb. 8), d. h., Kalium wird basolateral mit Hilfe der Na/K-ATPase in die Epithelzelle aufgenommen, die es durch Kanäle in der basolateralen und luminalen Membran verläßt. Der Kanal in der luminalen Membran wird offensichtlich durch Aldosteron reguliert. Bei hohen Aldosteronkonzentrationen im Plasma nimmt die Kaliumsekretion zu, und dadurch wird die Nettoresorption im gesamten Kolon geringfügig verringert.

- **Flüchtige Fettsäuren**

Die Menge der durch Fermentation im Kolon gebildeten flüchtigen Fettsäuren weist zwischen den Spezies große Unterschiede auf, wobei innerhalb einer Spezies auch die Art der Fütterung zur Variabilität beiträgt. Das wichtigste Anion in der Ingesta des Kolons wird sehr effektiv resorbiert und trägt u. U. maßgeblich zur Deckung des Energiebedarfs bei. Im Hinblick auf die Resorptionsmechanismen kann auf die Darstellung dieser Problematik im Pansen verwiesen werden. Ohne Zweifel ist im proximalen Kolon eine Resorption mit Hilfe eines Ionenaustauschers in der luminalen Membran möglich. Darüber hinaus erfolgt auch ein Transport in der undissoziierten Form (s. Abb. 10).

4.7 Schlußbemerkungen

Die Untersuchungen zellulärer und epithelialer Transportmechanismen der letzten drei Jahrzehnte haben das Verständnis der intestinalen Transportsysteme erheblich erweitert. Während sich noch vor wenigen Jahren das Wissen über Resorptionsmechanismen auf die Beobachtungen beschränkte, daß aus dem Lumen Substanzen verschwinden und auf der serosalen Seite wieder nachgewiesen werden konnten, liegen heute umfangreiche Kenntnisse über Aufnahmevorgänge durch die luminale und Freisetzungsmechanismen durch die basolaterale Membran vor. Diese Erkenntnisse schließen insbesondere auch Vorstellungen über die beteiligten Carrier, Kanäle und Pumpen ein sowie die Größe der vorhandenen elektrischen und chemischen Gradienten, die wiederum eine Aussage über die möglichen oder notwendigen Transportvorgänge (aktiv oder passiv) zulassen. Der größte Teil dieser Befunde ist durch Untersuchungen an Modellgeweben wie der Froschhaut, der Krötenblase, dem Kaninchenkolon oder -ileum erarbeitet worden, wobei diese Studien fast ausschließlich als Grundlagenforschung in der Weise betrieben wurden, allgemeine Gesetzmäßigkeiten von Transportvorgängen zu erarbeiten. Die somit an Versuchstieren erarbeiteten Grundlagen sind sowohl auf den Menschen als auch auf die landwirtschaftlichen Nutztiere übertragen worden, wobei immer wieder bestätigt wurde, daß die an Versuchstieren erarbeiteten Prinzipien qualitativ auf andere Spezies übertragen werden konnten. Dadurch wurde nicht nur das allgemeine Verständnis für intestinale Transportsysteme erheblich verbessert, sondern erst die Ergebnisse der Grundlagenforschung haben die Pathogenese wichtiger Erkrankungen wie z. B. der Gebärparese, der Weidetetanie oder der Diarrhoe verständlich werden lassen, so daß zumindest z. T. auch Empfehlungen für die Prophylaxe oder Therapie entsprechender Erkrankungen ausgesprochen werden können. Am Beispiel der an Modellgeweben von Versuchstieren gewonnenen Erkenntnisse der zunächst zweckfreien und nur vom Willen des besseren Verständnisses motivierten Grundlagenforschung läßt sich unschwer erkennen, wie schnell und effektiv diese Erkenntnisse Eingang in die praktische Anwendung gefunden haben und wie selbstverständlich dieses Wissen auch zur Erklärung herangezogen wird.

Die bewährte Verknüpfung von Grundlagenwissen der Transportphysiologie mit Problemen der Ernährungsphysiologie sollte daher auch künftig mit hoher Priorität fortgesetzt werden. Es ist schon heute erkennbar, daß die z. Z. schon vorhandenen Kenntnisse über die Aktivierung von Genen durch Nahrungsinhaltsstoffe das Verständnis über intestinale Transportsysteme in gleicher Weise revolutionieren werden wie die erfolgte Charakterisierung der Kanäle, Carrier und Pumpen einschließlich der Quantifizierung von Energiebarrieren. Im Mittelpunkt künftiger Untersuchungen werden dabei Bemühungen stehen (müssen), die eine optimale Nutzung der Nahrungsstoffe durch das Tier ermöglichen, um auf der einen Seite Rohstoffe und Ressourcen zu schonen und um auf der anderen Seite die Menge der Ausscheidungsprodukte aus ökologischen Gründen zu minimieren. Die für diese Fragestellung im Hinblick auf den Bedarf und die Zusammensetzung der Nahrung notwendige Optimierung intestinaler Transportsysteme wird die Aufgabe zukünftiger Forschung über gastrointestinale Transportmechanismen bei landwirtschaftlichen Nutztieren sein. Auch dieser Problemkomplex wird – wie in der Transportphysiologie schon geschehen – zunächst an Versuchstieren bearbeitet. Es wäre wünschenswert, wenn diese Erkenntnisse über Grundlagenforschung möglichst ohne große Verzögerung in die angewandte Forschung übernommen werden könnten.

Literatur

• **Allgemeine Transportphysiologie und Elektrophysiologie**
Schultz, S. G. (1980): Basic principles of membrane transport. Cambridge University Press.
Schultz, S. G., Thompson, S. M., and Suzuki, Y. (1981): Equivalent electrical circuit models and the study of Na transport across epithelia: nonsteady-state current-voltage relations. Fed. Proc. 40, 2443–2449.
Wright, E. M. (1974): The passive permeability of the small intestine. In: Biomembranes, Vol. 4 A. Plenum Press (Ed. D. H. Smyth), 159–198.

- **Aminosäuren**

Cheeseman, Ch. I. (1991): Molecular mechanisms involved in the regulation of amino acid transport. Prog. Biophy. molec. Biol. **55**, 71–84.

Scharrer, E. (1989): Regulation of intestinal aminoacid transport. In: Absorption and Utilization of Amino Acids. CRC Press, Vol. I, 57–68.

Stevens, B. R. (1992): Vertebrate intestine apical membrane mechanisms of organic nutrient transport. Am. J. Physiol. **263**, R 458–R 463.

- **Calcium**

DeLuca, H. F., Franceschi, R. T., Halloran, B. P. and Massaro, E. R. (1982): Molecular events involved in 1,25-dihydroxyvitamin D3 stimulation of intestinal calcium transport. Fed. Proc. **41**, 66–71.

van Os, C. H. (1987): Transcellular calcium transport in intestinal and renal epithelial cells. BBA **906**, 195–222.

- **Kalium**

Dawson, D. C. and Richards, N. W. (1990): Basolateral K conductance: role in regulation of NaCl absorption and secretion. Am. J. Phys. **259**, C 181–C 195.

Smith, P., and McCabe, R. D. (1984): Mechanismen and regulation of transcellular potassium transport by the colon. Am. J. Phys. **247**, G 445–G 456.

- **Kohlenhydrate**

Thorens, B. (1993): Facilitated glucose transporters in epithelial cells. Ann. Rev. Physiol. **55**, 591–608.

Wright, E. M. (1993): The intestinal Na^+/Glucose Cotransporter. Ann. Rev. Physiol. **55**, 575–590.

- **Kurzkettige Fettsäuren**

Bergmann, E. N. (1990): Energy contribution of volatile fatty acids from gastrointestinal tract in various species. Phys. Rev. **70**, 567–590.

Bugaut, M. (1987): Occurrence, absorption and metabolism of short chain fatty acids in the digestive tract of mammals. Comp. Biochem. Physiol. **86 B**, 439–472.

- **Speichelbildung**

Petersen, O. H. (1992): Stimulus-secretion coupling: Cytoplasmic calcium signals and the control of ion channels in exocrine acinar cells. J. Physiol. **448**, 1–51.

- **Tight Junctions**

Gumbiner, B. (1987): Structure, biochemistry, and assembly of epithelial tight junctions. Am. J. Physiol. **253**, C 749–C 758.

Powell, D. W. (1981): Barrier function of epithelia. Am. J. Phys. **241**, G 275–G 288.

- **Vormägen**

Martens, H., Leonhard, S., and Gäbel, G. (1991): Minerals and digestion: Exchanges in the digestive tract. In: Rumen microbial metabolism and ruminal digestion. Ed. J.-P. Jouany, INRA Editions, 199–216.

Gäbel, G., and Martens, H. (1991): Transport of Na^+ and Cl^- across the forestomach epithelium: Mechanisms and interactions with short-chain-fatty acids. In: Physiological aspects of digestion and metabolism in ruminants (Eds.: Tsuda, Sasaki, Kawashima), 147–154.

- **Wasser**

Zeuthen, Th. (1992): From contractile vacuole to leaky epithelia. Coupling between salt and water fluxes in biological membranes. BBA **1113**, 229–258.

5. Stoffwechselregulation
(M. Stangassinger)

Unter Stoffwechsel versteht man die chemischen Umsetzungen von Stoffen, die den Zellen zugeführt bzw. von ihnen gebildet werden und zur Aufrechterhaltung der Lebensvorgänge notwendig sind. Die Umsetzungen erfolgen über vielstufige Reaktionskaskaden und dienen der Erhaltung und Vermehrung der Körpersubstanz sowie der Energiegewinnung.

5.1 Allgemeine Charakteristika des Stoffwechsels

Die große Anzahl der mit-, neben- und nacheinander ablaufenden Stoffwechselreaktionen beschränkt sich auf nur relativ wenige Reaktionstypen mit meist recht einfachen Mechanismen. Die unterschiedlichen Leistungen beruhen auf einem nahezu gleichen Grundplan des Intermediärstoffwechsels und seiner Regulationsprinzipien. Andererseits geht die entwicklungsbedingte Erweiterung der Anpassungsfähigkeit von Organismen an sich ändernde äußere Lebensbedingungen mit steigender Komplexität und Differenziertheit des Stoffwechsels einher. Voraussetzung hierfür ist die *Kompartimentierung* komplexer Organismen, die *Differenzierung* in morphologisch und funktionell verschiedene Zelltypen und ihre *Organisation in Geweben und Organen*. Charakteristische Stoffwechselprofile einzelner Zelltypen bilden die Grundlage für spezielle Funktionen und die Voraussetzung zur Übernahme von Aufgaben für andere Bestandteile des Organismus.

5.1.1 Grundstrategien

Die Gemeinsamkeiten und Wechselbeziehungen zwischen den vielzähligen Reaktionen des Intermediärstoffwechsels lassen sich auf folgende Bereiche eingrenzen:
– Adenosintriphosphat (ATP) dient als wichtigster unmittelbarer Überträger freier Energie bei den meisten Stoffwechselprozessen;
– in chemotropen Organismen wird ATP aus der Oxydation von Brennstoffmolekülen wie Glucose, Fettsäuren, Aminosäuren gewonnnen;
– reduziertes Nicotinamidadenindinucleotidphosphat (NADPH) ist der wichtigste Elektronendonator bei reduktiven Biosynthesen;
– alle Makromoleküle werden aus einer relativ kleinen Zahl von Bausteinen gebildet;
– biosynthetische (anabole) und abbauende (katabole) Reaktionen verlaufen meistens auf getrennten Wegen.

Die funktionellen Zusammenhänge werden in Abb. 1 stark vereinfacht dargestellt. Im **katabolen Block I** werden Nährstoffe unter Bildung von Kohlendioxid und Wasser oxydiert. Die dabei freigesetzte Energie ermöglicht über die oxydative Phosphorylierung die Bildung von ATP, gleichzeitig werden Coenzyme reduziert. Zu den wichtigsten Stoffwechselwegen zählen hier die Glykolyse, die β-Oxydation der Fettsäuren, die Wege des Aminosäurenabbaus und der Krebszyklus, die alle nicht nur Elektronen und Protonen für das Elektronentransportsystem beisteuern, sondern auch Kohlenstoff(C)-Bestandteile für Biosynthesen liefern. Verschiedene Stoffwechselendprodukte können für eukaryotische Orga-

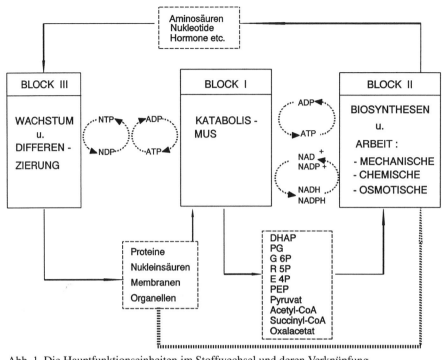

Abb. 1. Die Hauptfunktionseinheiten im Stoffwechsel und deren Verknüpfung.
NTP, Nukleotidtriphosphat; NDP, Nukleotiddiphosphat; DHAP, Dihydroxyacetonphosphat; PG, Phosphoglycerat; G6P, Glucose-6-phosphat; R5P, Ribulose-5-phosphat; E4P, Erythrose-4-phosphat; PEP, Phosphenolpyruvat.

nismen gefährlich werden, so daß dort eine Unterteilung dieses Blocks, welche die Ausscheidung, Entgiftung, Lagerung oder das Recycling potentiell schädlicher kataboler Stoffwechselprodukte berücksichtigt, erfolgen muß.

Der **anabole Block II** ist wesentlich komplexer und beinhaltet die hauptsächlich ATP-verbrauchenden Prozesse. In einigen Zellen sind dies vor allem Biosynthesen aus dem in Block I entstandenen Ausgangsmaterial. In anderen Zellen ist es hauptsächlich mechanische (Kontraktion) oder osmotische Arbeit (Ionenpumpe), welche die ATP-Äquivalente verbraucht. Bei allen diesen Prozessen dient ATP als eine universelle Energie übertragende Verbindung, und dort, wo Wasserstoff erforderlich ist, dient NADPH als reduzierendes Agens.

Im **Block III** werden aus Block II stammende Schlüsselverbindungen ausgewählt und für alle biologischen Funktionen wichtige Makromoleküle wie Proteine, Nukleinsäuren, Membranbestandteile, Zellorganellen usw. synthetisiert. Im wesentlichen fungieren die hier aufgebauten Bestandteile als „Triebwerke", die den katabolen Block und den anabolen Block II in Betrieb halten. Die meisten der hier zusammengefaßten Synthesen nutzen ATP indirekt über die Bereitstellung anderer Nukleotidtriphosphate wie GTP, UTP oder CTP. Diese Spezialisierung ist wahrscheinlich für eine effiziente Aufteilung von ATP auf verschiedene metabolische Bedürfnisse vorteilhaft. Dennoch dient das Zirkulieren von ATP zwischen Block I und III als wichtiger Mechanismus ihrer Funktionsverknüpfung.

5.1.2 Organisationsprinzipien

Es ist üblich, den Stoffwechsel eines Organismus als offenes, sich im Fließgleichgewicht befindliches System zu betrachten. Die Konzentrationen der Substrate und Produkte einzelner Reaktionen bleiben zwar innerhalb eines bestimmten Zeitraums konstant, sie täuschen aber ein Gleichgewicht nur vor, denn tatsächlich werden ständig Substrate in Produkte umgesetzt, und alle Prozesse streben ein Gleichgewicht an, erreichen es aber nie. Jeder Metabolit hat im Fließgleichgewicht eine begrenzte, durch die biologische Halbwertszeit zu charakterisierende Lebenszeit, die wiederum abhängig ist von der Poolgröße und dem Umsatz des Metaboliten.

Da sowohl Umsatz als auch Poolgrößen veränderlich sind, können die Halbwertszeiten nicht nur verschiedener Substanzen, sondern auch ein und derselben Verbindung bei verschiedenen Stoffwechsellagen unterschiedlich sein. Der Stoffwechsel ist also gleichermaßen konstant und variabel. Beide Eigenschaften bilden in ihrer Einheit die Grundlage für ständige Anpassung an unterschiedliche äußere und innere Bedingungen, sie erfordern aber auch bestimmte Regulationsmechanismen.

Im Verlauf der Evolution haben sich sehr feine Regulationsmechanismen zur Gewährleistung einer bestimmten metabolischen Variabilität herausgebildet. Bei den landwirtschaftlichen Nutztieren wurde diese natürliche Variablität derartig genetisch fixierter Mechanismen während der letzten Jahrzehnte in einigen Teilbereichen noch besonders akzentuiert bzw. gefördert.

Angriffspunkt aller Regulationen sind letztlich die chemischen Prozesse, die durch spezifische Enzyme katalysiert werden. Eine Enzymreaktion läuft dabei nicht isoliert ab, sondern immer integriert in eine Reaktionssequenz, die erst einen gerichteten Metabolitfluß ergibt. Da oftmals auch andere Stoffwechselwege innerhalb ein und derselben Zelle um das gleiche Substratmolekül konkurrieren und eine solche Konkurrenz zur gleichen Zeit um Tausende anderer Moleküle besteht, könnte man meinen, daß das ganze Stoffwechselsystem sehr genau ausbalanciert sein müßte und ein Zwischenfall wie die Nahrungsaufnahme verhängnisvoll wäre. Tatsächlich aber ist die Zelle, metabolisch gesehen, bemerkenswert stabil.

5.2 Allgemeine Charakteristika der Stoffwechselregulation

Im Stoffwechsel müssen alle Reaktionsschritte koordiniert sein, ansonsten würden sich Zwischenprodukte anhäufen oder stark verdünnen, und der entsprechende Stoffwechselweg wäre empfindlich gestört. Im Gesamtorganismus müssen auch die vielfältigen Wechselbeziehungen zwischen verschiedenen Organen koordiniert werden. Darüber hinaus erfordern die verschiedenen in sich koordinierten Stoffwechselbeziehungen eine sinnvolle Integration in den Gesamtstoffwechsel der Zelle und in den des Körpers.

Die Regulation erstreckt sich also auf die Koordination und Integration des Stoffwechsels. Sie besteht jedoch auch darin, bereits koordinierte und integrierte Stoffwechselwege an- und abzuschalten, denn die metabolischen Anforderungen an die meisten Organe sind vor, während und nach der Nahrungsaufnahme oder der körperlichen Aktivität extrem unterschiedlich. Dies erfordert oftmals auch extrem rasch ansprechende Regulationsprinzipien.

5.2.1 Biochemische Regelkreise

Das Modell eines technischen Regelkreises (Abb. 2) läßt sich im Prinzip auch auf die Stoffwechselregulation anwenden. Die **Regelgröße** ist der innerhalb eines bestimmten Zeitintervalls konstant zu haltende Zustand, z. B. die Geschwindigkeit des Substratumsatzes. Die Regulation erfolgt also nicht thermodynamisch, sondern kinetisch, indem die Geschwindigkeit der Gleichgewichtseinstellung und nicht die Energiedifferenz bis zum Gleichgewicht einer Reaktion zur Zielgröße wird. Als **Regler** fungieren interzellulär vor allem Enzyme und übergeordnet im Gesamtorganismus das Zentralnervensystem (ZNS) sowie hormonproduzierende Drüsen, die über spezifische Bindungsstellen (Meßfühler) Substrat- oder Produktkonzentrationen registrieren können. Die Regler senden **Signale** aus, so z. B. die Enzyme in Form von Stoffwechselzwischenprodukten als Effektoren, das ZNS bzw. die Drüsen in Form von Neurotransmittern bzw. Hormonen. Diese Signale verändern sog. **Stellglieder** an den Enzymen, die den in konstantem Fluß zu haltenden Stoffwechseltyp katalysieren. Solche Stellglieder sind z. B. die Enzymaffinität, die Enzymaktivität oder auch die Enzymkonzentration.

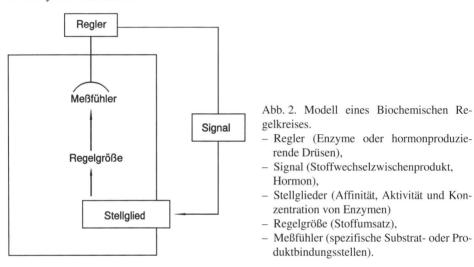

Abb. 2. Modell eines Biochemischen Regelkreises.
– Regler (Enzyme oder hormonproduzierende Drüsen),
– Signal (Stoffwechselzwischenprodukt, Hormon),
– Stellglieder (Affinität, Aktivität und Konzentration von Enzymen)
– Regelgröße (Stoffumsatz),
– Meßfühler (spezifische Substrat- oder Produktbindungsstellen).

5.2.2 Mechanismen der Stoffwechselkontrolle

Ein wichtiges Regulationsprinzip besteht darin, daß der Substratdurchsatz in den meisten Stoffwechselwegen hauptsächlich durch die Menge und Aktivität von Enzymen und weniger durch die verfügbare Substratmenge kontrolliert wird. Als bevorzugte Kontrollstellen bieten sich Umsetzungen an, die als erste irreversible Reaktionen von Stoffwechselwegen „Schrittmacherfunktionen" für den gesamten Ablauf ausüben.
Allosterische Wechselwirkungen: Die allosterische Modifikation über sog. Rückkopplungs(Feedback)-Mechanismen scheint eine extrem schnell ansprechende Regulation von Schrittmacherenzymen zu ermöglichen. Dabei können sowohl reversible allosterische Aktivatoren als auch Inhibitoren Verwendung finden. Die partiell deckungs-

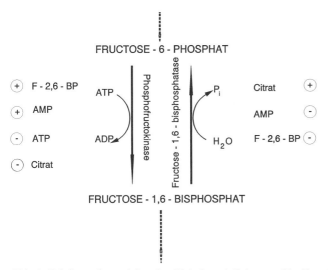

Abb. 3. Schrittmacherreaktion der Glykolyse („Substratzyklus") und deren Kontrolle über allosterische Enzymaktivierung ⊕ und Enzyminaktivierung ⊖.
P_i, anorganisches Phosphat; ATP, ADP, AMP, Adenosin-tri-,di-, -monophosphat; F-2,6-BP, Fructose-2,6-bisphosphat.

gleichen Glykolyse- bzw. Glukoneogenesestoffwechselwege sollen hier als Beispiel dienen.
Schritt 3 der Glykolyse ist eine von insgesamt drei irreversiblen Reaktionen, die im Verlauf der Glukoneogenese umgangen werden müssen (Abb. 3). Mittels einer durch das Enzym Phosphofructokinase katalysierten Reaktion wird in der Glykolyse eine Phosphatgruppe von ATP an Fructose-6-phosphat angefügt. Dieses Enzym wird in der Leber durch Fructose-2,6-bisphosphat, AMP und ADP aktiviert und durch ATP und Citrat gehemmt. Das Enzym ist also bei niedrigem Energienachschub und sich anhäufendem AMP und ADP, d. h. bei kleinem ATP/AMP-Quotienten, aktiviert. Dagegen wird es bei starkem Nährstoffnachschub und hohen Citratwerten, die sich bei reichlich vorhandenen Biosynthesevorstufen einstellen, inaktiviert.
Das Enzym der glukoneogenetischen Umgehungsreaktion, die Fructose-1,6-bisphosphatase, wird durch die gleichen Feedback-Kontrollmechanismen in reziproker Weise reguliert. Es arbeitet bevorzugt, wenn die Phosphofructokinase weitgehend ruht. Das Endergebnis ist also eine komplexe Art positiver Feedback-Kontrolle.
Die an diesen Umsetzungen beteiligten Enzyme liegen jedoch nie vollständig gehemmt vor, so daß über sog. *zyklische Interkonversionen* Substratzyklen entstehen. Je nach Ausprägung der Aktivierung und gleichzeitigen Hemmung der an solchen Zyklen beteiligten Enzyme entstehen ein gerichteter, unterschiedlich großer Substratnettofluß und ein scheinbar „nutzloser" ATP-Verbrauch. Wegen dieses ständigen ATP-Verlustes interpretierte man die Existenz derartiger Substratzyklen zunächst als Mangel der Stoffwechselkontrolle und bezeichnete sie als „nutzlose Zyklen" (futile cycles). Ihre potentielle Bedeutung etwa für die Verstärkung von Stoffwechselsignalen, den Verlust an ATP bzw. den Anstieg der Thermogenese läßt sich aus der Vielzahl der in Tabelle 1 aufgelisteten Substratzyklen vermuten.

Tabelle 1. Substratzyklen (nach Newsholm 1985) mit funktioneller Bedeutung im Bereich der Stoffwechselregulation (durch Gewährleistung hoher Sensitivität und Flexibilität) und der Thermogenese (über ATP-Hydrolyse)

Zyklus	Vorkommen bevorzugt in:
Glucose/Glucose-6-phosphat	Leber, Niere, Darm, Gehirn
Glykogen/Glucose-1-phosphat	Leber, Muskel
Fructose-6-phosphat/Fructose-1,6-bisphosphat	Leber, Niere, Muskel
Pyruvat/Phosphoenolpyruvat	Leber, Niere, Fettgewebe
Triacylglycerol/Freie Fettsäure(n)	Fettgewebe, Muskel, Leber
Protein/Aminosäure(n)	viele Gewebe
Cholesterol/Cholesterol-Ester	verschiedene Gewebe
AMP/Adenosin	Leber
Acetyl-CoA/Acetat	Leber
Acetyl-CoA/Fettsäure	Leber, Muskel, Gehirn
Glutamin/Glutamat	Niere, Leber, Muskel

Kovalente Modifikation: Ein weiterer Mechanismus für Aktivitätsänderungen von Schrittmacherenzymen liegt in der enzymgesteuerten kovalenten Modifikation, die oft, aber nicht immer durch Anheftung einer Phosphatgruppe aus ATP an bestimmte Aminosäuren im Enzym zustande kommt. Ähnliche reversible kovalente Proteinveränderungen lassen sich durch Adenylierung und Methylierung erzielen. Derartige Modifikationen von Schritt-

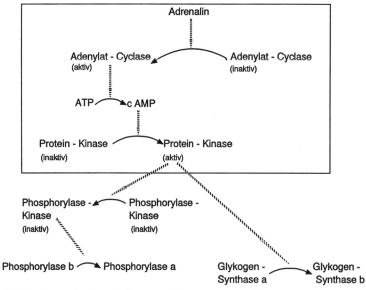

Abb. 4. Kontrolle des Glykogenstoffwechsels anhand hormon- und enzymgesteuerter kovalenter Enzymmodifikationen (Phosphorylierung bzw. hydrolytrische Dephosphorylierung).
GgPa – O – P (aktiv), GgPb – OH (inaktiv),
GgSb – O – P (inaktiv), GgSA – OH (aktiv).
GgP bzw. GgS, Glykogenphosphorylase bzw. -Synthase; cAMP, zyklisches Adenosinmonophosphat.

macherenzymen stellen meist die letzte Stufe einer Kaskadenverstärkung dar. Stoffwechselwege wie z. B. der Glykogenabbau (Abb. 4) können so durch winzige, hier hormoninduzierte Auslösesignale an- oder abgeschaltet werden. Dieser Mechanismus liefert das Beispiel einer Stoffwechselkontrolle über spezifische Reaktionswege, die in keiner Strukturbeziehung zu den Stoffwechselzwischenstufen selbst stehen.

Enzymmenge: Ein über allosterische oder kovalente Enzymmodifikation gesteuerter Regelkreis ist funktionsfähig, wenn die benutzten Signale nur solange gegeben werden, wie eine Korrektur der Regelgröße notwendig und sinnvoll ist. Signalsubstanzen müssen also nicht nur gebildet, sondern auch abgebaut werden. Sowohl die allosterischen Regelgrößen als auch Hormone müssen einem spezifischen Turnover unterliegen. Erstere werden in anderen simultan ablaufenden Reaktionsfolgen verbraucht oder abgebaut.

Kompartimentierung: Grundlegende Einflüsse auf Stoffwechselvorgänge ergeben sich durch Kompartimentierungen sowohl in der Einzelzelle als auch im Zellverband des Gesamtorganismus. So laufen einzelne Prozesse wie z. B. die Glykolyse, der Pentosephosphatweg und die Fettsäurenbiosynthese nur im Zytosol oder die Fettsäurenoxidation, der Citratzyklus und die oxidative Phosphorylierung nur in den Mitochondrien ab. Einige Prozesse wie die Glukoneogenese oder die Harnstoffsynthese erfordern das Zusammenwirken von Reaktionen in beiden Zellbereichen.

Bei einigen Molekülen differiert das metabolische Schicksal erheblich, je nachdem ob sie sich im Zytosol oder in den Mitochondrien befinden. So werden langkettige Fettsäuren im Zytosol verestert und in den Mitochondrien rasch oxidativ abgebaut. Auch auf Organebene können extrem unterschiedliche Stoffwechselmuster auftreten. Der spezifische, carrierabhängige Transport von Substraten durch Membranbarrieren unterliegt daher sowohl in den Zellen als auch zwischen funktionell unterschiedlichen Zellen in Geweben und Organen häufig einer Kontrolle durch gleiche Mechanismen, die auch für Enzyme gelten.

5.3 Hormonale Stoffwechselkontrolle

Die übergeordnete Koordination und Integration im Stoffwechsel komplexer Organismen werden einerseits durch körperübergreifende morphophysiologische Funktionseinheiten wie Nerven-, Skelett- oder Kreislaufsystem, darüber hinaus durch das ontogenetisch viel früher einsetzende hormonale Regulationssystem erreicht.

5.3.1 Physiologische Konzepte

Das endokrine System sorgt als „Aufseher" mittels der über das Blut verteilten Hormone für einen in allen körperlichen Bereichen aufeinander abgestimmten Stoffwechsel. In umgrenzten Bereichen des Gesamtorganismus, z. B. in einzelnen Geweben und Organen, können zusätzlich über parakrine, autokrine oder iuxtakrine Verteilung Botenstoffe zur Stoffwechselabstimmung beitragen. Derartige, z. T. auch als Hormone bekanntgewordene Botenstoffe werden oftmals als ein und dasselbe Molekül während der Entwicklung vom befruchteten Ei zum ausgewachsenen Individuum zunächst als Wachstumsfaktor auto-, iuxta- und/oder parakrin wirksam. Dies verdeutlicht, daß eine einzelne Zelle wie die Eizelle mit eng begrenzter kompartimenteller Struktur weitgehend schon alle Klassen der mütter-

Tabelle 2. Antagonistische biologische Aktionen von Hormonen

A. Hormon-Paar	Reziproke Wirkung
1. Insulin	Blutglucose ↓, Glykogenese ↑, Glykogenolyse ↓, Glykolyse ↑, Glykoneogenese ↓;
Glucagon	Blutglucose ↑, Glykogenese ↓, Glykogenolyse ↑, Glykolyse ↓, Glukoneogenese ↑;
2. Parathormon	Blutcalcium ↑,
Calcitonin	Blutcalcium ↓;
3. Prostacyclin	Trombozytenaggregation ↓, Vasodilation ↓
Thromboxan A$_2$	Trombozytenaggregation ↑, Vasodilation ↑;

B. Hormon-Gruppe	Reziproke Wirkung
1. Insulin	Blutglucose ↓
Glucagon, Adrenalin, Wachstumshormon	Blutglucose ↑
2. Insulin	Glykogenese ↑, Glykogenolyse ↓
Cortisol, Glucagon, Adrenalin	Glykogenese ↓, Glykogenolyse ↑
3. Cortisol, Glucagon	Glukoneogenese ↑, Glykolyse ↓
Insulin	Glukoneogenese ↓, Glykolyse ↑
4. Prostacyclin, Histamin	Vasodilation
Thromboxan A$_2$, Angiotensin II, Noradrenalin	Vasokonstriktion

↑ = erhöht, bzw. gesteigert; ↓ = erniedrigt bzw. verlangsamt

lichen Hormon- und Wachstumsfaktoren enthält und diese als Signalmetabolite für den Embryo nutzt, bevor irgendein Kreislaufsystem deren Transport als Hormone erlaubt. Die Hauptfunktionsrolle eines derartigen Signalmetaboliten ändert sich jedoch der Komplexität des Organismus folgend, sobald er im Verlauf der Embryogenese, des fetalen und postnatalen Wachstums sowie beim adulten Tier funktionell auftritt. Ein multifunktionelles Hormon könnte z. B. während der Embryogenese genutzt werden, um die Differenzierung und das Wachstum zu beeinflussen, während seine Hauptfunktion später hauptsächlich darauf beruht, metabolische Stoffwechsel- und/oder Transportprozesse zu steuern.

Nur vergleichende Studien z. B. am Embryo, Fetus und adulten Individuum können präzise Antworten über den Ursprung von Hormonen, die Mechanismen interzellulärer Aktionen und über funktionelle Adaptationen liefern. Letztere können sich z. B. auch bei bestimmten physiologischen Zuständen wie Wachstum, Laktation und Trächtigkeit oder bei Krankheiten am adulten Tier wiederholen und sind damit für das Verständnis der qualitativ und quantitativ variablen Ausprägung dieser Zustände von grundlegender Bedeutung.

Die metabolische Aufsichtsfunktion des Hormonsystems war nur möglich, weil in der Folge von extrazellulären Umweltveränderungen endokrine Gewebe befähigt sind, Signalstoffe zu synthetisieren, dosiert abzugeben und ubiquitär im Organismus verteilen zu lassen. Das Zielgewebe kann nach Hormonerkennung über Rezeptoren wiederum ein anderes Hormon abgeben, welches das erste Hormon reguliert, ebenso wie es seine eigene biologische Funktion auf ein zweites Zielgewebe ausrichtet. Zudem zeichnet sich ab, daß zahlreiche, auch ursprünglich nicht endokrin tätige Gewebe wenigstens ein Hormon produzieren können und daß nahezu alle Gewebe und Organe als Ziel für wenigstens ein Hormon dienen. Viele Hormone entfalten auch antagonistische Wirkungen (Tabelle 2). Es gibt „Hormonpaare" und „Hormongruppen" mit entgegengesetzt gerichteter oder reziproker Wirkung. Aufgrund der vielfältigen biologischen Wirkungen ist jedoch nicht jede Funktion jedes Hormons in der Gruppe durch die übrigen Gruppenpartner betroffen. Außerdem kann jedes Hormon der opponierenden Gruppe über verschiedene Mechanismen wirksam werden, obwohl die betroffene biologische Funktion dieselbe ist. Opponierende Hormonpaare scheinen dagegen in ihren inversen Aktionen über denselben allgemeinen Hormonmechanismus wirksam zu werden.

Das endokrine System schafft durch die Hormonantagonismen zusammen mit z. T. ausgeprägter Hormonhierarchie und den daraus resultierenden Möglichkeiten der Mehrfachmodulation an den einzelnen Umschaltstationen einen Kontrollmechanismus mit zeitlich geordneten metabolischen Antworten auf Umweltveränderungen, die durch neurale Mechanismen allein nicht ähnlich effizient wahrgenommen werden können. Die nervale Kontrolle erfolgt bezüglich des Einsatzes und der Wirkungsdauer sehr schnell im Millisekunden-Bereich, während die Hormonfunktion in zeitlichen Bereichen von Minuten bis Stunden oder sogar Tagen bis Monaten rangiert.

5.3.2 Regulationsprinzipien

Eine integrierende und koordinierende Hormonwirkung im Gesamtorganismus kann nach zwei verschiedenen Prinzipien, der **Homöostase** und der **Homöorhese**, erfolgen. Nach dem homöostatischen Prinzip wird der Zustand einer relativen Uniformität und Konstanz des inneren Milieus eines Organismus trotz sich ändernder Umweltbedingungen angestrebt. Die Homöorhese ist auf die langfristige Gewährleistung eines spezifischen, durch den physiologischen Zustand vorgegebenen Bedürfnisses, z. B. während des Wachstums, der Trächtigkeit oder der Laktation, ausgerichtet. *Homöostatische Hormone* wie Insulin, Glucagon und Adrenalin herrschen bei *Kurzzeitregulationen* von im Minutenbereich und bei lebensbedrohenden Situationen vor, während *homöorhetisch tätige Hormone* wie insbesondere das Wachstumshormon eine koordinierende metabolische *Langzeitregulation* ermöglichen. Die Homöostase induziert relativ große metabolische Veränderungen über kurze Zeiträume und beinhaltet damit die Option, die Langzeitregulation zu überlagern, sobald vitale Funktionen erhalten werden müssen. Der Mechanismus, über den homöorhetische Signale operieren, muß also stets die Bedürfnisse der Kurzzeitregulation gewährleisten. Dies wird über Veränderungen der Empfindlichkeit der Abgabe und/oder der Beseitigung homöostatischer Signale sowie Veränderung der Gewebeempfindlichkeit gegenüber homöostatischen Signalen erreicht.

Zusätzlich zu der Tatsache, daß nicht grundsätzlich alle Gewebe auf alle Hormone mit einer Antwort in Form einer metabolischen Veränderung reagieren (Tabelle 3), hängt die Größe eines hormoninduzierten Signals auch innerhalb der Zelle eines reaktiven Gewebes nicht nur von der Konzentration dieses Hormons und irgendwelcher antagonistisch tätigen Hormone, sondern von der Fähigkeit der Zelle ab, auf das Hormon zu reagieren. Die für die Laktation beschriebenen Veränderungen in der Empfindlichkeit z. B. auch für primär homöostatisch wirksame Hormone können vorwiegend durch eine Veränderung in der Maximalantwort und/oder in der für den halbmaximalen Effekt nötigen Hormonkonzentration (= Sensitivität) begründet sein. Dies beinhaltet auch, daß z. B. Insulin als wichtigstes homöostatisches Hormon in bestimmten physiologischen Entwicklungsphasen des Organismus wie etwa der Zelldifferenzierung und dem Wachstum auch nach homöorhetischem Prinzip tätig wird.

Tabelle 3. Zur „Hormon-Antwort" verschiedener Gewebe (nach Vernon und Sasaki 1991)

Hormon	Leber	Fettgewebe	Milchdrüse
Insulin	+	+	+/–
Glucagon	+	+	–
Prolactin	+	–	+
Wachstumshormon	+	+	–
IGF-I	?	–	+
Cortisol	+	+	+

–: keine Antwort; ±: Antwort bei einigen, aber nicht bei allen untersuchten Spezies.

5.4 Homöostatische Stoffwechselintegration

Insulin – das Hormon des Überflusses: Zweifellos steht Glucose als leicht verfügbares Substrat im Zentrum aller möglichen Ausrichtungen des intermediären Stoffwechsels. Die homöostatische „Glucoseregulation" ist für den Organismus von besonderer Bedeutung, denn Glucose stellt unter Normalbedingungen nicht nur ein bevorzugt, sondern für bestimmte nicht zur Glucosesynthese oder -speicherung befähigte Gewebe wie z. B. das Zentralnervensystem ein obligat zu nutzendes Substrat dar. Säugetiere haben daher ein Glucoseregulationssystem entwickelt, welches die Versorgung in Krisensituationen gewährleistet und Überschüsse zu Zeiten des Überflusses zu speichern vermag. Dazu waren, um den zirkulierenden Glucosespiegel weitgehend konstant zu halten, nicht nur auf die Glucoseproduktion, sondern auch auf den Glucoseverbrauch ausgerichtete Kontrollmechanismen erforderlich.
Von grundlegender Bedeutung für dieses opponierende System ist der zirkulierende Spiegel biologisch aktiven *Insulins*. Dieses Hormon stellt den „Schlüsselmodulator" der Glucosehomöostase dar. Jede nahrungsinduzierte Hyperglykämie wird von einer vorübergehend gesteigerten Insulinfreisetzung, einer gleichbleibenden oder vorübergehend ansteigenden Glucagonfreisetzung und einem späten Anstieg der Adrenalinsekretion begleitet. Das wichtigste Signal für die möglichst früh einzuleitenden homöostatischen Prozesse ist der deutliche Anstieg des Insulinspiegels mit der daraus resultierenden Anhebung des molaren Insulin/Glucagon(I/G)-Quotienten. Die gekoppelte hormonale Reaktion, auch als „symbiotische homöostatische Antwort" bezeichnet, kann die übermäßig dominierende Wirkung eines der beiden Hormone rechtzeitig verhindern.
Die bei einer gegebenen Nahrungsaufnahme tatsächlich erzielte Einstellung des molaren I/G-Quotienten wird vermutlich mittels einer parakrinen Autoregulation zwischen den A-(Glucagon), B-(Insulin), D-(Somatostatin) und F-Zellen (Pankreatisches Polypeptid) erreicht. Wegen der besonderen Empfindlichkeit der A- und B-Zellen gegenüber dem Somatostatin kommt letzterem für die jeweils erreichte I/G-Quotient-Einstellung wohl eine

besondere Bedeutung zu. Beim Insulin wird der mahlzeiten-induzierte Anstieg zunächst häufig durch psychische und sensorische Reize unmittelbar vor oder während der Nahrungsaufnahme über cholinerge Nervenbahnen (N.vagus) initiiert, durch enteral induzierte nervale (cholinerge) und humorale (GIP, CCK, GLP und andere Peptide) Reizantworten verstärkt und schließlich durch die direkte Wirkung des ansteigenden Blutzuckerspiegels gehalten. Molekulare Grundlage der raschen und anhaltenden Phase der Insulinfreisetzung bei den genannten „Triggern" ist die Erhöhung der zytosolischen Calciumionenkonzentration in den B-Zellen.

Nach der Verteilung des Insulins mit dem Blut kann auf der Ebene der Gewebe dessen anabole – blutzuckersenkende – Wirkung durch zelluläre Glucoseaufnahme über zwei grundsätzlich verschiedene Mechanismen erreicht werden. In der Leber, die nur bei kleinem nutritivem Kohlenhydratangebot Glucose vollständig verwerten kann, beruht die hypoglykämische Insulinwirkung vorwiegend auf einer Aktivierung der Glucokinase-Reaktion. Diese bewirkt, daß einerseits freie Glucose in der Leberzelle vergleichsweise kurzlebig ist und andererseits Glucose-6-phosphat als wichtiger Schlüsselmetabolit für diverse nachgeschaltete Stoffwechselprozesse anfällt. Aus der gesteigerten Glucosephosphorylierung mit nachfolgender weiterer Umsetzung resultiert ein in die Leberzelle gerichteter Konzentrationsgradient, der einen beschleunigten – an sich insulinunabhängigen – Glucoseeintritt erlaubt („Pull"-Mechanismus).

Bei größeren nutritiven Glucosemengen wirken auch die Muskulatur und das Fettgewebe über insulinspezifische Membranrezeptorproteine an der Senkung des Blutzuckerspiegels mit. Diese ermöglichen eine erleichterte Diffusion von Glucose in das Zellinnere. Der dafür erforderliche Konzentrationsgradient wird ebenfalls durch die Phosphorylierung zum Glucose-6-phosphat, hier allerdings über die insulinunabhängige Hexokinase-Reaktion aufrechterhalten („Push"-Mechanismus). Auch andere Organe wie das ZNS, die Niere, der Darm und andere Gewebe sind zwar abhängig von der Höhe des extrazellulären Glucosespiegels, sie sind jedoch insulinunabhängig zur Glucoseaufnahme befähigt.

Ein erhöhter Insulinspiegel wirkt sich auch bei der Modulation von Enzymmechanismen aus, welche die Glykogensynthese fördern und gleichzeitig die Glykogenolyse hemmen. Weiterhin begünstigt das Hormon die zelluläre Aminosäurenaufnahme und fördert die Proteinsynthese. Seine starke antigluconeogenetische Wirkung ist auf eine Hemmung derjenigen Enzyme zurückzuführen, die eine Umwandlung von Aminosäuren in Glucose ermöglichen. Schließlich fördert Insulin auch die Lipogenese im Fettgewebe und hemmt die Lipolyse über die Inaktivierung der hormonsensitiven Lipase. Insgesamt ermöglicht das dem Insulinanstieg folgende metabolische Zusammenspiel vorwiegend von Leber, Muskulatur und Fettgewebe eine rasche und effiziente reversible Verwertung von überschüssigen Nährstoffen wie Glucose, Aminosäuren und Fettsäuren.

Aufgrund der besonderen Verdauungs- und Stoffwechselverhältnisse – z. B. besteht eine permanente Abhängigkeit der metabolischen Glucoseverfügbarkeit von der hepatischen Gluconeogenese – ist bei Wiederkäuern mit einer rasch einsetzenden und massiven fütterungsbedingten Störung der Glucosehomöostase (hier Hyperglykämie) nicht zu rechnen. Das Zustandekommen eines ebenfalls mit der Nahrungsaufnahme verbundenen Plasma-Insulinanstiegs sowie dessen glukoregulatorische Wirkung ist differenzierter zu beurteilen. Der auch bei Wiederkäuern zu beobachtende fütterungsinduzierte Anstieg des molaren Insulin/Glucagon-Quotienten kann sich nur in Form des Fett- und Proteinansatzes anabol manifestieren. Für den Blutglucosespiegel bleibt er praktisch ohne Bedeutung, denn die vorher zitierte Hemmung der hepatisch Glucoseabgabe bei gleichzeitiger Stimulation der

Glykogensynthese, der Glykolyse und des Pentosephosphatweges durch Insulin ist bei ausbleibendem Blutzuckeranstieg wegen einer deutlich herabgesetzten Insulinempfindlichkeit an Fettgewebe und Muskulatur (verminderter „Push"-Mechanismus) und insbesondere wegen des Fehlens von Glucokinase in der Leber (fehlender „Pull"-Mechanismus) nicht gegeben. Andererseits bietet der mahlzeiten-induzierte Insulinanstieg über die Aktivierung der hepatischen Glykogensynthese für Wiederkäuer die einmalige Möglichkeit, mittels glukoneogenetisch erzeugtem Glucose-6-phosphats den Glykogengehalt der Leber aufzufüllen.

Glucagon – das Hormon der „Nährstoffrückgewinnung": Im Gegensatz zum Insulin wirkt das Glucagon stark katabol. Es sorgt bei begrenzter oder fehlender exogener Nährstoffverfügbarkeit für die Bereitstellung energetisch verwertbarer Substrate aus Gewebespeichern. Als Auslöser für die pankreatische Freisetzung von Glucagon fungieren ähnlich wie bei der Insulinfreisetzung nervale, humorale und autoregulatorische parakrine Signale. Offensichtlich wird der wichtigste endokrine Teil des Pankreas – die A- und B-Zellen – durch dieselben Signale über die momentane Nährstoffverfügbarkeit und über den Nährstoffbedarf informiert.

Bei zunehmendem Mangel an exogenen Nährstoffen, z. B. im Hungerzustand und der damit einhergehenden deutlichen Absenkung des basalen Insulinspiegels, wird vom Organismus nicht nur eine andere Nährstoffverfügbarkeit initiiert, sondern auch eine geringere Glucoseverwertung eingeleitet. So entfallen in der Leber die Blockade der Phosphorylase und die Aktivierung der Synthase mit dem Ergebnis, daß bei gehemmter Glykogensynthese die Glykogenolyse gesteigert wird. Diese Reaktionsfolge wird durch den absoluten bzw. gegenüber Insulin relativen Anstieg des Glucagonspiegels noch beschleunigt, und zwar durch eine über die c-AMP-Kaskade (s. Abb. 4) erzielte Steigerung der Phosphorylaseaktivität.

Bei länger anhaltendem Nährstoffmangel wird die Rolle des Glucagon durch Catecholamine unterstützt bzw. noch ausgedehnt. Dies ist insofern wichtig, als die Glykogenmenge der Leber gegenüber derjenigen der Muskulatur niedrig liegt und darüber hinaus dem Glucagon für die Mobilisierung von Muskelglykogen keine Bedeutung zukommt.

Weitere Glucagonwirkungen in der Leber bei Nährstoffmangel betreffen den glukoneogenetischen und ketogenetischen Stoffwechselweg. So stimuliert Glucagon die Glukoneogenese vorwiegend aus Aminosäuren. Bei Nichtwiederkäuern können z. B. nach Erschöpfung der Leberglykogenreserven über 95% der hepatischen Glucoseabgabe der glucagoninduzierten Steigerung der Glukoneogenese aus Muskelaminosäuren zugeschrieben werden. Postabsorptiv unterliegen nur 75% der hepatischen Glucoseabgabe der Kontrolle durch Glucagon.

Im Muskel sind beim Auftreten einer durch Nährstoffmangel induzierten Hypoinsulinämie die üblicherweise insulinabhängigen Vorgänge zur Aufrechterhaltung der Glucosehomöostase verlangsamt, und zwar die Glykogenese stärker als die Glykolyse. Letztere erfährt bei fortgesetzter Dauer des Nährstoffmangels sogar wieder eine geringe Beschleunigung durch Adrenalin, so daß über das „Cori-Recycling" mehr und mehr Lactat und Alanin vom Muskel über die Zirkulation zur glukoneogenetischen Verwertung an die Leber abgegeben werden.

In den Fettzellen verlieren bei anhaltendem Nährstoffmangel und deutlich erniedrigtem Insulinspiegel die anabolen Vorgänge an Bedeutung, während Glucagon über die Aktivierung der Triglyceridlipase zur Freisetzung von Glycerol und unveresterten Fettsäuren führt. Hierdurch wird die Leber mit glukoneogenetisch, aber auch ketogenetisch verwertbarem

Substrat versorgt. Die lipolytische Aktion erfährt schließlich ebenfalls durch Adrenalin Unterstützung.

Bei Wiederkäuern beschränkt sich die hyperglykämische Wirkung des Glucagons auf die Stimulierung der Glykogenolyse und die Steigerung der glukoneogenetischen Verwertung von Aminosäuren. Die Gluconeogenese aus Propionsäure – unter Hungerbedingungen ohne Relevanz – kann durch Glucagon nicht gesteigert werden. Die lipolytische Wirkung des Glucagons ist bei Wiederkäuern nicht sehr ausgeprägt. Die ketogene Wirkung tritt zwar auf, der zugrunde liegende Mechanismus bedarf jedoch noch weiterer Untersuchungen.

5.5 Homöorhetische Stoffwechselintegration

Das Wachstum eines Organismus beruht auf der Vermehrung (Hyperplasie) und nachfolgenden Vergrößerung (Hypertrophie) von Körperzellen. Ist ein Gewebe erst einmal differenziert, läßt sich das weitere Wachstum des Organismus als kompetitive Hypertrophie der verschiedenen Gewebe auffassen. Postdifferenziertes Wachstum erfolgt unter Berücksichtigung der Essentialität jedes einzelnen Gewebes für das Überleben des gesamten Individuums in Abhängigkeit von der homöorhetisch gesteuerten Nährstoffverfügbarkeit im Extrazellularraum.

5.5.1 Grundlegende Theorien zur Nährstoffverteilung

Das von Sir John Hammond (1952) entwickelte Model der homöorhetisch organisierten Nährstoffverteilung (Abb. 5) geht davon aus, daß das Wachstum von Nerven- und Knochengewebe mit einer relativ hohen, genetisch determinierten Priorität ausgestattet ist, so daß dieser Prozeß dort auch noch bei marginaler Nährstoffversorgung gewährleistet bleibt.

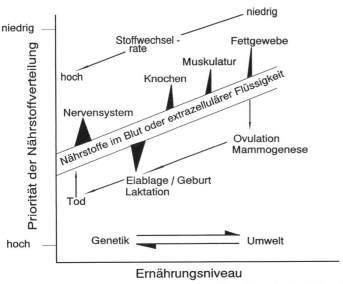

Abb. 5. Das „Hammond-Modell" der Nährstoffverteilung im tierischen Organismus.
Die Mächtigkeit von Pfeilen bezieht sich auf die hierarchische Bedeutung der Gewebeerhaltung für das Überleben einer Spezies.

Differenziertes Muskel- und Fettgewebe hypertrophiert als Antwort auf Umweltfaktoren einschließlich der Ernährung in dem durch genetische Information jeweils abgesteckten Rahmen. Diesem Modell zufolge kann der relative Muskel- und Fettgewebezuwachs dadurch geändert werden, daß die Steigerung der Geraden reduziert wird und damit eine Veränderung der Wachstumspriorität bei einer gegebenen Nährstoffverteilungssituation erfolgt. Andererseits ist der relative Zuwachs durch eine Verschiebung in der Hierarchie der Wachstumspriorität zwischen Muskel- und Fettgewebe, d. h. durch eine Nährstoffumverteilung („repartitioning") bei gegebener extrazellulärer Nährstoffkonzentration, veränderbar.

„Repartitioning"-Strategien in der Tierproduktion beruhen i. d. R. auf spezifischen, durch Pharmaka wie β-adrenerge Agonisten, schilddrüsenaktive Substanzen und anabole Steroidimplantate ausgelösten Stoffwechselveränderungen. Für die Mast günstige Nährstoffverteilungsprioritäten können auch über eine Erhöhung der Effizienz des Muskelproteinansatzes mittels „Genverstärkung" erzielt werden. Dieser Strategie liegt die Annahme zugrunde, daß das genetische Potential, eingeengt in den normalen physiologischen Abläufen, nicht zur vollen Entfaltung kommt. Als eine natürlich vorkommende „Genverstärkung" ist der deutliche Geschlechtseffekt beim Proteinansatz zu verstehen.

Die genetische Ausstattung von weiblichen und männlichen Tieren einer Spezies ist grundsätzlich nicht sehr stark verschieden, und dennoch scheint das Potential zum Proteinansatz beim weiblichen Tier durch das geringere Vorkommen des männlichen Geschlechtshormons Androgen eingeengt zu sein. Ein weiteres derzeit stark umstrittenes Beispiel für eine sog. „Genverstärkung" liefert die Applikation von speziesspezifischem Wachstumshormon mit der dadurch erreichten supraphysiologischen Anhebung „primärer Wachstumsstimulatoren". Die für das Wachstum verantwortlichen Gene werden mit dem Ergebnis einer höheren Ausschöpfung des Proteinansatzvermögens vollständiger und über einen längeren Zeitraum aktiviert.

5.5.2 Einflüsse des Wachstumshormons auf den metabolischen Bedarf wachsender und laktierender Tiere

Während auf molekularer Ebene die Wirkungsweisen von Wachstumshormon (GH) immer noch nicht voll verstanden werden, ist bereits seit einigen Jahren bekannt, daß dieses Hormon einerseits direkte Effekte auf den zellulären Stoffwechsel bestimmter Gewebe hat, andererseits über sekundäre Wachstumsfaktoren oder von Somatomedinen wie z. B. „insulin like growth factors" (IGFs) Gewebe und Zellen indirekt beeinflußt. Die metabolischen Effekte von GH vervollständigen dabei die wachstumsstimulierende Wirkung, indem der Ansatz magerer Körpersubstanz durch Verbrauch von Fett und geringerer Kohlenhydrat- und Proteinoxydation gefördert wird.

Bei wachsenden Tieren induziert die exogene Zufuhr von GH die Synthese und Sekretion von IGF-I. Die Proteinsynthese wird im gesamten Körper beschleunigt, wobei das C-Skelett von Aminosäuren in geringerem Ausmaß der Verwertung zur Energiegewinnung und zur Glucoseproduktion dient. Hieraus ergibt sich eine gesteigerte Nutzung von Fett als alternative Energiequelle. Gleichzeitig erfordert jedoch die beschleunigte Proteinsynthese zusätzliche Energie, was bei fortgesetzter Dauer einen deutlich kumulativen Effekt auf die Energiebilanz nach sich zieht.

Die Applikation von Wachstumshormon führt zu einer initialen Steigerung der Insulinsekretion bei deutlich herabgesetzter Insulinempfindlichkeit insbesondere im Fettgewebe. Die dadurch eingeleiteten gegenregulatorischen Maßnahmen umfassen eine Verminderung der Insulinsekretion, einen Anstieg der Glucagon-, Catecholamin- und Glucocorticoidsekretion. Die auf den ersten Blick spezielle GH-Wirkung stellt also eigentlich die Folge einer Serie komplementärer Aktionen und/oder Reaktionen von hormonalen Kontrollsystemen dar.

Die Laktation ist ein komplexer Vorgang, bei dem das Muttertier große Mengen exogener und endogener Nährstoffe über die Milch abgibt. Sie ist mit tiefgreifenden metabolischen Veränderungen in der Muskulatur, dem Fettgewebe und der Leber verbunden. Eine Vielzahl hormonaler Mechanismen sorgt für die Milchbildung und gleichzeitig für die Aufrechterhaltung der mütterlichen Homöostase. Dem GH, das während der Laktation in erhöhter extrazellulärer Konzentration vorliegt, kommt dabei eine wichtige, insbesondere auf das Fettgewebe und die Muskulatur ausgerichtete Umverteilungswirkung zu. Wahrscheinlich erhöht das GH die Sensitivität für physiologische Signale (z. B. Adrenalin), welche die Fettmobilisierung ermöglichen.

Obwohl die extrazelluläre Konzentration von Insulin während der Laktation bereits deutlich erniedrigt ist, antagonisiert GH zusätzlich dessen Wirkung auf die Lipogenese in Adipozyten. Durch die gleichzeitig erheblich verminderte Glucoseaufnahme der Muskulatur wird reichlich Glucose für die Lactosesynthese in der Milchdrüse bereitgestellt. Wie GH hier letztlich die Milchsynthese stimuliert, ist noch unklar. Allein mit der erhöhten Nährstoffzufuhr ist die Steigerung der Syntheseleistung nicht zu erklären. Auch IGF-I, dessen Rezeptor an der Milchdrüse nachgewiesen werden konnte, bietet bislang keine Erklärung, denn gerade in der Phase der ansteigenden Milchsekretionsleistung ist der extrazelluläre IGF-I-Gehalt deutlich erniedrigt. Darüber hinaus zeigen exogene Zufuhren weder in vivo noch in vitro stimulierende Wirkung auf die mammäre Syntheseleistung.

Die metabolischen GH-Effekte setzen langsam ein, bleiben relativ gering in ihren Auswirkungen, bestehen aber über lange Zeiträume. Zudem erfolgt seine homöorhetische Wirkung selten im Alleingang. GH ist jedoch in gewisser Weise wirkungsselektiv, indem es andere Hormone moduliert. Es antagonisiert die Wirkung von Insulin auf den Kohlenhydrat-, aber nicht auf den Proteinstoffwechsel. In ähnlicher Weise ergänzt es sich einerseits mit den Glucocorticoiden, indem es die Fettmobilisierung fördert oder die Wirkung des Insulins auf die Glucosenutzung hemmt. Andererseits minimiert es die Aktion der Glucocorticoide auf die Proteinoxydation. Mit dieser Vielzahl von Wirkungen und Wechselwirkungen unterscheidet sich GH bemerkenswert von anderen Hormonen.

5.6 Schlußbemerkungen

Unterstellt man, daß der Intermediärstoffwechsel die Gesamtheit aller enzymatischen und nichtenzymatischen chemischen und physikalischen Reaktionen innerhalb der Zellen umfaßt und der physiologische Zustand eines Organismus durch die funktionellen Beziehungen zwischen den Zellen von Geweben, Organen und Organsystemen bestimmt wird, dann sollte der sogenannte physiologische „Normalzustand" eines Individuums mit einem „normalen" Stoffwechselablauf gleichzusetzen sein. In der Konsequenz bedeutet dies dann aber auch, daß jede Abweichung von dieser physiologischen Norm, erkennbar an Symptomen,

Anzeichen, abweichenden Laborwerten usw., ihren Ursprung in einer abnormalen intrazellulären Biochemie hat.

Tatsächlich wurde diese „zellularpathologische" Vorstellung zur Grundlage der modernen Medizin und ist unter Einbeziehung elektronenmikroskopischer, immunologischer und molekularbiologischer Methoden mitverantwortlich für die Prädominanz des naturwissenschaftlichen Krankheitsbegriffes im System der heutigen Medizin. Danach läßt sich Krankheit wissenschaftlich nur dann hinreichend definieren, wenn „Abnormitäten" (s. o.) meßbar sind. Dies ist übrigens eine Betrachtungsweise, die auch im Bereich der Tierproduktion bevorzugt Anwendung findet, und zwar bei der Erfassung der Gesundheitsgefährdung durch leistungssteigernde Eingriffe (z. B. durch Hormonapplikationen).

In beiden Fällen bleibt unberücksichtigt, daß diese Abnormitäten einerseits bei (produktionsbedingten) Krankheiten auch fehlen können oder zumindest heutzutage noch nicht erkennbar bzw. erfaßbar sind, andererseits aber auch ohne (produktionsbedingte) Krankheit vorliegen können.

Zusätzlich kompliziert wird dieser Sachverhalt dadurch, daß der „Normalzustand" eines Individuums, der in der Regel auch mit dem Begriff „gesund" umschrieben wird, keinen absoluten Gegensatz zu dem Begriff „krank" im Sinne einer +/- oder Schwarz/Weiß-Zustandes darstellt, sondern eher als ein anzustrebender Zustand auf einer kontinuierlichen Skala aufzufassen ist. Zurückzuführen ist diese „Grauzone" zwischen Gesundheit einerseits und erkennbarer Krankheit andererseits hauptsächlich darauf, daß sich die Zelle an bestimmte Einflüsse von außen in einem genetisch determinierten Toleranzbereich anpassen kann.

Im Bereich des Stoffwechsels sind es hauptsächlich quantitative und qualitative Anpassungen, und zwar bei den Enzymen selbst, in deren zellulärem Umfeld (Mikroklima) und bei deren Regulatoren. Dies bedeutet, daß sich erst bei Versagen (z. B. durch Überlastung) oder Fehlen (z. B. durch zu späten Einsatz) dieser Adaptationsmöglichkeiten eine Noxe bzw. ein gezielter Eingriff in den Stoffwechsel in einer erkennbaren Gesundheitsstörung äußert. Damit wird auch verständlich, daß jede den Stoffwechsel unmittelbar beeinflussende, leistungssteigernde Maßnahme in einem Nutztierbestand, sowohl die Höhe der erzielten Leistungssteigerung als auch das Auftreten von „Nebenwirkungen" betreffend, ein zum Teil erheblich divergierendes Ereignis mit für das Individuum schwer vorhersagbarem Ausgang bleiben wird.

Literatur

Bauman, D. E., Eisemann, H. H., and Currie, W. B. (1982): Hormonal effects on partitioning of nutrients for tissue growth: role of growth hormone and prolactin. Fed. Proc. **41**, 2538–2544.

Brockman, R. P. (1986): Pancreatic and adrenal hormonal regulation of metabolism. In: Control of Digestion and Metabolism in Ruminants, pp. 405–419 (Milligan, L. P., Grovum, W. L., and Dobson, A., Eds.). Prentice Hall, Englewood Cliffs, N. J.

De Pablo, F. (1993): Introduction. In: The Endocrinology of Growth, Development and Metabolism in Vertebrates, pp. 1–11 (Schreibman, M. P., Scanes, C. G., and Pang, P. K. T., Eds.) Academic Press, London.

Döcke, F. (Hrsg.) (1994): Veterinärmedizinische Endokrinologie. Gustav Fischer Verlag, Jena-Stuttgart.

Goodman, H. M. (1993): Growth hormone and metabolism. In: The Endocrinology of Growth, Development and Metabolism in Vertebrates, pp. 93–115 (Schreibman, M. P., Scanes, C. G., and Pang, P. K. T., Eds.) Academic Press, London

Hammond, J. A. (1952): zitiert in: Steele, N. C., and Evock-Clover, Ch. M. (1993): Role of growth hormone in growth of homeotherms. In: The Endocrinology of Growth, Development and Metabolism in Vertebrates, pp. 73–91 (Schreibman, M. P., Scanes, C. G., and Pang, P. K. T., Eds.) Academic Press, London.

Harmon, D. L. (1992): Impact of nutrition on pancreatic exocrine and endocrine secretion in ruminants: a review. J. Anim. Sci. **70**, 1290–1301.

Herman, R. H., and Taunton, O. D. (1980): The mechanism of action of hormones. In: Principles of Metabolic Control in Mammalian Systems, pp. 535–620 (Herman, R. H., Cohn, R. M., and McNamara, P. D., Eds.). Plenum Press, New York-London.

Hers, H. G., and Hue, L. (1983): Gluconeogenesis and related aspects of glycolysis. Ann. Rev. Biochem. **52**, 617–653.

Hochachka, P. W., and Somero, G. N. (1984): Design of cellular metabolism. In: Biochemical Adaptation, pp. 15–54 (Hochachka, P. W., and Somero, G. N., Eds.). Princeton University Press, Princeton, N. J.

Hue, L. (1982): Futile cycles and regulation of metabolism. In: Metabolic compartementation, pp. 71–97 (Sies, H., Ed.). Academic Press, London.

Jungermann, K., und Möhler, H. (1980). Biochemie. Springer Verlag, Berlin.

Kleber, H. P. und Schlee, D. (1987): Biochemie, Teil I: Allgemeine und funktionelle Biochemie. Gustav Fischer Verlag, Jena.

Newsholm, E. A. (1985): Substrate cycles and energy metabolism: Their biochemical, biological, physiological and pathological importance. Proceedings of the 10th Int. Symp. on Energy Metabolism, Airlie, Virginia (15.–21. 9. 1985); pp. 174–186.

Pilkis, S. J., Raafat El-Maghrabi, M., and Clans, Th. H. (1988): Hormonal regulation of hepatic gluconeogenesis and glycolysis. Ann. Rev. Biochem. **57**, 755–783.

Stangassinger, M. (1989): Zur Physiologie der Wiederkäuer-Leber – mit besonderer Berücksichtigung von Produktionsbedingungen. Prakt. Tierarzt **70**, Colleg. vet., 15–20.

Stangassinger, M., and Giesecke, D. (1986): Splanchnic metabolism of glucose and related energy substrates. In: Control of Digestion and Metabolism in Ruminants, pp. 347–366 (Milligan, L. P., Grovum, W. L., and Dobson, A., Eds.). Prentice Hall, Englewood Cliffs, N. J.

Vernon, R. G. (1989): Endocrine control of metabolic adaptation during lactation. Proc. Nutr. Soc. **48**, 23–32.

Vernon, R. G., and Sasaki, S. (1991): Control of responsiveness of tissues to hormones. In: Physiological Aspects of Digestion and Metabolism in Ruminants, pp. 155–182 (Tsuda, T., Sasaki, Y., and Kawashima, R., Eds.). Academic Press, London.

Zakim, D. (1988): Integration of energy metabolism by the liver. In: The Role of Gastrointestinal Tract in Nutrient Delivery, pp. 157–181 (Green, M., and Green H. L., Eds.). Academic Press, London.

6. Reproduktion
(W. Holtz und N. Neubert)

Die Fruchtbarkeit der Nutztiere ist von zentraler Bedeutung für die Erzeugung der meisten tierischen Produkte. Dies gilt für die Bereitstellung von Nachkommen für Zucht, Mast und sonstige Nutzungsrichtungen ebenso wie für eine regelmäßige Erneuerung der Laktation. Es ist deshalb gerechtfertigt, von der „Fortpflanzungs- bzw. Reproduktionsleistung" landwirtschaftlicher Nutztiere zu sprechen. In der freien Natur ist die Fruchtbarkeit für die Erhaltung der Art ebenso wichtig, wie sie für das Individuum risikoreich ist. Der hohen physiologischen Belastung, insbesondere in der späten Gravidität und während der Laktation, ist ein Muttertier nur unter zuträglichen Umweltbedingungen gewachsen. So weist die

Reproduktionsleistung, mehr als z. B.Wachstums- oder Milchleistung, eine ausgeprägte Umweltabhängigkeit auf.

Unter den Umwelteffekten hat neben dem Klima die **Ernährung** der weiblichen Zuchttiere den größten Einfluß auf die Fortpflanzungsleistung. Abgesehen der quantitativen Versorgung mit Energie und Eiweiß sind die Zusammensetzung des Futters hinsichtlich der Nähr- und Wirkstoffgehalte sowie die Struktur, die Verdaulichkeit und der mögliche Gehalt an Schadstoffen von entscheidender Bedeutung. Die Futterversorgung muß den jeweiligen Ansprüchen verschiedener Produktionsphasen angepaßt werden. Zur Veranschaulichung einige Beispiele:

– Beim Schaf wirkt ein Futterstoß stimulierend auf die Ovartätigkeit. Dieser sog. ,,Flushing"-Effekt wird in geringerem Umfang auch bei anderen Nutztieren beobachtet.
– Beim Rind hat sich gezeigt, daß – außer bei extrem fetten Tieren – das Fruchtbarkeitsergebnis in Phasen der Gewichtszunahme besser ausfällt als bei abnehmendem Körpergewicht.
– Vielfach dokumentiert ist der Einfluß der Ernährung auf die Ausprägung von Brunstsymptomen, den zeitgerechten Eintritt des Follikelsprungs und die Anzahl der Ovulationen.
– Obwohl der Fetus bei der Versorgung mit Nährstoffen durch den mütterlichen Organismus höchste Priorität besitzt, können Ernährungsmängel – vor allem während der Hauptwachstumsphase im letzten Trächtigkeitsdrittel – zur Geburt lebensschwacher Nachkommen führen.

Der Einfluß der **Haltung** auf die Fruchtbarkeit manifestiert sich in der Regel weniger deutlich. Auch hierzu einige Beispiele:

– Belastungszustände verschiedenster Art (z. B. Temperaturextreme, Transport- oder Sozialstreß) beeinträchtigen die Ovarfunktion.
– Traumen oder Streßsituationen führen nicht selten zu embryonalem Frühtod oder Abort.
– Haltungssysteme (Gruppen- oder Einzelhaltung, Weide-, Laufstall- oder Anbindehaltung) und Haltungsbedingungen (z. B. Spaltenboden oder Tiefstreu) schlagen sich in unterschiedlicher Ausprägung der Brunstsymptome nieder, was für die Besamungszucht erfolgsentscheidend sein kann.
– Bei Sauen wirkt sich die Aufstallung in Ebernähe vorteilhaft auf Eintritt und Ausprägung der Brunst aus.

Eine optimale Fruchtbarkeitsleistung setzt eine effiziente **Gesundheitsfürsorge** voraus. Dazu zählt ein breites Spektrum von Maßnahmen, das sich von der Abgrenzung des Bestandes gegen Infektionsrisiken über krankheitsverhütende Maßnahmen (z. B. Impfungen), sachgerechte Geburtshilfe, Behandlung von Geschlechts- und Allgemeinerkrankungen bis hin zur Klauenpflege erstreckt.

Die Umweltgestaltung liegt also in einem hohen Maße in der Hand des Tierhalters, dessen Qualifikation und Organisationsvermögen für den Fruchtbarkeitsstatus und damit für den wirtschaftlichen Erfolg der Tierhaltung ausschlaggebend sind.

Die Veränderung der genetischen Konstitution der Tiere durch den Menschen begann mit der Domestikation. Der Schritt vom Wild- zum Haustier erfolgte erstmals in der Jungsteinzeit. Der Prozeß der Domestikation dauerte bis in die Neuzeit an. Aus wechselnden, genetisch unterschiedlichen Populationen einer Art wurden jeweils nur einzelne Individuen domestiziert. Daher ging nicht der gesamte Genbestand der Wildart in die Haustiere mit ein. Fast alle Haustiere stammen von sozialen Arten ab, was den Anschluß an den Menschen erleichtert haben dürfte. Zu Beginn der Domestikation wurden sicher Tiere mit wenig ausgeprägtem Fluchtreflex bevorzugt, was als der Beginn einer Zuchtauswahl gelten kann. Im späteren Verlauf kam es zur Umgestaltung verschiedener Hirnabschnitte, einhergehend mit quantitativen Veränderungen angeborener Verhaltensmuster: Einer zunehmenden Ausprägung von Sexual- und Freßverhalten steht ein Rückgang von Flucht- und Widerstandshandlungen gegenüber; ein Zerfall zusammengehörender Verhaltensweisen wird für Beutefang und Sexualverhalten beschrieben. Diese Umstrukturierung im Verhalten ermöglichte eine Anpassung der verschiedenen Haustierarten an die jeweiligen Bedingungen des Hausstandes. Die Körpergröße erwies sich bei gleicher Körperform als heterogen: In den mittelalterlichen Städten hielt man kleinwüchsige Schweine, in Landstrichen mit umfangreichen Eichen- und Buchenwäldern waren sie wesentlich größer. Unter den neuen Bedingungen veränderten sich – durch entsprechende Selektion – auch Gestalt, Organsysteme und physiologische Leistung der Haustiere in erheblichem Umfang. Beim Schwein beispielsweise verwischte sich der ehedem ausgeprägte Sexualdimorphismus.

Domestikation und Selektion blieben nicht ohne Einfluß auf das Fortpflanzungsgeschehen. So fehlt heute bei domestizierten Arten, bei denen eine ganzjährige Reproduktionsnutzung erwünscht ist, das für die Wildform typische saisonale Reproduktionsmuster (z. B. Rind und Schwein). Dieses findet sich noch – wenn auch im Vergleich zur Wildform in abgeschwächter Form – bei Pferd, Schaf, Ziege und Kaninchen. Einige Primitivzüchtungen, wie z. B. schottische Highland-Rinder oder Soyaschafe, zeichnen sich noch immer durch einen späten Eintritt der Geschlechtsreife und eine kurze Paarungssaison aus. Saisonale Effekte können bis zu einem gewissen Maße durch Haltungs- und Fütterungsbedingungen überlagert sein.

Nach der Domestikation setzte, einhergehend mit der künstlichen Gestaltung der Umwelt (z. B. Stallhaltung), eine an bestimmten Produktionsmerkmalen orientierte Zuchtauswahl ein, die letztendlich in die Leistungszucht der modernen Landwirtschaft einmündete. Zuchtziele wurden geprägt, die aufgrund des ursprünglich äußerst heterogenen Auslesematerials zügig realisiert werden konnten. Besonders deutlich zeigt sich der Einfluß von Domestikation und Züchtung auf die Reproduktionsleistung beim Schwein: Im Gegensatz zum Wildschwein kommt das Hausschwein ganzjährig in Brunst. Mit durchschnittlich 14–15 Gelbkörpern liegt die Ovulationsrate deutlich höher als beim Wildschwein mit ca. 8–9 Gelbkörpern. Trotz einer etwas höheren embryonalen Sterblichkeit beträgt die Wurfgröße beim Hausschwein 10–12 Ferkel gegenüber 5–6 Ferkeln beim Wildschwein. Auch die Trächtigkeitsdauer des Hausschweins ist gegenüber der des Wildschweins geringfügig verkürzt (ca. 114 anstatt 119 Tage).

Auf eine Epoche der Rassenbildung folgte eine an der Leistung orientierte und nur von gelegentlicher Veredlungskreuzung unterbrochene **Reinzuchtselektion**. Die Beeinflussung der Fruchtbarkeitsleistung durch die Selektion hat sich als äußerst langwierig und mühsam erwiesen. Dies liegt darin begründet, daß Fruchtbarkeitsmerkmale komplexe Eigenschaften sind, deren einzelne Komponenten (z. B. hormonale Steuerungselemente, Funktionen von Ovar, Ovidukt und Uterus, Spermaqualität) einem multigenen Vererbungsmodus unterliegen, mit zahlreichen anderen Körperfunktionen in Interaktion stehen und einer Vielfalt von Umwelteinflüssen unterworfen sind. Darüber hinaus ist eine objektive und unverfälschte Erfassung von Fruchtbarkeitsparametern in der Praxis aufgrund technischer und struktureller Schwierigkeiten problematisch. Infolgedessen erreichen die Heritabilitätsschätzwerte für Fruchtbarkeitsparameter selten die 5%-Grenze.

Daß eine Beeinflussung der Fruchtbarkeitsleistung durch Selektion unter bestimmten Voraussetzungen dennoch möglich ist, zeigte das Ergebnis sogenannter „Hyperprolific"-Zuchtprogramme beim Schwein. Hier wurde lediglich 1% der weiblichen Tiere, die sich aufgrund der über mindestens 3 Würfe erbrachten Leistung als besonders fruchtbar erwiesen hatten, mit dem Sperma von gleichermaßen auf hohe Fruchtbarkeit selektierten Ebern besamt. Mit einem solchen Programm ließ sich die Anzahl lebend geborener Ferkel innerhalb einer Generation um 10% steigern. Das ist gleichbedeutend mit einem zusätzlichen Ferkel pro Wurf und entspricht dem Zuchtfortschritt der letzten 50–100 Jahre. Ein solches Ergebnis ist jedoch nur möglich, wenn der Fruchtbarkeit überragende Priorität unter den zu selektierenden Eigenschaften eingeräumt wird.

Die über die Selektion erreichte Leistungsgrenze läßt sich noch einmal durch systematisch betriebene **Kreuzungszucht** und Nutzung von Heterosis- und Kombinationseffekten verschieben. Um höchste Produktionsleistung und gute Fruchtbarkeit miteinander zu vereinen, wird zur Überwindung von Merkmalsantagonismen die Gebrauchskreuzung angewendet. So werden in der Schaf-, Schweine-, Kaninchen- und Mastgeflügelzucht männliche Extremvererber der erwünschten Leistungseigenschaft an – teilweise speziell erstellte – Mutterlinien angepaart, die sich durch robuste Konstitution, hohe Fruchtbarkeit und ausgeprägte Mütterlichkeit auszeichnen. Dieses Vorgehen setzt allerdings einen erheblichen organisatorischen Aufwand und betriebsübergreifende Zuchtorganisationsstrukturen voraus.

Eine neue Dimension erhält die Steigerung der Fruchtbarkeitsleistung von Nutztieren durch die **Biotechnik**. Mittlerweile weithin akzeptiert ist der Einsatz der **künstlichen Besamung** (KB). Beim Rind können durch Verdünnung des Spermas aus einem Ejakulat 1000 Portionen Frischsperma oder 500 Portionen Gefriersperma gewonnen werden. Da Bullensperma durch die Tiefgefrierung praktisch unbegrenzte Haltbarkeit erlangt, ist es möglich, züchterischen Fortschritt über Ländergrenzen und Kontinente hinweg einzukaufen. Ohne die KB wäre die ungeheure Leistungssteigerung, die in den letzten 20 Jahren in der Milchrinderzucht realisiert wurde, nicht möglich gewesen.

Eine potentiell vergleichbare Erhöhung der Nachkommenzahl auf weiblicher Seite wäre mit Hilfe des **Embryotransfers (ET)** denkbar. Bereits im Jahre 1890 wurden erstmals befruchtete Eizellen erfolgreich von einem Kaninchen auf ein anderes übertragen. Den größten Verbreitungsgrad hat diese Biotechnik zur Zeit beim Rind erlangt. Beim Säugetier enthalten die Eierstöcke des Neugeborenen hunderttausende von weiblichen Keimzellen. Selbst bei intensivster Fortpflanzungstätigkeit kommen davon nur wenige zur Ovulation und nur ein Bruchteil eines Prozents zu Befruchtung und Geburt. Um dieses Keimzellpotential über den Embryotransfer gründlicher zu nutzen, wird in der Regel mit Hilfe einer Hormonbehandlung eine „Superovulation" ausgelöst. Dadurch können beim normalerweise eingebärenden Rind durchschnittlich 10 Embryonen pro Spülung gewonnen werden. Bedingt durch die unterschiedliche Eierstockreaktion der einzelnen Tiere, suboptimale Befruchtungs- und Entwicklungsraten und verfahrenstechnische Probleme, beträgt die duchschnittliche Ausbeute allerdings nur etwa 2 geborene ET-Kälber je superovuliertem Spendertier. Trotz dieser unbefriedigenden Erfolgsraten ist der Embryotransfer beim Rind bereits zum Bestandteil spezieller Zuchtprogramme geworden. Beispielsweise steht der Begriff „MOET"-Programm („Multiple Ovulation and Embryo Transfer") für ein Zuchtschema, bei dem die Nachkommenprüfung weitgehend durch die Geschwisterprüfung ersetzt wird. Dadurch läßt sich das Generationsintervall um fast 3 Jahre reduzieren, was zu einer Steigerung des Zuchtfortschrittes führen kann.

Rinderembryonen lassen sich wie Rindersperma in flüssigem Stickstoff aufbewahren. Diese sog. **Kryokonservierung** hat Praxisreife erlangt und gestattet Langzeitlagerung und Versand von Embryonen.

Ein noch junges Verfahren, dessen praktische Etablierung voraussichtlich zu einer wesentlichen Steigerung der Nachkommenzahl auf der maternalen Seite führen wird ist die **In-vitro-Befruchtung** (In-vitro-Fertilisation, IVF). Als IVF wird die Verschmelzung von weiblichen und männlichen Keimzellen außerhalb des Geschlechtstrakts bezeichnet. Mit Hilfe der ultraschallgelenkten oder endoskopischen Punktion von Eierstockfollikeln lassen sich – ohne hormonale Vorbehandlung – je Rind wöchentlich 20–30 Eizellen gewinnen. Nach In-vitro-Reifung und In-vitro-Befruchtung resultieren daraus etwa 10 transfertaugliche Embryonen. Damit läßt sich die pro Spendertier erzielbare Nachkommenzahl gegenüber der Embryonengewinnung nach Superovulation vervielfachen. Beim Rind ist die IVF nicht mehr weit von der Praxisreife entfernt. Die mit IVF-Embryonen erzielten Trächtigkeitsraten entsprechen etwa denen des konventionellen Embryotransfers. An der Entwicklung der IVF bei anderen Nutztieren wird zur Zeit intensiv gearbeitet. Neuerdings wird von erfolgreicher In-vitro-Befruchtung durch Injektion von Einzelspermien in Oozyten berichtet. Diese **Einzelspermieninjektion** könnte eine In-vitro-Befruchtung mit geschlechtssortierten Spermien ermöglichen, die aufgrund methodischer Schwierigkeiten nur in geringer Menge zur Verfügung gestellt werden können.

Mit dem Embryotransfer und der damit verbundenen In-vitro-Kultivierung sind gezielte Manipulationen am Embryo möglich geworden. Durch die In-vitro-Befruchtung lassen sich die dazu benötigten Embryonen in großem Umfang erzeugen. Die mit dem Embryotransfer assoziierten, teilweise noch in der Entwicklung befindlichen Biotechniken sind in Abb. 1 zusammengefaßt und werden im folgenden kurz geschildert.

Seit in den 70er und 80er Jahren die Entwicklung molekularbiologischer Methoden bis zur Anwendungsreife vorangetrieben worden war, gelingt bei einigen Tierarten heute die **Geschlechtsbestimmung** am Embryo (Sexing). Geschlechtsspezifische Abschnitte des männlichen Y-Chromosoms werden entweder anhand von Gen-Sonden identifiziert oder mit Hilfe der „Polymerase-Kettenreaktion" („polymerase chain reaction", PCR) durch Vervielfältigung direkt sichtbar gemacht. Mit dieser hochsensiblen Nachweismethode kann das Geschlecht von Embryonen an nur wenigen Blastomeren mit 95%iger Sicherheit bestimmt werden. Auf diesem Wege gesexte Rinderembryonen werden von ET-Organisationen bereits kommerziell angeboten.

Im Jahre 1980 gelang es bei verschiedenen landwirtschaftlichen Nutztieren erstmals, gezielt eineiige und somit genetisch identische Zwillinge zu erzeugen. Die mikrochirurgische **Teilung von Embryonen** wird zumeist im Blastozystenstadium durchgeführt. Für eine kurze Phase der Regeneration werden die geteilten Embryonen in vitro kultiviert und anschließend auf Empfängertiere übertragen. Mit diesem als „Splitting" bezeichneten Verfahren läßt sich die im Rahmen des ET bislang erreichbare Trächtigkeitsrate beim Rind von 0,6 auf 1,0 je Embryo steigern.

Chimären entstehen durch Aggregation zweier bzw. mehrerer Morulae oder durch Injektion einzelner Blastomeren in eine Blastozyste. Es kommt zu einer Koexistenz von Zellen verschiedener Genotypen. Die Verteilung der Zellen auf die Gewebe und Organe erfolgt zufällig und läßt sich nicht beeinflussen. Da sich die Genome nicht vermischen (Hybridisierung), wird Chimärismus nicht vererbt. Vorerst ist keine praktische Anwendung dieses Verfahrens in der Nutztierzucht abzusehen.

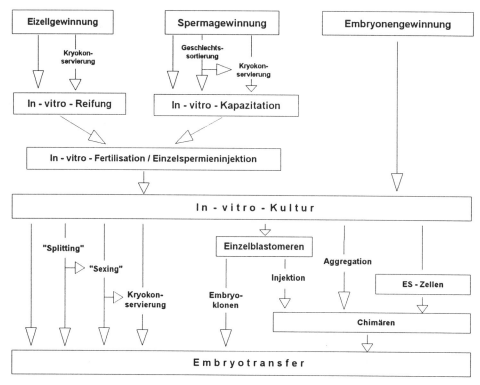

Abb. 1. Embryotransfer-assoziierte Techniken.

Als Klonieren im engeren Sinne wird die Vermehrung eines Individuums durch Abspaltung somatischer Zellen bezeichnet. Beim landwirtschaftlichen Nutztier – wie bei allen höheren Tieren – ist dies nicht möglich. Hier steht der Begriff **Embryo-Klonen** für eine Technik bei der die Zellkerne aus Blastomeren, die einem Embryo im Blastozystentstadium entnommen wurden, in entkernte Oozyten verpflanzt werden. Da die Blastomeren einer Blastozyste untereinander genetisch identisch sind, werden durch den Kerntransfer erbgleiche Individuen hergestellt. Die Anzahl identischer Nachkommen läßt sich durch Wiederholung des Kerntransfers aus Blastomeren geklonter Blastozysten theoretisch unendlich vergrößern, woraus sich für die Züchtung ungeahnte Perspektiven ergeben könnten. Allerdings nimmt nach bisherigen Versuchen die Vitalität der Embryonen mit jeder Reklonierung deutlich ab. Seit 1986 wird von erfolgreich geklonten Rindern und Schafen berichtet. Der Praxisreife dieses Verfahrens stehen jedoch noch einige Probleme, wie z. B. Schwergeburten durch übergroße Nachkommen, entgegen.

Mit Hilfe klassischer Zuchtmethoden, unterstützt durch biotechnische Maßnahmen wie künstliche Besamung und Embryotransfer, ließen sich die Leistungsmerkmale der landwirtschaftlichen Nutztiere erheblich verbessern. Die Begrenztheit dieser Methoden besteht darin, daß die Trennung von erwünschten und unerwünschten Genen allein durch Zuchtwahl sehr langwierig bzw. teilweise nicht durchführbar ist. Wesentlich effizienter gestalten könnte sich das direkte Einbringen einzelner Gene in das Genom, als das Erstellen transgener Nutztiere über den **Gentransfer**. Die entsprechenden DNA-Abschnitte werden in vitro vervielfältigt und mittels Mikroinjektion, über Retroviren oder mit Hilfe embryonaler Stammzellen (ES-Zellen) in das embryonale Genom eingebracht.

Bei den landwirtschaftlichen Nutztieren ist bislang die Mikroinjektion von DNA in die Vorkerne von Oozyten die Methode der Wahl. Die Erfolgsrate liegt unter 1% transgener Tiere. Der Hauptnutzen transgener Tiere besteht z. Z. noch im Bereich der Grundlagenforschung. So muß noch weiterhin untersucht werden, auf welche Weise komplexe Merkmale wie Wachstum, Fortpflanzung, Laktation und Krankheitsresistenz genetisch reguliert werden. Erst wenn dies gelungen ist, können in größerem Umfang transgene Tiere erzeugt werden, die mehr oder hochwertigere Milch produzieren, schneller wachsen oder weniger krankheitsanfällig sind als andere. Weiterhin ist an transgene Tiere zu denken, die auf effiziente Weise Pharmazeutika, wie z. B. Blutgerinnungsfaktoren, in ihrer Milch produzieren („gene farming").

Am Anfang des Kapitels wurde erwähnt, daß die Fruchtbarkeit, unabhängig vom Produktionsziel, für eine leistungsfähige Tierproduktion vorrangige Bedeutung hat. Seit Beginn der Domestikation wird auf vielfältige Weise versucht, sie zu steigern und zu regulieren. Es erhebt sich die Frage, inwieweit eine solche Einflußnahme **ethisch** vertretbar ist. Bei der nachfolgenden Betrachtung wird von der Prämisse ausgegangen, daß die Haltung landwirtschaftlicher Nutztiere für die Versorgung des Menschen mit Fleisch, Milch, Eiern, Textilien und Arbeitsleistung vertretbar ist.

Einer Einflußnahme auf die Fruchtbarkeitsleistung über die Zucht oder auf dem Wege der Umweltgestaltung sind biologische Grenzen gesetzt. So ist bei sehr früh erstbelegten weiblichen Jungtieren in der Regel die nachgeburtliche Brunstwiederkehr verzögert; bei Tieren, die vor Ablauf einer hinreichenden biologischen Rastzeit wiederbelegt werden, ist die Konzeptionschance gemindert; die Steigerung der Ovulationsrate, auf züchterischem Wege oder über eine Fütterungsmaßnahme, resultiert nur selten in großen Würfen, da ein Teil der frühen Keimanlagen abstirbt. Dank dieser biologischen Grenzen ist der gelegentlich geäußerte Vorwurf, weibliche Zuchttiere würden zu „Gebärmaschinen" degradiert, selten gerechtfertigt. Es kann eher umgekehrt eine Vernachlässigung der Fruchtbarkeit, bei züchterischer Überbetonung anderer Leistungseigenschaften, zum Problem werden: Puten, bei denen der Umfang der Brustmuskulatur männliche Tiere am Paarungsakt hindert, müssen instrumentell besamt werden; modernen Legehybriden wurde der Bruttrieb „weggezüchtet", so daß ihre Eier künstlich erbrütet werden müssen; bei Bullen der Santa-Gertrudis-Rasse ist die Libido so schwach, daß die Spermagewinnung per Elektroejakulation an der Tagesordnung ist. Solche Zuchtprodukte lassen sich nur unter kontrollierten Bedingungen halten und befinden sich in einem absoluten Abhängigkeitsverhältnis vom Menschen. Entschieden überschritten werden die Grenzen des Vertretbaren bei der Zucht doppellendiger „Blauer Belgier". Die Kälber dieser Rinderrasse müssen durch Kaiserschnitt zur Welt gebracht werden, da eine normale Geburt infolge der genetisch fixierten abnormen Ausprägung der Keulenbemuskelung nicht möglich ist. Es wird nachdrücklich darauf hingewiesen, daß die hier aufgezählten Extrembeispiele nicht repräsentativ für die Situation in der landwirtschaftlichen Tierproduktion sind, denn im Regelfall stellt die komplikationsfreie Reproduktion eine der Hauptsäulen einer erfolgreichen Leistungszucht dar.

Über Akzeptanz oder Ablehnung einer biotechnischen Einflußnahme auf das Fortpflanzungsgeschehen gestaltet sich die Diskussion wesentlich kontroverser. Wird Unbehagen

über derartigen Maßnahmen empfunden, so liegt diesem meist eine der folgenden Überlegungen zugrunde:
a) Das ungute Gefühl, daß der Mensch der Natur „ins Handwerk pfuscht".

Zur Überlebensstrategie des Menschen gehört, daß er – im Bereich seiner Möglichkeiten – die Umwelt nach seinen Bedürfnissen verändert. So wurden Tiere domestiziert und nach wirtschaftlichen Gesichtspunkten gezüchtet. Künstliche Besamung, Embryotransfer sowie ein Großteil der Manipulationen am Embryo sind eine konsequente Fortführung dieser Bestrebungen. Durch die In-vitro-Befruchtung gelingt es, zahlreiche Nachkommen von einem weiblichen Individuum zu erzeugen, und das Teilen und Klonen von Embryonen ermöglicht die Herstellung mehrerer genetisch identischer Nachkommen. Diese Eingriffe lassen eine dramatische Intensivierung der Leistungszucht zu. Andererseits bergen sie auch Gefahren. Dazu gehört die Einengung der genetischen Variabilität einer Population, die eine eingeschränkte Anpassungsfähigkeit an sich ändernde Umweltverhältnisse zur Folge hätte. Als extremes Beispiel wäre denkbar, daß ein einziger Krankheitserreger in der Lage wäre, eine ganze Population vollständig auszulöschen.

b) Die Sorge, daß am Tier erprobte Techniken auf den Menschen übertragbar sind.

Die Übertragbarkeit fast aller am Tier erarbeiteter biotechnischer Methoden auf den Menschen steht außer Frage. Die Forschung am Tier hat der Humanmedizin viele Wege eröffnet, doch gerade im Bereich der Embryonenmanipulation verlief die Entwicklung teilweise entgegengesetzt. So war z. B. das erste menschliche „Retorten-Baby" bereits 4 Jahre alt, als das erste IVF-Kalb geboren wurde. Die Manipulation an menschlichen Embryonen ist in Deutschland und in vielen anderen Ländern verboten. Die strikte Einhaltung entsprechender Richtlinien, wie sie z. B. im deutschen Embryonenschutzgesetz verankert sind, ist die einzige Möglichkeit, die – aus biologischer Sicht unproblematische – Übertragbarkeit der Tierexperimente auf den Menschen zu verhindern.

c) Die Frage, ob es sich um eine Notwendigkeit handelt oder nur um „die Verführung durch das Machbare".

Ob neuentwickelte Maßnahmen und Verfahren gebraucht werden oder nicht, läßt sich meist erst sagen, wenn sie verfügbar sind. Was zunächst als wissenschaftlicher Luxus erscheint, könnte in einem anderen Umfeld sinnvolle Anwendung finden. Abgesehen davon waren Denk- und Experimentierverbote in der Geschichte noch nie von Bestand. Daher sollte eine wissenschaftliche Entwicklung nicht aus einem bestimmten Zeitgeist heraus verworfen werden. Statt dessen sollten Nutzen und Risiken der Anwendung gewonnener wissenschaftlicher Erkenntnisse kalkuliert werden, um dann mit Hilfe der Gesetzgebung klare Richtlinien zu schaffen. Dieses Vorgehen wird sich auch im Bereich des Gentransfers, wo bislang weder in der Forschung noch für die Anwendung eindeutige Grenzen abzusehen sind, als das einzig mögliche erweisen.

Es gibt keine absoluten ethischen Normen. Was in einer Situation angebracht ist, kann unter anderen Umständen als unvertretbar gelten. Die Entscheidung ist also von Fall zu Fall und von jeder Person für sich selbst zu fällen. Wer es ernst nimmt mit dem Bemühen, die Herausforderung durch die Wissenschaft und die Stimme des eigenen Gewissens miteinander in Einklang zu bringen, befindet sich daher ständig auf der Suche. Die Notwendigkeit, immer wieder von neuem abzuwägen, inwieweit das positive oder negative Element überwiegt, subsumierte van Melsen in dem treffenden Satz: „De ethische opdracht van de mens ist het goede te doen en het kwade te laten." (Der ethische Auftrag des Menschen ist, das Gute zu tun und das Böse zu lassen).

Literatur

Adams, C. E. (1982): Mammalian egg transfer. CRC Press, Boca Raton, Florida.

Betteridge, K. J. (1977): Embryotransfer in farm animals. Monograph. Canada Department of Agriculture, 16.

Bichard, M., and David, P. J. (1985): Effectiveness of genetic selection for prolificacy in pigs. J. Reprod. Fert., Suppl. **33**, 127–138.

Blichfeld, T., and Almlid, T. (1982): The relationship between ovulation rate and embryonic survival in gilts. Theriogenology **18**, 615–620.

Bolet, G., Martinat-Botte, F., Locatelli, A., Gruand, J., Terqui, M. et Berthelot, F. (1986): Composantes de la prolificité de truies Large White hyperprolifiques en comparison avec de truies de races Meishan et Large White. Genet. Sel. Evol. **18**, 333–342.

Busch, W., Löhle, K., und Peter, W. (1991): Künstliche Besamung bei Nutztieren. 2. Aufl. Gustav Fischer, Jena-Stuttgart.

Cole, D. J. A., and Foxcroft, G. R. (1981): Control of pig reproduction. Butterworth, London.

Fehilly, C. B., Willadsen, S. M., and Tucker, E. M., (1984): Experimental chimaerism in sheep. J. Reprod. Fert. **70**, 347–351.

Frühwald, W. (1993): Nur eine Frage der Moral? Mitteilungen der DFG **4**, 3.

Gordon, I. (1983): Controlled breeding in farm animals. Pergamon Press, Oxford, pp. 233–247.

Hagen, D. R., and Kerhart, K. B. (1980): Reproduction in domestic and feral swine I. Comparison of ovulatory rate and litter size. Biol. Reprod. **22**, 550–552.

Hamori, D. (1983): Constitutional disorders and hereditary diseases in domestic animals. Developments in Animal and Veterinary Science 11, Elsevier, New York, pp. 590–594.

Herre, W., und Röhrs, M. (1971): Domestikation und Stammesgeschichte. In: Heberer, G.: Evolution der Organismen II/2. Gustav Fischer, Stuttgart, 29–174.

Holtz, W. (1993): Einfluß von Umwelt und Herdenmanagement auf die Fruchtbarkeit der Milchkuh. Reprod. Dom. Anim. **28**, Suppl. 2, 90–91.

Holtz, W. (1994): Embryotransfer. In: Tierzüchtungslehre (Kräußlich, H., (Hrsg.) Verlag Eugen Ulmer, Stuttgart.

Johannsson, K. (1981): Some notes concerning the genetic possibilities of improving sow fertility. Livest. Prod. Sci. **8**, 431–447.

Land, R. B., and Wilmut, I. (1987): Gene transfer and animal breeding. Theriogenology **27**, 167–179.

Marx, J. L. (1988): Cloning sheep and cattle embryos. Science **239**, 463–464.

Massip, A., Van der Zwalmen, P., and Ectors, F. (1987): Recent progress in kryopreservation of cattle embryos. Theriogenologie **27**, 69–79.

Van Melsen, A. G. M. (1987): Biotechnologie en ethiek. Tijdschr. Diergeneesk. **122**, 88–97.

Mepham, T. B. (1993): Approaches to the ethical evaluation of animal biotechnologies. Anim. Prod. **57**, 353–359.

Michelmann, H. W. (1993): Entwicklung und gegenwärtiger Stand der in vitro Fertilisation bei landwirtschaftlichen Nutztieren. Reprod. Dom. Anim. **28**, 342–360.

Miller, J. R. (1991): Isolation of Y-Chromosome-specific sequences and their use in embryo sexing. Reprod. Dom. Anim. **26**, 58–65.

Nicholas, F. W., and Smith, C. (1983): Increased rates of genetic change in dairy cattle by embryotransfer and splitting. Anim. Prod. **36**, 341–353.

Nowshari, M., and Holtz, W. (1993): Transfer of split goat embryos without zona pellucida either fresh or after freezing. J. Anim. Sci. **71**, 3403–3408.

Paufler, S. K. (1974): Künstliche Besamung und Eitransplantation bei Tier und Mensch. M. & H. Schaper, Hannover, 223–250.

Schlieper, B., und Holtz, W. (1986): Transfer of pig embryos collected by laparotomy or slaughter. Anim. Reprod. Sci. **12**, 109–114.

Schroten, E. (1992): Embryo production and manipulation: ethical aspects. Anim. Reprod. Sci. **28**, 163–169.
Seidel, G. E. (1992): Transgenic animals. Embryo Transfer, Veterinary Learning Systems, Inc.
Setchell, B. P. (1992): Domestication and reproduction. Anim. Prod. Sci. **28**, 195–202.
Zeuner, E. (1967): Geschichte der Haustiere. Bayrischer Landwirtschaftsverlag, München.

7. Legeleistung
(H. Pingel und H. Jeroch)

7.1 Entwicklung der Legeleistung

Die Legeleistung des Geflügels basiert auf komplizierten biologischen Prozessen in den Fortpflanzungsorganen, die durch eine Vielzahl von Faktoren und deren wechselseitige Abhängigkeit beeinflußt werden. So legt das Bankivahuhn oder die Stockente ein Gelege mit 10–15 oder höchstens 2 Gelege mit insgesamt 25–30 Eiern, während kommerzielle Legehybriden oder bestimmte Legeentenrassen eine Jahreslegeleistung von weit über 300 Eiern erreichen. Schon die Anzahl sichtbarer Eianlagen am Eierstock bringt diese Entwicklung zum Ausdruck. Beim Wildhuhn sind etwa 500, beim Haushuhn bis zu 3600 sichtbare Eianlagen vorhanden. Beim Vergleich verschiedener Hühnerrassen wurden bei Weißen Leghorn 2480, bei leistungsschwachen Indischen Kämpfern und Brahmas dagegen nur 1550 bzw. 1230 sichtbare Eizellen am Eierstock gezählt. Ähnlich verhält es sich bei Wildenten mit 500 und Hausenten mit über 2000 sichtbaren Eizellen.

Die spektakuläre Entwicklung der Eierproduktion seit Beginn dieses Jahrhunderts war begleitet von einer kontinuierlichen Steigerung der Legeleistung und Senkung der Tierverluste.

Legeleistung und Vitalität beim Huhn haben sich in diesem Jahrhundert etwa wie folgt verändert:

	1910	1930	1950	1970	1990
Eizahl je Henne (Stück)	100	150	200	250	300
Tierverluste (%)	40	30	20	10	5

Die Leistungssteigerung beruht einmal auf genetischen Faktoren, die sich im Leistungsniveau der Tiere niederschlagen, und zum anderen auf deren Ausschöpfung durch tiergerechte Gestaltung der Umwelt, wie Stallklima, Haltung und Fütterung.

Die Eierproduktion erfolgt in der Regel mit Hühnern, während die Legeleistung der Puten und des Wassergeflügels vorwiegend für die Erzeugung von Bruteiern genutzt wird, um daraus Küken für die Mast zu erbrüten. Das Niveau der Legeleistung des Huhnes wird durch kommerzielle Hybriden bestimmt, die durch Kreuzung von Linien der Rasse Weiße Leghorn zur Erzeugung weißschaliger Eier oder durch Kreuzung von Roten Rhodeländern, New Hampshire, Helle Sussex, Gestreifte und Weiße Plymouth Rocks zur Erzeugung von braunschaligen Eiern entstehen. Die Entwicklung der Legeleistung von Legehybriden geht aus Tabelle 1 hervor. Beachtlich ist, daß zwischen den Hybriden für weiß- und braunschalige Eier die Differenz in der Legeleistung und der Effizienz der Eiproduktion stark verringert wurde. Die etwas geringere Eizahl der Braunleger wird durch das höhere Eigewicht aufgewogen, so daß die Eimasseproduktion bis zum Alter von 500 Tagen mit fast 20 kg je eingestallter Henne nahezu gleich ist. Der Futteraufwand schwankt um 2,3 kg je kg Eimasse und tendiert auf 2,0 kg zu. Petersen (1989) hat aus den von ihm geschätzten Regressionskoeffizienten für die Leistungsentwicklung von 1977 bis 1987 eine Prognose abgegeben, die bis zum Jahr 2000 erwarten läßt, daß je Henne über 20 kg Eimasse im Jahr bei etwa 2 kg Futter je kg Eimasse erzeugt werden. Prüfungen von 2 Experimentalgruppen der Lohmann Tierzucht GmbH im Zeitraum 1992/93 ergaben im 500-Tage-Test immerhin schon 21,05 bzw. 20,36 kg Eimasse je Anfangshenne und einen Futterverbrauch je kg Eimasse von 2,05 bzw. 2,01 (Poteracki 1993).

Tabelle 1. Entwicklung des Leistungsniveaus von ausgewählten Legehybriden von 1970–1993 (nach Flock[1]) 1972, Heil und Hartmann[2]) 1994)

	Weißschalige Eier		Braunschalige Eier	
	1970/71[1])	1992/93[2])	1970/71[1])	1992/93[2])
• **Aufzucht**				
Verluste, %	0,96	1,1	4,93	0,7
Futterverzehr, kg	7,86	7,53	9,01	7,87
140-Tage-Gewicht, kg	1,45	1,43	1,84	1,66
• **Legeperiode**				
Verluste, %	8,9	3,5	19,1	4,8
Alter bei 50% LI, d	170	153	177	154
Eizahl, Stück[3])	244	305	189	295
Eimasse, kg[3])	14,7	19,89	11,8	19,85
mittleres Eigewicht, g	60,3	65,2	62,4	67,3
Futter/kg Eimasse, kg	2,93	2,25	3,29	2,23
500-Tage-Gewicht, kg	2,03	1,98	2,42	2,40

[3]) je eingestallter Henne

Gegenwärtig werden in Deutschland je zur Hälfte weiß- und braunschalige Eier erzeugt. Es gibt Rassen, bei denen die Schalenfarbe abweicht; so legen Hühner der Rasse Barnevelder dunkelbraun-bläuliche Eier und die aus Südamerika stammenden Araukaner bläulich-grünliche Eier. Bisher haben diese Schalenfarben noch keine Bedeutung erlangt, zumal solche Eier sich in Zusammensetzung und sensorischen Merkmalen nicht von den üblichen Eiern unterscheiden.

Neben dem Legehuhn werden territorial differenziert andere Geflügelarten für die Erzeugung von Konsumeiern herangezogen. In Japan verzehrt jeder Einwohner im Durchschnitt 14 Wachteleier. Legewachteln sind im Alter von 8 Wochen legereif und legen im Jahr 290 Eier mit einem Gewicht von 10–12 g. Jedes Ei macht 8–10% des Körpergewichtes aus gegenüber 3,5% beim Huhn. Der Futteraufwand je kg Eimasse liegt bei 2,4 kg. Wachteleier werden in Deutschland nur in kleinem Umfang zum Garnieren von Speisen verwendet.

Auf Grund der guten Anpassung an hohe Temperaturen und der geringen Krankheitsanfälligkeit sind auch Perlhühner für die Eiproduktion interessant. Bei einer Legereife im Alter von 28 Wochen und einer Legeperiode von 7 bis 8 Monaten legen Perlhühner 170 Eier mit einem Gewicht von 40–45 g. Perlhuhneier sind als Delikatesse in Frankreich und Italien beliebt.

Auch Enten- und Gänseeier haben territorial Bedeutung als Konsumeier. Enteneier haben allerdings in Deutschland wegen hygienischer Probleme (Paratyphuserkrankung bei Menschen in den 30er Jahren) ihre Bedeutung als Konsumeier verloren. Besonders in China und Südostasien ist das Entenei ein beliebtes Nahrungsmittel und dient der Herstellung typischer Produkte wie Pidan („Jahrhundertei"). In Ländern mit hoher Enteneierproduktion werden spezielle Rassen genutzt, die als typische Legerassen anzusehen sind, wie Indische Laufente, Khaki-Campbell-Ente mit Jahreslegeleistungen von über 300 Eiern. Auch lokale Rassen haben ein hohes Leistungsniveau, wie die chinesische Shao-Ente mit 310 etwa 70 g schweren Eiern bis zum Alter von 500 Tagen und einem Futteraufwand von 3,1 kg/kg Eimasse. Diese hohe Legeleistung ist mit einfachen Methoden der Massenselektion erreicht worden, so daß über effektivere Selektionsmethoden noch Reserven in der Leistungssteigerung bestehen müßten. In der Eimasseproduktion ist die Legeente schon heute Legehühnern überlegen, da sie in der Regel größere Eier legt. So ergeben 310 Eier mit einem Durchschnittsgewicht von 70 g eine Eimasse von 21,7 kg. Allerdings ist der Futteraufwand höher als bei Hühnern, jedoch bei geringeren Anforderungen an die Futterinhaltsstoffe.

In einigen Gegenden Deutschlands, insbesondere am Niederrhein, aber auch in China ist das Gänseei ein beliebtes Nahrungsmittel. Zu dem Zweck wurden auch bestimmte Gänserassen auf Legeleistung selektiert, wie die rheinische Viellegergans. Chinesische Gänserassen (Huoyan-Gans) legen bis zu 118 Eier im Legejahr. Zu bemerken ist, daß die chinesischen Gänserassen auf die Schwanengans (*Anser cygnoides*) zurückgehen, während die europäischen Gänserassen von der Graugans (*Anser ferus*) abstammen.

7.2 Nährstoffleistung, Nährstoff- und Energiebilanzen

Mit der Fütterung ist die Bedarfsdeckung an Energie und Nährstoffen für Erhaltung, Wachstum und Eibildung zu sichern. Mit etwa 20 kg Eimasse im Jahr vollbringen Legehennen eine enorme Proteinsynthese, die über 1 kg Protein je kg Körpergewicht ausmacht. Vogt (1988) hat unter Beachtung des gegenwärtigen Leistungsniveaus der Legehenne eine Energie- und Proteinbilanz für die Eiproduktion errechnet (Tabelle 2).

In dieser Bilanz wurde die Reproduktion von 80 Küken je Elternhenne und eine Eizahl von 325 Stück mit einem durchschnittlichen Gewicht von 62,5 g (20,3 kg Eimasse) in 420 Legetagen und 1200 g kochfertige Schlachthenne zugrunde gelegt. Diese Kalkulation ergab, daß 17% der Bruttofutterenergie und 28% des Futterproteins über die Produkte Eier und Suppenhuhn für den menschlichen Verzehr bereitgestellt werden. Damit liegen Legehennen in der Proteinverwertung neben Milchkühen an der Spitze aller Haustierarten. Diese günstige Umwandlung von pflanzlichem in hochwertiges tierisches Protein mit relativ niedrigen Kosten hat große Bedeutung für den Abbau des Eiweißmangels in Entwicklungsländern. Nachteilig ist die Nahrungskonkurrenz des Huhnes mit dem Menschen. Deshalb ist die Eiproduktion mit Enten in solchen Gebieten, in denen billige Futterressourcen (Wasserpflanzen, Rückstände der Reisernte) vorhanden sind, durchaus förderungswürdig.

Tabelle 2. Energie- und Proteinbilanz bei der Eiproduktion – Gesamtsystem (nach Vogt 1988)

Aufwand	MJ/kg ME_n	g/kg Rohprotein	MJ insgesamt ME_n	g insgesamt Rohprotein
• **Elterntiere, leichte Herkünfte**				
1,6 kg Kükenfutter	11,5	185	18,4	296
6,2 kg Junghennenfutter[1]	11,3	145	70,1	899
36,5 kg Legehennenfutter (einschl. 8% Hähne)	11,3	165	412,5	6023
insgesamt je Henne			**501**	**7218**
insgesamt je erzeugte Küken[3]			**6,3**	**90**
• **Legehennen**				
1,6 kg Kükenfutter	11,5	185	18,4	296
5,8 kg Junghennenfutter	11,3	145	65,5	841
48,9 kg Legehennenfutter[4]	11,3	165	552,6	8068
insgesamt			**642,8**	**9295**
Umsetzbarkeit (%)			75	
Bruttoenergie			857,1	
• **Leistungen**	**Energie**	**Protein**	**Energie**	**Protein**
Eier[5]	6,5	118	132	2395,4
Schlachthennen[6] (1200 g kochfertig)	11,4	175	13,7	210
insgesamt			**145,7**	**2605,4**
$\frac{\text{Leistungen}}{\text{Aufwand}} \times 100$			17%	28%

[1]) einschließlich Verluste und aussortierte Küken; keine eingeschränkte Fütterung;
[2]) 80 Küken je Elterntierhenne;
[3]) 21.–66. Woche = 315 Tage · 116 (110 g Henne + 6 g Hahnenanteil) g;
[4]) 21.–80. Woche = 420 Tage · 120 g × 0,97% durchschnittlicher Tierbestand;
[5]) 325 Eier · 62,5 g Eigewicht = 20,3 kg insgesamt gelegte Eimasse;
[6]) Lebendgewicht Elterntierhenne = 80 (Küken je Henne) = 20 g je Henne + 1692 g Endgewicht der Henne (1800 g × 0,94% Endbestand) = 1712 g Endgewicht je Henne mal 70% Ausschlachtung = 1200 g Schlachthennengewicht, kochfertig.

7.3 Beziehung zwischen Eiqualität und Legeleistung

Trotz teilweise negativer Korrelation zwischen Legeleistung und Qualitätsmerkmalen (Tabelle 3) ist generell mit der Steigerung der Legeleistung keine Qualitätsminderung eingetreten, da durch entsprechende Selektion die Qualität zumindest auf dem vorhandenen Niveau gehalten wurde. Da nicht schlechthin die Eizahl maximiert wird, sondern die Zahl verkaufsfähiger Eier, ist die Schalenstabilität der Eier zwangsläufig verbessert worden.

Tabelle 3. Beziehungen zwischen Legeleistung und Schalenstabilität bei Legehennen (nach Kinney Jr. 1969)

Leistungskriterium	+ Dichte		+ Schalenstärke	
	genotypisch	phänotypisch	genotypisch	phänotypisch
Alter bei Legereife	0,29	–	–	–
Legeleistung/x̄ Henne	–0,30	–0,13	–0,26	–0,05
Einzeleimasse	0,16	0,0	0,25	0,24

Die Dauer des Aufenthaltes im Uterus beeinflußt wesentlich die Schalenmenge und damit auch die Schalendicke. Häufig wurde beobachtet, daß das erste und das letzte Ei einer Legeserie auf Grund des längeren Aufenthaltes im Uterus eine dickere Schale aufweisen.

Wichtige Merkmale der inneren Eiqualität sind der Anteil zähflüssigen Eiklars, der Dotteranteil, das Vorhandensein von Blut- und Fleischflecken sowie Abweichungen in Geruch und Geschmack. Ein hoher Anteil zähflüssigen Eiklars sichert eine zentrale Dotterposition. Zähes Eiklar enthält viele Mucinfasern, die aber während der Eilagerung abgebaut werden. Eiklarqualität und Legeleistung sind leicht negativ korreliert. Durch züchterische Maßnahmen ist aber das Niveau der Eiklarbeschaffenheit gehalten worden.

Die wertvollsten Bestandteile des Eies befinden sich im Dotter. Deshalb ist es notwendig, einen hohen Dotteranteil zu sichern. Vor allem bei Selektion auf niedrigen Futteraufwand besteht die Gefahr, daß der Dotteranteil absinkt. Ob hohe Legeleistung das Dotter-Eiklar-Verhältnis verändert, ist nicht bekannt. Einen Qualitätsmangel bilden Blut- und Fleischflecken, die in verschiedener Größe im Dotter oder Eiklar eingeschlossen sein können. Sie entstehen durch intrafollikuläre Blutungen zur Zeit der Ovulation oder können sich durch Platzen winziger Blutgefäße im Eileiter bilden. Außer einer Beeinträchtigung des appetitlichen Aussehens der Eier bleiben alle anderen Qualitätseigenschaften hiervon unberührt. Es gibt deutliche genetisch bedingte Unterschiede zwischen Rassen und Linien in der Häufigkeit von Blutflecken. Besonders hoher Blutdruck und Vitamin-A-Unterversorgung begünstigen diesen Mangel. Zur Legeleistung bestehen keine Beziehungen. Auch ein Gendefekt, der bei solchen Hennen bewirkt, daß Trimethylamin aus bestimmten Futtermitteln nicht abgebaut wird, so daß Eier mit Fischgeschmack auftreten, ist nicht an die Höhe der Legeleistung gebunden.

7.4 Leistungsgrenzen und Möglichkeiten ihrer Überwindung

Die biologische Grenze der Legeleistung scheint bei einem Schalenei je Tag zu liegen. Bei hoher Legeintensität gibt es eine große Anzahl an Hennen, deren Eiablageintervall dicht bei 24 h liegt. Da dieses Merkmal variiert, gibt es auch Hennen, die ein kürzeres Eiablageintervall aufweisen, aber sie werden bei der üblichen Tag-Nacht-Länge von 24 h davon abgehalten. Würde für solche Hennen der Licht-Dunkel-Zyklus auf 23 h oder 22 h reduziert, würden sie ihre Legeleistung steigern und zumindest zeitweise eine Legeintensität von über 100% aufweisen. Nun gibt es auch Hennen mit einem Eiablageintervall von über 24 h. Möglicherweise wird das Eiablageintervall mit Abklingen der Legeintensität verlängert.

Wenn solche Hennen einem Licht-Dunkel-Zyklus von 25 h ausgesetzt würden anstatt von 24 h, könnten sie möglicherweise alle 25 h ein Ei legen und würden eine Legeintensität von 96% erreichen.

In einem normalen 24stündigen Hell-Dunkel-Rhythmus kommt es zu einer Verschiebung der Eiablage in die Nachmittagsstunden, die Ovulation bleibt aus, und es kommt zu einer 1tägigen Legepause. Die Eiablageintervalle zwischen den aufeinanderfolgenden Eiern sind in der Mitte der Serie am kürzesten und werden zum Ende der Serie länger. Das letzte Ei einer Serie wird meist am späten Nachmittag gelegt. Die nächste Ovulation erfolgt erst 15 Stunden später, so daß die Hennen einen Tag mit dem Legen aussetzen und die Serie unterbrochen ist.

Sheldon und Podger (1974) versuchten, durch Selektion das Intervall zwischen den Eiablagen bei Hennen zu verkürzen, um die Barriere „Ein Ei je Tag" zu durchbrechen. Die Tiere wurden unter den Bedingungen des 24-Stunden-Lichttages gehalten. Nach 12 Generationen war das Eiablageintervall um 4 Stunden verkürzt, was auch bei einem 14-Stunden-Lichttag erhalten blieb. Diese Verkürzung war auf kurze Intervalle von 12 bis 20 Stunden zurückzuführen, denen normale Intervalle folgten. Oft hatten die Eier aus kurzen Intervallen Formfehler, weil sich gleichzeitig 2 Eier im Uterus befanden. Auch weichschalige Eier und Eier mit zwei Dottern traten gehäuft auf.

Für die Erzeugung von 2 Eiern je Tag müssen selbstverständlich 2 Ovulationen innerhalb von 24 Stunden erfolgen. Das setzt voraus, daß vor allem die Zeit für die Schalenbildung, die bisher 19 bis 20 Stunden in Anspruch nimmt, reduziert wird. Es muß aber ein bestimmtes Maß an Schalenstärke erreicht werden, damit das Ablegen und Abrollen auf dem Drahtboden des Käfigs ohne Beschädigung der Schale gewährleistet wird.

Aus der Tatsache heraus, daß die Schalenqualität bei über 24 Stunden verlängerten Tageslängen-Zyklen verbessert wird, weil der Aufenthalt des Eies im schalenbildenden Teil des Eileiters länger dauert, läßt sich unschwer ableiten, daß eine Verkürzung dieses Aufenthaltes die Schalenqualität verschlechtert.

Die Legetätigkeit stellt besonders hohe Anforderungen an den Calciumstoffwechsel. Zur Schalenbildung eines Eies müssen über die Blutbahn etwa 2000 mg Calcium herantransportiert werden. Bei einem Gehalt von 25–30 mg Calcium in 100 ml Blut, der Gesamtblutmenge einer Henne, muß das Blut mindestens 80mal den Eileiter passieren. Da zum Höhepunkt der Schalenbildung in den Nachtstunden die Eischale bis zu 300 mg Calcium je Stunde aufnimmt, wird dem Blut zeitweise in einer Stunde 10mal soviel Calcium entzogen, wie es enthält. Im Hinblick auf die ausreichende Eischalenstabilität ist eine bessere Übereinstimmung zwischen den Phasen der intensiven Eischalenbildung und der Aufnahme von Calcium mit dem Futter anzustreben. Deshalb ist Sorge dafür zu tragen, daß vor Beginn der Dunkelphase die Hennen Gelegenheit haben, genügend Calcium aufzunehmen.

Das geringe Fassungsvermögen des Verdauungstraktes sowie eine relativ geringe Verweildauer der Futtermittel erfordern beim Geflügel den Einsatz hochverdaulicher und wenig voluminöser Futtermittel. Wenn nun das Zuchtziel mit 2 kg Futter je kg Eimasse erreicht ist, müssen die Inhaltsstoffe besser verwertet und der Erhaltungsbedarf gesenkt werden.

Ansatzpunkte für diese Zielstellung sind durchaus vorhanden. Eine höhere Nährtoffausnutzung im Verdauungstrakt läßt sich u. a. durch den Abbau von Futterstoffen erreichen, die die Verdauungsprozesse beeinträchtigen. Hierzu bieten sich Futterbehandlungen und Futterzusätze (z. B. Enzymergänzungen) an. Inwieweit durch technische Behandlungen die Verdaulichkeit an sich gut verdaulicher Nährstoffe weiter verbessert werden kann, ist jedoch fraglich. Gleiches trifft sicherlich auch für exogene Verdauungsenzyme zu. Eine potentielle Energiequelle ist der in herkömmlichen Rationen 10–15%ige Anteil an Zellwandkohlenhydraten, für deren Hydrolyse die entsprechenden Enzyme im Verdauungstrakt weitgehend fehlen. Bereits ein partieller Abbau dieser Nährstoffgruppe zu den Monomeren wäre vor allem aus energetischer Sicht bedeutsam, erfordert jedoch das Zusammenwirken verschiedener mit dem Futter zugeführter Enzyme und dürfte außerdem durch die relativ kurze Verweildauer der Nahrung im Verdauungstrakt zeitlich limitiert sein. Als indirekter Effekt könnte sich aber eine bessere Verfügbarkeit von Zellinhaltsstoffen durch einen zumindest partiellen Abbau der Zellwandkomponenten ergeben.

Der Hinweis auf den Erhaltungsbedarf ist deshalb so wichtig, weil selbst bei 100%iger Legeintensität 55–60% des Gesamtbedarfs an umsetzbarer Energie (ME) für Erhaltungszwecke verwendet werden. Dieser Anteil läßt sich durchaus vermindern, wie u. a. die Ergebnisse eines langjährigen Selektionsversuches auf niedrigen Futteraufwand ergeben haben (Müller und Götze 1993). Im Respirationsversuch wurden für die Kontrollhennen dieses Experimentes 390 kJ ME je kg ^{0,75} und für die Hennen der Selektionslinie 330 kJ ME je kg ^{0,75} ermittelt, d. h. 15% weniger (Strobel 1994). Bei einer 1,8 kg schweren Henne würde der geringere Erhaltungsanspruch eine Futtereinsparung von 8,5 g/Tag zur Folge haben (11,0 MJ ME/kg Futter). Zur Verbesserung der Konvertierung von Futterprotein in Eiprotein gibt es durchaus reelle Chancen. Hierzu könnten vor allem genauere Bedarfswerte an essentiellen Aminosäuren, eine bessere Übereinstimmung zwischen Protein- bzw. Aminosäurenaufnahme und aktuellem Bedarf und ein effektiver Eiweißstoffwechsel (höhere Nutzung der synthetisierten Eiweißmenge für die Eibildung) beitragen. Dadurch ließe sich auch der Energieaufwand für das Eiprotein vermindern.

Die enorme Steigerung der Legeleistung hat auch zu Konstitutionsproblemen geführt, die besonders unter Bedingungen der Käfighaltung zu negativen Konsequenzen wie Fettlebersyndrom geführt haben. Hochleistungshennen haben eine intensive Fettsynthese in der Leber, abhängig vom Östrogen- und Insulinspiegel. Durch reichliche Aufnahme von Kohlenhydratenergie wird die Insulinproduktion stimuliert. Die verringerte Bewegungsmöglichkeit der Hennen bei Käfighaltung bewirkt andererseits eine deutlich herabgesetzte Produktion katabol wirkender Nebennierenrindenhormone. Durch den erhöhten Insulinspiegel wird deutlich mehr Fett in der Leber erzeugt, als in die Eifollikel eingelagert werden kann. Es kommt zum erhöhten Leberfettgehalt, die Leber wird vergrößert, verfärbt sich gelblichbraun bis intensiv gelb und wird brüchig. Unter den Fettsäuren erhöht sich der Anteil an Ölsäure. Als Gegenmaßnahme bietet sich an, die Kohlenhydrat- durch Fettenergie isokalorisch auszutauschen. Besonders Fette mit erhöhtem Anteil ungesättigter Fettsäuren dämpfen die Fettsäuresynthese in der Leber.

Eine weitere Steigerung der Legeleistung ist in Zukunft trotz biologischer Barrieren zu erwarten, wenngleich eine Erhöhung der Einzelmerkmale in kleineren Schritten erfolgen wird. Bei allen Maßnahmen zur Erhöhung der Legeleistung sind zu beachten:
– die Effizienz der Produktion und Kosten,
– die Qualität und Zusammensetzung der Eier,
– das Wohlbefinden der Tiere und
– der Umweltschutz.

Zielstellung ist schon längst nicht mehr nur eine maximale Eizahl je Henne. Aber in Zukunft ist noch deutlicher eine optimale biologische Effizienz anzustreben. Hierzu gehören günstige Futterverwertung sowie Gesundheit und Fitness, gekennzeichnet durch hohe Befruchtung, Schlupffähigkeit und Vitalität, und schließlich eine hervorragende Produktqualität.

Alle diese Merkmale stehen nicht im Widerspruch zum Wohlbefinden der Tiere und zum Schutz der Umwelt. So bewirkt eine verbesserte Futterverwertung auch eine geringere Schadstoffemission und gegebenenfalls eine bessere Anpassungsfähigkeit der Tiere, z. B. an tropische Klimata. Züchterische Maßnahmen zur Erhöhung des Immunstatus können sich positiv auf das Wohlbefinden der Tiere auswirken und gleichzeitig die Anwendung von Medikamenten und Futterzusätzen vermindern.

Das hohe Niveau der Legeleistung ist mit darauf zurückzuführen, daß es gelungen ist, die Legeintensität von 90–95% über einen längeren Zeitraum zu halten. Der Rückgang der Legeintensität im Verlauf der Legeperiode bzw. das Durchhaltevermögen muß aber in stärkerem Maße beachtet werden.

Bisher erfolgte die Selektion auf Teilleistung, deren Beziehung zur Gesamtleistung in der biologischen Legeperiode infolge der Autokorrelation überschätzt wird. Die Beziehungen zwischen Teil- und Restleistung sind dagegen sehr niedrig, manchmal sogar negativ. Eine retrospektive Selektion nach Abschluß der Jahreslegeleistung ist daher angebracht, wenn das Generationsintervall nicht verlängert werden soll. Der schlechteren Proteinverwertung mit zunehmendem Alter muß hierbei entgegengewirkt werden.

Mehr Aufmerksamkeit ist im Interesse der Verbraucher der Eiqualität zu widmen, dies gilt sowohl für die Schalenqualität als auch für die innere Qualität. Der wertvollste Teil des Eies ist das „Gelbe im Ei", das Dotter, da dieses die lebenswichtigen Stoffe enthält. Deshalb ist es logisch, den Anteil des Dotters im Ei zu erhöhen. In der Züchtung wurde dieses Merkmal sträflich vernachlässigt, obwohl Untersuchungen an Wachteln zeigen, daß erfolgreich auf Dotteranteil selektiert werden kann (Tabelle 4).

Tabelle 4. Ergebnisse der Selektion auf hohen Dotteranteil bei Wachteln nach 20 Generationen (nach Köhler 1987)

Linie selektiert auf	Kontrolle	Hohe relative Dottermasse	Niedrige relative Dottermasse
Eizahl, Stück	133,02 ± 12,82	130,17 ± 18,29	133,06 ± 14,98
Legetage (42.–200. Lebenstag)	159	159	159
Einzeleimasse, g	11,21 ± 0,82	10,71 ± 1,02	11,33 ± 0,81
Dottermasse			
absolut, g	3,32 ± 0,30	3,69 ± 0,33	3,09 ± 0,40
relativ, %	29,65 ± 1,79	34,44 ± 1,61	27,23 ± 1,80

Große Erwartungen werden häufig mit der Anwendung einer markergestützten Selektion verbunden. Mit Hilfe molukulargenetischer Methoden werden Gene identifiziert, die mit Genen gekoppelt sind, die für die Legeleistung verantwortlich zeichnen. Zu beachten ist jedoch, daß solche Merkmale wie die Legeleistung durch eine große Zahl von additiv wirkenden Genen mit kleinen Beiträgen beeinflußt werden. Deshalb wird die Identifizierung derartiger Gene mit Hilfe von molekularen Markern nicht automatisch zu großen Leistungssprüngen führen. Andererseits kann mit Hilfe der molekulargenetischen Technik die genetische Distanz bestimmter Linien beurteilt und demzufolge eine Vorhersage zur Heterosis bei Kreuzung dieser Linien getroffen werden. Dies könnte die aufwendigen Kombinationseignungsprüfungen einschränken.

Produktionssysteme, die den elementaren Bedürfnissen zur Aufrechterhaltung der lebensnotwendigen Prozesse gerecht werden und die Ausübung der essentiellen Verhaltensweisen ermöglichen, bewirken nicht nur die Ausschöpfung des genetischen Leistungsvermögens, sondern vermeiden auch Verhaltensstörungen und Erkrankungen und wirken im Sinne der biologischen Effizienz. Deshalb sind die Produktionssysteme nicht nur unter ökonomischen, sondern auch unter ökologischen, ethologischen und ethischen Apsekten zu betrachten.

Literatur

Flock, D. K. (1972): Ergebnisse der deutschen Legeleistungsprüfungen 1970/71. Dt. Geflügelwirtschaft **24**, 687–688.

Heider, G., und Monreal, G. (1992): Krankheiten des Wirtschaftsgeflügels, Gustav Fischer Verlag, Jena-Stuttgart.

Heil, G., und Hartmann, W. (1994): Amtliche Legeleistungsprüfung 1992/93. Zusammenfassende Auswertung DGS, **46**, 8, 6–14.

Kinney Jr., T. B. (1969): Agriculture Handbook 363, U. S. Dept. of Agriculture.

Köhler, D. (1992): unveröffentlichte Ergebnisse. Univ. Leipzig.

Mehner, A. (1962): Lehrbuch der Geflügelzucht, Verlag Paul Parey, Hamburg-Berlin, S. 94.

Müller, J., und Götze, S. (1993): Selection criterions improving the feed efficiency in laying hens. Archiv für Tierzucht **36**, 2, 11–17.

Petersen, J. (1989): Was hat die eierzeugende Geflügelwirtschaft im kommenden Jahrzehnt zu erwarten? Lohmann-Information, 7–12.

Poteracki, P. (1993): Geflügelhaltung. Berichte und Versuchsergebnisse 1993 der LVA Haus Düsse, S. 65–86.

Sheldon, B. L., and Podger, R. N. (1974): Selection for short interval between eggs in poultry housed under continuous light. Proc. and Abstr. 15th Wld's Poult. Congr., New Orleans, 518.

Strobel, E. (1994): unveröffentlichte Ergebnisse, Institut für Tierernährung und Vorratshaltung, Univ. Halle.

Vogt, H. (1991): Faustzahlen zur Geflügelfütterung. Jahrbuch für die Geflügelwirtschaft, 1991, 81–98.

8. Wachstum
(S. Molnar)

In der Tierproduktion wird die Wachstumsleistung allgemein durch die Entwicklung der *Gewichtszunahme je Zeiteinheit* ermittelt. Die Vermehrung der Kernmasse ist das Ergebnis von zellulären Veränderungen und biochemischen Syntheseprozessen sehr komplexer Natur. Eine allgemein zutreffende Wachstumsdefinition ist deshalb schwer zu formulieren. Zytologisch wird Wachstum mit den Teilprozessen der **Zellvermehrung (Hyperplasie)** und **Zellvergrößerung (Hypertrophie)** beschrieben. Beim Wachstum höherer Organismen, wie bei allen landwirtschaftlichen Nutztieren, haben neben diesen quantitativen Zellveränderungen die **Zelldifferenzierung** und die **Ausbildung der Organsysteme** eine besondere Bedeutung.

Bei der ernährungsphysiologischen Betrachtung ist das Wachstum in den pränatalen und postnatalen Abschnitt einzuteilen. Der Beginn des Wachstums ist mit der Befruchtung der Eizelle klar zu definieren. Bezüglich des Wachstumsendes kann man je nach Meßmethode und Definition unterschiedliche Auffassungen vertreten. Allgemein ist der intensive postnatale Abschnitt, der zur Fleischgewinnung genutzt wird, mit Erreichen der Geschlechtsreife abgeschlossen. In der Tabelle 1 ist die Dauer der Wachstumsphasen der Nutztiere zusammengestellt.

Tabelle 1. Wachstumsphasen der Haustiere (nach Brune 1972)

Tierart	Kyematogenese pränatal (Tage)	Geschlechtsreife (Alter in Monaten)	Wachstumsabschluß (Alter in Jahren)
Pferd	329–345	12–18	5–7
Rind	279–282	6–12	4–5
Schaf	144–152	6–18	2–3
Schwein	112–121	4–8	3–4
Geflügel		12–18	5–7
Huhn	19–24		
Pute	26–29		
Gans	28–32		
Ente	28–32		

Messung des Wachstums. Das Wachstum des Körpers als Ganzes kann vom Standpunkt des ein-, zwei- oder dreidimensionalen Maßes aus betrachtet werden. Längenwachstum ist eindimensional; ein zweidimensionales Maß wird bei Körperoberflächenmessungen erfaßt, und das Gewicht ist eine Funktion des dreidimensionalen Wachstums.

Von Interesse sind bei Wachstumsstadien die *allometrischen*[1]) Veränderungen des Organismus. Die Allometrie ist nicht nur auf die Morphologie beschränkt, sondern kann auch auf physiologische, histochemische und andere Gebiete angewandt werden. Durch sie besteht die Möglichkeit, das Wachstum in seinen einzelnen Phasen wie Zellvermehrung, Zellvergrößerung, Zelldifferenzierung und Zellspezialisierung zu beobachten.

Mit der Entdeckung der DNA-Konstanz je haploide Kerneinheit ist es möglich, die Prozesse der Zellvermehrung und Zellvergrößerung getrennt zu erfassen. Jede Veränderung im DNA-Gehalt ist der Veränderung der Zellzahl eines Organs proportional. Wenn man die DNA quantitativ bestimmt hat, läßt sich aus dem Verhältnis des Organgewichtes zur DNA die Größe der Zellen erkennen. Es ist mit dieser Methode möglich, die Entwicklung und die Zahl der Zellen sowie ihre Größe im Laufe des Wachstums zu verfolgen. Dabei ist zu berücksichtigen, daß nach neueren Untersuchungen, z. B. in Muskelfasern, neue Zellkerne auch ohne Zellteilung entstehen und die DNA-Menge beeinflussen. Die Quelle der neuen Kerne sind die sog. *Satellitenzellen*[2]).

Wachstumsphasen. Die Gesamtentwicklung des Tiers wird allgemein in zwei Wachstumsphasen eingeteilt: in die pränatale und postnatale Phase. Unter Berücksichtigung der physiologischen Prozesse wie Zellvermehrung und Zelldifferenzierung sowie unterschiedliche Wachstumsintensität und Entwicklung der Organsysteme kann eine weitere Unterteilung erfolgen.

Das vorgeburtliche Wachstum der Säuger wird in Blastogenese, Embryonalstadium und fetales Stadium unterteilt.

---

[1]) Die *Allometrie* gibt die Veränderung einzelner Organe oder Gewebe usw. in Relation zum Gesamtkörper oder anderen Organen an.
[2]) Satellitenzellen sind kleine, mononukleäre Zellen, die mitotisch aktiv sind.

Nach der Geburt ist eine Einteilung in Jugendstadium, Reifezustand und Alter üblich. Für die Gewinnung von Nahrungsmitteln ist das Jugendstadium für Fleisch und der Reifezustand für Milch- und Eigewinnung von besonderer Bedeutung.

Beim Geflügel erfolgt die Einteilung der Gesamtentwicklung analog zum Säuger in Perioden vor und nach dem Schlupf. Der Abschnitt nach dem Schlupf wird, wie beim Säuger, in Jugendstadium, Reifezustand und Alter eingeteilt.

Die Veränderungen des Körpers im gesamten Lebensabschnitt können aus physiologischer Sicht funktionell oder rein stofflich betrachtet werden. Für die Lebensmittelgewinnung sind beide Betrachtungsweisen von Bedeutung.

Funktionelle Veränderungen. *Pränatal* findet im Stadium der Blastogenese fast ausschließlich eine Zellvermehrung statt, ohne nennenswerte Vergrößerung und Differenzierung. Zu Beginn dieses Abschnittes ist die Zellmasse durch biotechnologische Maßnahmen teilbar und wird bei einigen Tierspezies zur Erzeugung von Mehrlingen genutzt.

Das Embryonalstadium wird neben einer intensiven Zellvermehrung durch eine starke Zellvergrößerung und Zelldifferenzierung geprägt. In diesem Stadium werden die einzelnen Organe und Organsysteme ausgebildet.

Im fetalen Stadium finden eine weitere Zellvermehrung und Zellvergrößerung und eine Weiterentwicklung der Organfunktionen statt. Zum Zeitpunkt der Geburt nehmen alle lebenswichtigen Organe ihre Funktion auf. Kreislaufsystem, Lunge, Verdauungstrakt sowie Thermoregulation werden auf die extrauterine Umwelt eingestellt.

Als Jugendstadium wird allgemein der Zeitraum von der Geburt bis zur Geschlechtsreife bezeichnet. In diesem *postnatalen* Lebensabschnitt findet das intensivste Wachstum der Organe und Gewebe statt. Die Organe und Gewebeteile wachsen nach dem Gesetz der Allometrie mit unterschiedlicher Intensität. Relativ zum Gesamtkörperwachstum kann in den einzelnen Lebensabschnitten sich eine positive oder negative Allometrie für Wachstumsberechnungen der einzelnen Organe oder Gewebe ergeben. Als Beispiel für das allometrische Wachstum sind Werte in den Tabellen 2 und 3 dargestellt.

Tabelle 2. Veränderungen der N-Anteile in den einzelnen Körperteilen des Ferkels nach der Geburt (nach Strunz 1964)

Organ	Geburt	nach 8 Wochen
Skelettmuskulatur	33%	40%
Binde-, Drüsen- und Fettgewebe	1%	20%
Nieren, Herz und Lunge	3,7%	1,9%
Haut	23%	14%
Knochen	27%	13%

Tabelle 3. Relatives Wachstum der einzelnen Gewebe beim Schwein (nach Zgur 1991)

Organ	Allometriekoeffizient
Muskelgewebe	0,969
Fettgewebe	1,366
Knochen	0,774
Schwarte	0,902

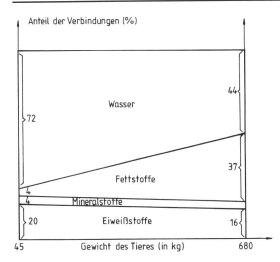

Abb. 1. Veränderungen der chemischen Zusammensetzung des Tierkörpers im Verlauf des Wachstums (nach Morrison 1956).

Zellphysiologisch betrachtet, findet in dieser Lebensphase eine Zellvergrößerung statt, obwohl DNA-Messungen in Organen und Geweben eine Zellvermehrung bestätigen. Die für den Aufbau von Organen und Muskelgewebe nicht benötigten, energetisch verwertbaren Nährstoffe werden schon in diesem Stadium der Fettsynthese zugeführt.

Nach Eintreten der vollen Funktion der Geschlechtsorgane folgt der Reifezustand. Dieser Lebensabschnitt wird zur Vermehrung der Rassen, Erzeugung von Hybriden, Milchleistung, Legeleistung, Arbeitsleistung und Gewinnung von Wolle genutzt.

Das Alter ist durch Zurückgehen der Leistungen und Erlöschen der Geschlechtsfunktionen sowie durch Abbauerscheinungen und Störungen in der Stoffwechselregulation gekennzeichnet. Bei landwirtschaftlichen Nutztieren wird dieses Stadium nur von Tieren erreicht, die für die Arbeitsleistung, Milchgewinnung und Zucht genutzt werden.

Stoffliche Veränderungen. Aus der Sicht der Tierernährung und Lebensmittelgewinnung ist auch die rein stoffliche Betrachtung der einzelnen Lebensabschnitte interessant.

Die Hauptbestandteile des Tierkörpers sind Wasser, Proteine, Fette, Kohlenhydrate und Mineralstoffe. Ihr Verhältnis zueinander verändert sich im Laufe des Wachstums bei allen Tierarten, wie in Abb. 1 beispielhaft dargestellt ist.

Wasser. Wasser nimmt im Tierkörper den größten Anteil ein. Das Wasser wird im intrazellulären und extrazellulären Flüssigkeitsraum verteilt. Junge Individuen enthalten allgemein höhere Wasseranteile. Auch zwischen den einzelnen Organen und Gewebearten können erhebliche Unterschiede im Wassergehalt auftreten. Die Veränderungen des Wassergehaltes der Organe und Gewebe sind in den einzelnen Lebensphasen geringer als die Unterschiede im Wassergehalt zwischen den einzelnen Organen und Gewebearten (Tabelle 4).

Tabelle 4. Wassergehalt einiger Gewebe bei Nutztieren

Organ	Wassergehalt
Blutplasma	90–92%
Muskulatur	72–78%
Knochen	22%
Fettgewebe	15%

Obwohl auch der Wassergehalt der einzelnen Gewebe, insbesondere nach der Geburt, abnimmt, resultiert die nach der Lehrmeinung postulierte „physiologische Austrocknung" in erster Linie aus der Verschiebung des Verhältnisses zwischen „wasserreichem" Muskelgewebe und „wasserarmen" Fettgewebe und wird von der Energieaufnahme stark beeinflußt (Tabelle 5).

Tabelle 5. Wasser- und Fettgehalt des Schlachtkörpers in Abhängigkeit von der Energieaufnahme (kg/100 kg Leergewicht) (nach Heunisch 1974)

Gruppe	tägliche Energieaufnahme kg GN		Rohwasser kg	Gesamtfett kg
I	(2mal EH)	0,966	62,60	17,12
II	(3mal EH)	1,410	58,26	22,29
III	(4mal EH)	1,813	54,23	27,42

Im Verlauf des Wachstums verändert sich die Wasserbindung in der Muskulatur, wobei neben den kolloidchemischen Bindungen durch Veränderung der Proteinstrukturen auch das intramuskulär eingelagerte Fett in der postnatalen Phase die Wasserbindungsfähigkeit des Fleisches beeinflußt (s. S. 379). Im Wassergehalt unterscheiden sich die verschiedenen Fleischarten nur geringfügig (Tabelle 6).

Tabelle 6. Wassergehalt verschiedener Fleischarten (nach Rogowski 1983)

Fleischart	Wassergehalt
Schweinefleisch	75,0%
Rindfleisch	76,4%
Kalbfleisch	76,6%
Hammelfleisch	75,2%

Protein. Im Verlauf des Wachstums wird Körperprotein durch Zellteilung und Zellvergrößerung quantitativ vermehrt. Die Aminosäurenzusammensetzung der einzelnen Gewebe und Organe ist genetisch festgelegt und kann durch exogene Faktoren, wie Fütterung und Haltung, nicht beeinflußt werden. Eine quantitative Veränderung des Gesamtkörperproteins in den einzelnen Wachstumsperioden ist nur das Resultat der unterschiedlichen Wachstumsgeschwindigkeit der einzelnen Gewebearten (Muskel, Knochen, Bindegewebe).
Der größte Anteil des Körperproteins befindet sich in der Muskulatur, gefolgt von Fettgewebe, Skelett und Innereien (Tabelle 7). Im Verlauf des Wachstums verändert sich auch die relative Verteilung des Proteins auf die einzelnen Körperfraktionen. Der Proteingehalt der verschiedenen Fleischarten liegt in einer Größenordnung (Tabelle 8). Auch die Aminosäurenzusammensetzung von Rind-, Lamm- und Geflügelfleisch ist fast identisch und biologisch als gleichwertig zu betrachten (Tabelle 9).

Fett (Lipide). Fette kommen in jeder Zelle als strukturelle Bestandteile vor. Äußere und innere Membranen der Zellen und Zellorganellen enthalten Phospholipide und andere lipidhaltige Verbindungen, wie Lipoproteine und Lipopolysaccharide. Ihre Fettsäurenzusammensetzung ist für die Membranfluidität von besonderer Bedeutung. In die Membranlipide werden ungesättigte Fettsäuren der ω 6-Gruppe bevorzugt eingelagert. Im Verlauf des Wachstums steigt der prozentuale Fettgehalt bei allen Tieren an.

Tabelle 7. Relative Proteinverteilung auf die Schlachtfraktionen beim Schwein, in % des Leergewichtes (nach Heine 1974)

Schlachtfraktion	Gewichtsanteil	Proteinanteil
Fett und Fleisch	75,3	76,4
Skelett	8,3	10,3
Innereien	8,7	7,4
Blut	3,5	3,9
Ohren, Borsten, Klauen	0,3	2,0

Tabelle 8. Proteingehalt von verschiedenen Fleischarten (nach Rogowski 1983)

Fleischart	Proteingehalt
Schweinefleisch	21,9%
Rindfleisch	21,8%
Kalbfleisch	21,5%
Hammelfleisch	19,4%

Tabelle 9. Aminosäurenzusammensetzung verschiedener Fleischarten in Prozent des Gesamtproteins (nach Kallweit 1986)

Aminosäure	Rindfleisch	Lammfleisch	Schweinefleisch
Leucin	8,4	7,42	7,53
Valin	5,71	5,00	4,97
Isoleucin	5,07	4,78	4,89
Methionin	2,32	2,32	2,50
Threonin	4,04	4,88	5,12
Phenylalanin	4,02	3,94	4,14
Arginin	6,56	6,86	6,35
Histidin	2,94	2,68	3,23
Lysin	8,37	7,65	7,77
Tryptophan	1,10	1,32	1,35
Glutaminsäure	14,35	14,35	14,51
Asparaginsäure	8,75	8,46	8,92
Prolin	5,40	4,80	4,60
Tyrosin	3,24	3,21	3,02
Glycin	7,11	6,74	6,10
Serin	3,77	3,93	3,97
Cystin	1,35	1,34	1,31
Alanin	6,40	6,30	6,30

Die Fetteinlagerung ist nicht allein ein Phänomen der Entwicklung, sondern wird vom Ernährungsniveau sehr stark beeinflußt. Nährstoffe, die für die Proteinbiosynthese oder energetische Zwecke nicht genutzt werden, tragen zur Fettvermehrung bei und beeinflussen neben der quantitativen Fetteinlagerung die Verteilung der Lipide auf die einzelnen Körperfraktionen.

Auch die Fettsäurenzusammensetzung des Körperfettes verändert sich in den einzelnen Wachstumsphasen. Für den pränatalen Lebensabschnitt ist charakteristisch, daß die Fettsäuren mit einer ungeraden Anzahl an C-Atomen in den Organlipiden der Feten stark vertreten sind. Ihr relativer Anteil geht nach der Geburt durch die starke quantitative Fettzunahme im Körper zurück.

Die Veränderung der Fettsäurenzusammensetzung im postnatalen Lebensabschnitt ist bei allen Nutztieren in erster Linie durch die aufgenommenen Futterfette geprägt. Der tierische Organismus hat nur zwei Möglichkeiten, exogene Fettsäuren seinen physiologischen Bedürfnissen anzupassen: die Kettenverlängerung und die Olefinierung von Fettsäuren. Eine Hydrogenierung bei Monogastriden und nichtruminierenden Arten mit mehrhöhligem Magen findet vor der Absorption nicht statt. Ungesättigte Fettsäuren werden deshalb im Körperfett weitgehend unverändert eingelagert. Deshalb ist der Einfluß linolsäurehaltiger Fette auf die Körperfettzusammensetzung besonders stark ausgeprägt und muß in der praktischen Fütterung beachtet werden.

Obwohl die Linolsäure, insbesondere bei niedriger Versorgungslage, in verschiedenen Organ- und Gewebelipiden bevorzugt eingelagert wird, werden alle Lipidfraktionen von der Linolsäureversorgung beeinflußt.

Bei Wiederkäuern mit einem funktionierenden Vormagensystem werden die ungesättigten Fettsäuren von den Pansenmikroben weitgehend hydrogeniert. Sie werden anschließend intermediär zum größten Teil olefiniert. Daraus resultiert, daß auch im Körperfett der Wiederkäuer relativ hohe Anteile an Ölsäure zu finden sind. Der Mechanismus der Olefinierung dient zur Erniedrigung des Schmelzpunktes von Körperfett. Essentielle Fettsäuren der ω 6-Gruppe können auf diesem Wege nicht synthetisiert werden. Von besonderer Bedeutung für die Fleischbeschaffenheit ist die Verteilung des Fettes in den einzelnen Geweben, insbesondere in der Muskulatur (s. S. 382).

Kohlenhydrate. Kohlenhydrate kommen im Tierkörper als Bau- und Betriebsstoffe vor. Ihr Anteil ist im Vergleich zum Protein und Fett sehr gering. Sie haben jedoch wichtige physiologische Funktionen zu erfüllen. Jede Zelle enthält Kohlenhydrate als Strukturbestandteil der Zellmembranen und Membranen der Zellorganellen. Außerdem sind Kohlenhydrate am Aufbau von Nukleinsäuren und Ribonukleinsäuren beteiligt.

Im Verlauf des Wachstums vermehren sich die Kohlenhydrate parallel zur Vermehrung der Zellstrukturen. Weiterhin ist die Glucose im Blut zu nennen, die als Betriebsstoff für jede Zelle dient. Die Blutglucosekonzentration ist tierspezifisch konstant. Wesentliche Veränderungen treten im Verlauf des Wachstums nur beim Wiederkäuer zum Zeitpunkt des Einsetzens der mikrobiellen Vormagenbesiedlung ein. Als Reservekohlenhydrat dient Glykogen und wird in der Leber und im Muskelgewebe eingelagert. Sein Anteil kann in der Leber 2–10% und in der Muskulatur 0,5–1,5% erreichen. Als Beispiel ist die Verteilung der Kohlenhydrate beim Rind in der Tabelle 10 aufgeführt.

Tabelle 10. Kohlenhydratbestand eines 450 kg schweren Rindes in g (nach Kolb 1971)

Kohlenhydrat	Menge
Glucose im Blut	20– 25
Glucose in den Geweben	40– 50
Leberglykogen	250– 300
Muskelglykogen	1800–2200

Mineralstoffe. Mineralstoffe sind am Aufbau des Skeletts und anderer Strukturbestandteile im Organismus beteiligt. Außerdem haben sie wichtige Funktionen bei verschiedenen Stoffwechselprozessen. Calcium, Phosphor, Magnesium, Natrium, Kalium, Chlor und Schwefel sind die Hauptbestandteile der mineralischen Fraktion. Bezogen auf 1 kg Körpergewicht, unterscheiden sich bei der Geburt die einzelnen Nutztierarten in ihrem Mineralgehalt (Tabelle 11). Dieser Wert verändert sich im Verlauf des Wachstums tierartspezifisch. Auch die auf Körpergewichtszunahme bezogenen Mineralansatzwerte zeigen während des Wachstums tierart- und rassenspezifische Unterschiede.

Tabelle 11. Durchschnittlicher Mineralstoffgehalt im Körper neugeborener Tiere je kg Körpergewicht (nach Günther 1972)

Tierart	Calcium	Phosphor	Magnesium	Natrium	Kalium
Kalb	13,26–13,34	7,69–7,83	0,29–0,31	1,68–1,78	1,97
Schaflamm	9,05–11,37	5,42–6,68	0,29–0,36	1,40–1,45	1,97
Ferkel	9,88–10,82	5,50–6,21	–	1,45–1,55	1,73–1,75
Küken	3,11– 3,33	1,78–2,00	–	0,89–1,00	1,33–1,67

Von besonderem Interesse in Hinsicht auf die Humanernährung ist die Verteilung der einzelnen Elemente auf die Fleisch- und Knochenfraktion.

Wie die Tabelle 12 zeigt, befindet sich Calcium fast ausschließlich und Phosphor zum größten Anteil in der Knochenfraktion, während Kalium, Natrium und Magnesium auch in der Fleischfraktion stark vertreten sind. Im Verlauf des Wachstums ändert sich die Verteilung nur geringfügig.

Tabelle 12. Verteilung der Mineralstoffe auf die Fleisch- und Knochenfraktion beim wachsenden Tier (nach Günther 1972)

Tierart	Körpergewicht	Gehalt des Körpergewebes in % des Gesamtgehaltes				
		Ca	Mg	P	Na	K
• Schwein						
Fleisch	27,5 kg	0,66	39,12	19,51	37,14	61,03
	112,4 kg	0,57	32,91	17,26	36,65	69,88
Knochen	27,5 kg	97,83	43,74	69,19	17,21	6,27
	112,4 kg	97,80	54,00	75,88	17,74	4,96
• Huhn						
Fleisch	96 g	0,72	40,55	23,25	38,44	63,81
	1240 g	0,60	34,15	20,48	37,11	71,35
Knochen	96 g	98,45	45,05	67,90	17,90	5,05
	1240 g	98,52	55,88	73,65	17,61	4,35

Schlußbemerkungen. Die Wachstumsleistung der Tiere wurde in der vorgeschichtlichen Zeit zur Beschaffung hochwertiger Proteinnahrung genutzt, wobei die „Sammler und Jäger" das Alter der Beute nicht beeinflussen und nicht berücksichtigen konnten. Schon mit der Tierhaltung für Nahrungszwecke hat der Mensch den naturgegebenen Wachstumsverlauf der Tiere stark beeinflußt. Durch die Domestikation hat die Körpergröße bei einigen Tierarten abgenommen. Die ganzjährige Sicherung der Futtergrundlage hat das „jahreszeitliche Wachstum" in ein „kontinuierliches" verwandelt, wobei die Dürre- und Winterperiode ihren wachstumsdepressiven Einfluß verloren haben. Die Fähigkeit, nach einer suboptimalen Versorgungsperiode die Wachstumsdepression auszugleichen, ist jedoch bei unseren Nutztieren bis heute erhalten geblieben und unter dem Begriff „kompensatorisches Wachstum" als physiologisches Phänomen bekannt. Die Optimierung der Nährstoffversorgung und die züchterischen Maßnahmen haben die Wachstumsleistung in den letzten Jahrzehnten beachtlich erhöht.

Zur weiteren Steigerung und Stabilisierung der Wachstumsleistung wurden *Leistungsförderer* eingesetzt, welche die Wachstumsraten in einer Größenordnung von 3–4% nachweislich erhöhen. Zur Zeit werden z. B. in etwa 75% der Schweinemastbetriebe Leistungsförderer eingesetzt. Bei den Geflügelmastbetrieben dürfte dieser Anteil noch größer sein. Das physiologische Leistungsvermögen der Nutztiere ist an einer Grenze angekommen, wo eine weitere Steigerung nur durch Maßnahmen erreicht werden kann, die für die breite Bevölkerung nicht überschaubar ist und deshalb bei einem Überangebot von Fleisch und Fleischprodukten nicht akzeptiert wird.

Die wissenschaftliche Grundlagenforschung über physiologische Wachstumsvorgänge hat neue Wege eröffnet, um die Wachstumsleistung der Tiere zum Zwecke der Fleischproduktion weiter zu erhöhen und zu stabilisieren. Die biotechnischen und gentechnischen Methoden werden zur Zeit wissenschaftlich intensiv bearbeitet und nur eingeschränkt in der Produktionspraxis eingesetzt. Es ist davon auszugehen, daß in Zukunft die Wachstumsleistung landwirtschaftlicher Nutztiere mit Hilfe dieser Methoden unter Beachtung ethischer und ökologischer Grundsätze durch ökonomische Zwänge gesteigert werden muß. Die Aufgabe der Tierernährung wird es sein, einen Tierbestand mit hohem Leistungspotential bedarfsgerecht zu ernähren.

Literatur

Brune, H. (1972): Handbuch der Tierernährung. Band 2. Paul Parey, Hamburg und Berlin.
Günther, K. D. (1972): Handbuch der Tierernährung. Band 2. Paul Parey, Hamburg und Berlin.
Heine, T. (1974): Untersuchungen über den Einfluß unterschiedlicher Energieversorgung auf die Mastleistung, die Zusammensetzung des Tierkörpers und auf die Verwertung des Nahrungsproteins und der Nahrungsenergie bei wachsenden Fleischschweinen. Diss., Göttingen.
Heunisch, E. (1974): Untersuchungen zum Einfluß unterschiedlicher Energieversorgung auf Futterverwertung, Qualität und chemische Zusammensetzung des Schlachtkörpers von Fleischschweinen. Diss., Göttingen.
Kallweit, E. (1986): Schrifttum zur Vorlesung Produktkunde. Göttingen
Kolb, E. (1971): Ernährungsphysiologie der landwirtschaftlichen Nutztiere. Gustav Fischer Verlag, Jena.
Rogowski, B. (1983): Fleisch und Gesundheit. Sonderheft der AID anläßlich der 10. Kulmbacher Fortbildungstage vom 10.–12. Oktober 1983, S. 28–30.
Strunz, K. (1964): Die relative N-Verteilung im Körper und der Nukleinsäuren-Gehalt einiger Gewebe beim wachsenden Schwein. Habil.-Schrift, Göttingen.
Zgur, S. (1991): Histologische und biochemische Veränderungen im Muskelgewebe wachsender Schweine. Diss., Göttingen.

9. Laktation
(Hj. Abel)

9.1 Laktation als biologisches Phänomen

Die Laktation stellt eine spezialisierte Form der Überlebensstrategie von Säugetieren dar, die dem Abschluß der Reproduktionsleistung dient. Für die Entwicklung der Neugeborenen hat sie ethologische, immunologische und ernährungsphysiologische Bedeutung.

Das laktogene Hormon **Prolactin** tritt im Tierreich evolutionsgeschichtlich schon lange vor dem Erscheinen der Mammalia auf. Bekannte Funktionen erstrecken sich auf die Osmoregulation von euryhalinen Fischen, die Larvenentwicklung und den „Wassertrieb" von Amphibien, den „Flugtrieb" von Zugvögeln oder die Sekretion der Kropfmilch bei Tauben. Bei den Mammalia löst Prolactin neben der Milchsekretion typisch mütterliche, die Neugeborenen schützende und umsorgende Verhaltensweisen aus (Cowie und Tindal 1971). Die Lactosebildung leitet sich aus einem lebensbedingenden Synthesesystem für Glykoproteine ab (Kuhn 1983). Vermutlich trat die Milchsekretion ursprünglich bei eierlegenden Reptilien, d. h. ohne vorausgehende Gravidität auf (Jenness 1986). Die physiologische Einheit des Graviditäts-Laktationszyklus der Plazentatiere (Lenkeit 1972) findet damit ihren ontogenetischen Ursprung in der Übertragung eines Teiles der Laktationsleistung auf die Gravidität.

9.2 Die Milchdrüse

9.2.1 Morphogenese

Die Milchdrüse differenziert sich beim Embryo zunächst als Wucherung des äußeren Keimblattes in Form der sog. *„Milchleiste"*. Im Zusammenwirken mit mesenchymalen Veränderungen ist der Grundaufbau mit Zitze, Zitzenkanal, Zisterne, Ausführungsgangsystem, Drüsenepithel, Bindegewebs- und Fettzellbereich zum Zeitpunkt der Geburt angelegt. Während einer präpubertalen allometrischen *Wachstumsphase,* in der die Milchdrüse schneller als die übrigen Körpergewebe wächst, nehmen vor allem das Ausführungsgangsystem und das Drüsenparenchym zu. Mit dem Erreichen der Geschlechtsreife geht das bevorzugte Wachstum der Milchdrüse wieder zurück. Das Drüsenepithel unterliegt anschließend einem periodischen Auf- und Abbau im östrischen Zyklus. Die volle Ausbildung und die sekretorische Funktion des Drüsenepithels werden erst in der Gravidität und beginnenden Laktation erreicht. Das in Drüsenlappen alveolär angeordnete und in das Milchgangsystem mündende einschichtige Drüsenepithel ist basolateral von einem Netz kontraktiler Myoepithelzellen umschlossen. Die sekretorisch aktiven Milchdrüsenzellen zeichnen sich durch hohe Anteile intrazellulärer Membranstrukturen sowie durch zahlreiche, unterschiedlich große, caseingranulahaltige Bläschen (Vesikel) und Fetttröpfchen aus. Mit der Milch sollen auch Wachstumsfaktoren ausgeschieden werden, die für die Entwicklung der Milchdrüse beim Neugeborenen von Bedeutung sein könnten (Mepham 1983, Forsyth 1989).

Die Aufzuchtintensität steht in negativer Beziehung zur späteren Milchleistung der Tiere. Da die Geschlechtsreife primär von der Körpergröße und weniger vom Alter der Tiere abhängt, kann über die Fütterungsintensität auf die Zeitdauer des präpubertalen allometrischen Wachstums der Milchdrüse Einfluß genommen werden. In dieser Entwicklungsphase steigen die Konzentrationen an Wachstumshormon im Blutplasma und der als Wachstumsindikator dienende DNA-Gehalt des Drüsengewebes bei weniger intensiv gefütterten Tieren an. Dagegen wird bei intensiver Fütterung weniger Drüsengewebe angelegt. Andererseits ließ sich durch Applikation von Wachstumshormon bei intensiv aufgezogenen Tieren der Anteil des Drüsengewebes steigern. Wie sich derartige Veränderungen auf die sekretorische Funktion der Milchdrüse und die Milchleistung der Tiere auswirken, ist nicht bekannt (Johnsson 1988).

Das Ansteigen der täglichen Milchmenge zum Laktationsbeginn beruht primär auf der Steigerung der sekretorischen Aktivität vorhandener Drüsenzellen, während nach dem Überschreiten des Laktationsgipfels die Zahl aktiver Drüsenzellen parallel zur täglichen Milchleistung sinkt. Die Ernährung bietet hier weniger Einflußmöglichkeiten als z. B. die Stimulierung der sekretorischen Aktivität und der Vermehrung von Milchdrüsenzellen durch eine bereits während der Laktation bestehende Trächtigkeit oder durch häufigeres Melken (Knight et al. 1988, Knight 1989). Ob die mit der Applikation von Wachstumshormon erzielbaren Leistungssteigerungen auch auf der Vermehrung von Milchdrüsenzellen beruhen, ist ungeklärt.

9.2.2 Synthese und Sekretion der Milch

Die Synthesen in den Milchdrüsenzellen werden bereits während der Gravidität durch Prolactin und Glucocorticoide und mit dem Fortfall der inhibierenden Progesteronwirkung post partum in Gang gesetzt.

Die *Proteinsynthese* beginnt an den Ribosomen des endoplasmatischen Retikulums, wo nach Maßgabe der entsprechenden genetischen Information die aus einem gemeinsamen Pool entnommenen freien Aminosäuren verknüpft und zur weiteren Vollendung an den Golgi-Apparat abgegeben werden. Im Golgi-Apparat unterliegen diese Proteinvorstufen weiteren Veränderungen durch Glykosylierungs- und Phosphorylierungsreaktionen. Die vom Golgi-Apparat ausgehenden, zum apikalen Zellende wandernden Vesikel sind von einer Membran umgeben und enthalten – möglicherweise proteinspezifisch – die fertiggestellten Milcheiweißkörper. Die Sekretion erfolgt durch Exozytose indem die Vesikelmembranen mit der apikalen Zellmembran fusionieren und dabei den Vesikelinhalt in das Lumen der Milchalveolen abgeben. Neben dem Milcheiweiß dienen weitere in der Milchdrüse gebildete Proteine der „Synthesemaschinerie". Sie gelangen nicht bzw. in nur geringen Spuren in die Milch (Mercier und Gaye 1983, Mather und Keenan 1983).

Schon während der Gravidität bilden sich in den Milchdrüsenzellen zahlreiche, dicht mit Caseingranula bepackte Vesikel. Ihre Ausscheidung erfolgt jedoch erst mit dem Anlaufen der Laktation, wenn auch die *Lactosesynthese* beginnt. Der Lactosesynthetasekomplex befindet sich ebenfalls in den Membranen des Golgi-Apparates. Er überträgt unter Mitwirkung einer Galactosyltransferase und α-Lactalbumin sowie verschiedener Ionen als Cofaktoren UDP-Galactose auf Glucose. Die Lactosesyntheserate ist primär von der intrazellulär verfügbaren Glucose abhängig. Sie sinkt bei mangelndem Futterangebot sehr schnell auf ein niedriges Niveau bis zum völligen Erliegen ab und kann bei erneuter Nährstoffzufuhr innerhalb weniger Stunden wieder steigen. Die im Lumen des Golgi-Apparates freigesetzte Lactose kann die Membranen nicht mehr durchdringen und reichert sich hier als osmotisch aktive Substanz mit der Folge der Flüssigkeitsaufnahme in den luminalen Bereich an. Die Menge der Lactose beeinflußt daher auch das Volumen der Milch, während der Lactosegehalt der Milch nur wenig variiert. Auch die bereits beschriebenen proteinhaltigen Vesikel füllen sich zum Laktationsbeginn mit Flüssigkeit und nehmen stark an Volumen zu. Vermutlich gelangen daher die Sekretionsproteine und die Lactose mit den Transportvesikeln gemeinsam zur Ausscheidung in die Milch (Kuhn 1983). Es ist ungeklärt, welche Anteile des gesamten Milchvolumens über die Transportvesikel entstehen.

Das *Milchfett* entsteht aus de novo synthetisierten und exogenen, d. h. mit dem Blut bzw. der Lymphe herangeführten Fettsäuren. Als wichtigstes Substrat für die De-novo-Synthese dient Acetyl-CoA. Der bei Monogastriden für die Überführung von Glucose in extramitochondriales Acetyl-CoA zuständige „ATP-Citrat-Lyase-Weg" ist bei Wiederkäuern quantitativ unbedeutend. Hier entsteht Acetyl-CoA hauptsächlich aus Acetat (Ballard et al. 1969). Die De-novo-Synthese führt zu den typischen kurz- bis mittellangkettigen gesättigten Fettsäuren der Milch. Milchfettsäuren mit mehr als 16 Kohlenstoffatomen stammen überwiegend aus absorbierten Futter- oder mobilisierten Körperlipiden. Die insbesondere in der Milch von Wiederkäuern auftretenden ungeradzahligen und verzweigten Fettsäuren haben ihren Ursprung in der Absorption von ungeradzahligen Ausgangssubstraten der mikrobiellen Verdauung für die De-novo-Synthese bzw. von Membranfettsäuren der Pansenbakterien. Bei hohem Angebot an gesättigten Fettsäuren werden in der Milchdrüse mit Hilfe einer Desaturase ungesättigte Bindungen eingeführt. Hierin besteht ebenso wie in der Synthese niedrig schmelzender, kurzkettiger Fettsäuren ein physiologischer Mechanismus zur Gewährleistung angepaßter Viskositätseigenschaften des Milchfettes für die Sekretion (Moore und Christie 1984).

Für den Aufbau der komplexen Milchlipide sind membrangebundene Enzyme des Endoretikulums zuständig. Die aus „Lipovesikeln" gebildeten und zur Ausscheidung gelangenden Fetttröpfchen sind von einer membranartigen, größtenteils aus dem endoplasmatischen Retikulum und dem Golgi-Apparat abgeleiteten Hülle, teilweise auch von Teilen der apikalen Zellmembran umgeben. Gelegentlich kommt es zum Einschluß geringer Anteile des Milchdrüsenzellinhalts. Die mit der Fetttröpfchenabgabe verbundenen Membranverluste werden durch Rezirkulierung von Teilen der Transportvesikelmembranen und deren ergänzenden Einbau in die apikale Zellmembran wieder ausgeglichen (Mather und Keenan 1983, Keenan und Dylewski 1985).

Die Synthese- und Sekretionsmechanismen der Milch scheinen prinzipiell für alle Tierspezies zuzutreffen. Unterschiede in der Zusammensetzung der Milch innerhalb und zwischen Tierarten werden vor allem durch das an die Milchdrüse herangeführte Substratangebot und dessen Verwertung durch die Milchdrüsenzellen hervorgerufen.

9.2.3 Substratversorgung und -aufnahme der Milchdrüse

Die *Nährstoffaufnahme* der Milchdrüse läßt sich aus der Blutflußrate und der arteriovenösen Differenz (A-V-Differenz) ableiten:

Aufnahme (g/h) = Blutflußrate (l/h) × A-V-Differenz (g/l).

Diese Methode liefert jedoch nur die Netto-Flußraten, nicht aber die tatsächlichen Gesamtaufnahmen der Milchdrüse, die infolge von Austauschvorgängen an der basolateralen Membran und damit verbundenen Abgaben in das venöse Blut höher liegen können.

Mit dem Einsetzen der Laktation wird die Milchdrüse im Vergleich zu den übrigen Organen und Geweben bevorzugt durchblutet. Vermutlich sind hierfür hormonrezeptorspezifische, neurale und lokale gefäßerweiternden Signale des Organstoffwechsels, z. B. der Redox- bzw. Energiestatus der Milchdrüsenzellen, verantwortlich (Davis und Collier 1985). Die Blutflußrate steigt auch unter dem Einfluß der Eutermassage, des Melkens und von Oxytocin, Wachstumshormon und Thyroxin an, während sie bei Hunger sinkt. Die Konzentrationen der für die Milchbildung wichtigen Metabolite wie Glucose, Aminosäuren und Acetat scheinen sich dagegen nicht auszuwirken (Linzell 1967, Davis und Collier 1985). Für die Bildung von einem Liter Milch strömen bei voll angelaufener Laktation ca. 400–500 l Blut durch das Euter. Bei niedriger Milchleistung wurden an Ziegen auch bis zu 1000 l Blutfluß pro Liter Milch gemessen (Fleet und Mepham 1983).

Zwischen der Glucoseaufnahme und der Lactoseabgabe besteht eine enge Korrelation. Die nicht für die Lactosesynthese genutzten Glucoseanteile liegen bei Monogastriden höher als bei Wiederkäuern und dienen primär der Gewinnung von Reduktionsäquivalenten ($NADPH_2$) für andere Syntheseprozesse.

Die A-V-Differenz der Milchdrüse für *Glucose* verhält sich weitgehend unabhängig von der arteriellen Glucosekonzentration (Miller et al. 1991a). Vielmehr sind für die Glucoseaufnahme in die Milchdrüsenzellen vorrangig die Blutflußrate und die Umsetzung in den Milchdrüsenzellen selbst von Bedeutung. Im Laufe der Laktation werden von der Milchdrüse zwischen 15–30% der arteriellen Glucosekonzentration extrahiert (Pethick und Lindsay 1982; Miller et al. 1991b). Erhöhte Insulinspiegel führen in der Milchdrüse eher zu verminderter als zu gesteigerter Glucoseaufnahme (Metcalf et al. 1991). Es ist umstritten, ob unter dem Einfluß von exogen zugeführtem Wachstumshormon mehr Glucose aufgenommen wird oder ob die zu beobachtende Leistungserhöhung durch effizienteren Zellstoffwechsel zustande kommt (Miller et al. 1991b). Im Hungerzustand sinkt nicht nur die Blutflußrate, sondern auch die A-V-Differenz für Glucose, und letztere verbleibt bei Ziegen trotz wiederhergestelltem hohem Blutfluß auch 24 Std. nach erneuter Fütterung auf einem relativ niedrigen Niveau. Diese Beobachtung wirft ein Licht auf die komplizierten und noch wenig verstandenen Bedingungen der Glucoseaufnahme in die sekretorisch aktiven Milchdrüsenzellen.

Die für die *Proteinsynthese* verwendeten *Aminosäuren* stammen überwiegend aus einem Pool freier Aminosäuren des Blutplasmas, darüber hinaus auch aus membrangebundenen Aminosäuren der Erythrozyten. Die Aufnahme in die Milchdrüsenzellen erfolgt über aminosäurenspezifische, der Sättigungskinetik unterliegende Transportsysteme der basolateralen Membran (Baumrucker 1985). Parallel zu steigenden RNA-Gehalten erhöht sich die Aminosäurenaufnahme der Milchdrüsenzellen zum Laktationsbeginn. In Abhängigkeit von dem jeweiligen Aminosäurenangebot und Sättigungsgrad der entsprechenden Aminosäurentransporter an der basolateralen Zellmembran sowie weiterer endogener Faktoren wie Hormonen und Ionen können Synergismen und Antagonismen bei der Aufnahme aus dem Blut auftreten (Mepham 1988). Für eine Reihe von essentiellen Aminosäuren ließen sich auch lineare Beziehungen zwischen den arteriellen Konzentrationen und den A-V-Differenzen der Milchdrüse nachweisen (Hanigan et al. 1992). Im Hungerzustand geht die Aminosäurenaufnahme der Milchdrüse deutlich zurück (Linzell 1967).

Die Überführungsraten in das Milchprotein können zwischen den Aminosäuren stark variieren. So werden z. B. Met, Phe, Trp und Tyr in etwa vergleichbaren Mengen aufgenommen und ausgeschieden, während bei Arg, Lys oder Thre die Aufnahme höher als die Ausscheidung mit der Milch liegt. Nichtessentielle Aminosäuren werden in geringerer Menge aus dem Blut extrahiert als mit der Milch zur Ausscheidung kommen. Wichtige Substrate für die Synthese in der Milchdrüse stellen die Umsetzungsprodukte der im Überschuß aufgenommenen essentiellen Aminosäuren, Glucose und Acetat dar (DePeters et al. 1992). Aminosäuren dienen in der Milchdrüse in nicht unerheblichem Maße auch der Energiegewinnung.

Aufgrund der starken, von der Aminosäurenanflutung mitbestimmten Wechselbeziehungen zwischen den Transportmechanismen an der basolateralen Membran ist nur schwer festzustellen, ob und welche Aminosäuren auf die Milchproteinsynthese limitierend wirken. Die Synthese der nichtessentiellen Aminosäuren reicht in jedem Falle aus. Vermutlich wirkt das Wachstumshormon durch Beeinflussung der Transportsysteme auf die Überführung von Aminosäuren aus dem Blut in die Milchdrüsenzellen ein. Auch die Insulinrezeptoren der Milchdrüse scheinen beteiligt zu sein (Metcalf et al. 1991). Fettfütterung bewirkt niedrigere Aminosäurenkonzentrationen im Blutplasma und verminderten Blutfluß in der Milchdrüse, während sich andererseits die Extraktionsrate der Aminosäuren kompensatorisch erhöht (DePeters und Cant 1992).

Die mit dem Blut an die Milchdrüse herangeführten *Fettsäuren* entstammen hauptsächlich der Lipoproteinfraktion sehr geringer Dichte (VLDL) und bei fettreicher Ernährung auch den Chylomikronen. Diese komplexen Lipide werden zunächst in den Kapillarendothelien und an der Oberfläche der Milchdrüsenzellen durch Lipoproteinlipase gespalten. Als wichtigste Spaltprodukte entstehen neben freien Fettsäuren und Glycerol auch Monoacylester, die über noch nicht vollständig aufgeklärte Mechanismen in die Milchdrüsenzelle aufgenommen werden. Die aus der Körperfettmobilisierung stammenden, im Blut an Albumin gebundenen unveresterten Fettsäuren (NEFA) können bei negativer Energiebilanz insbesondere zum Laktationsbeginn in erheblichem Maße zur Milchfettbildung beitragen. Zwischen den Konzentrationen an Triglyceriden bzw. unveresterten Fettsäuren in der Euterarterie und den jeweiligen A-V-Differenzen im Euter wurden schwach gesicherte lineare Beziehungen festgestellt (Miller et al. 1991a). Die Milchdrüsenzellen verfügen über eine hohe Oxydationskapazität für unveresterte Fettsäuren, die im Energiemangel bevorzugt ausgeschöpft wird.

Mit dem Beginn der Laktation wird auch Acetat bevorzugt von der Milchdrüse aufgenommen. Insbesondere bei Wiederkäuern dient Acetat nicht nur als Substrat der De-novo-Fettsäurensynthese, sondern als wichtigster Energielieferant (Smith et al. 1983; Forsberg et al. 1984). Bei konzentratreicher Fütterung tritt die bevorzugte Acetataufnahme der Milchdrüse zugunsten einer weiterhin hohen Nutzung in den übrigen Organen und Geweben zurück. In dem so herbeigeführten Substratmangel dürfte eine Erklärung für extrem niedrige Milchfettgehalte („low fat syndrome") unter derartigen Fütterungsbedingungen liegen (Annison et al. 1974; Rook 1979, Pethick und Lindsay 1982). Auch bei fettreicher Fütterung sinkt die De-novo-Fettsäurensynthese, hier jedoch mit der Folge eines verminderten Energiebedarfs aus Acetat und Glucose. Die dann vermehrt verfügbare Glucose kann die Milchmengenleistung erhöhen, während die Milchfettgehalte von dem Ausmaß der Hemmung der De-novo-Fettsäurensynthese und den Überführungsraten der exogenen Fettsäuren in das Milchfett abhängen. Ein mit geringerem Energiebedarf physiologisch verknüpfter verminderter Blutfluß kann zu reduzierter Aminosäurenaufnahme in der Milchdrüse und so zu niedrigeren Milcheiweißgehalten bei fettreicher Fütterung führen (DePeters et al. 1991).

9.3 Stoffumsatz im Gesamtorganismus

Zur Veranschaulichung des Stoffumsatzes im Tier dienen *Stoffwechselmodelle*, die mit Hilfe von Markersubstanzen auch in ihrer Kinetik quantifizierbar sind.

9.3.1 Glucose- und Stickstoffumsatz bei Milchkühen

Bei Milchkühen stammt der überwiegende Teil der für die Lactosesynthese benötigten Glucose aus dem Stoffwechselweg der Glukoneogenese. Für die Bildung von einem Liter Milch werden allein im Euter 72–85 g Glucose benötigt (Kronfeld 1976). Propionat dient als wichtigstes glukoneogenetisches Substrat. Auch die glukoplastischen Aminosäuren, insbesondere Alanin und Glutaminsäure, können Glucose liefern.

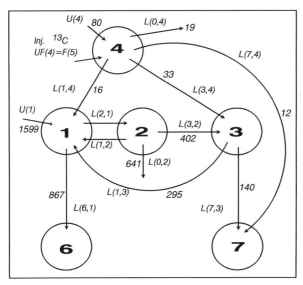

Abb. 1. Compartmentmodell zum ^{13}C-Umsatz bei Milchkühen (Angaben in g Glucoseäquivalenten/Kuh und Tag)
Kreise repräsentieren Kompartimente mit der Masse Q(i), [g]
Kompartiment 1: Plasmaglucose und ein Teil der Glucose im extravaskulären Flüssigkeitsraum;
Kompartiment 2: Großteil der in der Interstitialflüssigkeit vorhandenen Glucose und Teile der Glucose in Leberzellen;
Kompartiment 3: Glucose-Vorläufer und -Derivate;
Kompartiment 4: „freies" Plasma-Alanin
Kompartiment 5: programmimmanentes Kompartiment, welches die in (4) injizierte ^{13}C-Menge F(5) enthält;
Kompartiment 6: Kollektionspool Lactose;
Kompartiment 7: Kollektionspool Casein.
Die Eingabe von ^{13}C in das System wird als UF(i), definiert durch F(i), dargestellt, ein Steady-state-Input von Kohlenstoff (markiert und unmarkiert) als U(i).
Der Kohlenstoffaustausch zwischen den Kompartimenten erfolgt nach Maßgabe der Ratenkonstanten L(i, j), [min^{-1}], die angeben, welcher Teil eines Kompartiments (j) pro Minute zu einem anderen Kompartiment (i) transportiert wird. Zur Berechnung der Transportmengen R(i, j), [Masse/min] = L(i, j) * Q(j) wurde glucoseäquivalent ein Kohlenstoffanteil von 40% unterstellt.

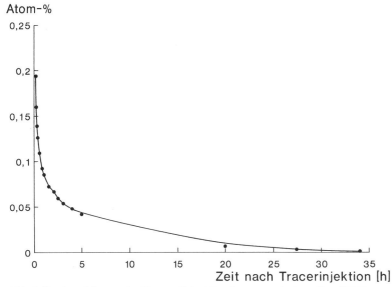

Abb. 2. ^{15}N-Anreicherung im Harnstoff des Blutplasmas nach einmaliger ^{15}N-Harnstoff-Infusion (i. v.) bei der Milchkuh.

Abb. 1 zeigt ein nach einmaliger i. v. Infusion von ^{13}C-Alanin abgeleitetes kinetisches Modell für den Glucoseumsatz (Luislampe 1994). Der Metabolittransport vollzieht sich zwischen verschiedenen als Compartments (Kompartimente) bezeichneten Stoffwechselbereichen. Der Austausch zwischen den Kompartimenten erfolgt nach Maßgabe der jeweiligen Poolgrößen (Mengen) und fraktionellen Transportraten (Zeit^{-1}) als Massenfluß R(i, j) von (j) nach (i). Bei Kühen mit einer Tagesleistung von 25 kg Milch ließ sich aus der Summe der neben den Pfeilen eingetragenen Massenflüsse R(6,1) + R(0,2) + R(3,2) eine Eintrittsrate in den Intermediärstoffwechsel von 1910 g Glucose pro Tag ableiten. Darüber hinaus wurden erhebliche Glucosemengen zwischen den einzelnen Kompartimenten ausgetauscht und rezykliert. Die auf der Basis der Kohlenstoffgehalte als Glucoseäquivalent berechnete Alanin-Eintrittsrate in den Plasma-Alanin-Pool betrug 80 g pro Tag, wovon 16 g (20%) direkt der Glucosynthese dienten.

Der Stickstoffumsatz der Kühe läßt sich mit dem stabilen Isotop ^{15}N als Marker untersuchen. Die Fläche unter der in Abb. 2 gezeigten zeitlichen Verlaufskurve für die ^{15}N-Anreicherung im Harnstoff des Blutplasmas nach einmaliger i. v. Verabreichung von ^{15}N Harnstoff (Ruße 1994) gibt den im Beobachtungszeitraum verbrauchten und nicht wieder in Erscheinung tretenden, d. h. irreversibel verlorenen Harnstoffstickstoff (engl. irreversible loss, ,,IRL") an (Shipley und Clark 1972). Aus dem IRL-Harnstoffstickstoff läßt sich die Menge der aus Aminosäuren gebildeten Glucose ableiten, wenn wir unterstellen, daß durchschnittlich 35% vom IRL aus abgebauten Aminosäuren nachgeliefert werden, pro kg gluconeogenetisch genutzter Aminosäuren maximal 550 g Glucose entstehen und aufgrund der Messungen mit ^{13}C-Alanin 20% der abgebauten Aminosäuren gluconeogenetisch genutzt wurden (Bruckental et al. 1980). Der Harnstoffstickstoff-IRL betrug bei unseren Kühen 146 g pro Tag. Das entsprach einem Rohproteinäquivalent von 913 g pro Tag. Aufgrund der o. g. Annahmen wurden 35 g Glucose aus Aminosäuren gebildet.

Aus dem engen Zusammenhang zwischen dem Glucose- und Stickstoffumsatz ergeben sich wichtige ernährungsphysiologische Fragen: Wie wirken sich Art und Menge des Rohproteins am Duodenum und wie die Mengen der im Pansen fermentierten bzw. aus dem Dünndarm absorbierten Kohlenhydrate auf die Umsetzungen der Glucose und des Stickstoffs aus? Läßt sich der ruminohepatische Kreislauf des Stickstoffs hinsichtlich der N-Verwertung optimieren? Welche Möglichkeiten gibt es zur Steigerung des prozentualen Milcheiweißgehaltes? Aus den hierzu durchgeführten Forschungsarbeiten werden Antworten bezüglich der Leistungsfähigkeit, Ernährung, Ökologie und Wirtschaftlichkeit in der Milchviehhaltung erwartet.

9.3.2 Intermediärer Fettumsatz

Gegen Ende der Trächtigkeit beginnt die Umstellung des Stoffwechsels in Richtung eines verstärkten Fettsäurenflusses aus den Depotgeweben in die Milchdrüse (Giesecke 1983, Guesnet und Demarne 1987).
Mobilisierte unveresterte Fettsäuren (NEFA) werden im Blut an Albumin gebunden transportiert. Nahezu sämtliche Organe und Gewebe können NEFA energetisch nutzen. In der Leber und in der Milchdrüse werden NEFA auch in Triglyceride eingebaut. Die hepatische Triglyceridsynthese kann während der frühen Laktation schneller als die Abgabe in Form von Lipoproteinen an das Blut verlaufen, so daß der Fettgehalt der Leber steigt. Die Lipoproteine (VLDL) und die bei fettreicher Fütterung in der Lymphe bzw. im Blut auftretenden Chylomikronen geben in der Milchdrüse Lipidfragmente ab, die der Milchfettbildung dienen.
Der intermediäre Umsatz der zwar sehr kleinen, jedoch extrem dynamischen Fraktion der NEFA ließ sich durch Compartmentanalysen bei graviden und laktierenden Sauen mit Hilfe von ^{14}C-Palmitinsäure als Tracer aufzeigen. So wurden von einer niedertragenden Sau 35 g NEFA pro Tag umgesetzt. In der Hochträchtigkeit stieg der Umsatz auf 105 g und in der Laktation für 6 Ferkel auf 1112 g pro Tag (Lübben 1983). Das in Abb. 3 dargestellte Compartmentmodell wurde aus dem zeitabhängigen Verlauf der Tracerkonzentration in den NEFA und VLDL-Triglyceriden des Blutplasmas sowie in der Milch entwickelt (Icking und Abel 1988). Der zentrale NEFA-Pool (1) des Blutplasmas steht in Verbindung mit zwei Austauschpools (2) und (3). Pool (15) kennzeichnet die insgesamt sehr komplexe, in diesem Fall allein auf die Fettsäurenoxydation zurückzuführende CO_2-Ausscheidung, die allerdings aus meßtechnischen Gründen nur bei tragenden Sauen ohne Ferkel untersucht werden konnte. Ein Teil der NEFA gelangt über die Leber (18) in die Plasmatriglyceride (24). Die Fettsäuren der Milch (25) entstammen drei Vorläuferpools. Ein Pool (21) wird direkt aus dem zentralen NEFA-Pool (1) des Blutplasmas gespeist, während die anderen beiden in Verbindung mit Triglyceridpools im Plasma (23) bzw. extrahepatischen Geweben (4) stehen. Schließlich verläßt ein Teil der NEFA das Blutplasmakompartiment irreversibel (k 0,1).
Die untersuchten Sauen setzten hochtragend bei kohlenhydratreicher Ernährung 256 g und laktierend bei durchschnittlich 10 Ferkeln 646 g NEFA pro Tag um (Tabelle 1). Beim Übergang zur Laktation kam es zu deutlicher Verschiebung bezüglich der Anteile der einzelnen Pools am Gesamtumsatz: Der in Triglyceride überführte Anteil stieg, während die Bedeutung des irreversiblen Verlustes abnahm. Auch die energetisch genutzten, in CO_2 überführten Anteile der NEFA dürften während der Laktation gesunken sein. Bei einer

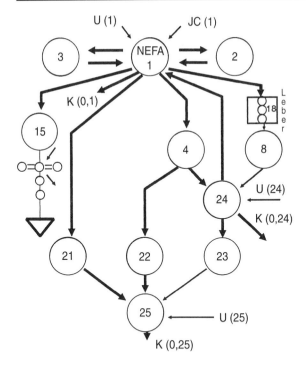

Abb. 3. Kompartimentmodell für den intermediären Umsatz von Fettsäuren bei der laktierenden Sau.
JC (1): Eingabe des ^{14}C-Tracers

täglichen Milchleistung von 7 Litern wurden mit der Milch rd. 490 g Fettsäuren ausgeschieden. Unterstellen wir, daß der Triglyceridaustrag k(0,24) quantitativ unbedeutend war und daß die aus NEFA gebildeten Triglyceride (49%) der Milchfettsynthese dienten, wurden 65% der Milchfettsäuren aus der NEFA-Fraktion des Blutes gebildet. Da die Sauen nahezu fettfrei ernährt worden waren, müssen die aus NEFA gebildeten Triglyceride hauptsächlich aus mobilisiertem Körperfett gestammt haben. Demnach mobilisierten die Sauen mit 317 g NEFA-Überführung in Triglyceride (49% von 646 g) rd. 30 g Körperfett pro Saugferkel und Tag.

Tabelle 1. Fettsäurentransport im Intermediärstoffwechsel von tragenden und laktierenden Sauen ($\bar{x} \pm s$; n = 5)

Parameter	hochtragend	laktierend
Gesamtumsatz (g/d)	256 ± 29	646 ± 70
Anteile einzelner Pools (%)		
Austausch (2)	4,0 ± 4,3	6,1 ± 1,3
Austausch (3)	23,5 ± 5,1	20,8 ± 13,2
CO_2 (15)	18,5 ± 3,5	n.d.[1]
Triglyceride	15,9 ± 10,0	49,2 ± 8,4
Rest K(0,1)	38,2 ± 8,7	23,5 ± 10,6

[1]) n.d. = nicht bestimmt

Auch beim Wiederkäuer stellen die NEFA ein wichtiges Substrat für den Energiewechsel und die Milchfettbildung dar. Zum Laktationsbeginn kann die von Hochleistungskühen mobilisierte Fettmenge 1 kg pro Tag überschreiten (Vernon 1988). Gerade in dieser Phase ist allerdings eine übermäßige Körperfettmobilisierung mit erhöhtem Risiko ketotischer Stoffwechselstörungen verbunden. Als wichtigste Vorsichtsmaßnahme gilt eine energetisch angepaßte, nicht zu hohe Versorgung der Tiere im letzten Drittel der Trächtigkeit: je knapper die Versorgung in dieser Zeit, umso geringer die Fettdepots, um so weniger ausgeprägt die physiologisch „normale" negative Energiebilanz bzw. umso steiler der Anstieg der Futteraufnahme nach dem Kalben. Mit fortschreitender Laktation gewinnt die De-novo-Fettsäurensynthese und die Überführung von duodenal anflutenden Futter- und Mikrobenfettsäuren zunehmend an Bedeutung. Über eine gesamte Laktation betrachtet, stammen bei der Milchkuh etwa 50% der Milchfettsäuren aus der De-novo-Synthese, 35% aus Futter- und Mikrobenlipiden und 15% aus mobilisierten Körperfettsäuren (Guesnet und Demarne 1987).

9.4 Schlußbemerkungen

Das berühmte Gemälde „Die Entstehung der Milchstraße" von Jacopo Tintoretto (1518–1594) zeigt, wie der von der sterblichen Alkmene geborene Herakles als Säugling von seinem Vater Zeus der schlafenden Hera an die Brust gelegt wird, um durch die Aufnahme der göttlichen Milch die Unsterblichkeit zu erlangen. Der Säugling saugt so kräftig, daß die Milch nach allen Seiten spritzt und so unser Milchstraßensystem entstehen läßt. Die Darstellung wurde wiederholt in Abhandlungen über die Laktationsphysiologie zitiert (Cowie und Tindal 1971, Parau 1975) und endokrinologisch mit der Auslösung des Milchentzugsreflexes interpretiert (Folley 1969). Das Gemälde veranschaulicht jedoch darüber hinaus: Unsere Existenz und unsere Kultur sind ohne Mammalia, ohne „Milchstraße" und ohne „parasitäre" Ausnutzung der Laktation nicht vorstellbar.
Mythen bringen Urerlebnisse der Menschheit zum Ausdruck, die aufgrund des jeweils unzureichenden Kenntnisstandes letztlich nur metaphysisch-religiös gedeutet werden können. Die naturwissenschaftliche Forschung trägt zur Erweiterung unserer Kenntnisse und damit zur Entmythologisierung bei. Auch das Wissen auf dem Gebiet der Laktationsphysiologie ist insbesondere bei den melkbaren Haustieren Rind, Schaf und Ziege durch immer weiter verfeinerte (elektronen-)mikroskopische, chirurgische, biochemische bzw. tracerkinetische Methoden ständig erweitert worden. Die Forschung befindet sich auf dem Weg zunehmender Aufgliederung in nur noch von Spezialisten zu überschauende Sonderdisziplinen. Das in der Nutztierhaltung zukünftig ausschöpfbare Laktationspotential läßt sich kaum erkennen.
Neben dem Bemühen, die Laktationsleistung der Nutztiere durch züchterische, hygienische, haltungstechnische und ernährungsbedingte Maßnahmen nicht nur innerhalb eines Graviditäts-Laktationszyklus, sondern auch hinsichtlich der Lebensleistung der Tiere so weit wie möglich auszuschöpfen, bieten verschiedene biotechnische Verfahren neue und unkonventionelle Perspektiven. Mit Hilfe molekularbiologischer und -genetischer Methoden ist es möglich, spezielle therapeutisch oder nutritiv bedeutungsvolle Milchinhaltsstoffe über die Milchdrüsen transgener Tiere zu produzieren (Armstrong und Gilbert 1991). Die Applikation zusätzlichen Wachstumshormons bei Kühen konnte die Milch-

leistung um über 40% steigern (Bauman et al. 1985). Weitere Leistungsförderer, die zu effizienterer Laktation, verbesserter Tiergesundheit und Milchbeschaffenheit führen sollen, werden erprobt.

Diese Manipulationen des tierischen Stoffwechsels werden von der Öffentlichkeit aufmerksam und kritisch verfolgt. Sie unterliegen strenger gesetzlicher Aufsicht und Kontrolle. Jeder Versuchsansteller muß persönlich eine wissenschaftliche und ethische Begründung seines Vorhabens vorlegen und darf erst nach Zustimmung einer Ethikkommission und nach behördlicher Genehmigung mit den Untersuchungen beginnen. Für die mögliche spätere Anwendung muß gewährleistet sein, daß sich die biotechnische Maßnahme positiv auf die ernährungsphysiologische Milchbeschaffenheit, nicht gesundheitsschädigend oder -beeinträchtigend auf die Tiergesundheit und darüber hinaus ökologisch verträglich oder vorteilhaft auswirkt.

Die Erforschung und Nutzung der Milchdrüse als „Bioreaktor" (Henninghausen 1990) mag Kritiker auf den Plan rufen und befürchten lassen, daß die Denkweise, nach der Tiere „nichts als Maschinen" (Descartes, 1596–1650; Thaer 1809) wären, noch nicht in dem Maße, wie zu wünschen, überwunden ist. Oftmals begründen sich Ängste vor einem möglichen Mißbrauch der Biotechnologie mit der Unkenntnis und mangelnden Überschaubarkeit von Details und Zusammenhängen. Die physiologische Forschung bemüht sich, das komplexe Geschehen der Laktation weiter aufzuklären und auf allgemeingültige biologische Gesetzmäßigkeiten zurückzuführen. Wie in der Naturforschung allgemein, so gilt auch für den Spezialfall der Laktationsphysiologie der unmittelbare, d. h. zunächst keinen technischen Zweck verfolgende Erkenntniswille des Menschen, „der durchschauen will, wie die Natur verfährt" (Jaspers 1963). Gerade das Aufdecken solcher Gesetzmäßigkeiten läßt uns das Wunderbare der Natur auf einer neuen, erweiterten und freieren Ebene erfahren. Kein geringerer als Werner Heisenberg (1901–1976) äußerte einmal sinngemäß, daß der erste Schluck aus dem Becher der Naturwissenschaft viele Menschen zum Atheismus, das Ausleeren bis auf den Grund aber zu Gott führe.

Andererseits können ethisch-religiöse Anschauungen Grenzen und Tabus schaffen, die es dem Menschen verbieten, das Laktationspotential hemmungslos auf Kosten des Tieres oder ohne Berücksichtigung der langfristigen Nährstoffökonomie auszuschöpfen. Die ethische Entscheidung wird stets – für den einzelnen wie für Menschengesellschaften – durch Abwägung sämtlicher Vor- und Nachteile immer wieder neu erarbeitet werden müssen, und sie wird um so sicherer getroffen werden können, je mehr es gelingt, neben den wissenschaftlichen auch geistig-seelische und soziale Elemente des Menschseins mit einfließen zu lassen. Trotz allen inzwischen erworbenen Erkenntnissen und modernsten Methoden liegt in dem Phänomen der Laktation, „deren Gunst die meisten von uns in einem sehr frühen Lebensabschnitt am eigenen Leibe erfahren und an der wir ein realtiv langanhaltendes In- teresse behalten" (Cowie 1974, zit. n. Mephan 1983), noch immer ein Großteil mythischer, hoffentlich niemals nur naturwissenschaftlich zu entschlüsselnder Botschaft verborgen.

Literatur

Annison, E. F., Bickerstaffe, R., and Linzell, J. L. (1974): Glucose and fatty acid metabolism in cows producing milk of low fat content. J. Agric. Sci. Camb. **82**, 87.

Armstrong, D. G., and Gilbert, H. J. (1991): The application of biotechnology for future livestock production. In: Tsuda, T., Sasaki, Y., and Kawashima, R.: Physiological aspects of digestion and metabolism in ruminants. Academic Press, New York, pp. 737–761.

Ballard, F. J., Hanson, R. W., and Kronfeld, D. S. (1969): Gluconeogenesis and lipogenesis in tissue from ruminant and nonruminant animals. Fed. Proc. **28**, 218–231.

Baumann, D. E., Eppard, P. J., DeGeeter, M. J., and Lanza, G. M. (1985): Response of high-producing dairy cows to long-term treatment with pituitary somatotropin and recombinant somatotropin. J. Dairy Sci. **68**, 1352–1362.

Baumruckner, C. R. (1985): Amino acid transport systems in bovine mammary tissue. J. Dairy Sci. **68**, 2436–2451.

Bruckental, I., Oldham, J. D., and Sutton, J. D. (1980): Glucose and urea kinetics in cows in early lactation. Br. J. Nutr. **44**, 33–45.

Cowie, A. T., and Tindal, J. S. (1971): The physiology of lactation. Edward Arnold Publ. Ltd., London.

Davis, S. R., and Collier, R. J. (1985): Mammary blood flow and regulation of substrate supply for milk synthesis. J. Dairy Sci. **68**, 1041–1058.

DePeters, E. J., and Cant, J. P. (1992): Nutritional factors influencing the nitrogen composition of bovine milk: A review. J. Dairy Sci. **75**, 2043–2070.

Fleet, I. R., and Mephan, T. B. (1983): Physiological methods used in the study of mammary substrate utilization in ruminants. In: Mepham, T. B. (Ed.): Biochemistry of lactation. Elsevier Science Publishers B. V., Amsterdam, pp. 469–491.

Folley, S. J. (1969): The milk-ejection reflex: A neuroendocrine theme in biology, myth and art. J. Endocr. **44**, X–XX.

Forsberg, N. E., Baldwin, R. L., and Smith, N. E. (1984): Roles of acetate and its interactions with glucose and lactate in cow mammary tissue. J. Dairy Sci. **67**, 2247–2254.

Forsyth, Isabel (1989): Mammary development. Proc. Nutr. Soc. **48**, 17–22.

Giesecke, D. (1983): The pools of cellular nutrients: Plasma free fatty acids. In: Riis, P. M. (Ed.): Dynamic biochemistry of animal production. Elsevier Science Publishers, Amsterdam, pp. 197–214.

Guesnet, P., et Demarne, Y. (1987): La regulation de la lipogenese et de la lipolyse chez les mammifères. Ref. 0819. INRA Publications, Paris.

Hanigan, M. D., Calvert, C. C., DePeters, E. J., Reis, B. L., and Baldwin, R. L. (1992): Kinetics of amino acid extraction by lactating mammary glands in control and sometribove-treated Holstein cows. J. Dairy Sci. **75**, 161–173.

Henninghausen, L. 1990): The mammary gland as a bioreactor: Production of foreign proteins in milk. Protein Expression and Purification **1**, 3–8.

Icking, H., und Abel, Hj. (1988): Tracerkinetische Untersuchungen zum Umsatz der unveresterten Fettsäuren bei tragenden und laktierenden Sauen. J.Anim. Physiol. Anim. Nutr. **60**, 45.

Jaspers, K. (1963): Vom Ursprung und Ziel der Geschichte. R. Piper Verlag, München.

Jenness, R. (1986): Lactational performance of various mammalian species. J. Dairy Sci. **69**, 869 to 885.

Johnsson, I. D. (1988): The effect of prepubertal nutrition on lactation performance by dairy cows. In: Garnsworthy, P. C. (Ed.): Nutrition and lactation in the dariy cow. Butterworths, London, pp. 171–192.

Keenan, T. W., and Dylewski, D. P. (1985): Aspects of intracellular transit of serum and lipid phase of milk. J. Dairy Sci. **68**, 1025–1040.

Knight, C. H., Wilde, C. J., and Peaker, M. (1988): Manipulation of milk secretion. In: Garnsworthy, P. C. (Ed.): Nutrition and lactation in the dairy cow. Butterworths, London, pp. 3–14.

Knight, C. H. (1989): Constraints on frequent or continuous lactation. Proc. Nutr. Soc. **48**, 45–51.

Kronfeld, D. S. (1976): The potential importance of porportions of glucogenic, lipogenic and aminogenic nutrients in regard to the health and productivity of dairy cows. In: Adv. Anim. Physiol. a. Anim. Nutr. **7**, 5–26.

Kuhn, N. J. 1983): The biochemistry of lactogenesis. In: Mepham, T. B., (Ed.): Biochemistry of lactation. Elsevier Science Publishers B. V., Amsterdam, pp. 351–379.

Lenkeit, W. (1972): Der mütterliche Stoffwechsel während der Gravidität. In: Lenkeit, W., Breirem, K., und Crasemann, Ed. (Hrsg.): Handbuch der Tierernährung, Bd. 2. Paul Parey, Hamburg u. Berlin, pp. 115–142.

Linzell, J. L. (1967): The effect of infusion of glucose, acetate and amino acids on hourly milk yield in fed, fasted and insulin-treated goats. J. Physiol. **190**, 347–357.

Lübben, G. (1983): Tracerkinetische Untersuchungen zum intermediären Fettumsatz am Schwein im Wachstum und im Reproduktionszyklus mit Hilfe der Einmalinfusionstechnik. Diss. agr., Göttingen.

Luislampe, J. (1994): Tracerkinetische Untersuchungen mit ^{13}C-Alanin (i. v.) zur Wirkung abomasaler Caseininfusionen auf den Glucoseumsatz bei Milchkühen. Diss. agr., Göttingen.

Mather, I. H., and Keenan, T. W. (1983): Function of endomembranes and the cell surface in the secretion of organic milk constituents. In: Mepham, T. B. (Ed.): Biochemistry of lactation. Elsevier Sciene Publishers B. V., Amsterdam, pp. 231–283.

Mepham, T. B. (1983): Physiological aspects of lactation. In: Mepham, T. B. (Ed.): Biochemistry of lactation. Elsevier Science Publishers B. V., Amsterdam, pp. 3–28.

Mepham, T. B. (1988): Nutrient uptake by the lactating mammary gland. In: Carnsworthy, P. C. (Ed.): Nutrition and lactation in the dairy cow. Butterworths, London, pp. 15–31.

Mercier, J. C., and Gaye, P. (1983): Milk protein synthesis. In: Mepham, T. B., Ed.: Biochemistry of lactation. Elsevier Science Publishers B. V. Amsterdam, pp. 177–227.

Metcalf, J. A., Sutton, J. D., Cockburn, J. E., Napper, D. J., and Beever, D. E. (1991): The influence of insulin and amino acid supply on amino acid uptake by the lactating bovine mammary gland. J. Dairy Sci. **74**, 3412–3420.

Miller, P. S., Reis, B. L., Calvert, C. C., DePeters, E. J., and Baldwin, R. L. (1991a): Patterns of nutrient uptake by mammary glands of lactating dairy cows. J. Dairy Sci. **74**, 3791–3799.

Miller, P. S., Reis, B. L., Calvert, C. C., DePeters, E. J., and Baldwin, R. L. (1991b): Relationship of early lactation and bovine somatotropin on nutrient uptake by mammary glands. J. Dairy Sci. **74**, 3800–3806.

Moore, J. H., and Christie, W. W. (1984): Digestion, absorption and transport of fats in ruminant animals. In: Wiseman, J. (Ed.): Fat in animal nutrition. Butterworths, London, pp. 123–149.

Parau, D. (1975): Studium zur Kulturgeschichte des Milchentzugs. Volkswirtschaftlicher Verlag, Kempten/Allgäu.

Pethick, D. W., and Lindsay, D. B. (1982): Acetate metabolism in lactating sheep. Br. J. Nutr. **48**, 319–328.

Rook, J. A. F. (1979): The role of carbohydrate metabolism in the regulation of milk production. Proc. Nutr. Soc. **38**, 309–314.

Ruße, S. (1994): Tracerkinetische Untersuchungen mit ^{15}N-Harnstoff (i. v.) zur Wirkung abomasaler Caseininfusionen auf den Stickstoffumsatz bei Milchkühen. Diss. agr., Göttingen.

Shipley, R. A., and Clark, R. E. (1972): Tracer methods for in vivo kinetics. Academic Press, New York.

Smith, G. H., Crabtree, B., and Smith, R. A. (1983): Energy metabolism in the mammary gland. In: Mepham, T. B. (Ed.): Biochemistry of lactation. Elsevier Science Publishers B. V., Amsterdam, pp. 121–140.

Vernon, R. G. (1988): The partition of nutrients during the lactation cycle. In: Garnsworthy, P. C. (Ed.): Nutrition and lactation in the dairy cow. Butterworths, London, pp. 32–52.

10. Wollerzeugung
(A. Dittrich)

Als Wolle werden die spinnfähigen Haare verschiedener Tierarten bezeichnet. Sie erfreut sich als unübertroffener Rohstoff für eine gesunde Bekleidung nach wie vor besonderer Wertschätzung: Ihre Faser ist elastisch, dehnbar und knitterfrei, besitzt eine gute Wärmeisolierung sowie eine hohe chemische Widerstandsfähigkeit. Sie nimmt viel Feuchtigkeit auf, ohne sich naß anzufühlen. Außerdem lädt sie sich nur schwach elektrostatisch auf, weshalb sie nur wenig Schmutz annimmt. Im Gegensatz zu synthetischen Fasern beansprucht sie als nachwachsender Rohstoff keine fossilen Energiereserven. All das sind Gründe für die große Beliebtheit dieses traditionsreichen Rohstoffes. Dazu kommt, daß die Nutzung der Wolle aus ethischer Sicht nie umstritten war. „Das Stricken von Schafwolle ist heute fast Symbol für den friedlichen Umgang mit Tieren" (Meyer 1992).

Das Schaf bringt weltweit den überragenden Anteil am Wollaufkommen. Andere Tierarten tragen zur Vielfalt der Wollarten bei: das Lama (Alpakawolle), die Ziege (Kaschmir-, Angora- und Mohairwolle) oder das Kaninchen (Angorawolle). Für das gesamte Wollaufkommen haben diese Tierarten aber nur eine geringe Bedeutung.

Die Fähigkeit zur Wollbildung ist ein Domestikationsmerkmal der Schafe. Im Wildzustand existieren nur Haarschafe (Teichert 1981). Die Nutzung der Wolle ist nach Teichert (1981) in Mesopotamien seit etwa 3000 v. Chr. bekannt. Er schätzt den Rohwollertrag der ur- und frühgeschichtlichen Schafe auf 1 bis 3 kg.

Das Wollproduktionsvermögen der gegenwärtigen Schafrassen ist quantitativ und qualitativ (Feinheit, Stapellänge, Kräuselung, Farbe, Reißfestigkeit, Dehnbarkeit und Elastizität) sehr variabel. Unterschiede im Wollertrag können auf Differenzen in der Länge, der Stärke oder der Anzahl an Wollfasern je Flächeneinheit beruhen. Demzufolge stehen immer die qualitativen und quantitativen Merkmale im Zusammenhang. Die wichtigsten Einflußgrößen sind Rasse, Geschlecht, Alter und Fortpflanzungsleistung als endogene sowie Ernährung und Klima als exogene Faktoren.

Im Laufe der züchterischen Bearbeitung entstanden Schafrassen verschiedener Nutzungsrichtungen und Leistungspotentiale (Tabelle 1). Die höchsten Reinwollerträge gibt Reis (1982) mit 22–23 g je Tag für die Rassen Lincoln und Südaustralisches Merino an. Bei den meisten Schafen unterliegt die Wollbildung einem jahreszeitlichen Rhythmus. Einige Rassen, wie das Merinoschaf, zeichnen sich durch ein fast kontinuierliches Wollwachstum aus.

Tabelle 1. Schweißwollerträge von Mutterschafen in Abhängigkeit von der Nutzungsrichtung (Thulke et al. 1988)

Hauptnutzung	Schweißwolle (kg/Jahr)		
	Mittelwert	von	bis
Wolle	6,5	4	10
Wolle/Fleisch	6	3	9
Fleisch	4	1	8
Milch	3	1	5
Felle, Pelze	1,5	0,5	2,5

Neben der zielgerichteten züchterischen Bearbeitung führten auch Anpassungsprozesse und die damit verbundene natürliche Selektion zu Schafrassen lokaler Bedeutung, die z. B. in Mangel- oder Überschußgebieten bestimmter Nahrungsfaktoren die Schafhaltung ermöglichen, aber außerhalb ihres spezifischen Lebensraumes keine große Rolle spielen. Die unterschiedliche Anfälligkeit der Schafrassen gegenüber Cu-Mangel oder -Überschuß beweist nach Anke et al. (1976) diese Anpassungsfähigkeit. Auch auf ein extrem energiearmes Futterangebot können lokale Rassen, wie Heidschnucken, weitaus besser reagieren als auf hohe Fleischleistung gezüchtete Tiere.

Die **Schweißwolle** enthält 30–70% trockene Reinwolle und 5–25% Wollfett. Die *Reinwolle* besteht aus dem schwefelreichen Protein Keratin. Nach Reis (1982) liegt der Schwefelgehalt der Reinwolle zwischen 2,7 und 4,2%, in einigen Fällen wurden bis 5% gemessen. Wollbildung stellt aus der Sicht der Tierernährung im wesentlichen Proteinansatz dar. Daß die Schweißwolle einen erheblichen Anteil *Wollfett* enthält, ist bei hohen Erträgen energetisch zu beachten. Trotzdem ist der Energiebedarf für die Wollbildung im Vergleich zu anderen Leistungen recht gering. Mit rund 40 MJ Nettoenergie-Fett bzw. 72 MJ umsetzbare Energie je Kilogramm Reinwolle macht er auch bei guten Wollerträgen weniger als 10% des Erhaltungsbedarfs aus. Dagegen nimmt der partielle Proteinbedarf für die Wollproduktion am Protein-Erhaltungsbedarf einen Anteil von 20% und mehr ein. Zwar ist der Proteinansatz auch bei hohen Wollerträgen im Vergleich zur Milchproduktion oder zur intensiven Lämmermast gering, für 1,5 kg Milch mit 5–6% Protein ist die tägliche Proteinsynthese etwa 10mal so hoch wie bei einer Produktion von 3 kg Reinwolle im Jahr, dennoch wird die gebildete Wollmenge weitgehend durch das intermediäre Aminosäurenangebot bestimmt. Hynd und Allden (1985) fanden sehr enge Beziehungen ($r^2 = 0,87$) zwischen der Proteinversorgung und dem Wollwachstum. Die Ursachen für diese Befunde und die immer wieder zu beobachtende Abhängigkeit der Wollbildung vom Ernährungsniveau sind nach den heutigen Erkenntnissen zum Protein- und Aminosäurenumsatz des Wiederkäuers leicht erklärbar: Die resorbierten Aminosäuren stammen vorwiegend aus dem Protein der Pansenbakterien und -protozoen, zum geringeren Teil aus dem im Pansen nicht abgebauten Reinprotein („Durchflußprotein"). Liegen wiederkäuergerechte Rationen mit ausreichend Rohprotein (etwa 13% der TS) vor, hängt der Umfang der mikrobiellen Proteinsynthese in erster Linie von der Menge an im Pansen fermentierbarer organischer Substanz und demzufolge vom Energiegehalt der Ration ab. So wirkt sich eine reichliche Energieversorgung über die Förderung der ruminalen Proteinsynthese günstig, dagegen ein Futtermangel, wie er bei extensiv gehaltenen Schafen häufig vorkommt, begrenzend auf die Proteinversorgung und auf die Wollbildung aus.

Ein zweites Problem der Proteinversorgung besteht in der relativ geringen Verwertung der Futter- und Mikrobenproteine für die Wollproduktion. Wie aus Tabelle 2 hervorgeht, unterscheidet sich das Aminosäurenmuster des Wollproteins sowohl von denen der Futtermittel bzw. der Pansenbakterien als auch von dem des Schlachtkörpers wesentlich.

Tabelle 2. Gehalte an ausgewählten Aminosäuren in verschiedenen Rohproteinen (g AS/16 g N)

Aminosäure	Rohprotein aus ...					
	Wolle von	bis	konzentratreiche Ration	Luzerne	Pansenbakterien	Schlachtkörper Lamm
Methionin	0,2	0,7	1,2	1,4	2,9	1,5
Cystin	7,3	13,1	0,9	1,0	1,1	1,2
Lysin	2,2	3,5	4,5	4,2	8,8	7,1
Threonin	4,1	6,8	3,7	4,0	5,7	3,8
Tryptophan	0,7	1,8	1,2	1,6		0,8
Histidin	0,6	1,3	2,0		2,9	2,3

Im Gegensatz zu anderen Leistungen begrenzt bei der Wollbildung das Cystin die Proteinsynthese. Selbst wenn man berücksichtigt, daß ein Teil dessen durch Methionin ersetzt werden kann, liegt die Proteinverwertung für die Wollbildung für sich allein betrachtet sehr niedrig. Das NRC geht nach Alderman et al. (1986) von einer Verwertung des absorbierten Proteins für die Wollbildung von 15% aus. Daß ein Teil des Cystins durch Methionin ersetzt werden kann, ist erwiesen. Das Methionin spielt aber auch eine eigenständige Rolle beim Wollwachstum (Reis 1992). Überschüssige Methioninmengen hemmen die Wollbildung (Reis 1982). Die Zufütterung von Proteinträgern, die reich an schwefelhaltigen Aminosäuren sind, oder von schwefelhaltigen Aminosäuren direkt begünstigt die Wollbildung wesentlich, wenn diese dem Abbau im Pansen entgehen und im Darm resorbiert werden können.

Für die Verarbeitung der Wolle sind deren **Qualitätsmerkmale** von großem ökonomischem und wissenschaftlichem Interesse.

Die **Wollfeinheit** (Faserdurchmesser) ist das wichtigste Merkmal für die Verarbeitung. Feine Wollen sind wertvoller als grobe. Die Wollfeinheit wird sowohl genetisch als auch durch Umwelteinflüsse, vor allem durch die Ernährung, bestimmt. Eine hohe Wollproduktion ist in der Regel mit einer Verdickung der Faser verbunden.

Die **Stapellänge** ist für die Art der Verarbeitung entscheidend. Sie wird durch genetische und nutritive Faktoren sowie durch die Dauer der Wachstumsperiode beeinflußt.

Eine weitere wesentliche Eigenschaft der Wolle ist ihre **Reißfestigkeit.** Die Kontinuität der Nährstoffversorgung übt den größten Einfluß auf dieses Merkmal aus. Besondere Bedeutung hat dabei das Angebot an Methionin, Lysin, Kupfer und Folsäure (Reis 1992).

Sowohl die Förderung der ruminalen Proteinsynthese durch die Bereitstellung zusätzlicher Energieträger als auch die Zufuhr begrenzender Aminosäuren direkt oder in geeigneten „Durchflußproteinen" ist bei den gegenwärtigen Wollpreisen zu aufwendig. So verbietet sich praktisch eine Fütterung auf hohe Wollerträge, sieht man von einer Eigenleistungsprüfung von Zuchttieren auf Merkmale für Wollertrag und -qualität ab. Ganz anders als bei der Nutzung von Schafen zur Lammfleischproduktion, bei der sehr hohe Fütterungsintensitäten bevorzugt werden, erfolgt die Haltung von vorwiegend zur Wollproduktion genutzten Schafen in der Regel extensiv. Hüte- oder Weidehaltungsformen sind dafür typisch, und die Koppelung mit anderen Erwerbsquellen, wie Erzeugung von Lämmern bzw. Milch, vor allem aber die Landschafts- oder Biotoppflege, wird ökonomisch notwendig. Dann verkörpert der Schäfer mit seiner weidenden Herde für viele Menschen geradezu das Sinnbild für Harmonie zwischen Mensch, Tierhaltung und Umwelt. Voraussetzung dafür ist, daß die Landschafts- und Biotoppflege mit großem Sachverstand ausgeführt sowie als Leistung der Schafhaltung angesehen und honoriert wird. Sowohl eine zu geringe Besatzdichte als auch eine Überweidung („overstocking") oder die unzureichende Berücksichtigung der biologischen Rhythmen der zu pflegenden Flora und Fauna könnten zu beträchtlichen Schäden an der Umwelt führen.

Literatur

Alderman, G., Bickel, H., and Jarrige, R. (1986): 37. Annual Meeting Europ. Ass. Anim. Prod. Budapest, 1.–4. Sept. 1986.

Anke, M., Grün, M., Hoffmann, M., und Dittrich, A. (1976): Wissenschaftl. Zschr. der Univ. Leipzig **25**, 271–279.

Hynd, P. I., and Allden, W. G. (1985): Austl. J. agric. Res. **35**, 451.

Meyer, H. (1992): Mensch und Haustier – kulturgeschichtliche Skizzen. 14. Hülsenberger Gespräche 1992, S. 14–24.

Reis, P. J. (1982): Growth and characteristics of wool and hair. In: Coop, I. E. (Ed.): Sheep and goat production. Amsterdam, Oxford, New York, pp. 205–223.

Reis, P. J. (1992): Aust. J. agric. Res. **43**, 1337–1351.

Teichert, M. (1981): Abstammung der Hausschafe und historische Entwicklung der Schafproduktion. In: Schwark, H.-J., Jankowski, St., und Veress, L. (Hrsg.): Internationales Handbuch der Tierproduktion. Schafe. Deutscher Landwirtschaftsverlag, Berlin, S. 126–146.

Thulke, H.-G., König, K.-H., und Göhler, H. (1988): Grundlagen der Woll- und Schlachtschaferzeugung. In: König, K.-H. (Hrsg.): Schafzucht. Deutscher Landwirtschaftsverlag, S. 105.

11. Zugleistung
(K. Becker)

11.1 Einleitung

Seit Jahrhunderten hat der Mensch die Kraft von Rindern, Equiden und anderen Tieren zu seinem Vorteil zu nutzen gewußt. Noch lange bevor das geschriebene Wort existierte, wurden Tiere zur Arbeit herangezogen (Tabelle 1).

Bereifte, tiergezogene Fahrzeuge erreichten Europa um 2000 v. Chr. Erst im Jahr 1066 wurde das Pferd in Großbritannien populär. Gleichzeitig setzte die Verdrängung der Zugochsen ein. Die Nutzung der Rinder für schwere Arbeit blieb dennoch bis ins 20. Jahrhundert in den heute industrialisierten Ländern aktuell. Ochsen und Büffel sind und werden vorerst das Standardgespann für Asien und große Teile Afrikas bleiben, wogegen in mit

Tabelle 1. Historische Betrachtung der Nutzung tierischer Muskelkraft

Erstes Auftreten	Region	Tierart	Tierleistung
5000 v. Chr.	Nordeuropa	Rentier	75–150 kg über 80 km d^{-1}
3500 v. Chr.	Mesopotamien	Ochse	Schwere Zuglasten
3500 v. Chr.	Ägypten	Esel	Tragelasten bis 80 kg über 5–10 km
3000 v. Chr.	Ukraine	Pferd	Schwere Zugarbeit
3000/2500 v. Chr.	Nordafrika, Südwestasien	Dromedar	Tragelasten starker Tiere von 270 kg über 1000 km in 30 Tagen
2500 v. Chr.	Zentralasien, China, Mongolei	Kamel	Tragelasten bis zu 295 kg über 32 km d^{-1}
2500 v. Chr.	Indien, Sri Lanka	Elefant	Starke Tiere tragen 400 kg über kürzere Distanzen
1885 v. Chr.	Großbritannien	Hund	Wagentransport: 200–350 kg im 4er- bis 6er-Gespann
1800 v. Chr.	Nordamerika	Schlittenhund	8er Gespann: 675 kg
1500 v. Chr.	Tibet	Schaf, Ziege	Tragelasten von 4–18 kg über 15 km d^{-1}
1500 v. Chr.	Anden-Hochland	Lama	25–30 kg über 25–30 km d^{-1}

Tsetse-Fliegen verseuchten Gebieten südlich der Sahara die Handarbeit weiter dominieren wird.

Insgesamt stellen weltweit mehr als eine Milliarde Arbeitstiere die Existenz vieler ländlicher Betriebe sicher. Damit wird eindrucksvoll belegt, daß die tierische Muskelkraft nach wie vor eine überragende Rolle als ,,angepaßte" Technologie in den weniger entwickelten Regionen dieser Erde spielt. Eckdaten zum Weltbestand an Zugtieren (FAO 1991) und ihren Durchschnittsleistungen (O'Neill 1987) lassen erkennen, daß etwa 50% des Energie-Inputs in den Entwicklungsländern durch die erneuerbare Quelle ,,Zugtier" bereitgestellt wird (Tabelle 2).

Tabelle 2. Weltbestand an Arbeitstieren – Nutzungsgrad und Gesamtleistung

Zugtiere	Anzahl [Millionen]	Auslastungsgrad [%]	Durchschnitts-leistung [KW]	Gesamt-leistung [GW][1])
Rinder	897	10	0,3	26,9
Büffel	141	30	0,4	16,9
Pferde	45	30	0,4	5,4
Maultiere	15	60	0,4	3,5
Esel	43	40	0,1	1,7
Kamele	19	40	0,4	3,1
Σ	1160	–	–	57,5
Traktoren	5,2	70	18,0	65,5

[1]) Gigawatt = 1 000 000 000 Watt

Mit diesem Zugkraftaufkommen werden 50% der Ackerfläche kultiviert. Die andere Hälfte wird zu gleichen Teilen von Hand oder mit dem Traktor bearbeitet. Erst jetzt nach der Öffnung der ehemals sozialistischen Staaten zeigte sich überraschenderweise, daß auch in der sog. ,,industrialisierten" Welt das Arbeitstier noch immer eine willkommene Hilfe zur Erleichterung oder Übernahme schwerer Arbeiten darstellt.

Die heute noch große Bedeutung der Arbeitstiere berücksichtigend, fällt es deshalb schwer zu glauben, daß die Zugtierhaltung noch bis vor kurzem als Relikt vergangener Epochen vernachlässigt wurde. Überraschen muß deswegen auch nicht, daß Fragen der Arbeitsphysiologie und -effizienz, der Ernährung, kurzum der Gesamtproduktivität von Zugtieren wenig Aufmerksamkeit geschenkt wurde.

Die Bereitschaft einer neuen Generation, die tierische Anspannung nicht nur verbal zu bemühen, sondern sich aktiv um ihre Stärkung überall dort einzusetzen, wo es zur Zeit keine ökonomisch sinnvolle Alternative zur Motorisierung gibt, ist geeignet, der frühen, von Zuntz und Hagemann (1898) sowie Brody (1945) begonnenen Forschung neue Impulse zu verleihen.

11.2 Physiologie des Arbeitstieres

Beim Transport der eigenen Körpermasse ist für uns die energetische Anwendung, die sich hiermit verbindet, nicht direkt offensichtlich. Sieht man vom Mensch und Hund einmal ab, wurde der Fortbewegung an Land in der Vergangenheit nicht viel Aufmerksamkeit geschenkt (Alexander 1991).

Physische Aktivität resultiert generell in einem höheren Bedarf an Nährstoffen, die bei der Kontraktion der Muskulatur eine ATP-vermittelte chemisch-mechanische Energietransformation ermöglichen. Dabei sind die Nährstoffbilanz und der Ort der metabolischen Umsetzungen besonders durch die Höhe der Arbeit, die Fitness sowie das genetisch determinierte Potential des Tieres beeinflußt.

Die ATP-Bereitstellung für die Muskelkontraktion bei ausdauernder Arbeit erfolgt bei adäquatem Nährstoffangebot nur durch den oxidativen Abbau von Kohlenhydraten und Fetten sowie deren Metaboliten via Citratzyklus und Atmungskette in den Mitochondrien. Wegen der geringen intrazellulären Konzentration an ATP muß dieses im Muskel ständig neu gebildet werden. Die Muskelzelle verfügt dazu über vier Alternativen (Boutellier 1990):

1. Für einige Sekunden, bis der Muskelstoffwechsel „anspringt", kann durch Spaltung des im Muskel gespeicherten Kreatinphosphats ATP verfügbar gemacht werden.
2. Alternativ kann auch Glykogen durch die Bildung von Lactat ATP liefern: der Vorrat des Muskels ist aber mit 1,3 g 100 g^{-1} Frischmasse beim Rind und mit ca. 2,2 g beim Pferd vergleichsweise gering.
3. Verbrennung der Fette zu Kohlendioxid und Wasser ist die wichtigste Energiequelle.
4. Die aerobe ATP-Gewinnung aus Glykogen.

Die komplizierten Prozesse der Energiegewinnung in den Mitochondrien benötigen Sauerstoff. Sie laufen deutlich langsamer ab. Die Substratreserven, insbesondere aus dem Fettgewebe, reichen sehr lange, erlauben allerdings nur eine mittlere Arbeitsleistung.

Abhängig von den vorhandenen Substratreserven, sind die einzelnen Stoffwechselwege an der Energiebereitstellung der Muskulatur in unterschiedlichem Ausmaß beteiligt. Dies ist ökonomisch gesehen auch sehr sinnvoll, wie aus den Berechnungen in Tabelle 3 hervorgeht. Der Sachverhalt zeigt, daß die Verbrennung des Glykogens zu Kohlendioxid und Wasser im Vergleich zum anaeroben Abbau zu Lactat eine deutlich ergiebigere ATP-Quelle darstellt.

Tabelle 3. ATP-Ausbeute pro umgesetzter Sauerstoff- und Substratmenge und Respiratorischer Quotient (RQ) der wichtigsten anaeroben und aeroben Prozesse des Energiewechsels der Muskulatur (nach Di Prampero 1981)

Reaktion	Mol ATP pro Mol		RQ
	O_2	Substrat	
Glykogen[1] → Lactat	–	3	–
Glucose → Lactat	–	2	–
Lactat → CO_2 + H_2O	5,7	17	1
Glykogen[1] → CO_2 + H_2O	6,2	37	1
Glucose → CO_2 + H_2O	6	36	1
FS[2] + CO_2 + H_2O	5,6	138	0,7
Ketonkörper[3] → CO_2 + H_2O	5,8	26	0,8

[1] pro Glykosyleinheit, [2] Fettsäurenmischung entsprechend Fettgewebe, [3] D-3-Hydroxybutyrat.

Oxydative und glykolytische Prozesse laufen in der Muskulatur nebeneinander ab. Die jeweiligen Raten orientieren sich an den am Metabolismus beteiligten Muskelfasern. Klassifiziert werden die Fasern entsprechend ihrer Stoffwechselwege zur Gewinnung von ATP. So werden allgemein langsame, aerobe oder Typ-I-Fasern und schnelle, anaerobe, auch

Typ-II-Fasern genannt, unterschieden. Substrate, die anaerob Muskelkraft vermitteln, verfügen über eine deutlich größere Kraftentfaltung und haben wesentlich schnellere Reaktionszeiten als bei oxydativer Bereitstellung von ATP durch den Abbau von Kohlenhydraten und freien Fettsäuren.

11.3 Substratnutzung und physische Aktivität

Im Ruhezustand wird der Energiebedarf der Skelettmuskulatur von Rind und Schaf annähernd 50% über die Blutglucose gedeckt (Pethick 1992). Auch mit zunehmendem Bedarf bei Arbeit reagiert die Leber durch vermehrte Glucoseausschüttung und dies auch während langandauernder Belastungsphasen. In solchen Situationen liefert die Glucose immer noch zwischen 26 und 36 Prozent der oxydativ bereitgestellten Energie der Muskulatur. Erst wenn hohe physische Leistungen abverlangt werden, reagiert der Blutglucosespiegel mit einem merklichen Abfall, der sehr wahrscheinlich durch eine verminderte Glukoneogeneserate verursacht wird.
Im Verlauf der Arbeit nimmt im Skelettmuskel der Anteil der Fettsäuren am Gesamtenergieumsatz dramatisch zu. Abhängig von Zuglast und -dauer, wird der Beitrag der freien Fettsäuren (NEFA) immer bedeutender und kann Größenordnungen von 40–70% erreichen (Pethick 1992).
Physische Leistungen oberhalb der individuellen anaeroben Schwelle (IAS) führen dagegen zu einem Anstieg von Essigsäure im Blut von Rindern und Schafen. Der energetische Beitrag des Acetats im Muskelstoffwechsel kann in solchen Fällen die 10%-Marke überschreiten (Pethick 1992).
Obwohl die NEFA offensichtlich eine besondere Bedeutung für die Energiebereitstellung bei langdauernder Arbeit haben, sind sie bisher zur Leistungsdiagnostik kaum herangezogen worden.

11.4 Atmung und Kreislauf

Die Funktion der Atmungsorgane ist eng mit der Herz-Kreislauf-Tätigkeit verbunden. Bestimmend für die Atmungsfrequenz (Atemzüge Minute^{-1}) ist die Stoffwechselaktivität der Gewebe, die wiederum durch körperliche Leistung am stärksten beeinflußt wird. Die Regulation der Atmung erfolgt nerval durch vegetative Steuerung im Atemzentrum. Als zusätzlicher Stimulus fungiert der Kohlendioxidgehalt (pCO_2) im arteriellen Blut. Der Sauerstoffgehalt (pO_2) ist dagegen für die Regulation der Atmung von untergeordneter Bedeutung. Ein verminderter Sauerstofftransport über die Atmungsorgane und das Herz-Kreislauf-System zu den Mitochondrien wirkt direkt leistungsbegrenzend.

11.5 Körperliche Leistungsfähigkeit und limitierende Faktoren

Die Güte der quantitativen Abstimmung zwischen der Kapazität z. B. eines Arbeitsochsen und spezifischen Leistungsparametern kann nur in sehr aufwendigen Experimenten untersucht werden. Von besonderem Interesse ist, in welcher Größenordnung anatomische, physiologische und biochemische Parameter leistungsmindernd wirken können. Obwohl bereits einige erstlimitierende Faktoren benennbar sind (Hoppeler 1992), ist noch nicht abschließend geklärt, wie eng die Kapazitäten auf die natürlichen Ansprüche abgestimmt sind.

Unter den wichtigsten Parametern zur Charakterisierung der Leistungsfähigkeit finden sich die aerobe Kapazität sowie kardiopulmonale Größen, von denen neben dem Gaswechsel die Atem- und Herzfrequenz und das Atemzug- und Atemminutenvolumen zu nennen sind. Mit Hilfe einer aufwendigen Meßtechnik ist es heute möglich, die Grenzen der Belastung in praktischen Feldexperimenten zu ermitteln. Die wenigen verfügbaren Daten sind in Tabelle 4 wiedergegeben. Es sollen nun nicht im einzelnen alle Parameter diskutiert werden, sondern dem Endprodukt des Zusammenwirkens des Respirationsapparates, der Sauerstoffaufnahmekapazität, Aufmerksamkeit geschenkt werden.

Tabelle 4. Kardiopulmonale Ruhe- und Maximalwerte europäischer und afrikanischer Arbeitsochsen, athletischer Springpferde und von Hochleistungskühen

Parameter	Fleckvieh		Hinterwälder		Zebu		Springpferd		Milchkuh	
Körpermasse [kg]	529–890		442–561		383–606		400–616		556	
Stoffwechselniveau	Ruhe	Max.	Ruhe	Max.	Ruhe	Max.	Ruhe	Max.	Ruhe	Max.
Herzfrequenz [HF min^{-1}]	58	188	42	182	58	189	32	179	–	
Atemfrequenz [f min^{-1}]	18	112	16	88	15	55	12	120	–	
Atemzugvolumen BTPS [l]	3,8	9,2	2,7	9,7	2,7	13,1	5,0	11,3	–	
Atemminutenvolumen BTPS [l]	65	461	54	560	50	658[1]	60	1338	–	
VO$_2$ STPD [l min^{-1}]	2,4	17,2	1,6	15,5	1,6	27[1]	1,8	59,4	3,9	
VO$_2$ max STPD [ml kg^{-1} s^{-1}]	–	0,51	–	0,53	–	0,82[1]	–	1,8	–	0,117

[1]) extrapoliert, [2]) 38 Liter Milch d^{-1}.
STPD: Standard Temperature and Pressure, Dry; BTPS: Body Temperature, Pressure, Saturated.

Weil es gute Gründe gibt anzunehmen, daß der Sauerstoffbedarf mit der Leistung linear bis zu einem individuell unterschiedlichen Maximum ansteigt, bringt das Tier mit der höchsten maximalen Sauerstoffaufnahme (VO$_2$ max) auch die besten Voraussetzungen für physische Leistung mit.

Zu den Werten der Zugochsen ist anzumerken, daß trotz identischer Trainingsvoraussetzungen die erbrachten Leistungen (hier nicht referiert) der afrikanischen Zebus an der physiologischen Barriere 1,88 KW betrugen, während bei den Fleckviehochsen 1,00 KW bereits zur Erschöpfung führte. Der relative Unterschied im Sauerstoffverbrauch (ml kg^{-1} s^{-1}) zwischen diesen beiden Rassen betrug unbefähr 60% (s. Tabelle 4). Deutlich höhere Sauerstoffaufnahmekapazität haben Rennpferde, die auf der Mittelstrecke (1900–2100 m) bis 42 km pro Stunde erreichen. Große Siege werden bei Geschwindigkeiten deutlich über 50 km h^{-1} entschieden (Hörnicke et al. 1983). Eine Ausnahme im Tierreich stellt wohl der Gabelbock (*Antilocapra americana*) dar, ein Wiederkäuer, dessen Verbreitungsgebiet die nordamerikanische Prärie ist. Seine kardiovaskuläre Leistung übertrifft alles, was wir bis heute kennen. Während Laufbandexperimenten verbrauchte er 5 ml Sauerstoff pro Kilogramm und Sekunde, also um den Faktor 10 mehr, als ein guttrainierter Fleckviehochse zu zirkulieren vermag. In der freien Natur kann der Gabelbock, derart ausgestattet, Geschwindigkeiten von 65 km h^{-1} über eine Distanz von 11 km aufrechterhalten. Durch diese Kapazität ist der Gabelbock seinem ärgsten Feind, dem Gepard, der noch schneller sprintet (100 km h^{-1}), aber weniger ausdauernd ist, nicht völlig ausgeliefert. Spitzensportler, z. B. Radrennfahrer und Kanuten, erreichen eine aerobe Kapazität von 1,0–1,3 ml O_2 kg^{-1} s^{-1} (Stegemann 1984).

Schwere traditionelle Arbeiten in der Landwirtschaft wie das Aufladen von Säcken auf einen Wagen oder schwere Handrodungsarbeiten im Wald, die sich etwa mit den Anstrengungen an der Leistungsgrenze unserer Fleckviehochsen vergleichen lassen, verursachen O_2-Aufnahmeraten von 0,50–0,55 ml kg^{-1} s^{-1} (Stegemann 1984, World Health Organization 1985). Kommen wir zurück zu den eher „normalausgestatteten" Tieren, fällt auf, daß mit der Leistungsanforderung das Atemminutenvolumen und der Sauerstoffverbrauch die höchste Steigerung erfahren. Zugrinder können demnach ihr Atemminutenvolumen um das 6- bis 8fache steigern, das athletischere Rennpferd sogar um den Faktor 23. Die extrahierte Sauerstoffmenge erhöht sich im Vergleich zum ruhigstehenden Zebuochsen an der Erschöpfungsgrenze um das 17fache und beim Pferd um das 33fache.

Diese gewaltigen Erhöhungen sind letztlich das Produkt eines sequentiellen Sauerstofftransports zum Ort der Verbrennung, den Mitochondrien, in den Muskelzellen. Eine detaillierte Analyse der am Transport beteiligten Strukturen (Lunge, Zirkulation, Blut, Muskelkapillaren) sowie die Bestimmung der jeweiligen Kapazitäten sind Gegenstand der Forschung.

11.6 Steigerung der Leistungsfähigkeit durch Training

Training über längere Zeit verfolgt das Ziel, die Leistungsfähigkeit zu erhalten oder zu verbessern. Hierbei gilt die Regel, daß geringe Reize wenig bewirken, mittleres Training nützt und übertriebene Aktivitäten eher schaden. Training auf Ausdauer führt in der Anfangsphase zu einer deutlichen Erhöhung der maximalen O_2-Aufnahme (VO$_2$ max), die dann aber nicht mehr steigerungsfähig ist. Trotzdem nimmt die Leistung weiterhin zu. Dieser Effekt wird auf eine Erhöhung der Konzentration von Enzymen des Fettsäurekatabolismus, des Citratzyklus und der Atmungskette zurückgeführt.

Training erhöht auch die Mitochondriendichte.

Eine Steigerung der Muskelkraft des Menschen um bis zu 50% wird z. B. ohne Veränderung von Faserzusammensetzung und -durchmesser erzielt.

Die positive Beeinflussung der aeroben Kapazität durch Training ist besonders herauszustellen. Diese macht sich durch eine größere Arbeitslast an der anaeroben Schwelle bemerkbar. Erreicht wird dieser Effekt wahrscheinlich durch eine effizientere Lactat-Elimination.

Training vermindert aber auch das Ausmaß der Sauerstoffschuld. Ob durch Training ein Kapillarwachstum induziert oder bisher unbenutzte Kapillaren aktiviert werden, ist bisher nicht geklärt.

Training steigert die Lipolyse und bewirkt einen Anstieg der NEFA-Konzentration im Blut. Leistungsfähigere Zugtiere haben deswegen auch meist deutlich höhere NEFA-Niveaus.

Die Trainingseffekte von Zugochsen bestätigen, daß einige für Fitness relevante Parameter direkt reagieren (Tabelle 5).

Tabelle 5. Einfluß des Trainingseffektes auf das Verhältnis zwischen Zugleistung und Blutparametern in Simmental-Ochsen

Quotient[1]	Training[2]	Tier			
		1	2	3	4
P/pvCO$_2$	UT	22,0	17,1	19,2	21,7
[Watt/Torr]	T	17,7	14,0	15,8	23,3
P/pvO$_2$	UT	11,6	9,4	11,8	9,3
[Watt/Torr]	T	12,4	10,6	13,9	11,5
P/NEFA	UT	3,2	5,7	1,7	5,9
[kW/mmol/l]	T	3,2	3,0	1,8	5,2
P/Laktat	UT	0,35	0,34	0,38	0,39
[kW/mmol/l]	T	0,42	0,42	0,48	0,44

[1]) Durchschnittsquotienten der Leistung zu Blutwerten (mittlere und maximale Zugkraft);
[2]) UT = untrainiert; T = trainiert.

Zur Erläuterung soll einmal das Lactat herausgegriffen werden. Die maximale Zugbelastung, die Arbeitsochsen akzeptieren, liegt nur knapp oberhalb der individuellen anaeroben Schwelle (IAS). Die Lactatschwelle ist bei Zugrindern mit 1,5–2,0 mmol/l relativ niedrig. Bei Menschen und Pferd liegt diese bei 4 mmol/l. Bildet man den Quotienten aus geleisteter Arbeit und dem Stoffwechselmetaboliten, wird deutlich, daß trainierte Tiere niedrigere Lactatkonzentrationen aufweisen.

Wichtig in diesem Zusammenhang ist, daß zur Unterscheidung individueller Leistungsbereitschaft mehrere Faktoren herangezogen werden sollten.

Abschließend sei angemerkt, daß Training von Zugtieren in der frühen Entwicklungsphase hinsichtlich der späteren aeroben Kapazität (ml O$_2$ kg^{-1} s^{-1}) besonders effizient ist.

11.7 Energiebedarf, Energieverwertung und physische Kapazität von Zugochsen

Für die Bewertung der Zugleistung ist eine präzise Charakterisierung der abverlangten Leistung notwendig. Die entscheidende Meßgröße ist der Energieumsatz. Anders als bei der Transformation der Futterenergie in z. B. Milch- und Fleischenergie, handelt es sich bei physikalischer Leistung um eine chemodynamische Energietransformation. Zur Ableitung der Effizienz der Arbeit muß deswegen neben den physikalischen Parametern auch die Wärmeproduktion des Zugtieres erfaßt werden. Zur Bestimmung des Energieumsatzes von Arbeitstieren im Feld bedient man sich indirekter Methoden zur Ableitung der Wärmeproduktion und macht sich die gut etablierten theoretischen Grundlagen der Beziehung zwischen Wärmeproduktion und Gasaustausch zunutze. Sichere quantitative Beziehungen setzen aber voraus, daß die Wärmeproduktion ausschließlich aeroben Ursprungs ist.

Während des Ziehens einer Last resultiert der Bedarf an umsetzbarer Energie aus den Teilbeträgen für a) Stehen, b) Fortbewegung und c) dem eigentlichen Ziehen.

Bei Zugtieren sind die Kosten für die Eigenbewegung von kardinaler Bedeutung. Bestimmend für die Höhe der Aufwendungen ist die Größe und dadurch hervorgerufene Masse der Tiere. Aber auch der Trainingszustand und anatomische Besonderheiten haben Einfluß auf die Transportkosten, die immer in isometrischer Beziehung (kJ kg^{-1}) angegeben werden.

Minimale Transportkosten stellen sich für die unterschiedlichen Tierarten und den Menschen bei der jeweiligen Komfortgeschwindigkeit ein. Diese liegt für die meisten Zugtiere zwischen 0,9–1,2 m/s. In diesem Bereich sind die Änderungen im Energieumsatz gering. Für eine vergleichende energetische Betrachtung sind in Tabelle 6 Angaben zu Transportkosten auch von exotischen Spezies zusammengestellt. Die gewaltigen Unterschiede im Tierreich werden besonders deutlich, wenn die energetisch aufwendigste Fortbewegung der Schlange an Land mit der des Delphins verglichen wird. Die Strecke, über die beide Tiere bei Verfügbarkeit von 2 Kilojoule ein Kilogramm Körpermasse transportieren können, variiert sage und schreibe um den Faktor 16300.

Tabelle 6. Minimale Transportkosten für die horizontale Fortbewegung an Land und im Wasser im Speziesvergleich

Spezies	Fortbewegungsart	Energieaufwand [kJ kg^{-1} km^{-1}]	Transportstrecke [km mit 2 kJ]
Zebuochsen	Gehen	1,10–1,35	1,8–1,5
Fleckvieh	Gehen	1,95	1,0
Hinterwälder	Gehen	1,75	1,1
Kamele	Gehen	0,7	2,9
Esel	Gehen	1,0	2,0
Pferde	Gehen	2,8–3,4	0,71–0,59
Mensch (europäische Rassen)	Gehen	1,80–2,13	1,1–0.94
Mensch (Pygmäen)	Gehen/Laufen		
	4 km h^{-1}	2,3	0,87
	7 km h^{-1}	2,9	0,69
Schlangen	ondulierende Technik	23,1	0,087
	Ziehharmonikatechnik	170,6	0,012
Delphine	Schwimmen 7,5 km h^{-1}	0,0102	196,0

Die deutlich niedrigeren Kosten für die Fortbewegung von zebuinen Rassen, verglichen mit europäischen Rindern, tragen ganz entscheidend zur besseren Energieverwertung für Arbeit bei.

Prinzipiell werden zur Beurteilung der Effizienz von Arbeitstieren drei *Wirkungsgrade* unterschieden: a) der Bruttowirkungsgrad, der ein Maß für die Effizienz des Gesamtenergiewechsels bei Arbeit ist, b) der Nettowirkungsgrad, der sich auf den Arbeitsstoffwechsel bezieht und den Umsatz des stillstehenden Tieres ignoriert, die unverzichtbaren Kosten für Eigenbewegung aber mit berücksichtigt, c) der Teilwirkungsgrad, der nur den durch mechanische Arbeit verursachten Energieumsatz berücksichtigt. Der Teilwirkungsgrad ermöglicht auch den Vergleich mit anderen Produktionsrichtungen wie der Milch- und Fleischerzeugung.

Abgeleitete Wirkungsgrade aus praktischen Zugexperimenten sind in Tabelle 7 zusammengestellt.

Tabelle 7. Durchschnittliche Brutto-, Netto- und Teilwirkungsgrade von Hinterwälder- und Zebuochsen in Abhängigkeit von der abverlangten Leistung

Rasse	Zugleistung [Watt]	Bruttowirkungsgrad [%]	Nettowirkungsgrad [%]	Teilwirkungsgrad [%]
Hinterwälder	438	15,2	19,8	33,5
	515	16,5	20,8	31,8
	641	17,7	21,9	31,1
Zebu	820	23,4	27,6	36,6
	904	24,7	29,0	37,8
	1051	24,8	28,4	35,3

Für beide Rassen gilt, daß Brutto- und Nettowirkungsgrade mit zunehmender Leistung verbessert werden. Die Rassenunterschiede sind signifikant und in erster Linie auf die höhere Wärmeproduktion beim stillstehenden Hinterwälder (651 kJ $kg^{-0,75} d^{-1}$) im Vergleich zum Zebu (410 kJ $kg^{-0,75}$ d^{-1}) sowie die Unterschiede in den Transportkosten (1,75 kJ kg^{-1} km bzw. 1,34 kJ kg^{-1} km^{-1}) zurückzuführen. Die Teilwirkungsgrade selbst erreichen dagegen nicht die Signifikanzgrenze.

Setzt man durchschnittliche Netto- und Teilwirkungsgrade ein (s. Tabelle 7), läßt sich ein Bedarf an umsetzbarer Energie je KWh von 17,3 und 12,7 MJ ME bzw. 11,2 und 9,8 MJ ME für Hinterwälder und Zebus ableiten.

Interessant ist, daß der Nettowirkungsgrad von Zugtieren genau mit dem des dieselgetriebenen Schleppers übereinstimmt (Kutzbach 1989).

Angaben zu Maximal- und Dauerleistungen in der Literatur erwiesen sich nach Überprüfung mit modernen Meßeinrichtungen als häufig zu hoch. Zahlen zu Maximal- und Dauerzugkräften müssen – sollen sie vergleichenden Charakter haben – durch genaue Spezifikation (Kraftabgabe, Ganggeschwindigkeit, Tiermasse, Arbeitsdauer) ergänzt werden.

Werden Arbeitsvermögen und Zugkraft auf die Tiermasse bezogen, zeigt sich, daß für Rinder die Leistung am Halbtag bei etwa 10–12% liegt.

Absolute Höchstleistungen während kontinuierlicher Arbeit betrugen für Zebus 1,7 ± 0,2 KW und 0,93 ± 0,15 KW für Fleckvieh, entsprechend 10 und 27%, bezogen auf die Tiermasse. Hinterwälder nehmen eine Zwischenstellung ein.

Diese Ergebnisse deuten an, daß mit der Änderung der Leistungsrichtung hin zum Fleischtyp bei einem früher in Deutschland besonders populären Arbeitsrind wie dem Fleckvieh extreme Depressionen in der physischen Fitness einhergingen.

Schlußbemerkungen

Beträchtliche Fortschritte auf dem Gebiet der Arbeitsphysiologie wurden durch die Entwicklung moderner, mobiler Meßeinrichtungen erzielt. Durch den Einsatz elektronisch arbeitender Systeme, die den Kraftaufwand, die Geschwindigkeit und Atmungsparameter synchron aufnehmen und über mehrere Stunden speichern können, wird ein besseres

Verständnis der beteiligten physiologischen Mechanismen und eine adäquate Beschreibung quantitativer Zusammenhänge künftig erleichtert.

Besondere Aufmerksamkeit wird der Strategie der Fütterung von Zugtieren geschenkt werden müssen, damit dem zyklischen Nährstoffbedarf von Zugtieren Rechnung getragen werden kann. In den weniger entwickelten Regionen gilt es, den Energieeinsatz in der Landwirtschaft in den kommenden 20 Jahren zu verdoppeln, wenn der steigenden Nachfrage aufgrund des überproportionalen Bevölkerungswachstums entsprochen werden soll. Zur tierischen Arbeitskraft wird es mittelfristig zur Erreichung dieses Zieles keine ökonomisch sinnvolle Alternative geben.

Kleinere landwirtschaftliche Betriebe in Osteuropa werden auch künftig teilweise auf Zugtiere zurückgreifen, weil die jetzige Wirtschaftsweise eine Landwirtschaft mit der und nicht gegen die Natur verkörpert.

Überlegungen anzustellen, welcher Änderungen politischer Rahmenbedingungen es bedarf, Arbeitspferde auch in Deutschland wieder ökonomisch sinnvoll einzusetzen, muß dringend gefordert werden; ökologisch vertretbar und wünschenswert wäre es allemal. Potentielle Anwender wie biologisch wirtschaftende Betriebe, Baumschulen und Gärtnereien würden sehr profitieren, wenn das vorhandene ingenieurtechnische Wissen bei der Konstruktion neuer tiergezogener Geräte Berücksichtigung finden würde. Dies war auch der Schlüssel für eine Renaissance des Fahrrades in jüngster Zeit.

Bei unseren Bestrebungen, die Produktionseffizienz autochthoner Rinderrassen in den weniger entwickelten Ländern durch Einkreuzung von ,,Exoten" zu verbessern, muß berücksichtigt werden, daß Leistungsmerkmale, wie z. B. Milch- oder Fleischleistung und Zugkraft, die auf sehr verschiedenen morphologischen und funktionellen Voraussetzungen beruhen, sich nicht beliebig kombinieren lassen. Die überlegenen physischen Eigenschaften vieler Rinderrassen der Tropen und Subtropen dürfen nicht leichtfertig aufs Spiel gesetzt werden.

Literatur

Alexander, R. (1991): Energy-Saving Mechanisms in Walking and Running. In: The Comparative physiology of exercise (Eds. A. J. Woakes and W. A. Foster), pp. 55–69, J. Exper. Biol. **160**.

Becker, K. (1992): Characterization of the Physical Performance Potential of *Bos indicus* and *Bos taurus* – Energetic Efficiency and Individual Fitness. Proceedings Exercise Physiology and Physical Performance in Farm Animals – Comparative and Specific Aspects. Satellite Conference to the 8th. Int. Conf. on Production Diseases in Farm Animals. Aug. 24, 1992, pp. 40–65.

Boutellier, U. (1990): Die Herzfrequenz als Indikator der aeroben Leistungsfähigkeit. Neue Züricher Zeitung **158**, 11. 07. 1990, 67.

Brody, S. (1945): Bioenergetics and growth – with special reference to the efficiency complex in domestic animals. Reinhold Publishing Co., New York.

Clar, U. (1991): Entwicklung einer Feldmethode zur Messung des Energieumsatzes bei Zugtieren. Diss., Universität Hohenheim.

Di Prampero, P. E. (1981): Energetics of muscular exercise. Rev. Physiol. Biochem. Pharmacol. **89**, 143–222.

FAO (1991): FAO Production Yearbook, FAO, Rome.

Hörnicke, H., Meixner, R., and Pollmann, U. (1983): Respiration in Exercising Horses. In: Equine Exercise Physiology (Eds. D. H. Snow, S. G. B. Persson and R. J. Rose). Burlington Press, Cambridge, pp. 7–16.

Hoppeler, H. (1992): Comparison of Physical Performance Between Horses and Steers: Relating Parameters of Oxygen Delivery and Utilization to the Structure and Function of Heart and Skeletal Muscles. Proceedings Exercise Physiology and Physical Performance in Farm Animals – Comparative and Specific Aspects. Satellite Conference to the 8th. Int. Conf. on Production Diseases in Farm Animals. Aug. 24, 1992, pp. 2–12.

Jones, J. H., Longworth, K. E., Lindholm, A., Conley, K. E., Karas, R. H., Kayar, S. R., and Taylor, C. R. (1989): Oxygen transport during exercise in large mammals. I. Adaptive variation in oxygen demand. J. Appl. Physiol. **67**, 862–870.

Kutzbach, H. D. (1989): Gesamtwirkungsgrad des Ackerschleppers. In: Allgemeine Grundlagen Ackerschlepper Fördertechnik. Paul Parey, Hamburg-Berlin, 166.

Linstedt, S. L., Hokanson, J. F., Wells, D. J., Swain, S. D., Hoppeler, H., and Navarro, V. (1991): Running energetics in the pronghorn antelope. Nature **353**, 748–750.

Mason, I. L. (1974): Draft Animals: From the fifteenth edition of encyclopaedia Britannica, pp. 970–973.

O'Neill (1987): An instrumentation system to measure the performance of draught animals at work. In: Proceedings of Seminar on Animal Energy Utilization. Central Institute of Agricultural Engineering, Bohpal, India.

Pethick, D. (1992): Fuel Supply During Exercise in Sheep. Proceedings Exercise Physiology and Physical Performance in Farm Animals – Comparative and Specific Aspects. Satellite Conference to the 8th. Int. Conf. on Production Diseases in Farm Animals, Aug. 24, pp. 66–74.

Rometsch, M., and Becker, K. (1993): Determination of the Reaction of Heart Rate of Oxen to Draught Work with a Portable Data-Acquisition System. J. agric. Engng. Res. **54**, 29–36.

Stegemann, J. (1984): Leistungsphysiologie: Physiologische Grundlagen der Arbeit und des Sports. 3. Aufl. Georg Thieme, Stuttgart.

World Health Organization (1985): Energy and Protein Requirements. Technical Report Series, 724.

Zanzinger, J., and Becker, K. (1992): Blood Parameters in Draught Oxen during Work. Relation to Physical Fitness. Comp. Biochem. Physiol. **102A**, No. 4, 715–719.

Zanzinger, J. (1992): Untersuchung von Blutwerten und Herzfrequenz bei Zugochsen unter dem Aspekt der individuellen Leistungsfähigkeit. Diss., Universität Hohenheim.

Zanzinger, J., Becker, K., and Rometsch, M. (1993): Physical Response of Zebu and Taurine Oxen to Draught Work. J. Exper. Zool. **266**, 249–256.

Zuntz, N., und Hagemann, O. (1898): Untersuchungen über den Stoffwechsel des Pferdes in Ruhe und Arbeit. Neue Folge Landw. Jb., 1–438.

Teil III: Das Fütterungspotential

1. Tierernährung und Tierverhalten
(J. Ladewig und Ch. Müller)

1.1 Einleitung

Die Sicherung der Nahrungsaufnahme gehört zu den essentiellen Lebensfunktionen aller Lebewesen. In der Natur verbringen Tiere einen sehr großen Teil ihrer täglichen Aktivitäten mit der Suche nach geeigneter Nahrung bzw. mit der Aufnahme dieser Nahrung. So müssen Raubtiere z. B. viel Zeit damit verbringen, Beutetiere zu beobachten und zu überlisten oder, wenn sie in sozialen Gruppen jagen, müssen Strategien ausgearbeitet und geübt werden, bevor die Nahrungsaufnahme gesichert werden kann. Im Gegensatz dazu ist die Suche nach Futter für Pflanzenfresser etwas einfacher. Weil aber der Nährstoffgehalt in Pflanzen niedriger ist, müssen Pflanzenfresser sehr viel Zeit mit der eigentlichen Nahrungsaufnahme verbringen. Bei Wiederkäuern nimmt die Weiterverarbeitung der aufgenommenen Futtermenge so viel Zeit in Anspruch, daß ein Teil des Schlafes durch das Wiederkauen ersetzt wird.
Bei der Domestikation der Nutztiere wurden viele Aspekte der natürlichen Lebensabläufe von den Menschen kontrolliert, z. B. der Schutz gegen natürliche Feinde und Witterungseinflüsse, das Fortpflanzungsgeschehen und die Nahrungsaufnahme. Obwohl diese Änderungen viele Vorteile für die Tiere haben, z. B. durch das ausgewogene und konstante Futterangebot, sind andere Aspekte der Fütterung nicht optimal gestaltet.
Gekoppelt mit einer sehr zielgerichteten Selektion auf hohe Leistung, bedeutet die ausgewogene Fütterung der heutigen Nutztiere, daß ein sehr hohes Leistungsniveau angestrebt wird, um die Milchleistung, das Wachstum, die Wurfgröße oder die Anzahl Eier zu optimieren. Allerdings sind dem Leistungsvermögen der Nutztiere Grenzen gesetzt, die dadurch gekennzeichnet sind, daß die Tiere nur in der Lage sind, eine gewisse Menge Nahrung zu verarbeiten, um eine hohe Leistung aufrechtzuerhalten. Eine Überversorgung an Eiweiß und Energie kann zu Stoffwechselstörungen führen, die leistungsreduzierend wirken, das Krankheitsrisiko erhöhen oder sogar eine eingeschränkte Nutzungsdauer zur Folge haben können.
Die Überproduktion vieler tierischer Agrarprodukte und die damit verbundene Umweltbelastung haben in den letzten Jahren deutlich gezeigt, daß die Grenzen nicht nur von tierartspezifischen physiologischen Mechanismen vorgegeben sind. Auch die Tatsache, daß Nutztiere heute nicht nur als Nahrungslieferanten, sondern auch als Lebewesen mit eigener Bedürfnisstruktur angesehen werden, setzt der Tierproduktion quantitative und qualitative Grenzen. Die Ansprüche der Verbraucher an Produktionsver-

fahren, die das Nutztier als Lebewesen respektieren, sind in den letzten Jahren ständig gewachsen.

Das Angebot von konzentriertem Futter in der modernen Tierhaltung verursacht zwei Verhaltensproblemkomplexe. Die Kraftfuttergabe schafft eine Konkurrenzsituation, die, gekoppelt mit den Tatsachen, daß die Tiere sich oft nicht sattfressen bzw. am Futterplatz einander nicht genügend ausweichen können, zu vielen aggressiven Auseinandersetzungen führt. Besonders in der Schweinehaltung ist die Entwicklung unerwünschter Verhaltensweisen, wie z. B. Schwanz- und Ohrbeißen, die Folge.

Andererseits bewirkt die Kraftfuttergabe, daß die Tiere innerhalb von sehr kurzer Zeit ihre Tagesration aufgenommen haben und viel Zeit übrigbleibt, die unter natürlichen Bedingungen mit der Futtersuche und -aufnahme verbracht wird. Besonders in strohlosen Haltungssystemen fehlen Beschäftigungsmöglichkeiten, und die Entwicklung von stereotypischem Verhalten oder gegenseitigem Beknabbern ist vorprogrammiert.

1.2 Entwicklung der traditionellen Systeme

In den 50er und 60er Jahren wurde das Konkurrenzproblem am Futterplatz dadurch gelöst, daß mehr und mehr Nutztiere in der Einzelhaltung gehalten wurden, wie z. B. Zuchtsauen in Anbindehaltung oder Käfigen, Milchkühe in Anbindehaltung oder Hühner in Batteriekäfigen. Der Vorteil dieser Systeme, außer Aggressionen zu vermeiden, war natürlich, daß die Futteraufnahme sehr genau kontrolliert und Krankheiten, die zum Appetitverlust führen, sehr früh erkannt werden konnten. Ein zusätzlicher Vorteil bei der Einzelhaltung war außerdem, daß die Hygiene, vor allem die Bekämpfung der bakteriellen und parasitären Krankheiten, viel effektiver durchgeführt werden konnte. So darf nicht vergessen werden, daß die Batteriehaltung von Legehennen zu einer erheblichen Reduktion des Arzneimittelverbrauchs führte. Durch die effektive Trennung zwischen Freß- und Kotbereich in der Einzelhaltung von Sauen konnte das Risiko einer parasitären Reinfektion praktisch eliminiert werden.

Die zunehmend strohlose Einzelhaltung verstärkt das andere Problem der fehlenden Beschäftigung. Die daraus folgende Entwicklung abnormen Verhaltens, wie stereotypisches Verhalten (Stangenbeißen bei Sauen, Zungenschlagen bei Mastbullen, Besaugen bei Mastkälbern oder Federpicken bei Hühnern), war deutliches Zeichen dafür, daß die Haltungssysteme suboptimal gestaltet waren. Die auftretenden Probleme wurden lange Zeit nur symptomatisch behandelt, um ein hohes Produktionsniveau zu halten. So wurde versucht, das Problem des Schwanzbeißens bei Mastschweinen dadurch zu lösen, daß die Ställe abgedunkelt und nur für eine kurze Zeit vor und nach der Fütterung beleuchtet wurden. Als dieses Verfahren das Problem nicht eliminierte, wurden die Schwänze der Schweine teilweise oder ganz kupiert, ein Eingriff, der heute noch weit verbreitet ist. Ähnlicherweise ist das gängige und effektivste Mittel gegen Federpicken bei Hühnern immer noch, einen Teil des oberen Schnabels abzuschneiden.

Weil solche Eingriffe zwar akute Probleme von Kannibalismus unterbinden und dadurch viele Krankheitsausbrüche, die oft tödlich verlaufen, vermeiden können, ändert sich nichts an der Tatsache, daß das Vorkommen dieses Verhaltens ein Zeichen dafür ist, daß die Umwelt, in der die betroffenen Tiere leben, unzureichend ist.

1.3 Verhaltensprobleme der Intensivhaltung

Viele Verhaltensprobleme, die bei Nutztieren in der modernen Intensivhaltung zu beobachten sind, stehen kausal damit in Verbindung, daß den Tieren ein relativ konzentriertes und rationiertes Futter verabreicht wird, das im allgemeinen zu wenig Rohfaserstruktur besitzt und mit zu geringem Aufwand aufgenommen werden kann. Die Tiere entwickeln alternative Verhaltensmuster, um die lange Zeit bis zur nächsten Fütterung zu überbrücken. Im folgenden werden einige der am häufigsten vorkommenden **Verhaltensanomalien** kurz beschrieben.

1.3.1 Stereotypisches Verhalten

Stereotypien sind Verhaltensmuster, die ohne Variation ständig wiederholt werden und anscheinend kein Ziel und keine Funktion haben (Fox 1965; Ödberg 1978; Mason 1991). Sie werden als abnormes Verhalten betrachtet, obwohl sie meistens ohne gesundheitliche Beeinträchtigungen sind. Weil stereotypisches Verhalten bei freilebenden, gesunden Tieren nicht vorkommt, wird es von den meisten Verhaltensforschern als ein Zeichen dafür bewertet, daß die Umwelt suboptimal, d. h. ihr Vorkommen ein tierschutzrelevanter Indikator ist. Als Ursache für ihre Entstehung werden Frustration, unvermeidbarer Streß, Furcht oder zu wenig Stimulation angegeben (Mason 1991). Obwohl die gegebene Umwelt nicht immer ausschlaggebend für die Entwicklung der Stereotypie ist, besteht doch in vielen Fällen eine enge Beziehung zwischen dem Normalverhalten und der Art der Stereotypie, d. h., das stereotype Verhalten ist den verschiedenen Funktionskreisen zuzuordnen (Zeeb 1974). So entwickeln restriktiv und rohfaserarm gefütterte Tiere wie Sauen, Mastkälber und Mastbullen überwiegend *orale Stereotypien* (Zungenspiel, Leerkauen, Stangenbeißen, Trinknippelspiel u. ä.), während laufaktive Tiere bei eingeschränktem Raumangebot wie Füchse, Eisbären oder Pferde eher *Bewegungsstereotypien* entwickeln (Weben, Hin- und Herlaufen, im Kreis laufen usw.).

Obwohl Stereotypien anscheinend keine Funktion haben, deuten einige Untersuchungen an, daß die Entwicklung des Verhaltens den Tieren hilft, mit ihrer suboptimalen Umwelt zurechtzukommen. So zeigten Untersuchungen an angebundenen Sauen, daß Stereotypien zur Freisetzung endogener Opiate führen, d. h. zu den im Körper produzierten morphinähnlichen Substanzen (Cronin et al. 1985), was bedeutet, daß das Verhalten eine Anpassungsreaktion darstellt. Dies kann so interpretiert werden, daß das Wohlbefinden der Tiere, die stereotypisches Verhalten zeigen, akzeptabel ist und Tiere, die das Verhalten nicht zeigen, möglicherweise leiden.

Obwohl die Endorphinfreisetzung wahrscheinlich nur am Anfang eine Rolle für das Wohlbefinden des Tieres spielt (Ödberg 1987), steht fest, daß erstens das Vorkommen des Verhaltens immer noch ein Zeichen dafür ist, daß die Gestaltung der Haltungsumwelt unzureichend ist und zweitens die dem Verhalten zugrundeliegenden Mechanismen erheblich komplizierter sind (Lawrence und Rushen 1993).

1.3.2 Schwanzbeißen

Das Schwanzbeißen beginnt oft damit, daß ein einzelnes Schwein in einer Gruppe anfängt, auf einem Körperteil eines Gruppenmitgliedes herumzuknabbern. In diesem Anfangsstadium ist das Verhalten eher als Erkundungsverhalten zu bezeichnen und kommt meistens in Verbindung mit dem Wühlverhalten vor. Wenn die Kauaktivitäten an empfindlichen Körperteilen (wie z. B. Ohr oder Bauch) zu intensiv werden und Schmerzen verursachen, reagiert das Empfängertier abwehrend. Weil die Schwanzspitze der Schweine weniger empfindlich ist, tritt eine Abwehr auf das Schwanzbeißen oft erst ein, wenn Verletzungen an der Spitze bereits vorhanden sind. Diese Verletzungen, vor allem Blutungen, ziehen dann sehr bald die Neugierde der übrigen Gruppenmitglieder an, so daß innerhalb sehr kurzer Zeit das „neuentdeckte" Verhalten sich innerhalb der Gruppe schnell ausbreitet. Das Abschneiden der weniger empfindlichen Schwanzspitze bewirkt, daß das Knabbern an dem restlichen, empfindlicheren Teil des Schwanzes eher zur Abwehrreaktion führt, so daß Verletzungen vermieden werden können.

Obwohl die fehlende Beschäftigung eine wichtige Ursache des Ausbruches der Verhaltensanomalie ist, können viele andere Faktoren eine zusätzliche Rolle spielen, vor allem solche, die zur Unruhe und erhöhten Aggressivität in der Gruppe führen. Dazu gehören hohe Besatzdichte, große Gruppengröße, restriktive Fütterung, schlechtes Stallklima, Fliegenplage u. ä. Obwohl einige dieser Faktoren eng miteinander verbunden sind, z. B. hohe Besatzdichte und schlechtes Stallklima, ist das Vorbeugen der Verhaltensanomalie oft nur erreichbar, indem mehrere Faktoren gleichzeitig geändert werden. Die Tatsache, daß das Schwanzbeißen häufig aus Langeweile entsteht, läßt sich am deutlichsten damit beweisen, daß die Zugabe von Stroheinstreu der beste Weg ist, dem Verhalten vorzubeugen. Allerdings übt das Stroh auch mehrere andere Funktionen aus, indem es den Schweinen ein Sättigungsgefühl gibt und zu einem gewissen Grad Ammoniak absorbiert und dadurch für bessere Stalluft sorgt.

1.3.3 Bezoarbildung bei Mastkälbern

Die Forderung der Verbraucher nach hellem Kalbfleisch führte in den 60er Jahren zur Haltung von *Milchkälbern* in einstreulosen Einzelboxen. Wegen der einseitigen, eisenarmen Milchfütterung, die sich weit über das normale Laktationsalter erstreckte, hatten solche Kälber oft extrem niedrige Hämoglobinwerte. Die unphysiologische reine Milchfütterung älterer Kälber bedeutete einen sehr hohen Bedarf an strukturiertem Futter (Kälber unter freien Bedingungen fangen bereits in den ersten Lebenswochen an, Gras aufzunehmen). Diesen Bedarf versuchten die Kälber zu decken, indem sie sich selbst leckten, um dadurch lose Haare aufnehmen zu können. Weil aber die Haare nicht verdaulich sind, sondern sich im Pansen ansammeln, bildeten sich sehr oft *Bezoare*, d. h. verfilzte Ansammlungen von Haaren, die nicht selten Tennisballgröße erreichen und zu Verdauungsstörungen führen können (Unshelm et al. 1979).

Ein weiteres Problem der Einzelboxenhaltung von Kälbern trat während des Transportes zum Schlachthof auf. Aufgrund ihrer oft sehr schwachen körperlichen Verfassung kam es nicht selten vor, daß Kälber während des Transportes wegen Herz-Kreislauf-Versagens starben.

1.3.4 Federpicken bei Hühnern

Bei der Verhaltensanomalie Federpicken pickt ein Huhn nach den Federn der anderen Hühner in der Gruppe. Meistens wird eine Feder dabei herausgezogen. Kleinere Federn werden gefressen, größere Federn nach einer kurzen Zeit wieder ausgespuckt. Das Federpicken allein verursacht kaum Schmerz für das belästigte Tier. Dennoch stellt die Verhaltensanomalie ein Problem dar: erstens weil sie ein Anzeichen für eine mangelhafte Umwelt sein kann, zweitens weil das Federpicken die Gefahr des Kannibalismus mit sich führt, drittens, weil federlose Hühner einen bis zu 20% höheren Energieverbrauch haben.

Die Entstehung des Federpickens wird im allgemeinen als falsch gerichtetes Bodenpicken („redirected ground pecking") betrachtet, das in Verbindung mit der Futtersuche vorkommt (Blokhuis 1989). Das Verhalten gehört deshalb zum Bereich Freßverhalten und hat nichts mit aggressivem Kampfverhalten zu tun. Unter natürlichen Bedingungen verbringen Hühner 70–90% ihrer täglichen Aktivität damit, Futter auf oder in dem Boden zu suchen. Es ist deshalb naheliegend, daß das Angebot an konzentriertem Futter eine wichtige Rolle für die Entstehung des Verhaltens spielt. Allerdings können zusätzliche Faktoren mitverantwortlich sein. So wird eine hohe Besatzdichte eher zum Ausbruch des Verhaltens führen. Außerdem können die Futterzusammensetzung und die Hormonproduktion der Tiere eine Rolle spielen. So wird z. B. angegeben, daß Natriummangel das Picken gegen fremde Gegenstände erhöht (Hughes 1970) und Östrogene die Häufigkeit des Federpickens beeinflussen (Hughes 1973).

Bei dieser Verhaltensanomalie unterscheidet man zwischen Federpicken und Kannibalismus. Beim *Kannibalismus* werden Haut und Gewebe gepickt, meistens mit einem tödlichen Verlauf. Kannibalismus allein entsteht allerdings nur in seltenen Fällen, meistens entwickelt er sich aus dem Federpicken, und zwar wenn das Rupfen der Federn zu kleinen Blutungen führt, die dann die Neugierde der Gruppenmitglieder erwecken.

Wenn die Theorie stimmt, daß es sich um falsch gerichtetes Bodenpicken handelt, ist es einleuchtend, daß die Haltungsbedingungen eine große Rolle bei der Entstehung des Verhaltens spielen. Dabei scheint auch die frühere Erfahrung von Bedeutung zu sein. So zeigen Hühner, die auf Einstreu aufgezogen wurden, das Verhalten weniger als Hühner, die auf einem Drahtboden aufgezogen worden sind (Blokhuis 1984).

Obwohl das effektivste Mittel gegen Federpicken die partielle Schnabelamputation ist, bei der ein Teil des oberen Schnabels abgeschnitten wird, ist dieser Eingriff tatsächlich nur symptomatisch. So hat die Behandlung keinen Einfluß auf die Häufigkeit des Verhaltens, sondern bewirkt nur, daß die Federn weniger beschädigt werden und keine Haut- und Gewebeverletzungen entstehen. Weil die Schnabelamputation selbst schmerzhaft ist und später möglicherweise auch zu chronischen Schmerzzuständen führen kann, ist die Behandlung eindeutig tierschutzrelevant.

1.4 Entwicklung alternativer Haltungssysteme

Die Änderungen, die sich z. Z. in der landwirtschaftlichen Produktion vollziehen, werden von einer Vielfalt von Ursachen hervorgerufen, wie z. B. Überproduktion von Agrarprodukten, Umweltbelastungen, Änderungen von Handelsbarrieren, finanzielle Schwierigkeiten und Tierschutzfragen. Dementsprechend ist es derzeit auch nicht möglich, allgemeingültige Angaben zu machen, in welchen Haltungs- und Managementsystemen Nutztiere am besten gehalten werden können, um gleichzeitig alle Probleme zu lösen. Wichtig ist nur, daß Problemlösungen aufgrund einzelner Aspekte allein nicht ausreichend sind, sondern viele verschiedene Fachbereiche integriert werden müssen.

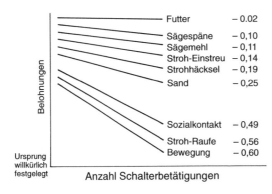

Abb. 1. Nachfragekurven von verschiedenen Umweltfaktoren beim Schwein. Die Wichtigkeit der Faktoren wird vom Abfallsgrad der Kurven angegeben.

Die folgende Beschreibung einiger aktueller Versuche, alternative Haltungs- und Managementsysteme zu entwickeln, berücksichtigt vorrangig das Verhalten der Nutztiere, nicht alle anderen Probleme.

Prinzipiell gibt es verschiedene Möglichkeiten, neue Systeme zu entwickeln. Ein häufig angewandter Versuchsansatz ist, Nutztiere unter vergleichbaren Bedingungen zu halten, die ihnen teilweise mehr Alternativen bieten. Das Verhalten der Tiere in Alternativsystemen wird beobachtet und mit dem Verhalten der Tiere verglichen, die nach traditionellen Methoden gehalten werden. Weil solche Alternativsysteme auch praxisrelevant sein müssen, werden in vielen Fällen gleichzeitig Produktionsdaten mitbestimmt und verglichen. Unter diese Kategorie von Versuchen gehören auch solche, die Nutztiere beobachten, die unter natürlichen Bedingungen leben (Jensen 1988, Wechsler et al. 1991).

Eine weitere Möglichkeit zu analysieren, welche Aspekte der Nutztierumwelt wichtig sind, besteht darin, durch Wahlversuche zu beobachten, wie die Tiere selbst entscheiden, z. B. auf welcher Art von Spaltenboden sie sich am liebsten aufhalten. Weil bei derartigen Versuchen nur eine begrenzte Anzahl an Möglichkeiten zur Verfügung steht, ist die Aussage der Ergebnisse oft eingeschränkt (Matthews und Ladewig 1986).

Mit dieser vergleichenden Versuchsmethodik ist es möglich, getrennt die Wichtigkeit der einzelnen Umweltfaktoren zu messen. Bei solchen Untersuchungen werden *Nachfragekurven* mit Hilfe der operanten Konditionierungstechnik erstellt (Matthews und Ladewig 1986, Kretschmer und Ladewig 1993). Ein bestimmter Faktor, z. B. Futter, Stroheinstreu, Sozialkontakt oder Bewegungsmöglichkeit, wird in begrenzter Menge verabreicht, nachdem das Versuchstier eine gewisse Verhaltensreaktion gezeigt hat (Manipulation eines Schalters). Die Versuche werden über Wochen oder Monate durchgeführt, und das Versuchstier bekommt nur in der Testsituation den Faktor. Am Anfang einer Testreihe wird die Belohnung nach geringem Arbeitsaufwand verabreicht, z. B. nach einer Schalterbetätigung, und der gesamte Abruf pro Tag wird registriert. Später wird die Belohnung nur nach einem allmählich sich steigernden Aufwand gegeben (nachdem der Schalter zweimal, dreimal usw. bis 60- oder 80mal pro Belohnung betätigt wird). Der tägliche Abruf auf jeder Stufe wird registriert. Aufgrund des Verhältnisses der abgerufenen Menge Belohnung zum Arbeitsaufwand werden Nachfragekurven erstellt, deren Abfallsgrad die Wichtigkeit der Belohnung angibt (Abb. 1). Weil nur die relativen Änderungen in den abgerufenen Mengen der Belohnungen zur Berechnung der Nachfragekurven benutzt werden, ist es möglich, die Wichtigkeit verschiedener Umweltfaktoren miteinander zu vergleichen.

1.4.1 Sauenhaltung

Die ständige Einzelhaltung von Sauen bewirkt, daß die Tiere in einer sehr schlechten körperlichen Verfassung sind. Dieser Zustand führt zu Problemen während des Geburtsverhaltens und aufgrund von Rücken- und Beinschwächen häufig zu Lahmheiten. Um einerseits den Sauen Bewegungsmöglichkeiten, andererseits auch eine interessantere Umwelt anbieten zu können, ist die *Gruppenhaltung* eine praktikable Alternative, bei der folgende Bedingungen erfüllt sein müssen.

Eine Gruppenhaltung von Sauen kann nur mit einer Einzeltierfütterung erfolgen, um Konkurrenzsituationen während der Futteraufnahme zu verhindern. Die Haltungsumwelt muß den Sauen ausreichend Beschäftigung bieten, um stereotypisches Verhalten nicht auftreten zu lassen.

In der Praxis ist die rechnergestützte Abruffütterung am Futterautomaten (Transponderfütterung) in der Gruppenhaltung üblich; hierbei ist eine Tierzahl von 30 Sauen pro Station nicht zu überschreiten, um Spannungen unter den Tieren im Bereich des Futterautomaten bei sequentieller Fütterung zu vermeiden. Wünschenswert ist hier die Entwicklung spezieller Einrichtungen, wie z. B. die räumliche Trennung von wartenden und bereits gefütterten Sauen, um Aggressionen zu vermeiden.

Um diese Spannungen zu vermeiden, haben Morris und Hurnik (1990) ein Haltungssystem entwickelt, in dem alle Gruppenmitglieder gleichzeitig gefüttert werden. In einer Gruppengröße von sechs Sauen werden die Tiere in einer Bucht gehalten, die aus einem Liege- und Kotbereich besteht (Abb. 2). Zweimal am Tag werden sie durch ein rechnergesteuertes System zu einem Futterbereich mit sechs Freßständen geführt und gleichzeitig dort gefüttert. Nach dem Fressen werden sie automatisch zur Bucht geleitet, wo sich der Trinknippel befindet. Unterwegs passieren sie eine Eberbucht. Durch das automatische Registrieren der

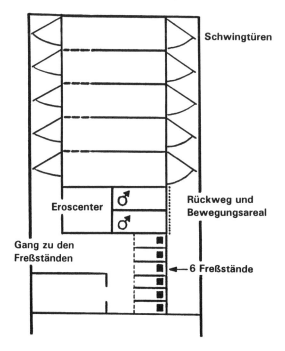

Abb. 2. Schematische Darstellung des Hurnik-Morris-Sauenhaltungssystems (nach Morris und Hurnik 1990).

Aufenthaltsdauer beim Eber können zusätzlich Brunstperioden diagnostiziert werden. Nachdem eine Gruppe von sechs Sauen gefüttert ist, wird die nächste Gruppe von sechs Sauen zum Futterbereich geleitet. Die maximale Anzahl Sauen, die in dem System gehalten werden kann, wird von der Freßzeit, d. h. Aufenthalt im Futterbereich, bestimmt. Ein zusätzlicher Vorteil des Systems ist die kleine Gruppengröße, die es erlaubt, Gruppen neu zu etablieren, indem nur sechs Sauen gleichzeitig abgesetzt werden müssen.

Die integrierte Gruppenhaltung von Sauen weist die besondere Gruppenstruktur von güsten, tragenden und ferkelführenden Sauen auf. In diesem System bleiben die Ferkel während der Säugeperiode in der Abferkelbucht, und nur die Sauen können den Abferkelbereich verlassen, nicht nur zur Fütterung. Durch die Aufteilung in verschiedene Funktionsbereiche haben die Tiere jederzeit Bewegung und Sozialkontakt, die konstante Gruppe während einer Haltungsperiode vermindert das Aggressionsniveau (Gertken 1992).

Eine weitere Alternative, um die Konkurrenzsituation an der Futterstation zu vermeiden, wurde von van de Burgwal und van Putten (1993) vorgeschlagen. Zusätzlich zum Kraftfutterangebot zwei- oder dreimal täglich wird Rauhfutter (wie z. B. Maissilage) angeboten, das großflächig gestreut wird, damit die Sauen in Ruhe fressen können. Die Zeit der Futteraufnahme sowie die Beschäftigung der Tiere führt zu einer deutlichen Reduktion unerwünschter Spannungen in der Gruppe.

1.4.2 Pferdehaltung

Die *Gruppenhaltung* von Pferden hat für das ursprünglich im Sozialverband lebende Herdentier viele Vorteile gegenüber der Einzelboxunterbringung. Die konsequente Entwicklung geeigneter Haltungssysteme hat in den letzten Jahren sehr gute, praktikable Alternativen hervorgebracht. Die Gestaltung eines artgerechten Laufstallsystems ist wesentlich von der großzügigen Aufteilung in die verschiedenen Funktionsbereiche abhängig. Fütterungstechnisch sind dabei zwei Möglichkeiten empfehlenswert, um eine individuelle Fütterung ohne soziale Auseinandersetzungen durchzuführen. Um Verdrängungen an der Futterstation zu vermeiden, müssen die Freßstandlänge (2,5–3 m) und die Trennwände im Kopfbereich geschlossen sein (Pirkelmann 1989). Die computergestützte Kraftfutterzuteilung ermöglicht individuelle Fütterungsfrequenzen, zur längeren Beschäftigungszeit mit der Rauhfutteraufnahme tragen Heuraufen bei. Die Einzelfütterung in Freßständen ist eine bewährte Variante zur kontrollierten Fütterung (Schnitzer 1994, Zeeb und Leimenstoll 1989). Eine Abruffütterung für Kraft- und Grundfutter wurde im Rahmen einer Mehrraum-Auslaufhaltung von Piotrowski (1992) vorgestellt. Dabei erfolgt die Grundfuttervorlage durch eine Rollraufe, die an Schienen leicht pendelt und von den Pferden vom Heu vorgeschoben wird. Die Metallrohre der Raufe müssen solche Abstände haben, daß die Pferde auch beim plötzlichen Zurückziehen des Kopfes keine Verletzungsgefahr riskieren. Bei restriktiver Heufütterung bietet das System einen zeitgesteuerten Rollvorhang, der den Zutritt zur Raufe verhindert. So ist auch eine Vorratsfütterung möglich. Voraussetzung für diese Art der Grundfuttervorlage ist der relativ gleiche Nährstoffbedarf der Tiergruppe. Die elektronisch gesteuerte Kraftfutterzuteilung wurde für eine Gruppengröße von 6–8 Tieren mit individuellem Freßplatz entwickelt. Der jeweilige Freßplatz ist nur mit dem richtig identifizierten Pferd (Induktionsspule und Spulensektor) zugänglich. Fütterungsfrequenzen sind über einstellbare Einzel-Kraftfutterspender variabel. Die Anordnung der Selbsttränken und die Auslaufmöglichkeiten der Mehrraumhaltung veranlassen die Pferde, ein hohes

Bewegungspotential zu nutzen. Die angenehm auffallende Ruhe und Ausgeglichenheit der Gruppenmitglieder in diesem Haltungssystem beeindrucken und überzeugen jeden Beobachter bezüglich der besonderen Tier- und Artgerechtheit.

Das grundsätzlich größte Problem der Gruppenhaltung von Pferden ist die soziale Hierarchie der Herdenstruktur. Eine genaue Beobachtung der Tiergruppe und die Möglichkeit der Einzelunterbringung nicht integrierbarer Pferde muß der verantwortliche Stallbesitzer jederzeit vornehmen können.

1.4.3 Kälberhaltung

In der Diskussion um die moderne Kälberhaltung werden Forderungen nach der Gruppenhaltung von Mast- und Aufzuchtkälbern immer konkreter (DVO 1993).
Diese Tendenz entspricht den artgemäßen Anforderungen der Funktionskreise des Sozial-, Komfort- und Lokomotionsverhaltens. Aber auch in der Gruppenhaltung treten bei Mastkälbern haltungsbedingte Stereotypien auf, die Gegenstand zahlreicher Untersuchungen sind. Die Kalbfleischproduktion wird charakterisiert durch eine ebenso intensive wie einseitige Fütterung bis 250 kg Lebendgewicht mit Milchaustauschern und ohne Rauhfutter. Dem besonderen alters- und fütterungsabhängigen Saugbedürfnis entspricht die reine Milchfütterung in keiner Form. In der Literatur findet man Angaben über die Trinkdauer eines Kalbes bei der Kuh von 60,3 Minuten über 24 Stunden (Hutchinson et al. 1962). In 6–8 Saugperioden mit je 1000–2000 Saugakten finden die Kälber zur Nahrungsaufnahme (Scheurmann 1974). Nach Sambraus (1985) saugen Mastkälber gegenüber Kälbern der Mutterkuhhaltung nur 10% der Zeit bei der offenen Eimertränke, gleichzeitig wird die Saugaktfrequenz auf 8,6% reduziert.

Die Fütterungstechnik der Tränkeautomaten läßt auch aus ethologischer Sicht 20 Mastkälber pro Saugstelle zu bei einer Gruppengröße von 5–10 Tieren. Die zum Teil sehr hohe Milchaufnahme ist über mehrere Saugportionen wesentlich tiergerechter als die Eimertränke mit oder ohne Nuckel. Das dem Funktionskreis der Nahrungsaufnahme zugeordnete Verhalten des Saugens wird von den Kälbern überwiegend fütterungsabhängig intensiv ausgeübt. Einen wichtigen Sauganreiz stellt dabei die Flüssigkeitsaufnahme dar (Metz und Mekking 1987), so daß aus den intensiven Saugaktivitäten das Verhalten des Harnsaugens auftritt. Deshalb sollte gerade in der Kälbermast auch eine Rauhfuttervorlage erfolgen, um die nichtnutritiven Saugaktivitäten zu minimieren. Zahlreiche Untersuchungen konnten deutliche Reduzierungen von Verhaltensanomalien durch das Angebot von strukturiertem Rauhfutter aufzeigen (Kooijman et al. 1990, Müller 1990).

1.5 Schlußbemerkungen

Unabhängig davon, welche Haltungssysteme in der Zukunft zur Anwendung und Verbreitung kommen, besteht kein Zweifel darüber, daß die Berücksichtigung des Verhaltens der Nutztiere ein unumstrittener Faktor ist, der aus verschiedenen Gründen nicht übersehen werden kann. Zu diesen Gründen zählen nicht nur ethische, sondern auch produktionsrelevante und finanzielle Faktoren. Obwohl die notwendigen Änderungen in der Tierhaltung und -fütterung teuer und aufwendig aussehen, läßt eine langfristige und globale Betrachtung den Aufwand rechtfertigen. Ein Tier, das im Einklang mit seiner Umwelt lebt und weniger krankheitsanfällig ist, kann eine längere Nutzungsdauer aufweisen als ein Tier, das anhaltend unter sozialem Druck in einer reizarmen Haltungsumwelt lebt.

Hinzu kommt der Aspekt, daß eine Fütterung mit höherem Rohfaseranteil nicht nur den Nutztieren direkt zugute kommt, sondern auch dem Menschen als Verbraucher hochwertiger Nahrungsmittel. So können die eiweißhaltigen Ausgangsprodukte der Kraftfutterherstellung direkt der Nahrungsmittelversorgung des Menschen zur Verfügung stehen. Besonders bei extremen Standortbedingungen sollten Überlegungen dieser Art eingebunden sein in spezifische Extensivierungsmaßnahmen und Fragen der Tierart- und Rassenwahl.

Bei der zunehmenden Bedeutung des Tierschutzes (in den Industrieländern) und der steigenden Nachfrage der Verbraucher nach qualitativ hochwertigen Nahrungsmitteln sowie einem allgemein intensiveren Gesundheitsbewußtsein ist eine kritische öffentliche Beobachtung der tierischen Nahrungsmittelproduktion zu erwarten.

In der breiten Öffentlichkeit ist die Lebensmittelproduktion ein besonders sensibler und populärer Komplex, dem mit großer Skepsis gegenüber industriemäßig erzeugten landwirtschaftlichen Produkten begegnet wird. Der Wegfall europäischer Handelsbarrieren sowie die Legalisierung unzähliger Zusatzstoffe für Lebensmittel führen nicht zu einer höheren Transparenz des Marktes und deshalb auch nicht zu einer höheren Akzeptanz bei den Verbrauchern. Die Chancen kleiner tierhaltender Betriebe, Erzeugnisse aus artgerechter Haltung und Fütterung alternativ zu vermarkten, sind dadurch verbessert. Die große Vielfalt an Erzeugergemeinschaften mit Qualitätsanspruch spiegelt das Bemühen wider, den extrem hohen Energieeinsatz in der Tierproduktion zu rechtfertigen. Denkbar sind agrarpolitische Entscheidungsgrößen, die umweltverträgliche Produktionsmethoden zum Maßstab nehmen, wie die im europäischen Umweltbüro geplante „grüne" Gatt-Reform, die umweltschädliche Produktionsmethoden mit Handelssanktionen belegen will.

Literatur

Blokhuis, H. J. (1984): Some observations on the development of feather pecking in poultry. Appl. Anim. Behav. Sci. **12**, 145–157.

Blokhuis, H. J. (1989): The development and causation of feather pecking in the domestic fowl. Ph. D. Thesis, Agric. Univ. of Wageningen.

Cronin, G. M., Wiepkema, P. R., and van Ree, J. M. (1985): Endogenous opioids are involved in abnormal stereotyped behaviours of tethered sows. Neuropeptides **6**, 527–530.

DVO (1993): Durchführungsverordnung zur Mastkälberhaltung.

Fox, M. W. (1965): Environmental factors influencing stereotyped and allelomimetic behaviour in animals. Lab. Anim. Care **15**, 363–370.

Gertken, G. (1992): Untersuchungen zur integrierten Gruppenhaltung von Sauen unter besonderer Berücksichtigung von Verhalten, Konstitution und Leistung. Diss. Agr., Kiel.

Heider, G., und Monreal, G. (Hrsg.) (1992): Krankheiten des Wirtschaftsgeflügels. Gustav Fischer Verlag, Jena – Stuttgart.

Hughes, B. O. (1970): specific appetites in the domestic fowl. Ph. D. Thesis, University of Edinburgh.

Hughes, B. O. (1973): The effect of implanted gonadal hormones on feather pecking and cannibalism in pullets. Br. Poult. Sci. **14**, 341–348.

Hutchinson, H. G., Woof, R., Mabon, R. M., Salehe, I., und Robb, J. M. (1962): A study of the habits of Zebu cattle in Tanganyika. J. Agri. Sci. **59**, 301–317.

Jensen, P. (1988): Maternal behaviour and mother-young interactions during lactation in free-ranging domestic pigs. Appl. Anim. Behav. Sci. **20**, 297–308.

Koijman, J., Wierenga, H. K., und Wiepkema, P. R. (1990): Verhaltensanomalien bei Mastkälbern in Gruppenhaltung mit und ohne Rauhfutteraufnahmemöglichkeit. KTBL-Schrift **342**, 94–107.

Kretschmer, M., und Ladewig, J. (1993): Zur quantitativen Messung der Nachfrage an Umweltfaktoren beim Schwein mit Hilfe der operanten Konditionierung. In: Aktuelle Arbeiten zur artgemäßen Tierhaltung 1992, KTBL-Schrift **356**, 127–140.

Lawrence, A. B., und Rushen, J. (Eds.) (1993): Stereotypic animal behaviour: Fundamentals and applications to welfare. CAB International, Oxford, UK.

Mason, G. J. (1991): Stereotypies: A critical review. Anim. Behav. **41**, 1015–1037.

Matthews, L. R., und Ladewig, J. (1986): Die operante Konditionierungstechnik: Theorie und praktische Anwendung in der Nutztierethologie und Tierschutzforschung. In: Aktuelle Arbeiten zur artgerechten Tierhaltung 1985, KTBL-Schrift **311**, 134–141.

Metz, J. H. M., und Mekking, P. (1987): Reizqualitäten als Auslöser für Saugen bei Kälbern. In: Aktuelle Arbeiten zur artgemäßen Tierhaltung 1986. KTBL-Schrift **319**, 228–236.

Morris, J. R., und Hurnik, J. F. (1990): An alternative housing system for sows. Can. J. Anim. Sci. **70**, 957–961.

Müller, Ch. (1990): Ethological and physiologicalk reactions of veal calves in group housing systems. International Symposium on new trends in veal calf production, 14.–16. 3. 1990, Wageningen.

Ödberg, F. O. (1978): Abnormal behaviours (stereotypies). In: Proc. of the 1st World Congress on Ethology Applied to Zootechnics (Ed. Garsi). Industrias Coraficas España, Madrid, 475–480.

Ödberg, F. O. (1987): Behavioural responses to stress in farm animals. In: Wiepkema, P. R., und van Adrichem, P. W. M. (Eds.): Biology of stress in farm animals. Martinus Nijhoff Publ., Dordrecht.

Piotrowski, J. (1992): Forschungsergebnisse und Erkenntnisse zur tiergerechten Pferdehaltung. Züchtungskunde **64**, 225–235.

Pirkelmann, H. (1989): Mehr Auslauf für die Pferde – weniger Arbeit für die Reiter. top agrar **4**, 62–65.

Sambraus, H. H. (1985): Mouth-based anomalous syndromes. In: Fraser, A. F.: Ethology of farm animals. Elsevier, Amsterdam, 391–422.

Scheibe, K.-M. (1987): Nutztierverhalten. Rind – Schwein – Schaf. Gustav Fischer Verlag, Jena.

Scheurmann, E. (1974): Ursachen und Verhütung des gegenseitigen Besaugens bei Kälbern. Tierärztl. Prax. **2**, 389–394.

Schnitzer, U. (1994): Kontakt statt Einzelhaft. St. Georg **8**, 64–67.

Unshelm, J., Andreae, U., und Smidt, D. (1979): Verhaltensphysiologische Studien an Mastkälbern und deren Bedeutung für die Kälberhaltung. Tierzüchter **12**, 499–500.

Van de Burgwal, J. A., und van Putten, G. (1990): Praktisch anwendbare Maßnahmen zur Beschränkung von Vulvabeißen und Lahmheiten im Stall tragender Sauen. Aktuelle Arbeiten zur artgemäßen Tierhaltung. KTBL-Schrift **342**, 79–93.

Weber, R., Friedli, K., Troxler, J., und Winterling, C. (1993). Einfluß der Abruffütterung auf Aggressionen zwischen Sauen. In: Aktuelle Arbeiten zur artgerechten Tierhaltung, KTBL-Schrift **356**, 155–166.

Wechsler, B., Schmidt, H., und Moser, H. (1991): Der Stolba-Familienstall für Hausschweine. Tierhaltung **22**, Birkhäuser-Verlag, Basel.

Zeeb, K. (1974): Ethologie und Ökologie bei der Haustierhaltung. KTBL Darmstadt, S. 7–18.

Zeeb, K., und Leimenstoll, C. (1989): Tiergerechte Haltung von Pferden. In: Pferdehaltung in Gruppen, FN-Verlag.

2. Regulation der Futteraufnahme
(A. Hennig und U. Ranft)

„Feeding behavior is an extremely complex phenomen involving a variety of internal and external factors" (Sahu and Kalra 1993)

2.1 Historische Entwicklung

Das Zitat von Sahu und Kalra (1993) spiegelt unsere Probleme über die Regulation des Verzehrs wider. Vor v. Voit (1881) und Henneberg und Stohmann (1860) sprach man mit Ausnahme von Brillat-Savarin (1865, frz. 1826) nur von Hunger und Sättigung. Brillat-Saverin (1865) bezeichnet den Geschmackssinn als ein Organ, „durch welches sich der Mensch mit der Außenwelt in Beziehung setzt". Es ist fast eine heutige Definition. v. Voit (1881) sprach davon, daß einige Zeit nach dem Essen sich „Appetit" oder „Eßlust" einstellt, und nach einer gewissen Anfüllung des Magens „tritt das Gefühl der Sättigung ein". In der Tierernährung sprachen sowohl Kellner (1905) als auch Nehring (1972) vom Futtervolumen und meinten damit die Aufnahme einer bestimmten Trockensubstanzmenge (der jeweiligen Leistung entsprechend).

Der Geschmack wurde vor allem in der Humanphysiologie als dominanter Verzehrsregler angesehen; dazu kam der Füllungszustand des Magens (v. Voit 1881). Geschmack war auf „vier Qualitäten" beschränkt (Abb. 1). Schon bald nach v. Voit war man sich klar, daß im Gehirn die „Zentrale" für Geruch und Geschmack lokalisiert ist. Der Begriff „Eßlust" (v. Voit 1881) entspricht heutigen Vorstellungen, aber die nicht definierten Begriffe Gefühl und Lust haben bis heute viel Verwirrung gestiftet: Lust setzt neuronale Regulation voraus. Die periphere Verlagerung (Geschmack → Maul bzw. Hunger und Sättigung → Magen) war lange Zeit eine Hemmschwelle für Erkenntniszuwachs.

In den 80er Jahren erschienen erstmals Bücher bzw. Berichte über Verzehrsregulation (Forbes 1986, Anonym 1987). Hier wird auf die verschiedenen Theorien der Verzehrsregulation eingegangen. Inzwischen ist auch bekannt, daß weder ein Nährstoff noch eine Körpersubstanz als alleiniger Regulator wirken kann. Ebenso ist ein Freß- und Sättigungszentrum (Panksepp 1974) nicht haltbar. Die Linguisten haben ebenfalls eingesehen, daß keine getrennten Zentren für Syntax und Semantik existieren.

Die Beteiligung der Hormone, Darmpeptide, Monokine, Neurotransmitter, Neuropeptide, -hormone u. a. an der Regulation der Nahrungsaufnahme ist ebenso unbestritten wie ihre Steuerung durch das neuronale Schaltwerk. Der „Dialog" zwischen Futterinhaltsstoffen und Körper ist erst teilweise entschlüsselt; das gilt natürlich ebenso für den „Dialog" (Wechselwirkung) der endogenen Substanzen und auch zwischen Rezeptoren und ihren Blockern sowie Agonisten. Daraus resultieren Mißverständnisse, die auch in diesem Beitrag nicht zu vermeiden sind.

Der Hungertrieb ist Mensch und Tier inhärent; der Begriff Nahrungsmotivation, wie er von Rüdiger (1986) gebraucht wurde, beschreibt das physiologische Bedürfnis der Tiere wesentlich schlechter. Der Hungertrieb ist der stärkste Trieb, etwas schwächer ist der Geschlechtstrieb. Dieser Vergleich ist zulässig, obwohl für beide Triebe keine Meßbarkeit besteht.

Zwischen Tier und Mensch bestehen in der Befriedigung des Nahrungsbedürfnisses grundlegende Unterschiede: Beim Menschen ist die psychologische (besonders hedonistische) Komponente stärker ausgeprägt, wenn nicht in der Industriegesellschaft dominierend (auch beim Bulimiker, dagegen nicht bei Anorexia nervosa).

In der Regulation der Nahrungsaufnahme bestehen zwischen den Wirbeltieren weniger Unterschiede, als allgemein angenommen wird (Ausnahme Wiederkäuer). Der hedonistische Aspekt, der beim Menschen u. a. zum Übergewicht führen kann, trifft offenbar auch für einige Haus- und Heimtiere zu.

In der Lehre von der Verzehrsregulation werden viele Begriffe gebraucht, die nicht eindeutig definiert sind (Hennig et al. 1988).

2.2 Geschmack

Der *Geschmack* (engl. taste) oder die *Schmackhaftigkeit* (palatability) sind im Deutschen übliche Begriffe mit unterschiedlicher, aber nicht klar definierter Bedeutung, wobei dieser Terminus im Englischen kaum gebraucht wird und der im Deutschen selten benutzte Begriff *Flavor* (flavour, flavor) im Englischen bzw. Amerikanischen in bezug auf Geschmack oder Schmackhaftigkeit auch kaum vorkommt. *Aroma* wird Substanzen zugeordnet, wie z. B. Vanille, Pfefferminze, die in der Literatur nicht mit Geschmack assoziiert, wohl aber zu panegyrischen Verbeugungen vor dem Markt benutzt werden. Aromen erfordern zu ihrer Wahrnehmung Rezeptoren; hierüber herrscht Informationsmangel (Macrae et al. 1993), da dieser Begriff nicht in das alte Konzept des Verzehrs einzupassen war. Es muß angezweifelt werden, daß Aromen bei Tieren den Verzehr erhöhen.

Nach den klassischen Vorstellungen unterscheiden wir zwischen süß, sauer, salzig und bitter. Das *Geschmackstetraedron* wurde 1916 geschaffen und war bis in die 80er Jahre Bestandteil der Lehrbücher (Abb. 1).

Der typische *Mischgeschmack* soll sich aus den vier Grundqualitäten zusammensetzen. Das ist eine vage Theorie. Nicht in dieses System paßte die Beliebtheit des Fettes (z. B. als Sahne oder Fleischbestandteil). Fettsäurerezeptoren sind in der Oralregion noch umstritten. Süß wird gemeinhin für ein geeignetes Futter als typisch angesehen. Die Süßkraft der Zucker ist unterschiedlich (Dobbing 1987). Der *Süßgeschmack* kann durch Substanzen, die mit dem Zucker um die Rezeptoren konkurrieren, beseitigt werden. Am bekanntesten sind wäßrige Extrakte von *Gymnema sylvestre*, die allerdings nur beim Hund und Hamster den Süßgeschmack des Futters verdrängen. Die Mirakelfrucht auf der anderen Seite versüßt saure Futtermittel: Aus Sauerkraut wird „Süßkraut"!

Wesentlich süßer als Zucker sind synthetische Süßstoffe, wie Saccharin, Aspartam, Acesulfam K oder Cyclamat. Ihre Süßkraft beträgt das 30- bis 500fache des Zuckers. Neuere Substanzen sind noch wesentlich stärker süßend (Dobbing 1987). Der Einsatz der Süßstoffe hat in der Fütterungspraxis geringe Bedeutung erlangt, da durch ihren Zusatz kaum Mehrverzehr zu erzielen ist, was nach dem Lesen dieses Buchabschnittes verständlich wird. In Versuchen mit Insekten sprachen diese auf synthetische Süßstoffe nicht an (Hennig und Ranft 1990). Völlig ungeklärt ist, warum einige D- und L-Aminosäuren sauer bzw. süß schmecken. Die L-Enantiomorphen von Leucin, Phenylalanin, Tryptophan und Tyrosin schmecken bitter und die D-Formen beim Menschen süß, wobei D-Tryptophan das 35fache der Süßkraft des Rohrzuckers besitzt.

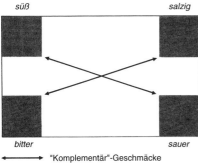

Abb. 1. Wechselwirkung der vier Grundqualitäten des Geschmacks in einem sog. Geschmackstetraedron.

Die Wahrnehmungsschwelle für Saccharose liegt bei 0,01 Mol/l. Für Chininsulfat, als typischer Bitterstoff ist sie um Zehnerpotenzen niedriger. Neben den speziestypischen Unterschieden gibt es für den Süßgeschmack eine Adaptation der Zuckerrezeptoren in Abhängigkeit von der Dauer der Zuckeraufnahme. Nach Ozaki und Amakawa (1992) kann angenommen werden, daß eine intrazelluläre Kaskade, in die Inositphosphohydrolyse, intrazelluläre Ca-Mobilisierung und durch eine Proteinkinase vermittelte Phosphorylierung einbezogen sein könnten, die Adaptation der Zuckerrezeptoren bewirkt. Für die Geschmacksempfindung besteht eine Beziehung zwischen Konzentration und Effekt, die keinesfalls immer linear ist. Dieses Beispiel zeigt sehr deutlich, daß alte Vorstellungen über die Geschmacksempfindung über Bord gehen. Es dominierten Meinungen, und es fehlten Befunde.

2.2.1 Uami und andere Substanzen

In Japan wird schon seit einiger Zeit über eine 5. Geschmacksempfindung diskutiert; sie wird als *Uami* (etwa delikat) bezeichnet. Unter Uami wird ein Gemisch aus 97,5% Mononatriumglutamat (MNG) und ≈2,5% Guanin- und Inosinmonophosphat verstanden, das in der westlichen Welt als Geschmacksverstärker bezeichnet wird (Maga 1990). Rezeptoren für MNG wurden in den Geschmackszellen (spezifisches Rezeptorprotein) nachgewiesen. Eine Störung der Na-Transduktion durch Amilorid-Applikation auf die Zunge beseitigt den MNG-Effekt fast.

2.2.2 Aversion und Noxen

Die *Ablehnung (Aversion)* des Futters hat verschiedene Ursachen (Stricker 1990). *Neophobie* ist an erster Stelle zu nennen. Man versteht darunter die anfängliche Nichtaufnahme unbekannter Futtermittel.
Für die praktische Tierernährung ergibt sich daraus, daß die von den Klassikern empfohlenen Futterübergänge durchaus nützlich sein können. Das Haustier ist bei einer Gewöhnung an den Futtertrog gegenüber Futterwechseln unempfindlicher, aber durch orale oder parenterale Applikation von *Noxen* (z. B. Lithium) kann eine relativ zeitbeständige Aversion gegenüber bestimmtem Futter ausgelöst werden. Gifte im Futter führen, wenn sie ausreichend schnell wahrgenommen werden, nach kurzer Zeit zu einem Rückgang im Verzehr. Todesfälle durch Gifte sind auf Nicht- oder zu späte Erkennung der Noxe zurückzuführen.

2.2.3 Geschmackswahrnehmung

Nach den klassischen Ansichten wird der „Geschmack" durch Rezeptoren vermittelt. Eine Wahrnehmung der 4 Grundgeschmacksqualitäten erfolgt auf der Zunge, im Maul, Pharynx und Larynx. Die *Geschmacksrezeptoren* sollen schon einige Zeit vor der Geburt vorhanden sein. Die Zahl der *Geschmacksknospen* beträgt bei erwachsenen Rindern ≈25000. In den Geschmacksknospen sind die Geschmacksrezeptoren als sekundäre Sinneszellen zusammengefaßt. Die Papillen sind von Drüsen umgeben, ihre Sekrete umspülen die Papillen. Durch einen Porus (kleine Öffnung) gelangen die Geschmacksstoffe in die Knospe zu den Sinneszellen (Sensoren). Diese bilden durch Reizung ein Rezeptorpotential aus. Die Erregung wird als Nervenimpuls durch synaptisch nachgeschaltete afferente Fasern weitergeleitet. An der Geschmackswahrnehmung sind vor allem die afferenten Hirnnerven VII und IX beteiligt. Sie enden in der Nähe oder im Nucleus solitarius der Medulla oblongata. Weitere Stationen sind der ventrale Thalamus und der Cortex (Gyrus postcentralis) sowie Verbindungen zum Hypothalamus. Während der Verarbeitung der Informationen auf diesen „Stationen" finden sich zunehmend mehr Neuronen engerer Geschmacksspezifität.

Wir dürfen hier aus Platzmangel konstatieren, daß die Interaktion der Liganden mit der chemorezeptiven Membran der Geschmackszellen-Rezeptoren eine fast unwahrscheinliche Information über die chemische Identität der „Umwelt" des Gehirns auslöst.

In das klassische Konzept des Geschmacks einschließlich Uami paßt nicht, daß auch andere Substanzen geschmeckt werden, wobei allerdings für den Menschen schon immer Ausnahmen gemacht wurden (Burdach 1987). Es ist deshalb notwendig, den „klassischen" Begriff des Geschmacks zu erweitern.

Zur Demonstration soll die Wahrnehmung des Calciums benutzt werden. Hennen nehmen bei freiem Zugang zum Mineralstoffgemisch dieses vor allem in den späten Nachmittagsstunden auf. Die Entdeckung von Ca-sensitiven Neuronen in den Geschmackszellen (Bigiani und Roper 1992) bei Amphibien und das Vorhandensein von Ca-Kanälen kann als Erklärung für die tageszeitlich fixierte Aufnahme herangezogen werden. Die periphere Wahrnehmung wird über das neuronale Schaltwerk reguliert. Ca-verarmte Hennen vermögen schon in der ersten Stunde der Repletion zwischen Ca-arm und -ausreichend zu unterscheiden (Ranft 1990).

Wachsende Schweine nehmen bei wahlweisem Angebot des Eiweißfutters und Getreides die bedarfsgerechte Menge Rohprotein auf (Kyriazakis und Emmans 1993). Rezeptoren für essentielle Aminosäuren sind wahrscheinlich, da es sie für MNG gibt. Legehennen unterscheiden deshalb zwischen einer Lysin-Mangel- und einer bedarfsgerechten Ration (Steinruck und Kirchgeßner 1992).

Da junges Gras „schmackhafter" sein soll als älteres, wurde diese Meinung mit dem wahlweisen Angebot von aufgeschlossenem und normalem Stroh bei Mastrindern überprüft (Hennig et al. 1988). Die Bullen fraßen etwa 85% aufgeschlossenes Stroh. Dieser Mehrverzehr ist über orale Rezeptoren bisher kaum zu erklären, aber durchaus möglich.

Die Unterscheidung der Henne zwischen Futter mit 0,1 und 200 mg Cd/kg Futter (Hennig und Gruhn 1984) wie auch zwischen Futter mit 0 und 30% Lactose (Hennig et al. 1994) wirft die Frage auf, ob bereits in der ingestiven Phase die Entscheidung über „geeignet" erfolgt. Auch die Unterscheidung zwischen Mangel und „ausreichend" ist für alle Nährstoffe kausal nicht geklärt. Die Futteraufnahme wird auch hier durch neurochemische und neuroendokrine Systeme gesteuert (Leibowitz 1992). Bestimmte Neuropeptide sind bereits für die Auswahl in Diskussion (Tabelle 1). Die Aversion gegenüber Mangelfutter (Langhans 1986) ist in ihrer Ingerenz unklar. Sicher ist nur eines: Mangelfutter wird wahrscheinlich erst nach dem Auftreten biochemischer Defizite oder des klinischen Mangels in geringerer Menge aufgenommen. Auf keinen Fall hat die durch Applikation von bakteriellen Lipopolysacchariden (Langhans et al. 1993) oder Zytokinen provozierte Verzehrssenkung etwas mit dem Geschmack des Futters zu tun. Das trifft auch für den gleichen Effekt bei einer Störung der Darmflora zu (Hennig et al. 1987, 1988), die sich durch Zusatz von Darmflorastabilisatoren beheben läßt.

Die Futteraufnahme der Nutztiere im Stall ist offenbar nach einer Gewöhnungszeit auf einfache Konditionierungsvorgänge zurückzuführen. Jedoch fehlen für diese Ansicht experimentelle Belege.

Tabelle 1. Die Futteraufnahme hemmende oder fördernde Substanzen, die zentral oder peripher wirksam sind

Förderer	Hemmer
Desacetyl-MSH[2]	Adipsin (?)
Dynorphin	Amylin
β-Endorphin	Anorectin
Galanin[16]	Apolipoprotein IV
β-Kasamorphin[3]	Bombesin[5]
Neuropeptid Y (NPY)[1]	Calcitonin[18]
Noradrenalin	Cholecystokinin (CCK)[4,17]
Prolactin[15]	Corticotropin releasing factor (CRF)
Stickstoffoxid (NO)[13]	Corticosteroide (?)
Wachstumshormon-Releasing-Faktor (GHRF)	Dehydroepiandrosteron (DHEA)
	Enterostatin[11]
	Gammaaminobuttersäure
	Gene-related peptide[14]
	Glucagon
	Insulin
	Insulin like growth faktor I (II?)
	Interferon
	Interleukine
	Motilin
	Neuromedin
	Neurotensin[7]
	Oxytocin
	Pankreaspolypeptid (PP)[9]
	Peptid YY[10]
	Prostaglandine
	Satietin
	Saurer Fibroblasten-Wachstumsfactor (a FGF)
	Somatostatin[6]
	Thyrotropin releasing factor (TRF)
	Thyrotropin-releasing-factor-Metabolit (?)[12]
	Tumor-Nekrose-Faktor a[8]
	Vasoaktives Intestinalpeptid
	Vasopressin

[1]) Bei Hyperphagie NPY-Konzentration im Hypothalamus nicht verändert, wohl aber NPY-mRNA-Gehalt mehrfach erhöht.
[2]) Zwischenprodukt bei Synthese des Propiomelanocortins.
[3]) Opioidähnlich, soll Fettverzehr stimulieren.
[4]) Wirkungsdauer p.i. kann sehr unterschiedlich sein.
[5]) Blockade der Bombesinrezeptoren erhöht Verzehr, das trifft z. B. auch für Cholecystokinin-Rezeptoren u. a. zu.
[6]) Hohe Gaben senken Verzehr, geringe erhöhen ihn bzw. auch Konzentration (Konzentrationseinfluß ist nicht immer geprüft worden). Unterschiede in Wirkung bestehen bei allen in Abhhängigkeit vom Applikationsort (peripher oder zentral).
[7]) Neurotensin-mRNA-Konzentration bei Hyperphagie im Hypothalamus vermindert.
[8]) Früher auch als Kachektin bezeichnet. Bakterielle Lipopolysaccharide bewirken erhöhte Ausschüttung.
[9]) Identität bzw. Ähnlichkeit mit anderen Substanzen möglich.

[10]) Strukturell ähnlich mit Gehirnpeptiden PP und PYY, höchste Konzentration im Dickdarm. Gleiche Rezeptoren für PYY, PP + NPY angenommen. PP verzögert Transitzeit, deshalb höhere Verdaulichkeit. Verzögert auch Magenentleerung (Pawlows Enterogastron?).

[11]) Das Pentapeptid wird bei Aktivierung der Colleiphase freigesetzt. Es ist Cofaktor der Lipase.

[12]) Es kann mutmaßlich aus Eiweißen freigesetzt werden.

[13]) NO-Synthasehemmer senken Verzehr. NO dient offenbar als second messenger. NO hat weitere Funktionen im Körper (Immunfunktion).

[14]) Es werden Beziehungen zum Calcitonin Gene-related peptide (CGRP) angenommen. CGRP kommt in den Geschmacksknospen vor.

[15]) Ist u. a. für den höheren Futterverzehr in der Laktation verantwortlich.

[16]) Galanin aus 30 Aminosäuren, t/2 = 3,5 min, hga (humanes Galanin) auch in Regulation der WH-Sekretion und des kardialen Vagustonus einbezogen.

[17]) CCK-Sekretion durch Peptide (Eiweiß) ausgelöst, Fetteinfluß ist umstritten.

[18]) Auch Regulator des Ca-Stoffwechsels.

[19]) Insulin beeinflußt Verzehr nach Passieren der Hirnschwelle; dasselbe trifft für Glucose zu.

2.3 Appetit, Hunger und Sättigung

Für *Appetit* wird in der Literatur keine eindeutige Definition gegeben. Wenn wir annehmen, daß der Hungrige nach Nahrung verlangt und der Nichthungrige fragt, welche Speisen angeboten werden, so würde man letzterem den Begriff Appetit zuordnen. Appetit ist also mit bestimmten Vorstellungen über die Art der Nahrung und ihrer Wirkung (u. a. Geschmack) verbunden. Es ist nach dieser Prämisse zweifelhaft, ob Tiere generell Appetit haben.

Hunger wird unter die Triebe eingeordnet (s. v.). Seine Befriedigung erfolgt durch die Futteraufnahme, die bei ausreichendem Verzehr zur Sättigung führt. Die Nahrungsaufnahme kann längere Zeit unterbleiben, z. B. bei Sandvipern, die nur wenige Male im Jahr fressen, und bei einigen anderen Tieren (z. B. Lachs) in der reproduktiven Phase. Diese Tiere sind im klassischen Sinne nicht hungrig. Der Hungertrieb (die Futteraufnahme) kann also zeitweise der Fortpflanzung untergeordnet werden.

Wie auch bei einigen anderen Stoffwechselprozessen unterscheiden wir zwischen *homöostatischer* und *homöorhetischer Regulation des Verzehrs*. Jene ist kurzfristig und diese betrifft die langfristige Steuerung, wie z. B. die erhöhte Energieaufnahme in der Gravidität, die Anlegung von Fettdepots vor Einbruch des Winters oder vor der Trockenzeit in tropischen und subtropischen Regionen sowie die spätere Nutzung dieser Depots, die anschaulich als „Autokannibalismus" bezeichnet wird.

Die „Achse" *Hypothalamus – Hypophyse – Nebennieren* ist eine Dominante im System der *Verzehrsregulation*.

Das biologische Informationssystem zur Regulation der Futteraufnahme (wir verstehen darunter auch Futtersuche, Futterselektion, foraging strategy, Auslösung des Verzehrs, Freßgeschwindigkeit, Mahlzeitenfrequenz, Sättigung, einschließlich der homöostatischen und homöorhetischen Prozesse) bedient sich der Rezeptoren für Nährstoffe und ihrer Metabolite, der Neuropeptide und Neurotransmitter und Hormone (Umsetzung der genetischen Information) und der afferenten Signale sowie deren Verarbeitung im neuronalen Schaltwerk.

2.4 Modell der Regulation

Da uns vorhandene Modelle nicht ausreichend erschienen, haben wir versucht, in Abb. 2 die Theorie über das vorhandene unvollkommene Wissen darzustellen. Wir gehen von *5 Phasen der Regulation* aus, die durchaus nicht immer nacheinander ablaufen, sondern in Wechselwirkung stehen.

In der *initialen Phase* wird durch Hunger die Suche nach dem Futter ausgelöst (Anwendung der Erntestrategie), Kontakt mit dem Futter aufgenommen (olfaktorisch, visuell), und es werden bedingte Reflexe ausgelöst (z. B. Speichelsekretion). Die initiale Phase dient der Vorbereitung der Futteraufnahme.

In der *ingestiven (präabsorptiven) Phase* schmecken die Tiere das Futter. Es erfolgt die zentrale Verarbeitung der Geruchs- und Geschmacksinformation (s. o.). Textur und Temperatur des Futters u. a. werden wahrgenommen und verarbeitet. In dieser Phase wird der Insulin- und Adrenalinspiegel des Blutes erheblich erhöht (Teff et al. 1993).

In der *digestiven Phase* erfolgt die Freisetzung (u. a. Verdauung) der Nährstoffe bzw. Bildung von Metaboliten, z. B. flüchtige Fettsäuren im Pansen, Amine, NH_3 u. a. im Darm sowie Bildung und Abgabe der gastrointestinalen Peptide, die u. a. als Sättigungssignale dienen (s. Tabelle 1). Der Grad der Magenfüllung ist von geringerer Bedeutung (im Gegensatz zum Pansen). Dazu kommen afferente Signale und in den Darmnerven gebildete Neurotransmitter.

In der *metabolischen Phase* erfolgt die Verarbeitung der Nährstoffe und ihrer Metabolite (Stoffwechsel, Synthese bzw. Ersatz der Substanzen, wie Eiweiß und Hormone usw.). Das

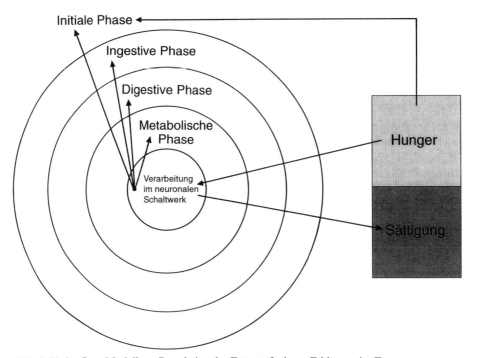

Abb. 2. Vorläufiges Modell zur Regulation der Futteraufnahme. Erklärung im Text.

Vorhandensein von Rezeptoren für Nährstoffe und Metabolite ist auch hier sehr wahrscheinlich, für Hormone sicher. Afferente Nervenfasern informieren die Zentrale über den Status der Leber. Im Blut finden sich Sättigungsstoffe (z. B. Satietin) und auch ,,klassische Hormone", die zumindest indirekt mit der Verzehrsregulation in Verbindung stehen.

In der *Verarbeitungsphase* werden die peripheren Signale im Zentralnervensystem und in dem mehrere Hirngebiete einschließenden neuronalen Netzwerk verarbeitet (s. Abb. 2). In bestimmten Arealen des Gehirns finden sich Rezeptoren für Glucose und Aminosäuren, aber auch für Androgene, Estrogene u. a. Die Futteraufnahme wird durch eine Reihe von Substanzen, die sicher erst zum Teil bekannt sind und über deren Einordnung noch diskutiert wird (Einfluß der Konzentration), ausgelöst (s. Tabelle 1).

Die Rezeptoren werden durch Agonisten und Blocker beeinflußt. Die Hemmer der Synthese des Stickstoffoxids (NO) bewirken z. B. gegenteilige Effekte, wobei schon überrascht, daß NO auch in die Prozesse der Regulation eingeschlossen ist. Einige Substanzen im Körper üben mehrere Funktionen aus. Die Cholecystokinine als Hauptsättigungsfaktor (Ebenezer und Parrot 1993) haben weitere Aufgaben im Körper, z. B. Magenmotilität. Der Tumor-Nekrose-Faktor α, der auch die Lipolyse der Fettzellen steuert, ist ein weiteres Beispiel, das durch beliebig viele vermehrt werden könnte.

Läsionen des ventromedialen und paraventrikulären Nucleus führen zur *Hyperphagie* (Bray 1993).

In Diskussion stand vor einigen Jahren, daß der Verzehr (Futteraufnahme) eine ,,Belohnung" erfordert. Diesen Effekt können u. a. die Opioide (s. Tabelle 1) auslösen. Es gibt auch Ansichten, die von einem Einfluß bestimmter Nahrungsgruppen auf die Stimmung sprechen. Die Muttermilchperiode ist mit der beruhigenden Wirkung auf den Säugling in Zusammenhang gebracht worden.

2.5 Theorien zur Regulation

In den letzten Dezennien sind Theorien veröffentlicht worden (Anonym 1987, Church 1972, Forbes 1986, Stricker 1990), die Teilaspekte der Verzehrsregulation wiedergeben. Dazu zählen die
– Theorie der Magen(Pansen-)füllung,
– glukostatische Theorie,
– thermostatische Theorie,
– lipostatische Theorie,
– energostatische Theorie,
– Regulation durch das Verhältnis Tryptophan/große neutrale Aminosäuren (Try/LNAA = large neutral amino acids, Try = Tryptophan).

Die *Füllung des Magens* übt beim Nichtwiederkäuer nur einen kurzzeitigen Effekt auf das Sattsein aus. Die Ansicht, daß faserreiche Stoffe sättigend wirken, trifft ebenfalls nur kurzzeitig zu, wie Versuche mit Broilerzuchthennen bei hoher Strohaufnahme zeigen. Die Durchgangszeit des unverdaulichen Anteils wird erheblich beschleunigt.

Beim Wiederkäuer haben der Pansen und seine Füllung auf die Höhe der Futteraufnahme einen gravierenden Einfluß. Die Schnelligkeit des Abbaues und die Menge der gebildeten flüchtigen Fettsäuren sind von Bedeutung (Flachowsky 1988). Ein schneller Abbau der Zellwände, z. B. beim Weißklee, vermag die Futteraufnahme zu erhöhen. Der Gehalt des

Futters an unverdaulichen Zellwänden eignet sich besser als der Ballast (unverdauliche organische Substanz) zur Einschätzung der Höhe der Futteraufnahme beim Wiederkäuer (s. 2.6). Weitere Faktoren, u. a. die Konzentration an flüchtigen Fettsäuren, Milchsäure und NH_3 im Pansensaft, sind an anderer Stelle beschrieben (Forbes 1986, Hennig 1972).

Die *glukostatische Theorie* geht davon aus, daß die Blutglucose als Regulator des Verzehrs dienen soll, was natürlich nur partiell zutrifft. Da Glucoseaufnahme die Insulinausschüttung erhöht, könnte in Zusammenhang mit Serotonin das Wohlbefinden beeinflußt werden. Beim Menschen kann deshalb die zwanghafte Aufnahme von Süßem (food craving) mit dieser Reaktion des Körpers in Übereinstimmung gebracht werden.

Die *lipostatische Theorie* beruht auf der Annahme, daß der Fettgehalt des Körpers und die Triglyceride des Blutes verzehrsregulierend wirken. Das trifft für ersteren partiell sicherlich zu. Blundell (1993) ist der Ansicht, daß beim Menschen die verzehrsdepressive Wirkung des Körperfetts und Nahrungsfetts gering sein soll, was empirisch teilweise bestätigt werden kann. Die schon angesprochene Bevorzugung fetthaltiger Lebensmittel harrt aber ebenso einer Aufklärung wie die offenbar ungenügende „Registratur" der hohen Fettaufnahme durch das neuronale Netzwerk. Die Senkung des Trockensubstanzverzehrs mit zunehmenden Fettanteilen im Futter erfolgt meist nicht isokalorisch.

Die Energie- bzw. *thermostatische Theorie* deckt sicherlich Teilaspekte der Verzehrsregulation ab. Die thermostatische Regelung ist sicher gut ausgeprägt, wie besonders am Beispiel des Braunen Fettgewebes zu demonstrieren ist; ihr Einfluß auf den Verzehr ist indirekt oder gering.

Die *Theorie Try/LNAA* (s. v.) will vor allem die bevorzugte Wahl oder zwanghafte Aufnahme (Mensch) der Kohlenhydrate aus dem Verhältnis dieser Aminosäuren im Blutplasma (maßgebend ist die Aufnahme des Tryptophans in das Gehirn) erklären.

2.6 Weitere Einflußfaktoren

Die Vorhersage des Verzehrs ist durch multiple faktorielle Gleichungen (Forbes 1986) nur als Schätzung möglich. Dessenungeachtet sind die abgeleiteten Gleichungen durchaus nützlich, um für Planungen usw. zu dienen.

Die mathematische Formulierung der Futteraufnahme ist schwierig (Denham 1992). Bei einer freien Aufnahme von Luzernepellets durch Hammel über 330 Tage konnte Denham (1992) einen positiven Lyapunov-Exponenten bei der mathematischen Auswertung errechnen. Dieser ist ein deutliches Anzeichen für Chaos! Chaos bedeutet in diesem Falle, daß nicht alle ingerierenden Parameter gemessen wurden (Freese 1994).

Zu den weiteren Faktoren, die den Verzehr beeinflussen, gehören Futterstruktur, Gehalt an toxischen Inhaltsstoffen oder verzehrssenkenden Substanzen (z. B. Glucosinolate im Raps; Schöne et al. 1990), im Gärfutter flüchtige Fettsäuren und Milchsäure sowie Ergotropika (Flachowsky 1988, Forbes 1986, Hennig 1972, Stricker 1990). Die Milchkuh mit hoher Leistung ist nicht in der Lage, bei hohen Leistungen ausreichend Nährstoffe und Energie aufzunehmen. Das energetische Defizit kann bis ≈ 2 kg Fettäquivalent je Tag betragen. Leistung und Verzehr sind deshalb nicht in jedem Fall korreliert.

Die Zahl der Mahlzeiten ist alters- und tierspezifisch und wird durch den Tierhalter moduliert. Ein gutes Beispiel ist das Schwein. Das junge Ferkel säugt etwa 20mal am Tage, bei erwachsenen Tieren ist die Zahl der Futteraufnahmen/Tag erheblich geringer. Die Zahl der Mahlzeiten wird durch Neuropeptide reguliert (s. Tabelle 1). Bei Laborratten wird der circadiane Rhythmus des Freßverhaltens endogen gesteuert, wobei durch Neuropeptid Y über den perifornikalen Hypothalamus die spontane Aufnahme erhöht wird (Stanley und Thomas 1993). An der Regulation der Mahlzeiten ist das Pankreas-Polypeptid (PP) beteiligt, es senkt den Verzehr. Bei ungenügendem Blutspiegel an PP kommt es zur Hyperphagie, dem Prader-Willi-Syndrom (Berntson et al. 1993). Diese Krankheit ist genetisch bedingt. Die Zahl der erblich bedingten Störungen der Verzehrsregulation ist beim Menschen höher, als angenommen wird.

Man kann mit einiger Sicherheit annehmen, daß die Unterschreitung der Zahl der notwendigen Mahlzeiten/Tag die Futteraufnahme ebenso limitiert wie die Begrenzung der Freßdauer/Tag. Die Futterart, der Rohfasergehalt, die Energiekonzentration in der Trockensubstanz, der Wassergehalt der Ration, die Umwelttemperatur und wie in fast jedem Fall die Leistung haben an der Variation der Futteraufnahme Anteil.

2.7 Schlußbemerkungen

Die Regulation der Futteraufnahme konnte nur resümierend dargestellt werden. Sie ist integraler Bestandteil des Lebens und wird durch eine Vielzahl von Substanzen moduliert und geregelt. Eine Störung des Systems hat schwere Erkrankungen zur Folge. Eine Entnahme der Digesta mit Hilfe einer Brückenfistel führt zur Anorexie, wenn nur 50% der Digesta in den Darm wieder appliziert werden (Hennig und Wünsche 1987). Dies kennzeichnet die Störanfälligkeit des Systems Verzehrsregulation unter extremen Versuchsbedingungen. Die genetische Abhängigkeit steht außer Frage, wie homöostatische und homöorhetische Steuerung zeigen.

Genetische Regulation bedeutet zugleich Variabilität. Diese wird noch durch das unterschiedliche Lernvermögen und Lernverhalten modifiziert, wie z. B. die Befunde der Lactoseversuche von Hennig et al. (1994) zeigen. Die Pathobilität der Verzehrsregulation bringt Abweichungen von der Norm vor allem beim Menschen hervor, dessen Verzehrsverhalten durch weitere Faktoren, wie ethnische Herkunft, Religion, Soziologie (Familie), Wissen, Gewohnheit, erworbene Aversionen und ökonomische Verhältnisse beeinflußt wird.

Literatur

Anonym (1987): National Research Council (NRC) Predicting Feed Intake of Food-Producing Animals (NRC-Subcommittee on Feed Intake. Nat. Acad. Press, Washington D. C.

Berntson, G. G., W. B. Zipf, T. M. Odirisio, J. A. Hoffmann and R. E. Chance (1993): Pancreatic polypeptide infusions reduce food intake in Prader-Willi Syndrome. Peptides **14**, 497–503.

Bigiani, A. R. and S. D. Roper (1991): Mediation of response to calcium in taste cells by modulation of a potassium conductance. Science **252**, 126–128.

Blundell, J. E. (1993): Regulation and dysregulation in the appetite control system. In: H. Lehnert et al.: Endocrine and Nutritional Control of Basic Biological Functions. Hogrefe and Huber Publ. Seattle, pp. 87–96.

Bray, G. (1993): The nutrient balance hypothesis: peptides sympathetic activity, and food intake. N. Y. Acad. Sci. **676**, 364–367.

Brillat-Saverin, A. (1864): Physiologie des Geschmacks. Köhler u. Amelang 1864 (frz. Origin. 1826).

Burdach, K. J. (1988): Geschmack und Geruch. Huber, Bern.

Church, d. C. (1972): Digestive Physiology and Nutrition of Ruminants. Vol. 2. O. S. U. Book Stores, Corvallis.

Denham, S. C. (1992): Voluntary feed intake in sheep as a nonlinear dynamical system. Evidence for chaos. J. Anim. Sci. **70**, Suppl. 1, 306.

Dobbing, J. (1987): Sweetness. Springer, Berlin.

Ebenezer, J. S., and Parrot, R. F. (1993): A 70 104 and food intake in pigs. Neuroreport **4**, 495–498.

Flachowsky, G. (1988): Futteraufnahme der Mastbullen unter Berücksichtigung des Fasergehaltes der Ration. In: A. Hennig et al.: Seminar „Probleme des Verzehrs", 3.–5. 10. 1988, Waltersdorf.

Forbes, J. M. (1986): The Voluntary Food Intake of Farm Animals. Butterworths, London.

Freese, W. (1994): Chaos-Theorie und plötzlicher Herztod. Naturw. Rundschau **47**, 64–67.

Getchell, T. V., R. L. Doty, L. M. Bartoschuk and J. B. Snow jr. (1991): Smell and Taste in Health and Disease. Raven Press, New York.

Henneberg, W., und F. Stohmann (1860): Beiträge zur Begründung der rationellen Fütterung der Wiederkäuer. Vieweg, Braunschweig.

Hennig, A. (1972): Grundlagen der Fütterung. 2. Aufl. Deutscher Landwirtschaftsverlag, Berlin.

Hennig, A., und K. Gruhn (1984): unveröffentlichte Arbeit.

Hennig, A., A. Lemser, und G. Richter (1994): Zur Regulation der Futteraufnahme am Beispiel der Laktose. Kurzfass. der Vorträge LUFA-Kongreß in Jena.

Hennig, A., und U. Ranft (1990): Neue experimentelle Untersuchungen zur Regulation des Futterverzehrs. Wiss. Ztschr. Univ. Rostock, N-Reihe **39**, Heft 8, 87–94.

Hennig, A., U. Ranft, G. Flachowsky und G. Richter (1987): Vorstellungen zur Regulation des Verzehrs. In: 5. Symp. der Leipziger Tierzuchtsymposien, 15–25.

Hennig, A., U. Ranft, G. Richter und G. Flachowsky (1988): Vorstellungen zur Regulation des Verzehrs. Schriftenreihe der Lehrgangseinrichtung für Fütterungsberatung Remderoda, 7–13.

Hennig, A., und J. Wünsche (1987): unveröffentlicht (zit. bei Hennig und Ranft 1990).

Hennig, A., und J. Wünsche (1988): Neue Aspekte zur Regulation der Futteraufnahme. In: A. Hennig et al.: Seminar Probleme des Verzehrs, 3.–5. 10. 1988, Waltersdorf, 5–12.

Kellner, O. (1905): Die Ernährung der landwirtschaftlichen Nutztiere. Parey, Berlin.

Kyriazakis, J., and G. C. Emmans (1993): The effect of protein source on the diets selected by pigs given a low and high protein food. Physiol. Behav. **53**, 683–688.

Langhans, W. (1986): Pathophysiologie der Inappetenz. 2. Inappetenz als Folge erlernbarer Verzehrsaversion. J. Vet. Med. A **33**, 414–421.

Langhans, W., D. Salvodelli and S. Weingarten (1993): Comparison of feeding responses to bacterial Lipopolysaccharide and Interleukin-1-β. Physiol. Behav. **53**, 63–649.

Leibowitz, S. F. (1992): Neurochemical-neuroendocrine systems in the brain controlling macronutrient intake and metabolism. Trends Neurosc. **15**, 491–498.

Macrae, R., R. K. Robinson and M. J. Sadle (Edit.) (1993): Encyclopaedia of Food Science, Food Technology and Nutrition, Volume 3, pp. 1904–1908, Academic Press, London.

Maga, J. A. (1990): Flavor Potentiators. CRC Critic. Rev. Food Sci. Nutrit. **18**, 231–312.

Nehring, K. (1972): Lehrbuch der Tierernährung und Futtermittelkunde. Neumann, Radebeul.

Ozaki, M., and T. Amakawa (1992): Adaptation – promoting effect of IP_3, Ca^{2+} and Phorbolester on the sugar taste receptor cell of the blowfly *Phormia regina*. J. Gen. Physiol. **100**, 867–879.

Panksepp, J. (1974): Hypothalamic regulation of energy balance and feeding behavior. Fed. Proc. **33**, 1150–1162.

Ranft, U. (1990): Untersuchungen zur Selbstauswahl des Futters durch Legehennen und Broiler unter besonderer Berücksichtigung der Abhängigkeit des wahlweisen Verzehrs der Henne vom Bedarf an Energie und einigen Nährstoffen. Diss. Agrarw. Fakultät, Univ. Leipzig.

Ranft, U., and A. Hennig (1993): New experiments on nutrient selection of laying hens. In: H. Lehnert et al.: Endocrine and nutritional control of basic biological functions. Hogrefe and Huber Publ., Seattle.

Rüdiger, W. (1986): Lehrbuch der Physiologie. 3. Aufl. Verlag Gesundheit, Berlin.

Sahu, A., and S. P. Kalra (1993): Neuropeptidergic regulation of feeding behavior. Neuropeptide Y. Trends Endocrinol. Metab. **4**, 217–224.
Schöne, F., A. Hennig und R. Lange (1990): Auswahl rapsextraktionsschrothaltigen Futters mit unterschiedlichem Glucosinolatgehalt durch wachsende Schweine. J. Agrobiol. Res. **43**, 260–270.
Steinruck, U., und M. Kirchgeßner (1992): Einfluß von nutritiven Faktoren während einer Lernphase auf die Entstehung eines spezifischen Lysinhungers bei Legehennen. J. Anim. Physiol. Anim. Nutr. **68**, 43–52.
Stricker, E. M. (1990): Handbook of Behavioral Neurobiology, Vol. 10, Neurobiology of Food and Fluid Intake. Plenum Press, N. Y.–London.
Stanley, B. G., and W. J. Thomas (1993): Feeding responses to perifornical hypothalamic injection of neuropeptide-Y in relation to circadian rhythms of eating behavior. Peptides **14**, 475–481.
Teff, K. L., B. E. Levin and K. Engelman (1993): Oral sensory stimulation in men: effects on insulin, C-peptide, and catecholamine. Am. J. Physiol. **265**, R. 1223–1230.
Voit, C. v. (1881): Handbuch der Physiologie des Gesamtstoffwechsels und der Fortpflanzung, Bd. 6/1, Vogel, Leipzig.
Wurtman, R. J. (1993): Effects of dietary carbohydrates on the brain: Impact for selective control of macronutrient intake. In: H. Lehnert et al.: Endocrine and Nutritional Control of Basic Biological Functions. Hogrefe and Huber Publ., Seattle, pp. 97–106.

3. Fütterungsverfahren und Fütterungstechnik
(H. Pirkelmann)

3.1 Konzeption von Fütterungsverfahren

Mit der Haltung von Haus- und Nutztieren hat der Mensch die Verpflichtung zur regelmäßigen Versorgung mit ausreichenden und nach Qualität und Zusammensetzung geeigneten Futtermitteln übernommen. Die Fütterungstechnik kann hier wertvolle Hilfestellung geben, um dieser elementaren Verantwortung gegenüber dem Tier gerecht werden zu können. Je nach technischem Entwicklungsstand und Anforderungsprofil der Tierernährung stehen für die verschiedenen Tierarten eine Vielzahl technischer Einrichtungen zur Verfügung, die vom einfachen Handgerät bis zum computergesteuerten Futterautomaten reichen.

Das Wirkungsfeld der Technik und fütterungstechnischer Maßnahmen liegt im unmittelbaren Kontaktbereich zwischen Mensch und Tier. Es wird von vielen Faktoren beeinflußt und hat andererseits vielfältige Wechselwirkungen, die in der Konzeption von Fütterungsverfahren zu berücksichtigen sind (Abb. 1).

Für die Auswahl einer geeigneten Fütterungstechnik sind zunächst die Futterart und die physikalischen Eigenschaften der Futterstoffe von Bedeutung. Dabei bestehen grundsätzliche Unterschiede zwischen den leicht technisierbaren Körner- und Kraftfuttersorten sowie den ungleich schwerer handhabbaren Halm- und Grundfutterarten. Vor allem bei letzteren haben Aufbereitung und Struktur wesentlichen Einfluß auf die Funktionsfähigkeit der verschiedenen Techniken.

Auch die Rationszusammensetzung und die Anzahl der zu verarbeitenden Komponenten können die Eignung von Fütterungsverfahren bestimmen. Dabei sind die futterspezifischen Ansprüche an die Technik, die erforderliche Dosiergenauigkeit und die Vorlagefrequenz im Rahmen der Gesamtration zu beachten.

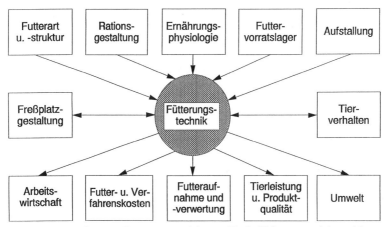

Abb. 1. Konzeption von Fütterungsverfahren – Einflußfaktoren und Auswirkungen.

Zunehmende Bedeutung für die Effektivität fütterungstechnischer Maßnahmen gewinnt die Berücksichtigung ernährungsphysiologischer Vorgaben. Von Einfluß sind hier vor allem die Bereitstellung einer tierartgemäßen Futterstruktur, die Einhaltung futterspezifischer Höchstmengen, die Fütterungsfrequenz, die Sicherstellung des geforderten Nährstoffverhältnisses, die Vermeidung der Selektion bevorzugter Komponenten und zum Teil die Reihenfolge der vorgelegten Futtermittel.

Eine wesentliche Rahmenbedingung für den Einsatz von Fütterungsgeräten wird schließlich durch die bauliche Situation gegeben. Dies trifft sowohl für die Vorratslager der verschiedenen Futterarten als auch für den Stall selbst mit der gegebenen Aufstallungsform und den Abmessungen der Versorgungswege zu.

Eng verbunden mit der Fütterungstechnik sind ethologische Fragen, da ausgeprägte Wechselwirkungen zwischen der Freßplatzgestaltung, der Fütterungstechnik und dem Tierverhalten bestehen. Die Futteraufnahme führt zu einer hohen Aktivität und hat großen Einfluß auf das Verhaltensmuster aller Tiere, den Tagesrhythmus und die Interaktionen zwischen den Herdenmitgliedern. Durch sachgerechte Gestaltung des Freßplatzes und die Art der Futtervorlage kann durch Futterneid ausgelösten Auseinandersetzungen und der Benachteiligung rangniedrigerer Tiere entgegengewirkt werden. Insbesondere in Laufstallsystemen ist die leistungsgerechte Versorgung aller Tiere, auch der rangschwächeren, ein wesentliches Bewertungskriterium der Fütterungstechnik.

In den angestrebten Zielen der Fütterungstechnik steht zunächst wie bei allen Mechanisierungsmaßnahmen die Verbesserung der Arbeitswirtschaft im Vordergrund. Bei einem Anteil der Fütterungsarbeiten von bis zu 50% am Gesamtarbeitsaufwand in der Nutztierhaltung wird in der ersten Stufe die Arbeitszeiteinsparung angestrebt. Vor allem in der Rinderhaltung gewinnt jedoch zur Bewältigung der großen Futtermassen immer stärker die Arbeitserleichterung an Bedeutung. Schließlich ist in Hochleistungsherden mit höheren Anforderungen an die Fütterungsfrequenz die Freistellung von festen Arbeitsterminen eine wichtige Forderung, die es vor allem in hochtechnisierten Verfahren zu berücksichtigen gilt.

Aus ökonomischer Sicht nehmen die Futterkosten in nahezu allen Veredlungszweigen etwa die Hälfte der Gesamtproduktionskosten ein, so daß sie in hohem Maße den Wirtschaftserfolg der Veredlung beeinflussen. Eine essentielle Aufgabe der Fütterungstechnik ist es daher, die Steuerung der Futteraufnahme und bestmögliche Verwertung aller Futterkomponenten zu unterstützen. Unproduktiver Luxuskonsum und Futterverluste verteuern die Veredlungskosten. In die Verfahrensbewertung sind neben den bislang dominierenden Arbeits- und Gerätekosten daher zunehmend die qualitativen Verbesserungen der Fütterung zu berücksichtigen.

Hinsichtlich der Tierleistung kommt der Fütterungstechnik eine besondere Bedeutung zu, da die ökonomisch wichtige Ausschöpfung des genetischen Leistungspotentials ohne negative Auswirkungen auf Gesundheit und Fruchtbarkeit nur bei bedarfgerechter Futterzuteilung zu erreichen ist. Auswirkungen ergeben sich auch auf die Qualität der erzeugten Produkte, wobei vor allem auf die Fütterungshygiene, die Einhaltung zulässiger Höchstmengen für qualitätsbeeinflussende Futtermittel, die Nutzung gesundheitsfördernder Fütterungsstrategien und die Vermeidung von fütterungsbedingtem Streß bei den Tieren zu achten ist.

Schließlich hat die Fütterungstechnik Auswirkungen auf die Umwelt. Im betrieblichen Umfeld können Belastungen für Mensch und Tier durch Staub und Lärm bei der Futteraufbereitung und -vorlage entstehen. Die Tierhaltung verursacht aber auch den größten Teil aller aus der Landwirtschaft stammenden Verunreinigungen von Boden, Wasser und Atmosphäre durch Stickstoff, Phosphor und Methan. Durch Unterstützung eines hohen Leistungsniveaus und die exakte Zuteilung bedarfsgerechter Rationen kann die Fütterungstechnik einen wichtigen Beitrag zur Verminderung dieser Stoffeinträge in die Umwelt leisten.

3.2 Fütterungsstrategien

Die bedarfsgerechte Versorgung in allen Alters- und Leistungsstadien stellt eine vorrangige Aufgabe der Fütterungstechnik dar. Je nach Futterbasis, Tierart und Leistungsniveau kann dieses Ziel mit unterschiedlichen Fütterungsstrategien erreicht werden. Vom verfahrenstechnischen Ansatz sind *Herdenfütterung, Gruppenfütterung* und *Einzeltierfütterung* zu unterscheiden.

3.2.1 Herdenfütterung

Die Herdenfütterung mit einer einheitlichen Ration für alle Tiere einer Stalleinheit stellt das einfachste Verfahren dar, erschließt aber auch die geringsten Anpassungsmöglichkeiten an den tierindividuellen Nährstoffbedarf. Sie ist daher nur bei billigen Futtermitteln, herdenkonformem Leistungsverlauf, geringem Leistungsniveau und extensiven Tierhaltungsverfahren zu akzeptieren.

Um diese Nachteile auszugleichen, kommt insbesondere bei Rauhfutterverwertern häufig ein zweigeteiltes Verfahren zur Anwendung. Herdeneinheitlich wird nur das Grundfutter verabreicht, während das Kraftfutter tierindividuell nach Leistung ergänzt wird.

3.2.2 Gruppenfütterung

Das Verfahren der Gruppenfütterung basiert auf der Tatsache, daß sich in jeder Herde mehrere Tiere mit vergleichbarem Nahrungsanspruch befinden. Sie werden zu einer Gruppe zusammengefaßt und mit einer einheitlichen Ration versorgt. Je mehr Gruppen gebildet und je enger die Leistungsspanne pro Gruppe gewählt werden können, desto besser ist die Anpassung an den tatsächlichen Nährstoffbedarf möglich.

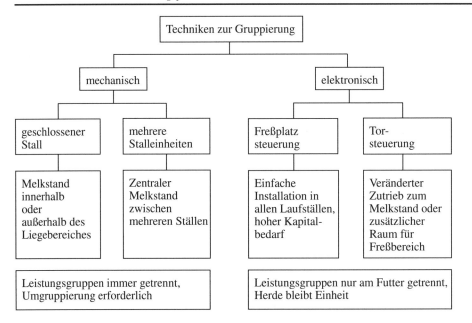

Abb. 2. Baulich-technische Verfahren zur Gruppierung von Kühen zu Leistungsgruppen.

Die Gruppenfütterung stellt in der Masttierhaltung das übliche Verfahren dar und ist durch Bildung einheitlicher Altersgruppen stallbautechnisch einfach zu realisieren. Schwieriger gestaltet sich die Umsetzung bei laktierenden Tieren im Laufstall, da die Gruppierung den Zu- und Abtrieb beim Melken im Melkstand nicht behindern darf. Dabei kann die Gruppeneinteilung mechanisch oder mit elektronischen Hilfen erfolgen (Abb. 2). Mechanische Abtrennungen bedingen eine fortwährende Separierung der Gruppe. Für die gruppenbezogene Behandlung entstehen meist bauliche und arbeitswirtschaftliche Mehraufwendungen beim Melkumtrieb. Auch bedingt der notwendige Gruppenwechsel Eingriffe in das Tierverhalten, da sich bei jeder Umstallung ein neues Herdengefüge mit einer entsprechenden Rangordnung herausbilden muß.

Mit elektronisch gesteuerten Separationseinrichtungen kann die Herde dagegen eine Einheit bleiben, und nur zur Fütterung wird die rationsbezogene Trennung vorgenommen. Voraussetzung sind dazu die automatisierte Tiererkennung mit Hilfe von Transpondern und rechnergesteuerte Zugangssperren zum Freßplatz oder zu abgetrennten Freßbereichen. Die Anzahl der Gruppen hängt vom Niveau und von der Einheitlichkeit der Leistung in der Herde ab. Um die systembedingten Unter- und Überfütterungen in Grenzen zu halten, sind bei Alleinfutter (TMR) in der Milchviehhaltung drei Gruppen für die laktierenden Tiere anzustreben.

3.2.3 Einzeltierfütterung

Die Einzeltierfütterung läßt die exakteste Anpassung an den tierindividuellen Nährstoffbedarf zu. Sie ist aber bei manueller Vorlage mit einem hohen Arbeitsaufwand und bei technisierten Verfahren mit hohen Kosten belastet. Auch bedingt sie in dieser Phase die vom ethologischen Standpunkt meist unerwünschte Einzeltierhaltung. Neue Ansätze bietet in dieser Zielstellung die Elektronik mit der Nutzung rechnergesteuerter Systeme, die auch in der Gruppe den Zugriff zum Einzeltier ermöglichen.

3.3 Futteraufbereitung

Je nach Tierart und Produktbeschaffenheit bedürfen einige Futtermittel vor der Fütterung einer speziellen Behandlung. Das Ziel ist dabei eine strukturelle oder nährstoffbezogene Aufbereitung, um nach den tierspezifischen anatomischen und ernährungsphysiologischen Erfordernissen die bestmögliche Verwertung aller Futterstoffe sicherzustellen. Strukturelle Veränderungen können jedoch auch zur Verbesserung der Konservierung, der Technisierbarkeit und der vereinfachten Handhabung erforderlich sein.
Die Aufbereitung erfolgt meist mechanisch durch Schneiden, Schroten oder Quetschen. Zum verbesserten Nährstoffaufschluß können jedoch auch Erhitzen oder eine Säurebehandlung beitragen. Die Wahl der Aufbereitungstechnik wird vor allem von der Futterart bestimmt.

3.3.1 Halmfutter

Die Aufbereitung aller grasartigen Futterstoffe zur Verabreichung an Rauhfutterverzehrer ist aus verdauungsphysiologischen Gründen in der Regel nicht erforderlich, wenn auch aus neueren Untersuchungen Hinweise auf eine bessere Verdaulichkeit durch Auffasern rohfaserreicher Materialien gegeben werden. Durch die Futterstruktur kann jedoch Einfluß auf die Qualität und damit den Futterwert von Silagen genommen werden. Mit abnehmender Halmlänge durch Schneiden oder Häckseln wird die Verdichtung im Silo und dadurch die Auspressung des Sauerstoffs für eine schnelle Entwicklung der anaeroben Milchsäurebakterien gefördert. Der Effekt der Strukturzerkleinerung ist dabei um so höher, je mehr Rohfaser das Siliergut beinhaltet.
Wesentliche Auswirkungen hat die Futterstruktur auf die Futteraufnahme und Verzehrsgeschwindigkeit. Durch Häckseln und die damit verbundene Homogenisierung des Halmgutes wird der Selektion vorgebeugt. Auch fördert eine kurze Halmlänge die Grundfutteraufnahme bei Rindern, wie sie vor allem bei hochleistenden Milchkühen anzustreben ist.
Andererseits kann eine langsame Futteraufnahme durch Langgut wie bei der Heufütterung für Pferde in Verbindung mit geeigneten Stabraufen erwünscht sein. Die Fütterung dient hier vor allem bei den wenig ausgelasteten Freizeitpferden nicht nur der Nährstoffversorgung, sondern ist auch eine wichtige Maßnahme zur Beschäftigung, um verhaltensbedingten Störungen bei langen Standzeiten im Stall vorzubeugen.
Besondere Sorgfalt bedarf die Aufbereitung von Silomais, da nicht nur Stengel, Blätter und Lieschen gleichmäßig gehäckselt und homogenisiert, sondern auch die Körner zerkleinert werden müssen. Ansonsten treten mit zunehmendem T-Gehalt erhebliche Verluste auf, da insbesondere das Rind Ganzkörper oder größere Bruchstücke nur bedingt verwerten kann. Als Zusatzeinrichtungen sind im Feldhäcksler aggressive Reibböden oder besser die effektiveren Quetschwalzen erforderlich, die auch ausgereifte Maiskörner zu Grobschrot aufbereiten und für eine völlige Verwertung erschließen.

3.3.2. Saftfutter (Hackfrüchte)

Die hier vorrangig anzusprechenden Kartoffeln und Futterrüben haben trotz guter Erträge aus arbeitswirtschaftlichen Gründen durch die starke Konkurrenz der leichter mechanisierbaren Körnerfrüchte sowie die Bewältigung großer Massen mit hohem Wassergehalt und relativ geringer Nährstoffkonzentration sowohl in der Rinder- als auch in der Schweinehaltung an Bedeutung verloren. Dementsprechend sind auch die Techniken zur Aufbereitung und Fütterung dieser Früchte nur bedingt weiterentwickelt worden.

Kartoffeln erfordern in der Schweinefütterung zur vollen Verwertung den Aufschluß der Stärke durch Dämpfen oder Erhitzen in der Heißlufttrocknung. Letztere liefert die handelbaren und leicht zu handhabenden Kartoffelflocken, die jedoch wegen des hohen Energiebedarfs ein sehr teures Futter darstellen. Auch das Dämpfen und Silieren der Kartoffeln stellen ein aufwendiges Verfahren dar, so daß die früher häufig eingesetzten Dämpfkolonnen heute kaum noch zum Einsatz kommen.

Die vorwiegend für Rinder und Pferde eingesetzten Futterrüben bedürfen aus verdauungsphysiologischen Gründen keiner zusätzlichen Aufbereitung. Insbesondere für Tiere im Zahnwechsel und bei den harten Gehaltsrüben ist jedoch vor allem in der Rinderfütterung eine Zerkleinerung durch Schnitzler oder Bröckler empfehlenswert. Da durch das Schnitzeln die anhaftende Erde mit den Rübenschnitzeln vermischt und durch die Tiere nicht mehr aussonderbar wird, ist eine vorherige Reinigung unentbehrlich. Zu diesem Zweck stehen spezielle Reinigungsgeräte oder Kombinationen aus Reinigern und Schnitzlern für Schlepper oder E-Motor-Antrieb zur Verfügung. Geschnitzelte Futterrüben haben auch aus fütterungstechnischen Gründen Vorteile, da sie exakter zu dosieren, in jeder Form der Futterkrippe zu verabreichen und mit anderen Futtermitteln zu vermischen sind.

3.3.3 Körnerfrüchte

Körnerfrüchte bedürfen zur vollen Verwertung für nahezu alle Tierarten einer intensiven Aufbereitung, um die harte Schale zu brechen und durch die Vergrößerung der Oberfläche eine bessere, verdauungsfördernde Durchsetzung des Mehlkörpers mit enzymhaltigem Speichel zu bewirken. Für die Schweinefütterung ist dazu ein mittelfeiner Schrot anzustreben, wie er durch Schrotmühlen mit Sieblochungen von 2,5–3 mm zu erreichen ist. Als geeignete Gerätetypen sind dazu die Metallscheibenmühlen und insbesondere die heute bedeutsameren Schlagmühlen einzusetzen. Eine Alternative zum Schroten stellt das Quetschen dar, das inbesondere in der Rinder-, Pferde- und Schafhaltung den Vorzug verdient. Es erfordert nicht nur einen geringeren Energieaufwand, sondern bewirkt für diese Tierarten die günstigere Struktur. Zudem ist durch das Quetschgut eine geringere Staubentwicklung gegeben.

Den Schrotmühlen unmittelbar nachgeordnet sind vielfach Mischanlagen, die notwendige Ergänzungskomponenten intensiv mit den Schroten vermischen (Abb. 3). Meist werden dazu absätzig arbeitende Anlagen in Form von senkrecht angeordneten Frei- und Zwangsmischern eingesetzt. Für feuchtere Güter, wie z. B. CCM-Schrot, kommen auch schräg gestellte Horizontalmischer zum Einsatz, wobei die eingestellte Neigung die Fließgeschwindigkeit beeinflußt. Die kontinuierliche Vermischung wird durch Überschichten mehrerer Gutströme erreicht, wobei die Mischqualität wesentlich von der Gleichmäßigkeit der ausdosierten Güter beeinflußt wird. Die beiden letztgenannten Systeme arbeiten strukturschonender als die Senkrechtmischer.

3. Fütterungsverfahren und Fütterungstechnik

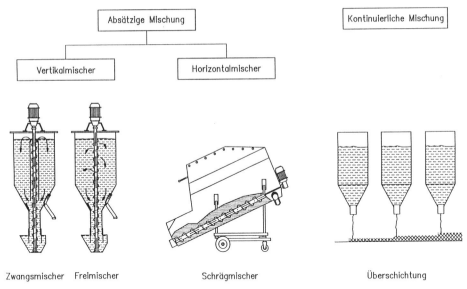

Abb. 3. Systeme zur Herstellung von Kraftfuttermischungen.

3.4 Fütterungstechnik

Die Mechanisierung der Fütterung umfaßt die Entnahme aus dem Vorratslager, den Transport zum Stall und die Zuteilung an das Tier. Für alle Arbeitsschritte stehen eine Vielzahl von Lösungen mit Spezial- oder Kombinationsgeräten zur Verfügung, die sich vom technischen Ansatz grundsätzlich für Geräte zur Fütterung von Grundfutter und von Kraftfutter unterscheiden. Innerhalb dieser Kategorien sind wiederum mehrere ablauf- und dosiertechnische Ansätze möglich (Abb. 4).

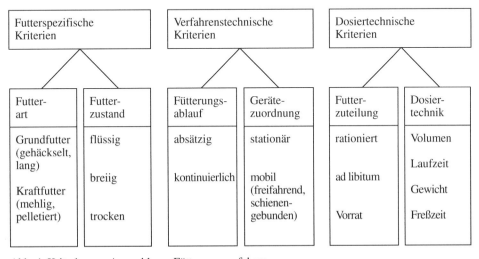

Abb. 4. Kriterien zur Auswahl von Fütterungsverfahren.

Die Mechanisierung der Fütterung war bisher vorwiegend von mechanischen Techniken geprägt, die insbesondere die arbeitswirtschaftliche Entlastung zur Aufgabe hatte. Die weitere technische Entwicklung wird vor allem von der Elektronik beeinflußt werden, die neue Ansätze zur qualitativen Verbesserung erschließt und nachhaltige Auswirkungen auf die Gestaltung der gesamten Handlungsverfahren haben wird.

3.4.1 Elektronikeinsatz in der Fütterung

In den konventionellen Fütterungsverfahren erfolgt die zentrale Steuerung der Rationsberechnung und -zuteilung durch den Menschen. Der Erfolg hängt dabei unter Nutzung von informativen und technischen Hilfsmitteln entscheidend vom Kenntnisstand und von den Fähigkeiten des jeweiligen Betriebsleiters ab.
Rechnergestützte Fütterungsverfahren ermöglichen demgegenüber die Erfassung einer Vielzahl von Informationen sowie deren systematische, schnelle Auswertung und Umsetzung. Dies bezieht sich sowohl auf die Rationskalkulation als auch die Steuerung des Fütterungsverfahrens. Bezugsgröße ist dabei auch in der tierfreundlichen Laufstallhaltung das Einzeltier, so daß der leistungsbezogene Einsatz aller Futtermittel optimiert, die biologischen Grenzen hinsichtlich Gesundheit und Fruchtbarkeit berücksichtigt und eine Produktion mit möglichst geringen Umweltbelastungen ermöglicht werden.
Die wesentlichen Elemente derartiger Systeme (Abb. 5) sind *Sensoren* zur Erfassung von Informationen (Milchleistung, Tiergewicht, Körpertemperatur usw.), *Aktoren* zur Ausführung von Entscheidungen (Dosierer für Futter, Selektionstore usw.) und ein *Prozessor* bzw. *Computer* für das zentrale Datenhandling (Registrierung, Speicherung, Auswertung, Steuerbefehle usw.). Je nach Entwicklungsstand können nur Teilprozesse erfaßt oder geschlossene Regelkreise aufgebaut werden. Letztere ermöglichen automatisierte Prozeßabläufe, in denen dem Menschen nur noch Überwachungsfunktionen zukommen.

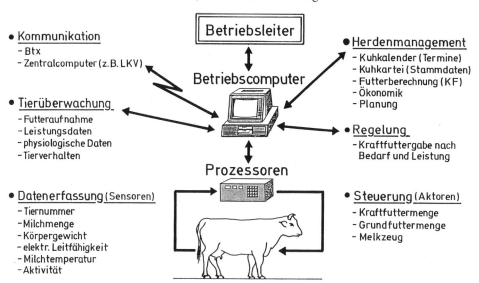

Abb. 5. Konzeption der rechnergestützten Prozeßsteuerung in der Milchviehhaltung (nach Wendl und Auernhammer).

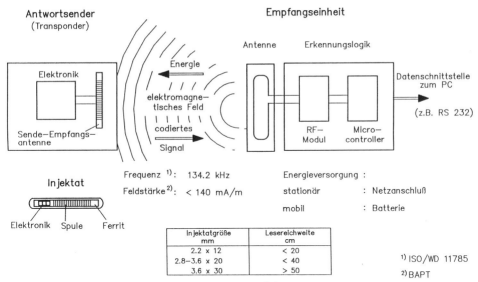

Abb. 6. Funktionsschema der elektronischen Tieridentifizierung.

Eine grundlegende Voraussetzung für die rechnergesteuerte Prozeßführung ist die *automatisierte Tiererkennung*. Ein passiver Antwortsender am Tier in Form eines Transponders am Halsband, als Ohrmarke oder als subkutan oder intramuskulär gesetztes Injektat wird an der Erkennungsstelle über ein vom Empfänger aufgebautes Magnetfeld aktiviert und sendet einen unverwechselbaren Nummerncode zurück (Abb. 6). Dieser wird in der Erkennungslogik ausgewertet und an das Computersystem weitergeleitet.

Rechnergesteuerte Fütterungssysteme sind inzwischen für Grund- und Kraftfutter sowie nahezu alle Tierarten verfügbar. Spezielle Fütterungsprogramme steuern die Futtermenge, die nach verdauungsphysiologischen Erfordernissen festgelegte Fütterungsfrequenz und registrieren die individuellen Verzehrsmengen zur Tierkontrolle und für ökonomische Auswertungen. In zusätzlichen Ausbaustufen ist eine Erweiterung zu umfassenden Herdenmanagementsystemen unter Einbeziehung eines Betriebscomputers möglich.

3.4.2 Techniken zur Fütterung von Konzentraten

Konzentrate in Form ganzer oder geschroteter Körner und mehliger oder pelletierter Kraftfuttermischungen besitzen aufgrund der physikalischen Eigenschaften gute Voraussetzungen für die Technisierung. Dementsprechend sind für alle Tierarten ausgereifte Mechanisierungslösungen, vielfach mit automatisiertem Ablauf verfügbar. Dabei sind die Grundelemente für den Transport zum Futterplatz und die Dosierung weitgehend identisch. Mit Ausnahme der Flüssigfütterung in der Schweinehaltung werden die Konzentrate als Trockenfutter verabreicht.

Bei stationären Anlagen erfolgt der Transport des Kraftfutters zur Dosiereinheit ausschließlich mit mechanischen Stetigförderern wie Schnecken, Rohrkettenförderern oder Spiralförderern, während pneumatische Anlagen für diesen Einsatz wegen der Staubentwicklung und der Gefahr der Entmischung nicht zu empfehlen sind. Abriebsgefährdete

Futterarten werden am schonendsten durch Rohrkettenförderer transportiert, die eine geringere mechanische Beanspruchung ausüben als die übrigen Anlagen. In der Hühnerhaltung finden vorwiegend umlaufende Futterbänder Verwendung, die entsprechend der Sollmenge über eine Dosiereinheit beschickt werden.

Mobile Geräte als hand- oder schienengeführte Dosierwagen können im Gegensatz zu den stationären Anlagen gleichzeitig mehrere Futterkomponenten mit sich führen. Die Dosiereinheit ist jeweils mit der Austragsvorrichtung kombiniert und erfordert als zentrales Gerät einen geringeren Wartungsaufwand als die vielen Einzeldosierer an stationären Anlagen.

Aus physiologischen und ökonomischen Gründen wird Kraftfutter überwiegend rationiert. Nur bei Hühnern und Schweinen ist die Ad-libitum-Fütterung möglich, wird jedoch wegen des höheren Verbrauchs oder in der Fleischproduktion wegen des Risikos einer stärkeren Verfettung immer seltener angewendet. Eine Zwischenstellung nimmt die Zuteilung nach Freßzeit ein, die in der Mastschweinefütterung den individuellen Bedarf der Tiere zu berücksichtigen versucht und hinsichtlich der Mastkriterien zwischen der ad-libitum- und der rationierten Fütterung anzusiedeln ist (Abb. 7).

Bei der überwiegend eingesetzten Volumendosierung reagieren absätzig arbeitende Portioniergeräte wie Meßbecher, Zellenräder oder Schüttbleche unempfindlicher gegenüber dem Fließverhalten als die nach Laufzeit arbeitenden Schnecken als Stetigförderer. Letztere verlangen zur Einhaltung der üblicherweise maximal tolerierten Abweichung von 5% höhere Mindestportionsgrößen und einen sehr gleichmäßigen Förderstrom. Alle Volumendosierer erfordern eine regelmäßige Kontrolle und eine neue Justierung bei jeder neuen Futtercharge. Zur Volumendosierung von Flüssigfutter in der Schweinemast dienen Ventile an jeder Bucht.

Demgegenüber sind Massedosierer unempfindlich gegen wechselnde physikalische Eigenschaften des Futters. Bei Einzeldosierern pro Freßplatz wird die Dosiergenauigkeit wesentlich vom Befüllstrom bestimmt. Die besten Werte werden erreicht, wenn der Zulauf kurz vor Erreichen des Sollgewichts reduziert wird. Ähnliches gilt für die Ausdosierung aus zentralen Wiegevorratsbehältern, wie z. B. den Mischbehältern in der Flüssigfütterung, die auf Wägezellen montiert sind (Abb. 8). Bedeutsam ist hier zusätzlich, daß der Wägebereich

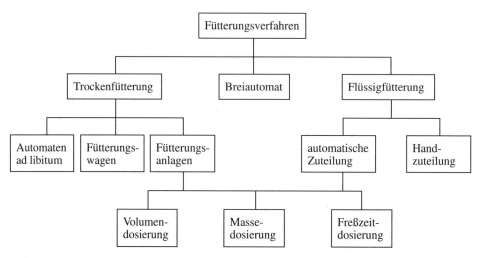

Abb. 7. Fütterungsverfahren für die Mastschweinhaltung.

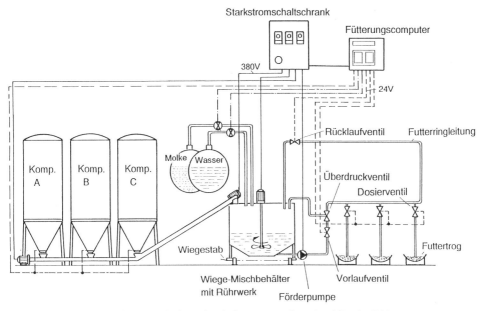

Abb. 8. System einer vollautomatischen Flüssigfütterungsanlage (nach Beck 1989).

und die technische Wiegegenauigkeit auf die kleinste, gewünschte Portionsgröße abgestimmt sind. Die Wiegetechnik dient auch zur Bemessung der Rationskomponenten für die Herstellung der Futtermischungen. Die Flüssigfütterung ist vor allem zu empfehlen, wenn neben Schroten auch Naßkomponenten wie Molke, Naßschnitzel, Körnersilagen oder das heute weit verbreitete Corn-Cob-Mix (CCM) verfüttert werden sollen.

Die Steuerung der Anlagen kann manuell, teilautomatisch oder für stationäre Anlagen und schienengeführte Dosierwagen vollautomatisch erfolgen. Für die Automatisierung kommen heute verstärkt elektronische Steuerungen mit Prozessoren zum Einsatz, die aufgrund der großen Speicherkapazität gleichzeitig die Rationskalkulation, die termingerechte Futterzuteilung, die Registrierung der Verzehrsdaten und die Kontrolle über den technischen Funktionsablauf übernehmen.

In der Futtervorlage ist zwischen *Zuteiltechnik* und der *Abruffütterung* zu unterscheiden. Die klassische Rationsvorgabe verlangt, unabhängig, ob manuell oder automatisch gesteuert wird, wegen der üblichen Mahlzeitenfütterung für jedes Tier einen Freßplatz, um die herdensynchrone Fütterung zu ermöglichen.

Demgegenüber basiert die Abruffütterung auf zentralen Futterstationen, die sequentiell von den Tieren aufgesucht werden. Den Besuchsrhythmus und damit die Verzehrsfrequenz bestimmt jedes Tier für sich, wenn auch über Fütterungsprogramme bewußt Einfluß auf das Verzehrsverhalten und die möglichen Abrufmengen pro Besuch genommen wird. Abruffütterungsanlagen, die für Rinder, Schweine, Pferde, Schafe und Ziegen verfügbar sind, erfordern in der Konzeption für einen zufriedenstellenden Funktionsablauf einen gut zugänglichen Platz zur Anordnung im Stall und vor allem eine gute Anpassung an das speziesbezogene Verhalten der jeweiligen Tierart. Als wesentliche Kriterien für die zulässige Besatzdichte pro Futterstation dienen die in einem zentralen Fütterungscomputer vorgegebenen Sollmengen und die futterspezifische Verzehrsgeschwindigkeit, wobei je

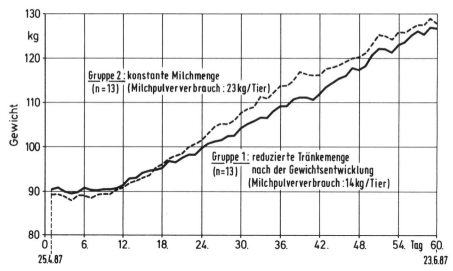

Abb. 9. Vergleich der Gewichtsentwicklung von Kälbern bei gruppenweiser oder prozeßgesteuerter Rationsvorgabe der Tränke.

nach Tierart und Ausbildung des Freßstandes immer ein gewisser Anteil an „Leerzeiten" einzukalkulieren ist. Abruffütterungen bieten nicht nur die Chance einer sehr exakten, physiologisch gut abgestimmten Fütterung, sondern kommen von allen technischen Konzepten dem natürlich Freßverhalten am weitesten entgegen und erschließen darüber hinaus sehr flexible Lösungen in der Konzeption neuer Haltungssysteme.

Mit vergleichbaren Funktionen ist auch die Automatisierung der Kälbertränke zu erreichen. In einem Tränkestand mit Tieridentifizierung wird die im Automaten aus Milchaustauschpulver frisch zubereitete Tränke oder wahlweise auch Frischmilch portionsweise im Tränkestand nach einem vorgegebenen Tränkeprogramm über den Tag verteilt tierindividuell zugeteilt. Neben der Verzehrsmenge kann zur besseren Gesundheitskontrolle auch die Trinkgeschwindigkeit kontrolliert werden. Ergänzend ist auch der Kraftfutterabruf zu kombinieren. Eine Waage im Tränkestand ermöglicht bei jedem Besuch die Tiergewichtserfassung, die eine fortwährende Information über den Wachstumsverlauf zuläßt. Aus der Verknüpfung dieser Daten sind im angeschlossenen Betriebscomputer eine wachstumsbezogene Rationskalkulation und die Tränkesteuerung im Fütterungscomputer in einem geschlossenen Regelkreis möglich. Als Ergebnis ist ohne Beeinträchtigung der Tierentwicklung gegenüber einer üblichen gruppenweisen Rationszuteilung eine deutliche Reduzierung der Milchaustauschermenge möglich (Abb. 9). Dadurch wird die teuerste Futterkomponente zugunsten preiswerterer Futtermittel ohne Nachteil auf die Tierentwicklung eingeschränkt, so daß bei dem hohen Anteil der Futterkosten die Aufzuchtkosten insgesamt gesenkt werden.

3.4.3 Techniken zur Fütterung von Grundfutter

Bei rückläufigem Trend zur Weidehaltung und Grasfütterung stehen zumindest in der intensiven Milch- und Fleischproduktion die Futterkonserven im Vordergrund. Dabei dominieren wegen des niedrigeren Arbeits-, Kosten- und Energieaufwandes sowie der geringeren Konservierungsverluste die Silagen vor Trockengut, die damit auch die Mechanisierung der Fütterung bestimmen.

Im Arbeitsaufwand für die Fütterung von Grundfutter entfallen etwa 60% auf die Entnahme, 15–20% auf den Transport und 20–25% auf die Zuteilung. In der Priorität der Mechanisierung steht damit die Entnahme im Vordergrund. Bei Silagen ist dabei nicht nur auf eine hohe Verfahrensleistung zu achten, sondern zur Verhinderung von verlustreichen Nachgärungen durch Luftzutritt eine glatte, nicht aufgelockerte Anschnittfläche anzustreben. Von der Arbeitsqualität sind daher schneidende oder fräsende Werkzeuge wie bei den Blockschneidern, den Schneidzangen oder Silofräsen der Entnahme durch Schaufellader oder Greifer vorzuziehen. Die genannten Geräte sind mit Ausnahme der Silofräsen auch zur Entnahme von ebenerdig gelagertem Heu einzusetzen. Deckenlastig gelagerte Heustöcke können dagegen nur mit den sehr kapitalintensiven Hallenlaufkränen entnommen werden.

Im Gegensatz zum Kraftfutter finden stationäre Anlagen zur Förderung von Grundfutter aus funktionalen und ökonomischen Gründen nur wenig Verwendung. Ihr Einsatz beschränkt sich auf nicht befahrbare Ställe. In diesen Fällen verdienen mechanische Anlagen den Vorzug vor der pneumatischen Förderung. Wegen der geringen Gefahr der Entmischung und der großen Toleranz gegenüber der Futterstruktur sind vorwiegend Futterbänder zu empfehlen, die je nach Tierart (Schafe, Rinder) und Aufstallung in beliebigen Breiten zur Verfügung stehen (Abb. 10).

Der Schwerpunkt liegt bei den mobilen Geräten in Form von Schlepperanbaugeräten und von schleppergezogenen oder selbstfahrenden Futterwagen, häufig in Kombination mit angebauten Entnahmevorrichtungen. Ihre Überlegenheit basiert auf dem flexiblen, von der Wegstrecke unabhängigen Einsatz und der gleichzeitigen Eignung für die unterschiedlichen Grundfutterarten.

Vom Verfahrensablauf sind Futterverteil- und Futtermischwagen zu unterscheiden. *Futterverteilwagen* benötigen für eine futterspezifische Vorlage pro Futterart einen separaten

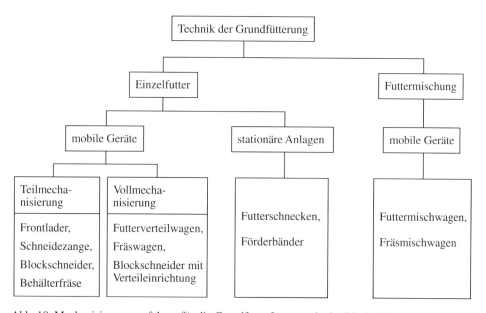

Abb. 10. Mechanisierungsverfahren für die Grundfutterfütterung in der Rinderhaltung.

Tabelle 1. Formeln zur Schätzung der individuellen Kraftfutteraufnahme von Milchkühen (n. Wendl u. Pirkelmann 1987)

Einflußgröße	Formel	Bemerkung
Ausgangswert TM		
Körpermasse (M)	$TM = -0,41 + 0,0195 \times M$	1. Laktation
	$TM = 8,88 + 0,0058 \times M$	> 1. Laktation
Zu- oder Abschläge TM_z		
Energiedichte E		
Grassilage	$TM_z = -2,25 \times (5,7 - E) \times F_A^{1)}/100$	$E < 4,5; E = 4,5$
		$E > 6,5; E = 6,5$
Wiesengras	$TM_z = -2,25 \times (5,5 - E) \times F_A/100$	
Heu	$TM_z = -2,25 \times (5,4 - E) \times F_A/100$	
Trockensubstanz TM		
Maissilage	$TM_z = -0,2 \times (25 - TM) \times F_A/100$	$TM < 20; TM = 20$
		$TM > 30; TM = 30$
Grassilage	$TM_z = -0,3 \times (35 - TM) \times F_A/100$	$TM < 25; TM = 25$
		$TM > 35; TM = 35$
Kraftfutterhöhe KF	$KF = -0,035 \times KF^2$	
Laktationsstand	$TM_z = -1,8$	0–14 Tage
	$TM_z = -1,3$	15–28 Tage
	$TM_z = -0,6$	29–42 Tage
	$TM_z = -0,3$	43–56 Tage
Trächtigkeit	$TM_z = -1,0$	ab 7. Monat
	$TM_z = -2,0$	ab 8. Monat
	$TM_z = -3,2$	ab 9. Monat
Futterration	$TM_z = -0,8$	einseitig (nur GS)
	$TM_z = 0,5$	vielseitig
Futterreihenfolge	$TM_z = -0,8$	erst KF, dann GF
	$TM_z = 0,5$	> dreimal
Freßzeit	$TM_z = -1,3$	$< 2 \times 3$ Stunden
	$TM_z = -0,7$	$= 2 \times 3$ Stunden
	$TM_z = 0,6$	24 Stunden
Futtervorlage	$TM_z = -0,6$	rationiert
	$TM_z = 0,6$	gemischt

[1]) F_A = Anteil des jeweiligen Futtermittels in der Ration

Arbeitsgang und bei rationierter Zuteilung für jedes Tier einen Freßplatz. *Futtermischwagen* binden in einen Arbeitsgang alle Rationskomponenten aus Grund- und auch Kraftfutter ein und ermöglichen die Herstellung eines Alleinfutters (TMR). Durch die intensive Vermengung wird die Selektion bevorzugter Futterarten unterbunden. Dadurch sind ohne Benachteiligung rangschwächerer Tiere die Einschränkung von Freßplätzen und die Vorratsfütterung auch für sonst nur rationiert zuteilbare Komponenten möglich. Zudem bewirkt die Mischung in Abhängigkeit von der Rationszusammensetzung einen Anreiz zu höherer Futteraufnahme.

Die Dosierung erfolgt bei beiden Wagentypen über die Austragsvorrichtung im Zusammenwirken von Gutstrom und Vorfahrtgeschwindigkeit. Für Futtermischwagen ist der Einbau von elektronischen Wiegevorrichtungen zu empfehlen, die sowohl bei der Zugabe der Mischungskomponenten als auch beim Austrag eine exaktere Bemessung als die Volumendosierung zulassen. In der Wiegeelektronik können mehrere Rationen gespeichert und nach Bedarf aufgerufen werden.

Die Zuteilung des Grundfutters an das Einzeltier erfordert in der Handarbeitsstufe die Anbindehaltung mit abgegrenzten Freßplätzen. Die elektronisch gesteuerte Zuweisung von Einzelfreßplätzen und die mechanisierte Zuteilung über Dosierwagen bzw. den Einsatz von Wiegetrögen bedingen demgegenüber einen hohen technischen Aufwand. Aus arbeitswirtschaftlichen bzw. ökonomischen Gründen sind daher beide Verfahren nur im Versuchsbetrieb vertretbar, während im Routinebetrieb die herden- oder gruppenbezogene Zuteilung vorherrscht.

Obwohl aus den genannten Gründen eine individuelle Grundfuttervorlage nur schwer realisierbar ist, wäre aus ökonomischen Gründen und der besseren Kalkulierbarkeit der Gesamtration die Kenntnis der aufgenommenen Grundfuttermenge wünschenswert. Als Hilfsmittel kann dazu ein *Schätzprogramm* herangezogen werden, das bekannte Einflußgrößen wie Tier- und Leistungsdaten, futterspezifische Kriterien und die Auswirkungen der Fütterungstechnik zusammenfaßt (Tabelle 1). Dabei wird von einer vom Lebendgewicht beeinflußten Basisration ausgegangen. Darauf bezogen, erfolgen Zu- und Abschläge. Von den futterspezifischen Einflüssen hat die Energiedichte einen sehr hohen Einfluß, wobei je nach Futterart von einem neutralen Wert von 5,4–5,7 MJ NEL ausgegangen wird. Ähnlich ist bei der TM von Silagen oder der Verdrängungswirkung des Kraftfutters zu verfahren.

Bei den tierspezifischen Daten gehen neben dem bereits berücksichtigten Körpergewicht die Anfangsphase der Laktation und die Trächtigkeit mit einer verringerten T-Aufnahme in die Gleichung ein.

Die Zusammensetzung der Ration, die Reihenfolge der Futtermittelvorgabe sowie fütterungstechnische Varianten haben nur geringfügige Auswirkungen und finden daher nur entsprechend wenig Berücksichtigung.

Eine derartige, in Pilotbetrieben bereits erprobte Schätzformel ermöglicht ohne zusätzlichen technischen Aufwand eine verbesserte Information über die tierindividuelle Grundfutteraufnahme. Damit wird die Kalkulation der Ration erleichtert, eine exaktere, leistungsangepaßte Nährstoffergänzung durch Kraftfutter ermöglicht und ein zuverlässiges Datenmaterial für die ökonomische Bewertung des Einzeltieres und der Herde bereitgestellt.

3.5 Schlußbemerkungen

Die Konzeption von Fütterungsverfahren wird von einer Vielzahl von Faktoren beeinflußt. Neben der Verbesserung der Arbeitswirtschaft und bestandabhängigen, ökonomisch vertretbaren Kosten sind als vordringliche Ziele die exakte Vorlage einer bedarfsgerechten Ration, die Berücksichtigung physiologischer und ethologischer Vorgaben sowie die Unterstützung einer bestmöglichen Verwertung aller Futterarten anzustreben.

Unter Berücksichtigung futter- und betriebsspezifischer Einsatzfaktoren stehen sowohl für Grund- als auch für Kraftfutter viele Techniken mit hoher mechanischer Funktionssicherheit zur Verfügung. Mehr noch als bisher ist es Aufgabe weiterer Entwicklungen, die Steuerungstechnik der Anlagen zu verbessern und die Ansprüche der Tiere noch stärker zu berücksichtigen. Aus technischer Sicht kommt dabei der Elektronik eine große Bedeutung zu.

Ausgehend von der elektronischen Tiererkennung und der enormen Kapazität zur Verarbeitung großer Datenmengen besteht die große Chance, ohne zusätzliche Arbeitsbelastung die Information über das Tier zu verbessern, jeweils dem aktuellen Stand angepaßte Rationskalkulationen nach neuesten ernährungspsychologischen Erkenntnissen vorzunehmen, die Futterzuteilung dem Bedarf und Verhalten des Tieres entsprechend zu steuern und gleichzeitig eine umfassende Kontrolle vorzunehmen. Sowohl in der Datenerfassung als auch in der Versorgung und Betreuung ist auch im tierfreundlichen Laufstall das Einzeltier die Bezugsgröße, so daß gegenüber der bisher bei vielen Tierarten vorherrschenden pauschalen Betrachtung der Herde wesentliche qualitative Verbesserungen der Fütterung möglich sind. Bei konsequenter Nutzung dieser technischen Möglichkeiten werden neue Wege erschlossen, um das genetische Potential der Tiere voll auszuschöpfen, ohne unvertretbare Risiken für Gesundheit und Fruchtbarkeit eingehen zu müssen. Aber auch hinsichtlich der Haltungstechnik und des Managements wird der Fütterungstechnik aus dieser Sicht eine Schlüsselfunktion in der Konzeption neuer tiergerechter und umweltfreundlicher Haltungssysteme zukommen.

Literatur

de Baey-Ernsten, H., Heege, H. J. und Hopp, P. (1991): Abruffütterung für Sauen. RKL-Sonderdruck, Kiel, S. 656–687.
Eichhorn, H. (Hrsg.) (1985): Landwirtschaftliches Lehrbuch: Landtechnik. Ulmer Verlag, Stuttgart.
Jeroch, H., Flachowsky, G., und Weißbach, F. (Hrsg.) (1993): Futtermittelkunde. Gustav Fischer Verlag, Jena – Stuttgart.
Kirchner, M. (1989): Abruffütterung für Zuchtsauen. KTBL-Schrift 334, Darmstadt.
Meyer, H. (1986): Pferdefütterung. Paul Parey, Hamburg.
Piotrowski, J. (1984): Wie Pferde-Auslaufhaltungen gestalten? Der Tierzüchter **9**, S. 386–388.
Pirkelmann, H. (Hrsg.) (1991): Pferdehaltung. Ulmer Verlag, Stuttgart.
Pirkelmann, H. (Hrsg.) (1992): Tiergerechte Kälberhaltung mit rechnergesteuerten Tränkeverfahren. KTBL-Schrift 352, Darmstadt.
Ratschow, P. (1992): Stationäre Anlage für die Flüssigfütterung. KTBL-Arbeitsblatt, Nr. 1089.
Schön, H. (Hrsg.) (1993): Elektronik und Computer in der Landwirtschaft. Ulmer Verlag, Stuttgart.
Sindt, P. (1993): Mahl- und Mischanlagen: Was bietet der Markt? Agrar Übersicht, H. 7, S. 68–71.
Spiekers, H. (1993): Phasenfütterung: Umwelt-, Kosten- und Gesundheitsaspekte sprechen dafür. Schweinezucht u. Schweinemast, H. 3, S. 50–53.
Stoltenberg, R. (1985): Die Einzeltier-Dribbelfütterung von Mastschweinen im Vergleich mit anderen Fütterungsverfahren bei besonderer Berücksichtigung ethologischer Aspekte. MEG-Schrift 111.
Wendl, G., und Pirkelmann, H. (1987): Erfahrungen mit rechnergestützten Fütterungsverfahren in praktischen Milchviehbetrieben. VDI-Kolloquium Landtechnik: Elektronikeinsatz in der Tierhaltung, H. 5, S. 50–65.

4. Futter- und Fütterungshygiene
(B. Gedek)

Der Kreislauf der Stoffe in der Natur ist ohne die Stoffwechseltätigkeit von Mikroorganismen unvorstellbar. Ihre Stoffumsetzungen erfolgen in der Regel nicht spontan und ungerichtet, sondern stehen in Wechselbeziehung zu dem Zusammenleben mit Makroorganismen: Mensch, Tier und Pflanze, die ihnen oftmals außer der Unterlage für die Besiedlung eines bestimmten Standortes zugleich das Substrat für das Überleben bieten. Dabei haben sich im Laufe der Evolution Lebensgemeinschaften zum gegenseitigen Nutzen entwickelt. Einige Keime jedoch geben sich mit einer Koexistenz nicht zufrieden und „trachten zum eigenen Vorteil dem Partner nach dem Leben". Somit schließen sich in Abhängigkeit von der jeweiligen Anpassung Symbiose und Parasitismus gegenseitig nicht aus; die Übergänge sind fließend. Das hat auch Bedeutung für die Futter- und Fütterungshygiene.

4.1 Mikrobiologische Qualitätsbeurteilung und hygienische Beschaffenheit von Futtermitteln

Aufgrund des ubiquitären Vorkommens von Mikroorganismen ist jedes Futtermittel keimhaltig. Ist es pflanzlicher Herkunft, rühren die Mikroorganismen von der Primärflora der Feldfrüchte her. Ist es dagegen tierischen Ursprungs, so handelt es sich außer um Keime vom Tier auch um sekundäre Kontaminanten der verarbeitenden Betriebe, die in der Regel mit ersteren nicht identisch sind. Aus der Herkunft der Futtermittel sowie der Anwendung verschiedener Verfahren zu ihrer Herstellung, wozu nicht nur die maschinelle Aufbereitung, sondern auch die Überführung in einen lagerungsfähigen Zustand gehört, resultieren Keimgehalte an entwicklungsfähigen Bakterien, Hefen, Schimmelpilzen und Schwärzepilzen, die für die verschiedenen Arten von Einzel- und Mischfuttermitteln charakteristisch sind. Witterungsbedingte Schäden an Feldfrüchten sowie Parasitenbefall haben ebenso wie der stufenweise ablaufende Verderb der Futtermittel durch die daran beteiligten Mikroorganismen stets Abweichungen von der Norm zur Folge, so daß Art und Höhe des Keimbesatzes geeignete Kriterien für eine Qualitätsbeurteilung liefern.

4.1.1 Keimbesatz als Qualitätsmerkmal

Eine solche Beurteilung verlangt nach der Festlegung mikrobiologischer Normen. Die derzeitige Diskussion von Richt- und Grenzwerten des Keimbesatzes von Einzelfuttermitteln orientiert sich an Erfahrungswerten, die einerseits stoffbezogen, andererseits wirkungsbezogen hinsichtlich des gesundheitlichen Risikos für das Tier vorliegen. Die Werte sind vorerst nicht rechtsverbindlich (Tabellen 1 und 2).
Auf der Basis der Anwendung von Kulturverfahren kann als Mikroflora in Abhängigkeit von den ökologischen Gesetzmäßigkeiten und verfahrenstechnischen Gegebenheiten der Herstellung, Konservierung und Lagerung der Futtermittel nachweisbar sein:

– ein *produktspezifischer Keimbesatz*, resultierend z. B. aus der epiphytischen Flora des Getreides (= weitgehend identisch mit der Primärflora);
– ein *produktionsveränderter Keimbesatz*, infolge Keimeliminierung bzw. sekundärer Verunreinigung z. B. auch durch Vorratsschädlinge (= Sekundärflora bzw. produktfremde Keimassoziation), oder
– ein *Verderb anzeigender Keimbesatz*, charakterisiert durch Keimassoziationen, hinweisend auf mikrobielle Umsetzungen (= Sukzessions- oder Verderbnisflora).

Tabelle 1. Produktspezifischer Keimbesatz von Einzel- und Mischfuttermitteln (Erfahrungswerte als Richtkeimzahlen), modifiziert nach Schmidt (1991)

Art des Futtermittels	Bakterien, mesophile KBE/g[2]) (in Millionen)	Schimmel- und Schwärzepilze KBE/g[2]) (in Tausenden)
• **Einzelfuttermittel:**		
Milchnebenprodukte, getrocknet[1])	0,1	1
Blutmehle	0,2	1
Tierkörper- und Fischmehle	1	5
Rückstände der Ölgewinnung		
– Extraktionsschrote	1	10
– Ölkuchen	2	20
Getreide und -nachprodukte		
– Nachmehle, Grießkleien	2	20
– Kleien (Weizen, Roggen)	5	50
– Körner, Schrot		
• Mais	5	40
• Weizen, Roggen	5	40
• Gerste	8	50
• Hafer	15	70
• **Mischfuttermittel, mehlförmig, für**		
– Jung- und Mastgeflügel	2	50
– Legehennen	3	50
– Ferkel	5	50
– Mastschwein	5	50
– Kälber	2	20
– Milchkühe und Mastrinder	5	50
• **Mischfuttermittel, gepreßt, für**		
– Jung- und Mastgeflügel	0,5	5
– Legehennen	0,5	5
– Ferkel	0,5	5
– Mastschweine	1	10
– Kälber	0,5	5
– Milchkühe und Mastrinder	1	10
• **Milchaustauscher**	0,5	5
• **Eiweißkonzentrate**	2	20

[1]) Magermilch-, Buttermilch-, Süßmolkenpulver u. a.; Caseinate
[2]) KBE = koloniebildende Einheiten
Anmerkung: Frisch geerntetes Getreide kann höhere Keimzahlen aufweisen; das trifft insbesondere für Hafer zu. Für Tapioka-Pellets, Heu und Stroh fehlen zur Angabe von Richtkeimzahlen noch die erforderlichen Erfahrungswerte.

Im wesentlichen sind die in Futtermitteln pflanzlicher und tierischer Herkunft anzutreffenden, mit Lebendkeimzählverfahren erfaßbaren Bakterien gramnegative Stäbchen, wozu auch die Gelbkeime des Getreides gehören, ferner grampositive Haufen- und Kettenkokken und aerobe Endosporenbildner. Daneben sind mehr oder weniger zahlreich Hefen sowie Schimmelpilze und Schwärzepilze nachweisbar. Die ,,*Leitflora*" für Frische bzw. Unverdorbenheit bei Getreide, Getreideprodukten und getreidereichen Mischfuttermitteln bilden Gelbkeime der Gattung *Erwinia* und der Spezies *Enterobacter agglomerans* aus der Familie *Enterobacteriaceae* mit einem variierenden Anteil an Vertretern anderer Gattungen dieser Familie (*Citrobacter, Klebsiella, Serratia, Escherichia* und *Proteus*) und der Familie *Pseudomonadaceae* gegenüber einer untergeordneten Zahl grampositiver Arten der Gattungen *Staphylococcus, Sarcina, Enterococcus, Clostridium* und *Bacillus*. Daneben treten auch Hefen sowie Schimmelpilze der Gattungen *Aspergillus, Penicillium, Fusarium, Cephalosporium, Mucor* und *Rhizopus* oder Schwärzepilze der Gattungen *Alternaria, Cladosporium, Hormodendrum* und *Aureobasidium* hervor. Eine ,,*Reliktflora*" als Folge der Anwendung thermischer Verfahren oder der Verwendung von Konservierungsmitteln ist gekennzeichnet durch die Dominanz von *Bacillaceae* (endosporenbildende Bakterien der Gattungen *Bacillus* und *Clostridium*) bei gleichzeitig auftretenden Pilzkeimzahlen von kleiner als 10^2/g Futtermittel. Eine ,,*Verderbnisflora*" ist charakterisiert durch das Hervortreten von Bakterien und Schimmelpilzen, die im Zustand der Unverdorbenheit unterrepräsentiert sind. Der Verderb wird in der Regel durch Pilze eingeleitet. Es handelt sich dabei um osmotolerante Hefearten und xerophile Schimmelpilze. Erst bei höheren a_w-Werten treten andere Pilze sowie Bakterien auf. Entsprechend dem stufenweise ablaufenden Verderb kann es zum Überleben nur einer Spezies in Monokultur kommen.

Wegen der Vielzahl am Verderb beteiligter, das jeweilige Keimspektrum vertretender Bakterien- und Pilzarten erweist sich die Orientierung anhand spezieller ,,Leit- und Indikatorkeime" für die Qualitätsbeurteilung als sinnvoll. Als derartige **Indikatorkeime** gelten alle jene Spezies, für die künftig Grenzwerte festgelegt werden sollen. Zur Qualitätsbeherrschung dürfen diese dann nicht mehr überschritten werden, denn mit deren Überschreiten ist beim Nutztier mit Leistungsdepressionen oder gar Erkrankungen zu rechnen und bei Vorliegen toxischer Metabolite von Pilzen ein ,,carry-over" in die tierischen Erzeugnisse nicht auszuschließen. Im einzelnen handelt es sich beim Überschreiten der Grenzwerte der Keimzahlen am Verderb beteiligter Bakterien und Pilze um Erkrankungen, die sich aus Defiziten an Nähr- und Wirkstoffen ergeben, infolge der Schädigung des resorptiven Darmepithels zu Malabsorption und Maldigestion führen oder auch auf Durchfällen infektiöser Genese beruhen sowie alimentäre Intoxikationen darstellen, die durch bakterielle oder mykogene Toxine hervorgerufen sein können. Gemäß dem Eintrag nach dem Vorkommen von Keimen bei den Rohstoffkomponenten rekrutiert sich daraus der Keimbesatz der Mischfuttermittel.

Entsprechend den Anteilen an pflanzlichen und tierischen Rohstoffen und deren Ursprung (z. B. Importfuttermittel) ergibt sich ein Keimbesatz, welcher bei Berücksichtigung der systematischen Zugehörigkeit von Bakterien und Pilzen Rückschlüsse auf die Qualität der Einzelkomponenten zuläßt und Hinweise liefert, auf welche Toxine zur Risikoabschätzung oder im Falle des Auftretens von Erkrankungen nach Verfütterung es sich zu untersuchen lohnt. Wegen der ungleichen Belastung der Einzelkomponenten mit Keimen und deren Toxinen zeichnet ein Mischfutter wesentlich seltener verantwortlich für Leistungsdepressionen und Erkrankungen, vor allem wenn zu seiner Stabilisierung Konservierungsmittel Verwendung fanden.

Tabelle 2. Indikatorkeime für den mikrobiellen Verderb (Erfahrungswerte als Richtkeimzahlen), modifiziert nach Schmidt (1991)

Art des Futtermittels	Bakterien				Hefeartige Pilze	Schimmel- und Schwärzepilze					
	Micro-coccaceae[1]	Strep-tomy-zeten	Ba-cillus-Arten	in toto[2]	Wild-hefen[3]	Asper-gillus	Peni-cillium	Scopu-lariop-sis	Muco-raceae	Wal-le-mia	in toto[2]
	KBE/g (in Millionen)				KBE/g (in Tausenden)	KBE/g (in Tausenden)					
• Einzelfuttermittel											
Milchnebenprodukte, getrocknet[4]	0,01		0,01	0,01	1	1	1	1	1	1	1
Blutmehle	0,01		0,01	0,01	1	5	1	1	1	1	1
Tierkörper- und Fischmehle	0,1		0,1	0,1	50	5	5	5	1	5	5
Rückstände der Ölgewinnung											
– Extraktionsschrote	1	0,1	1	1	50	20	20	10	5	10	20
– Ölkuchen	1	0,1	1	1	50	20	20	10	5	10	20
Getreide und -nachprodukte											
– Nachmehle, Grießkleien	0,5	0,1	0,1	0,5	50	20	20		1	20	20
– Kleien (Weizen, Roggen)	1	0,1	1	1	50	30	30	30	1	30	30
– Körner, Schrote:											
• Mais	1	0,1	1	1	100	10	10	10	5	10	30
• Weizen	1	0,1	1	1	50	30	30	30	5	30	30
• Gerste	1	0,1	1	1	50	30	30	30	5	30	30
• Hafer	1	0,1	1	1	50	30	30	30	5	30	30
• Mischfuttermittel, mehlförmig, für											
– Jung- und Mastgeflügel	0,5	0,1	0,5	0,5	50	10	10	10	5	10	20
– Legehennen	0,5	0,1	1	1	50	50	50	50	5	50	50
– Ferkel	0,5	0,1	0,5	0,5	50	10	10	10	5	10	20
– Mastschweine	1	0,1	1	1	50	50	50	50	5	50	50
– Kälber	0,5	0,1	0,5	0,5	50	10	10	10	5	10	20
– Milchkühe und Mastrinder	1	0,1	1	1	50	50	50	50	5	50	50

• **Mischfuttermittel, gepreßt,** für								
– Jung- und Mastgeflügel	0,05	0,01	0,1	0,1	5	5	5	5
– Legehennen	0,05	0,01	0,5	0,5	5	5	5	5
– Ferkel	0,05	0,01	0,1	0,1	5	5	5	5
– Mastschweine	0,1	0,01	0,5	0,5	5	5	5	5
– Kälber	0,05	0,01	0,1	0,1	5	5	5	5
– Milchkühe und Mastrinder	0,1	0,01	0,5	0,5	5	5	5	5
• Milchaustauscher	0,05		0,05	0,05	10	5	5	5
• Eiweißkonzentrat	0,2	0,2	0,2	0,2	50	20	20	10

[1]) koagulasenegative Staphylokokken/Mikrokokken;
[2]) Mischflora aus den genannten Keimarten;
[3]) *Geotrichum, Candida, Rhodotorula, Pichia, Trichosporon;*
[4]) Magermilch-Buttermilch-Süßmolkepulver u. a., Caseinate;
KBE = koloniebildende Einheiten

4.1.2 Hygienestatus und Risikofaktoren

Unter den Begriff Hygienestatus bei Tierfutter fallen nach der neuerlichen Auffassung über die gesunde Ernährung die Charakterisierung der mikrobiologischen Beschaffenheit von Futtermitteln aufgrund
– des Vorkommens von Mikroorganismen in der Natur (Boden, Pflanze, Wasser, Luft) und deren Beteiligung an Vorgängen des mikrobiellen Verderbs,
– der Verunreinigung mit Krankheitserregern sowie
– der Kontamination mit toxischen Stoffwechselprodukten von Bakterien und Pilzen.
Letzteres ist vorrangig für die daraus abzuleitende Sicherheit der gesundheitlichen Unbedenklichkeit eines Futtermittels.
Primäre hygienische Risikofaktoren liegen vor, wenn wenige Einheiten pathogener Organismen (10^2–10^3), für die das Futtermittel lediglich das Transportmittel darstellt, bereits eine Erkrankung auslösen können. Es kann sich dabei um Bakterien, Pilze, Viren oder Parasiten handeln. Sie ergeben sich ferner aus dem Befall von Kulturpflanzen mit Pilzen vor der Ernte und der dabei erfolgenden Bildung potenter Mykotoxine.
Sekundäre hygienische Risikofaktoren resultieren dagegen aus dem Wachstum und der Vermehrung von Mikroorganismen während der Lagerung der Futtermittel, da einige von ihnen erst in Keimzahlen von 10^5–10^7/g Futtermittel eine Erkrankung auslösen können bzw. relevant sind, wenn im Verlauf der Substratumwandlung toxische mikrobielle Metabolite entstehen.
Zur Gewährleistung der Sicherheit der medizinisch-hygienischen Unbedenklichkeit werden somit hohe Anforderungen an die mikrobiologische Futtermittelanalytik gestellt, zu deren sachgerechter Anwendung Überwachungsstrategien unerläßlich sind.

4.1.3 Mikrobielle Wirkungen im tierischen Organismus

Unter Einbeziehung der hygienischen Risikofaktoren kann sich der Keimbesatz von Futtermitteln leistungsmindernd auswirken, aber auch zu einer Leistungssteigerung führen, wenn präventiv zur Haltbarmachung, zur Biotransformation von mikrobiellen Toxinen oder zur Bioregulation der bakteriellen Besiedlung des Magen-Darm-Traktes Mikroorganismen Verwendung fanden. Demzufolge sind für die Qualitätsbeurteilung und Qualitätssicherung genauere Kenntnisse über die Wirkung der mit dem Futter aufgenommenen Mikroorganismen und deren Stoffwechselprodukte erforderlich.
Die qualitative und quantitative Erfassung der Keimarten erweist sich für die Ermittlung des Hygienestatus als unerläßlich. Dabei hat Berücksichtigung zu finden, daß viele Bakterien nachweislich mit der Magen-Darm-Schleimhaut im gesunden und kranken Zustand in Beziehung treten. Da eine Vielfalt von bakteriellen und Schleimhautoberflächen-Strukturen als wichtige Faktoren an diesen Assoziationen beteiligt sind, hat die Differenzierung zuweilen sogar über die Art hinauszugehen (Beispiel *E. coli*). Im Dünndarm können Muzin, Glykokalyx der Epithelzellen und an die Epithelmembran gebundene Glykoproteine eine Rolle in der Bakterienhaftung spielen. Bei den Bakterien sind Kapselpolysaccharide, Proteine der äußeren Membran und filamentöse Proteinanhänge, die auch als Pili bekannt sind, von Bedeutung.
Diese Bestandteile der Schleimhaut- und Bakterienoberflächen können so miteinander in Wechselwirkung treten, daß entweder kurzlebige oder dauerhafte Schleimhaut-Bak-

terien-Verbindungen zustande kommen, die sich unterschiedlich auf die Tiergesundheit auswirken.

Die Mehrzahl der in den Futtermitteln anzutreffenden Bakterien unterliegt bei Tieren mit einhöhligem Magen unter dem Einfluß von Pepsin und Salzsäure bereits der Verdauung. Je nach Verweildauer der Nahrung ist diese mehr oder weniger vollständig. Später sorgen vor allem die Gallensäuren und die in den Dünndarm sezernierten eiweißabbauenden Enzyme für einen weiteren Aufschluß der vegetativen Bakterienzellen. Bei hohen Keimzahlen von Bakterien im Futter fallen auf diese Weise große Mengen an bakteriellen Zerfalls- und Zersetzungsprodukten an, die bei Vorliegen von Magen-Darm-Störungen direkt ins Blut übertreten. Oftmals bewirkt die Freisetzung der bakteriellen Zellinhaltsstoffe auch eine Milieuänderung im Dünndarm, wodurch ein Überhandnehmen fakultativ pathogener Keime aus den weiter hinten liegenden Darmabschnitten, dem Dickdarm (primärer Standort der Darmflora) begünstigt wird. Direkt bzw. indirekt führen die kontinuierliche Aufnahme von Bakterien und der Anfall teilweise für den Körper toxischer Stoffwechselprodukte dieser Keimarten zu einer Verdickung der Darmschleimhaut und zur Abflachung der Darmzotten (vgl. Kap. Demeyer et al.).

Hieraus ergibt sich in erster Linie eine Malabsorption für bestimmte Stoffe, die nicht passiv durch einfache Diffusion, sondern nur aktiv unter Vermittlung eines Carriersystems in das Körperinnere gelangen können. Bei einer Schädigung des Bürstensaumes der Dünndarmschleimhaut durch Mikroorganismen, woran gelegentlich auch Viren beteiligt sind, können die Aktivitäten der kohlenhydratspaltenden Enzyme derart vermindert sein, daß ein Teil der Nahrungskohlenhydrate infolge Malabsorption verlorengeht. Sie unterliegen dann in den tieferen Darmabschnitten dem Abbau der dort ansässigen Darmflora, welcher zu einer die Schleimhaut reizenden Anhäufung von Essigsäure, Milchsäure und Glucose im Darmlumen führt. Auch der osmotische Druck wird erhöht, so daß mehr Wasser in das Darmlumen einströmt.

Es kommt zur Volumenvergrößerung der unteren Darmabschnitte und letztlich zu wässerigen Durchfällen mit einem stark sauren pH-Wert. Eine bakteriell bedingte Verdickung der Dünndarmschleimhaut kann dagegen nicht nur den Durchtritt der beim Lipid- und Eiweißstoffwechsel im Darmlumen anfallenden Spaltprodukte herabsetzen, sondern auch in umgekehrter Richtung die Sekretion der Enzyme des Pankreas in den Darm verhindern, so daß die proximalen Darmabschnitte aufgrund einer Maldigestion bereits durch Bakterien besiedelt werden, die dann durch mikrobielle Hydrolyse von Proteinen faulig stinkende, alkalische Darmentleerungen hervorrufen.

Durch gezielte Verabreichung von Milchsäurebakterien, die im Bereich des dem Darm aufgelagerten Schleims einen schützenden Biofilm aufzubauen in der Lage sind, kann diesen Vorgängen vorgebeugt werden. Dazu eignen sich auch lebende Zellen von Kulturhefen. Wildhefen rufen dagegen Durchfälle hervor und verursachen Euterentzündungen oder Aborte. Bei abnormer Vermehrung entziehen sie der Nahrung Vitamine, insbesondere Vitamin B_1; beim Übertritt ins Blut verursachen sie Schockzustände, vergleichbar dem Endotoxinschock durch *E. coli*.

Während bei Bakterien und Hefen die Wirkungen innerhalb des Tierkörpers von den Mikroorganismen selbst und deren Zellinhaltsstoffen ausgehen, verhält es sich bei den Schimmel- und Schwärzepilzen anders. Zwar enthalten deren Zellen zuweilen leicht verdauliches Eiweiß und Vitamine, von denen der Wirt bei der Aufnahme mit der Nahrung profitieren kann, aber nicht selten produzieren sie auch Stoffe, die, ins Medium abgegeben, für Tiere hochgiftig sein können. Ganz abgesehen davon, daß manche der in Futtermitteln anzutreffenden Schimmel- und Schwärzepilze auch Erkrankungen durch Vermehrung im Gewebe hervorrufen können (z. B. Magen-Darm-Geschwüre bei Kalb und Ferkel), richten ihre Gifte (Mykotoxine) auf alimentärem Wege dennoch größeren wirtschaftlichen Schaden an.

Da der Darm nicht nur Resorptions-, sondern auch Immunorgan ist, wird je nach Art und Höhe des Keimbesatzes und des Hygienestatus eines Futtermittels auch das assoziierte lymphatische Gewebe in Mitleidenschaft gezogen. Versuche mit toxinhaltigem oder verdorbenem Futter ergaben u. a. eine Verringerung der Antikörperproduktion, Stimulierung der Komplementaktivität sowie einen Schwund an lymphatischem Gewebe. Maßgeblich war dabei, daß nicht nur die Keimzahlen der den natürlichen Keimbesatz bildenden Bakterien erhöht waren, sondern daß Keimverschiebungen stattgefunden hatten. Andernfalls wurde nur die Freßaktivität gesteigert, was einen höheren Futterverbrauch bedeuten kann, wenn mikrobielle Umsetzungen zu Nährstoffverlusten führten.

In derartigen Situationen nehmen die Tiere oftmals nicht entsprechend an Gewicht zu. Verschiedentlich waren im Falle von Leistungsdepressionen auch Organveränderungen an Leber und Milz festzustellen.

Bei Verdorbenheit der Futtermittel hat das Tier nicht nur Nähr- und Wirkstoffdefizite in Kauf zu nehmen, sondern zugleich mikrobielle Stoffwechselprodukte zu entgiften. Freßunlust, Futterverweigerung, Stoffwechselstörungen, erhöhte Infektanfälligkeit, Störungen der hormonalen Regelkreise, Nachlassen reproduktiver Leistungen, dysbiotische Zustände, geringere Lebendmasse und Verminderung der Schlachtkörperqualität gehen nach heutigem Wissensstand in der Intensivhaltung in der Hauptsache auf mikrobiell veränderte Futtermittel zurück.

4.1.4 Interpretation von Keimgehalten

Da somit die Wirkungen, die nach Aufnahme mit dem Futter von den Mikroorganismen und deren Stoffwechselprodukten ausgehen können, von großer Vielfalt sind, leuchtet es ein, daß Richtwerte bezüglich Keimzahlen pro Gramm Futtermittel von Bakterien und Pilzen für eine Qualitätsbeurteilung eines Futtermittels nicht ausreichen. Eine Qualitätsminderung kann auch bei niedrigen Keimzahlen vorliegen, weil bei der Mehrzahl der Verderberreger mittlerweile autolysierte oder keimreduzierende Maßnahmen angewandt wurden. Hohe Keimzahlen können Verderb anzeigen; sie können bei Feldfrüchten jedoch ebenso aus einem durch Trocknung weniger geschädigten Ruhekeimbesatz resultieren, da insbesondere Bakterien in der Primärflora der Pflanzen in recht beträchtlichen Keimzahlen vertreten sind. Erst bei gleichzeitiger Zuordnung zu bestimmten Keimgattungen und -gruppen können Rückschlüsse auf stoffliche Umsetzungen innerhalb eines Futtermittels, woran Mikroorganismen beteiligt waren, gezogen werden. Wertvolle Hinweise erteilen in diesem Zusammenhang sog. Indikatorkeime. Zur Qualitätssicherung gilt es darüber hinaus, die pathogenen, toxisch-infektiösen und toxinogenen Keime artenmäßig zu erfassen, um den Erfordernissen der Futtermittelhygiene gerecht zu werden.

Erfahrungsgemäß werden von Jungtieren sogar Keimzahlen bis zu einer Million/g Futter an Bakterien und einer Million/g Futter an Hefen sowie 50000/g Futter an Schimmel- und Schwärzepilzen toleriert, wenn ansonsten das Futtermittel von Toxinen frei ist. Da jedoch die Bestimmung des Keimgehaltes eines Futtermittels diesen Schluß ohne ergänzende toxikologische Tests nicht zuläßt, ist bei jeder Art von Futtermittelbewertung allein aufgrund der Zahl darin noch lebensfähig anzutreffender Keime Zurückhaltung geboten, zumal mit der allgemeinen Erfassung des Keimbesatzes in der Regel Infektionserreger einem Nachweis entgehen. Bestenfalls kann bei einer Keimdifferenzierung ein Hinweis erhalten werden, auf welche Toxine untersucht werden sollte, um danach die richtigen Maßnahmen zu treffen, damit in der tierischen Produktion ein Optimum an Leistung über den Einsatz von Futtermitteln unter Berücksichtigung der mikrobiologischen Aspekte der Qualitätsbeherrschung garantiert werden kann.

4.2 Mykotoxine und Tiergesundheit

Mykotoxine sind giftige Metabolite des Pilzstoffwechsels, zu deren Anhäufung es bei der Umsetzung organischer Materie in der Regel erst dann kommt, wenn die Pilzentwicklung weit fortgeschritten ist oder sich die Bedingungen als pilzwachstumsfeindlich erweisen. Beim Befall der Kulturpflanzen vor der Ernte ist ihre Bildung vor allem auf primär pflanzenpathogene Pilzarten zurückzuführen; bei der späteren Lagerung zeichnen am Verderb beteiligte Schimmelpilze und Schwärzepilze in der Hauptsache dafür verantwortlich.

Während bereits Mikrogramm-Mengen mit der Nahrung aufgenommener Mykotoxine durch Interaktionen mit bestimmten funktionellen Molekülen und subzellulären Organellen innerhalb höherer Lebewesen zu Störungen im Kohlenhydrat-, Protein- und Lipidstoffwechsel, der mitochondrialen Atmung und bei der Synthese von Nukleinsäuren bei Mensch und Tier führen können, bedarf es von dieser Kategorie von Toxinen zur Auslösung von Vergiftungen auf alimentärem Wege Milligramm-Mengen pro Kilogramm Körpergewicht.

Damit sind Mykotoxine im Vergleich zu bakteriellen Toxinen von geringerer akuter Toxizität, verfügen aber im Gegensatz zu diesen aufgrund ihrer teilweise vorhandenen mutagenen, teratogenen und kanzerogenen Eigenschaften über ein beachtliches genotoxisches Potential, das die Risikoabschätzung wegen der höheren Lebenserwartung des Menschen im Vergleich zum landwirtschaftlichen Nutztier für den Konsumenten mykotoxinhaltiger Nahrungsmittel nicht unerheblich erschwert. Hinzu kommt, daß die von Pilzen gebildeten Toxine weder Polysaccharid- noch Proteinnatur aufweisen und sich als niedermolekulare, zumeist zyklische organische Verbindungen mit einer geringen Anzahl von C-, H- und O-Atomen weitgehend resistent gegenüber physikalischen und chemischen Einflüssen zeigen, so daß sich der unschädlichen und im Hinblick auf das Krebsrisiko für den Menschen möglichst vollständigen Beseitigung im Falle einer Kontamination von Lebens- und Futtermitteln nicht unerhebliche Schwierigkeiten entgegenstellen.

Die Untersuchungen zur Kontamination von Zerealien und Futtermitteln in den 70er und 80er Jahren, worüber noch im einzelnen berichtet wird, haben gezeigt, daß längst nicht mehr nur mit Rohstoffen aus Übersee eingekaufte Aflatoxine als Verursacher von Leistungsdepressionen und Erkrankungen bei landwirtschaftlichen Nutztieren in Betracht zu ziehen sind, sondern daß vielmehr Mais und Getreide europäischer Provenienz dergleichen, wenn auch nicht mit Aflatoxinen, so doch mit anderen Mykotoxinen belastet sein können (Abb. 1 und 2; Tabelle 3).

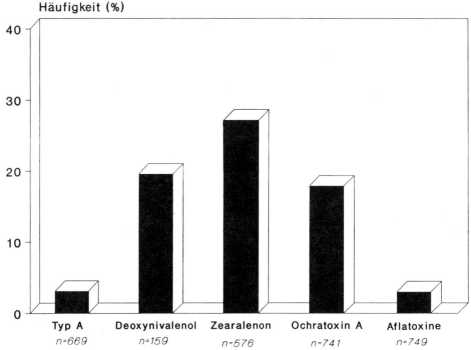

Abb. 1. Vorkommen von Mykotoxinen in Mischfuttermitteln.
Typ A: Trichothecene, wie T-2-Toxin, HT-2-Toxin, Diacetoxyscirpenol.

Tabelle 3. Vorkommen von Mykotoxinen in Futtermitteln im Zeitraum 1982–1989 in der Bundesrepublik Deutschland[1])

Mykotoxin	Anzahl der Proben	Positive Proben		Konzentration $\bar{x}$ positiv	(µg/kg Futter) Bereich
		n	%		
Aflatoxin B_1	1058	25	2,4	9,0	0,5 – 50,0
Ochratoxin A	1149	199	17,3	9,2	0,1 – 991,3
Zearalenon	1270	316	24,9	27,4	0,3 – 1725,0
Trichothecene					
Untergruppe A[2])	1105	49	4,4	130,0	0,3 – 959,0
Untergruppe B[3])	265	63	23,8	654,3	2,2 – 5600,0

[1]) Mischfutter + Mais und Ährengetreide (Gerste, Hafer, Weizen);
[2]) T-2-Toxin, HT-2-Toxin, Diacetoxyscirpenol, Monoacetoxycirpenol, Neosolaniol;
[3]) Deoxynivalenol (= Vomitoxin oder DON), Nivalenol, 3-Acetyl-Deoxynivalenol.

Die ursächliche Beteiligung von Pilzen bzw. deren Stoffwechselprodukten bei Erkrankungen von Mensch und Tier ist nicht neu. Bereits im Buch Leviticus des Alten Testaments finden sich Hinweise, die sich derart interpretieren lassen, daß der Mensch lange vor der Zeitenwende Kenntnis von der Gesundheitsschädlichkeit farbige Überzüge, Beläge und Decken bildender Pilze auf organischen Substraten hatte.

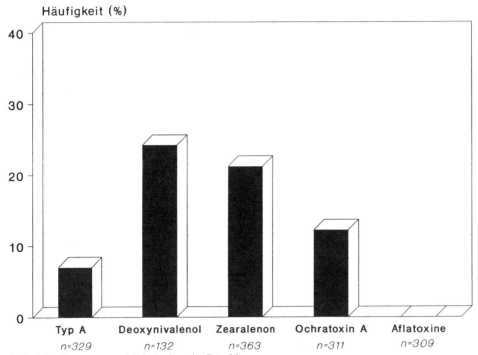

Abb. 2. Vorkommen von Mykotoxinen in Getreide.
Typ A: Trichothecene, wie T-2-Toxin, HT-2-Toxin, Diacetoxyscirpenol.

Seit mehreren Jahrhunderten ist die bei Tieren als Ergotismus und beim Menschen als St.-Antonius-Feuer oder Kriebelkrankheit beschriebene, auf Pilzbefall des Getreides zurückzuführende Mutterkornvergiftung bekannt. Die Alkaloide des die Fruchtknoten der Getreidepflanze in Sklerotien umwandelnden Mutterkornpilzes *Claviceps purpurea* führen beim Menschen und bei vielen Tierarten zu Konvulsionen und Gangrän, beim Schwein aber auch zu Agalaktie, reduzierter Futteraufnahme und Unterentwicklung.

Als **Mykotoxikosen** der modernen Intensivhaltung landwirtschaftlicher Nutztiere, bei denen es zur Rückstandsbildung in den tierischen Erzeugnissen kommen kann, gelten die Aflatoxikose, Ochratoxikose bzw. Mykotische Nephropathie, Trichothecentoxikose und das Zearalenon-Syndrom.

4.2.1 Mykotoxikosen durch Feldpilze

Als Toxine von Feldpilzen, für die futtermittelrechtlich hierzulande bislang keine Höchstgehalte vorliegen, sind zwei Kategorien von Stoffwechselprodukten unterschiedlicher chemischer Struktur und Wirkung in vivo der primär bei Pflanzen Fuß- und Ährenkrankheiten verursachenden Pilze der Gattung *Fusarium* und verwandter Pilzarten anderer systematischer Zugehörigkeit zu nennen.

Beim **Zearalenon** und den beiden Isomeren α- und β-Zearalenol handelt es sich um Metabolite des Pilzstoffwechsels mit östrogenen Eigenschaften. Demzufolge treten nach Aufnahme mit dem Futter in erster Linie Veränderungen an den Fortpflanzungsorganen und

Störungen innerhalb der hormonalen Regelkreise auf. Scheiden- und Gesäugeschwellungen, Vorfall des Enddarmes und der Scheide, Fruchtbarkeitsstörungen, wie Dauerbrunst, Scheinträchtigkeit, abnorme Zyklen, Gewichts- und Größenzunahme der Gebärmutter, kennzeichnen u. a. das Krankheitsbild des **Zearalenon-Syndroms** des gegenüber diesen Mykotoxinen besonders empfänglichen weiblichen Schweines. Zearalenon-Mengen von 0,05 mg/Tag/Tier ergeben bei weiblichen Läuferschweinen (20 kg Lebendmasse) noch zystische Entartungen an den Eierstöcken; 25–100 mg/kg KG haben bei trächtigen Schweinen Auswirkungen auf die Nachkommen, so daß verminderte Wurfstärken und Ferkel mit reduziertem Körpergewicht und Grätschstellung der Beine auftreten.

Die **Trichothecene** zeichnen sich durch hohe Zytotoxizität aus und wirken durch Beeinflussung der DNA- und Eiweißsynthese in erster Linie auf Zellen mit hoher Teilungsrate, z. B. auf blutbildende Zentren und auf das Lymphsystem des Körpers. Bereits in relativ geringen Konzentrationen unterdrücken sie dadurch auch die Vorgänge der körpereigenen Abwehr und machen die Tiere anfälliger gegenüber Infektionen. Die Trichothecene sind aber auch als Magen-Darm-Toxine bezeichnet worden, weil zum klinischen Bild der Trichothecentoxikose Erbrechen, Futterverweigerung, Schleimhautentzündungen bis zum Gewebszerfall (Nekrose) und blutiger Durchfall gehören. Sie greifen bei der Sau auch in das Reproduktionsgeschehen ein, indem sie Abort, embryonalen Fruchttod, mumifizierte Früchte und Totgeburten hervorrufen. In der Giftigkeit entsprechen sie den Aflatoxinen, da jedoch – ausgenommen Vomitoxin oder Deoxynivalenol – innerhalb des EG-Bereiches Mengen von mehr als 1 mg/kg Futtermittel nicht vorzukommen scheinen, tritt ein akuter Krankheitsverlauf mit Todesfällen (z. B. bei Mastschweinen) in der Regel nicht auf. Die chronische Aufnahme dieser Gifte setzt aber die Leistung, u. a. Gewichtsentwicklung und Futterverwertung, erheblich herab, und zwar unabhängig von der Tierart, da gegenüber Trichothecenen alle Spezies gleichermaßen hochempfänglich sind, Säuger wie Geflügel.

4.2.2 Mykotoxikosen durch Lagerungspilze

Die chronische Aufnahme von Toxinen der Lagerungspilze, wozu u. a. das Aflatoxin B_1 gehört bzw. aus diesem Toxin in der Leber von Milchkühen gebildetes Aflatoxin M_1, enthalten zuweilen in mit Magermilchpulver hergestellten Milchaustauschfuttermitteln, führt infolge der Hemmung der Proteinsynthese in der Leber heranwachsender Tiere zu unbefriedigenden Resultaten bei der Gewichtsentwicklung. Zugleich wird die Infektanfälligkeit erhöht.

Das primäre Nierengift **Ochratoxin A**, welches allein oder zusammen mit Citrinin, Viridicatumtoxin und Oxalaten für die **Ochratoxikose** bzw. **Mykotoxische Nephropathie** verantwortlich gemacht wird, führt in geringen Mengen ebenfalls zur Wachstumsdepression. Beim Schwein reichen 0,2 mg/kg Futtermittel aus, um die tägliche Gewichtszunahme um 6% zu reduzieren und den Futteraufwand pro Kilogramm Zuwachs zu erhöhen. Dessenungeachtet spricht das Auftreten von Polyurie und Polydipsie beim Schwein für das Vorliegen einer Intoxikation durch Ochratoxin A.

Weitere nicht nur beim Tier, sondern auch beim Menschen auftretende Mykotoxikosen sind auf die Kontamination pflanzlicher Produkte mit anderen toxischen Stoffwechselprodukten zurückzuführen. Darüber hinaus ergibt sich für den Menschen ein Expositionsrisiko in Abhängigkeit von der Toxikokinetik und der Biotransformation im tierischen Organismus nach Aufnahme mykotoxinhaltiger Futtermittel durch das Nutztier und Akkumulation in den eßbaren Geweben, Milch und Eiern.

4.2.3 Risikoabschätzung und Rückstandsbildung

Die heutzutage weitaus häufigere Diagnose einer „Mykotoxikose" unter den Bedingungen der intensiven im Vergleich zur extensiven Tierhaltung darf nicht dahingehend interpretiert werden, daß vor allem die Modernisierung der Haltungs- und Fütterungsbedingungen im Rahmen der industrialisierten Tierproduktion für deren Auftreten verantwortlich zeichnet. Die Kontamination von Futtermitteln hat mannigfaltige Ursachen, die der Intensivhaltung allein nicht angelastet werden darf. Die Aufstallung landwirtschaftlicher Nutztiere in größerer Zahl und deren Versorgung mit einer gleichartig zusammengesetzten Futterration bieten lediglich mehr Transparenz und zeigen auf, welchen wirtschaftlichen Schaden Mykotoxine anzurichten imstande sind. Aus der Rückstandsbildung in eßbaren Geweben, Milch und Eiern läßt sich ein Expositionsrisiko des Verbrauchers von Lebensmitteln tierischer Herkunft hinsichtlich gesundheitlicher Gefahren abschätzen. Da in enger Wechselbeziehung zum Auftreten der genannten Krankheiten bei Nutztieren die sich daraus ergebende Rückstandsbildung steht, verdient das Verhalten der dafür verantwortlichen Mykotoxine im tierischen Stoffwechsel Beachtung. Hierbei zeigen die weltweit vorkommenden Mykotoxine nach vor allem am Schwein vorgenommenen Untersuchungen ein recht unterschiedliches Verhalten.

Ein carry-over ist nachgewiesen für Aflatoxine, Ochratoxin A, Zearalenon und die Trichothecene Diacetoxyscirpenol und Deoxynivalenol.

Die **Aflatoxine** werden im Tierkörper durch die hepatisch mischfunktionellen Oxidasen biotransformiert, wobei sowohl eine Giftung wegen der Entstehung reaktiver Metabolite, die an Makromoleküle binden können (Epoxidbildung), als auch eine Entgiftung mit dem Ziel einer Elimination auftritt. Infolge einer relativ kurzen biologischen Halbwertszeit sind vier Tage nach der letzten Aufnahme keine Rückstände mehr auffindbar. In Innereien und Fleisch sind sie derart gering, daß sie von untergeordneter Bedeutung sind. In der Kuhmilch erscheint metabolisiertes Aflatoxin B_1 in einer Menge von 1,5–2% des im Futter nachgewiesenen Gehaltes an diesem Toxin als Aflatoxin M_1.

Von der mit der Nahrung aufgenommenen Menge an **Ochratoxin A** sind 44–97% bioverfügbar. An Serumalbumin gebunden, wird es im Tierkörper verteilt. Es wurde außer im Blutserum in Niere, Leber, Muskulatur und Fettgewebe nachgewiesen. Die höchsten Konzentrationen wurden im Serum gemessen. Da es im Gegensatz zu den Aflatoxinen eine lange biologische Halbwertszeit hat (88,8 h beim Schwein), bleibt es bei kontinuierlicher Aufnahme mit dem Futter u. U. über Wochen im Blut auf gleichem Niveau und ist deshalb auch noch am Tag der Schlachtung neben den Abbauprodukten (4R)-4-Hydroxyochratoxin A und Ochratoxin α beim Schwein nachweisbar. Nach Futterumstellung ist es beim Schwein bis zu 4 Wochen meßbar. Die Ausscheidung erfolgt renal, biliär, galaktogen und über das Ei. Bei Berücksichtigung anderer Tierarten ergibt sich eine Spanne der biologischen Halbwertszeit von 0,68 h beim Fisch und 840 h beim Affen. Durch technologische Prozesse tritt keine nennenswerte Reduktion des Toxingehaltes ein.

Nach Aufnahme von Zearalenon mit der Nahrung wird dieses im Tierkörper teilweise in α- und β-Zearalenol umgewandelt. Mit der Veränderung des Zearalenonmoleküls ist eine Änderung der biologischen Aktivität verbunden, die beim α-Zearalenol um das 3- bis 4fache gesteigert sein soll. Die Ausscheidung des Zearalenons und der daraus gebildeten Metabolite erfolgt in freier oder in glucuronsäure-konjugierter Form mit Harn, Faeces und Milch.

Da nach einmaliger Gabe von 0,5 mg an Läuferschweine (20 kg Lebendmasse) ein sich über 48 h hinziehender Abfall der Blutserumwerte zu beobachten war und Bakterien im Darm das konjugierte Zearalenon wieder in die freie Form überführen, muß trotz Hungers der Tiere vor der Schlachtung damit gerechnet werden, daß biologisch aktive Mykotoxinrückstände auch dann wiederum beim Schwein anzutreffen sind.

Anders verhält es sich dagegen mit den **Trichothecenen**. *T-2-Toxin* und *Diacetoxyscirpenol* wird in relativ kurzer Zeit zu 100% metabolisiert. Als Metabolite waren HT-2-Toxin, T-2-Triol und T-2-Tetraol bzw. Monoacetoxyscirpenol und Scirpentriol analytisch zu detektieren, die aufgrund ihrer geringeren Toxizität biologischen Testobjekten gegenüber als Detoxikationsprodukte des tierischen Organismus angesehen werden können. Der relativ rasche Abfall der Blutspiegelwerte innerhalb weniger Stunden läßt die Möglichkeit einer Verteilung der Metabolite im Gewebe offen. Deepoxidiertes Deoxynivalenol wurde in Leber, Milz, Nieren und Herzmuskel angetroffen. Die Ausscheidung der Metabolite erfolgt renal und biliär sowie mit der Milch und dem Ei.

4.3 Aspekte und Strategien der Futtermittelhygiene

Die anzustrebende Festlegung mikrobiologischer Normen zur Qualitätssicherung bei Futter- und Lebensmitteln einerseits und die Erweiterung des Kenntnisstandes über die Gesundheitsgefährdung der Tier- und Pflanzenwelt durch die willkürlichen Eingriffe des Menschen in die Lebensvorgänge der Natur andererseits sind Herausforderungen, die der Entwicklung von Strategien bedürfen, um dem Sachverhalt gerecht zu werden.

Da Mikroorganismen nicht immer nützlich sind, sondern für Mensch, Tier und Pflanze schädlich sein können, kann es zur Gesunderhaltung und Vermeidung von Krankheiten bei höheren Lebewesen sinnvoll sein, sich moderner Biotechnologien zur Korrektur gestörter Verhältnisse im Zusammenleben von Makroorganismus und Mikroorganismen zu bedienen.

4.3.1 Detoxikation und Dekontamination von Futtermitteln

Es ist sinnvoll, anstelle von physikalisch-chemischen Methoden biologische Verfahren zu verwenden, deren Einsatz ein geringeres Restrisiko beinhaltet als die herkömmlichen Techniken der Bestrahlung oder Behandlung mit Chemikalien aus der Retorte, die zuweilen aufgrund einer nur teilweisen Dekontamination oder wegen der Entstehung toxischer Reaktionsprodukte in der Vergangenheit nicht einmal in der Wirkung vollauf befriedigten.

Mikroorganismen und deren Stoffwechselprodukte, insbesondere die flüchtigen kurzkettigen Fettsäuren, eignen sich als Naturprodukte hervorragend zur Konservierung. Allein oder in Kombination haben sie sich bereits als Siliermittel bewährt. Durch den gezielten Einsatz organischer Säuren läßt sich der mikrobielle Verderb von wirtschaftseigenem Getreide und handelsüblichem Mischfutter verhindern.

Bei einer Lagerungsdauer von 6–8 Wochen konnte sogar eine Detoxikation mykotoxinhaltiger Futtermittel erzielt werden, ohne daß größere Nährstoffverluste zu verzeichnen waren. Dies wurde sowohl für Ochratoxin A als auch für Zearalenon und die Trichothecene nachgewiesen. Für die Trichothecene ist das von besonderer Bedeutung, da deren toxophore Gruppe (12,13-Epoxid-Gruppe) physikalisch-chemisch ohne die gleichzeitige Denaturierung des Futtermittels nicht abspaltbar ist. Der Verlust einer Acylgruppe bedeutet bereits eine geringere Toxizität gegenüber Mensch und Tier um den Faktor 10 und der aller Acylgruppen um den Faktor 100. Eine Deepoxidierung, wie sie in vivo beispielsweise bei einer Metabolisierung der Trichothecene (u. a. Deoxynivalenol) durch die Dickdarmflora beim Schwein vollzogen wird, führt zu einer 500fachen Verringerung der Toxizität. Die In-vivo-Kopplung an Glucuronsäure bewirkt dagegen keine Absenkung der Toxizität.

Veränderungen an den Acylgruppen, die bei den Trichothecenen zur Herabsetzung der Toxizität, aber nicht zur vollständigen Detoxikation des Moleküls führen, sind durch die Behandlung mit Alkalien (Ammonika u. a.) möglich und bei Einwirkzeiten von 24 h und darüber sogar bei Zimmertemperatur zu realisieren.

Allerdings ist es dazu erforderlich, die Substratfeuchte des Futters auf 25% Rohwassergehalt zu erhöhen, wenn bei Zugabe von $Ca(OH)_2$ (2%) und Monomethylamin (0,5%) ein zufriedenstellender Effekt erreicht werden soll.

Bei der kombinierten Anwendung dieser beiden Chemikalien, welcher ein Schweizer Patent zur Entgiftung von mit Aflatoxinen kontaminierten Rohstoffe zugrunde liegt, wird sichergestellt, daß nach der Behandlung sich vor allem Ringstrukturen nach ihrer Öffnung nicht wieder schließen. Infolgedessen lassen sich auch Zearalenon und Ochratoxin A auf diese Weise unschädlich machen.

Die positiven Effekte, die durch Bindung von Aflatoxinen an Sorbentien (z. B. Natriumsilicat) erzielt wurden, ließen sich dagegen für andere Mykotoxine nicht bestätigen. Das zeigte das Beispiel Ochratoxin A. Entgegen der Bindung von pathogenen Bakterien, insbesondere Durchfallerregern und deren Toxinen, an Aktivkohle führte der Zusatz von 1% zum Ochratoxin-A-haltigen Futter zu keiner wesentlichen Reduktion der Toxingehalte im Blutplasma und bei 5% zu keiner Verhinderung der Rückstandsbildung in den eßbaren Geweben beim Schwein.

Obwohl die Kontamination von Futtermitteln mit Krankheitserregern im Vergleich zum Ausmaß der Belastung mit Mykotoxinen nicht die gleiche Rolle spielt, sind auch hier Vorkehrungen zu treffen.

Das betrifft im besonderen wegen der heutigen ubiquitären Verbreitung der Salmonellen das Risiko der Rekontamination von Futtermitteln, nachdem diese bereits zur Dekontamination einer physikalischen Behandlung (z. B. Pelletierung mit Langzeitkonditionierung durch Dampf) unterzogen worden sind.

Hierzu eignen sich nach neueren Untersuchungen vor allem organische Säuren, die durch spezielle Dosiergeräte mit Durchflußkontrolle Getreide, Körnerfrüchten und Einzelfuttermitteln sowie pelletierten Mischfuttermitteln aufgesprüht und untergemischt werden können.

Allerdings reichen Mengen von 0,1–0,3%, wie sie von Propionsäure gegen mikrobiellen Verderb im industriell hergestellten Mischfutter mit einem Rohwassergehalt von 12–14% eingesetzt werden, nicht aus. Es gilt, bei den Salmonellen wie bei Krankheitserregern allgemein eine Abtötung und nicht nur eine Hemmung ihrer Stoffwechseltätigkeit zu erreichen. In früheren Untersuchungen gesammelte Erfahrungen zeigten, daß zur Abtötung von Salmonellen in infizierten Futtermitteln innerhalb weniger Tage wenigstens 3–4% Säure benötigt werden. Derart hohe Säuremengen bringen nicht nur technische Probleme mit sich, sondern führen auch zu negativen Auswirkungen auf das Tier. Schon bei einer Konzentration von 1,8% Ameisensäure im Futter waren bei Schweinen eine geringere

Gewichtsentwicklung und Futterverwertung festzustellen. Betroffen war davon auch die im Darm ansässige Mikroflora, wie die Keimzahlen der Haupt- und Begleitflora der untersuchten Darmabschnitte ergaben. Da auch Salze der konservierenden Säuren im Tierversuch geprüft wurden, ließ sich nachweisen, daß bei Säurezusatz zum Schweinefutter die Wirkung gegen Mikroorganismen weniger auf der pH-Absenkung, sondern vorrangig auf den Säureanionen beruht.

Damit ist es vermutlich erklärbar, daß bei Kombination verschiedener Säuren, z. B. von Ameisensäure und Propionsäure, schon 1% ausreicht, um im Falle von Rekontaminationen effektiv zu sein. Hiermit ließen sich bereits innerhalb von 24 h von einer Million Keimen als Infektionsdosis die Mehrzahl der Salmonellen bis auf einige Hundert abtöten, der Rest innerhalb von 7–10 Tagen.

Darüber hinaus konnte festgestellt werden, daß die Kombination dieser zwei Säuren in der genannten Größenordnung zu Veränderungen an der Zelloberfläche der *Enterobacteriaceae* führen, so daß noch überlebende Keime nicht mehr adhäsiv sind, d. h., sie können nicht am Darmepithel haften. Dies wäre jedoch die Voraussetzung für die Entfaltung krankmachender Eigenschaften im Tier.

Organische Säuren und deren Salze können sich somit in zweifacher Hinsicht positiv auswirken: Sie stabilisieren einerseits den natürlichen Keimbesatz der Futtermittel, andererseits schützen sie den tierischen Organismus vor Infektionen. Somit sind sie auch geeignet, in der Flüssigfütterung eingesetzt zu werden, denn ohne keimhemmende Zusätze steigt der Keimgehalt in den Rohrleitungen überproportional an, und es kommt zur Anreicherung von Keimen (z. B. Hefen), die Nähr- und Wirkstoffe verbrauchen, den Verdauungstrakt unverdaut passieren bzw. das Auftreten von Durchfall provozieren, vor allem wenn es sich um Koliforme und andere gramnegative Keime handelt. Bei Einsatz von Ameisensäure in der Kalttränke für Kälber dient der Säurezusatz in erster Linie der Durchfallprophylaxe und erst in zweiter Hinsicht der Haltbarmachung.

4.3.2 Probiotika und Tiergesundheit

Ziel der Qualitätsbeherrschung bei der Erzeugung von Lebensmitteln tierischer Herkunft ist es, Hygienemaßnahmen bereits im Tierkörper zur Anwendung kommen zu lassen, wozu Phänomene der Keimkonkurrenz die Basis liefern.

Der Keimbelastung von Futtermitteln zu begegnen, die negative Auswirkungen auf die Entwicklung, Leistung und Gesundheit eines Tieres haben kann, sofern sie sich aus einer Verderbnisflora rekrutiert oder es sich auch um die Kontamination mit Krankheitserregern handelt, ist Aufgabe der Probiotika.

Im Gegensatz zu Antibiotika sind **Probiotika** keine mikrobiellen Stoffwechselprodukte mit selektiver Wirkung, sondern Mikroorganismen, die aufgrund antagonistischer Eigenschaften in der Lage sind, bioregulativ in die Besiedlung des Verdauungstraktes einzugreifen. Voraussetzung für die Entfaltung einer entsprechenden Wirksamkeit ist die Verabreichung im lebenden Zustand, so daß sie in dieser Form dem Futter zugesetzt werden. Ihre Verwendung im Tierfutter regelt innerhalb der EG die behördliche Zulassung nach den Kriterien der Leitlinie für Futterzusatzstoffe. Die danach einzuhaltende Menge an lebenden Keimen liegt in der Regel bei 1 Million KBE/g Futtermittel, bezogen auf die Gesamtration. In Abhängigkeit von der bzw. den in einem Probiotikum enthaltenen Keimart(en) sind von ihrer Verwendung im Tierfutter unterschiedliche Wirkungen zu erwarten. In der Mehrzahl

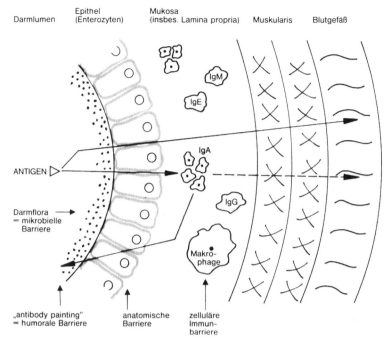

Abb. 3. Interaktionen zwischen Darmflora und intestinalem Immunsystem bei der Abwehr von Antigenen.

finden Probiotika als Futterzusatzstoffe Verwendung, die aus Keimarten bestehen, welche in der Lage sind, durch Verankerung im Überzug des der Darmwand aufgelagerten Schleimes einen natürlichen Biofilm zu errichten, welcher die humorale Barriere der Darmwand verstärkt (Abb. 3) und den Krankheitserregern den Zutritt zum resorptiven Epithel verwehrt. Auf diese Weise kann erreicht werden, daß Vorgänge der Adhäsion, Kolonisation bis hin zur Invasion, Penetration und Gewebsdestruktion, wie es Abb. 4 zeigt, bei Vorhandensein dafür verantwortlicher Virulenzfaktoren in Darmbakterien nach antibiotischem Prinzip unterbunden werden.

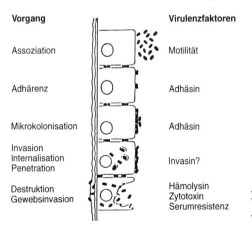

Abb. 4. Beziehungen zwischen krankmachender Wirkung von Darmbakterien und dafür verantwortlichen Virulenzfaktoren.

Dadurch erhalten die im physiologischen Zustand der Darmbesiedlung repräsentierenden Keimarten der Hauptflora einen selektiven Vorteil, so daß die Keimarten der Begleit- und Restflora, wozu Krankheitserreger gehören, an einer übermäßigen Entwicklung insbesondere im Dünndarm gehindert werden. Daraus resultieren eine geringere Durchfallhäufigkeit und eine Herabsetzung der Tierverluste, vor allem in den frühen Aufzuchtphasen.

Da es aufgrund der im Darm eine Schutzfunktion übernehmenden Probiotika in einem geringeren Ausmaß zur Verdickung der Darmschleimhaut und der Abflachung der Darmzotten kommt, werden Gewichtsentwicklung und Futterverwertung positiv beeinflußt. Im Falle einer Begünstigung derjenigen Darmbakterien, die aus unverdauten Nahrungsresten in Blinddarm und Dickdarm flüchtige kurzkettige Fettsäuren bilden, kann das Tier aus dem Gewinn zusätzlich umsetzbarer Energie Nutzen ziehen.

Darüber hinaus verfügen Probiotika über immunmodulatorische Fähigkeiten und können bei der Verabreichung in versporter Form durch die Freisetzung von Enzymen beim Vorgang der Sporenkeimung die Verdaulichkeit des Futters erhöhen. Effekte sind auf diese Weise sowohl bei Monogastriden als auch bei Polygastriden erzielbar.

Beim Wiederkäuer können noch weitere Wirkungen erwartet werden, wenn Probiotika bereits im Pansen in die mikrobiellen Vorgänge bioregulativ eingreifen.

Über bioregulative Fähigkeiten gegenüber der Pansenflora von Wiederkäuern verfügen nach bisherigen Erfahrungen vor allem Kulturhefestämme von *Saccharomyces cerevisiae.*

Da Probiotika – abgesehen von Kulturhefen – ontogenetisch die gleiche Wurzel wie die im Futter vorkommenden Verderbniserreger haben und sich wie diese als grampositive Bakterien phylogenetisch von strikten Anaerobiern (*Clostridium*) herleiten, setzt ihre Verwendung im Tierfutter eine genauere Kenntnis dieser Keimarten voraus, um vor allem Fehleinschätzungen bei der Qualitätsbeurteilung der Futtermittel auszuschließen.

4.4 Schlußbemerkungen

Der Sachverhalt, daß Mensch, Tier und Pflanze innerhalb von Lebensgemeinschaften mit Mikroorganismen auf unterschiedliche Art und Weise zueinander in Beziehung treten, hat vielfache Auswirkungen auf die Durchsetzung der Konzepte der Futter- und Fütterungshygiene.

Durch sie wird bestimmt, ob Maßnahmen der Aufrechterhaltung der Tiergesundheit und Vermeidung von Krankheiten greifen, die nicht nur dem Landwirt und Tierhalter dazu verhelfen sollen, Gewinne zu erzielen, sondern auch für den Verbraucher hochwertige Lebensmittel zu erzeugen. Das bedeutet u. a., daß mit Rücksicht auf das jeweilige Risiko des Konsumenten durch den Verzehr von Lebensmitteln tierischen Ursprungs die Hygiene nicht erst am Ende einsetzen, sondern bereits am Anfang stehen sollte.

Um das Verständnis der dabei zu berücksichtigenden Interaktionen zwischen den Partnern einer Biozönose zu wecken, wurde vor allem Wert darauf gelegt, zu zeigen, wo die Gefahren liegen, ohne dabei alle Faktoren einzeln zu benennen. Es muß davon ausgegangen werden, daß dieses Kapitel nur einen Teilbereich der Hygiene behandelt und Kenntnisse vermitteln soll, insofern sie im Rahmen der tierischen Erzeugung von Bedeutung sind und zu neuen Denkansätzen anregen sollen. Ein Anspruch auf Vollständigkeit besteht bei der Vielfalt der

Problematik nicht. Es ist gar nicht solange her, da fehlten noch Angaben über die in den 60er Jahren entdeckten Aflatoxine in den Nachschlagewerken und so mancher höhere Lebewesen krankmachender Mechanismus der Bakterien und der Stoffwechselprodukte von Pilzen war noch nicht aufgeklärt!

Wenn heutzutage prozentual wiederum ein Anstieg von Infektionskrankheiten beim Menschen zu verzeichnen ist, so ist dies einerseits eine Folge der Potenzierung der Eigenschaften niederer Lebewesen im Kampf ums Dasein auf Kosten höherer Lebewesen. Andererseits bedeutet dies aber auch den Verlust von Fähigkeiten bei höheren Lebewesen wie dem Menschen, den Mikroorganismen zu begegnen.

Ein Hervortreten der Salmonella-Serovar Enteritidis beim Menschen aufgrund der häufigeren Kontamination von Geflügelfleisch und Eiern mit diesem Erreger von Gastroenteritiden ist letzten Endes darauf zurückzuführen und beruht nicht etwa auf mangelhafter Futter- und Fütterungshygiene, sondern auf Unsauberkeit in der häuslichen Küche und bei der Gemeinschaftsversorgung in Pflege- und Altenheimen. Der Beweis dafür läßt sich auf der Basis der Bestimmung der serologischen Zugehörigkeit der Salmonellen und der Charakterisierung ihres genetischen Profils unschwer antreten. In Futtermitteln nachgewiesene Salmonellen gehörten in der Regel anderen Serovaren an. Dies sollte aber nicht dazu verleiten, innerhalb der Futter- und Fütterungshygiene von bewährten Verfahren der Dekontamination abzuweichen. Eine Lockerung der Hygienevorschriften kann u. U. verheerende Auswirkungen haben, d. h. unter der Voraussetzung, daß Erreger nicht vollständig abgetötet bzw. inaktiviert werden und lernen, sich veränderten Bedingungen anzupassen.

Ein Beispiel stellt die erstmals 1985/86 in England aufgetretene, akut bis subakut verlaufende und stets tödlich endende Bovine Spongiforme Enzephalopathie („Rinderwahnsinn") dar, zu der in den klinischen Symptomen und den histopathologischen Veränderungen eine Parallele zu Scrapie der Schafe und Ziegen sowie der Creutzfeldt-Jakob Disease des Menschen existiert.

Das Hervortreten eines neuen infektiösen Agens soll im Zusammenhang stehen mit der Verfütterung von Tierkörpermehlen an Kuhkälber, die in England aus Tierkadavern gewonnen wurden unter Anwendung reduzierter Erhitzungstemperaturen. Zugleich wurden dort allerdings auch die Verfahren der Extraktion der Fette geändert. Es wird angenommen, daß der Scrapie-Erreger aufgrund einer relativ hohen Hitzeresistenz seine Infektiosität beibehalten konnte.

In England werden einerseits große Schafpopulationen gehalten, andererseits ist die Krankheit hier endemisch. Die hohe Resistenz außer gegenüber Hitze auch gegenüber UV- und ionisierender Strahlung, sauren pH-Werten und proteolytischen Enzymen, die orale Übertragbarkeit und das breite Wirtsspektrum des Erregers beinhalten Risiken für Lebewesen in anderen Ländern (Beispiel Schweiz), denn weltweiter Handel und internationaler Reiseverkehr tragen zur Verbreitung der Krankheit bei, die wegen langer Inkubationszeit zunächst andernorts wie in England unentdeckt bleiben wird.

Auf der Futter- und Fütterungshygiene lastet, wie dieses Beispiel zeigt, damit ein hohes Maß an Verantwortung. Ihre Stellung im Gesamtkonzept der Aufrechterhaltung der natürlichen biologischen Vorgänge und der Bekämpfung von Seuchen ist nicht zu unterschätzen und hat sich ständig je nach Sachverhalt neu zu orientieren und auszurichten. Bei wachsenden Anfordernissen wird auch ein bewährtes Know-how auf diesem Gebiet als fester Bestandteil der tierischen Erzeugung heranreifen.

Literatur

Bauer, J., A. Grünkemeier, G. Plank, A. Bott und B. Gedek (1991): Zur Entgiftung von Mykotoxinen in Futtermitteln: Enterale Wirksamkeit von Adsorbentien gegenüber Ochratoxin A. Proc. VII. Internat. Kongreß für Tierhygiene, 20.–24. 08. 1991 in Leipzig, Bd. III, 968–973.

Gareis, M., J. Bauer, C. Enders und B. Gedek (1989): Chemische und biologische Inaktivierung von Mykotoxinen, insbesondere Trichothecenen. Symposium „Schutzmaßnahmen gegen Toxine, Viren und Mikroorganismen", Tagungsbericht der Wehrwiss. Dienststelle der Bundeswehr für ABC-Schutz, 30. 11. 1988 in Munster. WWD Nr. 112 – S. 09.01–030.

Gedek, B. (1993): Probiotika zur Regulierung der Darmflora. Tierärztl. Umschau **48**, 97–104.

Gedek, B., C. Enders, F. Ahrens and C. Roques (1993): The effect of *Saccharomyces cerevisiae* (BIOSAF Sc 47) on ruminal flora and rumen fermentation pattern in dairy cows. Ann. Zootechn. **42**, 1.

Grünberg, B. (1993): Einsatz organischer Säuren im Mischfutter zur Konservierung und Salmonellenkontrolle. Kolloquium „Hygiene-Status von Mischfutter", IFF-Tagung, Braunschweig-Thune, 19. 04. 1993. Die Mühle + Mischfuttertechnik **130**, 460–461.

IFF-Tagungsbericht (1990): Unerwünschte Stoffe in Futtermitteln, Mykotoxine in Getreide und Futtermitteln, Maßnahmen zur Beseitigung (mit 12 Beiträgen von Enders, C., U. Petersen, R. Valls-Pursals, B. Gedek, E. Oldenburg, H. M. Müller, J. Leibetseder, J. Delort-Laval, M. Gerlach und R. Fieske, R. Coker and J. Bol). Selbst-Verlag, Braunschweig-Thune, 235 S.

Schmidt, H. L. (1991): Mikrobiologische Richtwerte für die Futtermittelbeurteilung. Proc. III. Internat. Kongreß für Tierhygiene, 20.–24. 08. 1991 in Leipzig, Bd. III, S. 923–928.

Schwarzer, Ch. (1993): Salmonellen-Infektionen von Tieren und Lebensmitteln – Ursachen und Wirkungen. Kolloquium „Hygiene-Status von Mischfutter", IFF-Tagung, Braunschweig-Thune, 19. 04. 1993. Die Mühle + Mischfuttertechnik **130**, 460.

Weber, H. (Hrsg.) (1993): Allgemeine Mykologie. Gustav Fischer Verlag, Jena-Stuttgart.

Teil IV: Das Nahrungsmittelpotential

Die Wurst ist eine Götterspeise,
denn nur die Götter wissen, was darin ist.
(Der „lachende" Philosoph Weber)

1. Fleisch
(M. Kreuzer)

1.1 Ansprüche an die Fleischqualität im Wandel von Zeit und Gesellschaft

Fleisch und Fleischwaren werden seit vorgeschichtlicher Zeit als besondere Leckerbissen geschätzt. So wurden bereits in der Bronzezeit Haustiere zur Fleischgewinnung gehalten. Eine neue Theorie besagt sogar, daß erst der Beginn des Fleischverzehrs vor etwa 2,6 Millionen Jahren die Entwicklung des modernen Menschen ermöglicht habe, da es zu dieser Zeit offensichtlich eine Krise im Vorhandensein pflanzlicher Nahrung gab und somit Werkzeuge zur Fleischzerteilung notwendig wurden (Leakey und Lewin 1993). Die immer vorhandene hohe Wertschätzung von Fleisch drückt sich auch in der bevorzugten Verwendung von Tieren als Opfergaben aus. Wegen der Fleischknappheit entwickelten sich Qualitätsvorstellungen bis hin zu einer spezialisierten Erzeugung von Fleisch mit besonderen Eigenschaften allerdings sehr langsam und in ganz unterschiedliche Richtungen. Es lassen sich drei wesentliche Phasen beschreiben, die in verschiedenen Kulturen zu einem sehr unterschiedlichen Zeitpunkt realisiert wurden bzw. noch gar nicht angewandt oder in Erwägung gezogen werden (Tabelle 1).
Neben dem allgemeinen Bestreben nach längerer Haltbarkeit zur Vorratshaltung, die sich nur über Konservierungstechniken und nicht über eine höhere Qualität der Rohware erreichen ließ, war die Art des Tieres sehr lange der einzige Qualitätsmaßstab für Fleisch. Bei Wildfängen (Wild, Fisch) ist es auch jetzt noch kaum möglich, die Qualität der Produkte direkt zu beeinflussen. Die Bevorzugung bzw. Ablehnung von Fleisch verschiedener Tierarten hat mehrere Ursachen. In vielen Kulturen, z. B. Jäger, Nomaden, Bewohner von ökologischen Nischen wie Eskimos, waren nur bestimmte Tierarten verfügbar, woraus sich fast immer Vorlieben entwickelten, so daß Fleisch von zumindest einigen, jeweils aber anderen Tierarten abgelehnt wurde (Fiddes 1993), wenn es dann verfügbar war. Verschärft wurde dies mit der Ausbildung der Weltreligionen, die den Gläubigen den Fleischverzehr von bestimmten Spezies sogar verbieten, sei es deshalb, weil diese Tiere als heilig erachtet werden, z. B. Rinder im Hinduismus, oder weil sie, u. a. als Folge der Erfahrungen mit mangelnder Hygiene, als unrein angesehen werden, z. B. in Islam und Judentum das Schwein, in China das Rind. Ein weiteres, von bestimmten Weltreligionen z. T. sehr streng gehandhabtes Qualitätsmerkmal ist die vollständige Entblutung des Fleisches (Grandin und Regenstein 1994). Dies ist aber nur dann gewährleistet, wenn ein nicht betäubtes Tier zur Ader gelassen (geschächtet) wird, ja ggf. sogar nur dann, wenn zusätzlich die größeren Blutgefäße aus der schlechter durchbluteten Hinterhälfte der Tiere herauspräpariert werden.

Tabelle 1. Ansprüche an die Qualität von Fleisch und Fleischprodukten im Wandel von Zeit und Gesellschaft

Gesellschaftliche Kulturen	Qualitätsansprüche an Fleisch und Fleischprodukte
I. Kulturen mit weitgehend monofaktoriellem Qualitätsanpruch	
– Jäger und Fischer der Vorzeit	– Lagerfähigkeit (Vorratshaltung)
– Nomaden	– hoher Frischegrad
– Entwicklung und Blütezeit der Weltreligionen	– Ablehnung des Verzehrs von Produkten bestimmter Tierarten („heilige" Tiere; „unreine" Tiere)
zudem bei Islam und Judentum	– möglichst frei von Blut
II. Kulturen mit oligofaktoriellem Qualitätsanspruch	
– gesellschaftliche Oberschicht der abendländischen Kulturen im Mittelalter	– hohe Genußqualität – erste Hygieneansprüche
– westliche Nachkriegsgeneration und Entwicklungsländer	– hoher Gehalt an Energie (Fett) – reich an lebenswichtigen Nahrungsbestandteilen (Protein, Spurenelemente usw.)
– Übergangsgesellschaft (neues diätetisches Bewußtsein)	– fett-, cholesterol- und purinarmes Fleisch – ausreichende hygienische Qualität
III. Kulturen mit multifaktorellem Qualitätsanspruch	
– moderne Industriegesellschaft	Erweiterung/Umformulierung der Ansprüche: – differenzierte ernährungsphysiologische Qualität (Wirkstoffe, Schadstoffe u. a.) – hohe hygienische Qualität – gute technologische Eignung
– mögliche künftige Gesellschaft • umwelt-/tierschutzorientiert • luxusorientiert • gesundheitsorientiert	Erweiterung der Ansprüche um: – „ökologische" und „ethologische" Qualität – besondere Genußqualität – besondere diätetische Qualität

Nach Moses ist nämlich das Blut der Sitz des Lebens und somit dem Schöpfer gehörig. Neuere und tiergerechtere Ansätze zu einer derartigen Schlachtweise diskutieren Grandin und Regenstein (1994).

Ab dem Mittelalter war Fleisch in höheren Gesellschaftsschichten kein seltener Leckerbissen mehr, sondern so gut verfügbar, daß vermehrt gesundheitliche Folgen eines übermäßigen Verzehrs (Adipositas, Gicht, Herz-Kreislauf-Erkrankungen) zu beobachten waren. Damals begannen auch die Ausweitung der Tierhaltung zum Zwecke der Fleischgewinnung und die Ausbildung differenzierterer Qualitätsansprüche, eine Entwicklung, die sich bis heute fortsetzt (s. Tabelle 1), und Fleisch zum regelmäßig verfügbaren Lebensmittel für alle westlichen Bevölkerungsschichten macht. Die angelegten Qualitätsmaßstäbe unterlagen aber einem steten Wandel. So wurden der Anspruch an eine hohe Genußqualität und die ersten Hygieneansprüche durch die zunehmende Bevorzugung fleischreicher, magerer Tiere ergänzt. Qualitätskontrolle erfolgte deshalb zunächst nur auf der Ebene der Schlachtkörperqualität, die mit der gesetzlichen Einführung der Handelsklassen im Jahre 1892 institutionalisiert wurde (Prändl et al. 1988). Die hohe Effizienz dieser Maßnahme läßt sich für das Schwein aus Tabelle 2 ableiten. Demnach fand die Umwandlung vom Fett- zum

Fleischschwein vor allem von 1860 bis 1930 statt, wenngleich sich die Entwicklung bis heute fortsetzt. Abgeschwächt, aber durchaus meßbar, erfolgte die Fettreduktion auch bei Rind-, Schaf- und Geflügelfleisch, und es wurde vermehrt auf fettarme Süß- und Salzwasserfische zurückgegriffen. Im Anschluß an die erste Nachkriegszeit lag ein Überfluß an allen Lebensmitteln vor. Unter dem Einfluß der Medizin rückten nun besonders die gesundheitlichen Probleme eines zu hohen Verzehrs an (fettem) Fleisch und Fleischwaren ins Bewußtsein. Die Fleischerzeugung reagierte darauf, insbesondere beim Schwein, lediglich mit der Erzeugung noch magerer Tiere, eine Herausstellung der hohen Lebensmittelqualität des Fleisches unterblieb. Die Folge war eine zunehmende Stigmatisierung von Fleisch und Fleischwaren als ungesunde Lebensmittel, nämlich als fett- und cholesterolreich (Schweinefleisch) bzw. als reich an Purinen und gesättigten Fettsäuren (Rindfleisch) bis hin zu den Gifttheorien eines Reckewegs (1977), die trotz wissenschaftlicher Widerlegung durch die DGE (1984) bis heute im Bewußtsein der Bevölkerung verhaftet sind.

Tabelle 2. Veränderungen im Verfettungsgrad von Schweinen (modifiziert nach Scheper 1982, RLN 1992 sowie eigenen Untersuchungen)

Jahr	Schlachtkörpermasse kg	davon Speck und Flomen %	Fleisch : Fett 1 : x
1862	124	45,0	
1894	115	31,3	
1930	83	16,4	
1958	88	13,7	0,8
1964	87	10,3	0,6
1980	81	8,7	0,4
1991	90	7,2	0,3

Weil sich der Merkmalsantagonismus zwischen Magerkeit und Fleischqualität zunehmend verschärfte, rückte schließlich die Beschaffenheit des Fleisches und des anhaftenden Fettes sowie des damit verbundenen Genußwertes ins Bewußtsein. Bis zu diesem Zeitpunkt blieb weitgehend unbeachtet, daß sich die Fleischqualität überhaupt durch die Produktionsweise beeinflussen läßt. Die gegenwärtige Phase ist daher durch die allmähliche Einstellung eines Gleichgewichts zwischen Gesundheitswert und erwünschter Produktbeschaffenheit gekennzeichnet, was sich in der vermehrten Einkreuzung von Rassen mit höheren intramuskulären Fettgehalten (z. B. Duroc, Edelschwein beim Schwein, Angus, Hereford beim Rind) und der verstärkten Bevorzugung von Färsen und Ochsen artikuliert. Die modernste Entwicklungsstufe, die durch besondere Vermarktungsstrategien gekennzeichnet ist, geht in Richtung einer Erfüllung besonderer Qualitätsansprüche (s. Tabelle 1), wobei immer stärker auch Fütterungsmaßnahmen gefordert sind.

1.2 Einfluß der Fütterung auf die Fleischqualität

Die heutigen Ansprüche an Fleisch, an das darin enthaltene bzw. anhaftende Fett sowie an Fleischerzeugnisse betreffen einerseits die Beschaffenheit einschließlich des Genußwerts und der technologischen Eignung, andererseits den ernährungsphysiologischen sowie ggf. den ideellen Wert (Tabelle 3). Der verstärkten Nachfrage nach Kontrollmöglichkeiten

Tabelle 3. Gegenwärtige Qualitätsmaßstäbe für Fleisch und Fett sowie der Grad der Beeinflußbarkeit über die Ernährung der Tiere

Qualitätsansprüche	Einfluß der Ernährung
I. Kriterien der Beschaffenheit	
– frei von Fleischbeschaffenheitsfehlern	
– langsamer früh-postmortaler pH-Abfall (kein PSE)	sehr gering
– nicht zu hoher spät-postmortaler pH (kein DFD, DCB)	sehr gering
– hohes Safthalte- bzw. Wasseraufnahmevermögen	sehr gering
– guter Saftigkeitseindruck	mittel
– günstige Fleischtextur	
– hohe Zartheit (v. a. Rind, Schaf, Wild)	gering
– guter Zusammenhalt (v. a. Fisch)	sehr gering
– Mindestfettgehalt bei ansprechender Verteilung im Fleisch	gering-mittel
– günstige Fettgewebsbeschaffenheit	
– günstige Fettkonsistenz (v. a. Schwein)	
– hohe Festigkeit	sehr hoch
– geringer Wasser- und Bindegewebsgehalt	mittel?
– lange Haltbarkeit	sehr hoch
– ansprechende Farbe (v. a. Wiederkäuer)	sehr hoch
– ansprechendes Aroma	
– typisch	mittel
– frei von Abweichungen	sehr hoch
II. Ernährungsrelevante Kriterien	
– reich an Nährstoffen	
– essentielle Fettsäuren; ggf. Omega-3-Fettsäuren	sehr hoch
– essentielle Aminosäuren	sehr gering
– Mineralstoffe	sehr gering
– Spurenelemente	gering-mittel
– wasserlösliche Vitamine	gering
– fettlösliche Vitamine	mittel
– arm an verderbnisrelevanten Abbauprodukten	
– aus der Fettzersetzung	sehr hoch
– aus der Proteinzersetzung	sehr gering
– von anhaftenden Keimen	sehr gering
– arm an unerwünschten Inhaltsstoffen	
– Cholesterol	gering
– Purine	sehr gering
– Schwermetalle	mittel-hoch
– Radionuklide	hoch
– Pilztoxine	mittel
– (fettlösliche) organische Schadstoffe	hoch
– hohe ganzheitliche Qualität	hoch
III. Ideelle Qualität	
– hohe ökologische Qualität	sehr hoch
– hohe ethologische Qualität	gering

wurde durch die Entwicklung einer Vielzahl von apparativen Meßtechniken und -instrumenten Rechnung getragen (zusammengestellt von Kallweit et al. 1988 sowie Prändl et al. 1988). Damit lassen sich u. a. auch Fütterungseinflüsse quantifizieren und überprüfen.

- **Beschaffenheit von Fleisch und Fettgewebe**

Unter der Beschaffenheit sind äußerlich erkennbare, zumeist auf physikalischen Prinzipien basierende Eigenschaften zusammengefaßt (Tabelle 3). Zu unterscheiden sind dabei die Beschaffenheit des Fleisches (Safthaltevermögen und Textur) und die Beschaffenheit des Fettes. Diese Kriterien betreffen nicht nur das Qualitätsverständnis des Verbrauchers beim Verzehr von Frischfleisch, sondern ganz wesentlich auch die verarbeitungstechnologische Eignung der Rohware Fleisch. Die für die Feststellung des Genußwertes von Fleisch angewandten Parameter, nämlich Saftigkeit, Zartheit und Aroma, fallen ebenfalls unter den Begriff der Beschaffenheit. Besonderheiten der Beschaffenheitsparameter sind deren starke Abhängigkeit von der angewandten Technologie beim Schlachten, Verarbeiten und Zubereiten sowie die geringe Beziehung zur diätetischen Qualität.

Fleischbeschaffenheitsfehler als stärkste Qualitätsbeeinträchtigung sind dadurch charakterisiert, daß eine klare und während des Schlachtprozesses meßbare Abgrenzung von nicht zu beanstandendem Fleisch gezogen werden kann; entweder zu helles Fleisch von besonders schlechtem Safthaltevermögen, bekannt als **PSE** (pale-soft-exudative), oder zu dunkles, schlecht haltbares Fleisch, bekannt als **DFD** (dark-firm-dry) oder **DCB** (darc cutting beef). Beide Erscheinungen beruhen zu großen Teilen auf demselben genetischen Konstitutionsmangel, der sich durch die Neigung zu besonders schnellem anaeroben Abbau von Glycogen im Muskel äußert, zu seiner Expression aber entsprechende äußere Umstände, in der Regel Streßsituationen, erfordert. Sind die Kohlenhydratreserven bei diesen Tieren zum Zeitpunkt des Todes hoch, so entsteht durch intensive Lactatbildung ein zu tiefer, früh-postmortaler pH-Wert ($< 5,6-5,8$); sind die Reserven gering, so kann zuwenig Lactat gebildet werden, und der spät-postmortale pH-Wert liegt zu hoch ($> 6,0-6,2$). Neuerdings ist es beim Schwein durch die vermehrte Kreuzungszucht, den Einsatz effektiver Selektionskriterien, die mehr schonenden Schlachtprinzipien und die Einführung von Markenfleischprogrammen gelungen, wesentlich zur Entschärfung dieser Problematik beizutragen, bislang jedoch ohne den erlittenen Imageverlust wettmachen zu können.

Andererseits ist bei Geflügel- und Fischfleisch allmählich das vermehrte Auftreten von PSE-ähnlichen Fleischbeschaffenheitsfehlern zu befürchten. So wird von Riesenfasern im Brustfleisch von Broilern (Stephan et al. 1990) und von Fischfleisch mit zu weißem Aussehen („chalky") und schlechtem Zusammenhalt (Love 1975, Kim 1984) berichtet. Beim Rind, aber auch bei ungünstiger Haltung von Wildtieren in Gehegen (Schwark et al. 1990), bilden die DFD-ähnlichen Erscheinungen das größere Problem.

Da die Fleischbeschaffenheitsfehler genetisch bedingt sind und die Expression dieser Gene im wesentlichen von den Transport- und Schlachtbedingungen, nicht aber von der Fütterung abhängt, ist die Einflußnahme über die Ernährung der Tiere kaum gegeben. Günstig könnte sich allenfalls die Ergänzung von ölreichen Rationen mit Vitamin E und Selen beim Schwein auswirken, weil ein Mangel an diesen Substanzen die Neigung zur Muskelschädigung fördert (Duthie et al. 1987, Berschauer et al. 1989). Die Häufigkeit von Fleischbeschaffenheitsfehlern läßt sich auch ganz wesentlich durch die Nüchterungsdauer vor dem Schlachten beeinflussen. So lag die PSE-Häufigkeit beim Schwein in der Untersuchung von Kreuzer et al. (1994 a) bei längerer Nüchterungsdauer und Ruhezeit vor dem Schlachten mit 20%

statt 40% erheblich niedriger, wobei dann jedoch DFD-Erscheinungen bei etwa 10% der Tiere auftraten.

Der Einfluß der Fütterung auf den Komplex des Safthaltevermögens von Fleisch ist ebenfalls gering, weil entsprechende Beanstandungen vor allem bei PSE-ähnlichen Erscheinungen erfolgen. Daß noch andere Faktoren eine Rolle spielen, wird an den Unterschieden deutlich, die auch meßbar sind, wenn kein PSE-Befund vorliegt, so z. B. in Rindfleisch oder in Fleisch von streßresistenten Rassen und Kreuzungen beim Schwein. Die altersbedingte, leichte Verbesserung des Safthaltevermögens des Fleisches bei allen Spezies, die sich wahrscheinlich durch die zunehmende „physiologische Austrocknung" des Gewebes erklärt, ließe sich durch Verlängerung der Mast nutzen. Bei gleichzeitiger Rücknahme der Fütterungsintensität ist allerdings eine Kompensation der Effekte von Alter und Fetteinlagerung zu erwarten. Leistungsförderer wirken sich nicht auf das Safthaltevermögen des Fleisches aus. Jedoch kann z. B. der Einsatz von porcinem Wachstumshormon vorhandene Konstitutionsmängel selektiv fördern. Während für die Verarbeitung zu Fleischwaren wie für die küchentechnische Eignung das Safthaltevermögen des Fleisches von entscheidender Bedeutung ist, ist es für die Erzeugung von Wurstwaren besonders das Wasseraufnahmevermögen bzw. die Emulgierbarkeit des aus dem Fleisch erstellten Bräts. Beide Eigenschaften korrelieren allerdings eng miteinander. Zur Abschätzung all dieser Eigenschaften steht eine Reihe von Parametern zur Verfügung, wobei einige davon on line, d. h. während des Schlachtprozesses erhoben werden können (z. B. pH-Wert, Leitfähigkeit, Farbhelligkeit, Reflexionswert), während zur direkten Messung der relevanten Eigenschaften die Untersuchung von Fleischproben im Labor erforderlich ist (z. B. Zubereitungs-, Drip-, Reifungs-, Preß-, Saug- oder Zentrifugationsverluste; Quellbarkeit und Emulsionskapazität).

Weniger eng als häufig vermutet ist der Zusammenhang zwischen Safthaltevermögen und dem sensorischen Eindruck der Saftigkeit. Dieser Eindruck ist ganz wesentlich durch den Fettgehalt und die Zartheit des Fleisches und nur wenig durch den letztendlichen Wasseraustritt während der Zubereitung bedingt und unterliegt demnach auch den Fütterungseinflüssen auf Fetteinlagerung und Zartheit. So wird z. B. das Fleisch von intensiv gemästeten Bullen mit stärkerer Marmorierung als saftiger empfunden als solches von restriktiv gefütterten Tieren.

Ein weiterer Komplex von Fleischbeschaffenheitsmerkmalen betrifft die **Fleischtextur** mit den Teilaspekten der Zartheit und des Zusammenhalts. Bei Geflügelfleisch treten dabei fast keine und bei Schweinefleisch kaum Beanstandungen auf. Dagegen wird die sensorische Qualität des sehr bindegewebsarmen Fischfleisches durch einen mangelhaften Zusammenhalt insbesondere nach der Zubereitung begrenzt. Die wenigen Ergebnisse zu den Einflüssen der Fütterung fallen dabei relativ uneinheitlich aus (Wedekind 1991). Qualitätsbegrenzend bei Rind- und Wildtierfleisch ist dagegen die Zartheit. Dieser Parameter wird vor allem durch die topographische Lage im Körper (Muskel bzw. Muskelstelle), durch die Beschaffenheit der Muskelfasern (gemessen z. B. über Scherkraft, Sarkomerlängen, Penetrometer), durch den Gehalt an Bindegewebe (erfaßt z. B. als Hydroxyprolin) und seine Beschaffenheit (Löslichkeit, Quervernetzung) sowie, in gewisser Weise, durch den Anteil an Fett und Wasser im Muskel bedingt. Für die Fleischverarbeitung ist zur Erzielung eines hohen *BEFFE-Wertes* (bindegewebseiweißfreies Fleischeiweiß) ein geringer Bindegewebsanteil erwünscht, wenngleich Kollagen gelegentlich auch zur Erfüllung bestimmter Konsistenzanforderungen („Knackigkeit") beiträgt. Die apparativen Methoden erfassen zumeist lediglich eine dieser Teilkomponenten, und eine Gewichtung bei multipler Analyse ist schwierig. Die Objektivierung der sensorischen Erfassung der Zartheit erfordert dagegen einen beson-

deren Aufwand. Diese methodische Komplexität erklärt die häufig sehr gegensätzlichen Ergebnisse.
Die Beschaffenheit von Muskelfasern sowie die Einlagerung und Quervernetzung des Bindegewebes von Schlachttieren sind sehr stark genetisch determiniert, wobei im Falle des Bindegewebes noch eine gravierende Altersabhängigkeit zum Tragen kommt. Fleisch von physiologisch sehr jungen Tieren, wie den Broilern, wird mit zunehmender Mastdauer sogar noch zarter, von physiologisch alten wie den Mastrindern wird das Fleisch durch die zunehmend ungünstigere Bindegewebsbeschaffenheit zäher. Beim Schwein, das eine Mittelstellung einnimmt, treten daher keine klaren Schlachtalterseffekte auf. Auf diesem Wege ist auch eine indirekte Wirkung der Fütterung möglich. So steigt zwar die Fleischzartheit bei allen Spezies durch Erhöhung der Fütterungsintensität vor allem deshalb, weil mehr zartheitsförderndes intramuskuläres Fett eingelagert wird, beim Rind aber zudem auch, weil die Tiere beim Schlachten jünger sind. Außerdem kühlen fettere Rinderschlachtkörper langsamer durch, so daß „Cold-shortening", also die fast irreversible Erstarrung der Muskeln im Zustand des Rigor mortis mit der Folge einer besonders hohen Zähigkeit, weniger leicht eintritt. Die Möglichkeiten für eine Steigerung des Energiegehaltes in der Ration und damit der Zartheit sind beim Rind größer als bei Schwein und Geflügel, so daß zumindest für Bullen von Fleischrinderrassen aus der Sicht der Fleischqualität unbedingt der Intensivmast der Vorzug zu geben ist (Schwarz und Kirchgeßner 1991). Die Steigerung der Fütterungsintensität bedingt aber fast zwangsläufig eine höhere Verfettung der fleischliefernden Tiere und damit einen Rückgang in der Schlachtkörperqualität, so daß hier ein Kompromiß in Abhängigkeit von Rasse und Geschlecht gefunden werden muß. Bei genauer Analyse von Untersuchungsergebnissen, in denen durch andere Fütterungsmaßnahmen eine veränderte Zartheit auftrat, zeigt sich, daß tatsächlich immer nur dann eine Wirkung erfolgt, wenn sich gleichzeitig die Energieversorgung der Tiere ändert. Zu beachten ist in diesem Zusammenhang auch, daß die Konzentration an verwertbarer Energie im Futter bei einer sehr einseitigen Fütterung gelegentlich niedriger liegt als berechnet, so daß unerwartet eine Verschlechterung der Zartheit eintreten kann (Kirchgeßner et al. 1993).
In der Fleischerzeugung fällt auch bei den modernen, mageren Schlachtkörpern noch eine ganz beträchtliche Menge an **Fett** an: 23% beim Schwein, 15–20% beim Rind, 10% beim Kalb und knapp 5% beim Broiler (Honikel 1992). Bezogen auf den eßbaren Teil des Schlachtkörpers, liegt dieser Anteil sogar noch etwas höher. Die am Ladentisch verkauften Fleischwaren sind zwar erheblich fettärmer, jedoch geht das übrige Fett zumeist in die Herstellung von Fleischerzeugnissen (Roh-, Brüh- und Kochwürste, Hackfleisch usw.). Für die Erzeugung und Lagerfähigkeit dieser Produkte sowie für die Attraktivität von Fleischwaren und Fleischerzeugnissen spielen Fettgehalt, -verteilung und besonders seine Beschaffenheit eine Rolle (s. Tabelle 3).
Erwünscht ist ein **Fettgehalt** im Fleisch, der gerade hoch genug ist, damit optimale sensorische Eigenschaften vorliegen. Vom intramuskulären Fettgehalt hängen Aroma, Saftigkeit und Zartheit ab, von der Fettein- und -auflagerung die optische Akzeptanz des Fleischstücks. Besonders ansprechend ist eine zarte Marmorierung, also ein durch sichtbare Fettäderchen durchzogener Muskel (was mehr als 2% Fett voraussetzt), besonders unattraktiv ist ein von dicken, ungleichmäßigen Fettpartien durchzogenes und mit einer dicken Fettauflage versehenes Stück Fleisch. Die jahrelange, einseitige Berücksichtigung der Anforderungen an den Schlachtkörper führte besonders beim Schwein dazu, daß der intramuskuläre Fettgehalt, gemessen im M. longissimus dorsi als Rohfett bzw. NIR-Wert, bei nur noch gut 1% liegt, während 2,5% als erstrebenswert gelten (Schwörer 1986). Im

Kotelett von Schweinen ist daher keine Marmorierung zu finden (obwohl gleichzeitig das Teilstück Bauch zu fett ausfallen kann), so wie auch die Lendenstücke bei Rindern von Fleischrassen zumeist eine ungenügende Marmorierung aufweisen. Männliche Rinderschlachtkörper der niedrigsten Fettgewebsklasse, sogenannte „blaue Bullen", werden daher sogar als nicht schlachtreif eingestuft. Wegen des bestehenden Merkmalsantagonismus zur Magerkeit des Schlachtkörpers ist aber die spezifische Selektion nach intramuskulärem Fett schwierig. Erschwerend kommt hinzu, daß eine zunehmende Fetteinlagerung, sei es durch Erhöhung der Fütterungsintensität oder durch Selektion, in der Reihenfolge subkutan/Körperhöhle, intermuskulär und letztendlich intramuskulär stattfindet, eine fettreduzierende Maßnahme in genau umgekehrter Reihenfolge. Eine selektive Einlagerung von intramuskulärem Fett ist somit kaum möglich, so auch nicht, wie erhofft, durch Freilandhaltung im holländischen Scharrelsystem (van der Wal et al. 1993). Verstärkte Beachtung wird auch finden müssen, daß das bei Steigerung einer niedrigen Fütterungsintensität vermehrt gebildete Körperprotein nur zu etwa der Hälfte im Fleisch und ansonsten im wertlosen Fettgewebe angesetzt wird (de Greef und Verstegen 1993).

Der zweite Bereich der Fettqualität ist durch die **Fettbeschaffenheit** charakterisiert. Diese setzt sich zusammen aus der Fettkonsistenz, der Haltbarkeit und der Fettfarbe. Die Konsistenz kann über Fettkennzahlen (z. B. Jodzahl, Schmelzpunkt) abgeschätzt oder in Festigkeitsprüfgeräten gemessen werden. Multiple Aussagen zu Haltbarkeit und Konsistenz lassen sich aus der gaschromatographischen Ermittlung des Fettsäuremusters ableiten. Neuere Untersuchungen belegen aber, daß Veränderungen in der tatsächlichen Fetthaltbarkeit (gemessen über dynamische Methoden wie Rancimat oder Swift-Test) nicht immer mit großen Veränderungen im Fettsäuremuster oder im Gehalt an antioxydativ wirksamen Substanzen verbunden sein müssen, andererseits, daß sich theoretisch günstige Verschiebungen im Fettsäuremuster nicht zwangsläufig in einer längeren Fetthaltbarkeit widerspiegeln (Kreuzer et al. 1994 b). Verarbeiter und Konsument verlangen ein von der Konsistenz her hartes, kerniges Fett. Ein unansehnliches weiches, schmieriges Fett bedingt auch einen schlechten Zusammenhalt von Fleisch und Fettauflage, die Neigung zum Fettaustritt aus Wurstwaren, eine geringe Knackigkeit von Brühwürsten und eine erheblich verkürzte Gefrierlagerfähigkeit (Schwörer 1986). Im Schlachtkörper des Wiederkäuers mit seinem typischen harten Fett und des modernen fettarmen Mastgeflügels wird die Konsistenz außer in dem wenig geklärten Phänomen des „Oily-bird-Syndroms" (Fisher 1984) bislang kaum beanstandet, wohl aber beim Schwein. Dagegen haben die Haltbarkeitsprobleme auch schon spezielle Bereiche des Geflügelsektors erfaßt, da z. B. für Geflügelwurstwaren (v. a. von Puten) und für Instantsuppen erhöhte Anforderungen gestellt werden. Trotzdem blieb die allmähliche, aber kontinuierliche Verschlechterung in der Fettbeschaffenheit bei Monogastriden bis vor kurzem fast unbemerkt, was u. a. in den langen Vermarktungswegen vom Erzeuger über die Fleischverarbeitung bis zum Verzehr begründet ist. Ursachen sind der Rückgang der im Vergleich zu den Funktionslipiden höher gesättigten Depotlipide durch Selektion nach mageren Tieren und restriktive Fütterung (Wenk 1991) sowie der zunehmende Einsatz von Ölen im Futter von Geflügel und Schwein. Fleisch und Fett von mageren Tieren sind somit besonders weich und verderbanfällig. Besorgniserregend ist zudem das bei jungen Schlachtkörpern von Schwein und Rind neuerdings vermehrt beobachtete Phänomen des wasserreichen, also „leeren Fettgewebes" (Wood 1984, Vogg 1989), was ebenfalls in den fettarmen Schlachtkörpern begründet sein könnte. Beim Schwein wurde dabei sogar über Fettgehalte von nur 55% in reinem Fettgewebe berichtet, so daß sich dieses Gewebe als Rohware zur Fleischverarbeitung schlecht eignet.

Konsistenz und Haltbarkeit des Fettes im Fleisch hängen zu einem wesentlichen Teil von der zugrunde liegenden Fütterung ab, während lediglich die beschriebenen Unterschiede zwischen mageren und fetten Tieren genetisch bedingt sind. Fettsäuren können zu einem gewissen Teil auch unabgebaut in das Körpergewebe überführt werden, so daß das Fettsäurenmuster des Futters ganz wesentlich die Fettsäurenzusammensetzung des Körperfetts bestimmt. Aufgrund der im Pansen stattfindenden weitgehenden mikrobiellen Härtung ungesättigter Fettsäuren sowie des hohen Anteils der de-novo-Synthese von langkettigen, gesättigten aus den kurzkettigen Fettsäuren fällt die Überführung von Fettsäuren aus dem Futter in das Körperfett beim Wiederkäuer wesentlich ineffizienter aus als beim Nichtwiederkäuer (Enser 1984, Wood 1984). So kann beim Wiederkäuer selbst die nur einfach ungesättigte Ölsäure kaum direkt in das Körperfett überführt werden, obwohl Aromaeinflüsse festzustellen sind (Melton 1990), und eine Vorausschätzung der Wirkungen auf das Fettsäurenmuster im Körper ist schwer möglich (Wood 1984).

Auch beim Nichtwiederkäuer hängt die tatsächliche Wirkung des Futterfettes von einer Reihe von Faktoren ab. So werden Fettsäuren, die üblicherweise nicht zur Energiegewinnung herangezogen werden (v. a. die mehrfach ungesättigten Fettsäuren), am effizientesten überführt. Weiterhin entscheidet die angebotene Menge an den einzelnen Fettsäuren über die Überführungsrate und nicht vorrangig die Fettzusammensetzung. Daher ist immer auch der Fettanteil in der Ration zu beachten. Dies zeigen die Ergebnisse der in Abb. 1 dargestellten Versuchsergebnisse. Während bei gleichbleibendem Fettgehalt der Ration das Abdominalfett von Broilern zwar abgeschwächt, aber proportional sehr genau die Veränderungen im Futterfett widerspiegelte (Abb. 1, rechts), erhöhte sich der Anteil der problematischen Polyensäuren im Körperfett auch dann, wenn wenig, aber hoch ungesättigtes Futterfett durch Ergänzung mit einem weniger stark ungesättigten Fett „ausgeglichen"

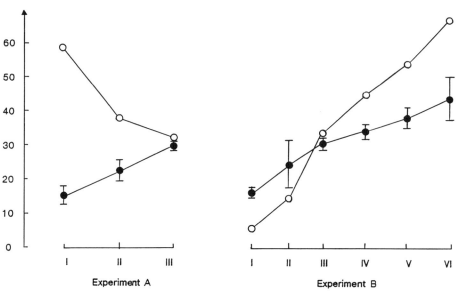

Abb. 1. Zusammenhänge zwischen dem Fettsäurenmuster im Futter und im Abdominalfett beim Broiler mit steigendem (links) und mit konstantem (rechts) Futterfettanteil (nach Angaben von Kirchgeßner et al. 1993, sowie Roth et al. 1993). ○ Futterfett, ● Abdominalfett.

wurde, weil damit die Polyensäurenaufnahme insgesamt weiter anstieg (Abb. 1, links). Ungeklärt ist bislang, inwieweit ein zu Beginn der Mast gebildetes, ungünstiges Körperfett in späteren Mastabschnitten noch verbessert werden kann. Nach Wenk und Prabucki (1990) verbleiben einmal eingelagerte Polyensäuremengen bis zum Ende der Mast im Körper, was allerdings voraussetzen würde, daß selbst in den Funktionslipiden der Zellen überhaupt kein Turnover stattfände. Aber auch dann lassen sich Fehler der Anfangsmast durch eine entsprechend frühzeitige, fettarme und kohlenhydratreiche Fütterung in der Endmast weitgehend beheben (Hartfiel 1990, Madsen et al. 1990). Beim Monogastriden läßt sich die Konsistenz des Fettes allein schon durch Steigerung der Fütterungsintensität verbessern, weil dann der Anteil des festeren Depotfettes ansteigt. Beim Wiederkäuer führt dagegen eine intensivere Fütterung zu einer weicheren Fettkonsistenz (Melton 1990), möglicherweise weil anteilsmäßig die De-novo-Synthese an Ölsäure zurückgeht. Der Einsatz zugelassener antioxydativ wirksamer Substanzen bleibt zwar ohne Einfluß auf die Konsistenz, kann aber erheblich zur Verlängerung der Haltbarkeit und damit zur Produktsicherheit beitragen, wobei Vitamin E wirksamer zu sein scheint als die technischen Antioxydantien (Hartfiel 1990).

Die **Fettfarbe** kann subjektiv oder mit speziellen Farbphotometern gemessen werden. Sie spielt besonders als Akzeptanzfaktor eine Rolle, wobei Qualitätsabweichungen in Form eines zu gelben Fettes vor allem beim Wiederkäuer auftreten, beim Schwein lediglich bei Verabreichung höherer Mengen oxydierter Öle als Folge des Mangels an Vitamin E (Wood 1984). Zwischen der Aufnahme an farbgebenden, lipidlöslichen Stoffen, insbesondere Carotinoiden, und der Fettfarbe besteht eine sehr enge Beziehung. Carotinoidreiche Futtermittel wie Grünfutter, aber auch Mais fördern demnach diese Abweichung, wenn genügend hohe Mengen aufgenommen werden. Dies hängt zwangsläufig nicht nur vom Gehalt der Futtermittel, sondern auch sehr stark vom Alter und von der Fetteinlagerungsrate der Tiere ab. Beim Broiler treten beim Einsatz sehr carotinreicher Futtermittel ebenfalls gelegentlich Beanstandungen über eine wenig erwünschte Hautfarbe auf, beim Fisch wird ein solches Futter dagegen manchmal sogar genutzt, um eine etwas dunklere, rötliche Fleischfarbe zu erzeugen (Wedekind 1991).

Das **Aroma** – d. h. Geruch und Geschmack – des Fleisches ist durch die bei der Zubereitung freigesetzten aromabildenden Substanzen geprägt. Über die Intensität des Aromas entscheiden aber neben der Zubereitungsweise auch die Art der Verbindungen sowie deren Vielzahl und Konzentration. Besonders aromawirksam sind Phospholipide (z. B. Diacylphosphatide, Plasmalogene und Sphingomyelin), Minorfettsäuren, Ketone, Aldehyde, Esterverbindungen und schwefelhaltige Substanzen. Die meisten dieser Verbindungen sind fettlöslich, so daß das Aroma ganz wesentlich von Gehalt und Zusammensetzung des im Fleisch enthaltenen Fettes abhängt. Die Zahl der nachzuweisenden aromaaktiven Substanzen (insbesondere an Phospholipiden) im Fleisch liegt beim Fisch weitaus am höchsten, gefolgt von Rind, Geflügel und Schwein. In der sensorischen Bewertung ist nach der Stärke der Ausprägung des typischen, erwünschten Fleischaromas und nach abweichendem Aroma („off-flavor") zu unterscheiden.

Es liegen eine Reihe von Untersuchungen zu den Einflüssen der Fütterung auf die sensorische Bewertung des Fleisches von Rind, Lamm, Schwein, Broiler, Truthahn u. a. hinsichtlich des Aromas vor. Diese wurden von Sink (1979), Rippe (1988), Melton (1990) und Poste (1990) zusammengefaßt. Durchweg fallen allerdings diese Ergebnisse wenig einheitlich aus, und die Untersuchungen sind von der Methodik her wenig systematisch (Poste 1990), so daß die Erkenntnisse bislang zwangsläufig unvollständig sind. Auch die Objektivierung mittels Erstellung von Aromaprofilen scheitert bislang an der Komplexität der Zusammenhänge mit dem sensorischen Empfinden.

Generell läßt sich das Fleischaroma bedeutend schwerer durch die Fütterung beeinflussen als dasjenige von Milch und Ei. Die Komponenten des typischen Fleischaromas sind stark genetisch determiniert. Ohne meßbare Auswirkungen auf das Fleischaroma bleiben nach den bisherigen Erfahrungen z. B. der Getreideanteil im Kraftfutter, der Gehalt und die Quelle des Rohproteins (einschließlich Harnstoff beim Wiederkäuer) sowie Vitamine, Mineralstoffe und Spurenelemente. Bei Schwein und Geflügel ist es auch möglich, hohe Mengen einwandfreier ölsäure- oder linolsäurereicher Öle einzusetzen, ohne daß die geringsten Beanstandungen im sensorischen Test erfolgen (Melton 1990, Kirchgeßner et al. 1993). Weiterhin bleibt der Einsatz von Milchprodukten, von Küchenabfällen (mit moderaten Anteilen an Fett- und Ölresten) und sogar von Knoblauch (Poste 1990) ohne wesentliche Aromawirkung. Durch die Fütterung ist es jedoch in Grenzen möglich, die Einlagerung der aromarelevanten Stoffe und damit die Intensität des typischen Aromas zu verstärken oder abzuschwächen. Für alle Spezies (einschließlich Fisch; Wedekind 1991) gilt, daß die Aromaausprägung verbessert wird, wenn die Fütterungsintensität, also Energiekonzentration bzw. Kraftfutteranteil in der Ration, und, damit verbunden, die Fetteinlagerung im Muskel ansteigen. Die Unterschiede zwischen extensiver und intensiver Fütterung sind aber selbst beim Wiederkäuer, bei dem in der Energie der weiteste Spielraum besteht, nicht so stark, daß eine Auswirkung auf die Kaufentscheidung des Verbrauchers zu erwarten wäre (Melton 1990). Bestimmte Fütterungsmaßnahmen bewirken dagegen eine Abschwächung oder Unterdrückung der Aromaausprägung. Dies wird z. B. gelegentlich vom Einsatz von mittelkettigen Fettsäuren beim Schwein berichtet (Kreuzer und Abeling 1994).

Aromaabweichungen bzw. Fehlaromen sind neben den spezies- und geschlechtstypischen Substanzen (z. B. Eber-, Fisch- oder Ziegenbockgeruch) auch durch Inhaltsstoffe des Futters bedingt. Problematisch sind besonders bestimmte fettreiche Futtermittel. Höhere Anteile an Fettsäuren mit mehr als zwei Doppelbindungen (z. B. Fischmehl, Leinöl) führen bei Monogastriden und Wiederkäuern zu einem fischigen bzw. ranzigen Aroma. Die oxidativen Aromaabweichungen lassen sich durch Vitamin-E-Zusatz zum Futter z. T. verhindern, werden aber andererseits beim Aufwärmen von Fleisch verstärkt („warmed-over flavor"), weil dabei eine katalytische Reaktion durch das aus dem Myoglobin freigesetzte Eisen erfolgt. Die negative Aromawirkung derartiger Öle ist erheblich stärker als der Einsatz von bereits oxidiertem Futterfett, da die oxidierten Fettsäuren zum größten Teil gar nicht aus dem Verdauungstrakt absorbiert werden und somit nicht in das Fleisch gelangen. Beim Wiederkäuer bewirken auch weniger stark ungesättigte Fettsäuren, die u. a. vermehrt im Grünfutter zu finden sind, Aromaabweichungen, die als dem Schweinefleischaroma ähnlich beschrieben werden (Melton 1990). Andererseits werden die Aromaabweichungen, die bei Schwein und Geflügel mit erhöhtem Einsatz langkettiger, gesättigter Fettsäuren (z. B. Talg) auftreten, entsprechend als „talgig" bezeichnet. Demnach sind immer dann Aromabeeinträchtigungen zu erwarten, wenn höhere Mengen eines Fettes eingesetzt werden, das in seiner Zusammensetzung sehr stark vom arteigenen Körperfett abweicht. Aus diesem Grund ist z. B. die diätetische Verbesserung des zu harten Fettes beim Wiederkäuer nicht unproblematisch. Neben den Fettsäuren sind auch andere Futterinhaltsstoffe ungünstig. Aromabeeinträchtigend sind z. B. beim Lamm Grünraps, Wicken oder Gerste, beim Schwein rote Sojabohnen, beim Broiler und Truthahn Rapsschrot (ab 10%; Glucosinolate) insbesondere in Verbindung mit DL-Methionin und Cholinchlorid (Sink

1979, Melton 1990, Poste 1990). Diese Aufstellung ist nicht vollständig, und es ist davon auszugehen, daß solche Futtermittel auch bei anderen Spezies, zumindest aber innerhalb der Wiederkäuer oder Monogastriden, problematisch sein könnten. Die meisten dieser Futtermittel sind jedoch bereits aus anderen Gründen nur stark restriktiv zu verfüttern.

Eine Sonderstellung nimmt das *Skatol* (Methylindol) im Schweinefleisch ein. Diese Substanz, die eine fäkalartige Aromaabweichung bewirkt, ist beim Eber in höherer Konzentration zu finden als bei Sauen und Börgen und wird daher neuerdings (und wohl fälschlicherweise) zur behelfsmäßigen Selektion von männlichen Tieren mit zu hohem Geschlechtsgeruch am Schlachtband verwendet (Grenzwert in Dänemark: <0,2 ppm Skatol im Fettgewebe). Methylindol entsteht bei der mikrobiellen Zersetzung von Tryptophan im Darm des Schweins und ist u. a. aber auch durch einen höheren Fasergehalt des Futters zu vermindern (Jensen 1993).

- **Diätetische Qualität von Fleisch**

Allgemein besitzt Fleisch und dabei insbesondere Schweinefleisch heute ein erhebliches Negativimage, das sich aus seiner Zusammensetzung eigentlich nicht begründen läßt. So ist reines Muskelfleisch extrem fettarm (in Nährwerttabellen finden sich weit überhöhte Gehalte). Schweine- und Broilerfett enthält mehr essentielle Fettsäuren als z. B. Olivenöl. Außerdem ist Fleisch reich an essentiellen Aminosäuren, Vitaminen und Spurenelementen und andererseits, abgesehen von mißbräuchlichen Anwendungen, im Vergleich zu anderen Lebensmitteln rückstandsarm. Dennoch sind durch die Fütterung der Tiere weitere Verbesserungen in der Fleischzusammensetzung möglich. In Tabelle 3 sind die wichtigsten ernährungsrelevanten Kriterien des Fleisches sowie der Grad ihrer Beeinflußbarkeit durch die Fütterung zusammengestellt. Von diätetischer Bedeutung sind dabei neben den enthaltenen Nährstoffen auch unerwünschte Stoffe und Schadstoffe sowie die ganzheitliche Qualität.

Im Bereich des tierischen Fettes besteht ein Gegensatz zwischen der geforderten Beschaffenheit und dem Gehalt an diätetisch erwünschten **essentiellen Fettsäuren**. So sollte der P/S-Quotient, also das Verhältnis der mehrfach ungesättigten zu den gesättigten Fettsäuren, in der menschlichen Nahrung über 0,75 liegen, was aber bei tierischem Fett nicht ohne erhebliche Beeinträchtigung von Konsistenz und Haltbarkeit zu erreichen ist. *Omega-3-Fettsäuren* (Eicosapentaensäure, Docosahexaensäure und z. T. α-Linolensäure), welchen aufgrund epidemiologischer Studien eine präventive Wirksamkeit gegenüber Atherosklerose und verwandten Erscheinungen zugeschrieben wird, sind v. a. in fettreichen Meeresfischen zu finden. Neuere Untersuchungen zeigen, daß diese Fettsäuren auch in das Fleisch von Schweinen (Lysø und Astrup 1987), Broilern (Huang und Miller 1993) und wohl auch von Süßwasserfischen überführbar sind. Eine zuverlässige Wirkung beim Menschen erfordert allerdings eine tägliche Aufnahme von mindestens 15 g Eicosapentaensäure (Wolfram 1989). Bei den dafür notwendigen Konzentrationen im Fleisch ergeben sich zwangsläufig erhebliche Probleme wegen der extremen Oxydationsanfälligkeit dieser Fettsäuren in Futter und Tier (Lysø und Astrup 1987), so daß sich in diesem Zusammenhang eher die gezielte Anreicherung in Eiern anbietet.

Die Zusammensetzung des Fleisches an **essentiellen Aminosäuren, an Einzelproteinen** sowie an **Gesamtprotein** läßt sich durch die Fütterung kaum beeinflussen. Das Aminosäurenmuster des Fleisches ist durch die genetische Vorgabe nicht nur der Aminosäurensequenz der Einzelproteine, sondern auch der Einzelproteinanteile im Fleischeiweiß nahezu konstant. Dies zeigt z. B. der Vergleich der Aminosäurenzusammensetzung von Schlachtkörpern bei Schweinen unterschiedlichen Alters und Geschlechts (Kirchgeßner et al. 1989). Selbst extremste Fütterungsbedingungen, wie z. B. eine massive Aminosäurenimbalanz des Futterproteins, bewirken nur eine vernachlässigbare Verschiebung im Aminosäurenmuster des Muskels (Kirchgeßner et al. 1988).

Die **Mineralstoff- und Spurenelementzusammensetzung** des Fleisches ist ebenfalls zu einem hohen Maße genetisch vorgegeben und hängt demnach unter praktischen Bedingungen kaum von der Fütterung ab. Es gilt dabei besonders im Muskel das Prinzip, daß eine Zunahme in der Einlagerung nur bis zur Deckung des Bedarfs an den jeweiligen Elementen erfolgt. Dies zeigen zahlreiche Untersuchungen zur Spurenelementretention im Körper von Nutz- und von Modelltieren. Aus diesem Grunde ist die Erzeugung von „weißem" Kalbfleisch nur auf dem Wege einer leichten Eisenmangelsituation möglich. Die Überführungsrate aus dem Futter in das Fleisch hängt somit außerordentlich stark vom Versorgungsstatus des Tieres ab. Eine marginale Versorgung liegt am ehesten bei Eisen und Selen vor. Anders als das Fleisch reagiert das Gewebe der Entgiftungsorgane des Körpers wie Leber und Nieren, bei denen gerade bei Überschreitung des Bedarfs eine ganz erhebliche Steigerung der Konzentration erfolgt.

Fleisch ist reich an wasserlöslichen **Vitaminen**, deren Gehalt allerdings zumeist nur schwach auf die Fütterung reagiert, weil die Speicherkapazität für diese Vitamine (mit Ausnahme von Thiamin und Niacin) gering ist. Beim Wiederkäuer ist die orale Versorgung wegen der Eigensynthese der B-Vitamine im Pansen sowieso bedeutungslos im Hinblick auf den Gehalt im Fleisch. Die Überführungsmöglichkeit für fettlösliche Vitamine ist relativ hoch, hängt aber vom Fettgehalt des Fleisches ab. Vogg (1989) wies beim Schwein mit erhöhtem Gehalt an α-Tocopherol (Vitamin E) im Futter in Kotelett und Nacken, besonders aber in der Leber, einen deutlichen Gehaltsanstieg nach. Die Höhe der Wiederfindung hängt stark vom Verbrauch des Vitamins bei seiner antioxydativen Tätigkeit ab. Allerdings ist die Erzeugung eines vitamin-E-reichen Produktes als weniger wichtig einzustufen als das verringerte Risiko des Auftretens von gesundheitsschädlichen Fettoxydationsprodukten.

Die **Rückstandssituation** im Fleisch von landwirtschaftlichen Nutztieren ist, relativ zu den geltenden Richtwerten, heute generell als recht günstig zu beurteilen, nicht unbedingt jedoch das Fleisch von Wildtieren bzw. bestimmten Innereien (Abb. 2). Verantwortlich dafür sind v. a. das effiziente Monitoring bei den (Import-)Futtermitteln sowie das geringe Alter der Schlachttiere. Gesundheitliche Risiken durch Rückstände von ordnungsgemäß eingesetzten, leistungsfördernden Futterzusätzen und deren Metaboliten im Fleisch sind durch das Zulassungsverfahren in Deutschland mit hoher Wahrscheinlichkeit auszuschließen, für oral verabreichte Chemotherapeutika gelten strenge Wartefristen (Berschauer et al. 1989). Viele der heute als Schadstoffe angesehenen Rückstände verhalten sich in Abhängigkeit von der Zufuhr wie die Spurenelemente. So wurde ein Plateau in der Muskeleinlagerung bei den relevanten Schwermetallen wie Blei und Cadmium (Kühne 1982) sowie bei radioaktivem Cäsium (Giese 1987) beobachtet, und die selektive Retention der inneren Organe wurde bei der Aufnahme von hohen Mengen an Schwermetallen oder Pilztoxinen nachgewiesen (Stubblefield et al. 1991). Transfer-Raten können demnach auch bei diesen Schadstoffen nur differenziert in Abhängigkeit von der bereits eingelagerten Menge angegeben werden. Hilfreich zur Abschätzung der zu erwartenden Gehalte ist auch die biologische Halbwertszeit der Schadstoffe, die z. B. für ^{137}Cäsium 20–30 Tage beträgt (Giese 1987). Ein andersartiges Retentionsverhalten liegt bei fettlöslichen Schadstoffen, wie z. B. DDT, Lindan, HCH und PCB, vor. Einmal absorbierte Mengen verbleiben

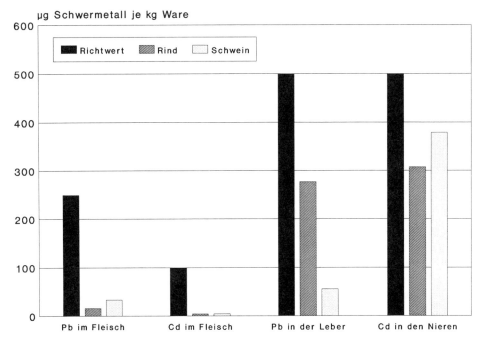

Abb. 2. Vergleich der gemessenen Gehalte an Blei und Cadmium in Fleisch und Innereien mit den BGA-Richtwerten (nach Potthast 1992).

üblicherweise im Fettgewebe, da eine fäkale und eine renale Ausscheidung kaum möglich ist. Zur Verringerung der Rückstandsbelastung von Fleisch empfiehlt sich grundsätzlich bei allen Rückständen, kontaminierte Futtermittel zu vermeiden bzw. längere Zeit vor dem Schlachten abzusetzen, so daß eine möglichst weitgehende Ausscheidung oder zumindest eine Verdünnung durch den Ansatz nichtkontaminierten Gewebes stattfinden kann. Aufgrund der möglichen Nebenwirkungen recht problematisch, aber im Einzelfall sehr wirkungsvoll ist auch der Zusatz spezifischer absorptionshemmender Stoffe zum Futter, wie z. B. Tonminerale oder Ammonium-Eisen-Hexacyanoferrat bei mit Radiocäsium kontaminiertem Futter (Giese 1987).

Die Gehalte an **Cholesterol** und **Purinen** sind entgegen der allgemeinen Auffassung bei den einzelnen Spezies und – im Falle des Cholesterols – sogar zwischen Muskel- und Fettgewebe nur wenig unterschiedlich (Schön 1989). Die Purinsynthese ist fast ausschließlich genetisch bedingt. Auch der Cholesterolgehalt des Fleisches ist nur schwer variierbar. Kürzlich gelang jedoch der Nachweis, daß mit steigendem Anteil von leichtverdaulicher Faser im Schweinefutter nicht nur, wie erwartet, der Cholesterolspiegel im Blutserum, sondern auch der Cholesterolgehalt in Fettgewebe und fettreichem Fleisch annähernd linear zurückgeht (Machmüller et al. 1994).

Die **ganzheitliche Qualität von Lebensmitteln** besteht nach Vertretern biologischer bzw. biologisch-dynamischer Richtungen (Steiner'sche Lehre) nicht allein aus der Summe der enthaltenen Nährstoffe und dem Fehlen von Schadstoffen. Besonderer Wert wird auf den Verbund gelegt, in dem sich diese Inhaltsstoffe befinden. Die bestmögliche ganzheitliche Qualität sollte sich beim Einsatz von ebenfalls nach ganzheitlichen Prinzipien (biologisch bzw. biologisch-dynamisch) erzeugten Futtermitteln und unter möglichst tiergerechten Haltungsbedingungen erzielen lassen. Verschiedene Methoden zur Erfassung der ganzheitlichen Qualität von Lebensmitteln sind bei Meier-Ploeger und Vogtmann (1988) zusammengestellt. Die bislang vorwiegend angewandten Maßstäbe, wie z. B. Steigbildanalyse oder Kupferkristallisationsmethode, sind allerdings in ihrer Aussagekraft sehr umstritten. Reproduzierbar und standardisierbar scheint am ehesten die sogenannte *Biophotonenanalyse* zu sein, bei der die über einen weiten Bereich des elektromagnetischen Spektrums vom Lebensmittel abgestrahlte Photonendichte als Maß für die „Vitalität" des Produktes erfaßt wird (Köhler et al. 1991). Bislang sind allerdings vor allem pflanzliche Lebensmittel und Eier untersucht. Die Ergebnisse bei den Eiern erlaubten die Zuordnung nach der Haltungsform, so daß damit eine Kontrollmöglichkeit bezüglich des Erzeugungsverfahrens auch für Fleisch denkbar erscheint. Eine Bewertung der Ergebnisse der Biophotonenmessung hinsichtlich der ganzheitlichen Qualität erscheint allerdings bislang kaum möglich, da ein Bestrahlen der Lebensmittel mit Licht und damit wahrscheinlich auch mit Radioaktivität zu einer höheren Photonenemission führt. Diskutiert wird auch die Messung der ganzheitlichen Qualität durch Erfassung der Auswirkungen der Verfütterung von Lebensmitteln auf die Fruchtbarkeit von Tieren. Diese Methode erscheint aber nur für pflanzliche Lebensmittel anwendbar. Es ist demnach bislang nicht möglich, Fütterungseinflüsse auf die ganzheitliche Qualität von Fleisch zu messen.

- **Ideelle Qualität von Fleisch**

Bei der ideellen Qualität ist eine direkte Qualitätsverbesserung des Produktes durch die angewandte Produktionsmaßnahme nicht das vorrangige Ziel. Die höhere Qualität besteht darin, daß die Art der Erzeugung des Produktes als förderungswürdig angesehen wird. Von Bedeutung ist dabei besonders die *„ökologische Qualität"*, also eine möglichst umweltschonende Erzeugung, und die *„ethologische Qualität"*, wenn dem Tier eine möglichst angemessene Umgebung einschließlich des Futters geboten wird. In einer Vielzahl von Untersuchungen konnte kein direkter Effekt der Tierhaltung auf Beschaffenheit und Nährstoffzusammensetzung von Fleisch nachgewiesen werden (van der Wal et al. 1993). Eine Fütterung nach ökologischen Gesichtspunkten hat in der Regel ebenfalls nur geringe produktqualitative Auswirkungen. Die wenigen bekannten Folgen zeigen sogar gelegentlich in die ungünstige Richtung (Kreuzer 1993). So hat z. B. die Extensivierung der Fütterung eine geringere Aromaausprägung im Fleisch und die N-Minimierung beim Schwein etwas fettere Teilstücke zur Folge. Letzteres trifft allerdings nur dann zu, wenn die Energieeinsparung durch Wegnahme des N-Überschusses nicht in der Futterzusammensetzung berücksichtigt wird. Da Rückstände von ordnungsgemäß angewandten Futterzusätzen im Fleisch nicht nachzuweisen sind, ist deren Verzicht ebenfalls als ideelle Maßnahme anzusehen, ein aus vermarktungspolitischen Gründen unter Umständen durchaus sinnvoller Ansatz, so wie es auch für die Forderung nach einem Mindestanteil an Getreide oder wirtschaftseigenem Futter zutrifft. Ziel ideeller Qualität von Fleisch muß letztendlich auch die quantitativ-ökologische Bewertung der (einzelbetrieblichen) Gegebenheiten in der Fleischerzeugung anhand Emissionshöhe, Nährstoffökonomie, Aufwand an technischer Energie und Nahrungskonkurrenz zum Menschen beinhalten. Im Vergleich zur Erzeugung tierischen Proteins in Form von Milch und Ei liegt die Fleischproduktion allerdings ohnehin ungünstig, wobei im speziellen die Produktion von Geflügelfleisch am günstigsten ist, gefolgt von Schweine- und Rindfleisch (Flachowsky 1992).

1.3 Herausforderungen in der Erzeugung von qualitativ hochwertigem Fleisch

Aus den vorgestellten Erkenntnissen und Problemen läßt sich ein großer Handlungsbedarf für viele Bereiche der Forschung und der Fütterungspraxis ableiten (Tabelle 4). In der **Forschung** sind die Transfer-Raten der über die Fütterung zu beeinflussenden Fleischinhaltsstoffe nur teilweise quantifiziert, und multiple Modelle, welche die Vielzahl von Einflußfaktoren berücksichtigen, fehlen weitgehend. Dies liegt vor allem an den unvollständigen Kenntnissen der jeweiligen Bestimmungsfaktoren und ihrer Vernetzung. Vorrangiges Ziel muß es daher sein, die für die jeweiligen Inhaltsstoffe entscheidenden Faktoren und Interaktionen zu ermitteln und zu quantifizieren. Im Bereich der Fettsäuren und der Schadstoffe gibt es eine Vielzahl von Untersuchungen, in denen die Zusammensetzung des Futters mit den Verhältnissen eines z. T. beliebig herausgegriffenen Körperkompartimentes verglichen wird. Die Problematik, die darin liegt, läßt sich schon aus der sehr unterschiedlichen Fettsäurenzusammensetzung von subkutanem, inter- und intramuskulärem Fett (Wenk 1991) abschätzen, was unterschiedliche Reaktionen auf Variationen in der Fütterung vermuten läßt. Erstes Ziel muß es daher sein, eine Standardisierung durch Verwendung immer gleicher und genau beschriebener Körperstellen zu erreichen, wie es in der Fleischbeschaffenheitsmessung schon üblich ist. Detaillierten Aufschluß können allerdings nur komplexe Untersuchungen geben, die den gesamten Körper der Tiere und nicht nur das Fleisch allein umfassen, so daß auch Depoteffekte miterfaßt werden können. Intensiviert werden sollte auch die Ursachenforschung im Bereich der Fetthaltbarkeit sowie bei den aromarelevanten Futterbestandteilen (s. Tabelle 4).

Die wichtigste Herausforderung für die **Fütterungspraxis** ist die konsequente Anwendung bereits bestehender Empfehlungen zur Verbesserung bzw. Erhaltung der Produktqualität. Handlungsbedarf aus der Sicht der Fütterung besteht insbesondere im Bereich der Fleisch- und Fettbeschaffenheit beim Schwein. Für die Erzeugung von Schweinefleisch mit günstiger Beschaffenheit sollte die Nüchterungszeit zwischen 12 und 18 Stunden liegen, um sowohl PSE- als auch DFD-Abweichungen zu minimieren. Ein Wiederauffüllen erschöpfter Glycogenreserven ist allenfalls durch Verabreichung schnell verwertbarer Futtermittel wie Zucker oder Melasse mit anschließend erneuter Nüchterung möglich, wobei 2–3 kg je Tier notwendig sind (Berschauer et al. 1989). Für die Rinderschlachtung mit der Dominanz DFD-ähnlicher Beeinträchtigungen besteht die Forderung nach einer kurzen Nüchterungszeit, die ggf. eine Fütterung während und nach langen Transporten voraussetzt.

Zur Verbesserung der Fettbeschaffenheit beim Schwein empfiehlt sich eine Begrenzung der problematischen Futterinhaltsstoffe. Für die praktische Anwendung ist zu unterscheiden, ob lediglich eine Mindestanforderung an die Fettkonsistenz gestellt wird oder ob in dem Produkt auch eine bestimmte Haltbarkeit gewährleistet werden muß. Linolsäure und Linolensäure sind nämlich 12- bzw. 24mal so oxydationsanfällig wie Ölsäure, weisen aber nur die doppelte bzw. dreifache Jodzahl auf. Zur Sicherstellung einer günstigen Konsistenz sollten Jodzahlen unter 65 bzw. weniger als 50 Mol-% ungesättigte Fettsäuren im Speck angestrebt werden (Berschauer et al. 1989, Hartfiel 1990). Als Hilfsgröße zur Abschätzung der Wirkung des Futterfettes kann dazu das sogenannte „Jodzahlprodukt" nach Mortensen et al. (1983) unter Einbeziehung der erwarteten Futteraufnahme verwendet werden, das sich folgendermaßen errechnet: (gewichtete) Jodzahl des Futterfettes · Fettgehalt des Futters (%) · 0,1 · Futteraufnahme (kg). Die Umrechnung in die zu erwartende Jodzahl des

Tabelle 4. Herausforderung im Bereich der Fütterung zur Erzeugung von Qualitätsfleisch und -fleischprodukten

I. Herausforderungen in der Forschung
– experimentelle Bestimmung der Transfer-Raten von Futterinhaltsstoffen in das Fleisch (insbesondere Fettsäuren, Vitamine und Schadstoffe)
– Ermittlung von Nährstoffinteraktionen, Genotyp-Fütterungsinteraktionen und der Verteilungsunterschiede im Körper beim Transfer vom Futter in den Schlachtkörper
– Klärung der fettsäuren- und tocopherolunabhängigen Bestimmungsfaktoren der Fetthaltbarkeit in Fleisch und Fleischprodukten
– Identifizierung weiterer aromarelevanter Futterinhaltsstoffe sowie Modellformulierung zur multiplen Bewertung

II. Herausforderungen in der Fütterungspraxis
- Konsequente Anwendung detaillierter Fütterungsempfehlungen
- Modus von Nüchterung und Fütterung vor dem Schlachtprozeß
- Aufnahme von produktqualitativen Gesichtspunkten in die Höchstmengenempfehlungen für den Einsatz von Einzelfuttermitteln in der Ration
    – „Jodzahlprodukt", Gehalte an Linolsäure und höher ungesättigten Fettsäuren
    – aromarelevante Inhaltsstoffe
- Dosierung von antioxydativ wirksamen Vitaminen und Spurenelementen in Abhängigkeit vom Polyensäuregehalt des Futters

- Entschärfung von Merkmalsantagonismen in den multifaktorellen Ansprüchen an die Produktion
– diätetische Vorgaben ↔ Genußtauglichkeit und Haltbarkeit
– Ökonomie ↔ Qualität
– Ökologie ↔ Qualität

- Einführung und Verbesserung von Qualitätskontrolle und -bezahlung
– Einbeziehung von Fleisch- und Fettqualität in die Handelsklassenverordnungen
– Verbesserung der Analysenmöglichkeiten sowie der -kapazitäten für hohe Schlachttierstückzahlen und Verringerung der Kosten der Qualitätskontrolle

Rückenspecks erfolgt über die Formel „Jodzahl im Rückenspeck = 56,9 + 0,000554 · (Jodzahlprodukt)^2". Der Grenzwert von 65 wird somit etwa bei einem Jodzahlprodukt von 120 erreicht. Tabelle 5 gibt mittlere Fettgehalte und Jodzahlen einzelner Futtermittel an, jedoch ist die Bestimmung der Jodzahlen von fertigen Futtermischungen wenig aufwendig, so daß hier Analysen zur Reduzierung der Unsicherheiten vorzuziehen sind.
Soll zudem besonderer Wert auf die Haltbarkeit der Produkte (Rohschinken, Rohwürste, Tiefkühl- und Trocknungsprodukte usw.) gelegt werden, so sollten nach Wenk und Prabucki (1990) im Rückenspeck weniger als 12 bis 13 Mol-% Polyensäuren enthalten sein, was nur durch Rationen mit etwa maximal 1,2% Linolsäure zu erfüllen ist. Die bislang tiefsten Grenzwerte liegen deshalb bei 1,2% (Schweiz), während auch moderatere Werte von 1,5% (Dänemark, Österreich, diverse Markenfleischprogramme in Deutschland) bis hin zu 1,8% (bzw. 5% der Energieaufnahme im CMA-Prüfsiegel „Deutsches Qualitätsfleisch aus kontrollierter Aufzucht", 1991) zur Anwendung kommen. Die Deckung des Bedarfs der Tiere an Linolsäure, der bei 0,3–0,5% liegt, stellt in der Praxis dennoch kein Problem dar (Hartfiel 1990). Empfehlungen, die lediglich den maximalen Anteil an Polyensäuren in Futterfetten festlegen (z. B. max. 12% Linolsäure bei Kalb, Lamm und Schwein und 2% bzw. 3%

Linolensäure auch bei Geflügel bzw. Rind in der DLG-Arbeitsunterlage „Qualitätsmerkmale für Futterfette"; Lurch 1990), eignen sich nicht zu wirkungsvollen Begrenzung der Polyenaufnahme der Tiere.

Je nach den zugelassenen Höchstanteilen an Polyenen (Linolsäure) in der Ration ergeben sich unterschiedliche Höchstmengenempfehlungen für Einzelfuttermittel in der Schweinemast (s. Tabelle 5). Kann erwartet werden, daß die Tiere einen unterdurchschnittlichen Magerfleischanteil aufweisen werden, so sind nach den Regressionsgleichungen von Fischer et al. (1992) etwas höhere Werte tolerierbar, weil dann der Anteil der weniger stark ungesättigten Depotlipide höher ausfällt. Die unterstellten Polyensäuregehalte stellen allerdings nur Mittelwerte dar und können im Einzelfall je nach Fettgehalt des Futtermittels, aber auch bei derselben Fettart erheblich schwanken. Zur Absicherung ist eine gelegentliche gaschromatographische Untersuchung des Futterfetts unerläßlich. Die Feststellung von Handlungsbedarf oder auch die Kontrolle der Wirksamkeit von entsprechenden Fütterungsmaßnahmen ist zudem durch ein routinemäßiges Monitoring der Fettbeschaffenheit am Schlachtbetrieb möglich. Für die praktische Schweinemast läßt sich aus Tabelle 5 ableiten, daß recht verbreitete Futtermittel wie Mais, Corn-Cob-Mix und Mühlennachprodukte wegen ihrer relativ hohen Polyensäurengehalte nur begrenzt einsetzbar sind. Besonders auch das sehr gebräuchliche Auffetten der Ration mit (Soja-)Öl muß weitgehend unterlassen werden. Wenn dennoch problematische Futtermittel eingesetzt werden sollen, können besonders fettarme Energieträger, wie z. B. Maniok, Trockenschnitzel oder Trester, anstelle von Getreide zum Ausgleich verwendet werden. Bei den in Tabelle 5 nicht aufgeführten Futtermitteln kann der Polyengehalt ggf. aus dem (Roh-)Fettgehalt und den in der Tabelle angegebenen Polyenwerten der aus der selben Pflanze stammenden Öle und Fette abgeschätzt werden.

Für einige Futtermittel sind noch schärfere Grenzwerte angezeigt. Dies gilt besonders für Futtermittel mit nennenswerten Anteilen an mehr als zweifach ungesättigten Fettsäuren, die in Tabelle 5 gesondert ausgewiesen sind. Besonders hohe Anteile an der dreifach ungesättigten Linolensäure haben neben Fischöl (ca. 40% der Polyene) besonders Leinöl (75%), Rapsöl (30%) und Sojaöl (10%). Es ist sehr fraglich, ob bestehende Regelungen (z. B. die Begrenzung der Linolsäure bzw. des Fischmehls auf 3% in CMA-Gütesiegel oder dessen Fütterungsverbot in einigen Ländern) diese Futtermittel ausreichend begrenzen. Auch der Einsatz von Spaltfetten (Raffinations- und Destillationsfettsäuren) ist aufgrund ihrer häufig sehr einseitigen Zusammensetzung und schlechteren Qualität gegenüber den Rohfetten stark zu beschränken (Hartfiel 1990, Kirchgeßner et al. 1993, Roth et al. 1993). Besonders ungünstig ist die Verwendung von nach dem Futtermittelrecht nicht als Einzelfuttermittel zugelassenen Rückständen dieser Produkte bzw. von Siede- und Bratfetten aus der Gastronomie.

Schließlich empfiehlt es sich, den Zusatz von antioxydativ wirksamen Substanzen zum Futter vom Gehalt an Polyensäuren abhängig zu machen. Wünschenswert wären im Schweinemastfutter ein Basisgehalt von 25 ppm α-Tocopherol, ergänzt um je ein mg/g Polyensäuren im Futter (Wenk 1991), sowie die Ausnutzung des Spielraums von bis zu 50 ppm Selen und schließlich Überlegungen zum Zusatz von Ascorbinsäure. Von Fall zu Fall zu entscheiden ist allerdings der Einsatz von technischen Antioxydantien wie BHT oder Ethoxyquin, die bis zu 150 mg/kg Futter zugelassen sind, aber ein unerwünschtes Image als „chemische" Zusätze haben.

Im Bereich des Geflügelfleisches sind bislang vor allem der Verzicht auf problematische Futtermittel, die zu Aromaabweichungen führen können, sowie die Beachtung der Höchst-

Tabelle 5. Fett- und Polyengehalte, Jodzahlen sowie polyenbedingte Einsatzgrenzen[1]) gebräuchlicher Schweinemastfuttermittel (nach Tabellenangaben sowie Hartfiel 1990, Lurch 1990, Wenk und Prabucki 1990)

Einzelfuttermittel	Fett, % (ca.)	Jodzahl des Fetts (ca.)	Polyene, % (ca.)	Höchstmenge in der Ration bei Restriktion der Polyene auf:		
				<1,2%	<1,5%	<1,8%
Leinöl[2])	100	190	75	0,3%	0,7%	1,1%
Sonnenblumenöl	100	130	70	0,3%	0,7%	1,2%
Sojaöl[2])	100	135	60	0,3%	0,8%	1,4%
Maiskeimöl	100	110	58	0,4%	0,9%	1,4%
Baumwollsaatöl	100	110	55	0,4%	0,9%	1,5%
Fischöl[2])	100	160	50	0,4%	1,0%	1,6%
Sesamöl	100	105	43	0,5%	1,2%	1,9%
Erdnußöl	100	90	40	0,5%	1,3%	2,1%
Rapsöl[2])	100	100	30	0,7%	1,7%	2,8%
Raps (Vollfett)[2])	40	100	12	2%	4%	7%
Schweineschmalz	100	50	12	2%	4%	7%
Sojavollbohnen[2])	18	135	11	2%	5%	8%
tierisches Milchfett	100	45	8	3%	7%	11%
Rindertalg	100	40	4,5	6%	17%	23%
Leinexpeller[2])	6	190	4,5	6%	17%	23%
Weizennachmehl	5	120	2,6	12%	31%	50%
Fischmehl[2])	5	160	2,4	14%	36%	57%
Erdnußexpeller	6	90	2,4	14%	36%	57%
Weizenkleie	4	120	2,1	18%	45%	73%
Kokosfett	100	10	2,0	20%	50%	80%
Palmkernfett	100	15	2,0	20%	50%	80%
Körnermais	4	110	2,0	20%	50%	80%
CCM (bezogen auf 90% T)	3	110	1,8	25%	63%	unbegrenzt
Hafer	5	120	1,5	40%	unbegrenzt	unbegrenzt
Roggenkleie	3	120	1,4	50%	unbegrenzt	unbegrenzt
Sojaextraktionsschrot	2	135	1,2	unbegrenzt	unbegrenzt	unbegrenzt
Baumwollsaatextraktionsschrot	2	110	1,0	unbegrenzt	unbegrenzt	unbegrenzt
Weizen	2	120	1,0	unbegrenzt	unbegrenzt	unbegrenzt
Gerste	2	120	0,8	unbegrenzt	unbegrenzt	unbegrenzt
Roggen	2	120	0,7	unbegrenzt	unbegrenzt	unbegrenzt
Rapsextraktionsschrot	2	100	0,6	unbegrenzt	unbegrenzt	unbegrenzt

fettarme Energieträger, Tiermehl sowie Kokos- und Palmkernexpeller: unbegrenzt

[1]) Im Austausch zu einer Getreide-Sojaextraktionsschrot-Ration mit 1% Polyenen.
[2]) Fett ist zudem reich an vielfach ungesättigten Fettsäuren (>2 Doppelbindungen).

anteile an problematischen Inhaltsstoffen wichtig. Künftige Anforderungen insbesondere für Rohwaren zur Verarbeitung könnten allerdings schon bald ein Umdenken in Richtung einer verstärkten Beachtung der Qualität des Futterfettes ähnlich wie beim Schwein notwendig machen. Bereits jetzt sollte in der Broilermast unbedingt auf den Einsatz von

Fettrückständen verzichtet werden, die in der Schweinemast schon nicht mehr verwendet werden (Hartfiel 1990). Aufgrund der geringen Fett-Toleranz des Wiederkäuers war das Problem unerwünschter Fettbeschaffenheit bis vor kurzem nahezu bedeutungslos. Mit dem verstärkten Einsatz pansengeschätzter Fette ist aber auch hier eine strikte Begrenzung des Einsatzes von Ölen notwendig, besonders um Aromabeeinträchtigungen zu vermeiden.

Eine große Herausforderung an die Erzeugung von qualitativ hochwertigem Fleisch stellen die Merkmalsantagonismen und die daraus resultierenden **Zielkonflikte** in der Produktion dar. Diese Konflikte können in Form eines Kompromisses berücksichtigt oder in einigen Fällen sogar umgangen werden. Besonders augenfällig ist der Gegensatz zwischen der ernährungsphysiologischen Qualität und der Genußtauglichkeit bzw. Haltbarkeit der Produkte. Dies betrifft sogar zwei Ebenen: den Gehalt an Fett und die Zusammensetzung des Fettes. Aus sensorischer Sicht ist ein gewisser Mindestgehalt an Fett in Fleisch und Wurst erwünscht, aus diätetischer Sicht aber ein möglichst niedriger Fettanteil. Reines Muskelfleisch von jeder Nutztierspezies ist allerdings gegenwärtig so mager, daß eine Fettreduzierung aus gesundheitlicher Sicht nicht angezeigt ist. Wesentlich wichtiger wäre die Entfernung des abtrennbaren Fettes (subkutan, intermuskulär) vor dem Verzehr. Da die Fettentfernung im Haushalt bei uns nicht zuverlässig erfolgt, könnten z. B. Erzeugungsprogramme mit dem Ziel der Erzeugung von Fleisch mit hohem intramuskulärem Fettgehalt (Fütterungsintensität, frühreife Rassen) in ihren Richtlinien die Entfernung des Fettes vor dem Verkauf vorschreiben, wie es bereits bei der Steakvermarktung in den USA üblich ist. Die Abtrennung des Fettes ist allerdings nur mit Abstrichen in der gesamtenergetischen Bilanz der Lebensmittelerzeugung zu erreichen, weil damit bei gleicher Verzehrsmenge an Fleisch und Fleischwaren ein erhöhter Bedarf an Schlachttieren vorliegt. Der Rohstoff Fett könnte möglicherweise aber auch für technische Zwecke oder als Bratfett anstelle von pflanzlichen Ölen genutzt werden. Von der Erzeugerseite her kann die Fettreduzierung bei den Fleischerzeugnissen nicht gesteuert werden, die Technologie zur Vermeidung von Beeinträchtigungen in Wasserbindungsvermögen und Sensorik wäre aber im Prinzip vorhanden. Die Fleischwarenindustrie ist daher gehalten, ihre speziellen Anforderungen an die Rohware für derartige Produkte zu formulieren und an die Adresse der Erzeuger weiterzugeben.

Auch der Konflikt zwischen den Anforderungen hinsichtlich Fettkonsistenz und den diätetisch relevanten Kriterien der Fettzusammensetzung kann relativ einfach umgangen werden. Für den Großteil der Bevölkerung ist nämlich eine therapieähnlich hohe Versorgung mit essentiellen Fettsäuren bzw. sogar Omega-3-Fettsäuren gar nicht notwendig, so daß es aus gesundheitlicher Sicht vorrangig ist, vom Frischegrad her einwandfreie, einigermaßen fettarme Fleischstücke oder -erzeugnisse bereitzustellen. Für den kleinen Teil der Bevölkerung, der spezielle Anforderungen an das Fettsäuremuster stellt, könnten hierfür eigene Erzeugungsschienen aufgebaut werden (s. 1.4).

Erheblich stärker behindern die Zielkonflikte der Qualität mit der Ökonomie und der Ökologie die Umsetzung qualitativ günstiger Fütterungsmaßnahmen (Kreuzer 1993). Solange zwar eine bessere Fleisch- und Fettbeschaffenheit gefordert, diese aber nicht durch höhere Preise honoriert wird, erfolgt in den wenigsten Fällen eine Anwendung solcher, die Produktion fast zwangsläufig verteuernder Verfahren. Andererseits ist das als besonders hochwertig angesehene Fleisch von Rind und Fisch im Verhältnis zu den tatsächlichen Qualitätsunterschieden zu teuer, wodurch hier der Marktanteil stark begrenzt wird. Auch betriebswirtschaftliche Zwänge aus dem Bereich der Futtererzeugung, insbesondere die Dominanz des Maisanbaus, verhindern die Umsetzung günstiger Maßnahmen. Das verstärkte Streben nach einer umweltgerechten Fleischerzeugung behindert die Anwendung von Maßnahmen zur Qualitätssteigerung ebenfalls, weil zumeist kein oder gelegentlich sogar ein negativer Zusammenhang zwischen beiden Bereichen besteht und somit Präferenzen gesetzt werden müssen.

Die Auswertung von Häuser und Ryner (1991) belegt, wie schnell und umfangreich qualitätssteigernde Maßnahmen durch die Einführung eines Bezahlungssystems umgesetzt werden. So ging in der Ostschweiz der Anteil der hinsichtlich ihrer Fettbeschaffenheit beanstandeten Proben innerhalb von einem Jahr von rund 50% auf 20% zurück. Besonders anzustreben wäre daher die obligatorische Einbindung von Fleisch- und Fettqualitätsparametern in die amtlichen Handelsklassen. Für die routinemäßige Überprüfung der Wirksamkeit von Fütterungsmaßnahmen in der Fleisch- und Fettqualität sind aber auch Schnellmethoden notwendig, die, wenn irgend möglich, on-line, d. h. am Schlachtband und in dessen Geschwindigkeit Meßergebnisse erzielen. Die On-line-Messung in Deutschland beschränkt sich derzeit auf die Erfassung von Parametern zur Abschätzung des Safthaltevermögens von Schweinefleisch, die, wenn sie konsequent frühestens 45 Minuten postmortal erfaßt werden, eine ausreichend genaue Vorhersage ermöglichen. Aber auch hier erfolgt bislang zumeist nur in Qualitätsfleischprogrammen eine routinemäßige Messung. Die Sortierung von Schweineschlachtkörpern zur Bereitstellung gleichbleibender und kontrollierter Qualität hinsichtlich einer ganzen Reihe von Parametern wird besonders in Dänemark angestrebt (Madsen et al. 1992). In sogenannten Klassifizierungszentren innerhalb des Schlachthofes wird dabei on-line neben den Parametern des Safthaltevermögens auch das MQM-Verfahren (Meat-Quality-Marbling) in Kombination mit den Reflexionssonden angewandt, mit dem sich der intramuskuläre Fettgehalt relativ zuverlässig abschätzen läßt. Zudem sind Einrichtungen zur Probennahme für die Skatol-Analyse vorgesehen und On-line-Methoden zur Erfassung von Fleischfarbe (Glasfaseroptik), Rohprotein (Near-Infrared-Technik) und Fettsäuren (automatische Gas-Flüssigkeitschromatographie) in Entwicklung. Einen anderen Weg gehen die Schlachteinrichtungen in der Ostschweiz mit der routinemäßigen Rückenspeckprobennahme und anschließender Jodzahlbestimmung zur Selektion der Tiere nach der Fettqualität. Große Anstrengungen sind auch zur On-line-Erfassung des Fettgehalts im Teilstück Bauch der Schweine notwendig, da es sich hier entweder um ein wertvolles Teilstück (Frühstücksspeck o. ä.) oder um preislich schlecht bewertete Verarbeitungsware handeln kann. Aufgrund der Uneinheitlichkeit dieses Gewebes gibt es allerdings keine ideale Einstichstelle wie am Rücken. Im Bereich des Rindfleisches wäre besonders eine On-line-Abschätzung der Zartheit interessant. Denkbar wäre z. B. eine weitgehende Automatisierung der Bestimmung von Sarkomerlängen mittels Videobildanalyse nach Beendigung der Reifungszeit, so daß eine entsprechende Sortierung der Schlachtkörper möglich wäre.

1.4 Perspektiven in der Erzeugung von qualitativ hochwertigem Fleisch

Es stellt sich die Frage, welche künftigen Entwicklungen im Bereich der Fleischproduktion zu erwarten sind und welche Rolle dabei die Fütterung spielen wird. Die jüngsten Veränderungen in der Erzeugung und qualitativen Bewertung von Fleisch waren gekennzeichnet durch eine Stagnation des Fleischverzehrs bei einer immensen Ausweitung von vage formulierten Ansprüchen an die Fleischqualität und von Maßstäben zu ihrer Messung. Die relevanten Parameter werden allerdings bis jetzt bestenfalls lokal angewandt, durch das weitgehende Fehlen einer Qualitätsbezahlung jedoch in der breiten Fleischerzeugungspraxis kaum umgesetzt. Es ist zu erwarten, daß die Qualitätsansprüche künftig noch wesentlich differenzierter, aber auch genauer ausformuliert sind, insbesondere wenn der Trend zu sogenannten „Convenience"-Produkten und auch zu „Designer-Food" mit ihren spezifischen Anforderungen an die Rohwaren anhält. Um durch Abbau der immer stärkeren Vorbehalte langfristig den Fleischabsatz zu sichern, ist zudem unbedingt eine stärkere Beachtung der anthropologischen Aspekte des Fleischverzehrs (Fiddes 1993) angezeigt.

Einige realistische Perspektiven zur künftigen Einbindung von Fütterungsmaßnahmen in die Erzeugung von Qualitätsfleisch sind in Tabelle 6 zusammengestellt. Dabei ist nach den Bereichen **Forschung** und praktische Umsetzung zu unterscheiden. Durch Einbindung verschiedenster Ergebnisse sollte es in naher Zukunft mit Simulationsmodellen möglich sein, aus einer stichprobenartigen Grundstruktur spezifische Empfehlungen abzuleiten. Dies erfordert aber, daß die Untersuchungspalette erheblich breiter gestreut wird, als es bislang erfolgt ist und innovative Vorgehensweisen (z. B. hochtechnisierte Klassifizierungszentren nach dänischem Vorbild; Madsen et al. 1992) und Meßtechniken (z. B. Videobildanalyse oder virtuelle Realität) eingesetzt werden. So könnte u. U. die Technik der virtuellen Realität (Cyberspace) genutzt werden, um durch Simulation einer gewünschten Umgebung und Lebensmittelbeschaffenheit im Sensorik-Test wesentlich objektiver die relevanten Aromafaktoren im Fleisch zu identifizieren. Geruchssimulation ist nämlich bereits Teil der projektierten „Full sense fantasy" (Rheingold 1992).

Tabelle 6. Perspektiven in der Erzeugung von qualitativ hochwertigem Fleisch und Fleischprodukten auf der Basis von Fütterungsmaßnahmen

I. Perspektiven in der Forschung

- Ableitung von spezifischen Bedarfsnormen und Empfehlungen für Mastendprodukte (Rassen, Linien, Kreuzungsprodukte, Geschlecht)
- Erarbeitung von Richtlinien zur Produktsicherheit bei spezialisierter Erzeugung von Fleisch besonderer Qualität
- Nutzung von innovativen Techniken zur objektiveren Ermittlung von Verbraucherwünschen

II. Perspektiven in der Fütterungspraxis

Produktdiversifizierung unter Einbeziehung bestimmter Fütterungsmaßnahmen
- Standardqualität
- Produkte mit besonders hoher diätetischer Qualität
- Produkte mit besonders günstigen genußrelevanten Eigenschaften
- unter besonderer Berücksichtigung von ökologischen und ethologischen Prinzipien erzeugte Produkte
- Nutzung unterschiedlicher Vermarktungswege für einzelne Schlachtkörperteile; insbesondere Fettverwertung nach Eignung (Ernährung oder technologische Zwecke)

III. Einführung moderner Produktionssysteme, u. a. basierend auf Prinzipien der Futtermittelkontrolle und der Fütterung

- integrierte Produktionsorganisation
- Aufbau und Durchführung konsequenter Monitoringprogramme für Futtermittel und erzeugte Produkte nach dem Modell der Schadstoffkontrolle

Konkret wird das vorrangigste Ziel künftiger Tierernährungsforschung die Entwicklung von auf die Herkunft der Masttiere zugeschnittenen Empfehlungen sein, da dies neben höherer Produktqualität auch eine Berücksichtigung ökologischer Aspekte ermöglicht. Solche Empfehlungen befinden sind aber in allen Bereichen der Tierernährung erst in den Anfängen. Eine besondere Problematik ist dabei die Notwendigkeit zur laufenden Anpassung der Empfehlungen an das sich kontinuierlich ändernde genetische Material. Allerdings geht die Entwicklung bei Spezies, die, wie das Rind, besonders deutliche Herkunftsunterschiede zeigen, wegen des langen Generationsintervalls auch entsprechend langsam vor sich. Aufgrund der Vielzahl von Einflußfaktoren und Merkmalsantagonismen bereitet vor allem die Bestimmung der optimalen Fütterungsintensität Schwierigkeiten. Der intramuskuläre Fettgehalt und die Schlachtkörperverfettung steigen nämlich bei genetisch fetter veranlagten Tieren, wie z. B. Duroc-Kreuzungstieren, durch Übergang von restriktiver auf Ad-libitum-Fütterung erwartungsgemäß viel stärker als bei Schweinen, die von Rassen mit besonders hohem Magerfleischanteil abstammen (Affentranger et al. 1991). Ähnliches gilt für die Mast von Tieren unterschiedlichen Geschlechts. Probleme bereitet auch die Bewertung der Fütterungsintensität in ökologischer Hinsicht. Bei hoher Fütterungsintensität liegt die N- und P-Verwertung je kg erzeugtes Fleisch hoch, aber die Erfüllung von Forderungen nach geringem Futtermittelzukauf und enger Flächenbindung der Produktion ist schwieriger zu erfüllen. Hier muß künftig die Empfehlung noch mehr auf einzelbetriebliche Gegebenheiten zugeschnitten werden.

Hilfe aus der Forschung erfordert besonders auch die Betreuung von Programmen, die sich die Erzeugung von bestimmten, in einer oder mehrere Hinsicht höherwertigen Produkten zum Ziel gesetzt haben, wie sie beispielhaft in Tabelle 6 aufgeführt sind. Nach Madsen et al. (1992) ist allerdings entscheidend, nicht nur ein besonders gutes Produkt, sondern auch ein Produkt mit einer möglichst einheitlich hohen Qualität zu erzeugen, also die „Produktsicherheit" zu gewährleisten. Nur so ist es möglich, tatsächlich eine eigenständige „Marke" aufzubauen, wie es das System der Markenfleischprogramme eigentlich voraussetzt.

Die künftige Fleischproduktion wird sich unter Zuhilfenahme günstiger **Fütterungsstrategien** stärker diversifizieren. Grundsätzlich wird immer eine Standardqualität mit einem günstigen Preisniveau zur Verfügung gestellt werden müssen, wobei die Qualität unbedingt so hoch sein muß, daß sie nicht eine noch schlechtere Wertschätzung des Lebensmittels Fleisch zur Folge hat. Denkbar sind dabei unter anderem Modelle wie das „Steak für jedermann", also die Erzeugung von Rinderschlachtkörpern durch Intensivmast, bei denen sich ein möglichst hoher Anteil zum Kurzbraten eignet, sofern nicht höchste Maßstäbe angelegt werden. Daneben wird es aber spezielle Produktionseinrichtungen und neue Absatzwege geben, bei denen für einen ganz bestimmten Zweck produziert wird. Der höhere Preis solcher „Nischen"-Produkte gestattet es dann, besonders intensive Kontrollen und Aussonderungsraten anzuwenden. Möglich wird dies durch integrierte Produktionsorganisationen, die in landesweit standardisierten Anforderungen wie im CMA-Gütesiegel über mehr regionale Qualitäts- und Markenfleischprogramme bis hin zu Spezialbetrieben realisiert werden kann, welche für (Kur-)Kliniken oder bestimmte Restaurants (z. B. Steakhäuser) produzieren. In der *Produktdiversifizierung* versprechen Spezialerzeugnisse mit besonders hoher diätetischer, sensorischer oder ideeller Qualität den besten Erfolg. So könnte für eine besonders hohe diätetische Qualität u. a. gefordert werden, daß es sich um ein extrem mageres Fleisch handelt, das zudem einen besonders hohen Frischegrad aufweist. Das Aroma ist dann zwangsläufig von untergeordneter Bedeutung. Zur Gewährleistung des hohen Frischegrads der Produkte ist die Verkürzung der gegenwärtig sehr umfangreichen Vermarktungskaskade wichtig, wozu sich die integrierte Produktion, ggf. sogar verbunden mit *Direktvermarktung*, besonders gut eignet.

Wissenschaft, Beratung und landwirtschaftliche Produktion stehen in der Verantwortung, auch künftig Fleisch bereitzustellen, das dem Anspruch an eines der von der Nährstoffzusammensetzung her wertvollsten Nahrungsmittel weiterhin gerecht wird. Trotz gewisser Imageeinbußen ist Fleisch nach wie vor sehr beliebt, was auch daraus ersichtlich ist, daß die Speisenwahl im Restaurant fast immer durch die Fleischkomponente und nicht durch die Beilagen bestimmt wird. Die Verantwortung umfaßt zudem besonders den Erhalt, aber auch die strenge Überwachung der inländischen Fleischerzeugung durch bäuerliche Betriebe.

Literatur

Affentranger, P., C. Gerwig, N. Künzi, G. Seewer, D. Schwörer und A. L. Prabucki (1991): Vergleich der Mast- und Schlachtleistung sowie Fleischqualität von Kreuzungstypen bei unterschiedlichen Fütterungsintensitäten. In: Schweinefleischqualität – Qualitätsschweinefleisch. Schriftenreihe aus dem Institut für Nutztierwissenschaften, Gruppe Ernährung, ETH Zürich, Heft 5, 69–75.

Berschauer, F., W. Branscheid, G. Burgstaller, J. Fink-Gremmels, E. Kallweit und G. Röhrmoser (1989): Die Fleischqualität beim Schwein und ihre Beeinflussung durch die Fütterung. DLG-Arbeitsunterlagen Bestellnummer R/89, Frankfurt/Main.

De Greef, K. H., and M. W. A. Verstegen (1993): Partitioning of protein and lipid deposition in the body of growing pigs. Livest. Prod. Sci. **35**, 317–328.

DGE (Deutsche Gesellschaft für Ernährung), 1984: Ernährungsbericht 1984. Druckerei Henrich, Frankfurt/Main.

Duthie, G. G., J. R. Arthur, C. F. Mills, P. C. Morrice and F. Nicol (1987): Anomalous tissue vitamin E distribution in stress susceptible pigs after dietary vitamin E supplementation and effects on pyruvate kinase and creatine kinase activities. Livest. Prod. Sci. **17**, 169–178.

Enser, M. (1984): The chemistry, biochemistry and nutritional importance of animal fats. In: Fats in Animal Nutrition (J. Wiseman, ed.). Butterworths, London, 23–51.

Fischer, K., P. Freudenreich, K. H. Hoppenbrock und W. Sommer (1992): Einfluß produktionstechnischer Bedingungen auf das Fettsäuremuster im Rückenspeck von Mastschweinen. Fleischwirtsch. **72**, 200–205.

Fiddes, N. (1993): Anthropology. An anthropological perspective on meat. Meat Focus Int. **2**, 27–29.

Fisher, C. (1984): Fat deposition in broilers. In: Fats in Animal Nutrition (J. Wiseman, ed.). Butterworths, London, 23–51.

Flachowsky, G. (1992): Nährstoffökonomische, energetische und ökologische Aspekte bei der Erzeugung von eßbarem Protein tierischer Herkunft. Arch. Geflügelk. **56**, 233–240.

Giese, W. (1987): Der fütterungsabhängige Radio-Cäsium-Expositionspfad für nutzbare Haustiere sowie Möglichkeiten zur Verminderung der radioaktiven Strahlenbelastung. Übers. Tierernähr. **15**, 113–134.

Grandin, T., and J. M. Regenstein (1994): Religious slaughter and animal welfare: a discussion for meat scientists. Meat Focus Int. **3**, 115–123.

Häuser, A., und G. Ryner (1991): Fettqualität bei Mastschweinen im Schlachthof St. Gallen. In: Schweinefleischqualität – Qualitätsschweinefleisch. Schriftenreihe aus dem Institut für Nutztierwissenschaften, Gruppe Ernährung, ETH Zürich, Heft 5, 139–141.

Hartfiel, W. (1990): Qualitätskriterien für Futterfette. Eine vergleichende Betrachtung über die Verwendung pflanzlicher Öle und tierischer Fette in der Tierernährung. Interessensgemeinschaft Fett e. V., Rheinstraße 12, Bonn (Hrsg.).

Honikel, K. O. (1992): Fleisch- und Fleischfettverzehr. Fleischwirtsch. **72**, 1145–1148.

Huang, Y. X., and E. L. Miller (1993): In: Safety and quality of food from animals. Br. Soc. Anim. Prod., Occasional Publication (Meeting, June 29–July 1), Bristol, UK.

Jensen, M. T. (1993): Effect of some feed components on microbial skatole production in the hind gut of pigs. In: Abstracts of the 44th Ann. EAAP Meeting at Aarhus, Denmark, Vol. II, 346–347.

Kallweit, E., G. Kielwein, R. Fries und S. Scholtyssek (1988): Qualität tierischer Nahrungsmittel. Fleisch–Milch–Eier. Eugen Ulmer Verlag, Stuttgart.

Kim, B.-C. (1984): Der Schlachtkörperwert und die Fleischqualität bei Regenbogenforellen. Diss., Institut für Tierzucht und Haustiergenetik, Universität Göttingen.

Kirchgeßner, M., H. Steinhart und M. Kreuzer (1988): Aminosäurenmuster im Körper und einigen Organen von Broilern bei unterschiedlicher Versorgung mit Tryptophan und neutralen Aminosäuren. Arch. Anim. Nutr. **38**, 905–919.

Kirchgeßner, M., M. Kreuzer und F. X. Roth (1989): Aminosäurenzusammensetzung und -retention in Ganzkörper, Muskelpartien, Innereien und Blut bei 60 kg und 100 kg schweren Mastschweinen beiderlei Geschlechts. J. Anim. Physiol. Anim. Nutr. **61**, 93–104.

Kirchgeßner, M., M. Ristic, M. Kreuzer und F. X. Roth (1993): Einsatz von Fetten mit hohen Anteilen an freien Fettsäuren in der Broilermast. 2. Wachstum sowie Qualität von Schlachtkörper, Fleisch und Fett bei stufenweisem Austausch von gesättigten durch ungesättigte Fettsäuren. Arch. Geflügelk. **57**, 265–274.

Köhler, B., K. Lambing, R. Neurohr, W. Nagel, F. A. Popp und J. Wahler (1991): Photonenemission – Eine neue Methode zur Erfassung der „Qualität" von Lebensmitteln. Dt. Lebensm.-Rundschau **87**, 78–83.

Kreuzer, M. (1993): Ernährungseinflüsse auf die Produktqualität beim Schwein. Züchtungskde. **65**, 468–480.

Kreuzer, M., und J. Abeling (1994): Wirkung niedriger Anteile an Kokosfett im Schweinemastfutter auf die Qualität von Fleisch, Fett und Schlachtkörper. Fleischwirtsch. **74**, 104–107.

Kreuzer, M., M. Lange, P. Köhler und S. Jaturasitha (1994 a): Schlachtkörper- und Fleischqualität in Markenfleischprogrammen beim Schwein unter Produktionsauflagen mit dem Ziel besonders tiergemäßer Haltung bzw. einer günstigeren Körperfettkonsistenz. Züchtungskde. **66**, 136–151.

Kreuzer, M., P. Köhler und M. Lange (1994b): Einflüsse von Braten und Grillen auf Fettqualität, Zartheit und Zusammensetzung von Schweinekoteletts aus verschiedenen Markenfleischprogrammen. Nahrung **38**, 491–503.

Kühne, D. (1982): Mineralstoffe, Vitamine und Kohlenhydrate in Schweinefleisch. In: Beiträge zum Schlachtwert von Schweinen (Bundesanstalt für Fleischforschung Kulmbach, Hrsg.). Kulmbacher Reihe Band 3, 98–116.

Leakey, R., und R. Lewin (1993): Der Ursprung des Menschen. S. Fischer Verlag, Frankfurt/M.

Love, R. M. (1975): Variability in Atlantic Cod (*Gadus morrhua*) from the Northeast Atlantic: a review of seasonal and environmental influences on various attributes of the flesh. J. Fish. Res. Bd. Can. **32**, 2333–2342.

Lurch, C.-H. (1990): Stand und Entwicklung auf dem Sektor tierischer Fette. Fat Sci. Technol. **92**, 498–504.

Lysø, A., und H. N. Astrup (1987): Zusammenfassung von Versuchen über die Wirkung bestimmter Futterkomponenten auf die Stabilität der Milch und des Schweinespecks. Fat Sci. Technol. **89**, 80–85.

Machmüller, A., A. M. Ossege und M. Kreuzer (1994): Einflüsse bakteriell fermentierbarer Substanzen (BFS) im Futter von wachsenden Schweinen auf physiologische und produktqualitative Parameter. Proc. Soc. Nutr. Physiol. **2**, 92.

Madsen, A., R. Osterballe, H. P. Mortensen, C. Bejerholm and P. Barton (1990): The influence of feeds on meat quality of growing pigs. 1. Tapioca meal, dried skimmed milk, peas, rapeseed cake, rapeseed, conventional oats and naked oats. 673. Beretn. fra Stat. Husdyrbrugsforsøg, Kopenhagen.

Madsen, K. B., C. Hagdrup, U. Thrane, K. B. Rasmussen und W. K. Jensen (1992): Produktionsleitung und Verfahrenskontrolle. Fleischwirtsch. **72**, 1092–1096.

Meier-Ploeger, A., und H. Vogtmann (1988): Lebensmittelqualität – ganzheitliche Methoden und Konzepte. Verlag C. F. Müller, Karlsruhe.

Melton, S. L. (1990): Effects of feed on flavor of red meat: a review. J. Anim. Sci. **68**, 4421–4435.

Mortensen, H. P., A. Madsen, C. Bejerholm og P. Barton (1983): Fedt og fedtsyrer til slagtesvin. 540. Beretn. fra Stat. Husdyrbrugsforsøg, Kopenhagen.

Poste, L. M. (1990): A sensory perspective of effect of feeds on flavor in meats: poultry meats. J. Anim. Sci. **68**, 4414–4420.

Potthast, K. (1992): Rückstände in Fleisch und Fleischerzeugnissen. Fleischwirtsch. **72**, 1654–1656.

Prändl, O., A. Fischer, T. Schmidhofer und H.-J. Sinell (1988): Handbuch der Lebensmitteltechnologie. Fleisch. Technologie und Hygiene der Gewinnung und Verarbeitung. Eugen Ulmer Verlag, Stuttgart.

Reckeweg, H.-H. (1977): Schweinefleisch und Gesundheit. Aurelia-Verlag GmbH, Baden-Baden.

Rheingold, H. (1992): Virtuelle Welten. Reisen im Cyberspace. Rowohlt Verlag, Hamburg.

Rippe, E. (1988): Untersuchungen über den Einfluß unterschiedlicher Mengen und Anteile mehrfach ungesättigter Fettsäuren bzw. mittelkettiger Fettsäuren auf Wachstum, Fettansatz, Fettzusammensetzung und Fleischbeschaffenheit von Mastschweinen bei unterschiedlicher Mastzeit. Diss., Institut für Tierernährung und Futtermittelkunde, Universität Kiel.

RNL (Rechenzentrum zur Förderung der Landwirtschaft in Niedersachsen), 1992: Berichte aus Verden. Jahresstatistik 1991. Verden/Aller.

Roth, F. X., M. Ristic, M. Kreuzer und M. Kirchgeßner (1993): Einsatz von Fetten mit hohen Anteilen an freien Fettsäuren in der Broilermast. 1. Wachstum sowie Qualität von Schlachtkörper, Fleisch und Fett bei Verfütterung isoenergetischer Rationen mit unterschiedlichem Fettgehalt. Arch. Geflügelk. **57**, 265–274.

Scheper, J. (1982): Entwicklung der Schweinezucht. In: Beiträge zum Schlachtwert von Schweinen (Bundesanstalt für Fleischforschung, Hrsg.), Kulmbacher Reihe, Band 3, 1–18.

Schön, I. (1989): Zum Cholesteringehalt im Schweinefleisch. Ernährungs-Umsch. **36**, 17–20.

Schwark, H.-J., J. Brüggemann und M. Golze (1990): Untersuchungen zur Wildbretqualität des Damwildes. Mh. Vet.-Med. **45**, 507–510.

Schwarz, F. J., und M. Kirchgeßner (1991): Ernährungseinflüsse auf die Qualität von Rindfleisch. Landwirtsch. Schweiz **4**, 325–329.

Schwörer, D. (1986): Was können Mäster und Züchter zur Qualitätserhaltung von Schweinefettgewebe beitragen? Die Grüne, Heft 17, 23–30.

Sink, J. D. (1979): Symposium on meat flavor. Factors influencing the flavor of muscle foods. J. Food Sci. **44**, 1–5 (11).

Stephan, E., D. Krogmeier, V. Dzapo, R. Tüller und H. Velten (1990): Morphologisch veränderte Muskelfasern im Brustmuskel von Jungmasthühnern und deren Beziehung zur Schlachtkörperqualität. Arch. Geflügelk. **54**, 230–236.

Stubblefield, R. D., J. P. Honstead and O. L. Shotwell (1991): An analytical survey of aflatoxins in tissues from swine grown in regions reporting 1988 aflatoxin-contaminated corn. J. Ass. Off. Anal. Chem. **74**, 897–899.

Van der Wal, P. G., G. Mateman, A. W. de Vries, G. M. A. Vonder, F. J. M. Smulders, G. H. Geesink and B. Engel (1993): ,,Scharrel" (Free range) pigs: carcass composition, meat quality and taste-panel studies. Meat Sci. **34**, 27–37.

Vogg, D. M. (1989): Über die Verteilung von Polyenfettsäuren und α-Tocopherol in den Geweben des Schlachtkörpers von Mastschweinen. Diss., ETH Zürich, Nr. 8876.

Wedekind, H. (1991): Untersuchungen zur Produktqualität Afrikanischer Welse (*Clarias gariepinus*) in Abhängigkeit von genetischer Herkunft, Fütterung, Geschlecht und Schlachtalter. Diss., Forschungs- und Studienzentrum für Veredelungswirtschaft, Universität Göttingen.

Wenk, C. (1991): Fütterung und Schweinefleischqualität. In: Schweinefleischqualität–Qualitätsschweinefleisch. Schriftenreihe aus dem Institut für Nutztierwissenschaften, Gruppe Ernährung, ETH Zürich, Heft 5, 23–34.

Wenk, C., und A. L. Prabucki (1990): Faktoren der Qualität von Schweinefleisch. Schweiz. Arch. Tierheilk. **132**, 53–63.

Wolfram (1989): Bedeutung der Omega-3-Fettsäuren in der Ernährung des Menschen. Ernährungs-Umsch. **36**, 319–330.

Wood, J. D. (1984): Fat deposition and the quality of fat tissue in meat animals. In: Fats in Animal Nutrition (J. Wiseman, ed.). Butterworths, London, 407–435.

2. Milch
(K. Pabst)

2.1 Einleitung

Milch kann bei Wiederkäuern ausschließlich aus Futtermitteln erzeugt werden, die für die menschliche Ernährung sowohl energetisch als auch von der biologischen Wertigkeit des pflanzlichen Futterproteins her kaum verwertbar sind. Bei der zweifachen Transformation von Sonnenenergie über die grüne Pflanze in Energie und Eiweiß von Lebensmitteln tierischer Herkunft erreicht die Milchproduktion aufgrund der ernährungsphysiologischen Eigenheiten des Wiederkäuers mit Abstand den größten Wirkungsgrad. Er entspricht annähernd dem der einfachen Umwandlung von Sonnenenergie in Getreide.

Milch muß im Gegensatz zu allen anderen landwirtschaftlichen Nahrungsprodukten tagtäglich in offener Form von lebenden Tieren gewonnen werden. Für den in gleicher Weise hochwertigen wie empfindlichen Rohstoff ergibt sich hieraus eine ebenso fortwährende Notwendigkeit hoher Sorgfalt bei Erzeugung, Sammlung, Lagerung, Transport und Verarbeitung. Diese komplexen Abläufe stellen bei der Optimierung ihres Wechselspiels eine besondere Herausforderung dar. Was einerseits einer Milchbildung unter natürlichen Fütterungsressourcen entspricht, unterliegt andererseits der wirtschaftlichen Optimierung des Produktionsverfahrens unter Berücksichtigung der hygienischen und ernährungsphysiologischen Milchgüte. Milch liefert unter beiden Voraussetzungen ein hochwertiges, wohlschmeckendes Lebensmittel.

Bei Verwendung der Milch vorrangig als Trinkmilch stellen sich Fragen nach den Gehalten an Energie aus Fett und Lactose, den Mengen an Eiweiß, Vitaminen und Mineralstoffen je verzehrter Menge sowie nach den geschmacklichen Eigenschaften. Verzehrseinschränkungen ergeben sich bei Trinkmilch für nahezu 90% der Nichteuropäer einschließlich solcher Bevölkerungskreise in Nordamerika und Australien wegen vorhandener *Lactoseintoleranz*. Es fehlt diesen Menschen im Erwachsenenalter das Enzym β-Galactosidase (Lactase) in der Darmwand, welches die Spaltung der Lactose in Galactose und Glucose und damit die Nutzung dieses Kohlenhydrats ermöglicht. Diese Menschen sind daher auf Milchprodukte angewiesen, die bei der Herstellung die Hydrolyse der Lactose einschließen oder bei denen ein mikrobieller Abbau zu Milchsäure stattgefunden hat. In Ländern, in denen Lactoseintoleranz verbreitet ist, wird Milch überwiegend in fermentierter Form verzehrt, wobei die bakterielle β-Galactosidase die Aufgabe der Lactosespaltung übernimmt.

Sauermilchprodukte bieten zusätzlich den Vorteil eines stabilisierten, haltbaren Milchproduktes.

Manche Menschen leiden auch an einer *Milcheiweißintoleranz.* Diese kommt weltweit vor und betrifft alle Altersklassen. Den betreffenden Menschen bleibt der Milchverzehr verschlossen.

Es gibt Länder, in denen der Milchverzehr praktisch keine Rolle spielt. Dazu zählt z. B. China, wo es Milch auf Rezept gibt, um Kranke zu pflegen.

Die Beschaffenheit der Milch, ihr Nähr-, Geschmacks- und Handhabungswert hängt vom Genotyp des laktierenden Tieres und von der Art der Ernährung ab.

Die Milch einzelner Kühe unterscheidet sich hinsichtlich ihrer Zusammensetzung und technologischen Eigenschaften in Abhängigkeit von genetischer Veranlagung, Laktationsstadium, Fütterung und Tiergesundheit. Die Rohmilch ist für die Herstellung verschiedener Milchprodukte unterschiedlich geeignet. Diese Unterschiede „verdünnen" sich jedoch in einer Herdensammelmilch. Unterschiede zwischen Betrieben werden durch Leistungsniveau, Fütterung und Milchbehandlung bedingt, die sich jedoch bei Abholung mit Tanksammelwagen weiter nivellieren, so daß regionale und saisonale Differenzen verbleiben. Regionale Unterschiede sind überwiegend durch Art und Menge des Grundfutters bedingt, saisonale durch die üblichen Sommer- und Winterfütterungssysteme. Wechselnde Futtergrundlagen, Stallhaltung und Weidegang wirken sich z. B. auf die Milchfettzusammensetzung und damit auf die Streichfähigkeit der Butter und die Schlagsahnequalität aus. Einflüsse auf den Geschmack der Milch bzw. der Milchprodukte sind zu erwarten.

Der Nährwert kann in vielen Produkten vom Meieristen eingestellt und standardisiert werden. Meistens handelt es sich dabei um den Fettgehalt, der auch deklariert wird. In jüngster Zeit wird über eine Standardisierung des Eiweißgehaltes für Trinkmilch im Rahmen der Europäischen Union diskutiert, weil aufgrund unterschiedlicher züchterischer Schwerpunkte in den Mitgliedstaaten sehr unterschiedliche Werte vorliegen, für den länderübergreifenden Handel jedoch Garantien für Produkteigenschaften vorhanden sein sollen.

Im allgemeinen Sprachgebrauch wird unter Milch *Kuhmilch* verstanden. Ansonsten wird der Name der Tierart hinzugesetzt. Die Darstellungen in diesem Kapitel beziehen sich auf Kuhmilch.

Objektiv lassen sich mit Hilfe naturwissenschaftlicher Methoden die in der Milch und in Milchprodukten enthaltenen Grundnährstoffe und deren Bausteine erfassen. Dazu zählen die Aminosäuren, Fettsäuren, Vitamine, Mineralstoffe und Spurenelemente. Es läßt sich ebenso die Wertigkeit objektiv über den Energiegehalt, die Verdaulichkeit, die Verträglichkeit und gesundheitliche Unbedenklichkeit darstellen.

Die subjektiven Qualitätsempfindungen und -vorstellungen sind in einer Situation mit gesättigten Märkten besonders breit angelegt. „Frische" wird gedanklich verknüpft, ebenso damit in Verbindung stehende Empfindungen wie „Aussehen", „Schmackhaftigkeit" und „Genußwert". Viele Milchprodukte haben Tradition oder werden unter Markennamen verkauft, so daß eine „Erwartungstreue" zu erfüllen ist.

Mit Milch verbinden viele etwas Natürliches, Reines, das wir deshalb auch unseren Säuglingen und Kindern als Grundnahrungsmittel anbieten. In eine vergleichbare Empfindungsrichtung geht der Anspruch an die „Naturbelassenheit" der Milch. Darunter wird Milch verstanden, die möglichst wenig Verarbeitungsschritte durchlaufen hat bzw. solche, die unter Bedingungen „ökologischer Wirtschaftsweise" erzeugt wurde. Bei Begriffen wie „Reinheit" und „Naturbelassenheit" eröffnen sich Betrachtungsweisen, die in den Marketingbereich hineinreichen und nach dem Wegfall des Milchprodukte-Imitationsverbotes und mit der Einführung des EU-Binnenmarktes besondere Bedeutung erlangen.

2.2 Milchzusammensetzung

Milch ist nach der Begriffsbestimmung der deutschen Milchverordnung und der Verordnung EWG Nr. 1411/71 das Gemelk einer oder mehrerer Kühe. Als Milch wird im allgemeinen und gesetzlichen Sprachgebrauch somit Kuhmilch verstanden.

Milch ist ein weißes, undurchsichtiges Drüsensekret mit einem pH-Wert von 6,5–6,7, das sich als ein polydisperses System beschreiben läßt. In diesem System ist das Fett im frischgemolkenen Zustand in Form membranumschlossener, kugelförmiger Tröpfchen, etwa $5-10 \times 10^9$ Fettkügelchen/ml Milch mit Durchmesser von 0,1 bis maximal 20 µm, emulgiert. Fettgehalt und Fettzusammensetzung sind stark fütterungsabhängig, aber auch genetisch bedingt. Die Caseine liegen mit etwa 10^{14} Mizellen/ml Milch und Durchmessern von 0,02 bis maximal 0,06 µm kolloiddispers, die Molkenproteine molekulardispers gelöst in der homogenen wässerigen Lösung der übrigen Milchbestandteile vor. Durch die Caseinteilchen erhält die Milch ihr typisches weißes Aussehen. Die Eiweißzusammensetzung ist in erster Linie genetisch bedingt, der Eiweißgehalt ist auch fütterungsabhängig. Lactose stellt das Hauptkohlenhydrat der Milch dar und ist molekulardispers gelöst. Der Lactosegehalt variiert als osmotisch wirksame Substanz wenig und ist durch Fütterung kaum zu beeinflussen (Tabelle 1).

Tabelle 1. Streuung in der Zusammensetzung einer „typischen" Rohmilch (%)

Wasser	85,0–89,0
Fett	2,5–5,5
Eiweiß	2,5–4,0
Milchzucker	4,5–5,5
Asche	0,5–0,8
Minorbestandteile	0,1

Milchinhaltsstoffe tragen proportional ihrer Konzentration zur Gefrierpunktserniedrigung bzw. Siedepunkterhöhung der Milch bei. Der Gefrierpunkt der Milch ist relativ konstant und liegt aufgrund natürlicher Schwankungen in der Zusammensetzung der Milch zwischen $-0,510$ und $-0,560\,°C$, im Mittel bei $-0,526\,°C$ und bei Konsummilch bis zu $0,007\,°C$ höher. Beträgt der Gefrierpunkt in einer Sammelmilch über $-0,515\,°C$, ist eine Verfälschung durch Wässerung der Milch anzunehmen. Bei einem Gefrierpunkt einer Einzelmilch unterhalb von $-0,570\,°C$ ist eine krankheitsbedingte Störung des Mineral-Lactose-Haushaltes bei diesem Tier wahrscheinlich. Der Siedepunkt der Milch ist dann im Mittel um $0,16\,°C$ erhöht.

Der Mineralstoffgehalt der Milch beträgt etwa 1%, umfaßt die Mineralstoffe, die Spurenelemente sowie den Citratgehalt und wird über den Aschegehalt analytisch erfaßt. Die Salzbestandteile liegen in der Milch in unterschiedlichen Löslichkeits- und Bindungsverhältnissen vor und bilden unter den gegebenen Temperaturbedingungen ein dynamisches Gleichgewicht mit den anderen in Tabelle 1 aufgeführten gelösten Milchinhaltsstoffen.

Tabelle 2. Mittlerer Gehalt an anorganischen Salzbestandteilen (g/kg) und Spurenelementen der Milch (µg/kg), nach Schlimme (1992)

Salzbestandteile		Spurenelemente	
Calcium	1,2	Aluminium	3500
Chlorid	1,0	Chrom	10
Hydrogencarbonat	0,2	Cobalt	0,3
Kalium	1,5	Eisen	300
Magnesium	0,1	Fluor	100
Natrium	0,5	Iod	40
Phosphor (anorg.)	0,7	Kupfer	100
Sulfat	0,1	Mangan	30
		Molybdän	60
		Nickel	25
		Selen	10
		Silicium	800
		Zink	4000

Der Gehalt an Mineralstoffen und Spurenelementen (Tabelle 2) ist in gewissen Grenzen von der Fütterung abhängig und damit vom Standort der Milcherzeugung, von der Rasse, dem Laktationsstadium und der Eutergesundheit.

Zu den minoren wertbestimmenden Bestandteilen der Milch zählen die Vitamine. Tabelle 3 zeigt die enthaltenen Vitamine und die Bedarfsdeckung eines Erwachsenen bei Verzehr von

Tabelle 3. Mittlere Vitamingehalte der Milch und Bedarfsdeckung des erwachsenen Menschen mit 1 Liter Milch, nach Schlimme (1992)

Vitamin		Mittlerer Gehalt (mg/kg Milch)	Bedarfsdeckung (%; im Mittel gerundet)
• **Fettlösliche Vitamine**[1])			
A	Retinol	0,3	50
D	Calciferol (Calciol)	0,001	30
E	Tocopherol	0,9	10
K	Phyllochinon, Menachinon	0,04	2
• **Wasserlösliche Vitamine**			
B_1	Thiamin	0,4	30
B_2	Riboflavin (Lactoflavin)	1,6	100
	Nicotinsäureamid (Nicotinsäure)	1,0	6
	Folsäure	0,05	20
	Pantothensäure	3,6	50
B_6	Pyridoxol	0,5	30
B_{12}	Cobalamin	0,005	110
C	Ascorbinsäure	20	30
H	Biotin	0,04	20

[1]) Angaben für fettlösliche Vitamine beziehen sich auf Vollmilch (3,5% Fett).
[2]) Ohne den Niacin-Anteil, der dem menschlichen Organismus synthetisch aus Tryptophan zugänglich ist; 60 mg Tryptophan sind 0,1 mg Niacin äquivalent. Der äquivalente Niacin-Gehalt der Milch liegt um 9 mg/kg.

einem Liter Milch. Die Vitamine stammen direkt aus dem Futter, dem Stoffwechsel der Pansen- und Darmflora sowie dem körpereigenen Stoffwechsel der Kuh.

In der Milch kommen *Zellen* natürlicherweise vor. Ihre Zahl steht im Zusammenhang mit der Gesundheit der Milchdrüse und stellt deshalb ein Qualitätskriterium dar. Durch die Milchgüteverordnung ist für Anlieferungsmilch ein Grenzwert von 400000 Zellen/ml festgelegt. Eine *Zellzahl* bei einer Einzelkuh oberhalb 500000 ist Hinweis auf eine Mastitis. Die Zellzahl ist multifaktoriell bedingt. Hier soll nur der Hinweis gegeben werden, daß eine knappe energetische Versorgung der Kühe sowie auch Unterversorgung an Vitaminen A und E und dem Spurenelement Selen Ursachen für erhöhte Zellzahlen sein können.

2.3 Trinkmilch-Sensorik

Trinkmilch wird überwiegend als pasteurisierte Milch mit eingestelltem Fettgehalt verkauft. Es wird auch Rohmilch aus Vorzugsmilchbetrieben angeboten. Der Zusammenhang zwischen der Tierernährung und der Höhe der Inhaltsstoffe auf den Geschmack soll hier durch den Vergleich von Milch aus ,,ökologischer" und ,,konventioneller" Erzeugung aufgezeigt werden. Es handelt sich um Ergebnisse aus einem Vergleichsversuch mit beiden Milcherzeugungsformen, der innerhalb desselben Versuchsbetriebs unterschiedliche Bewirtschaftung der Flächen sowie die Haltung und unterschiedliche Fütterung in einem geteilten Stall vorsah. ,,Ökologische Milcherzeugung" beinhaltete dabei die Einhaltung der Richtlinien der International Federation of Organic Agriculture Movements (IFOAM).

Die ,,ökologisch" bewirtschaftete Weide bestand aus 50% Gräsern, 42% Weißklee und 8% Kräutern, während die ,,konventionelle" Weide 90% Gräser, 1% Weißklee und 9% Kräuter aufwies. Die ,,ökologischen" Rationen im Winter setzten sich aus Kleegras ad libitum, Sommergersten-Erbsen-Ganzpflanzensilage (GPS), Winterweizen-GPS, Haferstroh und gequetschtem Hafer zusammen. Die ,,konventionellen" Winterrationen bestanden aus Grassilage ad libitum, Maissilage, Haferstroh und Zukaufskraftfutter. Verbraucher, die ,,ökologisch" erzeugte Milch bevorzugen, verzehren diese häufig auch wärmeunbehandelt. Ob diese Milch sich von konventionell erzeugter unterscheidet, wurde in 32 sensorischen Prüfungen mit durchschnittlich 16 Prüfern nach dem Schema der Triangeltests geprüft. Bei diesem werden dem Prüfer 3 Proben vorgelegt, von denen 2 gleich sind. Es gilt, die abweichende zu erkennen. Die Auswertung beinhaltet einen Signifikanztest. Der Testzeitraum umfaßte 2 Jahre mit den zugehörigen Weide- und Stallfütterungsverhältnissen. In 8 Prüfungen ergaben sich signifikante Unterschiede zwischen den Milchproben. In diesen Prüfungen lagen die Fettgehalte der ,,ökologisch" erzeugten Milch um 0,44% unter den ,,konventionell" erzeugten, während sie sich sonst um 0,31% unterschieden (Tabelle 4). Dieser Unterschied erklärt wegen der Bedeutung des Fetts als Geschmacksträger wesentlich die Geschmacksunterschiede.

Um die Bedeutung der Wärmebehandlung und Standardisierung des Fettgehaltes auf 3,5% auf die geschmacklichen Eigenschaften zu prüfen, wurden in 6 weiteren Prüfungen mit durchschnittlich 10 Prüfern dieselben Milchproben als Rohmilch, pasteurisiert und pasteurisiert mit eingestelltem Fettgehalt verkostet. Eine der Prüfungen für Rohmilch ergab einen signifikanten Unterschied zwischen ökologisch und konventionell erzeugter Milch, ebenso eine von pasteurisierter Milch. Bei pasteurisierter Milch mit eingestelltem Fettgehalt traten keine Unterschiede auf. Die Ergebnisse zeigen, daß nach der Wärmebehandlung und der

Tabelle 4. Inhaltsstoffe sensorisch geprüfter Rohmilchproben aus „ökologischer" und „konventioneller" Wirtschaftsweise, nach Weber (1993)

Kennwerte	Ökologisch			Konventionell			Differenz $\bar{x}$
	$\bar{x}$	min	max	$\bar{x}$	min	max	
Fett %	4,05	3,53	4,58	4,36	3,16	4,97	+0,31
Eiweiß %	3,14	2,84	3,44	3,39	2,74	3,68	+0,25
Lactose %	4,76	4,59	4,94	4,76	4,61	4,88	–

zusätzlich durchgeführten Fettstandardisierung keine systematischen Geschmacksunterschiede mehr auftauchen.

Geschmacksstoffe aus Futtermitteln gelangen über den Blutkreislauf der Kuh und über die Stalluft beim Melken in die Milch. Der Transport über das Blut und der Übergang in die Milch erfolgen z. T. in kürzester Zeit von 20 bis 30 Minuten nach dem Füttern. Deshalb ist die Begrenzung des mengenmäßigen Einsatzes von Futtermitteln notwendig, von denen die geschmackliche Beeinflussung bekannt ist. Luzerneheufütterung kann zu Kokosnußgeschmack der Milch durch die Bildung von Lactonen aus Hydroxyfettsäuren führen. Nach Luzernefütterung kommt in geringen Konzentrationen Dimethylsulfid vor und ruft ein „kuhmilchtypisches" Flavour hervor, das als „naturbelassenes" Flavour der Rohmilch empfunden wird. Bei zu hoher Konzentration kommt es zu dem Geschmacksfehler „malzig". Überständige Luzerne führt, in größeren Mengen verabreicht, ebenfalls zu abweichendem Geruch und Geschmack der Milch. Diese Beispiele sind im einzelnen nicht an genauen Trockenmasseaufnahmen aus Luzerne festzumachen, zeigen jedoch, wie das menschliche Geschmacksempfinden verschieden angesprochen werden kann. Die nachfolgende Übersicht führt solche Futtermittel auf, die zu Geschmacksfehlern führen können. Der Grad der Auffälligkeit wird durch die Zeichen – für leicht, – – für mittelschwer und – – – für gravierend gekennzeichnet.

Futterpflanzen, die abweichenden Geruch und Geschmack von Milch auslösen können:

Futtermittel	Einfluß
Luzerne (besonders überständige) und Kleearten (auch als Heu)	–
Laucharten und bestimmte Gemüseabfälle	– –
Lupinen, Erbsen, Wicken (auch als Stroh; bitter)	– –
Ackersenf, Raps, Rapskuchen (keine 00-Sorten), Kohlarten, große Rübenmengen	– – –
übergärtes Heu und überhitztes Trockengras	– – –
Obst und Obstreste (fruchtig)	– – –
Silage, besonders Gras- und Kleesilage, jedoch weniger durch die enthaltene Buttersäure als durch unbekannte angereicherte Stoffe	– –

Die auslösenden Stoffe sind in der Literatur chemisch im einzelnen nicht beschrieben,

2.4 Fettprodukte

Das Milchfett ist selbst Produkt, z. B. bei Butter und Schlagsahne, oder Bestandteil in Produkten wie Käse, Kondensmilch, Vollmilchpulver, Schokolade, Backwaren, Speiseeis usw. Es trägt als Bestandteil zu den geschmacklichen Eigenschaften erheblich bei. Dies trifft am eindrucksvollsten für Käse zu, der weniger als 1% bis über 70% Fett in der Trockenmasse enthalten kann. Die geschmackliche Bedeutung tritt vor allem bei gleichen Käsesorten mit verschiedenen Fettstufen hervor.

2.4.1 Butter

Butter ist ein reines Naturprodukt und besteht zu mindestens 82% aus Fett, zu höchstens 16% aus Wasser sowie nichtfettartigen Milchbestandteilen wie Eiweiß, Milchzucker usw. In Deutschland unterscheidet man Butterqualitäten, die nach mehreren Kriterien amtlich bewertet und eingestuft werden: 1. sensorische Eigenschaften wie Aussehen, Geruch, Geschmack, Textur, 2. Wasserverteilung, 3. Streichfähigkeit. Für „Deutsche Markenbutter" müssen bei jedem Kriterium mindestens 4 von 5 Punkten erzielt werden, andernfalls kann die Berechtigung zum Führen der Marke entzogen werden (Butter-Verordnung, 1988).
Die Streichfähigkeit der Butter zeigt im Sommer und Winter in Abhängigkeit von der Versorgung der Kühe mit Futterfett unterschiedliches Verhalten. Sie ist bei Aufbewahrung im Kühlschrank insbesondere im Winter oft unbefriedigend streichfähig. Es handelt sich dabei im Prinzip um ein weltweites Problem mit unterschiedlicher Ausprägung, wie man an den vielen Arbeiten in der Literatur zu diesem Thema erkennen kann.
Abb. 1 zeigt einen typischen Verlauf der Fetthärte für 2 Herden mit gleichem genetischen Aufbau, aber unterschiedlicher Fütterung im Winter und verschiedener Weidezusammensetzung im Sommer. In der Stallperiode kommt es zu gewissen Unterschieden, während des Weidegangs zu praktisch unbedeutsamen, aber zwischen den Perioden gibt es Differenzen um den Faktor 2 und mehr.
Die Fetthärte wurde hier nach der Fettgewinnung aus einer 30-ml-Milchprobe mit einem Kraftpenetrometer gemessen. Dieser Schnelltest wurde zur Vermessung von Anlieferungsmilch aus einzelnen landwirtschaftlichen Betrieben entwickelt. Bei zu hartem Milchfett

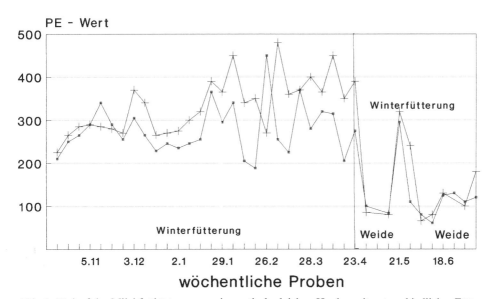

Abb. 1. Verlauf der Milchfetthärte von zwei genetisch gleichen Herden mit unterschiedlicher Fütterung während der Stall- und Weideperiode (Penetrationseinheiten: PE-Wert). ■ Herde 1, + Herde 2.

könnten die Fütterung der Herde, die Tourenplanung für Milchsammelfahrzeuge oder und die Bezahlung der Milch angepaßt werden (Jaeck und Pabst 1990).

Die wichtigsten futterbedingten Veränderungen des Milchfettes treten bei den Anteilen der Palmitin- und Ölsäure auf. Anteile unter 30% Palmitinsäure (C 16) und ca. 25% Ölsäure (C 18 : 1) führen sicher zu gut streichfähiger Butter.

Auch Ernährungsmediziner empfehlen Fette mit erhöhtem Anteil an ungesättigten Fettsäuren, wobei dies sowohl mehrfach ungesättigte als auch einfach ungesättigte Fettsäuren sein dürfen. Diesbezüglich gelten z. B. Soja- und Rapsöl als besonders geeignete Futtermittel. Zur Vermeidung negativer pansenphysiologischer Effekte wird man diese eher in Form aufgearbeiteter Rapsvollsaat (z. B. gequetscht, mit Getreide vermahlen oder pelletiert) oder als pansenverträgliches Fett in Form von Calciumsalzen der Raps- oder Sojaölfettsäuren verfüttern.

Die Anteile der mehrfach ungesättigten Fettsäuren (Linolsäure C 18 : 2; Linolensäure C 18 : 3) steigen bei Rapssaatfütterung geringfügig von 2,2 auf 2,7 und 3,4%, beim Einsatz von Sojaölfettsäuren sogar auf 9,6% an.

Omega-3-Fettsäuren sind Fettsäuren, die für die Funktion der Zellmembranen des Menschen als besonders wichtig und wertvoll eingeschätzt werden. Ihre Steigerung im Milchfett war durch die Verfütterung von Leinsaat nicht möglich, aber durch Infusion von Leinöl in den Labmagen. Hagemeister et al. (1988) infundierten Menhaden-Öl und konnten diese Fettsäuren in vergleichbarer Weise anheben. Dieses Vorgehen beeinträchtigte den Geschmack der Milch jedoch erheblich: Zum einen schmeckte sie nach „Fensterkitt", zum anderen nach Fisch. Das ließe sich verhindern, wenn unmittelbar nach dem Ermelken der Milch das Fett vor der Oxydation z. B. durch Tocopherol geschützt würde.

Sensorische Nachteile traten auch nach dem Einsatz von Sojaöl auf, wenn in der Folge im Milchfett, sei es in Rahm, Butter oder Käse Linolsäureanteile von deutlich oberhalb 10% erreicht wurden (Palmquist et al. 1993). Astrup et al. (1980) fanden hingegen keinen Effekt mit Vollfettsojabohnen. Der Einsatz von Rapsfett ist in bezug auf Geschmacksbeeinträchtigungen unauffällig und kann auch in größeren Mengen erfolgen. Die ernährungsphysiologischen Belange, die mit größeren Fettmengen erwirkt werden sollen, können also zu Geschmacksproblemen führen. Dagegen reichen zur Steuerung der Streichfähigkeit von Butter Mengen von 200 bis 500 g Fett. Soll das Fett zur Anhebung des Energiegehaltes des Futters dienen, so sind neben den sensorischen Grenzen nach einem solchen Einsatz auch die möglicherweise negativen Einflüsse auf die Milchinhaltsstoffe Eiweiß und Fett zu berücksichtigen. Diese können unabhängig von der Zielsetzung des Fetteinsatzes bei größeren Futterfettmengen vorkommen.

Im Zusammenhang mit kardiovaskulären Risiken werden auch Transfettsäuren und Cholesterol diskutiert. *Transfettsäuren* entstehen im Pansen durch unvollständige Hydrogenierung ungesättigter Fettsäuren. Je größer das Angebot an solchen ist, wie z. B. während der Weideperiode und bei Verfütterung von größeren Mengen Futterfett mit hohem Anteil an ungesättigten Fettsäuren, desto höher ist der Anteil im Milchfett. Das beinhaltet zum einen, daß durch die Steuerung der Milchfetthärte im Winter keine höheren Werte meßbar sein werden als im Sommer, zum anderen jedoch Grenzen der Akzeptanz erreicht werden könnten, wenn auf solchem Wege eine „Diätbutter" erzeugt werden soll.

Cholesterol ist technisch mit verschiedenen Methoden im Milchfett zu reduzieren. Bei Verfütterung von Rapskuchen mit einem Restfettgehalt von 10% und Raps-Calciumsalzen wurden relativ niedrige Cholesterolgehalte festgestellt (Walte und Pabst 1993).

2.4.2 Schlagsahne

Gute Schlagsahne stellt an die Fettzusammensetzung andere Anforderungen als Butter: Hartes Milchfett führt beim Aufschlagen zu guter Volumenzunahme und Festigkeit und zu geringer Serumlässigkeit. In Haushalten ist die Erfahrung entsprechend, Sommersahne besitzt eine geringere Qualität als Wintersahne. Erhebliche Anforderungen an die Haltbarkeit und das Aussehen werden an Produkte wie Pudding mit Sahne-Top, Eiscreme und Torten gestellt, in die große Mengen an Sahne gehen. Die Bedeutung von Weide- und Stallfütterung für die Schlagsahnequalität haben Overbeck et al. (1994) beschrieben (Tabelle 5).

Tabelle 5. Einfluß der Weide und der Stallfütterung auf die Schlagsahnequalität

Saison	Schlagzeit	Volumenzunahme	Festigkeit	Absetzen nach 2 h	Fetthärte
	Sek.	%	sec	ml	PE
Weidefütterung (Mai–Oktober)	157,0	81,1	23,0	3,9	170
Stallfütterung (November–April)	149,7	100,2	24,5	2,2	300

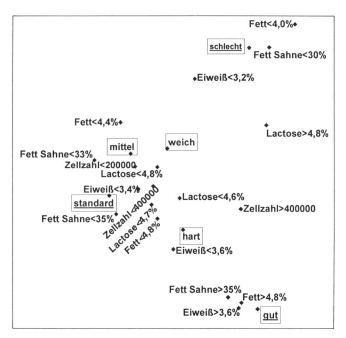

Abb. 2. Korrespondenzanalyse der Parameter Fett-, Eiweiß-, Lactosegehalt, Gehalt an somatischen Zellen, Milchfetthärte und Schlagsahnefettgehalt mit Schlagsahnequalität. ⊟ = Schlagsahnequalität, ☐ = Fetthärte, Fett Sahne = Fettgehalt der Sahne, Fett = Fettgehalt der Milch, Eiweiß = Eiweißgehalt der Milch, Lactose = Lactosegehalt der Milch, Zellzahl = Gehalt an somatischen Zellen.

Während der Weideperiode sind die Schlagzeit länger, die Volumenzunahme und Festigkeit geringer und die abgesetzte Menge an Serum höher als während der Stallfütterung.

Auch der Eiweißgehalt hat einen Einfluß auf den Einschluß der Luft im Schaum. In einer Korrespondenzanalyse wurde der Zusammenhang zwischen den Parametern Fett-, Eiweiß-, Lactosegehalt, Zahl somatischer Zellen, Härte des Milchfetts sowie Schlagsahnefettgehalt und Schlagsahnequalität geprüft (Abb. 2). Grundlage einer solchen Untersuchung sind Korrelationen zwischen skalierten Merkmalen. Die Interpretation basiert auf dem absoluten Abstand von Punkten, d. h. Eigenschaften, die dichter zusammenstehen, haben engere Beziehung.

Das Ergebnis verdeutlicht, daß durch Fütterungsmaßnahmen eine gute Schlagsahnequalität unterstützt werden kann, daß aber durch Schlagsahnefettgehalte über 30% eigentlich immer eine qualitativ hochwertige Sahne herzustellen ist.

Zulagen von 1 kg gesättigten freien Fettsäuren pro Kuh und Tag führten zu einem höheren Festfettanteil im Milchfett, Calciumsalze auf der Basis von Palmölfettsäuren, die jeweils zwischen 45 und 50% Palmitinsäure enthielten, senkten ihn hingegen (Palmquist et al. 1993).

Eine Möglichkeit, die Schlagsahnequalität im Sommer zu verbessern, bietet die Verfütterung von Silagen zur Weide.

2.5 Käse

Käse wird seit etwa 5000 Jahren hergestellt und stellt wohl die älteste Milchverwertungsart dar. Die Palette der Käsesorten ist riesengroß. Bei der Herstellung wird durch den Zusatz von Säuerungskultur und/oder Lab das Casein von den Molkenproteinen und der Lactose, die als Molke abfließen, getrennt. Aus dem Casein und Fett und der i. d. R. spezifischen Kultur entstehen nach Pressen in charakteristischen Formen, Salzen, Überziehen mit Überzügen oder Rinden und Reifen mit käsespezifischen Prozeduren und Reifedauern die fertigen Käse. Zunächst wird die Milch für einen erwünschten Fettgehalt eingestellt. Das geschieht durch Entrahmen oder den Zusatz von Magermilch, da der originäre Fettgehalt der Rohmilch außer für Käse mit mehr als 50% Fett in der Trockensubstanz zu hoch liegt. Nur bei Rohmilchkäsen erfolgt keine Pasteurisierung der Milch.

Die Qualität des reifen Käses wird in sensorischen Prüfungen durch mehrere Prüfer beurteilt. Als Kriterien gelten bei Frischkäse das Aussehen, das Gefüge, der Geruch und der Geschmack, bei allen anderen Käsesorten das Aussehen des Äußeren und Inneren, der Geruch, der Geschmack und die Konsistenz. Für jede dieser Eigenschaften werden Punkte gegeben. Vom Äußeren der Käse werden die Form, die Rinde, der Schimmelrasen (z. B. bei Camembert), die Farbe usw. beurteilt. Das Aussehen des Inneren betrifft vor allem die Lochung, die innere Struktur und die Farbe. Die Konsistenz umfaßt je nach Käsesorte die Festigkeit oder Geschmeidigkeit des Käseteiges. Geruch und Geschmack müssen für die betreffende Käsesorte typisch sein.

Für das Gelingen eines Käses kommt dem Eiweiß die Schlüsselbedeutung zu, weil durch das Gerinnen und die während des Reifungsprozesses laufenden proteolytischen Vorgänge das äußere Erscheinungsbild und der Geschmack wesentlich beeinflußt werden. Das Eiweiß ist aus verschiedenen Casein- und Molkenproteinfraktionen aufgebaut. Die Molkenproteine fließen im wesentlichen mit der Molke ab, nachdem das κ-Casein durch das Labenzym in das Para-κ-Casein und ein Glycomakropeptid gespalten wurde. Das κ-Casein hat besondere Bedeutung. Für die genannten Eiweißfraktionen liegen genetische Polymorphismen vor, für die unterschiedliche Funktionsweisen im Käsereiprozeß bekannt sind. Für die Allelkombination BB für κ- und β-Casein werden die besten Labgerinnungseigenschaften beobachtet, und es gibt Ergebnisse, die auch die besten Käseausbeuten als Eiweißübergang in den Käse oder geringste Mengen Käsestaub in der Molke ausweisen. Dieses ist deshalb zu beachten, weil Einflüsse, die der Tierernährung zugeordnet werden sollen, die Kenntnis der Genotypen bzw. bei Gruppenvergleichen in Versuchen der Genotypenverteilung erfordern.

Die Energieversorgung der Kühe wirkt sich auf die Gerinnungseigenschaften der Milch aus (Tabelle 6).

Tabelle 6. Labgerinnungseigenschaften in Abhängigkeit von der Energieversorgung der Kühe (Pabst 1992)

	mit 5 bzw. 3 kg Hafer	ohne Kraftfutter	Kraftfutter nach Leistung
Gerinnungszeit (Minuten)	16	20	13
Gallertefestigkeit (mm)	12	7	28

Die Versorgung der Kühe erfolgt einmal mit konstanten Hafermengen, d. h. Kühe erhielten während der ersten 100 Tage post partum 5 kg, Färsen 3 kg, danach wurde, unabhängig von der Milchleistung, nur Grundfutter vorgelegt, so daß die Versorgung der Kühe i. d. R. unter dem wahren Energiebedarf lag. Die anderen Gruppen erhielten kein Kraftfutter bzw. bekamen dies der Milchleistung entsprechend zugemessen. Bei der Gruppe ohne Kraftfutter wurden die ungünstigsten Werte für die Gerinnungszeit und die Gallertefestigkeit gefunden, für die mit Hafer versorgten Kühe verbesserten sich die Werte, aus der Sicht der Molkereipraxis, gut zu verarbeitende Käsereimilch gaben jedoch die Kühe mit Kraftfutterversorgung nach Leistung.

Macheboeuf et al. (1993) machten ähnliche Beobachtungen und korrigierten ihr Datenmaterial auf den Caseingehalt der Milch, wonach die zunächst signifikanten Differenzen zwischen Kühen mit bekanntem Genotyp und hoher bzw. niedriger Energieversorgung in den Labgerinnungseigenschaften verschwanden. Daß allerdings der Caseingehalt nicht die alles erklärende Größe war, fanden die Autoren nach dem Weideaustrieb, als sich unabhängig vom Niveau der Winterfütterung in beiden Gruppen die rheologischen Eigenschaften positiv veränderten. Dies wurde in Verbindung mit den gemessenen und veränderten Mineralstoffgehalten in der Milch gebracht. Die Kühe, die vom Genotyp her im Winter am günstigsten abschnitten, führten auch auf der Weide zum besten Ergebnis.

Für die Labgerinnung hat der Calciumgehalt der Milch einen hohen Stellenwert, bei schlechter Milchgerinnung hilft der Käser deshalb mit Calciumchlorid nach. Milch für Emmentaler Käse erfordert einen hohen Gehalt an Magnesium und den Spurenelementen Cobalt und Zink. Diese bewirken eine intensive Vermehrung der Propionsäurebakterien, wodurch es zu einem hohen Gehalt an Propionsäure und zur Aktivierung proteolytischer und lipolytischer Prozesse kommt. Solche Käse haben besonders gute Konsistenz und ausgeprägten, charakteristischen Geschmack.

In einem Versuch zur Steigerung des Eiweiß- bzw. Caseingehaltes der Milch mit pansengeschütztem Lysin und Methionin wurde eine Steigerung des Eiweißgehaltes um fast 0,2% erreicht, der Fettgehalt stieg um 0,5%. Die aus der Milch hergestellten Edamer Käse unterschieden sich von entsprechenden Kontrollkäsen nicht, weder geschmacklich noch in der Ausbeute, gerechnet als Eiweißübergang in den Käse je eingesetzter Eiweißmenge in der Kesselmilch (Pabst 1992).

Sporenbildner in der Milch, insbesondere Clostridien (*Clostridium tyrobutyricum*), können in Schnitt- und Hartkäse Spätblähungen verursachen, d. h. so starke Gasbildungen, daß die Käselaibe aufreißen. Sie sind danach nicht mehr als Sortenkäse, sondern höchstens noch für die Käseschmelze verkaufsfähig. Die Chlostridien gelangen besonders über Grassilagen, die mit Erde behaftet sind, in die Kuh. Mit dem Kot verlassen sie das Tier wieder und gelangen z. B. beim Liegen von außen an das Euter. Konsequentes Reinigen des Euters verhindert die Kontamination der Milch über die Melkmaschine; je höher jedoch der Infektionsdruck liegt, umso schwieriger ist Abhilfe zu schaffen. Grundfuttermittel wie Mais- oder Getreideganzpflanzensilagen, die direkt vom Halm geerntet werden, bieten hier Vorteile. Auch wenn in Molkereien Baktofugen laufen, die durch Zentrifugalkraft die Keime abschleudern, bleibt ein Risiko, das über Sorgfalt und Auswahl der Futtermittel im landwirtschaftlichen Betrieb zusätzlich minimiert werden kann. Zur Vermeidung von Spätblähungen wird der Kesselmilch Nitrat zugesetzt, ein Zusatzstoff, der auch vermieden werden könnte.

- **Käse-Sensorik**

Die vorhandene Vielfalt an Käsesorten unterscheidet sich geschmacklich überwiegend deutlich voneinander. Der typische Geschmack wird dabei durch das Einstellen des Fettgehaltes und die Verwendung spezieller Käsekulturen erreicht und durch eine angemessene Reifedauer abgerundet. Die Bedeutung der eingesetzten Rohmilch und ihre Herkunft werden dabei oftmals betont. Marketingüberlegungen mögen wichtig sein, hier aber sollen Argumente aufgeführt werden, die den Zusammenhang zwischen der Tierernährung und dem besonderen Geschmack des jeweiligen Käses beschreiben.

Alle wichtigen Inhaltsstoffe der Milch außer den Kohlenhydraten sind in Labkäse enthalten. Käsesorten mit typischem Flavour sind auf bestimmte Länder und Gebiete und teilweise auch auf eine bestimmte Jahreszeit begrenzt. Typische Bergkäse lassen sich nur in Sennen (Alpkäsereien) von Mai bis September herstellen. Dabei wird besonders die Futtergrundlage mit dem Flavour in Verbindung gebracht. Zum Gedeihen eines für die Käsemilch gut geeigneten Futters, eines Gemisches von besten Süßgräsern und Kleearten, sind zusätzlich gleichmäßige, nicht übermäßige Wärme und während der ganzen Vegetationsperiode gleichmäßig verteilte Niederschläge wichtig. Die Zusammensetzung des Futters ist auch vom Standort der Pflanzen, also vom Boden und von der Düngung, abhängig. Auf die Güte und das Aroma von Milch und Käse haben würzige Kräuter einen günstigen Einfluß. Diese wachsen bevorzugt außerhalb intensiv gedüngter Flächen. Häufig sollen deshalb Milchlieferverträge die Käsequalität absichern: Sie betreffen die Düngung, die Fütterung der Kühe, die Milchgewinnung und -ablieferung. So dürfen z. B. Milchlieferanten von Emmentaler- und Grana-Käsereien in den meisten Ländern keine Silagen und Kraftfuttermischungen mit Komponenten tierischer Herkunft verfüttern. Die Vorschriften sind so streng, weil Emmentaler, Gruyere de Comte, Grana und Parmigiano nur aus Rohmilch bereitet werden dürfen und die Sorge vor störender Bakterienflora besteht. Der Milchauszahlungspreis liegt dafür höher. Es darf erst nach dem Melken gefüttert werden, und das Futter darf nicht in der

Melkzone lagern. Eine Grunderfahrung von Käsemeistern ist, daß bei Silagefütterung die Güte der Käse proportional zur Silagequalität abnimmt.

Die sensorische Prüfung von Edamer Käse, der aus „ökologischem Landbau" bzw. aus „konventionell" erzeugter Milch hergestellt wurde (vgl. Kap. 2.3), ergab weder während des Weideganges noch in der Stallfütterungsperiode signifikante Unterschiede. In jeder Periode wurden 6 zeitgleiche Milchsammlungen und Verkäsungen ausgeführt. Die Bewertung erfolgte nach dem Schema der Deutschen Landwirtschaftsgesellschaft durch trainierte Sensoriker. Die Unterschiede zwischen den eingesetzten Milchproben, ihre Labgerinnungseigenschaften, die Schnittzeit des Käsebruches nach dem Labzusatz und die Ausbeute zeigt Tabelle 7.

Tabelle 7. Ergebnisse aus Käsereiversuchen mit „ökologisch" und „konventionell" erzeugter Milch, nach Weber (1993)

Parameter		Ökologisch			Konventionell			Differenz ökol.-konv.
		$\bar{x}$	min	max	$\bar{x}$	min	max	
pH-Wert		6,81	6,78	6,90	6,78	6,71	6,90	+0,03 n. s.
SH-Wert		6,19	5,60	7,60	6,83	6,40	7,80	−0,64**
Fett	%	4,02	3,70	4,31	4,49	4,25	4,81	−0,47***
Eiweiß	%	3,27	3,05	3,48	3,50	3,36	3,74	−0,23***
Casein	%	2,53	2,38	2,64	2,76	2,70	2,83	−0,23***
Calcium	%	0,11	0,11	0,12	0,12	0,11	0,13	−0,01**
r-Wert	min	18,8	13,0	23,0	16,9	15,0	18,5	+1,90 n. s.
K_{20}-Wert	min	36,4	27,0	42,0	29,5	26,5	33,0	+6,90***
a_{30}-Wert	mm	13,2	7,0	26,0	23,7	16,0	34,0	−10,5***
Schnittzeit		49,0	34,0	61,0	38,0	33,0	46,0	+11,0**
Ausbeute	%	11,2	11,6	12,2	11,6	10,6	12,5	−0,4 n. s.

r-Wert = Gerinnungszeit; k_{20}-Wert = Verfestigungszeit; a_{30}-Wert = Gallertefestigkeit.
** signifikant, *** hochsignifikant, n. s. nicht signifikant.

Weil für viele Käsesorten der natürliche Fettgehalt der Rohmilch auf etwa 3% eingestellt werden muß, wird das überschüssige Fett verbuttert. Der Einfluß von Fett mit hohem Anteil an ungesättigten Fettsäuren auf den Geschmack von Käse wurde an Cheddarkäse nach Reifedauern von 1, 3 und 6 Monaten geprüft (Lightfield et al. 1993). Käse mit hohem Anteil an ungesättigten Fettsäuren wurde aus Milch von Kühen hergestellt, die extrudierte Sojabohnen bzw. Sonnenblumensamen mit der Ration erhielten. In allen Prüfungsteilen wurden zu den Prüfungsterminen keine signifikanten Unterschiede gefunden. Diese würde man empirisch auch nicht erwarten, da für solche Käsesorten, die das ganze Jahr über hergestellt werden, auch keine Unterschiede zwischen „Weide-" und „Stallkäse" beobachtet werden. Die Verfütterung der genannten Fette strebt eine etwa gleiche Fettzusammensetzung in der Milch im Winter wie im Sommer an.

Die auf die „Trinkmilch-Sensorik" wirkenden Futtermittel, die zu Geruchs- und Geschmacksfehlern führen können, haben auch bei der Käsereimilch ihre Bedeutung, d. h., auch im Käse können solche Fehler auftreten.

2.6 Schlußbemerkungen

Es wurde gezeigt, daß sich die Bedingungen der Milcherzeugung auf die Milchzusammensetzung und damit auch auf ihre funktionellen Eigenschaften auswirken. In entwickelten Ländern ist letzteres so wichtig, weil immer der größere Teil der erzeugten Milch verarbeitet wird. In Deutschland sind dies etwa 80%. Die Zusammenhänge zu kennen und gegebenenfalls zu steuern, ist für die Produktionssicherheit und die Qualität von Produkten mit hoher Verbrauchererwartung besonders wichtig.
Faktoren, die auch die Milchproduktion in der nächsten Zeit beeinflussen werden, sind:
1. Kostenreduktion, 2. umweltgerechte Milcherzeugung, 3. Naturbelassenheit.
1. Betriebswirtschaftlich ist eine Milcherzeugung zu geringsten Kosten ein essentielles Erfordernis. Insbesondere bei abnehmenden Milchpreisen ist deshalb eine ständige Überprüfung auf mögliche Kosteneinsparungen notwendig. Davon können die Ration der Kühe und die Milchleistung betroffen sein. Beide wirken sich naturgemäß auf die Milchzusammensetzung aus. Die Kostenminimierung darf nicht zu Lasten der Lebensmittelherstellung und -qualität gehen; deshalb sollten Empfehlungen an die Milcherzeuger mit der Molkerei und den Futtermittellieferanten abgestimmt werden.
2. Es geht u. a. um die Reduktion von Kohlendioxid und Methan als Nebenprodukten des Rinderstoffwechsels, die in Zusammenhang mit Klimafaktoren gebracht werden, und den Schutz des Grundwassers vor Nitrat- und Phosphatfrachten aus Düngemitteln. Lösungen hierzu werden in der Anhebung der Milchleistungen je Kuh, in Extensivierungsmaßnahmen sowie einer Erhöhung des Leguminosenanteils in der Fruchtfolge gesehen. Dies sind Maßnahmen, die sich auf die Milchzusammensetzung und das „Image" der Milch auswirken können. Dies wird insbesondere der Fall sein, wenn Leistungsförderer zum Einsatz kommen, wie z. B. rekombinantes bovines Somatotropin (BST).
Eine Form umweltgerechter Milcherzeugung ist die im „ökologischen Landbau". „Ökologische Milcherzeugung" wird von vielen Politikern und einem Teil der Verbraucher (die Annahme liegt zwischen 10 und 20%) gefordert und würde den höchsten Extensivierungsgrad treffen. Die Entwicklung der Nährstoffe in den Böden, in den Pflanzen und die Flächenerträge erfordern eine sinnvolle Anpassung der Kuhzahl und des Leistungsniveaus, insbesondere weil Zukaufsfuttermittel nicht ohne weiteres verfügbar sind. Auswirkungen auf die Milchzusammensetzung müssen beobachtet werden. Leguminosen erfordern bei der Einsilierung äußerste Sorgfalt, da sonst z. B. Schimmelbildung ein Problem werden kann und als Folge Mykotoxine in der Milch auftreten könnten. Größere Mengen so erzeugter Milch würden sich in der Verarbeitung möglicherweise aufwendiger darstellen, geschmackliche Einflüsse in positiver oder negativer Richtung wären denkbar. Wenn „mehr Ökologie mehr Geschmack" bedeutet – sei es in der persönlichen Wertschätzung oder objektiv –, so wird dies stimulierend auf diese Art Milcherzeugung wirken. Bei den Verbrauchern werden vermeintliche Qualitätsunterschiede an Bedeutung gewinnen.
3. Naturbelassenheit wird für die Milch als ein Lebensmittel, das in Konkurrenz zu pflanzlichen, insbesondere Sojaprodukten steht, ein wesentliches Marketingargument sein und der Vorstellung der Verbraucher von einem gesunden Lebensmittel entsprechen, das wir deshalb auch unseren Kindern geben. Diese Anforderung beinhaltet, daß die Verarbeitung zu Milchprodukten so wenig Schritte und Zusatzstoffe wie nötig umfassen soll und die Milch deshalb von der Milchbildung her passen muß. Hier sind die Tierernährung und -züchtung gefordert.

Die aufgeführten Faktoren sind nicht unabhängig voneinander zu betrachten. Im wesentlichen sind sie auch miteinander vereinbar. Der Gedanke an den Tierschutz muß hier noch eingefügt werden, da z. B. eine Fütterung auf höchste Leistung damit kollidieren könnte. Die Versorgung von Kühen mit sehr großen Kraftfuttermengen führt häufig zu dauerhaftem Durchfall, einem Zustand, der tierschutzrelevant ist und mit dem Grundsatz, Milch von gesunden Tieren zu gewinnen, nicht vereinbar ist. Es ist eine Anpassung der Fütterung an die Genotypen gefordert, die hohe Milchleistungen ermöglicht.

Für den Absatz von Milchprodukten sind, wie auch für andere Lebensmittel, das Vertrauen und die Zufriedenheit der Verbraucher erforderlich. Deshalb erscheint es sinnvoll, eine Milcherzeugung zu installieren, die unter ein Zertifikat „Gute Herstellungspraxis" oder „Gute fachliche Praxis" gestellt werden kann. Dazu würde gehören, daß alle Futtermittel, Reinigungsmittel und technisches Gerät hohen definierten Normen entsprechen. Dazu würde auch die Freiheit von unerwünschten Stoffen gehören.

Die Tierernährung ist besonders gefordert, wenn es um die Bereitstellung von Futterstoffen und -rationen geht, die den Rohproteineinsatz reduzieren und hohe Leistungen sichern bei gleichzeitigem Anspruch auf geeignete Milchzusammensetzung, Gesundheit und Langlebigkeit der Tiere. Die Milch soll für eine möglichst breite Palette an Produkten verwendbar sein, nicht als Allround-Milch, sondern jeweils im Zuschnitt auf das Produkt.

Wenn auf der Seite der Milchprodukte spezifische Anforderungen an Milch bestehen, kann man diese auch messen als Voraussetzung für eine mögliche Selektion der Milch und eine mögliche Bezahlung. Anforderung und Wirlichkeit verlangen allerdings teilweise noch nach technischen Umsetzungen. So wird für eine gezielte Einsammlung der Milch das z. Z. übliche Verfahren mit Tanksammelwagen diesem Ziel nicht gerecht. Ein Containersystem könnte hier Möglichkeiten eröffnen. Für die Beurteilung der Milch mögen noch Schnelltests für Verarbeitungseigenschaften erforderlich sein. Für die meisten Eigenschaften, wie die für die Butterei und Käserei wichtigen, dürften jedoch Analyseverfahren bereits vorhanden sein, so daß ein Arbeiten im gemeinten Sinne möglich ist. Spezielle Anforderungen werden sich nur umsetzen lassen, wenn für sie bezahlt wird. Die Möglichkeit, dies zu tun, wird z. B. durch die Milchgüteverordnung ausdrücklich eröffnet.

Wichtig wird die Verwertung von fütterungstauglichen Nebenprodukten nachwachsender Rohstoffe, die z. B. bei der Herstellung von Rapsmethylester als Treibstoff und Stärke für Verpackungsmaterial anfallen. Beim Raps wird sicherzustellen sein, daß es sich um 00-Sorten handelt.

Sinkende Getreidepreise bringen das Getreide als Futterkomponente auch für Kühe zurück. Auswirkungen auf die Milchfettzusammensetzung können erwartet werden. Sich ändernde Marktverhältnisse bei Kraftfuttermitteln machen eine regelmäßige Messung der Milchzusammensetzung sinnvoll, um in der Molkerei die Produktionssicherheit zu gewährleisten. Sie ist Voraussetzung für die Einhaltung von Verträgen mit dem Handel, der bestimmte Qualitäten verlangt. Der Absatz der Milchprodukte auf diesem Weg ist die Vorbedingung für gute Milchauszahlungspreise an den Landwirt. Insofern sollte ein unmittelbares Interesse seinerseits bestehen, der Molkerei einen optimalen Rohstoff anzuliefern. Die wesentliche Stimulation läuft jedoch über eine differenzierte Bezahlung.

Für den Absatz der Milchprodukte wird es noch wichtiger werden, daß das Marketing auf dem Bauernhof unter Einbeziehung fütterungsrelevanter Argumente anfangen kann. Der

Geschmack der Milch wird dabei besondere Bedeutung erlangen. Großer Aufmerksamkeit bedarf die mögliche Belastung der Milch mit Umweltschadstoffen, die sowohl bei „konventionell" als auch „ökologisch" gefütterten Kühen auftreten können. Die Kontrollsysteme sind entwickelt und sichern ein gesundes Lebensmittel unter derzeitigen Umweltbedingungen.

In diesem Kapitel konnten nicht alle Milchprodukte berücksichtigt werden. Bei Sauermilchprodukten z. B. ist die Herstellung in Abhängigkeit von der Milchzusammensetzung im einzelnen bisher nicht untersucht. Es werden aber beispielsweise unterschiedliche Gelstärken bei Joghurt beobachtet, die der Meierist unabhängig von hygienischen Eigenschaften mit der Milchqualität in Zusammenhang bringt. Noch unzureichende Detailkenntnis trifft auch für den Bereich der Milchpulver und Kondensmilch zu. Hier liegen noch Chancen zur Kostensenkung, Produktionssicherheit und Produktqualität, die möglicherweise von der Tierernährung und Tierzüchtung erschlossen werden können.

Literatur

2.1
IDF (1990): IDF-Bulletin No. 270.

2.2
Fehlhaber, K., und P. Janetschke (1992): Veterinärmedizinische Lebensmittelhygiene. Gustav Fischer Verlag, Jena-Stuttgart.
Schlimme, E. (1992): Minore Inhaltsstoffe der Milch. Handbuch Milch. Behr's Verlag, Hamburg.

2.3
Weber, S. (1993): Untersuchungen zur Umstellung auf ökologische Milcherzeugung. Diss., Universität Kiel.

2.4
Astrup, H. N., L. Vik-Mo, O. Skrovseth and A. Ekern (1980): Milk lipolysis when feeding saturated fatty acids to the cow. Milchwissenschaft **35**, 1–2.
Butter-Verordnung (1988): Lebensmittelrecht. Textsammlung, 63. Butter-Verordnung, Stand 1. Mai 1993.
Franzen, M. (1990): Transfer von Omega-3-Fettsäuren aus dem Leinfett in das Milchfett bei Milchkühen und ihre Kettenverlängerung. Diplom-Arbeit, Universität Kiel.
Hagemeister, H., D. Precht und C. A. Barth (1988): Zum Transfer von Omega-3-Fettsäuren in das Milchfett bei Kühen. Milchwissenschaft **43**, 153–158.
Jaeck, W., und K. Pabst (1990): Penetrometrie zur Bestimmung der Fetthärte. Kieler Milchwirtschaftliche Forschungsberichte **42**, 219–223.
Overbeck, A., K. Pabst und H. O. Gravert (1994): Einflüsse der Milcherzeugung auf die Qualität der Schlagsahne. Kieler Milchwirtschaftliche Forschungsberichte **46**, 317–318.
Pabst, K. (1989): Einflüsse der Fütterung auf die Milchqualität, insbesondere unter dem Aspekt des Fetteinsatzes. Betriebswirtschaftliche Mitteilungen der Landwirtschaftskammer Schleswig-Holstein **410**, 3–21.
Palmquist, D. L., and A. D. Beaulieu (1993): Feed and animal factors influencing milk fat composition. J. Dairy Sci. **76**, 1753–1771.
Philipczyk, D. (1990): Einfluß der Menge und Behandlung von Rapssaat auf die Grundfutteraufnahme und Verdaulichkeit der Rohnährstoffe sowie die Milchleistung und -zusammensetzung bei Milchkühen. Diss., Universität Kiel.
Walte, H., und K. Pabst (1993): Versuche zur Senkung des Cholesteringehaltes in Milch. Unveröffentlicht.

2.5

Lightfield, K. D., R. J. Baer, K. M. Schingoethe, K. M. Kasperson and M. J. Brouk (1993): Composition and flavour of milk and Cheddar cheese higher in unsaturated fatty acids. J. Dairy Sci. **76**, 1221–1232.

Macheboeuf, D., J.-B. Coulon and P. D'Hour (1993): Effect of breed, protein genetic variants and feeding on cows' milk coagulation properties. J. Dairy Res. **60**, 43–54.

Pabst, K. (1992): Unveröffentlichte Ergebnisse.

Weber, S. (1993): Untersuchungen zur Umstellung auf ökologische Milcherzeugung. Diss., Universität Kiel.

3. Eier
(H. Jeroch)

3.1 Eiererzeugung und -verbrauch

Das Huhn ist in Deutschland, aber auch weltweit, die eindeutig dominierende Geflügelart für die Erzeugung des Nahrungsmittels **Ei**. In geringem Umfang spielen auch Perlhühner und Wachteln eine Rolle. Stark verbreitet ist in Ost- und Südostasien die Nutzung von Enten zur Eierproduktion. Auch bei den Gänsen gibt es ausgesprochene Legerassen (z. B. Niederrheinische Legegans), deren Eier eine lokale Bedeutung als Nahrungsmittel besitzen.

Der enorme Zuchtfortschritt beim Legehuhn in den letzten Jahrzehnten in Verbindung mit optimierten Haltungsbedingungen, umfassender Gesundheitsprophylaxe und einer vollwertigen Ernährung gewährleistet heute einen ganzjährigen gleichmäßigen Eieranfall, der in den fünfziger Jahren noch nicht üblich war. Bis Mitte der siebziger Jahre stieg der Eierverbrauch pro Kopf der Bevölkerung in der Bundesrepublik Deutschland kontinuierlich an und erreichte zu diesem Zeitpunkt mit 291 Stück (1977) einmal den ersten Rang innerhalb der EU. Nach 1985 hat es einen regelrechten Einbruch im Eierabsatz gegeben, der in erster Linie der kontroversen Cholesteroldiskussion anzulasten ist. Im Jahre 1992 betrug der jährliche Verbrauch 234 Stück pro Durchschnittsbürger.

3.2 Eiqualitätskriterien und ihre Beeinflußbarkeit

Das Hühnerei ist grundsätzlich ein wertvolles Nahrungsmittel (trifft gleichermaßen auch für Eier anderer Geflügelarten zu, soweit sie für Nahrungszwecke genutzt werden). Es enthält fast alle Nährstoffe, die für die vollwertige Ernährung benötigt werden.

In der Beurteilung des Hühnereies durch den modernen Verbraucher spielen folgende Kriterien eine bedeutsame Rolle (nach Jansen und Oosterwoud 1989):

- Aussehen: saubere und intakte Eischale
- Nährwert: Nährstoffgehalt (Eiweiß, Aminosäuren, Mineralstoffe, Vitamine usw.), Verdaulichkeit
- Sensorische Eigenschaften: Geschmack, Geruch, Struktur, Farbveränderungen, Eieinschlüsse (u. a. Blutflecke)

- Sicherheit: keine Kontamination mit pathogenen Mikroorganismen, keine Rückstände an Medikamenten, Pestiziden und Schwermetallen
- Gesundheitliche Aspekte: Cholesterolgehalt, Fettsäurenzusammensetzung
- Funktionelle Eigenschaften: zum Backen, Kochen usw. geeignet.

Diese Kriterien unterliegen Einflüssen verschiedener Art (Tabelle 1). Bei fast allen Merkmalen besteht zudem ein Fütterungseffekt. Hiervon ist auch der Nährstoffgehalt betroffen, wenngleich die von Naber (1979) vorgenommene Klassifizierung der Eiinhaltsstoffe hinsichtlich ihrer Beeinflussung durch den Gehalt im Futter demonstriert, daß eine große Gruppe von Eibestandteilen keinen oder nur geringeren Fütterungseinflüssen unterliegt (Tabelle 2).

Tabelle 1. Die Eiqualität beeinflussende Faktoren (nach Scholtyssek 1987; modifiziert)

Merkmal	Herkunft	Fütterung	Haltung, Hygiene	Behandlung
• Äußere Qualitätsmerkmale				
Einzeleimasse (Eigröße)	+++	+	–	–
Eischalenbeschaffenheit (u. a. Farbe)	+++	–	–	–
Schalenstabilität	+	++	+	+
• Innere Qualitätsmerkmale				
Nährstoffgehalt	+	+	–	–
Frischegrad	–	–	–	+++
Sensorische Eigenschaften				
– Dotterfarbe	+	+++	+	–
– Geschmack und Geruch	–	+	+	+
Funktionelle Eigenschaften	+	+	+	++

– = kein Einfluß, + = geringer, ++ = mittlerer, +++ = starker Einfluß

Tabelle 2. Einteilung der Eiinhaltsstoffe (Nährstoffe) hinsichtlich ihrer Beeinflussung durch Futterinhaltsstoffe (nach Naber 1979)

Keine oder nur geringe Variation	positiver oder deutlicher Einfluß	keine Information über eine Einflußnahme
Wasser	Iod	Zink
Energie	Fluor	Niacin
Eiweiß/Aminosäuren	Mangan	Vitamin B_6
Fett	Vitamine A, D, E, K	Inositol
Kohlenhydrate	Vitamine B_1, B_2, B_{12}	Arachidonsäure
Asche	Pantothensäure	
Mengenelemente (Ca, P, Na, K, Cl, Mg, S]	Folsäure	
	Biotin	
Vitamin C	Ölsäure	
Cholin	Linolsäure	
Stearinsäure	Linolensäure	
Palmitinsäure		
Cholesterol		

Das Ei ist nicht nur Nahrungsmittel, sondern auch die Keimzelle für neues Leben. Die Inhaltsstoffe müssen deshalb eine ungestörte embryonale Entwicklung gewährleisten und darüber hinaus bei spezifischen Nährstoffen eine Reservebildung beim Eintagsküken ermöglichen.

3.3 Einfluß von Ernährungsfaktoren auf die Eiqualität

3.3.1 Äußere Qualitätsmerkmale

Bei den äußeren Merkmalen handelt es sich um Größe (Eigewicht), Form, Aussehen und Schalenstabilität (s. Tabelle 1).
Eigewicht (Eigröße). Nicht nur die Eizahl je Henne, sondern auch das Eigewicht hat sich kontinuierlich erhöht. Nach den Ergebnissen der deutschen Legeleistungsprüfung 1992/93 beträgt das durchschnittliche Gewicht für weißschalige Eier 63,4 g und für braunschalige Eier 67,0 g, wobei erhebliche und in erster Linie herkunftsbedingte Schwankungsbereiche vorliegen (Weißleger: 59,8–68,2 g/Ei; Braunleger: 62,2–74,3 g/Ei). Generell steigt das mittlere Eigewicht einer Legeherde mit zunehmendem Hennenalter an. Die gewichtsmäßige Differenzierung eines Geleges folgt der Normalverteilung. Bei einer Vermarktung der Eier nach Gewichtsklassen (8-Klassen-System der EU: von $\geq$ 75 g [Gewichtsklasse 0] bis < 45 g [Gewichtsklasse 7] bei 5 g-Abständen) und den in Abhängigkeit von der Marktlage mehr oder weniger starken Preisabstufungen zwischen den einzelnen Größenklassen stellt somit das Eigewicht ein bedeutsames ökonomisches Qualitätsmerkmal dar. Die allgemein vom deutschen Verbraucher bevorzugte Gewichtsklasse 3 umfaßt alle Eier zwischen 60 und 65 g. In der Brut bringen Eier dieser Gewichtsklasse die besten Resultate. Schwere Eier sind zerbrechlicher, und die Bruterfolge fallen ungünster aus. Mit kleineren Eiern wird ein geringeres Schlupfergebnis erzielt, die Küken sind leichter und außerdem normalgewichtigen Küken im Wachstum meistens unterlegen.
Fütterungsseitig beeinflussen vor allem Aufzuchternährung, Linolsäuregehalt der Futtermischung, suboptimale Protein- bzw. Aminosäurenversorgung, antinutritive Futterinhaltsstoffe und das Wasserangebot das Eigewicht. Mittels dieser Ernährungsfaktoren läßt sich durchaus zielgerichtet das Eigewicht in gewissem Umfang verändern, wobei bisher eine Erhöhung nach Legebeginn im Vordergrund stand. Neuerdings sind speziell bei Braunlegern nutritive Möglichkeiten zur Stabilisierung bzw. leichten Reduzierung des Eigewichts im letzten Drittel der Legeperiode zwecks Verringerung des Anfalls übergroßer und schalengeschädigter Eier gefragt.
Einen positiven Einfluß auf das Eigewicht vor allem in der frühen Legephase hat das Junghennengewicht am Legebeginn. Tiere mit Normal- bzw. Übergewicht legen vergleichsweise zu solchen mit Untergewicht schwerere Eier, bzw. das Gelege gelangt schneller in die gewünschte Gewichtsklasse (Tiller 1991). Dadurch erhöht sich natürlich auch der Anteil brutfähiger Eier an der Gesamtzahl gelegter Eier je Zuchthenne. Die Aufzuchtfütterung muß deshalb in Abstimmung mit den weiteren Aufzuchtfaktoren die für die jeweiligen Herkünfte geforderten Lebendgewichte zu Legebeginn sicherstellen. Fütterungsrestriktionsprogramme sollten folglich bei weißen Legehybriden der Vergangenheit angehören, wenngleich damit Futtereinsparungen möglich sind.

Die Versuchsergebnisse zur Beeinflussung des Eigewichts durch Änderung der Energieaufnahme sind widersprüchlich. Positive Effekte eines gesteigerten Energiekonsums lassen sich in der Mehrheit auf eine damit gekoppelte gesteigerte Linolsäureaufnahme zurückführen. Der Einfluß dieser essentiellen Fettsäure auf das Eigewicht ist unbestritten. Mangel bzw. suboptimale Versorgung vermindern eindeutig das Eigewicht, beeinträchtigen darüber hinaus die embryonale Entwicklung und damit Schlupffähigkeit sowie postnatales Wachstum aufgrund des Defizits an essentiellen Fettsäuren im Eifett (s. S. 423). Zur Abdeckung des Linolsäurebedarfs sollte das Hennenfutter 10–15 g/kg Linolsäure enthalten. Darüber liegende Gehalte bewirken vor allem bei jüngeren Hennen z. T. deutliche Steigerungen des Eigewichts (bis 3 g; Halle 1993), so daß durch Integrieren linolsäurereicher Öle (z. B. Sojaöl, Rapsöl [00-Sorten]) in das Hennenfutter der Kleineieranteil reduziert werden kann. Die Gewichtssteigerung resultiert hierbei sowohl aus einer Eidotter- als auch Eiklarzunahme, bei älteren Hennen dagegen vorrangig aus einer gesteigerten Eiklarbildung (Whitehead et al. 1991). Der Rohproteingehalt im Futter jüngerer Legehennen muß hinsichtlich Menge und Qualität sowohl die Bedarf für die Eibildung als auch die noch erforderliche Gewichtszunahme abdecken. Suboptimale Versorgung, z. B. mit Methionin, braucht nicht die Eizahl zu beeinträchtigen; sie reduziert aber immer das Eigewicht vor allem zu Lasten einer verminderten Eiklarbildung. Ein Lysindefizit hat dagegen größere Auswirkungen auf den Dotteranteil. Ob eine die Bedarfsempfehlungen übersteigende Protein- bzw. Aminosäurenaufnahme in der ersten Legephase das Eigewicht erhöht, ist umstritten.

Für eine Stabilisierung bzw. leichte Reduzierung des Eigewichts im letzten Drittel der Legeperiode bieten sich folgende Maßnahmen an:

– suboptimale Versorgung mit schwefelhaltigen Aminosäuren ($\approx$ 10% unter den Versorgungsempfehlungen),
– Linolsäuregehalt im Futter < 8 g/kg,
– Verwendung von Ackerbohnen als Mischungskomponente, um den negativen Effekt der Inhaltsstoffe Vicin und Convicin (Pyrimidinglykoside) auf den Fettstoffwechsel (verringerter Dotteranteil) zu nutzen.

Deshalb sind Ackerbohnen vor allem in der 1. Legephase keine geeignete Futterkomponente. Diese Empfehlung ist nur für die Erzeugung von Konsumeiern verbindlich.

Generell lassen sich fütterungsseitige Maßnahmen zur Steuerung des Eigewichts über Phasenfütterungsprogramme umsetzen (Tiller 1991).

Eischalenstabilität. Das wichtigste äußere Qualitätsmerkmal der Eier ist heute die Schalenqualität. Die Eischale (von Anfang bis Ende des Legejahres von 9,5% auf 8,7% des Eigewichts abnehmend) enthält etwa 37,3% Ca in Form von Ca-Carbonat. Mit zunehmendem Alter der Hennen verschlechtert sich die Eischalenstabilität; insbesondere in den letzten Legemonaten steigt der Eieranteil mit Schalendefekten unterschiedlichen Ausmaßes an. Damit sind vor allem für Erzeuger und Verkäufer beachtliche wirtschaftliche Einbußen verbunden.

Durch Fütterungsmaßnahmen läßt sich die Eischalenstabilität jedoch kaum oder nur wenig verbessern, wenn die die Schalenbildung beeinflussenden Inhaltsstoffe des Futters den derzeitigen Versorgungsempfehlungen (Tabelle 3) entsprechen. So haben höhere Ca-Gehalte im Futter gegenüber den Empfehlungen in der Regel zu keiner nachweisbar besseren Schalenstabilität geführt. Auch zusätzliche Vitamin-D_3-Gaben sowie die Applikation von stoffwechselaktiven Metaboliten des Vitamin D_3 erwiesen sich als wirkungslos. Unter

Tabelle 3. Fütterungseinflüsse auf die Eischalenqualität

Faktor	Bemessung	Bedeutung
Ca-Gehalt im JH-Futter	6 g/kg[1]	+
Mn-Gehalt im JH-Futter	45 mg/kg	+
Ca-Gehalt im LH-Futter		
leichte Herkünfte	32,5 (37,5[2])–36,0 (41,5[2]) g/kg	+++
mittelschwere Herkünfte	31,0 (35,5[2])–34,5 (39,5[2]) g/kg	+++
Vitamin-D_3-Gehalt im LH-Futter	1000–1200 IE/kg	++
Cl-Gehalt im LH-Futter	1,5 g/kg	++
Na-Cl-Verhältnis im LH-Futter	1:0,5–1:1,25	++
P-Gehalt im LH-Futter	4,8 g/kg (Gesamt-P)	+
	2,6 g/kg (Nichtphytin-P)	
Mg-Gehalt im LH-Futter	0,5 g/kg Futter	+
Mn-Gehalt im LH-Futter	40–60 mg/kg	+
Zn-Gehalt im LH-Futter	65 mg/kg	+

[1] 2 bis 4 Wochen vor Legebeginn Ca-Gehalte auf 15–20 g/kg anheben,
[2] gegen Ende der Legeperiode;
+ = geringer, ++ = mittlerer, +++ = starker Einfluß.

Streßbedingungen (z. B. hohe Stalltemperaturen) verbesserten verschiedentlich Vitamin-C-Gaben die Eischalenqualität. Normalerweise wird aber der Bedarf an diesem Vitamin durch die Eigensynthese ausreichend gedeckt. Von den geprüften organischen Ca-Verbindungen (Ca-Acetat, Ca-Propionat, Ca-Lactat, Tri-Ca-Dicitrat, Ca-Fumarat, Ca-Formiat) im Vergleich zu Ca-Carbonat, der herkömmlichen Ca-Verbindung, führte lediglich die Verfütterung von Ca-Fumarat ohne Leistungseinbuße zu geringfügigen Verbesserungen der Eischalenstabilitätsparameter (Vogt 1992). Widersprüchliche Resultate liegen zur Wirkung von organischen Säuren (Fumarsäure, Propionsäure, Milchsäure) auf die Eischale vor. In den Untersuchungen von Vogt (1992) blieben Fumarsäure und Milchsäure ohne gesicherten Einfluß auf die Eischalenstabilität, während ein Propionsäurezusatz diese negativ beeinflußte, was auf eine Störung des Ca-Stoffwechsels hinweist. Auch geprüfte Silicate (Salze und Ester der Kieselsäure) vermochten nur verschiedentlich die Eischalenstabilität geringfügig bei gleicher Leistung zu verbessern.

Mit Beginn der Eischalenkalzifizierung, die meist in den letzten Stunden des Lichttages einsetzt, steigert die Henne im Vergleich zu den anderen Tagesabschnitten deutlich ihre Futteraufnahme, um ihren erhöhten Ca-Bedarf zu befriedigen. Während dieser Zeit muß ausreichend Futter angeboten werden, damit genügend futterbürtiges Calcium während der Schalenbildung zur Verfügung steht. Dadurch läßt sich eine bessere Übereinstimmung zwischen den Phasen der Eischalenbildung und der Ca-Resorption erreichen. Die verschiedentlich erzielten positiven Effekte auf die Eischalenstärke beim Einsatz gröberer Kalkpartikel (Muschelschalen, Austernschalen, Kalksteingrit) anstelle von pulverförmigem Ca-Carbonat (dadurch verzögerte Resorption) sowie ein getrenntes Ca-Angebot in Form von Ca-Grit (z. B. Austernschalen) (Prinzip der Wahlfütterung) vor allem in den letzten Stunden des Lichttages ordnen sich in das Anliegen eines erhöhten Nahrungscalciumangebotes während der Schalenbildung ein.

Es muß mit Nachdruck darauf hingewiesen werden, daß bereits ein relativ kurzfristiger Ca-Mangel die Eischalenqualität verschlechtert. Die Henne besitzt im Normalfall nur etwa

5 g schnell mobilisierbares Calcium, das vorrangig in den Röhrenknochen deponiert ist. Die Mobilisierbarkeit verringert sich mit fortschreitender Legeperiode. Hochproduktive Legehennen müssen deshalb jeden Tag bedarfsgerecht versorgt werden, und es sind alle Möglichkeiten einer diskontinuierlichen Ca-Versorgung (z. B. durch Entmischung des Futters) auszuschließen.

Aber auch eine sehr reichliche Ca-Versorgung (> 50 g/kg Futter) ist von Nachteil, da Futteraufnahme und Legeleistung negativ beeinflußt werden, während der Einfluß auf die Schalenqualität gering bzw. nicht meßbar ist. Die mitgeteilten P-Gehalte (s. Tabelle 3) sollten nicht wesentlich überschritten werden, denn ein P-Überschuß beeinträchtigt die Ca-Freisetzung sowie die Ca-Carbonat-Bildung in der Schalendrüse. Daraus resultieren nachteilige Effekte auf die Schalenbildung. Der Überschuß an Natrium und Chlorid ist möglichst gering zu halten. Er kann ebenso wie die Erweiterung des Na/Cl-Verhältnisses über den in Tabelle 3 empfohlenen Bereich die Eischalenstabilität verschlechtern. Es sollte nur die zur Absicherung des Cl-Bedarfs erforderliche Kochsalzmenge dem Futter zugesetzt werden. Für darüber hinaus erforderliche Na-Gaben sind andere Na-Verbindungen (z. B. Na-Phosphat) zu verwenden.

Nachteilige Einflüsse auf die Eischalenstabilität können auch von futtereigenen Inhaltsstoffen ausgehen. Signifikante Abnahmen der Eischalenstabilität bewirken hohe Erbsen- und Ackerbohnen (normale und auch tanninarme Herkünfte)-Anteile im Hennenfutter (Vogt 1992).

3.3.2 Innere Qualitätsmerkmale

Nährstoffgehalt. Nach Untersuchungen in Spelderholt/Niederlande (Uijttenboogaart und Van Cruijningen 1988) entfallen auf die Eibestandteile Dotter, Eiklar und Schale bei den Eiern jüngerer Legehybriden (< 45 Wochen) 25,2; 65,2 und 9,6% und bei den Eiern älterer Tiere (> 45 Wochen) 27,6; 63,4 und 9,0%. Hinsichtlich der nährstoffmäßigen Zusammensetzung des Eiinhaltes ergaben die ebenfalls von dieser Arbeitsgruppe aus Spelderholt durchgeführten Analysen folgende Werte: 76,5% Wasser, 12,4% Rohprotein, 9,4% Rohfett, 0,9% Asche und 0,3% Glucose. Es besteht hierbei weitgehende Übereinstimmung sowohl mit den Angaben anderer Autoren als auch eigenen Analysendaten. Bezieht man diese Daten auf den Eiinhalt (g) eines Hühnereies von 65 g (s. S. 419), dann entfallen auf genannte Inhaltsstoffe nachstehende mengenmäßige Anteile: 45,1 g Wasser, 7,3 g Eiweiß, 5,5 g Fett, 0,5 g Asche und 0,2 g Glucose. Die beiden Komponenten des Eiinhaltes (Eiklar, Eidotter) sind dabei sehr unterschiedlich zusammengesetzt (Tabelle 4). Gravierende Unterschiede in der nährstoffmäßigen Zusammensetzung zwischen Hühnereiern und den Eiern anderer Geflügelarten bestehen nicht (s. Tabelle 4). Vorhandene Abweichungen resultieren in erster Linie aus anderen prozentualen Dotter- und Eiklaranteilen.

Die Nährstoffzusammensetzung unterliegt kaum fütterungsbedingten Einflüssen. Festgestellte Veränderungen, z. B. als Folge einer Rohprotein- bzw. Aminosäuren (z. B. Methionin-)-Unterversorgung, resultieren indirekt aus Verschiebungen der Eidotter/Eiklar-Relationen, denn der Rückgang im Eigewicht wird hauptsächlich durch die Abnahme des Eiklars verursacht. Bei der Verminderung des Rohproteingehaltes im Legehennenfutter von 16 auf 13% ermittelten Penz und Jensen (1991) folgendes Resultat: gleiche Legeintensität, 4% geringeres Eigewicht, Eiklaranteil um 4,4–5,5%, Eidotteranteil um 2–3% und Eischalenanteil um 0–5% vermindert.

Tabelle 4. Nährstoffzusammensetzung von Eiern (g/100 g Substanz) verschiedener Geflügelarten (SU und LIN 1993)

Geflügelart	Eibestandteil	Trockensubstanz	Protein	Fett	Kohlenhydrate	Asche
Huhn	Eiklar	11,52	9,37	0,02	0,64	0,72
	Eidotter	52,78	16,16	10,10	1,66	1,15
	Eiinhalt	25,43	12,14	11,15	1,20	1,04
Wachtel	Eiklar	12,60	10,49	0,02	0,90	0,81
	Eidotter	50,27	15,60	32,02	1,76	1,70
	Eiinhalt	27,65	13,05	11,49	1,41	1,10
Ente	Eiklar	12,32	10,37	0,02	0,78	0,90
	Eidotter	54,78	16,16	34,10	1,94	1,65
	Eiinhalt	29,17	12,81	13,17	1,45	1,14
Gans	Eiklar	10,35	9,07	0,02	0,70	0,70
	Eidotter	54,85	17,16	33,10	1,82	1,65
	Eiinhalt	29,17	12,47	12,27	1,35	1,08

Aminosäurenmuster des Eiproteins. Die Aminosäurenzusammensetzung des Eiweißes kann als ideal angesehen werden. Es wird deshalb auch als Vergleichs- oder Standardprotein zur Einstufung (Bewertung) von Nahrungs- und Futtereiweißträgern benutzt. Die Aminosäurenmuster der Eiproteine sind genetisch programmiert und somit durch die Fütterung nicht manipulierbar. Mangel oder Überschuß an einem oder mehreren essentiellen Eiweißbausteinen beeinflussen somit nicht die AS-Profile der Eiproteine. Festgestellte Veränderungen im AS-Muster des gesamten Eiinhaltes können aus einer Verschiebung im Eiklar/Eidotter-Verhältnis resultieren, das durch unausgewogene Ernährung der Hennen verursacht werden kann.

Lipidzusammensetzung. Im Gegensatz zum Aminosäurengehalt des Eiproteins läßt sich die Lipidzusammensetzung des Eidotters durch die Fütterung (Fettanteil im Futter, Fettsäurenmuster der Fettfraktion der Futterration) nachhaltig verändern. Diese durch zahlreiche experimentelle Daten belegte Aussage betrifft sowohl ernährungsphysiologisch (essentielle) bedeutsame als auch suspekte Fettsäuren (Erucasäure [herkömmliche Rapssorten], Malvalia- und Sterculasäure [Baumwollsaat]).
Bei kohlenhydratreicher und fettarmer Fütterung (z. B. Futtermischungen auf der Basis Weizen, Gerste und Extraktionsschrote) dominiert die Eigensynthese von Fettsäuren. Die hierbei gebildeten Fettsäuren haben überwiegend Ketten von 16 C- und 18 C-Atomen, wobei Palmitin-(16:0) und besonders Ölsäure (18:1; ≈ 50%) vorherrschen. Der Anteil der polyungesättigten Fettsäuren (essentielle Fettsäuren) ist dagegen gering, da Hühner wie viele Wirbeltiere nicht in der Lage sind, mehrfachungesättigte Fettsäuren, insbesondere Linolsäure, zu synthetisieren.
Die Ergänzung des Futters mit linolsäurereichen Ölen (z. B. Soja-, Sonnenblumen- oder Maiskeimöl) bewirkt eine Anreicherung dieser essentiellen Fettsäure (Omega-6-Fettsäure) im Eifett, wobei der Anstieg vor allem zu Lasten der Ölsäure geht, während die Gehalte an gesättigten Fettsäuren (16:0, 18:0, 30–35%) weitgehend konstant bleiben. Ebenso wie der Gehalt an Linolsäure läßt sich auch der Gehalt an Omega-3-Fettsäuren im Eifett erhöhen.

Bei einer reichlichen Aufnahme von Fettsäuren mit ≤12 C-Atomen (Laurinsäure (C 12:0), Caprinsäure (C 10:0), Caprylsäure (C 8:0)) durch Kokosnußölergänzung der Futterration kommt es dagegen kaum zu einer Anreicherung im Eifett (Thomsen 1966; zit. bei Jansen und Oosterwoud 1989). Sie dienen entweder zur Energiegewinnung bzw. werden durch Kettenverlängerung und teilweise durch Olefinierung zur Eifett- bzw. Körperfettbildung verwendet.

Nach dem derzeitigen Erkenntnisstand könnten sich unterschiedliche Anforderungen an das Fettsäurenmuster des Eifettes je nach Verwendungszweck der Eier – für Brutzwecke oder als Nahrungsmittel – ergeben. Unbestritten und belegt sowohl durch ältere als auch neuere Untersuchungen ist, daß eine ungestörte embryonale Entwicklung und somit ein hohes Schlupfergebnis einen angemessenen Linolsäuregehalt im Eidotterfett erfordern, der durch 1–1,5% im Zuchtfutter gewährleistet wird. Aus neueren Untersuchungen zum Fettstoffwechsel von Hühner- und Wachtelembryonen sowie frischgeschlüpften Küken und ihrer Fortführung könnte sich jedoch eine neue Bewertung der Fettsäurenzusammensetzung von Bruteiern hinsichtlich des Anteils an gesättigten Fettsäuren, Ölsäure (n-9), n-6- und n-3-Fettsäuren (jeweils essentielle Fettsäuren), deren Anteile sich – wie mitgeteilt – durch die Fütterung steuern lassen, ergeben (u. a. Cherian und Sim 1992, Vilches et al. 1990a, 1990b, 1991, 1992). Der gesundheitsfördernde Effekt von n-3-polyungesättigten Fettsäuren (18:3, 20:5, 22:5, 22:6) regte an, das Hühnerei mit solchen Fettkomponenten gezielt anzureichern (Farrell und Gibson 1991). Neben Leinsamen, -expeller bzw. -öl bieten sich Rapssaat bzw. -expeller von 00-Sorten (Jeroch et al. 1994) als Futterkomponenten hierzu an. Entscheidend für die Erzeugung fettsäuremodifizierter Eier ist letztlich ihre Akzeptanz durch den Konsumenten und das Verhalten der Eier während der Lagerung und Verarbeitung (funktionelle Eigenschaften). Denn es sind u. a. sensorische Veränderungen nicht auszuschließen (Jiang et al. 1992).

Cholesterolgehalt. Nach neueren Analysen enthalten Hühnereier u. a. in Abhängigkeit von Tiermaterial, Alter und Eigewicht 175 bis 235 mg Cholesterol. Je g Eigelb sind es 10–13 mg. Cholesterol liegt überwiegend in freier Form mit rund 4% in der Lipidfraktion des Eidotters vor. Eier zählen zu den Nahrungsmitteln mit hoher Cholesterolkonzentration. Obgleich inzwischen wissenschaftlich belegt ist, daß bei gesunden Menschen der Serumcholesterolspiegel durch den Eierverzehr kaum beeinflußt wird (Shinitzky und Dvir 1989), konnte damit die ungünstige Bewertung des Hühnereies aus medizinischer Sicht nicht vollständig ausgeräumt werden. Deshalb erfolgen nach wie vor Untersuchungen zur Cholesterolabsenkung, die sich auch auf den Ernährungsbereich erstrecken. Außer den Ergänzungen mit pflanzlichen Sterolen bewirkten weitere geprüfte Fütterungsmaßnahmen, wie Rohfaser- bzw. Nahrungsfaseranreicherung, abgestufte Energie- und Proteingehalte, Fettzusätze und Vitamin-C-Supplemente, keine oder nur geringe Gehaltsabnahmen. Nach Scholtyssek (1992) verminderte sich die Cholesterolkonzentration durch Anstieg des Rohfasergehaltes von 4 auf 8% um 2%, durch Sojaölintegration (bis 12% in isokalorischen Rationen) um 4,4% und Vitamin-C-Zusatz (200 mg/kg) um 2,5%. Pflanzliche Sterole, z. B. β-Sitosterol, waren dagegen wesentlich wirksamer. Clarenburg et al. (1971) erreichten mit 2% emulgiertem β-Sitosterol im Futter eine Verminderung des Cholesterolgehaltes um 35%, aber gleichzeitig wurde das pflanzliche Sterol im Ei deponiert (42 mg; Verdrängungseffekt infolge chemischer Strukturähnlichkeit). Außerdem gelangten verschiedene chemische Verbindungen, die die Cholesterolsynthese hemmen, zur Prüfung (Griffin 1992, Hargis 1988), die mitunter den Gehalt deutlich reduzierten. Bei allen Manipulationen des Cho-

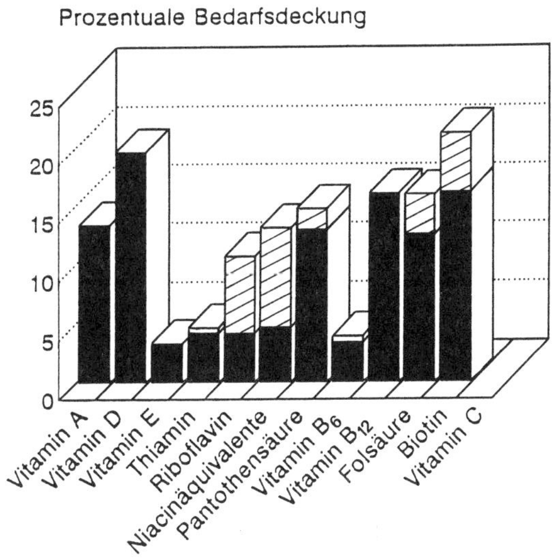

Abb. 1. Vitaminzufuhr aus Eigelb und Eiklar bei Verzehr eines Eies im Verhältnis zur Bedarfsdeckung eines Erwachsenen (aus Ternes et al. 1994). ■ Eigelb, ▨ Eiklar.

lesterolgehaltes muß jedoch beachtet werden, daß dieser Fettbegleitstoff für die Embryonalentwicklung des Kükens essentiell ist und nachteilige Einflüsse auf funktionelle Eigenschaften des Eiinhaltes möglich sind.

Vitamingehalt. Gemessen am Bedarf des Menschen, ist das Hühnerei eine potentielle Vitaminquelle (Abb. 1). 100 g Vollei enthalten folgende Konzentrationen: 520 IE Vitamin A, 27 IE Vitamin D_3, 1,93 mg Vitamin E, 0,06 mg Vitamin B_1, 0,43 mg Vitamin B_2, 0,08 mg Vitamin B_6, 1,5 µg Vitamin B_{12}, 0,06 mg Niacin, 1,6 mg Pantothensäure, 110 µg Folsäure, 15,9 µg Biotin und 447 mg Cholin. Die fettlöslichen Vitamine sind ausschließlich im Eidotter lokalisiert. Von den Vitaminen B_1, B_{12}, Folsäure, Biotin und Cholin findet man im Eiklar nur Spuren.

Der Gehalt des Eiinhaltes an fast allen Vitaminen wird jedoch von den aufgenommenen Mengen, d. h. den Konzentrationen in den Futtermischungen, bestimmt. Die Beziehung ist in der Regel nichtlinear, da sich mit steigender Konzentration im Futter der Einbau in das Ei verlangsamt. Überhöhte Futtersupplemente bewirken deshalb kaum noch Anreicherungen im Ei und werden abgelehnt. Die derzeitigen Versorgungsempfehlungen, die generell Sicherheitszuschläge enthalten, gewährleisten in etwa oben genannte Vitamingehalte im Ei.

Das Ei ist nicht nur Nahrungsmittel, sondern auch Keimzelle. Während der Embryonalphase bilden ausschließlich die Eiinhaltsstoffe die Nahrungsquelle. Für eine ungestörte Entwicklung sind vor allem fütterungsabhängige Eikomponenten, wie z. B. die Vitamine, bedeutsam. Zu niedrige Konzentrationen im Brutei infolge unzureichender Versorgung der Zuchthennen, die die Legeleistung noch nicht beeinträchtigen muß, bewirken erhöhte Embryonensterblichkeit, Defekte bei den geschlüpften Küken, abnorme Verluste und Wachstumsstörungen. Aufgrund dieser Zusammenhänge verdient die Vitaminversorgung von Zuchthennen besondere Beachtung, zumal nicht nur die Embryonalentwicklung, sondern auch die postnatale Entwicklung von den Vitaminmengen im Ei bzw. den davon abhängigen Gehalten in Dottersack und Leber beeinflußt wird.

Cholin zählt zu den wenigen Vitaminen, bei denen keine Beziehung zwischen Futter- und Eikonzentration nachgewiesen wurde. Bekanntlich ist die Henne dazu befähigt, dieses

Vitamin selbst zu synthetisieren. Da außerdem die Mischfutterkomponenten Cholin enthalten, erübrigt sich eine zusätzliche Futterergänzung. Leider bleibt diese Erkenntnis bei der Rezepturgestaltung unberücksichtigt; Legehennenfutter wird nach wie vor mit Cholinchlorid supplementiert. Bei unzureichender Resorption im Dünndarm kann ein Cholinüberschuß Ursache von Eiern mit Fischgeschmack sein (s. S. 428). Auch das Vitamin B_6 reichert sich im Ei kaum an, wenn die Konzentration im Futter ansteigt (Abend et al. 1977).

Mineralstoffgehalt. Für den Eiinhalt werden folgende Gehalte an essentiellen Mengen- und Spurenelementen bei angemessener Versorgung mitgeteilt (Uijttenboogaart und Van Cruijningen 1989, Vogt 1976; Mengen in 100 g Substanz): 50 mg Calcium, 179 mg Phosphor, 11 mg Magnesium, 125 mg Natrium, 131 mg Kalium, 1,8 mg Eisen, 0,03 mg Mangan, 1,33 mg Zink, 0,07 mg Kupfer, 0,02 mg Iod und 19,8 µg Selen. Für mehrere Spurenelemente (z. B. Mn, Zn, I, Se) konnte eine Abhängigkeit zwischen dem Gehalt im Futter (Versorgungshöhe) und der Eikonzentration nachgewiesen werden, die vor allem für Bruteier sehr bedeutsam ist. Unzureichende Versorgung der Zuchthennen kann in Abhängigkeit von Intensität und Dauer des Mangels bis zum Absterben aller Embryonen führen (kein Schlupf). Bei noch ungeschlüpften Küken muß mit Mangelsymptomen, Wachstumsstörungen und erhöhten Verlusten gerechnet werden. Die annähernde Proportionalität zwischen Iodgehalt im Futter und im Ei wurde in früheren Jahren verschiedentlich zur Produktion sogenannter „Iodeier" genutzt.

Rückstände. Unerwünschte Rückstände im Ei können aus futtereigenen antinutritiven Substanzen, aus Futterzusatzstoffen und aus Futterverunreinigungen stammen (Kan und Simons 1979, Ueberschär 1993, Vogt 1983). Der Bereich der Tierarzneimittel sowie Wirkstoffe, die für hygienische Maßnahmen zur Anwendung kommen, werden nachfolgend nicht behandelt.

Futtereigene antinutritive Substanzen. In Futtermitteln sind eine Reihe von sekundären Inhaltsstoffen enthalten, die ab bestimmten Konzentrationen in der Ration Leistungsminderungen und gesundheitlichen Störungen verursachen können sowie die Qualität von Geflügelprodukten beeinträchtigen können. Deshalb führt diese chemisch sehr heterogene Stoffgruppe die Bezeichnung „antinutritive Substanzen bzw. Faktoren". Hierzu zählen unter anderem Enzyminhibitoren, Alkaloide, Glykoside, Lectine, Gossypol, Tannine, Galaktoside, biogene Amine und bestimmte Fettsäuren (s. S. 427). Über ein Carry-over dieser Futterinhaltsstoffe in das Ei ist – außer den Fettsäuren (s. S. 423) – wenig bekannt; wenn ja, dann dürfte das Tier als biologischer Filter wirken und gegenüber den pflanzlichen Produkten zu Konzentrationsminderungen führen. Andererseits erfolgt der Einsatz solcher Futtermittel restriktiv, um Störungen jeglicher Art zu vermeiden, bzw. es werden unterschiedlichste Behandlungsverfahren zur Inaktivierung bzw. zum Abbau biogener Schadstoffe angewandt.

Futterzusatzstoffe. Hierzu zählen Leistungsförderer und technische Hilfsstoffe. Die für Legehennenfutter zugelassenen Leistungsförderer (Flavophospholipol, Virginiamycin, Zinkbacitracin) werden nicht resorbiert und können deshalb auch nicht zu Rückständen führen. Bei den technischen Hilfsstoffen, die laut Futtermittelrecht für Legehennenfutter zugelassen sind, handelt es sich entweder um auch bei Lebensmitteln zugelassene Substanzen (u. a. Antioxydantien, Konservierungsstoffe) oder solche, die verdaulich sind und somit keine Rückstände verursachen können (z. B. Preßhilfsmittel). Für die Dotterpigmentierung zugelassene Carotinoide sind entweder aus Pflanzen gewonnene Stoffe oder mit diesen chemisch identisch.

Futterverunreinigungen. Sie können durch Umweltchemikalien (z. B. Pflanzenschutzmittel, Lösungsmittel, Schwermetalle) und Mykotoxine verursacht werden. Bei Verfütterung kontaminierter Futtermittel an Legehennen ist ein Transfer genannter Substanzen in das Hühnerei möglich, wobei die Akkumulationsrate sehr unterschiedlich ist. Die derzeitige Situation kann nach den von Ueberschär (1993) zusammengestellten Analysendaten (Futtermittel, Eier) als günstig beurteilt werden. Nur in wenigen Proben werden die vom Gesetzgeber festgelegten Höchstgehalte überschritten. Dennoch ist eine laufende Überwachung erforderlich, und mögliche Kontaminationsquellen sind zu beseitigen. Besondere Beachtung ist hierbei den Mykotoxinen beizumessen.

Sensorische Eigenschaften. An erster Stelle soll die **Eidotterfarbe** als optisches Qualitätsmerkmal genannt werden. Die Verbraucherwünsche sind hierbei weltweit nicht einheitlich. Der deutsche Konsument wünscht ein kräftig dunkelgelb gefärbtes Dotter, und von der Verarbeitungsindustrie steht die Forderung nach einer sattgelben Dotterpigmentierung. Die Dotterfarbe ist stark fütterungsabhängig; innerhalb von 2 Wochen läßt sich jede gewünschte Dotterpigmentierung einstellen. Zwischen Dotterfarbe und Nährwert sowie Geruch und Geschmack des Eies besteht jedoch keine Beziehung.

Die Dotterpigmentierung bewirken Verbindungen, die zur Gruppe der sauerstoffhaltigen Carotinoide (Xanthophylle) zählen und in verschiedenen Pflanzen und Samen, Nebenprodukten ihrer Verarbeitung bzw. Pflanzenextrakten vorkommen sowie synthetisch hergestellt werden. Die Farbskala der pigmentierenden Carotinoide reicht von Zitronengelb über Goldgelb und Orange bis Rot. Lutein (gelb) und Zeaxanthin (goldgelb) sind die für die Dotterfärbung wichtigsten Carotinoide natürlicher Pigmentträger wie Gräser und Leguminosen (Luzerne) und daraus hergestellte Grünmehle, Körnermais, Maisnebenprodukte (z. B. Maiskleber) und Algenmehle. Konzentrierter im Xanthophyllgehalt sind u. a. Extrakte von Luzerne und *Tagetes erecta* sowie Paprika; letzteres Produkt enthält rotfärbende Carotinoide (Capsanthin, Capsorubin) und bewirkt bei unsachgemäßer Futterergänzung eine vom Verbraucher nicht gewünschte Rotfärbung des Dotters. Dagegen hat β-Carotin keine färbende Wirkung, da es nicht im Ei deponiert wird.

Mit den in Futtermitteln bzw. in Pflanzenextrakten enthaltenen Carotinoiden chemisch identisch sind folgende als färbende Stoffe zugelassene Carotinoide: Beta-Apo-8′-Carotinal, Beta-Apo-8′-Carotinsäure-Ethylester, Capsanthin, Cryptoxanthin, Lutein, Zeaxanthin, Citranaxanthin und Canthaxanthin.

Die Farbwirkung der Carotinoide ist sowohl vom vorgegebenen Farbton der jeweiligen Verbindung als auch von seiner Depositions- oder Ausnutzungsrate abhängig. Letztere wird durch Fettzulagen (resorptionsfördernd), Vitamin E und Antioxydantien (Oxydationsschutz) positiv beeinflußt, dagegen vermindern u. a. oxydierte Fette und hohe Vitamin-A-Gaben im Futter die Einbaurate. Synthetische Präparate besitzen gegenüber natürlichen Farbstoffträgern den Vorteil, daß durch bekannte Gehalte und deren Oxydationsschutz eine gezieltere Einflußnahme auf die Dotterfarbe möglich ist. Demgegenüber schwankt der Pigmentgehalt in den Futtermitteln aufgrund von Alterungs- und Oxydationsvorgängen.

Einige Stoffe beeinflussen die Dotterfarbe nachteilig. Hierzu zählen Gossypol (Baumwollsaatschrot), Tannine (Milocorn), Leinsamenschrot und verschiedene Medikamente (u. a. Kokzidiostatika, Wurmmittel). Fettsäuren mit Cyclopropanstruktur (z. B. Malvalia- und Sterculasäure), die u. a. im Baumwollsaatschrot vorkommen, verstärken den Effekt von Gossypol (olivgrüne bis bräunliche Dotterfärbung) und verursachen zudem eine rosarote

Färbung des Eiklars. Bei drastischer Ca-Unterversorgung weisen die Dotter rötlichbraune Flecken auf. Diese Einflüsse lassen sich durch entsprechende Futterzusammensetzung vermeiden.

Geschmack und **Geruch** der Eier sind vor allem durch äußere Bedingungen beeinflußbar. Es verbietet sich folglich eine Lagerung in der Nähe von stark riechenden Futtermitteln (z. B. Fischmehl, Futterhefen), Abprodukten (z. B. Geflügelexkremente) sowie Desinfektions- und Schädlingsbekämpfungsmitteln. Für den „Fischgeschmack" der Eier kommen mehrere Faktoren in Betracht. Fütterungsseitig sind es vor allem Futterfette mit langkettigen, mehrfach ungesättigten Fettsäuren (z. B. Fischöl, fettreiche Fischmehle), verdorbenes Futterfett und Futtermittel, die besonders reich an Tannin (Hirsearten), Goitrin (Rapsextraktionsschrot), Cholin (u. a. Fischmehl), Sinapin bzw. daraus entstehendem Trimethylamin (Fischmehl, Rapsextraktionsschrot) sind. Die Komplexität der Geruchs- und Geschmacksbeeinflussung durch Trimethylamin (TMA) veranschaulicht Abb. 2.

Bedingt durch einen Gendefekt und die damit verbundene zu geringe TMA-Oxidase-Aktivität, sind einige Hennen, sogenannte Tainter, nicht in der Lage, Trimethylamin ausreichend abzubauen. Es gelangt in die Eier und verursacht unangenehmen fischigen Geruch. Dieser Gendefekt ist vor allem bei braunschalige Eier legenden Hühnerrassen bzw. Legehybriden verbreitet, aber durchaus auch bei Weißlegern anzutreffen. Rapsfuttermittel – selbst von 00-Sorten – sind deshalb ohne vorgeschaltete technische Behandlung (Jeroch et al. 1993) nicht oder nur in geringen Anteilen in Legehennenmischungen einsetzbar.

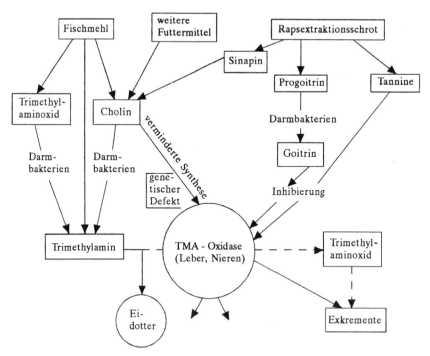

Abb. 2. Faktoren, die an der Bildung des Trimethylamingeruches von Hühnereiern beteiligt sind (nach Butler und Fenwick 1984).

Veränderte sensorische Eigenschaften sind auch bei einer Anreicherung des Eifettes mit Omega-3-Fettsäuren nicht auszuschließen. Was nützt ein hoher Gesundheitswert solcher Eier, wenn sie vom Konsumenten nicht angenommen werden. Die wenigen hierzu vorliegenden Bewertungen sind widersprüchlich und sollten deshalb Anlaß zu weiteren Untersuchungen unter Einbeziehung vor allem objektiver Bewertungskriterien sein.

Einen ungünstigen Einfluß auf den Geschmack der Eier haben größere Mengen Eicheln, Maikäfer, frische Zwiebeln, Knoblauchschalen und neben den bereits erwähnten Rapsfuttermitteln weitere Futtermittel aus der Familie der Kreuzblütler.

Versuche, den Geschmack der Eier durch Anreicherung des Futters mit Kräutern und Gewürzen zu verbessern, sind bisher fehlgeschlagen (Scholtyssek 1976).

Funktionelle Eigenschaften. Hierzu zählen alle Merkmale der Eier, die für die Weiterverarbeitung spezifisch und daher besonders erwünscht sind. In erster Linie handelt es sich um Schaumbildungsvermögen, Viskosität, Gelbildung und Emulgierbarkeit vom Eiinhalt und auch der Komponenten Eiklar und Eigelb. Fütterungseinflüsse auf diese Merkmale sind bisher kaum bekannt, aber nicht auszuschließen. So ist denkbar, daß eine verstärkte Anreicherung des Eifettes mit polyungesättigten Fettsäuren die Verarbeitungseigenschaften solcher Eier verändert. Auf diesem Gebiet besteht ein Forschungsbedarf, denn in zunehmendem Maße werden Eier verarbeitet.

Literatur

Abend, R., Jeroch, H., und Hennig, A. (1977): Untersuchungen zum Vitamin-B_6-Bedarf der Henne (Legerichtung) für die Reproduktion. Arch. Tierernährung **27**, 185–193.

Beuving, G., Scheele, C. W., and Simons, P. C. M. (1981): Quality of Egg. Proc. of the first European Symposium, Apeldoorn, The Netherlands, 18th–23rd May 1981.

Butler, E. J., and Fenwick, G. R. (1984): Trimethylamine and fishy taint in eggs. World's Poultry Sci. J. **40**, 38–51.

Cherian, G., and Sim, J. S. (1992): Omega-3 fatty acid and cholesterol content of newly hatched chicks from α-linolenic acid enriched eggs. Lipids **27**, 706–710.

Clarenburg, R., Chung, I. A. U., and Wakefield, L. M. (1971): Reducing the egg cholesterol level by including emulsified sitosterol in standard chicken diet. J. Nutr. **101**, 463–467.

Farrell, D. J., and Gibson, R. A. (1991): The enrichment of eggs with omega-3 fatty acids and their effects in humans. In: Recent advances in animal nutrition in Australia (edited by Farrell, D. J), 256–273.

Griffin, H. D. (1992): Manipulation of egg yolk cholesterol: a physiologist's view. World's Poultry Sci. J. **48**, 101–112.

Halle, I. (1993): The effects of dietary fat and bird age on productive performance and weights of eggs in the laying hen. Proc. of the 5th European Symposium on the quality of eggs and egg products, Tours, 4th–8th October 1993, 415–421.

Hargis, P. S. (1988): Modifying egg yolk cholesterol in the domestic fowl – a review. World's Poultry Sci. J. **44**, 17–29.

Jansen, W. A., and Oosterwoud, A. (1989): Dietary effects on the nutrient composition of the egg. Proc. of the 7th European Symposium on Poultry Nutrition, 19th–21st June 1989, Lloret de Mar Girona (Spain), 269–285.

Jeroch, H. (1971): Untersuchungen über den Vitamin-B_2-Bedarf der Legehenne. 1. und 2. Mitt. Arch. Tierernährung **21**, 151–160 u. 249–256.

Jeroch, H., Dänicke, S., Böttcher, W., Ebert, K., Said, K., und Zachmann, R. (1993): Einfluß von technisch behandelten Rapsprodukten auf die Leistungsparameter von Legehybriden sowie unerwünschte und erwünschte Eiinhaltstoffe. VDLUFA-Schriftenreihe 37/1993, 661–664.

Jeroch, H., Dänicke, S., and Zachmann, R. (1994): Enrichment of egg yolk with polyunsaturated fatty acids by feeding untreated or hydrothermical treated rape seed and rape expeller to laying hens. Proc. of the 9th European Poultry Conference, Glasgow, 7th–12th August 1994, 395–396.

Jeroch, H. (1993): Einfluß von Ernährungsfaktoren auf Eiinhaltsstoffe. Tagungsbericht „Internationale Tagung Schweine- und Geflügelernährung", Halle (S), 1.–3. Dezember 1992, 244 to 256.

Jiang, Z., Ahn, D. U., Ladner, L., and Sim, J. S. (1992): Influence of feeding full-fat flax and sunflower seeds of internal and sensory qualities of eggs. Poultry Sci. **71**, 378–382.

Lüdke, Ch. (1978): Untersuchungen zum Cholinbedarf der Legehenne. Diss., Universität Leipzig.

Mehner, A., und Hartfield, W. (Hrsg.) (1983): Handbuch der Geflügelphysiologie. Gustav Fischer Verlag, Jena.

Naber, E. C. (1979): The effect of nutrition on the composition of eggs. Poultry Sci. **58**, 518–528.

Nys, Y. (Ed.) (1993): Proc. of the 5th European Symposium on the quality of eggs and egg products, Tours, 4th–8th October 1993.

Penz (Jr.), A. M., and Jensen, L. S. (1991): Influence of protein concentration, amino acid supplementation, and daily time of access to high- or low-protein diets on egg weight and components in laying hens. Poultry Sci. **72**, 2460–2466.

Petersen, J. (Hrsg.) (1994): Jahrbuch für die Geflügelwirtschaft 1994. Eugen Ulmer Verlag, Stuttgart.

Richter, G., Lemser, A., Sitte, E., und Lüdke, Ch. (1991): Untersuchungen zum Vitamin-A-Bedarf der Küken, Jung- und Legehennen. In: 3. Symp. Vitamine und weitere Zusatzstoffe bei Mensch und Tier. Stadtroda bei Jena (Thüringen), 26./27. September 1991, 72–75.

Shinitzky, M., and Dvir, Z. (1989): Reassessment of the nutritional value of eggs. Proc. of 7th European Symposium on Poultry Nutrition. 19th–21st June 1989, Lloret de Mar Girona (Spain), 286–298.

Scholtyssek, S. (1976): Qualität von Geflügelprodukten und ihre Beeinflussung durch Züchtung, Fütterung und Haltung. Ber. Ldw. **54**, 131–140.

Scholtyssek, S. (Hrsg.) (1989): Proc. Hohenheimer Geflügelsymposium (IXth European WPSA Symposium on Poultry Meat, IIIrd European WPSA Symposium on Egg Quality). Stuttgart, 22nd–25th August 1989.

Scholtyssek, S. (1987): Geflügel. Eugen Ulmer Verlag, Stuttgart.

Scholtyssek, S. (1992): Fütterungseinflüsse auf den Cholesterolgehalt im Ei. Tagungsbericht „Internationale Tagung Schweine- und Geflügelernährung", Halle (S), 1.–3. Dezember 1992, 257–267.

Su, H. P., and Lin, C. W. (1993): Manufacture of pidan from various poultry eggs and their physicochemical properties. Proc. of the 5th European Symposium on the quality of eggs and egg products, Tours, 4th–8th October 1993, 314–320.

Ternes, W., Acker, L., and Scholtyssek, S. (1994): Ei und Eiprodukte. Paul Parey, Berlin und Hamburg.

Tiller, H. (1991) Steuerung des Eigewichtes durch zielgerichtete Ernährung moderner Legehybriden. Lohmann Information Mai/Juni, 1–12.

Uijttenboogaart, T. G., en Van Cruijningen, C. (1988): De samenstelling van in Nederland geproduceerde eieren 1984–1987. COVP Uitgave 495, Spelderholt, Beekbergen, The Netherlands.

Ueberschär, K. H. (1993): Residues in eggs – a review. Proc. of the 5th European Symposium on the quality of eggs and egg products, Tours, 4th–8th October 1993, 364–371.

Vilchez, C., Touchburn, S. P., Chavez, E. R., and Chan, C. W. (1990): The influence of supplemental corn oil and free fatty acids on the reproductive performance of japanese quail (Coturnix coturnix japonica). Poultry Sci. **69**, 1533–1538.

Vilchez, C., Touchburn, S. P., Chavez, E. R., and Chan, C. W. (1991, 1992): Effect of feeding palmitic, oleic and linoleic acids to japanese quail hens (Coturnix coturnix japonica). 1. und 2. Poultry Sci. **70**, 2484–2493; **71**, 1032–1042.

Vogt, H. (1983): Einfluß der Haltung und Fütterung des Geflügels auf die Qualität der erzeugten Produkte. Landwirtschaftliche Forschung SH **40**, 75–87.
Vogt, H. (Hrsg.) (1981): Jahrbuch für die Geflügelwirtschaft 1981. Eugen Ulmer Verlag, Stuttgart.
Vogt, H. (1993): Fütterungseinflüsse auf die Eischalenqualität. Tagungsbericht „Internationale Tagung Schweine- und Geflügelernährung", Halle (S), 1.–3. Dezember 1992, 268–274.
Whitehead, C. C., Bowman, A. S., and Griffin, H. D. (1991): The effect of dietary fat and bird age on the weights of eggs and eggs components in the laying hen. British Poultry Sci. **32**, 565–574.

4. Fische
(B. Rennert)

4.1 Definition und Historie der Aquakultur

Der wachsende Bedarf der Menschheit an hochwertigen Nahrungsmitteln erfordert in allen Bereichen der pflanzlichen und tierischen Produktion erhebliche Anstrengungen. Auf dem Gebiet der Fischwirtschaft ist abzusehen, daß durch die auf der natürlichen Produktivität der Gewässer basierende reine Fangwirtschaft keine erhebliche Steigerung der Erträge zu erwarten ist. Demgegenüber werden der Aufzucht von Fischen in Teichen, Käfigen oder Becken für die Zukunft größere Möglichkeiten eingeräumt. In Anlehnung an die Agrikultur wurde der Begriff „**Aquakultur**" geprägt, der, dem internationalen Sprachgebrauch folgend, seit den 60er Jahren in Deutschland gebräuchlich ist. Er umfaßt die *kontrollierte Erzeugung aller im Wasser vorkommenden Organismen*. Es handelt sich dabei um Fische, Crustaceen, Mollusken und Wasserpflanzen einschließlich der Algen. Aquakultur wird weltweit im Süß-, Brack- und Meerwasser betrieben, wobei die Aquakultur im Meerwasser auch als *Marikultur* bezeichnet wird. Die Ursprünge der Aquakultur liegen in der Teichwirtschaft begründet, die in zahlreichen Ländern eine lange Tradition hat. Historiker schreiben die Einführung der Haltung von Fischen, besonders von Karpfen, in Teichen den Römern zu. Die Methode der künstlichen Vermehrung von Bachforellen wurde erstmals im 14. Jahrhundert in Frankreich durchgeführt (Davis 1956). In Mazedonien fing man Glasaale bereits vor 2000 Jahren und zog sie dann in Teichen auf (Tesch 1973). Gegenwärtig besitzen fast 100 Fischarten eine mehr oder weniger große Bedeutung in der Aquakultur (Pillay 1990).

Die Gesamtproduktion der Aquakultur erreichte 1991 nach Angaben der FAO weltweit 16,6 Mill. t. Schätzungen für die Zukunft geben 19,6 Mill. t bis zum Jahr 2000 an, 37,5 Mill. t bis zum Jahr 2010 und 62,4 Mill. t bis zum Jahr 2025. Der Weltfischereiertrag betrug zwischen 1985 und 1991 86,3 bis 100,2 Mill. t und wird wahrscheinlich nicht weiter steigen. Daher wird in Zukunft jegliche Steigerung in der Versorgung mit Meeres- und Süßwasserproduktion aus der Aquakultur kommen müssen (Hempel 1993).

In Deutschland beinhaltet die Aquakultur überwiegend die Aufzucht von Süßwasserfischen. Der weitaus größte Teil der Erzeugung, die für 1992 auf 45 000 t geschätzt wird, stammt aus der herkömmlichen Teichwirtschaft. Von den 45 000 t entfallen 28 000 t auf die Forellenzucht, 13 300 t auf die Karpfenzucht und 6 600 t auf die Zucht „sonstiger Speisefische", wie Aal, Wels und Stör (Padberg und Jürgensen 1993). Nach Koops (1991) könnte ein

Schwerpunkt der weiteren Entwicklung der Fischwirtschaft in der Aquakultur im engeren Sinne liegen, also in der Intensivhaltung in künstlichen Behältern. Diese hochtechnisierten Methoden der Fischzucht mit hoher Besatzdichte auf engem Raum sind jedoch aufwendig, kostenintensiv und verlangen von den Betreibern ein hohes Fachwissen.

4.2 Aquakulturanlagen

4.2.1 Teiche

Teiche oder Weiher sind räumlich begrenzte, füll- und ablaßbare Kunstgewässer, in denen Fische, ähnlich landwirtschaftlichen Nutztieren in der Stall- und Weidehaltung, unter Ausnutzung ihrer Wachstums- und Vermehrungsbefähigung mit dem Ziel der Speise- und Satzfischerzeugung gehalten werden (Riedel 1982). Die Hauptfische der deutschen Teichwirtschaft sind traditionell der Karpfen und die Regenbogenforelle. In der letzten Zeit werden zunehmend auch die Schleie, der Europäische Wels und verschiedene Störarten in Teichen aufgezogen. Während bei der Karpfenteichwirtschaft, abgesehen von wenigen extrem intensiven Varianten, die Naturnahrung eine entscheidende Rolle spielt, ist die Forellenteichwirtschaft frei von jeder ökologischen Bindung an die im Teich erzeugte Naturnahrung. Das bedeutet, daß die Regenbogenforellen grundsätzlich auf die Verabreichung von Futtermitteln angewiesen sind. Während ursprünglich in der Forellenteichwirtschaft Seefisch und Schlachthofabfälle verfüttert wurden, kam es Mitte der 60er Jahre mit der Entwicklung von ernährungsphysiologisch vollwertigen, leicht zu handhabenden und preiswerten Trockenmischfuttermitteln zu einer deutlichen Steigerung der Forellenproduktion.

Obwohl die Mischfuttermittelindustrie auch für Teichkarpfen vollwertige Fertigfutter anbietet, wird der größte Teil der Karpfen unter Ausnutzung der Naturnahrung aufgezogen. Es wird nur mit verschiedenen Getreidearten oder auch pelletierten Futtermitteln bei zurückgehendem Naturnahrungsangebot „zugefüttert". Unter mitteleuropäischen Verhältnissen ist nach Riedel (1982) ein Naturzuwachs von 100 bis 200 kg Karpfen pro Jahr und ha möglich. Wird Getreide zugefüttert, so liegt der Zuwachs nach Müller et al. (1987) zwischen etwa 500 und 1500 kg/hg/a. Unter Einsatz von technischem Sauerstoff und der Verfütterung pelletierter Futtermittel können Erträge von 5 bis 8 t/ha/a erzielt werden.

Im Gegensatz zur flächenabhängigen Karpfenteichwirtschaft wird das Ertragspotential der Forellenteichwirtschaft durch die höchstmögliche Fischmasse pro m^3 Wasservolumen definiert. Dieses Ertragspotential hängt vom Wasseraustausch im Teich ab. Die durchschnittliche Belastbarkeit in herkömmlichen Erdteichen, deren Wasser viermal am Tag durch zufließendes sauerstoffreiches Frischwasser ersetzt wird, liegt bei etwa 5 bis 10 kg/m^3 (Riedel 1982).

4.2.2 Käfige

International wird die Fischzucht in Käfigen in mehr als 30 Ländern betrieben. Käfige werden sowohl in Binnen- als auch in Küstengewässern eingesetzt. Die Variabilität der Käfige hinsichtlich Größe, Form und Material ist sehr groß. Die kleinsten Käfige existieren wahrscheinlich in Indonesien. Sie bestehen aus Bambus und besitzen ein Volumen von ca.

1 m^3 und dienen hauptsächlich der Karpfenzucht. Großkäfige sind aus Skandinavien bekannt. Hier werden in bis zu 8000 m^3 großen Käfigen Lachse in Küstengewässern aufgezogen. Überwiegend bestehen Käfiganlagen aus Netzmaterial. Sie können über einen Steg eine Landverbindung besitzen oder aber auch frei in einem Gewässer verankert sein.

Die hauptsächlich in Käfiganlagen kultivierten Fische sind verschiedene Salmonidenarten wie Regenbogenforelle, Saibling und Lachs, Karpfen und andere Cypriniden, Störe, Welse, Tilapien und Meeresfische wie Wolfsbarsch, Plattfische und Meerbrassen.

Die Ursachen für den großen Aufschwung der Fischzucht in Käfiganlagen liegen in drei *Vorteilen*:

– Möglichkeit der Massenhaltung von Fisch auf engstem Raum
– schneller Aufbau von Produktionskapazitäten
– geringer Investitionsaufwand.

Andererseits sind mit der Käfigaufzucht von Fischen auch *Nachteile* verbunden:

– starke Abhängigkeit von den Umweltbedingungen, wie Wind, Strömung, Eisgang usw.,
– nur bedingte Beherrschbarkeit des Verlustgeschehens, da therapeutische Behandlungen kaum durchführbar sind,
– negative Beeinflussung der Gewässer durch die Käfighaltung selbst in Folge von Nährstoffeintrag.

Gerade der letzte Faktor hat dazu beigetragen, daß die Fischproduktion in Käfiganlagen in der Bundesrepublik Deutschland stark rückläufig ist. Während besonders in der ehemaligen DDR fast 50% der gesamten Speiseforellen in Käfiganlagen aufgezogen wurden, ist der Anteil gegenwärtig auf wenige Prozent am Gesamtaufkommen zurückgegangen. Mit Regenbogenforellen können in Käfigen Besatzdichten von etwa 20 kg/m^3 erreicht werden.

In Käfiganlagen kommen überwiegend pelletierte Trockenmischfuttermittel und Feuchtmischfuttermittel zum Einsatz. In den Tropen werden besonders an Tilapien häufig Küchenabfälle verfüttert. Zum Vorstrecken von Maränen und Hechten hat sich in Europa, besonders in Polen und der Bundesrepublik Deutschland, ein Verfahren durchgesetzt, welches ohne eine direkte Fütterung erfolgt. Dazu wird Maränen- oder Hechtbrut in Gazekäfigen im Gewässer versenkt. Die Gazekäfige sind mit einer Lichtquelle ausgestattet, durch die das im Gewässer vorhandene Zooplankton angelockt wird und somit der Fischbrut als Nahrung zur Verfügung steht. Da bei diesem Verfahren kein Futter von außen eingetragen wird, ist es sehr umweltfreundlich.

4.2.3 Rinnen- und Beckenanlagen

In der zweiten Hälfte des 20. Jahrhunderts hat sich die Fischzucht in Rinnen- und Beckenanlagen besonders rasch entwickelt. Es handelt sich um Anlagen mit einem teilweise hohen Technisierungsgrad, in denen eine intensive Fischzucht betrieben wird. Mit diesen Anlagen wird häufig der Begriff der Aquakultur im engeren Sinne verbunden. Unterschiede gibt es bei Rinnen- und Beckenanlagen hinsichtlich der Wassernutzung und damit verbunden auch der technischen Ausrüstung. Prinzipiell wird zwischen Durchlaufsystemen, offenen Kreislaufsystemen und geschlossenen Kreislaufsystemen unterschieden. Ziel der Wassernutzung ist immer, die Wasserverunreinigung in der Anlage so niedrig wie möglich zu halten und dem Fischbestand die erforderliche Sauerstoffmenge zuzuführen.

Durchlaufsysteme, die weltweit Anwendung finden, sind vollständig von der ihnen zur Verfügung stehenden Frischwassermenge abhängig. Da durch diese Frischwassermenge die schwachen Verunreinigungen (Kot, gelöste Stoffwechselprodukte) aus der Anlage gespült werden müssen und gleichzeitig der Sauerstoffbedarf des Fischbestandes abgedeckt werden muß, richtet sich die Größe der Anlage bzw. des Fischbestandes nach der zur Verfügung stehenden Frischwassermenge. Die zugeführte Frischwassermenge passiert die Anlage (Rinnen oder Becken) im Durchlauf. Sie verläßt die Anlage als fischereiliches Abwasser, angereichert mit Wasserverunreinigungen und mit einem verminderten Sauerstoffgehalt.

In der Bundesrepublik Deutschland werden Durchlaufsysteme hauptsächlich zur Forellenproduktion verwendet, aber auch zum Vorstrecken von anderen Kaltwasserfischen, wie z. B. Hecht, Zander und Maräne. Durch Industrieabwärme erwärmtes Wasser wird für den Betrieb von Durchlaufsystemen kaum verwendet, da durch die nur einmalige Wassernutzung eine effektive Nutzung der Wärmeenergie nicht gegeben ist.

Der Frischwasserbedarf für Durchflußsysteme zur Forellenproduktion läßt sich nach folgender Formel berechnen:

$$Q_F = \frac{S}{a - b}$$

Dabei bedeuten:

QF = Frischwasserbedarf ($m^3/t \cdot h$),
S = Sauerstoffbedarf ($g/t \cdot h$),
a = Sauerstoffgehalt im Zuflußwasser (g/m^3),
b = zulässiger Endsauerstoffgehalt im Abflußwasser (g/m^3).

Steht nur eine geringe Menge qualitativ geeigneten Wassers, z. B. auch durch Industrieabwärme erwärmtes Wasser, zur Verfügung, so wird die Nutzung im offenen Kreislauf vorgezogen.

In den *offenen Kreislaufsystemen* kommt es im Gegensatz zu den Durchlaufsystemen zu einer potenzierten Wassernutzung. Es handelt sich um Rinnen- oder Beckenanlagen, durch die ein Strom sauberes, fischereilich geeignetes Wasser geleitet wird und der die Wasserverunreinigung aus der Anlage ausspült. Das verwendete Wasser kann durch Industrieabwärme erwärmt sein. Da diese Frischwassermenge im allgemeinen begrenzt ist und den Sauerstoffbedarf eines großen Fischbestandes nicht abdecken kann, wird in der Anlage ein Kreislauf eingerichtet, der über eine Vorrichtung zur Wiederanreicherung mit Sauerstoff geführt wird.

In offenen Kreislaufsystemen dient die zugeführte Frischwassermenge dem Austrag der Verunreinigungen aus der Anlage und, wenn es sich um erwärmtes Frischwasser handelt, der Aufrechterhaltung der Wassertemperatur. Der Sauerstoffbedarf der Fische wird weniger durch den Frischwasserzufluß als durch die ständige Kreislaufführung des Anlagenwassers über eine Vorrichtung zur technischen Belüftung (z. B. Kaskade, Schaufelräder) oder Begasung mit technischem Sauerstoff gedeckt. Die stündlich zugeführte Frischwassermenge verläßt das offene Kreislaufsystem in der gleichen Stundenmenge als fischereiliches Abwasser.

Da durch die potenzierte Wassernutzung in offenen Kreislaufsystemen die Sauerstoffversorgung nicht ausschließlich von der Frischwasserzuführung abhängig ist, liegt der

Frischwasserverbrauch unter dem von Durchlaufsystemen bei gleicher Bestandsmasse. Lieder (1979) bezeichnet das Verhältnis von Frischwasserzufluß M (m³/h) zu Anlagenvolumen I (m³) als die entscheidende Anlagenkennzahl. Aus verfahrenstechnischer und ökonomischer Sicht sieht er ein Verhältnis von M:I zwischen 0,35 und 1,5 als optimal an. Offene Kreislaufsysteme, in denen nicht erwärmtes Oberflächen-, Quell- oder Brunnenwasser verwendet wird, dienen vorrangig der Aufzucht von Salmoniden. Im erwärmten Wasser werden Aale, Welse, Karpfen, Störe und Tilapien aufgezogen.

In *geschlossenen Kreislaufsystemen* ist kein Frischwasserzufluß zur Verbesserung der Wasserqualität (Austrag von Verunreinigungen) wie im offenen Kreislaufsystem erforderlich. Das aus dem Produktionsteil (Rinnen, Becken oder Silos) abfließende, verunreinigte Wasser wird durch Kreislaufführung über einen Reinigungsteil geleitet und hier wieder aufbereitet. Ein geringer Frischwasserzufluß ist nur noch zur Ergänzung von unvermeidlich auftretenden Wasserverlusten erforderlich. Diese Wasserverluste können durch Verdunstung, Verspritzen, Ablassen von Schlamm aus dem System und ähnliche Maßnahmen entstehen. Bei der Kreislaufführung des Wassers erfolgt gleichzeitig eine Wiederanreicherung mit Sauerstoff durch technische Belüftung oder Begasung mit technischem Sauerstoff. Das so wieder nutzbar gemachte Kreislaufwasser wird in vollem Umfang dem Produktionsteil zugeführt. Eine Erwärmung des Kreislaufwassers durch Nutzung industrieller Abwärme oder eine spezielle Vorrichtung zum Aufheizen (Kohle-, Öl-, elektrische Heizung, Wärmepumpen oder Sonnenkollektoren) für die Produktion von Warmwasserfischen ist möglich.

Geschlossene Kreislaufanlagen sind folgendermaßen zu charakterisieren: Es sind Systeme zur intensiven Fischproduktion, in denen das Produktionsmedium Wasser durch Kreislaufführung über einen Reinigungsteil und eine Vorrichtung zur Wiederanreicherung mit Sauerstoff zur vollständigen Wiederverwendung nutzbar gemacht wird. Der Frischwasserverbrauch beschränkt sich auf den Ausgleich von unvermeidlichen Wasserverlusten und liegt pro Tag normalerweise unter 10% des Anlagenvolumens (Rennert 1984). In geschlossenen Kreislaufanlagen wird das Wasser überwiegend durch mechanische und biologische Filter soweit aufbereitet, daß es für die Fischproduktion keine nachteilige Wirkung hat. Das bedeutet aber nicht, daß dadurch jegliche Wasserbelastung abgebaut wird. Über mechanische Filter wird versucht, den größten Teil der Schwebstoffe (Kot, Futterreste) aus dem System zu entfernen. Damit wird auch ein Teil der partikulär gebundenen Phosphor- und Stickstoffverbindungen aus dem System entfernt. Die gelösten Verunreinigungen in Form von NH_4/NH_3 werden über biologische Filter abgebaut, aber nicht eliminiert. Das heißt, daß NH_4/NH_3 über Nitrit zu Nitrat oxidiert wird (Nitrifikation). Nitrat verbleibt als nichttoxischer Wasserinhaltsstoff im Wasser. Theoretisch ist eine Eliminierung des Nitrats durch Denitrifikation möglich, erweist sich aber in der Praxis als recht kompliziert. Wird in einem geschlossenen Kreislaufsystem ohne Denitrifikation gearbeitet, kommt es zu einem allmählichen Abfall des pH-Wertes. Diesem kann nur begegnet werden, indem Frischwasser zugesetzt wird. In Abhängigkeit von der Pufferkapazität des verwendeten Frischwassers kann sich der tägliche Wasserverbrauch bis auf etwa 20% des Anlagenvolumens erhöhen.

In Tabelle 1 wird der Mindestfrischwasserbedarf bei unterschiedlicher Wassernutzung für verschiedene Altersstufen von Karpfen und Regenbogenforellen gegenübergestellt.

In geschlossenen Kreislaufsystemen können sowohl Süßwasser- als auch Meeresfische aufgezogen werden.

Tabelle 1. Mindestfrischwasserbedarf von Karpfen und Regenbogenforellen unterschiedlicher Größe in $m^3/t \times h$ (nach Rennert 1984)

Fischart und -größe	Durchfluß	Offener Kreislauf	Geschlossener Kreislauf
Karpfenbrut	250–500	85–100	0,1
Satz- und Speisekarpfen	–	7–20	0,06
Forellenbrut	bis 360*	50–80	0,1
Speiseforellen	bis 72*	15	0,05

* temperaturabhängig

4.3 Fischernährung

Ziel der Fischproduktion ist in erster Linie eine Vergrößerung der Fischmasse in möglichst kurzer Zeit unter wirtschaftlich vertretbaren Bedingungen. Voraussetzung hierfür ist die optimale Befriedigung aller stoffwechselphysiologischen Anforderungen des Organismus, wie sie z. B. in der Aquakultur durch Schaffung günstiger Umweltverhältnisse und sorgfältiger Fütterung mit zweckmäßigen Futtermitteln angestrebt wird (Steffens 1985).

Vom ernährungsphysiologischen Standpunkt aus können die Wirtschaftsfische in Fische ohne Magen, z. B. alle Cypriniden, und Fische mit Magen, wozu u. a. die Salmoniden, Welse und Aale gehören, untergliedert werden. Entsprechend gibt es bei der Verdauung zwischen magenlosen Fischen und Fischen mit Magen prinzipielle Unterschiede. So können magenlose Arten im Gegensatz zu Magenfischen keine Salzsäure und kein Pepsinogen bilden. Sie bilden lediglich tryptische Enzyme, und die Verdauung spielt sich durch das Fehlen der Salzsäure bei pH-Werten über 6,5 ab. Im Magen dagegen liegt ein saures Milieu mit pH-Werten von 2–4 vor (Steffens 1985).

Die Hauptnährstoffe in der Fischernährung sind die Proteine, Fette und Kohlenhydrate. Als Bauelement des wachsenden Fischorganismus kommt dem *Protein* große Bedeutung zu. Verglichen mit anderen Wirbeltieren, haben Fische einen hohen Proteinbedarf. Der für ein schnelles Wachstum erforderliche Mindestproteingehalt im Fischfutter hängt von der zu fütternden Fischart, der Fischgröße, dem Energiegehalt des Futters und der Wassertemperatur ab. In Tabelle 2 ist der optimale Proteingehalt im Trockenmischfutter für einige Fischarten angegeben.

Nach Steffens (1985) ist der Proteinbedarf aller untersuchten Fischarten etwa zweimal so groß wie der von Küken und drei- bis viermal so groß wie der junger Säuger. Einen weiteren

Tabelle 2. Optimaler Proteingehalt im Trockenfutter

Fischart	Rohproteingehalt (%)	Quelle
Karpfen (5–10 g)	38	Ogino und Saito (1970)
Regenbogenforelle	>40	Gropp et al. (1982)
verschiedene Tilapien	35–40	Davis und Stickney (1978), Mazid et al. (1979)
Aal	44,5	Nose und Arai (1972)

Hauptnährstoff stellen die *Fette* dar. Hauptsächlich dienen Fette als Energielieferant. Ihre Anwesenheit ist aber auch für die Nutzung fettlöslicher Vitamine erforderlich.

Über den günstigen Einfluß der Fette auf Wachstum und Futterverwertung liegen zahlreiche Untersuchungen bei verschiedenen Fischarten vor. Allerdings muß mit Hinblick auf die Deckung des Bedarfs an essentiellen Fettsäuren neben der Fettquantität auch die Fettqualität beachtet werden. Eine Erhöhung des Energiegehaltes im Futter durch Fettzusatz verbessert das Wachstum, die Futterverwertung und die Eiweißnutzung (Steffens und Albrecht 1973, Steffens 1985). 35–40% der verdaulichen Energie des Futters können auf Fett und 40–45% auf Proteine entfallen. Als günstig für Regenbogenforellen ist nach Steffens (1985, 1993) ein Fettanteil im Trockenmischfutter um 20% anzusehen.

Kohlenhydrate dienen in der Fischernährung vorrangig energetischen Zwecken. Hinsichtlich der Verdaulichkeit der Kohlenhydrate gibt es zwischen den einzelnen Fischarten erhebliche Unterschiede. Das ist auf starke Abweichungen im Bau des Verdauungskanals (Magen, magenlos) zurückzuführen und auch aus der natürlichen Ernährung abzuleiten. So wurde früher den Salmoniden die Fähigkeit zur Verdauung der Kohlenhydrate abgesprochen. In ihrer natürlichen Nahrung sind Kohlenhydrate praktisch nicht enthalten. Inzwischen konnte von verschiedenen Seiten gezeigt werden, daß auch Salmoniden Kohlenhydrate resorbieren können. Nach Steffens (1993) stellt aufgeschlossene Stärke eine wertvolle Energiequelle im Forellenfutter dar. Stärkeanteile von 35–40% sind tolerierbar. In Tabelle 3 ist die Verdaulichkeit von nativer und aufgeschlossener Maisstärke bei einem Gehalt von 30% im Futter in Abhängigkeit von der Höhe der Futteraufnahme bei Regenbogenforellen dargestellt.

Tabelle 3. Verdaulichkeit von nativer und aufgeschlossener Maisstärke (nach Bergot und Breque 1983)

Tägliche Futtermenge (%)	Verdaulichkeit (%) rohe Maisstärke	Verdaulichkeit (%) aufgeschlossene Maisstärke
0,5	55	90
1,0	38	87

Tabelle 4. Verdaulichkeit verschiedener Kohlenhydrate für zweisömmerige Karpfen (nach Ščerbina 1973)

Futtermittel	Kohlenhydratgehalt (% der Trockensubstanz)	Verdaulichkeit (%)
Gerste	55,0	74
Hafer	37,3	75
Roggen	46,8	84
Weizen	43,6	58
Erbsen	34,1	45
Lupine	22,8	57
Sonnenblumensaatkuchen	14,6	55
Erdnußextraktionsschrot	15,0	65
Sojaextraktionsschrot	25,4	51

Karpfen sind recht gut in der Lage, Kohlenhydrate zu verdauen. Allerdings ist die Kohlenhydratverdaulichkeit für verschiedene Futtermittel recht unterschiedlich. So werden Kohlenhydrate von Luguminosen und Ölsaaten schlechter verdaut als die von Getreidearten (Tabelle 4).

Neben den Hauptnährstoffen sind die Vitamine, Mineralstoffe und Spurenelemente von größter Bedeutung für die Fischernährung. Da der Bedarf der Fische an Vitaminen, Mineralstoffen und Spurenelementen nicht ausschließlich über die Futtergrundsubstanzen gedeckt werden kann, werden bei Trockenmischfuttermitteln entsprechende Zusätze (Wirkstoffmischungen) beigefügt.

4.4 Fischfütterung

Die Palette der Fischfuttermittel in der Aquakultur reicht von Küchenabfällen über Zooplankton bis hin zu hochwertigen Trockenfuttermitteln. In Becken- und Rinnenanlagen, wo die Fische ausschließlich auf eine Fütterung angewiesen sind, werden vorrangig granulierte und pelletierte Trockenmischfuttermittel verfüttert. Eine Ausnahme bilden die ersten Lebensstadien einiger Süßwasserfische, besonders die des Karpfens und die der meisten Meeresfische, die sich nicht oder nur sehr schlecht mit Trockenmischfuttermitteln anfüttern lassen. Hier wird dann Naturnahrung, wie Zooplankton, Tubifex, Nauplien von Artemia salina u. a., die gefangen oder auch künstlich gezüchtet wird, verabreicht. Andere Fischarten, wie die meisten Salmoniden und Tilapien, lassen sich vom Erreichen der Freßfähigkeit an mit Trockenmischfuttermitteln füttern. Auch der Karpfen kann ab einer Stückmasse von ca. 100 mg ausschließlich mit Trockenmischfuttermitteln aufgezogen werden. Diese werden von der Industrie in unterschiedlichen Größen und Zusammensetzungen angeboten. So gibt es vom staubförmigen künstlichen Plankton für kleinste Brutfische bis hin zu Pellets mit mehreren Millimetern Durchmesser für die Speise und Laichfischfütterung alle notwendigen Granulat- bzw. Pelletgrößen. Auch die Zusammensetzung hinsichtlich der Hauptnährstoffe wird auf die Bedürfnisse der jeweiligen Fischart und -größe abgestimmt.

Hauptkomponenten der Trockenmischfuttermittel sind Fischmehl als wichtigster Proteinträger, Blut- und Tierkörpermehle, Getreide- und Sojaprodukte, Öle und Fette, hauptsächlich Fischöl sowie Vitamin- und Spurenelementvormischungen. Der Proteingehalt der Futtermittel wird sich im Normalfall in Abhängigkeit von Fischart und -größe sowie dem Aufzuchtverfahren zwischen etwa 25 und 50% bewegen, der Kohlenhydratanteil zwischen etwa 10 und 45% und der Fettgehalt zwischen etwa 5 und 25%.

Die Verabreichung von Trockenmischfuttermitteln kann von Hand oder über sogenannte Futterspender und Fütterungsautomaten erfolgen. Bei den Futterspendern handelt es sich um Behälter, aus denen sich die Fische durch Betätigung eines Pendels, welches bis in das Wasser reicht, in einer Art Selbstbedienung mit Futter versorgen. Fütterungsautomaten geben entweder ständig, wie z. B. Bandfütterer, oder zeitgesteuert selbständig Futter ab.

Die Fütterungshäufigkeit hängt von der Fischgröße und der Fischart ab. Unabhängig von der Fischart sind kleine Fische häufiger zu füttern als größere. So sollten z. B. Karpfen bis zu einer Stückmasse von ca. 1 g mindestens über 12 Stunden im Abstand von 15 bis 30 min gefüttert werden. Bei Speisekarpfen dagegen genügen 3 Fütterungen am Tag. Forellenbrut wird ebenfalls über 12 Stunden gefüttert, aber nur etwa alle 60 min. Bei Speiseforellen genügen 1 bis 2 Fütterungen pro Tag.

Auch die zu verabreichende Futtermenge richtet sich nach der Fischgröße und der Fischart. So erhält Forellenbrut täglich Futter in Höhe von etwa 5% der Bestandsmasse, bei Speisefischen dagegen werden täglich nur noch etwa 1 bis 1,5% der Bestandsmasse verfüttert. Bei der Karpfenfütterung werden ähnliche Futtermengen verabreicht. Die Höhe der Futtergaben wird auch durch veränderte Umweltparameter beeinflußt. So können zu hohe oder zu niedrige Wassertemperaturen, zu geringe Sauerstoffkonzentrationen, zu hohe pH-Werte oder auch Erkrankungen des Fischbestandes eine Reduzierung der täglichen Futtermenge notwendig werden lassen.

4.5 Der Fisch als Nahrungsmittel

Der Fisch als Nahrungsmittel erfreut sich immer größerer Beliebtheit, was sich in einem steigenden Pro-Kopf-Verbrauch widerspiegelt. In der Bundesrepublik Deutschland wurde im Jahr 1992 mit 14,8 kg eine neue Höchstmarke erreicht (Anonym 1993). Die Bedeutung von Fisch als natürliches und gesundes Nahrungsmittel wird besonders deutlich, wenn man die Entwicklung der letzten 10 Jahre betrachtet. 1983 lag der Fischkonsum pro Kopf bei 11,6 kg. Mit einer Steigerung von fast 30% auf 14,8 kg hat der deutsche Verbraucher den weltweiten Pro-Kopf-Verbrauch von 13,3 kg bereits übertroffen. Spitzenverbraucher wie Färöer Inseln, Island und Japan erreichen jedoch etwa den 5-bis 7fachen Verbrauch der deutschen Bevölkerung. Daß es sich bei Fisch um ein gesundes Nahrungsmittel handelt, ist lange bekannt. Besonders hervorgehoben wird immer der hohe Wert des Fischproteins. Es steht in der biologischen Wertigkeitsskala der tierischen Proteinarten mit dem Wert 94 gemeinsam mit dem Vollei an führender Stelle (Riedel 1982).

Neben dem hochwertigen Protein des Fischfleisches wird in letzter Zeit auch dem Fischfett, und hier besonders den polyungesättigten Fettsäuren vom ω-3-Typ, besondere Aufmerksamkeit geschenkt. Insbesondere der *Eicosapentaensäure* wird eine protektive Wirkung gegenüber atherosklerotischen Veränderungen, erhöhten Lipoproteinwerten sowie gegenüber Hypertonie zugeschrieben (von Schacky 1987, Ernst 1988, Leaf und Weber 1988, Wenderoth 1988, Steffens 1989). Die Todesrate an Herz-Kreislauf-Erkrankungen von grönländischen Eskimos, die täglich etwa 400 g Fisch essen, liegt wesentlich niedriger als die der übrigen grönländischen Bevölkerung. Einen hohen Gehalt an polyungesättigten Fettsäuren besitzen neben verschiedenen Meeresfischen auch Süßwasserfische, wie z. B. die sestonfressenden Silber- und Marmorkarpfen.

4.6 Aquakultur und Umwelt

Eine intensiv durchgeführte Fischzucht, gleich ob in Teichen, Becken, Rinnen oder Netzkäfigen, wird immer zu einer mehr oder weniger großen Gewässerbelastung führen. Eine gewisse Ausnahme können hierbei geschlossene Kreislaufanlagen darstellen, die unter bestimmten technischen und technologischen Voraussetzungen abwasserfrei arbeiten können. Unabhängig von der Haltungseinrichtung ist es im eigentlichen Sinne jedoch nicht der

Fisch, der das Wasser belastet, sondern der Mensch, der die Fische bei der intensiven Fischzucht mit industriell hergestellten Futtermitteln füttert. Daraus ergibt sich für den Fischzüchter eine große Verantwortung gegenüber der Natur und Umwelt.

Die Hauptquellen der Wasserbelastung sind die Pflanzennährstoffe Stickstoff und Phosphor, die über die Kiemen bzw. mit dem Kot und Urin ausgeschieden werden. Neben der Qualität der Futtermittelkomponenten, besonders der des Fischmehls, hat die Futtermittelzusammensetzung einen großen Einfluß auf die Nährstoffnutzung und -ausscheidung der Fische. So konnten Johnsen und Wandsvik (1991) durch die Verabreichung hochenergiereicher Futtermittel (18,0 MJ/kg verdauliche Energie und 30% Fett) die Stickstoffausscheidung um 35% und die Phosphorausscheidung um 20% gegenüber weniger energiereichen Futtermitteln (16,5 MJ/kg verdauliche Energie und 22% Fett) reduzieren.

In der ehemaligen DDR wurden Fischfuttermittel nicht aufgefettet, so daß der Fettgehalt im günstigen Fall nur etwa 5% erreichte. Daraus resultierten ein schlechter Futteraufwand und eine hohe Nährstoffausscheidung. Für die Forellenzucht betrug der mittlere Futteraufwand nach Steffens (1991) 2,2 kg/kg Zuwachs und die mittlere tägliche Nährstoffausscheidung nach Ziemann (1988) 1000 g Stickstoff/t Fisch und 270 g Phosphor/t Fisch. Dieser beachtliche Nährstoffanfall, der in Forellenanlagen ohne nachgeschaltete Reinigungseinrichtungen mit dem Nährstoffeintrag in das Gewässer identisch war, führte in der Vergangenheit zu ökologischen Schäden (Eutrophierung, Verschlammung) am Gewässer.

Untersuchungen von Rennert (1993) zeigen, daß der Nährstoffeintrag als Folge der Forellenprodutkion durch Verabreichung qualitativ hochwertiger Futtermittel bei Phosphor um 42% und bei Stickstoff um 53% gegenüber den Mittelwerten aus der ehemaligen DDR reduziert werden konnte. Weitere Möglichkeiten der Reduzierung des Nährstoffeintrages bestehen im Einsatz von Mikrosiebfiltern und Absetzbecken (Fladung 1993).

Literatur

Anonym: Pro-Kopf-Verbrauch auf 14,8 kg gestiegen. Fischmagazin (Hamburg) **9** (1993): 11–12.
Davis, H. S.: Culture and Disease of Game Fishes. University of California Press, Berkeley 1956.
Davis, A. T., and Stickney, R. R.: Growth responses of *Tilapia aurea* to dietary protein quality and quantity. Trans. Amer. Fisheries Soc. **107** (1978): 479–483.
Ernst, E.: Omega-3-Fettsäuren aus Fisch – Ein Schutz vor Arteriosklerose. Naturwissenschaftliche Rundschau **41** (1988): 147–148.
Fladung, E.: Untersuchungen zur Verringerung des Nährstoffeintrages aus Fischproduktionsanlagen (Forellenrinnenanlagen) in die Vorfluter. Dipl.-Arbeit, Humboldt-Univ., Berlin 1993.
Gropp, J., Schwalb-Bühling, A., Koops, H., and Tiews, K.: On the protein-sparing effect of diety lipids in pellet feeds for rainbow trout (*Salmo gairdneri*). Arch. Fischereiwiss. **33** (1982): 79–89.
Hempel, E.: Constraints and possibilities for developing aquaculture. Aquacult. Int. **1** (1993): 2.
Johnsen, F., and Wandsvik, A.: The impact of high energy diets on pollution control in the fish farming industry. In: Cowey, C. B., und Cho, C. Y. (Eds.): Nutritional strategies and aquaculture waste. Proceedings of the first international symposium on nutritional strategies in management of aquaculture waste. Ontario 1991: 51–63.
Koops, H.: Zur Problematik von Kreislaufanlagen in der Fischzucht. Schriftenreihe des BML, Reihe A: Angewandte Wissenschaft (1991), Heft 402.
Leaf, A., and Weber, P. C.: Cardiovascular effects of n-3 fatty acids. New England J. Med. **318** (1988): 549–557.
Lieder, U.: Funktionsprinzipien der potenzierten Wassernutzung in offenen Kreislaufanlagen. Z. Binnenfischerei DDR **26** (1979): 334–343.

Mazid, M. A., Tanaka, Y., Katayama, T., Rahman, M. A., Simpson, K. L., and Chichester, C. O.: Growth response of *Tilapia zilli* fingerlings fed isocaloric diets with variable protein levels. Aquaculture **18** (1979): 115–122.

Müller, W., Merla, G., und Füllner, G.: Erzeugung zwei- und dreisömmerigen Karpfen (K_2 und K_3) mit Getreidezufütterung. In: Schreckenbach, K., Steffens, W., und Zobel, H.: Technologien, Normen und Richtwerte der Fischproduktion. Berlin 1987.

Nose, T., and Ari, S.: Optimum level of protein in purified diet for eel, *Anguilla japonica*. Bull. Freshwater Fischeries Res. Lab. **22** (1972): 145–155.

Ogino, C., and Saito, K.: Protein nutrition in fish. I. The utilization of dietary protein by young carp. Bull. Jap. Soc. Sci. Fisheries **36** (1970): 250–254.

Padberg, W., und Jürgensen, S.: Binnenfischerei. Jahresbericht über die Deutsche Fischwirtschaft 1992/93. Bonn 1993: 47–58.

Pillay, T. V. R.: Aquaculture – principles and practices. Fishing News Books, Oxford 1990.

Rennert, B.: Geschlossene Kreislaufsysteme zur intensiven Fischproduktion – ein Überblick. Fortschr. Fisch.wiss. **3** (1984): 77–86.

Rennert, B.: Untersuchungen zur Gewässerbelastung durch die Fischzucht. Fortschr. Fisch.wiss. **11** (1993): 83–90.

Riedel, D.: Die deutsche Teichwirtschaft – Tradition und Zukunftschancen. In: Bohl, M.: Zucht und Produktion von Süßwasserfischen. Frankfurt 1982.

Ščerbina, M. A.: Perevarimost i effektivnost ispolzovanija pitatelnych vescestv iskusstvennych kormov u karpa. Piščevaja promyslennost, Moskau 1973.

Schacky, C. von: Prophylaxis of atherosclerosis with marine omega-3 fatty acids. Ann. Internat. Med. **107** (1987): 890–899.

Steffens, W.: Grundlagen der Fischernährung. Gustav Fischer Verlag, Jena 1985.

Steffens, W., Lieder, U., Mieth, M., Wirth, M., und Friedrich, M.: Zur Wirkungsweise hochungesättigter Fettsäuren der n-3-Reihe im Lipidstoffwechsel und der Bedeutung phytoplanktonfressender Cypriniden aus Binnengewässern als Eicosapentaensäure-reiche Nahrungsmittel. Fortschr. Fisch. wiss. **8** (1989): 9–18.

Steffens, W.: Zur Forellenproduktion in den neuen Bundesländern. Fischer und Teichwirt **42** (1991): 42–49.

Steffens, W.: Die Bedeutung extrudierter Futtermittel für Forellenernährung und Gewässerschutz. Arch. Anim. Nutr. **45** (1993): 189–210.

Steffens, W., und Albrecht, M.-L.: Proteineinsparung durch Erhöhung des Fettanteils im Futter für Regenbogenforellen (*Salmo gairdneri*). Arch. Tierernährung **23** (1973): 711–717.

Steffens, W., und Zobel, H.: Technologien, Normen und Richtwerte der Fischproduktion. Berlin 1987.

Wenderoth, H.: Aspekte der neueren Eikosanoidforschung. Verh. Ernährungswiss. Beirat dtsch. Fischwirtsch., 31. Jahrestagung; FIMA Schriftenreihe **13** (1988): 17–29.

Tesch, F.-W.: Der Aal. Paul Parey, Hamburg und Berlin 1983.

Ziemann, H.: Wasserwirtschaftliche Aspekte der Fischproduktion in und an Gewässern. Wasserwirtschaft-Wassertechnik **38** (1988): 92–94.

5. Honig
(J. H. Dustmann)

Es krönt der Honig Attikas die Festestafel,
er gibt dem Gastmahl wahrhaft königlichen Glanz.

Archestratos, 330 v. Chr.

5.1 Begriffsbestimmung und Ausgangsstoffe

Die deutsche Honigverordnung (1976) liefert eine treffende lebensmittelrechtliche Definition für das seit Jahrtausenden vom Menschen geschätzte Lebensmittel „Honig":
„Flüssiges, dickflüssiges oder kristallines Lebensmittel, das von Bienen erzeugt wird, indem sie Blütennektar, andere Sekrete von lebenden Pflanzenteilen oder auf lebenden Pflanzen befindliche Sekrete von Insekten aufnehmen, durch körpereigene Sekrete bereichern und verändern, in Waben speichern und dort reifen lassen."
Diese Begriffsbestimmung zeichnet in groben Zügen den Weg der Entstehung von Honig, eines in seiner Art einzigartigen Naturerzeugnisses und Produktes des Bienenvolkes, vor allem der Art *Apis mellifera* L.[1]) Als Roh- und Ausgangsstoff dienen Nektar (floral und extrafloral) sowie Honigtau. Nektar und Honigtau haben eine gemeinsame Quelle, den zuckerhaltigen Saft der pflanzlichen „Siebröhren" (Phloem).
Der **Phloemsaft** kann mehrere Zuckerarten aufweisen, bei den meisten Pflanzen überwiegt der Rohrzucker (Saccharose). Neben diesen Kohlenhydraten (5–20%) treten in gewissen Mengen auch Mineralstoffe, organische Säuren und diverse Stickstoffverbindungen auf.
Der **Nektar** wird aktiv aus pflanzlichem Drüsengewebe, den Nektarien, abgesondert, um hiermit Blütenbesucher zum Zweck der Bestäubung anzulocken und zu belohnen. Er bietet bereits gegenüber dem Phloemsaft ein vielfältiges Bild der Zusammensetzung, das von Pflanzenart zu Pflanzenart verschieden ist. Das gilt besonders für die in ihm enthaltenen Zuckerarten, Farb- und Aromastoffe. So enthält der Nektar der Alpenrose (*Rhododendron ferrugineum* u. a.) lediglich Saccharose, der Rapsnektar (*Brassica napus*) fast ausschließlich Glucose und Fructose, während Brombeernektar (*Rubus caesius*) die drei erwähnten Zucker etwa zu gleichen Anteilen aufweist. Auch Maltose und andere Zuckerarten wurden nachgewiesen. Das Zuckerspektrum ist für bestimmte Pflanzenarten geradezu charakteristisch. Menge und Zusammensetzung des Nektars werden jedoch auch stark von den Bodenverhältnissen, dem Klima und durch die Tageszeit beeinflußt. Der Trockensubstanzanteil der Nektararten schwankt zwischen 5 und 80% (Zander und Maurizio 1984).
Insbesondere die Honigbiene ist in der Lage, die Tagesperiodik der Nektarangebote zu erlernen und ihre Sammelaktivität hierauf abzustimmen, d. h. die für sie günstigsten Angebote auszunutzen.
Der **Honigtau** ist ein zuckerhaltiges Ausscheidungsprodukt (Exkret) von Insekten, die an Pflanzen saugen. Die für die Honigproduktion wichtigsten Honigtauerzeuger sind Rinden-

---
[1]) Einige andere, im asiatischen Raum verbreitete Honigbienenarten produzieren ebenfalls Honig; ihre wirtschaftliche Bedeutung ist jedoch gering.

läuse (Lachniden) und Napfschildläuse (Lecanien), die zu der Insektenordnung der Hemiptera gehören. Sie stechen die Siebröhren (Phloem) von Blättern, Nadeln und jungen Trieben direkt an. Der Siebröhrensaft fließt durch den Saugrüssel der Läuse, d. h. durch eine von Stechborsten gebildete Rinne, in den Schlund und weiter in den Darmtrakt. Zahlreiche Lausarten scheiden über besondere Filterkammern den zuckerhaltigen Siebröhrensaft als „Überschuß" rasch wieder aus, er wird quasi auf kurzem Wege zum Enddarm geschleust, so daß pro Stunde bis zu 6 Honigtautropfen erscheinen können. Dieser klebrige Honigtau hat einen Trockensubstanzanteil von 5–18%, der jedoch durch Verdunstung sehr schnell ansteigen kann. Honigtau ist eine bedeutende Nahrungsquelle für Ameisen, Wespen, Bienen und andere Insekten. Neben verschiedenen Zuckern enthält Honigtau organische Säuren, Aromastoffe, Mineralstoffe, Sterole, Enzyme und Vitamine. Einige dieser Stoffe werden in geringen Mengen im Körper der Lausarten von mikrobiellen Endosymbionten synthetisiert und mit dem Honigtau abgegeben (Zander und Maurizio 1984).

5.2 Honigbereitung

Sie beginnt mit der Aufnahme von Nektar und Honigtau durch die Sammelbienen. Der Bienenrüssel (Proboscis), ein leckend-saugender Mundwerkzeugtyp, ist hierfür hervorragend geeignet. Schon während der Aufnahme fügt die Trachtbiene körpereigene Drüsensekrete dem Sammelgut hinzu und überführt dieses über den Schlund (Pharynx) in die Honigblase, die als Sammelorgan gegen den Mitteldarm mit dem Ventiltrichter (Proventriculus) abgeschlossen ist und ein Volumen von ca. 70 µl aufweist. Diese winzige Größe läßt erstaunen und den Fleiß der Bienen erkennen, wenn man bedenkt, daß im Durchschnitt 25000 Honigblasenfüllungen à 40 µl nur etwa 1 Liter Nektar ergeben; ein Liter Nektar ergibt nicht mehr als 150–200 g Honig (Deifel 1989). Die heimkehrende, trachtbeladene Biene wird im Volk von Stockbienen aufgefordert, das Sammelgut durch Herauswürgen abzugeben. Die Stockbienen nehmen die süße Fracht begierig auf und geben sie an andere Bienen weiter. Die Honigblase hat somit die Funktion eines Sozialmagens. Es entsteht eine Futterkette (Trophallaxis), die nicht nur der Honigbereitung, sondern auch dem Informationsaustausch dient. Bei dem Herauswürgen und Wiederaufnehmen werden jedesmal Drüsensekrete hinzugefügt (vor allem aus der Hypopharynxdrüse, ggf. auch der Labial- und der Mandibulardrüse). In dem Sekret der Hypopharynxdrüse sind jene wichtigen Enzyme enthalten, die für die Reifung des Honigs, insbesondere die Verarbeitung der Kohlenhydrate, von größter Bedeutung sind: Saccharase (α-Glucosidase, Invertase), Glucoseoxidase, Diastase u. a.). Auch Stoffe wie Prolin und Acetylcholin werden von den Bienen hinzugefügt (Zander und Maurizio 1984).

Bei großem Trachtanfall wird das wasserreiche Sammelgut am oberen Rand der Brutzellen in kleinen Tröpfchen vorübergehend gelagert, d. h. getrocknet. Die dort herrschende Wärme von 35 °C und relativ trockene Luft bewirkt eine rasche Verdunstung des Wassers der eingetragenen Rohstoffe, die zwecks Haltbarmachung unbedingt eingedickt werden müssen. Auch das aktive Lüften des Honigblaseninhalts, das sog. Rüsselschlagen, ist ein wichtiger Prozeß in der Honigreifung und trägt entscheidend dazu bei, den Wassergehalt zu senken. Dabei würgen die Bienen einen Tropfen des Sammelgutes aus der Honigblase zu der Unterseite des teilweise ausgeklappten Rüssels, setzen ihn somit der trockenen Stockluft aus und saugen ihn alsbald wieder ein (Zander und Maurizio 1984).

Dieser nur wenige Sekunden dauernde Einzelvorgang (Herauswürgen, Einsaugen) wiederholt sich viele Male über einen Zeitraum bis zu 20 Minuten. Jedes Mal werden die bereits oben erwähnten Sekrete hinzugegeben. Ist der Wassergehalt auf ca. 30% gesunken, erfolgt die letzte, die passive Phase der Eindickung des noch immer unreifen Honigs. Die Vorratszellen werden kontinuierlich über die Innenflächen der Zellen in kleinen Portionen „aufgehängt" und kontinuierlich gefüllt. Durch die ständige Luftzirkulation im Stock reduziert sich der Wassergehalt in der Regel auf ca. 17–18%. In der Schlußphase werden die mit reifem Honig gefüllten Wabenzellen von den Bienen mit einem Wachsdeckel überzogen, „verdeckelt". Allgemein gilt: je intensiver die Bienen sich mit dem Sammelgut beschäftigt haben, desto reichhaltiger an bieneneigenen Stoffen, aber auch desto ausgereifter erscheint der Honig. Dieses zeigt sich besonders am Gehalt der Enzyme, des Prolins und Acetylcholins (von der Ohe et al. 1991).

Im Zuge der ein bis mehrere Tage dauernden Honigentstehung laufen mehrere enzymatische Vorgänge ab, die für das spätere Zuckerspektrum und für wichtige Eigenschaften des Honigs entscheidend sind. So spaltet das Enzyme **Saccharase** nicht nur Rohrzucker in Trauben- und Fruchtzucker (Hydrolyse, Bildung von Invertzucker), sondern läßt im Rahmen von Transglucosidierungen auch „neue" Zucker entstehen, z. B. Maltose und Erlose. Hierbei wird der Glucosylrest der Saccharose auf ein anderes Zuckermolekül übertragen, und zwar stets in (1-4)-glucosidischer Bindung, so daß z. B. ein Trisaccharid entstehen kann. Dagegen wird bei der o. a. Hydrolyse der Glucosylrest auf Wasser übertragen (Deifel 1989).

Die Saccharase trägt auch dazu bei, daß das konzentrierte Sammelgut nicht vorzeitig auskristallisiert und mehr Zucker in Lösung gehalten werden kann: So wird die Löslichkeit einer Glucoselösung drastisch erhöht, wenn in der gleichen Lösung sehr viel Fructose enthalten ist (Crane 1980). Auch Erlose wirkt in kleinen Mengen kristallisationshemmend. Die Biene ist damit in der Lage, eine mit Zuckern übersättigte Lösung bei nur sehr geringem Wassergehalt (durchschnittlich 17,5%) zu erstellen. Sie kann damit ein Maximum an Energie auf kleinstem Raum in löslicher Form unterbringen.

Durch die saccharasebedingte Invertierung wird auch der osmotische Druck, die Osmolarität der Zuckerlösung, sehr stark erhöht!

Bei der Honigentstehung ist ein zweites Enzym entscheidend beteiligt: die lichtempfindliche, dem Hypopharynxdrüsensekret der Biene entstammende **Glucoseoxidase (GOD)**. Die von ihr katalysierte Reaktion läuft nach folgendem vereinfachtem Schema ab:

$$\text{D-Glucose} + H_2O + O_2 \xrightarrow{\text{Glucoseoxidase}} \text{Gluconsäure} + H_2O_2$$

Die Enzymaktivität führt in verdünnten Honiglösungen (unreifem Honig) zur Bildung von Gluconsäure, der mengenmäßig am stärksten vertretenen organischen Säure eines Honigs, und Wasserstoffperoxid (H_2O_2). Hierdurch wird zwar nur ein sehr kleiner Teil der Glucose abgebaut, das gleichzeitig entstehende, in statu nascendi besonders aktive H_2O_2 hat jedoch eine besondere Bedeutung: Es schützt aufgrund seiner starken antibakteriellen und z. T. auch bakteriziden Wirkung das noch wasserreiche Sammelgut vor dem Angriff von Bakterien. Die GOD-Aktivität leistet damit einen wichtigen Beitrag für die Haltbarkeit des werdenden Honigs. Auch ein ausgereifter Honig, der nicht durch Wärme und Licht geschädigt wurde, zeichnet sich in der Regel durch hohe GOD- bzw. inhibitorische Aktivität aus (Dustmann 1967, 1972, 1979). Hierauf beruhen auch die seit langem bekannten entzündungshemmenden Eigenschaften des Honigs (s. Verwendung des Honigs).

5.3 Zusammensetzung des Honigs

Obgleich jeder Honig Invertzucker (70% [1]) und Wasser (17,2% [1]) als Hauptbestandteile aufweist, gleicht kaum ein Honig dem anderen. Die Vielfalt der sortenabhängigen Nebenkomponenten, die Kombinationen der verschiedenen Trachten, vor allem das breite Spektrum der Aromasubstanzen, verleiht jedem Honig eine einzigartige, individuelle Note. Daher ist es eigentlich falsch, nur von „dem" Honig zu sprechen. „Die unendliche Vielfalt ist eine der vielen Attraktionen des Honigs" (Crane 1980). Schon aufgrund dieser komplexen, vielfältigen Zusammensetzung seiner Nebenbestandteile ist Honig weit mehr als nur eine übersättigte Zuckerlösung. Mehr als 180 verschiedene Stoffe konnten bisher aus der Gesamtheit aller bisher analysierten Honige nachgewiesen werden, hierunter allein mehr als 30 verschiedene Zucker, Saccharide (Belitz und Grosch 1992).

Bei Blütenhonigen sind außer Glucose und Fructose meist immer Saccharose, Maltose, Isomaltose, Turanose, Erlose und Maltotriose nachweisbar, bei Waldhonigen treten Trehalose, Melecitose und Raffinose hinzu. Weniger bekannte Zucker wie Kojibiose, Panose, Gentiobiose, Nigerose, Melibiose stehen hier nur als Beispiele aus der äußerst umfangreichen Palette von Sacchariden, dessen Spektrum für bestimmte Honigsorten typisch ist und in der Herkunftsbestimmung genutzt werden kann (von der Ohe und Dustmann 1994).

Außerhalb der Saccharide sind unter den ebenfalls sehr mannigfaltigen Nebenkomponenten als wichtigste Gruppen zu nennen (nach White 1978, Deifel 1989; modifiziert):

– Aromastoffe: Aldehyde, Ketone, Alkohole, Ester, Terpene u. a.
– Freie Säuren: Glucon-, Citronen-, Ameisen-, Aminosäuren u. a.
– Mineralstoffe: Kalium, Natrium, Phosphor und Spurenelemente wie Eisen, Chrom, Bor, Mangan, Kupfer u. a.
– Enzyme: Saccharase, Amylase, Glucoseoxidase, Phosphatase, Katalase.
– Inhibine: GOD/H_2O_2-System.
– Vitamine: B_1, B_2, B_6, C, insgesamt nur sehr geringe Mengen.
– Cholin/Acetylcholin.
– Farbstoffe: Carotin, Chlorophyll, Xanthophyll u. a.
– Flavonoide: Pinocembrin, Quercetin u. a.
– Zuckeralkohole: Mannitol u. a.
– Alkaloide: in seltenen Fällen Andromedotoxin, Tutin, Hyenanchin u. a.
– Lipide: Fettsäuren, Sterole, Wachse.
– Gerbstoffe: Tannine.

Jeder Honig enthält eine geringe Menge wasserunlöslicher Stoffe. Dieses sog. *Honigsediment* (0,01 bis 0,5%) besteht vor allem aus Pollenkörnern der beteiligten Trachtpflanzen einschließlich der nur Pollen liefernden Pflanzen und Windblütler. Auch typische Honigtaubestandteile wie Pilzsporen, Algen, kristalline Masse, Wachsfäden u. a. finden sich im Sediment wieder. Vor allem die Pollenkörner insektenblütiger Pflanzen geben sehr zuverlässige Hinweise auf die von den Bienen bevorzugten Blütensorten. Die qualitative und quantitative Erfassung der pflanzlichen Bestandteile der Honigsedimente läßt die Pflanzenwelt erkennen, aus der das Sammelgut stammt. Ein Honig hat somit stets eine unverwechselbare Kennkarte seiner Herkunft. Zur Methode der Melissopalynologie siehe Zander und Maurizio (1984).

---

[1]) Durchschnittswert von 490 amerikanischen Honigproben (White 1978).

Durch Enzymwirkungen, Kristallisationsprozesse, Bildung von Hydroxymethylfurfural (HMF), Reaktionen zwischen Aminosäuren und Zuckern (Maillard-Reaktion, die zur Veränderung der Honigfarbe führt) erscheint auch der ausgereifte, „fertige" Honig wie etwas Lebendiges. Der Imker hat dieses bei der Gewinnung, Behandlung und Lagerung zu beachten.

5.4 Physikalische Eigenschaften des Honigs

Wie bereits eingangs in der Definition des Honigs erwähnt, kann Honig „flüssig, dickflüssig oder kristallin" sein. Diese Konsistenz wird entscheidend durch das natürliche Mengenverhältnis einzelner Zucker und deren unterschiedliches Kristallisations- und Löslichkeitsverhalten sowie den Wassergehalt bestimmt. Beginn und Ende des Auskristallisierens sind von Honig zu Honig äußerst verschieden. So kristallisiert ein Rapshonig (reich an Glucose) schon nach wenigen Tagen, ein Robinienhonig (reich an Fructose) erst nach vielen Monaten aus, manchmal unterbleibt die Kristallisation gänzlich.

Glucose und noch stärker Melezitose neigen aufgrund geringer Löslichkeit zu raschem Auskristallisieren, Fructose kristallisiert in Honig nicht aus und hemmt die Kristallisation der Glucose. Die Messung des Verhältnisses von Fructose zu Glucose ist ein wichtiger Bestandteil der Honiganalytik. White (1978) benutzt darüber hinaus als Parameter für die zu erwartende Konsistenz das Verhältnis von Glucose (G) zu Wasser (W): G/W < 1,7 = flüssigbleibend; G/W > 2,0 = steigende Kristallisationstendenz. Eine Temperatur von 14–15°C ist der Kristallisation sehr förderlich und wird daher auch zur Lagerung empfohlen.

Honig ist hygroskopisch, d. h., er nimmt aus der Luftfeuchte des jeweiligen Raumes Wasser auf. Bei der Lagerung von Honig hat der Imker hierauf zu achten. Ferner zeichnet sich Honig durch eine geringe Wärmeleitfähigkeit aus, hinderlich bei Erwärmungsprozessen. Der pH-Wert schwankt je nach Sorte zwischen 3,6–5,5, und das spezifische Gewicht beträgt 1,4171 (bei 20°C und 18% Wassergehalt; Zander und Maurizio 1984). Die elektrische Leitfähigkeit variiert bei Blütenhonigen zwischen 0,1 und 0,7 mS, bei Honigtauhonigen zwischen 0,8–1,6 mS (Vorwohl 1964). Zahlreiche andere physiko-chemische Eigenschaften werden in der lebensmittelrechtlichen Analytik eingesetzt, z. B. das thixotrope Verhalten bei Heidehonig oder der optische Berechnungsindex zur Erfassung des Wassergehaltes.

Parallel zum umfangreichen Honigmarkt in Deutschland nimmt die **Honiganalytik** in Deutschland einen sehr großen Stellenwert ein (Zander und Maurizio 1984, Horn und Lüllmann 1992). Für deutsche Honige, die unter dem Warenzeichen des Deutschen Imkerbundes (DIB) vermarktet werden, gelten besondere Qualitätsanforderungen, die über den gesetzlich vorgeschriebenen Rahmen (Honig-Verordnung von 1976) weit hinausgehen. Diese höheren Anforderungen werden in den vom DIB vorgeschriebenen Grenzwerten für den Wasser- und HMF-Gehalt sowie für die Mindestaktivität der Invertase besonders deutlich (Dustmann 1989, von der Ohe und Dustmann 1994). Die Honiganalytik beinhaltet auch die Erfassung von Rückständen (Pflanzenschutzmittel, Umweltschadstoffe, Bienenarzneimittel). Zahlreiche Untersuchungen haben gezeigt, daß ordnungsgemäß gewonnener Honig nach wie vor als ein *äußerst rückstandsarmes* Nahrungsmittel anzusehen ist (nähere Angaben bei Horn und Lüllmann 1992).

5.5 Honiggewinnung

Ähnlich wie bei dem ursprünglichen, seit Jahrtausenden bis heute praktizierten Ausrauben wilder Bienenvölker war auch in der planmäßig durchgeführten Imkerei das Auspressen für viele Jahrtausende die gebräuchlichste Art der Honiggewinnung (Preßhonig). Seit der Erfindung der Honigschleuder (1865) ist jedoch das Ausschleudern der in sog. Rähmchen gefaßten Honigwaben weltweit verbreitet und üblich. Hierzu werden die ,,reifen", überwiegend verdeckelten Honigwaben dem Bienenvolk entnommen und die Zelldeckel entfernt. In der Honigschleuder (Zentrifuge) wird der Honig extrahiert und mit Hilfe grob- und feinmaschiger Siebe gründlichst von Wachsteilchen gereinigt. Nach dem Abschäumen erfolgt je nach natürlicher Trachtzusammensetzung des Honigs und der erwünschten Konsistenz der Prozeß des Rührens. Lassen die Zuckerverhältnisse (Erfahrungswerte des Imkers) eine Vermarktung als flüssig bleibender Honig zu, entfällt das Rühren. Soll die endgültige Konsistenz des Honigs *feinkristallin*, ,,cremig", nicht aber grobkörnig sein, ist ein Rühren unumgänglich, um den Kristallisationsprozeß optimal zu steuern und zu fördern. Der Prozeß kann durch Zugabe von ca. 5–10% feinstkristallinem Honig zu dem noch flüssigen Honig zeitlich verkürzt werden. Hierbei erwiesen sich Temperaturen von 14–16°C und periodisch sich wiederholende, nur wenige Minuten andauernde Rührphasen als sehr nützlich. Danach kann der fließfähige, noch nicht endgültig durchkristallisierte Honig direkt in das Verkaufsgebinde abgefüllt, etikettiert und vermarktet werden.

Lagertemperaturen sollten 16°C nicht übersteigen. Auskristallisierte (feste) Honige, die noch in einer Zwischenlagerung in verkaufsfertige Gebinde abzufüllen sind, sollten nicht verflüssigt, sondern nur bis zur ,,Fließfähigkeit" erwärmt werden. Die Temperaturen dürfen dabei 40°C nicht übersteigen, da Honig infolge des niedrigen pH-Wertes und hohen Fructose-Gehaltes auf höhere Temperaturen sehr empfindlich reagiert (HMF-Bildung, Zerstörung der Enzyme, Verfärbungen).

5.6 Honigsorten in Deutschland

Nicht jede blühende Pflanze ist für die Honigbiene ein attraktiver Nektarspender. Der Bau der Blüte, die Menge, Zusammensetzung und Aufnehmbarkeit des Nektars, die Häufigkeit des Blütenvorkommens sind für das Bienenvolk entscheidend, ob es zu einer ,,sich lohnenden Tracht" kommt. Das gleiche gilt für den Honigtau.

So treten aus der Vielzahl mitteleuropäischer Blütenpflanzen nur relativ wenige Bienenweide(Tracht-)pflanzen auf, die für die Entstehung des Honigs oder von Honigsorten ausschlaggebend sind. Den wichtigsten in Deutschland geernteten Honigsorten – oftmals können sie vom Imker nicht als Sortenhonig, sondern nur als Gemisch mehrerer Sorten geerntet werden – liegen folgende Trachtpflanzen zugrunde, wobei zwischen Nektar- und Honigtauspendern unterschieden wird.

Obstblüte (*Malus* spp., *Prunus* spp.) – Nektar.
Löwenzahn (*Taraxacum officinale*) – Nektar.
Akazie, falsche (*Robinia pseudoacacia*) – Nektar.
Raps (*Brassica napus*) – Nektar.

Kornblume (*Centaurea cyanus*) – Nektar.
Himbeere (*Rubus idaeus*) – Nektar.
Linde (*Tilia* spp.) – Nektar + Honigtau.
Klee (*Trifolium* spp., *Melilotus* spp.) – Nektar.
Büschelschön (*Phacelia tanacetifolia*) – Nektar.
Edelkastanie (*Castanea sativa*) – Nektar + Honigtau.
Sonnenblume (*Helianthus* spp.) – Nektar.
Heide (*Calluna vulgaris*) – Nektar.
Eiche (*Quercus* spp.) – Honigtau.
Fichte (*Picea abies*) – Honigtau.
Tanne (*Abies alba*) – Honigtau.

Zahlreiche weitere Trachtpflanzen wären hier zu nennen (vgl. Maurizio und Grafl 1980). Sie ergeben meist keine Sortenhonige im Sinne der Honig-Verordnung § 4, Abs. 1.

5.7 Verwendung und Wirkungen des Honigs

Bei der Frage nach der Verwendung des Honigs ist ein Blick in seine Geschichte unverzichtbar; denn die Nutzung von Honig durch den Menschen reicht weit zurück, und sie war einem beträchtlichen Wandel unterworfen. Da bereits an anderer Stelle dieses Buches hierzu einiges ausgesagt wird, soll dieser geschichtliche Aspekt nur noch durch wenige, auf die Verwendung hinweisende Schlagzeilen angedeutet werden: Götterspeise, Nahrung für die Seelen der Toten, Opfergabe, Kostbarkeit mit göttlichen Attributen, Universalheilmittel, Lebenselixier, erstes Süßungsmittel bis zur Nutzung des Zuckerrohres und der Zuckerrübe, süßes, wohlschmeckendes Nahrungsmittel. Dieser letzte Ausdruck trifft wohl am ehesten den ernährungsrelevanten Aspekt. Honig dient heute in der Tat vor allem als leicht resorbierbares Nahrungsmittel, das gemäß Honig-Verordnung (1976) als „Speisehonig" oder „Backhonig" vermarktet wird. Die Welthonigernte umfaßte 1990 1,2 Millionen Tonnen (Belitz und Grosch 1992). Deutschland nimmt im durchschnittlichen Jahresverbrauch pro Kopf der Bevölkerung mit 1,4 kg eine Spitzenstellung ein und ist mit ca. 90000 Tonnen weltweit größter Honigimporteur. 25000 bis 30000 Tonnen Honig werden zusätzlich in Deutschland geerntet. Außerhalb des direkten Genusses als „Speisehonig" wird Honig auch in großen Mengen zu Backzwecken, zur Herstellung alkoholischer Getränke (Met) wie auch für medizinische und kosmetische Zwecke verwendet. Es ist nicht zu leugnen: Honig ist nach wie vor von einem gewissen Nimbus umgeben, genießt auch heute noch den Ruf von etwas Besonderem. Vielleicht wird gerade deshalb so häufig gegen Honig polemisiert, und der nährungsphysiologische, vor allem der gesundheitsfördernde Wert in Abrede gestellt (Heitkamp und Busch-Stockfisch 1984).

Viele dem Honig nachgesagten Attribute sind ohne Zweifel unter wissenschaftlichem Aspekt nicht vertretbar! Die Gleichsetzung mit einer wäßrigen Zuckerlösung – wie in Pressemeldungen vielfach behauptet – ist jedoch nicht gerechtfertigt. Schon aufgrund der Zusammensetzung unterscheidet er sich grundlegend vom Haushaltszucker. Durch seinen hohen Glucose- und Fructosegehalt in Verbindung mit pflanzlichen und tierischen Wirkstoffen müssen einem weitgehend naturbelassenen Honig physiologische Wirkungen zuerkannt werden, die auf den üblichen Rohrzucker und viele handelsübliche Süßwaren nicht zutreffen (Duisberg 1984, Dustmann 1987). Die wichtigsten seien nachfolgend genannt:

1. *Rasche und nicht belastende Energiezufuhr für einen geschwächten oder durch Anstrengung belasteten Organismus*
   Goldschmidt et al. (1952), Klotzbücher (1951), Marquardt und Vogg (1952) weisen in diesem Zusammenhang auf die cholinerge Wirkung des Honigs hin. Cholin/Acetylcholin soll als Komplex in enger Verbindung mit dem Honigzucker vorliegen und dadurch in dem sauren Magen-Darm-Trakt weitgehend vor Zersetzung geschützt sein (Duisberg 1984). Der hohe osmotische Wert des Honigs – fast doppelt so hoch wie der von gleich konzentrierten Rohrzuckerlösungen – beschleunigt den Resorptionseffekt. Der Energiewert eines Honigs beträgt 1248 kJ pro 100 g (Heitkamp und Busch-Stockfisch 1986).

2. *Rasche Aktivierung der Leberfunktion durch Fruchtzucker und andere Honigkomponenten*
   Für die günstige Wirkung des Honigs auf die Leber werden vor allem sein hoher Gehalt an Fructose und Glucose, der schnelle Glycogenaufbau aus Fructose (Leberschutzfunktion) und die cholinergische Wirkung verantwortlich gemacht (Trautwein 1951). Wildhirt (1957) spricht von „Bienenhonig als Leberschonkost". Zum Fructose-Glucose-Stoffwechsel siehe auch Förster und Mehnert (1976).

3. *Förderung der Darmperistaltik und Magen-/Darm-Sekretion*
   Die hohe Osmolarität des Invertzuckers, die Vielzahl der Aromastoffe, die mineralischen und cholinergischen Substanzen sind hierfür ausschlaggebend (Duisberg 1984). Wie weit die Honiginvertase – sie wird nachweislich nur geringfügig bei der Magenpassage zerstört (Duisberg 1984) – bei der Aufspaltung von Sacchariden im Dünndarm eine maßgebende Wirkung zeigt, ist nicht erforscht.

4. *Antibakterielle, entzündungshemmende Wirkung*
   Dieser Aspekt führt uns in den medizinischen Anwendungsbereich, über den ein sehr umfangreiches Schrifttum vorliegt (Lit. Übersicht: Zumla und Lulat 1989, Molan 1992).
   Für die seit Jahrtausenden bekannten entzündungshemmenden Eigenschaften des Honigs – innerlich wie äußerlich angewendet – konnten neben dem hohen osmotischen Effekt und diverser pflanzlicher Hemmstoffe (z. B. Flavonoide) vor allem die Inhibine (Glucoseoxidase/H_2O_2-System) als Ursache erkannt werden (White 1966). Diese Enzymaktivität wurde bereits auf S. 444 erläutert. Sie führt über das in statu nascendi besonders bakterizide H_2O_2 zu einer frappierenden Wachstumshemmung/Abtötung zahlreicher pathogener Bakterien- und Pilzarten (White 1978, Dustmann 1979, Bogdanov 1984).
   Sehr inhibinreiche Honige (z. B. Kornblumenhonig) wirken auch in stark verdünnten Honigkonzentrationen (0,25%) noch antibakteriell (Dustmann 1979). Naturbelassener Honig zeigt einen markanten bakteriostatischen Effekt auf den Erreger der Zahnkaries, *Streptococcus mutans* (Dustmann 1987).

Gegen die weitverbreitete Hypothese, daß Honig verstärkt zu Karies führe, sprechen weitere Befunde (Dustmann 1987). Bakteriell bedingte Erkrankungen des Magen-Darm-Traktes konnten mit einer Honigtherapie in sehr vielen Fällen gelindert oder beseitigt werden

(Mladenow 1974, Hafferjee und Moosa 1985). Wortmann (1965) war bei Kindern erfolgreich mit der oralen Desensibilisierung von Pollenallergien.

Schließlich sei auf den gut dokumentierten, seit der Antike bekannten Heilungseffekt von Honig bei Wunden, Geschwüren und äußeren Verletzungen verwiesen. Klinische Befunde aus jüngerer Zeit (Zumla und Lulat 1989, Efem 1988) belegen die zahlreichen bakteriologischen Daten durch klinische Befunde und damit den Wert des naturbelassenen Honigs als sog. „Hausmittel".

Im Hinblick auf die gesundheitsbezogenen Aussagen besteht ohne Zweifel ein sehr großer Forschungsbedarf, insbesondere, was die komplexen Interaktionen und das Zusammenwirken der äußerst vielfältigen, z. T. nur sehr geringfügig vertretenen Wirkstoffe betrifft.

Literatur

Belitz, H. D., und W. Grosch (1992): Lehrbuch der Lebensmittelchemie. 4. Aufl. Springer Verlag, Berlin u. a.

Bogdanov, S. (1984): Characterization of antibacterial substances in honey. Lebensm.-Wiss. u. Technol. **17**, 74–76.

Crane, E. (1980): A Book of honey. Oxford University Press, Oxford.

Deifel, A. (1989): Die Chemie des Honigs. Chemie in unserer Zeit **23**, 25–33.

Duisberg, H. (1984): Wirkungen des Honigs auf den menschlichen Körper. In Zander, E. und Maurizio, A.: Der Honig. 3. Aufl. Verlag Eugen Ulmer, Stuttgart.

Dustmann, J. H. (1967): Messung von Wasserstoffperoxid und Enzymaktivität in mitteleuropäischen Honigen. Z. f. Bienenforschung **9**, 66–73.

Dustmann, J. H. (1972): Über den Einfluß des Lichtes auf den Peroxidwert (Inhibin) des Honigs. Z. Lebensm.-Unters.-Forsch. **148**, 263–268.

Dustmann, J. H. (1979): Zur antibakteriellen Wirkung des Honigs. Apiacta **14**, 7–11.

Dustmann, J. H. (1989): Qualitätsmerkmale und Untersuchungskriterien für Honig im Einheitsglas des DIB. Allgem. Deutsche Imkerzeitung **23**, 285–291.

Dustmann, J. H. (1987): Honig und Karies. Nordwestdeutsche Imkerzeitung **39** (5), 125–127.

Efem, S. E. (1988): Clinical observations on the wound healing properties of honey. Br. J. Surg. **75**, 679–681.

Förster, H., und H. Mehnert, (1976): Kohlenhydratstoffwechsel. In Siegenthaler (Hrsg.): Klinische Pathophysiologie. 3. Aufl. Georg Thieme, Stuttgart.

Goldschmidt, St., H. Burkert, E. Helmreich und H. Gramss (1952): Über den cholinergischen Wirkstoff des Honigs. Z. Naturf. **7b**, 365–367.

Haferjee, I. E., and A. Moosa (1985): Honey in the treatment of infantile gastroenteritis. Brit. Medic. J. **290**, 1866.

Heitkamp, K., und M. Busch-Stockfisch (1986): Pro und Kontra Honig – Sind Aussagen zur Wirkung des Honigs „wissenschaftlich hinreichend gesichert"?. Z. Lebensm. Unters. Forsch. **182**, 279–286.

Honig-Verordnung (1976): Bundesgesetzbl. I.

Horn, H., und C. Lüllmann (1992): Das große Honigbuch. Ehrenwirth Verlag, München.

Klotzbücher, E. (1951): Über die permeabilitätsfördernde Wirkung des Bienenhonigs und ihre Beziehung zur Herzwirkung. Deutsche Z. Verdauungs-Stoffwechselkrankheiten **11**, 282–294.

Marquardt, P., und G. Vogg (1952): Eigenschaften und chemische Konstitution des cholinergischen Faktors im Honig. Arzneimittel-Forsch. **2**, 152–155 und 205–211.

Maurizio, A., und I. Grafl (1980): Das Trachtpflanzenbuch. Ehrenwirth Verlag, München.

Mladenow, S. (1974): Aktuelle Fragen der Honigtherapie. Wiss. Bulletin, 241–242, Apimondia Verlag, Bukarest.

Molan, P. C. (1992): The antibacterial activity of honey. Bee World **73**, 5–28 und 59–76.

von der Ohe, W., J. H. Dustmann und K. von der Ohe (1991): Prolin als Kriterium der Reife des Honigs. Deutsche Lebensm.-Rundschau **87**, 383–386.

von der Ohe, W., und J. H. Dustmann (1994): Honig – Qualität auf dem Prüfstand. Deutsches Bienen-Journal **4**, 184–187.

Vorwohl, G. (1964): Die Beziehungen zwischen der Elektrischen Leitfähigkeit der Honige und ihrer trachtmäßigen Herkunft. Ann. Abeille **7**, 301–309.

Trautwein, H. (1951): Grundlagen und Ergebnisse der neuzeitlichen Behandlung der Lebererkrankungen. Z. ges. Inn. Med. **6**, 692–701.

White, J. W. (1966): Inhibine and glucose oxidase in honey – a review. Amer. Bee J. **106**, 214–216.

White, J. W. (1978): Honey. Adv. Food Res. **24**, 287–374.

Wildhirt, E. (1957): Bienenhonig als Leberschonkost? Med. Klin. **52**, 1248.

Wortmann, E. (1965): Perorale Desensibilisierung bei Kindern. Allergie und Astma **11**, 118–123.

Zander, E., und M. Maurizio (1984): Der Honig. 3. Aufl. Eugen Ulmer Verlag, Stuttgart.

Zumla, A., and A. Lulat (1989): Honey – a remedy rediscovered. J. Royal Soc. Med. **82**, 384–385.

Teil V: Das gesellschaftliche Potential

1. Tierernährung und Nahrungsgrundlage des Menschen
(H. Schafft und I. Immig)

1.1 Einleitung

Die methodische Vorgehensweise bei der Erarbeitung von wissenschaftlich begründeten Empfehlungen für die Nährstoffzufuhr beim Menschen bzw. den Nährstoffbedarf beim Nutztier ist in weiten Bereichen ähnlich und basiert auf den Grundlagen der Ernährungsphysiologie. Bei der Umsetzung der erarbeiteten Empfehlungen im Rahmen der angewandten Ernährungslehre zeigen sich jedoch hinsichtlich der Problemstellung und Zielsetzung zwischen den beiden Wissenschaftsdisziplinen Human- und Tierernährung deutliche Unterschiede. Während die Tierernährungswissenschaft auf das ökonomisch orientierte Interesse setzen kann, die Nutztiere ihrem physiologischen Status und ihrer jeweiligen Leistung entsprechend zu füttern, ist die Humanernährung in hohem Maße davon abhängig, ob das Individuum sein spezifisches Ernährungsverhalten an den detaillierten Richtlinien für die Planung einer bedarfsdeckenden und vollwertigen Ernährung auszurichten fähig und gewillt ist. Die modernen Formen der Tierhaltung helfen dem Landwirt, die normgerechte Ernährung seiner Tiere sicherzustellen. Durch die Anwendung exakter Fütterungstechniken und Zuteilungsstrategien sind zudem die Voraussetzungen für eine wirksame Prävention ernährungsbedingter Krankheiten gegeben. Im krassen Gegensatz dazu stehen die Bedingungen bei der Humanernährung. Chronische Überernährung und ein starker Anstieg ernährungsbedingter Erkrankungen lassen erkennen, daß das individuelle Ernährungsverhalten nicht primär an gesundheitlichen Kriterien orientiert ist.

Aufgrund der großen Bedeutung, die das Ernährungsverhalten des Menschen bei der Entwicklung zukunftsweisender Strategien in der angewandten Ernährungsforschung einnimmt, sollen im ersten Teil des vorliegenden Beitrags wesentliche Determinanten des Ernährungsverhaltens aufgezeigt und dabei der Frage nachgegangen werden, warum eine argumentative, ernährungsphysiologisch orientierte Information der Bevölkerung keine wirkungsvolle Aussicht hat, das Ernährungsverhalten des Menschen nachhaltig zu verändern, oder anders ausgedrückt, warum große Teile der Bevölkerung ohne Unterlaß anders essen, als sie sich ernähren sollten.

Im zweiten Teil des Beitrags sollen ausgewählte Aspekte zur Problematik der Erarbeitung und Festlegung von Empfehlungen zur Proteinversorgung des Menschen dargestellt werden. Wohl keine Bedarfszahlen haben im Verlauf der vergangenen 100 Jahre eine derart unterschiedliche Beurteilung erfahren wie die Angaben zur Eiweißversorgung. Weltweit weisen die entsprechenden Empfehlungen zum Teil drastische Unterschiede auf. Die

Ursachen für derartige Diskrepanzen können zu einem großen Teil auf methodische und versuchstechnische Probleme bei der Ableitung des Stickstoff-Minimalbedarfs zurückgeführt werden. Darüber hinaus gilt es in diesem Zusammenhang jedoch zu bedenken, daß Empfehlungen zur Proteinversorgung des Menschen oftmals auch das Resultat politisch motivierter Interpretationen sind. Im internationalen Vergleich dient die mittlere verfügbare Eiweißmenge pro Kopf der Bevölkerung als ein Maßstab zur Beurteilung und Kategorisierung der Ernährungssituation eines Landes.

Vor diesem Hintergrund erlangt nicht nur aus Sicht vieler sogenannter Entwicklungsländer die Frage politische bzw. strategische Relevanz, ob eine Zufuhr von tierischen Proteinträgern obligatorisch ist, um den Aminosäurenbedarf des erwachsenen Menschen zu decken. Das Nutztier ist der Nahrungskonkurrent des Menschen, wenn es mit Futterstoffen ernährt wird, die gleichzeitig Lebensmittel für den Menschen darstellen. Weltweit gehört dazu das Getreide, welches heute überwiegend zu Futterzwecken verwendet wird. Der moralische Anspruch der Ernährungswissenschaft, diesen Tatbestand zu billigen und zu unterstützen, wird daraus abgeleitet, daß tierische Proteine erzeugt werden müssen, da sie biologisch hochwertiger sind.

Nicht nur wegen der großen ökonomischen Bedeutung, die der Fleischerzeugung im Rahmen der landwirtschaftlichen Veredlungsproduktion zukommt, sondern auch aufgrund der Tatsache, daß in breiten Teilen der Bevölkerung Fleisch und Fleischwaren als Inbegriff für tierisches Protein gelten, sollen zunächst einige Anmerkungen sowohl zur Bedeutung von Fleisch als auch zum Fleischverzehr in der Bundesrepublik Deutschland folgen.

1.2 Fleisch und Fleischverzehr

Nahrungsmittel tierischer Herkunft genießen weltweit eine hohe Wertschätzung. Insbesondere Fleischgerichte gelten heute mehr denn je als ein Statussymbol; Fleisch ist bevorzugter Mittelpunkt einer Mahlzeit („Fleisch ist ein Stück Lebenskraft"); Fleisch ist in gewisser Weise der Inbegriff unserer Nahrung. Während in Notzeiten der Verbrauch an Getreide steigt, ist der Wohlstand immer mit einem erhöhten Fleischverzehr verbunden. Im internationalen Vergleich ist der Fleischverzehr daher ein tauglicher Wohlstandsindikator. Mit zunehmendem Wohlstand in der Gesellschaft nimmt aber auch die Kritik seitens der Bevölkerung sowohl an den Produkten tierischer Herkunft als auch an den Bedingungen und Formen ihrer Erzeugung zu. Der in der Bundesrepublik Deutschland derzeit stagnierende bzw. tendenziell leicht rückläufige Fleischverbrauch kann als eine Antwort der Konsumenten auf die Vorbehalte gegen die modernen Formen der Tierproduktion gewertet werden (DGE 1992, Kap. 1). Darüber hinaus hat die Diskussion über Zusammenhänge zwischen dem Konsum tierischer Produkte und dem Auftreten ernährungsbedingter Krankheiten sowie Stoffwechselstörungen weite Teile der Bevölkerung hinsichtlich des ernährungsphysiologischen Wertes von Nahrungsmitteln tierischen Ursprungs verunsichert (Kritchevsky 1990).

Realistische Berechnungen des Verzehrs an Fleisch und Fleischwaren weisen für die Bundesrepublik eine mittlere Menge von 65 kg pro Kopf und Jahr aus, was einem mittleren täglichen Verbrauch von 178 g Fleisch entspricht (Honikel 1992). Ergebnisse repräsentativer Erhebungen der Verzehrs- und Ernährungsgewohnheiten der Bevölkerung bestätigen diese Mengen (NVS 1992). Aufgeschlüsselt nach Tierarten und deren Fleischanteil, verzehrt somit der Bundesbürger – bezogen auf eine mittlere Lebenserwartung von 70 Jahren – im Verlauf seines Lebens im Durchschnitt insgesamt 32 Schweine, 4,1 Rinder, 1,8 Schafe, 1 Kalb sowie 414 Hühner.

Im geschichtlichen Vergleich gab es allerdings Zeiten mit einem weitaus höheren Fleischverzehr. So betrug die Tagesration an Fleisch im Jahre 1397 in Berlin 1,5 kg pro Person, im Spätmittelalter waren es noch immer mehr als 100 kg pro Jahr. Um 1500 erhielten beim Reichsgrafen Joachim von Öttingen Knechte, Arbeiter und fronende Bauern 660 g Fleisch am Tag, entsprechend 140 kg im Jahr. Diese Menge wurde im Jahr 1523 auch vom Küchenmeister des Straßburger Dominikanerklosters für das Gesinde notiert. Gegen Ende des 19. Jahrhunderts beliefen sich die Mengen noch auf ca 85 kg pro Kopf und Jahr (Kaemmerer 1981).

Aus Sicht der präventivmedizinisch orientierten Humanernährung werden jedoch selbst die heutigen – vergleichsweise niedrigen – Verzehrsmengen noch als zu hoch eingestuft, da insbesondere die Aufnahme an tierischen Fetten und Eiweiß als prädisponierende Faktoren für die Manifestation ernährungsbedingter Krankheiten und Stoffwechselstörungen angesehen werden (Barth 1990). Nach Angaben der Nationalen Verzehrsstudie kann davon ausgegangen werden, daß in der Ernährung des bundesrepublikanischen Verbrauchers das verzehrte Nahrungsfett im Mittel zu 79% aus Nahrungsmitteln tierischen Ursprungs stammt und vor allem mit den sogenannten „versteckten Fetten", d. h. aus Wurstwaren, Käse und Milch, aufgenommen wird. Das zugeführte Eiweiß stammt zu etwa 57% aus tierischen und zu 43% aus pflanzlichen Lebensmitteln (NVS 1992). Von den Empfehlungen der Deutschen Gesellschaft für Ernährung für eine vollwertige Ernährung ist die tatsächliche Nahrungsaufnahme weit entfernt (DGE 1991). Die Gründe für das weit verbreitete Ernährungsfehlverhalten unter Überflußbedingungen sind vielschichtig und werden in hohem Maße durch soziokulturelle sowie psychosoziale Einflußfaktoren bestimmt.

1.3 Soziokulturelle und psychosoziale Faktoren des Ernährungsverhaltens

Mit der Trendwende vom Lebensmittelmangel zum Lebensmittelüberfluß zu Beginn der 50er Jahre veränderte sich das Ernährungsverhalten der Bevölkerung in der Bundesrepublik Deutschland entscheidend. Die Menschen, denen über Generationen Mangelstrategien vertraut und antrainiert waren, sahen sich unter Überflußbedingungen plötzlich einer Ernährungsumwelt ausgesetzt, die ihnen einen fortwährenden Entscheidungszwang für oder gegen bestimmte Lebens- und Genußmittel abverlangte. Konditioniert auf Mangel, mußten die Verbraucher den Überfluß zu bewältigen versuchen. Die Folgen sind sichtbar: Gemessen an ihrem Energieverbrauch, essen die Deutschen zuviel, zu fett, zu eiweißreich, zu wenig hochmolekulare Kohlenhydrate (DGE 1992, Kap. 1 und 3). Im Verbund mit einer deutlichen Reduktion der körperlichen Aktivität aufgrund der Motorisierung und Mechanisierung der Arbeitswelt führte das Ernährungsfehlverhalten bei großen Teilen der Bevölkerung zu Überernährung. Aufgrund der Ergebnisse der nationalen Verzehrsstudie werden 39% der Männer und 47% der Frauen als übergewichtig, fettleibig oder fettsüchtig eingestuft (NVS 1992).
Bereits im Jahre 1980 verursachten ernährungsbedingte Krankheiten Kosten von annähernd 42 Milliarden DM pro Jahr (Henke et al. 1986). Nach Karies wird der größte Teil der Kosten

durch Stoffwechselkrankheiten wie Fettsucht, Hyperlipidämien sowie Diabetes mellitus verursacht. Als wesentliche prädisponierende Faktoren für die Manifestation ernährungsbedingter Krankheiten kommen sowohl der zunehmende Verbrauch von küchen- oder lebensmitteltechnologisch einseitig veränderten Lebensmitteln mit hoher Energiedichte (Wolfram 1988) als auch die gestiegenen Verzehrsmengen an Nahrungsmitteln tierischer Herkunft, insbesondere die hohe Aufnahme an tierischen Fetten bzw. gesättigten Fettsäuren in Betracht (Reiser und Shorland 1990). Eine deutliche Minderung des Ernährungsfehlverhaltens bzw. der Häufigkeit ernährungsbedingter Krankheiten wäre nach Auffassung vieler Ernährungswissenschaftler und Präventivmediziner dann zu erwarten, wenn es gelänge, durch Einflußnahme auf das kognitive Wissen des Menschen eine durchgreifende Veränderung der Ernährungsgewohnheiten der Bevölkerung zu erreichen.

Durch wissenschaftlich begründete Empfehlungen für die Nährstoffzufuhr wurden detaillierte Richtlinien als Basis für die Planung einer bedarfsdeckenden und vollwertigen Ernährung entwickelt (DGE 1991). Obwohl diese periodisch aktualisierten Empfehlungen nicht geeignet sind, den tatsächlichen Versorgungszustand von Einzelpersonen zu überprüfen, können sie doch als Bezugsgrößen sowohl bei der Beurteilung der Nährstoffversorgung verschiedener Bevölkerungsgruppen als auch bei der Identifikation einer Über- oder Unterversorgung von Risikogruppen dienen. Vom Grundsatz her liegen damit die notwendigen wissenschaftlichen Voraussetzungen für eine erfolgreiche Prävention von Überernährung, Übergewicht oder chronischen Stoffwechselerkrankungen vor. Jedoch sind bei der praktischen Umsetzung der Ergebnisse der ernährungsphysiologischen Grundlagenforschung im Bereich der Humanernährung, trotz günstiger institutioneller Rahmenbedingungen wie Ernährungsberatung und Gesundheitsdienste, kaum Erfolge zu verzeichnen. Die Tatsache, daß trotz einer Vielzahl gesundheitsbezogener Aufklärungskampagnen, Appellen und ernährungsphysiologisch orientierten Argumentationen, große Teile der Bevölkerung anders essen, als sie sich ernähren sollten, stellt Naturwissenschaftler und Mediziner vor konflikthafte Situationen. Woran liegt das?

Nach neueren Erkenntnissen der Ernährungspsychologie kann als gesichert gelten, daß vernunftbetonte Argumentationen keine Aussicht haben, das Ernährungsverhalten der Bevölkerung nachhaltig zu verändern. Das Eßverhalten des Individuums kann als ein bedürfnisgesteuerter Prozeß verstanden werden, mittels dessen der Mensch seine individuellen Bedürfnisse und unterschiedlichen Motivkonstellationen durch die Wahl bestimmter Lebensmittel subjektiv zu realisieren versucht. Objektiv beruht unser Ernährungsverhalten jedoch in hohem Maße auf kollektiven Normen und kultureller Tradition und kann daher auch als eine erlernte kollektive Normverpflichtung verstanden werden (Pudel 1993). Kulturelle Traditionen, Kindheitserlebnisse, regionale Bindungen und angestrebte soziale Zugehörigkeit bestimmen somit darüber, was verzehrt wird. Bildhaft kann postuliert werden, daß die Menschen bei der Wahl ihres Ernährungsverhaltens ebenso wenig eine freie Mitbestimmung haben wie bei der Wahl ihrer Muttersprache.

Das Ernährungsverhalten ist deshalb auch weitgehend resistent gegen spontane Veränderungen. Die Ernährungserziehung in der Familie weist eine Kontinuität über Generationen auf und stattet die Nachkommen mit erprobten Verhaltensweisen aus. So findet von Generation zu Generation ein Kontinuitätstraining statt, welches bei Kindern Lebensmittelpräferenzen, Eßverhalten und Einstellungen konditioniert, die sich im Erfahrungshorizont der Eltern als positiv herausgestellt haben (Pudel 1990). Auch den großen Weltreligionen war bewußt, daß Kontinuität im Ernährungsverhalten einen grundlegenden Sicherheitsfaktor darstellt. Durch Kodifizierung ernährungsphysiologisch oder lebensmittelhygienisch fundierter Reglementierungen versuchten sie deshalb denjenigen Gefahren vorzubeugen, die mit der Änderung eines kulturell tradierten Ernährungsverhaltens verbunden sein können. Wenn in einzelnen Kulturen ausdrücklich auf bestimmte Nahrungsmittel verzichtet wird, konzentriert sich dieser Verzicht häufig auf Fleisch; es fällt unter Tabus und unterliegt besonderen Regeln. So lehnt es z. B. die hinduistische Bevölkerung ab, Kühe zu schlachten und deren Fleisch zu verzehren, und Menschen jüdischen oder islamischen Glaubens lehnen Schweinefleisch als unrein ab.

Ein weiterer Grund dafür, daß Menschen anders essen, als sie sich ernähren sollten, ist darin zu sehen, daß Essen schon immer weit mehr Zwecken gedient hat als der Nährstoff- und Energieaufnahme. Das Ernährungsverhalten des Menschen ist in ein Geflecht emotionaler und situativer Bedingungen eingebunden und wird in hohem Maße von psychosozialen Einflußfaktoren bestimmt. Aus der Psychotherapie ist bekannt, daß der Mensch in der Lage ist, ein bei Säugetieren normalerweise instinktiv-triebmäßig gesteuertes Verhalten symbolisch so stark aufzuladen, daß körperliches Geschehen zum Ausdrucksfeld für psychische Konflikte werden kann (Jaeggi 1989).

Neuere klinische Untersuchungen zur Prävalenz und Psychopathologie von Eßattacken und der Bulimia nervosa lassen vermuten, daß gesellschaftliche Rahmenbedingungen, wie das absolute Streben nach Schlankheit oder die hochgradige Angst vor Gewichtszunahme, den Hintergrund bilden, vor dem das fast epidemieartige Ansteigen dieser schweren Eßstörungen zu verstehen ist.

In früheren Zeiten erhielt das Essen – vor allem das reichliche Essen – insbesondere bei denjenigen Bevölkerungsschichten, die Mangel litten, häufig eine überhöhte Bedeutung; einige Nahrungsmittel wurden sogar zum Symbol, so z. B. Brot und Wein. Seelische Verbundenheit untereinander, aber auch die Bekräftigung der Tier-Natur des Menschen konnte schon immer mit und durch Essen ausgedrückt werden. Zudem sind im archaischen Erleben viele Modi des „In-Sich-Hineinnehmens" und des „Ausstoßens" austauschbar, so daß sich sowohl Nahrungsaufnahme als auch -ausscheidung besonders gut für eine Darstellung vielfältiger Lebenslagen eignen (Jaeggi et al. 1990). Essen als Ersatz für Liebe und Sexualität, um eine innere „Leere" auszufüllen, Essen als Symbol für Konfliktunfähigkeit („ich freß alles in mich hinein"), Verdauung als Ausdruck von Verachtung („ich scheiß drauf") u. ä. m. sind bekannt. Daß Nahrungsmittel so viele verschiedene Bedeutungen für den Menschen tragen, Medium und Botschaft sind, liegt möglicherweise auch darin begründet, daß die Nahrungsaufnahme – vergleichbar mit einigen wenigen anderen bedeutsamen Handlungen wie Sex und Darmentleerung – unsere eigentlich unantastbaren Körperschranken durchbricht. Bildlich ausgedrückt bedeutet Nahrungsaufnahme, daß wir uns das physische Material der Außenwelt – sowohl tierische als auch pflanzliche Produkte – generell „einverleiben". Durch die Ernährung werden tägliche Beziehungen ausgedrückt: zu unseresgleichen und zu unserer Umwelt (Fiddes 1993). Dementsprechend symbolisch überhöht ist auch die Konzentration vieler Menschen auf ihre Figur, die heute mehr denn je Träger von sozialen Symbolen ist und vielfach als Mittel zur Selbstdarstellung eingesetzt wird (Klotter 1990).

Zusammenfassend bleibt festzuhalten, daß unter Überflußbedingungen das Ernährungsverhalten nicht primär an gesundheitlichen Kriterien orientiert ist. Kognitive Strategien zur Verminderung des Ernährungsfehlverhaltens erscheinen wenig aussichtsreich, weil das Ernährungsverhalten des Menschen von einer unüberschaubaren Fülle exogener Faktoren beeinflußt ist, zu denen soziokulturelle und psychologische Bedingungen ebenso zählen wie rationale und pseudorationale Faktoren. Alle Einflüsse überlagern sich, bilden Wechselwirkungen und erschweren so den Zugang zu definierter Erkenntnis über die Determinanten des Ernährungsverhaltens.

Die große Bedeutung der soziokulturellen und psychosozialen Einflüsse auf das Ernährungsverhalten der Menschen stellen wesentliche Unterscheidungsmerkmale hinsichtlich Problemorientierung und Zielsetzung zwischen Humanernährung und Tierernährungswissenschaft dar. Landwirtschaftliche Nutztiere werden mit dem Ziel einer möglichst effizienten Erzeugung tierischer Produkte gehalten und hohen Leistungsanforderungen ausgesetzt. Ganz anders ist die Situation beim Menschen. Dort liegt der Schwerpunkt primär in der Gesunderhaltung bzw. Sicherung der körperlichen und geistigen Leistungsfähigkeit über möglichst viele Jahre hinweg und damit im Bereich der Präventivmedizin. Während im Rahmen der Humanernährung die Entwicklung von Strategien zur Bekämpfung von Übergewicht und zur Reduktion der Gesamtnahrungsaufnahme einen hohen Stellenwert einnimmt, ist das Interesse der Tierernährung primär auf die Steigerung der Futteraufnahme bzw. auf die Entwicklung von leistungsadäquaten Fütterungsstrategien fokussiert, die im Fall des Wachstums möglichst hohe Tageszunahmen bei einem optimalen Stoffansatz gewährleisten.

Darüber hinaus tritt bei Nutztieren Fehlernährung als krankheitsbegünstigender Faktor oder leistungsminderndes Element heute kaum noch in der absoluten Form eines primären Mangels oder eines primären Überschusses auf, sondern ist Teil eines multifaktoriellen Geschehens geworden. Zunehmend werden die pathogenetisch wirksamen Faktoren deshalb mit dem Begriff der „Imbalancen" umschrieben. Dieser Terminus unterstreicht auch semantisch die Relativität von „Mangel" oder „Überschuß" als krankheitsbegünstigende oder leistungsdepressive Faktoren bei Nutztieren (Bollwahn 1988). Die Tatsache, daß klassische Fehlernährungskrankheiten wie Rachitis, Osteomalazie oder Osteodystrophie heute praktisch nicht mehr vorkommen, liegt ursächlich darin begründet, daß die Ernährung der Nutztiere – im Gegensatz zu der des Menschen – eine auf objektiven ernährungsphysiologischen Erkenntnissen basierende Zuteilungsstrategie ist. Moderne Haltungsverfahren und Fütterungstechniken lassen ein individuelles, instinktiv optimierendes Selektionsverhalten nicht zu, sondern unterwerfen die Tiere einer kollektiven Normverpflichtung zur Aufnahme leistungsadäquater Mengen technologisch bearbeiteter Futterstoffe.

1.4 Proteinbedarf des Menschen unter Erhaltungsbedingungen

Großen Schwierigkeiten vergleichbar, die bei dem Versuch der Beeinflussung des Ernährungsverhaltens der Bevölkerung auftreten, sieht sich die Ernährungsforschung auch bei der Erarbeitung und Festlegung von Empfehlungen zur Proteinversorgung der Menschen mit einem Bündel ungelöster Probleme konfrontiert.

Zwischen den **Empfehlungen zum Proteinbedarf** einzelner Länder bestehen bemerkenswerte Unterschiede. Bei der Formulierung ihrer Bedarfszahlen beziehen sich die nationalen Gremien entweder auf die Richtlinien des National Research Council der USA (NRC 1989) oder auf die Empfehlungen der Weltgesundheitsorganisation (WHO 1985). Letztere berücksichtigen insbesondere die Ernährungssituation in den sogenannten Entwicklungsländern, in denen naturgemäß Strategien zur Bekämpfung chronischer Nährstoffunterversorgung und des Proteinmangels im Vordergrund stehen. Im Gegensatz dazu spiegeln die Bedarfsnormen in den Industrieländern die Bedingungen einer chronischen Nährstoffüberversorgung wider (DGE 1988, Kap. 8). Obwohl die wissenschaftlichen Grunddaten dieselben sind, werden die Empfehlungen für den Proteinbedarf somit zu einer Ermessensfrage. Dabei wird mit Sicherheitszuschlägen um so großzügiger umgegangen, je günstiger die Voraussetzungen für die Versorgung der Bevölkerung hinsichtlich der einzelnen Nährstoffe im jeweiligen Land sind (Kübler 1993). So leitet sich z. B. von den Proteinbedarfsnormen der WHO, entsprechend dem „average safe level of protein intake", ein Wert von 53 g pro Tag ab (Männer, 70 kg KM). Die Deutsche Gesellschaft für Ernährung geht bei einem Erwachsenen unter Berücksichtigung der individuellen Schwankungen sowie der Verdaulichkeit der Bezugsproteine von einem mittleren Eiweißbedarf an Proteinen hoher Qualität von 56 g pro Tag aus (Männer, 70 kg KM; DGE 1991). In einigen europäischen Ländern werden jedoch Bedarfswerte bis zu 90 g Protein pro Tag ausgewiesen. Die Differenzen in den Bedarfsnormen werden damit erklärt, daß in den Industrieländern stets eine „gesicherte Deckung" des Bedarfs für möglichst viele Personen gewährleistet sein soll.

Neben politisch motivierten Begründungen für differierende Bedarfszahlen ist der weite Streubereich der Erfahrungswerte und Empfehlungen aber vor allen Dingen Ausdruck methodischer Probleme bei der experimentellen Ermittlung des Eiweißbedarfs. Darüber hinaus können die experimentell abgeleiteten Daten überlagert werden bzw. in Wechselwirkung stehen mit Einflüssen, die aus der biochemischen Individualität von Personen oder definierter Gruppen resultieren. In diesem Zusammenhang scheint die Fähigkeit des Organismus zur Adaptation an chronische Proteinmangelversorgung eine große Bedeutung zu erlangen (Aebi 1983).

Zur Ableitung des Proteinbedarfs ist es zunächst notwendig, die obligatorischen Stickstoffverluste bei proteinfreier Ernährung zu quantifizieren. Bei der Bestimmung dieser minimalen N-Verlustraten unter Anwendung der faktoriellen Methode kann als unstrittig gelten, daß nach einer 8- bis 10tägigen vollständigen Proteinkarenz die N-Ausscheidung im Harn einen konstanten, minimalen Wert erreicht. Dieser beläuft sich bei Erwachsenen im Mittel auf 37 mg N pro kg Körpermasse. Der obligatorische Fäkal-N-Verlust beträgt bei eiweißfreier Ernährung durchschnittlich 12 mg N/kg, und für unvermeidliche Hautverluste (abgestoßene Zelle, Haare, Nägel, Schweiß) können bei gemäßigtem Klima 5 mg N/kg angenommen werden (WHO 1985). Diese N-Ausscheidung entspricht bei einem 70 kg schweren Menschen einem täglichen mittleren Eiweißverlust von 24 Gramm. Darüber hinaus zeigte sich, daß die obligatorischen renalen N-Verluste bei Menschen in verschiedenen Ländern und bei unterschiedlicher Proteinversorgung relativ gleich sind.

1.5 Probleme bei der Ableitung des Stickstoff-Minimalbedarfs

Im Gegensatz zur Ableitung der obligatorischen Stickstoffverluste treten bei der Bestimmung des Stickstoff-Minimalbedarfs Probleme auf, die zu einem großen Teil methodisch bedingt sind (Mannat und Garcia 1992). Der sogenannte *Minimalbedarf* entspricht theoretisch derjenigen Stickstoffmenge, welche zugeführt werden muß, um beim einzelnen Menschen oder in definierten Gruppen Mangelerscheinungen zu verhindern. Dabei wird das Auftreten bzw. das Ausmaß von Mangelerscheinungen in der Regel anhand klinischer Symptome und/oder durch biochemische Parameter (Enzymaktivität) quantifiziert bzw. nachgewiesen. Grundsätzlich gilt jedoch, daß der N-Minimalbedarf aus biologischen Gründen keine absolute Größe darstellen kann; er bewegt sich vielmehr in einem bestimmten

Bereich, dessen Grenzen aber international nicht einheitlich definiert sind. In praxi wird die Festlegung bzw. Definition des Minimalbedarfs nicht unwesentlich davon beeinflußt, welches klinische Symptom bzw. welcher biochemische Bezugsparamter für die Beurteilung einer potentiellen Mangelerscheinung herangezogen wird. Diese Tatsache scheint für den weiten Streubereich der Erfahrungswerte und Empfehlungen bezüglich der Proteinbedarfsnormen mitverantwortlich zu sein. So darf es nicht verwundern, wenn zur Kompensation der obligatorischen N-Verluste seitens renommierter Forschergruppen in den USA ein N-Bedarf postuliert wird, dessen Höhe sich im Mittel auf 130% bis 140% der gesamten minimalen N-Verluste beläuft (Young et al. 1989). Legt man diese Maßzahl für die Ableitung von Versorgungsempfehlungen des ausgewachsenen Menschen zugrunde, scheint die Zufuhr von tierischen Proteinträgern obligatorisch zu sein, um den Aminosäurenbedarf des Menschen zu decken.

1.5.1 Protein-Energie-Interaktionen

Bei vielen Untersuchungen zur Bestimmung des minimalen Proteinbedarfs unter Erhaltungsbedingungen ist dem Einfluß der Höhe der Energieversorgung auf den Proteinstoffwechsel keine ausreichende Bedeutung beigemessen worden (Young et al 1992a, 1992b). So kann in denjenigen Fällen, in denen die experimentellen Bestimmungen zum Beispiel an wachsenden Tieren (Schwein oder Ratte) durchgeführt wurde, in der Regel davon ausgegangen werden, daß aufgrund einer der Wachstumsleistung entsprechenden Energiezufuhr der Versorgungsstatus des tierischen Organismus mit Glucose in ausreichendem Maße gesichert war. Hingegen besteht unter Bedingungen, bei denen die Versuchspersonen oder Modelltiere auch energetisch auf einem dem Erhaltungsbedarf entsprechenden Ernährungsniveau versorgt wurden, die Möglichkeit, daß insbesondere in postabsorptiven Phasen, wie z. B. in der Nacht, ein relativer Energiemangel auftreten kann. Dies hat zur Folge, daß vermehrt Aminosäuren aus dem Körperpool für die Gluconeogenese verwendet werden, wodurch der experimentell abgeleitete Bedarf an Proteinen bzw. Aminosäuren höher ausfallen dürfte als beim energieadäquat versorgten wachsenden Organismus (Bergner 1992). In diesem Zusammenhang ist allerdings zu bedenken, daß die experimentelle Basis von langfristig angelegten N-Bilanz-Studien zur Bestimmung des minimalen Proteinbedarfs unter Erhaltungsbedingungen bis heute sehr gering ist (Millward et al. 1989).

1.5.2 Anpassung des Stoffwechsels an eine chronisch niedrige Proteinversorgung

Ein weiterer Aspekt, der bei den einschlägigen Versuchsanstellungen häufig nicht ausreichend berücksichtigt wurde, ist die Fähigkeit des Organismus zur Adaptation an eine chronisch niedrige oder defizitäre Proteinversorgung. Hinsichtlich des Proteinstoffwechsels ergeben sich für derartige Anpassungsprozesse zwei Ansatzpunkte, die beide mit dem sogenannten **Protein-Turnover** in Zusammenhang stehen. Der Begriff Protein-Turnover kann als Resultante der Eiweißsyntheserate aus freien Aminosäuren in einzelnen Geweben, Organen oder auch – in Abhängigkeit von der jeweils angewandten Methodik – im Gesamtorganismus und dem dort zeitgleich stattfindenden Abbau der Körperproteine (Proteolyse) zu Aminosäuren verstanden werden. Unter den Bedingungen einer chronisch niedrigen Proteinversorgung gewinnt die Frage nach der Adaptationsfähigkeit des Organismus an Bedeutung, d. h. in welchem Ausmaß die Wiederverwertungsrate (Rezyklierungsrate) der aus der

Proteolyse stammenden Aminosäuren des Körperpools gesteigert und/oder ob die Katabolismusrate (Oxydationsrate) reduziert werden kann. Bei wachsenden Tieren ist davon auszugehen, daß die Wiederverwendungsrate der aus der Proteolyse stammenden Aminosäuren zum Aufbau von Körperprotein Werte bis zu 90% erreicht (Bergner 1987). Beim Menschen ist zu vermuten, daß als Folge der Anpassungsstrategien des Organismus an die Bedingungen einer chronisch niedrigen Proteinversorgung die Wiederverwertungsrate der aus dem Eiweißabbau stammenden Aminosäuren sogar noch gesteigert wird (WHO 1985).

Unterschiedliche Auffassungen und Hypothesen bestehen hingegen bezüglich der Fähigkeit des Organismus, den Katabolismus der Körperproteine bei struktureller Eiweißmangelversorgung zu reduzieren. Eine wesentliche Ursache für die differierenden Meinungen liegt in den methodischen Schwierigkeiten begründet, die Oxydationsrate einzelner Aminosäuren beim Menschen direkt zu bestimmen.

Zusammenfassend bleibt festzustellen, daß bezüglich der Angaben zum Proteinbedarf des erwachsenen Menschen unter den Bedingungen des Erhaltungsstoffwechsels Konfusion besteht. Die zum Teil beachtlichen Differenzen in den Bedarfsangaben sind in den meisten Fällen ursächlich bedingt durch die angewandte Methodik, werden aber in besonderem Maße von der jeweils gewählten Bezugsgröße oder auch durch die Wahl des Relativierungsmaßstabes beeinflußt. Die methodischen Probleme bei der experimentellen Ermittlung des Stickstoff-Minimalbedarfs sind dafür ein gutes Beispiel. Hier sind die biochemischen Parameter oder die klinischen Symptome, anhand derer Mangelsymptome nachgewiesen werden können, nicht einheitlich definiert und festgelegt. Dieser Mangel ermöglicht eine unterschiedliche Auslegung wissenschaftlicher Ergebnisse und Daten. Darüber hinaus wurden bei einer großen Zahl experimenteller Untersuchungen zur Bestimmung des Stickstoff-Minimalbedarfs die Wechselwirkungen zwischen der Proteinversorgung und der Höhe der Energiezufuhr nicht ausreichend berücksichtigt. In vielen Fällen reicht zudem die Versuchsdauer der Untersuchungen nicht aus, um potentielle Adaptationsprozesse des Organismus an eine chronisch niedrige Proteinversorgung des Organismus berücksichtigen zu können. Für eine bessere Vergleichbarkeit der Ergebnisse ist daher die Erarbeitung einheitlicher Richtlinien zur Durchführung experimenteller Untersuchungen bei der Bestimmung von N-Minimalbilanzen dringend erforderlich.

Mit dem Blick auf die experimentellen Untersuchungen zur Bestimmung des Proteinbedarfs des Menschen kommt ferner der Frage eine große Bedeutung zu, ob wachsende Tiere oder aber auch auf hohe Wachstumsleistung selektierte Tiere als Modelltiere für den menschlichen Erhaltungsstoffwechsel überhaupt geeignet sind. Ihre Verwendung in experimentellen Untersuchungen hängt maßgeblich davon ab, wie sich der genetisch determinierte hohe Protein-Turnover und die damit verbundene hohe Rezyklierungsrate der aus der Proteolyse freigesetzten Aminosäuren wachsender Organismen unter den Bedingungen des Erhaltungsstoffwechsels verhalten.

Die eingangs gestellte Frage, ob eine Zufuhr von tierischen Proteinträgern obligatorisch ist, um den Aminosäurenbedarf des erwachsenen Menschen unter Erhaltungsbedingungen zu decken, kann gegenwärtig nicht beantwortet werden. Zum einen ist aus den Ergebnissen renommierter amerikanischer Arbeitsgruppen der Schluß zu ziehen, daß für eine bedarfsdeckende Proteinversorgung des adulten Menschen unter Erhaltungsbedingungen Proteine tierischen Ursprungs unerläßlich sind (Young et al. 1989). Sollten diese Befunde durch zukünftige Untersuchungen verifiziert werden, würde sich daraus ein globales Proteinmangelproblem ableiten, da beispielsweise in vielen Ländern der Erde die verfügbare Fleischmenge weniger als 50 g und in einigen Ländern sogar weniger als 10 g pro Kopf und

Tag beträgt. Auf der anderen Seite deutet vieles darauf hin, daß für eine bedarfsgerechte Proteinversorgung des erwachsenen Menschen pflanzliche Proteinträger vollkommen auszureichen scheinen (Bergner 1992). Auf Basis von Bilanzuntersuchungen ermittelte Lintzel (1955) am Menschen (N-Minimum) eine relative Überlegenheit pflanzlicher Proteinträger gegenüber Proteinträgern tierischer Herkunft. Die Eiweißaufnahme konnte gegenüber den tierischen Proteinen im Mittel um 23% gesenkt werden, um den Organismus im minimierten Stickstoff-Gleichgewicht zu halten. Die relative Überlegenheit pflanzlicher Proteine scheint aus den höheren Gehalten an Glutamin- und Asparaginsäure zu resultieren, da beide Aminosäuren für den Protein-Erhaltungsstoffwechsel (Transport von Aminogruppen, Nukleinsäure- und Harnstoffsynthese sowie Energiegewinnung) dringend benötigt werden. So wurde Milcheiweiß durch die Zulage von Glutaminsäure aufgewertet und dadurch der Bedarf von tierischen Proteinen zum Erreichen des Bilanzminimums auf das Niveau der pflanzlichen Proteinträger gesenkt. Unter der Voraussetzung einer höheren Versorgung mit nichtessentiellen Aminosäuren scheint daher für den Erhaltungszustand adulter Organismen eine hohe Zufuhr essentieller Aminosäuren nicht erforderlich zu sein (Simon et al. 1981).

Die heutigen Erkenntnisse zum Protein-Turnover machen es verständlich, daß infolge der sehr hohen Rezyklierungsraten essentieller Aminosäuren aus dem Aminosäurenpool die Notwendigkeit ihrer Ergänzung aus der Nahrung für den Erhaltungsstoffwechsel gering ist. Würde dieser Bedarf höher liegen, so wäre im Rahmen der Evolution die Möglichkeit zur Eigensynthese im Gegensatz zu den nichtessentiellen Aminosäuren nicht aufgegeben worden. Letztere unterliegen aufgrund ihrer vielfältigen Aufgaben im Stoffwechsel einem höheren Verschleiß. Die eigentliche Neusynthese der nichtessentiellen Aminosäuren durch den tierischen bzw. menschlichen Organismus mußte im Rahmen der Evolution erhalten bleiben, da der Verlust der Synthesemöglichkeit einen Letalfaktor dargestellt hätte (Bergner 1992). Dagegen war der Verlust der Eigensynthesemöglichkeit von essentiellen Aminosäuren für das Überleben ohne Bedeutung; zur Ergänzung des Aminosäurenpools konnten sie über die Nahrung in ausreichender Menge aufgenommen werden. Aus evolutionstheoretischer Sicht ist anzunehmen, daß Mensch und Tier die Fähigkeit zur Eigensynthese nur deshalb verlieren konnten, weil die Versorgung mit essentiellen Aminosäuren nicht der erstlimitierende Faktor der Umwelt war. Der Verlust dieser Fähigkeit konnte jedoch nur geschehen, weil ihnen daraus kein Wettbewerbsnachteil erwuchs (Carpenter 1992). Eine analoge Argumentation wird angesichts der Tatsache geführt, daß der menschliche Organismus die Fähigkeit zur Eigensynthse von Vitamin C verloren hat.

Man hat sich daran gewöhnt, die Getreideeiweiße, weil sie die Fähigkeit zur Bildung von Körpereiweiß in wesentlich geringerem Umfang besitzen, als „nicht vollwertig" zu bezeichnen. Dem steht allerdings nach Lintzel (1955) entgegen, daß das biologische und kulturelle Aufblühen der Menschheit, das mit der Ausbreitung des Getreideanbaus Hand in Hand ging, sich auf der Basis minderwertiger Nahrungsproteine vollziehen konnte.

Literatur

Aebi, H. (1983): Eiweiß: Nahrungsfaktor Nummer eins. In: Chemie und Ernährung, BASF-Forum Tierernährung, Okt. 1982, 13–47. Bibliothek Technik und Gesellschaft; Verlag Wissenschaft und Politik, Köln.

Barth, C. A. (1990): Lebensmittel tierischer Herkunft und Gesundheit. In: 13. Hülsenberger Gespräche 1990, Tierische Erzeugung und Lebensmittelqualität, 36–41, Schriftenreihe der „Schaumann-Stiftung zur Förderung der Agrarwissenschaften", Verlagsgesellschaft für tierzüchterische Nachrichten, Hamburg.

Bergner, H. (1992): Experimentelle Ergebnisse zur Ermittlung der Eiweißqualität von Nahrungs- und Futtermitteln. In: Schriftenreihe aus dem Institut für Nutztierwissenschaften, Gruppe Ernährung, ETH-Zürich, Tagungsbericht 13. 11. 1992, Heft 9, 15–52, International Roche Research Prize for Animal Nutrition. ETH-Zürich, Institut für Nutztierwissenschaften.

Bergner, H. (1987): Protein-turnover bei Monogastriden. Kraftfutter Heft Nr. **5**, 148–154.

Bollwahn, W. (1988): Ernährung als Krankheitsursache beim Schwein. In: 25 Jahre Bayerische Arbeitsgemeinschaft Tierernährung, 1962–1987; Berichte über Zukunftsperspektiven und aktuelle Fragen in der Fütterungsberatung, Freising-Weihenstephan, Okt. 1987. Bayerisches Landwirtschaftliches Jahrbuch **65**, 5, 487–499.

Carpenter, K. J. (1992): Protein requirements of adults from an evolutionary perspective. Am. J. Clin. Nutr. **55**, 913–917.

Deutsche Gesellschaft für Ernährung [DGE] (Ed.) (1988): Ernährungsbericht 1988, pp. 360. Deutsche Gesellschaft für Ernährung, Frankfurt/Main.

Deutsche Gesellschaft für Ernährung [DGE] (Ed.) (1991): Empfehlungen für die Nährstoffzufuhr, 5. Überarbeitung 1991, 1. korrigierter Nachdruck 1992. Umschau Verlag, Frankfurt/Main.

Deutsche Gesellschaft für Ernährung [DGE] (Ed.) (1992): Ernährungsbericht 1992, pp 332. Deutsche Gesellschaft für Ernährung, Frankfurt/Main.

Fehlhaber, K., und Janetschke, P. (1992): Veterinärmedizinische Lebensmittelhygiene. Gustav Fischer Verlag, Jena–Stuttgart.

Fiddes, N. (1993): Fleisch. Symbol der Macht. Zweitausendeins, Frankfurt/M.

Henke, K.-D., Behrens, C., Arab, L., und Schlierf, G. (1986): Die Kosten ernährungsabhängiger Krankheiten. Schriftenreihe des Bundesministers für Jugend, Familie und Gesundheit, Band 179. Kohlhammer, Stuttgart–Berlin–Köln–Mainz.

Honikel, K. O. (1992): Fleisch- und Fleischfettverzehr. Fleischwirtschaft **72**, 1145–1148.

Jaeggi, E. (1989): Das präsentative Symbol als Wirkfaktor in der Psychotherapie. Oder: Der Patient als Künstler. Forum der Psychoanalyse **5**, 140–152.

Jaeggi, E., Klotter, C., und Stein, B. (1990): Eßverhalten und Eßstörungen: Von der Magersucht über den Ochsenhunger zur Fettsucht? Forschung Aktuell, TU Berlin **7**, Nr. **27/29**, 3–6.

Kaemmerer, K. (1981): Vergangenheit und Zukunft der Wirkstoffe. Festschrift anläßlich der Verleihung des Henneberg-Lehmann-Preises am 24. 11. 1982 in Göttingen, 5–30; Fachverband der Futtermittelindustrie e. V., Bonn, und Landwirtschaftliche Fakultät der Universität Göttingen.

Klotter, C. (1990): Adipositas als wissenschaftliches und politisches Problem: Zur Geschichtlichkeit des Übergewichtes, Ansanger, Heidelberg.

Kritchevsky, D. (1990): Meat and cancer. In: Meat and Health. Advances in Meat Research, Vol. 6, (Eds.: Pearson, H. A. and Dutson T. R.), 89–103. Elsevier Applied Science, London–New York.

Kübler, W. (1993): Empfehlungen für die Nährstoffzufuhr: National? Europäisch? International? Ernährungs-Umschau **40**, 199.

Lintzel, W. (1955): Eiweißmenge und Eiweißqualität in den menschlichen Kost- und Diätformen. Dtsch. Med. Wschr. **80**, 1047–1050.

Manat, M. W., and Garcia, P. A. (1992): Nitrogen balance: concepts and techniques. In: Modern Methods in Protein Nutrition and Metabolism (Ed.: S. Nissen), 9–66. Academic Press, San Diego/California.

Millward, D. J., Jackson, A. A., Price, D., and Rivers, J. P. W. (1989): Human amino acid and protein requirements: Current dilemmas and uncertainities. Nutr. Res. Rev. **2**, 109–132.

Nationale Verzehrsstudie [NVS] (1992): Ergebnisse der Basisauswertung. In: Materialien zur Gesundheitsforschung (Ed.: Projektträger „Forschung im Dienste der Gesundheit", Deutsche Forschungsanstalt für Luft- und Raumfahrt, DLR), im Auftrag des BM für Forschung und Technologie, Band 18, 4. Auflage. Wirtschaftsverlag NW, Bremerhaven.

National Research Council (NRC, U.S.) [Ed.] (1989): Recommended Dietary Allowances, 10th ed., pp 286; Subcommittee on the Tenth Edition of the RDAs, Food and Nutrition Board, Commission on Live Science, National Research Council; National Academy of Science, Wasington D.C.

Pudel, V. (1993): Deutsches Ernährungsverhalten: Individuelle Privatentscheidung oder kollektive Normverpflichtung? Ernährungs-Umschau **40**, 370–375.

Pudel, V. (1990): Die Psychologie des Verbrauchers. In: Tierische Erzeugung und Lebensmittelqualität. 13. Hülsenberger Gespräche 1990. 14–21. Schriftenreihe der Schaumann-Stiftung zur Förderung der Agrarwissenschaften. Verlagsgesellschaft für tierzüchterische Nachrichten, Hamburg.

Reiser, R., and Shorland, F. B. (1990): Meat fats and fatty acids. In: Meat and Health. Advances in Meat Research, Vol. 6 (Eds.: Pearson, A. M. and Dutson, T. R.) Elsevier Applied Science, London.

Simon, O., Hernandez, M., und Bergner, H. (1981): Eine neue Methode zur Prüfung der Qualität von Nahrungsproteinen für den Erhaltungsstoffwechsel. 4. Mitteilung: Prüfung von isolierten Proteinen sowie einiger Proteinträger pflanzlicher und tierischer Herkunft. Archiv für Tierernährung **31**, 739–752.

Wiesemüller, W., und Leibetseder, J. (1993): Ernährung monogastrischer Nutztiere. Gustav Fischer Verlag, Jena–Stuttgart.

World Health Organization (WHO) [Ed.] (1985): Energy and Protein Requirements. Report of a joint FAO/WHO/UNU Expert Consultation, World Health Organization, Technical Report Series 724, pp. 206, World Health Organization, Geneva.

Wolfram, G. (1988): Was erwartet der Ernährungswissenschaftler von der Zusammensetzung der Lebensmittel tierischer Herkunft für die menschliche Gesundheit? In: 25 Jahre Bayerische Arbeitsgemeinschaft Tierernährung, 1962–1987. Berichte, Zukunftsperspektiven und aktuelle Fragen in der Fütterungsberatung, Freising-Weihenstephan, Okt. 1987. Bayerisches Landwirtschaftliches Jahrbuch **65**, 5, 481–486.

Young, V. R. (1991): Nutrient interactions with reference to amino acid and protein metabilsm in non-ruminants; particular emphasis on protein-energy relations in man. Presentation at the 6th International Symposium on Protein Metabolism and Nutrition, Herning, Denmark, Juni 1991. Zschr. Ernährungswissenschaft **30**, 239–267.

Young, V. R., Bier, D. M., and Pellett, P. L. (1989): A theoretical basis for increasing current estimates of the amino acid requirement in adult man, with experimental support. Am. J. Clin. Nutr. **50**, 80–92.

Young, V. R., Yu, J.-M., and Fukagawa, N. K. (1992a): Whole body energy and nitrogen (protein) relationship. In: Energy Metabolism: Tissue Determinants and Cellular Corollaries (Eds.; Kinney, J. M., and Tucker, H. N.), 139–161. Proceedings of the lst Clintec International Horizons Conference, Amsterdam, May, 1991. Raven Press, New York.

Young, V. R., Yu, Y. M., and Fukagawa, N. K. (1992b): Energy and protein turnover. In: Energy Metabolism: Tissue Determinants and Cellular Corollaries (Eds.: Kinney, J. M., and Tucker, H. N.), 439–466. Proceedings of the lst Clintec International Horizons Conference, Amsterdam, May 1991. Raven Press, New York.

2. Tierernährung im Ökosystem
(M. W. A. Verstegen und S. Tamminga)

2.1 Einleitung

In nahezu allen Ökosystemen kommen Tiere vor. Die Ernährungsgrundlage beruht meist auf der Primärproduktion der autotrophen Pflanzen. In den sekundären landwirtschaftlichen Haltungs- und Produktionssystemen mit Nutztieren werden jedoch seit einigen Jahren zunehmend auch Futterstoffe unter Anwendung fossiler Energie gewonnen. In den Futterstoffen entfallen die größten Anteile auf Strukturkohlenhydrate wie Cellulose und Hemicellulose. Ihre β-glycosidischen Bindungen werden durch im Verdauungstrakt vorkommende Mikroorganismen gespalten.

Aus der Sicht der Tierhaltung ist die mikrobielle Verdauung im Pansen der Wiederkäuer außerordentlich nützlich, weil nur so große Mengen an Strukturkohlenhydraten auch zum Nutzen des Menschen verwertet werden können. Ein Nachteil ist allerdings, daß die mikrobielle Verdauung nicht auf Strukturkohlenhydrate beschränkt bleibt, sondern auch andere Kohlenhydrate und Protein unter Bildung von Fermentationsverlusten gespalten werden. Allein bei der Fermentation der Kohlenhydrate gehen etwa 20–30% der Bruttoenergie verloren. Diesbezüglich ist die bis zum Dickdarm hauptsächlich auf körpereigenen Enzymen beruhende Verdauung bei monogastrischen Tieren von Vorteil. Sie ist hier den verstärkt erst im Dickdarm einsetzenden mikrobiellen Abbauprozessen vorgelagert.

Das Wechselspiel zwischen den Mikroorganismen und den Wirtstieren im Verdauungsprozeß bietet bereits ein faszinierendes Beispiel für ein in sich geschlossenes symbiotisches Ökosystem im Verdauungskanal. Der Energie- und Nährstoffumsatz der Nutztiere schafft die unmittelbare Auseinandersetzung mit der Umwelt, in der die Tiere als Glied des größeren externen Ökosystems gehalten werden.

2.2 Tierernährung im Wandel der Zeit

In den ersten Formen der Tierhaltung folgten Hirtengemeinschaften den Herden, bzw. sie trieben die Tiere in die Weidegebiete. Es standen große Weideflächen zur Verfügung, und als Nutztiere dienten zunächst nur *Wiederkäuer*. Im Winter wurden die Tiere auf geschützten Plätzen im Wald oder in Berghöhlen untergebracht. Auch in der späteren, seßhaften pastoralen Tierhaltung wurde noch nicht gedüngt, es entstanden jedoch die ersten Stallungen. Das pastorale System mit ausgedehnter gemeinschaftlicher Weide wandelte sich zu einer Tierhaltung mit eingeschränkter und privater Weidefläche. Auf einem Teil der Fläche wurden Pflanzen angebaut, ein anderer Teil unterlag der Brache. Neben der Weidehaltung entwickelte sich auch die Stallfütterung des Viehs. Demzufolge entstand die Tierhaltung vielleicht schon vor dem Ackerbau (Maton 1971), dem die Ausscheidungen und Abfälle der Tiere als Dünger dienten.

Auch die *Schweine* wurden in Herden gehalten und von Hirten bewacht. Im Frühjahr und Sommer nahmen die Tiere Grünpflanzen und Erntereste, im Herbst Eicheln und Bucheckern und im Winter Wurzeln, z. B. des Farnkrauts, auf. Während diese Form der „Waldweide" in trockeneren Gebieten anzutreffen war, dienten den Schweinen in feuchten Gebieten auch reichlich vorkommende Würmer und Frösche als Nahrung. Später wurden die Schweine in Ställen gehalten, und sie gehörten zur gewohnten Umgebung im Leben des Menschen auf dem Lande.

In Gegenden mit dichter menschlicher Besiedlung, in den Städten, standen Küchen- und Marktabfälle sowie Nebenprodukte der Verarbeitung von Getreide und Milch als Futterstoffe zur Verfügung. In der Nähe von Flüssen und Seen wurden auch Fischabfälle verfüttert. Mit weiter zunehmender Bevölkerung verschwanden die Tiere immer mehr aus den Städten. Noch bis zum zweiten Weltkrieg und z. T. noch später sammelte man in den Städten Küchenabfälle und verfütterte sie an Schweine. Das Sammeln war schließlich nicht mehr rentabel. Auch die Gefahr der Verbreitung von Krankheiten wie etwa der Maul- und Klauenseuche stand dem Sammeln von Küchenabfällen entgegen. Dieser seuchenhygienische Aspekt der Verfütterung von Nahrungs- und Küchenabfällen hat im Zusammenhang mit der Verbreitung der Schweinepest bis in die Gegenwart hinein hohe Aktualität.

Das *Geflügel* fand nur wenig Beachtung. Es sammelte sein Futter, wo immer es etwas fand. „Die Hühner können durch ihre Fähigkeit zu scharren auch solche Futterstoffe, die im Boden sind, nutzbar machen", heißt es in einem Lehrbuch des 19. Jahrhunderts (Stöckart 1856). Vor einigen Jahrzehnten jedoch fütterte man das Geflügel schon gezielt mit Getreide.

Die *Exkremente* der Tiere blieben auf den Weiden zurück, oder sie dienten bei Stallhaltung als Dünger für den Acker. Der einzige Schaden wurde von den Tieren an jungen Pflanzen angerichtet. Brooks (1992) z. B. zitiert Youalt (1847), der schrieb, daß eine zu intensive Schweinehaltung in den Wäldern zu großen Schäden führen könnte.

In Verbindung mit der zunehmenden Tierhaltung in spezialisierten Betrieben änderte sich auch die Ernährung. Der Wandel während der letzten 35 Jahre wird in Tabelle 1 am Beispiel von Futterrationen für Kühe und in den Tabellen 2 und 3 für Schweine und Geflügel aufgezeigt (Vos 1989). In der Fütterung der Kühe hat sich eine relative Verschiebung weg von Graslandprodukten hin zu anderen Futterstoffen vollzogen. Auch die Mischfutterzusammensetzung für Schweine und Geflügel, für die vor allem qualitativ hochwertige Futterproteine benötigt werden, hat sich geändert und vermehrt auf Bei- und Nebenprodukte der Nahrungsmittelindustrie sowie der Schlachttier- und Tierkörperverarbeitung umgestellt.

Tabelle 1. Futterrationen für Kühe mit 20 kg Milchleistung pro Tag

1950		1988	
Futtermittel	kg/Tag	Futtermittel	kg/Tag
Hochwertiges Gras	10	Grassilage	10
Grassilage	20	Maissilage	20
Heu	2	Mischfutter	5
Trockenschnitzel	1		
Mischfutter	1,25		

Tabelle 2. Mischfutter für Mastschweine über 50 kg Körpermasse (%)

1950		1988	
Mais	20	Erbsen	13,3
Gerste	17,5	Maniok	37,9
Roggen	30	Luzerne	3
Hirse	10	Rapsschrot	3
Grünmehl	5	Weizennebenprodukte	15
Kokosschrot	5	Kokosschrot	0,2
Sojaschrot	6	Sojaschrot	10,9
Fleischmehl	5	Fleischmehl	2,2
Mineral- und Wirkstoffe	1,5	Trockenschnitzel	1,7
		Maisnebenprodukte	1,4
		Melasse	7,5
		Futterfett	2,5
		Mineral- und Wirkstoffe	1,4

Tabelle 3. Futtermischungen für Legehennen (%)

1963		1988	
Mais	40	Mais	35
Sorghum	13	Maniok	10,3
Hafer	10	Erbsen	10
Sojaschrot	4,5	Sojabohnen	1,2
Sonnenblumenschrot	5	Sojaschrot	8,4
Sesam	2	Zuckerrohrmelasse	3
Maiskleberfutter	5	Luzernegrünmehl	3,6
Maiskleber	5	Federmehl	2
Hefe	2,5	Fleischmehl	5
Luzernegrünmehl	2,5	Futterfett	4
Fischmehl	3	Weizennebenprodukte	8,3
Mineral- und Wirkstoffe	7,5	Mineral- und Wirkstoffe	9,2

In den wirtschaftlich entwickelten Ländern dienen die Tiere also immer mehr der Verwertung und Rezyklierung von Nebenprodukten, deren anderweitige Beseitigung, z. B. als Abfälle, zu einer viel stärkeren Umweltbelastung führen würde. So hat sich auch die moderne Mischfutterindustrie nicht aus dem Getreidehandel, sondern aus dem Angebot an Nebenprodukten entwickelt.

2.3 Grenzen der Tierproduktion in der Gegenwart

Gegenwärtig gewinnen Grenzen der Tierproduktion angesichts gesättigter Märkte für tierische Produkte und zunehmender Belastung von Ökosystemen mit zu hohen Nährstoffeinträgen ein immer stärkeres öffentliches Interesse. Dienten Tiere und ihre Produkte dem Menschen zunächst als wichtige und begehrte Nahrungsquelle, so ging der Fleischkonsum in einigen hochentwickelten Industrienationen während der letzten Jahre zurück. Lediglich der Verzehr an Geflügelfleisch war hiervon ausgenommen.

Belastungen von Ökosystemen durch Tierproduktion entstehen durch Abfälle wie Silagesickersaft, Schmutzwasser, Kot, Harn, Fermentations- und Respirationsgase. Auch kann die Tierproduktion in einzelnen Regionen mehr oder weniger von der lokalen Futterproduktion entkoppelt sein. Vor allem die Komponenten für Schweine- und Geflügelfutter fallen nur selten dort an, wo auch Tiere gehalten werden. So wurden in den Niederlanden im Jahre 1990 von sämtlichen Nutztieren etwa 25 Mill. t Futtertrockenmasse verzehrt. Hiervon entfielen 14 Mill. t auf Konzentrate. Von diesen wurden 80% importiert, während 70% der tierischen Produkte exportiert wurden. Große Mengen nicht verdauter und nicht verwerteter Futterreste verblieben in den Exkrementen.

Aufgrund dieses hohen Gefährdungspotentials bemüht man sich, die von den Tieren ausgeschiedenen Stoffe durch gezielte Steigerung der Futterverwertung zu verringern, denn die Tierproduktionssysteme sind insbesondere bezüglich der Verwertung von Stickstoff (N), Phosphor (P) und Kalium (K) relativ ineffizient (Tabelle 4). Die tierischen Ausscheidungen erfolgen in fester und flüssiger Form, außerdem treten gasförmige Verluste in Form von Kohlendioxid, Methan und Ammoniak auf.

Tabelle 4. Durchschnittliche Anteile (%) des im Tierkörper retinierten Futterstickstoffs, -phosphors und -kaliums

Tierart	Stickstoff	Phosphor	Kalium
Rind	15	21	4
Schwein	28	27	5
Geflügel	33	21	7

Die jährliche Produktion an *Kohlendioxid* einer Milchkuh entspricht in etwa derjenigen eines Autos pro Jahr. Weil aber das Kohlendioxid der Kuh ebenso wie dasjenige der anderen Nutztiere aus Biomasse und nicht aus fossiler Energie stammt, kommt ihm letztlich keine umweltschädigende Bedeutung im Zusammenhang mit dem Treibhauseffekt zu (Tamminga 1992a).

Das hauptsächlich im mikrobiellen Pansenstoffwechsel entstehende *Methan* beläuft sich auf 2–12% der aufgenommenen Futterenergie (Johnson et al. 1991). Eine Kuh produziert etwa 110 kg CH_4 pro Jahr, und der Beitrag der Wiederkäuer erreicht schätzungsweise 15–20% der globalen Methanproduktion. Beim Schwein werden weniger als 1% der Bruttoenergie des Futters in Methan überführt. Andere bedeutende Methanquellen bilden Sümpfe und Reisfelder. Methan trägt in nicht unerheblichem Maße zum Treibhauseffekt und zur Gefährdung der Ozonschicht bei.

Die mit dem Zuwachs der Tierzahlen gesteigerten Mengen an Exkrementen wurden infolge der bevorzugten Verwendung relativ preiswerter Mineraldünger nicht gleichermaßen vermehrt zur Düngung verwendet, vielmehr trat die Nutzung der Gülle als Dünger hinter ökonomischen Fragen der Tierproduktion zurück. Das Interesse zur effizienteren, auch alternativen Nutzung der Gülle ist inzwischen gewachsen. Durch gezielteren Einsatz im Pflanzenbau sowie neue Aufbereitungs- und Ausbringungsverfahren läßt sich eine weniger belastende Verwertung als Dünger erzielen. So kann z. B. *Phosphor* (P) aus Kot und Harn bei gezielter Düngung sehr günstig wirken. Bis vor wenigen Jahren war es jedoch in den Niederlanden üblich, auf sandigen Böden mit Silomaisanbau große Güllemengen auszubringen, die zu einer erheblichen P-Überdüngung geführt haben. Infolge der Sättigung und hohen Durchlässigkeit dieser Böden wurde das Grund- und Oberflächenwasser mit Phosphor angereichert. Dies wiederum verursachte ein hohes Algenwachstum in den Gewässern, welches hier aufgrund sinkender Sauerstoffgehalte schließlich das sauerstoffabhängige Leben gefährdete oder sogar vernichtete.

Auch *Kalium* (K) reichert sich bei intensiver Tierproduktion immer stärker in der Gülle an, weil bei vorschriftsmäßiger Ausbringung z. B. auf dem Grasland der Grasaufwuchs immer mehr Kalium enthält, welches anschließend von den Tieren nicht in gleichem Maße verwertet werden kann (Boxem 1993). Die Tiere scheiden daher steigende K-Mengen über den Harn wieder aus. Das mit der Gülle ausgebrachte Kalium gelangt so auch vermehrt in den Boden und in das Wasser. Abgesehen von der Gefährdung der Tiere durch übermäßige Kaliumaufnahmen sind auch die dadurch möglichen Schäden in der Umwelt noch nicht abzuschätzen.

Der mit dem Futter aufgenommene *Stickstoff* (N) wird von den Tieren als unverdauter, mikrobieller und endogener Stickstoff wieder ausgeschieden. Das hauptsächlich aus der Harnausscheidung abgeleitete und in die Luft entweichende *Ammoniak* (NH_3) gelangt wieder zurück auf die Erde und in den Boden. Hier erfolgt durch mikrobielle Nitrifikation eine Umwandlung zu Nitrat, welches wiederum das Grundwasser belasten kann. 60–75%

des Güllestickstoffs werden zu Ammoniak umgesetzt (Klarenbeek und Bruins 1988). Hiervon gehen 25–40% während der Lagerung und 20–60% während des Ausbringens auf dem Feld verloren. Nitrifikation und Denitrifikation setzen eine unbekannte Menge Ammoniak in Nitrat und N_2 um. In einigen Regionen der Erde läßt sich Trinkwasser aufgrund zu hoher Nitratgehalte des Grundwassers nur noch mit Denitrifikationsanlagen gewinnen. Bei den N-Umsetzungen treten auch in die Atmosphäre entweichende Stickstoffoxide wie N_2O, NO und NO_2 auf. Vor allem N_2O gilt als ozonschichtgefährdend. Die Gesamtausscheidung an N_2O der Landwirtschaft allein in den Niederlanden wurde auf 10–15 Millionen kg pro Jahr geschätzt (Goossensen und Meeuwissen 1990).

Die mikrobielle Aktivität in den Exkrementen und in der Gülle ist sehr groß, wobei in kurzer Zeit viele Stoffumwandlungen auftreten (Tamminga 1992). Gülle weist daher auch einige in niedrigen Mengen vorkommende Gase sowie wasserlösliche und leicht abbaubare organische Substanzen, insgesamt über 60 verschiedene flüchtige Komponenten auf (Spoelstra 1978). Ungefähr ein Dutzend hiervon werden als übelriechend gekennzeichnet. Dabei handelt es sich um Carbonsäuren wie Essigsäure und Buttersäure, Phenole wie P-Kresol, aliphatische Komponenten, Ammoniak sowie schwefelhaltige Komponenten wie Hydrogensulfide, Dimethylsulfide, Ethylmercaptan oder Methylmercaptan (Coleman et al. 1991).

Für den Umweltschutz kommt dem Ammoniak die größte Bedeutung zu. Einige Pflanzen reagieren auf Ammoniak sehr empfindlich und weisen maximale Toleranzwerte auf. Diese Grenzen liegen bei 30–40 ppb (Teile pro Billion) für Pflanzen auf armen Böden und bei ungefähr 100 ppb für Kulturpflanzen (Anonym 1988). Menschen und Tiere sind weniger empfindlich (Curtis 1983). Die Gesundheitsgefährdung ist jedoch nur ein Aspekt. Ein zusätzliches Problem ergibt sich aus dem schlechten Geruch. Die Geruchstoleranz dürfte wenigstens um den Faktor 500 niedriger liegen als das gesundheitliche Toleranzniveau (Tamminga 1992).

2.4 Tierernährung für eine umweltschonende Tierproduktion

Eine ökologisch angepaßte Tierhaltung gilt in vielen Ländern als Zukunftsziel. Die Verwertung der tierischen Exkremente als Dünger ist entscheidend von der zum Ausbringen verfügbaren landwirtschaftlichen Nutzfläche abhängig; z. B. beträgt in den Niederlanden die jährliche Stickstoffmenge aus Gülle durchschnittlich 350 kg N/ha. Von insgesamt 734 Mill. kg N der Gülle entweichen etwa 200 Mill. kg in die Atmosphäre, wovon wiederum 50 Mill. kg als Ammoniak auf die Erde zurückgelangen (Van der Meer 1991).

Zielgröße der Emissionsminderung kann die Minimierung der Ausscheidungen je Flächeneinheit oder je produzierter Produkteinheit sein. Die erstgenannte Maßnahme wirkt sich vor allem einzelbetrieblich aus und kann zur Verminderung des Viehbesatzes in flächenarmen Betrieben führen, während die Emissionsminimierung je Produkteinheit aufgrund des begrenzten Aufnahmevolumens des Marktes für die Produkte ökologisch globaler wirken würde (Spiekers und Pfeffer 1990).

Es werden verschiedene **Strategien für eine umweltschonende Tierproduktion** verfolgt:

– Reduzierung der gasförmigen Verluste durch Lagerung der Gülle in luftdichten Behältern und/oder die Bindung der Nährstoffe durch Ansäuern der Gülle (Pain et al. 1990);
– Gülledüngung nur in bestimmten Jahreszeiten während der Wachstumsperiode der Pflanzen;

- Injektion der Gülle in den Boden statt Oberflächenausbringung;
- Güllefraktionierung in feste und flüssige Stoffe;
- Gülletrocknung; trockenere Gülle kann bei Schweinen durch Verringerung der Proteinzufuhr mit dem Futter erzielt werden (Pfeiffer und Henkel 1991);
- Wiederverwendung der Exkremente in der Tierernährung; der Nährwert ist jedoch gering und beinhaltet Gesundheitsrisiken, auch ethische Widerstände (s. S. 82);
- Beeinflussung der tierischen Ausscheidungen über die Ernährung.

Es wird zukünftig darauf ankommen, diese Techniken und Verfahren weiter zu entwickeln und anzuwenden. Die Ernährung bietet die Möglichkeit, die Energie- und Nährstoffverluste schon am Beginn der Verwertungskette zu beeinflussen.

2.4.1 Reduzierung der Stickstoff-Emission

Grundsätzlich läßt sich die N-Emission je produzierter Einheit durch die Steigerung der Verwertung, d. h. entweder durch Erhöhung der N-Retention im Körper und in den tierischen Produkten (Fleisch, Eier, Milch) bei gleichbleibendem Input oder bei vermindertem Input, jedoch gleichbleibendem bzw. relativ weniger vermindertem Output, verringern. Die Erhöhung der N-Retention erfordert einen effizienter ablaufenden Intermediärstoffwechsel, der wiederum eine geringere Harn-N-Ausscheidung der Tiere zur Folge hätte. Die Reduzierung der Eiweißzufuhr mit dem Futter setzt voraus, daß weniger Stickstoff im Verdauungsprozeß zugunsten der Nutzung für die Produktion verloren geht, daß also weniger Stickstoff über den Kot zur Ausscheidung kommt. Es kann angenommen werden, daß bei einer durch entsprechende Fütterungsmaßnahmen bewirkten teilweisen Verlagerung der N-Ausscheidung von Harn auf Kot kurzfristig weniger Ammoniakverluste auftreten. Langzeiteffekte sind diesbezüglich noch nicht einzuschätzen.

Im Pansenstoffwechsel können in Abhängigkeit von der ruminalen Abbaubarkeit des Futterproteins und dem Angebot an fermentierbarer Futterenergie bzw. der Effizienz der mikrobiellen N-Fixierung zwischen 25 und 50 kg N pro Kuh und Jahr als Verlust auftreten (Tamminga 1992). Mit Futterbewertungssystemen wie z. B. in Dänemark (Madsen 1989) und in den Niederlanden (Anonym 1991), die eine Bilanzierung zwischen abbaubarem Futterprotein und gebildetem Mikrobenprotein beinhalten, läßt sich die Höhe der N-Verluste im Pansen quantifizieren.

Weidesysteme mit intensiver N-Düngung liefern hohe Trockenmasseerträge von sehr proteinreichem Gras (bis ≥ 250 g/kg T; Tabelle 5) mit hoher Abbaubarkeit im Pansen (Van Vuuren et al. 1991). Für weidende Kühe liegt dann das Proteinangebot etwa doppelt so hoch wie der Bedarf. Eine niedrigere N-Düngung würde sich positiv auf die Entwicklung von Leguminosen, gleichzeitig jedoch auch vermindernd auf den Ertrag und damit auf das Milchproduktionspotential der Weide auswirken. Andererseits könnte das proteinreiche Gras der Intensivweide mit proteinarmen und energiereichen Futterkomponenten wie z. B. Maissilage, Melasseschnitzeln oder Getreide ausgeglichen werden, so daß aufgrund höherer Mikrobenproteinbildung geringere N-Verluste im Pansen entstehen.

Grundsätzlich führt ein niedriger Proteingehalt zu geringerem Proteinabbau und zu effizienterer N-Verwertung durch die Mikroorganismen im Pansen (Tamminga 1992b). Dies ist mit Konzentraten leichter als mit Gras zu erreichen. Auch die Verteilung des Futters auf mehrere Gaben pro Tag sowie thermische und chemische Verfahren der Futtertechnologie

Tabelle 5. Einfluß der Wachstumsdauer und der N-Düngung auf den N-Gehalt im Gras (g N/kg Trockenmasse)

Wachstumsdauer (Tage)	kg N-Düngung pro ha und Jahr						
	0	250	275	400	500	550	700
7	21,2	27,5	–	28,8	–	30,0	33,8
13	–	–	–	–	31,4	–	–
23	–	–	27,8	–	33,9	–	–
29	–	–	26,9	23,1	–	27,5	28,8
42	–	17,5	–	–	–	22,1	–
60	9,4	–	–	–	–	20,0	–

können die im Pansen entstehenden N-Verluste mindern (Van Straalen und Tamminga 1990). Diese Methoden ermöglichen eine bessere Synchronisierung der Protein- und Kohlenhydratverdauung. Schließlich könnte auch Gärfutter, welches die von den Pansenmikroben nicht mehr als Energiequelle zu nutzenden Fermentationsendprodukte enthält, in geringerem Maße in der Fütterung der Wiederkäuer eingesetzt werden.

Hohe N-Verluste entstehen aufgrund der unvollständigen Verdauung des Futterproteins im Darm monogastrischer Tiere. Hierfür können antinutritive Inhaltsstoffe wie Protease-Inhibitoren, Lektine oder sog. Nichtstärke-Polysaccharide (NSP), die auch die endogenen N-Verluste erhöhen, ausschlaggebend sein (Huisman 1990). Endogene Eiweißverluste lassen sich durch gezielte Warmbehandlung, welche die antinutritiven Faktoren zerstört, reduzieren. In Tabelle 6 wird die Wirkung einer derartigen Behandlung von Futterbohnen auf die Proteinverdaulichkeit bei Schweinen aufgezeigt. Auch eine enzymatische Behandlung (Tamminga et al. 1990) oder eine sehr feine Vermahlung des Futters (Wünsche et al. 1987) kann die Gehalte an antinutritiven Faktoren verringern. Die Möglichkeiten der Futtertechnologie scheinen hinsichtlich der Reduzierung der endogenen Eiweißverluste gegenwärtig bei weitem noch nicht ausgeschöpft zu sein und sollten weiter erforscht werden (Tamminga und Verstegen 1991).

Endogenes Eiweiß besteht aus in das Darmlumen sezernierten Enzymen, Schleim und Epithelzellen (Swanson 1982). Es wird im Darm mit Chymus vermischt und ebenfalls verdaut. Das Chymuseiweiß ist am Ende des Dünndarms größtenteils endogenen Ursprungs und stammt überwiegend nicht aus dem Futter. Es müßten solche Futtermittel verfüttert

Tabelle 6. Wirkung der Warmbehandlung auf die scheinbare Verdaulichkeit des Bohnenproteins beim Schwein (%) (nach Van der Poel et al. 1991)

Behandlungsdauer (min)	Behandlungstemperatur (°C)		
	102	119	136
1,5			80,9
5		76,9	
20	69,2		
40	73,5		
60	74,5		
80	76,0		

werden, die zu den geringsten endogenen Verlusten führen. Die durchschnittliche Höhe der endogenen Verluste ist für einige Spezies in Tabelle 7 aufgeführt. Das im Dickdarm scheinbar verdaute Protein wird hauptsächlich in Form von Ammoniak absorbiert. Es kann vom Tier nicht genutzt werden und erscheint als Harnstoff im Harn. Dazu muß der Ammoniak in einem sehr energieaufwendigen Prozeß in der Leber zu Harnstoff synthetisiert werden (Black et al. 1987).

Tabelle 7. Endogene N-Sekretion (mg/kg $W^{0,75}$/Tag)

	Schwein	Mensch	Schaf	Kuh
Speichel	27	20	232	186
Pansen	–	–	74	66
Magen	58	31	97	86
Pankreas	170	51	139	148
Galle	122	8	32	29
Dünndarm	1170	729	816	726
Dickdarm	160	98	107	91
Total	1707	937	1497	1332

Die N-Verluste hängen auch von den Verhältnissen im Intermediärstoffwechsel der Tiere ab. Der Proteinbedarf läßt sich als die Menge, die kein höheres Wachstum oder keinen weiteren Proteinansatz liefert, definieren (Fuller 1991). Unter dieser Voraussetzung wird also Futtereiweiß bis zu einer marginalen Effizienz von Null gegeben. Zukünftig wird jedoch nicht die maximale Ausschöpfung, sondern eine optimale marginale Effizienz, bei der die geringsten Verluste auftreten, an Bedeutung gewinnen. Eine Möglichkeit bietet die bessere Anpassung der Aminosäurenzusammensetzung des Futterproteins an den Bedarf. Dafür wurde das *Konzept des idealen Proteins* entwickelt (Anonym 1991). Für letzteres wird meist die Aminosäurenzusammensetzung des Körpereiweißes als Bezugsbasis herangezogen. Diese gilt jedoch nur teilweise, weil dem Erhaltungsbedarf eine andere Zusammensetzung als demjenigen für den Körperansatz zugrunde liegt (Moughan 1993).
Die Kenntnisse über die marginale Effizienz der einzelnen Aminosäuren sind noch sehr begrenzt. Die Überführungsraten von Tryptophan und Lysin betrugen bei Fütterung des idealen Proteins an Schweine 64 bzw. 93% (Fuller 1991). Bei Kälbern wurde für Methionin und Cystin eine viel höhere Effizienz als für Lysin beobachtet (Van Weerden 1989). Offen ist die Frage, ob zwischen den absorbierten Aminosäuren und dem Proteinansatz bis zum Erreichen eines Plateauwertes eine lineare oder eine kurvilineare Abhängigkeit besteht (Campbell 1988; Van Weerden 1989). Ergebnisse, die an jungen Schweinen erzielt wurden, weisen auf einen „linearen Plateau-Effekt" hin (Bikker et al. 1993).
Der Proteinbedarf der Tiere ändert sich mit dem Alter und dem physiologischen Status. Bei wachsenden Tieren verschiebt sich das Verhältnis zwischen dem Protein- und Fettansatz, damit auch das Verhältnis zwischen dem Bedarf an Protein bzw. Aminosäuren und an Energie für Erhaltung und Wachstum. Derartig sich ändernde Anforderungen an die Futterenergie- und Nährstoffzufuhr lassen sich allein mit nur einem einheitlich zusammengesetzten Futter für alle Leistungsabschnitte der Tiere nicht erfüllen. Die sog. *Phasenfütterung*, bei der leistungsbezogen verschiedene Futtermischungen zum Einsatz kommen, erlaubt eine gezieltere und damit verlustärmere Anpassung an den Bedarf der Tiere. Eine solche

Tabelle 8. Aufnahme und Ausscheidung von Stickstoff, Phosphor und Kalium in Tierproduktionssystemen (kg) (nach Jongbloed und Lenis 1993)

Tierart	Stickstoff		Phosphor		Kalium	
	Aufnahme	Ausscheidung	Aufnahme	Ausscheidung	Aufnahme	Ausscheidung
• Schwein						
Ferkel (9–25 kg)	0,94	0,56	0,21	0,13	0,40	0,36
Mastschwein (25–106 kg)	6,32	4,24	1,22	0,82	2,89	2,73
Zuchtsau (19,6 Ferkel/Jahr)	27,8	2,24	6,6	5,4	14,7	14,2
• Geflügel						
Mastbroiler (1,8 kg)	0,12	0,07	0,020	0,012	0,035	0,032
Legehennen (17,5 kg Ei/Jahr)	1,12	0,77	0,26	0,22	0,32	0,30
• Rind						
Milchkuh (5500 kg Milch/Jahr)	148	117	20,8	15,2	120	111
Milchkuh (6700 kg Milch/Jahr)	172	134	23,4	16,8	142	132
Mastbulle (50–565 kg)	62	48	10,9	6,7	45,4	44,4

Fütterungsstrategie mit mehrmaliger Anpassung des Futters kann die N-Überschüsse und damit die N-Emissionen bei Schweinen um über 25% senken (Baltussen et al. 1990). Darüber hinaus lassen sich durch Senkung des Futterproteingehaltes unter gleichzeitigem Einsatz synthetischer Aminosäuren um 15–20% niedrigere N-Emissionen in der Schweinehaltung erreichen.

2.4.2 Reduzierung der Mineralstoff-Emission

Während der letzten Jahre hat man in vielen Ländern die Mineralstoff-Emissionen der landwirtschaftlichen Nutztiere zu schätzen versucht. Genauere Angaben lassen sich jedoch nur durch Bilanzierung der Aufnahme mit dem Futter und (a) der Retention im Tierkörper oder in den tierischen Produkten bzw. (b) der Emission über Gülle erzielen.

Auf der Basis von Literaturdaten und eigenen Untersuchungen wurden von Jongbloed und Lenis (1993) für verschiedene Tierpropduktionssysteme Aufnahmen und Ausscheidungen für Stickstoff, Phosphor und Kalium unter Berücksichtigung von Emissionsminderungsmaßnahmen berechnet (s. Tabelle 8). Minderungsmaßnahmen für einen bestimmten Nährstoff können mit Belastungen für einen anderen Nährstoff einhergehen. Der Einsatz von Maissilage anstelle von Grassilage verringert die N-Emission um 20 kg pro Kuh und Jahr (Tabelle 9), die P-Emission wird bei einem solchen Grundfutteraustausch jedoch nur geringfügig verändert.

Tabelle 9. Einfluß von Maissilage anstelle von Grassilage in Milchviehrationen auf die N- und P-Emission

	Milchproduktion			
	5500 kg		6700 kg	
Maissilage	Ja	Nein	Ja	Nein
N-Emission (kg/Jahr)	117	137	134	158
P-Emission (kg/Jahr)	152	161	168	174

Zur Verminderung der P-Ausscheidungen bei Schweinen bestehen drei Möglichkeiten:

- Senkung von Futter-P-Überschüssen → 16% geringere Emission,
- Phasenfütterung → 16% geringere Emission,
- Einsatz von Phytase → 26% geringere Emission.

Die Senkung der Futter-P-Überschüsse kann durch genauere Anpassung an den Bedarf der Tiere erreicht werden. Auch der Einsatz von Futtermitteln mit hoher P-Verdaulichkeit führt zu P-Einsparungen. In Futtermitteln pflanzlicher Herkunft sind etwa 60–70% des Phosphors als Phytinphosphor gebunden, für dessen Spaltung keine tiereigenen Enzyme vorkommen. Das dem Schweine- und Geflügelfutter zuzufügende mikrobielle Enzym Phytase spaltet den Phytatkomplex in absorbierbares Ortophosphat und Inositol.

2.4.3 Reduzierung der Methan-Emission

Der größte Anteil der Methan-Emission aus der Tierproduktion stammt von Rindern. Der „Treibhauseffekt" beruht schätzungsweise zu 15% auf der Methan- und zu 55% auf der Kohlendioxidproduktion.
Auch die Gülle leistet einen nicht unerheblichen Beitrag zur Methan-Produktion, der sogar gegenüber der Fermentation im Pansen von größerer Bedeutung sein kann. Diese Methan-Emission ließe sich durch Trocknung des Kotes oder durch Nutzung des freiwerdenden Methans als Brennstoff vermindern. Insgesamt gibt es jedoch nur wenig Möglichkeiten zur Reduzierung der Methan-Emission aus der Tierproduktion.
Eine Möglichkeit besteht in der Erhöhung des Fütterungsniveaus relativ zum Erhaltungsbedarf der Tiere. Durch die Erhöhung des Fütterungsniveaus um eine Erhaltungsbedarfs-Einheit verringert sich die Methan-Produktion einer Kuh um etwa 1,9% (Johnson et al. 1991), wofür die inverse Beziehung zwischen der Propionsäure- und der Methan-Produk-

tion in der Pansenfermentation mit ausschlaggebend sein dürfte (Tamminga 1992b). Auch das Leistungsniveau der Tiere spielt eine Rolle. Wenn eine indische Kuh so gefüttert würde, daß sie statt 23 kg Milch pro Tag 8 kg gibt, verringerte sich die Methan-Produktion pro kg Milch von 138 g auf 38 g. Auch die Art der Futterkohlenhydrate kann die Methanproduktion im Pansen beeinflussen. So führt z. B. bei gleicher verdaulicher Energie eine zuckerrübenschnitzelreiche Ration gegenüber einer gerstereichen Ration zu erheblich höherer (etwa 40%) Methan-Produktion. Eine weitere Möglichkeit bietet der Einsatz ionophorer Substanzen, wie z. B. des Futterzusatzstoffes Monensin. Die hierdurch bewirkte Reduktion der Methan-Produktion hält jedoch nur etwa 2 Wochen lang an, und darüber hinaus steht dieser Effekt mit verminderter Futteraufnahme der Tiere in Beziehung (Johnson et al. 1991).

Grundsätzlich kann die Methan-Emission der Wiederkäuer durch höhere Konzentratanteile bzw. weniger Strukturkohlenhydrate, d. h. auch verbesserte Rauhfutterqualität in der Ration, die zu einer Verschiebung der Pansenfermentation in Richtung höherer Propionsäure-Produktion führt, verringert werden. Die Methan-Emission pro Einheit erzeugtes Produkt (kg Milch, kg Fleisch) sinkt mit zunehmendem Leistungsniveau der Tiere, weil der für die Erhaltungsbedarfsdeckung erforderliche Rationsanteil ebenfalls abnimmt. Schließlich müßte die anaerobe Fermentation der Gülle vermieden oder aber das dabei entstehende Methan als Energiequelle genutzt werden. Inwieweit es gelingt die Mikrobenpopulation im Verdauungstrakt oder in der Gülle so zu verändern, daß kein Methan mehr entsteht, bleibt zukünftiger Forschung überlassen.

2.5 Schlußbemerkungen

In vielen Ländern sind die Internationalisierung und Zentralisation sehr stark vorangeschritten. Die Landwirtschaft unterlag diesbezüglich einem geringeren Wandel. Allenfalls haben sich frühere Unterschiede in den Produktionsweisen in eine neue Heterogenität fortgesetzt. Hieraus ergeben sich mehrere Möglichkeiten für die Beziehungen zwischen dem jeweiligen Ökosystem und der Art der Landwirtschaft:
a) Die Landwirtschaft ist abhängig vom lokalen Ökosystem, welches die Verwendung und Änderung von Produkten bestimmt.
b) Die Landwirtschaft beruht auf Änderungen des lokalen Ökosystems, wobei sich ein dauerhaftes Gleichgewicht entweder neu entwickelt oder wiederherstellt.
c) Die Landwirtschaft ist vom lokalen Ökosystem entkoppelt, so daß dieses für die Entwicklung der Tierproduktion bedeutungslos und die benötigten Produktionsfaktoren anderweitig beschafft werden (Van der Ploeg 1993). Alle drei Konstellationen kommen in gegenwärtigen Tierproduktionssystemen vor.

Insbesondere bei zunehmender Entkopplung der Tierproduktion von dem umgebenden Ökosystem entwickeln sich die ökologischen Aspekte zu einem von der Politik bestimmten Entscheidungsraum. Aufgrund politischer Wandlungen steht auch die intensive Tierproduktion vor Veränderungen, die sich hinsichtlich ihrer Auswirkungen noch nicht sicher abschätzen lassen. Einerseits liegt es in der Verantwortung der Landwirtschaft, dafür zu sorgen, daß die Umweltbelastung durch Tierproduktion vermindert wird. Gleichzeitig sind jedoch bei einem Wandel zu „schöner", „gesunder", betriebswirtschaftlich rentabler und auf dem Markt konkurrenzfähiger Landwirtschaft sehr unterschiedliche Interessen im Spiel. Wer bestimmt den Wandel, welche Produktionsmethoden werden wie geändert, welche Betriebsfaktoren müssen sich in welchen Gebieten wie anpassen? Letztlich ist nur politisch zu entscheiden, welche Intensität der Tierhaltung in welcher Art der Landwirtschaft künftig betrieben werden soll.

Für eine stärker umweltschonende Nutztierhaltung gewinnen in den Betrieben die Zusammensetzung der Futterrationen, die Höhe des Viehbesatzes, die Stallbausysteme mit ihren Ver- und Entsorgungseinrichtungen sowie die Lagerung und Ausbringung der tierischen Exkremente vorrangige Bedeutung. Der Zukauf von Futter- und Düngemitteln muß gezielter als in der Vergangenheit auf den Ausgleich der Nährstoffbilanzen im Betrieb und auf den landwirtschaftlich genutzten Flächen ausgerichtet werden. Die moderne Verfahrenstechnik bietet Möglichkeiten zur umweltschonenderen Nutzung der tierischen Exkremente für den Pflanzenbau. Jeder Nutztierhalter muß die dem Umweltschutz dienenden Techniken und Verfahren in seinem Betrieb nutzen.

Der Schutz von betriebs- und flächenübergreifenden Ökosystemen muß die Anfälligkeit dieser Ökosysteme und Risiken für Störungen des Gleichgewichtes sehr viel stärker mit berücksichtigen. Grundsätzlich darf die sekundäre Tierproduktion die primäre Pflanzenproduktion nicht überbelasten, wobei auch zu bedenken gilt, daß die natürliche Vegetation auf niedrigerem Nährstoffniveau und darüber hinaus empfindlicher als die meisten Kulturpflanzen auf zu hohe Nährstoffeinträge reagiert. Die Forschung wird weiter voranschreiten und immer wieder neue Lösungen bieten. Bereits heute jedoch verfügen wir über ein breites bio- und verfahrenstechnisches Instrumentarium zur umweltschonenden Gestaltung von Tierproduktionssystemen.

Literatur

Anonym (1988): In: Zorgen voor morgen. Nationale milieuverkenning 1985–2000, pp. 84–155. Eds.: Langeweg, F. Samson, Alphen aan de Rijn, Netherlands.

Anonym (1991): Eiweitwaardering voor herkauwers: het DVE-systeem. [Protein evaluation for ruminants: The DVE-system], Centraal Veevoeder Bureau nr. 7, Lelystad, NL.

Baltussen, W. H. M., Van Os, J., en Altena, H. (1990): Gevolgen van beperkingen van ammoniakemmissie van varkensbedrijven. LEI Onderzoeksverslag 62, Den Haag, NL.

Bikker, P., Verstegen, M. W. A., and Campbell, R. G. (1993): Deposition, utilisation and requirement of protein in growing pigs; a factorial approach. EAAP-publ.no. 69, PUDOC, Wageningen, NL.

Black, J. L., Campbell, R. G. Williams, I. H., James, K. J., and Davies, G. T. (1986): Research and Development in Agriculture **3**, 121–145.

Brooks, P. (1992): Rediscovering the environmental friendly pig. Inaugural speech, University of Plymouth, UK.

Campbell, R. G. (1988): Nutritional Research Reviews **1**, 233–253.

Coleman, R. N., Feddes, J. J. R., and West, B. S. (1991): Proceedings Western Branch Meeting. Canadian Society of Animal Production, Chilliwack, May 27–28 (Abstr.).

Curtis, S. E. (1983): The air environment, pp. 100–110. In: Curtis, S. E.: Environmental Management in Animal Agriculture. The IOWA University Press, USA.

FAO (1981): Production Yearbook 1990, 44. Food and Agriculture Organisation of the United Nations, Rome, Italy.

Fuller, M. F. (1991): In: Protein Metabolism and Nutrition, Vol. I, pp. 116. Eds.: Eggum, B. O., Boisen, S., Borsting, C., Danfaer, A. and Hvelplund, T. Nat. Inst. of Anim. Sci., Foulum, Denmark.

Goossensen, F. R., and Meeuwissen, P. C. (1990): Bijdrage van de Nederlandse land – en tuinbouw aanhet broeikaseffect. [Contribution of Dutch agri – and horticulture to the greenhouse effect]. Informatie en Kenniscentrum Veehouderij, Ede, NL.

Huisman, J. 1990): Antinutritional effects of legume seeds in piglets, rats and chickens. Ph D. Thesis, Agricultural University; Wageningen.

Huisman, J., Verstegen, M. W. A., Van Leeuwen, P., and Tamminga, S., (1993): Reduction of N-Pollution by decrease of the excretion of endogenous N in pigs. In: EAAP-publ. 69, p. 55–61, PUDOC, Wageningen, NL.

Jongbloed, A. W., and Lenis, N. P. (1993): Excretion of nitrogen and some minerals by livestock. In: Nitrogen flow in pig production and environmental consequences; Wageningen. Eds.: Verstegen, M. W. A., den Hartog, L. A., van Kempen, G. J. M., and Metz, J. H. M. pp. 22–38. EAAP-Publication 69.

Johnson, D. E., Hill, T. M., Carmean, B. R., Branine, M. E., Lodman, D. W., and Ward, G. M. (1991): In: Energy metabolism of farm animals pp. 376–379. Eds.: Wenk, C., and Boessinger, M. Institut für Nutztierwissenschaften, Zürich, Switzerland.

Klarenbeek, J. V., and Bruins, . A. (1988): In: Volatile emissions from livestock farming and sewage operations. pp. 73–84. Ed.: Nielsen, V. C., Voorburg, J. H., and L'Hermite. P. Elsevier Applied Science, London.

MacRae, J. C., Buttery, P. J., and Beever, D. E. (1988): In: Nutrition and lactation in the dairy cow. pp. 55–75. Ed. Garnsworthy, P. C. Butterworths, London, UK.

Madsen, J. (1985): Acta Agriculturae Scandinavicae (Supplement) **25**, 9–20.

Maton, A. (1971): De huisvesting van dieren. Ministerie van Landbouw. CLO Gent, pp. 1–194.

Moughan, P. J. (1993): Animal factors affecting protein utilisation in the pig. In: EAAP publ. 69, pp. 39–48, PUDOC, Wageningen, NL.

Pain, B. F., Thomson, R. B., Rees, Y. J., and Skinner, J. H. (1990): Journal of the Science of Food and Agriculture **50**, 141–153.

Pfeiffer, A., and Henkel, H. (1991): In: Digestive Physiology in Pigs; pp. 126–131. Eds.; Verstegen, M. W. A., Huisman, J., and Den Hartog, L. A. PUDOC, Wageningen, Netherlands.

Rainelli, P. (1989): In: Agricultural and environmental policies: Opportunities for integration. OECD, Paris, France.

Souffrant, W. B., Huisman, J., und Tamminga, S. (1993): Beziehungen zwischen endogener N-Sekretion und Proteinverdaulichkeit bei Schweinen. 44th EAAP Meeting, Aarhus, Denmark 16–19 August, Abstract 4.2, p. 382.

Spoelstra, S. F. (1978): Microbial aspects of the formation of malodorous compounds in anaerobically stored piggery waste. Ph. D. Thesis, Agrucultural University, Wageningen.

Swanson, E. W. (1982): In: Protein requirements for cattle; pp. 183–197. Ed.: Owens, F. N. Miscellaneous Paper 109, Okolahoma State University, Stillwater.

Tamminga, S., Van der Poel, A. F. B., Savelkoul, F. H. M. G., Schutte, J. B., and Spoelstra, S. F. (1990): In: Agricultural biotechnology in focus in the Netherlands; pp. 155–164. Eds.: Dekkers, J. J., Vander Plas, H. C., and Vuijk, D. H. PUDOC, Wageningen, NL.

Tamminga, S., and Verstegen, M. W. A. (1991): In: Protein metabolism and nutrition. Vol. I, pp. 22–36. Eds.: Eggum, B. O., Boisen, S., Borsting, C., Danfaer, A., and Hvelplund, T. Nat. Institute of Animal Science, Foulum, Denmark.

Tamminga, S. (1992): Nutrition management of dairy cows as a contribution to pollution control. J. Dairy Sci. **75**, 345–357.

Tamminga, S. (1992a): Gaseous pollutants produced by farm animals enterprises. In: Farm animals and environment; pp. 345–357. Eds.: Philips and Diggens. CAB International, Oxford, UK.

Tamminga, S., and Verstegen, M. W. A. (1992): Implications of nutrition of animals on environmental pollution, pp. 113–120. In: Recent advances in animal nutrition. Eds.: Garnsworthy, P. C., Haresin, W., and Cole, D. J. A. Butterworths, London, UK.

Van der Meer, H. G. (1991): In: Mest en Milieu in 2000 [Manure and evnironment in 2000]; pp. 15–24. Eds.: Verkerk, H. A. C. Directie Landbouwkundig Onderzoek. Wageningen, NL.

Van der Ploeg, J. D. (1993): Over de betekenis van verscheidenheid. Inaugurele rede; p. 1–24, Wageningen, NL.

Van der Poel, A. F. B., Blonk, J., Husiman, J., and Den Hartog, L. A., (1991): Livestock Production Science **28**, 305–319.
Van Straalen, W. M., and Tamminga, S. (1990): In: Feedstuffs evaluation; pp. 55–72. Eds.: Wiseman, J., and Cole, D. J. A. Butterworths, London, UK.
Van Vuuren, A. M., Tamminga, S., and Ketelaar, R. S. (1991): J. Agricult. Sci. (Cambridge) **34**, 457.
Van Weerden, E. J. (1989): In: Nutrition and digestive physiology in monogastric farm animals; pp. 89–101. Eds.: Van Weerden, E. J., and Huisman, J. PUDOC, Wageningen, NL.
Verité, R., and Peyraud, J. L. (1990): In: Ruminant Nutrition, pp. 33–48. Eds.: R. Jarrige. INRA, Paris, France.
Vos, M. P. M. (1989): The impact of energy metabolism research on feed evaluation and animal feeding in the Netherlands; pp. 396–404. In: Energy metabilsm. Eds.: Van der Honing, Y. and Close, W. H. EAAP publ.no. 43, PUDOC, Wageningen, NL.
Wünsche, J., Hermann, U., Meinl, M., Hennig, U., Kreienbring, F., and Zwierz, Pl. (1987): Arch. Ani. Nutr. **37**, 745–764.
Youalt, W. (1847): The Pig: A treatise of the breeds management, feeding and medical treatment of swine. Craddock Co., London, UK.
Zeeman, G. (1991): Mesophilic and psychrofilic digestion of liquid manure. Ph. D. Thesis, Agricultural University, Wageningen.

3. Tierernährung und Ökonomie
(A. Mährlein)

3.1 Begriffsbestimmung

Der Begriff „*Ökonomie*" leitet sich (wie auch der Begriff „Ökologie") vom griechischen Wort „oikos" ab, was mit Haus oder Haushalt zu übersetzen ist. Damit war die Ökonomie zunächst eine auf wirtschaftliche Zusammenhänge einzelner Haushalte ausgerichtete Lehre. Später umfaßte der Begriff Ökonomie den weiten Bereich ganzer landwirtschaftlicher Betriebe oder auch der gesamten Landwirtschaft. Im neuzeitlichen Sprachgebrauch wird unter Ökonomie in erster Linie Wirtschaft oder Wirtschaftslehre verstanden. Somit ist sie als „Lehrgebäude" zur Erfassung wirtschaftlicher Zusammenhänge zu sehen. Parallel zum Begriff „Ökonomie" kommt der Begriff „*Ökonomik*" zur Anwendung. Darunter ist der Teilbereich der Ökonomie zu verstehen, der die Wirtschaftswissenschaften umfaßt und darunter insbesondere die Haushalts- und Wirtschaftskunde (Reisch und Zeddies 1992).
Im Hinblick auf einige zu diskutierende ökonomische Aspekte der Tierernährung bedeutet Ökonomik das Darstellen von Wirkungszusammenhängen in konkreten Fütterungsfragen und deren quantitativer Ausarbeitung mit den dazugehörigen Wirkungsparametern. Von entscheidender Bedeutung ist dabei, daß die im Zusammenhang mit Fütterungsfragen zu treffenden Entscheidungen stets mindestens zwei Komponenten enthalten: die produktionstechnischen bzw. ernährungsphysiologischen Beziehungen einerseits und die ökonomischen Bedingungen und Zielsetzungen andererseits. In der jüngeren Vergangenheit sind zu diesen beiden zentralen Komponenten in zunehmendem Maße ökologische Bedingungen hinzugekommen (Reisch und Zeddies 1992).
Soweit die produktionstechnischen und ökonomischen Sachverhalte faßbar sind, ermöglicht eine ökonomische Bewertung z. B. auch die Klärung von Fütterungsfragen. Für die mit ökonomischen Zusammenhängen oft nur wenig vertrauten Fachleute aus dem Be-

reich der tierischen Produktion ist es von eminenter Bedeutung zu erkennen, daß jegliches produktionstechnische Handeln, und dies schließt auch die Fütterung von Nutztieren ein, stets auch eine ökonomische Komponente hat. Dieses gilt umso mehr, führt man sich das Ziel der tierischen Produktion in heutiger Zeit vor Augen: das Erzielen von Einkommen auf dem Wege der biologischen Transformation von Futtermitteln in höherwertige Güter.

Die Ökonomie unterscheidet traditionell die Betrachtung der *einzelwirtschaftlichen (mikroökonomischen)* und die der *gesamtwirtschaftlichen (makroökonomischen)* Ebene. Spätestens seit der Veröffentlichung der vielzitierten Studie von Meadows et al. im Jahre 1972 wurden beide Ebenen durch die umweltökonomische Komponente erweitert. Inzwischen hat sich die *Umweltökonomie* als eine eigenständige ökonomische Disziplin etabliert.

Für den einzelnen landwirtschaftlichen Betrieb stehen selbstverständlich mikroökonomische Überlegungen im Vordergrund, wobei jedoch zunehmend makro- und vor allem auch umweltökonomische Aspekte mit einfließen.

Nachfolgend soll in bewußt einfach gehaltener Form dargestellt werden, welche Bedeutung die Berücksichtigung ökonomischer Sachverhalte in der praktischen Tierernährung hat. Dabei wird auf eine ausführliche Darstellung von ökonomischem Grundlagenwissen verzichtet. Vielmehr soll anhand praktischer Beispiele zum einen die grundlegende Bedeutung wirtschaftlicher Zusammenhänge aufgezeigt werden, zum anderen wird veranschaulicht, mit welchen vergleichsweise einfachen Überlegungen es möglich ist, einige alltägliche Fragen der Tierernährung nicht nur aus produktionstechnischer, sondern auch aus ökonomischer Sicht sachgerecht zu beantworten.

3.2 Ökonomische Aspekte der praktischen Tierernährung

Es wurde bereits erwähnt, daß der Zweck der Tierhaltung ganz überwiegend darin besteht, aus der Verwertung und vor allem aus dem Verkauf der Tiere und tierischen Erzeugnisse Einkommen zu erzielen. Der Landwirt kann im Rahmen der gegebenen Produktionskapazitäten in einem häufig unterschätzten Maße darüber bestimmen, wie hoch dieses Einkommen sein soll. Dieses zeigen in beeindruckender Weise alljährlich die Ergebnisse der regelmäßig im allgemeinen von Beratungsinstitutionen durchgeführten Betriebs- und Betriebszweigvergleiche. Die dahin dokumentierten Einkommensdifferenzen zwischen den Betrieben sind im wesentlichen auf Unterschiede in

– den erzielten Naturerträgen (den tierischen Leistungen),
– den Produktionskosten,
– den erzielten Erlösen (Produkt aus Verkaufsmenge und Preis)

zurückzuführen. Dabei fällt immer wieder auf, wie stark die Betriebsergebnisse selbst unter gleichen standörtlichen und einzelbetrieblichen Verhältnissen voneinander abweichen. Die Ursachen dafür liegen zum einen in unterschiedlichen Zielvorstellungen (Präferenzen) der einzelnen Landwirte und ihrer Familien. So verzichten viele Landwirte (wie auch viele andere Berufstätige) auf ein Maximum an Einkommen, da sie auch andere Ziele verfolgen, z. B. das Verfügen über genügend Zeit für Familie und Erholung. Zum anderen sind die festzustellenden Unterschiede in den Betriebsergebnissen eindeutig auf Unterschiede in den Betriebsleiterfähigkeiten zurückzuführen. Unbefriedigende Gewinne oder auch entstehende Verluste sind in den meisten fällen außer auf ungenügende Produktionskapazitäten auf Fehler in der Betriebsführung zurückzuführen, wobei im Regelfall produktionstechnische und betriebswirtschaftliche Unzulänglichkeiten miteinander korrespondieren.

Eine erfolgreiche Tierproduktion zeichnet sich dadurch aus, daß die gegebenen Produktionskapazitäten optimal ausgelastet und die zur Verfügung stehenden Produktionsfaktoren so miteinander kombiniert werden, daß ein möglichst hohes Einkommen erzielt wird. In diesem Zusammenhang stellte Thaer (1809) bereits vor beinahe 200 Jahren fest, daß es nicht das vorrangige Ziel ist, eine maximale Produktionsmenge zu erreichen, sondern einen maximalen *Gewinn*. Hinter dieser Aussage steht folgende Überlegung: Um von einem bereits hohen naturalen Produktionsniveau zum Produktionsmaximum zu gelangen, kann ein unverhältnismäßig hoher Bedarf an produktionssteigernden Mitteln (auch Arbeit) erforderlich sein, der im Ergebnis Kosten verursacht, die höher sind als der durch die Mehrproduktion zusätzlich erzielte Erlös. In einem solchen Fall kann die durchgeführte ökonomische Bewertung einer Leistungssteigerung einen Beitrag zur Vermeidung unnötiger Verluste leisten.

Die Erkenntnis, daß Ertragssteigerungen im unteren Bereich eines Ertragspotentials mit geringeren Aufwendungen zu erzielen sind als im oberen Bereich, wird als das *„Gesetz vom abnehmenden Ertragszuwachs"* bezeichnet. Als klassisches Beispiel wird dazu die Faktor-Produkt-Beziehung in der pflanzlichen Produktion mit dem variablen Faktor Stickstoff angeführt. Es wird zunächst mit jedem zusätzlichen Kilogramm Stickstoff ein relativ hoher Ertragszuwachs erzielt. Bei steigendem Stickstoffangebot wird der Mehrertrag jedoch immer niedriger, um vom Scheitelpunkt der Ertragskurve an negativ zu werden. Der Maximalertrag ist dann erreicht, wenn eine weitere Steigerung der Stickstoffmenge zu keiner Ertragssteigerung mehr führt.

Als kleiner Exkurs soll an dieser Stelle folgender Hinweis erfolgen: Im ökonomischen Sprachgebrauch wird zwischen einer Durchschnitts- und einer Grenzbetrachtung unterschieden. Eine *Durchschnittsbetrachtung* bezieht sich auf den gesamten Verlauf einer Produktionsfunktion (oder auch anderer Funktionen). Unabhängig von deren Verlauf kann dabei z. B. festgestellt werden, daß mit jedem kg Stickstoff im Durchschnitt 5 kg Mehrertrag an Getreide erzielt wurden. Eine *Grenzbetrachtung* bezieht sich dagegen stets auf einzelne Abschnitte einer Funktion und bewertet die *marginalen* Zusammenhänge. Dabei kann der Funktionsabschnitt zwar beliebig definiert werden, im allgemeinen werden jedoch die Wirkungen bewertet, die sich aus Veränderungen eines Faktors um eine Einheit ergeben. So wird z. B. festgestellt, daß an einem ganz bestimmten Punkt im unteren Verlauf der Produktionsfunktion der Grenzaufwand von 1 zusätzlichen kg Stickstoff (als Faktor) einen Grenzertrag, d. h. eine Ertragssteigerung, von 8 kg Getreide erzielte. An einem Punkt der Ertragsfunktion nahe dem Ertragsmaximum erbrachte der Grenzaufwand von 1 kg Stickstoff dagegen nur einen Grenzertrag von 1 kg Getreide.

Unter der Voraussetzung einer Ertragsfunktion mit abnehmenden Grenzerträgen ist der Maximalertrag jedoch ökonomisch in aller Regel suboptimal. Dieses liegt daran, daß die nahe des Maximalertrages liegenden Grenzerträge sehr gering sind. Bewertet man sie mit dem erzielbaren Preis, so resultieren aus ihnen die Grenzerlöse. Es leuchtet ein, daß eine Steigerung der Düngung nur so lange Sinn macht, wie die Kosten der zusätzlichen Düngung, die Grenzkosten, niedriger sind als die Grenzerlöse. Das ökonomische Optimum ist folglich bei der letzten zusätzlichen Stickstoffmenge erreicht, die gerade noch durch einen Mehrerlös abgedeckt ist. Stellt man sich die Ertragsfunktion in unendlich viele Abschnitte unterteilt vor, so sind mathematisch gesehen in diesem Optimum Grenzkosten und Grenzerlös gleich.

Diese Zusammenhänge sollen der Einstieg in die einfache ökonomische Betrachtung einiger konkreter Fragen in der Tierernährung ein.

3.2.1 Ermittlung der Kosten selbsterzeugter Futtermittel

Die für die Fütterung von landwirtschaftlichen Nutztieren benötigten Futtermittel werden zu einem erheblichen Teil, Grundfuttermittel fast ausschließlich, in den viehhaltenden Betrieben selbst erzeugt. Unter den Kostenpositionen nehmen die Futterkosten neben den Gebäude- und Maschinenkosten eine zentrale Position ein; deshalb üben sie einen erheblichen Einfluß auf den ökonomischen Erfolg der Tierhaltung aus. Der Landwirt sollte daher wissen, welche Kosten mit der Futterproduktion verbunden sind, denn nur nach einer Analyse dieser Futterkosten lassen sich evtl. mögliche Einsparungen realisieren. Wie dabei vorzugehen ist, wird an nachfolgendem Beispiel erläutert.

Von einer Wiese werden 3 Schnitte gewonnen und als Grassilage konserviert. Dabei entstehen variable und feste Kosten. Zu den variablen Kosten zählen diejenigen für Saatgut (Narbenverbesserung), für Mineraldüngung, Pflanzenschutz, Silofolie, ferner die variablen Maschinenkosten, die Kosten für Lohnunternehmen und der Zinsanspruch. Letzterer berücksichtigt, daß alle in die Grassilageerzeugung fließenden Gelder zumindest teilweise Fremdzinsen verursachen können (falls ein Teil oder auch das gesamte Verfahren fremdfinanziert wird) oder aber den Verzicht von Zinserträgen bedeuten. Denn anstelle für die Erzeugung von Grassilage hätte das Geld auch für die Erzielung von Kapitaleinkünften angelegt werden können. Sowohl die effektiv zu zahlenden Zinsen als auch die nicht realisierten Zinserträge sind als Kostenpositionen zu berücksichtigen.

Im Falle einer mittelintensiven 3-Schnitt-Wiese betragen die variablen Kosten z. B. 1000 DM/ha. Dazu kommen jedoch auch feste Kosten, die unabhängig davon anfallen, ob die Fläche genutzt wird oder nicht. Die wichtigste Position ist in diesem Zusammenhang die Pacht. Dabei ist es gleichgültig, ob tatsächlich eine Pacht gezahlt wird oder eine im Eigentum befindliche und selbstbewirtschaftete Fläche verpachtet werden könnte. Der Verzicht auf diese Nutzungsmöglichkeit verursacht (wie auch die soeben genannten entgangenen Zinserträge) Kosten, die als *Nutzungskosten* oder *Opportunitätskosten* bezeichnet werden. Des weiteren können auch die *Festkosten* aller ausschließlich zur Grassilagebereitung benötigten Maschinen und Geräte (z. B. Mäher, Schwader) berücksichtigt werden. Schließlich sind flächengebundene Beiträge und Lasten zu erfassen. Im Ergebnis können die Festkosten z. B. 700 DM/ha jährlich und die Gesamtkosten folglich 1700 DM betragen.

Diese Kosten der Grassilageerzeugung sind nun auf den Ertrag, angegeben in Energieeinheiten, zu beziehen. Bei 43000 MJ NEL/ha und Jahr errechnen sich Kosten von 0,40 DM/10 MJ NEL. Die Kosten für andere selbsterzeugte Grundfuttermittel sind auf dieselbe Weise zu ermitteln. Handelt es sich um Feldfutter, so ist zu beachten, daß Nutzungskosten berücksichtigt werden, die aus einem Verzicht von Einnahmen aus einer Verpachtung der Fläche oder dem Anbau einer anderen Ackerfrucht resultieren können.

Die vollständige Ermittlung der Kosten für verschiedene Grundfuttermittel bietet verschiedene Möglichkeiten: Zum einen kann die Erzeugung auf das kostengünstigste Grundfutter ausgerichtet werden, sofern nicht betriebsorganisatorische, arbeitswirtschaftliche oder ernährungsphysiologische Gründe dagegen sprechen. Ferner bietet die betriebsindividuelle Kostenermittlung auch die Möglichkeit zum Vergleich mit anderen Betrieben. Dies kann ein wichtiger Ansatz zur Kostenminimierung sein.

Bei selbsterzeugtem Kraft- und Mischfutter ist folgendes zu beachten: Hauptbestandteil ist i. d. R. Getreide, das auch verkauft werden könnte. Deshalb sind hierbei folglich nicht die Herstellungskosten, sondern muß der erzielbare Verkaufspreis des Getreides herangezogen werden, sofern er über den Herstellungskosten liegt. Zusätzlich sind Kosten für Trocknung, Lagerung, Mischung sowie für Ergänzungsfutterkomponenten zu berücksichtigen.

3.2.2 Austausch von Futtermitteln

Die Ermittlung der betriebsindividuellen Kosten selbsterzeugter Futtermittel eröffnet die Möglichkeit, die kostengünstigsten Alternativen auszuwählen und somit die Futterkosten zu minimieren. Sofern dies im Rahmen ernährungsphysiologischer Restriktionen erfolgt, sind keine Erlösminderungen zu erwarten und sind Kosteneinsparungen mit einer Gewinnsteigerung gleichzusetzen.
Der Austausch von Futtermitteln kann sich auf verschiedene Grundfuttermittel oder auf verschiedene Mischfutterkomponenten beziehen, es kann jedoch auch um den Austausch von Kraftfutter und Grundfutter gehen oder um Veränderungen ganzer Futterrationen.
Für die Wiederkäuerfütterung könnte der Ersatz von Grundfutter durch Kraftfutter durch neue agrarpolitische Entwicklungen interessant werden. Nachfolgend wird skizziert, welche ökonomischen Hintergründe Landwirte zu dieser Substitution veranlassen dürften.
Grundgedanke der Fütterung von Wiederkäuern ist die Bereitstellung von Futter zu möglichst geringen Kosten. Es liegt in der Natur des Wiederkäuers, daß dieses Futter ganz überwiegend Grundfutter mit definierten Mindestanforderungen sein muß. Dieser Grundsatz galt lange Zeit auch aus ökonomischer Sicht, denn die Erzeugung von Futterenergie aus Grundfutter war durchweg kostengünstiger als die Energie aus Kraftfutter. Dabei war es unerheblich, ob das Kraftfutter zugekauft oder selbst erzeugt wurde. So kosteten z. B. 10 MJ NEL aus Weidegras ca. 0,20 DM, aus Grassilage ca. 0,35 DM und aus Maissilage ca. 0,45 DM. Dagegen lag der Preis für 10 MJ NEL aus Kraftfutter lange Jahre über 0,60 DM, Anfang der 80er Jahre sogar über 0,80 DM. Dieses hängt maßgeblich mit dem Preis für Getreide zusammen, der agrarpolitisch vorgegeben ist. Aufgrund der hohen Getreideüberschüsse und der damit verbundenen Marktordnungskosten sind die Getreidepreise seit Jahren bereits rückläufig und haben zu einem Rückgang der Kraftfutterpreise geführt. Ein besonders drastischer Preisrückgang ist durch die 1992 beschlossene EU-Agrarreform eingetreten. Wird die dahin beschlossene Getreidepreissenkung voll auf den Kraftfutterpreis übertragen, so könnte dieser bis auf 0,35 DM/10 MJ NEL zurückgehen und läge damit unter den in vielen Betrieben anfallenden Herstellungskosten für selbsterzeugte Grundfuttermittel. Diese würden dann aus Kostengründen durch Kraftfutter ersetzt werden, was erhebliche Einsparungen ermöglichen kann, wie folgendes Beispiel zeigt.

Kann ein Futterbaubetrieb mit einem jährlichen Grundfutterbedarf von 2 000 000 MJ NEL nur 10% des Grundfutters ohne Leistungsverlust durch Kraftfutter substituieren, und beträgt die Kostendifferenz 0,10 DM/10 MJ NEL, so werden Kosten in Höhe von 2000 DM pro Jahr eingespart bzw. steigt der Gewinn um diesen Betrag. Zu berücksichtigen ist ferner, daß Grundfutterfläche freigesetzt wird (ca. 5 ha) und für andere Verwertungen zur Verfügung steht (z. B. Verpachtung, Marktfruchtbau). Möglich wäre aber auch eine Einschränkung der Intensität der Grundfutterproduktion, wofür u. U. Flächenprämien gewährt werden. Zusätzlich wird evtl. Arbeit eingespart. Diese Aspekte sind ergänzend zu bewerten, so daß der ökonomische Vorteil insgesamt noch wesentlich höher ausfallen kann.

3.2.3 Ermittlung der optimalen Kraftfuttermenge in der Milchviehfütterung

Um das Leistungspotential von Milchkühen auszuschöpfen, ist eine leistungsgerechte Energiezufuhr erforderlich. Sie erfolgt stets über das Angebot von Grundfutter, das jedoch über einen weiten Bereich der Laktation hinweg durch Kraftfutter ergänzt werden muß.

Im folgenden Fall betrage das tägliche Milchleistungspotential 25 kg, wovon 10 kg aus dem Grundfutter abgedeckt werden. Die Energie zur Erzeugung der restlichen 15 kg Milch muß folglich aus dem Kraftfutter kommen. Geht man – wie üblich – zunächst davon aus, daß mit 1 kg Kraftfutter 2 kg Milch erzeugt werden können, so genügen für die 15 kg Milch 7,5 kg Kraftfutter. Diese Kraftfutterergänzung ist nun ökonomisch zu bewerten.
Mit dem Grenzaufwand jedes einzelnen kg Kraftfutter wird ein Grenzertrag von 2 kg Milch erzielt. Der Verlauf der Ertragskurve ist somit linear. Setzt man die Preise für Kraftfutter (z. B. 0,35 DM/kg) und Milch (z. B. 0,58 DM/kg) an, so errechnet sich aus der Differenz von Grenzertrag (1,16 DM) und Grenzkosten (0,35 DM) ein Grenzgewinn von 0,81 DM. Aus der insgesamt 2,63 DM kostenden Kraftfuttergabe resultiert ein Erlös von 8,70 DM, im Ergebnis also ein Gewinn von 6,07 DM.
Es leuchtet ein, daß bei einem derart günstigen Verhältnis von Grenzkosten und Grenzerlös einen Kraftfuttergabe bis zur vollen Ausschöpfung des Leistungspotentials sinnvoll ist.
Im folgenden soll das Beispiel noch ein wenig erweitert werden. Zunächst wird davon ausgegangen, daß eine Steigerung der Kraftfuttergabe keinen zusätzlichen Milchertrag bringt. Die lineare Ertragsfunktion knickt folglich bei einer Milchleistung von 25 kg ab und verläuft von da an parallel zur x-Achse. Damit hat die Produktionsfunktion einen diskontinuierlich-linearen Verlauf. Die erhöhte Kraftfuttergabe wird also nicht in Milch, sondern in nicht benötigten Körperansatz umgesetzt. Die ökonomische Bewertung dieses Falles ist einfach: Den aus der überflüssigen Kraftfuttergabe resultierenden Grenzkosten steht kein Grenzerlös gegenüber. Bezogen auf die Gesamtkraftfuttermenge, fällt dieses aber kaum ins Gewicht. Werden z. B. 2 kg Kraftfutter zuviel gefüttert, so erhöhen sich die Gesamtkosten des Kraftfuttereinsatzes auf 3,33 DM, denen nach wie vor ein Milcherlös von 8,70 DM gegenübersteht. Der Gewinn vermindert sich lediglich um die zusätzlichen Kraftfutterkosten (0,70 DM) und ist mit 5,37 DM nach wie vor hoch. Wird dagegen die optimale Kraftfuttermenge um 2 kg unterschritten, so stellt sich die Berechnung wie folgt dar: Mit 5,5 kg Kraftfutter werden nur 11 kg Milch erzeugt, d. h. 4 kg Milch weniger als möglich. Den eingesparten Kraftfutterkosten von 0,70 DM steht eine Erlösminderung von 2,32 DM gegenüber, es entsteht eine Gewinnminderung von 1,62 DM, die mehr als doppelt so hoch ausfällt wie diejenige, die durch die Überdosierung der Kraftfuttergabe entsteht.

Für die Fütterungspraxis kann aus diesem Beispiel folgendes abgeleitet werden: Der höchste Gewinn wird dann erzielt, wenn exakt die Kraftfuttermenge eingesetzt wird, mit der das Leistungspotential ausgeschöpft wird. Wichtige Mittel zur Erreichung dieses Zieles sind eine kontinuierliche Erfassung der Milchleistung, die Durchführung von Grundfutteranalysen und regelmäßigen Rationsberechnungen. Eine Überschreitung der optimalen Kraftfuttergabe ist ökonomisch gesehen weniger folgenschwer als eine Unterschreitung des Bedarfs. Um sicherzustellen, daß eine Bedarfsdeckung auf jeden Fall gesichert ist, wird in der Fütterungspraxis deshalb tendenziell eher zuviel Kraftfutter eingesetzt als zuwenig. Selbstverständlich müßte für eine vollständige Betrachtung der Zusammenhänge auch eine ökonomische Bewertung der tiergesundheitlichen Vorteile einer optimalen Kraftfutterversorgung erfolgen. Es soll jedoch an dieser Stelle der Hinweis genügen, daß die Berücksichtigung der gesundheitlichen Aspekte im Ergebnis die Forderung nach der leistungsbezogenen und exakt bemessenen Kraftfuttermenge bestätigt.
Es bliebe noch zu prüfen, ob die in der Praxis vielfach zu beobachtende *„Vorhaltestrategie"* nicht doch ökonomisch sinnvoll sein könnte. Dieses kann mit konkreten Zahlen nur betriebsindividuell kalkuliert werden. Dazu sind folgende Fragen zu stellen:

- Welche Nachteile (Kosten) verursacht der unnötig hohe Kraftfuttereinsatz? (Beispielsweise zusätzliche Kraftfutterkosten, evtl. Beeinträchtigungen der Tiergesundheit wie Geburts- und Fruchtbarkeitsprobleme durch überhöhten Fettansatz, in der Folge erhöhte Tierarztkosten und Leistungsminderung).
- Welche Vorteile bietet diese Vorgehensweise? (Beispielsweise Ausschöpfung der maximalen Milchleistung, Einsparung von Kosten für Grundfutteruntersuchungen und Erfassung der Milchleistung, Einsparung von Arbeit durch geringeren Kontroll- und Kalkulationsaufwand).

Im Ergebnis muß der einzelne Landwirt durch die individuelle Bewertung der monetären Vor- oder Nachteile darüber entscheiden, ob und wie ausgeprägt er an der Vorhaltestrategie festhält.

In einer Erweiterung des Beispiels soll der lineare Verlauf der Produktionsfunktion (1 kg Kraftfutter ergeben bis zum Erreichen der Leistungsgrenze 2 kg Milch) abgewandelt werden. Es soll dem Sachverhalt Rechnung getragen werden, daß auch in der Milcherzeugung das Gesetz vom abnehmenden Ertragszuwachs von gewisser Bedeutung ist, d. h. die mit Kraftfutter erzeugte Milchmenge folglich umso geringer ausfällt, je höher die verabreichte Kraftfuttermenge ist (Heller und Potthast 1992).
Der durchschnittliche Grenzertrag beträgt dann nur noch 1,5 kg Milch/kg Kraftfutter für den Leistungsabschnitt von 10 bis 25 kg Milch. Die Ertragsfunktion soll folgenden Verlauf haben:
Je kg Kraftfutter werden

- im Abschnitt von 10 bis 15 kg Milch 2,0 kg Milch,
- im Abschnitt von 15 bis 20 kg Milch 1,5 kg Milch,
- im Abschnitt von 20 bis 25 kg Milch 1,0 kg Milch,
- im Abschnitt über 25 kg Milch 0,5 kg Milch

zusätzlich erzeugt.
Im Gegensatz zum vorherigen linearen Verlauf der Produktionsfunktion werden die nicht aus dem Grundfutter erzeugbaren 15 kg Milch aufgrund der abnehmenden Grenzerträge erst durch eine Kraftfuttermenge von 10 kg ermöglicht (gegenüber 7,5 kg vorher). Damit kommt man bereits recht nahe an den ernährungsphysiologischen Grenzbereich heran. Es ist nun zu prüfen, inwieweit sich die abnehmenden Grenzerträge ökonomisch auswirken. Dazu erfolgt zunächst eine Durchschnittsbetrachtung, anschließend eine Grenzbetrachtung der einzelnen Abschnitte.
Zunächst zur Durchschnittsbetrachtung: Den Kraftfutterkosten von 3,50 DM (10 kg · 0,35 DM/kg) steht ein Gesamtmilchertrag von 8,70 DM (15 kg · 0,58 DM/kg) gegenüber, so daß ein Gewinn von 5,20 DM verbleibt (gegenüber 6,07 DM beim linearen Verlauf der Funktion).
Die Ergebnisse der jeweiligen Grenzbetrachtungen der 4 Abschnitte der Ertragsfunktion sind Tabelle 1 zu entnehmen, in der Grenzkosten, Grenzerlöse und Grenzgewinne ermittelt werden.

Tabelle 1. Grenzkosten, Grenzerlöse und Grenzgewinne je kg Kraftfutter der verschiedenen Leistungsbereiche der Ertragsfunktion

	Leistungsbereich (Milch aus Kraftfutter)			
	0–5 kg	5–10 kg	10–15 kg	>15 kg
Grenzkosten (DM)	0,35	0,35	0,35	0,35
Grenzerlös (DM)	1,16	0,87	0,58	0,29
Grenzgewinn (DM)	0,81	0,52	0,23	–0,06

Die Betrachtung des Grenzgewinnes macht deutlich: Selbst wenn es möglich sein sollte, noch mehr als 15 kg Milch aus einer gesteigerten Kraftfuttergabe zu erzielen, so ist dieses ökonomisch nicht mehr gerechtfertigt. Die Grenzkosten übersteigen aufgrund der geringen Kraftfuttereffektivität den Grenzerlös, der Grenzgewinn wird negativ. Sofern ernährungsphysiologisch tolerierbar, wäre eine Leistungssteigerung mit zusätzlichem Kraftfutter noch bis zu der Kraftfuttermenge rentabel, bei der die Grenzkosten gerade gleich dem Grenzerlös sind. Bei einem Milchpreis von 0,58 DM/kg und einem Kraftfutterpreis von 0,35 DM/kg müßte das letzte kg Kraftfutter mindestens 0,6 kg Milch (0,35 DM : 0,58 DM) zusätzlich erbringen.

3.2.4 Umweltaspekte der Tierernährung

Seit einigen Jahren wird auf dem Gebiet der Schweinefütterung intensiv der Frage nachgegangen, inwieweit Möglichkeiten bestehen, die mit der Schweinehaltung zwangsläufig verbundenen Mengen an ausgeschiedenen Nährstoffen zu reduzieren, da sie insbesondere in veredelungsstarken Regionen zu Umweltbelastungen führen. Dabei stehen die Nährstoffe Stickstoff und Phosphor im Vordergrund.

Der Gesetzgeber trägt in zunehmendem Maße Sorge dafür, daß die auf landwirtschaftlich genutzten Flächen aufgebrachten Nährstoffmengen tierischer Herkunft begrenzt werden. In einigen Bundesländern gelten dementsprechende Höchstmengen. Um gewährleisten zu können, daß diese eingehalten werden, ist die je Betrieb maximal zulässige Anzahl gehaltener Tiere durch die für eine ordnungsgemäße und nach pfanzenbaulichen Kriterien bemessene Nährstoffverwertung begrenzt, d. h., die Viehhaltung ist aus Gründen des Umweltschutzes an die Fläche gebunden. Dabei erfolgt diese Flächenbildung zunehmend restriktiv, d. h., bei gleichbleibendem Viehbestand muß immer mehr Fläche zur Nährstoffaufnahme zur Verfügung stehen, oder bei gleicher Flächenausstattung muß ggf. der Viehbestand reduziert werden. Die wichtigste Anpassungsmaßnahme an diese Anforderungen besteht in der Beschaffung zusätzlicher Flächen. Diese sind jedoch besonders in veredelungsstarken Regionen knapp und damit teuer. Noch höhere Kosten (in Form von Einkommensverlusten) veruracht eine notfalls vorzunehmende Abstockung des Viehbestandes. Verständlicherweise werden die im Bereich der Fütterung möglichen Maßnahmen zur Verringerung der Nährstoffausscheidungen als weitere Anpassungsalternative intensiv diskutiert.

Die Reduktion der Nährstoffgehalte der Exkremente, insbesondere die des Phosphats, hat aber auch einen wichtigen Nebeneffekt: Künftig wird bei der Bemessung der rechtlich zulässigen Nährstoffzufuhr auf landwirtschaftliche Flächen außer dem zu erwartenden Nährstoffentzug über die pflanzliche Erzeugung auch der Versorgungszustand des Bodens berücksichtigt werden. Mit einer reduzierten Phosphorzufuhr kann somit gewährleistet werden, daß für die Nährstoffverwertung benötigte Flächen nicht überversorgt werden und auch künftig noch berücksichtigungsfähig bleiben. Dieser Gedanke ist für die Weiterentwicklung der Veredlungsbetriebe von großer Bedeutung.

Das Fütterungsmanagement bietet im wesentlichen zwei Ansatzpunkte zur Verringerung der Nährstoffverluste: die Fütterungsverfahren einerseits und die Futtermittel andererseits. Der größte Erfolg wird erzielt, wenn beide Ansätze optimal miteinander kombiniert werden. Es bleibt zu klären, wie sich die beiden erfolgversprechenden Ansätze des Fütterungsmanagements aus ökonomischer Sicht darstellen.

3.2.4.1 Auswahl geeigneter Fütterungsverfahren

Im klassischen Verfahren der Fütterung von *Mastschweinen* erhält der gesamte Bestand vom eingestellten Ferkel bis zum ausgemästeten Tier dasselbe Futter. Es ist von der Nährstoffzusammensetzung her ein Kompromiß, denn die hohen Anforderungen der jungen Tiere werden damit unterschritten, die der älteren überschritten. Aufgrund der größeren Verzehrsmengen der älteren Tiere fällt die Überversorgung stärker ins Gewicht als die Unterversorgung. Diese Nachteile kann eine relativ einfache Unterteilung der Mastperiode in die Vormastphase (mit nährstoffreichem Vormastfutter) und Endmastphase (mit nährstoffärmeren Endmastfutter), die sog. *Zweiphasenfütterung*, bereits erheblich reduzieren. Folgende Vorteile sind damit verbunden:

– deutlich verringerte Stickstoff- und Phosphorausscheidungen (bes. in der Endmast);
– ein geringerer Ammoniakgehalt in der Stalluft, der sich gesundheitlich positiv auswirkt;
– eine bessere Futterverwertung durch einen geringeren Energiebedarf für den Abbau von Proteinüberschüssen;
– bessere Schlachtergebnisse durch eine geringere Verfettung;
– eine Verkürzung der Mastdauer durch bessere Wachstumsleistungen.

In Anbetracht der Vielzahl von Vorteilen stellt sich die Frage, was eine Vielzahl von Landwirten nach wie vor veranlaßt, an der einphasigen Fütterung festzuhalten. Dafür gibt es ebenfalls Gründe: Es müssen die baulichen, technischen und arbeitswirtschaftlichen Voraussetzungen für eine in Vor- und Endmast unterteilte Fütterung des Bestandes gegeben sein. Deren Schaffung ist mit Kosten verbunden, die den zuvor genannten Vorteilen gegenüberstehen. Erst durch eine monetäre Quantifizierung der positiven Aspekte der Zweiphasenfütterung kann ermittelt werden, ob diese die Kosten rechtfertigen, die mit der Schaffung der dafür erforderlichen Voraussetzungen verbunden sind. Diese Quantifizierung sei kurz skizziert:

Die bessere Futterverwertung senkt die Futterkosten, das bessere Stallklima reduziert die Tierarztkosten und verbessert zugleich die Zunahmen, das bessere Schlachtergebnis erbringt einen höheren Erlös. Alles zusammen verbessert die Rentabilität jedes einzelnen erzeugten Schweines. Die verkürzte Mastdauer ermöglicht zusätzlich die Erzeugung von mehr Tieren je Mastplatz, so daß hier zwei Effekte miteinander verknüpft sind. Diesen Möglichkeiten der Gewinnsteigerung stehen hauptsächlich Kosten gegenüber, die als zusätzliche Investitionskosten (Abschreibung und Zinsanspruch) bei einem Stallneu- oder -umbau anfallen. Diese Kosten werden auf den Abschreibungszeitraum verteilt und so als zusätzliche Kosten je Stallplatz und Jahr ermittelt. Da die Investitionskosten je Mastplatz aufgrund der Kostendegression bei einer großen Anzahl von Mastplätzen niedriger sind als bei kleinen Ställen, halten sich die zusätzlichen Kosten in größeren Beständen in engen Grenzen; sie sind in der Regel deutlich niedriger als die Gewinnsteigerungen. Können dagegen jedoch keine Größeneffekte ausgenutzt werden und kommen u. U. noch arbeitswirtschaftliche Mehrbelastungen hinzu, so können die zusätzlichen Kosten je Stallplatz über den zuvor ermittelten Gewinnsteigerungen liegen. In diesen Fällen ist die Einphasenfütterung, wirtschaftlich gesehen, das günstigere Fütterungsverfahren.

Durch eine Unterteilung der Mastperiode in drei Phasen, d. h. in eine Vor-, Mittel- und Endmast, kann die Anpassung der Fütterung an den jeweiligen Nährstoffbedarf der Tiere weiter verbessert werden. Die ökonomischen Leistungen dürften davon nochmals profitieren, jedoch steigen auch die Kosten für die Schaffung der fütterungstechnischen Voraussetzungen. Deren Höhe schwankt in erheblichem Maße in Abhängigkeit von den betrieblichen Bedingungen der Bewirtschaftung des Schweinebestandes. Generell gilt auch hierbei, daß die entstehenden Kosten um so geringer sind, je mehr die Möglichkeit besteht, Größenvorteile auszuschöpfen. Ob allein die mit der Mehrphasenfütterung verbundenen Leistungsverbesserungen die erhöhten Kosten rechtfertigen, kann nur betriebsindividuell ermittelt werden.

Bis hierher wurden die verminderten Stickstoff- und Phosphorausscheidungen nicht ökonomisch berücksichtigt. Sie können jedoch im Rahmen der immer enger werdenden Bindung der Mastschweinehaltung an die Fläche eine erhebliche Bedeutung erlangen, wie im weiteren noch gezeigt wird.

3.2.4.2 Reduktion der Nährstoffgehalte in den Futtermitteln

Der zweite Weg zur Reduktion der Stickstoff- und Phosphorausscheidungen setzt unmittelbar bei den Futtermitteln an.

Um die jeweils geforderten Mindestnährstoffgehalte keinesfalls zu unterschreiten, werden u. a. die Gehalte an Protein und Phosphor seitens der Futtermittelhersteller aus Sicherheitsgründen durchweg deutlich überschritten. Ein erster großer Schritt wäre folglich bereits getan, wenn es den Herstellern gelingen würde, Futtermittel anzubieten, deren Gehalte möglichst geringen Schwankungen unterliegen, da dann die Sicherheitsmarge minimiert werden könnte.

Eine weitere Möglichkeit besteht darin, die Protein- und Phosphorgehalte in den Futtermitteln weiter abzusenken, und zwar deutlich unter die üblichen Mindestgehalte. Um der dann drohenden Unterversorgung mit Protein zu begegnen, werden den Futtermitteln synthetische Aminosäuren zugesetzt. Eine Unterversorgung mit Phosphor kann auf zweierlei Art vermieden werden: zum einen durch die gezielte Auswahl von Futterkomponenten mit hoher Phosphorverdaulichkeit, zum anderen, vor allem bei sehr niedrigen Gehalten, durch den Zusatz des Enzyms Phytase, das eine bessere Phosphorverdaulichkeit bewirkt.

Die mit einer derartigen Nährstoffreduktion erzielbare Minderung der Nährstoffausscheidung ist beachtlich. Sie verursacht jedoch auch erhöhte Kosten, da der Zusatz von synthetischen Aminosäuren und Phytase sowie die Auswahl spezieller Futterkomponenten mit hoher Phosphorverdaulichkeit die Futtermittel verteuern. Sollen Landwirte diese die Umwelt weniger belastenden Futtermittel einsetzen, so muß den erhöhten Kosten ein mindestens gleichwertiger ökonomischer Nutzen gegenüberstehen. Dieser kann darin bestehen, daß die verringerten Nährstoffausscheidungen bei der Bemessung der zulässigen Tierzahl je Flächeneinheit berücksichtigt werden, wie dies in Niedersachsen unter der Voraussetzung der ausschließlichen Verwendung von zugekauftem Mischfutter der Fall ist. Dort wurde die als eine DE definierte Anzahl Mastschweineplätze im Fall der nährstoffreduzierten Fütterung von 7 auf 8,5 erhöht, d. h. um 21,4%, da man davon ausgeht, daß die Nährstoffausscheidungen mindestens um diesen Wert zurückgehen. Die Schweinehalter können folglich bei gleicher Anzahl DE/ha 21,4% mehr Plätze belegen oder, und das ist letztlich der entscheidende Aspekt, mit der nährstoffreduzierten Fütterung die bevorstehende Reduktion der zulässigen DE/ha von z. B. 2,5 auf 2,0 DE/ha weitgehend kompensieren.

Der dadurch vermiedene Einkommensverlust übersteigt die zusätzlichen Futterkosten (ca. 0,5 bis 1,0 DM/dt) um ein vielfaches, wie folgende Rechnung zeigt:
Wird die DE mit 7 Mastschweineplätzen bewertet, so ist bei 2,5 zulässigen DE/ha die Belegung von 17,5 Mastplätzen je ha möglich. Bei einem Deckungsbeitrag von z. B. 120 DM und Festkosten von

60 DM pro Platz sind folglich an jeden ha 1050 DM gebunden. Sofern anstelle von 2,5 DE/ha nur noch 2,0 DE/ha zulässig wären, könnten je ha 3,5 Plätze nicht belegt werden. Deren Deckungsbeitrag wäre null, die Festkosten würden dagegen weiter in unveränderter Höhe anfallen. Es entsteht somit ein Verlust in Höhe des entgangenen Deckungsbeitrages; er beträgt 420 DM/ha oder 24 DM/Platz. Wird unter der Voraussetzung der nährstoffreduzierten Fütterung die DE mit 8,5 Plätzen bewertet, so können 17 Plätze je ha belegt werden (gegenüber 17,5 Plätze vorher). Damit sind je ha 1020 DM erzielbar und wird der zuvor erzielte Gewinn lediglich um 30 DM unterschritten, der Verlust im Ergebnis um 390 DM/ha bzw. um 22,94 DM pro Platz reduziert. Die zusätzlichen Futterkosten betragen dagegen nur ca. 3,0 bis 6,0 DM/Platz.

3.3 Schlußbemerkungen

Erfolgreiche Landwirte zeichnen sich dadurch aus, daß sie ihr Ziel, aus dem Potential ihres Betriebes ein möglichst hohes Einkommen zu erzielen, über eine stetige ökonomische Wertung ihres Handelns erreichen. Es bestehen jedoch erhebliche persönliche Unterschiede in der Auffassung darüber, inwieweit man sich im alltäglichen Geschehen von ökonomischen Zielen leiten läßt und welche Bedeutung anderen Grundsätzen zukommt, etwa der Schonung knapper Ressourcen, der Wahrung von Moral und Ethik. Dazu zwei Beispiele:
Aus rein ökonomischer Sicht wäre der Einsatz von zahlreichen verbotenen leistungsfördernden Präparaten in der Fütterung gerechtfertigt. Der hohe theoretische wirtschaftliche Vorteil wird jedoch durch die individuelle Einschätzung des Strafrisikos so gering, daß ein Einsatz für die meisten Landwirte völlig indiskutabel ist. Für viele kommt er jedoch auch deshalb nicht in Betracht, weil sie die Verwendung derartiger Präparate nicht mit ihrer moralisch-ethischen Grundeinstellung vereinbaren können. Wem jedoch das Überschreiten von Gesetzen, Moral und Ethik wenig oder im Extremfall nichts bedeutet, und wer ausschließlich das ökonomische Ziel der Gewinnmaximierung verfolgt, der wird z. B. derartige Stoffe einsetzen und, falls das Strafrisiko tatsächlich gering ist, auch erhebliche Gewinne erzielen. Es wird deutlich, daß die Bemessung von gesetzlichen Beschränkungen um so wichtiger wird, je geringer der individuelle Stellenwert von Moral und Ethik ist.
Das zweite Beispiel betrifft den Umweltbereich. Die Herstellung landwirtschaftlicher Produkte ist (wie jede andere Produktion auch) mit Umweltbelastungen, d. h. mit der Inanspruchnahme von immer knapper werdenden Ressourcen (z. B. sauberes Wasser, saubere Luft) verbunden. Aufgrund fehlender Eigentums- und Nutzungsregelungen tragen jedoch in der Regel die Nutzer von Umweltressourcen *nicht* die damit verbundenen Kosten, da kein Preis dafür zu entrichten ist, etwa für das Freiwerden von Ammoniakgas in der Tierhaltung oder den Eintrag von Nitrat in das Grundwasser. Es existiert kein Markt, der den Preis für diese Umweltbelastungen festsetzt. In solchen Fällen des sog. *Marktversagens* aktiv zu werden, ist eine klassische Aufgabe des Staates, der mit umweltpolitischen Maßnahmen, z. B. Steuern, Abgaben, Vergabe von Nutzungsrechten, einen künstlichen Preis für die knapper werdenden Ressourcen festsetzen und somit z. B. einen Anreiz schaffen kann, nährstoffreduzierte Futtermittel einzusetzen. Sofern derartige Maßnahmen umfassend angewendet werden, ist die Ökonomie – in diesem Fall die Umweltökonomie – ein hervorragendes Umweltschutzinstrument. In der Praxis gelingt dies bisher jedoch nur ansatzweise. Aus diesem Grunde werden weiterhin vielfach Handlungen vollzogen, die nur

deshalb ökonomisch gerechtfertigt sind, weil durch die Inanspruchnahme der Umwelt keine oder nur geringe Kosten entstehen. In solchen Fällen stößt das Ausrichten des täglichen Handelns wiederum in hohem Maße an individuelle moralische und ethische Grenzen, die mit ökonomischen Zielen konkurrieren.

Literatur

Heller, D., und Potthast, V. (1990): Erfolgreiche Milchviehfütterung. DLG, Frankfurt
Meadows, D., et al. (1972): The Limits to growth. New York.
Reisch, E., und Zeddies, J. (1992): Einführung in die landwirtschaftliche Betriebslehre. Band 2: Spezieller Teil. Ulmer, Stuttgart.
Thaer, A. (1809): Grundsätze der rationellen Landwirtschaft. Band 1. Berlin.

4. Tierernährung und Ethik
(W. Schulze)

Die heutige Tierschutzrechtssituation im allgemeinen und auch die gültige einschlägige Gesetzeslage verdeutlichen, daß wir Menschen mit dem Tier nicht alles tun dürfen, was wir können bzw. könnten, um die Leistungsfähigkeit der Tiere für menschliche Interessen maximal zu steigern. Wenn diese Erkenntnislage vielleicht den rein ökonomisch denkenden Produzenten „tierischer Erzeugnisse" auch schmerzen möge oder für ihn kaum verständlich ist, so ist diese Entwicklung doch auch ein Spiegel wiedergewonnener Erkenntnisse in unserer Zeit: Wir Menschen müssen neben dem Prometheus auch die Nemesis, die Göttin der Grenze und des Maßes, ja der Bewahrung, bei unserem Fortschrittsstreben beachten, sonst kann die Nemesis wie bei Homer zur Göttin der Rache und der Vergeltung werden. Dieser Blick in die griechische Mythologie zeigt, daß diese zwei Weltbilder, der Fortschritt und die Bewahrung, die gegeneinander abzuwägen sind, ein altes Problem in unserer Kulturgeschichte darstellen.

Die Tierschutzrechtssetzung hat die Verantwortung des Menschen *für* das Tier festgeschrieben und ist damit Bestrebungen weiter Bevölkerungskreise gefolgt. Ein Gesetz wie das Tierschutzgesetz hat es aber nun einmal an sich, auf den extremen Flügeln unterschiedliche Enttäuschungen auszulösen. Es muß darum auf dem Tierschutzsektor das Menschenmögliche geschehen, auch wenn es von manchen nur für mangelhaft gehalten werden sollte, und zwar im Sinne einer „Gerechtigkeit für Mensch und Tier".

Die Gesetzeslage fordert auch für die **Tierernährung** in § 2,1 des Tierschutzgesetzes: „Wer ein Tier hält, betreut oder zu betreuen hat,

1. muß das Tier seiner Art und seinen Bedürfnissen entsprechend angemessen ernähren, pflegen und verhaltensgerecht unterbringen."

Nun wäre diese klare Forderung vom tierärztlichen Standpunkt aus zur Tierernährung so zu formulieren, daß man sagt: Artgerechte und gesunde Ernährung ist eine Forderung des angewandten Tierschutzes.

Hier ist eine kurze Reflexion über die Ethik einschließlich der Ethik der Wissenschaft und der Tierschutzethik angezeigt. Die Ethik ist als die Lehre von den Grundsätzen der Sittlichkeit und ihrer Herkunft praktische Philosophie. Zunächst beschreibt und versucht sie zu erklären und wirkt bereits dadurch. Aber indem sie Forderungen des sittlichen Verhaltens aufstellt und Gesetze formuliert, wird sie *normativ*. Die Ethik kann sich auf das Individuum allein oder auf die menschliche Gesellschaft beziehen oder spezielle Lebenskreise zu beleuchten versuchen. Das Wort Ethik kommt von dem griechischen „Ethos", Sitte. Sokrates gilt als erster Ethiker, Aristoteles baute sie zu einer eigenen Wissenschaft aus. Als wichtigster Gegenstand ihres philosophischen Denkens gelten den Ethikern die menschlichen Handlungen. Ein wesentlicher Unterschied in der Sicht ist auf der einen Seite die *Gesinnungsethik*, auf der anderen die *Erfolgsethik*. Die Geschichte der Ethik ist ein sehr umfangreicher Teil der Geistesgeschichte und kann hier nicht weiterverfolgt werden.

Die *Ethik der Wissenschaft* ist die Verantwortung für die Wahrheitssuche. Ihre Gefahren kommen und kamen vorwiegend von außen. So hat der Philosoph und Psychologe Eduard Spranger am Anfang des Nationalsozialismus aus bösem Anlaß folgende drei „Minimalia" der Wissenschaft gefordert:

1. Allgemeingültigkeit,
2. Hingabe an die Sache,
3. Offenheit für andere Möglichkeiten.

Das ist heute noch und war damals schon sehr deutlich eine Absage an den Opportunismus, der in jeder Richtung der Tod der Wissenschaft ist.

Die *Tierschutzethik* ist ein jüngeres Kind der praktischen Philosophie, die besonders von dem zeitgenössischen Philosophen Teutsch intensiv bearbeitet und systematisiert worden ist.

Die Beziehungen zwischen Mensch und Tier sind außerordentlich vielgestaltig und einer historischen Entwicklung bis heute ausgesetzt gewesen. Verkürzt ergibt sich folgende Linie: Die Naturvölker begegnen dem ihnen überlegenen Tier im wesentlichen mit Furcht. Im Tierkult wird das Tier als eine höhere Macht verehrt, und ihm wird mit Achtung und Scheu begegnet. Im Totemismus kommt es zu einer Verwandtschaftsvorstellung. Die Achtung der alten Kulturvölker vor dem Tier ist weitgehend religiös motiviert. Im Laufe der Zeit ist das Tier im Leben der Menschen nicht nur Gegner, sondern auch Beuteobjekt, und später wird es Haus- und Nutztier. Die Domestikation der Tiere ist zweifelsohne das bisher größte Experiment der Menschheit gewesen. Im Laufe der Zeit ist es dahin gekommen, daß der Mensch die Tiere in sein Leben einbezieht.

So können Tiere als Gesellschafter des Menschen oder als Nutztiere oder als im Gewahrsam des Menschen gehaltene Wildtiere in das menschliche Sein einbezogen werden. Die Hege der freilebenden Tiere und – bei uns – der gleichzeitige teilweise Ersatz der Raubtierfunktion durch Abschuß, ebenso die Bemühungen des Artenschutzes und neuerdings auch der Erhalt alter Haustierrassen sind menschliche Reaktionen im Gefüge des Zusammenlebens Mensch/Tier.

Die Idee, das Tier, aus welchen Gründen auch immer, zu schützen, ist vom Menschengeist geboren. Diese schon sehr alte Geschichte des Tierschutzes ist also ein Teil der Geschichte der kulturellen Entwicklung des Menschen. Diese Entwicklung zeigt uns sehr unterschiedliche Perioden in der Entwicklung der Einstellung des Menschen zum Tier auf. Das Verhalten des Menschen zum Tier wechselt also. Leonardo da Vinci hat zum Verhältnis des Menschen zum Tier eine feine Formulierung gefunden: „Der Mensch ist Vormund der Tiere". Aber noch viel früher, schon im 5. Buch Moses, steht „Man soll niedergefallene Ochsen und Esel nicht sich selbst überlassen, sondern ihnen wieder auf die Beine helfen". Kant und Schopenhauer befaßten sich mit dem Verhalten des Menschen zum Tier im positiven Sinne im Gegensatz zu Descartes und Sartre.

Nach dem 2. Weltkrieg haben die Philosophen Joachim Ritter und Robert Spaemann im Zuge ihrer Wiederaufnahme der klassischen naturrechtlichen Argumentation eine Werteskala der Rechte zum Gegenstand des philosophischen Gesprächs gemacht: „Das Recht der Tiere als schmerzfühlende Subjekte besteht in der Vermeidung ihres Quälens und in ihrer artgerechten Haltung." Spaemann schreibt 1992: „Als potentiell sittliches Wesen verdient der Mensch unbedingt Achtung. Darum aber sind wir auch zur Selbstachtung verpflichtet. Und gerade die Selbstachtung des Menschen erfordert es, auch der außermenschlichen Wirklichkeit gerecht zu werden. Wer zum Beispiel Tiere zu seinem Nutzen oder zu seinem Vergnügen hält, schuldet es sich selbst, ihnen ein tiergerechtes Leben zu ermöglichen, solange sie überhaupt leben."

Der Philosoph Teutsch betrachtet den Tierschutz als eine Forderung der Humanität. Aus dieser Position heraus fordert er „Gerechtigkeit für Mensch *und* Tier".

Der Autor dieses Beitrages sprach stets von einem „geordneten Tierschutz", der wissenschaftlich begründet und die Folge eines Wissens über die naturgegebene Zuordnung von Tier und Mensch sein muß, und schrieb, daß „eine geordnete Tierliebe sich zu bemühen habe, sowohl dem Menschen als auch dem Tier gegenüber gerecht zu sein."

Nun kommt aber bei genauerer Betrachtung der Themenstellung: „Tierernährung und Ethik" noch eine konkurrierende Frage zwischen nur auf das Tier bezogener und andererseits auf Menschen bezogener Ethik auf. Es ist das alte Problem der **Nahrungskonkurrenz** zwischen Menschen und Tieren. Das ist aber ein weites Feld, auf dem Fragen der Wirtschaftlichkeit, der Transportmöglichkeiten, der Veredelungswirtschaft und besonders der Humanität zusammenstoßen. Hierzu lediglich in strenger Kürze die Tatsache, daß Kant mit vollem Recht und wohlbegründet schreibt: „Der Mensch habe keinen Wert, sondern eine Würde." Denn jeder Wert kann vergleichend berechnet werden, die Würde aber nicht! Aufgrund der Würde des Menschen „scheidet der Mensch aus jeder abwägenden Berechnung aus". Er selbst ist Maßstab der Berechnung. Spaemann schreibt ergänzend zu diesem Grundsatz: „. . . . daß wir jeden Menschen als ein Wesen behandeln, das ebenso Selbstzweck ist wie wir selbst." Dieses Primat der Würde aller Menschen ist nicht mit „Artegoismus" abzuqualifizieren.

Im Zusammenwirken aller Kräfte muß eine Einzelabwägung vorgenommen werden, und die Ansprüche an die Verhältnismäßigkeit einer eventuellen Belastung der Tiere müssen sorgfältig beachtet werden. Soviel zu diesem schwierigen Thema, das auch auf die „Mehrdimensionalität" der Ethik und ihre Komplexität in der modernen Welt hinweist.

Bei Belastungen der Tiere, sei es z. B. im Tierversuch, der im dringenden Interesse der Wissenschaft auf dem Sektor der Ernährungsphysiologie oder der Tierernährung liegen kann, oder bei ökonomisch scharf kalkulierter Mast, sind die Ansprüche der Verhältnismäßigkeit stets zu beachten. Dies hat im Sinne einer Annäherung an eine „Gerechtigkeit für Mensch *und* Tier" zu erfolgen. Es ist offensichtlich, daß ethische Wertungen subjektive Wertungen sind und ebenso, daß der Leitsatz „Gerechtigkeit für Mensch und Tier" keine Zauberformel ist. Einzelfragen können ungelöst bleiben, Ungerechtigkeiten bestehenbleiben.

Die Tierernährung kann mit den Forderungen der Tierschutzethik auf mehreren Sektoren kollidieren. Das kann bei den Heimtieren genauso wie bei den landwirtschaftlichen Zucht- und Nutztieren, bei den Sportpferden oder den Versuchstieren geschehen.

Wer ein Tier oder mehrere oder gar viele Tiere hält, muß sich außer über Pflege und Haltungsbedürfnisse auch über den Nahrungs- und Trinkwasserbedarf seiner Schützlinge gründlich informieren, damit Futterzusammenstellung, -menge und -aufbewahrung wie auch die Frischwasserversorgung angemessen und artgerecht sind.

In § 3, 9 und 10 des Tierschutzgesetzes stehen Verbote, die Grenzen der Fütterung markieren. § 3, 9: „Es ist verboten, einem Tier durch Anwendung von Zwang Futter einzuverleiben, soweit dies nicht aus gesundheitlichen Gründen erforderlich ist". § 3, 10: „Es ist verboten, einem Tier Futter darzureichen, das dem Tier erhebliche Schmerzen, Leiden oder Schäden bereitet."

Mit dem Verbot nach § 3, 9 ist u. a. das „Stopfen" der Gänse gemeint. Aber auch für Hühner sind „Kropffüllmaschinen" zur Schnellmast entwickelt worden. Diese Methoden sind entschieden abzulehnen; auch ist an die sich durch dieses „Stopfen" entwickelnden Organschäden, besonders der Leber, zu erinnern. Eine Fettleber durch die Fütterung anzustreben, widerspricht der Tierschutzethik.

Unter das Verbot von § 3, 10 ist das „Strecken" des Schweinefutters mit feingemahlenem Sand zu rechnen, wie es bereits praktiziert worden ist.

Bei Hunden werden aus Unkenntnis, bei liebevoller Zuneigung, nicht selten die Ansprüche dieser Tierart an die Nahrung völlig verkannt. Es wird einerseits oft vergessen, daß Hunde Fleischfresser sind, andererseits werden Rassenunterschiede außer acht gelassen. Gerade die Vielgestaltigkeit der vielen Hunderassen ist ein gutes Beispiel dafür, daß man bei allen Haustieren die vorhandenen Rassenunterschiede für die Ernährung beachten muß. Beim Hund sind es die Größenunterschiede und die rassenbedingten Abweichungen der Ober- und Unterkiefer wie auch die Größe des ganzen „Fanges". Dazu ist beim Hund mit engem „Familienanschluß" zu vermeiden, ihn häufig mit Süßigkeiten zu füttern oder aber ihm reichlich Nahrung von den für Menschen zubereiteten Mahlzeiten zu geben, die dem menschlichen Geschmack entsprechend stark gewürzt oder auch nur salzreich sind. Das kann nach einiger Zeit oder gelegentlich auch bald zu Gesundheitsschäden und damit zu Tierschutzproblemen führen. Auch der Hausgenosse Hund hat ein Recht auf eine artgemäße Ernährung.

Zur Ethik in der Tierernährung gehören auch die Anleitung und gründliche Information von Kindern, die Tiere zur Gesellschaft halten dürfen. Da es sehr verschiedene Tierarten mit tierartspezifischen Anforderungen an die Ernährung sein können, soll die Ernährung des Meerschweinchens als Beispiel ausführlicher besprochen werden. Das Meerschweinchen weicht nur wenig vom Kaninchen in der Fütterung ab. Es ist kein reiner Pflanzenfresser. Zuerst einige Grundsätze, die auch für andere kleine Heimtiere gelten:

1. Das Futter muß stets in einwandfreiem Zustand sein, daher ist es nicht zu lange zu lagern (Gefahr des Verschimmelns, Vermilbens oder Verderbens).
2. Eine möglichst gleichbleibende Ernährung mit vollwertigem Futter ist anzustreben, ein Futterwechsel kann den Tieren schaden.
3. Vitamine, Mineralstoffe und andere essentielle Stoffe für die Ernährung müssen angeboten werden. Es gibt gute Meerschweinchenfertig- oder -alleinfuttermittel, die diese notwendigen Stoffe enthalten, von denen die Tiere täglich 20 bis 30 g aufnehmen.

Dazu muß den Tieren sauberes Wasser angeboten werden. In der Fütterung ist eine zeitliche Regelmäßigkeit anzustreben. Als Leckerbissen kann man Möhren verwenden. Meerschweinchen sind aber *keine* Küchenabfallverwerter. Beim Mitnehmen des Meerschweinchens oder auch anderer kleiner Heimtiere auf die Urlaubsreise ist dafür zu sorgen, daß eine Futterumstellung vermieden wird, die sonst zu Darmstörungen führen könnte. Auch ist das Tränken während der Urlaubsreise zu garantieren; dazu ist dringend die Mitnahme einer Reservetränkflasche anzuraten, da ein Ersatz im Notfall meist nicht zu beschaffen ist.

Bei der Haltung von Stubenvögeln ist auf ausreichende und regelmäßige Fütterung und Reinigung der Futternäpfe zu achten. Der Napf erscheint manchmal noch ausreichend gefüllt, enthält aber nur noch Schalen. Vögel können nicht hungern. Bei Farbkanarienvögeln werden gern carotinoidhaltige Futtermittel zur Intensivierung der Rotfärbung verabreicht; dagegen ist nichts einzuwenden. Bei der Fütterung der Stubenvögel ist das tierartgerechte Futter lebenswichtig, vor allem im Hinblick auf Weichfresser und Körnerfresser.

Bei der Fütterung aller in Stallungen gehaltenen Tiere ist auf ausreichende Trogbreite unter Berücksichtigung des Wachstums der Tiere wie auch auf genügend Trinkmöglichkeiten sowie auf das störungsfreie Funktionieren der Technik in der Trinkwasserversorgung zu achten.

Bei Raubtieren im Zoo sind einzelne Hungertage tierartgerecht und somit ethisch vertretbar, da diese Tiere als Beutegreifer auch in der Wildbahn nicht immer täglich Futter haben. Jedoch bei Pflanzenfressern und bei Omnivoren, z. B. Schweinen, ist ein Hungernlassen nur als medizinisch indizierte Maßnahme, nicht aber aus arbeitswirtschaftlichen Erwägungen ethisch vertretbar.

Artgemäß, altersgemäß, rassegemäß und nicht gesundheitsgefährdend haben die Fütterung und Trinkwasserversorgung der von Menschen gehaltenen Tiere zu erfolgen. Die Ethik mahnt den Menschen auch bei der Ernährung der Tiere zur Verantwortung *für* die Tiere.

Literatur

Bollnow, O. F. (1958): Wesen und Wandel der Tugenden. Ullstein Buch Nr. 209, Frankfurt/Main – Berlin.
Denkschrift der E. K. D. (1991): Gemeinwohl und Eigennutz. Wirtschaftliches Handeln in Verantwortung für die Zukunft. Gütersloher Verlagshaus Gerd Mohn, Gütersloh.
Meyer, R. (1990): Vom Umgang mit Tieren. Geschichte einer Nachbarschaft. 2. Aufl. Gustav Fischer Verlag, Jena.
Schmidt, G. (1992): Meerschweinchen. 3. Aufl. Landbuch-Verlag, Hannover.
Schulze, W. (1986): Tierschutz – Selbstverständlichkeit oder Problem? Der Praktische Tierarzt.
Schule, W. (1990): Eingang der Verhaltenskunde in die Tierschutz-Gesetzgebung. Dtsch. tierärztl. Wschr. **97**, 217–264.
Spaemann, R. (1991): Moralische Grundbegriffe. 4. Aufl. Becksche Reihe, 256. München.
Teutsch, G. M. (1987): Mensch und Tier. Lexikon der Tierschutzethik. Vandenhoek und Ruprecht, Göttingen.

5. Tierernährung und Recht
(U. Petersen)

5.1 Motive und rechtsgeschichtlicher Überblick

Im Jahre 1889 beantragte der Landeskulturrat für das Königreich Sachsen beim Deutschen Landwirtschaftsrat, die Reichsregierung um Prüfung der Frage zu ersuchen, inwieweit der Handel mit Futtermitteln in Analogie zur Regelung des Verkehrs mit Nahrungsmitteln durch ein besonderes Gesetz behördlich überwacht werden könne. Anlaß waren Vergiftungsfälle bei Kühen und Saugkälbern nach Verfütterung von mit Kornrade verunreinigter Kleie sowie Erkrankungen von Kindern, die Milch dieser Kühe zum Genuß erhielten.

Ziel der Initiative war es, den lauteren Handel mit Futtermitteln zu sichern und Gefahren für Mensch und Tier abzuwehren. Mit der Entwicklung der Tierernährungswissenschaft und Futtermittelkunde kam dann als weitere Zielsetzung im Laufe der Diskussion noch die wirtschaftliche Förderung der Tierproduktion hinzu.

Das Ergebnis der Bemühungen war, wenn man Zwischenlösungen im ersten Weltkrieg und in den Jahren danach außer acht läßt, nach fast 40jähriger Diskussion das *Futtermittelgesetz von 1926*. Dieses Gesetz galt mit vielerlei Änderungen und Ergänzungen bis 1976 und wurde abgelöst durch das geltende *Futtermittelgesetz vom 2. Juli 1975*.

In den Jahren 1933 bis 1945 wurden die im Ansatz liberalen futtermittelrechtlichen Vorschriften durch eine Vielzahl dirigistischer Vorschriften bis hin zur Bewirtschaftung ergänzt und ausgehöhlt.

Wichtige Regelungen nach dem zweiten Weltkrieg waren die *Futtermittelanordnung von 1949* mit den Instrumenten Normentafel, Futtermittelregister, Sondergenehmigungen mit Beteiligung einer Gutachterkommission sowie Einfügung einer neuen Stoffgruppe mit der Bezeichnung „organische oder anorganische Futtermittelbestandteile mit Sonderwirkungen", den heutigen Zusatzstoffen.

Schon bald zeigte sich, daß die dynamische Entwicklung der Tierernährungswissenschaft und Futtermittelwirtschaft mit den Instrumenten der Futtermittelanordnung nicht angemessen und befriedigend zu bewältigen war. 1968 wurde daher das sog. *Vorschaltgesetz* erlassen, um im Vorgriff einer grundlegenden Reform der futtermittelrechtlichen Vorschriften durch Korrektur von Detailregelungen und die Schaffung von Ermächtigungen für Durchführungsverordnungen praktikablere Lösungen zu ermöglichen. Insbesondere die Mischfutterherstellung wurde damit von vielen Zwängen befreit und die Verwaltung durch Wegfall des umständlichen Registrierungsverfahrens nachhaltig entlastet.

5.2 In der Bundesrepublik Deutschland geltende futtermittelrechtliche Vorschriften

Das *Futtermittelgesetz vom 2. Juli 1975 (FMG)* ist als Rahmengesetz konzipiert mit allgemeinen Regeln und Normen sowie Ermächtigungen für den Bundeslandwirtschaftsminister, weitergehende Detailregelungen mit Zustimmung des Bundesrates durch Verordnung zu treffen. Dies ist mit der Futtermittelverordnung (FMV) und der Futtermittel-Probenahme- und -Analyse-Verordnung (FMPAV) geschehen.

Die futtermittelrechtlichen Vorschriften sind seither mehrfach geändert worden, um den Notwendigkeiten der Praxis und neuen Entwicklungen gerecht zu werden sowie vorrangiges EU-Recht in nationales Recht zu übernehmen. Die Fundstellen der geltenden Vorschriften sind in der folgenden Übersicht aufgeführt:

1. Futtermittelgesetz vom 2. Juli 1975 (BGBl. I S. 1745), zuletzt geändert durch Artikel 76 des EWR-Ausführungsgesetzes vom 27. April 1993 (BGBl. I S. 512, 1529, 2436) – FMG –
2. Futtermittelverordnung in der Fassung der Bekanntmachung vom 11. November 1992 (BGBl. I S. 1898), zuletzt geändert durch Artikel 77 des EWR-Ausführungsgesetzes vom 27. April 1993 (BGBl. I S. 512, 1529, 2436) – FMV –

3. Verordnung über Probenahmeverfahren und Analysemethoden für die amtliche Futtermittelüberwachung (Futtermittel-Probenahme- und -Analyse-Verordnung) vom 21. März 1978 (BGBl. I S. 414), zuletzt geändert durch Artikel 2 der Elften Verordnung zur Änderung der Futtermittelverordnung vom 19. Mai 1993 (BGBl. I S. 711) – FMPAV –

Einige wesentliche Inhalte des Futtermittelrechts werden nachstehend vorgestellt.

5.2.1 Zweckbestimmung des Futtermittelgesetzes

Nach § 1 ist es Zweck des FMG:

„1. die tierische Erzeugung so zu fördern, daß
    a) die Leistungsfähigkeit der Nutztiere erhalten und verbessert wird und
    b) die von Nutztieren gewonnenen Erzeugnisse den an sie gestellten qualitativen Anforderungen, insbesondere im Hinblick auf ihre Unbedenklichkeit für die menschliche Gesundheit, entsprechen;
2. sicherzustellen, daß durch Futtermittel die Gesundheit von Tieren nicht beeinträchtigt wird;
3. vor Täuschung im Verkehr mit Futtermitteln, Zusatzstoffen und Vormischungen zu schützen;
4. Rechtsakte von Organen der Europäischen Gemeinschaften im Bereich des Futtermittelrechts durchzuführen."

Die Zweckbestimmung ist von zentraler Bedeutung, weil damit festgelegt wird, welchen Zielen die futtermittelrechtlichen Regelungen dienen müssen und welche Regelungen überhaupt rechtlich zulässig sind, denn die Ermächtigungen für den Bundesminister, weitere Detailregelungen durch Verordnungen zu treffen, nehmen jeweils Bezug auf die Zweckbestimmung. Demzufolge können marktorientierte Regelungen nicht auf das Futtermittelgesetz gestützt werden.

5.2.2 Begriffsbestimmungen

Die Begriffsbestimmungen in § 2 FMG sind für das Verständnis und die Anwendung der Rechtsvorschriften maßgebend. So ist festgelegt, daß ein Stoff **Futtermittel** im Sinne des Futtermittelrechts ist, wenn er vom Verfügungsberechtigten zur Verfütterung bestimmt wird, mit der Bedingung, daß der Zweck der Tierernährung überwiegen muß. Auf eine Definition des Begriffs „Futtermittel" im wissenschaftlichen oder umgangssprachlichen Verständnis wird verzichtet, um den Geltungsbereich des FMG möglichst weit auszudehnen und alle Stoffe, die auf dem Markt sind und der Zweckbestimmung des Verfügungsberechtigten zufolge verfüttert werden sollen, den Regelungen zu unterwerfen.

Auch die Begriffsbestimmung der **Zusatzstoffe** stellt grundsätzlich auf die Zweckbestimmung durch den Verfügungsberechtigten ab. Der Zusatzstoffbegriff ist sehr weit gefaßt und umfaßt alle Stoffe, die dazu bestimmt sind, Futtermitteln zur Beeinflussung ihrer Beschaffenheit oder zur Erzielung bestimmter Eigenschaften oder Wirkungen zugesetzt zu werden. Zu den Zusatzstoffen zählen z. B. Leistungsförderer, Antioxidantien, aroma- und appetitanregende Stoffe, Bindemittel, Fließhilfsstoffe und Gerinnungshilfsstoffe, Emulgatoren,

Stabilisatoren, Verdickungs- und Geliermittel, färbende Stoffe, Kokzidiostatika, Histomonostatika, Konservierungsstoffe, Säureregulatoren, Spurenelemente, Vitamine.

Als weitere besondere Stoffgruppe werden die **unerwünschten Stoffe** (früher Schadstoffe) definiert als Stoffe – außer Tierseuchenerregern –, die in oder auf Futtermitteln enthalten sind und die Gesundheit von Tieren, die Leistung von Nutztieren oder als Rückstände die Qualität der von Nutztieren gewonnenen Erzeugnisse, insbesondere im Hinblick auf ihre Unbedenklichkeit für die menschliche Gesundheit, nachteilig beeinflussen können. Diese Begriffsbestimmung ist mit dem Änderungsgesetz 1987 neu gefaßt worden, weil sich die alte Fassung mit dem Begriff „Schadstoff" als zu eng und mißverständlich erwiesen hatte. Dabei wurde auch klargestellt, daß Tierseuchenerreger aus dem FMG ausgenommen sind; Tierseuchenerreger sind nach deutscher Rechtssystematik Gegenstand des Tierseuchenrechtes.

Für das Verständnis der futtermittelrechtlichen Vorschriften sind ferner die Begriffsbestimmungen für das **Herstellen, Behandeln** und **Inverkehrbringen** wichtig. Gelegentlich gibt es Mißverständnisse, wenn diese Begriffe nicht im Sinne der futtermittelrechtlichen Definition verstanden werden. So ist z. B. die Tätigkeit des Großhändlers, selbst wenn er lediglich ein Futtermittel oder einen Zusatzstoff lagert, als Behandeln aufzufassen, und das Inverkehrbringen beinhaltet auch bereits das Anbieten und jede Abgabe an eine andere Person.

5.2.3 Verbote zur Gefahrenabwehr

Zentrale Vorschriften zur Gefahrenabwehr im FMG sind die Verbote in § 3 FMG. Danach ist es verboten, Futtermittel derart herzustellen oder zu behandeln, daß sie bei bestimmungsgemäßer und sachgerechter Verfütterung geeignet sind, die Qualität der von Nutztieren gewonnenen Erzeugnisse, insbesondere im Hinblick auf ihre Unbedenklichkeit für die menschliche Gesundheit, zu beeinträchtigen oder die Gesundheit von Tieren zu schädigen. Futtermittel, von denen eine solche Gefährdung ausgehen kann, dürfen auch nicht in den Verkehr gebracht oder verfüttert werden.

Mit diesen allgemeinen Verboten sind einerseits alle Gefährdungen durch Futtermittel erfaßt und andererseits die Sorgfaltspflicht der Wirtschaft konkretisiert. Aus rechtlicher Sicht könnte man es bei dieser Vorschrift zur Gefahrenabwehr bewenden lassen. Allerdings würden sich bei Maßnahmen der Behörden allein auf der Grundlage dieser Norm eine Fülle von Problemen im Einzelfall ergeben. Dies kann zu einem uneinheitlichen Vollzug des Futtermittelrechts in den Bundesländern, zu Erschwernissen im Handel und zu einer Häufung gerichtlicher Verfahren führen. Es liegt daher im gemeinsamen Interesse aller Beteiligten, wenn für Dinge von allgemeiner Bedeutung weitergehende konkrete Regelungen getroffen werden. Diese weitergehenden Detailregelungen sind in der FMV enthalten.

5.2.4 Allgemeine Regeln für den gewerbsmäßigen Verkehr und die Werbung

Als Grundregel für den gewerbsmäßigen Verkehr mit Futtermitteln ist in § 3 Abs. 4 FMG festgelegt, daß nachgemachte Futtermittel oder Futtermittel, die hinsichtlich ihrer Beschaffenheit oder Zusammensetzung von der Verkehrsauffassung abweichen und dadurch in ihrem Wert oder in ihrer Brauchbarkeit nicht unerheblich gemindert sind, oder Futtermittel, die den Anschein einer besseren als der tatsächlichen Beschaffenheit erwecken, nicht ohne ausreichende Kenntlichmachung in den Verkehr gebracht werden dürfen. Diese Vorschrift soll sicherstellen, daß der Erwerber von Futtermitteln nicht durch bloße Inaugenscheinnahme einer Ware getäuscht wird, und andererseits der Erfahrung Rechnung tragen, daß insbesondere Einzelfuttermittel auf Grund der Besonderheiten ihrer Gewinnung oder Herstellung nicht in gleicher Weise standardisiert sein können wie sonstige Industrieprodukte. Die Durchsetzung etwaiger zivilrechtlicher Ansprüche eines Geschädigten wird durch die Vorschrift in § 7 Abs. 3 erleichtert, wonach der Veräußerer die Gewähr für die handelsübliche Reinheit und Unverdorbenheit von Futtermitteln übernimmt, wenn er bei der Abgabe keine Angabe über die Beschaffenheit macht.

Werbeaussagen müssen deutlich als solche erkennbar sein und getrennt von den amtlich vorgeschriebenen Angaben stehen (§ 6 Abs. 3). Auch ist es verboten, Futtermittel, Zusatzstoffe oder Vormischungen unter irreführender Bezeichnung, Angabe oder Aufmachung in den Verkehr zu bringen, für sie mit irreführenden Aussagen, insbesondere über leistungsbezogene oder gesundheitliche Wirkungen zu werben oder in der Werbung Aussagen zu verwenden, die sich auf die Beseitigung oder Linderung von Krankheiten oder die Verhütung solcher Krankheiten, die nicht Folge mangelhafter Ernährung sind, beziehen (§ 7).

5.2.5 Regelungen über Einzelfuttermittel

Einzelfuttermittel, die synthetisch oder unter Verwendung von Mikroorganismen gewonnen worden sind, denen bei der Herstellung Stoffe, außer Wasser, zugesetzt oder entzogen worden sind, oder die bei der Be- oder Verarbeitung von Stoffen als Nebenerzeugnisse anfallen, dürfen gewerbsmäßig nur in den Verkehr gebracht werden, wenn sie durch Rechtsverordnung zugelassen sind (§ 4 Abs. 4 FMG). Von der Zulassungspflicht ausgenommen sind Einzelfuttermittel für Heimtiere, Nebenerzeugnisse, die durch einfache Verarbeitungs- und Bearbeitungsvorgänge im landwirtschaftlichen Betrieb anfallen, sowie solche Einzelfuttermittel, die für die Herstellung von Mischfuttermitteln bestimmt und so gekennzeichnet sind. Folge dieser Bestimmung ist, daß beispielsweise Roggenkleie oder Magermilchpulver in der Anlage 1 zur FMV als zugelassene Einzelfuttermittel aufgeführt sind, nicht aber die unveränderten Ursprungsstoffe Roggenkorn oder Vollmilch. Die Zulassungsbedürftigkeit der Einzelfuttermittel wird durch zukünftige Regelungen der EU auf diesem Gebiet vermutlich weiter eingeschränkt werden.

Bei der Zulassung von Einzelfuttermitteln können insbesondere Anforderungen hinsichtlich Gehalt an Inhaltsstoffen, Energiewert, Beschaffenheit oder Zusammensetzung sowie Bezeichnung, Art und Umfang der Kennzeichnung festgelegt werden. Ferner kann die Abgabe beschränkt werden, wenn bei unmittelbarer Verfütterung die Gesundheit der Tiere oder die Qualität der Erzeugnisse beeinträchtigt werden könnte.

Detailvorschriften über die zugelassenen Einzelfuttermittel, die Kennzeichnung, Anforderungen an die Qualität, Verpackung und Toleranzen für die Beurteilung festgestellter Abweichungen von Inhaltsstoffangaben finden sich in den §§ 3 bis 7 und Anlage 1 der FMV.

5.2.6 Regelungen über Mischfuttermittel

Für Mischfuttermittel gibt es mit Ausnahme allgemeiner Anforderungen an den Feuchtigkeitsgehalt, den Gehalt an salzsäureunlöslicher Asche sowie den Eisengehalt in Milchaustauschfuttermitteln für Kälber (§ 8 FMV) keine materiellen Vorgaben. Es ist ausschließlich in die Verantwortung des Herstellers gegeben, entsprechend dem Stand des Wissens und der Erfordernisse des Marktes geeignete Produkte herzustellen, für die er unter Berücksichtigung der von ihm festgelegten Zweckbestimmung (Alleinfuttermittel oder Ergänzungsfuttermittel, vorgesehene Tierart) sowie im Hinblick auf die Richtigkeit der Angaben oder die Einhaltung der Vorschriften über Zusatzstoffe und unerwünschte Stoffe Verantwortung übernimmt. Die in der Anlage 2 zur FMV aufgeführten Normtypen dienen lediglich der Orientierung; sie tragen dazu bei, den Markt für Mischfuttermittel zu strukturieren. An die Normtypvorgaben ist ein Hersteller aber nur gebunden, wenn er dies ausdrücklich zusichert.

Diese Liberalisierung des Mischfuttermarktes hat sich aus der Sicht aller Wirtschaftspartner bewährt. Sie ermöglicht notwendige flexible Reaktionen auf Besonderheiten in der Fütterung und des Rohstoffmarktes. Gewisse Irritationen hat es in den vergangenen Jahren wiederholt gegeben bezüglich der Angaben über die Zusammensetzung der Mischfuttermittel. Die FMV von 1976 sah zunächst entsprechend den Empfehlungen der Wissenschaft lediglich die Angabe der wertbestimmenden Bestandteile und keine Angabe der verwendeten Einzelfuttermittel vor (sog. geschlossene Deklaration). Von 1985 bis 1987 war auf Beschluß des Bundesrates die Angabe der verwendeten Einzelfuttermittel mit ihren Prozentanteilen (sog. offene Deklaration) vorgeschrieben. Nachdem sich die vom Bundesrat erwartete Förderung der Verwendung von Getreide für die Mischfutterherstellung nicht abzeichnete, wurde 1988 die halboffene Deklaration eingeführt (Angabe der im Mischfuttermittel enthaltenen Einzelfuttermittel in absteigender Reihenfolge der prozentualen Anteile). Diese Kennzeichnungsbestimmung gilt seit 1990 EU-einheitlich. Weitere Detailvorschriften zur Zusammensetzung, Verpackungspflicht, Kennzeichnung sowie über Toleranzen finden sich in den §§ 9 bis 15 sowie den Anlagen 2, 2a und 4 der FMV.

5.2.7 Regelungen über Zusatzstoffe

Zusatzstoffe sind zulassungsbedürftig und dürfen nur unter Beachtung der bei der Zulassung festgelegten Bedingungen verwendet werden. Gestützt auf die Ermächtigungen des FMG kann der Bundeslandwirtschaftsminister durch Verordnung im Einvernehmen mit dem Bundesgesundheitsminister den Gehalt an Zusatzstoffen in Futtermitteln festsetzen, das Verfüttern von Futtermitteln mit Zusatzstoffen beschränken, Wartezeiten festlegen, die Abgabe und Verwendung von Zusatzstoffen und Vormischungen beschränken und Anforderungen an Betriebe stellen, die Zusatzstoffe herstellen, in den Verkehr bringen oder verwenden. Von diesen Ermächtigungen wird bei pharmakologisch wirksamen Stoffen, die bei nicht sachgerechter Verwendung zu Rückständen in den tierischen Erzeugnissen oder zur Gefährdung der Tiergesundheit führen können, umfänglicher Gebrauch gemacht als bei Zusatzstoffen, von denen keine Gefährdung ausgeht. So ist z. B. für Leistungsförderer, Kokzidiostatika oder Histomonostatika vorgeschrieben, daß sie nur von einem anerkannten Betrieb hergestellt und nur an einen anerkannten Vormischbetrieb geliefert werden dürfen. Vormischungen mit diesen Zusatzstoffen dürfen schließlich nur von anerkannten Herstellern von Mischfuttermitteln erworben und verarbeitet werden. Dieses abgestufte System stellt sicher, daß landwirtschaftliche Betriebe Futtermittel mit Zusatzstoffen, von denen eine Gefährdung ausgehen könnte, nur in gebrauchsfertigen Konzentrationen erhalten.

Detailvorschriften über die Zulassung und Verwendung von Zusatzstoffen, die Abgabe und Kennzeichnung von Zusatzstoffen und Vormischungen sowie die Anerkennung von Betrieben finden sich in den §§ 16 bis 22, 28 bis 34 sowie Anlage 3 der FMV.

Die Einbindung der Zusatzstoffe in das Futtermittelrecht hat sich bewährt; bei sachgerechter Anwendung dieser Stoffe ist keine Gefährdung der Gesundheit der Tiere oder der Menschen über Rückstände in Lebensmitteln zu befürchten.

5.2.8 Unerwünschte Stoffe

Gefährdungen von Tier und Mensch durch unerwünschte Stoffe in Futtermitteln kann nur durch ein Bündel von Maßnahmen wirksam begegnet werden. Maßgebend hierfür sind einerseits die schon genannten Verbote in § 3 FMG und andererseits die Detailregelungen in der FMV. In Anlage 5 zur FMV sind für im Hinblick auf die Rückstandsbildung oder Tiergesundheit besonders relevante unerwünschte Stoffe Höchstgehalte festgesetzt. Ferner sind für höher belastete Futtermittel Verkehrs- und Verfütterungsregelungen getroffen worden. Für landwirtschaftliche Betriebe gibt es Sonderregelungen zur Vermeidung unbilliger Härten, allerdings streng begrenzt zur Vermeidung von Gefahren für die Tiergesundheit und die Lebensmittelqualität (§§ 23, 24 und Anlage 5 der FMV).
Im Zusammenhang mit den unerwünschten Stoffen sind auch die *verbotenen Stoffe* zu nennen. Es handelt sich dabei um Stoffe, von denen allgemein eine Gefährdung für Tiere oder die Lebensmittelqualität ausgeht. Diese Stoffe dürfen, auch be- und verarbeitet, nicht als Futtermittel in den Verkehr gebracht und nicht verfüttert werden. Beispiele sind Kot, Lederabfälle oder gebeiztes Saatgut (§§ 25, 27 und Anlage 6 der FMV).

5.3 Amtliche Futtermittelüberwachung

Die Überwachung der futtermittelrechtlichen Vorschriften ist nach § 19 FMG Aufgabe der Länder in eigener Zuständigkeit. In einigen Bundesländern wird diese Aufgabe unmittelbar von den Regierungen wahrgenommen, in anderen gibt es eine Delegation auf Bezirksregierungen, Regierungspräsidien oder Ämter. Die Überwachung erstreckt sich nicht nur auf die Herstellung und den Verkehr, sondern schließt auch die Fütterung ein; letzteres ist im Hinblick auf unerwünschte Stoffe und die Verwendung von Zusatzstoffen wichtig.
Das Bundeslandwirtschaftsministerium und die Überwachungsbehörden versuchen durch vielfältige Kontakte und Absprachen eine einheitliche Anwendung des Rechts zu sichern. Gewisse Unterschiede im Vollzug sind in einem förderalen Staatswesen dennoch nicht zu vermeiden.
Wichtige Rahmenbestimmungen für die amtliche Futtermittelüberwachung sind in der FMPAV festgelegt. Diese Bestimmungen betreffen insbesondere die Art der Probenahme, die Aufbereitung der Proben, die Sicherstellung von Mustern sowie Analysemethoden.
Die Ergebnisse der amtlichen Futtermittelüberwachung werden seit 1984 in einer Jahresstatistik zusammengefaßt und der Öffentlichkeit bekanntgegeben.

5.4 Futtermittelrechtliche Vorschriften in der Europäischen Union

Das Futtermittelrecht ist in der Europäischen Union weitgehend harmonisiert. Für einige Bereiche gibt es noch Ermächtigungen für besondere Regelungen in den Mitgliedstaaten; mit Blick auf den gemeinsamen Binnenmarkt ist die Kommission bemüht, diese Ermächtigungen im Interesse gleicher Wettbewerbsbedingungen in den Mitgliedstaaten und zur Sicherung des freien Verkehrs mit Futtermitteln und tierischen Erzeugnissen abzubauen.

Bis 1987 wurden die Rechtsvorschriften unter Bezugnahme auf die Artikel 43 und 100 des EWG-Vertrages erarbeitet; damit war Einstimmigkeit erforderlich. Seit 1987 werden die Vorschriften auf Grund eines Urteils des Europäischen Gerichtshofes nur noch auf Artikel 43 EWG-V gestützt; somit genügt die qualifizierte Mehrheit. Die Durchsetzung nationaler Interessen ist damit schwerer geworden.

Die EU-Rechtsetzung erfolgt in Form von Richtlinien, Entscheidungen oder Verordnungen. Richtlinien und Entscheidungen sind jeweils an den Mitgliedstaat gerichtet, dieser muß die geeigneten Maßnahmen treffen, durch die eine ordnungsgemäße Anwendung der Bestimmungen in seinem Hoheitsgebiet sichergestellt wird. In Deutschland erfolgt die notwendige Anpassung an das EU-Recht durch Änderung des FMG, der FMV oder der FMPAV, Verordnungen der EU gelten dagegen unmittelbar, einer Umsetzung in nationales Recht bedarf es insoweit nicht.

Zu unterscheiden ist ferner zwischen Rechtsakten des Rates und der Kommission der EU. Die Rechtsakte des Rates der EU enthalten – ähnlich wie im deutschen Recht ein Gesetz –, die allgemeinen und grundlegenden Vorschriften sowie in der Regel eine Reihe von Ermächtigungen für die Kommission, technische Regelungen unter Berücksichtigung des wissenschaftlichen Kenntnisstandes und der praktischen Erfordernisse fortzuentwickeln; hierzu gehören u. a. die Festsetzung von Anforderungen oder Details der Kennzeichnung bei Futtermitteln, die Festsetzung von Höchstgehalten an unerwünschten Stoffen, die Zulassung von Einzelfuttermitteln oder Zusatzstoffen. Rechtsakte der Kommission bedürfen der Zustimmung der Mitgliedstaaten im Ständigen Futtermittelausschuß mit qualifizierter Mehrheit.

Die Einbindung des Europäischen Parlaments bei der Erarbeitung von Rechtsvorschriften des Rates beschränkt sich im Futtermittelrecht auf eine Stellungnahme. Ein weiterer wesentlicher Unterschied in der Rechtsetzung im Vergleich zum Prozedere in Deutschland ist, daß Bundesrat oder Bundestag mit einfacher Mehrheit beliebige Änderungen beschließen können; im EU-Verfahren hat die Kommission dagegen allein das Vorschlagsrecht.

Das EU-Futtermittelrecht ist in zehn Ratsrichtlinien (drei weitere sind in Vorbereitung) und einer großen Zahl von Kommissionsrichtlinien und -entscheidungen geregelt. Vorteilhaft wäre, wenn die Kommission nach Abschluß der mit Blick auf den Binnenmarkt noch anstehenden weiteren Regelungen die Rechtsvorschriften in einem Rechtsakt zusammenerfaßte. Einen Überblick über die futtermittelrechtlichen Vorschriften der EU gibt die folgende Zusammenstellung:[1]

1. Richtlinie 79/373/EWG des Rates vom 2. April 1979 über den Verkehr mit Mischfuttermitteln (Abl. EG Nr. L 86 S. 30), zuletzt geändert durch Richtlinie 92/87/EWG der Kommission vom 26. Oktober 1992 (Abl. EG Nr. L 319 S. 19) – Mischfutterrichtlinie –
2. Richtlinie 93/74/EWG des Rates vom 13. September 1993 über Futtermittel für besondere Ernährungszwecke (Abl. EG Nr. L 237 S. 23) – Diätfuttermittelrichtlinie –

---

[1] In den zuständigen EU-Gremien werden z. Z. beraten:
– Vorschlag für eine Verordnung (EG) des Rates mit Bedingungen und Modalitäten für die Zulassung bestimmter Betriebe des Futtermittelsektors sowie zur Änderung der Richtlinien 70/524/EWG und 74/63/EWG (ABl. EG Nr. C 348 S. 13) – Anerkennungsrichtlinie –.
– Vorschlag für eine Richtlinie des Rates mit Regeln für die Durchführung der amtlichen Futtermittelkontrolle (Dok. KOM (93) endg. vom 21. Oktober 1993) – Kontrollrichtlinie –.
– Entwurf einer Richtlinie des Rates der EG über Siliermittel – Siliermittelrichtlinie –.

3. Richtlinie 77/101/EWG des Rates vom 23. November 1976 über den Verkehr mit Einzelfuttermitteln (Abl. EG Nr. 32 S. 1), zuletzt geändert durch Richtlinie 90/654/EWG des Rates vom 4. Dezember 1990 (ABl. EG Nr. L 353 S. 48) – Einzelfuttermittelrichtlinie –
4. Richtlinie 82/471/EWG des Rates vom 30. Juni 1982 über bestimmte Erzeugnisse für die Tierernährung (ABl. EG Nr. L 213 S. 8), zuletzt geändert durch Richtlinie 93/56/EWG der Kommission vom 29. Juni 1993 (ABl. EG Nr. L 206 S. 13) – Bioproteinrichtlinie –
5. Richtlinie 83/228/EWG des Rates vom 18. April 1983 über Leitlinien zur Beurteilung bestimmter Erzeugnisse für die Tierernährung (ABl. EG Nr. L 126 S. 23).
6. Richtlinie 70/524/EWG des Rates vom 23. November 1970 über Zusatzstoffe in der Tierernährung (ABl. EG Nr. L 270 S. 1), zuletzt geändert durch Richtlinie 93/114/EG vom 14. Dezember 1993 (ABl. EG Nr. L 334 S. 24) – Zusatzstoffrichtlinie –
7. Richtlinie 87/153/EWG des Rates vom 16. Februar 1987 zur Festlegung von Leitlinien zur Beurteilung von Zusatzstoffen in der Tierernährung (ABl. EG Nr. L 64 S. 19).
8. Richtlinie 93/113/EG des Rates vom 14. Dezember 1993 über die Verwendung und Vermarktung von Enzymen, Mikroorganismen und deren Zubereitungen in der Tierernährung (ABl. EG Nr. L 334 S. 17).
9. Richtlinie 74/63/EWG des Rates vom 17. Dezember 1973 über unerwünschte Stoffe und Erzeugnisse in der Tierernährung (ABl. EG Nr. L 38 S. 31), zuletzt geändert durch Richtlinie 92/88/EWG des Rates vom 26. Oktober 1992 (ABl. EG Nr. L 321 S. 24) – Unerwünschte Stoffe-Richtlinie –
10. Richtlinie 70/373/EWG des Rates vom 20. Juli 1970 über die Einführung gemeinschaftlicher Probenahmeverfahren und Analysemethoden für die amtliche Untersuchung von Futtermitteln (ABl. EG Nr. L 170 S. 2), zuletzt geändert durch Richtlinie 93/117/EG der Kommission vom 17. Dezember 1993 (ABl. EG Nr. L 329 S. 54) – Analyserichtlinie –.

5.5 Sonstige für die Tierernährung wichtige Vorschriften

5.5.1 Tierschutzrecht

In Ergänzung zu den im wesentlichen auf die Abwehr von Gefahren für Mensch und Tier durch unerwünschte Stoffe und Zusatzstoffe ausgerichteten Fütterungsvorschriften des FMG schreibt das Tierschutzgesetz vor, daß die von Menschen gehaltenen oder betreuten Tiere ihrer Art und ihren Bedürfnissen entsprechend angemessen zu ernähren sind. Dies Gebot wird durch das Verbot ergänzt, einem Tier durch Anwendung von Zwang Futter einzuverleiben, sofern dies nicht aus gesundheitlichen Gründen erforderlich ist, oder einem Tier Futter darzureichen, das dem Tier erhebliche Schmerzen, Leiden oder Schäden bereitet. Detailvorschriften über die Ernährung der Tiere finden sich in den einschlägigen *Haltungsverordnungen*. Beispielhaft sei auf die Kälberhaltungsverordnung mit Vorschriften über die Verabreichung von Biestmilch, die Tränke, die Eisenversorgung, die Häufigkeit der Fütterung und die Verabreichung von Mindestanteilen strukturierten Futters hingewiesen.

5.5.2 Veterinärrecht

Veterinärrechtliche Vorschriften mit Bedeutung für den Verkehr mit und die Verfütterung von Futtermitteln sind die *Futtermittelherstellungsverordnung* vom 27. Mai 1993 (BGBl. I S. 737) und die *Viehverkehrsordnung* vom 23. April 1982 (BGBl. I S. 503), zuletzt geändert durch die Verordnung zur Bereinigung tierseuchenrechtlicher Vorschriften vom 23. Mai 1991 (BGBl I S. 1151). Nach § 24a der Viehverkehrsordnung ist die Verfütterung von Speise- und Schlachtabfällen an Klauentiere verboten. Ausnahmen können zugelassen werden, wenn sichergestellt ist, daß Tierseuchenerreger durch ein zugelassenes geeignetes Erhitzungsverfahren abgetötet werden und Belange der Tierseuchenbekämpfung nicht entgegenstehen.

5.5.3 Ökologischer Landbau

Die Verordnung (EWG) Nr. 2092/91 des Rates vom 24. Juni 1991 über den ökologischen Landbau und die entsprechende Kennzeichnung der landwirtschaftlichen Erzeugnisse und Lebensmittel schließt grundsätzlich auch die zur Verwendung als Futtermittel bestimmten nicht verarbeiteten pflanzlichen Agrarerzeugnisse (Artikel 1 Abs. 1 Buchstabe a) ein. Wenngleich die Kommission ihrer Verpflichtung, spätestens zum 1. Juli 1992 einen Vorschlag hinsichtlich der Grundsätze und der spezifischen Kontrollmaßnahmen für die ökologische Tierhaltung vorzulegen, nicht nachgekommen ist, sind die allgemeinen Grundsätze der genannten Verordnung bei der Kennzeichnung dieser Futtermittel als Erzeugnisse des ökologischen Landbaus schon jetzt zu beachten. Die Kommission hat inzwischen einen Vorschlag für die ökologische Tierhaltung bis zum 30. Juni 1995 in Aussicht gestellt.

(Dieser Beitrag stützt sich auf die Rechtslage bis zum 31. 1. 1993.)

Ausblick: Verantwortung und Perspektiven

(Hj. Abel)

> Mit der Wahl des Schlusses, und damit mit der Wahl des Sinns der ganzen Geschichte, steht eine technologische Legitimität und eine ethisch-soziale Berechtigung einer Produktionsform auf dem Spiel.
>
> Peter Kemp (1992)

Das Futter- und Nutztierpotential erscheint in Anbetracht des erreichten Leistungsniveaus und noch nicht ausgeschöpfter Reserven riesengroß. Seine Grenzen sind infolge der rasanten Entwicklung in Forschung und Technologie nicht klar erkennbar.
Zweifellos hatte die Domestikation von Pflanzen und Tieren ihren Preis. Sie war verbunden mit dem Verlust von Freiheit, mit verstärkter gegenseitiger Abhängigkeit für das Überleben. Im Gegensatz zu den evolutionären Symbiosen, die zum gleichwertigen Nutzen aller Beteiligten ihre natürliche Begrenzung in fein aufeinander abgestimmten Selbstregulationssystemen finden, ist die Lebensgemeinschaft des Menschen mit Nutzpflanzen und Nutztieren einseitig auf den größtmöglichen Nutzen für den Menschen ausgerichtet. Selbstregulatorische, natürliche Prinzipien werden gezielt außer Kraft gesetzt und Nutzpflanzen und -tiere auf Kosten der Artenvielfalt, komplexer Biozönosen und der Ausschöpfung natürlicher Ressourcen an Boden, Wasser und Energie vermehrt.
Grenzüberschreitungen zeigen sich in regionalen und globalen Auswirkungen auf die Bodenfruchtbarkeit, den Wasserhaushalt, die Trinkwasserbeschaffenheit, die natürliche Restvegetation und Restfauna, das Klima. Zunehmend wird uns bewußt, für die Bewahrung der Lebensgrundlage auf unserer „Mutter Erde" Verantwortung zu tragen. Die dauerhaft umweltschonende Gestaltung von Pflanzen- und Tierproduktionssystemen weltweit stellt eine der dringlichsten Herausforderungen und größten Aufgaben der Zukunft dar.
Die gezielte Herausbildung spezieller Leistungsäußerungen zeigt zum einen das ungeheure physiologische Anpassungspotential der Nutztiere, zugleich weist es jedoch auf biologische Grenzen hin. Erhöhte Krankheitsanfälligkeit, herabgesetzte natürliche Fortpflanzungsfähigkeit, Überbeanspruchung einzelner Organe, des Skeletts oder der Muskulatur erfordern höhere Aufwendungen für die Haltung und Pflege der Tiere. Die Forschung in den Bereichen der Tierphysiologie und Tierernährung, Tierzucht und Tierhaltung, Nutztierethologie und Tierhygiene bemüht sich, die Anforderungen der Nutztiere exakter und damit eindeutiger zu definieren. Dabei finden nicht allein utilitaristische Prinzipien, sondern zunehmend auch tierschützerische Gesichtspunkte – die Betrachtung der Nutztiere als Mitgeschöpfe – Berücksichtigung.
Die stärkere Beachtung der Umweltschonung und der Bedeutung des Tierschutzes in Agrarproduktionssystemen mag angesichts der unvermindert wachsenden Weltbevölkerung, der massenweisen, so gut wie außer Kontrolle geratenen Urbanisierungsströme, des unbeschreiblichen menschlichen Hunger-, Krankheits- und Kriegselends und beherrschender Marktstrukturen bedeutungslos und allenfalls in den entwickelten Wohlstandsländern realistisch erscheinen; nur in letzteren besteht jedoch infolge des hohen Technologiestan-

dards genügend Freiraum gegenüber den unmittelbaren Zwängen der Natur und Not. Wir müssen diesen Freiraum nutzen zur Entwicklung von Konzepten für konkrete Verbesserungen der Lebensbedingungen, übergreifend auch auf die von Hunger und Elend beherrschten Regionen der Erde.

Im Zusammenleben mit den Haus- und Nutztieren liegt – wie landwirtschaftlich geprägte Gesellschaften der Vergangenheit oder z. B. weite Teile Afrikas noch heute besonders eindrucksvoll belegen – ein wesentliches Element menschlichen Selbstverständnisses und seiner Kultur. Mit zunehmender Technologisierung in den entwickelten Ländern ist es gerade hier zu einer unübersehbaren Entfremdung zwischen dem Menschen und anderen Lebewesen, vor allem den Nutztieren gekommen. Standardisierte, möglichst „unblutige", appetitanregende Qualität von Nahrungsmitteln tierischer Herkunft wurde zur Überlebensstrategie der Tierproduktion in einem übersättigten Markt und aufgrund niedriger Preise von den Verbrauchern willkommen akzeptiert. Gleichzeitig geriet die intensive Tierproduktion zu einem immer stärker emotionsgeladenen Konfliktbereich zwischen Natur, Technik und Ökonomie.

In dieser Diskussion kommt den Wissenschaftlern die Aufgabe zu, im Bewußtsein der eigenen Grenzen, Gewisses und Wißbares von Ungewissem und nicht Wißbarem zu trennen. Nur so läßt sich die Angst vor der „Dämonie der Biotechnologie" mildern. Der schmale Grat zwischen Wissenschaftsaberglauben (bis zur vermeintlichen Überwindung der technologiebedingten Störungen allein durch Technologie) und Wissenschaftsverachtung (weil die in sie gesetzten, viel zu hohen und falschen Erwartungen nicht erfüllt wurden) muß zur Erlangung erweiterter und vertiefter Erkenntnis, größerer Unabhängigkeit und konkreter Verbesserung der Lebensbedingungen entschlossen und überzeugend genutzt werden. Dabei steht uns die grundlegende Auseinandersetzung auf dem Feld der Verantwortungs-Bioethik noch bevor. Ihr Ziel kann niemals eine Alles-oder-nichts-Haltung als Patentrezept sein, vielmehr muß sie durch den Ausgleich und die Zusammenführung aller Bestrebungen des Menschen für das „Gute Leben" erreicht werden.

So befremdlich es in einer von materiellen Gütern und Mächten beherrschten Welt, in einer Zeit technologisierter Naturwissenschaft, routinierten Expertentums und fortschrittsgläubigen Machbarkeitswahns klingen mag: Gerade der moderne, „erfolgreiche" Mensch wird über längere Sicht ohne wachen Sinn für das „Wahre, Gute, Schöne", ohne Nutzung dieser potentiellen, vor allem in der Beziehung zu Tieren freisetzbaren Kräfte kaum hoffnungsvoll in die Zukunft blicken können.

Literatur

Denkschriften der EKD.
Jaspers, K. (1949): Vom Ursprung und Ziel der Geschichte. R. Piper Verlag, München.
Kemp, P. (1992): Das Unersetzliche. Eine Technologie-Ethik. Wichern-Verlag, Berlin.
Küng, H. (1991): Projekt Weltethos. Piper-Verlag, München.
Orchard, K., und Zimmermann, J. (1994): Die Erfindung der Natur. Max Ernst, Paul Klee, Wols und das surreale Universum. Rombach-Verlag, Freiburg/Breisgau.
Schriften des Club of Rome.

Sachregister

A-V-Differenz 291f.
Abbaubarkeit (potentielle) 66
Abfälle 465, 467
   Fisch- 81
   Schlacht- 79
Abomasum 172–173
Absorption 99
Abwehrmechanismen 199
Acetat 188f., 291f.
Acetogenese 192, 193, 195
Acetyl-CoA 190, 291
Acetylcholin 213
Adaptation 187, 197, 202, 203, 261
Adenin 90
Adrenalin 254, 259
Aflatoxine 364f.
Alcaligenes lutrophus 90
Alchimisten 32
Aldosteron 243
Algen 87f.
Alkaloide 40, 44, 199f.
Allantoin 91f.
Allometrie 281f.
allosterisch 250, 253
Alter 282f.
Ameisensäure 117, 188
Aminosäuren 36, 40, 50, 93, 108, 187f., 236, 257, 290f., 376, 386, 387, 472
   D- 329
   des Eiproteins 423
   pansenstabile 109
   von Organen und Geweben 284f.
Ammoniak 186f., 233, 467f., 472
Ammoniumhydrogencarbonat 109
Ampulla duodeni
   Pferd 180
   Wdk. 173
Amylase 119, 177, 210
Anabolismus 189, 247, 248
Analysendiagramm 147, 148
Ansa proximalis coli 174
Antagonismen 99, 254, 255
Antibiotika 38, 39, 113, 114
Antinutritiva 10, 11, 13, 126
Appetit 328, 333
Aquakultur 431, 432
Äquilibriumpotential 227

Arabinose 192
Arbeit 248, 305
Arbeitsgenauigkeit 154, 155
Arbeitsleistung 73, 305f.
Arbeitsphysiologie 306
Arbeitsvermögen 313
Aroma 40, 329
Artenschutz 490
Assimilate 39
Atemvolumen 309
Atemzug 309
Atmungskette 307
ATP 187, 189, 194, 195, 247, 248, 251, 252, 291, 307
ATP-Citrat-Lyase 291
autokrin 253
Aversion 330
Avoparcin 114
Azidose 186

Backenvorhof (Pferd) 180
Backenzähne
   Pferd 180
   Schwein 177
   Wdk. 167
Bacteroides ssp. 193
Bakterien 90, 127, 132, 141, 144, 186f., 357f.
   aerobe 131, 132
   Knallgas- 90
   Milchsäure- 117, 128, 132
   -protein 93
Bakteriophagen 194
Ballast 336
Batch-Kultur 188
Becherzellen 173, 182
Beckenanlagen 433
Bedarf
   Energie- 311
   Erhaltungs- 278
   Nährstoff- 314
   Protein- 108, 458
   Stickstoffminimal- 459
   Vitamin- 103
BEFFE-Wert 380
Beifang 80, 81
Belastungsphase 308

Belüftungsregime 138
Bentonit 121
Bestrahlung 128, 145
β-Antagonisten 260
Bezoare 320
Bienen 27, 443, 444
  Sammel- 443
  Stock- 443
  -wachs 28
Bindegewebe 380
Bio
  -betriebe 314
  -synthese 187, 188, 247, 248
  -technik 266, 267, 270, 503
  -verfügbarkeit 98
Biologie 32
biologische Wertigkeit 36
Biomasse 189, 190, 193, 468
  -bildung (global) 45
Biuret 109
Blastogenese 282
Blastozyste 268
Blättermagen 168, 172
Blattselektierer 164
Blausäure 201
Blinddarm
  Pferd 181
  Schwein 178, 179
  Wdk. 174
Blindsack (Pferdemagen) 180
Blockschneider 351
Blut 80
  -flußrate 291 f.
  -glucose 308
  -mehl 76, 79, 80
  -parameter 311
Boden 50, 55–60
Borsten 76, 80
Braun- oder Brennverfahren 129
Brennstoffmolekül(e) 247
Brunst 264
Brütereiabfälle 76, 80
Büffel 305
Bulk flow 222, 241
Buttermilch 76, 77
Butterstreichfähigkeit 407
Butyrat 189 f.
Bypass-Stärke 109

C-Bilanz (global) 45, 46
C_3-Pflanzen 39

C_4-Pflanzen 39
Ca-ATPase 239
Caecum
  Pferd 181
  Schwein 178–179
  Wdk. 174
Calbindin 239
Calcitonin 239, 254
Calcitriol 239, 240
Calcium 97, 233, 239
  -stoffwechsel 277
CAM-Pflanzen 39
Candida 88
Carbadox® 114
Carboxypeptidase (A, B) 211
Cardialdrüsenzone, Schwein 177
Carotin 104
Carrier 225
Cascin 294
Cellulasen 119
Cellulose 186, 189, 215
Cerviden 166
Chargenmischer 154
Chelate 99
Chemobiotika 113
Chimäre 267, 268
Chlorella vulgaris 87
Chlorid 229, 230, 238
Chlorophyceae 88
Cholecystokinin 213
Cholesterol 376, 378, 388, 408, 424, 425
Cholin 103
Chymosin 211
Chymotrypsin 211
Citratzyklus 307
Cl/HCO_3-Austausch 231
Clostridien 134, 135, 412
CMA-Prüfsiegel 391, 397
CO_2-Fixierung 39
Compartmentanalysen 294, 296, 297
Cori-Recycling 258
Cortisol 254, 256
Cotransport 228
Cross-feeding 188
Cu-Organo-Verbindungen 115
Cumarine 44
Cutin 40, 41, 43, 47
Cyclotetracyclin 114
Cytosin 91

Dampf 158
Darmflora 361, 370
Darmpeptide 328
Dauergrünland 46–50, 51, 52, 54–60
De-novo-Synthese 291, 293, 298
Decarboxylierung 187, 191, 199
Dekontamination 369, 370
Delphin 312
Dentalplatte 166
Deoxynivalenol 364f.
Dephosphorylierung 251, 252
Desaminierung 191, 199
Desoxyribonucleasen 212
DFC, distale Fermentationskammer 174
Diarrhoe (sekretorische) 242
Diätbutter 408
Dickdarm 186, 189, 192f., 241, 465, 472
   Wdk. 174–176
Dickdarmgärkammern
   Pferd 181, 182
   Schwein 178
Dickdarmschleimhaut
   Pferd 182
   Wdk. 174
Diffusion
   erleichterte 219
   Ionen- 221
Diffusionskoeffizient 220
Disaccharidasen 188
Diverticulum ventriculi (Schwein) 177
DNA 269
   Gehalt 281
   Konstanz 281
   Menge 281
Domestikation 23, 24, 264, 490, 503
Dosiereinheiten 347
Dosis-Wirkungs-Beziehung 95
Dotteranteil 276, 279
Dromedar 305
Drüsenepithel 289f.
Düngung 168, 171
Dünndarm 236
   Pferd 180
   Schwein 178
   Wdk. 173–174
Duodenum 186, 190, 195f.

E. coli 186
Effizienz 306
Ei
   -ablageintervall 276, 277

   -anlagen 272
   -dotterfarbe 427
   Enten- 274
   funktionelle Eigenschaften 429
   Gänse- 274
   -geruch 428
   -geschmack 428
   Perlhuhn- 274
   -qualitätskriterien 417, 418
   -schalenkalzifizierung 421, 422
   -schalenqualität 82, 273, 277, 279
   -schalenstabilität 420, 421
   -verbrauch 417
   Wachtel- 273
Eicosapentaensäure 439
Einkommen 479
Einzelhaltung 318
Elastase 211
Elektronenakzeptor 187, 190, 199
Elektronikeinsatz 346
Elektrophysiologie (Epithel) 223
Embryo
   -genese 254
   Klonen 268
   -teilung 267, 268
   -transfer 266, 268
embryonale Stammzellen 268, 269
Embryonalstadium 282
Emission 169f.
   Methan- 29, 474
   Mineralstoff- 473f.
   Stickstoff- 29, 470f.
endokrines System 254, 255
Energie 264
   Atmungs- 132, 137
   -aufnahme 284
   -aufwand 143, 144, 145
   -ausnutzung 44, 45–46
   -bedarf 311
   -bilanz 36, 308
   -gewinnung 247, 248, 260
   nutzbare Futterenergie 55
   Sonnen- 137, 138, 143, 144
   technische 137, 138, 144, 145
   -transformation 306
   umsetzbare 64, 311
   und Proteinbilanz 274, 275
   -verluste 186
Energiequellen (alternative) 138, 144, 145
enterohepatischer Kreislauf 195
Enzym 249, 250, 252, 253, 261
   -affinität 250

-aktivität 250
-funktion 250
-konzentration 250
-menge 253
-modifikation 252, 253
Multienzymgemisch 119
-reaktion 249, 251, 252
-wirkung 127, 135, 136, 144
-zusätze 134, 136, 144
Enzyme 185, 186, 188, 195, 197, 207, 291, 465, 469, 471
  Endo- 210
  Exo- 210
  NSP-spaltende 119
  Pankreas- (Aktivitäten) 213
  pH-Optima 209
  Pro- 209
Erdmedizin 30
Ergotropika 38, 94
Erhaltungsbedarf 278
Erlös 479f.
-minderung 483
Ernährung 264, 292, 306
  Human- 455
Ernährungsniveau 259
Ertrag
  Biomasse 46, 47–50, 52
  Energie 45, 52, 55
  Maximal- 480
  Protein- 50, 52
  -spotential 48, 51, 55
Ertragskurve 483
Ertragszuwachs 480
Esel 31
Essentialisten 31
Essentialität 95
Ethik 33, 269, 270, 489f., 503
EU-Harmonisierung 111
Eukaryoten 188
Exkremente 76, 83f., 84, 466f.
exotherme Reaktionen 128
Exozytose 290
Expandieren 160
Extrudieren 160

Fabel 31
Fangquoten 80, 81
Faserstoffe
  im Futter 386, 388
  pflanzliche 190, 200
Federn 76, 80

Federpicken 384, 386
Feed Additives 94
Fehlaroma 384–386
Fermentation 185f., 465, 475
-sprodukte 187f.
-sprozesse 131, 132, 141, 144
-srate 192
Feststoffe der Schweinegülle 76
fetales Stadium 282
Fett 189, 190, 195, 196, 283, 284f., 436, 437, 438, 440
-beschaffenheit 378, 379, 381–382, 390, 391, 395
-einlagerung 285
endogenes 70
-gehalt 284
-gewebe 258, 261
-gewebe (leeres) 382
-härte 407
-haltbarkeit 378, 382, 383, 386, 390, 391, 394
-konsistenz 378, 382, 383, 390, 394
Körper- 190, 286
-lebersyndrom 278
-resorption 237
-tröpfchen 289, 291
Fettsäuren 187, 190, 192, 195, 199, 203, 286, 291, 293, 296, 297, 308, 408, 423, 424, 439
flüchtige 170, 176, 178, 182, 186, 189f., 234, 243
-katabolismus 310
Omega-3- 386, 394
-synthese 278
Trans- 408
ungesättigte 286
verzweigtkettige 110, 187
-zusammensetzung 284f.
Feuchtstrohkonservierung 109
Fisch 80f.
-ernährung 436
Frisch- 76, 81
-fütterung 438
Industrie- 80
-mehl 76, 80, 81, 82
-proteinhydrolysat 82
-silage 76, 81
Fitness 278, 307
Flavomycin 114
Flavour 406, 412
Fleisch 24
-beschaffenheit 378–382, 395
-beschaffenheitsfehler 378–380, 390

Sachregister

diätetische Qualität 376, 379, 386–388, 391, 397
„ethologische" Qualität 376, 378, 389, 396
-futtermehl 79
ganzheitliche Qualität 378, 386, 388–389
hygienische Qualität 376
ideelle Qualität 377–379, 397
-knappheit 376
-knochenmehl 79
-mehl 79
-qualität 82
ökologische Qualität 376, 378, 389, 391, 396, 397
sensorische Qualität 376, 378–380, 384–386, 396
technologische Qualität 376, 377, 394
und Gesellschaft 375, 376
und Gesundheit 376, 377, 386, 388
-verzehr 454
Fließgleichgewicht 249
Flotzmaul 166
Flushing 264
Flüssigkomponente 156, 157
Folie 136, 144
Forellenteichwirtschaft 432
Fortbewegung 306
Fortschritt 23, 24f., 29f.
Freßzentrum 328
Fruchtbarkeit 263, 266, 269
Fructose-1,6-biphosphatase 251
Fumarsäure 117
futile cycles 251
Futter
  Acker- 46–50, 54–60
  Allein- 352
  -aufbereitung 343
  -aufnahme 65, 66, 71, 343
  -aufwand 273, 276, 440
  -bewerbung 36, 63
  -bewertungssystem 65
  -ergänzungsstoffe 94
  -fett 382–386, 390–394
  Grund- 51
  Halm- 343
  -konservierung 126, 128, 143, 144, 145, 147
  -mischwagen 351
  -molke 77
  -protein 385, 470f.
  -ressourcen 72
  Rauh- 188, 192, 194
  -rüben 344
  Saft- 344
  -stockhermetisierung 133, 136, 143, 144
  -stoffe 50, 51, 52, 53
  -struktur 343
  -verteilwagen 351
  -verwertung 278
  -wert (energetischer) 36
  -zusatzstoffe 426
Futtermittel 495
  -analytik 35
  Austausch 482
  -aufbereitung 131, 143
  Einzel- 497
  Eiweiß- 75, 79
  -gesetz 193f.
  -herstellung 146
  -kosten 481
  Misch- 497
  rechtliche Vorschriften 96, 493f.
  tierischer Herkunft 75
  -überwachung 499
  -verordnung 493f.
Futterpflanzen
  Biomasse 52, 54
  Energieertrag 52, 54
  gemäßigtes Klima 50, 51
  Proteinertrag 52, 54
Futterpflanzenqualität
  Bioverfügbarkeit 50, 55, 56
  Einflußfaktoren 56–60
  Energiegehalt 50, 55, 56
  Futteraufnahme 50, 57
  Nährstoffgehalt 50, 55, 56
  Verdaulichkeit 50f.
Futterpotential
  der gemäßigten Breiten 54f.
  Einflußfaktoren 56–60
  globales Futterpotential 46–56
  Kriterien 54–56
  Wertung 60
Futterqualität 71, 139f.
Fütterung 314
  Abruf- 349
  Fisch- 438
  Einzeltier- 342
  Flüssig- 348
  Gruppen- 341
  Herden- 341
  Kraftfutter- 347
  Mehrphasen- 487
  Phasen- 473, 474
  Transponder- 323

Trocken- 348
Vorrats- 324, 325
Fütterungscomputer 350
Fütterungsintensität 382, 384–386, 389, 397
Fütterungsstrategie 341
Fütterungstechnik 339, 345
Fütterungsverfahren 339

Gabelbock 309
Galactose 192
Galactosidasen 215
Gallensäuren 195, 196, 209f.
GALT 174, 182
Gänse 26
Ganzkörner 343
Gärphasen 135
Gärsaftbildung 133
Gärtnereien 314
Gärungsprodukte 132, 140
Gasaustausch 311
Gastrin 213
Gastrointestinaltrakt 187, 190, 196
Gaumen
  Pferd 179
  Schwein 177
  Wdk. 166
Gaumensegel (Pferd) 180
Gebärparese 240
Gebrauchskreuzung 266
Geflügel 466, 468, 473
Gefrierlagerung 128, 145
Gene farming 269
Gentransfer 269, 270
Genverstärkung 260
Gerechtigkeit 491
Gerinnungseigenschaften 411
Gersteneinheit 63
Gerüstsubstanzen (pflanzliche) 188f., 215
Geschlechtsbestimmung 267, 268
Geschlechtseffekt 260
Geschlechtsreife 281
Geschmacksfehler 406, 413
Geschmacksrezeptoren 166
Gesundheitsstörung 261
Getreide 52
Gleichgewichtspotential 227
Glucagon 254, 256, 257, 258, 259
Glucanasen 119, 215
Glucane 215
Glucocorticoide 261, 290

Glucokinase 257
Gluconeogenese 188, 251, 254, 257, 258, 259, 294, 308
Glucose 254, 256, 257, 258, 261, 286, 290f.
  -abgabe 257
  -aufnahme 292
  -homöostase 257
  -6-phosphat 257, 258
  -regulation 256
  -spiegel 254, 256, 257
  -umsatz 294f.
  -verbrauch 256
  -verfügbarkeit 257
Glucoseoxidase 444
Glucosinolate 201, 336
Glyceride 188, 195
Glycogen 252, 257, 258, 286, 307
  -abbau 257, 258
  -stoffwechsel 252, 258
  -synthese 257, 258
Glycoside 200
Glykolyse 251, 254, 258
Golgi-Apparat 290, 291
Gradient 227
Gräser 52
Gravidität 289, 290
Grenzaufwand 483
Grenzen (biologische) 467f., 503
Grenzerlös 480
Grenzertrag 480
Grenzertragsfunktion 480
Grenzwerte 358
Growth Promoters 94
Guanin 90
Gülle 84, 468f.
Gyri centripetales/centrifugales (Schwein) 179

H/K-ATPase 235
Haltung 261, 321, 323
Hammond-Modell 259
Handelsklassen 376, 391, 395
Handrodung 310
Harn 85
Harnsäure 91f., 109
Harnstoff 92, 109, 188, 295, 472
Hauptfutterfläche 51, 52, 54
Hefen 87f., 116, 117, 131, 132, 358f., 361, 372
Hemicellulose 40, 186
Hering 80
Heritabilität 265
Herzfrequenz 309

Heterosis 266
Heu 127, 128, 129, 137, 138, 144
  -wert 35, 63
Hexokinase 257
Hinterwälder 313
Hirtenkultur 31
Histamin 213
Holisten 31
Homöorhese 255
Homöostase 255
Honig 28, 442
  -analytik 116
  -arten 447
  -bereitung 443
  -blase 443
  -gerinnung 447
  -sediment 445
  -tau 442
  -wirkungen 448, 449
Hormon 38, 253, 254, 255, 256
  -antwort 255, 256
  -empfindlichkeit 255
  -gruppe 254, 255
  homöorhetisches 255
  homöostatisches 255, 256
  -paar 254, 255
  -rezeptor 254
  -wirkung 254
Hülsenfrüchte 52
Humanität 491
Huminsäuren 121
Hund 492
Hunger 258, 292, 493
Hybriden 272, 273
Hydrogencarbonat 187, 188
Hydrogenierung 286
Hydrolasen 185, 196, 207
Hydrolyse 198, 199
hydrothermischer Prozeß 160
Hyperglykämie 256, 257
Hyperplasie 259, 280
Hyperprolific 266
Hypertrophie 259, 280
Hypokalzämie 240
Hypomagnesämie 233

IGF-I 256, 260
In-vitro-Befruchtung 267, 268, 270
Incisivi
  Pferd 180
  Schwein 177
  Wdk. 166

Indikator
  -keime 357f.
  -methode 35
Initialeffekt 133
Inkarnationskult 30
Inokulantien 134, 135, 136, 144
Insulin 254, 256, 257, 258
  -empfindlichkeit 260
  -sekretion 261
  -spiegel 292
Invertzucker 445
Ionenaustauscher 120
Ionenaustauschkapazität 121
Ionophore 114
Isoleucin 191
Isosäuren 110
Isotopentechnik 91
Isovaleriansäure 191
iuxtakrin 253

Jahreslegeleistung 272
Jod 101
  -zahlprodukt 390, 391
  -zahl 107
Jugendstadium 282

Käfige 432, 433, 439
Kälbertränke 350
Kalium 225, 231, 239, 243, 467, 468, 473
Kalorimetrie 36
Kaltbelüftung 129, 144
Kaltgärverfahren 130
Kamel 312
Kanarienvogel 493
Kannibalismus 318, 321
Kapazität (physische) 311
kardiopulmonale Größe 309
Karpfenteichwirtschaft 432
Kartoffeln 52, 344
Käse 410, 412
Katabolismus 189, 247, 248, 258
Katalysatoren 119
Kauapparat
  Schwein 177
  Wdk. 167
Keim
  -besatz 355f.
  -zahl 356, 358
Kerntransfer 268
ketogene Wirkung 259
klimatische Einflüsse 71

Knochenmehl 79
Koadaptation 187
Kohlendioxid 187f., 467, 468, 474
    -gehalt 308
Kohlenhydrat 187, 190, 191, 192, 194, 201, 284f., 436, 437, 438, 465, 475
    -bestand 286
    Struktur- 465, 475
Kohlenstoff-Assimilation 39
Kolostrum 76, 77
Komfortgeschwindigkeit 312
Kompartiment 247, 253, 294, 295, 297
Konditionieren 158
Konkurrenz
    Nahrungs- 77, 491
    -situation 318, 324
Konservierung 109, 126, 127, 128, 133, 141, 142
Konservierungsverluste 132, 139, 140, 143, 144, 145
Kopfspeicheldrüsen
    Pferd 180
    Schwein 177
    Wdk. 167
Koprophagie 82
Körnerfrüchte 344
Körperfett
    -mobilisierung 293, 298
    -zusammensetzung 286, 383, 384, 386, 391, 395
Kosten
    -degression 486
    feste 481
    Nutzungs- 481
    Opportunitäts- 481
    selbsterzeugter Futtermittel 481
    Transport- 312
    variable 481
Kraftentfaltung 307
Krankheit 261
Krankheitserreger 360, 361, 370, 373
Kreatinphosphat 307
Kreislauf 308
Kreislaufsysteme 434, 435, 439
Kreuzresistenz 112
Kreuzungszucht 266
Krill 76, 81, 82
Kryokonservierung 267, 268
Kühlen 159
Kultur 23, 33, 503
Kulturpflanzen, Herkunft 49
Kunst 31

künstliche Besamung 266, 268
Kyematogenese 281

Labmagen 168, 172
Lactat 307
Lactatschwelle 311
Lactose 261, 290, 291, 294, 401
Lagerfähigkeit des Trockengutes 139
Lagerung (konservierende) 128
Laktation 260, 261, 289f.
Laminaria hyperborea 88
Landschafts- und Biotoppflege 304
Lasalocid 114
Laufband 310
Lebensnotwendigkeit 37
Leber 257, 258, 261
    Schwein 179
    Wdk. 173
Lectine 203, 471
Legeintensität 279
Leistungsbereitschaft 311
Leistungsdiagnostik 308
Leistungsförderer 38, 94, 110, 288, 380, 387, 389
Leitfähigkeit (hydraulische) 221
Leitflora 357
Leonardo da Vinci 490
Leucin 191
Lignin 40, 41, 200
Lignin-Kohlenhydrat-Komplex 188, 190
Lignocellulosen 47
Linolsäure 286
Lipasen 119, 188, 210, 257
Lipide 284f.
lipidhaltige Verbindungen 284
Lipogenese 257
Lipolyse 257, 259, 310
Lipopolysaccharide 284
low fat syndrome 293
Luftabschluß 128, 133
Luzerne 52
Lysin 108, 191
Lysozym 188

Magen 235
Magenkapazität (Wdk.) 169
Magenrinne 166
Magenschleimhaut
    Pferd 180
    Schwein 177
Magnesium 232

Mähen 129
Mahlzeiten 336
Maillard-Reaktion 128, 140
Makromoleküle 247, 248
Malabsorption 361
Maldigestion 361
Malerei 31
Mammalia 289
Marikultur 431
Marken
   -fleischprogramme 391, 395, 397
   -programme 110
Marketingargument 402, 414
Marktversagen 488
Masseter (Wdk.) 167
Mast 24, 260
Matrize 158
mechanistisches Weltbild 32
Meerestiere 76, 80, 81, 85
Meerschweinchen 492
Melasse 192
Mengenelemente 96
Metallverarbeitung 26, 31
Methan 115, 187f., 192, 467, 468, 474, 475
Methionin 108, 193
Methylomonas methylotrophans 90
Mikrobenstickstoff 194
mikrobieller Wachstumsertrag 194, 195
Mikroorganismen
   des Darmes 185f.
   des Pansens 188f.
   gerüstsubstanzabbauende 187, 190f.
Milch 26, 27, 76, 77, 85, 289f.
   -alveolen 290
   -austauscher 82
   -drüse 261, 289f.
   -eiweiß 290f.
   -eiweißintoleranz 402
   -erzeugung (umweltgerechte) 414
   -fett 190, 291, 293, 296f.
   -fetthärtemessung 407
   -gangsystem 289
   Kuh- 402, 403
   -leiste 289
   Mager- 76, 77
   -nebenprodukte 76, 77
   -produkte 85
   -säure 188, 189, 191
   -säurebakterien 117
   -sekretion 289
   Voll- 76, 77
Milchsäurebakterien 128, 132, 135, 136, 144

Mimosin 201
Mineralfutter 96
Mineralstoffe 37, 185, 189, 238, 287, 378, 379, 385–387, 392, 420
   -gehalt 287, 403
Misch
   -anlage 154, 344
   -genauigkeit 154, 155
   -güte 152, 153
   -maschine 154
   -zeit 154
Mischen 151
Mitochondrien 253, 307
Mizellen 195
MOET-Programm 266
Molekulargewicht 190, 191
Molke 76, 77
Monensin 38, 114
Monomere 185, 186
Monosaccharide 236
Morphogenese 289
Motilität 186
Motorisierung 306
Mucine 193
Mühle
   Hammer- 149, 150
   Schrot- 344
   Walzen- 149, 150
Multielementpuffer 121
Multienzymgemisch 119
Musik 31
Muskelkapillaren 310
Muskelkraft 305
Muskelzelle 307
Muskulatur 258, 261
Mykoplasmen 194
Mykotoxikose 365f.
Mykotoxine 199, 363, 366, 367f.
Mythologie 30, 31, 33, 489

N-Bilanz 36, 46
N. vagus 257
Na, K, Chlorid-Cotransport 228
Na/H-Austauschsystem 231, 243
Na/K-ATPase 225
Nachfragekurve 322
Nachprodukte 115
Nährstoff 256, 258, 259, 261, 264
   -bedarf 314
   -bilanz 307
   -mangel 258

-rückgewinnung 258
-umsatz 185
verdaulicher 36
-verteilung 259
-zufuhr 256, 261
Nährsubstrate 90
Nährwert/Futterwert 46–50, 54–50
Natrium 188, 225, 230, 238, 243
Natur
-belassenheit 402, 414
-nahrung 438
-theologie 32
-völker 30, 490
Nebenfutterfläche 51
Nebenprodukte 75, 77, 85, 465, 467
Nebenwirkung 261
NEFA 293, 296f., 308
Nektar 442
NEL 36, 63
Netzmagen 168
Netzwerk (neuronales) 331f.
Neuropeptide 322f.
Niacin 104, 105
Nicht-Protein-Stickstoffquellen 109
Nicht-Stärke-Polysaccharide 119
Nicotinsäureamid 105
Nitrat 192, 198, 199, 468, 469
Nitrifikation 468, 469
Nitrovin 114
Nomaden 25, 26, 29
Normalzustand 261
NPN 36, 109
NSP (spaltende Enzyme) 119
Nüchterung 379, 390, 391
Nucleotidphosphat 247, 248, 251, 252
Nukleinsäuren 87f., 91
Nutztierpotential 503
Nylonbeutel 65

Ochratoxin A 364f.
Oily-bird Syndrome 382
ökologische Belastungen 142, 143, 144, 145
ökologische Leistungen (Futterproduktion) 44, 45, 46
ökologische Milcherzeugung 405, 413, 414
ökologischer Landbau 502
Ökonomie 478f.
Ökosystem 464f., 475, 476
Olaquindox 114
Olefinierung 286
Oligosaccharide 119

Ölsäure 286
Omasum 171–172
operante Konditionierung 322
Opfergaben 375
Opioide (endogene) 319
Organisationsprinzipien 249
organische Säuren 38, 116
Organo-Spurenelement-Verbindungen 99
Osmolarität 195
Osmose 220
Ostium ileale (Pferd) 181
Overgrazing 72
Ovulation 264, 265, 266, 269
Oxalat 187, 199
Oxydationsneigung 107
oxydative Stabilität 107
Oxytetracyclin 114
Oxythiamin 104
Ozonschicht 468

Pankreas (Wdk.) 173, 256, 258
Pansen 186f., 230, 336, 465, 470, 471
-bakterien 291, 298
-milieu 68
-pfeiler 170
-puffer 121
-volumen 69
-zotten 170
Pantothensäure 103
Papilla ilealis 178
parakrin 253, 256
Parathormon 239, 240, 254
Pectin 188, 215
Pectinasen 119
Pelletieren 158
Penetrationseinheit (PE) 407
Penicillin 114
Pentosanasen 119
Pentosane 215
Pepsin 211
Peptidasen 210f.
Peptide 237
Performance Stimulating Substances 94
Permeabilitätskoeffizient 220
PFC, proximale Fermentationskammer 174
Pferd 25, 26, 179f., 305
Pflanzenfresser 186
Pflanzenzelle 40f., 43, 47, 68
pH-Wert 128, 135, 187, 188
Phenylpropan 40, 41, 43
Phloemsaft 442

Phosphofructokinase 251
Phospholipide 225, 284
Phosphor 97, 188, 193, 233, 239, 440, 467, 468, 473, 474
Phosphorylierung 251, 252, 257
Photosynthese 39
physiologische Ausstrahlung 284
physiologische Austrocknung 380
Phytase 99, 119, 215
Phytinphosphor 215
Phytinsäure 99
Phytoalexine 40
Pilze 188, 190, 193, 203
  Feld- 365f.
  Lagerungs- 365f.
  Schwärze- 357f., 363
Platzhalter-Funktion 116
Polyensäuren 383–386, 390–393
Polyetherantibiotika 114
Poolgröße 249, 295, 296
Populationsdruck 72
postnatal 282
Potentialdifferenz 223, 226
Prallbeanspruchung 149
pränatal 282, 286
Preßlinge 158
Primärflora 355
Probiotika 38, 116, 361, 370f.
Produkt-Output 72
Produktionsfunktion 483
Produktionsrichtung 312
Prolactin 256, 289, 290
Propionat 117, 188f., 259, 294
Propylenglykol 110
Proteasen 119
Protein 187, 189, 190, 200, 202, 283, 436, 438
  -ansatz 260
  -anteil 285
  -bedarf 108, 458
  Bio- 90
  Durchfluß- 80, 82, 108
  Einzeller- 87, 90
  endogenes 221f.
  -Energie-Interaktion 460
  Futter- 170f.
  -futtermittel 87, 90
  -gehalt 285
  -hydrolysat 76, 81
  Körper- 284
  Lipo- 284
  Mikroben- 108, 470
  -nahrung 288

  -qualität 36
  Sekretions- 291
  -synthese 257, 290, 292, 293
  -turnover 460
  -verteilung (relative) 285
  -verwertung für Wollbildung 303
Proteinangebot (global) 50
Proteolyse 189
Protisten 87, 90, 92
proton-motive force 187
Protonenpumpe 187
Protozoen 188, 190, 192f.
Prozeß
  hydrothermischer 160
  -steuerung 346
  thermischer 161
PTH 239, 240
Pull-Mechanismus 257, 258
Pumpe 225
Purinphasen 90f.
Purine 376, 377, 378, 388
Push-Mechanismus 257, 258
Pyrimidinbasen 91f.
Pyrithiamin 104
Pyrrolizidin-Alkaloide 201
Pyruvat 190

Qualitätskontrolle 375, 391, 395–397

Raffinose 215
Raps, Rübsen 52
Rassen 377, 379, 382, 396, 397
Rassenunterschiede 313
Redoxpotential 187
Reduktion 198, 199
Reflexionskoeffizient 221
Regulation 249f., 253, 255
Reifezustand 282f.
Reinzucht 265
Reiterkultur 25
Religion 30, 375, 376
Reliktflora 357
Ren 26, 305
Repartitioning 260
Reproduktion 263, 269
Resorption 219
Respirationsapparat 309
Respirationsversuch 36
Ressourcen 503
Rezeptoren 254, 261, 330f.

Rezyklierung 84, 85, 295
Rhamnose 192
Ribonuclease 188, 212
Ribosomen 290
Richtwerte 356
Rinnenanlagen 433
Risikofaktoren 360, 361
Risikoverteilung 73
Rohnährstoffe 35
Rotklee 52, 53
Rückkopplungskontrolle 251
Rückkopplungsmechanismen 250
Rückstände 85, 387, 388, 390
Ruhezustand 308
Ruktus 188
Ruminococcus albus 193

Saccharomyces 88
Saccharose 444
Safthaltevermögen 379, 380, 395
Salinomycin 114
Saponine 44
Satellitenzellen 281
Sättigung 330
Sauerstoff 191f.
  -aufnahmekapazität 309
  -gehalt 308
  -mangel 127
  -schuld 310
Säureanionen 188
Scenedesmus obliquus 87
SCFA 234
Schächten 375
Schadstoffe 496
Schadstoffemission 279
Schamane 30
Schimmelpilzbefall 128, 131, 141
Schimmelpilze 357f., 363
Schlachtabfälle 79
Schlachtausbeute 70
Schlagsahnequalität 410
Schlangen 312
Schleimhautrelief, Vormagen (Wdk.) 170–171
Schmackhaftigkeit 329
Schnabelamputation 321
Schwanzbeißen 318, 319
Schwefel 187, 188, 193
Schweine 24f., 296f., 465, 468, 473
Sekretin 214
Sekretionsproteine 291
sekundäre Pflanzenstoffe 40, 44

Sekundärflora 355
Selektion 265, 266
Selen 101
Sexing 267, 268
Sicherheitszuschläge 106
Siebmaschine 151
Silage 76, 79, 80, 81, 351, 413
Silierbedingungen 131, 132
Siliereignung der Futterpflanzen 131
siliertechnische Maßnahmen 128, 133, 136, 143, 144
Silierung 128f.
Silierverfahren 129, 143, 144
Silofräse 351
Silomais 343
Silotypen 136, 143, 144
Skatol 386, 395
Solvent drag 222, 241
Somatotropin 413
Sorbinsäure 117
Speichel 192, 197, 202, 228
Sperma 266, 267
Spiralkolon 174, 176
Spitzensportler 310
Spurenelemente 37, 96
Stachyose 215
Stärke 188f.
  Bypass- 109
  Mais- 110
  Milo- 110
  -wert 36
  -wertsystem 63
Stereotypien 319
Sterilisation (technische) 128, 145
Stickland-Reaktion 192
Stickstoff 188, 190, 193, 194, 294f., 440, 467f.
  -minimalbedarf 459
  -oxide 469
Stoffabbau (aerober) 127, 132
Stoffwechsel
  Atmungs- 127, 132, 247, 248, 249, 250, 251, 253, 259
  -belastung 91
  -charakteristika 247, 249
  -integration 249, 253, 259
  -kontrolle 251
  -koordination 249, 253
  -metabolite 311
  -modelle 294
  -produkte 248
  -reaktion 247
  -regulation 247, 252

-strategien 247
-wege 249, 250
Stopfen 492
Streptomycin 114
Streß 264
Strohbehandlung 72
Stubenvögel 493
Suberin 40, 41, 43, 47
Substrat
 -nutzung 308
 -reserven 307
 -zyklus 251, 252
Subtropen 62, 314
Succinat 187, 191
Sulfat 192, 198
Superovulation 266
Süßstoffe (synthetische) 329
Symbiose 187, 503
symbiotisch 256

Tannine 197, 200, 201
TDN 36
Teiche 432, 439
Teilwirkungsgrad 313
thermischer Prozeß 161
Thiamin 104
Thioglycoside 201
Threonin 108
Thymin 91
Tier
 Arbeits- 306
 -ernährung 489f.
 -erkennung 347
 Haus- 490
 Heim- 491f.
 Hilfs- 25, 26
 -kult 490
 -leistung 305
 -mehle 76, 79, 80
 Nutz- 493
 Opfer- 25
 -produkte 73
 -produktion 467, 468, 469, 475, 476
 Raub- 493
 -schutz 29, 489f., 503
 -schutzgesetz 489, 492
 Sport- 491
 -transport 29
 Versuchs- 33, 491
 Wach- 26
 Wald- 490
 Weide- 25, 29
 Zucht- 491
Torula 88
Totemismus 30, 490
Toxinbildner 132, 141, 143
Toxine 132, 141, 143, 192, 197f.
Toyocerin 117
Tracer 294f.
Tragelasten 305
Training 310
Tränkeautomat 325, 350
Transgen 269
Transponder 347
Transport
 aktiver 222
 -mechanismen (ruminale) 230
 parazellulärer 219, 255
 passiver 222
 sekundär aktiver 228
 transzellulärer 219, 225
Treibhauseffekt 468, 474
Trichothecene 364f.
Trocken
 -fütterung 348
 -schnitzel 130
 -zeit 70
Trocknerführung 139, 145
Trocknung 127, 136f., 144, 145
 Belüftungs- 137, 138, 144
 Boden- 133, 137, 138, 139, 144
 Heißluft- 130, 137, 138, 145
 Reuter- 129
Trocknungs
 -anlagen 138, 139, 145
 -geschwindigkeit 138, 139
 -prozeß 137f.
 -verluste 140, 144, 145
Trommeltrockner 130
Tropen 62, 314
Trypsin 211
Tryptophan 108
Tsetse-Fliegen 305
Tumornekrosefaktor 335
Tympanie 186
Typ-T-Fasern 307

Uami 330
Umsetzbare Energie 36
Umwelt 456
 -belastung 467, 485
 -faktoren 197, 260
 -ökonomie 479

-schadstoffe 416
-schonung 469, 503
umweltgerechte Milcherzeugung 414
unerwünschte Stoffe 496, 499
Uracil 91
Uricase 91
Uridin 91

Vakuumverpackung 128, 145
Valeriat 191
Vegetarier 29
Verbascose 215
verdauliche Nährstoffe 36
Verdaulichkeit 35, 87f.
  Nukleinsäure- 91
  präcaecale 216
Verdauung 185, 186, 189, 190, 195, 200, 202, 208, 465, 471
  der Hauptnährstoffe 208f.
  luminale 208
  Kontakt- 209
Verdauungsversuche 35
Verderb 257
  mikrobieller 127, 131, 132, 140, 141
  pilzlicher 127, 132, 141
Verdichten 158
Veredelungsverfahren 160
Vererbung 265
Vergärbarkeit 133
Verhaltensanomalien 319
Vermahlung
  Einzel- 150, 151
  Gemischt- 150, 151
Verschleppung 157
Verzehrsförderer 332f.
Verzehrshemmer 332f.
Vesikel 289f.
Veterinärrecht 502
Virginiamycin® 114
Virulenzfaktoren 371
Viskosität 119, 186
Vitamine 37, 40, 101, 195, 378, 384–387, 391, 404, 425, 426
  Bedarf 103
  Vitamin A 104
  Vitamin B_1 103
  Vitamin C 102
  Vitamin D 104
  Vitamin E 103, 379, 384, 385, 387, 391, 392
  Vitamin K 104
VLDL 293, 296

Vögel 493
Vomitoxin 364
Vormägen 230
Vormischung 155

Wachstum 248, 254, 256, 259, 260, 264, 280f.
  jahreszeitliches 288
  kompensatorisches 288
  kontinuierliches 288
  postnatales 280f.
  pränatales 280f.
  relatives 282
Wachstums
  -abschluß 281
  -hormon 254, 256, 260, 261, 293
  -leistung 287
  -messung 281
  -phasen 281, 289
  -verlauf 288
Waldeyerscher Rachenring 177
Wale 80
Walfangverbot 80
Wärme
  -behandlung 159, 471
  -produktion 71, 311
Warmgärverfahren 130
Wasser 283f.
  -aktivität 127, 128
  -bindung 284
  -entzug 127
  -gehalt 283f.
  -rückresorption 176, 782
  -verdampfung 138
Wasserberieselung 71
Wasserstoff-Transfer 187, 190, 191, 198
Weender Analyse 35
Weide
  -gang 71
  -haltung 465
  -tetanie 233
Welken 129, 131, 133, 137, 139, 144
Widerstand (Epithel) 224
Wiederkauen 188
Wiederkäuer 465, 468, 470, 471, 473
Wiederkäuer-Ernährungstypen 164
Wiegevorrichtung 353
Wild
  -beuter 24, 28, 30
  -park 71
Winterbutter 107
Wirkstoffe 264

Wolle 27, 301 f.
  -produktionsvermögen 302
  -qualität 302 f.
Würde 491

Zartheit 378, 380, 395
Zearalenon 364 f.
Zebuochsen 313
Zell
  -differenzierung 280 f.
  -spezialisierung 281
  -vergrößerung 280 f.
  -vermehrung 280 f.
  -zahl 405
Zellinhalt
  Kohlenhydrate 39, 40, 42
  Lipide 40, 42
  Proteine 40, 42
zellularpathologisch 261
Zellwand
  -abbau 68
  -analytik 35
  -aufbau 40, 41
  Cellulose 40, 41, 47
  Hemicellulosen 40, 41, 43
  Kohlenhydrate 278

Pektine 41
Zentrifugenschlamm 77
Zeolithe 121
Zerkleinern 131, 148, 149
Zinkbacitracin 114
Zitronensäure 117
Zucht 265, 266
Zuchtauswahl 265, 266
Zucker- und Futterrüben 52
Zufallsmischung 152
Zugkraft 73
Zugkraftaufkommen 306
Zuglast 308
Zugleistung 305 f.
Zunge
  Pferd 179
  Schwein 176–177
  Wdk. 166
Zungenpapillen 166
Zusätze
  chemische 134, 135
  Enzym- 134, 136, 144
  Silier- 133, 134 f., 144
  zuckerliefernde 134, 135
Zusatzstoffe 156, 157, 495, 498
Zytosol 253

Futtermittelkunde

Herausgegeben von Prof. Dr. Heinz JEROCH, Inst. für Tierernährung der Martin-Luther-Universität Halle-Wittenberg, Halle, Prof. Dr. Gerhard FLACHOWSKY, Biologisch-pharmazeut. Fakultät, Inst. für Tierernährung u. Umwelt der Friedrich-Schiller-Universität Jena, und Prof. Dr. Friedrich WEISSBACH, BFA Braunschweig-Völkerode.
Bearbeitet von 13 Fachwissenschaftlern.

1993. 510 S., 100 Abb., 238 Tab., 17 x 24 cm, geb. DM 98,-
ISBN 3-334-**00384**-1

Inhalt: Definition und Einteilung der Futtermittel - Wertbestimmende Bestandteile der Futtermittel - Bewertung der Futtermittel - Grünfutter und Grünfutterkonservate - Stroh und andere faserreiche Futtermittel - Knollen und Wurzeln - Körner und Samen - Futtermittel aus der industriellen Verarbeitung pflanzlicher Rohstoffe - Proteinreiche Futtermittel tierischer Herkunft - Fette und Öle - Futtermittel auf mikrobieller Basis - Mischfuttermittel, Mineralfuttermittel und Zusatzstoffe - Küchenabfälle und Produkte der Backwarenindustrie - Tierexkremente und Panseninhalt

Ein optimaler Einsatz von Futtermitteln im Rahmen einer leistungsorientierten, umweltgerechten und gesunden Ernährung der Nutztiere setzt detaillierte Kenntnisse über Inhaltsstoffe und Qualitätseigenschaften der Futtermittel voraus. Die umfassende Darstellung dieser Faktoren unter Berücksichtigung der wesentlichsten Einflußgrößen bei der Erzeugung, Konservierung, Lagerung, Be- und Verarbeitung bildet den Schwerpunkt des Lehrbuches. Erörtert werden auch die Wirkungen spezifischer Inhalts- und Begleitstoffe auf Gesundheit und Leistung der Tiere sowie auf die Qualität der tierischen Produkte.
Vermittelt wird gesichertes Grundwissen, doch erfolgen auch Hinweise auf Entwicklungstrends und -probleme. Im Anhang findet der Nutzer Futterwerttabellen für Wiederkäuer, Schweine, Pferde und Geflügel sowie die Aminosäuren-, Mineralstoff- und Vitamingehalte von Futtermitteln.

Preisänderungen vorbehalten.